建筑工程质量检测技术手册

Technical Manual For Testing The Qualities of Constructional Engineering

侯伟生　主编

中国建筑工业出版社

图书在版编目（CIP）数据

建筑工程质量检测技术手册/侯伟生主编. —北京：中国建筑工业出版社，2003
ISBN 7-112-05906-2

Ⅰ. 建... Ⅱ. 侯... Ⅲ. 建筑工程-工程质量-质量检验-技术手册Ⅳ. TU712-62

中国版本图书馆 CIP 数据核字（2003）第 051145 号

本书主要介绍了建筑工程检测技术的基本内容及常用方法，包括检测的仪器设备、检测方法以及数据的处理等，对目前国内外较先进的检测技术也进行了详细的介绍。本手册共分九章，分别为地基基础工程检测；钢筋混凝土结构工程检测；砌体结构工程检测；钢结构工程检测；水暖空调系统检测；建筑门窗及建筑幕墙质量检测；电梯工程检验；混凝土材料检验；结构钢材检测。

本书可供从事建筑工程勘测、设计、施工、监理、监督、检测和管理人员应用，也可供土木工程检测、监理、监督、科研的技术人员、管理人员及大专院校土木工程专业师生参考使用。

责任编辑：常　燕

建筑工程质量检测技术手册
侯伟生　主编
*
中国建筑工业出版社出版、发行（北京西郊百万庄）
新　华　书　店　经　销
世界知识印刷厂印刷
*
开本：787×1092 毫米　1/16　印张：46　字数：1119千字
2003 年 7月第一版　　2006 年 6 月第二次印刷
印数：5101－7100 册　　定价：**68.00** 元
ISBN 7-112-05906-2
TU·5184　(11545)

本社网址：http: //www. china-abp. com. cn
网上书店：http: //www. china-building. com. cn

《建筑工程质量检测技术手册》编写委员会

主　编：侯伟生

副主编：王　溥　卢锡鸿　陈如桂　赵士怀　袁内镇

编　委：王　溥　叶　健　卢锡鸿　陈如桂　陈振建

吴继敏　何希铨　郑持光　赵士怀　侯伟生

施　峰　袁内镇　龚一鸣　曹华先　黄文巧

黄夏东　唐孟雄　韩继红

本书各章主要编写人、审阅人名单

第 1 章　地基基础工程检测

编写人：侯伟生　陈如桂　吴继敏　吴铭炳　唐孟雄

审阅人：龚一鸣　曹华先　韩金田　施　峰

第 2 章　钢筋混凝土结构工程检测

编写人：叶　健　陈　松

审阅人：王　溥　陈如桂　卢锡鸿　郑持光

第 3 章　砌体结构工程检测

编写人：许锦峰　吴许法　王良龙

审阅人：郑持光　陈如桂

第 4 章　钢结构工程检测

编写人：韩继红　罗永峰　李国强　喜鸾英　徐立贤

审阅人：袁内镇　舒保华　王小平　林维正　孙晓宇

第 5 章　水暖空调系统检测

编写人：顾小鹏　盛金国

审阅人：赵士怀　李光旭

第 6 章　建筑门窗及建筑幕墙质量检测

编写人：李光旭　黄夏东

审阅人：赵士怀　卢锡鸿

第 7 章　电梯工程检测

编写人：曾嵩山

审阅人：朱昌明

第 8 章　混凝土材料检验

编写人：杨　磊　张　雄　蔡文尧

审阅人：何希铨　卢锡鸿

第 9 章　结构钢材检测

编写人：罗永峰　汤惠中　唐雅文　陈运远　张明道　唐汝钧

审阅人：孙振亚　郗崇浦　王小平　唐家祥　汪世龙

参加本书编写和审阅的人员还有：

陈德立　黄金荣　陈　华　熊罗生　夏丽文　王云新　陈宇超

秦效启　顾世瑶　戴亚明　韩一如　袁敏葱　吴　雄　曾　光

编者的话

近几年来，一些工程质量事故时有发生，特别是重庆綦江大桥，河南焦作天堂歌舞厅等恶性质量事故，在社会上引起了强烈的反响。血的教训警示人们，一定要加强工程建设全过程的管理，一定要把工程建设和使用过程中的质量、安全隐患消灭于萌芽状态。对此，国务院发布了《建设工程质量管理条例》以及《工程建设标准强制性条文》等法律法规。为了更好地执行这一系列法律、法规，工程质量检测就显得特别重要。为了总结建筑工程领域的检测技术经验，受中国建筑工业出版社的委托，由福建省建筑科学研究院主持，邀请上海、江苏、湖北、广东、福建等地从事建筑工程科研、检测的20余名专家组成《建筑工程检测技术手册》编委会组织编写该手册。

《手册》共分九章，分别为地基基础工程检测；钢筋混凝土结构工程检测；砌体结构工程检测；钢结构工程检测、水暖空调系统检测；建筑门窗及建筑幕墙质量检测；电梯工程检测；混凝土材料检验；结构钢材检测。

《手册》的主导思想是将目前广泛应用的建筑工程检测技术的基本手段，仪器设备，检测方法以及数据处理；目前国内外较先进的检测技术手段介绍给读者，供读者在工程建设中参考。建筑工程检测技术十分复杂，覆盖面广，有一些检测技术正在完善中。因此本《手册》并未将建筑工程涉及质量检测的内容都包含在内，而且所列的检测技术手段、方法受到地区经验和个人经验的限制，未能全面反映我国的检测技术水平，请读者谅解。

《手册》编写得到上海市建筑工程质量检测中心，江苏省建筑工程质量检测中心，湖北省建筑工程质量检测中心，广东省建筑质量检测中心，广州市建筑工程质量检测中心，同济大学，河海大学等单位和全国各地许多专家的支持和帮助，在此鸣谢！

希望广大读者对《手册》中的缺陷错误能提出批评指正，具体意见请寄福建福州杨桥中路162号，邮编：350002，福建省建筑科学研究院侯伟生。

谢谢！

本书编委会

目　录

第2章 钢筋混凝土结构工程检测

第3章 砌体结构工程检测

第4章 钢结构工程检测

第5章 水暖空调系统检测

第6章 建筑门窗及建筑幕墙质量检测

第7章 电梯工程检测

第8章 混凝土材料检验

第9章 结构钢材检测

第1章　地基基础工程检测

1.1　概　述

地基基础工程是建筑工程在自然地面以下部分的工程总称，它包括两大部分，即地基与基础。

地基可分为天然地基、改良地基和复合地基三种，基础可分为浅埋基础（条形基础，独立基础，筏板基础，箱形基础）及深基础（桩基础、沉井基础、墩基、岩石锚杆）等。

地基基础工程检测是通过某种手段获取地基或基础的物理力学参数，借此直接或间接推测满足使用安全的承载力、变形或稳定性的指标，其目的是为工程设计提供依据；指导施工，修改施工方案，以保证施工满足设计和规范的要求；检验施工效果，为工程安全提供保证。

1.1.1　天然地基和改良地基检测要点

天然地基和改良地基一般通过载荷试验（深层及浅层平板载荷试验，螺旋板载荷试验、旁压试验）、剪切试验（十字板剪切试验和大型现场剪切试验）、触探试验（静力触探和动力触探等）及动力测试（波速测试）等，以获取地基的力学参数。

1.1.1.1　换填垫层地基的质量检测要求

1. 对黏性土、灰土、粉煤灰和砂垫层形成的换填地基可用环刀法、贯入仪、静力触探、轻型动力触探、标准贯入或载荷试验检验；对砂石、矿渣形成的垫层可用重型动力触探检验。并均应通过现场试验以控制压实系数所对应的贯入度为合格标准。压实系数的检验可采用环刀法、灌砂法、灌水法或其他方法。

2. 垫层的质量检验必须分层进行。每夯压完一层，应检验该层的平均压实系数。当压实系数符合设计要求后，才能铺填上层。

当采用环刀法取样时，取样点应位于每层2/3的深度处。

3. 当采用贯入仪或动力触探检验垫层的质量时，每分层检验点的间距应小于4m。当取样检验垫层的质量时，对大基坑每50~100m^2应不少于1个检验点；对基槽每10~20m应不少于1个点；每个独立柱基应不少于1个点。

1.1.1.2　预压改良地基的质量检测要求

1. 塑料排水带必须在现场随机抽样送往实验室进行性能指标的测试，其性能指标包括纵向通水量、复合体抗拉强度与延伸率、滤膜抗拉强度与延伸率、滤膜渗透系数及有效孔径等。性能指标应满足设计要求。

2. 对不同来源的砂井和砂垫层砂料，必须取样进行颗粒分析和渗透性试验。砂料的含泥量和渗透系数应满足设计要求。

3. 对于以抗滑稳定控制的重要工程，应在预压区内选择代表性地点预留孔位，在加载不同阶段进行不同深度的十字板剪切试验和取土进行室内试验，以验算地基的抗滑稳定性并检验地基的处理效果。

4. 在加载预压期间应根据每天的竖向变形、边桩位移和孔隙水压力控制指标严格控制加载速率以保证地基的稳定性。对堆载预压和真空预压工程，应及时整理变形与时间、孔隙水压力与时间、孔隙水压力与荷载等关系曲线。根据这些资料推算土的固结系数、最终固结变形量及不同时间的固结度等，以分析处理效果并为确定卸载时间提供依据。

5. 真空预压工程除应进行地基变形、孔隙水压力和地下水位的观测外，尚应进行膜下真空度的量测，真空度应满足设计要求。

6. 对预压法处理地基，在预压前和预压后应对地基土进行十字板剪切试验、室内土工试验，以检验处理效果。有特殊要求时，尚应进行现场载荷试验。

1.1.1.3　强夯改良地基的质量检测要求

1. 施工结束后应间隔一定时间方能对地基质量进行检验。对于碎石土和砂土地基，其间隔时间可取 1~2 周；粉土和黏性土地基可取 2~4 周。

2. 质量检验的方法，可根据土性选用原位测试和室内土工试验。对于一般工程应采取两种或两种以上的方法进行检验、相互校验。对于重要工程应增加检验项目，必要时也可做现场大压板载荷试验。

3. 质量检验的数量，应根据场地的复杂程度和建筑物的重要性确定，对于简单场地上的一般建筑物，每个建筑地基的检验点不应少于 3 处；对于复杂场地或重要建筑地基应增加检验点数。

1.1.1.4　振冲改良地基的质量检测要求

对不加填料的振冲法处理的砂土地基，处理效果检验，宜用标准贯入、动力触探或其他合适的试验方法，也可用地基载荷试验。检验点应选择在有代表性的或地基土质较差的地段，并位于振冲点围成的单元形心处。检验点数量可按每 100~200 个振冲点选取 1 孔，总数不得少于 3 孔。

1.1.2　复合地基检测的一般要求

复合地基检测一般通过单桩及复合地基的静载荷试验，钻孔取芯试验，触探试验（静力触探和动力触探）来完成。

1.1.2.1　振冲桩复合地基的质量检测要求

1. 振冲施工结束后，除砂土地基外，应间隔一定时间方可进行质量检验。对黏性土地基间隔时间可取 3~4 周，对粉土地基可取 2~3 周。

2. 振冲桩的施工质量检验可用单桩载荷试验，试验用圆形压板的直径与桩直径相等。

3. 对砂土或粉土层的振冲桩，除用单桩载荷试验外，尚可用标准贯入，静力触探等试验对桩间土进行处理前后的对比检验。

4. 对大型的、重要的或场地复杂的工程，应进行复合地基的处理效果检验。检验方法宜用单桩复合地基载荷试验或多桩复合地基载荷试验。检验点应选择在有代表性的或土质较差的地段，检验数量可按处理面积大小取 3~4 组。

1.1.2.2　砂石桩复合地基的质量检测要求

1. 施工后应间隔一定时间方可进行处理效果检验。对饱和黏性土地基应待孔隙水压力基本消散后进行，间隔时间可取4周；对粉质土、砂土和杂填土地基，可取1周。

2. 砂石桩处理地基可采用标准贯入、静力触探、动力触探或其他原位测试方法检测桩及桩间土的挤密质量。桩间土质量的检测位置应在等边三角形或正方形的中心。

3. 对大型的、重要的工程或工程地质条件复杂的工程，应进行复合地基的载荷试验，或采用其他有效手段综合评定地基的处理效果。

4. 砂石桩处理效果的检测可通过抽查进行，检测数量应不少于桩孔总数的2%，检测结果如有占检测总数10%未达到设计要求，应采取加桩或其他措施。

1.1.2.3　水泥粉煤灰碎石桩复合地基的质量检测要求

1. 施工质量检验宜采用单桩静载、动测及复合地基载荷试验检测相结合，检测应在桩体强度满足试验荷载条件时进行，一般宜在施工结束2~4周后检测。

2. 复合地基承载力宜用单桩或多桩复合地基荷载试验确定，复合地基荷载试验数量不应少于3个试验点。

3. 对高层建筑或重要建筑，可抽取总桩数的10%进行低应变动力检测，检验桩身结构完整性。

1.1.2.4　水泥土桩复合地基的质量检测要求

1. 水泥土搅拌桩成桩后应进行质量跟踪检验，可采用浅部开挖桩头，其深度宜大于500mm，目测检查搅拌的均匀性，量测成桩直径。检查量为总桩数的10%。

2. 搅拌桩成桩后5d内，可用轻型动力触探（N_{10}）检验桩身均匀性。在每延米桩身钻孔0.7m后，触探0.3m记录锤击数；如此检验直至全桩长。

3. 成桩28d后可在桩头截取试块或用双管单动取样器钻取芯样（$\phi>100$mm）作无侧限抗压强度试验。检查量为总桩数的1%，且不少于3根。

4. 竖向承载的水泥土搅拌桩应采用单桩或多桩复合地基载荷试验检验其承载力。载荷试验宜在成桩28d后进行，每个场地不宜少于三个点。

1.1.2.5　土桩、灰土桩、石灰桩复合地基的质量检测要求

1. 施工结束后，应及时抽样检验土或灰土挤密、石灰桩处理地基的质量。对一般工程，采用原位测试检测桩孔和桩间土的质量，若发现有问题时，应进行单桩或多桩复合地基荷载试验。

对重要或大型工程应进行单桩或多桩复合地基载荷试验及其他原位测试。也可在处理地基的全部深度内取土样测定桩间土的压缩性和湿陷性等改良效果。

2. 抽样检验的数量，对一般工程不应少于桩孔总数的1.5%；对重要工程不应少于桩孔总数的2%。

1.1.3　桩基工程质量检测基本要点

1.1.3.1　检测方法

桩基工程质量检测包括基桩的桩身完整性检测和单桩承载力检测，桩身结构强度检测以及桩端持力层检测等。

桩身完整性检测的方法主要有低应变动测法、高应变动测法、钻芯法、声波透射法等。其中常用的低应变动测法是应力波反射法和机械阻抗法。对桩径较小、桩长径比不大（$l/d<50$）、桩周土阻力相对较小的工程桩，可采用低应变动测法进行桩身完整性检测；

对桩长较长或桩周土阻力相对较大的工程桩，可采用高应变动测法进行桩身完整性检测；对于大直径桩，宜采用钻芯法、声波透射法进行桩身完整性检测。

单桩承载力检测方法分静载试验法和动力试验法两大类。其中静力试验法包括单桩竖向抗压静载荷试验、单桩竖向抗拔静载荷试验、单桩水平静载荷试验、桩自平衡静载试验等；常用的单桩竖向抗压动力试验法主要是高应变动力试桩法，包括实测曲线拟合法和CASE法，目前国际还应用静动法等方法测试承载力。

抗身结构强度及桩端持力层情况可采用钻芯法。

工程桩施工前未进行单桩静载试验的一级建筑桩基，或工程桩施工前未进行单桩静载试验，且有下列情况之一者：

1. 地质条件复杂；

2. 桩的施工质量可靠性差；

3. 桩数多的二级建筑桩基。

应采用静载试验法对工程桩单桩竖向承载力进行检测。

工程桩施工前已进行单桩静载试验的一级建筑桩基，地质条件好的、桩的施工质量可靠的二级建筑桩基和三级建筑桩基，可采用高应变动力试桩法对工程单桩竖向承载力进行检测。对一、二级建筑桩基静载试验检测的辅助检测，有经验也可采用高应变动力试桩法。

1.1.3.2 抽检数量

工程桩的抽检数量应根据检测目的、工程的重要性、地质条件、桩基类型及其受力特性、施工情况、设计要求和试验能力及试验条件等因素确定。

一般情况下，由沉管灌注桩、钻孔灌注桩、预制桩等组成的群桩基础，桩身完整性检测的抽检数量应不少于同条件下总桩数的20%。单柱单桩的工程桩，其桩身完整性检测数量应为100%。

工程桩的承载力试验，若采用静荷载试验，试验桩数量不得少于同条件下总桩数的1%，且不得少于3根（工程桩总桩数在50根以内不应少于2根），若采用高应变动力试桩法，试桩数量不得少于同条件下总桩数的2%，且不得少于5根。

在桩身完整性检测中，检出完整性不合格的桩总数超过受检桩总数的30%时，应按初检总桩数加倍复检。若复检后不合格的桩总数仍超过复检总数的30%，应全数检测桩身完整性。

在单桩承载力检测中，检出单桩承载力不满足设计要求，应选择相同施工条件的同类型桩按不满足设计要求的桩数加倍复检，若复检结果仍不满足设计要求的桩，应对整个场地的工程桩进行加固处理。

1.1.3.3 检测前准备工作

1. 检测前应掌握下列资料：工程地质资料、基础设计图、施工原始记录（打桩记录或钻孔记录及灌注混凝土记录等）和桩位布置图。

2. 检测前应做好下列准备：进行现场调查；对所需检测的单桩做好测前处理；检查所用仪器设备的性能并确认其处于正常技术状态；根据拟建物的工程特点、桩基类型以及所处的工程地质环境，明确检测内容和检测要求，选定检测方法与仪器设备的技术参数。

3. 确认被测桩已达到可以检测的条件：灌注桩应达到桩身混凝土规定养护龄期或预留试块的抗压强度达到预期值；打入桩应达到地基土有关规定。

4. 从成桩到开始试验的间歇时间：在桩身强度达到设计要求的前提下，对于砂类土，不应少于10d；对于粉土和粘土，不应少于15d；对于淤泥或淤泥质土，不应少于25d。

5. 由设计、监理、监督人员考虑下列因素共同商定受检的桩：

(1) 从设计角度认为重要的桩；

(2) 对施工质量有怀疑的桩；

(3) 地质条件（地层岩性、涌水等）可能影响施工质量的桩；

(4) 灌注桩混凝土浇筑工艺条件变化时，能代表不同浇筑工艺条件的桩；

(5) 需使受检桩桩位分布均匀。

6. 桩基检测前，必须按拟采用的检测方法的有关要求进行桩头预处理。

1.1.3.4 检测步骤

基桩检测应先进行完整性检测，然后根据完整性检测的结果再进行承载力检测。

选用多种方法进行完整性检测时，首先应进行低、高应变检测，然后再进行声波透射法检测，最后进行钻孔抽芯法检测。

需要用高应变和静载试验法检定工程桩承载力时，应先进行高应变动力检验，然后再根据高应变动力检验的结果进行静载试验。应根据完整性检测的结果，优先抽检完整性差的桩进行承载力检验。

1.2 天然地基和改良地基的基本检测方法

天然地基和改良地基的基本测试方法主要包括载荷试验（平板载荷试验、旁压试验和螺旋板载荷试验等）、剪切试验（十字板剪切试验和大型剪切试验等）、触探试验（静力触探和动力触探等）及动力测试（波速测试等）等。

其特点为：①符合实际情况，资料可靠性大；②土体保持原有结构；③与室内试验相比，测试的对象及范围更有代表性。

1.2.1 载荷试验

1.2.1.1 平板载荷试验

平板载荷试验分为浅层平板载荷试验和深层平板载荷试验，是利用一定面积的承压板，并在承压板上分级加荷以后，测得不同荷载下的位移和沉降量，再根据荷载与沉降量的关系曲线，确定浅部地基土层，深部地基土层及大直径桩、墩基端部土层承压板下应力主要影响范围内的承载力和变形参数。

1. 特点

(1) 测出的承载力比较准确，可以作为其他试验对比的标准；

(2) 周期长、成本高；

(3) 重要的建筑物或没有取得经验的地区要做此试验。

2. 存在问题

(1) 承压板面积比较小，影响深度小，与建筑物基础面积相差较大，承压板四周很容易出现塑性区，所以测出的承载力有偏差；

(2) 试验时间比实际受荷时间短得多，加载速率对承载力的影响目前研究还不够；

(3) 承压板下应力比较复杂，计算的变形模量都是近似的；

(4) 承压板上加的荷载，可以影响到基础下的深度为承压板宽度的1.5~2倍，该深度以下不产生影响或影响极小。

3. 主要设备

(1) 反力系统：包括地锚、桁架或堆载等；

(2) 量测系统：通常用百分表观测；

(3) 加压系统：包括承压板、千斤顶、稳压器、立柱等。

4. 试验要点

(1) 承压板的面积：常用范围在2500~10000cm^{2}之间，若地基很硬，可以选小些；若地基很软，可以选大些。对密实土、硬土，常用2500cm^2；对软土、人工填土，常用10000cm^2。

(2) 评价承载力时，要用到半无限弹性理论，要求基坑宽度大于承压板宽度的3倍。

(3) 试验前，预留10~20cm的保护层，试验时再挖掉。

(4) 为了保持水平并保证受力均匀，在试验板下垫2~5cm中、粗砂。

(5) 若试坑有地下水时，要降水、安装承压板等设备，并等水位恢复后试验。

(6) 加荷等级对不同土有所不同，一般要加8~10级。常用情况见表1-1。

载荷试验加荷等级 **表1-1**

土体类型	加荷等级（kPa）
淤泥、流塑土、极松砂	15
软塑土、松散砂	15~25
可塑土、稍密砂	25~50
硬塑土、密实砂	50~100
坚硬土、软岩	100~200

(7) 稳定标准：每一级载荷，以5，5，10，10，15，15，30，30，……分钟的间隔读数，测沉降量，读到在连续两小时每小时沉降量小于等于0.1mm，可以认为沉降已达到相对稳定，再加下一级荷载。

(8) 极限压力状态的现象

1) 承压板四周土体隆起，有时出现开裂挤出，或经向土体裂缝持续发展；

2) 荷载不增加，沉降量继续增加，本级沉降量大于前级的5倍荷载沉降（$P-S$）曲线出现陡降；

3) 在某级荷载作用下，24h内沉降未能稳定；

4) 累计沉降量达到承压板宽度的6%，可以认为土已破坏。

(9) 回弹观测：分级卸载，观测回弹值；分级卸载量级为加荷增量的两倍，15min观测一次，1h再卸下一次荷载；完全卸载后，应继续观测2~3h。

(10) 终止试验。

5. 试验资料整理

在试验中，由于一些因素的干扰，使试验变形值与真实变形值之间存在一定误差。诸如因安装设备等未测到变形，使观测值偏小；或是试验时土面未平整，或开挖基坑回弹变形等又使观测值偏大；还有不易估计到的偶然性因素，使试验变形值偏小或偏大。表现在 $P-S$ 曲线图上的试验曲线不通过原点（O点）（图1－1中的虚线），所以在应用资料前，必须对原始资料进行整理。

试验资料整理一般包括：检查整理原始资料；校正沉降数据、绘制校正后的 $P-S$ 曲线；编制试验综合成果表及说明等。

（1）及时检查原始资料，试验结束后进行全面检查整理。将检查后的时间、变形、压力等有效数据填写载荷试验汇总表内；

（2）根据原始资料绘制 $P-S$ 和 $S-T$ 曲线草图；

（3）修正沉降观测值：先求出校正值 S_o 和 $P-S$ 曲线斜率 C_o；

（4）设原始沉降观测值为 S'_i，校正后的沉降值为 S_i，则有：

比例界限以前的各点：$S_i = C_o P_i$

比例界限以后的各点：$S_i = S'_i$ 量 $- S_o$

（5）最后，利用整理校正好的资料绘制 $P-S$ 曲线（图1－1中的实线）。

确定 S_o 和 C_o 的方法：

①图解法：在原始资料绘制的草图上找出比例界限点，作一直线，使比例界限点均靠近直线（图1－1中虚线上的实线），该直线与纵坐标的交点即为 S_o；在通过直线上的点，求出直线斜率 C_o[如：$C_o = (S'_i - S_o)/P_i$]。

②在作上述直线后，用最小二乘法确定 $S_o - C_o$：

$$S_o = \frac{\sum P_i S'_i \sum P_i - \sum P_i^2 \sum S'_i}{(\sum P_i)^2 - N \sum P_i^2} \qquad (1-1)$$

$$C_o = \frac{(\sum P'_i - NS_o)}{\sum P_i} \qquad (1-2)$$

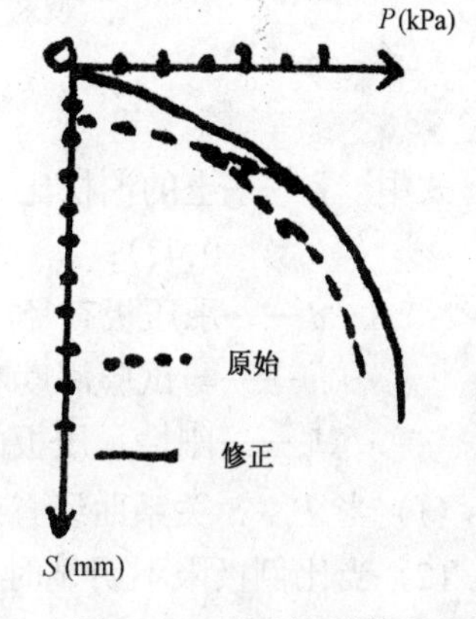

图1－1　试验资料整理

式中　N——比例界限点前的加荷次数。

6. 成果应用

（一）确定地基土承载力特征值

（1）强度控制法

1）对密实砂土、硬黏土等低压缩性土，承压板下土体往往是整体破坏，$P-S$ 关系曲线有明显的起始线性段（弹性阶段）、中间曲线段和尾端直线破坏三个阶段；此时 $P_u > P_o$，其中 P_o 为比例极限，P_u 为破坏荷载（极限压力），取 P_o 即为承载力特征值。

2）对于高压缩性土，曲线没有明显的直线段。可以用三种方法确定承载力特征值；

①某一级荷载下的沉降量 $\Delta S_i > 5 > \Delta S_{i-1}$，此时把对应的荷载作为承载力；

②$1gP - 1gS$ 曲线拐点对应的 P，作为承载力；

③$P - \frac{\Delta S}{\Delta P}$ 曲线拐点对应的 P，作为承载力。

(2) 相对沉降控制法

由沉降量（S）与承压板宽度（B）的比值确定。

对一般中高压缩性土，以 $S/B=0.02$ 对应的力 P 作为承载力特征值：对低压性黏性土和砂土，以 $S/B=0.01\sim0.015$ 对应的力 P 作为承载力特征值，但其值不得大于加载量的一半。

(3) 极限荷载法

应用极限荷载法的要求 $P-S$ 关系曲线达到比例极限后很快发展到极限破坏。

当 P_u 与 P_o 接近时，极限压力 P_u 除以一个安全系数（一般取 2）作为土体承载力特征值。

当 P_u 与 P_o 较远时，用（P_u-P_o）除以一个安全系数（一般取 2）再加比例极限作为土体承载力特征值。

（二）计算地基土变形模量

浅层平板载荷试验土的变形模量（E_o）(MPa) 为：

$$E_o = I_o(1-\mu^2)\frac{Pd}{S} \tag{1-3}$$

浅层平板载荷试验土的变形模量（E_o）(MPa) 为：

$$E_o = w\frac{Pd}{S} \tag{1-3a}$$

式中 μ——土的泊松比（碎石土取 0.27；砂土和粉土 0.30；粉质黏土 0.38；黏土取 0.42）；

d——承压板直径或等效直径（cm）；

w——与试验深度和土质有关的系数；

I_o——刚性承压板的形状系数，圆形取 0.785；方形取 0.886。

(1) 当 $P-S$ 关系曲线有弹性阶段时，取比例极限和与之对应的沉降量；

(2) 当比例极限不明显时，黏性土，取 $S/B=0.02$ 对应的 P 和 S；砂土，取 $S/B=0.015$ 对应的 P 和 S。

（三）预估建筑物沉降量

在利用载荷试验资料预估建筑物沉降量时，要求建筑物基础宽度两倍的深度范围内土质均匀。此时，建筑物沉降量：

$$\text{砂土地基}: S' = S\left[\frac{B'}{B}\right]^2\left[\frac{B+30}{B'+30}\right]^2 \tag{1-4}$$

$$\text{黏性土地基}: S' = S\frac{B'}{B} \tag{1-5}$$

式中 S'——预估建筑物沉降量（cm）；

S——与建筑物基底压力对应的承压板沉降量（cm）；

B'——基础短边宽度（cm）；

B——承压板宽度（cm）。

（四）判断黄土的湿陷性

在黄土地区可以应用载荷试验判断黄土的湿陷性。按前述载荷试验方法和步骤加荷至预定载荷（常按设计荷载考虑），待沉降稳定向试坑注水，保持水头20~30cm。为了便于渗水和防止坑底冲刷，注水前应在坑底承压板四周铺5~10cm厚的粗砂或砾石。浸水后沉降稳定（标准同前），浸水增加的沉降值即为黄土湿陷引起的湿陷量。此值可以和规定值进行对比，判断是否属于湿陷性黄土地基。

1.2.1.2　螺旋板载荷试验

螺旋板载荷试验是用人力或机械力将螺旋形承压板旋入地面以下的预定深度，通过传力杆向螺旋形承压板施加压力，测定螺旋形承压板的下沉量。

螺旋形承压板：螺距与螺板直径比一般为1/5~1/4；板厚与直径比为1/25；常用的螺板直径为159.58mm、195.44mm、252.25mm和298.55mm；相应螺旋板的投影面积分别为200cm^2、300cm^2、500cm^{2}和700cm^2。

加荷及反压部分：螺旋板竖向加荷多采用液压系统；并配用地锚反力系统。

测记部分：螺旋板多采用螺旋板上部的压力传感器；测记变形用位移传感器或百分表量测与螺旋板相连的内管相应变位。

螺旋板载荷试验的要点基本与载荷试验要点相同。

螺旋板载荷试验的应用：

1．与载荷试验要点相同，$P-S$关系曲线有明显的初始压力（相当于土层自重）、临塑压力（相当于土的结构强度）和极限压力。

2．计算土的不排水模量E_u（MPa）

$$E_u = 0.33 P_u D \tag{1-6}$$

式中　D——螺旋板直径（cm）；

P_u——$P-S$曲线上的极限压力（MPa）。

3．计算土的不排水抗剪强度C_u（kPa）

$$C_u = \frac{4P_u}{K\pi D^2} \tag{1-7}$$

式中　P_u——$P-S$关系曲线上的极限荷载压力（kN）；

K——系数：对于软塑、流塑软粘土为8.0~9.5；其他土为9.0~11.5。

1.2.2　**旁压试验**

一、旁压仪结构和工作原理

1．旁压仪结构

旁压仪分为预钻式和自钻式两种，旁压仪主要由旁压器、变形量测系统、加压系统、接连软管及成孔工具等组成。

下面以PY2-A型预钻旁压仪为例，讨论其原理和应用。旁压器总长为450mm，中腔长度为250mm，外径为50mm，中腔体积为491cm^3。

2．旁压仪工作原理

当水箱中的水注满旁压器三腔并返回测管和辅管至一定刻度后，加压装置所加的气压通过调压阀控制的预定压力直接传到测管和辅管水面，气压转为水压，并将压力传递给下放在钻孔中的旁压器，旁压器弹性膜受力后膨胀，从而对孔壁土体施加侧向压力，形成均匀的圆柱型应力区，导致土体变形并相应引起测管水位下降。沉降管水位下降1mm，相当于钻孔径向位移0.04mm。

二、仪器的标定

1．弹性膜约束力的标定

（1）标定要求：使用新旁压仪或更新弹性膜时须进行弹性膜约束力的标定：

A、弹性膜在标定前要进行加压、退压，使之先膨胀1~2次；

B、弹性膜一般进行3~5次试验后要复校一次约束力，使用10次后可不再进行标定。

（2）标定方法

将旁压仪先排气充水，以压力等级为10kPa逐级加压，使弹性膜只受自身约束力膨胀，逐级记录各级压力下的测管水位降，然后绘制压力P与测管水位降S的$P-S$曲线，该曲线即为弹性膜约束力标定曲线。

2．仪器管路综合变形的标定

将旁压器放入无缝钢管或有机玻璃管内，然后接通管路，排气、充水，使旁压器在径向受限制的条件下逐级加压，逐级记录测管水位降，加压等级为100kPa。加压到500kPa终止试验，根据记录绘制压力P与测管水位降S的$P-S$曲线，即为仪器管路综合变形的标定曲线。曲线中直线段的斜率为综合变形校正系数（图1-2）。

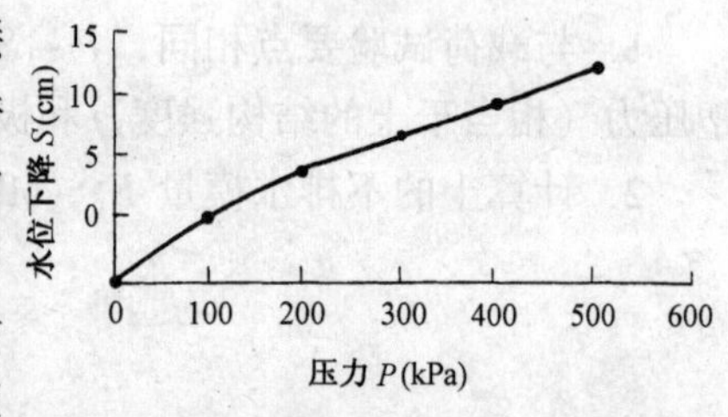

图1-2 仪器管路综合变形的标定

三、试验要点

1．成孔：孔径为52~58mm范围内效果较好。要求钻孔孔壁垂直光滑，成孔深度要比预测深度大35~40cm（预测深度从孔口算至旁压器中腔中点）；

2．水箱注水：水要求为清洁的蒸馏水或冷开水；

3．接通管路：使水充填到各种管道中，充满后要把测管水位调零；

4．把旁压器放入钻孔中预测深度处，此时旁压器已受静水压力属第一级压力，稳定3min后，得水位下降值，再加下一级荷载。静水压力的计算：

（1）测试深度内有地下水时： $P_\omega=(S+H)\gamma_\omega$ （1-8）

（2）测试深度内无地下水时： $P_\omega=(S+Z)\gamma_\omega$ （1-9）

式中 P_ω——静水压力；

S——测管水面至孔口高度；

Z——旁压试验深度；

H——地下水位；

γ_{ω}——水的重度。

5. 逐级加荷及观测记录

每级压力下应维持1min或2min后再施加下一级压力；

一般黏性土、粉土、砂土：可维持1min，加荷后15s、30s、60s测读变形量；

饱和软粘土：可维持2min，加荷后15s、30s、60s、120s测读变形量；

试验加压等级见表1-2。

表1-2

土体类型	加压等级（kPa）
淤泥、流塑土、松散砂	<15
软塑土、稍密砂	15~25
可塑土、中密砂	25~50
硬塑土、密实砂	50~100
碎石土	>100

6. 边试验边做曲线，当曲线出现陡降段，测管内水位暂流5cm左右时，立即终止试验，将旁压器内的水回上来排净，使弹性膜恢复原状2~3min后，取出旁压器。

四、资料整理

1. 绘制旁压曲线

(1) 首先根据弹性膜约束力标定曲线和仪器综合标定曲线，进行压力P和测管水位降S的校正，然后绘制$P-S$或$P-V$旁压曲线。

(2) 压力校正：$P=P_i+P_{\omega}+P_t$，其中：P_i为测管读到的读数；P_{ω}为静水压力；P_t为弹性膜约束力。

(3) 测管水位降的校正：$S=(S_i-P_i+P_{\omega})\alpha$，其中：$S_i$为测得的测管水位降；$\alpha$为仪器综合变形校正系数。

(4) 绘制旁压曲线：以校正后的压力（P）校正后的测管水位降（S）（或校正后的V值）绘制$P-S$曲线或$P-V$曲线。

2. 旁压曲线的特征

完整的旁压曲线由三段组成（见图1-3）：初始阶段（OA段）、拟弹性变形阶段（AB段）和塑性变形阶段（BC段）。

初始阶段（OA段）：旁压器探头把钻孔壁推回到成孔前位置所需的压力和对应位移。

拟弹性变形阶段（AB段）：呈斜直线，表明从A点起，土体进入弹性变形阶段。

塑性变形阶段（BC段）：自B点起，土体开始出现塑性变形直至破坏。

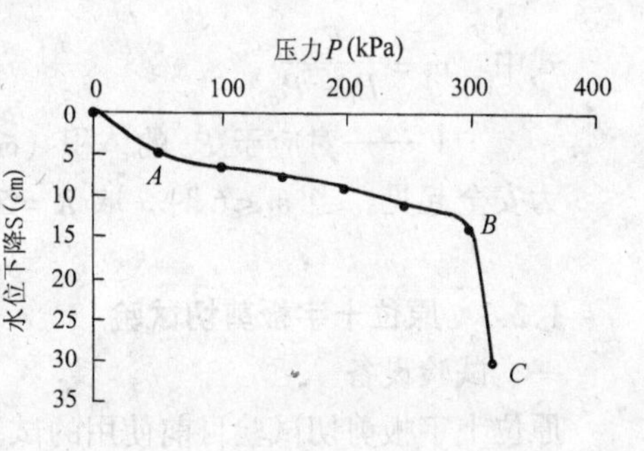

图1-3　旁压曲线的特征

对应于旁压曲线的三个阶段，可以确定一些特征值。

初始应力（P_o）：旁压曲线直线段延长线交于S轴，并由该点作P轴的平行线交于旁压曲线的点对应的压力。

临塑压力（P_f）：旁压曲线直线段的终点。

极限压力（P_l）：旁压曲线过临塑压力后，达到与S轴平行的渐近线对应的压力。

五、成果应用

1．确定地基土承载力

（1）临塑荷载法：
$$f = P_f - P_o \tag{1-10}$$

（2）极限荷载法：
$$f = (P_f - P_o) / F_s \tag{1-11}$$

式中　f——地基土承载力（kPa）；

F_s——安全系数，一般取2~3，可据地区经验而定。

临塑荷载法适用于一般土；极限荷载法适用于过极限压力后曲线急剧变陡的土。

2．计算地基土的旁压模量

地基土的旁压模量为：
$$E_m = 2(1+\nu)(V_c + V_m)\frac{\Delta P}{\Delta V} \tag{1-12}$$

式中　E_m——旁压模量（MPa）；

ν——泊松比；

ΔP——旁压曲线直线段的压力增量（MPa）；

ΔV——对应于的体积增量（cm^3），由 S 值和测管截面积（PY2－A型为15.28cm^2）的乘积得到；

V_c——旁压器中腔的体积（PY2－A型为491cm^3）（cm^3）；

V_m——旁压曲线上对应于 P_o 和 P_f 的平均体积（cm^3）。

3．计算变形模量

变形模量的计算依据机械工业部勘察研究院的研究成果。地基土的变形模量为（MPa）：$E_o = KE_m$，K 为变形模量与旁压模量的比值。

粘性土、粉土和砂土：
$$K = 1 + 61.10m^{-1.5} + 0.0065(V_o - 167.6) \tag{1-13}$$

黄土类土：
$$K = 1 + 43.77m^{-1} + 0.0050(V_o - 211.9) \tag{1-14}$$

不区分土类：
$$K = 1 + 25.25m^{-1} + 0.0069(V_o - 159.5) \tag{1-15}$$

式中　$m = \dfrac{E_m}{P_i - P_o}$，

V_o——对应于 P_o 的体积（cm^3）。

为安全起见，当 $m \leqslant 6$ 时，取 $K = 5$ 作为限值。

1.2.3　原位十字板剪切试验

一、试验设备

原位十字板剪切试验目前使用的试验设备有开口钢环式、轻便式和电测式三种。主要由十字板头、钻、导杆和施测扭力装置三部分构成，其中开口钢环式目前最常用。

二、试验原理

施加的扭力矩使插入土层试验深度的十字板头转动，将土剪损，测出土体抵抗剪损的最大力矩，由力矩平衡条件计算土体的不排水强度。应该满足扭力矩平衡的假定条件如下：

1. 旋转十字板头在土体中形成圆柱形剪损面，剪损面高度和直径与十字板头高度（H）和宽度（D）相同；

2. 剪损面上各点抗剪强度相等；

3. 剪损面上各处强度同时发挥作用，同时达到极限状态。

根据假定的条件，施加在板头上的最大扭力矩 M_{max}等于圆柱体顶底面和侧面上土体抵抗力矩之和，计算出土体抗剪强度：

$$
\begin{aligned}
M_{max} &= M_1 + M_2 \\
&= 2C_u \cdot \frac{\pi D^2}{4} \cdot \frac{2}{3} \cdot \frac{D}{2} + C_u \pi DH \cdot \frac{D}{2} \\
&= \frac{1}{2} C_u \pi D^2 \left(\frac{D}{3} + H\right)
\end{aligned}
$$

故，$C_u = \dfrac{2M_{max}}{\pi D^2 \left(\dfrac{D}{3} + H\right)}$与土体剪切时相平衡的最大扭力矩应为：

$$
M_{max} = (P_f - f) R
$$

式中　P_f——地面量测总扭力；

f——轴杆及仪器机械消耗的扭力；

R——钢环率定时的力臂。

由以上两式，并令

$$
K = \frac{2R}{\pi D^2 \left(H + \dfrac{D}{3}\right)}
$$

且已知钢环率定系数 $C = \dfrac{p}{\varepsilon}$，则有：

$$
C_u = KC(\varepsilon_y - \varepsilon_g) \tag{1-16}
$$

式中　C_u——原状土的抗剪强度；

K——十字板常数；

C——钢环率定系数；

ε_y、ε_g——分别为原状土剪切时和轴杆校正时的百分表读数。

如果用 C_u 表示重塑土的抗剪强度，则

$$
C_u^1 = KC(\varepsilon_c - \varepsilon_g) \tag{1-17}
$$

式中　ε_c——土扰动后重新剪切时，克服总扭力时的百分表读数。

三、试验要点（开口钢环式）

1. 在回转钻孔中进行，要求孔壁光滑，用 ϕ127mm 套管，清除孔内扰动土，可以有少量残余土。若有地下水，则等水位恢复后再试验。

2. 将十字板头、轴杆、钻杆接好，使十字板头下至孔底。

3. 开口钢环百分表调零。

4. 试验开始：开动秒表同时以每 10sl 度的均匀转速转动手摇柄（顺时针方向），每转

1度测记一次百分表读数。当读数出现峰值或稳定值后，再继续1min。峰值或百分表读数，即为原状土剪切破坏时的 ε_y。

5. 拔出特制键，在导杆上套上摇柄，顺时针方向转动6圈，使十字板周边土充分扰动，然后插入特制键，重复步骤4，测定重塑土剪切破坏时百分表读数 ε_c。

6. 拔下特制键，上提导杆2~3cm，使离合齿脱离，再插上特制键，转动手摇柄，按步骤4测定轴杆与土之间摩擦及机械消耗阻力的百分表读数 ε_g。

7. 试验结束。

四、资料整理

1. 计算土的抗剪强度；

2. 计算重塑土的抗剪强度；

3. 计算土的灵敏度：$S_1=\frac{C_u}{C_u^1}$；

4. 绘制抗剪强度与试验深度的关系曲线，了解抗剪强度随深度变化规律；

5. 绘制抗剪强度与回旋角的关系曲线，了解土的结构性和破坏过程。

五、成果应用

一般认为，原位十字板剪切试验测得的不排水抗剪强度是峰值强度，其值偏高。长期强度只有峰值强度的60%~70%，因此，原位十字板剪切试验测得的强度需进行修正后，才能用于设计计算。

1. 计算地基承载力（据中国建筑科学研究院和华东电力设计院）

$$q=2C_u+\gamma h \tag{1-18}$$

式中 q——地基承载力（kPa）；

C_u——修正后的十字板剪切强度（kPa）；

γ——土的重度（kN/cm³）；

h——基础埋置深度（m）。

2. 估算单桩极限承载力

$$Q_{umax}=N_cC_uA+U\sum_{i=1}^{n}C_{ui}L_i \tag{1-19}$$

式中 Q_{umax}——单桩极限承载力（kN）；

N_c——承载力系数，均质土取9；

C_u——桩端土修正后的十字板剪切强度（kPa）；

C_{ui}——各层桩周土修正后的十字板剪切强度（kPa）；

A——桩的截面积（m²）；

U——桩的周长（m）；

L_i——桩的分层入土长度（m）；

n——土的分层。

3. 确定软土路基的临界高度

$$H_c = KC_u \tag{1-20}$$

式中　H_c——均质厚层软土路其的临界高度（m）；

K——系数，一般取3（cm^3/kN）；

C_u——修正后的十字板剪切强度（kPa）。

4. 分析地基稳定性

应用十字板测得的不排水强度，在分析软土地基的边坡稳定中应用较广；按 $\varphi=0$ 作为圆弧滑动法进行地基稳定性分析，一般认为比较符合实际。稳定系数可采用下式进行计算：

$$K = \frac{W_2 d_2 + C_u LR}{W_1 d_1} \tag{1-21}$$

式中　W_1——滑体下滑部分土体所受重力（kN/m）；

d_1——W_1 对于通过滑动圆弧中心垂线的力臂（m）；

W_2——滑体抗滑部分土体所受重力（kN/m）；

d_2——W_2 对于通过滑动圆弧中心垂线的力臂（m）；

C_u——修正后的十字板剪切强度（kPa）；

L——滑动圆弧长度（m）；

R——滑动圆弧半径（m）。

5. 判断软土的固结历史

根据剪切强度与深度的关系曲线，可以判断土的固结性质。

（1）在曲线上，剪切强度与深度成正比，并可以根据实测的剪切强度值绘制一直线且通过原点，则认为该土属正常固结土。

（2）在曲线上，剪切强度与深度成正比，实测的剪切强度值大致成一直线，但该直线不通过原点而与纵轴（深度轴）的向上延长线相交，则认为该土属超固结土。

（3）仅在某一深度以下实测的剪切强度值有大致通过原点的直线趋势，而在深度以上的剪切强度值偏离直线较多，则认为该深度以下的土属正常固结土；而该深度以上的土属超固结土。

1.2.4　静力触探

一、静力触探的基本原理

用准静力将一个内部装有传感器的触探头以匀速压入土中，由于地层中各种土的软硬不同，探头所受的阻力也不同，传感器将这种大小不同的贯入阻力通过电信号输入到记录仪表记录下来，再通过贯入阻力与土的工程地质特征之间的定性关系和统计关系，来实现取得土层剖面、提供地基承载力、选择桩间持力层和预估单桩承载力等工程地质勘察目的。

二、静力触探设备

静力触探设备主要由触探主机（贯入装置）和反力装置两大部分组成。静力触探仪由三个主要部分构成：探头——地层阻力传感器；量测记录仪表；贯入装置——触探机，作用是将探头压入土中。

三、试验要点

（1）准备工作，包括探头、钻杆和信号电缆、自动记录仪、油路系统的检查等。

(2) 接通电源和探头，打开电源开关，仪器预热15min，选好供桥电压，调零。

(3) 先将探头压入土中0.5m左右，再提升5~10cm，使探头在不受力情况下与地表土温度平衡，测得此时仪表的初读数，以后每隔2m提升一次，测出探头不受力时记录笔初读数。初读数在最后要扣除。

(4) 尽量采用国际上通用的标准速率1.2m/min，可在±25%范围内变化。

(5) 试验结束，拿回探头。

四、资料整理

1. 电阻应变仪量测的单孔原始资料整理

(1) 初读数校正

$$\varepsilon = \varepsilon_1 - \varepsilon_0$$

式中 ε——应变量；

ε_1——应变仪读数；

ε_0——应变仪初读数。

(2) 贯入阻力的计算

$$p_s = K_p \cdot \varepsilon_p$$

$$q_c = K_q \cdot \varepsilon_q$$

$$f_s = K_f \cdot \varepsilon_f$$

式中 K_p、K_q、K_f——分别为 p_s、q_c、f_s 传感器的标定系数；

ε_p、ε_q、ε_f——分别为 p_s、q_c、f_s 传感器的应变量或输出电压。

(3) 摩阻比的计算

摩阻比 R_f 是同一深度的侧摩阻力 f_s 与锥尖阻力 q_c 之比，以百分数表示：

$$R_f = \frac{f_s}{q_c} \times 100\%$$

2. 绘图及分层

(1) 一般的工程只画剖面图即可。绘出 p_s – H、q_c – H、f_s – H 关系曲线，进行力学分层和连线。

(2) 分层方法

对 $p_s \leqslant 1$MPa 的土，其并层幅度可控制在 $p_{smax}/p_{smin} \leqslant 1.5$；对 1MPa $< p_s \leqslant 3$ MPa 的土，其并层幅度可控制在 $p_{smax}/p_{smin} \leqslant 2$；对 $p_s > 3$ MPa 的土，其并层幅度可控制在 $p_{smax}/p_{smin} < 2.5$。分层的允许误差为10~20cm。

(3) 分层界线

静力触探由软土层进入硬土层时或由硬土层进入软土层时，曲线会出现一过渡段，即存在所谓“超前”和“滞后”问题。一般过渡段代表的土层厚度仅有10~30cm，分层界线可选在曲线过渡段的中点。

五、成果应用

1. 确定土层剖面和土的类别

据铁道部《静力触探使用技术暂行规定》中，提出根据和把土分成三大类的方法（图 1-4）。

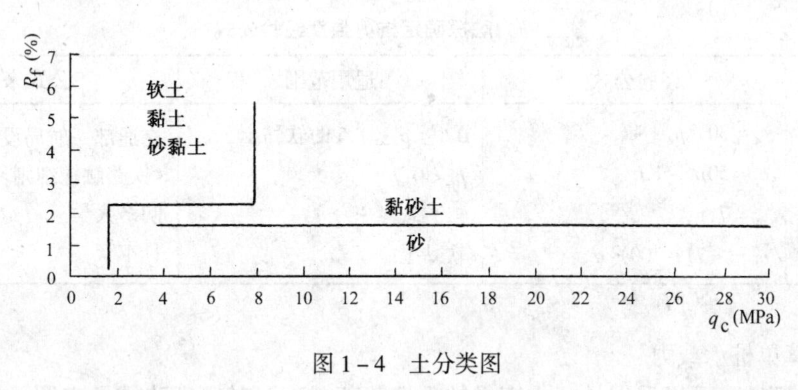

图 1-4 土分类图

2. 提供天然地基土承载力

通过比贯入阻力与载荷试验对比，各地区建立了一定的相互关系，表 1-3 为不同单位得到的不同地区黏性土和砂土的经验公式，可作参考应用（f_0 为承载力基本值 kPa）。

黏性土和砂土静力触探承载力经验公式 **表 1-3**

土类	序号	经验公式	适用范围	公式来源
黏性土	1	$f_0=104p_s+26.9$	$0.3\le p_s\le 6$	勘察规范（TJ21-77）
	2	$f_0=183.44\sqrt{p_s}-46$	$0\le p_s\le 5$	铁三院
	3	$f_0=17.3p_s+159$		北京地区老黏性土
		$f_0=114.8\lg p_s+124.6$	北京地区新近代土	原北京市勘测处
	4	$p_{0.025}=91.4p_s+44$	$1\le p_s\le 3.5$	湖北综合勘察院
	5	$f_0=249\lg p_s+157.8$	$0.6\le p_s\le 4$	四川省综合勘察院
	6	$f_0=86p_s+45.3$	无锡地区 $p_s=0.3\sim3.5$	无锡市建筑设计室
	7	$f_0=116.7p_s^{0.387}$	$0.24<p_s<2.53$	天津市建筑设计院
	8	$f_0=87.8p_s+24.36$	湿陷性黄土	陕西省综合勘察院
	9	$f_0=98p_s+19.24$	黄土地基	原一机部勘测公司
	10	$f_0=44p_s+44.7$	平川型新近堆积黄土	机械委勘察研究院
	11	$f_0=90p_s+90$	贵州地区红黏土	贵州省建筑设计院
	12	$f_0=112p_s+5$	软土 $0.085<p_s<0.9$	铁道部（1988）
砂土	1	$f_0=20p_s+59.5$	粉细砂 $1<p_s<15$	静力触探测定砂土承载力
	2	$f_0=36p_s+76.5$	中粗砂 $1<p_s<10$	联合试验小组报告
	3	$f_0=91.7\sqrt{p_s}-23$	水下砂土	铁三院
	4	$f_0=$（25～33）q_c	砂土	国外

3．确定土的不排水抗剪强度 c_u（kPa）

用静力触探成果确定饱和软黏土的不排水抗剪强度，目前是根据静力触探成果和十字板剪切试验成果对比，建立其相关关系（表1-4）。

软土静力触探确定抗剪强度经验公式　　**表1-4**

序号	经验公式	适用范围	公式来源
1	$c_u = 30.8p_s + 4$	$0.1 \le p_s \le 1.5$ 的软黏土	交通部一航局设计院
2	$c_u = 50p_s + 1.6$	$p_s < 0.7$	《铁路触探细则》
3	$c_u = 71p_s$	镇海软黏土	同济大学
4	$c_u =（71 \sim 100）q_c$	软黏土	日本

4．估算单桩承载力

静力触探试验可以看作是一小直径的现场载荷试验。对比试验结果表明，用静力触探成果估算单桩极限承载力是行之有效的，我国已有较成熟的经验关系。

根据比贯入阻力估算预制桩竖向承载力；N_d《上海市地基基础设计规范》，该方法适用于沿海软土地基：

$$N_d = \frac{1}{F_s}(a_b P_{sb} A_p + U_p \sum f_i l_i) \qquad (1-22)$$

式中　A_p——桩的截面积（m^2）；

U_p——桩的周长（m）；

F_s——安全系数，一般取2，也可根据经验调整；

l_i——桩的分层入土长度（m）；

a_b——桩端阻力修正系数，由表1-5查得；

桩端阻力修正系数　　**表1-5**

桩长（m）	$l < 15$	$15 \le l \le 30$	$l > 30$
a_b	2/3	5/6	1

P_{sb}——桩端附近的比贯入阻力平均值（kPa），按下式计算：

当 $P_{sb1} \le P_{sb2}$时，$P_{sb} =（P_{sb1} + P_{sb2}\beta）/2$；

当 $P_{sb1} > P_{sb2}$时，$P_{sb} = P_{sb2}$；

P_{sb1}——桩端全断面以上8倍桩径范围内比贯入阻力平均值（kPa）；

P_{sb2}——桩端全断面以上4倍桩径范围内比贯入阻力平均值（kPa）；

β——折减系数，由表1-6查得；

折减系数　表1-6

P_{sb1}/P_{sb2}	<5	5~10	10~15	>15
β	1	5/6	2/3	1/2

f_i——用比贯入阻力估计桩周各层土的极限承载力（kPa），由以下原则确定：

①地表以下6m范围内的浅层土，取15kPa；

②黏性土：当 $P_s < 1$ MPa时，$f_s = P_s/20$；当 $P_s > 1$ MPa时，$f_s = 0.025P_s + 25$；

③粉土及砂土：$f_i = P_s/20$。

1.2.5　动力触探

一、定义

用一定重量的落锤、以一定落距自由落下，将一定形状、尺寸的探头贯入土层中，记录贯入一定厚度土层所需锤击数的一种原位测试方法。

二、用途

1. 定性方面：土的分层，评价土的均匀性；检查人工填土地基处理的质量；检查边坡的滑动带。

2. 定量方面：根据统计关系确定土的物理力学性质，包括砂土密度、黏土的状态、地基土的承载力、被加固土的强度和变形参数等。

三、常用动力触探设备类型

下面列出的是国内常用的类型（表1-7）：

国内常用的动力触探设备类型　表1-7

类型		锤重（kg）	落距（cm）	探头或贯入器	贯入指标	触探杆外径（mm）
圆锥动力触探	轻型	10	50	圆锥探头、锥角60°，锥底直径4cm，面积12.6cm²	贯入30cm的锤击数 N_{10}	25
	重型	63.5	76	圆锥探头、锥角60°，锥底直径7.4cm，面积43cm²	贯入10cm的锤击数 $N_{63.5}$	42
	超重型	120	100	同重型	贯入10cm的锤击数 N_{120}	50~60
标准贯入		63.5	76	对开管式贯入器，外径5.1cm，内径3.5cm，刃口角19°47′	贯入30cm的锤击数 $N_{63.5}$	42

四、圆锥动力触探试验

1. 轻型动力触探：主要由锥形探头、触探杆和落锤三部分组成。一般用于一、二层建筑物地基勘察和施工验槽。连续贯入，贯入深度可达4m左右。可以确定地基承载力基本值。

适用范围：黏性土、粉土。

可预估一般黏性土、黏性素填土和新近堆积黄土的承载力基本值 f_0 分别见表 1－8、1－9、1－10。

一般黏性土承载力基本值　　表 1－8

N_{10}	15	20	25	30
f_0（10kPa）	10	14	18	22

黏性素填土承载力基本值　　表 1－9

N_{10}	10	20	30	40
f_0（10kPa）	8	11	13	15

新近堆积黄土承载力基本值　　表 1－10

N_{10}	7	11	15	19	23	27
f_0（10kPa）	8	9	10	11	12	13

2. 重型动力触探：可以自地表向下连续贯入或分段贯入。锤击速率以 15～30 击/min 为佳，一般以 5 击为一阵击。贯入深度在 16～20m 以内，主要用于砂类、卵砾类土的勘察。主要可以用于划分土层、确定滑动面位置和确定承载力。

地下水位以下的中、粗、砾砂、圆砾和卵石，需要对原始锤击数 $N'_{63.5}$ 进行修正：

$$N_{63.5} = 1.1N'_{63.5} + 1.0$$

适用范围：砂土、碎石土。

可根据校正后的 $N_{63.5}$，按表 1－11 和表 1－12 预估承载力基本值 f_0。

中、粗、砾砂的承载力基本值　　表 1－11

$N_{63.5}$	3	4	5	6	8	10
f_0（10kPa）	12	15	20	24	32	40

碎石土承载力基本值　　表 1－12

$N_{63.5}$	3	4	5	6	8	10	12
f_0（10kPa）	14	17	20	24	32	40	48

3. 超重型动力触探：可以用于密实的卵石层或埋深大、厚度大的卵石层。须配有自动落锤装置。采用连续贯入，并控制每分钟 15～25 击。一般每小时可进尺 4m 左右、贯入深度小于 20m。可以确定基本承载力。

适用范围：密实碎石土或埋深较大、厚度较大的碎石土。

N_{120}的修正要考虑侧壁摩擦：

$$N_{120} = F_{n} N'_{120}$$

式中　F_{n}——侧壁摩擦修正系数（表1-13）。

侧壁摩擦修正系数（α）　　表1-13

N_{120}	1	2	3	4	6	8~9	10~12	13~17	18~24	25~31
F_{n}	0.92	0.85	0.82	0.80	0.78	0.76	0.75	0.74	0.73	0.72

西南综合勘察设计院经大量对比试验（与载荷和重型触探等）和数理统计给出用N_{120}确定卵石、碎石地基的承载力基本值（表1-14）。

卵石、碎石地基的承载力基本值　　表1-14

N_{120}	1	2	3	4	5	6	7	8	9	10
f_0（10kPa）	0.97	1.96	2.93	3.90	4.85	5.79	6.71	7.62	8.54	9.44
N_{120}	11	12	13	14	15	16	17	18	19	20
f_0（10kPa）	10.4	11.2	12.2	13.0	14.0	14.9	15.7	16.7	17.5	18.5

五、标准贯入试验

1. 试验设备

带排水、排气孔对开式贯入器、导向杆、锤垫、穿心落锤和探杆组成。导向杆长1.6~2.0m与探杆均为ϕ42mm的钻杆。穿心锤重63.5kg，多采用自动落锤装置。

2. 试验要点

（1）试验在钻孔中进行，钻进到试验土层，先预留10~15cm的保护层，钻孔以回转钻进为主。孔壁不稳定时应采用套管或泥浆护壁。

（2）在正式贯入前先将贯入器打入15cm不计击数，接着记录每贯入10cm，累计贯入30cm的锤击数$N'_{63.5}$（实测击数）。

（3）提取贯入器，取贯入器中土样描述或用于进行室内试验。

（4）一般可以每隔1m进行一次试验。

（5）当遇硬土层，锤击达50击也未贯入30cm时，应停止贯入并记录贯入厚度。

3. 成果应用

在成果应用前，需对资料进行整理。

①据《岩土工程勘察规范》GB50021-2001及《建筑抗震设计规范》（GB50011-2001）和SD128-86《土工试验规程》可不作钻杆长度修正。

②对有效粒径d_{10}在0.1~0.5mm范围内的饱和粉细砂，当密度大于某一临界密度，由于透水性小，标贯产生的孔隙水压力可使$N'_{63.5}$偏大。相当于此临界密度的实测值$N'_{63.5}$=15。当$N'_{63.5}>15$时应按下式修正：

$$N_{63.5} = 15 + \frac{1}{2}(N'_{63.5} - 15)$$

（1）利用 $N_{63.5}-H$ 划分土层。

（2）确定地基土承载力

表 1－15 和表 1－16 列出了国家标准《建筑地基基础设计规范》（GB50007－2002）关于用标贯击数确定黏土、砂土承载力基本值。

黏性土承载力基本值 **表 1－15**

$N_{63.5}$	3	5	7	9	11	13	15	17	19	21	23
f_0（kPa）	105	145	190	220	295	325	370	430	515	600	680

中、粗、粉细砂承载力基本值 **表 1－16**

$N_{63.5}$	10	15	30	50
中粗砂 f_0（kPa）	180	250	340	500
粉细砂 f_0（kPa）	140	180	250	340

（3）判断砂土密实密度

表 1－17 给出了国内外常用的判断标准。

国内外按 $N_{63.5}$ 判断砂土密实密度 **表 1－17**

紧密程度		相对密度	$N_{63.5}$					
			国际标准	南京水科院、江苏水利厅	原水电部水科所			冶金勘察规范
国外	国内				粉砂	细砂	中砂	
极松	松散	0.00～0.20	0～4	10	＜4	＜13	＜10	＜10
松			4～10					
稍密	稍密	0.20～0.33	10～15	10～30	＞4	13～23	10～26	10～15
中密	中密	0.33～0.67	15～30					15～30
密实	密实	0.67～1.00	30～50	＞30		＞23	＞26	＞30
极密			＞50					

（4）判定砂土液化

国家标准《建筑抗震设计规范》（GB50011－2001）规定了饱和砂土液化的判定方法：

1）首先根据地层条件进行初步判别：

第四纪晚更新世及其以前的饱和砂土可判为不液化土；

当粉土的粉粒（粒径小于 0.005mm）含量百分数不小于 10、13 和 16（分别对应于 7 度、8 度和 9 度的设防烈度）时，可判为不液化土；

采用天然地基的建筑，当上覆非液化土层厚度和地下水埋深符合下列条件之一时，可判为不液化土：

$$①\ d_u > d_0 + d_b - 2$$

$$②\ d_w > d_0 + d_b - 3$$

$$③\ d_u + d_w > 1.5d_0 + 2d_b - 4.5$$

式中　d_w——地下水埋深（m），应采用建筑物使用期内年平均最高水位，也可采用近期年内最高水位；

d_u——上覆非液化土层厚度（m），计算时应将淤泥和淤泥质土排除；

d_b——基础埋深（m），不超过2m时采用2m；

d_0——液化土特征深度（m）按表1－18确定（表1－18）。

液化土特征深度（m）　　表1－18

	烈度（°）		
饱和土类别	7	8	9
粉土	6	7	8
砂土	7	8	9

2）当初判认为需进一步进行液化判别时，应用下式：

$$N_{63.5} < N_{cr} = N_0[0.9 + 0.1(d_s - d_w)]\sqrt{\frac{3}{\rho_c}}$$

式中　$N_{63.5}$——饱和土标准贯入击数实测值；

N_{cr}——液化判别标准贯入击数临界值；

N_0——液化判别标准贯入击数基准值（表1－19）；

d_s——饱和土标准贯入点深度（m）；

ρ_c——黏粒含量百分率，当小于3或为砂土时，均应采用3。

标准贯入击数基准值　　表1－19

	烈度（°）		
近远震	7	8	9
近震	6	10	16
远震	8	12	-

3）当存在液化土层地基，应进一步探明各液化土层的埋深和厚度并按下式计算液化指数 I_{LE}，进而按表1－20划分液化等级。

$$I_{LE} = \sum_{i=1}^{n}\left(1 - \frac{N_i}{N_{cri}}\right)d_i w_i$$

式中 n——15m 深度范围内每一个钻孔标准贯入试验点总数；

N_i、N_{cri}——分别为第 i 点标贯击数的实测值和临界值，当实测值大于临界值时，取临界值；

d_i——第 i 点所代表的土层厚度（m），可取与该标贯试验点相邻的上、下标贯试验点深度差的一半，但上界不小于地下水埋深，下界不大于液化深度；

w_i——第 i 土层考虑单位土层厚度的层位影响权函数值（m^{-1}），当该层中点深度<5m 时，应采用 10；≥15m 时，应采用零值；5~15m 时，应按线性内插取值。

液化等级 **表 1-20**

液化指数	$\alpha < I_{LE} \leq 5$	$5 < I_{LE} \leq 15$	$I_{LE} > 15$
液化等级	轻微	中等	严重

1.3 复合地基静载荷试验检测

复合地基的静载荷试验包括单桩复合地基和多桩复合地基检测，试验的基本方法和特点与平板载荷试验基本相同。

试验要点如下：

1. 复合地基载荷试验承压板应为刚性。单桩复合地基载荷试验的承压板可用圆形或方形，面积为一根桩承担的处理面积；多桩复合地基载荷试验的承压板可用方形或矩形，其尺寸按实际桩数所承担的处理面积确定。桩的中心（或形心）应与承压板中心保持一致，并与荷载作用点相重合。

2. 承压板底高程宜接近基础底面设计高程。承压板底面下宜铺设与设计复合地基垫层相应的垫层，垫层厚度宜取 100mm。垫层上宜设中砂或粗砂找平层。试验标高处的试坑长度和宽度，应不小于承压板尺寸的 3 倍。基准梁的支点应设在试坑之外。

3. 加载等级可分为 8~12 级。最大加载压力不宜小于设计要求压力值的 2 倍。

4. 每加一级荷载前后均应各读记承压板沉降一次，以后每半小时读记一次。当一小时内沉降量小于 0.1mm 时，即可加下一级荷载。

5. 当出现下列现象之一时可终止试验：

（1）沉降急剧增大，土被挤出或承压板周围出现明显的隆起；

（2）承压板的累计沉降量已大于其宽度或直径的 10%；

（3）当达不到极限荷载，而最大加载压力已大于设计要求压力值的 2 倍。

6. 卸载级数可为加载级数的一半，等量进行，每卸一级，读记回弹量，直至变形稳定。

7. 复合地基承载力基本值的确定：

（1）当压力-沉降曲线上极限荷载能确定，而其值大于对应比例界限的 2 倍时，可取比例界限；当其值小于对应比例界限的 2 倍时，可取极限荷载的一半；

(2) 按相对变形值确定：

①对砂石桩和振冲桩复合地基：当以粘性土为主的地基，可取 s/b 或 $s/d=0.020$ 所对应的压力（b 和 d 分别为承压板宽度和直径，当其值大于 3m 时，按 3m 计算）；当以粉土或砂土为主的地基，可取 s/b 或 $s/d=0.015$ 对应的压力。

②对土挤密桩或石灰桩复合地基，可取 s/b 或 $s/d=0.015$ 所对应的压力。对灰土挤密桩复合地基，可取 s/b 或 $s/d=0.008$ 所对应的压力。

③对水泥粉煤灰碎石桩或夯实水泥土桩复合地基，可取 s/b 或 $s/d=0.010$ 所对应的压力。

④对水泥土搅拌桩或旋喷桩复合地基，可取 s/b 或 $s/d=0.008\sim0.010$ 所对应的压力。

8. 试验点的数量应根据工程桩数和工程重要性确定，但不应少于 3 点，当满足其极差不超过平均值的 30%时，可取其平均值为复合地基承载力标准值。

1.4　桩基工程质量检测

1.4.1　桩基静载试验检测

1.4.1.1　单桩竖向抗压静载试验

1. 试验目的

采用接近于竖向抗压桩的实际工作条件的试验方法，确定单桩竖向（抗压）极限承载力，作为设计依据，或对工程桩的承载力进行抽样检验和评价。当埋设有桩底反力和桩身应力、应变测量元件时，尚可测定桩侧阻力和桩端阻力。

对于较软弱地基上利用压重平台做为反力时，应验算地表土层的地基承载力，进行堆载时应保持荷载的均匀性（如应同时等重量堆东西或南北向的荷载）。若地表土层的承载力不能满足时应对需承受堆重荷载部分的地基土进行加固。

当采用锚桩做为反力时，应验算锚桩的抗拔力，在加载时宜先加 1~2 级荷载让锚杆均匀受力后再将所有锚杆用螺铨旋紧或用楔形铁片塞紧。

当采用锚桩压重联合装置时，加载时宜先让压重平台先受力，等到压重平台受力完成时，再拉紧锚杆让锚杆受力。

锚桩抗拔力极限值可按下式计算：

$$N_u \leqslant U_k + G_p$$

$$U_k \leqslant \sum \lambda_i q_{sik} u_i l_i \tag{1-23}$$

式中　U_k——基桩抗拔极限承载力；

u_i——破坏表面周长，对于等直径桩取 $u=\pi d$；对于扩底桩按表 1-21 取值；

λ_i——抗拔系数，按表 1-22 取值；

G_p——基桩（土）自重设计值，地下水位以下取浮重度，对于扩底桩应按表

1－24确定桩、土柱体周长，计算桩、土自重设计值。

q_{sik}——桩侧表面第 i 层土的抗压极限侧限力标准值。

扩底桩破坏表面周长 U_i　　表1－21

自桩底起算的长度 (l_i)	≤5d	>5d
u_i	πD	πd

抗拔系数 λ_i　　表1－22

土类	λ值
砂土	0.50～0.70
粘性土、粉土	0.70～0.80

注：桩长 l 与桩径 d 之比小于20时，λ_i 取小值。

2．试验加载装置

试验加载装置一般采用油压千斤顶，可用单台或多台同型号千斤顶并联加载，千斤顶的加载反力装置可根据现场实际条件来选取。

（1）锚桩反力装置

利用主梁与次梁组成反力架，该装置将千斤顶的反力（后座力）传给锚桩。锚桩与反力梁装置能提供的反力应不小于预估最大试验荷载的1.2～1.5倍。采用工程桩作锚桩时，锚桩数量不得少于4根，为使试桩获得最大单桩承载力，常用6～8根，试桩平面布置见图1－5，其入土深度不应小于试桩深度，锚桩横梁装置见图1－6。对于预制桩作锚桩，要注意接头的连接。对于灌注桩作锚桩，钢筋笼要通长配置。锚桩要按抗拔桩的有关规定计算确定，在试验过程中对锚桩上拔量进行监测，通常不宜大于7～10mm。试验前对钢梁进行强度和刚度验算，并对锚桩的拉筋进行强度验算。除了工程桩当锚桩外，也可用地锚的办法。

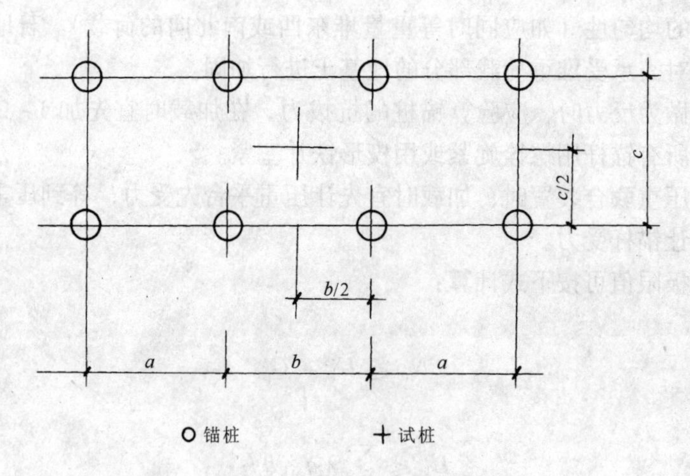

图1－5　试桩平面布置图

○锚桩　+试桩

注：a、b、c 距离根据表1－23确定

锚桩反力装置试验的不足之处是进行大吨位试验时随机抽样比较困难，尤其是对灌注桩。

(2) 堆重平台反力装置

采用该方案时，压重量不得少于预估试桩最大加荷量的1.2倍，压重应在试验前一次加上，并均匀稳固放置于平台上。堆重可用钢锭、混凝土块、袋装砂或水箱等。在用袋装砂或袋装土、碎石等作为堆重物时，在安装过程中尚需作技术处理，以防鼓凸倒塌。大吨位试桩时，要注意大量堆载将引起的地面下沉，对基准桩应进行沉降观测。除了对钢梁进行强度和刚度计算外，还应对堆载的支承面进行验算，以防堆载平台出现较大不均匀沉降。堆重法的优点是对工程桩能随机抽样检测。

(3) 锚桩压重联合反力装置

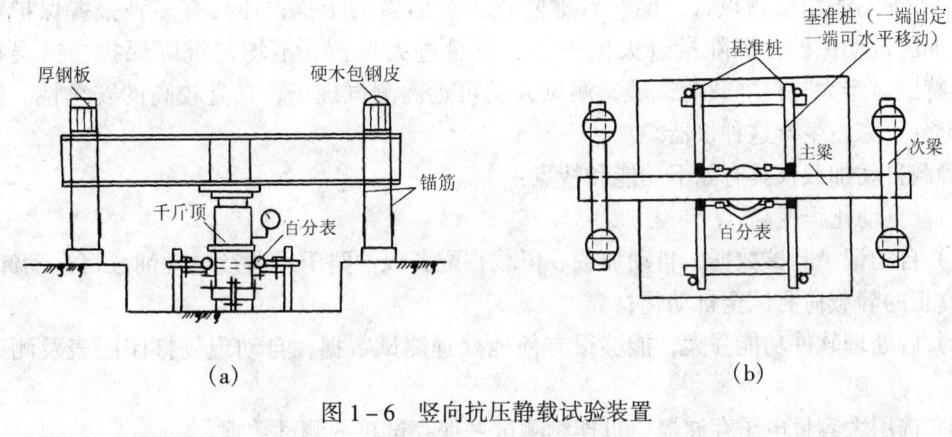

图1-6 竖向抗压静载试验装置
(a) 侧视；(b) 俯视

当试验最大加载量超过锚桩的抗拔能力时，可在锚桩上和横梁上放置或悬挂一定重物，由锚桩和重物共同承受千斤顶加载反力。

当采用多台千斤顶加载时，千斤顶应严格进行几何尺寸对中，应将千斤顶并联同步工作，千斤顶的上下部位需设置有足够强度和刚度的垫箱，并使千斤顶的合力通过试桩中心。

3．量测仪表、测试元件及自动加载记录装置

荷载通过油压系统连接于千斤顶的高精度压力表测定油压，一般采用0.4精度等级，并按千斤顶标定曲线换算荷载。千斤顶应定期进行系统标定，并进行主动与被动标定。也可用放置于千斤顶上的应力环或压力传感器直接同时测定荷载，实行双控校正。当然应力环或压力传感器也应定期进行标定。液压系统应有稳压装置。沉降一般采用50mm大量程百分表、电子位移计或相当于S_1精度的水准仪测量。对于大直径桩在其2个正交直径方向对称安置4个位移测试仪表，中、小直径桩可安置2或3个位移测试仪表。百分表、电子位移计和水准仪也需定期标定。沉降测定平面离桩顶距离不应小于0.5倍桩径，固定和支承百分表的夹具、基准梁在构造上应确保不受气温、振动及其他外界因素影响而发生竖向变位。将工程桩作为基准桩最为理想，基准梁通常采用型钢，应一端固支，另一端简支。当采用压重平台反力装置时，对其基准桩应进行监测，以防荷载引起的地基下沉而影响测读精度。为了保证试验安全起见，特别当试验加载临近破坏时，应遥控测读沉降，即采用电子位移计或遥控摄像机测读。

桩身内预埋测试元件，国内较多的是采用电阻应变式钢筋计。通常制作法如下，将一

根约1m长ϕ20的钢筋，中间部位加工成ϕ18cm、长10cm。选用34mm的应变片，按有关技术标准，用502高强快干胶粘贴，应变片可接成半桥或全桥，用优质多芯屏蔽电缆线引出并作好，防潮绝缘处理，制作好的电阻应变式钢筋计需进行标定，然后放置于待测截面的钢筋笼上，每个截面等分安放3个或2个钢筋计，目前这种测试元件成活率可达90%以上。此外，在桩身预埋金属管和测杆，可直接测定桩端下沉量。

静载自动加荷试验仪是利用位移传感器与压力传感器将千斤顶上的力信号和桩顶的位移信号传至工业级CPU控制主板，进行自动采集数据、自动测试、自动加压、自动稳压，具有数据真实性与准确性好、防止非技术人员干预等特点，还能根据有关规范，在现场完成打印各种图表和检测报告，能有效地防止人为因素的干扰；还具有多种报警保护功能（如：加压自动保护、沉降量过大保护、上拔量过大保护、不均匀沉降保护、错误自检等）；特别对于大吨位静载荷试验，测试人员可远离测试现场，具有较高的安全性。国内已有部分厂家在生产这种仪器。

静载自动加载仪具有如下功能和特点：

（1）自动化程度高

1）自动记录测试数据，自动加载、恒载，配备双油路千斤顶及电动油泵可自动卸载，实现真正的静载荷测试全自动化；

2）后处理软件功能强大，能够很方便地处理测试数据，自动现场打印图表及测试报告；

3）选用大容量电子存储器，可连续测试并保存试桩的测试数据。

（2）操作简便，易用性好

1）采用全汉化操作界面，所有信息均由中文显示；

2）现场可实时显示 $Q-S$、$S-\lg Q$、$S-\lg t$ 曲线及所有测试数据，便于现场测试人员及时了解测试状况；

3）使用中继器连接方式，现场连线简洁明了。

（3）适应性强，用途广泛

1）提供慢速、快速、基岩、复合地基四种试桩方法，并提供相应测试规范及稳定标准；

2）可自行定义测试方案，用于其他有关位移及压力检测试验；

3）可与任何由电动油泵供油的千斤顶系统配套，对原液压系统不作技术改动；配置精密三通接头，使之与压力表及压力传感器之间的连接良好；

4）采用测量油压的方式，便于安装，而且测试系统配置与试桩荷载大小无关；

5）可以人工干预试桩（包括修正测试数据），完全实现人工试桩时所需各种特殊功能，但是修正测试数据会在仪器中留下痕迹；

6）交、直流两种供电方式，确保现场顺利测试。

（4）安全性、可靠性好

1）多种报警保护措施；

2）断电时数据不丢失，恢复通电时，可自动恢复未完成试桩试验，而无需人工干预；

3）测试点与主机间只用一根粗电缆连接，连线方便，同时提高抗破坏力，而且测试人员可远离测试现场30～40m，安全性好。

(5) 独特的黑匣子功能

为了便于政府职能部门管理和规范试验操作方法，静载自动加荷试验仪提供黑匣子式数据管理模式。所有原始记录均以特定格式储存在仪器中，通过接口可将原始数据传输到计算机内，此文件经存贮不可修改，作为档案资料管理；但可显示原始记录、修改记录等现场重要信息，从而实现对整个测试过程进行有效监控。

(6) 系统连接说明

1) 千斤顶、油泵、压力传感器连接

①将油泵换向阀打到中间位置。

②用油管将油泵回油口与千斤顶油路连接起来，注意在连接之前将接头清理干净，严防砂子、泥土进入油路中。

③将三通接头一端接上压力传感器，另两端中一端与千斤顶下油路相连接，另一端与油泵出油口用高压油管连接起来。

2) 控载箱、电动油泵、电源接线

①将油泵三相电源插头接到控载箱三相四线插座上。

②将控载箱的三相电源插头接到供电电源插座上。注意接线时，地线不可接错。

③用四芯电缆将控载箱的控载口同主机（或中继器）的控载口接好。

3) 压力传感器、位移传感器、中继器与主机的连接（图1－7）

①将位移传感器固定于桩头，方法与固定机械百分表相同。

②对于数字式位移传感器，用七芯电缆将位移传感器接至中继器 $S1 \sim S8$ 接头上；对于调频式防水位移传感器则直接将四芯插头插在中继器 $S1 \sim S8$ 接头上。

③将压力传感器的五芯插头接至中继器 $P1$ 或 $P2$ 接头上。

④用十九芯电缆将中继器和主机的总线口连接好。

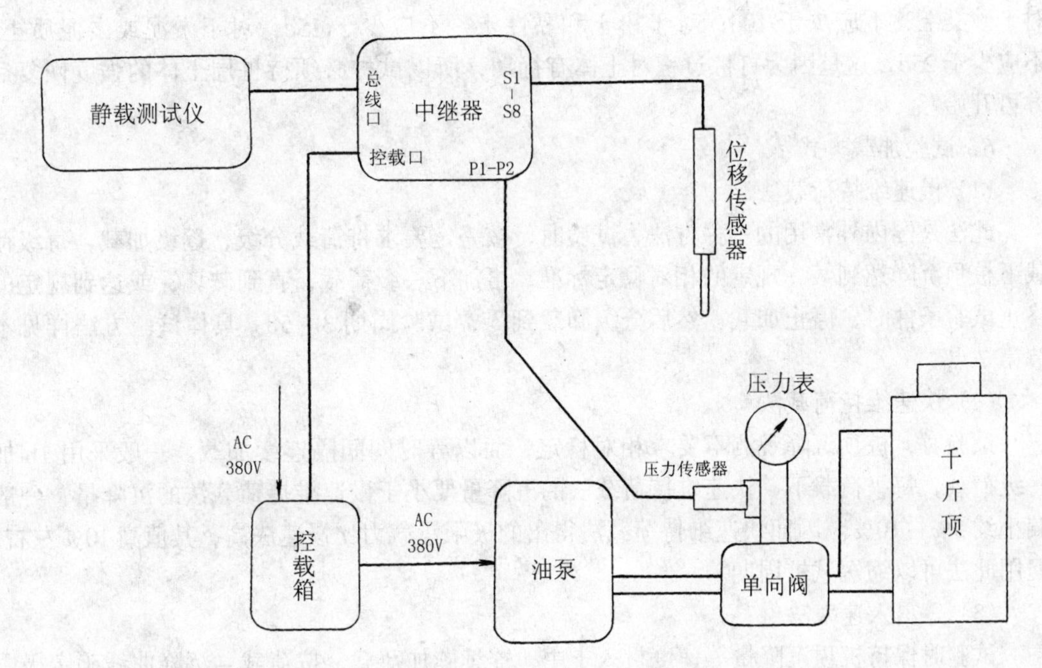

图1－7

4．试桩、锚桩和基准桩之间的中心距离

试桩、锚桩和基准桩之间的中心距离应符合表1－23的规定。表中 d 为试桩或锚桩的设计直径，取其较大者。如试桩或锚桩为扩底桩时，试桩与锚桩的中心距不应小于2倍扩大端直径。

试桩、锚桩和基准桩之间的中心距离　　表1－23

反力系统	试桩与锚桩（或压重平台支座墩边）	试桩与基准桩	基准桩与锚桩（或压重平台支座墩边）
锚桩 压重	≥4d 且＞2.0m	≥4d 且＞2.0m	≥4d 且＞2.0m

5．试桩制作，试桩间歇时间

试桩制作应与工程桩的成桩工艺及质量控制标准相一致。为了缩短试桩养护时间，混凝土强度等级可适当提高，或掺入早强剂。试桩顶部应予加强。对于预制桩，若桩顶未破损，可不作处理。如果因沉桩困难，桩底未达设计标高，在砍桩后需作处理，否则因砍桩产生的微小裂缝在试桩过程中会引起桩头爆裂，以致试桩被迫中止。对于灌注桩，其桩顶要凿除浮浆，直到混凝土强度等级达到设计要求。一般试桩桩顶加强可在桩顶配置加密钢筋网2～3层，或以薄钢板圆筒作成加劲箍与桩顶混凝土浇成整体，再用高等级砂浆将桩顶抹平。为安置沉降测点和仪表，试桩顶部露出试坑地面的高度不宜小于600mm，试坑地面宜与桩承台底设计标高一致。

试桩从成桩到开始试验的间歇时间，在桩身混凝土强度等级达到设计要求的情况下，对于砂类土，不应少于10d；对于粉土和黏性土，不应少于15d；对于淤泥或淤泥质土，不应少于25d。这是因为打桩过程对土体有扰动，所以试桩必须待桩周土体的强度恢复后方可开始。

6．试验加载方式

（1）慢速维持荷载法

此法是国内外常用的一种方法，试验时，按一定要求将荷载分级，逐级加载，每级荷载下桩顶沉降达到某一规定的相对稳定标准，再加下一级荷载，直到破坏，或达到规定的终止试验条件时，停止加载，然后分级卸载到零，试验周期3～5d。具体试验方法详见本节第7点。

（2）快速维持荷载法

试验时，桩顶沉降观测不要求相对稳定，而以等时间间隔连续加载。一般采用1h加一级荷载，每级荷载下，快速维持荷载法的沉降量要小于慢速维持荷载法的沉降量，一般偏小约5%～10%。因而快速维持荷载法得出的极限承载力比慢速法高，其值高10%左右。但用此法可以缩短试桩周期。

（3）等贯入速率法

试验时保持桩顶沉降量等速度贯入土中，连续施加荷载，按荷载－沉降曲线确定极限荷载。对黏性土贯入速率一般为0.25～1.25mm/min；对砂性土贯入速率一般为0.75～

2.5mm/min。试验一般进行到累计贯入量50~75mm，或至少等于平均桩径的15%，也可以加到设计荷载的3倍或试桩反力系统的最大能力，试验在1~3h就可完成。

(4) 循环加载卸载法

此法在国外用得比较多，通过试验能测得循环荷载的残余下沉量和弹性变形。在慢速维持荷载法中，以部分荷载进行加载卸载循环，有的对每一级荷载达到相对稳定后重复加卸载，有的以快速法为基础对每一级荷载进行重复加卸载循环。

其他试验方法还有等时间间隔法进行重复加卸载循环。

7. 慢速维持荷载法操作标准

(1) 加载分级

每级加载为预估极限荷载的1/10~1/15，第一级可按2倍分级荷载加荷。但在最后一级加载或在试验过程中有迹象表明，可能会提前出现临界破坏时那一级荷载，可分为2~3次加载，这对于判定极限承载力的精度是有帮助的。

(2) 稳定标准

桩顶沉降每级加载后间隔5、10、15min各测读一次，累计1h后每隔30min测读一次。桩顶沉降量连续两次在每小时内小于0.1mm，即可加下一级荷载。

(3) 终止加载条件

当出现下列情况之一时，即可终止加载。

1) 当荷载-沉降($Q-S$)曲线上出现陡降段，且桩顶总沉降量超过40mm。

2) 桩顶总沉降量达到40mm后，继续增加二级或二级以上荷载仍无陡降段。

3) 已达到锚桩最大抗拔力或压重平台的最大重量时。

(4) 卸载与卸载沉降观测

每级卸载值为每级加载值的2倍，每级卸载后隔15min测读一次残余沉降，读2次后隔30min再读一次，即可卸下一级荷载，全部卸载后，隔3~4h后再读一次。

考虑到缩短试验时间，对于工程桩的检验性试验，可采用快速维持荷载法，即一般每隔1h加一级荷载，第一级可按2倍分级荷载加荷。卸载值按加载值2倍，每级15min，测读时间为5、15min，全部卸载后隔2h再读最后残余变形值。

对于重大工程、超高层建筑或其他对沉降要求较高的工程，应采用慢速维持荷载法。

8. 试验分析

(1) 单桩竖向极限承载力的确定：作荷载-沉降($Q-S$)曲线图和其他辅助曲线图，图中应标明试桩的类型、构造尺寸、地质剖面图以及各层土的物理力学指标。

1) 根据沉降量随荷载的变化特征确定极限承载力，对于陡降段$Q-S$曲线取$Q-S$曲线发生明显陡降的起点。

2) 根据沉降量确定极限承载力；对于缓变型$Q-S$曲线一般可取$S=40$mm对应的荷载。当桩长大于40m时，可考虑桩的弹性变形。

3) 根据沉降时间的变化特征确定极限承载力；取$S-\lg t$曲线尾部出现明显向下弯曲的前一级荷载值。

4) 本级荷载沉降大于前一级荷载沉降量的2倍，且经24h尚未达到稳定，取前一级荷载值。

(2) 当各试桩条件基本相同时，单桩竖向抗压极限承载力特征值宜按下列步骤与方法确定：

计算试桩结果统计特征值：

1）按上述方法，确定 n 根正常条件试桩的极限承载力实测值 Q_{ui}；

2）按下式计算 n 根试桩实测极限承载力平均值 Q_{um}；

$$Q_{um} = \frac{1}{n}\sum_{i=1}^{n} Q_{ui} \tag{1-24}$$

3）按下式计算每根试桩的极限承载力实测值与平均值之比 α_i；

$$\alpha_i = Q_{ui}/Q_{um} \tag{1-25}$$

4）按下式计算 a_i 的标准差 S_n

$$S_n = \sqrt{\sum_{i=1}^{n}(\alpha_i - 1)/(n-1)} \tag{1-26}$$

（3）确定单桩竖向抗压极限承载力特征值 Q_{uk}

1）当 $S_0 \leqslant 0.15$ 时，$Q_{uk} = Q_{um}$；

2）当 $S_0 > 0.15$ 时，$Q_{uk} = \lambda \cdot Q_{um}$；

（4）单桩竖向抗压极限承载力特征值折减系数 λ，根据变量 α_i 的分布，按下列方法确定：

1）当试桩数 $n=2$ 时，按表 1－24 确定。

折减系数 λ（$n=2$）　　表 1－24

$a_2 - a_1$	0.21	0.24	0.27	0.30	0.33	0.36	0.39	0.42	0.45	0.48	0.51
λ	1.00	0.99	0.97	0.96	0.94	0.93	0.91	0.90	0.88	0.87	0.85

2）当试桩数 $n=3$ 时，按表 1－25 确定。

折减系数 λ（$n=3$）　　表 1－25

$a_3 - a_1$ / λ / a_3	0.30	0.33	0.36	0.39	0.42	0.45	0.48	0.51
0.84							0.93	0.92
0.92	0.99	0.98	0.98	0.97	0.96	0.95	0.94	0.93
1.00	1.00	0.99	0.98	0.97	0.96	0.95	0.93	0.92
1.08	0.98	0.97	0.95	0.94	0.93	0.91	0.90	0.88
1.16							0.86	0.84

3）当试桩数 $n \geqslant 4$ 时，按下式计算：

$$A_0 + A_1\lambda + A_2\lambda^2 + A_3\lambda^3 + A_4\lambda^4 = 0$$

式中 $$A_0 = \sum_{i=1}^{n-m} a_i^2 + \frac{1}{m}\left(\sum_{i=1}^{n-m} a_i\right)^2$$

$$A_1 = -\frac{2n}{m}\sum_{i=1}^{n-m} a_i$$

$$A_2 = 0.127 - 1.127n + \frac{n^2}{m}$$

$$A_3 = 0.147 \times (n-1)$$

$$A_4 = -0.042 \times (n-1)$$

取 $m = 1, 2, 3 \cdots\cdots$ 满足上式的 λ 值即为所求。

9．试验报告：试验报告应包括以下内容

一、工程概况：整理成表格形式，并应对成桩和试验过程出现的异常现象作补充说明

二、检测仪器设备、方法和标准

(1) 试验加载装置及标定时间、有效期

(2) 试验加载方法和沉降观测

(3) 检测标准

三、成桩情况

四、工程地质概况

五、检测结果汇总表

六、结论

七、附图表

(1) 检测桩位平面图

(2) 地质资料附图

(3) $Q-s$ 曲线图

(4) $s-\lg t$ 曲线图

(5) 荷载—沉降数据汇总表

1.4.1.2　单桩竖向抗拔静载试验

1．试验目的和适用范围

(1) 试验目的：采用接近于竖向抗拔桩的实际工作条件的试验方法，确定单桩抗拔极限承载力。

(2) 适用范围：对于需承受上拔荷载大的基础桩，应进行竖向抗拔静载试验。

2．试验仪器、设备

一般采用油压千斤顶加载、千斤顶的加载反力装置可根据现场实际情况而确定，可利用工程桩作为反力支座。抗拔桩与支座桩的最小间距应 $\geqslant 4d$ 且 $\nless 2.0$m。

抗拔荷载可用放置于千斤顶上的应力环、应变式压力传感器直接测定，或采用联于千斤顶的标准压力表测定油压，根据千斤顶标定曲线换算荷载。试桩上拔变形一般用百分表测量，布置方法与竖向抗压试验相同。

3．试验技术措施

(1) 试验加载方法：一般采用慢速维持荷载法。当考虑结合实际工程桩的荷载特征

时，也可采用多循环加卸载法。

（2）加载分级：每级加载为预估极限荷载的1/10～1/15。

（3）变形观测：每级加载后间隔5、10、15min各测读一次，以后每隔15min测试一次，累计1h后每隔30min测读一次。每次测读值记入试验记录表，并记录桩身外露部分裂缝开展情况。

（4）变形相对稳定：每一小时内的变形值不超过0.1mm，并连续出现两次（由1.5h内连续三次观测值计算），认为已达到相对稳定，可加下一级荷载。

（5）终止加载条件：当出现下列情况之一时，即可终止加载。

1）桩顶荷载为桩受拉钢筋总极限承载力的0.9倍时；

2）某级荷载作用下，桩顶变形量为前一级荷载作用下的5倍；

3）累计上拔量超过100mm。

4．试验分析

根据现场试验记录、绘制单桩竖向抗拔试验荷载－变形（$U-\Delta$）曲线图；

对于陡变形（$U-\Delta$）曲线，取陡升起点荷载为极限荷载；

对于缓变形（$U-\Delta$）曲线，根据上拔量和$\Delta-\lg t$曲线变化综合制定，即$\Delta-\lg t$尾部显著弯曲的前一级荷载为极限荷载。

5．试验报告

试验报告应包括工程概况、检测仪器设备、基本原理和标准、成桩情况、工程地质情况、检测结果、结论，并应附有桩基平面图、地质资料附图和$U-\Delta$曲线、$\Delta-\lg t$曲线。

1.4.1.3　自平衡法静载试验

1．概述

传统的静载荷试桩法是迄今为止公认的确定单桩承载力的最直观、最可靠的方法。然而长期以来，静载荷试验的装置一直停留在压重平台反力装置、锚桩反力装置或压重平台和锚桩反力架联合反力装置之类的型式，试验工作费时、费力、费钱，因此人们常力图回避做静载试验，而且单桩承载力越高，做静载试验越困难，以致许多重要的建构筑物的大吨位基桩往往得不到准确的承载力数据，桩基的潜力没有完全发挥。为此，美国西北大学教授Jorj O. Osterberg于20世纪80年代中期萌发了新的思路，研究成功了一种新的静载试桩法。由于其加压装置简单，不需压重平台，不需锚桩反力架，不占用施工场地，试验方便，费用低廉，能节省时间且能直接测出桩的侧阻力和端阻力，近10年来该法已在美国许多州广泛应用。美国深基础协会（DFI）为此授予Osterberg教授以“杰出贡献奖”。该法已获多国专利，并已在美、日、英、加拿大、菲律宾、新加坡等10国及我国香港、台湾等地应用。

在我国，史佩栋在《岩土工程学报》（1995年第6期）及有关学术会议和其他期刊上对该法作了相关报道。即引起了读者的很大兴趣。

东南大学土木工程系龚维明等人与江苏省建委合作研究，在桩身或桩端位置安放荷载箱，并取名桩身静载自平衡法的试桩方法，在国内首先将该法付诸实用于工程中，已在润扬长江大桥等数十个工程中应用成功，并颁布了江苏省地方性标准《桩承载力自平衡测试技术规程》。

近年来，清华大学水利水电工程系李广信等对自平衡静荷载试桩法的工作机理进行了较为详细的理论研究。

该法已成功地应用于钻孔桩、沉管桩、Barrette 桩、钢管桩及预制混凝土桩等桩型，共约400余例。单桩最大试验荷载已达到15000t，最大桩深90m，最大桩径为3m。并且在试验装置的设置部位、改善桩的承载性状等方面均有了新的发展。

2. 试验装置及方法

自平衡试桩法的主要装置是液压千斤顶式的荷载箱。他按不同的桩型、截面尺寸和荷载大小分别设计制作。在美国，已有专门的公司供应。

静荷载试桩法的荷载箱一般被安设于桩身底部，打入桩随桩而打入土中，灌注桩将他与钢筋笼相焊接而沉入桩孔。因此，他属于一次性投入器件。为此，该试桩法在日本被称为"桩底加载法"。

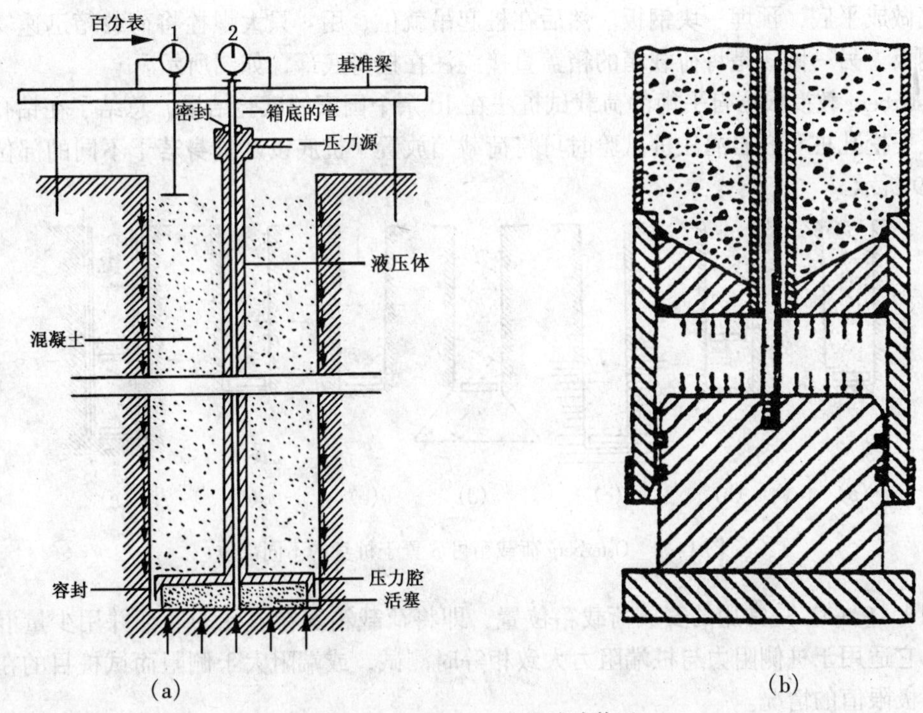

图 1-8 Osterberg 法的试验装置
(a) 试验装置；(b) 荷载箱被推开

自平衡静荷载试桩法的荷载箱（也被称为 Osterberg 法）由经特别设计的液压千斤顶式的装置组成，在高内压下这个装置能施加非常大的荷载。图 1-8 是荷载箱的工作原理示意图。在钻孔底部用少量混凝土找平，接着把荷载箱下放至孔底，然后灌注混凝土。在荷载箱中心的顶部，焊接一根延伸至地表上的导管，在加荷前需预先标定荷载箱。导管内有一根与箱底连接的小管子，他延伸至地表，且通过密封圈从大管里露出。这根小管作为测量管可以测出荷载增加时荷载箱底下向下的位移。可用油或者水来产生压力。最常用的液体是水加入少量防止泵装置生锈的易混合油。在桩身混凝土的强度达到设计要求后，对荷载箱内腔施压，将在桩底产生一个向上的力和桩端土层产生一个等值反向的力。随着压力的增加，测量管向下移动，并且桩身向上移动，从而使桩端土层荷载的增加和桩侧剪力的逐步发挥。应该注意的是，任何时候，荷载箱向上桩侧总剪阻力等于向下桩底土阻力。因此，在传统桩顶加荷载试验中所用的反力系统都不需要了。桩端土层向下的位移由百分表2测量，桩顶向上的位移由百分表1测量。有一根从荷载箱顶延伸到地表上的管子示意图上没有显示，管子中有一根测量杆，用来测量荷载顶向上的位移。因而，测量杆和百分表1的读数差给出了桩身混凝土的压缩量。随着压力的增加，根据所得到的读数，可绘制出向上的力与位移的关系图和向下的力与位移的关系图。测试完毕后，若是要用作工程桩，用水泥浆灌注荷载箱的腔体。

对于大直径钻孔灌注桩和人工挖孔桩，Osterberg荷载箱焊接于钢筋笼底部，做好输压竖管与顶盖、芯棒与活塞之间的连接工作，然后下放至孔底。此前应先在孔底清孔注浆找平，使荷载箱受力均匀。然后灌注混凝土，待混凝土强度等级达到设计要求后进行试桩。

对于预制混凝土打入桩，早年的一般做法是在桩预制时将输压竖管预埋于桩身中，并将桩底做成平底，预埋一块钢板。然后在桩起吊就位，用4只大螺栓将荷载箱迅速安装于桩底钢板。另一做法是将荷载箱的箱盖直接浇注在桩身底部，如图所示。

Osterberg教授根据自平衡静荷载试桩法在10余个国家的试验结果，总结了在钻孔灌注桩、人工挖孔桩和嵌岩灌注桩试验时可将荷载箱放置于桩底以及桩身若干不同的部位，如图1-9所示。

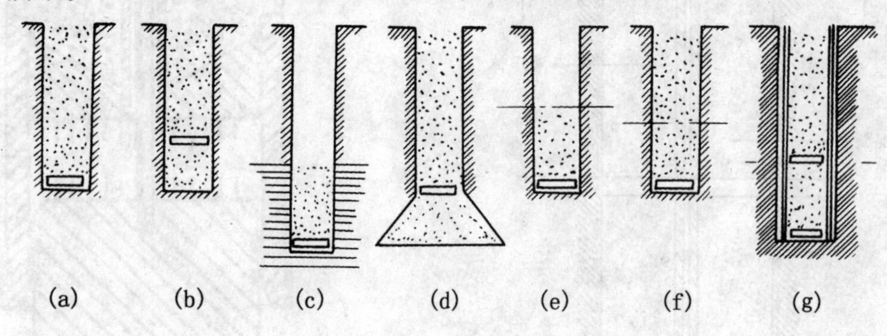

图1-9 Osterberg荷载箱可放置于桩身的不同部位

图1-9（a）是常用的安放荷载箱位置，即将荷载箱安在成孔的底部并用少量混凝土密封。它适用于桩侧阻力与桩端阻力大致相等时测试，或端阻大于侧阻而试桩目的在于测定侧阻极限值的情况。

图1-9（b）将荷载箱放在桩身某一位置；此位置为预估的荷载箱以下的桩侧阻力加桩端阻力之和与荷载箱以上的桩侧阻力大致相同（二者能同时）达到其极限值，将二者相加便可得到桩的总承载力极限值。东南大学等所进行的试验也将荷载箱放在桩身中部，并将此法称为“自平衡试桩法”，荷载箱的设置点称为荷载“平衡点”。

图1-9（c）适用于测定嵌岩桩嵌岩段的侧阻力与桩端阻力，它不致于与覆盖土层的侧阻力相混；如仍需测定覆盖土层的极限侧阻力，则可在嵌岩段试验后再灌注桩身上段的混凝土，待混凝土达到足够强度再进行试桩。

图1-9（d）当预估桩端阻力小于桩侧力而要求测定桩阻力极限值时，可将桩底扩大，将荷载箱放在扩大头起始部。

图1-9（e）当有效桩顶标高处于地面以下一定距离时（例如有地下室的情况），输压管及量测器件均可自桩顶往上伸至地面。

图1-9（f）若需测定两个土层的侧阻极限值，可先将混凝土灌至下层土的顶面进行

测试而获得下层土的数据，然后再将混凝土灌至桩顶，再进行测试，便可获得桩身全长的侧阻极限值。

图1-9（g）采用两个荷载箱，一个放在桩底，另一个放在桩身中部某一部位，便可测出桩身上段的极限侧阻力、下段的极限侧阻力，以及极限端阻力。

3. 两条荷载-位移曲线

从以上所述可知，自平衡静荷载试桩法的机理实质上是随着对荷载箱的内腔施压，使其箱盖顶着桩身向上移动，并使箱底（活塞）向下移动，使桩侧土阻力和桩底土阻力同时增力，并互为反力。因此，在试验加荷过程中记录逐级荷载以及相应的桩身向上位移和桩底土向下位移，便得两条荷载-位移曲线，如图1-10所示。

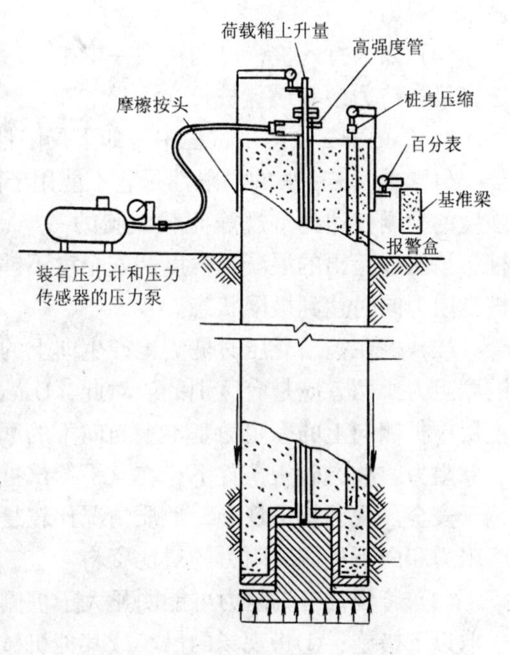

图1-10 荷载箱浇筑在预制桩的端部

如图1-11所示，随着荷载的增加，当两条荷载-沉降曲线中任意一条曲线达到破坏时，试验即告结束，并可将该破坏荷载作为桩顶的设计荷载或容许荷载，此时桩具有大于2的安全系数，其中另一方尚未达到破坏。

采用此法确定在设计阶段的单桩承载力或检验已施工完成的桩的承载力，可以满足工程实用要求。

采用自平衡法试桩，可以采用慢速维持荷载法，也可采用快速法；其加荷分级稳定标准可参考桩顶加载静载试验的有关规定。

4. 自平衡试桩法的特殊用途及若干问题

自平衡试桩法除了可进行一般的静载试桩外，特别适用于下列情况：

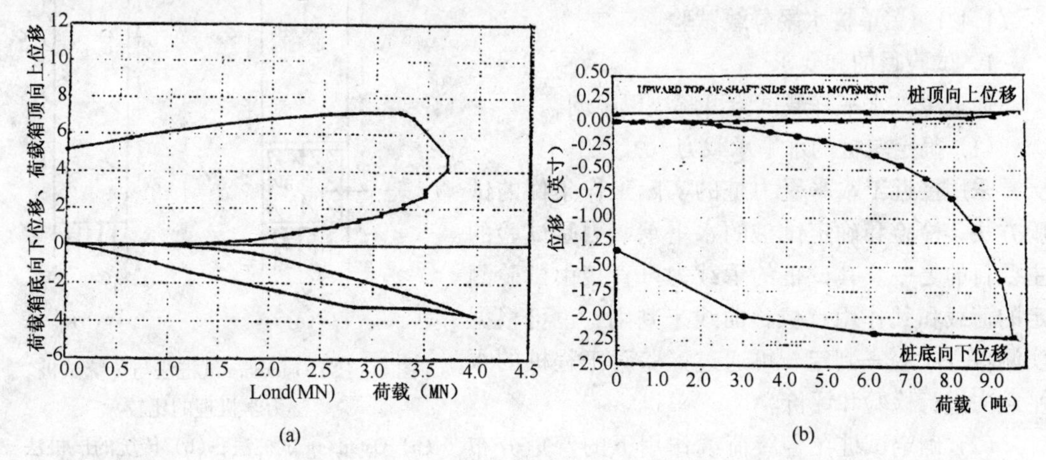

图1-11

(a)桩侧阻力达到极限值时的情形典型的荷载-位移曲线；(b)桩端阻力达到极限值时N的情形试桩荷载位移曲线

(1) 它可用来测量基桩的侧阻或端阻的极限值，尤其是嵌岩桩嵌岩段嵌固力的极限值，这些都是传统方法所难以做到的；

(2) 它十分适合于水上试桩、坡地试桩以及城市中场地（或其出入口）狭窄，使用在压重平台反力装置或锚桩反力装置有困难的情况，这也是传统方法所不及的；

(3) 在有地下室的情况下，它可方便而准确地测得基桩在地下室底板下的有效长度的极限承载力；

(4) 如为打入桩，可利用同一根桩先后打至地层不同深度逐一进行试验，从而为设计选择最佳持力层和最佳桩长。

5. Osterberg 法运用过程中有如下局限性和若干问题：

(1) Osterberg 法的局限性是它不能用于随机抽样进行试桩。还有该方法对桩身混凝土强度的检测仅达到常规静荷载试验的一半，特别对以桩身混凝土强度为主要控制因素的桩，该法检验出的混凝土强度和安全度不够，另外，在实际应用过程中很难使桩侧阻力和桩端阻力同时达到极限状态。

(2) 桩在桩顶受压时桩侧土产生向上的摩阻力，它与桩在底部受托时桩侧土产生向下的摩阻力，两者应是有区别的。对此，Osterberg 曾做了对比试验研究。结果表明，在粘性土层中桩侧向上的摩阻力基本上与向下的摩阻力相等；在砂土中向上的摩阻力略大于向下的摩阻力。故在砂土条件下，在自平衡试桩中将向下的摩阻力视同向上的摩阻力，其结果偏于安全。我国幅员辽阔，地质情况比较复杂，变化比较大，各地应积累当地的向上桩侧摩阻力和向下桩侧摩阻力的对比资料。

(3) 若预估桩端阻力可能明显大于桩侧阻力而又要求查明桩端阻力极限值时，通常可采取以下措施：①将现场的吊车或其他机械设备置于桩顶部，以提供桩顶反力；②在试桩附近设置若干地锚，以补充反力；③在桩顶架设一小型补充反力架；④在土层性质变化不大的情况下，将试桩打深一些，以增加侧阻等。

(4) 桩的自重在自平衡试验中其方向与桩侧阻力相一致，它夸大了桩侧阻力实测值，故在判定桩侧阻力时应予以扣除，参见图 1-13。

1.4.1.4 单桩水平静载试验

1. 试验目的和要求

通过单桩水平静载试验可解决以下问题：

(1) 确定单桩的水平承载力

采用接近于水平受力桩的实际工作条件的试验方法，检验和确定试桩的水平承载力是试验的主要目的之一。其试桩的承载力可直接由试验测定的荷载和其作用点位移曲线来判别，也可根据实测桩身应变来判定，可通过试验对工程桩的水平载力进行检验和评价。

(2) 确定试桩在各级荷载作用下的弯矩分布规律

桩身弯矩是判断和检验桩身强度的依据，同

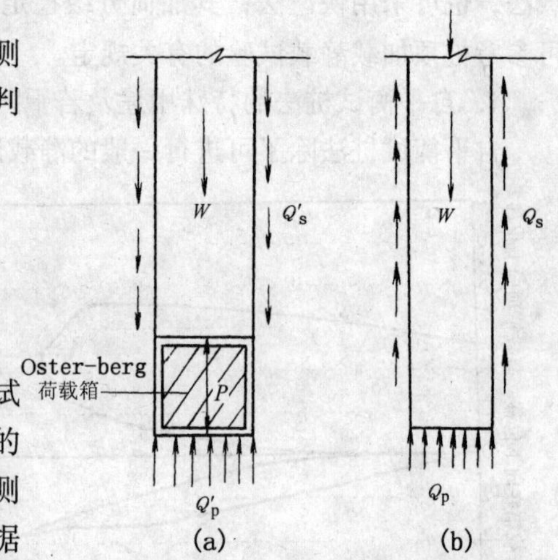

图 1-12 Osterberg 试桩法与传统试桩法力学机理的比较

(a) Osterberg 试桩法；(b) 传统的试桩法

W—桩身自重；P—荷载；

Q_p—桩端阻力；Q_s—桩侧阻力

时也是推求地基不同深度处地基系数的依据。因此，当埋设有桩身应力测量元件时，可测定桩身应力变化，并由此求得试桩在各级荷载作用下的弯矩分布图。

应该指出，试桩条件（如桩顶约束、自由长度、抗弯刚度等）难与工程桩的实际情况完全一致，所以试桩确定的承载力和弯矩仅代表试桩条件下的状况，要确定工程桩在水平荷载作用下的受力特性，必须把试桩成果进行转化，而试桩求得的地基反力系数是实现这种转化的关键。

(3) 确定地基土的水平抗力系数

目前，国内理论常用弹性地基系数法来近似确定水平荷载作用下桩的受力特性，最常用的方法有 m 法、K 法、C 值法、张氏法等，它们各自假定了地基反力系数沿深度的不同分布图式，因此都有一定的适用前提和范围。弹性地基系数法虽然使用比较方便，但误差较大，往往受到不同试验条件的影响，取值困难，而通过试验能选择一种比较符合实际情况的计算图式及相应的地基系数，可直接获得地基不同深度处的土抗力和侧向位移之间的关系，并用它来分析工程桩在水平荷载作用下的受力特性，以供工程设计使用。

总之，试验的主要目的是确定该地区地基，特别是浅层地基的力学性能，因此试验场地的选择必须具有代表性，尤其是试桩区浅层地基必须能代表实际工程的情况，试验结果才有实际应用意义。

2．单桩水平静载试验方法

采用千斤顶施加水平力，水平力作用线应通过地面标高处（地面标高与实际工程桩基承台底面标高一致）。在千斤顶与试桩接触处宜安置一球形铰座，以保证千斤顶作用力能水平通过桩身轴线。

试验设备与仪表装置如图 1-13。

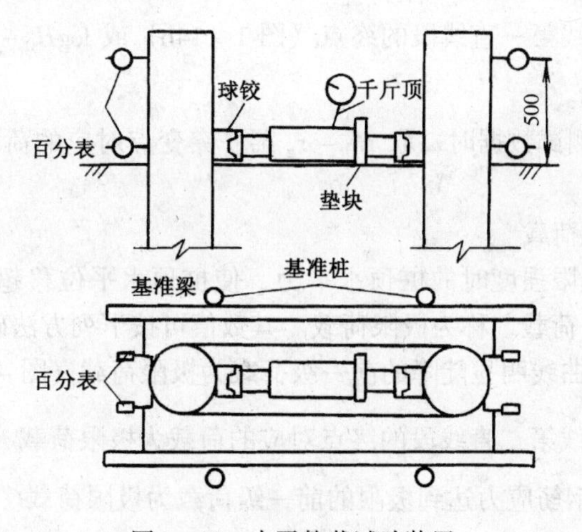

图 1-13　水平静载试验装置

桩的水平位移采用大百分表测量，每一试桩在力的作用水平面上和在该平面以上 50cm 左右各安装一或二只百分表，下表测量桩身在地面处的水平位移，上表测量桩顶水平位移，根据两表位移差与两表距离的比值求得地面以上桩身的转角。如果桩身露出地面较短，可只在力的作用水平面上安装百分表测量水平位移。

3．试验加载方法及与竖向荷载加载方法的区别

对于承受反复水平荷载作用的桩基，单桩试验宜采用单向多循环加、卸载方式。对于个别承受长期作用水平荷载的桩基，也可采用慢速维持加载法进行试验。

荷载分级：取估计水平极限承载力的 1/10～1/15 作为每级荷载的加载增量。根据桩径大小并适当考虑土层软硬，对于直径 300～1000mm 的桩，每级荷载增量可取 2.5～20kN。

4．加载程序与终止试验的条件

(1) 加载程序与位移观测：每级荷载施加后，恒载 4min 测读水平位移，然后卸载至零，停 2min 测读残余水平位移，至此完成一个加卸载循环，如此循环 5 次便完成一级荷载的试验观测。加载时间应尽量缩短，测量位移的间隔时间应严格准确，试验不得中途停歇。

(2) 终止试验的条件：当桩身折断或水平位移超过 30～40mm（软土取 40mm）时，可终止试验。

5．试验资料整理

根据试验记录表绘制有关成果曲线：一般应绘制水平力－时间－位移（H_0-t-X_0）、水平力－位移梯度（$H_0-\frac{\Delta X_0}{\Delta H_0}$）或水平力一位移双对数（$\lg H_0-\lg X_0$）曲线，当测量桩身应力时，尚应绘制应力沿桩身分布和水平力一最大弯矩截面钢筋应力（$H_0-\sigma_g$）等曲线。

6．单桩水平临界荷载与极限荷载的确定

(1) 单桩水平临界荷载

当桩身开裂，受拉区混凝土明显退出工作前的最大荷载，称为临界荷载。其数值可按下列方法综合确定：

1）取 H_0-t-X_0 曲线出现突变（相应荷载增量的条件下，出现比前一级明显增大的位移增量）点的前一级荷载水平临界荷载（图 1－14a）。

2）取 $H_0-\frac{\Delta X_0}{\Delta H_0}$曲线第一直线段的终点（图 1－14b）或 $\log H_0-\log X_0$ 曲线拐点所对应的荷载为水平临界荷载。

3）当有钢筋应力测试数据时，取 $H_0-\sigma_g$ 第一突变点对应的荷载水平临界荷载（图 1－14c）。

(2) 单桩水平极限荷载

当桩身应力达到极限强度时的桩顶水平力，使桩顶水平位移超过 20～30mm，或桩侧土体破坏的前一级水平荷载，称为极限荷载。其数值可按下列方法确定，并取较小值。

1）取 H_0-t-X_0 曲线明显陡降的前一级荷载为极限荷载（图－14a）；

2）取 $H_0-\frac{\Delta X_0}{\Delta H_0}$曲线第二直线段的终点对应的荷载为极限荷载（图 1－14b）；

3）取桩身折断或钢筋应力达到极限的前一级荷载为极限荷载。

1.4.2　基桩低应变动力检测

1.4.2.1　基本原理

反射波法的基本原理是在桩顶施加一脉冲力，应力波沿桩身向下传播，当桩身存在明显波阻抗差异的界面（如桩底、断桩或严重离析等部位）或桩身截面积变化部位（如缩径或扩径），将产生反射波。经接收放大、滤波和数据处理，可识别来自桩身不同部位的反射信息，据此判断桩身的完整性、估算混凝土强度等级、推断缺陷的类型及其在桩身中的位置。

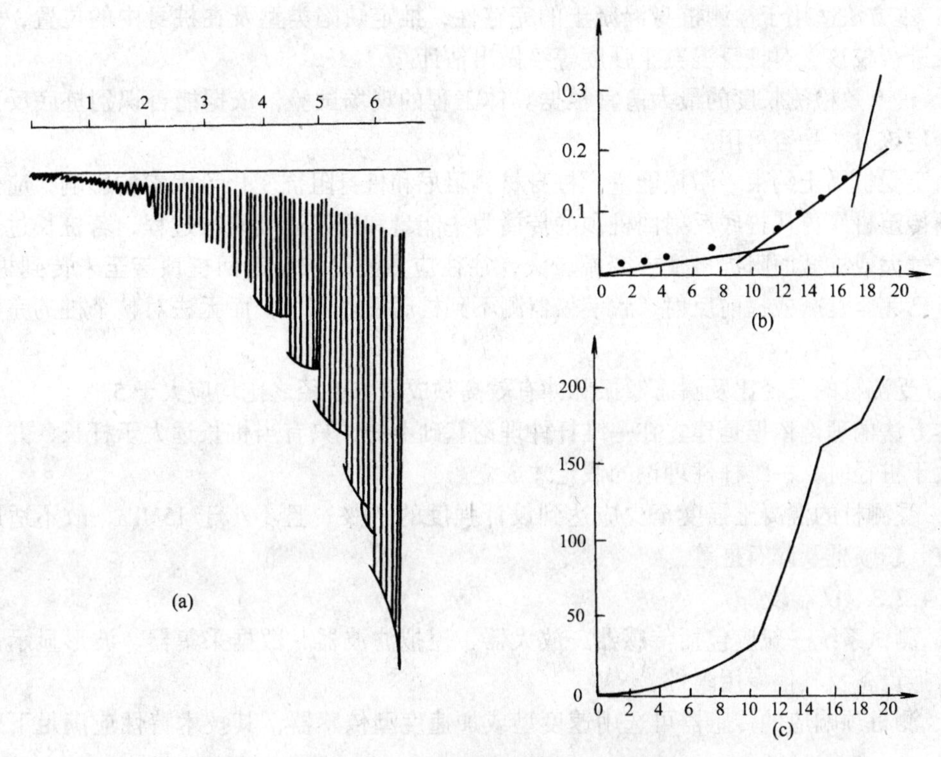

图 1-14　单桩水平静载试验成果曲线

反射波法来源于一维杆件中应力波传播的原理，根据波动方程的一维求解，在均匀介质中，波速是恒定的，在介质的界面处，由于界面两侧波阻抗的不同或截面的变化，波将产生反射与透射，其反射与透射系数如下式：

反射系数
$$F=\frac{n-1}{1+n} \tag{1-27}$$

透射系数
$$T=\frac{2}{1+n} \tag{1-28}$$

n——广义声阻抗之比

$$n=\frac{p_1 v_1 A_1}{p_2 v_2 A_2} \tag{1-29}$$

式中　p_1、p_2——界面二侧介质密度；

v_1、v_2——界面二侧介质波速；

A_1、A_2——界面二侧介质面积。

由式 1-27 可知，如果 $n>1$ 则 F 为正，即为同相反射，$n<1$ 则 F 为负，即为负向反射，由式 1-29 可知，如果 $p_1 v_1 A_1 > p_2 v_2 A_2$ 则同相反射，这相当于界面下介质较界面上介质“软”或界面下介质缩径，如果 $p_1 v_1 A < p_2 v_2 A_2$ 则反相反射，相当于介面下介质较界面上介质“硬”或界面下介质扩径。

1.4.2.2 适用范围

1．本方法适用于检测桩身混凝土的完整性，推定缺陷类型及在桩身中的位置，也可对桩长进行校核，对桩身混凝土强度等级做出估计。

2．桩有效检测长度的最大值宜根据具体工程的现场试验，依据能否识别桩底反射信号，确定该方法是否可用。

由于受桩周土约束、激振能量、桩身材料阻尼和桩身阻抗变化等因素的影响，应力波从桩顶传至桩底再从桩底反射回桩顶的传播为一能量和振幅逐渐衰减过程，若桩长过长或长径比过大或桩截面阻抗多变或变幅较大，往往应力波尚未反射回桩顶甚至未传到桩底，其能量已完全衰减或提前反射，致使仪器测不到桩底反射信号，而无法对整个桩的完整性做出评定。

3．受测桩的长径比及瞬态激振脉冲有效高频成份与桩径之比均应大于5。

本方法的理论依据是建立在一维杆件理论基础上的，只有当桩长远大于杆长，并且波长远大于桩径时，一维杆件理论的假定才成立。

4．受测桩的混凝土强度至少应达到设计强度的70%，且不小于15MPa，故不适用于搅拌桩、粉喷桩及碎石桩等。

1.4.2.3 仪器设备

1．测试系统一般应包括传感器、放大器、模拟滤波器、数据采集器、波形显示记录器、激振设备及其他专用附件。

2．测桩顶响应的传感器可选用速度型或加速度型传感器，其技术特性应满足下列要求：

1）频响曲线的线性范围应覆盖整个测试信号的主体频率范围。一般情况下，速度型传感器的频率范围宜宽于10~300Hz，加速度型传感器的上限频率宜不小于2kHz；

2）速度型传感器的灵敏度应大于300mV/cm/s，加速度型传感器的灵敏度应大于100mV/g；

3）加速度型传感器的量程应大于20g；

3．测振放大器与传感器匹配，宜采用带积分器的电荷放大器或电压放大器，放大器的增益应大于60dB且可调，长期变化量应小于1%，频率范围应宽于10Hz-2kHz，滤波频率可调整。

4．信号采集及记录应采用数字式采集、处理及存储系统，并满足以下要求：

1）模/数转换器（A/D）的位数不得低于12bit；

2）采样间隔：宜为10~500μs之间，且分档可调，且在满足采样定理的前提下，应与被测桩的桩长相适应，一般可取：

$$\Delta t = (3-5)L \tag{1-30}$$

式中 L——桩长（m）。

3）采样长度：采样点为2^n，每个通道不小于1024个采样点且应满足下式：

$$N \geq \frac{3L}{C\Delta t} \tag{1-31}$$

4）各通道的性能应具有很好的一致性，其振幅偏差应不小于3%，相位偏差应不小于0.05ms；

5）应具有时域显示及信号分析功能。

1.4.2.4　现场检测

1．测前的准备工作

（1）要求受测桩桩顶混凝土的质量、截面尺寸与桩身设计条件基本等同；

（2）应凿去桩顶浮浆、松散或破损部分，露出坚硬的混凝土表面，桩顶表面应平整干净且无积水；

（3）对于预应力管桩，当法兰盘与桩身混凝土之间紧密结合时可不进行处理，否则应采用电锯将其锯平；

（4）当桩头与承台或垫层相连时，由于桩头处存在很大的截面阻抗变化，会对测试信号产生影响，应将其切断；

（5）妨碍正常测试的外露主筋应切掉，不能图方便对未完全砍掉的桩进行动测；

（6）通过现场激振试验，选择合适的锤击方式、锤型、衬垫材料；

（7）测试前应了解受测桩的桩型、桩长、桩径、施工记录及地质报告等有关资料。

2．现场仪器配置如图1－15所示。

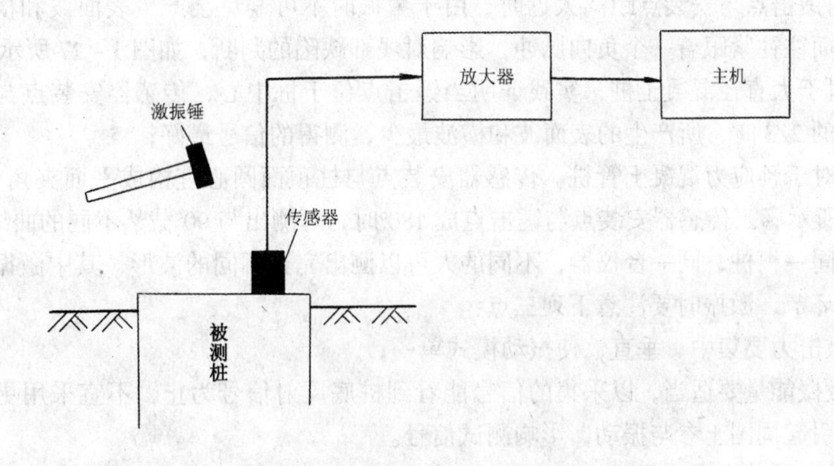

图1－15　反射波法现场仪器配置示意

3．传感器选择

传感器的频响特性应能满足不同测试对象、不同测试目的的需要。当测长桩的桩端反射信息或深部缺陷时，应选择低频性能好的传感器，当测短桩或桩的浅部缺陷时，应选择加速度或宽频带的速度传感器。

4．传感器的安装与激振

传感器正确安装与激振，直接关系到检测工作的成败，必须给以高度重视。要注意：

（1）传感器的安装应用黄油、石膏等化学粘结剂粘结，不得采用手持式，安装时黄油等粘结层应尽可能薄，必要时可采用冲击钻打孔，以增大安装刚度，使传感器尽可能与桩一起振动，采集到较好信号，安装时必须保证传感器与桩顶垂直；

(2) 对于钢筋混凝土灌注桩，传感器安装应符合下列规定：

1) 传感器安装点及附近不得有缺损或裂缝；

2) 当锤击点在桩顶中心时，传感器安装点与桩中心的距离宜为桩半径的 2/3，如图 1－16 所示；

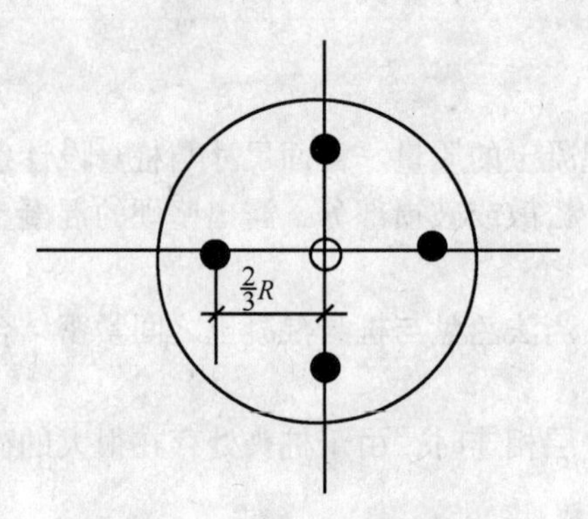

图 1－16 传感器及锤击点位置图

● 传感器安装点；○ 锤击点；R—桩半径

3) 当锤击点不在桩中心时，传感器安装点与锤击点的距离不宜小于桩半径的 1/2；

4) 当锤击点与安装点距离太近时，由于激振时不可避免会产生表面波和横波，使得入射波后面往往紧跟着一个负向脉冲，影响对浅部缺陷的判断，如图 1－17 所示；

5) 对于大直径混凝土桩，实践证明当锤击点位于桩中心，传感器安装点与桩中心距离为半径的 2/3 时，所产生的表面波和横波最少，测得的信号最好；

(3) 对于预应力混凝土管桩。传感器安装点与桩顶面圆心宜构成平面夹角为 90°，如图 1－17 所示，当传感器安装点与锤击点成 180°时，可测出与 90°截然不同的曲线。

(4) 同一根桩、同一台仪器，不同的人可以测出完全不同的波形，其中激振技术的把握是重要环节，激振时要注意下列三点：

1) 敲击力要集中、垂直，使振动模式单一；

2) 激振能量要适当，以采集的信号能看到桩底反射信号为止，不宜采用更大能量激振，以免引起周围土参与振动，影响测试信号。

3) 敲击脉冲力宽度要适当，为满足一维杆波动理论，脉冲力宽度应满足下式：

$$\tau \geq \frac{5D}{C} \tag{1-32}$$

式中 τ——脉冲力宽度（ms）；

D——桩直径（m）；

C——应力波传播速度（m/s）。

同时采样间隔与采样频率存在下列关系：

$$\Delta t = 1/f_s \tag{1-33}$$

式中 Δt——采样间隔（μs）；

f_s——采样频率（Hz）。

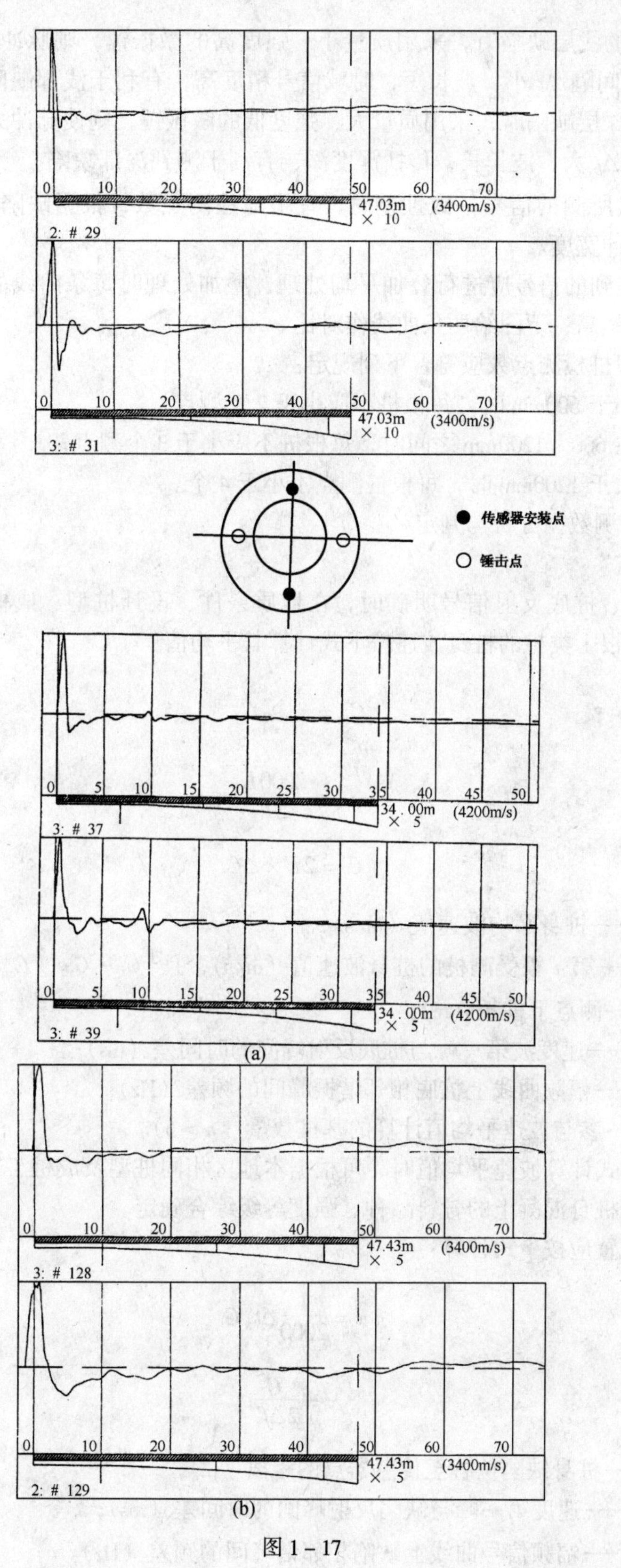

0 10 20 30 40 50 60 70
47.03m (3400m/s)
× 10
2: # 29
47.03m (3400m/s)
× 10
3: # 31
传感器安装点
锤击点
0 5 10 15 20 25 30 35 40 45 50
34.00m (4200m/s)
× 5
3: # 37
34.00m (4200m/s)
× 5
3: # 39
(a)
47.43m (3400m/s)
× 5
3: # 128
47.43m (3400m/s)
× 5
2: # 129
(b)

图1-17

当检测桩身的浅层缺陷时，采用质量小、强度高的激振锤，则脉冲力持续时间 τ 短，频率 f_s 高，采样间隔 Δt 小，波长短，时域信号精度高，有利于浅部缺陷的准确定位；相反，当检测桩身深层缺陷时，采用质量大、强度低的激振锤，则使脉冲力时间 τ 长，频率 f_s 低。采样间隔 Δt 大，波长长，传播深度深，有利于测到深部缺陷。

5）不同测点所测的信号一致性差时，宜增加检测点数，根据缺陷所在的位置深浅，及时改变锤击脉冲宽度。

6）对所采集到的信号应进行叠加平均处理，叠加处理时每条曲线的触发点应尽量一致，以使信号质量高，下图给两条曲线作对比。

5．对于每根桩检测点数应符合下列规定：

1）桩直径小于 600mm 时，每根桩不应小于 2 个测点；

2）桩直径在 600～1200mm 之间时，每根桩不应小于 3 个测点；

3）桩直径大于 1200mm 时，每根桩测点不小于 4 个。

1.4.2.5　检测数据分析与判定

1．波速确定

当桩长已知、桩底反射信号明确时，在地质条件、设计桩型、成桩工艺相同的基桩中，选不小于 5 根Ⅰ类桩的桩身波速按下式计算其平均值：

$$C_m = \frac{1}{n}\sum_{i=1}^{n} C_1$$

$$C_i = \frac{2000L}{\Delta T}$$

$$C_i = 2L \times \Delta f$$

式中　C_m——桩身平均波速值（m/s）；

C_i——第 i 根受测桩的桩身波速值（m/s），且 $|C_i - C_m|/C_m \leq 5\%$；

L——测点下桩长（m）；

ΔT——速度波第一峰与桩底反射峰间的时间差（ms）；

Δf——幅频曲线上桩底相邻谐振峰间的频差（Hz）；

n——参与波速平均值计算的基桩数量（$n \geq 5$）。

当无法按上式计算波速平均值时，可根据本地区相同桩型及成桩工艺的其他桩基工程的实测值，综合桩身混凝土的骨料品种、强度等级综合确定。

桩身缺陷位置应按下式计算：

$$x = \frac{1}{2000}\Delta t_x C$$

$$x = \frac{C}{2\Delta f'}$$

式中　x——桩身缺陷位置至传感器点的距离（m）；

Δt_x——速度第一峰与缺陷反射峰间的时间差（ms）；

$\Delta f'$——幅频信号曲线上缺陷相邻谐峰间的频差（Hz）。

2．信号处理

(1) 对采集到的信号，要基本满足下列几点，才是合格可用的信号：

1) 多次锤击的重复性好；

2) 波形真实反映桩的实际情况，完好桩桩底反射明确；

3) 波形光滑，不应含毛刺或振荡波形；

4) 波形最终回归基线。

(2) 当桩底反射信号较弱时，可采用指数放大，被放大的信号幅值不应大于入射波的幅值，放大后的波形尾部应基本归零。对同一工程，由于每根桩的阻抗、地质情况不尽相同，不宜要求同一工程中的每根桩的指数放大倍数一样。

(3) 对于采用加速度传感器测的信号，若波形含有较多的毛刺，可选择大于2000Hz的低通滤波对积分后的速度信号进行处理。

(4) 当需要时可使用旋转处理功能，使测试波形尾部基本位于零线附近。

3．判别标准

(1) 被测桩判为Ⅰ类桩时，测试信号应符合下列要求：

1) 有明确的桩底反射信号；

2) 除入射波和桩底反射波外，在桩底反射波到达前，基本无同相反射波发生；

3) 实测纵波波速在正常范围内。

(2) 在$2L/C$时刻前出现轻微缺陷反射波，并且有桩底反射时可定为Ⅱ类桩；

(3) 有明显缺陷反射波，无桩底反射，其他特征介于Ⅱ类桩与Ⅳ类桩之间，可定为Ⅲ类桩；

(4) 当测试信号出现以下情况之一时，宜判为Ⅳ类：

1) 未见到桩底反射，却出现周期性的同相反射波；

2) 未见到桩底反射，却在$2L/C$时刻前出现幅值较大的同相反射波。

(5) 对有利于工程质量的扩径桩应判为Ⅰ类桩；

(6) 对嵌岩桩，当桩底反射波与入射波同相，应判为Ⅲ类桩；

(7) 对于缩径与离析的区别，缩径主要表现为在缺陷处有一个较明显同相反射，波峰较尖且混凝土平均波速不变；而离析表现为反射波幅变化较缓、频率低，平均波速降低；

(8) 桩头松散或桩身浅部缺陷时，应处理后重新检测；

(9) 出现下列情况之一时，桩身结构完整性评价应结合其他检测方法进行：

1) 信号除入射波外，基本无反射波发生；

2) 实测波形无规律。复打沉管桩由于截面变化多，特别易出现此情况；

3) 预制桩的缺陷出现在接头位置；

4) 根据施工记录，桩长计算所得的桩身波速值明显偏高或偏低，且又缺乏可靠资料。

4．常见桩型的判别

(1) 人工挖孔桩容易存在由于护壁上下间的差异，造成护壁与桩身在该处产生强度和密度上的差异，而导致实测波形有一个缩径反射波，影响对桩身完整性的正确判断。如图1-18 (a) 所示。该人工挖孔从波形上看，可判定在约2.80m附近混凝土严重离析，可定为Ⅲ类桩，但开挖后桩身完整，未发现问题。

(2) 人工挖孔桩基本为嵌岩桩，若桩底反射与入射波同相，应定为Ⅲ类桩。图1-18

(b) 给出两根曲线，一为嵌固良好桩，另为嵌固欠佳桩。

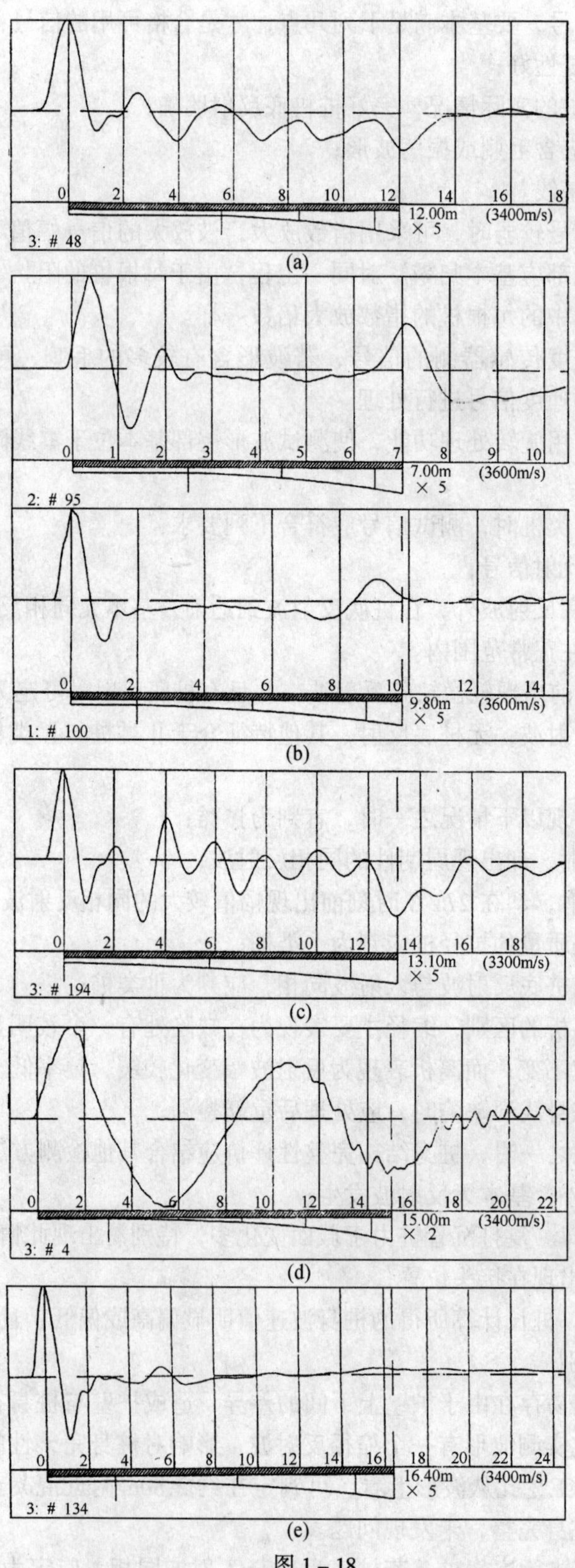

图 1-18

(3) 对于钻孔灌注桩，应注意桩身混凝土先扩径，而后桩径的现象以防误判。如图1－18所示，该桩在2.2m附近扩径，这个扩径波峰等间距出现，并且可看到桩底，应定为Ⅰ类桩而不是Ⅳ类桩。

(4) 当所测得的信号为频率低、振幅大、周期长的大波浪形时，表示桩身存在浅部问题，此时波长 $\lambda \geq L$，不产生波动现象，测不到桩身缺陷的反射波。因改用小锤击打，提高入射波频率，减小波长。

(5) 进行激振时，桩周土在一定程度上也参与振动，当土层强度由软到硬变化强烈时，测的时域曲线上有一个扩径反射波；当土层由硬到软变化强烈时，时域曲线上有一个缩径反射波，此时应仔细研究地质报告，查看有无明显的土层变化，以防误判。如图1－18（e）所示，从时域曲线上看沉管桩#116桩在约5.00m附近有一个缩径，但这一工程所测的桩在5.00m附近都有一个反射，研究地质报告，发现在5.00m附近是土层交接处，在5.00m上是粘土层，下面是淤泥层，故不能定为缩径桩，而是完整性。

1.4.2.6　桩身缺陷验证

对低应变动测结果为Ⅲ类桩，应采取其他方法进一步验证：

(1) 对于嵌岩灌注桩，当桩底反射波与入射波同相时，则表明桩底有沉渣或未达到持力层，可采用取芯法或静载法验证。采用取芯法验证时，钻杆最后一回次宜贯穿桩身混凝土与桩端持力层；

(2) 对于桩身浅部缺陷可采用开挖法验证；

(3) 对于桩身或接头存在裂缝的预制桩可采用高应变法验证；

(4) 对于施工方虚报桩长的可采用取芯法验证；

(5) 对于可能由于基坑土方开挖或挖土机碰撞引起的断桩，可采用开挖法验证；

(6) 对于可能由于桩身混凝土缩径或离析的灌注桩，可采用静载法、取芯法、高应变法或开挖法验证。

1.4.3　声波透射法

1.4.3.1　基本原理

混凝土是由多种材料组成的多相非匀质体。对于正常的混凝土、声波在其中传播的速度是有一定范围的，当传播路径遇到混凝土有缺陷时，如断裂、裂缝、夹泥和离析等，声波要绕过缺陷或在传播速度较慢的介质中通过，声波将发生衰减，造成传播时间延长，使声速增大。计算声速降低，波幅减少，波形畸变，利用超声波在混凝土中传播的这些声学参数的变化，来分析判断桩身混凝土质量。

声波透射法检测桩身混凝土质量，是在桩身中预见2～4根声训管。将超声波发射、接收探头分别置于2根导管中，进行声波发射和接收，使超声波在桩身混凝土中传播，同超声代测出超声波传播的问题，波幅 A 及频率 f 等物理位置，就可判断桩身结构完整性。

1.4.3.2　适用范围

本方法适用于检测桩径不小于600mm的混凝土灌注桩质量，因为桩径较小时，由于声波损能器与检测管的声扬器会引起较大的相对测试误差，故本方法只适用于桩径大于600mm的灌注桩。

1.4.3.3　仪器设备

(1) 发、收换能器应采用径向水平而无指向性的超声换能器，其共振频率宜为 25～50kHz，长度宜为 20cm，接收换能器宜装有前置放大器，其带宽度宜为 5～50kHz。换能器的水密性应在 1MPa 水压下漏水。

(2) 发射系统的脉冲电压最大应为 1000V，并分档可调。其波形可为阶跃式脉冲或矩形脉冲。

(3) 接收放大系统的频带宽度应大于 1～100kHz，放大器增益大于 100dB，并应带有 60～80dB 的衰减器，其分辨率为 1dB，误差小于 1dB，档间误差小于 1%。放大器噪声有效值不大于 2μV。

(4) 计时显示系数应同时显示接收波形及传播时间，其计时及显示范围大于 2000μs，计时精度应优于 1μs，计量测量误差不大于 2%。

(5) 当采用自动检测系统时，应包括微机、数据采集和换能器自动升降装置，其技术性能符合下列规定：

1) 数据采集系统最高采样频率应不小于 10MHz，采样长度宜大于 32kB，模数转换器的位数宜优于 8bit。

2) 换能器自动升降装置应可控制发、收两换能器同步或单独升降，升降范围宜为 0～100m，且能自动显示换能器所在位置，其精度应优于 5mm。

1.4.3.4 检测前的准备

(1) 预埋检测管应符合下列规定：

1) 桩径 600～1000mm 应埋设 2 根，直径两端对称布置；桩径 1000～2500mm 应至少埋设 3 根，均匀分布；桩径 2500mm 以上至少埋设 4 根，均匀分布（图 1－19）。

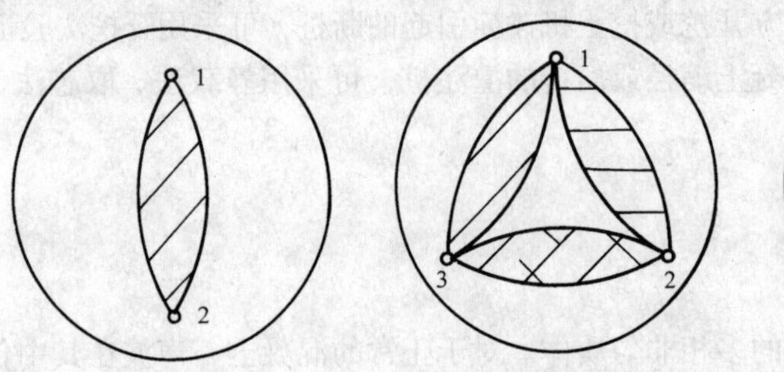

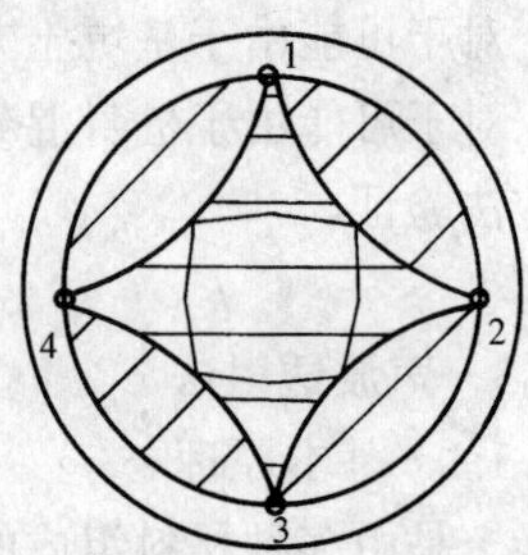

图 1－19 检测管埋设及编号

2) 检测管宜采用钢管、塑料管等，其内径宜比换能器直径大 15mm 左右，管的下端端闭，上端加盖，钢管宜用螺纹连接，接头处应不漏浆，检测管之间相互平行。

(2) 现场检测前，在检测管内注满清水。

(3) 超声检测系统的校验。

1) 用时距法（见附录 B）测量发射至接收系统的延迟时间。

2) 按下式计算检测管及耦合水层的声时修正值：

$$t' = \frac{D - d}{V_1} + \frac{d - d'}{V_w} \tag{1-34}$$

式中 D——检测管外径（min）；

d——检测管内径（mm）；

d'——换能器外径（mm）；

V_1——检测管壁厚度方向声速（km/s）；

V_w——水的声速（km/s）；

t'——声时修正值（μs）。

（4）测量每对检测管间的距离，误差应小于±1%。

1.4.3.5 检测方法

（1）将发射、接收换能器置于检测管中。检测时，两换能器应同步升降。各测点发射、接收换能器累计相对高差应不大于2cm，并注意随时进行深度校正。

（2）选择适当的发射电压和放大器增益，并在测试过程中保持不变，调节衰减器使接收信号首波幅度 A_p 为某一定值，确定首波初至测读声波传播时间 t_1、首波第1、3个波峰时间 t_2、t_3 及波幅衰减量（图1-20）。依次测取各测点的声时（t_1、t_2、t_3）及波幅衰减值，并进行记录。

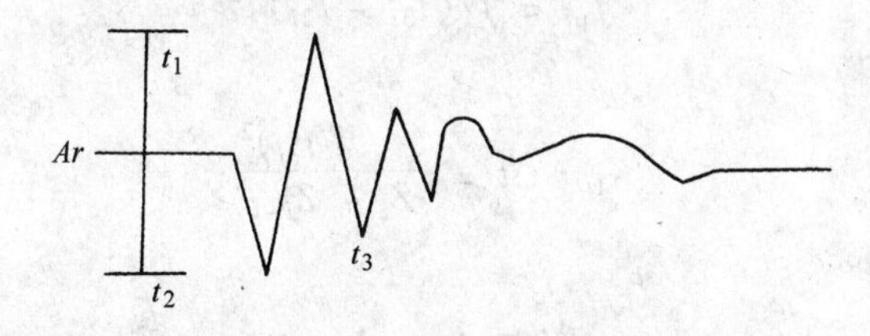

图1-20 声时及波幅测读示意图

（3）检测宜先用平测法进行普测，测点距20~50cm，当发现读数异常时应加密测点距离或用斜测法。

（4）当桩中设多根检测管时，应以每2根检测管为一组，分组进行测试。

（5）每组检测管测试完成后，声时及波幅异常部位应重复测试，其声时相对标准差应小于5%；波幅相对标准差应小于10%。测量的相对标准差可按下列计算：

$$\sigma_1' = \sum_{i=1}^{n}\left\{\frac{t_i - t_{ji}}{t_m}\right\}z/2n \tag{1-35}$$

$$\sigma_A' = \sum_{i=1}^{n}\left\{\frac{A_i - A_{ji}}{A_m}\right\}z/2n \tag{1-36}$$

$$t_m = \frac{t_i + t_{ji}}{2} \tag{1-37}$$

$$A_m = \frac{A_i + A_{ji}}{2} \tag{1-38}$$

式中 $\sigma_1{}'$—声时相对标准差；

$\sigma_A{}'$——波幅时相对标准差；

t_i——第 i 测点声原始测试值（μs）；

A_i——第 i 测点波幅原始测试值（dB）；

t_{ji}——第 i 测点第 j 次复测声时值（μs）；

A_{ji}——第 i 测点第 j 次复测幅值（dB）。

1.4.3.6 测试数据分析

（1）测试数据分析

1）现场所测数据应按下式计算声时、声速、频率、$K_{tz}\cdot\Delta t$ 值。

声时
$$t_c = t_i - t_0 - t' \tag{1-39}$$

声速
$$V_{pi} = I_i / t_{ci} \tag{1-40}$$

频率
$$f_{pi} = 1/(t_{3i} - t_{2i}) \tag{1-41}$$

$$K_{tz} \cdot \Delta t = \frac{(t_c - t_{ci})^2}{Z_i - Z_{i-1}} \tag{1-42}$$

其中：
$$\Delta t = t_{ci} - t_{ci-1} \tag{1-43}$$

$$K_{tz} = \frac{t_{ci} - t_{ci-1}}{Z_i - Z_{i-1}} \tag{1-44}$$

式中 t_c——第 i 测点的声时（μs）；

t_i——第 i 测点声测试值（μs）；

t_0——发射至接收系统延迟时间（μs）；

t_2、t_3——首波第 1、3 个波峰时间（μs）；

t'——声时修正值（μs）；

I_i——测点 i 处两检测管外壁间的距离（mm）；

V_{pi}——第 i 测点的声速（km/s）；

f_{pi}——第 i 测点的频率（kHz）；

t_{pi-1}——第 i 测点的声时（μs）；

Z_i——第 i 测点的深度（m）；

Z_{i-1}——第 i 测点的深度（m）；

Δt——声时－深度曲线相邻两侧点的声时差（μs）；

K_{tz}——声时－深度曲线相邻两侧点的斜率。

2）绘制声速－深度、波幅（衰减值）－深度、$K_{tz}\cdot\Delta t$－深度曲线。

（2）临界值的确定：

i）声速临界值，用声速 $V_{pz}-2\sigma_{vz}$作为判断有无缺陷的临界值。

$$V_D = V_{pz} - 2\sigma_{vz} \tag{1-45}$$

式中　V_D——声速临界值；

V_{pz}——正常混凝土声速平均值（km/s），按附录C求得；

σ_{vz}——正常混凝土声速标准差，按附录C求得。

2）波幅临界值（以衰减器的衰减量表示），用波幅衰量 $A_\rho-6$(dB) 作为波幅的临界值。

$$A_D = A_\rho - 6 \tag{1-46}$$

$$A_\rho = \frac{1}{n}\sum_{i=1}^{n} A_i \tag{1-47}$$

式中　A_D——波幅临界值（dB）；

A_ρ——波幅平均值（dB）；

A_i——第 i 测点的波幅值（dB）；

n——测点数。

（3）桩身混凝土质量应按下列规定判断；

1）混凝土声速均匀性级别评定应根据声速统计值中的离散性来确定，其声速的平均值、标准值、离散系数应按下列公式计算：

$$V_\rho = \frac{1}{n}\sum_{i=1}^{n} V_i \tag{1-48}$$

$$\sigma_v = \sqrt{\sum_{i=1}^{n}(V_i - V_p)^2/(n-1)} \tag{1-49}$$

$$\varepsilon_v = \sigma_v / V_\rho \tag{1-50}$$

式中　n——测点数；

V_i——第 i 测点声速（km/s）；

V_ρ——声速平均值（km/s）；

σ_v——声速标准差值；

ε_v——声速离散系数。

混凝土均匀性级别：

Ⅰ类（A 级）：$0 \leqslant \varepsilon_v < 0.05$

Ⅱ类（B 级）：$0.05 \leqslant \varepsilon_v < 0.10$

Ⅲ类（C 级）：$0.10 \leqslant \varepsilon_v < 0.15$

Ⅳ类（D 级）：$0.15 \leqslant \varepsilon_v < 1.00$

2）桩身完整性应按下列规定判断：

①声速小于临界值（即 $V_i < V_D$）的测点为缺陷可疑点（区）。

②波幅小于临界值（即 $V_i < V_D$）的测点为缺陷可疑点（区）。

③在 $K_{tz} \cdot \Delta t$ - 深度曲线上 $K_{tz} \cdot \Delta t$ 值明显增大及突变处为缺陷可疑点的上、下边界位置。

④根据上述判据，对低于临界值的缺陷可凝点测点进行桩身完整性综合判断，再辅以接收波形的频率进一步判定。缺陷判定后，还可采用多点固定发射，不同深度接收（斜测或扇形扫测），进一步判断缺陷的尺寸及空间分布。

3）桩身混凝土强度估算，宜根据试块强度与声速的相关关系，结合桩身混凝土超声检测曲线估算出每根桩的大致强度分布。

4）应在声速 - 深度、比附 - 深度曲线上标出临界植及缺陷位置。

（4）检测报告应提供以下资料：

1）声速均值、均方差、离散系数数据表；

2）混凝土声速均匀性等级评定；

3）声速 - 深度、波幅 - 深度、$K_{tz} \cdot \Delta t$ - 深度曲线，并标有临界值线及缺陷位置线；

4）缺陷状况和性质的分析说明。

1.4.4 基桩高应变动力检测

1.4.4.1 国内外现状

桩的动测技术是以应力波理论为基础发展起来的。1960 年 *Smith* 发表“打桩过程的波动方程分析法”著名论文，从而使波动方程分析方法进入实用阶段。经过三十多年的发展，高应变动力试桩技术日趋完善。

高应变动测技术在国内外得到广泛应用，许多国家已将桩的动测技术列入地基基础设计与施工规范。1997 年，我国国家行业标准《桩基高应变动力检测规程》（JGJ 106 - 97）正式颁布实施。国际上，美国、加拿大、瑞典、澳大利亚、德国、英国、巴西、以色列、墨西哥、新加坡、印度、日本等 40 多个国家也在使用高应变动力试桩法，并制定了相应的标准。

1.4.4.2 基本原理

高应变动力检测是采用重锤冲击桩顶，使桩周土产生塑性变形，在桩头附近实测力和速度的时程曲线，通过应力波理论分析计算得到桩土体系的有关特性。由于桩身和桩周土是一个体系，在外力作用下他们的关系是非常复杂的，为了能应用一维波动方程，需要对桩土体系作一些必要的假定。

1. 基本力学方程

在假定桩是一维弹性杆件之后，研究桩的运动也就成了研究一根弹性杆件内的应力波运动。当应力波沿着一根弹性杆件传播时，在杆件上可以从两个不同的角度观察到他的作用：一是杆件的每个截面都将受到轴向力 $F(x, t)$ 的作用，产生相应的应力 $\sigma(x, t)$ 和应变 $\varepsilon(x, t)$，二是每个截面都将产生轴向运动，产生相应的位移 $u(x, t)$、速度 $v(x, t)$ 和加速度 $a(x, t)$。可以证明，基本力学方程有下列三个：

本构关系：

$$\sigma = E\varepsilon \tag{1-51}$$

连续条件：

$$\frac{\partial \varepsilon}{\partial t} = \frac{\partial \upsilon}{\partial x} \tag{1-52}$$

动力学方程：

$$\rho \frac{\partial \upsilon}{\partial t} = \frac{\partial \sigma}{\partial x} - R(x, t) \tag{1-53}$$

上述方程中，σ、ε以受压为正，υ以沿桩身向下为正，R（x，t）为土的阻力，方向为沿桩身向上。

2. 波动方程

简化上述三个方程后得到波动方程：

$$\frac{\partial^2 u}{\partial t^2} = C^2 \cdot \frac{\partial^2 u}{\partial x^2} - \frac{R(x, t)}{\rho} \tag{1-54}$$

式中　$C^2 = \frac{E}{\rho}$

C——应力波在弹性杆件中的传播速度，简称波速（m/s）；

E——弹性杆件的弹性模量（Pa）；

ρ——弹性杆件的质量密度（kg/m^3）。

上述波动方程是以质点位移为未知数。

波动方程的求解方法很多，在桩基动测领域对波动方程采取的一个主要分析手段就是主向导数法，也叫特征理论法。

3. 上行波和下行波

从桩身受力方面来说，有受压和受拉之分。从桩身运动方向来说，有产生向下运动和向上运动之分。习惯上把桩身受压（不论是内力、应力还是应变）看作是正的，而把桩身受拉看作是负的；把向下的运动（不论是位移、速度、还是加速度）看作是正的，而把向上的运动看作是负的。由于应力波在其沿着桩身的传播过程中将产生十分复杂的透射和反射，因此，有必要把在桩身内运行的各种应力波划分为上行波和下行波。由于下行波的行进方向和规定的正向运动方向一致，在下行波的作用下，正的作用力（即压力）将产生正向的运动，而负的作用力（拉力）则产生负向的运动。上行波则正好相反，上行的压力波（其力的符号为正）将使桩产生负向的运动，而上行的拉力（力的符合号为负）则产生正向的运动。

用符号 P_d 和 P_u 来分别代表下行波和上行波。

不难证明，对于一维杆件有：

$$\frac{\rho_d}{v_d} = Z \tag{1-55}$$

$$\frac{\rho_u}{v_u} = -Z \tag{1-56}$$

参数 $Z = \frac{E \cdot A}{C}$ 称为桩身的动力学阻抗，简称阻抗，A 为桩身截面积。在桩的任何位置上量测到的总力和速度都是上行波与下行波叠加的结果：

$$F = P_u + P_d \tag{1-57}$$

$$v = v_u + v_d \tag{1-58}$$

由式（1－55）、(1－56)、(1－57)、(1－58）可得：

$$P_d = 1/2 \cdot (F + vZ) \tag{1-59}$$

$$P_u = 1/2 \cdot (F - vZ) \tag{1-60}$$

由此可见，如果已知桩上某点的力 F 和速度 v 及该点的阻抗 Z，我们就可求得上行力波 P_u 和下行力波 P_d。

4. 桩身阻抗变化对应力波传播影响

应力波在桩身传播时，如果遇到截面发生变化（其阻抗也变化），入射波将分解为反射波和透射波两部分。设应力波从截面一进入截面二（参看图 1－21），并分别用下标 i、r、t 来代表入射、反射、透射，根据该截面的内力平衡条件和截面连续条件，不难证明：

$$F_r = \frac{Z_2 - Z_1}{Z_2 + Z_1} F_1 \tag{1-61}$$

$$F_t = \frac{2Z_2}{Z_2 + Z_1} F_i \tag{1-62}$$

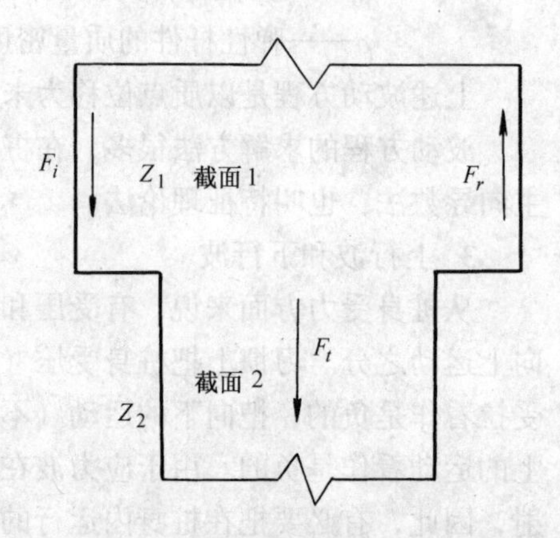

图 1－21 桩身阻抗变化对应力波传播的影响

从式（1－61）和式（1－62）两式可以看出截面的变化直接影响着应力波在桩内的传播，也可以说应力波的变化反映了桩截面的变化。

5. 桩身的基本数学模型

波动方程拟合法分析的主要对象是桩，也就是说，通过测试和分析桩身中应力波的传播行为来确定土参数和桩参数。一般情况下，实际的桩身可以是变阻抗（包括变截面、变重度甚至变材料）的连续杆件。在采用特征线法进行波动方程计算时，为了计算的方便，对桩身作以下几点基本假定。桩的计算模型见图 1－22。

(1) 桩身是连续的一维弹性杆件；

(2) 计算时把桩身划分为若干分段，在每个分段中取一个特征截面。分段划分的原则是应力波在每个分段中传播的时间相等；

(3) 分段之间的阻抗可以不相等，但是在每个分段范围内阻抗是恒定的；

(4) 桩身本身材料对于应力波的传播有一定的内阻尼，应力波在桩身中传播时，其幅值的衰减将与其幅值的变化成正比。即对于第 i 分段在 j 时刻：

$$P_{u}^{火} = P_{u}(i,j) - \eta[P_{u}(i,j) - P_{u}(i,j-1)] \quad (1-63)$$

$$P_{d}^{火} = P_{d}(i,j) - \eta[P_{d}(i,j) - P_{d}(i,j-1)] \quad (1-64)$$

加$_{火}$表示考虑材料阻尼后的应力波值，η 为桩材料阻尼。

6. 土阻力使用的基本数学模型

由于动力试验时激发的土阻力和静荷载试验时的静阻力并不相同，因此为了从动力试验结果正确推断静荷载试验的结果，必须对桩土体系的特性进行认真的研究，建立正确的土阻力的数学模型（图 1-23），并弄清楚动静阻力之间的关系。

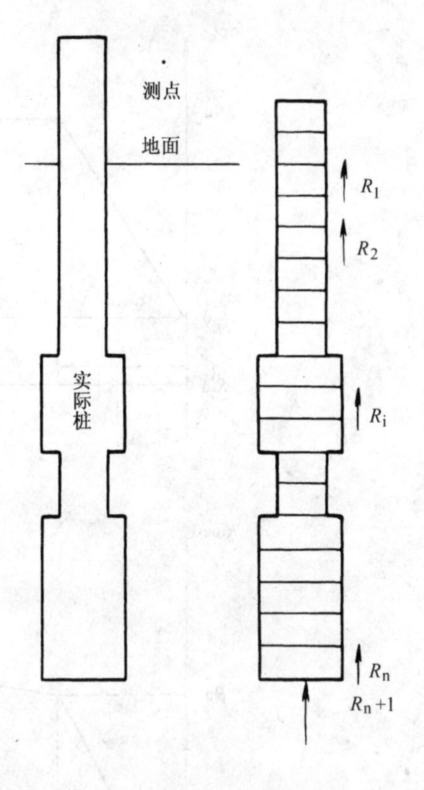

图 1-22　桩的计算模型

经过将近三十年的发展，目前采用的土阻力数学模型可归纳为以下几点：

(1) 动力试验时实际激发的总阻力 R_z，可以近似地看作由两部分叠加而成；一是土在静荷载试验时所表现的静阻力 R_s，二是由于动力作用所产生的附加动阻力 R_d，即

$$R_z = R_s + R_d \quad (1-65)$$

(2) 静阻力和桩的位移有关，静阻力和桩身位移之间的关系可简化为理想的弹塑性规律，即在位移达到某个最大的弹性位移（以下简称为弹限）Q_s 前，符合线性递增的规律；在超过弹限之后维持常量。用公式来表示就是：

$$\begin{cases} R_s = \dfrac{U}{Q_s} R_u, \quad U \leqslant Q_s & (1-66) \\ R_s = R_u, \quad U > Q_s & (1-67) \end{cases}$$

式中　R_u——土的极限静阻力；

Q_s——土的最大弹性位移。

若出现软化（$a<0$）或硬化（$a>0$）可用下式来表示

$$当 \quad U > Q_s \quad R_s = R_u + a \cdot \frac{U - Q_s}{Q_s} \quad (1-68)$$

$$当 \quad U \geqslant U_0 \quad R_s = R_L \quad (1-69)$$

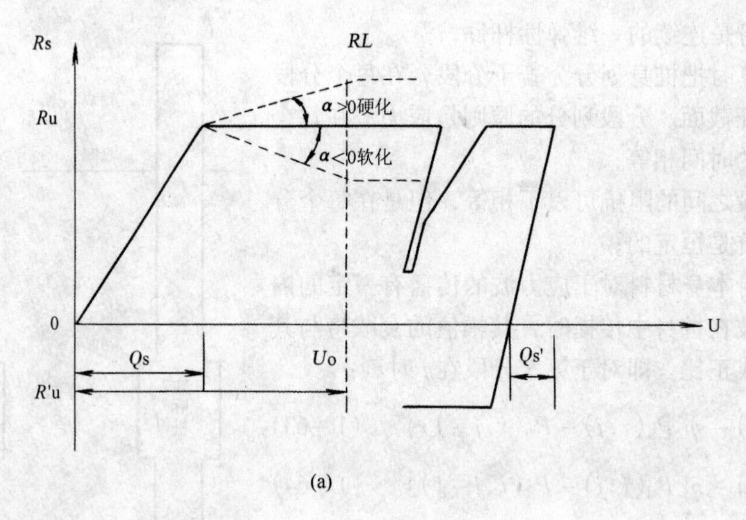

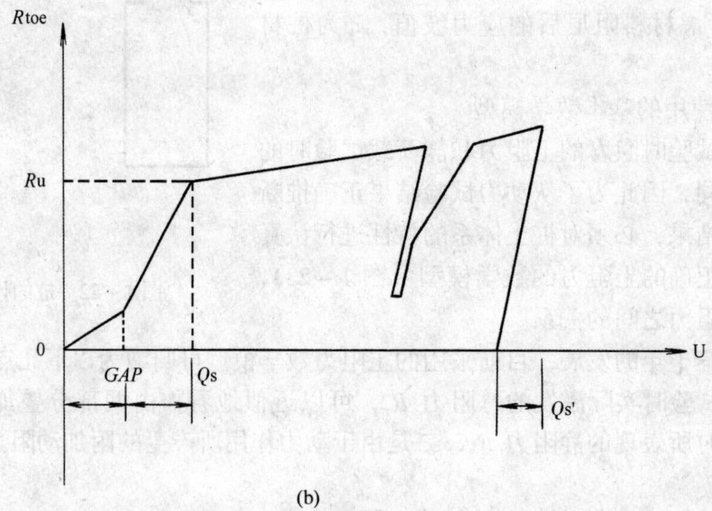

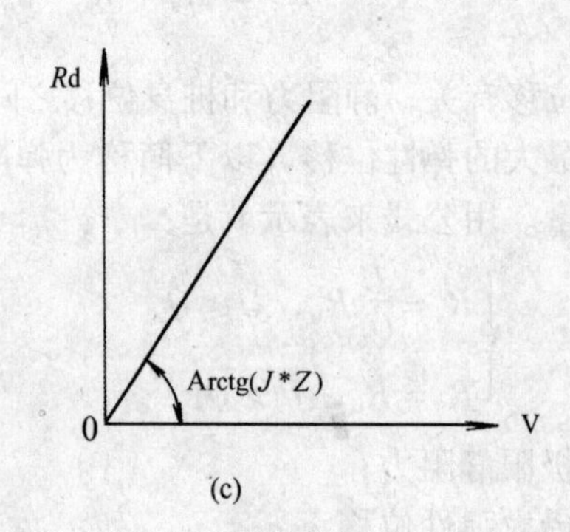

图 1-23 土阻力的计算模型

(a) 桩侧土的静阻力模型；(b) 桩端土的静阻力模型；(c) 土的动阻力模型

(3) 动阻力和桩的运动速度有关。动阻力和桩身速度之间的规律可采用式中 $R_L = R_u$

$+a\cdot\frac{v_0-Q_s}{Q_s}$，$a$ 为土层软化系数。

简单的线性的黏滞阻尼模型来表示。即：

$$R_d = J \cdot v \tag{1-70}$$

式中　J——称为黏滞阻尼系数。

或用公式：

$$R_d = J_s \cdot R_u \cdot v \tag{1-71}$$

式中　J_s——称为 Smith 黏滞阻尼系数

或用公式：

$$R_d = J_c \cdot Z \cdot v \tag{1-72}$$

式中　J_c——称为 CASE 阻尼系数。

(4) 卸载。卸载参数可以不同于加载参数。加载过程是指桩身向下运动，反之桩身由于反弹等原因向上运动时，被称为卸载。研究工作表明，在同一次锤击过程中，土阻力的卸载参数完全可能不同于其加载参数。

(5) 考虑在桩端附近的附着土体质量——土塞。有些桩型在其桩底附近常常会有相当数量的土体附着在桩身上，典型的例子是开口管桩在打桩过程中所形成的土塞。在随后的动力试验中，这一部分土体最大可能将成为外加的质量而产生不可忽略的惯性力；即一种和运动加速度成正比的阻力，即：

$$R_p = \frac{G_p}{g}\frac{\Delta v_b}{\Delta t} \tag{1-73}$$

式中　G_p——称为土体附着重量；

$\frac{\Delta v_b}{\Delta t}$——桩端加速度。

(6) 桩尖缝隙模型

由于施工方面原因，灌注桩可能出现沉渣过厚的现象，预制桩可能由于相邻桩的挤土作用而导致先打桩的上拔，对于沉管灌注桩也可能存在吊脚情况。也就是说在桩端面和持力层之间可能存在着一个特殊的过渡层，导致沉降的增大和承载力的降低，可采用刚度可变的线性模型，即土阻力将随着位移的增大而线性增大来解决这个问题。

(7) 必要时在桩端采用辐射阻尼模型来考虑应力波能量向土中的逸散。在前面的讨论中，我们假定桩周土是不动的，但实际上并非完全如此，不难想象；桩对土存在一个反作用力，这个力也会使土产生运动，当桩的位移较小，以致于桩周土的剪切破坏并未真正出现时，土的运动就显得很重要。在这种情况下，单纯用阻力来代替桩周土的作用不能很好地模拟实际情况，需要采用附加的辐射阻尼模型。

根据以上原理可以编制出实测曲线拟合法程序，通过两条实测力和速度曲线来计算桩的承载力和桩的完整性。

1.4.4.3 适用范围

高应变动力检测方法，适用于评价桩身的结构完整性及判定基桩的竖向极限承载力，监测预制桩打入时的桩身应力和桩锤效率。

1.4.4.4 仪器设备

1. 检测仪器应具有现场显示、记录、保存实测力与加速度信号的功能，并能进行数据处理、打印和绘图。其主要性能应符合下列规定：

(1) 数据采集装置的模数转换精度不应小于10位，通道之间的相位差应小于50μs。

(2) 力传感器宜采用工具式应变传感器，应变传感器安装谐振频率应大于2kHz，在1000με测量范围内的非线性误差不应大于1%，由于导线电阻引起的灵敏度降低不应大于1%；

(3) 安装后的加速度计在2～3000Hz范围内灵敏度变化不应大于±5%。

2. 传感器的标定周期为一年，修理后的传感器必须重新标定。

3. 桩的贯入度可用精密水准仪、激光变形仪等光学仪器测定。

4. 检测用的重锤应质量均匀，形状对称，锤底平整，宜用铸钢或铸铁制作。当采用自由落锤时，锤重应大于预估的单桩极限承载力的1%。

1.4.4.5 现场检测

1. 检测前准备工作应符合下列规定

(1) 桩头露出地面高度应满足检测装置的要求且不小于桩径的1.6倍。桩头顶面应平整，桩头中轴线与桩身中轴线应重合，桩头截面积宜与原桩身截面积相同。

(2) 桩头顶部应设置桩垫，并根据使用情况及时更换，桩垫宜采用木板、胶合板和纤维板等材质均匀的材料。

(3) 对不能承受锤击的桩头应在检测前对桩头进行修复或加固处理，以确保检测时锤击力的正常传递。

2. 检测前参数的设定应符合下列规定

(1) 桩的截面积、桩身、波速、桩材质量密度及弹性模量等参数应按测点处桩的性状设定。

(2) 测点下桩长和桩的截面积设定应符合下列规定：

1) 测点下桩长是传感器安装点至桩底的距离。

2) 对于预制桩，测点下桩长和截面积设定值，可根据建设或施工单位提供的实际桩长和截面积确定。

3) 对于灌注桩，宜根据建设或施工单位提供的完整施工记录来确定。

(3) 桩身波速可符合以下规定：

1) 对于普通钢桩，波速值可设定为5120m/s。

2) 对于普通混凝土预制桩，宜在桩打入前实测无缺陷的桩身平均波速作为设定值。

3) 对于普通灌注桩，在桩长已知的情况下，可根据反射波法按桩底反射信号计算桩的平均波速作为设定值；如桩底反射信号不清晰，可根据桩身混凝土强度等级等参数综合设定。

（4）桩身质量密度的设定应符合下列规定：

1）普通钢桩质量密度值取 7.85t/m³。

2）普通混凝土预制桩，质量密度值取 2.45～2.55t/m³。

3）普通混凝土灌注桩，质量密度值取 2.40t/m³。

（5）桩材弹性模量取值应按下式计算：

$$E = \rho \cdot c^2 \tag{1-74}$$

式中　E——桩材弹性模量（MPa）；

c——桩身内应力波传播的速度（m/s）；

ρ——桩材质量密度（t/m³）。

（6）采样频率宜为 5～10kHz，每个信号的采样点数不宜少于 1024 点。

（7）力传感器和加速度传感器率定系数应由国家法定计量单位开具的率定系数作为设定值。

3．现场检测应按下列要求进行

（1）检测前应对仪器、电源、传感器、连线及设定参数等进行全面检查，确认无误后方可进行检测。

（2）当采用自由落锤为锤击设备时，宜重锤低击，最大锤击落距不宜大于 2.5m。

（3）检测时宜实测每一锤击力作用下桩的贯入度，单击贯入度应在 2.5～10mm 之间。

（4）当仅检测桩身的结构完整性时，可减轻锤重，降低落距，减少桩垫厚度，但应能测到明显的桩底反射信号。

（5）对有缺陷的桩，应先对实测曲线作定性分析，找出桩身缺陷的数量和位置；然后实施多次锤击，观察其在连续锤击下，缺陷的扩大或逐渐闭合的发展趋势。

（6）检测时要及时检查信号的质量，锤击后出现下列情况之一的，其信号不得作为分析计算依据。

1）力的时程曲线最终未归零；

2）产生偏心锤击，一侧力信号显现受拉；

3）传感器出现故障；

4）传感器安装处混凝土开裂或出现塑性变形。

1.4.4.6　检测数据处理

1. 锤击信号的选取应符合下列规定

（1）预制桩初打，宜取最后一阵中锤击能量较大的击次。

（2）预制桩复打和灌注桩检测，宜取其中锤击能量较大的击次。

2. 分析计算前，应根据实测信号按下列方法确定桩身平均波速平均值

（1）当桩底反射信号较明显时，可根据下行波起升沿的起点到上行波下降沿的起点之间的时差与已知桩长值确定。

（2）当桩底反射信号不明显时，可根据桩长、混凝土波速的合理取值范围以及邻近桩的波速值等综合判定。

3. 单桩极限承载力的判定应符合以下规定

（1）单桩极限承载力的判定，可采用实测曲线拟合法和凯司法（case 法）。

（2）采用 CASE 法判定试桩的单桩极限承载力，应符合下列规定：

1）只限于中、小直径桩；

2）在无静载试验情况下，应采用实测曲线拟合法确定 J_c 值，拟合计算的桩数不应少于试桩总桩数 30%，并不得少于 3 根。

（3）用实测曲线拟合法分析计算时应符合下列规定：

1）实测曲线拟合法所采用土的力学模型应能反映土的实际应力－应变性状。

2）桩的力学模型应能反映桩的实际现状，可采用一维弹性杆模型。

3）曲线拟合时间段长度应不少于 5L/C，并在 2L/C 时刻后延续时间不少于 20ms。

4）拟合中选定的参数应在岩土工程的合理范围之内，各单元所选用的土的最大弹性位移值 Q_s 不得超过相应桩单元的最大计算位移值。

5）拟合完成时计算曲线应与实测曲线基本吻合，贯入度的计算值应与实测值吻合。

（4）目前常用的实测曲线拟合法分析软件有美国的 CAPWAPC、荷兰的 TNOWAVE，中国建研院地基所的 PEIPWAPC、武汉岩海公司的 CCWAPC、北京平岱公司的 PDC－CMP、福建建科院的 FJWAPC 等分析程序。

（5）CASE 法判定的单桩极限承载力可按下列公式计算：

$$R_c = (1 - J_c)\cdot[F(t_1) + Z\cdot V(t_1)]/2 + (1 + J_c)\cdot[F(t_1 + 2L/c) - Z\cdot V(t_1 + 2L/c)]/2 \quad (1-75)$$

$$Z = E\cdot A/c \quad (1-76)$$

式中　R_c——由 CASE 法确定的单桩极限承载力（kN）；

J_c——CASE 法的阻尼系数；

t_1——速度峰值对应的时刻（ms）；

$F(t_1)$——t_1 时刻的锤击力（kN）；

$V(t_1)$——t_1 时刻的质点运动速度（m/s）；

c——应力波在桩内的传播速度（m/s）；

Z——桩身截面力学阻抗（kN·s/m）；

L——测点下桩长（m）；

A——桩截面积（m^2）。

4．桩身结构完整性评价应符合下列规定

（1）桩身的结构完整性可用实测曲线拟合法评价，并符合规范（JGJ106－97）第 7.4.2 条规定。

（2）对于等截面桩，桩顶下第一个缺陷可用 β 法评价，并宜按表 1－26 规定进行。

桩身结构完整性评价　　　　**表 1－26**

β值	桩身完整性评价
$\beta = 1.0$	完好桩
$0.8 \le \beta < 1.0$	基本完整桩或有轻微缺陷桩

续表

β值	桩身完整性评价
$0.6 \leq \beta < 0.8$	明显缺陷桩
$\beta < 0.6$	严重缺陷或断桩

(3) 桩顶下第一个缺陷的结构完整性系数β值可按下式计算：

$$\beta = [F_d(t_1) - \Delta R + F_u(t_x)]/[F_d(t_1) - F_u(t_x)] \tag{1-77}$$

$$F_d(t_1) = [F(t_1) + Z \cdot V(t_1)]/2 \tag{1-78}$$

$$F_u(t_x) = [F(t_x) - Z \cdot V(t_x)]/2 \tag{1-79}$$

式中　β——桩身结构完整性系数；

t_1——速度第一峰所对应的时刻（ms）；

t_x——缺陷反射峰所对应的时刻（ms）；

ΔR——缺陷以上部位土阻力的估计值，等于缺陷反射起始点的锤击力与速度乘以桩身截面力学阻抗之差值（kN）。

(4) 桩身缺陷位置可按下式计算：

$$X = c \cdot (t_x - t_1)/2 \tag{1-80}$$

式中　X——缺陷位置与传感器安装点距离（m）。

(5) 对桩身截面面积不规则的混凝土灌注桩、有浅部缺陷的桩、扩径桩或锤击力波上升缓慢的桩，其完整性评价宜根据施工工艺、场地地质条件，力与速度的比例失调程度，结合实测曲线拟合法综合评定。

1.4.4.7　检测报告

高应变动力检测基桩承载力时，检测报告应包括下列内容：

(1) 工程名称、工程地点、检测目的和检测日期；

(2) 建设、勘察、设计和施工单位名称；

(3) 检测场地的工程地质概况、检测桩位及相应的钻孔柱状图；

(4) 桩基设计施工概况，桩位平面图及桩的施工记录；

(5) 检测情况、仪器设备及检测过程中出现的异常现象的说明；

(6) 每根桩的实测曲线、参数取值、检测数据处理、分析方法和检测结果。对于实测曲线拟的静载荷-沉降曲线、桩身阻抗变化、土阻力沿桩身分布、选用的各桩单元的有关参数以及贯入度的实测与计算值；

(7) 结论；

(8) 签署报告单位名称、检测负责人、报告审核人和审定人。

1.4.5 钻芯法检测

1.4.5.1 适用范围

钻芯法检测适用于检验桩径不小于 800mm 的各类现浇混凝土桩的桩身混凝土强度、完整性、桩底沉渣厚度、桩端持力层性状及桩长校核等检验。

1.4.5.2 仪器设备

1. 钻芯应选用精度高、调速范围大、扭矩大的液压高速钻机。钻机应具有足够的刚度，操作灵活，固定转动方便，并应有循环水冷却系统。严禁采用手把式或振动大的破旧钻机。

2. 应采用双管单动钻具，国际 ϕ50mm 方扣钻杆，钻杆必须平直。钻芯宜采用内径最小尺寸大于混凝土骨料粒径 2 倍的人造金刚石薄壁钻头。钻头胎体不得有肉眼可见的裂纹、缺边、少角、倾斜及喇叭口变形。

3. 锯切试样用的锯切机，应具有冷却系统和牢固夹紧芯样的装置；配套使用的人造金刚石圆锯片应有足够的刚度。

4. 芯样试件端面的补平和磨平应采用专用的补平器和磨平机。

5. 压力机应满足以下要求：

(1) 压力机应能连续加载且没有冲击，并具有足够的吨位，使能在总吨位的 10%～90%之间进行试验。

(2) 压力机的承载板，必须具有足够的刚度，球座灵活轻便，板面必须平整光滑。

(3) 承压板的直径应不小于试样直径，且不宜大于试样直径的两倍，如压力机和压板尺寸大于试样尺寸两倍以上时，需在试样上下两端加辅助承压板。

(4) 压力机的校正和检验，应符合有关计量标准的规定。

1.4.5.3 现场检测

1. 钻芯前，工程建设、监理单位应提供桩号、桩径、桩长、混凝土设计强度等级、桩端持力层名称和桩基平面位置图。

2. 钻芯时，桩混凝土龄期宜达到 28d。

3. 钻芯孔位宜避开钢筋，并应均匀布置。当桩径小于 1600mm 时，钻芯位置宜选择在桩中心；当桩径等于、大于 1600mm 时，不宜少于 2 个检测孔，宜对称分布。

4. 钻机安装对好孔位施钻前，应检查钻机底盘水平度。开始钻进时，宜采用合金钻头缓慢地接触混凝土表面，待钻头入槽并下好井口管后，方可采用金刚石钻具加压进行正常钻进。

5. 钻进过程中，应保持钻机的平稳，钻孔内循环水流不得中断，水压应保证充分排除孔内岩粉，循环水水温不宜超过 30℃，钻进速度不宜小于 140 转/分。

6. 每回次进尺长度不宜大于 1.5m。提钻卸取芯样时，应拧下钻头和胀圈，严禁敲打卸芯。卸取的芯样应冲洗干净按顺序置于岩芯箱中，标上深度。

7. 当钻进接近可能存在断桩、桩身混凝土未胶结、胶结差、夹泥、离析等质量问题的部位或接近桩端时，应改用适当的钻探方法和工艺，并注意观察回水变色、钻进速度的变化，做好记录。

8. 钻芯钻入桩底下持力层深度不小于 1m。

9. 应有专人在现场检查、校核、编录芯样。对混凝土的胶结性状、骨料的种类及均匀性，混凝土芯样上的气孔、蜂窝、夹泥、离析，以及桩端持力层性状应作详细的记录。

10. 每桩选取混凝土抗压试件芯样不应少于 10 块，每 1.5m 应有一块，按桩长均匀选取，每块芯样必须标明取样深度。

1.4.5.4　芯样试件加工及技术要求

1. 芯样抗压试件的高度和直径之比应为 1:1。

2. 采用锯切机加工芯样试件时，应将芯样固定，并使锯切平面垂直于芯样轴线。锯切过程中应冷却人造金刚石圆锯片和芯样。

3. 芯样试件内不应含有钢筋。

4. 锯切后芯样，当不能满足平整度及垂直度要求时，宜采用以下方法进行端面加工。

(1) 磨平机上磨平。

(2) 用水泥砂浆（或水泥净浆）或硫磺胶泥、硫磺在专用补平器上补平。水泥砂浆（或水泥净浆）补平厚度不宜大于 5mm，硫磺胶泥或硫磺不宜大于 1.5mm。补平层应与芯样结合牢固，以使受压时补平层与芯样的结合面不提前破坏。

5. 芯样试件在试验前应对其几何尺寸进行下列测量：

(1) 平均直径：用游标卡尺测量芯样试件中部，在相互垂直的两个位置上，取其二次测量的算术平均值，精确至 0.5mm。

(2) 芯样试件高度；用钢卷尺或钢板尺进行测量，精确至 1mm。

(3) 垂直度：用游标量角器测量两个端面与母线的夹角，精确至 0.1°。

(4) 平整度：用钢板尺或角尺紧靠在芯样试件端面上，一面转动钢板尺，一面用塞尺测量与芯样试件端面之间的缝隙。

6. 芯样试件尺寸偏差及外观质量超过下列数值时，不得用作抗压强度实验。

(1) 经端面补平后的芯样高度小于 $0.95d$（d 为芯样试件平均直径），或大于 $1.05d$ 时；

(2) 沿芯样高度任一直径与平均直径相差 2mm 以上时；

(3) 芯样端面的不平整度在 100mm 长度内超过 0.1mm 时；

(4) 芯样端面与轴线不垂直度超过 2°时；

(5) 芯样有裂缝或有其他较大缺陷时。

1.4.5.5　芯样试件的抗压强度试验

1. 芯样试件的抗压强度试验的精度要求和试验步骤，应按现行国家标准《普通混凝土力学性能试验方法标准》GB/T50081－2002 中对立方体试块抗压试验的规定进行。

2. 芯样试件应在（20±5)℃的清水中浸泡 40～48h，从水中取出后应立即进行抗压试验。

3. 芯样试件的抗压强度，应按下列公式计算：

$$f_{cu}^{c} = 4F/(\pi d^2) \tag{1-81}$$

式中　f_{cu}^{c}——芯样试件抗压强度（MPa)，精确至 0.1MPa；

F——芯样试件抗压试验测得的最大压力（N)；

d——芯样试件的平均直径（mm)。

1.4.5.6 检验报告

钻芯法检验报告应包括如下内容：

1. 工程概况；

2. 检测仪器设备和标准；

3. 地质概况与成桩记录；

4. 检测结果。包括钻芯钻孔柱状图，能反映桩身混凝土和持力层质量特征的芯样全长彩色照片及说明，混凝土芯样抗压强度试验报告及其统计评定表；

5. 结论。

1.5 建筑物的变形观测

1.5.1 建筑物的倾斜观测

不均匀的沉降将使建筑物倾斜，对高大建筑物影响更大，严重的不均匀沉降会使建筑物产生裂缝，结构破坏，危及安全，因此，必须及时观测和处理，以保证建筑物的安全。

倾斜测量是用经纬仪、垂直仪、水准仪及其他专用仪器，测量建筑物倾斜度随时间而变化的工作。一般在建筑物立面上设置上下两个监测标志，它们的高差为 h，用经纬仪把上标志中心位置投影到下标志附近，量取它与下标志中心之间的水平距离 a，则 $a/h=i$ 即为两标志中心联线的倾斜度。定期定点地重复观测，就可知在某段时间内建筑物倾斜度的变化情况。

测定建筑物倾斜的方法有两类：一类是直接测定建筑物的倾斜，另一类是通过测量建筑物基础相对沉降的方法来确定建筑物的倾斜。

一、直接测定建筑物倾斜的方法

1. 垂线法

直接测定建筑物倾斜的最简单的方法是悬挂垂球，在建筑物墙面上下设置两个观测点，分别量取其与垂线的距离，根据其偏差值可直接确定建筑物的倾斜量。但使用该法，受风力影响较大，难以操作且影响其精度，故此法一般不大使用。

2. 经纬仪投影法

选择需要观测倾斜的建筑物阳角作为观测点。通常情况下需对四个阳角进行倾斜观测，综合分析才能反映整幢建筑物的倾斜情况。

经纬仪的位置如图 1－24 所示，其中要求经纬仪应设置在离建筑物较远的地方（距离最好大于 1.5 倍建筑物的高度），以减少仪器纵轴不垂直的影响。

如图 1－25 所示，瞄准墙顶一点 M，向下投影得一点 N，最后量出 $\overline{NN'}$ 间水平距离 a。

投影时经纬仪要在固定测站很好地对中严格整平，用盘左、盘右两个度盘位置往下投影，分别量取 a，取其平均值。

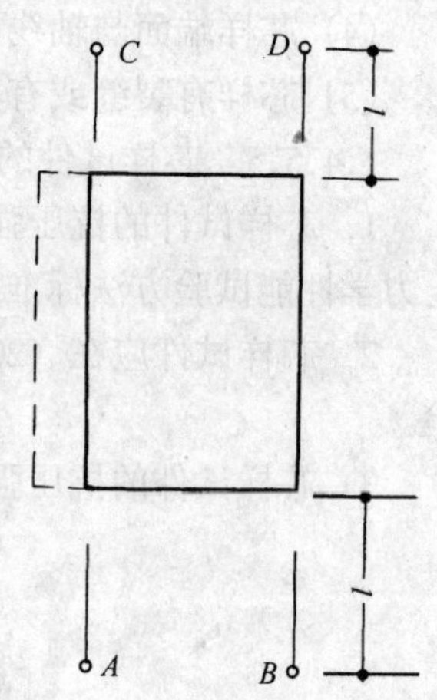

图 1－24 建筑物倾斜观测
（图中实线为原建筑物，虚线为倾斜后建筑物）

另外，以 M 点为基准，采用经纬仪测出角度 α。

根据垂直角 α 可按下式算出高度

$$H = l \cdot \mathrm{tg}\alpha \qquad (1-82)$$

则建筑物的倾斜度

$$i = a/H \qquad (1-83)$$

建筑物该阳角的倾斜量 β

$$\beta = i \cdot (H + H') \qquad (1-84)$$

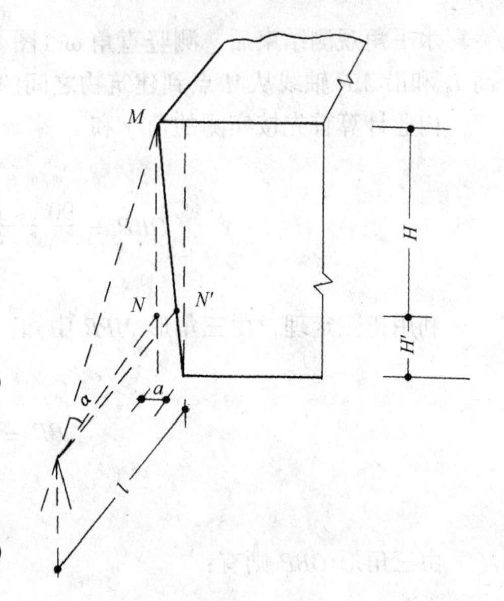

图 1-25　测量方法

最后，综合分析四个阳角的倾斜度，即可描述整幢建筑物的倾斜情况。

以上 H 和 H' 也可用钢尺直接量取，或用手持式激光测距仪测定。

实际上，由于建筑物周围场地狭小，难以保证仪器与建筑物的距离（$1.5h$），仰角太大，仪器无法照准墙顶点，此时，可配用弯管目镜进行观测，但观测精度将会受到仪器纵轴不垂直的影响。

3. 天顶天底仪观测法

用天顶天底仪测定建筑物的倾斜量，其观测原理同垂线法，只不过是用光学视线代替实物垂线而已。用这种方法可以克服风力、场地狭窄等不利因素的影响，操作方便，精确度高，ZNL 天顶天底仪精度指标达 1/30000。

二、测定建筑物基础相对沉降的方法

对于测定基础倾斜（相对沉降）的方法，常有水准测量法，液体静力水准测量方法以及使用各种型号的倾斜仪。观测工作一般在基础施工完毕后或基础垫层浇灌后开始。

三、塔形建筑物垂直度的观测

在修建和使用高塔、高炉和烟囱时，必须注意建筑物的铅垂位置。但在施工过程中，可能出现个别圈梁、圈带上的位置偏心，因此对塔形建筑物垂直度的检查是非常必要的。检查方法如下：

如图 1-26 所示，在离开建筑物的距离为其高度的一倍半到二倍的轴线控制桩的延长线上，任选两个测站点 M 和 N，将经纬仪安置在 M 点，经整平对中后，将望远镜沿切线 MA 照准建筑物的基础，记下水平度盘读数，然后将望远镜水平转动到 MB 的切线方向线上，也记下水平度盘读数，根据两次读数可确定 $\angle AMB$ 的平分线方向，定出 P 点。同样方法在 N 点进行观测，确定 Q 点。

为了确定上部和基础半径不同的建筑物的垂直度，可用观测水平角 β_1 和 β_2 的方法，β_1 为基础的右切线与建筑物上部左切线之间的夹角；β_2 为基础的左切线与建筑物上部右切线之间的夹角。

水平角观测结束后，测竖直角 ω（图 1－27），确定 T 点对仪器水平轴的高差。测定仪高 i_1 和沿 MP 轴线从 M 点到建筑物之间的距离为 l_1，然后搬站到 N 点，同样测出 i_2 及 l_2。

内业计算首先按实测的角 γ 和 l_1 来确定基础半径，由于 $\angle MOB = 90° - \gamma$，所以：

$$\angle OBP = \frac{90° + \gamma}{2}, \quad \angle PBM = \frac{90° - \gamma}{2}$$

利用正弦定理，由三角形 MPB 中知：

$$BP = \frac{l_1 \sin\gamma}{\sin\dfrac{90° - \gamma}{\gamma}}$$

由三角形 OBP 则有：

$$R = \frac{l_1 \sin\gamma \sin\dfrac{90° + \gamma}{2}}{\sin(90° - \gamma)\sin\dfrac{90° - \gamma}{2}}$$

由图 1－27 得：$\psi = 2\gamma - (\phi_1 + \phi_2)$

或 $\psi = (\beta_1 + \beta_2) - 2\gamma$

于是由 $\Delta OMA'$ 得：

$$\gamma = (l_1 + R)\sin\frac{\psi}{2} \qquad (1-85)$$

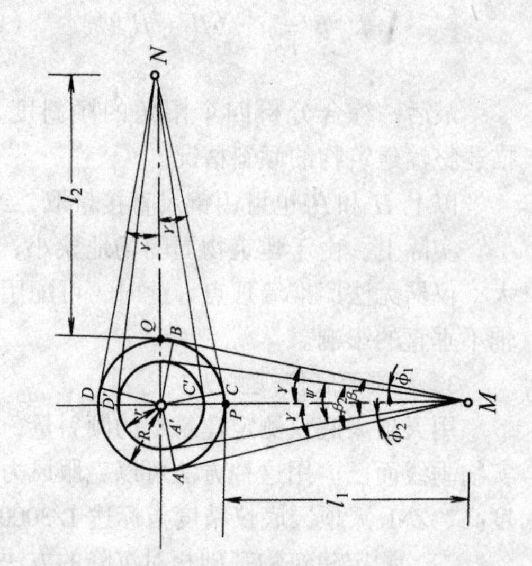

图 1－26　竖直角观测

由图 1－28 知建筑物的高为：

$$H = H' + i_1 - \Delta h \qquad (1-86)$$

式中　H'——从建筑物的上部到仪器水平轴的高度；

i_1——仪器高；

Δh——测站点对建筑物基础点的高差。

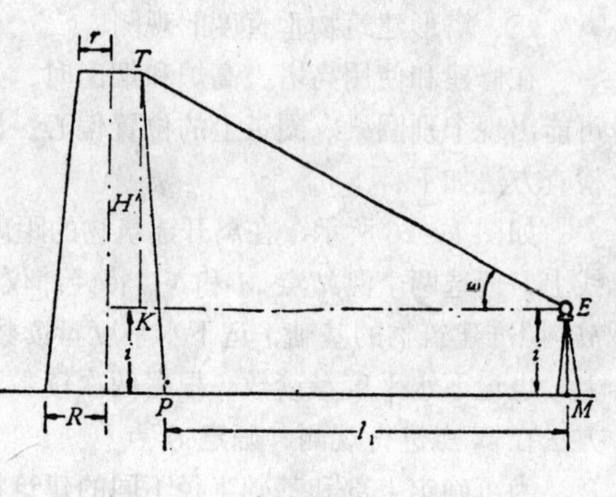

图 1－27

由 ΔTKE 得：

$$H' = KE \cdot \text{tg}\omega$$

$$KE = l_1 + (R - r)$$

由此得：

$$H = [l_1 + (R - r)]\mathrm{tg}\omega + i_1 - \Delta h \tag{1-87}$$

确定轴线对垂线的偏差，如图1－27所示，当 ϕ_1 和 ϕ_2 角相等时，建筑物的垂直度未受破坏。上部建筑物的圆心恰好投影到基础中心上，但实际上这种情况是遇不到的，因为 $\beta_1 = \psi + \phi_1$，$\beta_2 = \psi + \phi_2$，若假定 $\phi_1 > \phi_2$，则 $\Delta\phi = \phi_1 - \phi_2$ 或 $\Delta\phi = \beta_1 - \beta_2$，上部中心对下部中心的偏差值 Δr 按下式计算：

$$\frac{\Delta r}{l_1 + R} = \mathrm{tg}\Delta\varphi$$

或

$$\Delta r = (l_1 + R)\mathrm{tg}\Delta\varphi \tag{1-88}$$

因为 φ 角很小，将其正切表示成角度，于是：

$$\Delta r = (l_1 + R)\frac{\Delta\varphi'}{3438'}$$

或

$$\Delta r = (l_1 + R)\frac{\Delta\varphi''}{206265''}$$

因为 Δr 由两点确定（$\Delta r_1 + \Delta r_2$），所以总偏差值由下式确定：

$$\Delta r = \sqrt{\Delta r_1^2 + \Delta r_2^2} \tag{1-89}$$

在规范中，轴线对垂线的允许偏差是根据建筑物的高度确定的，因此相对偏差值用下式表示：

$$\delta = \frac{\Delta r}{H_{平均}} \tag{1-90}$$

上述随高度而改变半径的建筑物，其垂直度的检查方法，不但用于施工中，而且也用于使用过程中，这种方法不但能确定建筑物偏离垂线的差值，而且可以通过测量，对建筑物作出全面的鉴定。

1.5.2　建筑物裂缝与挠度观测

1. 裂缝观测

当建筑物出现裂缝时，应先对裂缝进行编号，然后分别监测裂缝的位置、表面长度及宽度等。

为了观测裂缝的发展情况，要在裂缝处设置观测标志。当裂缝开裂时，标志就能相应地开裂或变化，正确地反映建筑物裂缝发展的情况，下面介绍了三种常用的裂缝观测标志。

（1）石膏板标志

在裂缝处糊上宽约50~80mm的石膏板（长度视裂缝大小而定）。当裂缝发展时，石膏板随之开裂，从而可观察裂缝发展的情况。

（2）白铁片标志

如图1-28所示，用两块白铁片，一片约为150mm×150mm，固定在裂缝的一侧，另一片为50mm×200mm，固定在裂缝的另一侧，并使其中一部分紧贴在相邻的正方形白铁片上。当两块白铁片固定好以后，在其表面均匀涂上红色油漆。如果裂缝继续发展，两块白铁片将逐渐拉开，露出下面一块白铁片上原被覆盖没有涂油漆的部分，其宽度即为裂缝加大的宽度，可用尺子量出。

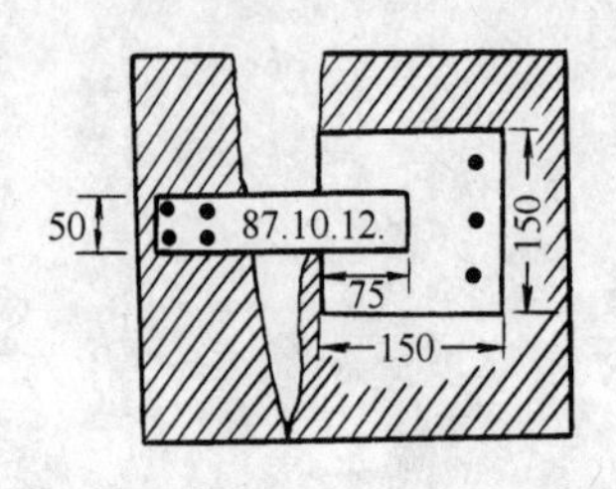

图1-28　白铁片标志

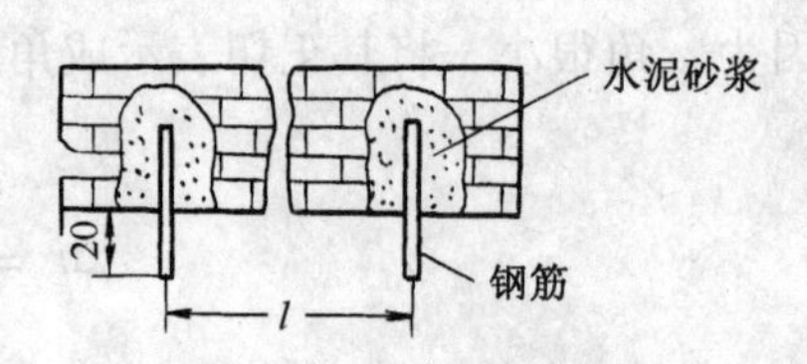

图1-29　金属棒标志

（3）金属棒标志

如图1-29所示，在裂缝两边凿孔，将长约10cm、直径10mm以上的钢筋头插入，使其露出墙外约2cm左右，然后用水泥砂浆填实牢固。在两钢筋头埋设前，应先把钢筋一端锉平，在上面刻画十字线或中心点，作为量取其间距的依据。待水泥砂浆凝固后，量出两金属棒之间距离 l，并记录下来。以后如裂缝继续发展，则金属棒的间距会不断加大。定期测量两棒之间距离 l，并记录下来。以后如裂缝继续发展，则金属棒的间距会不断加大。定期测量两棒之间的距离并进行比较，即可掌握裂缝发展情况。

此外，对于墙面比较整洁的裂缝（如室内），可用读数显微镜来观测裂缝的变化（图1-30），每次测读 A 点与 B 点间的距离，其变化量即为裂缝的变化量。读数显微镜还可直接测读裂缝的宽度。

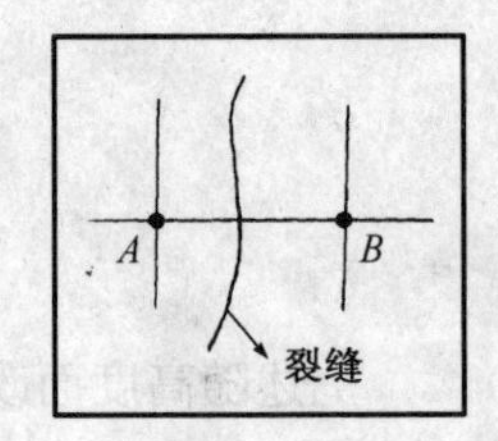

图1-30

2．挠度观测

建筑物在应力的作用下产生弯曲和扭曲时，应进行挠度观测。

对于平置的构件，在两端及中间设置三个沉降点进行沉降观测，可以测得在某时间段内三个点的沉降量，分别为 h_a，h_b，h_c，则该构件的挠度值为：

$$\tau = \frac{1}{2}(h_a + h_c - 2h_b) \cdot \frac{1}{S_{ac}} \tag{1-91}$$

式中　h_a 及 h_c——构件两端点的沉降量；

h_b——构件中间点的沉降量；

S_{ac}——两端点间的平距。

对于直立的构件，要设置上、中、下三个位移监测点进行位移监测，利用三点的位移量求出挠度大小。在这种情况下，我们把在建筑物垂直面内各不同高程点相对于底点的水平位移称为挠度。

挠度监测的方法常采用正垂线法，即从建筑物顶部悬挂一根铅垂线，直通至底部，在铅垂线的不同高程上设置测点，借助光学式或机械式的坐标仪表量测出各点与铅垂线最低点之间的相对位移。如图1－31所示，任意点 N 的挠度 S_N 按下式计算：

$$S_N = S_0 - S_N \tag{1-92}$$

式中 S_0——为铅垂线最低点与顶点之间的相对位移；

S_N——为任一测点 N 与顶点之间的相对位移。

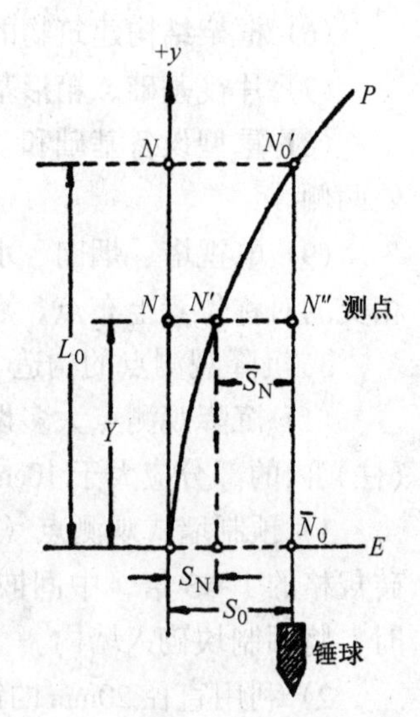

图1－31

1.5.3 建筑物的沉降观测

建筑物的全部荷载通过基础传给地基。地基受压后，由于施工质量土质原因和荷载的变化，以及地下水涨落，机器振动等外界因素的影响，建筑物将产生均匀或不均匀的沉降，不均匀的沉降将导致建筑物变形，倾斜甚至倒塌。为了掌握建筑物的沉降情况，以保证工程质量和安全生产，同时也为了今后合理设计积累资料，建筑物在施工过程及建后投入使用阶段都需要进行沉降观测，直至沉降稳定为止。

1. 水准点的布设

建筑物的沉降观测是多次测定建筑物上设置的观测点相对于建筑物附近的水准点（作为不变高程点）的高差随时间的变化量。水准点的布设是整个沉降观测工作中最重要的环节，因为它是沉降水准测量的基准，它的稳定性直接影响到沉降观测成果的精度。

在布设水准点时应注意以下几点：

（1）水准点与观测点之间的距离不能太远（一般为30～100m），以保证观测的精度。

（2）水准点应布设在沉降区以外的通视良好、土质坚硬、且不受施工影响的安全地点。

（3）水准点基础的埋深应在2m以上，以防止自身下沉。

（4）水准点数目最好不少于3个，以便组成水准网进行互校。

（5）若利用施工水准点来作为沉降观测水准点，那么，在第一次沉降观测之前必须对施工水准点进行校核。

2. 沉降观测点的位置

沉降观测点的位置，应以能全面反映建筑物地基变形特征，并结合地质情况及建筑结构特点确定。点位宜选设在下列位置：

（1）建筑物的四角、大转角处及沿外墙每10～15m处或每隔2～3根柱基上。

（2）高低层建筑物、新旧建筑物、纵横墙等交接处的两侧。

(3) 建筑物裂缝和沉降缝两侧、基础埋深相差悬殊处、人工地基与天然地基接壤处、不同结构的分界处及填挖方分界处。

(4) 宽度大于等于 15m 或小于 15m，而地质复杂以及膨胀土地区的建筑物，在承重内隔墙中部设内墙点，在室内地面中心及四周设地面点。

(5) 邻近堆置重物处、受振动有显著影响的部位及基础下的暗浜（沟）处。

(6) 框架结构建筑物的每个或部分柱基上或沿纵横轴线设点。

(7) 片筏基础、箱形基础底板或接近基础的结构部分之四角处及其中部位置。

(8) 重型设备基础和动力设备基础的四角、基础型式或埋深改变处以及地质条件变化处两侧。

(9) 电视塔、烟囱、水塔、油罐、炼油塔、高炉等高耸建筑物，沿周边在与基础轴线相交的对称位置上布点，点数不少于 4 个。

3. 沉降观测点的构造

(1) 沉降观测点大多设置在外墙勒脚外，最好在建筑施工过程预埋。观测点埋在墙（柱）内的部分应大于 10cm，以便保持其稳定性。一般常用的几种观测点如下：

1) 预制墙式观测点（图 1－32a），它是由混凝土预制而成，其大小可以做成普通粘土砖规格的 1～3 倍，中间嵌以角钢，角钢棱角向上，并在一端露出 50mm。在砌砖墙勒脚时，将预制块砌入墙内。

2) 利用直径 20mm 的钢筋，一端变成 90°角，一端制成燕尾形埋入墙内（1－32b）。

3) 用长 120～150mm 的角钢，在一端焊一铆钉，另一端埋入墙内，并以 1:2 水泥砂浆填实（图 1－32c）。

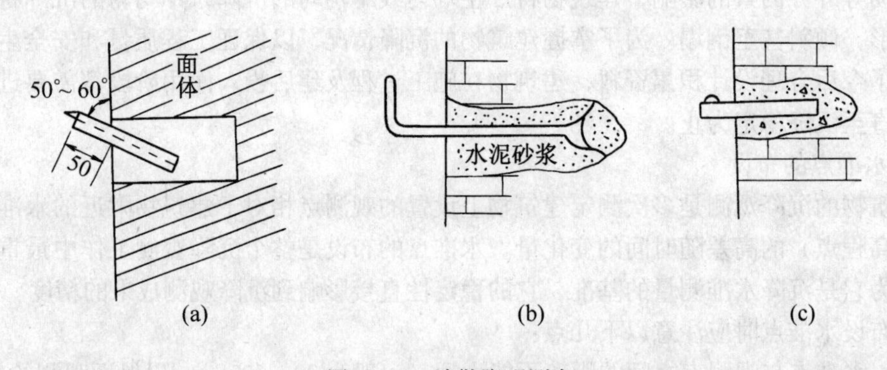

图 1－32 墙勒脚观测点

(2) 设备基础观测点的型式及埋设，一般利用铆钉或钢筋来制作。然后将其埋入混凝土内。

如观测点使用期长，应埋设有保护盖的永久性观测点（图 1－33a）。对于一般工程，如因施工紧张而观测点加工来不及时，可用直径 20～30mm 的铆钉或钢筋头（上部锉成半球状），埋置于混凝土中作为观测点（图 1－33b）。

(3) 设于室内及要求美观的墙面，宜采用铜质隐蔽沉降观测点（图 1－34）。

4. 沉降观测的周期和时间

沉降观测一般是在增加荷载（新建建筑物）或发现建筑物沉降量增加（已使用的建筑物）后开始。

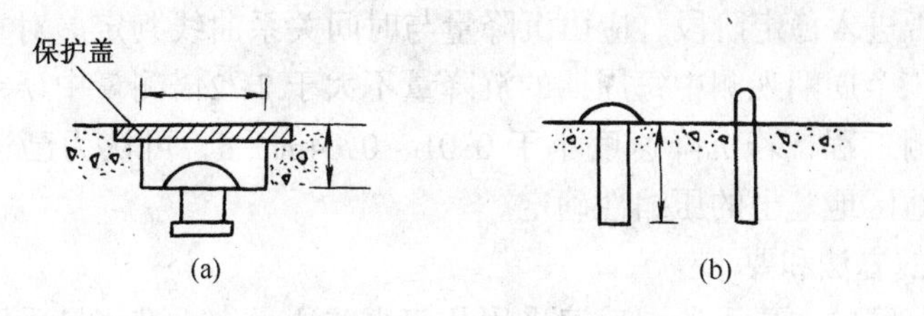

图1-33　设备基础观测点

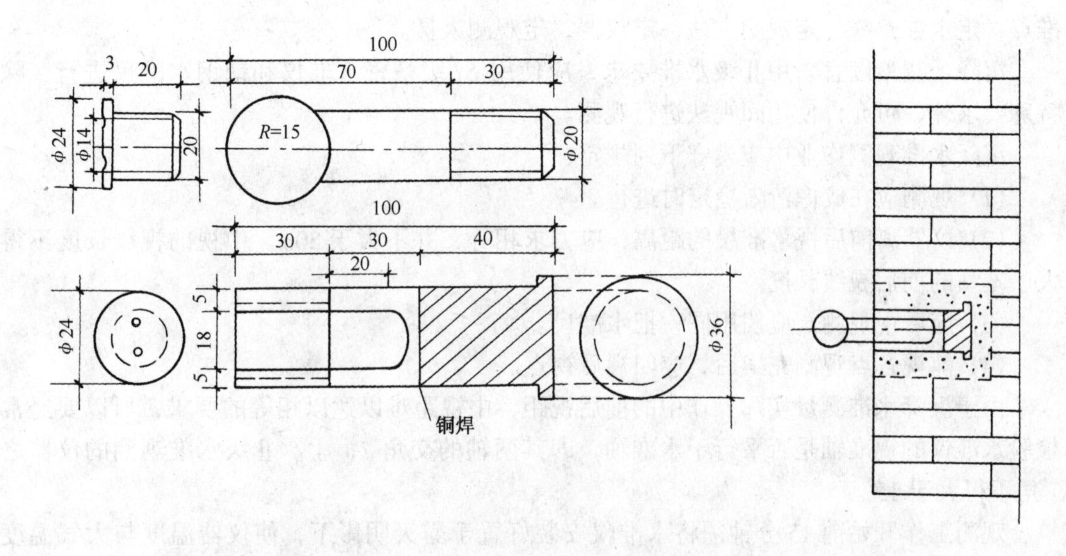

图1-34　隐蔽式沉降观测点

沉降观测的周期和观测时间，可按下列要求并结合具体情况确定。

(1) 建筑物施工阶段的观测，应随施工进度及时进行。一般建筑可在基础完工后或地下室砌完后开始观测，大型、高层建筑可在基础垫层或基础底部完成后开始观测。观测次数与间隔时间应视地基与加荷情况而定。民用建筑可每加高1~3层观测一次；工业建筑可按不同施工阶段（如回填基坑、安装柱子和屋架、砌筑墙体、设备安装等）分别进行观测。如建筑物均匀增高，应至少在增加荷载的25%、50%、75%、100%时各测一次。施工过程中如暂时停工，在停工时及重新开工时应各观测一次。停工期间，可每隔2~3月观测一次。结构封顶至进入使用期间，可1~2个月观测一次。

(2) 建筑物使用阶段的观测次数，应视地基土类型和沉降速度大小而定。除有特殊要求外，一般情况下，可在第一年观测3~4次，第二年观测2~3次，第三年后每年1次，直至稳定为止。观测期限一般不少于如下规定：砂土地基2年，膨长土地基3年，粘土地基5年，软土地基10年。

(3) 在观测过程中，如有基础附近地面荷载突然增减，基础四周大量积水，长时间连续降雨，周围大量挖方情况，均应及时增加观测次数。

(4) 当使用中的建筑物突然发生大量沉降，不均匀沉降或严重裂缝时，应立即进行逐日或几天一次的连续观测。一般情况，观测时间的间隔，可按沉降量大小及速率而定，通常是以沉降量1~2mm内为限度。

(5) 沉降是否进入稳定阶段，应由沉降量与时间关系曲线判定。对重点观测和科研观测工程，若最后三个周期观测中每周期的沉降量不大于 $2\sqrt{2}$ 倍测量中误差可认为已进入稳定阶段。一般观测工程，若沉降速度小于 0.01～0.04mm/d，可认为已进入稳定阶段，具体取值宜根据各地区地基土的压缩性确定。

5. 沉降观测的方法和要求

观测建筑物沉降的主要手段，普遍采用几何水准测量，水准测量采用闭合法。

沉降观测是一项长期的观测工作，为保证其成果的正确性，应做到下列五定；即定水准点，定水准路线，定观测方法，定仪器，定观测人员。

沉降观测精度宜采用Ⅱ级水准要求，应使用 S_1 级精密水准仪和铟钢水准尺进行，除特殊要求外，可允许使用间视法进行观测。

沉降水准观测作业中应遵守下列规定：

(1) 观测应在成像清晰稳定时进行。

(2) 仪器离前后视水准尺的距离，应力求相等，并不大于 30m。中视的视线长度不得大于本站的前后视线长度。

(3) 前后视观测，应使用同一把水准尺。

(4) 前视各点观测完毕后，应回视后视点。

由于沉降水准测量实际操作中的前后视距，中视距难以达以相等的要求，所以要经常检验水准仪的视准轴是否平行于水准轴，即其两轴的交角 i，Ⅰ、Ⅱ级水准观测的仪器之 i 角不得大于 15″。

观测工作开始前 15 分钟须将水准仪安装好置于露天阴影下，使仪器温度与大气温度相同。观测时，须用白布测伞遮阳。沉降水准测量闭合差要求：Ⅰ级小于 $0.3\sqrt{n}$ mm，Ⅱ级小于 $1.0\sqrt{n}$ mm（其中 n 为测站数）。

6. 沉降观测的成果整理

对于观测单位来说，沉降观测的目的就是要提交可靠的观测成果，以供有关部门分析，研究及处理。观测成果的整理是沉降观测的一项十分重要的工作。每次观测结束后，要检查记录计算是否正确，精度是否合格，并进行误差分配，然后将所测高程列入沉降观测成果表中，计算相邻两次观测之间的沉降量和累计沉降量，并注明观测日期和荷载情况。

为了更直观地表示建筑物的沉降规律，还要画图表示每一观测点的时间与沉降量关系曲线及时间与荷载的关系曲线，通常将这两种关系曲线合画在图上（图 1－35）。

时间与沉降量的关系曲线，是以沉降量为纵轴，时间为横轴，根据每次观测日期和每次下沉量按比例画出各点，然后将各点连接起来，并在曲线的一端，注明观测点号。

时间与荷载的关系曲线，是以荷载的重量为纵轴，时间为横轴，根据每次观测日期和每次的荷重画出各点，然后将各点连接起来。

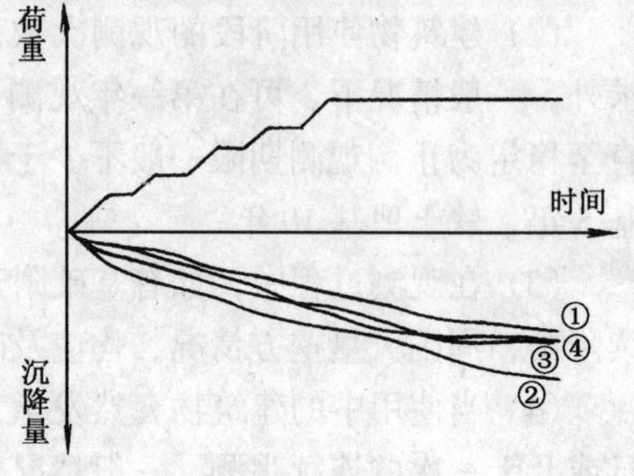

图 1－35 时间－荷载－沉降关系曲进线

1.6 深基坑与地下结构施工监测

1.6.1 概述

1.6.1.1 监测的必要性

基坑开挖前，土体应力处于平衡状态，挡土结构两侧为静止土压力。基坑开挖时，开挖侧卸土，土体原有的平衡受到破坏，出现新的应力状态，土压力发生变化，土体和支护结构产生变形，这种变形反过来又影响土压力大小，他们之间相互影响，相互制约，土压力、支护结构受力与变形及土体变形处于不断的变化之中（即使开挖到设计深度后仍在变化），这种变化与土层性质、支护结构刚度、支护型式、开挖方式、开挖顺序、开挖深度、周边环境等许多因素有关，其表现较为复杂，目前，尚无能够准确模拟这一变化过程的计算模式，常用的任何一种设计计算理论都是近似的，因此无法准确预估支护结构和周边土体的变化，实际状态只能通过测试得到。

支护结构和土体的变形，将引发地面不均匀沉降，靠近基坑沉降量较大，离基坑越远沉降越小，基坑周边建筑物构筑物地下管线就会受到影响，过大的变形，将造成支护结构的破坏、土体的滑移及邻近建筑物、构筑物地下管线等设施的破坏。一般来说，基坑工程发生重大事故前或多或少有预兆，通过监测，分析支护系统变化规律，验证支护结构设计，预测判断支护系统的安全稳定性，及时发现预兆，提出是否修改原设计或是否采取加固措施，指导施工，避免发生重大事故。

监测取得大量测试数据，对于工程总结经验，完善基坑支护理论，提高设计水平有着重要意义。

1.6.1.2 监测主要内容

支护系统包括支护结构、土体、周边环境和施工因素及施工过程，监测工作首先要采集支护系统的有关信息，即在支护系统中埋入测试元件，在开挖过程中进行测试，基坑开挖监测主要内容为：

(1) 支护结构和被支护土体的侧向变形；

(2) 支护结构顶部或边坡顶部沉降及水平位移；

(3) 地下水位监测；

(4) 土压力和孔隙水压力监测；

(5) 支护结构与支撑结构内力监测；

(6) 邻近建筑物及地下管线、地下建（构）筑物的变形测量；

(7) 基坑底回弹或隆起监测。

监测项目的选择应根据具体的支护型式、规模、开挖深度、周边环境等条件确定，变形（或位移）监测为必测项目，支护受力及土压力可选测。

监测工作的核心是综合分析和预报，采集信息是基础，一般来说，测试的项目越多，采集的信息越多，分析预报就越准确。

1.6.1.3 监测方法步骤

(1) 应根据设计要求制定监测方案和工作计划，包括监测内容，测点布置，测点埋设使用仪器、测试方法、观测周期、资料提交等。

(2) 监测工作包括支护结构施工和基坑开挖两个阶段，支护结构施工时，只进行周边监测，周边监测范围包括相当于3倍开挖深度的距离内的建（构）筑物、市政工程、地下管线；若采取降水措施，监测范围应相当于5倍水位降深的距离；

(3) 支护结构施工前，应对邻近建（构）筑物，地下管线进行现状调查，提交现状调查报告，布设沉降倾斜观测，布设地下管线水平位移监测点，并测得基数。

调查内容包括：

1）建筑结构形式、层数、基础形式，与基坑边的距离，建筑兴建年代，使用营运情况；

2）调查已有裂缝大小、延伸长度、裂缝性质（竖向、横向、斜裂缝、龟裂等等），并进行标记编号、摄影（或录像），评价建筑结构强度，评估影响程度，提出相应措施；

3）调查地下管线类型、走向、埋设深度与基坑的距离、评估影响程度，提出相应措施。

(4) 在支护结构施工过程中，应对邻近建（构）筑物和地下管线地面进行沉降、位移观测，分析预测支护结构施工对周边的影响，及时采取必要的防范措施。

(5) 在支护结构施工过程中，监测单位应在施工单位配合下，按设计要求的位置，埋深测斜管和其他测试元件，并采取测点保护措施。

(6) 开挖前，各项监测项目均应埋设到位，并取得开挖前的初值。

(7) 监测单位应与建设单位、设计人员、施工单位保持联系，开挖过程中，应进行肉眼巡视，应掌握实际开挖进展情况和下一步施工安排，并据此安排测试，一般隔1~3天测一次，测试数据变化大或开挖后期应加密或连续监测，宜在测试后1 h之内提交本次监测资料，如有异常或超过警界值，应及时书面提出警报。通知有关单位，立即采取措施。

(8) 发出的警报应提出依据，应分析原因、发展趋势、可能产生的危害，提出采取对策的建议，具体对策由设计人员决定。

(9) 每次监测应记录当时施工工况，提交的监测资料必须有监测负责人、审核人签名。

(10) 开挖结束后，应继续监测，直至支护结构稳定或完成地下室施工（至±0.0)。

(11) 对于内支撑支护结构，拆除支撑前后应进行监测，并根据监测结果指导或调整内支撑拆除顺序。

(12) 监测全部结束后，应对整个监测过程作出成果汇总、整理、分析和结论性评价，提交总体监测报告，报告内容包括：

1）概述：包括工程概况、周边环境、地层分布、地下室情况、支护结构简介，监测目的和要求，监测项目，监测起止时间，监测工作量，监测效果评价；

2）监测点的平面和剖面布置，埋设方法，测试方法，测试仪器型号、规格、产地；

3）基坑开挖施工过程描述；

4）监测过程及资料整理，各项监测值大小及全过程变化曲线，变化规律，异常情况及处理方法、处理效果；

5）总结监测结果及变化规律，根据监测成果对支护结构设计和施工作出评价，对周边的影响程度作出评价，总结监测的经验教训。

1.6.1.4 监测的控制指标

(1) 支护结构变形及对周边的影响应小于下列规定值:

1) 邻近建筑最大沉降与不均匀沉降允许值见表1-27。

邻近建筑变形与沉降允许值 **表1-27**

建筑类型	旧民房	一般民房	多层建筑	多层或高层建筑
建筑层数	1~2	1~3	3~6	6层以上
结构型式	土、木结构	砖、木结构	砖混结构	框架或剪力墙
基础型式	块石、条石	块石、条石	条基、片筏	桩基
允许变形	$0.002L$	$0.003L$	$0.004L$	$0.002L$
允许沉降(mm)	≤30	≤50	≤80	≤20

注:L为基础长度或柱距。

2) 邻近地下管线地面水平位移允许值见表1-28。

地下管线地面位移允许值 **表1-28**

地下管线类型	煤气管	自来水管	电信、电缆
地面水平位移允许值(mm)	≤30	≤50	≤80
地面沉降允许值(mm)	≤30	≤60	≤100

3) 支护结构最大位移允许值见表1-29,同时其挠度应满足强度要求。

支护结构水平位移允许值 **表1-29**

基坑与周边建(构)筑物或地下管线净距(m)	$0.5h_0$	$1h_0$	$2h_0$	$3h_0$	$>3h_0$
侧壁水平位移允许值(mm)	15	30	50	80	≤100
支护结构挠度允许值	$\leq 0.5\% h$				

注:1. h_0为开挖深度;h为挡土结构长度;

2. 当净距为中间值时,侧壁水平位移允许值可按线性插入求得;

3. 当净距小于$0.5h_0$时,土压力采用静止土压力计算值。

4) 上海基坑工程设计规程变形控制标准见表1-30。

变形监控标准 表1-30

基坑等级	墙顶位移（cm）	墙体最大位移（cm）	地面最大沉降（cm）	最大差异沉降
一级	3	6	3	6/1000
二级	6	9	6	12/1000

5）深圳地区建设深基坑支护技术规范 SJG05-96，支护结构最大水平位移允许值见表1-31。

支护结构最大水平位移允许 表1-31

安全等级	支护结构最大水平位移允许（mm）	
	排桩、地下连续墙坡率法、土钉墙	钢板桩、深层搅拌桩
一级	$0.025H$	
二级	$0.0050H$	$0.0100H$
三级	$0.0100H$	$0.0200H$

注：H——基坑深度（mm）。

（2）排桩、地下连续墙监测安全判别标准（表1-32）。

地下连续墙支护结构开挖监测安全判别标准 表1-32

量测项目	安全或危险的判别内容	安全性判别			
		判别标准	危险	注意	安全
侧压（水、土压）	设计时应用的侧压力	$F_1=\frac{\text{设计用侧压力}}{\text{实测侧压力（或预测值）}}$	$F_1<0.8$	$0.8\leqslant F_1\leqslant 1.2$	$F_1>1.2$
墙体变位	墙体变位与开挖深度之比	$F_2=\frac{\text{实测（或预测）变位}}{\text{开挖深度}}$	$F_2>1.2\%$	$0.4\%\leqslant F_2\leqslant 1.2\%$	$F_2<0.4\%$
			$F_2>0.7\%$	$0.2\%\leqslant F_2\leqslant 0.7\%$	$F_2<0.2\%$
墙体应力	钢筋拉应力	$F_3=\frac{\text{钢筋抗拉支护}}{\text{实测（或预测）拉应力}}$	$F_3<0.8$	$0.8\leqslant F_3\leqslant 1.0$	$F_3>1.0$
	墙体弯矩	$F_4=\frac{\text{墙体容许弯矩}}{\text{实测（或预测）拉应力}}$	$F_4<0.8$	$0.8\leqslant F_4\leqslant 1.0$	$F_4>1.0$
支撑轴力	容许轴力	$F_5=\frac{\text{容许轴力}}{\text{实测（或预测）轴力}}$	$F_5<0.8$	$0.8\leqslant F_5\leqslant 1.0$	$F_5>1.0$
基底隆起	隆起量与开挖深度之比	$F_6=\frac{\text{实测（或预测）隆起值}}{\text{开挖深度}}$	$F_6>1.0\%$	$0.4\leqslant F_6\leqslant 1.0\%$	$F_6<0.4\%$
			$F_6>0.5\%$	$0.2\leqslant F_6\leqslant 0.5\%$	$F_6<0.2\%$
			$F_6>0.2\%$	$0.04\%\leqslant F_6\leqslant 0.2\%$	$F_6<0.04\%$
基底隆起	沉降量与开挖深度之比	$F_7=\frac{\text{实测（或预测）沉降值}}{\text{开挖深度}}$	$F_7>1.2\%$	$0.4\leqslant F_7\leqslant 1.2\%$	$F_7<0.4\%$
			$F_7>0.7\%$	$0.2\leqslant F_7\leqslant 0.7\%$	$F_7<0.2\%$
			$F_7>0.2\%$	$0.04\%\leqslant F_7\leqslant 0.2\%$	$F_7<0.04\%$

注：F_2 有两种判别标准，上行适用于基坑近旁无建筑物或地下管线，下行适用于基坑近旁有建筑物或地下管线；F_6、F_7 有三种判别标准，上、中行的适用情况同 F_2 的上、下行，而下行适用于对变形有特别严格要求的情况，一般对于中、下行都需要进行地基加固；支撑容许轴力为其在允许偏心下，极限轴力除以等于或大于1.4的安全系数。

1.6.2 **土体及支护结构的侧向变形监测**

采用测斜仪可以测量不同深度土体及支护结构侧向变形，这是基坑开挖监测中最常用、最有效的方法，它是将有四个相互垂直导槽的测斜管埋入支护结构或被支护的土体中，使测斜管与埋入的被测体同步位移，测量时，将测斜仪导向轮沿着导槽放入测斜管中，然后自下而上间隔0.5或1.0m记录测斜仪读数，可测定测斜管整个深度的水平位移，即为被测体的位移，如图1－36所示。

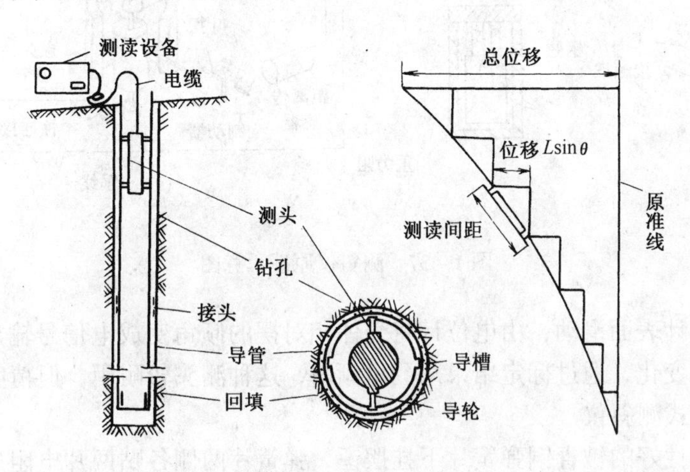

图1－36 测体仪原理

测斜仪的工作原理是利用重力摆锤始终摆锤铅直方向的性质，测定仪器中轴线与摆锤垂直线的倾角 X_i，倾角的变化通过电信号转换得到，设各段长度为 L_i，则该段测管的位移 $\Delta S_i = L_i \sin X_i$，如果管底不动，自下而上不同深度的水平位移就是该深度以下各分段位移增量之和：

$$S = \sum_{i=1}^{n} \Delta S_i = \sum_{i=1}^{n} L_i \sin X_i$$

式中 n——自下而上累计。

如果管底有水平位移，就需要测试管口的水平位移 S_0，自上而下不同深度的水平位移为：

$$S = S_0 - \sum_{j=1}^{m} \Delta S_j = S_0 - \sum_{j=1}^{m} L_j \sin X_j$$

式中 m——自上而下累计。

1.6.2.1 测斜仪的类型

测斜仪由三部分组成：测头、测读仪、连接测头和测读仪的电缆。

其中最重要的部分为测头。

按测头传感器元件不同，测斜仪可分为：滑动电阻式、电阻片式、钢弦式、伺服式四种，如图1－37所示。

(1) 滑动电阻式测斜仪

以摆为传感元件，在摆的活动端装一电刷，在测头壳体上装电位计，当壳体倾斜时，

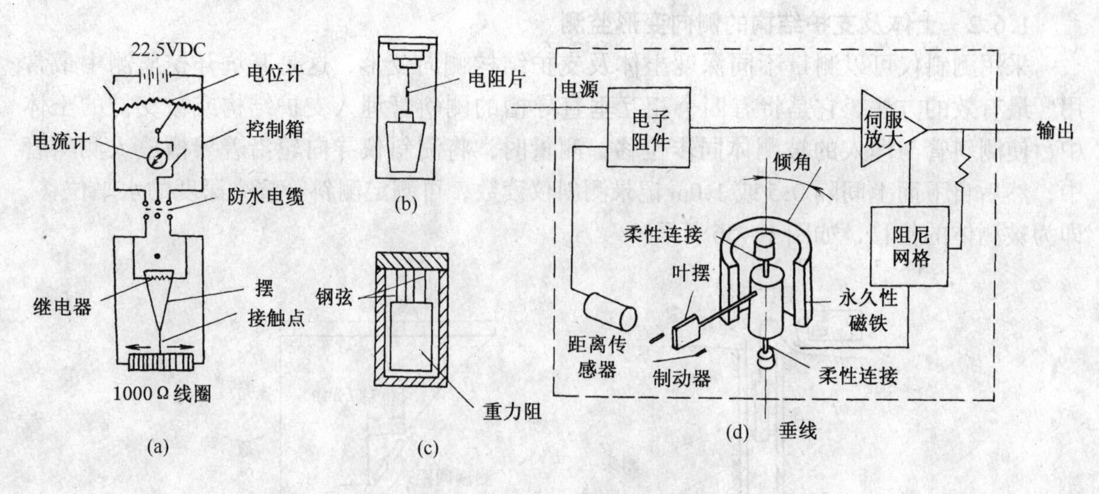

图 1－37 测斜仪原理示意图

摆的电刷在电位计表面滑动，由电位计将壳体相对摆的倾角变成电信号输出，用惠斯登电桥测定电阻比的变化，通过标定结果来测量倾斜，这种测头较耐用，但精度较低。

（2）电阻片式测斜仪

测头采用弹性好的铍青铜弹簧片下挂摆锤，弹簧片两侧各贴两片电阻应变片，构成差动可变阻式传感器，弹簧片可设计成等应变梁，使之在弹性限度内测头倾角与电阻应变仪读数呈线性关系。

（3）钢弦式测斜仪

测头采用钢弦式应变计测定重力摆运动的弹性变形、进而求得倾斜值，可进行水平两个方向倾斜的测试。

（4）伺服加速度计式

这种测斜仪灵敏度和精度均较高，比较常用，生产伺服加速度计式的厂家也比较多。表 1－33 为国内外生产使用的一些测斜仪及其技术性能。

国内外部分测斜仪技术性能表　　表 1－33

型号	测头型式及尺寸(mm)	量程(θ)	位移方向	灵敏度(分辨力)	精度	温度(℃)	生产单位
CX－01 型测斜仪	伺服加速度计式，φ32×660	0°±53°	水平一向	±0.02mm/500mm	±4mm/15m	－10～50	水利水电科学研究院，航天部 33 研究所联合研制
BC－5 型测斜仪	电阻片式 φ36/650	±5°	水平一向	—	≤±1% F.S	－10～50	水电部南京自动化设备厂
EHW 型测斜仪	—	0°～±11° 0°～±30°	水平一向	—	0.1mm/1m	—	瑞士胡根伯(Huggenberger)公司
100 型测斜仪	伺服加速度计式 φ25.4×660	0°～±53°	水平两向	±0.02mm/500mm	±6mm/30m	－18～40	美国辛柯(SINCO)公司

续表

型号	测头型式及尺寸(mm)	量程(θ)	位移方向	灵敏度(分辨力)	精度	温度(℃)	生产单位
Q-S 型测斜仪	伺服加速度计式，φ25.5×500	0°~±15°	—	(<40°)	0.5%	-	日本应用地质株式会社(OYO)
测斜仪	伺服加速度计式	—	—	1×10^{-4} 基线长	±0.002%	-25~55	奥地利英特菲斯(Interfels)公司
MPF-1 型测斜仪	—	—	水平两向	0.005%(零漂)	0.02%	-5~60	法国塔勒麦克(Telemac)公司
测斜仪	伺服加速度计式，φ28.5×750	0°~±30°	水平一向两向	±0.01F.S/C(零漂)	±0.02% F.S	-5~70	英国岩土仪器(GeotechnicalInstrum)公司
测斜仪	伺服加速度计式，φ40×808	0°~±30°	水平两向	(2″)	10^{n}	-10~40	意大利伊斯麦斯(ISMES)研究所

1.6.2.2　测斜管的埋设

测斜管一般为圆形（日本制测斜管为方形），国内常见的测斜管规格见表 1-34，测斜管内有四个导槽，构成两个相互垂直的“面”，测斜管埋设时，应保持垂直，测斜管两对相互垂直的导槽，其中一对导槽“面”方向应与基坑边平行或垂直。

国内现有的四种断面形式相同的测斜管　　**表 1-34**

特性＼管类	ABS 管	聚乙烯管	聚氯乙烯管	高压聚乙烯管
内径（mm）	60	60	58	52
外径（mm）	72	69	70	60
E（kg/cm^2）（平均值）	15200	8100	14600	1570
刚度不均匀度	1.2	4.4	7.8	1.5

测斜管埋设在挡土结构（如围护桩、地下连续墙）或被支护土体中，前者是将测斜管绑扎在钢筋笼上，随钢筋笼浇筑在混凝土中，后者采用钻孔法将测斜管埋入土体中。

测斜管埋设时应注意如下事项：

(1) 测斜管接头采用外包管连接测斜管段，两段测斜管断面应完全对接，然后在外包管上锁上螺丝，两段测斜管在接头之间不得有较大间隙，防止测头导轮卡在间隙上；

(2) 安装测斜管时，应使测斜管埋设后，导槽“面”方向垂直基坑边线，采用铁丝牢牢绑扎固定在钢筋笼上，上下两端用盖子封口，测斜管上端用编织袋或水泥袋、土工布等包扎保护，防止砍桩头时损坏测斜管；

(3) 采用钻孔法埋设时，应做好钻孔护壁，保证孔内畅通，测斜管底用盖子封口，然后将测斜管逐节安装放入孔中，为克服钻孔中水的浮力，测斜管内应注入清水，当下入钻孔内预定深度后，对准导槽方向，测斜管和孔壁之间用中粗砂填实，固定测斜管，一般需分几次填入，每次可边填砂边注水；

(4) 支护结构施工圈梁时，需砍桩头，施工人员万一砍断测斜管，应及时用布塞住管口，然后将测斜管接长，做好管口保护。

1.6.2.3 侧向位移观测与资料整理

(1) 联接测头和测读仪，检查密封装置、电池电压、仪器工作是否正常；

(2) 将测头导轮沿测斜管垂直基坑开挖面的导槽放入管孔中（平行于基坑开挖方向的那对导槽一般不测），首次测试时必须十分小心，缓慢放入，防止因测斜管接头没接好，卡住测头，测头下至孔底后，应静放 5 ~ 10min，使测头温度与管孔内温度基本一致，测读仪读数稳定才能开始测量；

(3) 测量自孔底开始，自下而上每隔一定距离（一般 0.5m 或 1.0m）测读一次，每次测读时，测绳卡定在管口，使测头稳定在某一位置上。测量完毕后，将测头旋转 180°，再放入同一对导槽，按以上方法测试记录。在同一深度上，两次测量的读数大小接近，符号相反，如果测量数据有疑问，应及时补测；

(4) 基坑开挖前应测量测斜管的初始值，取两次或两次以上无明显差异读数的平均值，或其中一次测量值作为初始值，基坑开挖过程中，每次测读值减去初始值为侧向位移；

(5) 观测间隔时间，主要根据开挖进展与侧向位移速率而定，一般隔 1 ~ 3 天测一次，当侧向位移速率增大或出现不利情况时，应加密观测次数。

(6) 每次测试时都应记录：工程名称、测斜孔号、观测时间、观测记录和计算校核人，等等，应进行现场施工进展情况记录，周边环境观测（如地面开裂，建筑开裂等）记录。

(7) 每次观测后应及时整理观测资料，计算每个测点的侧向位移、位移速率，绘制成位移 - 深度曲线图，注明最大位移及最大速率出现的深度位置；绘制最大位移与开挖深度比值时程曲线，分析判断支护结构或土体的安全稳定性，预测进一步开挖引起支护结构与土体侧向位移的发展趋势，与该工程的变形警戒值对比，如可能出现险情应尽早提出警报，提出加固处理的建议，及时将有关信息反馈给设计、施工、监理（或建设）单位，使有关单位有充分的思想准备，施工单位有充分的加固抢险时间。

(8) 基坑开挖及地下室施工完成后，汇总整理侧向位移监测图表，为编写监测报告提供资料。

1.6.3 地下水位监测

1.6.3.1 地下水位监测目的

当降水疏干基坑涌水量时，会引起地下水位很大的变化，改变地下水原有的流向和流速，对周边地质环境产生影响，应对降水过程中地下水位进行监测，通过水位监测可及时掌握水位变化和降落漏斗发展趋势，分析被疏干含水层与其他含水层或地表水的水力联系，及时建议、指导采取相应的措施，确保基坑开挖顺利进行和周边的安全。

1.6.3.2 地下水位监测方法与要求

地下水位采用布井观测，一般以基坑为中心，分别沿平行和垂直地下水流向布置观测断面，每个断面在基坑外侧的观测井不少于两个，观测井间距一般 5～20m，含水层透水性好，观测井间距取较大值，反之，取较小值。

地下水位是采用测钟、电测水位仪、自动水位仪等方法进行观测，基坑开挖降水之前，所有抽水井、观测井应在同一时间联测静止水位，降水开始后，按时间间隔 30min、1h、2h、4h、8h、12h，以后每隔 12h 观测一次，直至降水工程结束。

在降水过程中还应进行基坑出水量监测，可采用堰箱、水表等量测，根据水位、水量观测结果，复核、修正降水设计方案，并进行必要的调整。

为了了解降水对周边环境的影响，应配合水位监测进行地面沉降观测。

1.6.3.3 监测资料整理

(1) 每次观测地下水位时，应记录孔号、观测时间、出水量，观测记录校核人。

(2) 绘制各观测孔水位降深－时间（$S-t$）变化曲线，基坑出水量－时间（$Q-t$）变化曲线。

(3) 绘制不同时期地下水位等值线图。

(4) 根据水位降深、水量随时间的变化情况与降水设计计算进行对比分析，必要时调整排水系统，与基坑支护其他监测成果对比分析，判断预测降水产生的影响，及时采取有效措施。

1.6.4 土压力和孔隙水压力的观测

1.6.4.1 观测的目的和内容

土压力是指土对挡土结构的作用力，这种作用力既以土的力学性质有关，又与支护结构刚度和施工方法以及周边环境等许多因素有关，开挖前，挡土结构两侧土压力为静止土压力，基坑开挖后，挡土结构产生位移，土体随之变形，土压力出现动态变化，由于土的变形和开挖后排水条件的变化，土中孔隙水压力也出现变化，但目前，支护设计不可能考虑土压力的变化过程，只能取土压力近似值，土压力的取值关系到支护结构的安危，进行土压力、孔隙水压力测试可以达到以下目的：

(1) 验证土压力取值，及时对支护结构作出动态设计，消除因土压力取值不准带来的隐患；

(2) 监测土压力孔隙，水压力在基坑开挖过程中的变化规律，如出现突变等异常，土体就可能出现破坏，可及时采取加固措施；

(3) 通过测试，总结土压力、孔隙水压力变化规律，完善理论，提高支护结构设计水平。

土压力和孔隙水压力分别采用土压力盒和孔隙水压力计测试，一个工程可设置一个至若干个测试断面，每个断面沿挡土结构的深度方向布置，特征部位（如锚、撑点、土层界面，最大弯矩点，最大变形点等等）应重点布置。

土压力盒和孔隙水压力计一般布置于同一断面，同一深度，并布置测斜管监测侧向位移、这种集中布置便于综合分析和对比。

1.6.4.2 观测仪器和压力传感器

土压力、孔隙水压力测试常用的传感器，根据其工作原理分为钢弦式、差动电阻式、电阻应变片式和电感调频式等等，并用相应的观测仪器测读。其中钢弦式传感器长期稳定性好，对绝缘性要求不高，应用较广，其次为电阻应变式传感器。

钢弦式压力盒工作原理如图 1－38 所示，当压力盒量测薄膜上受力时，薄膜将发生挠曲，使其上的两个钢弦支架张开，将钢弦拉得更紧，薄膜受力越大，钢弦拉得越紧，他的振动频率也越高，采用频率计测读时，频率计向压力盒电磁线圈通入脉冲电流，电流通过时，线圈产生磁通，使铁芯带磁性，激发钢弦振动，当电流中段时（脉冲间歇），电磁线圈的铁芯上留有剩磁，钢弦的振动使线圈中的磁通发生变化，感应出电动势，频率计测出感应电动势的频率就可测出钢弦的振动频率。钢弦振动频率与量测薄膜压力基本上呈线性关系，为了确定两者关系，需要对压力盒进行标定，即在实验室用油泵装置对压力盒施加压力，用频率计测读不同压力下的钢弦振动频率，这样就可能绘制出压力的标定曲线，如图 1－39 所示，现场监测时，通过频率计测读的传感器钢弦频率，根据率定曲线就可查出该压力盒所受的压力大小。

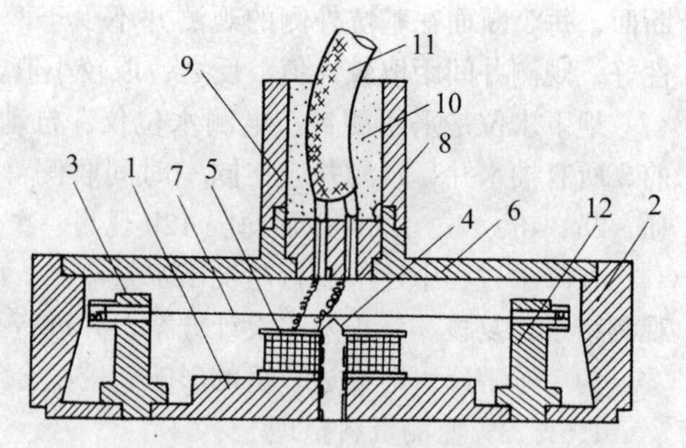

图 1－38　钢弦丝式传感器示意图

1—量测薄膜；2—底座；3—钢弦夹紧装置；4—铁芯；5—电磁线圈；6—封盖；7—钢弦；8—塞子；9—引线套筒；10—防水材料；11—电缆；12—钢弦支架

钢弦式孔隙水压力计工作原理与压力盒相似，如图 1－40 所示，只是在测头安有透水石，在水压力作用下，受力薄膜变形，钢弦变松，频率降低。

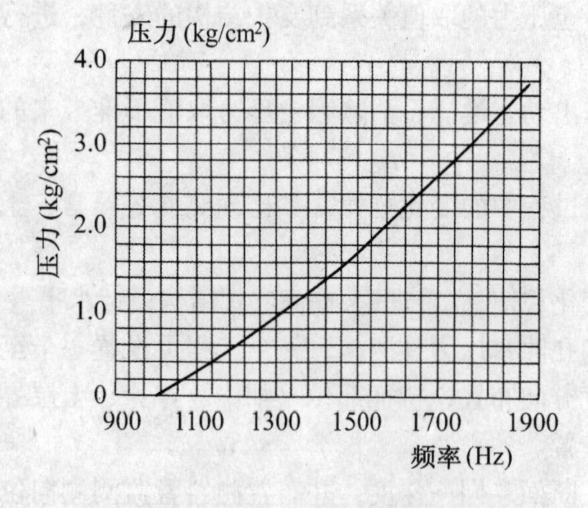

图 1－39　压力传感器标定曲线

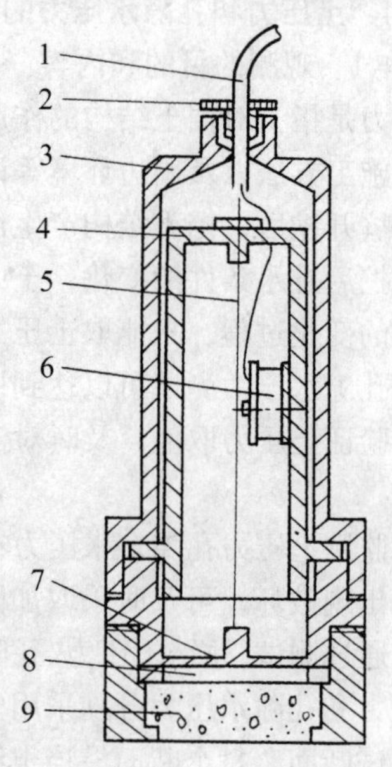

图 1－40　传感器

1—电缆导线；2—止水螺帽；3—保护罩；4—支架；5—钢弦；6—激发线圈；7—变形膜；8—空腔；9—透水石

国内常见的传感器型号及技术指标如表 1－35、表 1－36、表 1－37。

国内常用的土压力传感器　　表1-35

仪器名称及型号	主要技术指标	生产厂家
GJZ，GJM型钢弦式土压力盒	量程：250~2000kPa；分辨率0.2%F.S； 精度：1%~2.5%F.S；温度误差：≤3Hz/10℃； 零飘：≤2Hz；接线长度：≮1000m	南京水利科学研究院土工所
钢弦式土压力盒	最大量程：15000kPa；分辨率：0.25%F.S； 零飘：±2Hz；温度误差：0.3Hz/C	南京水科院材料结构所
JXY、LXY-4型振弦双膜式压力盒	最大量程：8000kPa；分辨率：1%F.S； 零飘：±1%F.S；温度误差：-0.42~0.28Hz/C	丹东市虬龙传感器制造有限公司
CYH-3型振弦式土压力盒	最大量程：5000kPa；分辨率：0.15%F.S 零飘：≤5%F.S；温度误差：≤0.1%F.S/C	丹东三达测试仪器厂
YUA、YUB型差动电阻或土压力盒	最大量程：1600kPa，分辨率：<0.5kPa；精度1.2%F.S	南京电力自动化设备厂
TT型电阻应变片式土压力盒	最大量程：2000kPa分辨率：0.5%F.S； 精度：1%F.S；零飘：≤0.5%F.S	南京自动化研究所
TYJ20系列钢弦式土压力盒	量程：0.2~3.2kPa分辨率≤0.2%F.S； 不重复度≤0.5%F.S，综合误差≤2.5%F.S，工作温度0~40℃	金坛市儒林土木工程仪器厂
YCX型振弦式土压力盒	最大量程：0~0.2MPa，0~1.5MPa稳定误差±1.0%，温度误差±0.25%，灵敏度0.1%	三航局科研所

国内常用的孔隙水压力计　　表1-36

仪器名称及型号	主要技术指标	生产厂家
SZ型差动电阻式孔隙水压力计	量程：200，400，800，1600kPa；精度：2%F.S接线任意长 工作温度-25~60℃	南京电力自动化设备厂
GKD型钢弦式孔隙水压力计	量程：250，400，600，800，1000，1600kPa； 精度：2%F.S；零飘：±2Hz/三个月；温度误差±3Hz/10℃	南京水利科学研究院
JXS-1，2型弦式孔隙水压力计	量程：100~1000kPa；分辨率：0.2%F.S； 零飘：<±0.1%F.S；温度误差-0.25Hz/℃	丹东市虬龙传感器制造有限公司，五经街39-5号
GSY-1型弦式孔隙水压力计	量程：100~3000kPa；分辨率：0.1%F.S； 零飘：≤1%F.S；温度误差-0.25Hz/℃	丹东三达测试仪器厂
KXR型弦式孔隙水压力计	量程：200~1000kPa，零飘：≤±1%F.S；温度误差：0.5Hz/℃	金坛传感器厂常州市儒林镇
TK型电阻片式系列孔隙水压力计	量程：0~2000kPa；精度：≤1.5%F.S； 分辨率：0.1%F.S；适用温度-5~50℃	水电部南京自动化研究所
双管式孔隙水压力计	量程：0~1000kPa；精度100kPa	南京水利科学研究所
水管式渗压计	量程：-100~900kPa；精度200kPa	水利水电科学研究所

国内常用压力传感器量测仪 表1-37

类别	仪器名称及型号	主要技术指标	生产厂家
钢弦式	SDP-Z型袖珍钢弦频率仪	精度：±1Hz	常州市金坛儒林测试仪器厂
	多通道电脑振弦仪	精度：±1Hz；可对小32点（可扩展到100点）进行自动巡测或选点检测，并打印，记录。	南京水科院材料结构所
	智能钢弦仪	精度：±1Hz；可对小8个传感器（可扩展）直接测量频率及数据字显示或打印输出	南京水科院河港研究所
	JD1型多路振弦仪	40点（可扩展到100点）定点，选点检测数字显示，打印输出。有接口与PC-1500机联机。	交通部第三航务工程局科研所
差动电阻式	SBQ-2型水工比例电桥	量程：R：0~111.10Ω；Z：0~1.1110 工作条件：相对湿度≤80%，绝缘电阻≥50MΩ	南京电力自动化设备厂
	SBQ-4型水工比例电桥	量程：R：0~111.10Ω；Z：0~1.1110 工作条件：相对湿度≤80%，绝缘电阻≥50MΩ	南京电力自动化设备厂
	SQ-1型数字式电桥	量程：R：0~120Ω；Z：0.9~1.1 工作条件：温度0~45℃，湿度<90%；基本误差：R：≤±0.02Ω；Z：≤±0.01%	南京电力自动化设备厂
	ZJ-4/5型电阻比检测仪	量程：Z：0.8000~1.2000，R：0.01~120.00Ω；精度：Z：≤0.02%R：<0.02Ω；显示数据R1，R2，Z，Rt，遥测距离2000m	南京自动化研究所

1.6.4.3 压力传感器的现场埋设及保护

在土压力盒与孔隙水压力计埋设前，应根据埋设深度，场地地质条件等情况，预估土压力、孔隙水压力可能的变化幅度，选择其量程。

(1) 土压力盒的埋设方法

挡土结构主要承受水平作用力，压力盒受力面应与作用力方向垂直，土压力的埋设方法有：插板法、挂布法、直接埋入法、预埋法等多种方法。

1) 插板法

对于无法直接安装土压力盒的挡土结构，可采用插板法，在靠近挡土结构处，将土压力盒埋入土体中，测试土压力大小，这种方法是将土压力盒固定在板上，用钻孔钻至一定深度，然后将插板对准方向压入土中预定深度；

2) 挂布法

对于地下连续墙等现浇混凝土的挡土结构，土压力盒埋设可采用挂布法埋设，即剪一幅土工织布，中部缝制与土压力盒大小相当的袋子，装入土压力盒，将土工织布挂（并适当固定）在钢筋笼的预定深度上，随钢筋笼放入槽段内，当导管放入槽段内浇注混凝土后，土工织布帷幕被水下混凝土推出，使压力盒受力面紧贴在槽段侧壁上；

3）直接埋入法

对于人工挖孔桩挡土结构，在挖孔桩施工过程中，可将土压力盒直接埋入；

4）预埋法

对于钢板桩或预制钢筋混凝土构件（如预制桩、沉井等），可将压力盒预埋在挡土结构上，并应采取相应的保护措施，避免在挡土结构施工中损坏。

（2）孔隙水压力计埋设方法

孔隙水压力计埋设前，应将透水石中气体排出，可将孔隙水压力计放入水中用火煮排气，孔隙水压力计埋设应在水中进行，透水石不得与大气接触，埋设方法一般采用下列两种：

1）压入法

对于土质较软的土层，可将孔隙水压力计直接压入预定深度，或先用钻孔钻至预定深度以上1.0m左右，再将孔隙水压力计压至预定深度，钻孔部分用黏土球封孔；

2）钻孔法

用钻孔成孔，钻至预定深度后，先在孔内填入少量纯净砂，将孔隙水压力计放入预定深度，再在周围填入纯净砂，然后用黏土球封孔，一般以一个孔埋设一个孔隙水压力计为好。如果在同一钻孔中埋设多个孔压计，孔压计之间间距不应小于1.0m，并应确保封孔质量，避免水压力贯通。

（3）传感器的保护

在埋设过程中，应注意传感器的保护和导线的保护，不得撞击传感器，也不能对传感器施加过大的压力，导线要放松不受力，绑扎在钢筋笼上的导线也不能拉得太紧，埋设过程中或埋设后应进行测试检验，引出线线头应进行防水处理，并做上标记，集中放置于保护匣中，挡土结构顶部1.0～5.0m长度范围还要用铁管（或铁皮盒）保护导线，可将铁管焊接在主筋上，引出线放置于铁管中，防止砍桩头制作圈梁时损坏。

1.6.4.4　观测及资料整理

（1）土压力、孔隙水压力观测

1）基坑开挖前，观测土体中土压力、孔隙水压力初值。一般2～3d观测一次，每次观测应有两次以上的稳定读数，当有一周以上时间的读数基本稳定时，可作为观测初值。

2）基坑开挖过程，可根据开挖进展和土压力、孔隙水压力变化情况安排观测周期，一般1～3d观测一次，当压力值变化大时，应加密观测周期或连续观测，每次观测要有两次以上稳定读数。

3）土方开挖完成后－底板施工完成前及支撑梁拆除前后，应每天观测一次，此后，应继续观测，但观测周期可适当加大，如5～7d观测一次，现场观测应持续到地下室施工完成（±0.00）。

（2）观测资料整理

每次观测后应根据率定曲线及时换算成压力值，及时掌握土体土压力、孔隙水压力变化。土压力盒测试的土压力为总压力，扣除孔隙水压力后，为有效应力，将压力值整理列表，并绘制成如下曲线：

1）土压力、孔隙水压力时程曲线；

2）土压力、孔隙水压力与开挖深度比值时程曲线；

3）土压力、孔隙水压力与挡土结构变形关系曲线；

4）不同开挖阶段土压力、孔隙水压力－深度曲线。

当土压力、孔隙水压力出现较大变化时，应分析变化原因，及时采取措施，同时，根据观测成果。验算支护结构实际受力大小，分析其安全稳定性。

1.6.5 结构内力监测

1.6.5.1 钢筋混凝土结构内力测试

1. 测试原理

在钢筋混凝土支护结构构件主筋上布置钢筋应力计，钢筋应力计断面面积一般与主筋相同，代替主筋工作，监测支护结构在基坑开挖过程中的应力大小和变化，分析结构强度。

2. 应力传感器

基坑开挖时间较长，应选择抗干扰强，受外界影响小，性能稳定的传感器，一般采用钢弦式钢筋应力计，钢弦式钢筋应力计结构如图 1－41 所示。

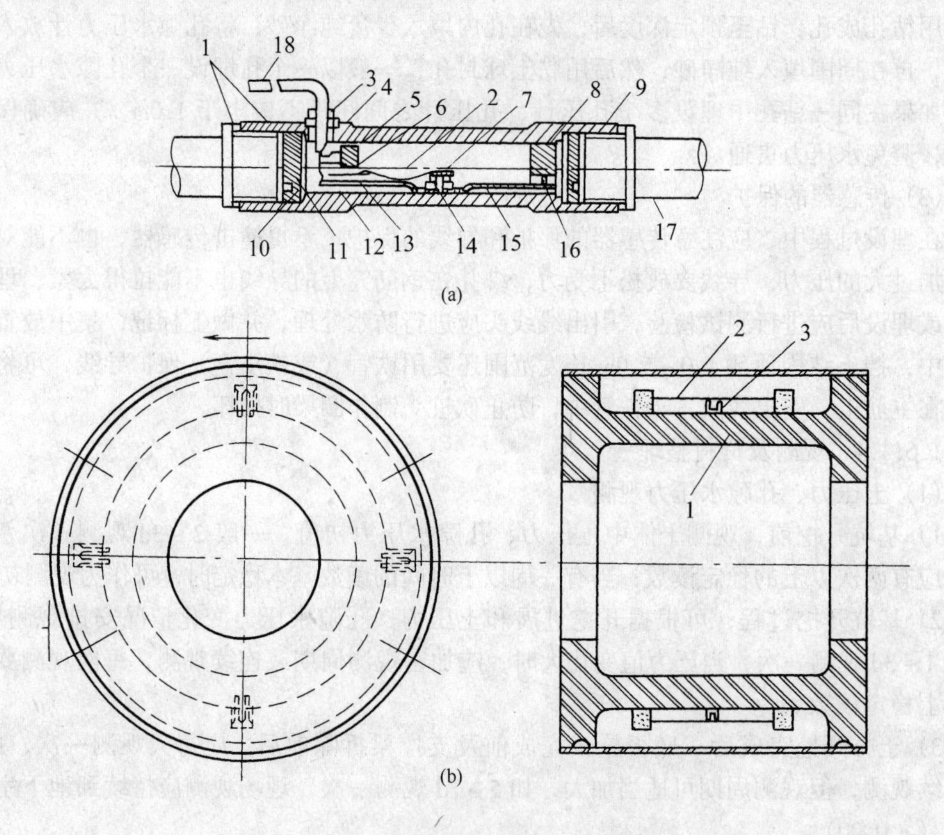

图 1－41 振弦式钢筋计和锚杆测力计

（a）钢弦式钢筋计

1—壳体橡皮垫图；2—钢弦；3—防水螺丝；4—橡皮垫圈；5—调弦端头块；6—调弦螺杆；7—铁芯；8—固弦端头块；9—外壳钢管；10—密封螺丝；11—密封垫板；12—调弦螺母；13—固弦栓；14—线圈；15—线圈板；16—沉头螺钉；17—焊接螺杆；18—电缆线

（b）振弦式锚杆测力计

1—工字型缸体；2—钢弦；3—线圈

3．钢筋应力计布置

在挡土结构中一般选择具代表性的竖向断面进行测试，在每个断面上，一般需布置不少于三个不同深度的截面，测试截面一般选择在计算最大弯矩，反弯点位置，土层分界面，结构内支撑位置，结构变截面或配筋率改变的截面位置等；在腰梁、支撑梁中，一般选择支撑受力最大或跨度最大的截面位置。

4．钢筋应力计埋设

(1) 选择与主筋直径相同的钢筋应力计，埋设前，应对钢筋应力计进行拉、压两种受力状态的标定。

(2) 将拟测位置的结构主筋切断，焊上钢筋应力计，一般采用绑焊，焊接长度单面焊$\geqslant 10d$，双面焊$\geqslant 5d$，焊接时，应力传感器部分要用湿布包扎冷却，防止焊接时钢筋应力计受热损坏，将钢筋计的导线逐段绑扎在钢筋上引出到地面。

(3) 将同一断面的钢筋应力计引出线集中到保护匣中，每个钢筋计都要在导线引出线上做明显标记，线头用硅胶密封，保护匣一般用钢管或钢板制造，焊接固定于挡土结构上端主筋上，还要防止砍桩制作圈梁时损坏导线。

5．钢筋应力计的测试

(1) 钢弦式钢筋应力计采用频率计测试，基坑开挖之前应进行2~3次以上的测试，取稳定值为钢筋应力初值。

(2) 基坑开挖过程中，一般与变形同步测试（即1~3d测一次），如果钢筋应力变化较大或接近设计值，应加密监测或连续监测；地下室底板浇筑完成后，或钢筋应力变化不大时，可加大测试间距，一般一周测一次，拆除支撑前后，应进行监测，直至地下室施工完成。

6．钢筋应力测试资料整理

(1) 将钢筋应力频率值根据标定结果，换算成应力，测试值与初值之差即为变化值。

(2) 绘制钢筋应力时程曲线，钢筋应力深度曲线。

1.6.5.2 土层锚杆试验与监测

1．土层锚杆试验

土层锚杆试验分为：基本试验，蠕变试验和验收试验，基本试验和蠕变试验锚杆数量不应小于3根，且试验锚杆材料尺寸和施工工艺与锚杆相同，验收试验的数量应取锚杆总数的5%，且不得少于3根。

锚杆锚固段浆体强度达到15MPa或达到设计强度等级的75%时方可进行描杆试验。

(1) 基本试验

基本试验目的是通过试验得出荷载与锚头位移的关系，从而确定锚杆极限承载力，为设计提供依据，基本试验最大试验荷载不宜超过锚杆杆体承载力标准值的0.8倍，采用循环加、卸载法，加荷等级与锚头位移测读间隔时间按表1-38所示。

在每级加荷等级时间内，测读锚头位移不少于3次，在每级加载观测时间内，当锚头位移小于0.1mm时，可施加下一级荷载，否则应延长观测时间，直到锚头位移增量在2h内小于2.0mm，方可施加下一级荷载。

锚杆试验终止条件：a) 后一级荷载产生的锚头位移增量达到或超过前一级荷载产生位移增量的2倍；b)某级荷载下锚头总位移不收敛；c)锚头总位移超过设计允许位移值。

锚杆基本试验循环加卸荷等级与位移观测间隔时间表　　表 1-38

每次循环累计加载量（$A \cdot f_{ptk}\%$）／测读时间间隔（min）／循环加载次数	加载段				卸载段		
	5	5	5	10	5	5	5
初始荷载	—	—	—	10	—	—	—
第一循环	10	—	—	30	—	—	10
第二循环	10	20	30	40	30	20	10
第三循环	10	30	40	50	40	30	10
第四循环	10	30	50	60	50	30	10
第五循环	10	30	50	70	50	30	10
第六循环	10	30	60	80	60	30	10

试验结果按循环荷载与对应的锚头位移读数列表整理，并绘制锚杆荷载-位移（$Q-S$）曲线，锚杆荷载-弹性位移（$Q-S_c$）曲线和锚杆荷载-塑性位移（$Q-S_p$）曲线。

锚杆弹性变形不应小于自由段长度变形计算值的 80%，且不应大于自由段长度与 1/2 锚固段长度之和的弹性变形计算值。

锚杆极限承载力取终止试验荷载的前一级荷载的 95%。

（2）验收试验

验收试验最大试验荷载取锚杆轴向受拉承载力设计值，验收试验加荷等级与锚头位移测读间隔时间应符合下列规定；

a）初始荷载取锚轩轴向拉力设计值的 0.1 倍；

b）加荷等级与观测时间按表 1-39 确定。

验收试验锚杆加荷等级及观测时间　　表 1-39

加荷等级	$0.1N_u$	$0.2N_u$	$0.4N_u$	$0.6N_u$	$0.8N_u$	$1.0N_u$
观测时间（min）	5	5	5	10	10	15

在每级加荷等级时间内，测读锚头位移不少于 3 次；达到最大试验荷载后观测 15min，卸荷至 $0.1N_u$ 并测读锚头位移。

试验结果按每级荷载对应的锚头位移列表整理，并绘制锚杆荷载-位移（$Q-S$）曲线。

验收标准：

a）在最大试验荷载作用下，锚头位移相对稳定；

b）锚杆弹性变形不应小于自由段长度变形计算值的 80%，且不应大于自由段长度与 1/2 锚固段长度之和的弹性变形计算值。

(3) 蠕变试验

蠕变试验加荷等级与观测时间按表1-40确定，在观测时间内荷载保持恒定。

锚杆蠕变试验加荷等级及观测时间 **表1-40**

加荷等级	$0.4N_u$	$0.6N_u$	$0.8N_u$	$1.0N_u$
观测时间（min）	10	30	60	90

每级荷载按时间间隔1、2、3、4、5、10、15、20、30、45、60、75、90min记录蠕变量，试验结果按每级荷载在观测时间内不同时段的蠕变量列表整理，绘制（$S-\lg t$）曲线，按下式计算蠕变系数：

$$K_c = (S_2 - S_1)/[\lg(t_2/t_1)]$$

式中 S_1——t_1时所测得的蠕变量；

S_2——t_2时所测得的蠕变量。

蠕变试验验收标准为最后一级荷载作用下的蠕变系数小于2.0mm。

2. 锚杆的监测

锚杆在基坑开挖过程中，长期承受拉力作用，并产生一定位移，为了检查锚杆的实际受力和位移状况，需选择具有代表性的测点对锚杆受力和位移进行长期监测。

锚杆受力监测一般采用钢弦式载荷计，钢弦式载荷计结构如图1-41（b）所示，在锚杆进行预应力张拉时，将载荷计安装在锚头与承压板之间，如果锚杆杆材采用钢筋且锚杆受力较小时，也可以采用钢筋应力计测试锚杆拉力，开挖前测得初值，在开挖过程中，测试密度根据开挖进展和锚杆受力变化大小来安排，开挖进展快、锚杆受力变化大，则加密监测，否则，可适当加大测试时间间距，一般1~3d测一次。

锚杆位移一般测试锚头位移，采用经纬仪测试，与锚杆受力测试同步进行。

1.6.6 邻近建筑及管线影响监测

基坑开挖引起基坑周围土体位移（侧向位移与垂直位移），离基坑侧壁越近，位移越大，因此地面出现不均匀沉降，影响明显的范围一般为开挖深度的1.5~2.0倍，如果土体变形量过大，就可能影响邻近建筑或邻近地下管线的正常使用，甚至损坏，因此，应进行邻近建筑及管线监测，只有这样，才能掌握邻近建筑和地下管线变化情况，正确评价其安全性，调整开挖速度，及时采取措施控制土体位移或加固邻近建筑，保护邻近建筑及地下管线。

监测内容主要为：邻近建筑沉降、倾斜观测、裂缝观测；地下管线水平位移与沉降观测。观测范围相当于开挖深度3倍的距离，观测时间从基坑开挖开始至地下室施工结束。

1.6.6.1 建筑物及管线的变形监测

(1) 建筑物与管线沉降观测

建筑沉降观测点一般布置在建筑物周边墙或柱上，每幢建筑沉降观测点的数量不宜少于6个，一般布置在建筑物转角和直边中部，高低、新旧建筑或沉降缝交接处，靠近基坑一侧应加密布置监测点。

管线沉降观测点可直接布置在管线上，一般2~3节管线上设一个观测点；如果管线不能开挖出来，可用钢筋直接打入地下，其深度与管底相同；如果管线埋设不大，可在管线埋设位置对应的地面布点。

建筑物与管线沉降采用水准仪观测，基准点离基坑边至少50m以上，具体要求应符合《建筑工程测量规范》要求，变形观测精度应符合下列要求，见表1-41，表1-42。

变形测量的等级划分及精度要求　　　　**表1-41**

变形测量等级	垂直位移测量		水平位移测量	适用范围
	变形点的高程中误差（mm）	相邻变形点高差中误差（mm）	变形点的点位中误差（mm）	
一等	±0.3	±0.1	±1.5	变形特别敏感的高层建筑、工业建筑、高耸构筑物、重要古建筑、精密工程设施等
二等	±0.5	±0.3	±3.0	变形比较敏感的高层建筑、高耸构筑物、古建筑、重要工程设施和重要建筑场地的滑坡监测等
三等	±1.0	±0.5	±6.0	一般性的高层建筑、工业建筑、高耸构筑物、滑坡监测等
四等	±2.0	±1.0	±12.0	观测精度要求较低的建筑物，构筑物和滑坡监测等

注：1. 变形点的高程中误差和点位中误差，系相对 于最近基准点而言；

2. 当水平位移变形测量用坐标向量表示时，向量中误差为表中相应等级点位中误差的$1/\sqrt{2}$；

3. 垂直位移的测量，可视需要按变形点的高程中误差或相邻变形点高差中误差确定测量等级。

沉降观测点的精度要求和观测方法　　　　**表1-42**

等级	高程中误差（mm）	相邻点高差中误差（mm）	观测方法	往返较差、附合或环线闭合差（mm）
一等	±0.3	±0.15	除宜按国家一等精密水准测量外，尚需设双转点，视线≤15m； 前后视距差≤0.3m； 视距累积差≤1.5m； 精密液体静力水准测量；微水准测量等	$\leqslant 0.15\sqrt{n}$
二等	±0.5	±0.3	按国家一等精密水准测量； 精密液体静力水准测量	$\leqslant 0.30\sqrt{n}$
三等	±1.0	±0.50	按本规范二等水准测量； 液体静力水准测量	$\leqslant 0.60\sqrt{n}$
四等	±2.0	±1.00	按本规范三等水准测量； 短视线三角高程测量	$\leqslant 1.40\sqrt{n}$

(2) 建筑物倾斜与管线水平位移观测

建筑倾斜主要测试墙面倾斜，观测线布置在建筑墙角线、边线或中心线上，观测点可采用埋入式标志，或视准线便于认定位置，采用垂准仪直接测试观测线上下偏差（倾斜量)，如果建筑物高度不大，也可采用吊垂线的办法测试。

从建筑物外部观测时，还可采用投点法或测水平角法测试，测站点应设在与照准标准中心联线呈接近正交或呈等分线的方向上，离照准目标1.5~2.0倍目标高度的距离，用经纬仪测试。

管线水平位移观测点布置与沉降观测点相同，采用经纬仪测试。

1.6.6.2　监测的数据及整理

基坑开挖前，应提交邻近建筑现状调查报告，报告内容包括：

(1) 工程概况；

(2) 调查方法；

(3) 调查情况：包括建筑结构型式、基础型式、层数、与基坑距离、建筑倾斜方向、倾斜量，重点描述建筑已有裂缝情况，照片等等；

(4) 对影响作出预估，提出注意问题及相应措施。

在基坑开挖过程中，每次沉降和水平位移观测的结果，应及时计算本次位移量、累计位移量及位移速率，绘制观测点平面布置图，将计算结果直接标在测点平面图上，分析监测结果，注明监测时间、次数、监测人，提交有关单位，如有异常或超过警界值，应立即书面提出警报，提出加固措施或控制支护结构位移措施的建筑，通知有关单位。

裂缝及建筑倾斜观测结果，可列成表提交，分析其变化原因，提出相应措施。

地下室施工完成后，应提交基坑开挖对邻近建筑与地下管线影响的监测报告，报告应包括以下内容：

(1) 概述：包括监测目的、方法、精度、工作量及效果；

(2) 观测点布置图；

(3) 沉降、水平位移全部成果汇总表及时程曲线；

(4) 建筑物裂缝观测全部成果汇总表；

(5) 建筑倾斜全部观测成果汇总表及建筑倾斜示意图；

(6) 总结监测结果及变化规律，提出基抗开挖对邻近建筑物及地下管线的影响程度结论性意见。

第2章　钢筋混凝土结构工程检测

2.1　概　述

钢筋混凝土是建筑工程中主要的结构材料之一，其应用量大面广，生产技术复杂，混凝土原材品质的偏差、配合比、拌和捣制和养护等生产工艺不当，均可能导致混凝土的质量、强度和耐久性的下降，因而质量管理十分重要。对结构混凝土内部的缺陷和实际强度的检测，使用中因超载、温差或火灾、腐蚀、震害、冻害造成的损伤程度的评估，以及旧建筑安全、抗震能力与质量衰退的检查诊断，采用无损检测和评价方法得到了越来越广泛的重视。应变测量与应力分析在钢筋混凝土结构工程检测中占十分重要的地位，由于它不需要损坏构件或结构，国外在80年代初也将其列为无损检测的一个重要分支。

混凝土无损检测技术是以电子学、物理学、计算机技术为基础的测试仪器，直接在材料试体或结构物上，非破损地测量与材料物理、力学、结构质量有关的物理量，借材料学、应用力学、数理统计和信息分析处理等方法，确定和评价材料和结构的弹性、强度、均匀性与密实度等的一种新兴的测试方法。

结构混凝土无损检测技术工程应用，主要有结构混凝土的强度、缺陷和损伤的诊断测试，而钢筋的位置、直径和保护层厚度，以及钢结构焊缝质量检测也得到比较广泛的应用，随着新技术的开发，结构水渗漏、气密性和保温性能、钢筋腐蚀程度的检测也日益得到重视。

无损检测技术的应用，已遍及建筑、交通、水利、电力、地矿、铁道等系统的建设工程质量检测与评估，正如国际上权威人士早就预言的“混凝土工程应用无损检测技术程度，是标志着一个国家对结构工程验收和质量检测技术水平的高低”，正说明了发展无损检测技术的必要性和实际意义。

无损检测技术的特点：

1. 无损于材料、结构的组织和使用性能；

2. 可以直接在试体或结构上，对质量或强度进行重复、全面的检测，弥补了因各种因素影响造成材料试件与结构物质量差别的缺点；

3. 选用不同的方法，检测和判别结构表层和内部的质量或损伤，操作简便、迅速；

4. 随着信息处理技术的发展，有利于实现“在线检测和生产自动化”。

国内外无损检测方法分类见表2-1所列。

本章着重介绍钢筋混凝土结构工程现场无损检测方法和结构或构件应变测试技术。并从技术特点和原理上介绍国外发展的无损检测新技术。

常用方法分类表 表2-1

检测目的	常用方法	测试量	换算原理
混凝土强度	钻芯法 拔出法 压痕法 射击法	芯样抗压强度 抗拔力 压力和压痕直径或深度 探针射入深度	局部区域的抗压、抗剪、抗拉或抗冲击强度推算成标准抗压强度及特征强度
	回弹法 超声脉冲法 回弹—超声综合法 超声—衰减综合法	回弹值 超声脉冲传播速度 回弹值和声速 声速和衰减	根据混凝土应力应变性质与强度的关系，用弹性模量或粘塑性指标推算标准抗压强度及特征强度
	射线法	吸收或散射强度	根据混凝土密实度推算强度
	落球法(脉冲回波法)	振动参数	振动参数与强度的关系
混凝土内部缺陷	超声脉冲法	声时、波高、波形、频谱、反射回波	波的绕射、衰减、叠加等
	射线法	穿透后的射线强度	射线强度记录或摄影
	脉冲回波法	反射波位置	缺陷表面形成反射波
	雷达法	雷达波反射位置	缺陷表面形成雷达反射信号
混凝土受力历史和损伤程度	声发射法 超声脉冲法	声发射信号、事件记数、幅值分布、能谱等声速、衰减	声发射信号源定位、声发射的凯塞效压 破坏过程的连续观察
弹性模量和粘塑性性质及耐久性	共振法	固有频率、品质因数	振动分析
	敲击法	对数衰减率	
	超声法	声速、衰减系数、频谱	应力波传播分析
	透气法	气压变化	孔隙渗透性
钢筋位置和锈蚀	磁测法	磁场强度	钢筋对磁场的影响
	电测法	钢筋的半电池电位	电化学分析
	射线法	射线	射线摄影
	雷达法	雷达波	雷达波遇金属反射

2.2 结构混凝土强度非破损检测

2.2.1 非破损测强综述

非破损检测混凝土强度的方法，是以检测的物理量与混凝土标准强度之间的相关性为基本依据，按相关的数学关系式推定结构混凝土的实际强度或现场强度。目前，我国已制订的技术规程有回弹法、超声回弹综合法、钻芯法和拉拔法，上述技术已得到了推广使用。

2.2.1.1 非破损测强曲线

用混凝土试块的抗压强度与非破损参数之间建立起来的相关关系曲线，即为测强曲线。即先对试块进行非破损测试，然后将试块抗压破坏，当取得非破损检测参数和混凝土强度值 f_{cu}之后，选择相应的数学模型来拟合它们之间的相关关系。

(1) 测强曲线的分类

测强曲线可按其适用范围分以下三种类型：

1) 统一测强曲线〈全国曲线〉

这类曲线以全国一般经常使用的有代表性的混凝土原材料、成型养护工艺和龄期为基本条件。这种曲线的建立是以全国许多地区曲线为基础，经过大量的分析研究和计算汇总而成。

它适用于无地区测强曲线和专用测强曲线的单位，对全国大多数地区来说，具有一定的现场适应性，因此使用范围广，但其精度不高。

2) 地区（部门）测强曲线

采用本地区或本部门通常使用的有代表性的混凝土材料、成型养护工艺和龄期为基本条件，在本地区或本部门制作相当数量的试块进行非破损和破损的平行试验建立的测强曲线。这类曲线适用于无专用测强曲线的工程测试，对本地区或本部门来说，其现场适应性和强度测试精度均优于统一测强曲线。这种曲线是针对我国地区辽阔和各地材料差别较大这一特点而建立起来的。

3) 专用（率定）测强曲线

以某一个具体工程为对象，采用与被测工程相同的材料质量，成型养护工艺和龄期，制定一定数量的试块，进行非破损和破损平行测试建立的测强曲线，制定的这类曲线因针对性较强，故测试精度较地区（部门）曲线为高。

(2) 测强曲线的建立方法

1) 选择合适的测试仪器

对于不同的非破损检测方法有不同的仪器，在建立测强曲线时必须选择检测方法规范所规定的、各项性能符合要求的仪器，并需经过计量检定。

2) 试块的制作和养护

在制作试块之前，必须对使用的混凝土原材料的种类、规格、产地及质量情况进行全面的调查了解，制定详细的试验计划，有针对性地进行试验。

制定地区测强曲线时试块的数量一般不少于 150 块，制定专用测强曲线时试块的数量一般不少于 30 块，为了减少龄期等因素的影响，试块的制作应尽可能在短时间内完成。试块的尺寸通常是边长为 150mm 的立方体。

混凝土试块的强度等级 C10、C20、C30、C40、C50 等数种，可根据实际需要进行选择。每种强度等级的混凝土可采用最佳配合比或常用配比进行配制。

试块的制作应在振动台上振捣成型或采用与被测构件相同的浇捣工艺。试块的养护方法也应与被测构件相同，如若建立蒸气养护混凝土测强曲线时，则试块应进行蒸气养护，若建立自然养护测强曲线时，则试块应自然养护。自然养护时，应在试块成型的第二天拆模，然后移到不受日晒雨淋处按品字形堆放养护至一定的龄期进行非破损测试。

试块的测试龄期可分别在 7d、14d、28d、60d、90d、180d、365d……进行，根据曲线允许使用的时间进行选择。在每一个龄期和每一个强度等级的试块至少应试验一组试块，以保证具有足够的数据，满足曲线的计算需要。

3）试块的测试

到达测试龄期的试块，清除测试面上的粘杂物后，进行相应的非破损（或半破损）测试。然后将试块成型面放置在压力机平板间加压，以每秒 6±4kN 速度连续均匀进行，直至试块破坏为止，计算抗压强度 f_{cu}，精确至 0.1MPa。

4）测强曲线的建立

当所有测试龄期的试块全部测试完成后，每组试块都可得到一组数据：非破损测试值 R、V 等和抗压强度值 f_{cu}。从统计数学看，R、V、f_{cu} 等变量均属非确定量，这些不确定量之间却有某种规律性，这种规律性的联系称之为相关关系。可以通过回归分析确立其关系。回归分析是一种处理自变量与因变量之间关系的一种数理统计方法，其目的是寻求非确定联系的统计相关关系，找出能描述变量之间关系的数学表达式，去预测它们统计关系的因变量的取值，并估计其精确程序。

要确立混凝土试块抗压强度 f_{cu} 与其非破损检测参量 V、R 等之间的相关关系，有下列一些方程式可供选择：

A. 线性（或非线性）函数方程

$$f_{cu} = A + B \cdot v + C \cdot R \tag{2-1}$$

$$f_{cu} = A + B \cdot v + C \cdot R + D \cdot l \tag{2-2}$$

$$f_{cu} = A + B \cdot v + C \cdot R + 10D^{D \cdot l} \tag{2-3}$$

B. 幂函数方程

$$f_{cu} = A \cdot v^{B} \cdot R^{C} \tag{2-4}$$

$$f_{cu} = A \cdot v^{B} \cdot R^{C} \cdot 10^{D \cdot l} \tag{2-5}$$

$$f_{cu} = A \cdot v^{B} \cdot R^{C} \cdot l^{D} \tag{2-6}$$

C. 指数方程

$$f_{cu} = A \cdot e^{(B \cdot v + C \cdot R)} \tag{2-7}$$

D. 对数方程

$$f_{cu} = A + B \cdot \lg v + C \cdot \lg R \tag{2-8}$$

上述式中　A——常数项；

B、C、D——回归系数；

e——自然对数底；

lg——普通对数；

v、R、l——非破损检测参数。

在 f_{cu}、v、R 及 l 已知的情况下，系数 A、B、C、D 可用最小二乘法确定。当采用几种方程式进行计算比较后，取其相对标准差 e_r 值小和相关系数 r 值大的公式作为测强曲线的方程式。

一般地说，如果建立的全国测强曲线的相对标准差 $e_r \leqslant 15\%$。相关系数 $r \geqslant 0.9$；地区测强曲线 $e_r \leqslant 14\%$，$r \geqslant 0.9$；专用测强曲线 $e_r \leqslant 12\%$，$r \geqslant 0.9$，即可满足测强使用要求。

为了尽量减少曲线的数量以便于使用，对影响程度不大的试块测试数据可以合并计算，对影响较大的试块数据应分别建立各自的专用测强曲线。比如粗骨料对回弹法测强影响较大，则可分别建立卵石回弹法测强曲线和碎石回弹法测强曲线。

曲线建立完成后，应写明建立曲线的技术条件，比如粗骨料种类、水泥品种、混凝土的强度等级、龄期是否商品混凝土等等。测强曲线仅适用于建立测强曲线时的技术条件下使用，一般不能外推，以保证测试结果的准确性。

如果被测混凝土符合建立曲线的技术条件时，当取得相应的非破损检测值之后，代入上述公式，即可得到结构混凝土的强度换算值。

为便于在工程测试中使用，减少计算工程量，可将系数已知的回归方程式，在非破损参数 v、R 的有效范围之内，从小到大为序等距分级，与计算的对应混凝土强度制图或列表，也可用等强曲线表示。

(3) 测强曲线的验证

全国或地区测强曲线建立之后，应进行系统的验证工作，以检验曲线的测试精度及其实用性。

由于在我国《钢筋混凝土工程施工及验收规范》中规定，以立方体试块抗压强度作为结构混凝土强度的验收依据，所以可通过对混凝土试块进行非破损测试而得出测试强度与实际抗压强度之间的误差分析作为曲线测试精度的验证手段。

预留的有代表性的同条件养护试块；当没有同条件试块时，也可采用与结构混凝土同材料、同配合比成型的龄期在 7d 以上的试块。最直接可靠的办法还是采用钻取芯样试件进行验证。

立方体试块的非破损测试与数据处理方法和建立测强曲线时的方法相同。而芯样试件的非破损测试数据是从结构混凝土测区上获得的，这就要求钻芯的位置必须在非破损测区内。

每个试块测出非破损参数后，代入相应的回归方程计算出非破损强度值，然后将试块压碎求出实际抗压强度，最后按下述公式计算测强曲线的误差范围。

$$e_r = \sqrt{\frac{1}{n-1}\sum_{i=1}^{n}\left(\frac{f_{cu,i}}{f_{cu,i}^{c}} - 1\right)^2} \cdot 100\% \qquad (2-9)$$

式中 e_r——相对标准差；

$f_{cu,i}$——试块抗压强度（MPa）；

$f_{cu,i}^{c}$——试块非破损测试强度（MPa）。

当计算的相对标准差符合要求时，则这条曲线可作为本地区测强时使用。

2.2.1.2 检测及数据处理

(1) 资料准备

需进行测强的结构或构件，在检测前，应具备下列有关资料：

A. 工程名称及设计、施工、建设和监理单位名称；

B. 结构或构件名称、编号、施工图（或平面图）及混凝土设计强度等级；

C. 水泥品种、标号、用量、出厂厂名，砂石品种、粒径，外加剂或掺合料品种、掺量，以及混凝土配合比等；

D. 模板类型，混凝土灌注和养护情况，以及成型日期；

E. 结构或构件存在的质量问题，混凝土试块抗压报告等。

(2) 被测结构或构件准备

1) 单个抽检

依据《钢筋钢筋混凝土工程施工质量验收规范》（GB50202－2002）的规定，当对混凝土试块能否代表结构或构件混凝土强度有怀疑或有争议时，可采用非破损检测。检测时如果仅针对有怀疑的构件，则为单个抽检。抽检构件需按非破损检测方法要求进行相应的表面处理，并布置测区。检测完毕后，每个抽检构件单独进行数据处理，计算其强度推定值。

2) 批量抽检

当有争议的构件数量巨大，或者对于整批构件的混凝土试块试压结果有怀疑时，为尽量减少抽检构件数量，同时又使检测结果能代表整批构件混凝土强度，可采用批量抽检。批量抽检时，按各检测方法的规范所要求数量进行抽检，比如回弹法为按该批构件的30%抽检，且构件数量不少于10件。检测完毕后，需对检测数据进行统计分析，得出其所代表的批构件的强度推定值。这就避免了对所有有怀疑构件进行大量检测。这正是非破损（或半破损）检测的优势所在。

作为同批构件应符合下列条件：

A. 混凝土强度等级相同；

B. 混凝土原材料、配合比、成型工艺、养护条件及龄期基本相同；

C. 构件种类相同；

D. 在施工阶段所处状态相同。

2.2.2 回弹法检测混凝土强度

2.2.2.1 回弹法的发展历程

1948年瑞士施米特（E. Schmidt）发明了回弹仪，由于仪器构造简单、方法简便，在一定条件下测试值与混凝土强度有较好的相关性，并能较好地反映混凝土的均匀性，半个多世纪以来，该方法在国内外得到了广泛的推广使用，各国或相关的协会先后制订了技术标准（表2－2）。

我国自1950年代中期开始采用回弹法测定现场混凝土抗压强度，1966年3月出版了《混凝土强度的回弹仪检测技术》一书，促进了该方法的推广使用，1978年国家建委列题组织全国进行系统研究，1985年颁布了《回弹法评定混凝土抗压强度技术规程》（JGJ23－85），1992年修订为行业标准：《回弹法检测混凝土抗压强度技术规程》（JGJ/T23－92），2001年再次修订，其标准名称不变，编号改为JGJ/T23－2001。

各国回弹法技术标准名称　　表 2-2

国家	标准编号	标 准 名 称	级别	编制年
日本		采用回弹仪测定混凝土抗压强度方法的指示（草案）	协会	1958
前联邦德国	DIN4240	密实混凝土撞击试验使用规程	国家	1962
罗马尼亚	C.30.67	施米特 N 型回弹仪测试混凝土技术规程	国家	1967
前苏联	ГОСТ10180-67	普通混凝土强度确定方法—试验混凝土强度的硬度测定法	国家	1967
英国	B.S.4408-4	混凝土非破损检测建议—表面硬度法	协会	1971
保加利亚	B.D.S.3816-72	混凝土—力学非破损检测法估测抗压强度	国家	1972
匈牙利	H.S.202/1-72	混凝土试验方法—非破损方法/采用施米特回弹仪测定混凝土	国家	1972
波兰	PN-74：BO6262	采用施米特 N 型回弹仪非破损检测混凝土	国家	1974
美国	ASTM-C805-75T	硬化混凝土回弹法试验暂行方法	协会	1975
前民主德国	TGL/33437/01	用回弹或压痕试验测定混凝土的抗压强度	国家	1980
国家标准化组织	ISO/DIS8045	硬化后的混凝土—用回弹仪测定回弹值	国际草案	1980

2.2.2.2　回弹法的基本原理

回弹法是用一弹簧驱动的重锤，通过弹击杆（传力杆），弹击混凝土表面，并测出重锤被反弹回来的距离，以回弹值（反弹距离与弹簧初始长度之比）作为与强度相关的指标，来推定混凝土强度的一种方法。由于测量在混凝土表面进行，所以应属于表面硬度法的一种。

图 2-1 为回弹法的原理示意图。当重锤被拉开冲击前的起始状态时，若弹簧的拉伸长度等于 1，则这时重锤所具有的势能 e 为：

$$e = \frac{1}{2} E_s l^2 \quad (2-10)$$

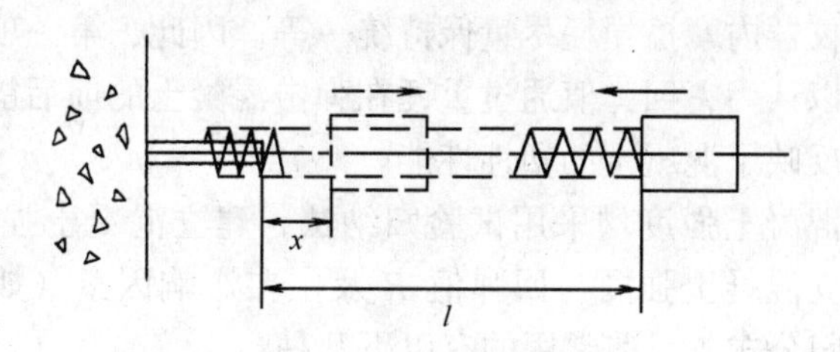

图2-1　回弹法原理示意图

式中　E_s——拉力弹簧的刚度系数；

l——拉力弹簧起始拉伸长度。

混凝土受冲击后产生瞬时弹性变形，其恢复力使重锤弹回，当重锤被弹回到 x 位置时所具有的势能 e_x 为

$$e_x = \frac{1}{2}E_s x^2 \tag{2-11}$$

式中　x——重锤反弹位置或重锤弹回时弹簧的拉伸长度。

所以重锤在弹击过程中，所消耗的能量 Δe 为：

$$\Delta e = e - e_x \tag{2-12}$$

将（2-10）、（2-11）式代入（2-12）式得：

$$\Delta e = \frac{E_s l^2}{2} - \frac{E_s x^2}{2} = e\left[1 - \left(\frac{x}{l}\right)^2\right] \tag{2-13}$$

令

$$R = x/l \tag{2-14}$$

在回弹仪中，l 为定值，所以 R 与 x 成正比，称为回弹值。将 R 代入（2-13）式得：

$$R = \sqrt{1 - \Delta e/E} = \sqrt{e_x/E} \tag{2-15}$$

从（2-15）式中可知，回弹值 R 等于重锤冲击混凝土表面后剩余的势能与原有势能之比的平方根。简而言之，回弹值 R 是重锤冲击过程中能量损失的反映。

能量主要损失在以下三个方面：

（1）混凝土受冲击后产生塑性变形所吸收的能量；

（2）混凝土受冲击后产生振动所消耗的能量；

（3）回弹仪各机构之间的摩擦所消耗的能量。

在具体的实验中，上述（2）、（3）两项应尽可能使其固定于某一统一的条件，例如，试体应有足够的厚度，或对较薄的试体予以加固，以减少振动；回弹仪应进行统一的计量

率定，使冲击能量与仪器内摩擦损耗尽量保持统一等。因此，第一项是主要的。

根据以上分析可以认为，回弹值通过重锤在弹击混凝土的前后能量变化，既反映了混凝土的弹性性能，也反映了混凝土的塑性性能。

目前回弹法测定混凝土强度均采用试验归纳法，建立混凝土强度与回弹值 R 之间的一元回归公式，或建立混凝土强度与回弹值 R 及主要影响因素（如混凝土表面的碳化深度 d）之间的二元回归公式。目前常用的有以下几种：

直线方程 $$f_{cu}^{c} = A + B \cdot R_m \tag{2-16}$$

幂函数方程 $$f_{cu}^{c} = A \cdot R_m{}^{B} \tag{2-17}$$

抛物线方程 $$f_{cu}^{c} = A + B \cdot R_m + C \cdot R_m^2 \tag{2-18}$$

二元方程 $$f_{cu}^{c} = A \cdot R_m{}^{b} \cdot 10^{c \cdot d_m} \tag{2-19}$$

式中 f_{cu}^{c}——某测区混凝土的强度换算值；

R_m——该区平均回弹值；

d_m——该区平均碳化深度；

A、B、C——常数项，按原材料条件等因素不同而变化。

2.2.2.3 回弹仪的类型、构造及工作原理

随着回弹仪用途日益广泛及现代科学技术的发展，回弹仪的型号不断增加，现有回弹仪分类见表 2-3。

回弹仪分类 **表 2-3**

类型	名称	冲击能量	主要用途	备 注
L 型（小型）	L 型	0.735J	小型构件及刚度稍差的混凝土或胶凝制品	
	LR 型	0.735J	小型构件及刚度稍差的混凝土或胶凝制品	有回弹值自动画线装置
	LB 型	0.735J	烧结材料和陶瓷	
N 型（中型）	N 型	2.207J	烧结材料和陶瓷	
	NA 型	2.207J	水下混凝土构件	
	NR 型	2.207J	普通混凝土构件	有回弹值自动画线装置
	ND-740 型	2.207J	普通混凝土构件	高精度数显式
	NP-750 型	2.207J	普通混凝土构件	数字处理式
	MTC-850 型	2.207J	普通混凝土构件	有专用电脑，能自动处理和记录有关数值
N 型（中型）	WS-200 型	2.207J	普通混凝土构件	远程自动显示并记录

续表

类型	名称	冲击能量	主要用途	备　注
P型 （摆式）	P型	0.883J	轻质建筑材料、砂浆、饰面等	
	P型	0.883J	用于0.5～5.0MPa的低强胶凝制品	冲击面较大
M型 （大型）	M型	29.40J	大型实心块体　机场跑道及公路面的混凝土	

我国自1950年代中期，相继投入生产N型、L型、NR型及M型等回弹仪，以N型应用最为广泛。这种中型回弹仪是一种指针直读的直射锤击式仪器，其构造如图2-2所示。

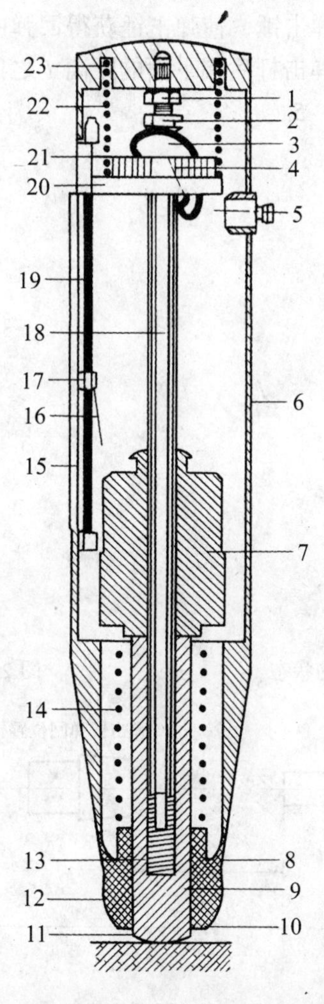

图2-2　回弹仪构造和主要零件名称

1—紧固螺母；2—调零螺钉；3—挂钩；4—挂钩销子；5—按钮；6—机壳；7—弹击锤；8—拉簧座；9—卡环；10—密封毡圈；11—弹击杆；12—盖帽；13—缓冲压簧；14—弹击拉簧；15—刻度尺；16—指针片；17—指针块；18—中心导杆；19—指针轴；20—导向法兰；21—挂钩压簧；22—压簧；23—尾盖

仪器工作时，随着对回弹仪施压，弹击杆 11 徐徐向机壳内推进，弹击拉簧 14 被拉伸，使连接弹击拉簧的弹击锤 7 获得恒定的冲击的能量 e（图 2－3），当仪器水平状态工作时，其冲击能量 e 可由下式计算：

$$e = \frac{1}{2} E_s l^2 = 2.207\text{J} \quad (2-20)$$

式中 E_s——弹击拉簧的刚度为 0.784N/mm；

l——弹击拉簧工作时拉伸长度为 75mm。

挂钩 3 与调零螺钉 2 互相挤压，使弹击锤脱钩，弹击锤的冲击面与弹击杆的后端平面相碰撞如图 2－4，此时弹击锤释放出来的能量借助弹击杆递给混凝土构件，混凝土弹性反应的能量又通过弹击杆传递给弹击锤，使弹击锤获得回弹的能量向后弹回，计算弹击锤回弹的距离 l' 和弹击锤脱钩前距弹击杆后端平面的距离 l 之比，即得回弹值 R，它由仪器外壳上的刻度尺 15 示出，见图 2－5。

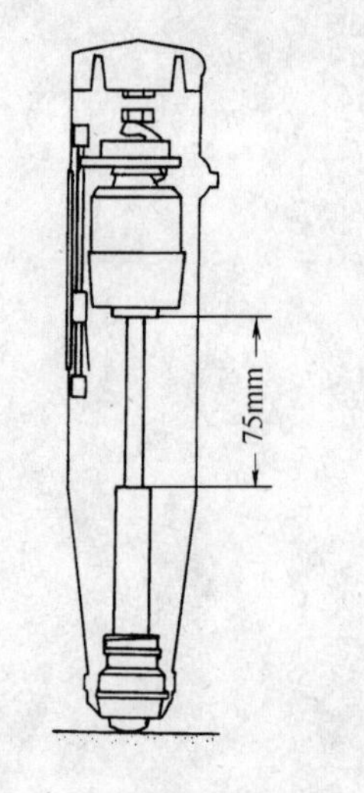

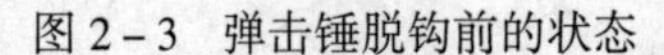

图 2－3 弹击锤脱钩前的状态

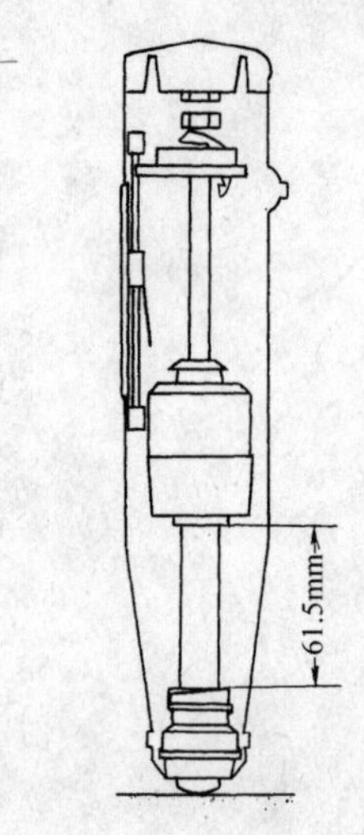

图 2－4 弹击锤脱钩后的状态

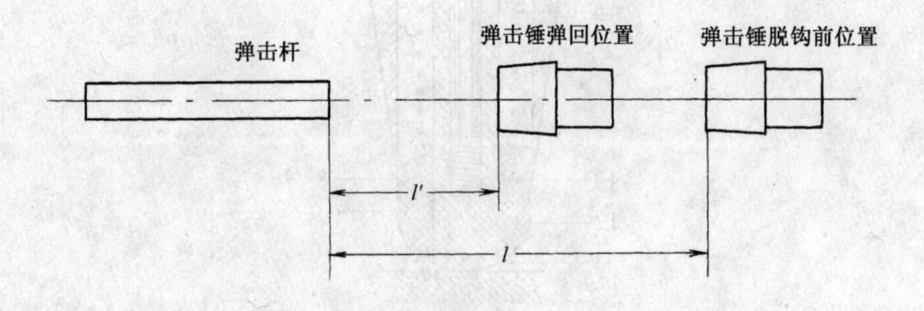

图 2－5 回弹位置示意

2.2.2.4 回弹仪的操作、保养及检定

(1) 操作

将弹击杆顶住混凝土的表面，轻压仪器，松开按钮，弹击杆徐徐伸出。使仪器垂直对

混凝土表面缓慢均匀施压，待弹击锤脱钩冲击弹击杆后即回弹，带动指针向后移动并停留在某一位置上，即为回弹值。继续顶住混凝土表面并在读取和记录回弹值后，逐渐对仪器减压，使弹击杆自仪器内伸出，重复进行上述操作，即可测得被测构件或结构的回弹值。操作中注意仪器的轴线应始终垂直于构件混凝土表面。

(2) 保养

仪器使用完毕后，要及时清除伸出仪器外壳的弹击杆、刻度尺表面及外壳上的污垢和尘土，当测试次数较多、对测试值有怀疑时，应将仪器拆卸，并用清洗剂清洗机芯的主要零件及其内孔，然后在中心导杆上抹一层薄薄的钟表油，其他零部件不得抹油。要注意检查尾盖的调零螺钉有无松动，弹击拉簧前端是否钩入拉簧座的原孔位内，否则应送检定单位检定。

(3) 检定

目前，国内外生产的中型回弹仪，不能保证出厂时为标准状态，因此即使是新的有出厂合格证的仪器，也需送检定单位校验。此外，当仪器超过检定有效期限、累计弹击次数超过规定（如6000次）；仪器遭受撞击、损害；零部件损坏需要更换等情况皆应送校验单位按国家计量检定规程《混凝土回弹仪》(JGJ817－93) 进行检定。

检定合格的仪器应符合下列标准状态：

1) 水平弹击时，弹击锤锐钩的瞬间，仪器的标称动能应为2.207J，此时在钢砧上的率定值应为80±2；

2) 弹击拉簧的工作长度应为61.5mm，弹击锤的冲击长度（拉簧的拉伸长度），应为75mm，弹击锤在刻度尺上的“100”处脱钩，此时弹击锤与弹击杆碰撞的瞬间，弹击拉簧应处于自由状态。弹击锤起跳点应在相应于刻尺上推算的“0”处；

3) 指针块上的指示线至指针片端部的水平距离为20mm，指针块在指针轴全长上的摩擦力为0.5～0.8N；

4) 弹击杆前端的曲率半径为25mm，后端的冲击面为平面；

5) 操作轻便、脱钩灵活。

上述标准状态的五项指标是以仪器的零部件加工精度均符合要求为前提，否则仍然会出现一定范围的误差。

2.2.2.5　检测技术及数据处理

(1) 检测准备

凡需要回弹法检测的混凝土结构或构件，往往是缺乏同条件试块或标准试块数量不足；试块的质量缺乏代表性；试块的试压结果不符合现行标准、规范、规程所规定的要求，并对该结果持有怀疑。所以检测前应全面的、正确的了解被测结构或构件的情况。

检测前，一般需要了解工程名称、设计、施工和建设单位名称；结构或构件名称、外形尺寸、数量及混凝土设计强度等级；水泥品种、安定性、强度等级、厂名；砂、石种类、粒径；外加剂或掺合料品种、掺量；施工时材料计量情况等，模板、浇筑及养护情况等，成型日期；配筋及预应力情况；结构或构件所处环境条件及存在的问题。其中以了解水泥的安定性合格与否最为重要，若水泥的安全性不合格，则不能采用回弹法检测。

一般检测混凝土结构或构件有两类方法，视测试要求而择之。一类是逐个检测被测结构或构件，另一类是抽样检测。

逐个检测方法主要用于对混凝土强度质量有怀疑的独立结构（如现浇整体的壳体、烟囱、水塔、隧道、连续墙等）、单独构件（如结构物中的柱、梁、屋架、板、基础等）和有明显质量问题的某些结构和构件。

抽样检测主要用于在相同的生产工艺条件下，强度等级相同、原材料和配合比基本一致且龄期相近的混凝土结构或构件。被检测的试样应随机抽取不少于同类结构或构件总数的30%，还要求测区总数不少于100个。具体的抽样方案，一般由建设单位、施工单位及检测单位共同商定。

(2) 检测方法

当了解了被检测的混凝土结构或构件情况后，需要在构件上选择及布置测区。所谓"测区"系指每一试样的测试区域。每一测区相当于该试样同条件混凝土的一组试块。行业标准《回弹法检测混凝土抗压强度技术规程》（JGJ/T23－2001）规定，取一个结构或构件混凝土作为评定混凝土的最小单元，不应少于10个测区。但对某一方向尺寸小于4.5m且另一方向尺寸小于0.3m的结构或构件，其测区数量可适当减少，但不应少于5个。测区的大小以能容纳16个回弹测点为宜。测区表面应清洁、平整、干燥，不应有疏松层、饰面层、粉刷层、浮浆、油垢、蜂窝麻面等。必要时可采用砂轮清除表面杂物和不平整处。测区宜均匀布置在构件或结构检测面上，相邻测区间距不宜过大，当混凝土浇筑质量比较均匀时可酌情增大间距，但不宜大于2m；构件或结构的受力部位及易产生缺陷部位（如梁与柱相接的节点处）需布置测区；测区优先考虑布置在混凝土浇筑的侧面（与混凝土浇筑方向相垂直的贴模板的一面），如不能满足这一要求时，可选在混凝土浇筑的表面或底面；测区须避开位于混凝土内保护层附近设置的钢筋和埋入铁件。对于弹击时产生颤动的薄壁、小型的构件，应设置支撑加以固定。

按上述方法选取试样和布置测区后，先测量回弹值。测试时回弹仪应始终与测面相垂直，并不得打在气孔和外露石子上。每一测区的两个测面用回弹仪各弹击8点，如一个测区只有一个测面，则需测16点。同一测点只允许弹击一次，测点宜在测面范围内均匀分布，每一测点的回弹值读数准确至一度，相邻两测点的净距一般不小于20mm，测点距构件边缘与外露钢筋、预埋铁件的间距不宜小于30mm。

回弹完后即测量构件的碳化深度，用合适的工具在测区表面形成直径为15mm的孔洞，清除洞中的粉末和碎屑后（注意不能用液体冲洗孔洞）立即用1%的酚酞酒精溶液滴在混凝土孔洞内壁的边缘处，用碳化深度测量仪或其他工具测量自测面表面至深部不变色，边缘处与测面相垂直的距离不少于3次，该距离即为该测区的碳化深度值，取其平均值，精确至0.5mm。一般应选不少于构件的30%测区数测量碳化深度值。当相邻测区的混凝土质量或回弹值与它基本相同时，那么该测区的碳化深度值也可代表相邻测区的碳化深度值，当碳化深度差值大于2.0mm时，应在每一测区测量碳化深度值。

(3) 数据处理

当回弹仪水平方向测试混凝土浇筑侧面时，应从每一测区的16个回弹值中剔除其中3个最大值和3个最小值，取余下的10个回弹值的平均值作为该测区的平均回弹值，取一位小数。计算公式为：

$$R_m = \frac{\sum_{i=1}^{10} R_i}{10} \tag{2-21}$$

式中 R_m——测区平均回弹值，计算至0.1；

R_i——第 i 个测点的回弹值。

由于回弹法测强曲线是根据回弹仪水平方向测试混凝土试件成型侧面的试验数据计算得出的，因此当测试中无法满足上述条件时需对测得的回弹值进行修正。首先将非水平方向测试混凝土浇筑侧面时的数据参照公式（2-21）计算出测区平均回弹值 $R_{m\alpha}$，再根据回弹仪轴线与水平方向的角度 α（图2-6）按表2-4查出其修正值，然后按正式换算为水平方向测试时的测区平均回弹值：

$$R_m = R_{m\alpha} + R_{a\alpha} \tag{2-22}$$

式中 $R_{m\alpha}$——回弹仪与水平方向成 α 角测试时测区的平均回弹值，计算至0.1；

$R_{a\alpha}$——按表2-4查出的不同测试角度 α 的回弹值修正值，计算至0.1。

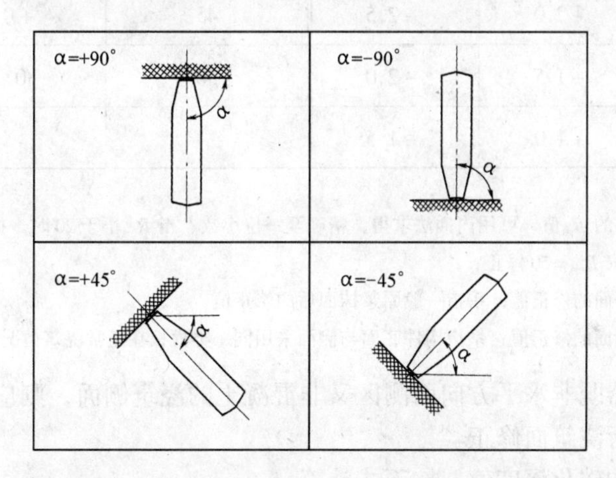

图2-6 测试角度示意图

表2-4

$R_{m\alpha}$ \ $R_{a\alpha}$ \ α	+90°	+60°	+45°	+30°	-30°	-45°	-60°	-90°
20	-6.0	-5.0	-4.0	-3.0	+2.5	+3.0	+3.5	+4.0
30	-5.0	-4.0	-3.5	-2.5	+2.0	+2.5	+3.0	+3.5
40	-4.0	-3.5	-3.0	-2.0	+1.5	+2.0	+2.5	+3.0
50	-3.5	-3.0	-2.5	-1.5	+1.0	+1.5	+2.0	+2.5

注：表中列入的 $R_{a\alpha}$ 修正值，可用内插法求得，精确至一位小数。$R_{m\alpha}$ 小于20时，按 $R_{m\alpha}=20$ 修正，当 $R_{m\alpha}$ 大于50时，按 $R_{m\alpha}=50$ 修正。

当回弹仪水平方向测试混凝土浇筑表面或底面时，应将测得的数据参照公式（2－21）求出测区平均回弹值 R_{ms}后，按下式修正。

$$R_m = R_{ms} + R_{as} \tag{2-23}$$

式中　R_{ms}——回弹仪测试混凝土浇筑表面或底面时测区的平均回弹值；

R_{as}——按表 2－5 查出的不同浇筑面的回弹值修正值，计算至 0.1。

表 2－5

R_{ms}	R_{as}		R_{ms}	R_{as}	
	表　面	底　面		表　面	底　面
20	+2.5	−3.0	40	+0.5	−1.0
25	+2.0	−2.5	45	+0	−0.5
30	+1.5	−2.0	50	0	0
35	+1.0	−1.5			

注：1. 表中未列入的 R_{as}值，可用内插法求得，精确至一位小数。当 R_{ms}小于 20 时，按 $R_{ms}=20$ 修正，当 R_{ms}大于 50 时，按 $R_{ms}=50$ 修正；

2. 表中浇筑表面的修正值，系指一般原浆抹面后的修正值；

3. 表中浇筑底面的修正值，系指构件底面与侧面采用同一类模板在正常浇筑情况下的修正值。

如果测试时仪器既非水平方向而测区又非混凝土的浇筑侧面，则应对回弹值先进行角度修正，然后再进行浇筑面修正。

每一测区的平均碳化深度值，按下式计算：

$$d_m = \frac{\sum_{i=1}^{n} d_i}{n} \tag{2-24}$$

式中　d_m——测区的平均碳化深度值（mm）；计算至 0.5（mm）；

d_i——第 i 次测量的碳化深度值（mm）；

n——测区碳化深度测量次数。

如 $m_l > 6$mm，则按 $m_l > 6$mm 计。

2.2.2.6　结构或构件混凝土强度的计算

（1）测区混凝土强度值的确定

根据每一测区的回弹平均值 R_m 及碳化深度值 d_m，查阅由专用曲线，或地区曲线，或统一曲线编制的“测区混凝土强度换算表”，所查出的强度值即为该测区混凝土的强度

（当强度高于60MPa或低于10MPa时，表中查不出，可记为$f_{cu}^{c} > 60\text{MPa}$，或$f_{cu}^{c} < 10\text{MPa}$），表中未列入的测区强度值可用内插法求得。

（2）结构或构件混凝土强度的确定

1）构件强度平均值

$$m f_{cu}^{c} = \frac{\sum_{i=1}^{n} f_{cu,i}^{c}}{n} \tag{2-25}$$

式中　$m f_{cu}^{c}$——构件混凝土强度平均值（MPa）；精确至0.1MPa；

n——对于单个测定的结构或构件，取一个构件的测区数；对于抽样测定的结构或构件，取各抽检构件测区数之和。

2）强度标准差

$$S f_{cu}^{c} = \sqrt{\frac{\sum_{i=1}^{n} (f_{cu,i}^{c})^2 - n(m f_{cu}^{c})^2}{n-1}} \tag{2-26}$$

式中　$S f_{cu}^{c}$——构件混凝土强度标准差（MPa），精确至0.01MPa；

3）强度推定方法

a．当该结构或构件测区数少于10个时：

$$f_{cu,e} = f_{cu,min}^{c} \tag{2-27}$$

b．当该结构或构件的测区强度值中出现小于10.0MPa时：

$$f_{cu,e} < 10.0\text{MPa} \tag{2-28}$$

c．当该结构或构件测区数不少于10个或按批量检测时：

$$f_{cu,e} = m f_{cu}^{c} - 1.645 S f_{cu}^{c} \tag{2-29}$$

式中　$m f_{cu,min}^{c}$——构件中最小的测区混凝土强度换算值（MPa），精确至0.1MPa。

对于按批量检测的构件，当该批构件混凝土强度标准差出现下列情况之一时，则该批构件全部按单个构件检测推定：

1）当该批构件混凝土强度平均值小于25MPa时，且$S f_{cu}^{c} > 4.5\text{MPa}$；

2）当该批构件混凝土强度平均值等于或大于25MPa时，且$S f_{cu}^{c} > 5.5\text{MPa}$。

（3）结构或构件检测及计算举例

抽样检测底板：

某工程渡槽底板一块，混凝土强度等级为C20，自然养护，龄期6个月，未做试块。

1）测试

测区布置如图2-7。回弹仪垂直向上测试底板底面。

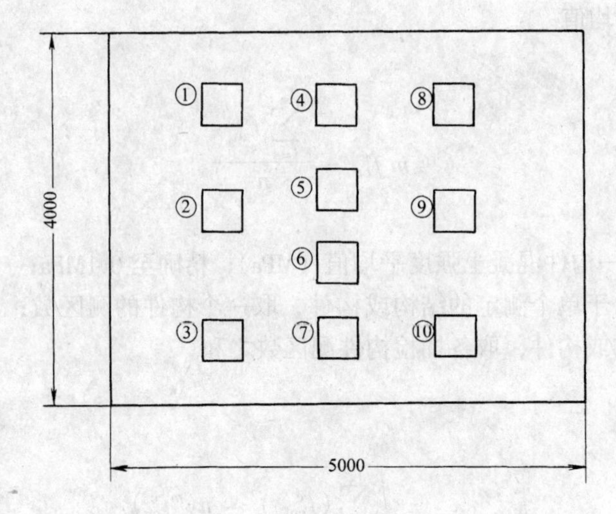

图2-7 测区布置示意图

2）记录

记录回弹值及碳化深度值。

测区平均回弹值 R_m 及平均碳化深度值 d_m 见表2-6。

3）计算

步骤同2，此处尚需进行角度及测试面的修正。计算结果见表2-6。

结构或构件试样混凝土强度计算表

单位工程名称：渡槽

构件名称及编号：底板东-3

表2-6

项目 \ 测区号		1	2	3	4	5	6	7	8	9	10
回弹值（R_m）	测区平均值	46.0	47.5	39.0	44.0	42.0	43.5	50.0	51.0	46.5	47.3
	角度修正值	-3.7	-3.6	-4.1	-3.8	-3.9	-3.8	-3.5	-3.5	-3.7	-3.6
	角度修正后	42.3	43.9	34.9	40.2	38.1	39.7	46.5	47.5	42.8	43.7
	浇筑面修正值	-0.8	-0.6	-1.5	-1.0	-1.2	-1.0	-0.4	-0.3	-0.7	-0.6
	浇筑面修正后	41.5	43.3	33.4	39.2	36.9	38.7	46.1	47.2	42.1	43.1
碳化深度值 d_m（mm）		5.0	5.0	3.0	5.0	4.0	5.0	6.0	6.0	6.0	6.0
测区强度值 $f^c_{cu,i}$（MPa）		29.7	32.3	22.6	26.4	25.5	25.8	33.8	35.4	28.1	29.5

续表

项目＼测区号	1	2	3	4	5	6	7	8	9	10
强度计算（MPa） $n=10$	$m_{f_{cu}^{c}}=\frac{1}{n}\sum_{i=1}^{10}f_{cu,i}^{c}=28.9$					$S_{f_{cu}^{c}}=\sqrt{\frac{1}{n-1}\sum(f_{cu,i}^{c})^{2}-n(m_{f_{cu}})^{2}}=4.04$				
						$f_{cu,e}=m_{f_{cu}^{c}}-1.645S_{f_{cu}^{c}}=22.3$				
使用测区强度换算表名称	规程 ✓ 地区　专用					备注				

测试：　　　　　计算：　　　　　复核：　　　　　计算日期：　　　年　月　日

行业标准《回弹法检测混凝土抗压强度技术规程》（JGJ/T23－2001）规定检测报告中，除给出强度推定值外，对于测区数大于等于10个的结构或构件还要给出平均强度值、测区最小强度值和标准差，测区数小于10个的结构或构件，还要给出平均强度值，测区最小强度值（同强度推定值）。此法概念明确、全面。使得处理这类结构或构件时，即能了解构件强度推定值又能考虑其平均强度值、最小强度值、质量的匀质性，对设计人员事后处理结构或构件混凝土质量很有用处。

2.2.2.7　检测记录及计算表格

回弹法检测原始记录表　　**表2－7**

工程名称：　　　　　　　　　　　　　　　　第　页　共　页

编号		回弹值（R_i）																	碳化深度
构件	测区	1	2	3	4	5	6	7	8	9	10	11	12	13	14	15	16	R_m	d_i（mm）
	1																		
	2																		
	3																		
	4																		
	5																		
	6																		
	7																		
	8																		
	9																		
	10																		

续表

编号		回弹值（R_i）																	碳化深度 d_i（mm）
构件	测区	1	2	3	4	5	6	7	8	9	10	11	12	13	14	15	16	R_m	
测面状态		侧面、表面 底面、干、潮湿								回弹仪	型号					回弹仪校验证号			
											编号								
测度角度α		水平、向上、向下									率定值					测试人员上岗证号			

测试：　　　　记录：　　　　计算：　　　　测试日期：　　年　月　日

构件混凝土抗压强度计算表

工程名称：　　　　　　　　　　　　　　　　　　　　　　　　**表 2-8**

构件名称及编号　　　　　　　　　　　　　　　　　　　　第　页　共　页

项目 \ 测区号		1	2	3	4	5	6	7	8	9	10
回弹值（R_m）	测区平均值										
	角度修正值										
	角度修正后										
	浇筑面修正值										
	浇筑面修正后										
平均碳化深度值 d_i（mm）											
测区强度值 $f^c_{cu,i}$（MPa）											
强度计算（MPa） $n=$		$^m f^c_{cu}=$			$^S f^c_{cu}=$		$f^c_{cu,min}=$				
使用测区强度换算表名称： 规程　　地区　　专用							备注：				

测试：　　计算：　　复核：　　　　　　计算日期：　　年　月　日

2.2.3　超声回弹综合法检测混凝土强度

2.2.3.1　发展概况

超声回弹综合法检测混凝土强度，是1966年由罗马尼亚建筑及建筑经济科学研究院首次提出的，并编制了有关技术规程，曾受到各国科技工作者的重视。1976年我国引进了这一方法，在结合我国具体情况的基础上，许多科研单位进行了大量的试验。数十年来完成了多项科研成果，在结构混凝土工程的质量检测中已获得了广泛的推广应用。1988年由中国工程标准化委员会批准了我国第一本《超声回弹综合法检测混凝土强度技术规程》（CECS02：88）。

超声回弹综合法是指采用超声仪和回弹仪，在结构混凝土同一测区分别测量声时值及回弹值 R，然后利用已建立起来的测强公式推算该测区混凝土强度的一种方法。与单一回弹或超声法相比，综合法具有以下特点：

（1）减少龄期和含水率的影响

混凝土的声速值除受粗骨料的影响外，还受混凝土的龄期和含水率等因素的影响。而回弹值除受表面状态的影响外，也受混凝土的龄期和含水率的影响。然而混凝土的龄期和含水率对其声速和回弹值的影响有着本质的不同。混凝土含水率大，超声的声速偏高，而回弹值则偏低；混凝土的龄期长，超声声速的增长率下降，而回弹值则因混凝土碳化程度增大而提高。因此，二者综合起来测定混凝土强度就可以部分减少龄期和含水率的影响。

（2）弥补相互不足

采用回弹和超声综合法测定混凝土强度，既可内外结合，又能在较低或较高的强度区间相互弥补各自的不足，能够较全面地反映结构混凝土的实际质量。

（3）提高测试精度

由于综合法能减少一些因素的影响程度，较全面的反映整体混凝土质量，所以对提高无损检测混凝土强度精度，具有明显的效果。

鉴于超声回弹综合法具有上述的许多优点，因此在国内多项工程的混凝土强度的检测中采用了这一方法，为工程质量事故的处理提供了重要依据。

（4）试验研究表明，诸因素对超声回弹综合法的影响见表2-9。

表2-9

因　素	试验验证范围	影响程度	修正方法
水泥品种及用量	普通水泥、矿渣水泥、粉煤灰水泥 250~450kg/m^3	不显著	不修正
细骨料（砂子）品种及砂库	山砂、特细砂、中砂：28%~40%	不显著	不修正
粗骨料（石子）品种、用量	卵石、碎石、骨灰比：1:4.5~1:5.5	显著	必须修正或制订不同的测强曲线
粗骨料（石子）粒径	0.5~2cm；0.5~4cm；0.5~4cm	不显著	>4cm应修正
外加剂	木钙减水剂、硫酸钠，三乙醇胺	不显著	不修正
碳化深度		不显著	不修正
含水率		有影响	尽可能干燥状态
测试面	浇筑侧面与浇筑上表面及底面比较	有影响	对 V、R 分别进行修正

2.2.3.2 超声回弹综合法测强曲线的建立方法

在超声回弹综合法测强中，混凝土的配合比，水泥品种及用量、粗骨料性质及粒径、龄期等因素对测试结果都有程度不同的影响，为了解决这个问题，提高测试精度，在如何建立测强曲线这个问题上有两种作法。一种是采用标准曲线然后用多个系数进行修正以确定混凝土的强度，即所谓标准混凝土法；另一种是根据所采用的配合比，原材料等制作多组测强曲线，即所谓常用配合比或最佳配合比法。

(1) 标准混凝土法

所谓标准混凝土法，即人为规定影响因素的影响系数均为1的情况下所制成的混凝土，用这样的混凝土来建立测强曲线称标准曲线，在罗马尼亚采用的标准混凝土是：

超声回弹综合法的影响因素

A. 325号普通硅酸盐水泥；

B. 水泥用量300kg/m^3；

C. 粗骨料为石英质河卵石，最大骨料粒径为30mm；

D. 粒径为0~1.0mm细骨料的含量为12%；

E. 不掺外加剂；

F. 试块尺寸为边长20cm立方体，采用标准养护；

G. 混凝土的成熟度为1000度·天。

为了得到不同的混凝土强度，用改变水灰比的办法把混凝土试块的强度从低到高拉开。用这样的混凝土建立的测强曲线规定其因素为1，其余均为非标准混凝土。当改变其混凝土原材料种类或配合比时则应建立相应的修正系数。每改变一个因素就要建立一个相应的修正系数，修正系数 C_0 用下式计算：

$$C_0 = f_{标} / f_{非} \tag{2-30}$$

式中 $f_{标}$——标准混凝土强度；

$f_{非}$——非标准混凝土强度。

在罗马尼亚超声回弹综合法测强中共建立了五个修正系数即：

A. 水泥品种修正系数 C_1；

B. 水泥用量修正系数 C_2；

C. 粗骨料种类修正系数 C_3；

D. 最大骨料粒径修正系数 C_4；

E. 0~1.00mm细骨料的比例修正系数 C_5 等。

当采用标准曲线确定非标准混凝土强度时，则用下式计算：

$$f_{非} = f_{标} \cdot C_0 \tag{2-31}$$

式中 $C_0 = C_1 \cdot C_2 \cdot C_3 \cdot C_4 \cdot C_5$

(2) 最佳配合比（或常用配合比）法

采用最佳配合比，配制不同强度等级的混凝土试块，然后在不同龄期进行测试，以建立测强曲线，这样建立的曲线针对性强精度比较高，但曲线的数量多，这是我国应用较多的一种形式。

2.2.3.3 地区（或专用）测强曲线

(1) 选择合适的测试仪器

在综合法检测混凝土强度的试验中，常用的仪器是超声仪和回弹仪，这些仪器的各项性能必须符合有关规范的要求（回弹仪技术性能要求详见本章第 2.2.2 节，超声仪技术性能要求详见本章第 2.3.1 节。

(2) 试块的制作和养护

可采用 2.2.1.1.（2）.2）有关试块制作与养护的内容进行。

(3) 试块的测试

到达测试龄期的试块，清除测试面上的粘杂物后，进行超声和回弹测试。

A. 声时值的测量及声速计算

在试块上测量声时，应取试块的一对侧面为测试面。为了保证换能器与测试面间有良好的声耦合，测量时采用对测法，在一个相对测试面上测量三点或五点，这样就可反应了试块在浇注方向上的上、中、下的质量情况。为了避免不同测距对测试结果的影响，发射和接收换能器应在同一轴线上，超声测点布置见图 2-8。

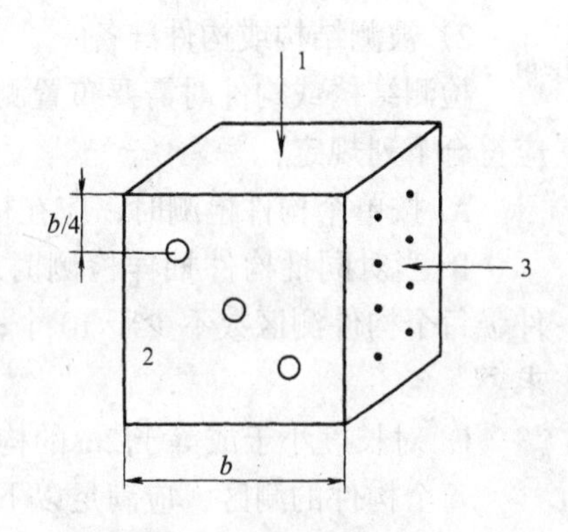

图 2-8 试块测点布置示意图
1—浇注方向； 2—超声测试方向；
3—回弹测试及抗压方向

测试后得到的每一块试声时值 t_1、t_2、t_3 取平均值，保留小数后一位数字，然后除以声通路的距离 l（即试块两测试面间的距离)，即可得到声速值，并保留小数后二位数字。

$$v = \frac{l}{(t_1 + t_2 + t_3)/3}(\text{km/s}) \qquad (2-32)$$

B. 回弹值的测量及计算

回弹值的测量应选用未进行超声测量的一对侧面，将测过超声值的侧面的油污擦净，放置于压力机的上、下承压板之间，根据试块的强度大小，预压 30～50kN，并在以上压力下，在每个试块的对应测试面上各弹击 8 次，二个测试面共测得 16 个回弹值，回弹测试时要求回弹仪的轴线应与试块侧面保持垂直。测点宜在测区范围内均匀分布，并不应弹击在气孔或外露石子上，同一测点只允许弹击一次，相邻两测点的间距一般不小于 30mm，测点离试块边缘的距离不小于 30mm。

将 16 个回弹值中的三个最大值和三个最小值剔除，余下的 10 个回弹值取平均值，作为试块的回弹值 R，保留小数点后一位数字。

C. 抗压强度试验

回弹测试完毕后，卸荷载，将试块测回弹值面放置在压力机平板间加压，以每秒 6 ± 4kN 的速度连续均匀进行，直至试块破坏为止，计算抗压强度 f_{cu}，精确至 0.1MPa。

(4) 测强曲线的建立

当所有检测龄期的试块全部测试完成后，即每个试块都可得到三个数据：回弹值 R、声速值 v 和抗压强度值 f_{cu}。然后按 2.2.1.1.（2）.4）有关内容，选择适合的曲线进行回归分析，据国内许多单位的计算证明，其中幂函数方程是一种比较理想的方程式。

曲线的应用也应按照 2.2.1.1.（2）的有关要求，特别注意一般不能外推，以保证测试结果的准确性。

2.2.3.4　检测混凝土强度

综合法检测混凝土强度，实质上就是超声法和回弹法两种单一测强方法的综合测试。

（1）检测准备

1）资料准备

需进行综合法测试的结构或构件，在检测前，应按 2.2.1.2.1）要求收集必要的工程资料。

2）被测结构或构件准备

检测结构或构件时需要布置测区，测区是进行超声、回弹测试的测量单元。测区布置应符合下列规定：

A. 按单个构件检测时，应在构件上均匀布置测区，且不少于 10 个；

B. 当对同批构件抽样检测时，构件抽样数应不少于同批构件的 30%，且不少于 10 件，每个构件测区数不少于 10 个；同批抽检构件应符合本章第 2.2.1.2（2）.2）节的要求。

C. 对长度小于或等于 2m 的构件，其测区数量可适当减少，但不应少于 3 个。

每个构件的测区，应满足以下要求：

A. 测区的布置应在构件混凝土浇灌方向的侧面；

B. 测区应均匀分布，相邻两测区的间距不宜大于 2m；

C. 测区宜避开钢筋密集区和预埋铁件；

D. 测区尺寸为 200mm×200mm；相对应的两个 200mm×200m 方块应视为一个测区；

E. 测试面应清洁、平整、干燥，不应有接缝、饰面层、浮浆和油垢，并避开蜂窝、麻面部位，必要时可用砂轮片清除杂物和磨平不平整处，并擦净残留粉尘，见图 2-9。

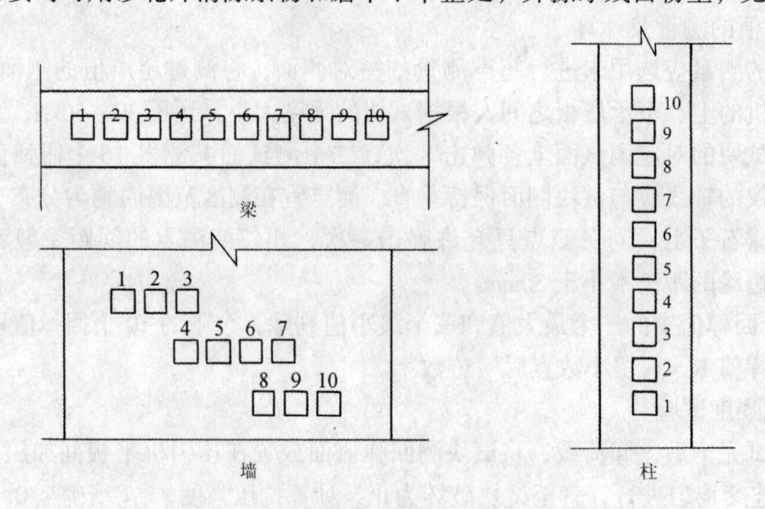

图 2-9　梁、柱、墙测区布置示意

结构和构件上的测区应注明编号，并记录测区所处的位置和外观质量情况。每一测区宜先进行回弹测试，然后进行超声测试。对于非同一测区的回弹值及超声声速值，在计算混凝土强度换算值时不得混用。

(2) 测试过程

1) 回弹值的测量与计算

回弹值的测量与计算方法同回弹法（参见本章第 2.2.2 节）。

2) 超声声速值的测量与计算

①超声声时值的测量

超声仪必须是符合技术要求并具有质量检查合格证。超声测点应布置在回弹测试的同一次测区内。应保证换能器与混凝土耦合良好，且发射和接收换能器的轴线应在同一直线上。每个测区内的相对测试面上，应布置三个测点，见图 2－10 所示。

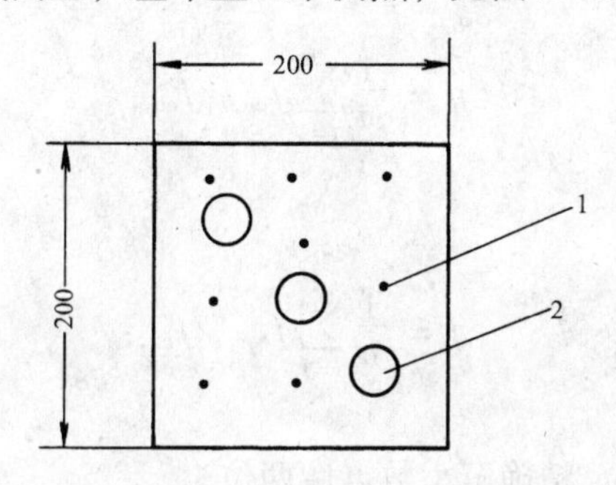

图 2－10　测区测点分布

1—回弹测点；2—超声测点

②声速值的计算

声速值按下式计算：

$$v_i = l / t_{mi} \tag{2-33}$$

$$t_{mi} = (t_1 + t_2 + t_3)/3 \tag{2-34}$$

式中 v_i——测区声速值（km/s）

l——超声测距（mm）；

t_{mi}——第 i 个测区平均声时值 μs；

t_1、t_2、t_3——测区中三个测点的声时值。

当在混凝土浇筑的顶面与底面测试时，由于上表面砂浆较多强度偏低，底面粗骨料较多强度偏高，综合起来与成型侧面是有区别的，另浇筑表面不平整，也会使声速偏低，所以进行上表面与底面测试时声速应进行修正：

$$v_{\alpha} = 1.034 v_i \tag{2-35}$$

式中　v_{α}——修正后的测区声速值（km/s）。

2.2.3.5　结构或构件混凝土强度的推定

用综合法检测结构或构件混凝土强度时，应在结构或构件上所布置的测区内分别进行超声和回弹测试，用所获得的超声声速值和回弹值等参数，按已确定的综合法相关曲线，进行测区强度计算，然后按测强曲线公式计算出构件混凝土强度。

当结构所用材料与制定相关曲线所用材料有较大差异时，须用同条件试块或从结构构件测区中钻取的混凝土芯样进行修正，试样数量应不少于3个。此时，测区混凝土强度应乘以修正系数，修正系数按下式计算：

A. 有同条件试块时：

$$\eta = \frac{1}{n}\sum_{i=1}^{n} f_{cu,i}/f_{cu,i}^{c} \tag{2-36}$$

B. 有混凝土芯样时：

$$\eta = \frac{1}{n}\sum_{i=1}^{n} f_{cor,i}/f_{cu,i}^{c} \tag{2-37}$$

式中　η——修正系数，精确至小数点后两位；

$f_{cu,i}^{c}$——第 i 个混凝土试块抗压强度 MPa，精确至0.1MPa；

$f_{cu,i}$——对应于第 i 个试块按综合法计算的混凝土强度值 MPa，精确至0.1MPa；

$f_{cor,i}$——第 i 个混凝土芯样抗压强度 MPa，精确至0.1MPa；

n——试件数量。

(1) 单个构件混凝土强度的推定

在施工中，常常发生只有几个构件混凝土强度未达到设计要求，为了解每个构件的混凝土强度，此种情况属于单个构件检测，检测时需在每个构件上布置10个测区，分别用超声、回弹检测，最后计算每个测区强度值。单个构件的混凝土强度推定值 $f_{cu,e}$ 取该构件各测区中最小值作为该构件的混凝土强度推定值。

如采用卵石、中砂配制的混凝土强度等级为C20的B10柱，柱断面为300mm×300mm。用综合法对该柱进行检测后（回弹测试角度为0°；测试面为侧面）。计算实例如表2-10所示。第7测区的强度最小，则B10柱推定强度为17.8MPa。

NO：B10　　　　**表2-10**

1、4.86，33.2，24.7 2、4.70，33.5，24.1 3、4.60，31.6，20.9 4、4.48，32.3，21.2 5、4.34，32.7，20.8	6、5.04，30.1，21.3 7、4.44，29.8，17.8 8、4.17，32，1，19.1 9、4.18，33.8，21.2 10、4.35，31.1，18.9	J.D = 0 L = 300 $n = 10$ $f_m = 21.0$	$C.S.M = 0$ $W = 1$ $S_n = 2.1$ $f_{min} = 17.8$	$f_{cu,e} = f_{cu,min}$ $= 17.8$

(2) 批量构件混凝土强度的推定

有时也会出现，由于施工管理方面的原因，致使一大批构件或某工程某层结构混凝土强度都未达到设计强度等级情况，构件数量多，如果确定是属于四同（混凝土强度等级相同；混凝土原材料配合比、成型工艺、养护条件为基本相同；构件各类相同；在施工阶段所处状态相同）的同批构件，根据《超声回弹综合法检测混凝土强度技术规程》（CECS02：88），则可按批进行抽样检测，构件抽样数应不少于构件总数的 30%，且不少于 10 件，每个构件测区不少于 10 个。批构件的混凝土强度推定值 $f_{cu,e}$ 计算方法同回弹检测法。当同批测区混凝土强度换算值标准差 $s_{f^c_{cu}}$ 较大时，批构件的混凝土强度推定值也可按下式计算：

$$f_{cu,e} = \frac{1}{m}\sum_{j=1}^{m} f^{c}_{cu,min,j} \tag{2-38}$$

式中 $f^{c}_{cu,min,j}$——第 j 个构件中的最小测区混凝土强度换算值，MPa。

综合法测试原始记录表 **表 2-11**

建设单位名称： 工程名称： 第 页共 页

<table>
<tr><td colspan="2">项目
编号</td><td colspan="17">回 弹 值 R</td><td rowspan="2">修正后回弹值（R_n）</td><td colspan="4">超声声时值</td><td rowspan="2">测距（mm）</td><td rowspan="2">声速 v（km/s）</td><td rowspan="2">修正后声速值 v（km/s）</td><td rowspan="2">换算强度 f^c_{cu}（MPa）</td><td rowspan="2">修正系数（η）</td><td rowspan="2">备注</td></tr>
<tr><td>构件</td><td>测区</td><td>1</td><td>2</td><td>3</td><td>4</td><td>5</td><td>6</td><td>7</td><td>8</td><td>9</td><td>10</td><td>11</td><td>12</td><td>13</td><td>14</td><td>15</td><td>16</td><td>R_m</td><td>1</td><td>2</td><td>3</td><td>t_m</td></tr>
<tr><td></td><td>1</td><td></td><td></td><td></td><td></td><td></td><td></td><td></td><td></td><td></td><td></td><td></td><td></td><td></td><td></td><td></td><td></td><td></td><td></td><td></td><td></td><td></td><td></td><td></td><td></td><td></td><td></td><td></td><td></td></tr>
<tr><td></td><td>2</td><td></td><td></td><td></td><td></td><td></td><td></td><td></td><td></td><td></td><td></td><td></td><td></td><td></td><td></td><td></td><td></td><td></td><td></td><td></td><td></td><td></td><td></td><td></td><td></td><td></td><td></td><td></td><td></td></tr>
<tr><td></td><td>3</td><td></td><td></td><td></td><td></td><td></td><td></td><td></td><td></td><td></td><td></td><td></td><td></td><td></td><td></td><td></td><td></td><td></td><td></td><td></td><td></td><td></td><td></td><td></td><td></td><td></td><td></td><td></td><td></td></tr>
<tr><td></td><td>4</td><td></td><td></td><td></td><td></td><td></td><td></td><td></td><td></td><td></td><td></td><td></td><td></td><td></td><td></td><td></td><td></td><td></td><td></td><td></td><td></td><td></td><td></td><td></td><td></td><td></td><td></td><td></td><td></td></tr>
<tr><td></td><td>5</td><td></td><td></td><td></td><td></td><td></td><td></td><td></td><td></td><td></td><td></td><td></td><td></td><td></td><td></td><td></td><td></td><td></td><td></td><td></td><td></td><td></td><td></td><td></td><td></td><td></td><td></td><td></td><td></td></tr>
<tr><td></td><td>6</td><td></td><td></td><td></td><td></td><td></td><td></td><td></td><td></td><td></td><td></td><td></td><td></td><td></td><td></td><td></td><td></td><td></td><td></td><td></td><td></td><td></td><td></td><td></td><td></td><td></td><td></td><td></td><td></td></tr>
<tr><td></td><td>7</td><td></td><td></td><td></td><td></td><td></td><td></td><td></td><td></td><td></td><td></td><td></td><td></td><td></td><td></td><td></td><td></td><td></td><td></td><td></td><td></td><td></td><td></td><td></td><td></td><td></td><td></td><td></td><td></td></tr>
<tr><td></td><td>8</td><td></td><td></td><td></td><td></td><td></td><td></td><td></td><td></td><td></td><td></td><td></td><td></td><td></td><td></td><td></td><td></td><td></td><td></td><td></td><td></td><td></td><td></td><td></td><td></td><td></td><td></td><td></td><td></td></tr>
<tr><td></td><td>9</td><td></td><td></td><td></td><td></td><td></td><td></td><td></td><td></td><td></td><td></td><td></td><td></td><td></td><td></td><td></td><td></td><td></td><td></td><td></td><td></td><td></td><td></td><td></td><td></td><td></td><td></td><td></td><td></td></tr>
<tr><td></td><td>10</td><td></td><td></td><td></td><td></td><td></td><td></td><td></td><td></td><td></td><td></td><td></td><td></td><td></td><td></td><td></td><td></td><td></td><td></td><td></td><td></td><td></td><td></td><td></td><td></td><td></td><td></td><td></td><td></td></tr>
<tr><td colspan="2">测试面状态</td><td colspan="10">侧面、上表面
风干、潮湿</td><td colspan="4">回弹仪型号</td><td colspan="3">测试前率定值</td><td>测试方法</td><td colspan="4">对测
平测
水中</td><td colspan="2">换能器型号</td><td colspan="2"></td><td rowspan="2">仪器零读数（μs）</td><td rowspan="2"></td></tr>
<tr><td colspan="2">测试角度</td><td colspan="4">水平、
向上、
向上</td><td colspan="3">模板类型</td><td colspan="3">钢模
木模</td><td colspan="4">回弹仪编号</td><td colspan="3">测试后率定值</td><td>超声仪型号</td><td colspan="4"></td><td colspan="2">换能器频率</td><td colspan="2"></td></tr>
</table>

测试： 记录： 计算： 复核： 测试日期： 年 月 日

结构或构件混凝土强度计算汇总表　　表 2-12

建设单位名称：　　工程名称：　　第　页共　页

项目 f^c_{cu} 构件编号	测区换算强度 f^c_{cu} (MPa)												备注
	1	2	3	4	5	6	7	8	9	10	…n	$f^c_{cu,min}$	
强度平均值 mf_{cu} (MPa)		标准差 sf^c_{cu} (MPa)		强度最小平均值 $mf^c_{cu,min}$ (MPa)				批推定强度 $f_{cu,e}$ (MPa)					

测试：　　记录：　　计算：　　复核：　　测试日期：　　年　月　日

附录　常用仪器与设备

回弹仪主要技术参数　　附表 2-1

项目	型号		
	HT225	HT75	HT25
冲击动能 (J)	2.207	0.735	0.28
弹击拉簧刚度 ($N \cdot cm^{-1}$)	7.85	2.65	0.98
冲击锤重量 (g)	370	140	100
弹击杆前端球径 (mm)	50	50	50
冲击锤和杆的冲击面硬度	HRC59~63	HRC59~63	HRC59~63
指针系统最大静摩擦力 (N)	0.59	0.59	0.59
外形尺寸 (mm)	ϕ60×280	ϕ60×270	ϕ60×300
重量 (kg)	≈1	≈0.7	≈0.7
主要用途	混凝土板、梁、柱、衍架等	粘土砖、轻混凝土、低强混凝土等	砖缝砂浆

HT225W（MTC850）型回弹仪　　附表 2-2

部件名称	项　目	指　标
回弹仪部分	冲击动能（J）	2.207
	弹击锤下落距离（mm）	75.7
	弹击锤重量（g）	370
	弹击杆和弹击锤的冲击面硬度	HRC60～62
	指针摩擦力（N）	0.49～0.78
	钢砧上的标定值	80±2 以内
微控仪部分	使用温度（℃）	0～50
	使用湿度（1%）	20～80
	充电电压 220V 一次充电可连续使用的次数	11700 次
	热感式打印机印字寿命	5×10^5 行
	数字显示精度	R 在 0.5 以内
	自动显示记录功能	应与打印结果相符合

注：配有微电脑，可把弹击次数、回弹值、修正值、弹击角度、回弹平均值、异常值剔除、推算混凝土强度等自动记录和显示出来。

瑞士回弹仪系列型号　　附表 2-3

型号	冲击能量（J）	弹击方式	适用范围
N	2.207	直射式	一般混凝土构件
NR	2.207	直射式	同 N 型，示值自动记录
L	0.735	直射式	小型及刚度较低的混凝土与胶凝材料制品
LR	0.735	直射式	同 L 型，示值自动记录
LB	0.735	直射式	烧土制品和陶管的连续性质量控制
M	30	直射式	大体积、飞机跑道和路面混凝土
P	0.9	摆式	轻质材料、砂浆、饰面及 5～25MPa 的混凝土
PT	0.9	摆式	0.5～5MPa 低强度胶凝制品

日本 N 型回弹仪　　附表 2-4

型号	功　能
ND-740	回弹值最小读数 0.10 度，数显式
ND-750	同 ND-740 型，能对回弹值进行记录和处理
MTC-850	能自动记录和按程序处理回弹值及其平均值、回弹修正值、打击角度及指示强度
WS-200N	数显式、能将水平和角度测试的回弹值进行记录和打印、测试和记录部分分开，信息由无线电传输

国产数字式非金属超声仪 附表 2－5

序号	型号	主要技术特点	体积(mm³),重量(kg)	厂 家
1	SCY－2	数码显示，双线示波，游标手动读数，接收机、发射机分体	接收机：375×360×160，9.5 发射机：310×235×130，6.5	湘潭市无线电厂
2	DS－1	数码显示，波形显示，游标手动读数	100×280×280，5	湘潭市无线电厂
3	SC－2	数码显示，波形显示，游标手动读数，自动整形读数	365×320×130，10	天津建筑仪器厂
4	HCS－4	数码显示，波形显示，游标手动读数，交、直流电源两用	350×440×145，10	天津建筑仪器厂研究所
5	CTS－25	数码显示，波形显示，游标手动读数，自动整形读数	352×388×172，10	汕头超声电子仪器厂
6	CHZ－1A	数码显示，波形显示，游标手动读数，自动整形读数	10kg	北京房山交道乡超声仪器厂
7	CYC－4	数码显示，电源 DC9V，加计算机后改型为 CYC－5A	250×250×100，5	地质技术方法研究所
8	HQY－901	数码显示	250×220×80	北京市计量科研所
9	HTY－B	数码显示，手动判读		扬州广陵专用超声设备
10	JC－2	数码显示，整形自动读数		北京无线电三厂

注：以上所列超声仪为多种型号的晶体管、集成电路混合的超声仪，代表了我国 20 世纪 70～80 年代非金属超声仪的发展水平，其中以 SYC－2 和 CTS－25 型的市场占有量为最大。

这些仪器基本上都可以显示波形，并用游标手动判读声时参量，一般由数码管数字显示。少数便携式超声仪，体积小、重量轻（如 JC－2 型），但无波形显示设备，只能进行声时参量的测量，测量方法为整形自动读数，即将接收信号整形为方波，微分成尖脉冲后使计数器自动关门，这种整形关门需要一定的关门电平，因此要求接收信号首波有足够高的幅度，否则首波不能关门，而是后续波关门，造成“丢波”；而当噪声电平过大时又可能造成“误判”。因此，在长距离弱信号测量时，可能出现判读错误。

以上仪器均为模拟式超声仪，不具有对接收信号数字自动采集功能，需人工记录数据，然后进行后期的数据分析处理，在 20 世纪 80 年代后期，一些超声仪配有微处理器、机内预置程序，可以对测量数据作一定的自动分析处理，如 CHZ－1A、HQY－901、HTY－B 型。

国产智能式非金属超声仪

附表 2-6

序号	型号	主要技术特点	体积(mm³),重量(kg)	厂 家
1	CTS-35	带有微处理器，模拟波形显示，波形样品步进采样，可与PC-1500计算机连接，对测试数据进行处理	320×160×450，10	汕头超声仪器研究所
2	CTS-45	Z80CPU，STD控制总线自动检测，数字波形显示，强度测试分析软件	372×183×310，10	北京市市政工程研究院、汕头超声电子仪器公司
3	2000A	数码、波形显示，带有单片微处理器，游标手动读数	360×300×160，7.5	煤炭科学研究院
4	XY-A			扬州专用超声设备厂
5	NM系列	以PC/AT386以上计算机为核心，具有数字采集、声参数自动检测、数据分析与处理、结果存贮与输出等功能，其中，NM-2B型对NM-2A型的电路、结构、软件及工艺作全面优化，NM-3A型采用笔记本式计算机，进一步提高了功能和小型化	400×470×245，15	北京市市政工程研究院

注：20世纪80年代末至90年代初，非金属超声检测仪由数字式向智能式发展，初期产品一般采用单片微处理器作为控制和处理单元，具有一定的数据处理功能，但由于受数据采集与传输速度、存贮容量以及编程语言等方面的限制，无法实时动态地显示波形，难以承担需要大容量处理单元和高速运算能力支持的信息处理工作。近年来，由北京市市政工程研究院研制和生产的NM系列仪器以386以上计算机为核心，解决了初期智能型产品存在的问题，NM-3A型超声仪在当前国内外智能型非金属超声仪器中具有领先水平。

国外非金属超声检测仪

附表 2-7

序号	型号	数字式/智能式	主要技术特点	体积(mm³),重量(kg)	厂商
1	PUNDIT	数字式	数码显示，整形自动判读，外接示波器	185×130×185，3	英国C.N.S
2	V-meter	数字式	仿PUNDIT，交、直流两用电源，液晶显示器显示波形，数据可输入，计算机R-232端口	190×100×220，2.7	美国JAMES

续表

序号	型号	数字式/智能式	主要技术特点	体积(mm^3),重量(kg)	厂商
3	58－E46/C	数字式	数码显示，外接示波器，带RS232接口，12V可充电电池	仪器箱500×500×350，30 电缆箱600×600×500，30	意大利CONTROLS
4	TCP3	智能式	信号数字采集与处理,液晶显示,内装打印机,交、直流两用电源,带有二个升降测桩探头的滑轮装置及深度显示,用于超声波跨孔法桩基完整性测试	440×170×310，7	芬兰 FUGRO

注：1971年英国首先发明了便携式数字声速测定装置PUNDIT，发展至今，基本原理没有大的变化，声时测量仍采用整形自动判读、数码显示。若需要看波形时外接示波器，增加了测量数据与计算机的传输接口。
美国JAMES的V－meter超声仪系仿制英国的PUNDIT，58－E46和TCP3主要是用于超声跨孔法测桩基完整性。

2.2.4 拔出法检测技术

2.2.4.1 试验原理

拔出法是一种半破损检测方法，其试验是把一个用金属制作的锚固件预埋入未硬化的混凝土浇筑构件内，或在已硬化的混凝土构件上钻孔埋入一个锚固件，然后根据测试锚固件被拔出时的拉力，来确定混凝土的拔出强度，并据以推算混凝土的立方抗压强度。在浇筑时预埋锚固件的方法叫预埋法（又称LOK试验），混凝土硬化后再埋入锚固件的方法叫后装法（又称CAPO试验）。一般来说，采用预埋法时，锚固件与混凝土的粘结较好，拉拔时着力点较稳定，试验结果也较好，但采用预埋法必须预先有进行拔出法测定的打算。例如，为了解确定混凝土的拆模时间、停止养护时间及施加后张法预应力的时间，均可采用预埋法，预先按计划布置测点和预埋锚固件。在现场检测混凝土的强度时，如果试块强度不足，或对质量有怀疑，则只能采用后装法埋入锚固件。

由于对拉拔时混凝土中的应力状态尚无定论，要建立拉拔强度与混凝土抗压强度之间的稳定关系是困难的。目前还只能用拉拔强度作为衡量混凝土质量的相对指标。当用拔出法推定混凝土抗压强度时，则必须建立混凝土标准抗压强度与拉拔强度之间的经验关系。

国内外建立技术标准组织及试验标准见表2－13。

表2－13

序号	技术标准组织	试验标准
1	国际标准化组织	ISO/DIS8046“硬化混凝土—拔出强度的测定”
2	美国材料试验学会	ASTMC－900－82“硬化混凝土拔出强度标准试验方法”
3	前苏联国家标准	ГOCT21234－75“拔出法试验混凝土强度”

续表

序号	技术标准组织	试验标准
4	丹麦标准化局	DS423.31“硬化混凝土，拔出试验”
5	瑞典标准化委员会	SS137238“硬化混凝土，拔出试验”
6	挪威标准化局	NS3679“混凝土试验—硬化混凝土—拔出试验”
7	中华人民共和国铁道部	TB/T2298.1－91“混凝土强度预埋拔出试验”
8	中华人民共和国铁道部	TB/T2298.2－91“混凝土强度后装拔出试验”
9	中国工程建设标准化协会	CECS69：94“后装拔出法检测混凝土强度技术规程”

2.2.4.2　后装拔出法的试验装置

试验装置由钻孔机、磨槽机、锚固件及拔出仪等组成。

钻孔机与磨槽机用以在混凝土上钻孔，并在孔壁上磨出凹槽，以便安装胀簧和胀杆（图2－11、图2－12）。钻孔机可采用金刚石薄壁空心钻或冲击电锤，并应带有控制垂直度及深度的装置及水冷却装置；磨槽机可采用电钻配以金刚石磨头、定位圆盘及水冷装置组成。

锚固件及反力支承见图2－11，图2－12。

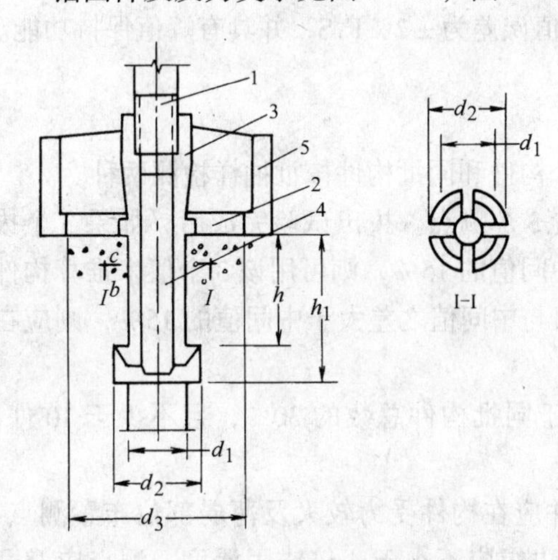

图2－11　圆环式拔出试验装置示意图

1—拉杆；2—对中圆盘；3—胀簧；4—胀杆；5—反力支承

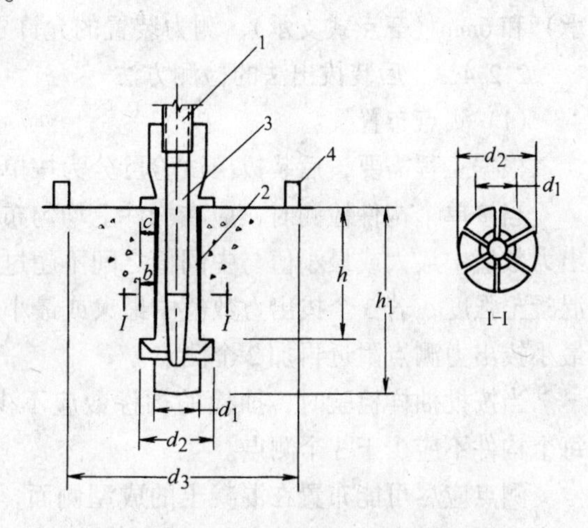

图2－12　三点式拔出试验装置示意图

1—拉杆；2—胀簧；3—胀杆；4—反力支承

拔出试验的反力装置可采用圆环或三点式两种。圆环式适用于粗骨料最大粒径不大于40mm的混凝土，三点式支承则适用于粗骨料最大粒径不大于60mm的混凝土。

圆环式反力支承的内径 $d_3=55$mm，锚固件的锚固深度 $h=(25\pm0.8)$mm，钻孔直径 $d_1=(18^{+0.1}_{+1.0})$mm。三点式反力支承的内径 $d_3=120$mm，锚固件的锚固深度 $h=(35\pm0.8)$mm，钻孔直径 $d_1=22$mm。

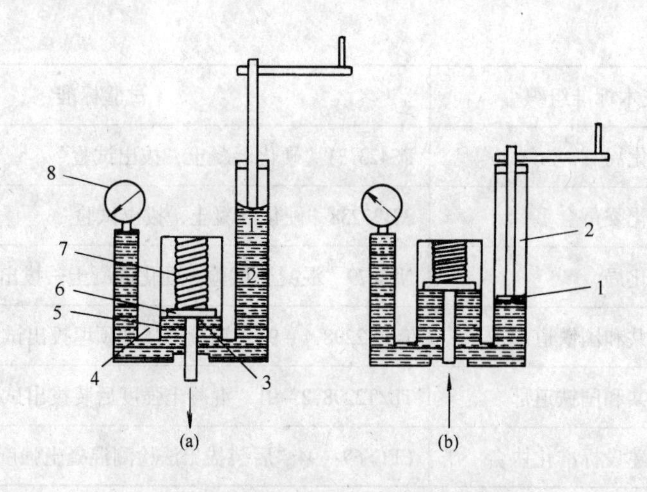

图 2-13　手动油压加荷装置示意图

(a) 原始状态；(b) 加荷状态

1—活塞；2—泵；3、4—油管；5—工作油缸；6—工作活塞；

7—复位弹簧；8—压力表

锚固件由胀簧和胀杆组成，胀簧锚固台阶宽度 $b=3.5$mm。

拔出仪由加荷装置、测力装置及反力支承三部分组成。加荷装置常采用液压式（图 2-13），其额定拔出力应大于测试范围内的最大拔出力，工作行程应大于 4mm（圆环式支承）和 6mm（三点式支承），测力装置的允许示值误差为 ±2%F.S，并具有峰值保持功能。

2.2.4.3　后装拔出法的检测方法

(1) 测点布置

根据工程需要，后装拔出试验可分为按单个构件和同批构件按批抽样检测两种。

当按单个构件检测时，应在构件上均匀布置 3 个测点。拔出试验完成后，如果 3 个拔出力数值中最大或最小值与中间值之间不超过中间值的 15%，则可用该 3 个值来推算构件混凝土强度；若 3 个拔出力数值中最大或最小值与中间值之差大于中间值的 15%，则应在最小拔出力测点附近再加 2 个测点。

当按批抽样检验时，抽检的构件数应不少于同批构件总数的 30%，且不少于 10 件，每个构件不应少于 3 个测点。

测点应尽可能布置在混凝土的成型侧面，并应在构件受力较大及薄弱部位布置测点，两测点间距应大于 10 倍锚固深度，测点距构件边缘应不小于 4 倍锚固深度，测点应避开表面缺陷及钢筋和预埋件，反力支承面应平整、清洁，无浮浆与饰面。

(2) 钻孔、磨槽与拔出操作

钻孔与混凝土表面应相互垂直，垂直度偏差不大于 3°。环形槽是拉拔时的主要着力点，应力求槽面平整，槽深约为 3.6～4.5mm。将孔清理干净后把胀簧塞入孔中，通过胀杆使胀簧锚固台阶嵌入环形槽内，然后安装拔出仪。

用拔出仪按 0.5～1.0kN/s 的速度施加拉力，直至破坏，记录拔出力，精确至 0.1kN。

检测完毕后，应对局部破损区用高于构件混凝土强度的细石混凝土或砂浆修补。

2.2.4.4　测强曲线的建立

为了根据拔出力推定混凝土的立方体抗压强度换算值，必须首先建立可靠的拔出力（F）与立方体抗压强度之间的关系曲线。通常，该曲线的建立有三种方法：

（1）采用同条件立方体试件的抗压强度与相应的试件上的拔出力建立曲线；

（2）在构件拔出测点部位钻取芯样，以芯样抗压强度与拔出力建立曲线；

（3）在立方体试块（边长可根据拔出试验的需要和压力机容易确定）上做拔出试验，然后对损伤部位进行修补后做抗压试验，抗压值应考虑损伤及试件尺寸的因素进行修正，再与拔出力建立曲线。

CECS69：94规程采用同条件试块法确定混凝土强度。试块的强度等级不少于6个，拔出试验的最低强度应≥C10。因此，建议采用C10～C60级范围（如工程需要可增加强度等级）。每个强度等级应不少于6组数据，以便进行回归处理。进行回归处理时，可用各种适当的方程拟合，择其相关性较好者，为了使用方便，应优先选用线性方程。

2.2.4.5　混凝土强度换算与推定

（1）强度的换算

混凝土强度应根据事先建立的测强曲线公式换算，通常曲线公式为如下线性方程：

$$f_{cu}^{c} = A \cdot F + B \tag{2-39}$$

式中　f_{cu}^{c}——混凝土强度的换算值（MPa），精确至0.1MPa；

F——拔出力（kN），精确至0.1kN；

A、B——回归系数。

当预先建立的曲线与被检工程的混凝土材料有较大差异时，应用被检工程的混凝土芯样进行校验和修正，一般应取3个以上的芯样，并在每个钻芯孔附近取3个拔出力数据，取平均值，并按下式求得修正系数：

$$\eta = \frac{1}{n}\sum_{i=1}^{n}(f_{cor,i}/f_{cu,i}^{c}) \tag{2-40}$$

式中　η——修正系数，精确至0.01；

$f_{cor,i}$——第i个芯样试件的抗压值，精确至0.1MPa；

$f_{cu,i}^{c}$——对应于第i个芯样的3个拔出力的平均值的混凝土强度换算值（MPa），精确至0.1MPa；

n——芯样数。

（2）构件混凝土强度的推定

1）单个构件的检测

单个构件进行检测时，取3个测点换算强度的最小值作为该构件混凝土的推定强度。若3个测点值较离散，即最大或最小值与中间值之差超过中间值的15%，则应加测两个测点，并将这两个加测点的拔出力与最小拔出力一起取平均值，再与前次的拔出力中间值比较，取较小值作为该构件出力计算值，并将其换算强度作为该构件混凝土强度推定值。

2）批抽检构件的强度推定

将所有测定的拔出力代入（2-39）式，求得各点的换算强度（若需修正，则乘以 η），然后按（2-41）、（2-42）式计算该批构件的强度推定值 $f_{cu,e1}$ 和批中每个构件混凝土强度换算值中最小值的平均值 $f_{cu,e2}=mf^{c}_{cu,min}$，然后计算 $f_{cu,e1}$，并与 $f_{cu,e2}=mf^{c}_{cu,min}$ 比较，选择其中较大值作为该批构件的最终强度推定值。

$$f_{cu,e1} = mf^{c}_{cu} - 1.645 {}^{S}f^{c}_{cu} \tag{2-41}$$

$$f_{cu,e2} = mf^{c}_{cu,min} = \frac{1}{m}\sum_{j=1}^{m} f^{c}_{cu,min,j} \tag{2-42}$$

式中　mf^{c}_{cu}——批抽检构件混凝土强度换算值的平均值（MPa），精确至 0.1MPa，按下式计算：

$$mf^{c}_{cu} = \frac{1}{n}\sum_{i=1}^{n} f^{c}_{cu,i} \tag{2-43}$$

式中　$f^{c}_{cu,i}$——第 i 个测点混凝土强度换算值（MPa）；

${}^{S}f^{c}_{cu}$——批抽检构件混凝土强度换算值的标准差（MPa），精确至 0.1MPa，按下列计算：

$${}^{S}f^{c}_{cu}\sqrt{\frac{\sum_{i=1}^{n}(f^{c}_{cu,i})^2 - n(mf^{c}_{cu})^2}{n-1}} \tag{2-44}$$

式中　$mf^{c}_{cu,min}$——批抽检每个构件混凝土强度换算值中最小值的平均值（MPa），精确至 0.1MPa；

$f^{c}_{cu,min,j}$——第 j 构件混凝土强度换算值中的最小值（MPa），精确至 0.1MPa；

n——批抽检构件的测点总数；m 为批抽检的构件数。

规程还规定，若批抽检构件混凝土强度换算值的平均值小于或等于 25MP，而 ${}^{S}f^{c}_{cu}>4.5$MPa，或平均值大于 25MPa，而 $Sf^{c}_{cu}>5.5$MPa 时，该批构件混凝土强度均匀性太差，不宜按批抽检下结论，而应改为逐个构件按单个构件检测和推定。

2.2.5　钻芯法检测混凝土强度

2.2.5.1　钻芯法应用范围及特点

钻芯法是利用专用钻机，从结构混凝土中钻取芯样以检测混凝土强度或观察混凝土内部质量的方法。由于他对结构混凝土造成局部损伤，因此是一种半破损的现场检测手段。

英国、美国、前民主德国、前联邦德国、比利时和澳大利亚等国分别制定有钻取混凝土芯样进行强度试验的标准。国际标准组织也提出了“硬化混凝土芯样的钻取检查及抗压试验”国际标准草案（ISO/DIS7034）。

中国工程建设标准化委员会已批准发行了《钻芯法检测混凝土强度技术规程》（CECS03：88），这一方法已在结构混凝土的质量检测中得到了普遍的应用，取得了明显的技术经济效益，达到了一个新的水平。

用钻芯法检测混凝土的强度、裂缝、接缝、分层、孔洞或离析等缺陷，具有直观、精度高等特点，因而广泛应用于工业与民用建筑、水工大坝、桥梁、公路、机场跑道等混凝土结构或构筑物的质量检测。

在正常生产情况下，混凝土结构应按“钢筋混凝土工程施工及验收规范”的要求，制作立方体标准养护试块进行混凝土强度的评定和验收。只有在下列情况下才可以进行钻取芯样检测其强度，并作为处理混凝土质量事故的主要技术依据。

(1) 对立方体试块的抗压强度产生怀疑。其一是试块强度很高，而结构混凝土的外观质量很差，其二是试块强度较低而结构外观质量较好或者是因为试块的形状、尺寸、养护等不符合要求，而影响了试验结果的准确性；

(2) 混凝土结构因水泥、砂石质量较差或因施工、养护不良发生了质量事故；

(3) 采用超声、回弹等非破损法检测混凝土强度时，其测试前提是混凝土的内外质量基本一致，否则会产生较大误差，因此在检测部位的表层与内部的质量有明显的差异，或者在使用期间遭受化学腐蚀、火灾，硬化期间遭受冻害的混凝土均可采用钻芯法检测其强度；

(4) 使用多年的老混凝土结构；如需加固改造或因工艺流程的改变荷载发生了变化需要了解某些部位的混凝土强度；

(5) 对施工有特殊要求的结构和构件，如机场跑道测厚等。

用钻取的芯样除可进行抗压强度试验外，也可进行抗劈强度、抗冻性、抗渗性、吸水性及容量的测定。此外，并可检查混凝土的内部缺陷，如裂缝深度、孔洞和疏松大小及混凝土中粗骨料的级配情况等。

试验表明，当混凝土的龄期过短或强度没有达到10MPa时，在钻芯法过程中容易破坏砂浆与粗骨料之间的粘结力，钻出的芯样表面变得较粗糙，甚至很难取出完整芯样，因此在钻芯前，应根据混凝土的配合比，龄期等情况对混凝土的强度予以预测，以保证钻芯工作的顺利进行和检测结果的准确性。

钻芯法检测混凝土质量除具有直观、可靠、精度高和应用广外，他也有一定的局限性：

(1) 钻芯时对结构造成局部损伤，因而对于钻芯位置的选择及钻芯数量等均受到一定限制，而且他所代表的区域也是有限的；

(2) 钻芯机及芯样加工配套机具与非破损测试仪器相比，比较笨重，移动不够方便，测试成本也较高；

(3) 钻芯后的孔洞需要修补，尤其当钻断钢筋时更增加了修补工作的困难。

2.2.5.2 钻芯机及配套设备

(1) 钻芯机

1) 钻芯机的分类

在混凝土结构的钻芯或工程施工钻孔中，由于混凝土的强度等级、孔径大小、钻孔位置以及操作环境等因素变化很大，因而设计一台通用钻机来满足钻孔工程中各种复杂的要求实际上是不可能的，因此国外设计生产了轻便型、轻型、重型和超重型四种类型的钻芯机，其主要技术参数见表2－14。

国外钻芯机类型及技术参数　　表2－14

序号	类型	钻孔直径（mm）	转速（r/min）	功率（kw）	机重（kg）	钻机高度（mm）
1	轻便型	12～75	600～2000	1.1	25	1040
2	轻型	25～200	300～900	2.2	89	1190
3	重型	200～450	250～500	4.0	120	1800
4	超重型	330～700	200	7.5	300	2400

国内外几种钻芯机的技术性能见表2－15。

2）钻芯机构造、维护和保养。

①钻芯机的组成部件见图2－14。

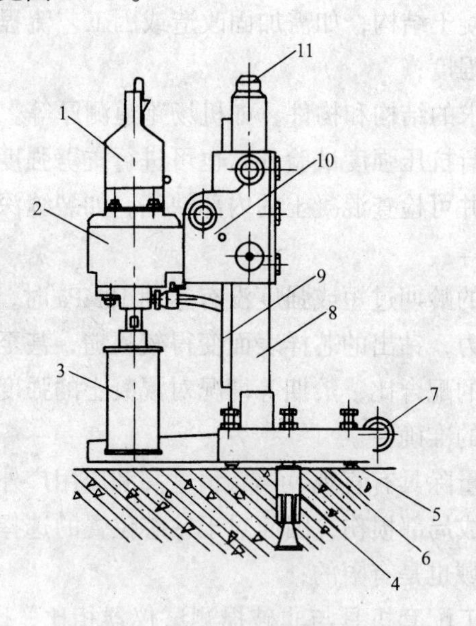

图2－14　混凝土钻孔取芯机示意图

1—电动机；2—变速箱；3—钻头；4—膨胀螺栓；5—支承螺丝；6—底座；7—行走轮；8—立柱；9—升降齿条；10—进钻手柄；11—堵盖

②钻芯机的维护和保养

A. 检查各联结部位，应及时调整紧固；

几种钻芯机主要技术指标 表2-15

序号	钻机型号	钻孔直径(mm)	最大行程(mm)	主轴转速(r/min)	电机		钻机尺寸(长×宽×高)(mm)	整机重量(kg)	固定方式
					电压(V)	功率(kW)			
1	GZ-1120	ϕ160	500	950/440	380	3	630×450×1800	85	支撑
2	HZQ-100	ϕ118	370	850	220	1.7	480×250×890	23	锚固螺栓
3	回HZ-160	ϕ160	400	500/1000	220	1.7	470×235×880	25	锚固螺栓
4	回ZJ-160A	ϕ160	400	900/450	220	2.2	300×260×1050	30	锚固螺栓
5	HZ-1	ϕ30	400	720	380	0.75			吸盘式(吸力1500kg)
6	HZK-200	ϕ200	350	900/450	220	2.2	1060	36	锚固螺栓
7	TXZ-83-1	ϕ200			柴油机	3			配重式
8	DZ-1	ϕ10	370	1000	220	1.6		31	支撑
9	HE-200	ϕ200	500	900/450	220	2.2		28	锚固螺栓
10	HZ-100	ϕ100	220	800	220	1.0		10	锚固螺栓
11	SPO(日本)	ϕ160	400	600/300	220	2.2	100×230×603	30	锚固螺栓
12	HME(英国)	ϕ150	600	900/450	220	2.2	610×500×1800	75	支撑

B. 钻芯完毕，应将钻机各部位擦干净并加机油润滑各运动部分，置干处加防尘罩；

C. 长期停止工作的钻机，在重新使用时，须测试电机绕组与机壳间的绝缘电阻，其数值不应小于5MΩ。

D. 钻头刃口磨损和崩裂严重时应更换钻头。

E. 定期检测电源线插头、开关、炭刷、换向器。

F. 定期检查变速箱，及时补充润滑油，轴承处加钙-钠基润滑油（1、2），齿轮宜加3号钙基润滑油（ZG-3）。

③钻机一般故障及排除方法见表2-16。

钻机一般故障及排除方法　　表 2-16

故障现象	产生原因	排除方法
电机不运转或运转不良	1. 电源不通	修复电源
	2. 接头松落	检查所有接头
	3. 电刷接触不良或已经磨损	更换
	4. 开关接触不良或不动作	修理或更换
	5. 转子有断线	更换
	6. 转子变形	更换
	7. 轴承损坏	更换
电机发生严重火花（环火）	1. 电枢短路局部发热、焊点脱落	修复
	2. 碳刷与换向器接触不良	砂磨换向器及炭刷
	3. 炭刷磨损	更换
电机表面过度发热	1. 作业时间过长	停机休息
	2. 绕组潮湿	干燥电机
	3. 电源电压下降	调整电源电压
水封处严重漏水	密封圈已损坏	更换密封圈

（2）金刚石薄壁钻头

空心薄壁钻头由钢体和胎环两部分组成，见图 2-15。

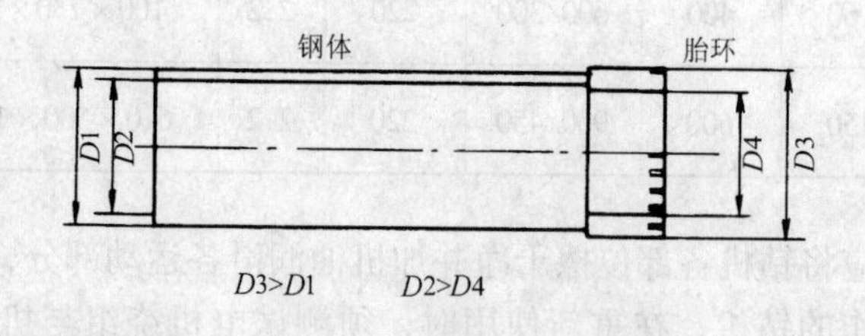

图 2-15　空心薄壁钻构造示意图

钢体一般由无缝钢管车制而成，钻头的胎环是由钢系、青铜系、钨系等冶金粉末和含20%～40%的人造金刚石浇筑成型，胎环的高度为 10mm，金刚石层的浇注高度只有 5mm，为了冷却钻头和排屑畅通，在胎环上加数个排水槽（称水口），胎环与钢体之间的连接，可以采用热压冷压浸渍、无压浸渍、低温电铸或高频焊接等方法。

钻头与钻机的连接方式有直柄式、螺纹连接式和胀卡连接式三种，其中螺纹连接适用于中等直径钻头，而胀卡连接则用于较大直径钻头，钻头规格如表 2-17 所列，根据钻孔或取芯尺寸选用。

金刚石薄壁钻头规格 表2-17

尺寸（mm） 水口数	钻头外径（D）	钻头内径（d）	钢体外径（D1）	钢体内径（D2）	胎环外径（D3）	胎环内径（D4）	钢体有效长度（L）	金刚石层高度	非金刚石层高度
1	10	6	9.5	6.5	10	6.0	100	5	5
	12	8	11.5	8.5	12	8.0	100		
	14	10	13.5	10.5	14	10.0	150		
	16	12	15.5	12.5	16	12.0	150		
	18	14	17.5	14.5	18	14.0	200		
	21	15	20.0	16.0	21	15.5	300		
2	26	20	25.0	21.0	26	20.5	200/400	5	5
	31	25	30.0	26.0	31	25.5	200/400		
	36	30	35.0	31.0	36	30.5	200/400		
	41	35	40.0	36.0	41	35.5	200/400		
3	46	40	45.0	41.0	46	40.5	200/400	5	5
	51	45	50.0	46.0	51	45.5	200/400		
	56	50	55.0	51.0	56	50.5	200/400		
	61	55	60.0	56.0	61	5.5	200/400		
4	66	60	65.0	61.0	66	60.5	200/400	5	5
	71	65	70.0	66.0	71	65.5	200/400		
	76	70	75.0	71.0	76	70.5	200/400		
	82	75	81	76.5	82	76.0	300/500		
6	108	100	107	102	108	101	300/500	5	5
	159	150	158	152	159	151	300/550		

2.2.5.3 芯样钻取、加工技术和抗压强度计算

(1) 芯样钻取

采用钻芯法检测结构混凝土强度前，应具备下列资料：

1）工程名称（或代号）及设计、施工、建设单位名称；

2）结构或构件种类、外形尺寸及数量；

3）设计采用的混凝土强度等级；

4）成型日期，原材料（水泥品种、粗骨料粒径等）和混凝土试块抗压强度试验报告；

5）结构或构件质量状况和施工中存在问题的记录；

6）有关的结构设计图和施工图等。

芯样应在结构或构件的下列部位钻取；

1）结构或构件受力较小的部位；

2）混凝土强度质量具有代表性的部件；

3）便于钻芯机安放与操作的部位；

4）避开主筋、预埋件和管线的位置，并尽量避开其他钢筋；

5）用钻芯法和非破损法综合测定强度时，应与非破损法取同一测区。

钻取的芯样数量应符合下列规定：

1）按单个构件检测时，每个构件的钻芯数量不应少于3个；对于较小构件，钻芯数量可取2个；

2）对构件的局部区域进行检测时，应由要求检测的单位提出钻芯位置及芯样数量。

钻取的芯样直径一般不宜小于骨料最大粒径的3倍，在任何情况下不得小于骨料最大粒径的2倍。

钻芯机就位并安放平稳后，应将钻机固定，以便工作时不致产生位置偏移。固定的方法应根据钻芯机构造和施工现场的具体情况，分别采用顶杆支撑、配重、真空吸附或膨胀螺栓等方法。

采用三相电机的钻芯机在未安装钻头之前，就应先通电检查主轴旋转方向。当旋转方向为顺时针时，方可安装钻头。钻芯机主轴的旋转轴线，应调整到与被钻取芯样的混凝土表面相垂直。

钻芯机接通水源、电源后，拨动变速钮调到所需转速。正向转动操作手柄使钻头慢慢接触混凝土表面，待钻头刃部入槽稳定后方可加压。进钻到预定深度后，反向转动操作手柄，将钻头提升到接近混凝土表面，然后停电停水。

钻芯时用于冷却钻头和排除混凝土料屑的冷却水流量宜为3～5L/min，出口水温不宜超过30℃。

从钻孔中取出的芯样在稍微晾干后，应标上清晰的标记。若所取芯样的高度及质量不能满足规程的要求，则应重新钻取芯样。

芯样在运送前应仔细包装，避免损坏。

结构或构件钻芯后所留下的孔洞应及时进行修补，以保证其正常工作。

工作完毕后，应及时对钻芯机和芯样加工设备进行维修保养。

钻芯工作中，钻机出现故障的原因及排除方法见表2－18。

钻机故障原因及排除方法　　表2－18

故障名称	原　因	排除方法
堵芯	钻速过快　杆压太大	减少杆压降低钻速
	水量太小，排屑不畅	增大供水流量
	钻头内径磨损较大	更换钻头
	通孔快透时用力过大	降低钻速增大供水流量

续表

故障名称	原　因	排除方法
卡钻	钻机不稳或移位	使钻头对准钻孔，调整固定装置和底座螺栓
	钻机各部位紧固螺栓有松动	紧固机内各部位螺栓
	切断钢筋压力过大	降低杆压
	钻头内部磨损	更换钻头
钻机振动	芯样断裂并堵芯	排除堵芯
	孔底或孔侧有断筋等异物	排除异物
	钻机各部位螺栓未紧固	紧固各部螺栓
	主轴与钻头不同心	更换钻头
钻头振动	钻头未上紧	上紧钻头
	钻机反向旋转	更改电源相线
	钻头不同心	更换钻头
	胀卡未紧固	紧固胀卡
过载停机	钻孔孔径过大	更换钻头
	杆压过大	降低杆压
	转速过大	调整转速
	接触器过载调节太小	增大安培数
	碰到钢筋	降低杆压
钻进中声音异常	钻机变速箱齿轮轴承损坏	拆修或更换
	钻头损坏	提钻排出碎块更换钻头
	碰到钢筋等异物	缓慢进钻
启动后主轴不转	电源联接不正确	纠正
	保险丝断	更换保险丝
	调速杆处于空档位置	校正调速杆

（2）芯样加工及技术要求

芯样抗压试件的高度和直径之比应在 1~2 的范围内。

采用锯切机加工芯样试件时，应将芯样固定，并使锯切平面垂直于芯样轴线。锯切过程中应冷却人造金刚石圆锯片和芯样。

芯样试件内不应含有钢筋。如不能满足此项要求，每个试件内最多只允许含有二根直径小于10mm的钢筋，且钢筋应与芯样轴线基本垂直并不得露出端面。

锯切后的芯样，当不能满足平整度及垂直度要求时，宜采用以下方法进行端面加工；

1）在磨平机上磨平；

2）用水泥砂浆（或水泥净浆）或硫磺胶泥（或硫磺）等材料在专用补平装置上补平。

水泥砂浆（或水泥净浆）补平厚度不宜大于5mm，硫磺胶泥（或硫磺）补平厚度不宜大于1.5mm。

补平层应与芯样结合牢固，以使受压时补平层与芯样的结合面不提前破坏。

芯样在试验前应对其几何尺寸作下列测量：

1）平均直径：用游标卡尺测量芯样中部，在相互垂直的两个位置上，取其二次测量的算术平均值，精确至0.5mm；

2）芯样高度：用钢卷尺或钢板尺进行测量，精确至1mm；

3）垂直度：用游标量角器测量两个端面与母线的夹角，精确至0.1°；

4）平整度：用钢板尺或角尺紧靠在芯样端面上，一面转动钢板尺，一面用塞尺测量与芯样端面之间的缝隙。

芯样尺寸偏差及外观质量超过下列数值时，不得用作抗压强度试验：

1）经端面补平后的芯样高度小于0.95d（d为芯样试件平均直径），或大于2.05d时；

2）沿芯样高度任一直径与平均直径差达2mm以上时；

3）芯样端面的不平整度在100mm长度内超过0.1mm时；

4）芯样端面与轴线的不垂直度超过2°时；

5）芯样有裂缝或有其他较大缺陷时。

(3) 芯样混凝土强度试验与计算

芯样试件的抗压试验应按现行国家标准《普通混凝土力学性能试验方法》中对立方体试块抗压试验的规定进行。

芯样试件宜在与被检测结构或构件混凝土湿度基本一致的条件下进行抗压试验。如结构工作条件比较干燥，芯样试件应以自然干燥状态进行试验；如结构工作条件比较潮湿，芯样试件应以潮湿状态进行试验。

按自然干燥状态进行试验时，芯样试件在受压前应在室内自然干燥3d（天）；按潮湿状态进行试验时，芯样试件应在20±5℃的清水中浸泡40~48h，从水中取出后应立即进行抗压试验。

芯样试件的混凝土强度换算值系指用钻芯法测得的芯样强度，换算成相应于测试龄期的、边长为150mm的立方体试块的抗压强度值。

芯样试件的混凝土强度换算值，应按下列公式计算：

$$f_{cu}^{c} = \alpha \frac{4F}{\pi d^2} \qquad (2-45)$$

式中　f_{cu}^{c}——芯样试件混凝土强度换算值（MPa），精确至0.1MPa；

F——芯样试件抗压试验测得的最大压力（N）；

d——芯样试件的平均直径（mm）；

α——不同高径比的芯样试件混凝土强度换算系数，应按表2-19选用。

芯样试件混凝土强度芯样系数　　表2-19

高径比（h/d）	1.0	1.1	1.2	1.3	1.4	1.5	1.6	1.7	1.8	1.9	2.0
系数（α）	1.00	1.04	1.07	1.10	1.15	1.17	1.19	1.21	1.22	1.24	

高度和直径均为100mm或150mm芯样试件的抗压强度测试值，可直接作为混凝土的强度换算值。单个构件或单个构件的局部区域，可取芯样试件混凝土强度换算值中的最小值作为其代表值。

2.2.5.4　试验报告中应记载的内容

（1）工程名称或代号；

（2）工程概况：

A. 结构或构件质量情况；

B. 混凝土成型日期及其组成；

C. 粗骨科品种及粒径。

（3）芯样的钻取、加工及试验：

A. 钻芯构件名称及编号；

B. 钻芯位置及方向；

C. 抗压试验日期及混凝土龄期；

D. 芯样试件的平均直径和高度（端面处理后）；

E. 端面补平材料及加工方法；

F. 芯样外观质量（裂缝、接缝、分层、气孔、杂物及离析等）描述；

G. 含有钢筋的数量、直径和位置；

H. 芯样试件抗压时的含水状态；

I. 芯样破坏时的最大压力、芯样抗压强度、混凝土换算强度及构件或结构某部位的混凝土换算强度代表值；

J. 芯样试件的破坏形式及破坏时的异常现象；

K. 其他。

2.2.5.5　钻孔的修补

混凝土结构经钻孔取芯后，对结构的承载能力会产生一定影响，应及时进行修补。修补前孔壁应尽量凿毛，并应清除孔内污物，以保证新老混凝土的良好结合。在一般情况下可采用合成树脂为胶结料的细石聚合物混凝土，也可采用微膨胀水泥细石混凝土，修补的混凝土应比原设计提高一个强度等级，并应在修补后注意养护。也可采用预先制作圆柱体体试件的办法放入钻孔中，然后用环氧树脂灌满缝隙。

2.2.6　混凝土强度无损检测方法小结

混凝土强度的几种无损检测方法的比较见表2-20。

几种无损检测方法的比较　　表 2-20

种类	测定内容	适用范围	特点	缺点	备注
回弹法	测定混凝土表面硬度值	混凝土抗压强度、匀质性	测试简单、快速、被测物的形状尺寸一般不受限制	测定部位仅限于混凝土上表面，同一处不能再次使用	应用较多
超声回弹综合法	混凝土表面硬度值和超声波传播速度	混凝土抗压强度	测试也比较简单，精度比单一法高	比单一法费事	应用较多
拔出法	预埋或后装于混凝土中锚固件，测定拔出力	混凝土抗压强度	测强精度较高	对混凝土有一定损伤，检测后需进行修补	应用较多
钻芯法	从混凝土中钻取一定尺寸的芯样	混凝土抗压强度，抗劈强度内部缺陷	对混凝土有一定损伤，检测后需进行修补	设备笨重，成本较高，对混凝土有损伤，需修补	应用较多

如前所述，各种非破损测强度方法都具有简便、易行、测试效率高、成本低等优点。但是非破损法测强是以混凝土抗压强度与某些物理量的相关性为基础的，这些相关性又往往受众多因素的影响。因此，非破损法测强结果的准确性往往受到怀疑。而半破损法测强是以混凝土的局部破坏强度为基础的，其测值较为直观可靠。尤其是钻芯法已得到国际上的普遍承认。但是，由于半破损法会造成结构或构件的破坏，其测点的数量受到严格的限制，不可能在整个结构上普遍使用，而且钻芯法成本也较高，因此，若能把钻芯法与非破损法结合起来，利用芯样试验的直观和准确性，来校正非破损检测的推定值，同时，利用非破损测强方法的简便易行，可在结构物上普通布置测点的特点，来减少钻芯的数量，无疑是一个好办法。

要将这两种方法结合起来，必须解决以下两个问题：

(1) 如何用芯样的抗压试验值校正超声声速或回弹值与强度的关系；

(2) 如何按声速或回弹值的离散程度确定应钻芯样的个数。

我国在这方面虽然已有一些应用，但尚未开展较系统的研究。南斯拉夫标准中关于钻芯法与超声或回弹法结合使用的有关规定，可供参考。南斯拉夫国家标准规定，当钻芯法与超声或回弹法结合使用时，应先用超声或回弹仪在 30 个点上进行测定，并计算出它们的标准差，从而可看出该结构混凝土的质量均一性水平。然后根据标准差的大小，按表 2-21 的规定，决定应钻取的芯样数量。其目的是既尽量减少钻芯数量，又使芯样能较确切地代表结构混凝土的质量水平。

按钻芯法的有关规定选择钻芯点，并在选定的钻芯点上用超声或回弹仪测定超声声速和回弹值。这些测值与相应的芯样抗压强度建立相关关系，作为校正原有“R-N”、“R-C”、“R-N-C”等关系的依据。

此后，即可用超声或回弹或超声—回弹综合法普测整个结构物，并根据校正后的关系推算混凝土的强度。

这一方法既提高了超声、回弹等非破损方法的可靠性，又减少了钻芯数量，是一种较好的方法。

超声、回弹与钻芯法结合使用时的取芯个数 表 2-21

回弹值标准差（回弹值）	声速值标准差（$km \cdot s^{-1}$）	最少钻取芯样个数
≤7	≤1.5	3
7.1~10	1.6~2.5	5
10.1~15	2.6~3.5	7
≥15	≥3.5	10

2.3 混凝土内部状况检测技术

2.3.1 混凝土缺陷的超声波检测

2.3.1.1 混凝土的缺陷

混凝土材料的缺陷是指因技术管理不善和施工疏忽，造成结构混凝土内部存在空洞、疏松、施工缝；或由于工艺违章、配料错误造成低强度区；严重的分层离析造成组织构造不均匀；使用过程产生裂缝以及化学侵蚀、冻害、火烧的损坏层等。缺陷的存在，不同程度地削弱了结构的整体性、力学性能和耐久性。超声波检测缺陷，旨在发现质量问题，探明隐存缺陷的位置和范围，提出补救的措施。

混凝土是一种典型的非均质材料。由于生产技术条件难免有差异和混凝土材料组织构造的随机性，按生产技术和管理水平、应用和经济效果权衡，在符合质量保证率的条件下，所允许的一定范围的强度波动则不属于测缺的内容。至于混凝土组织中存在的小气孔和细微缺陷不可避免的，除区域性缺陷外，混凝土质量超声波检测是不包括这些不连续、单独的细微缺陷。

2.3.1.2 检测系统

混凝土缺陷的超声波检测系统如图 2-16 所示。发射的电声换能器将来自脉冲发生器的触发电信号转换成机械振荡的低频超声波，通过声耦合层进入试体，接收的电声换能器则将传来的超声纵波（诸型波中纵波传播的速度最快）转换为电脉冲信号，经放大后在示波屏上显示出接收信号的波形，示波屏上发射脉冲至信号首波起始点的时间标度，即为超声脉冲在试体中通过距离 L 的传播时间，以微秒（μs）为单位（$1\mu s = 10^{-6}s$）；首波的幅度高低与被测材料的性能、密实度和穿透的距离有密切的关系。

硬化的混凝土中如果存在缺陷，超声波脉冲通过该介质传播的声速比相同材质的无缺陷混凝土的传播声速为小，能量衰减大，接收信号的波形平缓甚至发生畸变，综合这些声学参量，则可评定混凝土的质量情况。

2.3.1.3 超声测缺的基本原理及方法

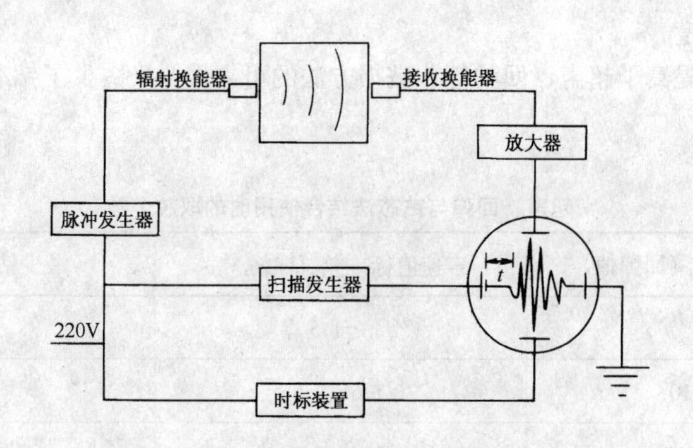

图 2-16 混凝土缺陷超声波检测系统

(1) 基本原理

超声检测混凝土缺陷，其根据是声时、振幅、波形等超声参量的变化与结构混凝土的密实度、均匀性和局部缺陷的状况有着如下密切的关系：

1) 当混凝土内部或表层存在缺陷时，在超声波发-收通道上形成了介质的不连续，缺陷的孔、缝或疏松的空间中充有声阻抗低于混凝土的气体或水，阻碍了超声波的传播，低频超声波将绕过缺陷向前传播，绕射声波路程变长，按探测距离计算所得的表现声速降低。因而，声速差异是判断缺陷的参量之一。

2) 由于混凝土内部存在缺陷，不连续介质造成固-气、固-液的界面。各介质声阻抗显著不同，使投射的声波产生不规则的散射，超声波能量损失较大，绕射到达的信号微弱，在同一或稳定的测试条件下，接收信号首波幅度下降。因此，首波幅度高低是判断结构混凝土密实度的参量之二。

3) 混凝土组织构造的不均匀性，加上内部缺陷，使探测脉冲在传播过程中发生反射、折射，高频成分比低频成分消失快。通过傅立叶变换分析接收信号中的频率成份的变化，也是超声测缺的一个研究方向。

4) 由于超声波在缺陷的界面上的复杂反射、折射，使声波传播的相位发生差异，叠加的结果导致接收信号的波形发生不同程度的畸度，因此，接收波形也是判断缺陷的一个重要参量。

由于混凝土中骨料状况及其分布的随机性，以及混凝土本身的非均质性，在正常情况下，这些特性可以使单一的某些超声参量的测试值产生波动，因此，采用诸参量综合分析混凝土的缺陷性质和范围，无疑比单一指标的分析更为合理和有效。但是本方法对于厚度过大或者钢筋过密的钢筋混凝土构件的测试误差较大乃至无法测试。

混凝土缺陷超声波探测，根据换能器布置的方式大致有如下方法（图 2-17）。

(2) 基本方法

1) 直接穿透法

在混凝土试体的相对面布置换能器，如图 2-17（a）所示，这种方法包括发射、接收两换能器垂直方向和斜向传播的两种布置方法。该法的灵敏度和准确性均好，能提供比较准确的声通路距离，是通常采用的方法。

2）直角传播法

对于大体积的结构或受实际的测试面的限制，有时也采用这种直角方式布置换能器，如图2－17（b）所示，其探测的灵敏度不如图2－17（a）法。

3）单面平测法

在结构混凝土只有一个可测面的情况下，可采用单面平测法，如图2－17（c）所示。它可以检测混凝土水池顶面、底板、飞机跑道、路面和大坝等构筑物的浅层缺陷和裂缝深度。由于探测时脉冲能量大部分进入混凝土中，所以接收的信号仅反映混凝土表层的质量，不能探测深处的缺陷；此外，探测强度较高的混凝土表面下的低强度或缺陷区是极为困难的。这种方法不能准确地确定声通路的距离，使计算材料的声速值产生偏差。

4）钻孔对测法

当结构的测试较大时，为了提高测试的灵敏度，可在测区适当位置钻出平行于测面的测试孔，测孔直径45～50mm，深度视测试需要而定，测孔中采用径向振动式换能器，用清水耦合；在结构侧面布置厚度振动式换能器，用油耦合，对构件作对测或斜测如图2－17（d）。

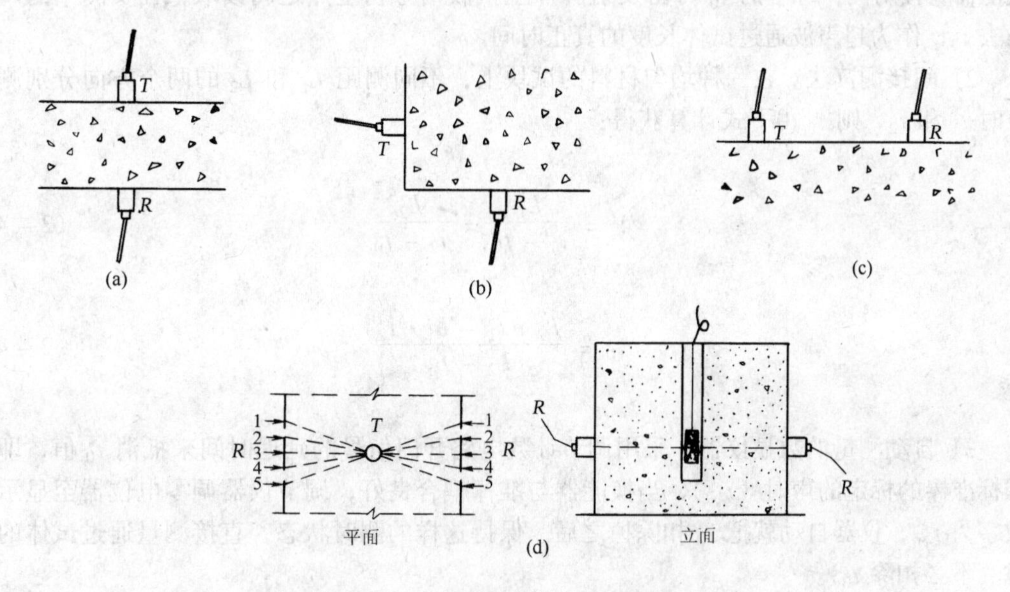

图2－17 超声波检测换能器布置方式

（a）相对面布置换能器；（b）直角方式布置换机器；

（c）单面平测布置换能器；（d）钻孔测法换能器布置图

2.3.1.4 超声脉冲声速测量及若干影响因素

（1）超声脉冲声速测量

超声脉冲信号通过一定长度的试体所需的时间（声时），以测距长度除以声时即是声速，以下式表示：

$$V = \frac{l}{T}(\mathrm{m/s}) \tag{2-46}$$

超声仪的显示装置测读接收信号距发射信号之间的时间标度，是脉冲在试体测距 L 内

传播的时间与初始时间之和，即

$$t_{总} = t + t_0 \tag{2-47}$$

式中 $t_{总}$——示波器显示的发射脉冲至接收信号初至点的时间标度（μs）；

t——试体测距内脉冲传播的时间（μs）；

t_0——时间的初读数（μs）。

时间初读数 t_0 来自下面的延迟：

1）声延迟——在测试时，换能晶片与试体间隔有外壳和耦合层，因此，试体的超声入射点比发射脉冲滞后，它是 t_0 的主要分量；

2）电延迟——仪器电路和高频电缆中的延迟；

3）电声转换——电声转换时，换能器的瞬态响应滞后的系统误差。

时间初读数 t_0 的测读有四种方法：

1）直接测读法：保持与实测使用的油、粘膜或水耦合层相同条件，将发射、接收两换能器直接对测，综合的 t_0 可由发射脉冲至接收信号初至点之间读取，在实测中的声时扣去 t_0，作为超声波通过试体长度的真正时间。

2）间接测读法。在一种均匀材料的试块上，不同测距 L_1 和 L_2 的两个方向分别测出声时 t_1 和 t_2，则 t_0 由下式计算获得：

$$V = \frac{L_1}{t_1 - t_0} = \frac{L_2}{t_2 - t_0} \tag{2-48}$$

$$t_0 = \frac{L_2 \cdot t_1 - L_1 \cdot t_2}{L_2 - L_1} \tag{2-49}$$

3）自动测量的数显仪器，采用调节计数电路开门信号的延迟时间来抵消 t_0 值，即根据标准棒的标定的声时（$t_{标}$），当换能器与准棒耦合良好，调节仪器调零电位器至显示的数字为 $t_{标}$，仪器自动就把 t_0 扣除掉之后，保持这样的测时状态，直接测量通过试体的声时（不必扣除 t_0）。

4）在均匀同一介质的不同长度 L_1、L_2、$L_3 \cdots L_m$ 上分别测出声时 t_1、t_2、$t_3 \cdots t_n$，以时－距坐标，绘制 $t-L$ 直线。该直线在 t 轴上的截距即为 t_0 值（图 2-18）。

（2）若干影响因素

1）关于钢筋的影响及修正

钢筋中超声传播速度比普通混凝土高 1.2～1.9 倍。因此测量钢筋混凝土的声速，在超声波通过的路径上存在钢筋时，测读的“声时”可能是部分或全部通过钢筋的传播信号，使混凝土声速的计算值高。

钢筋的影响分两种情况：一是钢筋配置的轴向垂直于超声传播方向；二是钢筋轴向平行于超声传播方向。第一种情况，通常会使整个计算声速有所提高，但一般配筋情况下，钢筋断面所占整个声通路径的比例较小，所以影响较小（对于高强度混凝土影响更小），往往被测量误差所掩盖。钢筋轴向垂直和平行于超声传播方向的布置对超声声速的影响分

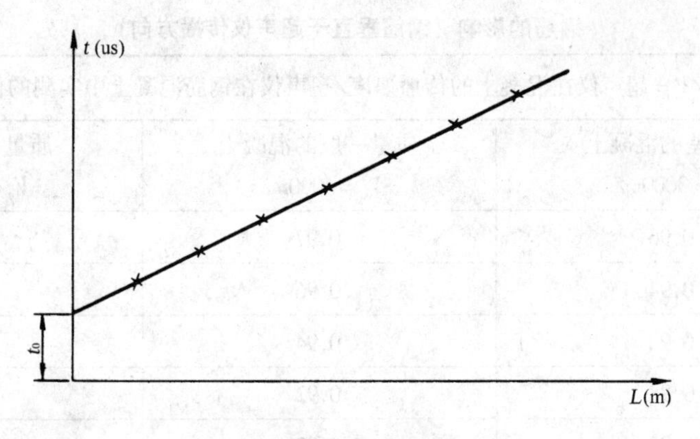

图2-18　时距坐标求 t_0

述如下：

图2-19表示钢筋的轴线垂直于传播方向，当超声波完全经过钢筋的每个直径时，仪器测量的传播时间 t 用式（2-50）表示：

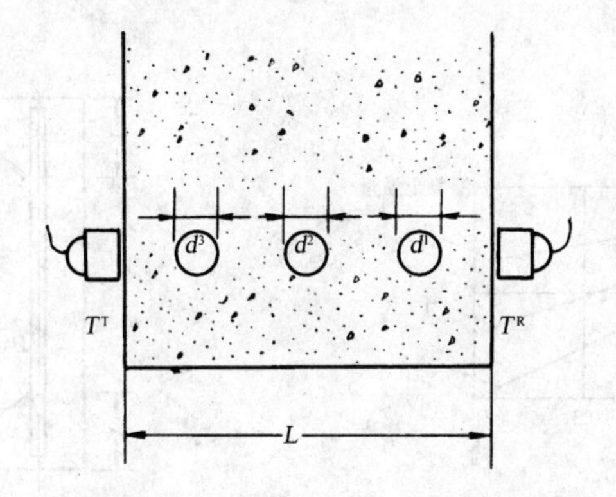

图2-19　钢筋垂直于超声波传播方向

$$t = \frac{L - L_s}{V_c} + \frac{L_s}{V_s} \tag{2-50}$$

式中　L——两探头间的距离；

L_s——钢筋直径的总和（$=\sum d_i$）；

V_c、V_s——分别为混凝土、钢筋中的超声传播的速度。

为了找出混凝土中实际的传播速度 V_c，需要对测得的速度 V 乘以某个系数，它取决于脉冲穿过钢筋所经的路程与总路程之比 L_s/L 及测得的速度与钢筋中的传播速度之比 V/V_s。此系数列于表2-22，实际上，校正系数 V_c/V 稍大于表中所列，因为发射-接收的路径与钢筋的分布线不完全重合，即实际通过钢筋的距离 $< L_s$。

修正系数还可以根据图2-20曲线查出，对实测的传播速度 V 加以修正。例如 L_s/L 为0.2，并且认为混凝土质量是差的，则混凝土中钢筋影响 V_s/V 的修正系数为0.9，这样，测得的脉冲速度乘以0.9就得出素混凝土的脉冲速度。

钢筋的影响（钢筋垂直于超声仪传播方向） 表 2-22

L_s/L	V_c/V = 超声仪在混凝土的传播速度/超声仪在钢筋混凝土中实测的传播速度		
	质量差的混凝土 V_c = 3000m/s	质量一般的混凝土 V_c = 4000m/s	质量好的混凝土 V_c = 5000m/s
1/12	0.96	0.97	0.99
1/8	0.94	0.96	0.98
1/6	0.92	0.94	0.97
1/4	0.88	0.92	0.96
1/3	0.83	0.89	0.94
1/2	0.75	0.83	0.92

根据试验结果，钢筋中的传播速度 V_s 是介于钢无限介质纵波速度 5850m/s 和钢杆中传播速度 5150m/s 之间的速度值，它是随着钢筋直径而变化的。

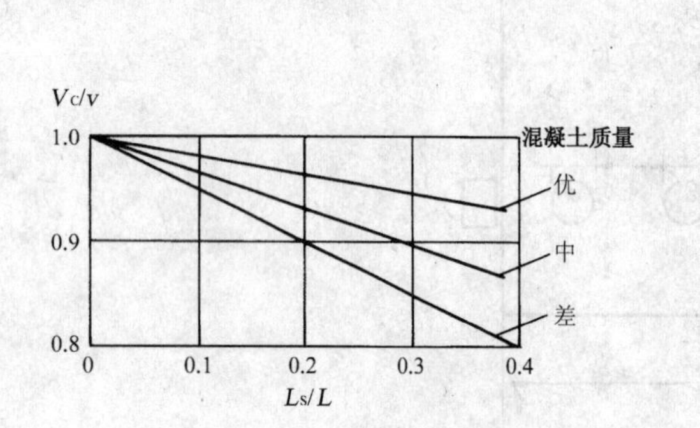

图 2-20 钢筋对脉冲速度的影响

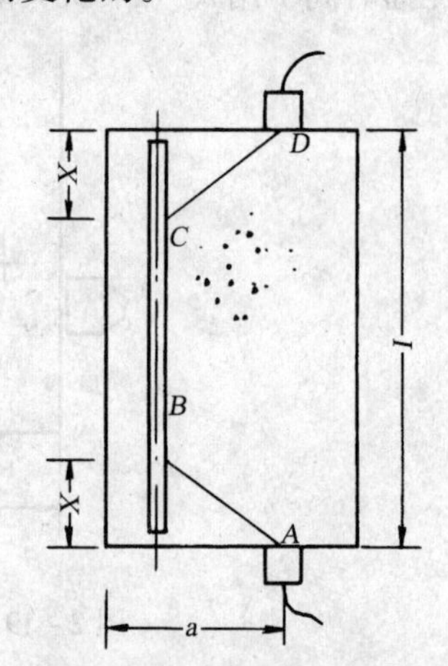

图 2-21 超声波平行钢筋传播

图 2-21 为超声传播与钢筋轴向平行，且探头靠近钢筋轴线的情况。超声波从发射探头 A 发出，先经 AB 在混凝土中传播，然后沿钢筋 BC 段传播，再经 CD 段在混凝土中传播而到达接收探头 D。

设：V_c 为混凝土的声速；

V_s 为钢筋的声速；

l 为探头间距离；

α 为探头与钢筋的距离。

则当：

$$a > \frac{1}{2}\sqrt{\frac{V_s - V_c}{V_s + V_v}} \tag{2-51}$$

时，由于经由钢筋传播的信号路径比直接由混凝土中传播的信号长，于是钢筋的存在就不致影响混凝土声速的测量，通常当超声测量线离开钢筋轴线约 1/8～1/6 测距时，就可以避开钢筋的影响。

素混凝土中的传播速度 V_c 根据图 2－22 曲线中查出修正系数，对实测的传播速度 V 加以修正。例如钢筋混凝土中的 α/L 值为 0.1，并认为混凝土是一般的，那么混凝土中钢筋影响的修正系数 V_c/V 为 0.80，最后将测得的脉冲速度乘以 0.80 即为素混凝土的脉冲速度。

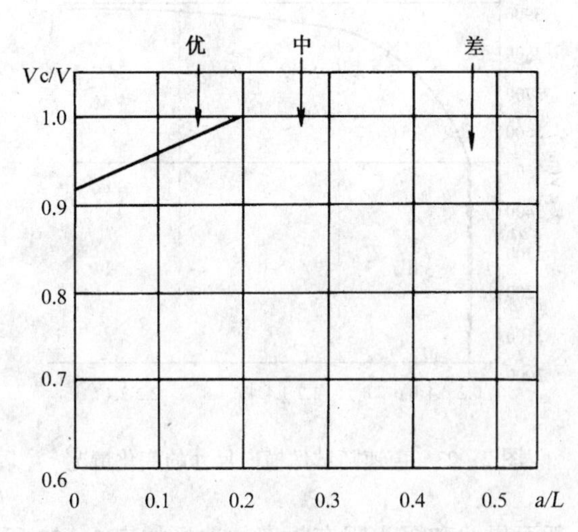

图 2－22　钢筋轴向平行于脉冲传播方向声速修正系数

2）试体测试面的粗糙度和声耦合的影响

测量声速时　只有当换能器的表面与混凝土表面之间保持良好的耦合时，才能保证传播时间测量的准确度。

对于钢模和光滑木模浇制的混凝土面，若没有尘土和突出的小粒，用稀的或中等稠度的润滑油、肥皂液、胶状物涂复接触面，就可以获良好的声耦合。

对于中等粗糙度的表面，应当采用较稠的润滑油，面对于很粗糙的表面则需要用砂轮磨平，适当地以熟石灰、水泥砂浆或环氧树脂填补光滑（填补的厚度应尽可能薄）。

当换能器置于混凝土表面时，仪器显示的传播时间值恒定在 ±1% 之内，表明声耦合达到良好的程度。

3）试体的测距和横向尺寸的影响

为了避免混凝土非均质性的影响，要求超声波传播的路径长些，当使用最大粒径为 20mm 的骨料，传播路径长度应小于 100mm，若使用最大粒径为 40mm 的骨料，传播路径长度应不小于 150mm。

关于试件横向尺寸的影响，也是测量中必须注意的。通常，纵波速度是指在无限介质中测得的，随着试件横向尺寸减小，纵波速度可能向杆、板的声速或表面波速度转变，即声速比无限介质中纵波声速为小。

图 2－23 表示在不同横向尺寸的试件上测得声速的变化情况。

当横向最小尺寸 $d \geqslant 2\lambda$（λ－波长）时，传播速度与大块体中纵波速度值相当（图中Ⅰ区）。

当 $\lambda < d < 2\lambda$ 时，可能使传播速度降低 2.5% ~ 3%（见Ⅱ区）。

当 $0.2\lambda < d < \lambda$ 时，传播速度变化较大，约为 6% ~ 7%，在这个区间（Ⅲ区）里测量时，估计强度的误差可能达 30% ~ 40%，这是不允许的。

Ⅳ区为 $d < 0.2\lambda$，这是属于波在杆件中的传播。

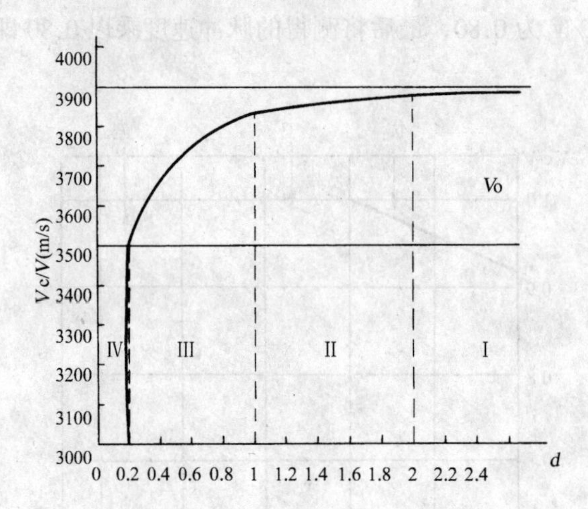

图 2-23 声速随试件横向尺寸的变化情况

对不同测距、最小断面尺寸和探头固有频率的选择如表 2-23 所列的数值。

对不同测距最小断面尺寸和探头固有频率的选择 表 2-23

穿透长度（mm）	探头固有共振频率（kHz）	混凝土构件最小横向尺寸（mm）
100 ~ 700	≥60	70
200 ~ 1500	≥40	150
>1500	≥20	300

4）温度和湿度的影响

混凝土处于环境温度为 5 ~ 30℃情况下，由于温度升高引起的速度减小值不大；当环境温度在 40 ~ 60℃范围内，脉冲速度值约降低 5%，这可能是由于混凝土内部的微裂缝增多所致。

温度在 0℃以下时，由于混凝土中的自由水分结冰，使脉冲速度增加（自由水的 V_L = 1450m/s，冰的 V_L = 3500m/s）。

当混凝土测试时的温度处于 2 ~ 24℃所列的范围内时，可以允许修正；如果混凝土遭受过冻融循环下的冻结，则不允许修正。

混凝土的极限抗压强度随其含水率的增加而降低，而超声波传播速度 V 随孔隙被水填满而逐渐增高。饱水混凝土的含水率增高 4%，传播速度 V 相应增大 6%。速度的变化特性取决于混凝土的结构。随着混凝土孔隙率的增大，干混凝土和湿混凝土中超声波传播速度的差异也增大。

超声波传播速度的温度修正值　　表2-24

温度（℃）	修　正　值（%）	
	存放在空气中	存放在水中
+60	+5	+4
+40	+2	+1.7
+20	0	0
0	-0.5	-1
< -4	-1.5	-7.5

在相同的力学强度下，水中养护的混凝土比空气中养护的混凝土具有更高的超声传播速度。水下养护混凝土的强度最大，其传播速度高达4600m/s；而相同强度但暴露在空气里养护的混凝土的传播速度约4100m/s。

湿度对超声波传播速度的影响可以解释为：

(1) 水中养护的混凝土具有较高的水化度并形成大量的水化产物，超声波传播速度对此产物的反应大于空气中硬化的混凝土；

(2) 水中养护的混凝土，水分填满了混凝土的孔隙，由于超声在水里传播速度为1450m/s，在空气中仅340m/s，因此，水中养护的混凝土具有比在空气中养护的混凝土大得多的超声波传播速度，甚至掩盖了随着混凝土强度增长而提高的声速的影响。

2.3.1.5　结构混凝土缺陷的检测实例——超声检测不密实区和空洞

在混凝土水灰比较小或配筋较密的情况下，施工时漏振或振捣不充分，可能形成空洞和疏松状况，在缺陷区的声时明显偏长，即声速下降，首波幅度和信号频率均有明显的下降。

被测部位具有一对（或两对）相互平行的测试面，测区范围除应大于怀疑区域外，还应有同条件的正常混凝土测区进行对比，且正常混凝土的测点数应不少于30个。

根据被测构件实际情况，可按下列方法之一布置换能器：

(1) 构件具有两对相互平行的测试面时，可采用对测法。如图2-24所示，在测试区域位两对相互平行的测试面上，分别画出等间距的网格（网格间距：工业与民用建筑为100~300mm，其他大型结构物可放宽至1000mm），并将对应的测点位置编号。

(2) 构件只有一对相互平行的测试面时，可采用对测和斜测相结合的方法。如图2-25所示，也可在测区两个相互平行的测试面上分别画出网格线，在对测的基础上进行交叉斜测。

(3) 当测距较大时可采用钻孔法检测。如图2-26所示，在测区位置钻出一定间距的测试孔，测孔直径宜为40~50mm，深度可根据测试需要确定。检测时可用两个径向振动式换能器分别置于两测孔中进行测试，或者用一个径向振动式与一个厚度振动式换能器，分别置于测孔和平行测孔的构件侧面上进行测试。

每一测点的声时、波幅、频率和测距的测量，应分别按前述的方法进行。

(4) 数据处理及判断

测区混凝土声学参数的平均值（m_x）和标准差（s_x）应按下式计算：

$$m_x = 1/n \sum x_i \tag{2-52}$$

$$s_x = \sqrt{(\sum X_i^2 - n \cdot m_x^2)/(n-1)} \tag{2-53}$$

式中　X_i——第 i 点的声学参数测量值；

n——参与统计的测点数。

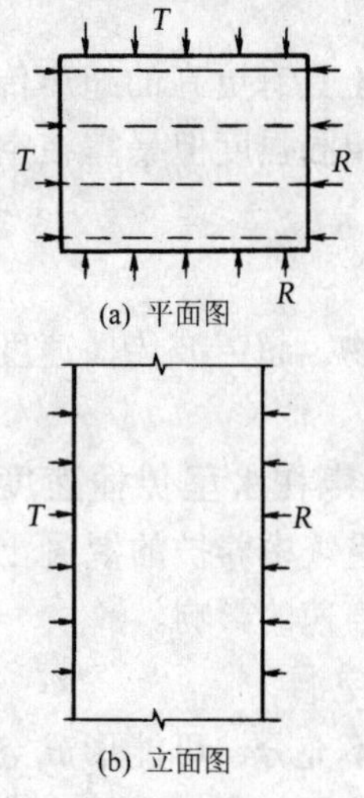

图2-24　对测法示意图

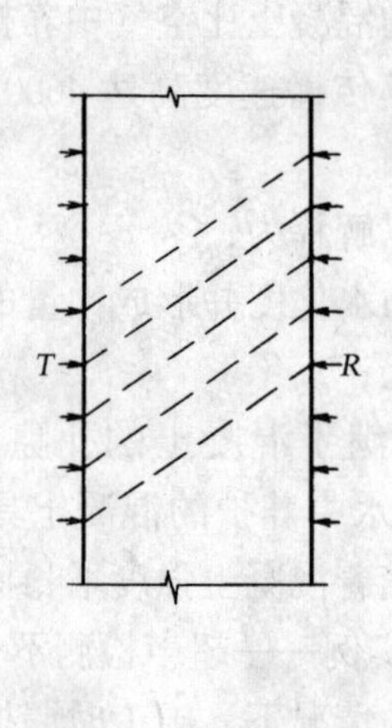

图2-25　斜测法示意图

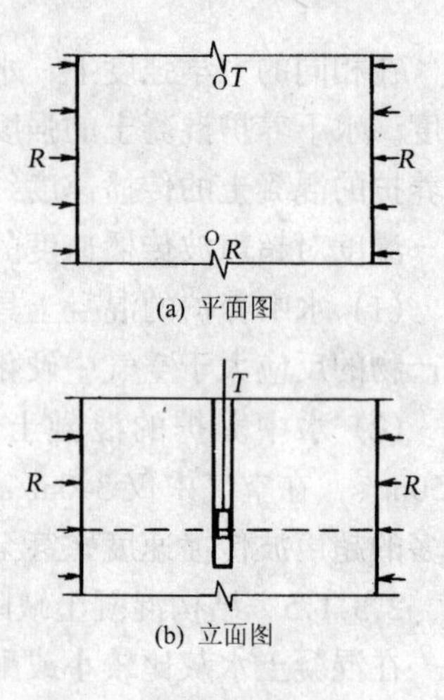

图2-26　钻孔测法示意图

测区中的异常数据可按下列方法判别：

1) 当同一测区各点的测距相同时，可直接用声时判别，将各测点的声时值由小至大按顺序排列，即 $t_1 \leqslant t_2 \leqslant t_3 \leqslant \cdots \leqslant t_n \leqslant t_n$……，将排在后面明显大的声时值视为可疑，再将这些可疑数据中最小的一个（假定 t_n）连同其前面的数据按式（2-52）、（2-53）计算出 m_t 及 s_t 并代入（2-54）式，算出异常情况的判断值（X_0）。

$$X_0 = m_t + \lambda_1 \cdot s_t \tag{2-54}$$

式中　λ_1——异常值判定系数，按表 2-25 取值。

把 X_0 值与可疑数据中的最小值（t_n）相比较，若 t_n 大于或等于 X_0，则 t_n 及排在其后的各声时值均为异常值；然后去掉 t_n，再用 $t_n \sim t_{n-1}$ 进行计算和判别，直至判不出异常值为止。当 t_n 小于 X_0 时，应再将 t_{n+1} 放进去重新进行计算和判别。

2) 将一测区各测点的波幅、频率或由声时计算的声速值由大至小按顺序分别排列，即 $X_1 \geqslant X_2 \geqslant \cdots \geqslant X_n \geqslant X_{n+1}$……，将排在后面明显小的数据视为可疑，再将这些可疑数据中最大的一个（假定 X_n）连同其前面的数据按式（2－52）、（2－53）计算出 m_x 及 S_x 值，并代入（2－55）式计算出异常情况的判断值（X_0）。

$$X_0 = m_x - \lambda_1 \cdot S_x \tag{2-55}$$

将判断值（X_0）与可疑数据的最大值（X_n）相比较，如 X_n 小于或等于 X_0，则 X_n 及排列于其后的各数据均为异常值；然后去掉 X_n，再用 $X_1 \sim X_{n-1}$ 进行计算和判别，直至判不出异常值为止；当 X_n 大于 X_0，应再将 X_{n+1} 放进去重新进行计算和判别。

统计数的个数 n 与对应的 λ_1、λ_2、λ_3 值 表 2－25

n	30	32	34	36	38	40	42	44	46	48
λ_1	1.83	1.86	1.89	1.92	1.94	1.96	1.98	2.00	2.02	2.04
λ_2	1.34	1.36	1.37	1.38	1.39	1.41	1.42	1.43	1.44	1.45
λ_3	1.14	1.16	1.17	1.18	1.19	1.20	1.22	1.23	1.25	1.26
n	50	52	54	56	58	60	62	64	66	68
λ_1	2.05	2.07	2.09	2.10	2.12	2.13	2.14	2.15	2.17	2.18
λ_2	1.46	1.47	1.48	1.49	1.49	1.50	1.51	1.52	1.53	1.53
λ_3	1.27	1.28	1.29	1.30	1.31	1.31	1.32	1.33	1.34	1.35
n	70	72	74	76	78	80	82	84	86	88
λ_1	2.19	2.20	2.21	2.22	2.23	2.24	2.25	2.26	2.27	2.28
λ_2	1.54	1.55	1.56	1.56	1.57	1.58	1.58	1.59	1.60	1.61
λ_3	1.36	1.36	1.37	1.38	1.39	1.39	1.40	1.41	1.42	1.42
n	90	92	94	96	98	100	105	110	115	120
λ_1	2.29	2.30	2.30	2.31	2.31	2.32	2.35	2.36	2.38	2.40
λ_2	1.61	1.62	1.62	1.63	1.63	1.64	1.65	1.66	1.67	1.68
λ_3	1.43	1.44	1.45	1.45	1.46	1.47	1.48	1.49	1.50	1.51
n	125	130	140	150	160	170	180	190	200	210
λ_1	2.41	2.43	2.45	2.48	2.50	2.52	2.54	2.56	2.57	2.59
λ_2	1.69	1.71	1.73	1.75	1.77	1.79	1.80	1.82	1.83	1.84
λ_3	1.53	1.54	1.56	1.58	1.59	1.60	1.62	1.63	1.64	1.65

3）当测区中判出异常测点时，可根据异常测点的分布情况，按（2－56）式进一步判别其相邻测点是否异常。

$$X_0 = m_x - \lambda_2 \cdot S_x \tag{2-56}$$

式中 λ_2 按表 2－25 取值。当用平面式换能器时取 λ_2；当使用径向式换能器在孔中检测时取 λ_3。

（注：若耦合条件保证不了测幅稳定，则波幅值不能作为统计法的判据。）

当测区中某些测点的声学参数被判为异常值时，可结合异常测点的分布及波形状况确定混凝土内部存在不密实区和空洞的范围。

2.3.2 冲击—回波法检测混凝土的质量

2.3.2.1 冲击—回波法的应用范围

由加拿大国家标准局技术研究院和美国 Cornell 大学联合开发研究的 Docter 冲击－回波仪于 1992 年 4 月正式成为商业产品，它对冲击－回波检测技术的深入研究及工程实际应用起了促进的作用。实验室理论研究和现场检测应用证明了冲击－回波法可运用如下检测工作：

（1）对有/无沥青层的板进行分层质量检查；

（2）桥梁沥青覆盖层下防护层完整性的检查；

（3）钢筋密集区混凝土裂缝、空隙和蜂窝缺陷的检测；

（4）由于钢筋腐蚀引起周边混凝土脱粘疏松状况；

（5）测定表面开裂的深度；

（6）后张法预应力管道填充质量的检查；

（7）两层间孔隙的检查；

（8）补修后工程质量的检查；

（9）板状结构厚度的测量；

（10）估计碱骨料反应或冻融循环损伤程度等。

Docter 仪可以检测各种几何形状，如板、梁、柱、轴和管状结构的质量，具有较强的人工智能，采用 Mark Ⅰ冲击器，测试最大深度达 2m，而用 Mark Ⅱ则可测得更深，每次检测只需要 1～2s，检测结果可即时显示在计算机屏幕上。

2.3.2.2 测试原理

如图 2－27 所示，仪器通过机械冲击器向物体表面发送短周期应力脉冲波，其中压缩波（P 波）在物体上传播过程，遇到内部缺陷（如裂缝宽度 > 0.03mm，波便不能穿透而产生反射），或表面边界时便发生反射，波反射至表面后还继续往返反射，产生一个瞬时共振条件，P 波每次返回表面都会发生一个很小的位移，被安置在测点附近的位移传感器所接收，仪器记录了 P 波在时域内传播波形，P 波自表面入射至底面，再返回表面，其传波的时间 T 大致等于两倍的路径（$2D$）除以材料中的波速 C_p，故而构件的厚度数值上等于：

$$D = C_p \cdot \frac{T}{2} \tag{2-57}$$

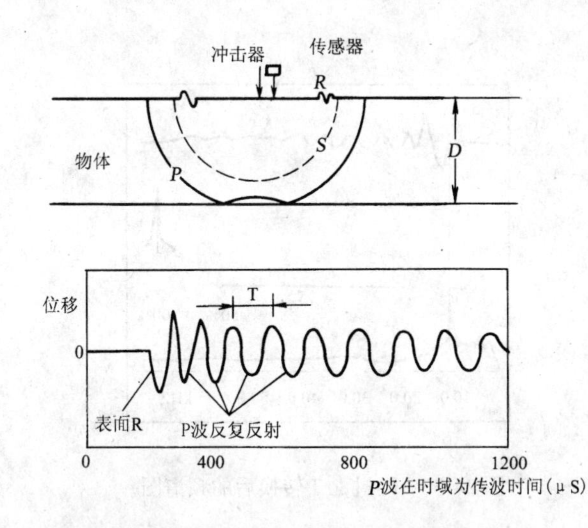

图2-27　冲击-回波法检测原理示意图

设 P 波每返回一次的时间T为周期，通过FFT转换技术，把时域分析变换为频域的分析，用周期倒数频率（f）表达，构件的厚度（或缺陷的隐存深度）数值上等于：

$$D = \frac{C_P}{2f} \tag{2-58}$$

使用FFT计算，若试体厚度已知且密实，则 P 波的波速便可获得，一旦波速确定，且选择正确的冲击器，就可采用单面测试法准确地测得裂缝位置和深度。

图2-28~图2-30表示Docter仪检测、分析和综合的典型波形与结果。图2-28显示实测波形，可见首先记录了 R 波，紧接着是逐渐削弱的 P 波；图2-29是频谱图与构件厚度的关系（总厚为100%）；图2-30是经过FFT转换后的频谱图。

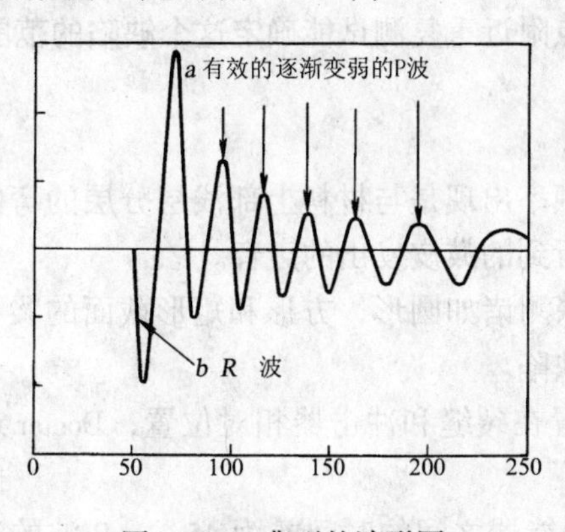

图2-28　典型的波形图

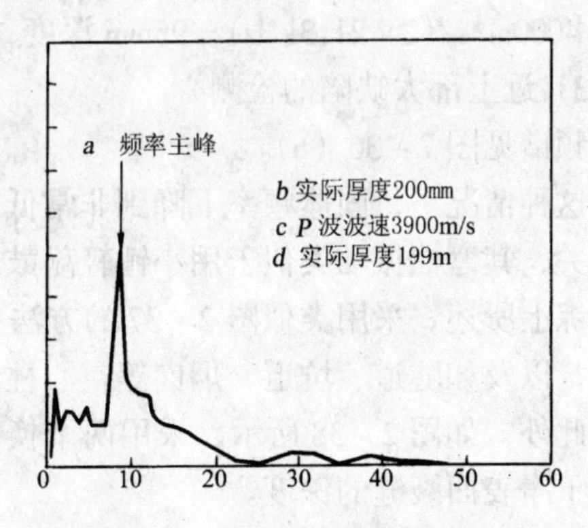

图2-29　根据上图波形求得的频率图谱

在混凝土表面作用一个窄的脉冲，传感器首先记到表面波 R，P 波进入试体向下传播，并在试体底面、表面之间作多次衰减振荡（图2-28）。经快速傅立叶变换（FFT），显示随幅度变化频谱图，根据频率主峰值与 P 波的反射深度之间研究所建立的关系，获得密实试体厚度值（图2-29）。当频率主峰有偏移时，则表明被测处存在有缺陷，当频率主峰伴有一个较小的频率峰值，表明 P 波从缺陷顶部处反射，这个特性表示较小缺陷的存在及其深度。

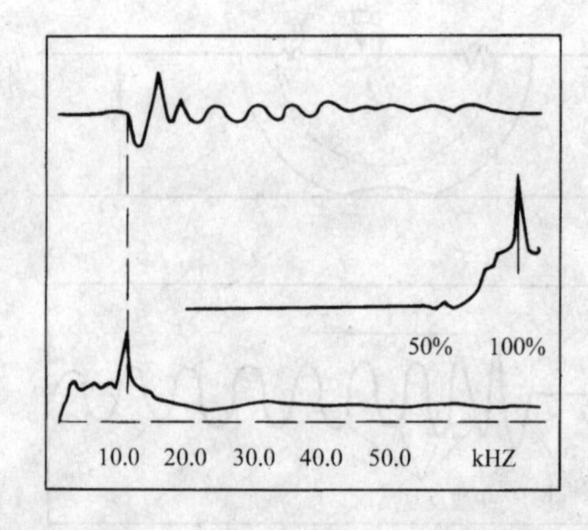

图 2-30 经过 FFT 转换后的频谱图

2.3.2.3 实测谱图例

(1) 冲击 - 回波法在 0.25m 厚固体板上测试的结果，见图 2-31。

(2) 模拟裂缝板结构冲击 - 回波法测试结果，见图 2-32。

(3) 近表面裂缝板结构冲击 - 回波测试结果，见图 2-33。

(4) 缺陷大小、深度不同，冲击 - 回波法检测状况。

1) 小缺陷的检测见图 2-34。固体频率降低到 8.1kHz，表明 P 波传播距离 2×200mm (2D 路径) 长，适当选择冲击器，便有一个 16.8kHz 附加峰，表明在 4000m/s (2×16.8kHz) = 119mm 深度存在一个比较小的缺陷。

2) 试体中间大缺陷的检测

频谱见图 2-35 (b)。

从图可见只有 21.1kHz 频率，由于存在较大缺陷，P 波无法绕过缺陷运行，这个缺陷存在于 4000m/s/(2×21.3kHz) = 95mm 深度，在冲击点附近重复测试能确定这个缺陷的范围。

3) 近上部大缺陷的检测

频谱见图 2-36 (b)。

这种情况下，固体频率下降到非常低，这种频率出现是与材料上部浅层分层的弯曲振动有关，其弯曲振动类似于用小锤轻敲鼓表面所听到的鼓皮发出的声音。

综上所述，采用类似图 2-37 的方法，能够探测诸如圆形、方形和矩形截面的梁、柱构件，以及如隧道、坑道、烟囱等空心柱结构的缺陷。

此外，如图 2-38 所示，采用两个换能器布置在裂缝和冲击器相对位置，Docter 还能确定干净表面裂缝的深度。

图例中，A 距离为 50mm，测得 P 波到达两换能器之间的时间差为 45μs。P 波的速度为 3900m/s，确定表面开裂缝的深度为 100mm，用取芯证实冲击回波法所确定的裂缝深度与实际的深度误差在 5%之内。

2.3.3 **声发射技术**

2.3.3.1 声发射的基本概念

在工程材料受力过程中，由于内部存在不同性质的缺陷或微观构造不均匀性，产生局部应力集中造成不稳定的应力分布。不稳定的高能状态向稳定的低能状态转化是通过材料的塑性变形、裂缝产生与扩展直至失稳断裂而完成的。在应力松弛过程中释放的应变能，一部分以应力波的形式发射和传播，即称为声发射（Acoustic Emission)。

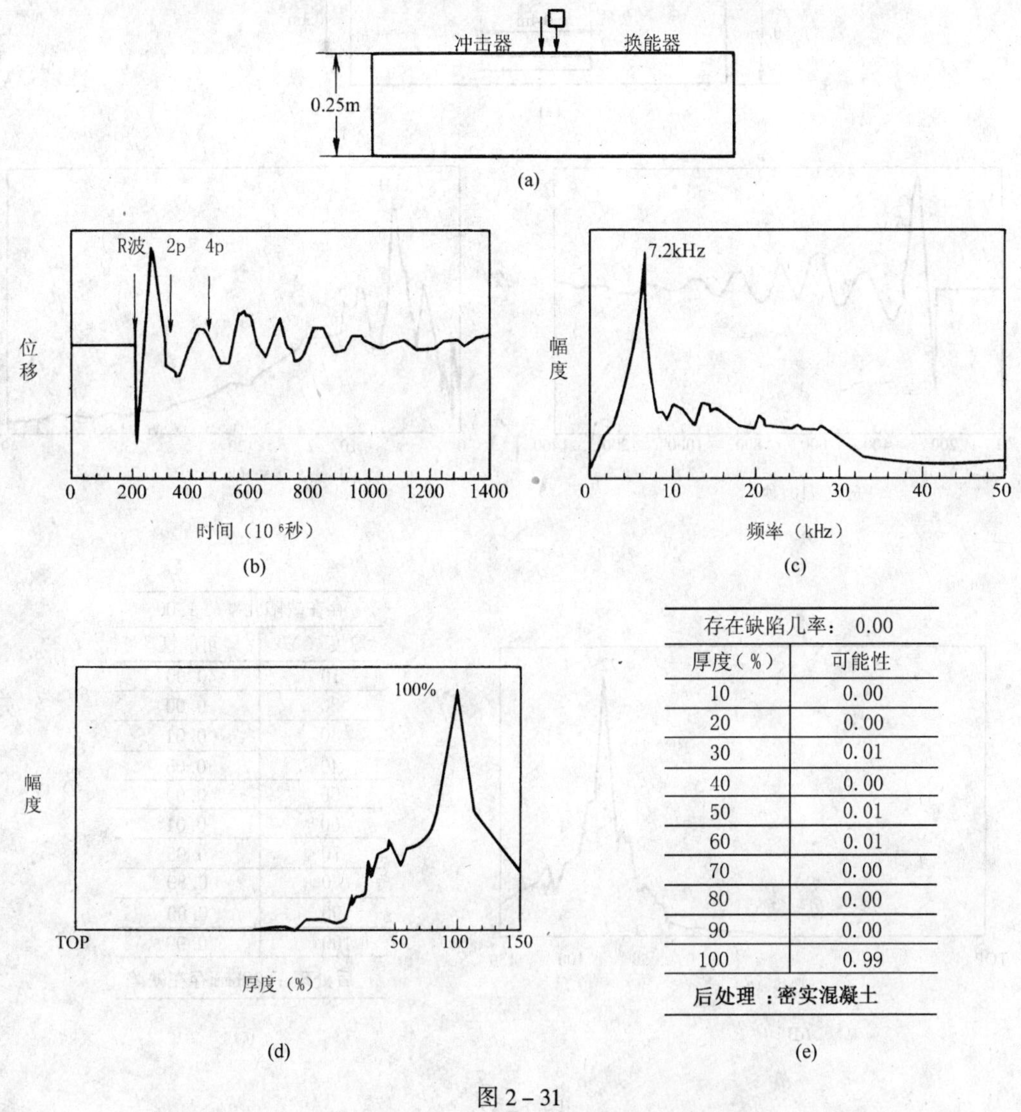

存在缺陷几率：0.00	
厚度（%）	可能性
10	0.00
20	0.00
30	0.01
40	0.00
50	0.01
60	0.01
70	0.00
80	0.00
90	0.00
100	0.99
后处理：密实混凝土	

图 2－31

(a) 断面与测试装备；(b) 时间表面位移波形；(c) 频谱图；
(d) 幅度与厚度关系图；(e) 网络和后处理结果

声发射是材料内部在发生形变或断裂而自发产生的应力波。它是一种常见的物理现象。例如弯曲树枝伴有“噼啪”响声，预示着树枝内部状态的变化和折断的先兆；在弯曲锡片时，由于孪生变形，可以听见“锡鸣”，钢、铁、铝和铜等，受力时由于微观滑移产生塑性变形，有较弱强度的声发射；金属材料的断裂韧性试验，裂缝产生、稳定扩展进入失稳扩展的全过程，均有声发射；材料从高温冷却的过程，内部结构从不稳定向稳定状态的转变，释放多余的能量也有声发射；至于复合材料、陶瓷、岩石、混凝土等不均质材料，受力则具有较高能量级的声发射。总之，材料受力普遍具有声发射的特征。它为声发射技术的应用开拓了广阔的前景。

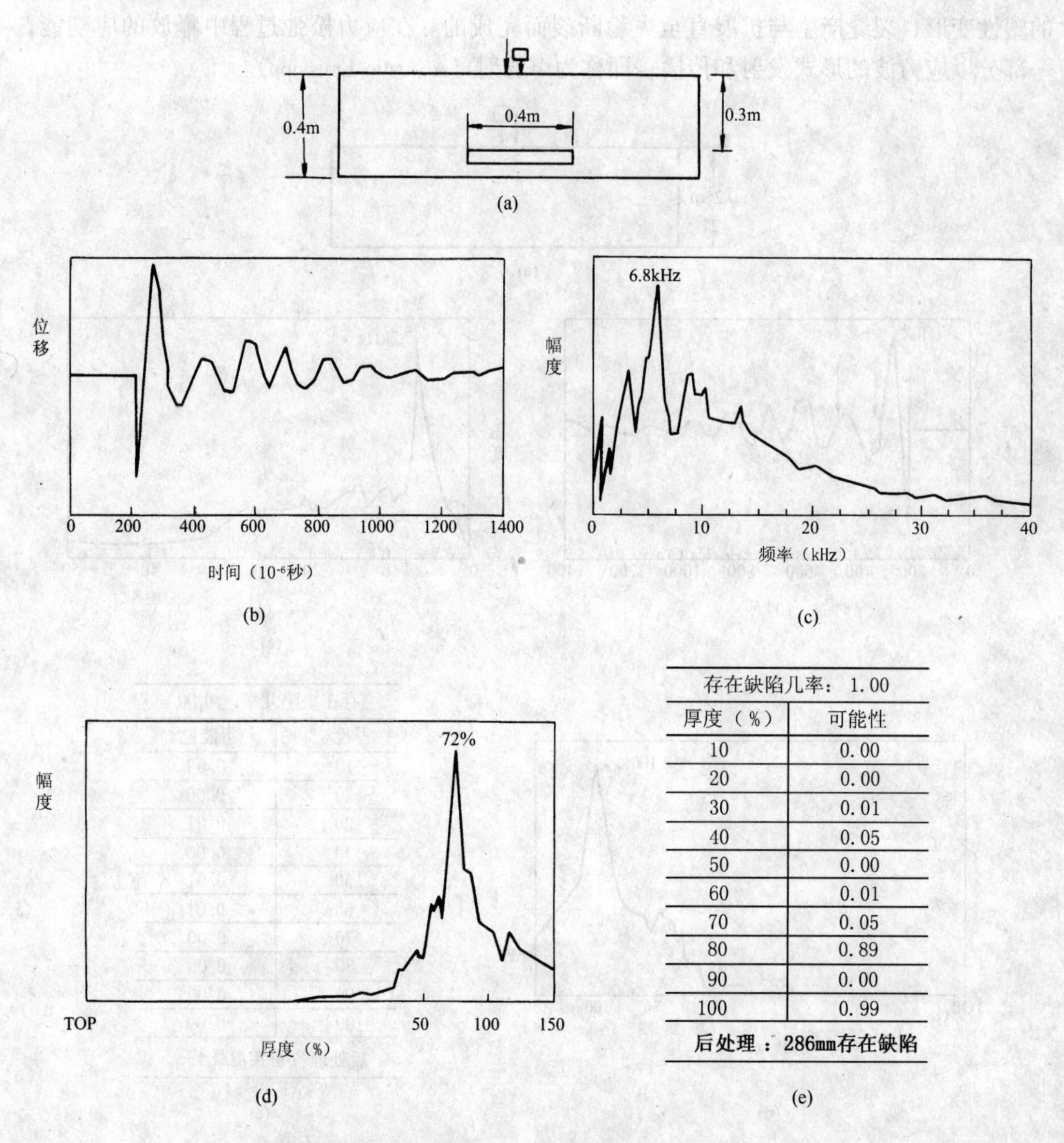

存在缺陷几率：1.00	
厚度（%）	可能性
10	0.00
20	0.00
30	0.01
40	0.05
50	0.00
60	0.01
70	0.05
80	0.89
90	0.00
100	0.99
后处理：286mm存在缺陷	

图 2-32
(a) 构件断面和试验装置示图；(b) 时间表面位移波形；(c) 频谱图；
(d) 幅度与厚度关系图；(e) 网络和后处理结果

材料声发射的特征和强弱程度，携带着材料组织结构变化的动态信息。它是材料性能的研究、监测和预报构件运转过程的形变、疲劳、失稳等危险信息动态检测的有效手段。但声发射的信号一般比较微弱，频率又高，通常人耳不能直接听见，需要借助灵敏的电子仪器才能检测出来。用仪器检测、分析声发射信号，以及利用声发射信号推断声发射源和材料性能的技术，称为声发射技术。

由于物体发射出来的每一个信号携带着反映物体内部的组织构造、缺陷性质和状态变化的信息，而声发射检测的基本原理就是采用外部条件（如力、热、电、磁等）的作用而诱导物体发声。声发射检测系统担负接收和放大这些信号，并加以处理、分析，进一步推断材料性质和状态的变化。

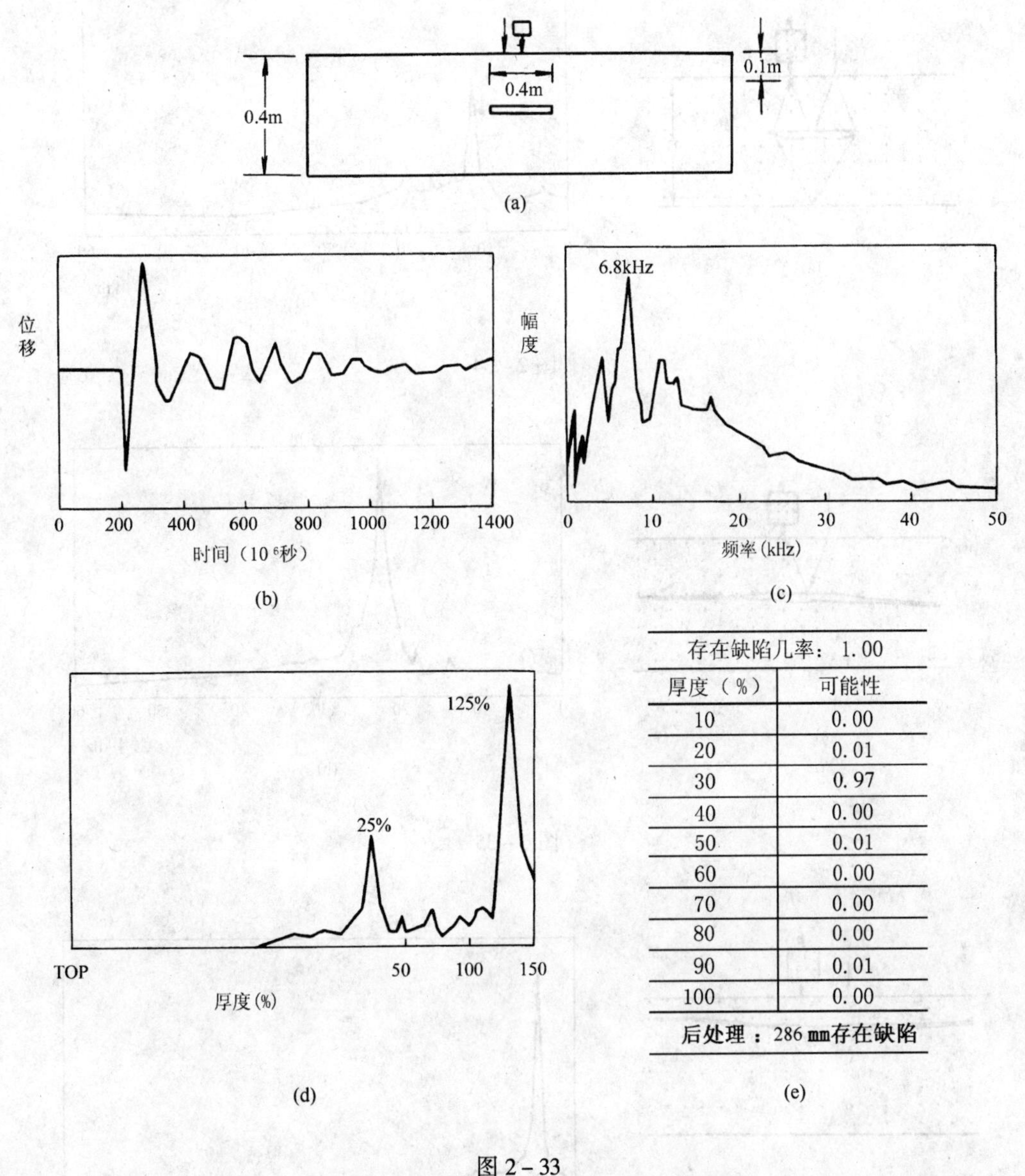

存在缺陷几率：1.00

厚度（%）	可能性
10	0.00
20	0.01
30	0.97
40	0.00
50	0.01
60	0.00
70	0.00
80	0.00
90	0.01
100	0.00

后处理：286 mm存在缺陷

图 2－33

(a) 断面图；(b) 时间表面位移波形；(c) 频谱图；
(d) 幅度与厚度关系图；(e) 网络和后处理结果

2.3.3.2　声发射技术的特点

(1) 声发射是在材料或构件状态、缺陷发生变化时产生的，它是一种动态的无损检测方法。它可以适时地反映状态或缺陷的动态信息，实行监测和危险报警。

(2) 被检测对象（如缺陷）能动地参加检测的过程。这种声发射是物体内部的缺陷在外力作用下能动地声发射声波，探测者根据所发射的声波特点以及诱发声波的外部条件，能够推知声发射源的位置，了解缺陷的现状和缺陷形成的历史，以及将在实际使用条件下可能发展的趋势。

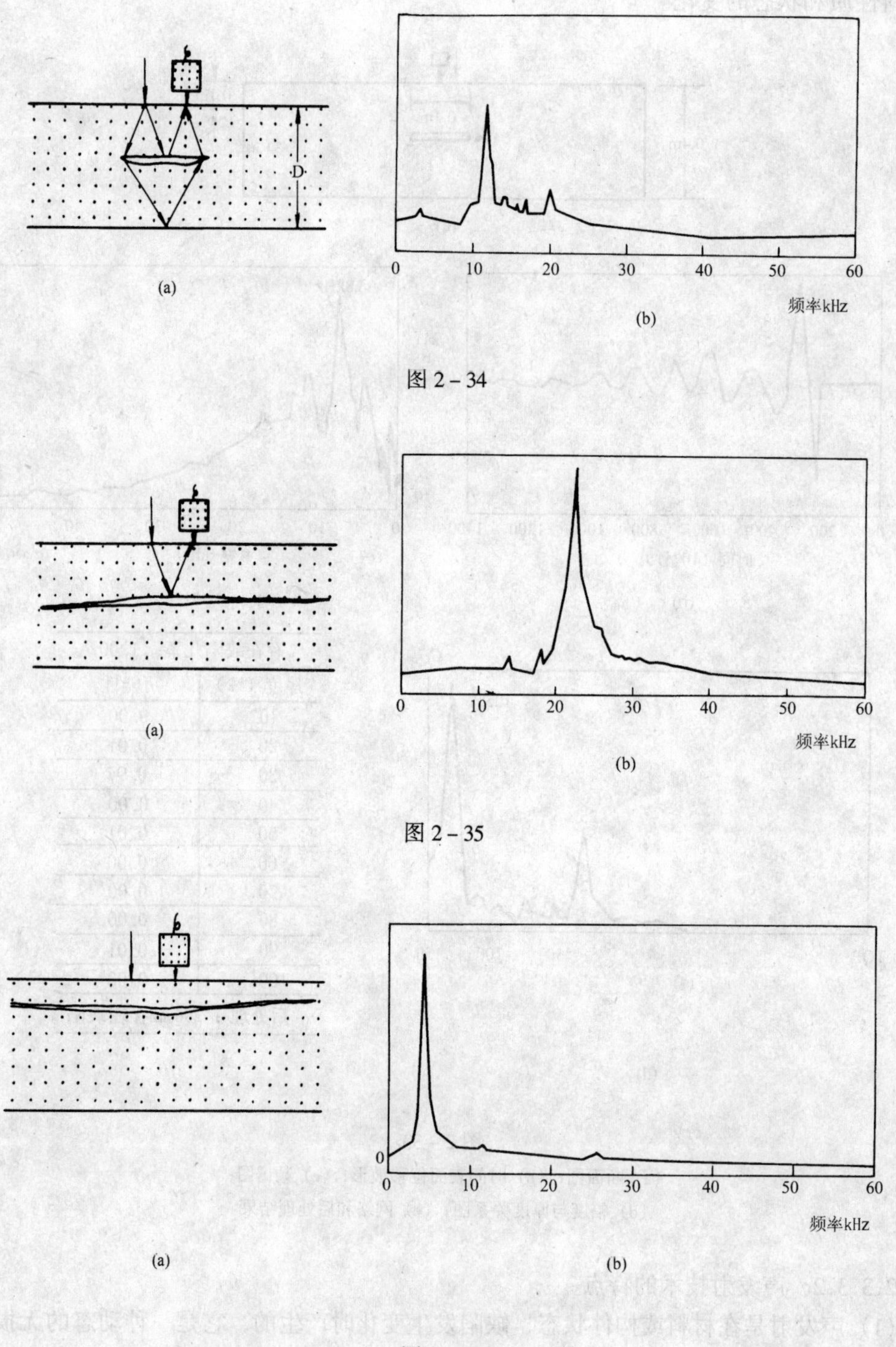

图 2-34

图 2-35

图 2-36

（3）由于材料的塑性变形、裂缝扩展等不可逆性质，所以，声发射也有不可逆性。即试件作重复的加荷实验，只有载荷超过前次的最大荷载才产生声发射，这一现象称为声发射的不可逆效应，也叫做凯瑟（Kaiser）效应。显然，这个现象与材料的塑性变形和破坏有密切的关系。因此，要进行声发射检测，必须知道材料的受力历史，即应在构件第一次受力时进行检测。

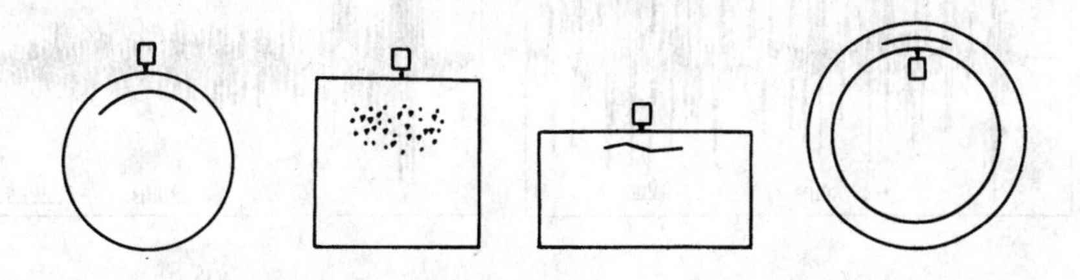

图 2 – 37　冲击回波法探测各种结构缺陷

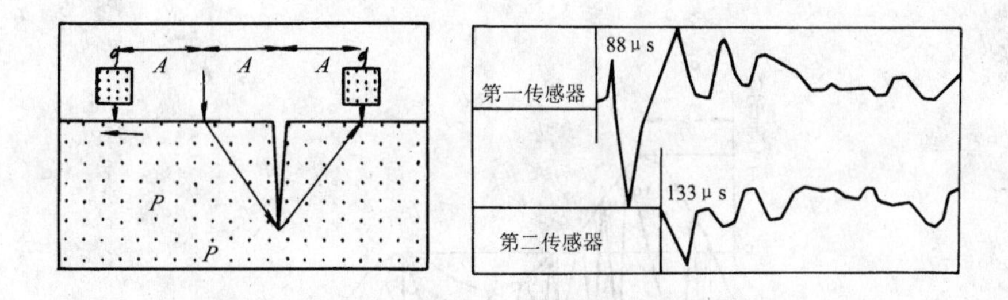

图 2 – 38　确定干净裂缝表面深度

(4) 选择合适的“频率窗口”，提高信噪比，是检测技术的关键。实验表明，各种材料声发射的频率范围很宽，每个发射脉冲包含着一个频率谱，中心频率的声发射信号最强。此外，声发射检测是在不同的环境噪音下进行，因此，声发射检测既要尽量避开强噪音的干扰，又要选择在声发射信号比较强的频段进行，以提高信噪比，减少背景噪声。

(5) 声发射检测几乎不受材料的限制，不需要移动换能器，操作方便，灵敏度高。

声发射信号具有两种基本类型。用示波器观察经放大后的传感器输出，可以看到一种发射次数很多的连续波形，称为连续型声发射。连续型声发射信号的幅度低，仪器测试系统的放大倍数要很高才能观察到。当脆性材料或带裂纹的金属材料在裂纹的不连续扩展时，可以看到幅度高的单个应力波脉冲，这就是突发型声发射。与连续型声发射相比，突发型声发射发生的次数少、幅度大，发生的部位限制在某个区域，脉冲的形状各不相同。图 2 – 39 示出这两种类型的声发射信号。

2.3.3.3　声发射信号的表征参数

(1) 声发射信号的波形

图 2 – 40 表示谐振式换能器所测得的声发射信号波形，横坐标为时间，纵坐标为换能器输出经放大后的电压。当声发射应力波到达换能器时，激发换能器输出电信号，换能器达到谐振状态获得最大的输出幅度 V_p 需要一段上升时间，在图中以 t_r 表示，这个时间大约为几十至几百毫微秒。换能器达到输出最大幅度后，在下一个声发射事件到达之前，由于阻尼逐渐衰减，使输出的信号幅度逐渐减小，衰减快慢与换能器特性有关，通常几微秒至几百微秒。接着，换能器可能接收到反射波或其他型波，使输出信号增大，在信号的时

域波形上出现一个小峰。

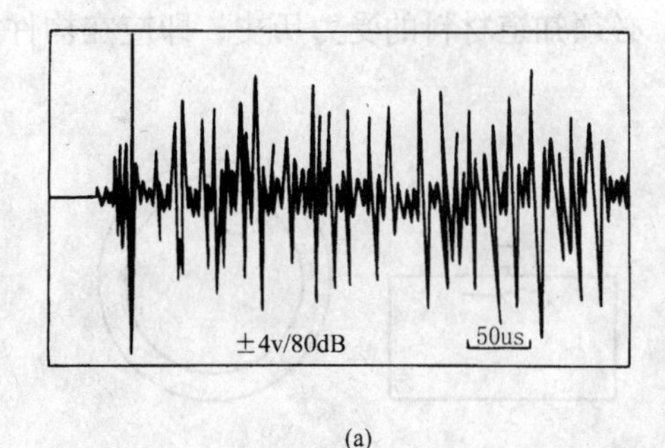

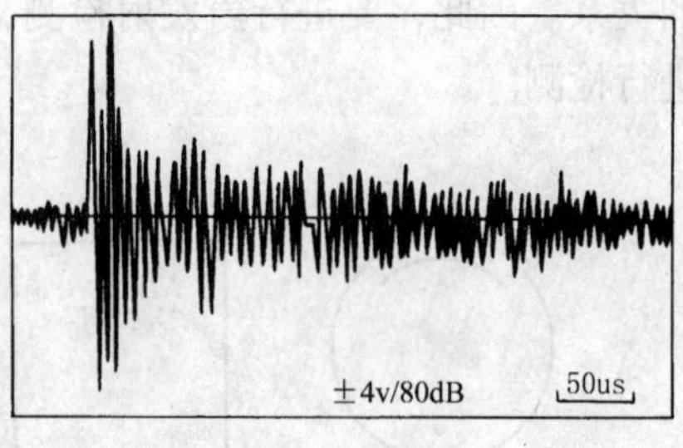

(a) (b)

图 2-39 两种声发射信号

(a) 连续型；(b) 突发型

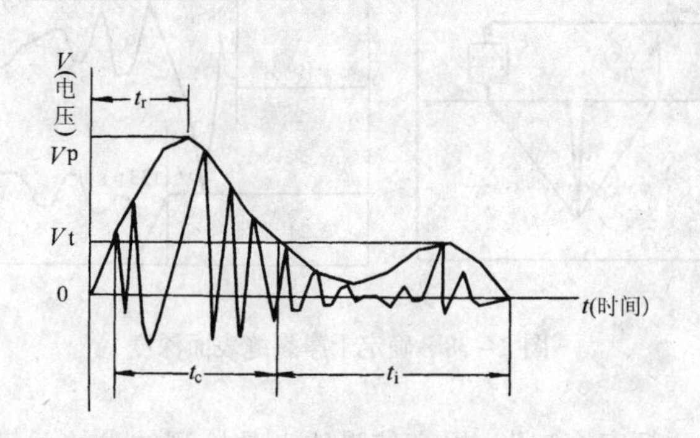

图 2-40 声发射信号的波形

换能器每振荡一次输出一个脉冲称为"振铃"。将振铃脉冲的峰值连成包络线，包络线围成一个大的信号称为声发射"事件"。

在声发射检测中，为了排除噪声和剔除不必要的信号设置门槛电压 V_t。只有当换能器的输出大于门槛电压时才有效，低于门槛电压的信号均被剔除。在时域图形上，从包络线越过 V_t 的一点开始至包络线降到 V_t 的时间称为事件宽度，记为 t_e。在信号处理中，为了防止同一事件的反射信号作为另一个事件处理，设置了试件间隔 t_i，在该时间内出现的信号，仪器不予处理。$t_e + t_i$ 称为事件时间或事件持续时间。

(2) 声发射的测量参数

1) 事件计数

按图 2-40 所示的声发射事件个数的计数处理，是在事件持续时间内计一次数，如在事件持续时间内到达了另一个越过门槛的事件，则当作同一个事件的反射信号处理，不记入计数内。

事件记数，可以计单位时间的事件数目，称为事件计数率，也可以计从试验开始到某一阶段（如试验结果）的事件总数，称为事件总计数。事件总计数对时间的微分即为事件计数率。事件计数方法着重声发射事件出现的数目和频度，而不注重事件的幅度。它相当于裂纹扩展一次产生一个声发射事件，因而，事件计数可以表达裂纹扩展的步进次数。在纤维增强复合材料中，当纤维的体积所占的分数低时，每根纤维断裂一次计一个声发射事件，因此事件计数可以表达纤维断裂的数量。

2）振铃计数

振铃计数是计振铃脉冲直过门槛的次数。图 2－41 表示超过门槛 V_t 的振铃数为 3。以单位时间计振铃数，称为振铃计数率；还可以计某一特定时间的总的振铃计数，如计 1、10、100 个事件中的振铃数。

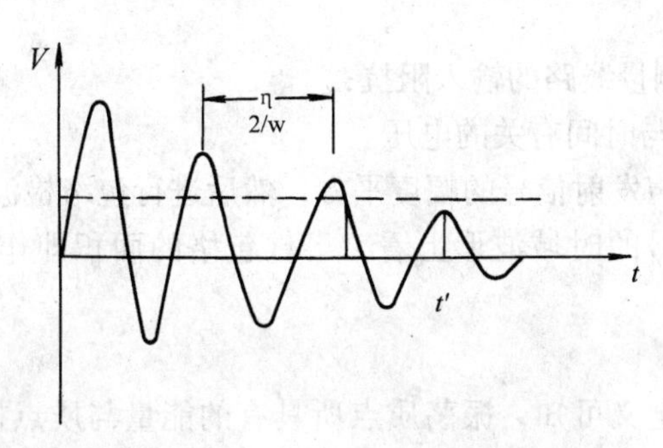

图 2－41　声发射振铃信号阻尼正弦波

振铃计数与换能器的特性、门槛电压的选择、系统增益等因素有关。

一个声发射事件的振铃信号看成阻尼正弦波

$$V = V_p^{e-\beta t}\sin\omega t \tag{2-59}$$

式中　V——瞬时电压；

ω——角频率；

β——衰减系数；

t——时间；

t'——信号振铃下降到门槛电压 V_t 所需要的时间。

如果 t' 比振荡周期（2π）$/\omega$ 长得多，则振铃计数 N 为：

$$N = \frac{\omega t'}{2\pi} \tag{2-60}$$

在实际的声发射测试中，ω、β、V_t 是一定的，振铃计数反映了信号的幅度 V_p 和材料受力弛豫过程释放的应变能 ΔE 的大小。如果将门槛固定，则振铃计数可以表示为：

$$N = D\log V_p \tag{2-61}$$

断裂韧性试件塑性变形的声发射实验，证实了振铃计数与事件幅度成对数关系。

3）能量

振铃计数法使用较多，但这种计数法随信号频率而变；计数只简单地考虑了信号的幅度；计数与重要的物理量之间没有直接的联系。因此，提出了能量测量的方法。

一个瞬变信号的能量定义为：

$$E = \frac{1}{R}\int_0^{\infty} V^2(t)\,dt \tag{2-62}$$

式中 R——电压测量线路的输入阻抗；

$V(t)$——与时间有关的电压。

根据这一定义，将声发射信号的幅度平方，然后进行包络检波，求出包络检波后的包络线所围的面积，从信号的时域波形上看，事件包络的面积即作为信号所包含能量的量度。

4）幅度和幅度分布

从瞬变信号的能量定义可知，振荡质点所具有的能量与质点振荡幅度的平方成正比，因此可以用声发射信号的幅度大小来度量声发射信号的能量。所谓幅度分布，是指按声发射信号峰值的大小分别进行事件计数。表示的方法有两种：

①累计事件幅度分布 $F(V)$

累计事件幅度分布就是统计信号峰值高于 V_i 的事件数。i 通常取 5、10、100 和 1000。以 i 取 10 为例，将放大器的输出动态范围按线性或对数的规律分 10 等分即 10 档，每档有一个下限电平，当接收到的声发射事件的峰值幅度大于某一档的下限电平时，所有下限电平低于这一档的计数器都计一次数。可见 $F(V)$ 是 V_i 的函数，由实验指出其关系为：

$$F(v) \propto V_i^{-b} \tag{2-63}$$

此式取对数绘成图形是一直线，指数 b 是直线的斜率。

②微分事件幅度分布 $f(V)$

微分事件幅度分布是指各档分别对事件进行计数，即幅度位于 V_i 到 V_{i+1}之间的声发射事件数。它以 X 轴为幅度档、Y 轴为各档的事件计数的直方图表示。

通常声发射参数测量中，有关声发射信号的计数分析记录的事件、振铃计数、声发射率和振铃总计数，如图 2－42 所示。

2.3.3.4 影响材料声发射特性的因素

声发射技术主要应用于材料研究、工艺过程的质量控制和评价构件的结构完整性等三个方面。这些应用均以材料的声发射特性研究为基础。不同材料声发射特性差异很大，即使对同一材料，影响声发射的因素也十分复杂，如组织结构、试件形状、加载方式、受载历史、温度、环境气氛等差异，就有不同的声发射特性。同一试件的条件相同，由于试件中的声发射源不同，也表现出不同的声发射特性。

影响声发射信号强度的因素在表 2－26 中作了相对的比较。

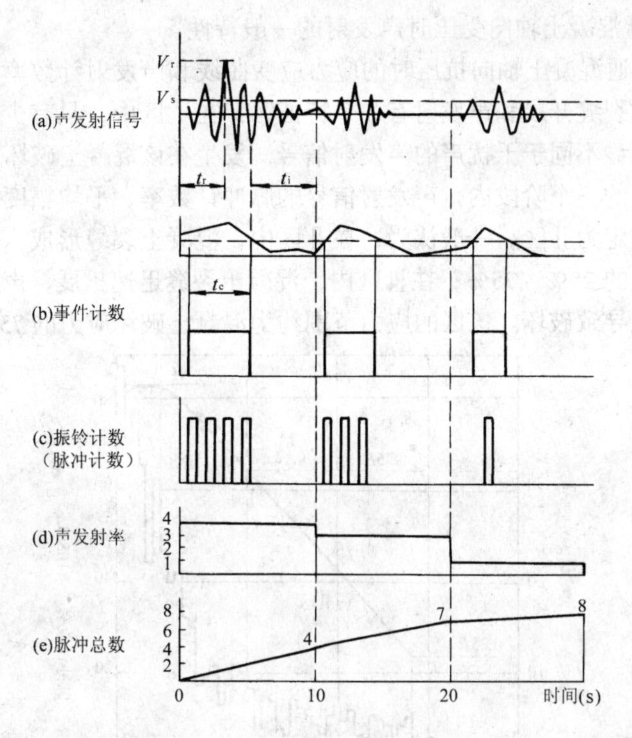

图 2－42　声发射信号的计数分析

(a) 声发射信号；(b) 事件计数；(c) 振铃计数（脉冲计数）；(d) 声发射率；(e) 脉冲总数

影响声发射信号强度的因素　　**表 2－26**

产生高幅值信号的因素	产生低幅值信号的因素
高强度材料	低强度材料
高应变速率	低应变速率
各向异性	各向同性
不均匀材料	均匀材料
厚断面	薄断面
孪生材料	非孪生材料
解理型断裂	剪切型断裂
低温	高温
有缺陷的材料	无缺陷的材料
马氏体相变	扩散型相变
裂纹扩展	范性变形
铸造结构	锻造结构
粗晶粒	细晶粒
复合材料的纤维断裂	复合材料的树脂断裂
辐射过的材料	未辐射过的材料

2.3.3.5 普通混凝土轴向受压时声发射的一般特性

图 2-43 为普通混凝土轴向抗压时的应力应变曲线和声发射计数率直方图之间的相应关系。从图中可见裂缝开展和声发射有 3 个特征区：在Ⅰ区中，只有少数声发射事件，信号幅度也较低。明显不同于干扰声的声发射信号，发生在该混凝土破坏应力的 15%～25%的范围内；在此后的一个阶段内，声发射信号的脉冲计数率、平均幅度或事件计数率均无显著增长，该区被定为Ⅱ区。一般认为，在Ⅱ区内，混凝土裂缝形成，并稳态地扩展，其范围约为破坏荷载的 25%～75%；在Ⅲ区内，混凝土裂缝迅速扩展，声发射计数率急剧增大，说明裂缝失稳导致破坏。该区的应力范围约为混凝土破坏应力的 75%～90%。

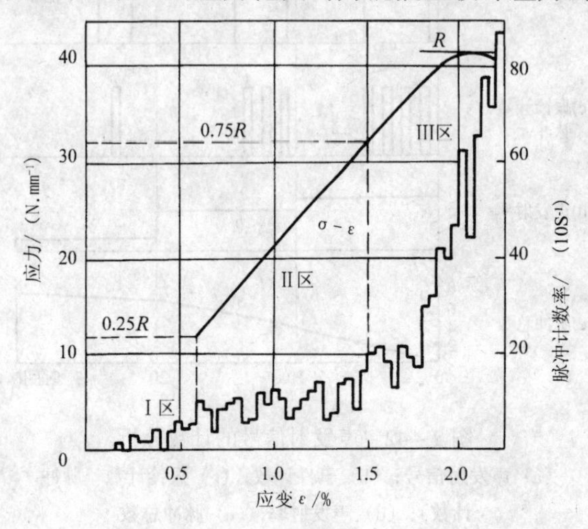

图 2-43 普通混凝土轴向应力作用下的声发射特性

以上分析说明，分析声发射既可得出混凝土内部结构破坏的发展过程，又可得出破坏的方式。但一般计数法，如脉冲计数率、脉冲总数、事件计数率或事件总数等，主要反映了结构破坏的过程，而对破坏方式即时每次声发射的强烈程度是不敏感的。如果需要更确切地了解破坏方式和损伤程度，则应对声发射信号进行能量分析（或脉冲面积分析）、幅度或幅度分布分析、频谱分析等等。在大多数情况下，采用脉冲总数、脉冲面积（或能量）、脉冲幅度等 3 种分析，就能较好地反映结构破坏的过程和方式。

2.3.3.6 混凝土声发射的凯塞效应

当材料被加荷时，有声发射信号发生，若卸去荷载后第二次再加载，则在卸荷点以前不再有发射信号，只有当荷载超过第一次加载的最大荷载（即卸荷点）后，才有声发射出现，这种现象称为声发射的不可逆效应。由于它是凯塞（J. Kaiser）首先发现的，所以又称为凯塞效应。

混凝土的凯塞效应，基本上决定于加荷以后的恢复时间和先加荷载所达到的应力水平。图 2-44 表明了先加载应力水平的影响。图 2-44（a）示出了预先加荷到极限应力的 36%，然后卸荷，再加荷至破坏的普通混凝土试件脉冲总数。从图中可见，在第二次加荷时，在卸荷点以前显然没有声发射信号产生。图 2-44（b）示出了同样的混凝土试件，预先加荷至极限荷载的 76%后卸荷，然后再加载至破坏的普通混凝土试件脉冲总数。在这种情况下，在卸荷点以前很短的范围内已有声发射发生。据前所述，当相对应力达到应力水平的76%时，混凝土中裂缝的形成有两种不同的状态，该应力水平值与从Ⅱ区转到Ⅲ区的值相吻合（图2-43）。

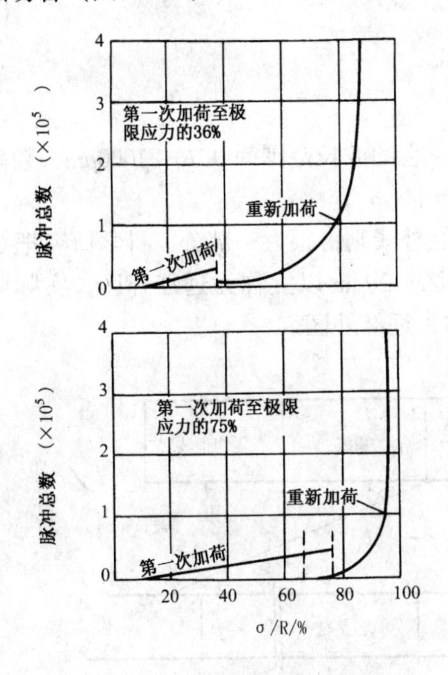

图2-44　普通混凝土声发射的凯塞效应

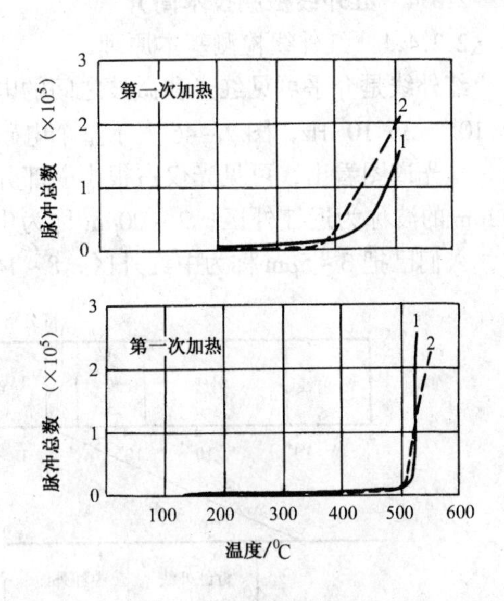

图2-45　普通混凝土（含硅质材料）的热应力凯塞效应

对二次加荷间隔时间较长情况的研究表明，凯塞效应随着恢复时间周期的延长而减弱，这是由于硬化水泥浆粘塑性的作用造成的。这种恢复现象与第一次加荷的应力水平无关。恢复过程使脉冲总数和脉冲面积总数重新上升。恢复期长短的影响自28d后减轻。

总之，原则上混凝土的声发射凯塞效应与恢复期（即卸荷至第二次加荷的时间）的长短有关，而且还与第一次加荷时所达到的应力水平有关，随着第一次加荷时应力水平的提高，凯塞效应越来越不显著。

此外，在热应力作用下，混凝土的声发射现象也存在凯塞效应。图2-45示出了一例普通混凝土热应力凯塞效应。

显然，凯塞效应实质上记录了混凝土曾经承受过的应力。换而言之，利用混凝土声发射特性的凯塞效应，人们有可能对该混凝土的受力历史作出判断。

2.3.3.7　声发射在混凝土中的应用前景

声发射技术虽然尚有许多问题有待进一步研究，但它已在许多场合被应用。例如在混凝土性能的研究中，用来测定混凝土的初裂应力，以确定断裂参数。此外，用声发射技术分析混凝土的破坏过程，以确定各种不同混凝土在整个受力过程中的力学行为，这些都是其他试验方法所无法胜任的。

它在工程监测中的应用也越来越受到人们的重视。例如用于正在运行中的核电站混凝土结构安全性监视，通过预先布置的传感器，对可能发生的损伤进行检测、定位、分析和监视，以便及时发现问题，并确定其在规定运行年限内对结构安全性的影响程度。在市政工程、桥梁、房屋建筑等工程中，声发射技术也已开始受到重视，目前已成功地应用于混凝土框架和板的检测，表明声发射技术对混凝土构件中裂缝的发展，具有灵敏的识别、定位和分析能力。

2.3.4　红外线检测技术简介

2.3.4.1　红外线检测基本原理

红外线是介乎可见红光和微波之间的电磁波，它的波长范围为 0.76 ~ 1000μm，频率为 $4\times10^{14}\sim3\times10^{11}$Hz，图 2-46 表示整个电磁辐射光谱。

从光谱图看出，可见光仅占很小一部分，而红外线则占很大一部分，科学研究把 0.76 ~ 2μm 的波称为近红外区；2 ~ 20μm 称为中红外区；20μm 以上称为远红外区，实际应用中，人们已把 3 ~ 5μm 称为中红外区，8 ~ 14μm 称为远红外区。

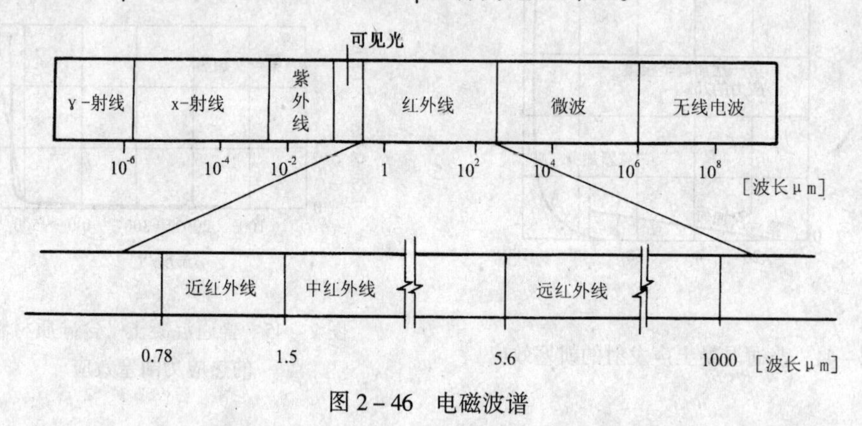

图 2-46　电磁波谱

在自然界中，任何高于绝对温度零度（-273℃）的物体都是红外辐射源，由于红外线是辐射波，被测物具有辐射的现象，所以，红外无损检测是测量通过物体的热量和热流来鉴定该物体质量的一种方法，当物体内部存在裂缝和缺陷时，它将改变物体的热传导，使物体表面温度分布产生差别，利用遥感技术的检测仪测量物体的不同热辐射，可以查出其缺陷位置。

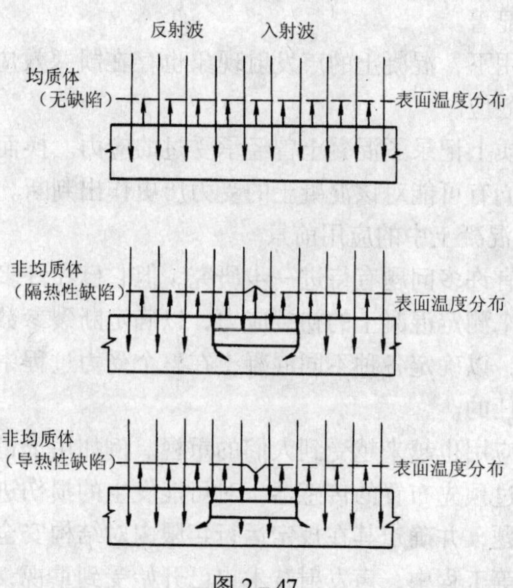

图 2-47

图2－47　表示向物体注入热量，从物体表面辐射状况来测量温度分布的方式。图2－48表示热流通过物体内部的传导，从背面测量温度分布的方式。

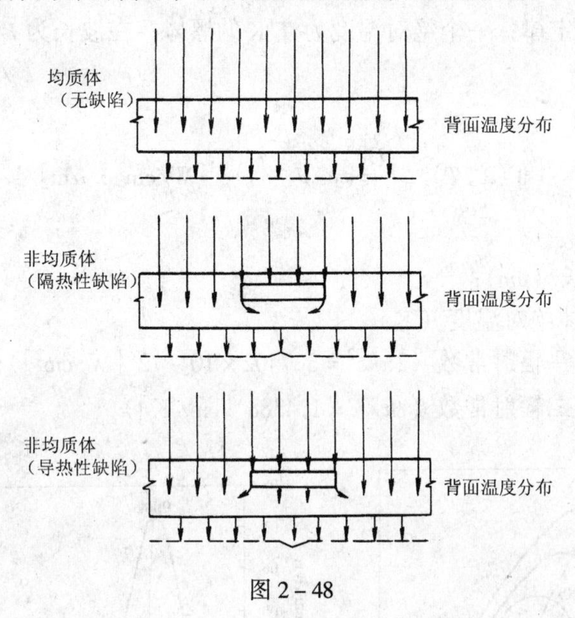

图2－48

从图中可以看出，热流注入是均匀的，对于缺陷的物体，正面和背面的温度场分布基本上是均匀的；如果物体内部存在缺陷，将使缺陷处的温度分布产生变化。对于隔热性的缺陷，正面检测方式，缺陷处因热量堆积将呈现"热点"，背面检测方式，缺陷处将呈现低温点；而对于导热性的缺陷，正面检测方式，缺陷处的温度将呈现低温点，背面检测方式，缺陷处的温度将呈现"热点"，因此，采用热红外测试技术，可较形象地检测出材料的内部缺陷和均匀性。

前一种检测方式，常用于检查壁板、夹层结构的胶结质量，检测复合材料脱粘缺陷和面砖粘贴的质量等；后一种检测方式可用于房屋门窗、冷库、管道保温隔热性质的检查等。

红外检测技术具有如下特点：

(1) 探测器焦距20cm～无穷远，适用于非接触大面积的遥测；

(2) 探测器只响应红外线，故白天、黑夜均可以工作；

(3) 红外热象仪温度分辨率高达0.1～0.02℃，探测变化温度的精度高；

(4) 测温范围－50～2000℃，应用领域宽；

(5) 摄像速度1～30帧/秒，可作静、动态目标温度变化的探测。

2.3.4.2　红外线辐射特性

(1) 辐射率

物体的热辐射总是从面上而不是从点上发出来的，其辐射将向平面之上的半球体各个方向发射出去，辐射的功率指的是所有各方向的辐射功率的总和，而一个物体的法向辐射功率与同样温度的黑体的法向辐射功率之比称为"比辐射率"，简称为辐射率。所谓黑体是对于所有波入射光（从γ射线到无线电波）能全部吸收而没有任何反射，即吸收系数为1，反射系数为0。

热像仪光学系统的参考黑体是不可缺少的部件，它提供一个基准辐射能量，使热像仪据此能够进行温度的绝对测量。

根据普朗克辐射定律：一个绝对温度为 T°K 的黑体，在波长为 λ 的单位波长内所辐射的能量功率密度为

$$W(\lambda, T) = \frac{C_1}{\lambda^5}(e^{e\frac{C_2}{\lambda T}} - 1)^{-1}[\mathrm{W/cm^2 \cdot \mu m}] \tag{2-64}$$

式中 λ——波长（μm）；

T——黑体绝对温度（℃K）；

C_1——第一辐射常数（$2\pi hc^2 = 3.7402 \times 10-12$ [W·cm²]）；

C_2——第二辐射常数（$ch/k = 1.4388$ [cm·℃K]）。

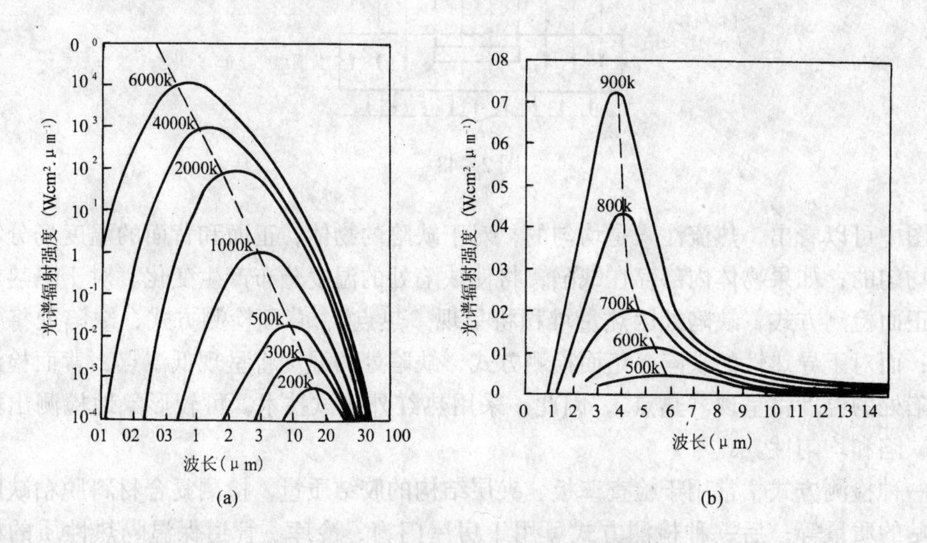

图 2-49 黑体波长辐射能量与温度的关系

（a）对数坐标；（b）线性坐标

根据普朗克定律可知，一个物体的绝对温度只要不为 0，它就有能量辐射。图 2-49 表明黑体波长辐射能量与温度的关系，辐射能量对于波长的分布有一个峰值，随着温度的升高，峰值所对应的波长越来越短，峰值波长的位置按 $\lambda_p = 2890/T$ 方向移动。处于室温的物体（$T \approx 3000$K 左右），由上式可以估算其辐射能量的峰值波长 $\lambda_p \approx 10\mu$m。从图中可见，温度较高的分布曲线总是处于温度较低的曲线之上，即随着温度升高，物体辐射的能量在任何波长位置总是增加的。

为了解释温度和辐射能量之间的关系，斯蒂芬－玻尔茨曼对波长从 0～无穷大，对式（2-64）进行积分，得出黑体在某一温度 T 时所辐射的总能量，表明前面曲线包络下单位面积的红外线能量。

$$W = \int_{\lambda=\infty}^{\lambda=\infty} w_\lambda d\lambda = 2\pi^5 K^4 T^4 / 15 C^3 h^3 = \sigma T^4 [\mathrm{W/cm^2}] \tag{2-65}$$

式中 σ—斯蒂芬－玻尔茨曼常数（5.673×10^{-12} [W/cm^2℃K^{-4}]）；

λ——波长 [μm]；

T—黑体的绝对温度 [℃K]。

上式可阐述红外线能量和黑体温度之间的关系，物体辐射的总能量随着温度4次幂非线性关系而迅速增加，对辐射信号进行线性化，则根据所测得的能量就能计算出温度值。

物体的温度越高，发射的辐射功率就越大，在绝对黑体中，任何物体在520°~540°的辐射波长达到暗红色的可见光，温度再高，颜色由暗红变亮，6000℃K的太阳光辐射波长为0.55μm，呈白色。

（2）红外线辐射的传递

当红外线到达一个物体时，将有一部分红外线从物体表面反射，一部分波被物体吸收，一部分透过物体，三者之间的关系为：

$$\alpha+\beta+T=1 \tag{2-66}$$

式中 α——吸收系数（发射率）；

β——反射系数；

T——透射系数。

如果物体不透射红外线，即 $T=0$，则有 $\alpha+\beta=1$，理论上可证明一个物体的吸收系数和它的发射率 ε 是相等的，即 $\alpha=\varepsilon$，故对于不透射红外线的物体：

$$\varepsilon+\beta=1 \tag{2-67}$$

对于黑体 $\varepsilon=1$，$\beta=0$，即吸收全部入射能量，但我们周围的物体一般都可用“灰体”来模拟，即吸收系数 $\varepsilon<1$，反射系数 $\beta\neq0$，一个物体的辐射率 ε 大小决定于材料和表面状况，它直接决定了物体辐射能量的大小，即使温度相同的物体，由于 ε 不同，所辐射的能量大小是不相同的，若要温度值测得正确，辐射率必须接近1或加以修正，纠正辐射率意味着通过计算把被测的辐射率接近1，参考基尔霍夫定律，减小反射率和透射率比例，可形成黑体，例如对任何被测物体打一个恒温封闭的小洞，或涂上黑漆使辐射率 ε 为1。

此外，测量仪器所接收到的红外线，包括大部分来自目标自身的红外线，以及周围物体辐射来的红外线，只有把物体表面辐射率和周围物体辐射的影响同时考虑，才能获得准确的温度测量结果。

（3）红外线的大气运输

处于大气中物体辐射的红外线，从理论计算和大气吸收实验证明，红外线通过大气中的微粒、尘埃、雾、烟等，将发生散射，其能量受到衰减，衰减程度与粒子的浓度，大小有关，但在3~5μm和8~14μm波段，大气对红外线吸收比较小，可认为是透明的，称之为红外线的“大气窗口”，见图2－50。

根据理论分析，双原子分子转动振动能级，正处在外线波段，因而这些分子对红外线产生很强的吸收，大气中水汽、CO_2、CO和O_3都属于双原子分子，它们是大气对红外线

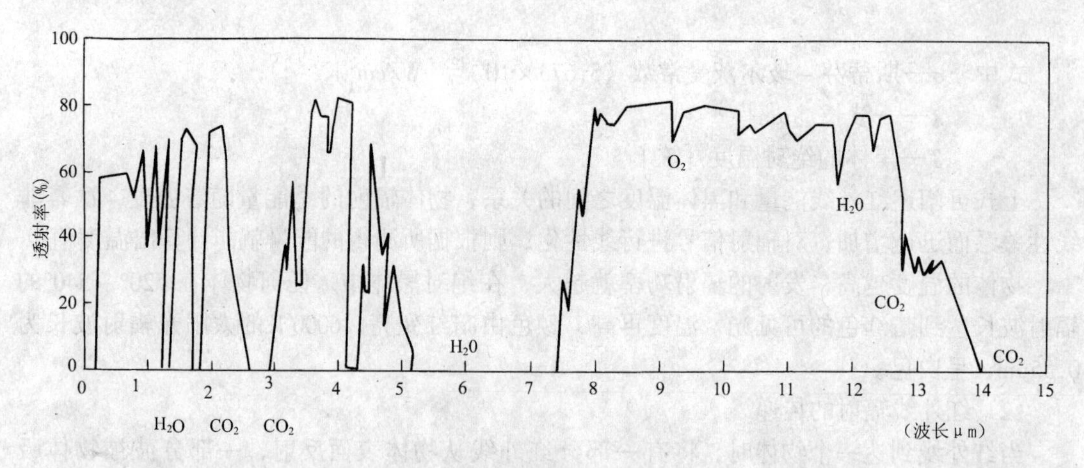

图2-50 红外线的"大气窗口"

吸收的主要成分，且形成吸水带，如水汽吸收带在2.7、3.2、6.3μm，CO_2 在2.7、4.3、1.5μm，O_3 在4.8、9.5、14.2μm，N_2O 在4.7、7.8μm，CO在4.8μm。

因而，在使用热象仪时，要尽量避免目标与热象仪之间水汽、烟、尘等影响；即设法使这种气氛对测量所选用的红外线波段没有吸收或吸收很小，使测量更为准确。国外进口几种热象仪性能表见表2-27。

2.3.4.3 红外线检测技术的应用

红外检测技术已广泛用于电力设备、电路安全运转检查，石化管道泄漏、冶金炉衬损伤、宇航胶结材料质量的检测和山体滑坡的预报检测。在建筑工程质量检测中，已经在以下几个方面得到了应用：

(1) 建筑外墙剥离的检测

新旧建筑墙体砂浆粉刷层剥离，将导致渗漏，大面积脱落，可能酿成重大事故。墙身缺陷和损伤的存在，便降低了热传导性，太阳照射后的热辐射和传导，使缺陷、损伤处的温度分布与质量完好的面层的温度分布产生明显差异，经红外成像高精度的温度分辨，能直观检出缺陷和损伤的所在。

(2) 玻璃幕墙、门窗保温绝热性及防渗漏的检测

冬夏季节室内外温差较大，内外热传导给红外检查门窗气密保温和渗透性提供了良好的条件，对构造的漏热，密封性不良，红外热象仪能形象快速显示出来，检测工作对提高建筑保温绝热性，可为节能和装配质量评估提供科学的依据。

(3) 装饰面砖粘贴质量和安全的检查。

由于施工质量和风雨冲刷，外墙面砖脱落时有发生，伤人将造成严重的社会问题，国外很重视专项检测，国内已引起关注。对大面积非接触墙面的安全质量检测，红外遥感检测技术是很适用的，它可以根据阳光照射墙面的辐射能量，由红外热象仪采集和显示表面温度分布的变化，检出面砖粘贴质量问题和局部脱粘的部位，以防患于未然。

(4) 墙面、屋面渗漏检查

屋面防水层失效和墙面微裂，造成雨水渗漏，红外检测技术可以检出面层不连续性或水份渗入隐匿部位。从室内热扩期，阳光被吸收和传导均可以暴露渗漏部位与周边的温度分布的差异，采用红外技术加以检测。专项检测在美国、日本均得到成功的应用。

国外进口几种热象仪性能表 表2－27

性能 名称	TH3101MR	TH3102MR	TH3140MR	TH5140	Probeye7300	Probeye3300	lnframetrics600
测温范围	－50℃～2000℃	－50℃～2000℃	－10℃～2000℃	－10℃～2000℃	－20℃～2000℃	－20℃～1500℃	－20℃～400℃
温度分辨率	0.08℃(30℃) 0.02℃(S/N方式)	0.08℃(30℃) 0.02℃(S/N方式)	0.2℃(30℃) 0.05℃(S/N方式)	0.1℃(30℃) 0.30℃(100℃)	0.1℃	0.1℃	0.1℃
视场范围	30°×28.5°	30°×28.5°	30°×28.5°	21.5°×21.5°	27°×20°	15°×10°	20°×15°
象元素	344×239	344×239	261×239	255×233	214×140	120×100	256×200
响应波长	8～13mm	8～13mm	3～5.3mm	3～5.3mm	3～5mm	3～5mm	8～14mm
帧频	1.25帧/秒	1.25帧/秒	1.25帧/秒	1.67帧/秒	30帧/秒	30帧/秒	30帧/秒
探测器	HrCdTe	HrCdTe	HrCdTe	HrCdTe	30元InSb	10元InSb	HgCdTe
致冷方式	液氮冷却	搅拌冷却	热电冷却	热电冷却	热电冷却	氩气冷却	液氮冷却
重量	3kg	3.4kg	3kg	2.5kg	3kg	2.7kg	
处理器							
显示模式	彩色电视	彩色电视	彩色电视	彩色电视	彩色电视	彩色电视	彩色电视
温度计算	自动	自动	自动	自动	自动	自动	自动
图象处理	带微机处理	带微机处理	带微机处理	带微机处理	带微机处理	带微机处理	带微机处理
计算机接口	GP-IB	GP-IB	GP-IB	GP-IB	RS-232C	RS-232C	RS-232C
重量	3.8kg	3.8kg	3.8kg	/	5kg	17.8kg	

2.3.5 雷达波检测技术简介

2.3.5.1 雷达波检测特点

雷达波（或微波）是频率为300MHz～300GHz波的电磁波，真空中其相应的波长为1m～1mm，处于远红外线至无线电短波之间的电磁波谱。当波长远小于物体尺寸时，微波的导体和几何光学相似，即在各向同性均匀介质中具有直线传播、反射折射的性质。当波长接近物体尺寸时，微波又有近于声学的特点。

雷达波检测技术就是以微波作为传递信息的媒介，根据微波特性和传播对材料、结构和产品的性质、缺陷进行非破损检测与诊断的新技术。微波对衰减大的非金属材料具有较强的穿透能力，不穿透导电性好的材料。

市政建设中可采用雷达波技术查明地下管线（如水管、煤气管等）的分布，探测浅层的地层结构，用于高速公路、机场跑道、铁路路基、桥梁、隧道及大坝等混凝土工程的质量验收和日常维修，探测混凝土结构中的孔洞、剥离层和裂缝等缺陷损伤的位置和范围，这类探测深度可达3～10m，有较高的分辨率。

雷达波检测的技术特点如下：

（1）对混凝土有很强的穿透能力，可测较大深度。

（2）可实现非接触探测，可作实时检测，探测速度快。

（3）以减小波长和增大频率宽度，实现高分辨力的探测。

（4）微波有极化特性，可确定缺陷的形状。

雷达发射器和接收器通过天线发射雷达波和接收反射波，反射波的速度和强度与探测介质的介电常数 ε 有关。

当前，IRIS型路面雷达探测的速度≥80km/h，作50～100次/秒扫描，连续4h工作可检测路面320km，采样速率达40kHz，可实时直接数字化存盘，能作实时检测数据、分析程序彩色剖面图、三维厚度剖面、波形、剥离图等显示，可作高速行驶下非破损非接触，不受气候气温限制的探测。

2.3.5.2 雷达波检测技术的基本原理

图2－51表示雷达波探测混凝土内部如（钢筋位置、孔洞缺陷等）的原理。

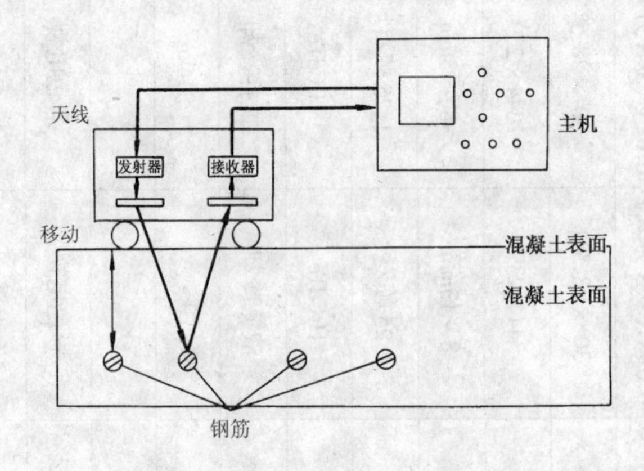

图2－51 雷达波测试原理示意图

雷达天线向混凝土中发射电磁波，由于混凝土、钢筋、孔洞的介电常数不同，使微波在不同介质的界面处发生反射，并由混凝土表面的天线接收，根据发射电磁波至反射波返回的时间差与混凝土中微波传播的速度来确定反射体距表面的距离，达到检出混凝土内部的钢筋、缺陷位置的深度。

电磁波在混凝土中的传播速度 v 为：

$$v = \frac{C}{\sqrt{\varepsilon_r}} \tag{2-68}$$

根据电磁波发射至反射波返回的时间差 T，便可计算反射界面距表面的深度 D：

$$D = \frac{1}{2} V \cdot T \tag{2-69}$$

式中　C——真空中电磁波的速度（3×10^8m/s）；

ε_r——混凝土的介电常数（通常为 6~10 左右）。

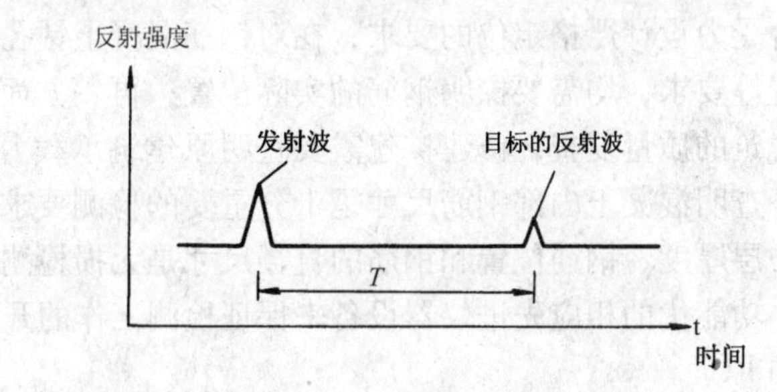

图 2-52　反射波到达时间

根据上述原理，可用雷达仪探测混凝土中钢筋位置、保护层厚度以及空洞、疏松、裂缝等缺陷的位置、深度和范围。

关于缺陷损伤鉴别，原理上也有依据缺陷边界两侧介电常数的差异导致微波反射和散射，引起反射波或透射波幅度和相位的变化，据此非破损地确定缺陷的位置、范围和取向。

雷达反射波和透射波的幅度变化与微波的极化特性有关，在平行极化时（电场分量在入射平面内），当入射角 θ_1 等于布儒斯特角 θ_B 时：

$$\theta_1 = \theta_B = \sin^{-1}\sqrt{\frac{\varepsilon_2}{\varepsilon_1 + \varepsilon_2}} \tag{2-70}$$

式中　ε_1、ε_2——介质的介电常数。

入射折微波则产生全透射，而没有反射，使用这个重要特性，可减少微波在探测表面（混凝土、地层）的能量损失。

电磁波在地质中传播有两个“频率窗口”传播能量损失较小，即 10kHz 以下的低频窗（用于深地层的探测）和几十 MHz 以上的高频窗（用于浅地层或混凝土的探测）。

雷达波最大探测距离与地层的电子特性密切相关，理论上最大可达 30m，考虑各种因素引起的散射，实际上地层中 10m 以内的目标可能探测到。

2.3.5.3 雷达波检测技术的应用

雷达波检测技术具有非接触检测，可探测深度深等优点，具有广阔的应用前景。

雷达波最早在工程上的应用是始于探地雷达。探地雷达主要用于公路路面测厚及测缺、工程地质勘查、市政工程中地下障碍物的确定、钢筋混凝土桩位的确定等。在混凝土结构中，雷达波可用于探测混凝土中钢筋的位置（参见本章第 2.4.3 节）以及缺陷等。

2.4 混凝土中钢筋检测技术

2.4.1 钢筋位置和直径检测仪

在钢筋混凝土结构设计中对钢筋保护层厚度有明确的规定，不符合规范要求将影响结构的耐久性。由于施工中种种原因，钢筋保护层厚度经常有不符合设计的要求，质量控制中就要求对结构物的钢筋保护层厚度进行无损检测；另一方面，由于施工疏忽，钢筋位置往往产生移位，不符合受力设计严格定位的要求；在对钢筋混凝土钻孔取芯或安装设备钻孔时需要避开主筋位置等要求，均需要探明钢筋的实际位置；再一方面，为了校核所用的主筋直径尺寸，或旧建筑的质量复查，修建扩建需要查明原建筑承载力，抗震度等，在缺乏施工图纸的情况下，查明混凝土内部钢筋尺寸是十分重要的检测要求。综上所述，钢筋混凝土中的钢筋的保护层厚度、钢筋位置和钢筋的直径尺寸是无损检测技术中一项重要的内容，需要有精度高、功能优的相应先进仪器设备来保证检测工作的开展。

2.4.1.1 仪器工作原理

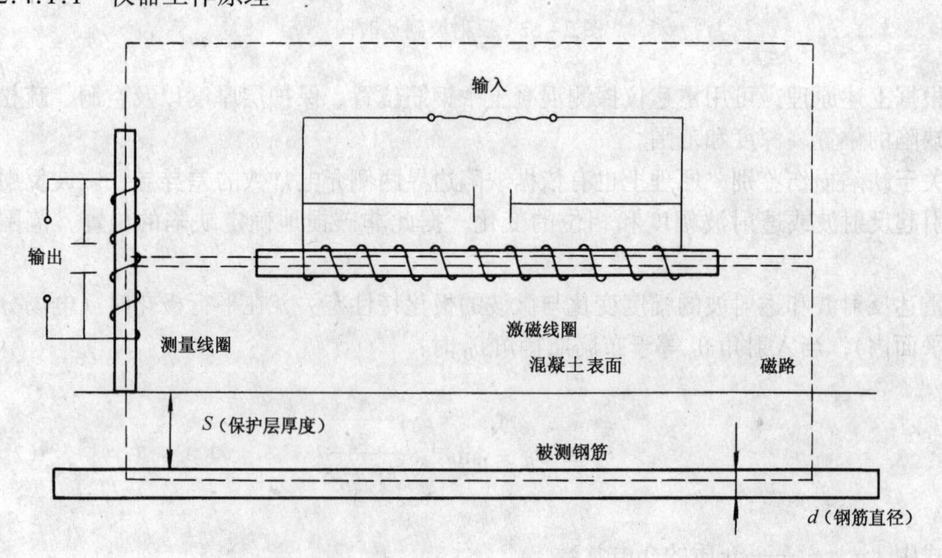

图 2－53 传感器结构及测试原理

如图 2－53 所示，根据电磁感应原理，由振荡器产生的频率和振幅稳定的交流信号，送入传感器的激磁线圈，则在线圈周围产生交变磁场，引起电磁感应测量线圈的信号输出。当没有铁磁物质进入磁场中，由于测量线圈的对称性，测量线圈的输出最小；如有铁磁物质（钢筋）靠近传感器，输出信号就会增大，传感器的电压输出是钢筋直径和保护层厚度的函数，利用测量线圈输出电压的差动性，经信号处理、放大和模数转换，按使用者的输入要求显示所测的结果。

2.4.1.2　钢筋位置检测仪

国内外几种钢筋位置检测仪的主要特性如表2－28所列。

钢筋位置检测仪　　**表2－28**

型　号	HBY－84A	GBH－1	JamesHR	profometer4	Kolectric Micro Covermeter	CM52	CM9	James Datascan
测量深度 （mm） 直径误差 （mm）	5~60 ±（－15~45℃）	10~120 ±3(0~40℃)	250±3 φ10－36 ±3mm	300±1 （－10~60℃） 直径测量精度 ±1	200~360 (0~45℃) ±2－5	100 ±1	100~200 5~50(21种型号) 直径	300±2%
测读方式	模拟式	模拟式	模拟式	数显	数显	数显	数显	数显
供电	干电池		充电连续工作8小时	电池工作60小时	碱性电池或充电	充电	充电	充电
重量			1.6kg	2kg	0.5kg	<2kg	1.5kg	1.36kg
生产单位	济南无线电三厂	四航局科研所	美国James公司	瑞士	英国	英国	英国	美国James

2.4.2　钢筋锈蚀的检测

结构混凝土中钢筋的锈蚀使钢筋截面缩小，锈蚀的体积增大产生混凝土胀裂、剥落、降低钢筋与混凝土的粘着力等结构破坏现象，它直接影响结构的安全度和耐久性。通常对已建的结构进行结构鉴定和可靠性诊断时，必须对钢筋锈蚀状况进行检测。

混凝土是碱性材料（pH值介于10~13），浇筑质量良好的混凝土中钢筋受到周围混凝土的碱性成分的保护而处于钝化状态，使钢筋免受锈蚀。由于混凝土质量差和工作环境恶劣等原因，如结构混凝土产生裂缝，以致氧气、水分或有害物浸入，或因水泥化学成分与空气中二氧化碳结合发生碳化，使保护层碱度下降，均能破坏钝化状态，使钢筋遭到锈蚀。

混凝土中钢筋锈蚀是一个电化学的过程，锈蚀使钢筋表面存在正、负电位区域，混凝土便成为电介质，即钢筋与周围的混凝土形成一个半电池，钢筋是电极，混凝土及水分相当于电介质，在阳极区发生反应：

$$Fe \rightarrow Fe^{2+} + 2e^{-} \qquad (2-71)$$

离子运动到阴极区与氧、水作用：

$$\frac{1}{2}O_2 + H_2O + 2e^- \rightarrow 2OH^- \tag{2-72}$$

产生的 OH 与 Fe^{2+} 发生反应并与 O_2 结合产生锈蚀

$$Fe^{2+} + 2OH \rightarrow Fe_2O_3 \cdot XH_2O \tag{2-73}$$

钢筋因锈蚀而在表面出现电位差，检测时采用铜－硫酸铜作为参考电极的半电池探头——半电池检测法，以钢筋表面层上某一点的电位与安置在表面上的铜－硫酸铜参考电极的电位作比较进行测定。

检测电路如图 2－54 所示，实际是用导线把钢筋与一只毫伏表连接，再把表的另一端与铜－硫酸铜或银－氯化银参考电极连接，参考电极的头部装有木塞和海绵，保证良好的接地。电表上的读数与所测位置处的钢筋电位有关，按照刻度盘读出的大量数值后就可以确定钢筋表面正极区和负极区，从而确定钢筋上锈蚀的部位。

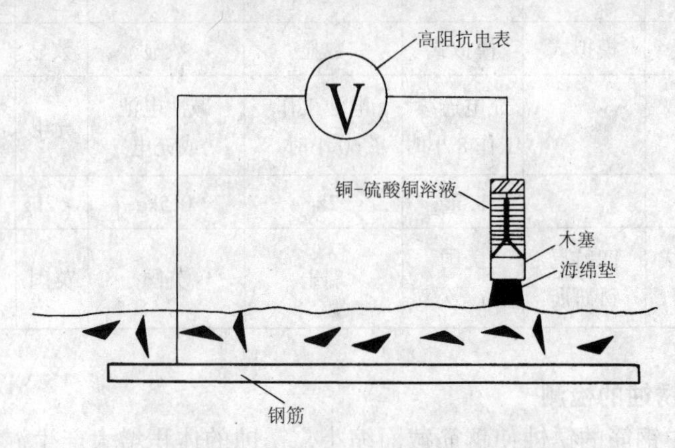

图 2－54 半电池检测仪电路连接

利用钢筋锈蚀程度与测量电位间建立的关系，判断钢筋锈蚀的可能性及锈蚀程度，国内外的差别钢筋锈蚀状况如表 2－29、表 2－30。

国内公路桥梁钢筋锈蚀状况的判别标准 **表 2－29**

钢筋对参考电极自然电位（mV）	钢筋状态
0～100	未锈蚀
－100～－200	发生锈蚀概率＞10%可能有锈斑
－200～－300	可能有坑蚀
－300～－400	锈蚀概率＜90%全面锈蚀
－400 以上（绝对值）	肯定严重锈蚀

美国 ASTM876－83 钢筋腐蚀状态自然电位判别标准　　表 2－30

自然电位（mV）	0～－200 －200mV 以下腐蚀机率为	－200～－300	低于－350
判别	钝化状态	50%腐蚀可能	95%腐蚀可能

2.4.3　雷达波检测混凝土楼板中钢筋分布

2.4.3.1　基本原理

在 2.3.5 节中已谈及，由于钢筋混凝土中孔洞、钢筋等内含物的介电常数与混凝土不一致，导致入射雷达波反射，根据发射波和反射波返回的时间差 ΔT 和雷达波在混凝土中的传播速度，可以确定反射体与表面的距离，从而检出其深度。

由于金属的电导率比混凝土大许多，几乎为无穷大，因此对雷达波的透过率几乎为零，使得雷达波强烈反射，所以说雷达波十分适合于钢筋检测。

钢筋混凝土现浇楼板目前已逐渐取代预制空心板，为建筑工程特别是民用住宅所普遍采用。作为受弯构件，楼板中的钢筋间距、深度、直径是决定楼板承载能力的重要因素。由于设计、施工或使用中的多种原因均可造成楼板开裂，导致质量问题。楼板的裂、漏目前已成为住宅质量投诉的热点。为解决这些质量问题，常常需要了解楼板的钢筋分布。采用雷达仪进行楼板钢筋检测，与传统的电磁感应式钢筋探测相比，具有下列优点：

（1）传统钢筋探测器，必须用探头在钢筋附近往复移动定位并逐根作标记，速度慢，雷达仪采用天线进行连续扫描测试，一次测试可达数米，因而效率大大提高。

（2）可探测深度超过一般的电磁感应式钢筋探测仪，可达 200mm，能满足大多数楼板的检测要求。

（3）雷达仪测试结果以所测部位的断面图像形式显示，直观、准确，而且图像可以存储、打印，便于事后整理、核对、存档。

2.4.3.2　JEJ－60BF 雷达仪简介

JEJ－60BF 雷达仪为日本无线电公司（JRC）制造，目前国内多家单位引进该仪器进行结构钢筋检测。该仪器采用 1GHz 的脉冲调制波，根据电磁波在混凝土中的传播速度 V 和发射波至反射波返回的时间差 ΔT，可确定反射体距测试表面的距离 D，并可将测试结果在图像中显示出来。

（1）仪器主要功能

JEJ－60BF 雷达仪的全部数据处理过程均固化在其主机内部，其主要功能如下：

1）雷达仪可以探测混凝土内部的木材、金属、孔洞、管道等不同介质，由于这些介质的电磁性能与混凝土不同，因此会反射入射雷达波，因而雷达可用于探测混凝土内的钢筋、预应力管线以及孔洞等。

2）可以在现场获取连续的测定结果，并可以将结果在仪器液晶显示屏上以被测处剖面图形式显示出来，结果直观。

3）可以同时记录资料编号。雷达仪内设时钟，可把测试时间及其他操作设定值（如资料编号、感度、深浅等）在屏幕上显示出来。

4）可附加数据记录仪，将测试结果记录以便需要时查看，还可配置打印机，将测试结果打印出来。

（2）雷达仪主要技术规格及适用范围：

1）测定深度 0.5～20cm（金属物体直径≤6mm）。

2）间距分辨率：6cm 深、10mm 直径的钢筋分辨率为 8cm。

3）一次连续测试距离：5m。

4）测定方向：钢筋与天线运行方向垂直。

当出现下述情况时，雷达仪不适用：

1）混凝土表面有金属等反射电磁波的物质，测定其下部情况。

2）配筋间距小于 100mm 时。

3）钢筋排列方向与天线运行方向一致时。

（3）雷达仪测试结果

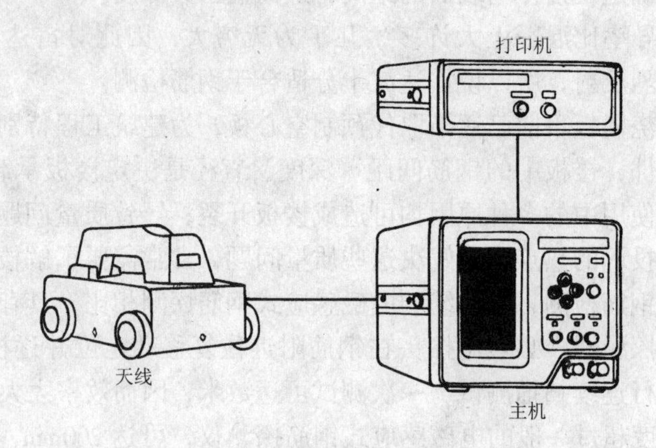

图 2－55 JEJ－60BF 雷达仪

JEJ－60BF 雷达仪外观如图 2－55 所示，测试结果有 *A* 模式和 *B* 模式两种，*A* 模式测定时显示屏上显示的是某一测点的雷达波反射波形，*B* 模式测定时显示的是天线移动过程中所扫描的混凝土内部剖面图，分别如图 2－56（a）、（b）所示。显示 *B* 模式更为直观。

2.4.3.3 检测方法

采用 JEJ－60BF 雷达仪在 *B* 模式下显示的是所扫描部位的断层图像。利用仪器所提供的数据处理方法，能将混凝土表面反射信号以及其他非钢筋反射信号完全滤掉，并以 *X*、*Y* 两个坐标分别反映钢筋水平位置和深度，典型的检测结果如图 2－57 所示，图中钢筋呈双曲线形状。

从图 2－57 的检测结果可得到钢筋间距和深度数值。其中钢筋深度值需根据现场混凝土的介电常数进行修正。JEJ－60BF 提供了深度校正方法，共分－3、－2、－1、0、＋1、＋2、＋3 七级校正，各级所对应的混凝土相对介电常数值如表 2－31 所示。

雷达仪深度校正值与混凝土相对介电常数关系　　表 2－31

深度校正值	－3	－2	－1	0	＋1	＋2	＋3
混凝土相对介电常数	6.2	6.8	7.4	8.0	8.9	9.8	10.7

在不知道混凝土相对介电常数的情况下，JEJ－60BF 雷达仪提供了一种标定方法，即

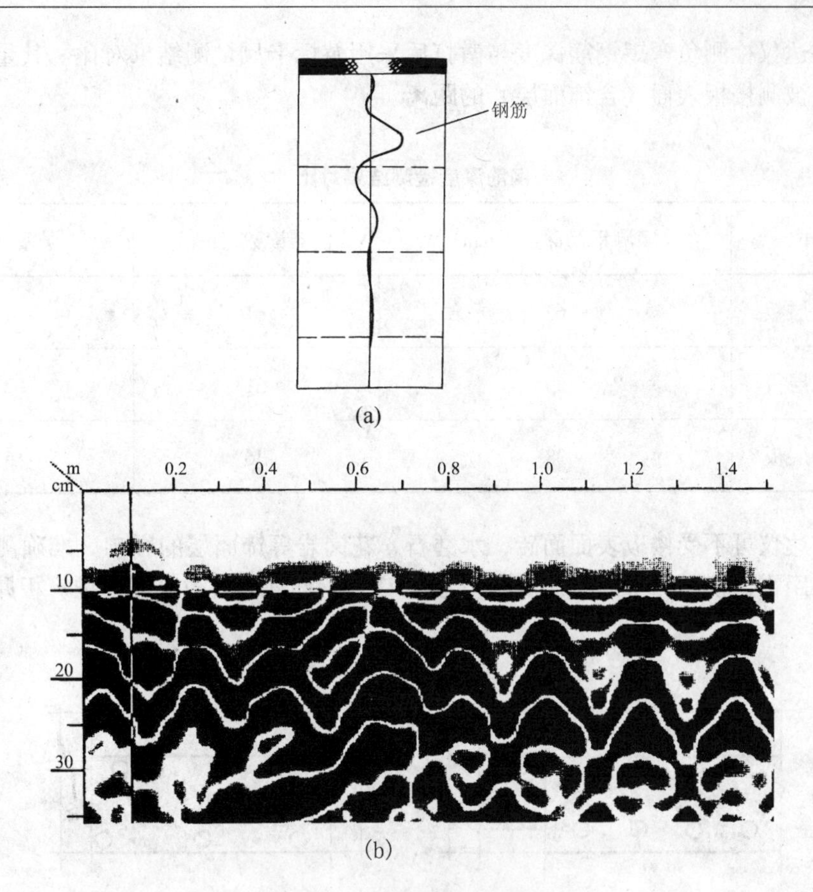

图2-56　雷达仪测试结果
(a) A模式；(b) B模式

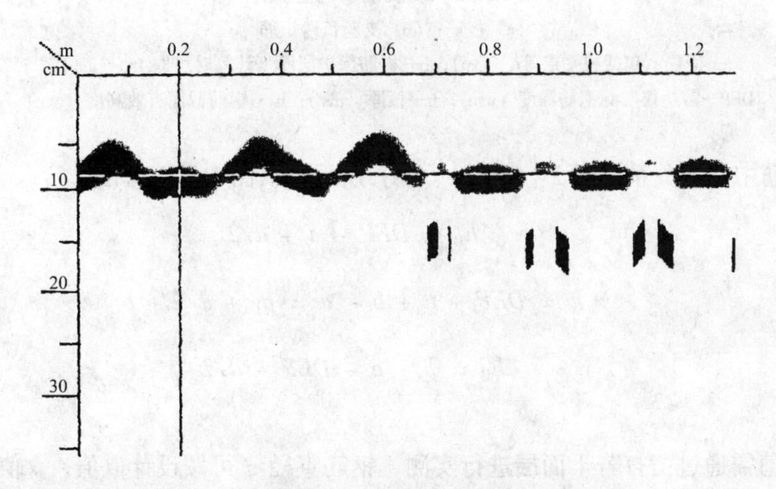

图2-57　钢筋位置检测结果

采用尺寸不小于500mm见方的素混凝土试块进行标定。或者制作标定试块，在已知钢筋深度的情景下选定深度校正系数。有条件的时候，可在现场实测混凝土楼板上凿打出钢筋进行验证标定。经过修正后，雷达仪的深度测值与实际深度误差可在5%以内。表2-32是某工程用雷达仪检测负弯矩钢筋深度与凿打后采用游标卡尺量测结果对比。其量测深度为钢筋顶部至被测楼板表面（含饰面层）的距离。

钢筋深度检测结果对比 **表 2－32**

检测部位	实测钢筋深度（mm）	仪器读数（mm）	误差（%）
19号楼二层板	62	61	－1.6
20号楼三层板	50	51	＋2.0
19号楼四层板	38	36	－5.0

由于雷达仪可不受楼板表面面砖、水磨石、花岗岩等饰面层的影响，准确测得其钢筋位置，故采用雷达仪所测得的钢筋深度值 DEP 计算钢筋截面有效高度并推算板厚。其推算过程如下：

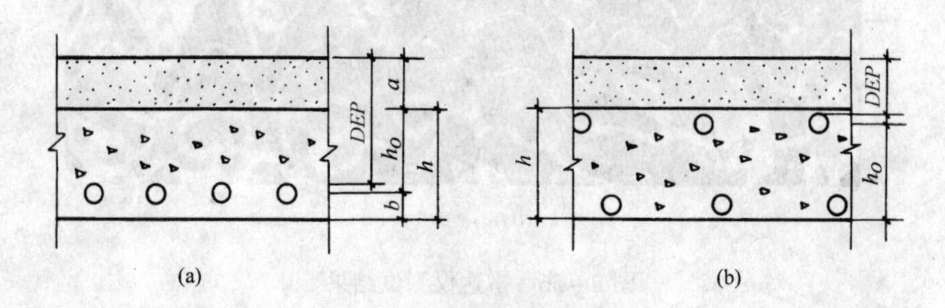

图 2－58 楼板钢筋位置关系

（a）板筋；（b）支座负弯矩筋

a—面层（包括找平层等）（mm）；b—板筋保护层厚（计算时可取 15）（mm）；

DEP—雷达仪实测钢筋深度（mm）；h—板厚（mm）；h_0—钢筋截面有效高度（mm）

楼板钢筋中位置关系如图 2－58（a）、（b）所示。从图中可以看出：

对于板筋
$$h_0 = DEP - a + d/2 \tag{2-74}$$

$$h = DEP + d + b - a = h_0 + d/2 + b \tag{2-75}$$

对于支座
$$h_0 = h + a - DEP - d/2 \tag{2-76}$$

其中 a 值需通过凿打若干面层进行实测，钢筋直径 d 可按设计取值，b 值可在楼板底部采用雷达仪实测，也可按设计保护层厚度取值（一般为 15mm）。也可以在楼板底面垫一块钢板，使雷达波从钢板处强烈反射来测定板厚，如图 2－59 所示。

2.4.3.4 检测实例

福建省建筑科学研究院采用该方法检测了数十块开裂的楼板板厚，其中部分工程结合钻孔量测进行对比，结果见表 2－33。

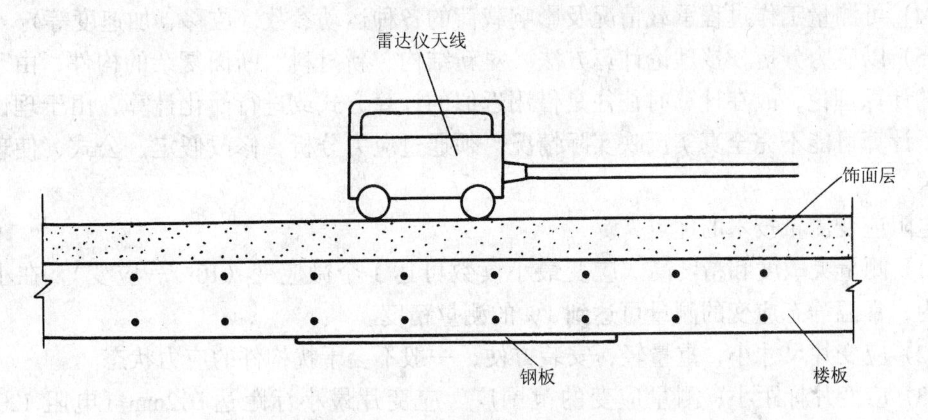

图2-59 板底垫钢板测板厚示意图

雷达仪非破损检测板厚与钻孔实测结果对比 表2-33

工程名称	检测部位	雷达仪检测结果（mm）					钻孔量测结果（mm）					
		1	2	3	4	平均	1	2	3	4	5	平均
武夷山某住宅	802	96	91			94	97	92	92	102	108	97
武夷山某住宅	802	83	80			82	83	81	95	78	95	86
南平某住宅	301	88	85	83	83	86	90	85	78	74	92	84

通过采用雷达仪，通过上述换算，无需对楼板钻孔，即可以最小的破损测定板厚，特别是在楼板已经铺地砖、花岗岩等装修装饰后仍可进行检测，楼板中的钢筋分布一清二楚，劣质工程无处遁形，对于裁定工程质量纠纷具有重要意义。

2.5 工程结构与构件的应力应变测量技术

2.5.1 应力应变测量的意义及用途

电阻应变测量技术是用电阻应变片测定构件的表面应变、再根据应力应变的关系式，确定构件表面应力状态的一种实验应力分析方法。它的基本原理是：将电阻应变片固定在被测的构件上，当构件变形时，电阻应变片的电阻值发生相应的变化，通过电阻应变仪将应变片电阻值的变化值测定出来，换算成应变值或输出与应变成正比的模拟电信号（电压或电流），用记录仪记录下来。

电阻应变仪测量技术是实验应力分析的重要方法之一，它的用途有以下几个方面：

(1) 在结构设计过程中，可以测定模型的应力或变形，根据测定的结果来选择构件最合理的断面尺寸和结构形式。

(2) 测定设备及构件的真实应力状态，找出最大应力的位置和数值，评定设备和构件的安全可靠性，提出设备及构件最大承载能力的依据。

(3) 对破坏或失效的构件进行力分析，提出改正措施，防止事态继续发展。

(4) 可测量工作过程承载情况及影响载荷的各种运动参数（位移、加速度等）。

(5) 以应力分析校核理论计算方法。对新结构、新材料、断面复杂的构件，由于缺乏准确的计算理论，故在计算时往往是借用近似的计算方式或进行简化计算，由于理论依据不够，计算可能不完全真实反映实际情况，须通过应力分析，修改假定、公式，使理论不断完善。

电阻应变测量技术的优点：

(1) 测量灵敏度和精度高。应变最小读数可达 1 个微应变（10^{-6}—应变)，在小应变范围内，常温静态应变的测量可达到 1%的测量精度。

(2) 应变片尺寸小，重量轻，安装方便，一般不会干扰构件的应力状态。

(3) 应变片标距小、测量应变的范围广。应变片最小标距达 0.2mm（电阻 120 欧），粘贴的空间很小，能满足构件应力梯度较大的应变测量，几个应变片组成应变花可测量复杂应力状态下一点的主应力大小及方向，对于特殊的大应变花电阻应变片可测到 23%应变值。

(4) 频率响应好，电阻应变片响应时间约 10^{-7}秒，半导体应变计可达 10^{-11}秒，即构件上应变的变化几乎立即传递给应变片，可测量从静态到数十万赫的动应变。

(5) 采取一定措施，可以在高（低）温、高速旋转、高压液下、强磁场荷载等环境下进行测量。

(6) 由于测量过程输出为电信号，因此便于实现自动化和数字化，并能进行远距离测量及无线电遥测。

(7) 可制成各种传感器，测量拉力、压力、位移、加速度等力学量。

它的主要缺点是：

(1) 一片电阻应变片只能测定构件表面上一点的某个方向的应变，且只能测定栅长范围内的平均应变。

(2) 测量整个构件或结构的应力分布时，往往需要设置较多的测点，工作量大。

(3) 测量系统用的仪器、导线较多，在现场测试中易受环境条件（如温度、电磁场等）的影响。

电阻应变测量技术有静态和动态之分，按应变仪的工作频率可分为：

(1) 静态应变仪——工作频率为 0Hz，用于测量静载荷下的应变从测量仪表上直接读取试验数据。

(2) 静动应变仪——工作频率在 0～200Hz，用于测量静载荷或变化频率在 200 赫以下的应变。

(3) 动态应变仪——工作频率为 0～1500Hz，用于测量变化频率 1500 赫以下的动载荷的应变信号。

(4) 超动态应变仪——工作频率为 0～20000Hz。

动态应变仪的指示记录部分，较多采用电磁式光线示波器、笔记记录器，比较先进的用数字式、磁带记录器。

2.5.2 电阻应变片

2.5.2.1 工作原理

电阻应变片，简称应变片。其工作原理是借试件的变形，引起粘贴在试件表面上的电阻应变片电阻值的变化，根据电阻值的变化率 $\Delta R/R$ 与试件的应变 $\Delta L/L$ 之间的关系，通过测量电阻应变片的电阻变化测量试件的应变。

电阻丝产生机械变形（轴向拉伸或压缩）后，长度、截面积和电阻率都将发生变化，其电阻值也发生变化，如图 2-60 所示，其电阻值的变化如下式：

$$\frac{dR}{R} = [(1-2\mu) - c + 1 + 2\mu]e = K_0 \cdot \varepsilon \tag{2-77}$$

式中 R——电阻丝电阻值；

μ——电阻丝泊松比；

c——电阻随体积的变化率；

ε——电阻丝应变。

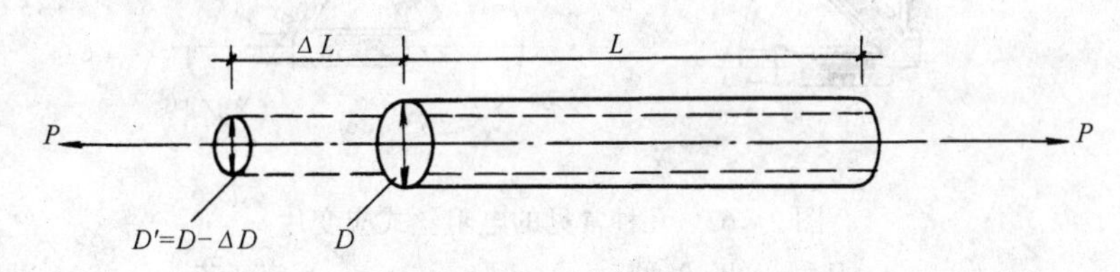

图 2-60 电阻丝受拉伸后几何尺寸的变化

上式说明了电阻丝的电阻变化率与应变成线性关系，这就是电阻应变片测量应变的理论基础。K_0 称为电阻应变片的灵敏度系数，从上式可知：K_0 值愈大，对于一定的应变，引起的电阻的变化愈大，测定灵敏度就愈高。

2.5.2.2 电阻应变片的种类及构造

(1) 电阻丝应变片

电阻丝应变片通常由电阻丝栅、底基、覆盖层、粘结胶剂和引出线等几部分组成，如图 2-61 所示。图中 l 为线栅长度，即应变片的标距；b 为线栅宽度。

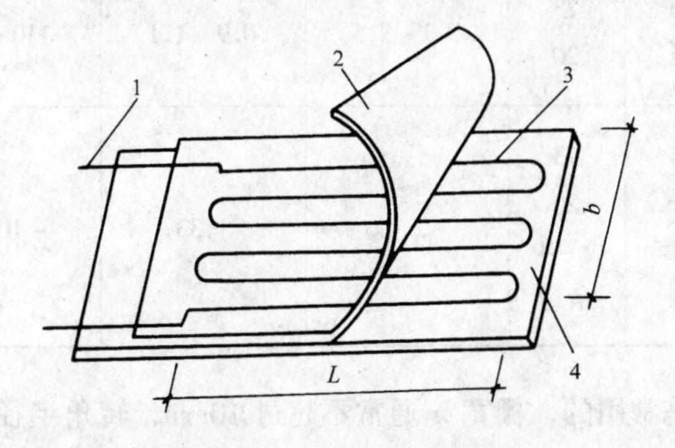

图 2-61 电阻丝应变片的构造

1—引出线；2—覆盖层；3—电阻栅；4—基底

电阻丝是用高电阻合金丝做成，常用的几种电阻丝材料物理性能如表 2-34 所列，为了使应变片有足够的电阻值，故把一定长度的电阻丝做成栅状，它是应变片的传感元件，常用康铜、镍铬和镍铬铝合金丝，其直径约为 0.02～0.05mm。电阻丝式应变片的丝栅可制成 U 型（即圆头型），V 型和 H 型（亦称短接式）等几种型式，如图 2－62（a）、（b）、（c）所示。

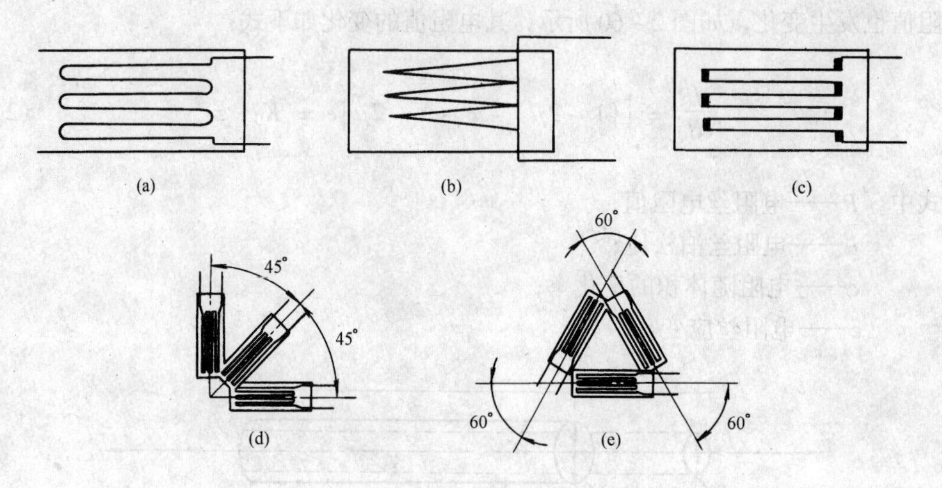

图 2－62　几种常见的电阻丝式应变片

（a）U 型；（b）V 型；（c）H 型；（d）、（e）应变花

常用的电阻丝材料物理性能　　**表 2－34**

材料名称	成分		灵敏 系数	电阻系数（p）	电阻温度系数	线膨胀系数
	元素	（%）	（K_0）	（$\Omega\cdot mm^2/m$）	$10^{-6}/℃$	$10^{-6}/℃$
康铜	Cu Ni	57 43	2.0	0.49	－20～20	14.9
镍铬合金	Ni Cr	73 20	2.1～2.5	0.9～1.1	110～150	14.0
镍铬铝合金	Ni Cr AL Fe	73 20 3－4 余量	2.4	1.33	－10～10	13.3

U 型电阻丝应片是常用的，栅宽 a 通常不超过 10mm，转角半径 r 为 0.1～0.3mm，栅距 $\delta>0.02$mm，按其标距可分为小标距 $l=2\sim7$mm（$R=50\sim120\Omega$），中标距 $l=10\sim30$mm（$R=100\sim400\Omega$）；大标距 $l>30$mm（$R>200\Omega$）等几种。栅宽过宽，横向尺寸会导致较大的测量误差，回线弯头部分感受横向的变形，即所谓“横向效应”，使应变片的灵敏系数变小。

H 型平栅式电阻应变片（也即短接式应变片），是针对 U 型应变片具有“横向效应”

的缺点而加以改进的一种应变片，即将圆头部分改为用较粗短的电阻极低的金属丝或箔带代替，具有横向效应小的特点，运用于测量精度高的要求。

应变花系将三个应变片制成一个整体，各敏感栅的轴线彼此相交成一定的角度，常用的直角三角形布置和等边三角形布置的，适用于测定平面应力，使用方便，也简化了计算工作。

电阻丝式应变片的片基材质为纸基、纸基浸胶和胶基等几种。纸基应变片制造简单，价格便宜，易于粘贴，但耐热性和耐潮湿性差，多用在室内短期试验，在其他恶劣条件的环境中使用，需采用有效的防护措施，使用温度限于70℃以下。采用酚醛树脂、聚酯、树脂等胶液浸渍处理或用胶膜做片基的应变片，使用温度可达180℃，抗潮性能好，可长期使用。但粘贴时要牢固，防止翘曲。

(2) 箔式电阻应变片

箔式电阻应变片的工作原理基本上和电阻丝式应变片相同。它的电阻敏感元件不是金属丝栅，而是通过光刻技术，腐蚀等工序制成的一种很薄的金属薄栅，即称箔式电阻应变片，如图2－63所示，金属箔的厚度在0.003～0.010mm之间，片基和覆盖层均为胶膜，厚度在0.03～0.05mm之间。

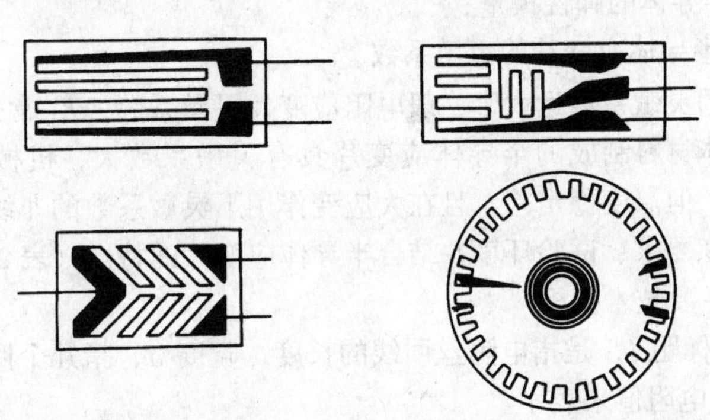

图2－63　箔式电阻应变片

箔式应变片与电阻丝应变片比较有如下特点：

1) 金属箔栅薄，它所感受的应力状态与试件表面的应力状态更为接近，箔材和丝材同样截面积时，箔材与粘接层的接触面积比丝材大，能更好地和试件共同工作。箔栅端部较宽，横向效应较小，提高了应变测量的精度。

2) 箔材表面积大，散热条件好，允许通过较大的电流，输出讯号强，提高了测量灵敏度。

3) 绝缘电阻高，要求大于30000兆欧，空载零漂要求小于$2\mu\varepsilon/h$。

4) 箔式应变片的缺点：生产工艺复杂，引出线的焊点采用锡焊，不适用于高温环境下测量，价格较贵。

2.5.2.3　半导体应变片

半导体应变片的构造如图2－65所示。其工作原理是：一块半导体的某一轴向受到一定的作用力时，电阻率发生了一定的变化，这种变化能够反应应变大小的现象，称为压阻效应，是制造半导体应片的理论根据。

半导体应变片的灵敏系数可表示为：

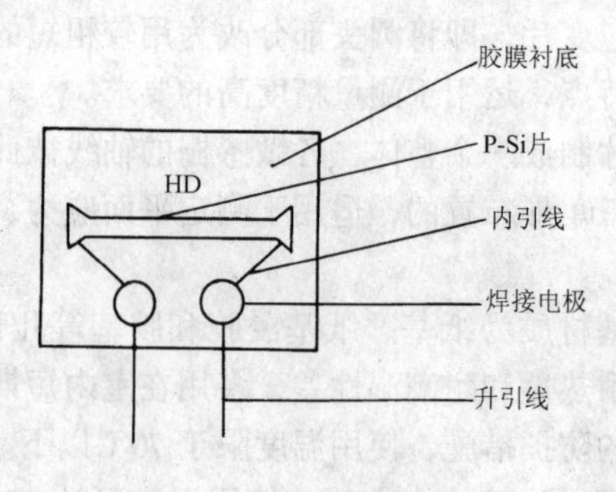

图 2-64　半导体应变片

$$K_p = \frac{\Delta R/R}{\varepsilon} = 1 + 2\mu + \pi l E \tag{2-78}$$

式中　πl——压阻效应系数；

E——半导体的弹性模量；

K_p——半导体应变片的灵敏系数。

半导体应变片的灵敏系数远大于一般电阻应变片灵敏系数，K_p 常达 100 以上。

锗或硅等半导体材料制成的半导体应变片具有灵敏系数大，机械滞后小，横向效应小，体积小等优点；但温度稳定差，且在大应变作用下灵敏系数的非线性较大。使用时要根据测量内容、精度要求、试验环境并结合半导体应变片的特点（表 2-40）而定。

（1）应变片的主要技术指标

1）几何尺寸：标距 l，是指电阻丝回线的长度，宽度 a，指几个回线总宽度，应变片的规格常以 $a \times l$ 和电阻值来表示。

应变片的标距可分为三类：长标距的 $l = 50 \sim 200$mm，适用测量有粗骨料大粒径石子的混凝土构件的应变；中标距的 $l = 10 \sim 30$mm，适用一般测试中；小标距的 $l = 2 \sim 7$mm，适用于测量“点”应变要求。各种标距的应变片栅宽 $a = 0.015 \sim 10$mm。

2）应变片的灵敏系数：

应变片的灵敏系数是通过抽样试验而得平均灵敏系数的名义值，各片与平均名义值之间均有偏差，不同等级有不同的偏差要求。试验时，在同一次试验中务必选取同一灵敏系数的应变片，基底和阻丝材料应相同，用惠斯登电桥测量其电阻值与名义电阻之差应小于 ±0.5%，超过此误差值时，可能是应变片中阻丝已经发霉或焊接点的问题。同一组应变片的阴值偏差不要超过 0.5Ω，否则电桥不易平衡，仪器的灵敏系数以 2 为基准，如果 K 值不等于 2 时，要调整仪器灵敏系数度盘与之相对应或修正测量数值，对于纸质的一般 $K = 2 \sim 2.5$，半导体的 $K = 100 \sim 140$。

3）应变片的电阻值：

一般有 60Ω、120Ω、240Ω、350Ω、500Ω 等，其中 120Ω 最常用，纸质应变片 $R = 50 \sim 200$Ω，半导体应变片 R 可达 1000Ω。

4）测量应变的范围：

电阻应变片测量范围一般在 $5 \sim 10000\mu\varepsilon$（$\mu\varepsilon$ - 微应变，如 1m 长的试件，伸长量为

1μm，这个应变量即称为微应变，其数量级为 10^{-6}）。

5）测量的温度范围：

纸基应变片和半导体应变片适用于100℃以下的测量环境，胶基应变片使用温度高达180℃，高温应变片使用温度高达800℃。

各类应变片的规格及技术特性见表2-35～表2-40，使用温度范围见表2-41。

电阻应变片的常用规格及技术特性　　**表2-35**

敏感栅尺寸（宽度×基长）（mm×mm）	电阻值（Ω）	灵敏系数（K）	基底材料
2×2	120	2.4	纸基
2×3	120	2.0	JSF-2胶膜
2×5	120	2.0～2.3	纸基
2×10	120	2.0～2.3	纸基
3×4	120	2.0～2.3	纸基
3×15	120	2.0～2.3	纸基
3×17	120	2.0～2.3	纸基
3×20	120	2.0～2.3	纸基
5×40	120	2.0～2.3	纸基
5×100	120	2.0～2.3	纸基
5×150	120	2.0～2.3	纸基

绕线式电阻应变花　　**表2-36**

敏感栅尺寸（宽度×基长）（mm×mm）	基底尺寸（宽×长）（mm×mm）	电阻值（Ω）	灵敏系数（K）	型式	基底材料
2×10	20×20	120	2.0		纸基
2×10	25×25	120	2.0		纸基
2×10	25×25	120	2.0		纸基

短接式电阻应变片 表 2-37

敏感栅尺寸（宽×长）（mm×mm）	电阻值（Ω）	灵敏系数（K）	基底材料
2×5	120	2.8	JSF-2 胶膜
2×6	120	2.0~2.3	JSF-2 胶膜
2×8	120	2.0~2.3	JSF-2 胶膜
3×15	120	2.0	JSF-2 胶膜
4×12	120	2.0	JSF-2 胶膜

箔式电阻应变片 表 2-38

敏感栅尺寸（宽×长）（mm×mm）	电阻值（Ω）	灵敏系数（K）	基底材料
1×1	120	2.0	1720 胶膜
2×1.5	120	2.0	1720 胶膜
2×3	120	2.0	1720 胶膜
3×5	120	2.0	1720 胶膜
5×6	120	2.0	1720 胶膜
5×8	120	2.0	1720 胶膜
10×12	120	2.0	1720 胶膜

箔式电阻应变片 表 2-39

敏感栅尺寸（宽×长）（mm×mm）	基底尺寸（宽×长）（mm×mm）	电阻值（Ω）	灵敏系数（K）	基底材料
6×3	14×14	120	2.0	1720 胶膜
2×6	25×25	120	2.0	1720 胶膜
2×10	15×15	120	2.0	1720 胶膜

半导体应变片 表2-40

型号	材料	硅片尺寸（宽×长×厚）（mm×mm×mm）	基底材料及基底尺寸（mm×mm）	电阻值(Ω)	灵敏系数(*K*)	电阻温度特性（1/℃）	灵敏系数温度特性（1/℃）	极限工作温度（℃）	最大工作电流（mA）
P BD7-K	P-Si 单晶	0.4×7×0.04	JSF-2胶膜 6×10	1000±10%	160±5%	<0.4%		80	15
P BD6-350	P-Si 单晶	0.4×6×0.04	JSF-2胶膜 6×10	350±10%	150±5%	<0.3%	<0.28%	80	15
P BD7-120	P-Si 单晶	0.4×7×0.04	JSF-2胶膜 6×10	120±10%	130±5%	<0.12%	<0.15%	80	20
P BD7-120	P-Si 单晶	0.4×7×0.04	JSF-2胶膜 6×10	60±10%	110±5%	<0.10%	<0.10%	80	20
	P-Si 单晶		无基底	120×240	95	0.01%~0.03	<0.1%	-40 +50	25

电阻应变片使用温度范围 表2-41

电阻应变片种类	电阻丝栅材料	基片材料	使用温度(℃)
纸基应变片	康铜	考贝纸	-50~80
胶基应变片	康铜	聚脂树脂渗透基	-50~170
胶基应变片	康铜	酚醛树脂渗透基	-50~180
高温应变片	卡玛尔合金	石棉	-50~400
高温应变片	镍	镍箔	-50~800

(2) 应变片的选用

1) 按被测应力状况：如果被测的应力分布梯度较大或测量动应力，宜选用小标距的应变片，反之，应力分布梯度较小、静应力或应力随时间变化不大的可采用较大标距的应变片。测量单向应力或断面的主应力方向已知的应变，可采用普遍的应变片，如果主应力方向未知的平面应力应采用应变花或用普遍的应变片的测点处沿三个方向贴片。

2) 根据测量的时间：需要长时间测试，要求应变片的温度稳定性高，可选用康铜丝胶基或箔式应变片。在测量动应力时，因时间暂短而灵敏度要求高。宜采用稳定性稍差些的镍铬丝应变片或半导体应变片。

3) 根据试件的材料性质：如果材料是均质的钢材，为了能真实地反映点应力，宜采用小标距的应变片。对于非均质的材料，如混凝土材料宜选用长标距的应变片（比石子最大粒径大2.5~3倍），在标距范围内以平均应变值补偿材料非均质的影响。

4）根据被测试件所处的环境：常温下采用低廉的纸基应变片，在 60～100℃温度下测量，采用胶基应变片，在高温下测量，选用金属薄膜片基的高温应变片（表 2－41）。在潮湿环境测试，选用胶基应变片，并做防水层，水下测试采用胶基应变片，并做好防水层。

应变片命名规则、结构形式与符号如表 2－42、表 2－43 所列。

电阻应变片命名规则（ZBY117－82）　　**表 2－42**

应变计种类	基底材料种类	使用温度范围（℃）	栅　长	敏感栅结构形状	极限工作温度（℃）	可温度自补偿的材料线胀系数
B	J	120	6	CA	150	（11）
S－丝绕	*Z*－纸	60	02 10	见下表		×10⁻⁶/℃
D－短接	*H*－环氧	（90）	05 12			9
B－箔式	*F*－酚醛	120（150）	1 15			11
T－特种用途	*J*－聚胺酯	200 （500）	2 20 3 30			16
A－半导体	*X*－缩醛	（250）	4 50			23
	A－聚酰胺	350	5 100			27
	B－玻璃纤维	500 （650）	6 150 8 200			
	P－金属薄片	1000				
	L－临时基底					
	Q－纸浸胶					

应变片敏感栅的结构形状与符号　　**表 2－43**

序号	1	2	3	4	5	6	7	8
仪表字母	AA	BA	BB	BC	CA	CB	CD	CD
敏感栅形状	单　轴	二轴 90°	二轴 90°	二轴 90°重叠	三轴 45°	三轴 45°重叠	三轴 60°	三轴 120°
序号	9	10	11	12	13	14	15	16
仪表字母	DA	DB	EA	EB	FB	FC	FD	GB
敏感栅形状	四轴 60°/90°	四轴 45°/90°	二轴四轴 45°	二轴四轴 90°	平行轴二栅	平行轴三栅	平行轴四栅	同轴二栅

续表

序号	17	18	19	20	21	22	23	24
仪表字母	GC	GD	HA	HB	HC	HD	JA	KA
敏感栅形状	同轴三栅	同轴四栅	二轴二栅45°	二轴四栅45°	二轴六栅45°	二轴八栅45°	螺线栅	圆膜栅

2.5.3　电阻应变的测量

工程测量中，由于试件变形引起应变的电阻值变化极为微小，电阻变化率 $\Delta R/R$ 一般不超过千分之几，从公式 $\Delta R/R=K\cdot\varepsilon$ 得知，如果采用 $R=120\Omega$，$K=2.0$ 的应变片测量某结构的应变（$E=2.0\times10^5$MPa），当某点应力为100MPa，应变片的电阻值变化为0.12Ω，如果要求测量的精度为1%，那么，测量电阻变化的应变仪刻度值则要求不大于0.001Ω。显然直接用指示仪表是很难测量这样微小的信号，而电阻应变仪具有几万倍放大功能则可以检测这样微弱的信号，并能鉴别应变量受拉或受压极性的应变。

2.5.3.1　应变仪的电桥工作原理

各类电阻应变仪都以电桥作为应变仪的输出机械。以图2－65表示应变仪中直流电压输出。电桥测量由应变引起电阻变化的微小信号。R_1、R_2、R_3、R_4 为四个桥臂，U 为供桥电压，U_{BD}为电桥输出电压。在电阻应变仪中电桥是由四个等阻值的桥臂构件（如四臂均为电阻应变片），即 $R_1=R_2=R_3=R_4$；或者是两个等臂电桥（如两臂为电阻应变片，两臂为精密电阻），即 $R_1=R_2$，$R_3=R_4$。

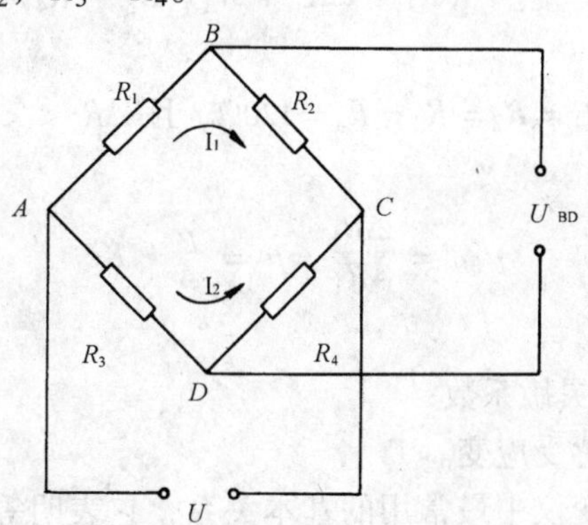

图2－65　应变仪电桥工作原理

根据电桥特性，在上述两种情况下只要等式成立，电桥的输出电压 $U_{BD}=0$，这时电桥达到平衡。当任何一臂的电阻应变片因变形引起阻值变化时，电桥便失去平衡状态，即 $U_{BD}\neq0$，电阻应变仪的原理就是利用测定 U_{BD}来测定应变的。

根据基尔霍夫定律：

$$\mu_{BD}=\mu_{AB}-\mu_{AD}=\frac{R_1R_4-R_2R_3}{(R_1+R_2)(R_3+R_4)}\cdot\mu \tag{2-79}$$

显然，$R_1R_4=R_2R_3$ 即 $R_1/R_2=R_3/R_4$ 时，电桥输出端电压 $\mu_{BD}=0$，电桥处于平衡状态。

在电阻应变仪的测量桥中，若两臂分别接上电阻应变片，其他的两臂用仪器内固定电阻，即构成半桥测量电路；四个桥臂全接上应变片，则构成全桥测量电路。

半桥测量单个桥臂工作时，应变与电桥输出的电压的关系图 2－66。

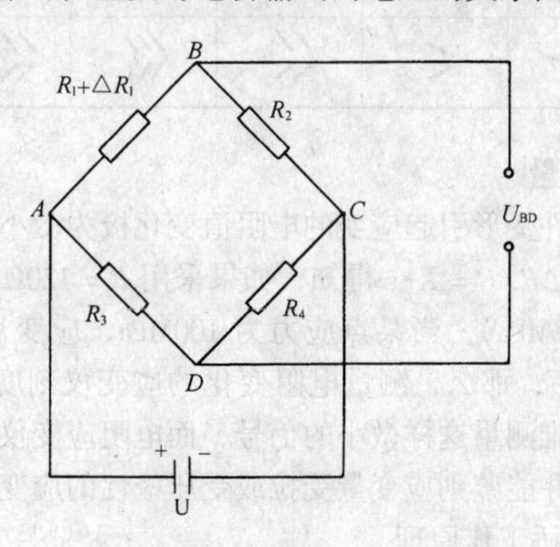

图 2－66　单臂工作的直流电桥

如果应变片 R_1 受应力作用后阻值的变化为 ΔR_1，电桥输出端电压为：

$$\mu_{BD}=\frac{(R_1+\Delta R_1)R_4-R_2R_3}{(R_1+\Delta R_1+R_2)(R_3+R_4)} \tag{2-80}$$

在测试中，一般选用 $R_1=R_2=R_3=R_4=120\Omega$，且 $\Delta R_1<<R_1$，则上式可写为：

$$\mu_{BD}=\frac{\Delta R_1}{4R_1}\cdot\mu=\frac{\mu}{4}\cdot K\varepsilon \tag{2-81}$$

式中　K——应变片的灵敏系数；

ε——应变片的感受应变。

式（2－81）是电阻应变仪中最常用的基本关系，它表明等臂电桥输出电压与应变在一定的应变范围内近似为线性关系。

全桥测量四个桥臂同时工作时，应变与电桥输出电压的关系如图 2－67 所示，则输出电压 μ_{BD}为：

$$\mu_{BD}=\frac{1}{4}\mu\cdot K\cdot(\varepsilon_1-\varepsilon_2-\varepsilon_3+\varepsilon_4) \tag{2-82}$$

2.5.3.2　桥臂特性与电桥组合方法

式（2－82）表明：相邻桥臂的应变极性相同（即同为拉应变或同为压应变）时，输出电压为两者之差；若极性不同（即一为拉应变，一为压应变）时，输出电压为两者之和。两相对桥臂则相反，极性相同时输出电压为两者之和；极性不同时为两者之差。

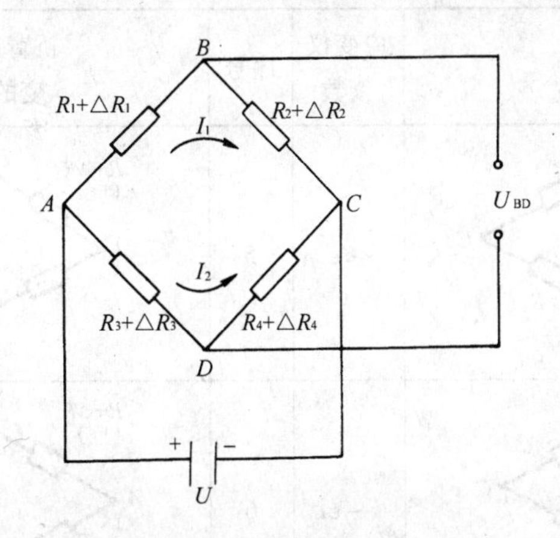

图 2-67　多臂工作的直流电桥

于是，在实际测量中，为了提高电桥的灵敏度，常常用两片或四片电阻应变片同时工作，根据上述臂间极性的特点，将桥臂电阻应变片布置在受拉区或受压区，以达到增大输出电压，提高电桥的灵敏度。

在半桥测量时，如果 R_1 和 R_2 两臂均为工作片，应变片的增量分别为 ΔR_1、ΔR_2，ΔR_1 和 ΔR_2 改变量大小相等，符号相反，例如在测量梁弯曲时，在中和轴上下对称布置应变片 R_1 和 R_2，由于一个受拉，另一受压，应变片在受拉区的应变量 ε 为正（即 ΔR_1 为正），在受压区的应变量 ε 为负（即 ΔR_2 为负），故得：

$$\mu_{BD} = \frac{2\Delta R}{4R} \cdot \mu = \frac{\mu}{2} K\varepsilon \tag{2-83}$$

可见，半桥测量时，适当布置应变片，相邻两臂测量比单臂测量时电桥的输出电压提高二倍，换言之，电桥的灵敏度提高了二倍。

在做全桥测量时，布置应变片使 R_1 和 R_4 受同一性质的应力（拉应力或压应力），而另外两个应变片 R_2 和 R_3 受相反性质的力，因而 ΔR_1、ΔR_4 和 ΔR_2、ΔR_3 数值相等而符号相反，于是电桥输出电压为：

$$\mu_{BD} = \frac{4\Delta R}{4R} = K\varepsilon \cdot \mu \tag{2-84}$$

可见，全桥测量时电桥灵敏度比单臂应变片测量的电桥灵敏度提高四倍。

等臂电桥在不同的桥臂上产生 +ε 或 −ε 的应变时，应变仪读数如表 2-44 所示。

根据电桥特性，还可以消除温度的影响。在应变测量中，应变片的阻值除了受到应力作用发生变化外，还受到试件所处的环境温度的改变而发生 ΔR_1 的变化，这个增值将改变电桥的输出电压，严重影响测量的精度，因而在实际测试中必须加以消除。

表 2-44

序号	桥臂产生应变的情况	应变仪读数	序号	桥臂产生应变的情况	应变仪读数
1	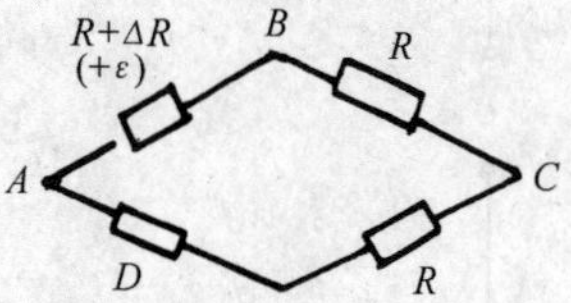 $R+\Delta R$ $(+\varepsilon)$ B R A C D R	$+\varepsilon$	5	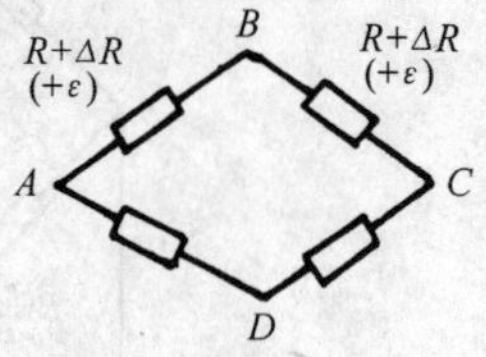 $R+\Delta R$ $(+\varepsilon)$ B $R+\Delta R$ $(+\varepsilon)$ A C D	0
2	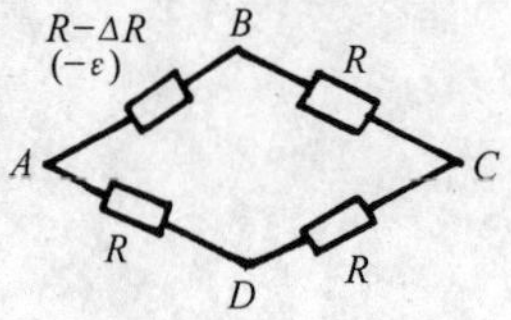 $R-\Delta R$ $(-\varepsilon)$ B R A C R D R	$-\varepsilon$	6	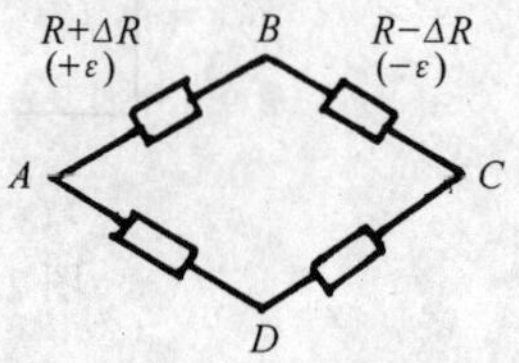 $R+\Delta R$ $(+\varepsilon)$ B $R-\Delta R$ $(-\varepsilon)$ A C D	2ε
3	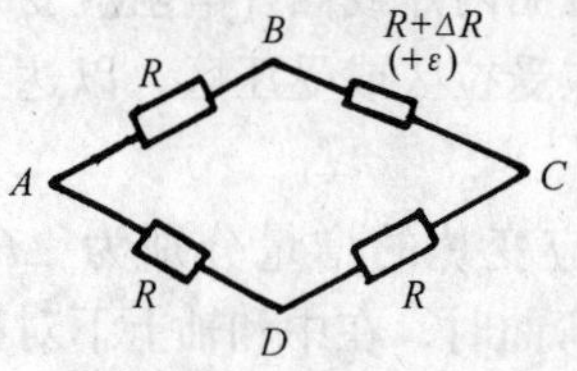 B $R+\Delta R$ $(+\varepsilon)$ R A C R D R	$-\varepsilon$	7	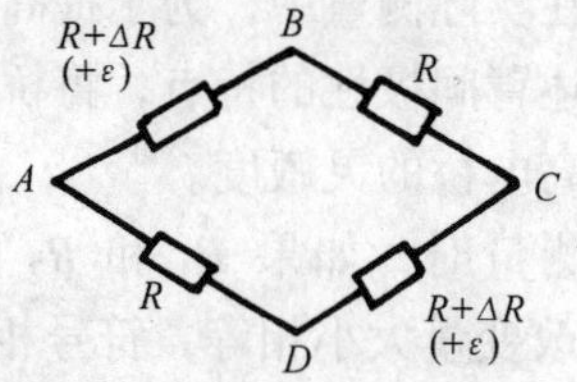 $R+\Delta R$ $(+\varepsilon)$ B R A C R D $R+\Delta R$ $(+\varepsilon)$	2ε
4	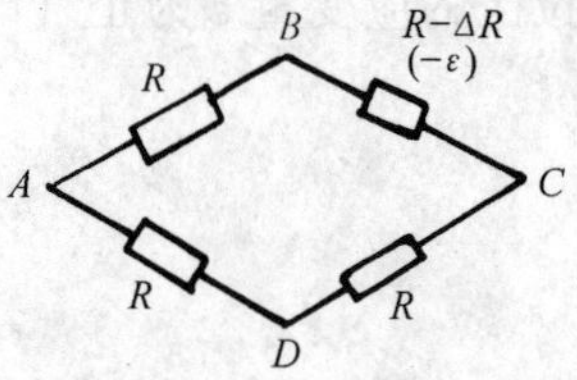 B $R-\Delta R$ $(-\varepsilon)$ R A C R D R	$+\varepsilon$	8	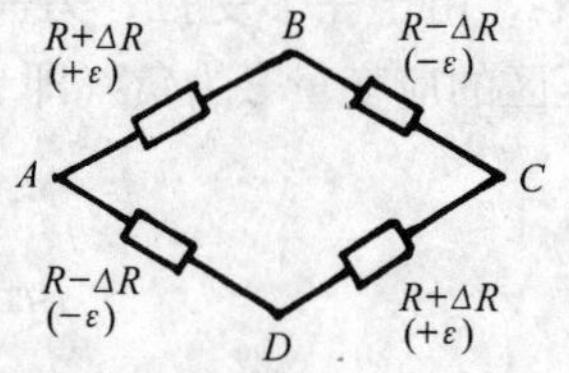 $R+\Delta R$ $(+\varepsilon)$ B $R-\Delta R$ $(-\varepsilon)$ A C $R-\Delta R$ $(-\varepsilon)$ D $R+\Delta R$ $(+\varepsilon)$	4ε

同一类型的应变片，在同一环境温度变化的条件下，随温度改变其阻值是相同的。在实际测量中，应变片 R_1 为工作片，用相同类型的应变片 R_2 作为温度补偿片（处于相同温度变化的环境且不受应力的区域）。R_1 受到应力和环境温度的影响，随值增量为 $\Delta R_1 + \Delta R_t$，R_2 为受环境温度影响，随值增量为 ΔR_1，按照式

$$\mu_{BD} = \frac{\Delta R_1 - \Delta R_2}{4R} \cdot \mu = \frac{\Delta R_1 + \Delta R_1 - \Delta R_1}{4R} \cdot \mu = \frac{\Delta R_1}{4R} \cdot \mu \qquad (2-85)$$

说明了电桥输出电压只与应变引起的电阻变化有关，而温度的影响按相邻桥臂的特性得到了消除，即应变片起了温度补偿的作用。同样，全桥测量时，根据上式各相邻臂的阻值变化符号相反，应变片间相互起了温度的补偿作用。

综上所述，根据试件受力的特点和电桥的特性，进行适当的布点和接桥，可达到提高电桥的灵敏度、测量精度和温度补偿的目的，而且还能从复杂的受力状态中测量单一外力作用产生的应变值，消除其他非测量的受力应变分量，例如，为了测定试件轴向拉（压）应变，需要排除试件偏心受力的弯曲应变，或要测定试件弯曲应变，而需要排除轴向拉

(压）应变分量，这在应变测量中是经常采用的技巧。

常用的应变片接桥形式和特点如表 2-45 所列。

表 2-45

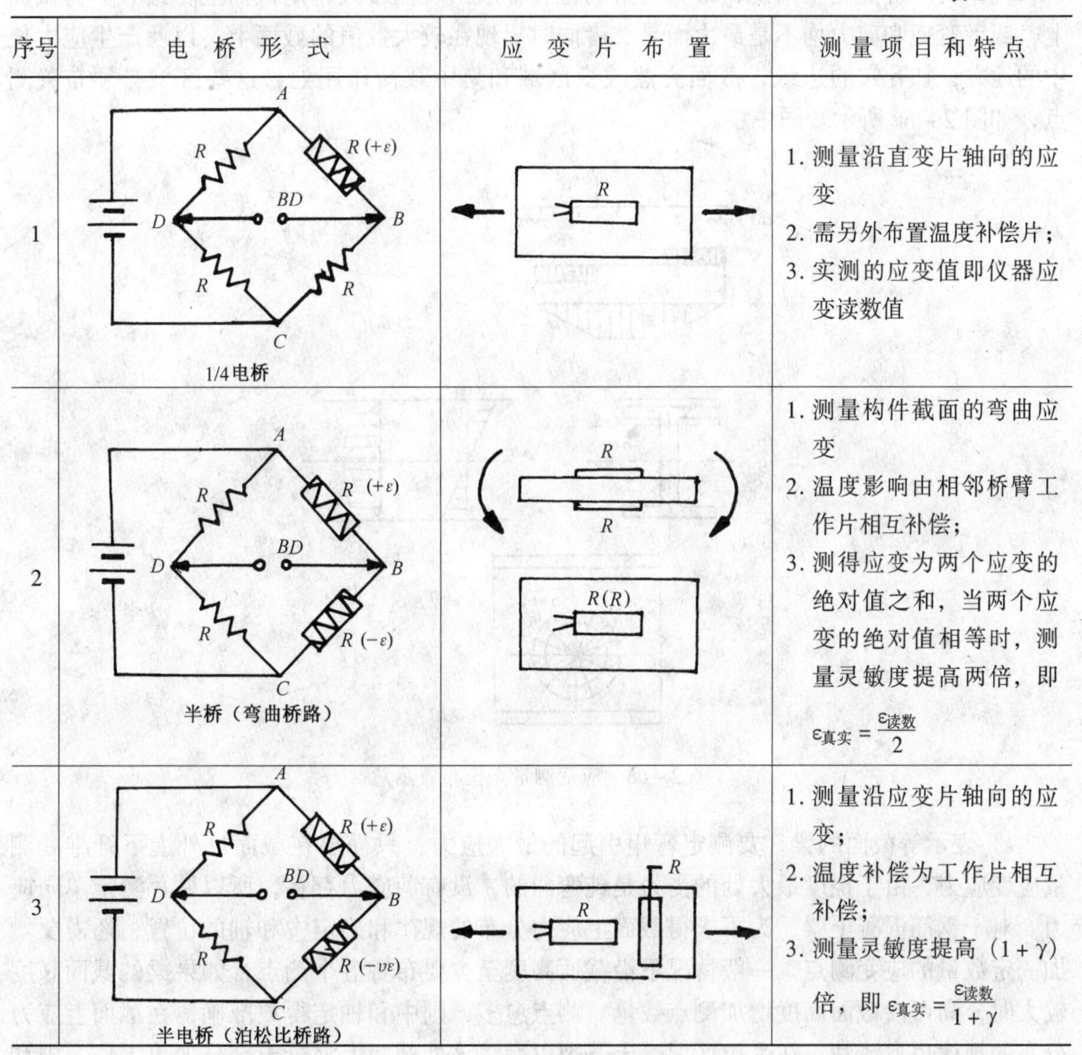

序号	电桥形式	应变片布置	测量项目和特点
1	1/4电桥		1. 测量沿直变片轴向的应变 2. 需另外布置温度补偿片； 3. 实测的应变值即仪器应变读数值
2	半桥（弯曲桥路）		1. 测量构件截面的弯曲应变 2. 温度影响由相邻桥臂工作片相互补偿； 3. 测得应变为两个应变的绝对值之和，当两个应变的绝对值相等时，测量灵敏度提高两倍，即 $\varepsilon_{真实}=\frac{\varepsilon_{读数}}{2}$
3	半电桥（泊松比桥路）		1. 测量沿应变片轴向的应变； 2. 温度补偿为工作片相互补偿； 3. 测量灵敏度提高 $(1+\gamma)$ 倍，即 $\varepsilon_{真实}=\frac{\varepsilon_{读数}}{1+\gamma}$

2.5.3.3 测点布置的原则

利用电阻应变仪对试件或结构物进行应变的测量，应该说，测量的点位愈多愈能了解试件的应力和应变的情况，测点少了，提供的数据也少，但是，过多的测点，测量的工作量和数据处理的工作量将大大地增加，因此，要求在满足试验目的的前提下，测点宜少不宜多，以保证试验工作重点突出，集中精力提高试验工作效率和质量。若测点布置不正确或布置的方向没有恰到其处，就不能找出最大的应力点，也不能得到最大应力值。因此，测点布置主要是解决；测量点位的选择及测量方向的确定的问题。这样，任何一个测点的布置不应该是盲目的，必须做到心中有数，应该根据试验目的和结构的特点有重点地布置测点，要求在布点之前，须要利用已知的力学知识和结构理论对试体进行分析判断和初步估计，然后合理布置点位和测量的方向，既提高试验的工作效率，又能获得必要的数据资料。

测量点位确定的原则：

（1）结构物或试件可能产生最大应力和最大挠度处必须布置测点。

例：对于等截面梁来说，最大应力的位置一般出现在最大弯矩截面上，最大剪力截面上，或者弯矩和剪力均不是最大而是二者同时出现在较大数值的截面上；以及产生应力集中的地方，如孔穴的边缘、截面突然改变区域和集中载荷作用处，这些区域必须布置测点，如图2－68所示。图中：

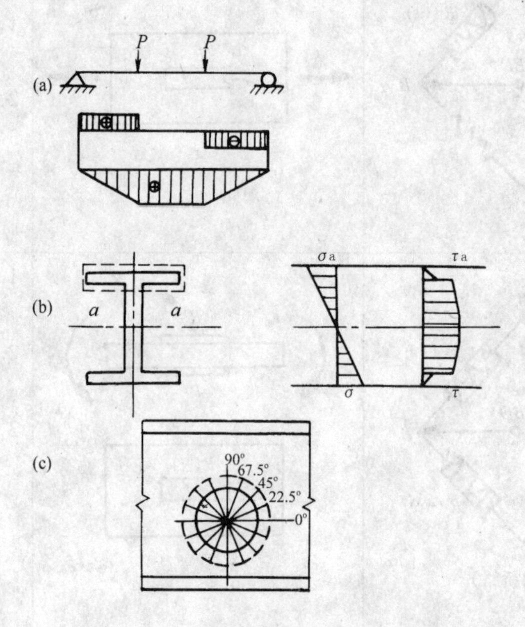

图2－68　应变测量点位布置示意

a）表示等截面的梁，要测定弯矩引起的最大应力，只需要在截面最外上下纤维处测量应变应力，由于挠度最大处的受力是纯弯曲的，没有剪应力存在，所以贴片测定单向应力。对于钢筋混凝土梁，为了求得截面上应力分布的规律和确定中和轴的位置，还需要增加一定数量的应变测点，一般情况下沿截面高度至少要布置五个测点，如果梁的截面高度较大时，尚可沿截面高度增加测点数量。测点愈多，则中和轴定得愈准确，在截面上应力分布的规律也愈清楚。在受拉区混凝土开裂以后，该处截面上混凝土部分退出工作，中和轴的位置可能上升和变动，可从该处测点读数值的变化来观察。

b）图表示薄壁构件的布点，最危险点不是在最大正应力或最大剪应力处，而是在正应力和剪应力都不是最大，但是都相当大的地方，即薄壁与翼缘的交接处，通常在转接处必须布置测点，考虑断面具有对称轴。所以在一侧做全面周细布点。而另一侧仅做主要位置布点，还可以做为核对用。在正应力和剪应力同时存在的地方，应力测定系平面的，需测主应力、剪应力及主应力的方向，不能采用测定单向应力的布点方法。

c）图表示梁的腹板上开孔，孔边的应力集中现象是比较严重的，应力梯度较大，严重影响结构的强度，因此孔边的应力测量必须十分注意，布置测点沿圆孔周边连续测定应变，求得孔边应力分布情况。布点时，将圆孔分为四个象限，在每个象限的周界上以22.5°夹角连续均匀布置五个测点，如果能估计出最大应力在某一象限内，则其他区内的应变测点可减少到三点，因为孔边的主应力方向已知，故只需布置单向测点。

(2) 为了验证现有理论的准确性。对于一个研究阶段的新结构，采用由粗到细逐步逼近的办法，先测定较少点的力学数据，进行初步分析后再补充适量的测点，再分析再补充，直到能足够了解结构性能为止。对于一个受力复杂或结构形状复杂的构件，有时只能利用现有理论估计一个危险区域。在这个范围内连续布置三点或五点进行测量，了解应力的趋势，如果这五点应力有转折，两头小中间大，说明最大应力在转折处，如果应力沿某一方向递增，则说明最大应力在递增方向，因此沿此方向增补测点，直至找到最大应力处为止。为设计研制提供第一手资料、补充现有理论的不足之处，建立新的计算理论。

(3) 布置一定数量的校核测点。在测量工作中，可能会发生很多偶然因素而影响测量数据的可靠性（如应变片的粘贴的质量，应变片与应变仪的连接的好坏，应变仪工作正常程度等)，为了肯定测量数据的可靠性，需要布置一定数量的校核性测点。

校核测点可以布置在已知应力和变形的位置上，即这些位置上应力藉成熟的计算公式精确计算的，以计算值与实测值比较判断之；如果结构受力复杂，构件的应力不能精确计算，那么这些校核点可布置在边缘凸角处即零应力处。这样测得的数据如果接近计算应力或零应力，则说明测量系统工作是可靠的，测量的数据也属于可靠的，否则，是不可靠的，须检查系统，分析原因，找出问题之所在并加以排除。校核点除能验证测量结果的可靠程度之外，必要时在与测量点对称的区域布置校核点，以作为校核或将对称测点数据做正式的分析之用。

(4) 测点布置对试验工作应该是方便和安全的。

不便于观测读数的测点往往不能提供可靠的结果，为了测读方便，减少观测人员，测点的布置适当地集中，以便统一管理若干测试仪器。不便于测读和安装仪器的部位，最好不设或少设测点，还应采用安全措施。

动态测点不宜多，而静态测量可以通过予调平衡箱转接增加测点，因此，动态测点最好在静态测量的基础选择布置。

2.5.3.4 应变花的应用

结构在平面力状态下工作，应力分析时需要作主应力与剪应力的测定，为求得剪应力及主应力的大小和方向，需要布置由电阻应变片组成的三向应变网络测点，来确定三个应变值 ε_x、ε_g、γ_{xy}。而后求得主应力值。应变花不仅使用方便，而且也简化了计算工作。

测点应变换算应力的计算公式如表 2-46 所列。

2.5.3.5 电阻应变片的粘贴工艺

粘贴应变片是电阻应变测量的第一工序。质地优良的应变片和粘贴剂，只有在正确的粘贴工艺基础上才能得到良好的效果。粘贴应变片的工作步骤包括电阻应变片的选择，试件表面的处理，划线，上胶贴片，绝缘检查，焊接导线及防潮措施等。

(1) 电阻应变片的选择与检查

在贴片前须用惠斯登电桥测量备用的每片的电阻值，严格地把不同片基和阻丝材料按同一种分开，并将同一种灵敏系数和同一阻值的应变片放在一起，所测量电阻值与名义电阻值之间应小于 ±0.5%，如超过此误差值时，很可能是应电片中电阻丝开始发霉，焊接点的问题或有隐患，不能使用，所谓同一阻值一般要求阻值正负值不超过 ±0.5Ω，否则，用于测试中将导致应变仪电桥不平衡和测量的误差，灵敏系数 K 不一样，就不能消除温度影响，也不便于调整仪器的灵敏系数刻度盘。

测点应变换算应力的计算公式 **表 2-46**

受力状态	测点布置	主应力 σ_1,σ_2 及 σ_1 和 0°轴线和夹角 θ
单向应力	1	$\sigma_1 = E_{\varepsilon 1}$ $\theta = 0$
平面应力（主应力方向已知）	2, 1	$\sigma_1 = \frac{E}{1-\upsilon^2}(\varepsilon_1 + \upsilon\varepsilon_2)$ $\sigma_2 = \frac{E}{1-\upsilon^2}(\varepsilon_2 + \upsilon\varepsilon_1)$ $\theta = 0$
平面应力（主应力方向未知）	3, 45°, 2, 45°, 1	$\sigma_2^1 = \frac{E}{2}\left[\frac{\varepsilon_1+\varepsilon_3}{1-\upsilon} \pm \frac{1}{1+\upsilon}\sqrt{2(\varepsilon_1-\varepsilon_2)^2+2(\varepsilon_2-\varepsilon_3)^2}\right]$ $\theta = \frac{1}{2}\mathrm{arctg}\left(\frac{2\varepsilon_2-\varepsilon_1-\varepsilon_3}{\varepsilon_1-\varepsilon_3}\right)$
	3, 60°, 2, 60°, 1	$\sigma_2^1 = \frac{E}{3}\left[\frac{\varepsilon_1+\varepsilon_2+\varepsilon_3}{1-\upsilon} \pm \frac{1}{1+\upsilon}\sqrt{2[(\varepsilon_1-\varepsilon_2)^2+(\varepsilon_2-\varepsilon_3)^2+(\varepsilon_3-\varepsilon_1)^2]}\right]$ $\theta = \frac{1}{2}\mathrm{arctg}\left[\frac{\sqrt{3}(\varepsilon_2-\varepsilon_3)}{2\varepsilon_1-\varepsilon_2-\varepsilon_3}\right]$
	2, 3, 60°, 60°, 1, 4	$\sigma_2^1 = \frac{E}{3}\left[\frac{\varepsilon_1+\varepsilon_4}{1-\upsilon} \pm \frac{1}{1+\upsilon}\sqrt{(\varepsilon_1-\varepsilon_4)^2+\frac{4}{3}(\varepsilon_2-\varepsilon_3)^2}\right]$ $\theta = \frac{1}{2}\mathrm{arctg}^{-1}\left[\frac{2(\varepsilon_2-\varepsilon_3)}{\sqrt{3}(\varepsilon_1-\varepsilon_4)}\right]$ 校核公式：$\varepsilon_1 + 3\varepsilon_4 = 2(\varepsilon_2+\varepsilon_3)$
	4, 45°, 3, 45°, 2, 45°, 1	$\sigma_2^1 = \frac{E}{3}\left[\frac{\varepsilon_1+\varepsilon_2+\varepsilon_3+\varepsilon_4}{2(1-\upsilon)} \pm \frac{1}{1+\upsilon}\sqrt{2[(\varepsilon_1-\varepsilon_2)^3+(\varepsilon_4-\varepsilon_2)^2]}\right]$ $\theta = \frac{1}{2}\mathrm{arctg}^{-1}\left[\frac{\varepsilon_2-\varepsilon_4}{\varepsilon_1-\varepsilon_3}\right]$ 校核公式：$\varepsilon_1+\varepsilon_3 = \varepsilon_2+\varepsilon_4$
三向应力（主应力方向已知）	2, 1, 3	$\sigma_1 = \frac{E}{(1+\upsilon)(1-2\upsilon)}[(1-\upsilon)\varepsilon_1 + \upsilon(\varepsilon_2+\varepsilon_3)]$ $\sigma_2 = \frac{E}{(1+\upsilon)(1-2\upsilon)}[(1-\upsilon)\varepsilon_2 + \upsilon(\varepsilon_3+\varepsilon_1)]$ $\sigma_3 = \frac{E}{(1+\upsilon)(1-2\upsilon)}[(1-\upsilon)\varepsilon_3 + \upsilon(\varepsilon_1+\varepsilon_2)]$

外观质量检查：用放大镜检查应变片的电阻丝或电阻栅排列是否平直、整齐均匀；片内有无气泡、霉点、锈蚀等缺陷；应变片的片基和覆盖层是否有破损；引出线（特别是引出线和线栅的焊接点处）是否有折断脱落的危险，另外，用万用电表检查有无短路或断路。

（2）试件表面处理

要求应变片和试件牢固地结合在一起，必须平整试件表面：钢材试件表面的铁锈应用砂纸打掉，试件表面用酒精或丙酮清洗，如表面油污及锈蚀，可先用汽油再用丙酮或酒精清洗。要求光洁度为Δ4~Δ6，为使应变片粘贴后有足够的牢固，在光洁的表面用00#砂纸轻轻打出与贴片轴线方向成45°的交叉斜纹。打磨后若不立即贴片，须用凡士林或黄油防锈。

混凝土试件表面在测点范围内不应有麻面、气孔、浮浆，如不符合要求时，最好改变测点位置，或使用喷浆方法垫平，也可在混凝土表面上用环氧树脂做防潮底层，厚度为0.5~1.0mm，配方为：环氧树脂100%，增塑剂—邻苯二甲酸二丁脂8%~10%，固化剂——乙二胺6%~8%。环氧树腰要求在配制后半小时内使用完，所用涂底待完全干燥后再用砂皮磨平表面。这种底层有时也用铝箔纸。

（3）贴胶水的准备

常用的贴片胶水就是制片的胶水。要求成分接近。对胶水的要求：粘结力强，长期不老化，受潮不膨胀及软化、抗剪强度高，能正确传递变形，有良好的绝缘度，对电阻丝无腐蚀作用，其弹性模量应大于电阻丝的弹性模量。目前使用的胶水有如下几种：

1）α氰基丙烯酯快干胶，俗称“501”“502”胶，它在常温下吸收空气中的微量水分而固化，仅用手指加压0.5~1.0分钟便能固结，粘贴后无须加热，使用简便，胶水粘结度高，电绝缘性能好，能抗一般的有机试剂（酵、醚、酮、酯、油等），使用温度在-10~+70℃。极限工作温度达100℃左右。对多种材料均具有良好的粘合性能。但对酚醛底基的应变片粘结力差，不能粘结聚乙烯、聚丙烯、聚四氯氟乙烯和有机硅，耐水性能差，抗酸碱的腐蚀能力差，易变质，储存期短，温度稍高更易变质，因此，一般要求置于5~0℃的环境可保存一年以上，在室温20~25℃仅能存放3~6月。

2）丙酮赛璐璐胶，又称万能胶，它是将纯赛璐璐溶化在丙酮中，配方：6~8克赛璐璐加100克丙酮，再加入醋酸戊酯、乙醚和松香可制成快干赛璐璐胶（其含量为赛璐璐15%、丙酮23%，醋酸戊酯30%，乙醚30%，松香2%），常用的为贴片后自然干燥1.5h，然后加热7h，加热温度为40±2℃，再自然冷却4h。使用方便，干燥无须加压，制造容易，但易吸潮，影响工作稳定性，故不宜作长期测量使用。

3）环氧树脂：对各种材料均有良好的粘结性能，粘结力强（抗拉、抗剪强度高），固化收缩小，能耐蚀，有良好的防潮和电绝缘性能，但耐热性能差，韧性差，使用时需要加一定接触压力，适当加温进行固化。

4）酚醛——聚乙烯醇缩丁醛胶，它有两种：JSF—2和JSF—4，成本低，并有良好的耐热、耐水、耐油和化学物质等性能，JSF—2使用温度100℃，可耐强酸，但聚合温度为140~150℃；JSF—4使用温度为60℃，耐强酸，聚合温变为100~110℃，使用时，试件和应变片涂上胶后，在室温中放置20min，再于50~60℃温度下放15min，然后升温到85~

90℃，保持1h，使胶中的乙醇完全挥发掉，再将应变片贴在试件上，施加5kg/cm^{2}的压力于140~150℃温度下保持1h。这种胶使用欠方便。

(4) 粘贴应变片

1) 划线：根据实验方案在试件上画出贴片位置，定出每个测点的纵向和横向中心线，目的是为了便于粘贴时对准。在电阻应变片两端延伸画出与丝栅平行的纵向中心线。

2) 贴片：先在划好定位线并经过清洗的试件表面和应变片底层上均匀涂上一层胶水，待干燥后再复涂一层。静置稍等溶剂挥发一部分（避免产生气泡或固化的收缩），一手拿住应变片的引出线，并将它的一端逐渐贴近试件，稍动使胶均布，找准定位线相贴合，在片子上覆盖一张玻璃纸（用502胶水要覆盖聚乙烯薄膜），用手指或小橡皮棍从片子一端逐渐压向另一端挤出多余胶水和气泡，挤压时要注意片子的位置和不损伤片子，并注意引出线不要和试件表面胶结在一起，用胶纸把引出线与试件隔开。

贴片时涂胶要均匀适量，胶过多，胶层不易干透，造成徐变层或影响变形的传递；过少了容易残留气泡，同样导致应变片不能很好与试件共同工作，所以在粘贴的片子上最好施加一点压力，使片子不致翘起，保证粘贴质量。

(5) 电阻应变片的干燥处理

应变片粘贴后必须使粘结剂充分干燥，以保证固化的胶剂能传递试件的变形，同时保证应变片的绝缘度，不致引起读数的漂移。

应变片干燥方法分为自然干燥和人工干燥。当温度大于15℃，相对湿度低于60%，可用自然干燥，一般干燥时间要24~40h。当室温低于15℃和相对湿度大于60%时，必须用人工干燥，但在人工干燥前须经过12h的自然干燥，人工干燥可用250W的红外线灯光烘烤，其温度控制在50℃以下，烘烤的时间随应变片的潮湿程度和气温湿度条件而变。人工干燥尚可用吹风机加热，由于吹风机热量比较集中，故烘干时间短，温度在40~50℃时只需要1小时。人工干燥时必须注意热源离应变片不能太近，温度不宜过高，否则会引起应变片起壳，甚至使基底烘焦而损坏。

用502粘胶剂贴上，如室温在20℃以上及相对湿度在55%左右，一般可不用干燥而能获得较高的粘结强度。

(6) 绝缘电阻的检查

应变片的干燥程度，通过检查应变片与试件之间的绝缘电阻的指标，如果测量的时间短，空气湿度在60%以下，绝缘电阻应在100MΩ（兆欧）以上；如果测量时间长，空气相对湿度在60%以上时，绝缘电阻应在200MΩ以上。湿度较高的地区，为了避免温湿度不稳定引起读数漂移，甚至要求绝缘电阻在1kMΩ以上。

测量绝缘电阻的方法根据试件材料而异。

1) 钢试件绝缘电阻的检查是用兆欧表或用高灵敏度的万用电表测量试件与应变片引出线间的绝缘电阻。测量端的测量电压应小于100V。检查绝缘电阻不宜用兆欧表，因为可能会输出较高电压打穿应变片。

2) 对涂有防潮底层的混凝土试件，由于底层的环氧树脂与混凝土本身绝缘电阻很高，不能采用上述钢试件的方法。需用电阻应变仪来检查，即将应变片接入电阻应变仪，观察通电后3分钟内的读数漂移值，如果漂移值小于5$\mu\varepsilon$时，认为可以使用的，即可进行焊接导线。

（7）应变片的导线连接和固定保护

应变片和仪器之间所用导线种类，若测点较少，导线长度不超过 10m 的测量，可用一般的聚氯乙烯双芯多股平行铜导线，即一般的平行塑胶线。测点较多，导线长度在 10～100m 之间或电磁干扰源较近时，要用多芯多股屏蔽导线。常用的有双芯或四芯屏蔽线。

测点的读数值不稳定，往往是因为导线焊接不良引起，所以要求焊点清洁光滑，无假焊。在焊接之前，在引出线下面的试件上粘贴一层胶布或玻璃胶纸，将引出线与试件隔离，防止引出线与试件间短路。导线焊接前需用万用电表测量一次导线本身有否中断，并需要焊锡将导线端部多股铜丝焊合成一体，焊接时，两根引线要分开，接头不要过长，以防短路，导线焊接完再用万用表检查一遍是否通路。

（8）应变片的表面防潮处理

当环境湿度较大时（超过 60%）或该试件须保护较长时间后重复进行试验时，应采取防潮措施，以保证应变片正常工作。应变片绝缘检查合格后应该立即敷设防潮层。

防潮剂常用松香石腊，其配方为：石腊 45%，松香 25%（粉末），凡士林 10%，黄油 10%，机油 10%，配制后加热至 150℃保持 20min，待温度降低到 60℃时再用。防潮层厚度一般在 2mm 左右，对于有可能遇水的测点常用环氧树脂，其配方同混凝土试件上防潮底层一样。

为了更好防潮可在应变片上覆盖一层纱布或绝缘用的黄腊布，用毛笔蘸上配制的松香石腊顺应变片粘贴方向逐次涂刷，涂刷的面积比应变片四周宽 5mm 左右，注意与试件的密合，将引出线及其与导线的焊点全部密封。

对于测量时间长，防潮要求高时，常用合成树脂类防潮剂，例如，环氧树脂、低分子量聚酰胺、聚氨基甲酸酯等。有时也用氯丁橡胶、聚硫橡胶、硅胶等有良好抗潮抗腐蚀能力的防潮层。

防潮处理后再用万用表测量每个应变片的电阻值，组桥接线无误即可按测点编号，测点导线的编号尽量与仪器分线箱序号一致，以便于查对。

2.5.3.6　混凝土材料特性及其对应变测量的影响

由于混凝土材料具有非匀质、不密实、导热性不良以及易受环境温度、湿度影响等特性，因此它对电阻应变测试技术的要求较其他材料和一般现场测试要高。

混凝土非匀质性的问题是所含石子的应变较小，而水泥砂浆的应变则较大，局部应变间的差异非常显著。从标准棱柱体试件上测定并用以换算应力的混凝土弹性模量，反映了石子或砂浆平均应变与应力之间的关系，如果应变片测出的仅是石子或砂浆的应变，必将造成较大的误差。合理增大应变片的标距，既能准确地反映混凝土的平均应变，又能避免由于应力梯度大造成测点的应力失真。应变片标距 L 与混凝土最大粒径 d_{max} 之间如保持下述关系，效果较好。

对于中等骨料（$d_{max}=2\sim4cm$）；$L\geqslant 2d_{max}$，所以 L 常选为 4、8、10cm。当应力沿长度方向变化不大时，也可选用 15cm。

对于细骨料混凝土，当 $d_{max}<2cm$ 时，为了更加准确地反映平均应变，常用 $L\geqslant 4d_{max}$，所以，L 不小于 8cm 即满足要求。

对于大骨料混凝土（毛石混凝土基础等），由于骨料粒径过大，采用大标距应变片仍难测出平均应变，故不常采用电阻应变测量技术。

混凝土应变测量对于片型和片基材料一般无特殊要求，常用纸基丝式片和粘贴工艺简单的常温固化粘结剂。

混凝土不密实性问题是由于硬化过程中，多余水分将通过自身细小孔隙逐渐析出，3~5个月后达到干燥，使混凝土内外存在大量孔隙，外界潮气和水分均能渗进混凝土内。由于某些粘结剂受潮，其绝缘和粘结能力下降或丧失，因而在混凝土表面粘贴或内部埋入应变片时，应变片与混凝土之间均要防水防潮。通常选用6101环氧树脂：乙二胺：邻苯二甲酸二丁酯＝100:6~8:8~10，作为防潮层，气温高用上限，气温低用下限，或掺入少量水泥拌合成水泥环氧混合物，其厚度不应大于0.3mm。

对于内埋式应变计，也可选环氧树脂作为防水材料。作为应变计防水材料、衬托材料的环氧树脂也应与被测混凝土有尽可能接近的弹性模量和泊松比。

导热不良的问题是混凝土内石子和砂浆的导热性能远低于金属材料，加之大量孔隙的存在，故其导热性能较差，传热散热过程很慢。当外界环境导致结构温度局部变化时，易于造成局部温差。目前应变片热输出分散度较大，当环境温度变化较大时，补偿片也难消除温差带来的影响，因此，应选择昼夜间温度变化不大的时段进行测试，以补温度补偿的不足。

混凝土在持续荷载作用下，变形将随持续时间的延长而不断发展即为徐变，混凝土的徐变全部数值可能高出初始变形的几倍，一般约需2~4年才能基本完成。最初半年的徐变量约占总值的3/4，一年后可达90%，徐变的10%在以后的岁月内完成。此外，混凝土除随温度升降产生的热胀冷缩的变形外，而在结硬过程还有干缩湿胀的性质。它在空气中结硬将发生“凝缩”和“干缩”的现象。在水中结硬时，体积将会膨胀。钢筋混凝土材料的收缩值相当于温度降低15~20℃时所引起的缩短；而素混凝土的收缩则相当于温度降低20~45℃引起的缩短。这一变形过程大致需要两年左右。由湿胀干缩和“混缩”产生的变形称为自身变形。

钢筋混凝土结构测试过程（加载、卸载、读数等环节）历时很短，所以混凝土的徐变及自身变形对测试影响很小，可以忽略。但对遂道衬里、地下结构和挡土墙等在岩石压力下的长期应变观测，其影响则不能忽视。对于干缩湿胀的排除，类似温度补偿的方法设置补偿应变计。利用桥臂加减特性自行抵消。通常与温度补偿计共用。

2.5.4　动态应变测量

目前在动应力分析中，越来越广泛地运用动态电阻应变仪，测定机器设备和建筑结构在动荷作用下的动应变、动位移以及加速度等参数。

静态应变测量的基本原理和技术要求，一般均适用于动态应变测量，但是由于动态测量的条件和静态测量有所不同，对应变片、应变仪、记录器、讯号传递方式和测量方法，都提出了进一步的要求，显示出与静态应变测量不同的特点。诸如：

(1) 采用直读式交流电桥和记录器记录。因为动态应变的幅度随时间改变，且速度一般较快，不能用静态测量的“零”读式电桥，手动平衡读数，而系直读式交流电桥与记录器相匹配，记录图形或数字。

（2）对预调平衡要求较高。由于动态应变仪的供桥频率较高，应变片和引出线分布电容对桥路平衡的影响很大，所以在导线选择和布线时，要求比静态测量更加严格，即使采取了上述严格的布线措施，电桥的相位平衡也较困难，所以动态应变仪每一通道除有电阻平衡外，还设有电容平衡调节。测量时，必须对每个测点进行仔细调节，使平衡指示器指向“0”位，或尽可能靠近“0”位，并具有大体一致的平衡度。

（3）各点同时记录。由于动态应变的时间性很强，要求测量结构应变的瞬态变化过程，因此不能用转换测点的方法进行测量。一般是用结构相同彼此独立的通道来传递和记录讯号，每一个测点占据一个通道。互不影响和干扰，从而同时记录多个测点的应变变化过程。

（4）采用定标求值。动态应变仪与记录器相匹配，记录下来的是被测结构的动应变波形，要知道应变的幅值、频率和周期等欲测量，必须测取一个标准波形与之比较，即采用定标求值。

下面，着重介绍动应变测量的特殊要求和作法，至于应变片安装、防水防潮和布线等一般原则，与静态应变测量大体相同。

2.5.4.1　应变片安装和引线保护

在高速转动和振动的构件上进行动态应变测量时，应变片和引出线不仅要经受运动温升的考验，而且还要承受很大的惯性力和交变力的作用，因此对应变片和导线的选择、粘贴、连接和引线处理等各个环节，均应特别重视，否则会因应变片或导线破坏，使试验失败。

通常选用能耐100℃以上温度的应变片和粘结力较强的粘结胶。贴片和烘烤处理均应严格遵守操作工艺，必要时还应焊接保护钢壳加以保护。选择导线时要求重量轻、电阻率低、柔软、弯折能力强，有较低而稳定性好的电阻温度系数，线径最好小于0.5mm。通常选用丝漆包多芯线。引线固定方法，应根据应变片和导线的工况来决定。在导线行进路线上，用砂纸把结构表面打毛，清洗干净后（同应变片粘结）用贴应变片的胶贴上一层拷贝纸，再把导线贴上，最后复贴一至二层拷贝纸把导线包裹起来，牢固地贴在结构表面上。这样处理的引线抗气流冲击的能力较强。另一办法是用点焊机焊接0.05~0.1的不锈钢皮，把引线固定在器壁上。布线时，引线不能交叉，弯折处圆弧要大，不能留锐角。通过零部件连接处的间隙时，要留有松动的余地，以防结构运行时折断。引线和应变片连接时，要求焊点小而光滑，并留足抗疲劳破坏的弯头长度。对于某些动平衡较高的旋转件，还要考虑引线的对称性，以免破坏动平衡。对远距离长导线动应变测量，不能把细引线用得太长，否则不仅导线电阻太大，降低应变片的灵敏度，而且机械强度不够，容易拉断。所以在离开运动区后，应用强度较高、电阻较小、屏蔽性能较好的多芯电缆。

2.5.4.2　记录器和振子选配

与动态应变仪配合的记录装置，大致有四种：即磁电式光线示波器，电子示波器，笔式记录器和磁带记录器。目前用得最多的磁电式光线示波器。它具有使用方便、正确可靠、记录频率幅值宽等优点，能满足一般机械和建筑结构动态应变测量要求。

电动笔录式记录仪记录的信号频率较低，多用于50c/s以下的应变测量，但它操作方便，不需感光记录和暗室作业，因此广泛用于低频应变信号的记录。

在动态应变测量中，应根据振子和应变特性，按以下方法和步骤进行选配：

(1) 估计被测应变的频率，决定选配的应变仪和合适的振子，使应变频率在振子允许工作频率范围内。

(2) 根据选定应变仪的设计负载，选择内阻能与应变仪匹配的振子。如不能匹配。可以在振子上串、并联电阻进行调整。

(3) 根据应变幅值计算应变仪的输出电流，校核是否超过最大线性输出和振子的允许电流。为防止应变量估计出入过大发生烧坏振子的事故，所选振子允许电流最好估计输出电流的 2 倍。

(4) 根据输出电流、振子灵敏度和允许幅值，检查最大振幅是否超过线性输出和记录纸宽，是否满足测量精度要求。

(5) 若选用电磁阻尼振子，还要考虑外阻要求。

例如，欲测一个经初步估计振幅为 $\pm 200\mu\varepsilon$ 频率为 100Hz 的动态应变。要求选配应变仪和振子。

1) 从说明书上可知 Y6D－2 型动态电阻应变仪的载波频率为 500Hz，为应变频率的 50 倍，故选定 Y6D－2 动态应变仪进行测量，其设计负载为 20Ω。

2) 查振子说明书可知 FC6－1200 型振子的允许电流为 5mA，工作频率为 0～400Hz，内阻为 20±4Ω，满足测量应变频率和应变仪阻抗匹配要求。

3) 因 FC6－1200 型振子允许电流为 20mA，Y6D－2 动态应变仪在负载为 20Ω、“衰减”在“1”时的灵敏度为 $0.1\text{mA}/\mu\varepsilon$，线性输出电流为 10mA。显然此时应变仪的输出电流为：

$$200\mu\varepsilon \times 0.1\text{mA}/\mu\varepsilon = 20\text{mA} \tag{2-86}$$

超过应变仪线性输出电流 10mA 和振子允许电流 5mA，故改用“衰减”1/8。此时，输出电流为：

$$200\mu\varepsilon \times 1/8 \times 0.1\text{mA}/\mu\varepsilon = 2.5\text{mA} \tag{2-87}$$

正好是振子允许电流的一半，而且在应变仪线性输出电流以内。

4) 因 FC6－1200 振子灵敏度为 11.5mm/mA，因此 2.5mA 输入电流在记录纸上可记出的振幅宽度为：

$$2.5\text{mA} \times 11.5\text{mm/mA} = 27.8\text{mm} \tag{2-88}$$

其应变分辨度为：

$$27.8\text{mm}/200\mu\varepsilon = 0.139\text{mm}/\mu\varepsilon \tag{2-89}$$

最大幅值为 2×27.8mm＝55.6mm，波形幅度为±27.8mm，未超过振子允许幅值±50。

而一般 SC－16 型光线示波器记录纸宽为 120mm，故记录波形能满足测量精度要求，且不超过记录纸范围。所以，可选 Y6D－2 型动态应变仪和 FC6－1200 型振子，仪器衰减取 1/8。

如果没有此型号振子，是否可选 FCb－400 型振子？考虑到它是电磁阻层振子，所以在分析这个问题时，除考虑上述要求外，还要满足振子外阻的要求。现分析计算如下：

1）由振子特性表可查出，FCb－400 型振子的内阻 R_n 为 50Ω±10Ω，要求外阻 R 为 20Ω±10Ω，工作频率为 0～200Hz，灵敏度（光臂长 300mm 时）为 72mm/mA，最大允许电流为 2mA，线性幅值±100mm。可见工作频率满足 100Hz 的测量要求。

2）因 Y6D－2 应变仪要求负载为 20Ω，振子内阻为 50Ω，需并联电阻 R_B。但并联后，因应变仪输出阻抗 R_i 为 20Ω，故并联总电阻必须小于振子要求的外阻 20Ω，所以应在振子上串接电阻 R_c，如图 2－70 所示，从中可知，为满足应变仪阻抗匹配要求，则需：

$$\frac{(R_n + R_C)R_B}{(R_n + R_C) + R_B} = R_i \quad (2-90)$$

为满足振子外阻要求，则需：

$$R_C + \frac{R_i R_B}{R_i + R_B} = R \quad (2-91)$$

如两方面的要求均要同时满足，则只能联解方程（2－90）、（2－91），求出需串、并联的电阻 R_C、R_B。代入式（2－90）查得的数据可算出：

$R_C = 7.7\Omega$，取 8Ω；$R_B = 32.4\Omega$，取 32Ω

根据 R_C 和 R_B 可算出应变仪负载

$$R_y = \frac{(50 + 8) \times 32}{50 + 8 + 32} = 20.6\Omega \quad (2-92)$$

振子外阻

$$R = 8 + \frac{30 \times 32}{20 + 32} = 19.6\Omega \quad (2-93)$$

故满足应变仪阻抗匹配（20Ω）和振子外阻（20Ω）的要求。

3）可导出流经振子的电流为：

$$I_n = \frac{IR_B}{R_B + R_n + R_C} \quad (2-94)$$

如取应变仪“衰减”为 1/16，则输出总电流为：

$$I = 200\mu\varepsilon \times 1/16 \times 0.1\text{mA}/\mu\varepsilon = 1.25\text{mA} \quad (2-95)$$

$$故\ I_n = (1.25 \times 32)/(32 + 50 + 8) = 0.45\text{mA} \tag{2-96}$$

未超过 FC6 - 400 型振子允许最大电流 2mA。

4）据振子灵敏度 72mm/mA 可算出记录纸上记出的信号幅值为：

$$L = 0.45\text{mA} \times 72\text{mm/mA} = 32.4\text{mm} \tag{2-97}$$

应变分辨度为 $32.4/200\mu\varepsilon = 0.16\text{mm}/\mu\varepsilon$，故能满足精度要求，且总幅值 ±32.4mm，未超过振子线性幅值（±100mm）范围，而总幅度仅为 2×32.4 = 64.8mm，也未超过 SC - 16 型示波器纸宽（120mm）。

由以上计算分析可知，选用 Fcb - 400 型振子时，需并联电阻 32Ω，串联电阻 8Ω，衰减选为“1/16”。

2.5.4.3　标定曲线的测定

动态应变测量的结果是一个代表各测点应变的波形图，要知道其瞬时或最大应变值和频率，必须与已知振幅和频率的波形相比较，方能获得。通常把标准波形的获得方法称为标定。

（1）幅值标定和校正曲线的测取

幅值标定的任务是测定联系应变和记录器偏转距离的关系曲线，一般称为动应变校正曲线，它可从应变仪上的电标定装置获得。标定时，只需拨动“标定开关”输进不同的应变讯号，便可从记录器上给出一个相应的标准方波，又称参考波，如图 2 - 70 所示。如果应变仪和记录器稳定，灵敏度不变，则可给出给定应变和标准振幅值（即记录器偏转距离）的关系曲线，即校正曲线。测量时，从录波图上查出应变波幅值，便可从校正曲线上找到相应的应变值。但是，由于影响输出的因素较多，所以一般均在测量时，随时标定和校正。

（2）频率标定

频率标定比较简单，只需将进标讯号输入记录器即可得到如图 2 - 70 下部所示的时标。测量时，只需要它和应变波比较，便可得到应变的频率和周期。

2.5.4.4　测量方法和步骤

动态应变测量的方法与应变仪和记录器有密切的关系，应严格遵照说明书进行操作。但总的来说其方法大同小异，通常可按以下步骤进行。

（1）电桥盒连接

将应变片导线引至应变仪后，即可按测量要求在电桥盒上进行桥路连接（全桥或半桥），经检查可靠后，方可将电桥盒插入应变仪。同时处理屏蔽和接地。

（2）仪器连接

按说明书要求，把桥路盒、电源供给器和记录器接入应变仪，并使各开关和旋钮置于要求位置，经检查无误后，方可接电源。

（3）平衡调节

打开电源，接通开关，让应变仪工作，检查“电源”、“桥源”等指示是否正常，如正常，则可开始平衡调节。

（4）标定

标定前，应根据估计被测应变的大小和精度要求，以及应变仪和记录器的技术特性，把“衰减”档放到适当位置，使之在标定和测量时，输出电流在应变仪最大线性输出电流和振子允许最大电流的范围内，而记录纸上的标定参考波和应变波均能满足分析的精度要求，又不至于超过记录纸的容量。如被测应变的估计不准，可通过预备试验确定“衰减”档的位置，给出标准应变的大小。预试时，先把“衰减”档放在最大（衰减得多）值，然后逐渐减小，至应变输进后，记录器指示波形符合上述要求为止。同法可确定其标准应变的大小。

应变仪和记录器的测试过程中要受各种外界因素的干扰，灵敏度将随之变化，故标定需在测量前后各进行一次，然后取二次的平均值作为标准应变。标定时，先将记录纸速放慢，用“标定”开关给出确立的标准正应变，录波后，又给出同样的负应变，再录波。最后可以从录波图上得到一个如图2-70所示的“标准”方波。

（5）测量

标定后，先根据被测应频率，接入时标讯号，并选好记录器纸速，再输进应变讯号进行录波。如应变是周期性的，上述测量和标定可重复进行，以资比较。反之，如是瞬态和随机过程，一过即逝，则只能进行一次。故测定后应立即再标定一次以供参考。在标定和测量时，要注意测量和标定的“衰减”档要相同，否则无比较价值。

（6）动态应变参数测取

一次测量完后，得到图2-69所示的示波图。从中可以测取所测应变的参数。

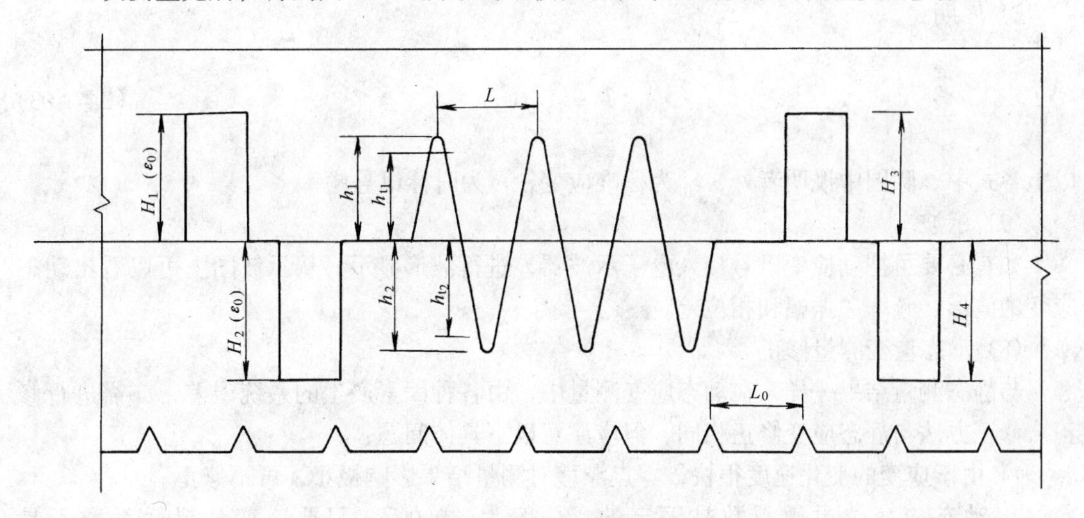

图2-69　动应变测量录波图

1）应变值：

瞬时正应变：

$$\varepsilon_{t+} = (\varepsilon_0 \Big/ \frac{H_1 + H_3}{2}) h_{t_1} [\mu\varepsilon] \quad (2-98)$$

最大正应变：

$$\varepsilon_{m+} = (\varepsilon_0 \Big/ \frac{H_1 + H_3}{2}) h_1 [\mu\varepsilon] \tag{2-99}$$

瞬时负应变：

$$\varepsilon_{t-} = (\varepsilon_0 \Big/ \frac{H_2 + H_4}{2}) h_{t_2} [\mu\varepsilon] \tag{2-100}$$

最大负应变：

$$\varepsilon_{m-} = (\varepsilon_0 \Big/ \frac{H_2 + H_4}{2}) h_2 [\mu\varepsilon] \tag{2-101}$$

2）应变频率：

$$f = \frac{l_0}{l} n (Hz) \tag{2-102}$$

3）周期：

$$T = 1/f(s) \tag{2-103}$$

以上各式中，除图中说明者外，ε_0 为标准应变，n 为时标讯号频率。

（7）示波

如有必要可把动应变讯号接入电子示波器，进行波形显示，从示波图上可以看出动态应变的波形、频率、振幅和相位差。

（8）动态应变测量修正

与静态测量结果一样，在动态应变测量中，由各种因素产生的系统误差，亦需进行修正。修正方法与静态应变修正相同，但应注意以下具体问题：

1）由于应变的变化速度很快，零点漂移对测量结果影响极小，可不修正。

2）动态应变仪灵敏系数是固定的，一般为“2.00”，只要应变片灵敏系数不是“2.00”，均要修正。

3）测量时，若还有其他系统误差，应针对具体情况和误差性质进行修正。

国产常用振动子性能参数 表 2-47

	型号	固有频率(Hz)	工作频率范围(Hz)	灵敏度(mm/mA/m)	内阻(Ω)	外阻 β=0.6~0.7(Ω)	最大允许电流(mA)	保证线性最大振幅(mm)
FC6型	F-10	10	—	≥65000	120±24	β=1≥1400	0.004	
	F-30	30	—	10000	120±24	900±300	0.05	±100(±3%)
	FC6-120	120	0-65	2800	55±10	190±50	0.2	±100(±3%)
	FC6-120A	120	0-40	2800	28±5	油阻尼	0.2	±100(±3%)
	FC6-400	400	0-200	250	55±10	21±10	2	±100(±3%)
	FC6-1200	1200	0-600	35	20±4	油阻尼	6	±50(±3%)
	FC6-2500	2500	0-1300	7.1	16±4	油阻尼	30	±50(±3%)
	FC6-5000	5000	0-2500	1.35	12±4	油阻尼	90	±30(±3%)
	FC6-10000	10000	0-5000	≥0.4	14±4	油阻尼	100	±10(±3%)
FC7型	FC7-120	120	0-60	4000	150±20	400±100	0.06	±100(±2.5%)
	FC7-400	400	0-200	250	85±15	25±15	1	±100(±2.5%)
	FC7-1200	1200	0-500	35	22±4	油阻尼	5	±60(±3%)
	FC7-2500	2500	0-1000	5	16±4	油阻尼	40	±60(±3%)
	FC7-5000	5000	0-1700	1	9±3	油阻尼	100	±40(±5%)
	FC7-10000	10000	400	0.02	9±3	油阻尼	120	±10(±10%)
FC9型	FC9-IL	100	0-40	170	10±2		2	±100(±5%)
	FC9-IIL	200	0-80	60	10±2		5	±100(±5%)
	FC9-IIH	200	0-80	600	1500±200		0.5	±100(±3%)
	FC9-VL	500	0-200	12	10±2		2.5	±100(±3%)
	FC9-VH	500	0-200	120	1500±200		2.5	±100(±3%)
	FC9-XH	1000	0-400	22	1500±200		15	±100(±3%)
FC11型	FC11-120	120	0-60	800	95	300	0.1	±80(±3%)
	FC11-400	400	0-200	100	65	35	1	±40(±3%)
	FC11-1200	1200	0-450	21	22	油阻尼	5	±30(±3%)
	FC11-2500	2500	0-350	3.4	16	油阻尼	40	±30(±3%)
	FC11-5000	5000	0-2000	0.3	14	油阻尼	80	±15(±3%)
FC13型	FC13-200	200	0-20	1200	25±5			±1000(±3%)
	FC13-500	500	0-50	200	25±5			±100(±3%)
	FC13-1000	1000	0-100	40	15±3			±60(±3%)
	FC13-2000	2000	0-200	8	10±3			±60(±3%)

注:FC6-1200、FC6-2500、FC6-5000、FC6-10000为油阻尼结构。

国内外若干应变仪特性表　　**表 2-48**

仪器型号	预调点数	测量通道	载频（C/S）	测量范围（μs）	基本误差	灵敏系数	应变片电阻值（Ω）
YJ-5	20		530	±11100	±1%	1.8~2.6	120 100~600
YJS-8	400		3K	±9995	0.2% ±5με	2	120 60~1000
YJB-1				±10000	0.2% ±1με	2	120 100~600
YJD-1	20	1	2K	静±16000 动±2000	0.2%	1.95~2.60	120 100~600
YJD-7	20	1	1K	静±15500 动±6000	±0.5% 5με	1.92~2.60	120 100~600
Y6D-2		6	5K	±64000		2	120
Y6D-3		6	10K	±10000		2	120 60~1000
Y8DB-5		8	50K	±10000		2	120 60~600
Y6C-9		6	3K 直流	±18000		2	120 60~600
1516	50	1	3K 直流	±30000		1.50~3.00	100 10~1000
DM-6H	36	6	5K			1.60~ 2.25	120 60~1000
PR9302	1	1	4K	±5000 ±1250	1%	2	120和600 50~1200
SDT16		16	2.6K				120
SD-510A	200	1	直流	±29000 ±290000	±0.05% ±2με ±0.05% ±20με	2	60,120, 350,500, 60~1000

续表

仪器型号	电阻平衡范　围	电容平衡范围(Pf)	零点漂移	动漂	灵敏度	最大线性电流输出(mA)
YJ－5	±0.6Ω	±2000	<3με/4h		1με	
YJS－8	±0.9Ω	±2000	<2με/0.5h		5με	
YJB－1	±2000με	±2000	<2με/4h		1με	
YJD－1	±1.2Ω	±2000	<5με/4h	<±3%/2h	静5με 动0.05mA/με	5(5Ω)
YJD－7	±2500με	±2000	<5με/4h	<±3%/2h	0.1mA/με	1(5Ω、500Ω)
Y6D－2	±0.6Ω	±2000	<±5με/4h	<±1%/0.5h	0.25mA/με	10(20Ω)
Y6D－3	±1Ω	±1500	<±5με/4h	<±1%/0.5h	0.2mA/με	±1.1及80(2Ω)
Y8DB－5	120Ω±0.3%	300	<±5με/0.5h	<±2με/0.5h	0.1mA/με	20(15Ω)
Y6C－9	±1Ω		<±1cm/4h	<±0.5dB/10min		
1516	±0.3%	±400				
DM－6H	±1%	±2800				
PR9302	±0.6%	±1000	2με/24h		0.125mA/με	35(10Ω)
SDT16	±1.5%	±2000			0.04V/με	6(50Ω)
SD－510A	±7999με					

续表

仪器型号	配用记录器	振幅特性	频响误差	标定误差	重量(kg)	生产厂
YJ－5					18.5	华东电子仪器厂
YJS－8	数字打印				200	华东电子仪器厂
YJB－1					4.5	成都科仪厂
YJD－1	SC－1	±3%	±3%		8.3	华东电子仪器厂 成都科仪厂
YJD－7	SC－1	±3%	±3%		8	华东电子仪器厂
Y6D－2	SC－11 SC－10	±1%	±3%	±1% 1με	10	华东电子仪器厂
Y6D－3	SC－16 SC－1	±1%	±3%	±1% 1με	50	华东电子仪器厂
Y8DB－5	SC－10 SC－16	±1%	±2%(5K C)±1% ±10%	±1με	25	成都科仪厂
Y6C－9	图像显示 高速摄影	±0.5dB	±1dB	<5%	230	华东电子仪器厂
1516	偏转法		±1dB		22	丹麦
DM－6H	偏转法		±1dB			日本
PR9302	指零法				24	荷兰
SDT16					27	法国
SD－510A	自动显示 数字打印				11×14	日本

常见的故障、产生故障的原因以及检查和维修的方法　　表 2-49

故障	可能原因	检查方法	修理方法
电桥平衡不了	1. 电阻应变片短路或断路	用欧姆表检查电阻应变片阻 用“中”“大”调刻度盘去平衡	换电阻应变片
	2. 电阻应变片阻值误差大于±0.5%		换电阻应变片
	3. 电阻应变片通地了	用欧姆表量电阻应变片对地电阻	换电阻应变片
	4.“电阻平衡”电位器中心触头接触不良	调读数桥看能否平衡	换多圈电位器 R_B
	5. 读数桥路短路或断路	将开关放置在“*BD*”上看能否平衡(这时测量桥输出接地)	送回厂检修
	鉴别是否仪器本身的漂移,可将开关放置在“*BD*”上试其稳定性。若每小时朝一个方向漂移大于 $1\mu\varepsilon$ 则断定为仪器本身漂移		
仪器本身的零点漂移	1. 稳压电源不稳定	用调压变压器改变电源电压 -15 ~ +5%,漂移应不超过 $2\mu\varepsilon$	修电子稳压器
	2. 振荡器幅度,频率严重的不稳定	用电子管毫伏表量电阻应变仪拼线柱“*A*”“*B*”之电压(应在0.5V左右)	检修振荡器
	3. 振荡输出变压器 B_2、B_1 受潮	断开线路测量对地绝缘电阻 > 500m	换变压器
	4. 放大器不稳定	可在放大器输入端加一个固定530Hz讯号试验之	检修放大器
	5. 电源变压器损坏,内部发热厉害	用温度表检查温升,温升 < 30℃	
	6. 读数桥电阻不好	用温度表检查温升,温升 < 30℃	回厂检修
仪器不工作	1. 保险丝断了或电源路或负载短路	用欧姆表检查电源输入、输出端	换保险丝或电源线
	2. 振荡器停振	用电子管毫伏表测桥压(即“*A*”“*C*”二接线柱间至少应有0.7V)	修振荡器
	3. 放大器输入变压器短、断路	用欧姆表测电阻	换变压器
	4. 放大器不放大	可加讯号去检查	修理放大器
	5. 表头损坏	可用欧姆表量电表看能否偏转	换表头

续表

故障	可能原因	检查方法	修理方法
表针抖动或慢摆动	1. 接地不良	将机壳、试件接地试验	机壳 试件接地
	2. 外界电磁场干扰	视周围有无干扰，如大变电器、磁饱和稳压器、电焊机等	改善环境，加强对干扰源的屏蔽
	3. 电源变化太大	用万用表检查市电	加调压变压器和交流稳压器
	4. 振荡顺波形不好	用示波器观察桥压波型	检修振荡器
	5. 放大器杂波大	将输入变压器次级短路，用电子管毫伏表检查放大器输出杂波小于5.0mV	检修放大器
	6. 几台仪器互相干扰	关掉其他几台仪器看是否稳定	振荡器同步，即将同步接线柱用导线连接起来
转换微中、大调旋钮时，指针突然跳动，时好时坏	1. 微调盘接角头接触不良	用手慢慢转动微调盘，观察指针有无跳动	检修微调盘接点
	2."中""大"调开关接触不良	逐步转换重复误差，其值为 $< 2\mu\varepsilon$	换开关
	3. 接在读数桥上的线绕电阻或电阻引线断了或时断时接	多次逐点转换开关观察之，并用欧姆测量	换桥路电阻或焊电阻引线
灵敏度不够	1. 桥压降低	用电子管毫伏表检查桥压应有0.7～1V	调节 R_{B6}电位器
	2. 放大器放大率不够	测量放大倍数 $K>6$ 万倍	调放大负反电阻 R_{B3}
	3. 电容平衡不好	阻容开关($K3$)转到"电容"档，看电表指示是否最小	检修多圈电位器 R_{B2}及电容器 C_1
	4. 表针轴尖坏了或线圈烧坏	取下表头进行检查	换 $\pm 50\mu A$ 电表
电源保险丝烧毁	1. 电源输入印刷插头短路	万用表检查	换印刷插头
	2. 电源开关片短路	万用表检查	换开关
	3. 电源散热片与机壳短路	万用表检查	除去短路
	4. 电源变压器线圈短路	用线圈短路仪或音频讯号发生器检查万用表检查	更换电源变压器
	5. 整流元件损坏	万用表检查	换整流元件

续表

故障	可能原因	检查方法	修理方法
预调不平衡	1. 电阻应变片或联接线短、断路	万用表检查	换片或接线
	2. 测量片和补偿片阻值相差过大	万用表检查	换电阻应变片或联线
	3. 外桥接地电容过大	桥臂并电容试验	使外桥电容对称
	4. 接地不良	万用表检查	查印刷插头改善接地线
	5. 外电磁场干扰	查电磁场源	改善环境或仪器换方向
	6. 放大器相位不平衡	检查相位电焊接点	并相位电容或修接点
灵敏度降低	1. 电桥盒屏蔽线对桥盒外壳短路	万用表检查	改善接线除去短路
	2. 桥压降低		换元件或修焊接点
	3. 放大器改大倍数降低	查振荡器各级电压查放大器各级工作点	换元件或修焊接点
	4. 直流 12V 工作电压降低	查电源各级电压	调整电源电压电位器或换元件修焊接点
电表指针跳动	1."R""C"平衡电位器接触不良	查元件和接线	换电位器和修接点
	2. 振荡器电压不稳定	真空毫伏表检查	换 527 热敏电阻或振荡变压器
	3. 仪器相互干扰	同步试验	接同步线
无信号输出	1. 印刷插头短断路	万用表检查	换插头、修焊接点
	2. 衰减电阻短路	万用表检查	换电阻
	3. 相位电容 6300Pf 断路	万用表检查	换电容或修焊接点
	4. 振荡器停振	电桥盒接线柱 5、7 两端无桥	查工作点修振荡器
零点漂移过大	1. 稳压电源输出电压过低	测稳压电源各级电压	调整电压电位器
	2. 振荡器频率不稳定	频率计检查	换 527 热敏电阻或振荡器输出变压器
	3. 相敏检波二极管坏		换二极管 2AP21
稳压电源不稳定	1. 稳压管损坏	在稳压范围内改变	换稳压管 2DW12
	2. 稳压电源调电位器损坏	交流电源电压 万用表检查	换电位器
	3. 晶体管损坏	万用表检查	查各级管子、换晶体管元件

2.6 预应力锚夹具静载锚固性能检验技术

2.6.1 简述

预应力混凝土系通过张拉预应力筋，利用预应力筋的张紧力来挤压混凝土，使预定部位的混凝土在承受外荷载之前受压，以改善结构的受力状况，而锚具是保持预应力筋的拉力并将拉力传递到混凝土上所用的永久性锚固装置。它是由中碳钢或低碳钢热处理后制成的组装件，以很小的体积承受了巨大的荷载，其使用应力经常达到千兆帕级；锚具性能若不符合要求，轻则造成预应力筋滑动回缩，从而降低结构的可靠性，重则使预应力混凝土构件失效，影响工程进度，甚至造成设备的损坏和人员的伤亡。所以，在预应力筋混凝土结构中，锚具是关键性的要害件，要求锚具绝对优质可靠；同时由于锚具是一次性使用的消耗品，为降低工程造件，又要求锚具在“物美”的基础上“价廉”。

自 70 年代以来，国际预应力学会（FIP）（现合并为国际混凝土协会（fib）已多次制订、修改了有关锚具的建议，对锚具的性能要求越来越严；作为土建大国的我国，为与国际接轨，并统一锚具的质量标准，推动预应力混凝土技术的发展，在现行国际《预应力筋用锚具、夹具和连接器》(GB/T 14370 - 2000）与国际《混凝土结构工程施工及验收规范》(GB50204 - 1992）中，都有对锚具进行质量检验的条文规定。

2.6.2 国内外主要预应力张拉锚固体系简介

2.6.2.1 钢绞线锚固体系

我国预应力钢绞线锚固体系是在 80 年代中期研制成功。是国内最早的中国建筑科学研究院 1986 年通过部级鉴定的 XM 型三片式钢绞线锚具，当时主要解决郑州黄河大桥 ϕ15mm，强度 1570MPa 预应力钢绞线锚固问题。由建设部下达的研究项目 QM 钢绞线锚固体系于 1987 年通过部级鉴定，共有四种系列产品，适用于 ϕ12、ϕ12.7、ϕ15.0、ϕ15.24、ϕ15.7mm，强度为 1860MPa 各种钢绞线。1990 年下半年以柳州建筑机械总厂为主研制的两片式 OVM 型预应力锚具通过了省级鉴定，到 90 年代诸多单位分别研制成功 B&S 型锚具、YM 型锚具、XYM 型锚具、VLM 型锚具、OVM 型锚具、KYM 型锚具等锚固体系，严格地说，从锚具、夹片传递给钢绞线受力分析，齿形分析来看，锚固体系只有 OVM 型和 QM 型两大类，其他基本上从这两大类锚固体系衍生而来。

2.6.2.2 钢丝束锚固体系

钢丝束锚固体系，主要是解决以高强钢丝束为预应力筋的张拉锚固问题。自 60 年代以来，在铁路、公路桥梁及一些建筑工程上应用，由于结构简单、价格低廉、，至今还有应用。用于钢丝的锚具，主要有镦头锚、钢质锥形锚具（弗氏锚）及锥形螺杆锚；群锚、QM、XM 锚等也能够锚固钢丝束，但根数必须是 7 的倍数。国内钢绞线生产能力很强，完全能满足国内各工程需要，建议设计单位先用钢绞线，避免 7 根钢丝束中心丝回缩的隐患。

2.6.2.3 粗钢筋锚固体系

目前在一些房屋建筑工程和道路桥梁工程中，采用冷拉Ⅱ、Ⅲ级钢筋及精轧螺纹钢筋为预应力筋，特别是精轧螺纹钢锚和连接器，主要适用于钢筋强度为 735/1050MPa 的预应力体系，目前在桥梁及建筑工程中应用，尤其是多用于预应力筋较短的桥梁中的竖向筋的锚固和连接。

2.6.2.4　钢筋束锚固体系

JM锚具是我国60年代研制的一种新型钢筋束锚具，适用于锚固 ϕ12mm 的光圆冷拉、热轧钢筋束，ϕ12mm 的螺纹钢筋束，以及锚固强度为1570MPa、直径为15mm的钢绞线束。

2.6.2.5　国外预应力锚固体系

法国弗莱西奈（Freyssinet）体系适合于钢丝、钢绞线锚固，其张拉为294kN至12753kN；瑞士B．B．P．V体系适合于锚丝锚固；原联邦德国迪维达克（Dywidag）体系适合于粗钢筋锚固，其采用835/1030MPa及1080/1230MPa两种强度钢筋；瑞士洛辛格公司VSL体系适合于钢丝、钢绞线锚固，其张拉力164kN～10500kN，其规格有1－55束钢绞线（ϕ15、ϕ13mm）、1～37束钢绞线（ϕ18mm）三个系列；美国PresconW型锚具、Stressteeh S/W型锚具、Inryco WG型锚、Westrand型锚具等锚固体系基本类似上述锚固体系。

2.6.3　检验用试验机

整套检验设备由承载反力架、液压动力系统、电气控制系统及传感器检测系统组成（如图2－70所示），试验机根据系统的结构及其功能，可以将其划分为四大部分：

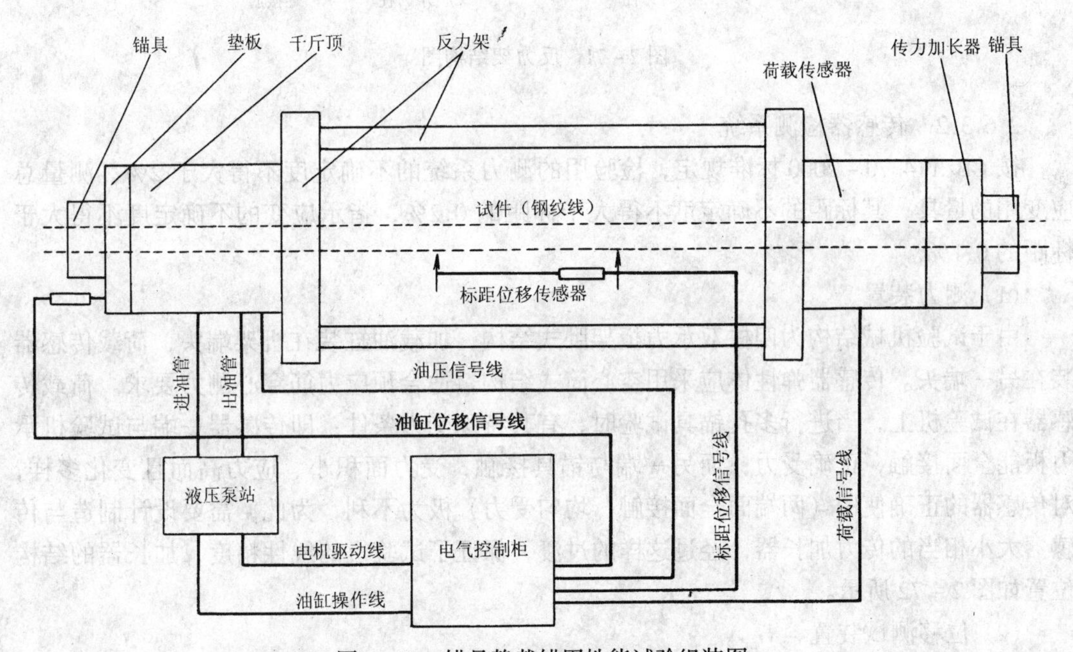

图2－70　锚具静载锚固性能试验组装图

（1）承载反力架：提供加载反力装置。

（2）电气控制系统：根据传感器检测到的信号及加载动作要求，控制液压系统各组阀件的动作，最终实现对油缸的控制。

（3）泵站液压系统：在电气控制系统的控制下，向液压油缸提供液压动力。

（4）传感器检测系统：可以同时测量最大拉断力、最大拉断力时预应力筋弹塑性应变之和、锚具各零件之间及锚具零件与预应力筋之间的相对位移、锚具各零件变形情况等，并将检测信号反馈到电气控制系统。

2.6.3.1 承载反力架

承载反力架除了需要满足强度、刚度要求外，还需要满足组装件束中各预应力筋的受力长度要求。按 GB/T14370－2000 标准规定，组装件束中各预应力筋受力长度不得小于3m。实践证明，随预应力筋数增加，各筋受力不均匀性也增加；受力长度越短，同步工作越困难。为减少诸筋非同步工作的影响，筋的受力长度适当加大有好处。比如，十孔以下锚具，受力筋长度可取 3～5m，十孔至数十孔的锚具可取 4～8m。承载反力架结构如图 2－71 所示。

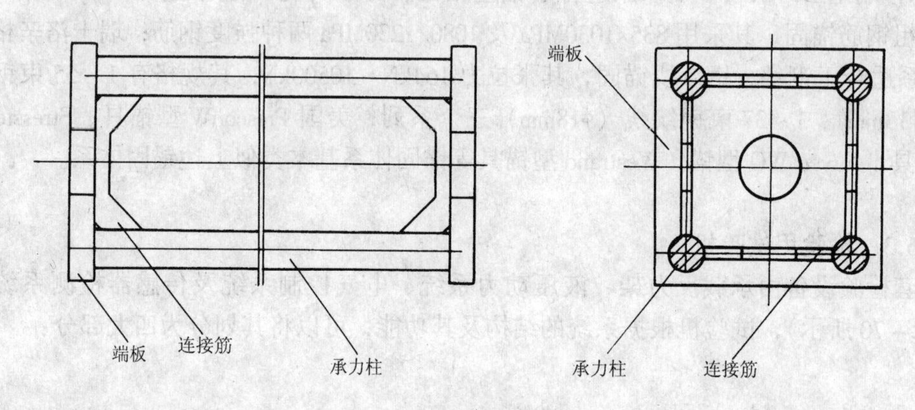

图 2－71 反力架结构图

2.6.3.2 传感器检测系统

按 GB/T14370－2000 标准规定，检验用的测力系统的不确定度不得大于 2%；测量总应变用的量具，其标距的不确定度不得大于标距的 0.2%，指示应变的不确定度不得大于标距的 0.1%。

(1) 测力装置

由于试验机械结构为四柱双承力板架卧式结构，加载油缸装在机架端头，荷载传感器装在另一端头。传感器弹性体应采用空心筒式结构，适合预应力筋穿心测力要求。荷载传感器在试验机上，当进行多孔锚具试验时，有其特殊受力条件：即传感器一端与试验机承力板能全面接触，正确受力；而另一端与锚具接触，受力面积小、应力高而且变化多样，对传感器的正确使用（两端面全面接触、均匀受力）极为不利，为此，需要设计制造与传感器大小相当的传力加长器，经过这样的过渡，保证了试验机的线性精度，加长器的结构位置如图 2－72 所示。

(2) 位移测试装置

试验机需要配备四个以上位移传感器测试通道，能够同时量测油缸活塞行程、线材标距变形量、锚具夹片和线材回缩量。

1) 位移传感器的选用

小位移变形，量和 0～20mm，精度≤0.5%FS，用于锚具夹片、线材回缩计量；

中位移变形，量和 0～100mm，精度≤0.5%FS，用于线材标距变形计量；

大位移变形，量和 0～500mm，精度≤0.5%FS，用于油缸活塞行程计量。

2) 标距变形测量夹具

为测量钢绞线标距变形，需要专门设计专用夹具。

3）小变形测量

测量锚具夹片、钢绞线回缩等小变形，由于测位空间小，采用夹具较困难，因此采用机械式百分表（包括杠杆百分表）或带百分表测头的位移传感器，安装时需要磁力表座。

2.6.3.3 液压系统

（1）油缸执行机构

液压油缸为穿心式结构，预应力钢材从油缸中部穿过，两端用锚具锁紧。伸缸时，油缸大腔进油；缩缸时，油缸小腔进油。

（2）泵站液压系统

泵站液压系统的额定压力应满足试验加载力的要求，同时其工作流量应满足试验加载速度的要求。按照国家标准 GB/T14370－2000 的规定，预应力筋的加载速度宜为每分钟 100MPa。

2.6.3.4 电气控制系统

电气系统由电机控制模块、手动控制模块、计算机控制模块和传感器检测模块组成。

（1）电机控制模块

由交流接触器、热继电器、电动机、保险丝和“电机启动”、“电机停止”按纽组成，可以实现如下功能：

1）电机启动与停止。

2）当电机过电流时，热继电器将自动切断电源使电机停止转动。

3）当发生短路时，保险丝烧断保护电气系统。

（2）手动控制模块

由操作面板上的“手动/自动”切换开关、“伸缸”、“缩缸”、“停止”按纽以及伸缸/缩缸继电器组成。通过手动控制模块可以单独完成试验过程的手动操作，操作面板如图 2－72 所示。

（3）自动控制模块

它由工业控制计算机、操作面板上的“手动/自动”、“程序启动/程序停止”按钮、控制硬件以及 A/D、D/A、DI、DO 模块组成。计算机采样油缸大腔的油压，根据试验要求输出电压来控制比例阀，最终实现自动控制的目的。

2.6.4 检验规程

2.6.4.1 准备工作

（1）准备原始记录表：填写委托单位、送检日期及工程名称；试件样品名称、型号规格、送检数量及生产厂家；钢绞线规格、生产厂家及检验报告；描述试件状态。

（2）液压系统试运行

1）核查液压系统的连接。

2）检查油箱油位：油位应在油位标尺最低刻度以上。

3）核查电机转向：俯视泵站、电机应顺时针转动。

4）根据预应力筋的标准抗拉承载力，调节泵站溢流阀，设定液压系统的最大工作压力。

5）空载运行加载油缸三次以上，以排出油缸内空气。

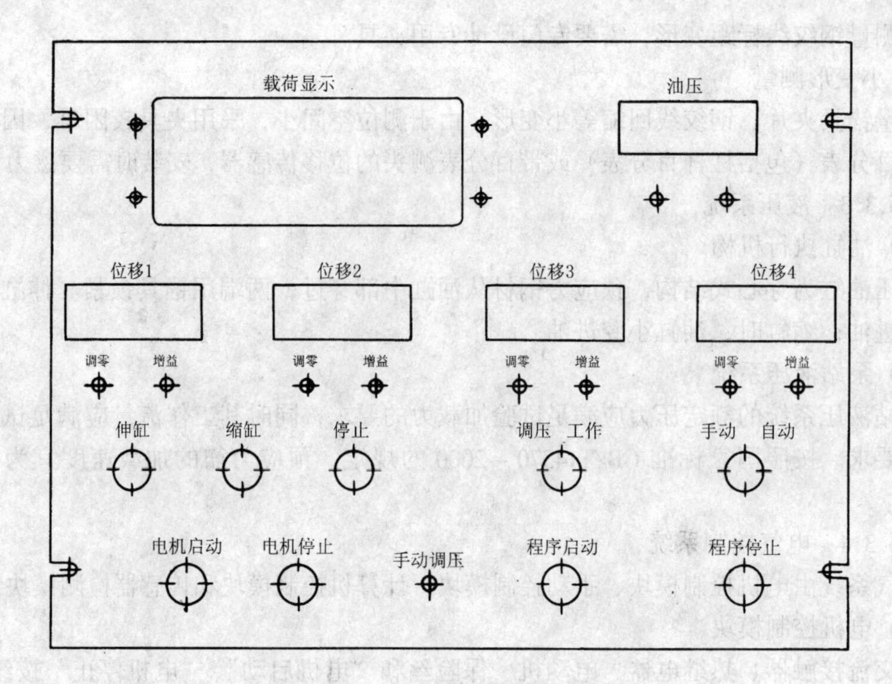

图 2－72　手动控制模块操作面板

6）检查在最大工作压力下，液压系统有无漏油现象。

（3）组装件安装

1）选择与组装件规格配套的衬套。

2）用干净的布擦试锚固零件上影响锚固性能的物质，如金刚砂、石墨等（设计规定的除外）。

3）逐根安装预应力筋，用专用张拉千斤顶对每根预应力筋施加预拉力，以消除锚固零件之间的间隙。

4）固定位移传感器夹持器，安装位移传感器。

5）核查组装件轴线是否对准反力架中心线、预应力筋有否扭转。

6）测量预应力筋试验安装总长度、应变测量的初始标距。

7）核查了系统的连接，确实无误后系统上电，并记录位移传感器、荷重传感器和油压传感器的初读数。

2.6.4.2　试验操作

（1）根据预应力筋标准抗拉极限承载力和根数，计算总标准抗拉极限承载力；按总标准抗拉极限承载力的 20%、40%、60%和 80%分级，并计算每级的加载力。

（2）操作步骤如下：

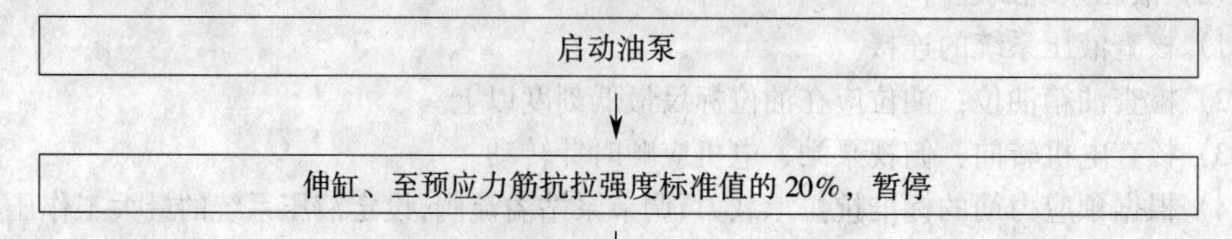

观测预应力筋与锚具、锚具各零件之间的相对位移，记录预应力筋伸长量

继续伸缸、至钢绞线抗拉强度标准值的40%，暂停

观测预应力筋与锚具、锚具各零件之间的相对位移，记录预应力筋伸长量

继续伸缸、至钢绞线抗拉强度标准值的60%，暂停

观测预应力筋与锚具、锚具各零件之间的相对位移，记录预应力筋伸长量

继续伸缸、至钢绞线抗拉强度标准值的80%，停止

观测预应力筋与锚具、锚具各零件之间的相对位移，记录预应力筋伸长量

持荷1h，观测预应力筋与锚具、锚具各零件之间的相对位移，
记录预应力筋伸长量

启动油泵，伸缸至破坏、停止

观测预应力筋与锚具的相对位移，记录实测极限拉力Fapu、
预应力筋总伸长量、试件破坏部位与形式

缩缸回位，油泵停止。

(3) 结束工作

1）加载油缸缩缸卸载，等油缸缩到底后，关闭电源。

2）用专用千斤顶对每根预应力筋进行退锚，拆除预应力筋。

3）拆除位移传感器及传感器连接线。

4）锁好电气操作柜、用防水塑料布盖好油泵、清理现场。

第 3 章　砌体结构工程检测

3.0　概　述

砌体结构在我国的民用建筑中占极大的比例，已建成的砌体结构的强度检测也出现了多种检验方法和评定标准。本章收集了国内多年来各地研究开发的一些检测方法，特别是《砌体工程现场检测技术标准》GB/T50315 推荐的有关方法，供读者选用。

在本章所列检测方法中可分三类。第一类为直接测定砌体强度的方法，包括切割法、原位轴压法和扁顶法，以切割法最为准确，但砂浆强度很低时，不易切割出完整无损的试件；原位轴压法与扁顶法均受周边砌体的影响，虽经修正，但准确程度略差，扁顶法更受变形条件限制。第二类为测定砂浆强度的方法，此类方法根据其测定强度的不同分两小类。其一为直接测定通缝抗剪强度的方法，包括原位单剪法、原位单砖双剪法和推出法；其二为间接测定砂浆抗压强度的方法，包括筒压法、砂浆片剪切法、回弹法、砂浆片点荷法、射钉法等。上述方法中前三种如仅需用于得出通缝抗剪强度，则尚可应用，其中原位单剪法排除了墙体轴向压力的影响较为准确，但对墙体损伤较大，检测准备时间也较长。若以通缝抗剪强度去换算砂浆抗压强度，则由于砂浆抗剪强度的离散性很大，与抗压强度的相关性较差，用它反推砂浆抗压强度，必然带来较大的误差。在间接测定砂浆抗压强度的诸法中，目前以筒压法的误差较小一些。第三类为测定砖的抗压强度且评定其强度等级的方法，包括现场取样测定法和回弹法。两种方法均为现场取样，前者完全按砌墙砖试验方法进行试验，结果准确，后者检测则甚为麻烦，且结果准确性较前者差。

3.1　切 割 法

3.1.1　一般规定

1. 切割法是在墙体上切割出外形尺寸与标准砌体抗压试件尺寸相当的砌体，通过压力试验机进行抗压强度试验，并将试验抗压强度换算为标准砌体抗压强度的方法。

2. 本方法适用于测试块体材料为砖和中小型砌块的砌体抗压强度。

3. 测试部位应具代表性，并符合下列规定。

(1) 同一设计强度等级砌筑单位为一个检测单元，每个测区应布置不少于 3 个测区，每个测区应不少于一个测点。

(2) 测试部位宜选在墙体中部距楼地面 1m 左右的高度处，切割砌体每侧的墙体宽度不应小于 1.0m。

(3) 同一墙体上，测点不宜多于一个；多于一个时，切割砌体的水平净距不得小于 2.0m。

（4）测试部位严禁选在挑梁下、应力集中部位以及墙梁的计算高度范围内。

3.1.2　测试设备

1. 加荷的设备，宜采用电动油压试验机。当受条件限制时，可采用由试验台座、加荷架、千斤顶和测力计等组成的加荷系统。

2. 测量仪表的示值相对误差不应大于2%，试验机每年校验一次，千斤顶加荷系统应每半年校验一次。

3.1.3　试验步骤

1. 在选定的测点上开凿试块，应遵守以下规定：

（1）对于外形尺寸为240mm×115mm×53mm的普通砖，其砌体抗压试验切割尺寸应尽量接近240mm×370mm×720mm；非普通砖的砌体抗压试验切割尺寸稍作调整，但高度应按高厚比β等于3确定；中小型砌块的砌体抗压试验切割厚度应为砌块厚度，宽度应为主规格块的长度，高度取三皮砌块。中间一皮应有竖向缝。

（2）用合适的切割工具如手提切割机或专用切割工具，先竖向切割出试件的两竖边。再用电钻清除试件上水平灰缝。清除大部分下水平灰缝，采用适当方式支垫后，清除其余下灰缝。

（3）将试件取下，放在带吊钩的钢垫板上。钢垫板及钢压板厚度应不小于10mm，放置试件前应做厚度为20mm的1:3水泥砂浆找平层。

（4）操作中应尽量减少对试件的扰动。

（5）将试件顶部采用厚度为20mm的1:3水泥砂浆找平，放上钢压板，用螺杆将钢垫板与钢压板上紧，并保持水平。待水泥砂浆凝结后运至试验室。

2. 试件抗压试验之前应做以下准备工作：

（1）在试件四个侧面上画出竖向中线。

（2）在试件高度的1/4、1/2和3/4处，分别测量试件的宽度与厚度，测量精度为1mm，取平均值。试件高度以垫板顶面量至压板底面。

3. 将试件吊起清除垫板下杂物后置于试验机上，垫平对中。拆除上下压板间的螺杆。

4. 采用分级加荷办法加荷。每级的荷载应为预估破坏荷载值的10%，并应在1~1.5min内均匀加完；恒荷1~2min后施加下一级荷载。施加荷载时不得冲击试件。加荷至破坏值的80%后应按原定加荷速度连续加荷，直至试件破坏。当试件裂缝急剧扩展和增多，试验机的测力指针明显回退时，应定为该试件丧失承载能力而达到破坏状态。其最大的荷载读数即为该试件的破坏荷载值。

5. 试验过程中，应观察与捕捉第一条受力的发丝裂缝，并记录初始荷载值。

3.1.4　数据分析

1. 砌体试件的抗压强度，应按下式计算

$$\sigma_{uij} = \varphi_{ij} N_{uij} / A_{ij} \tag{3-1}$$

式中　σ_{uij}——第i个测区第j个测点砌体试件的抗压强度（MPa）；

N_{uij}——第i个测区第j个测点砌体试件的破坏载荷（N）；

A_{ij}——第i个测区第j个测点砌体试件的受压面积（mm^2）；

φ_{ij}——第 i 个测区第 j 个测点砌体试件的尺寸修正系数。

$$\varphi_{ij} = \frac{1}{0.72 + \frac{20S_{ij}}{A_{ij}}} \tag{3-2}$$

式中 S_{ij}——第 i 个测区第 j 个测点的试件的截面周长（mm）。

2. 砌块砌体试件的高厚比 β 大于 3 时，其砌体试件抗压强度按下式计算：

$$\sigma_{uij} = \varphi_{ij}N_{uij}/(\varphi_o A_{ij}) \tag{3-3}$$

式中 φ_o——稳定系数，按现行国家标准《砌体结构设计规范》附录 D 的公式 D.0.1－3 计算。

3. 测区的砌体试件抗压强度平均值，应按下式计算

$$f_{mi} = \frac{1}{n_1}\sum_{j=1}^{n_1} f_{mij} \tag{3-4}$$

式中 f_{mi}——即 σ_{uij}，测区的砌体抗压强度平均值（MPa）；

n_1——测区的测点（试件）数。

4. 检测单元砌体抗压强度标准值按本章 3.14 的方法确定。

3.1.5 适用范围及其他

1. 切割法适用于砂浆强度大于 1MPa 的砌体检测。当砂浆强度低于 1MPa 时，不易取出完整的试件或切割扰动对砌体强度的影响较大。

2. 测试结果除反映砂浆强度因素外，还直接反映砌体的砌筑质量。

3. 切割法检测方法与现行国标《砌体基本力学性能试验方法标准》相近，数据可信度较高。

4. 被测试墙体局部破损较大，试件切割、运输工作量较大。

3.2 原位轴压法测定砖砌体抗压强度

3.2.1 一般规定

1. 原位轴压法是在墙体上开凿两条水平槽孔，安放原位压力机，测试槽间砌体的抗压强度，并将抗压强度换算为标准砌体抗压强度的方法。

2. 本方法适用于测试 240mm 厚普通砖墙体的砌体抗压。原位压力机由手泵、扁式千斤顶、反力平衡架等组成，其工作状态如图 3－1 所示。

3. 测试部位应具有代表性，并应符合下列规定：

(1) 同一设计强度等级砌筑单位为一个检测单元，每个检测单元应布置不少于 6 个测区，每个测区应布置不少于 1 个测点。

(2) 测试部位宜选在墙体中部距楼、地面 1m 左右的高度处；槽间砌体每侧的墙体宽

度不应小于1.5m。

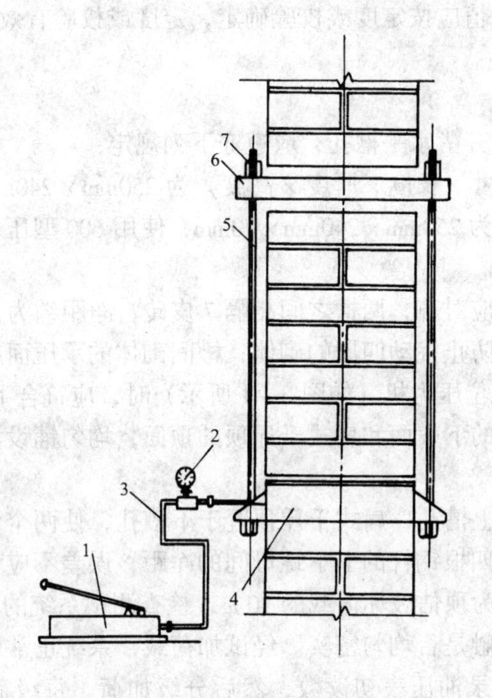

图3-1 原位压力机测试工作状况

1—手泵；2—压力表；3—高压油管；
4—扁千斤顶；5—拉杆；6—反力板；7—螺母

(3) 同一墙体上，测点不宜多于一个，且宜置于沿墙体长度的中间部位；多于1个时，其水平净距不得小于2.0m。

(4) 测试部位严禁选在挑梁下、应力集中部位以及墙梁的墙体计算高度范围内。

3.2.2 测试设备

1. 原位压力机主要技术指标，应符合表3-1的要求：

原位压力机主要技术指标　　表3-1

项　目	单　位	指　标	
		450型	600型
额定压力	(kN)	400	500
极限压力	(kN)	450	600
最大行程	(mm)	15	15
极限行程	(mm)	20	20
示值相对误差	(%)	±3	±3

2. 原位压力机的力值应按定度或校验确定，定度或校验有效期为半年。

3.2.3 试验步骤

1. 在选定的测点上开凿水平槽孔，应遵守下列规定：

(1) 上水平槽的尺寸（长度×厚度×高度）为250mm×240mm×70mm；使用450型压力机时下水平槽的尺寸为250mm×240mm×70mm，使用600型压力机时下水平槽的尺寸为250mm×240mm×140mm。

(2) 上下水平槽孔应对齐，两槽之间相隔7皮砖，净距约为430mm。

(3) 开槽时应注意防止扰动四周的砌体；槽间砌体的承压面应修平整。

2. 在槽孔间安放原位压力机（如图3-1所示）时，应符合下列规定：

(1) 分别在上槽内的下表面和扁式千斤顶的顶面，均匀铺设湿细砂垫层或石膏等其他材料，厚约10mm。

(2) 将反力板置于上槽孔，扁式千斤顶置于下槽孔，使两个承压板上下对齐后，拧紧螺母并调整其平行度；四根钢杆的上下螺母间的净距，误差不应大于2mm。

(3) 试加荷载，约为顶估破坏荷载的10%，检查测试系统的灵敏性和可靠性，以及上下压板和砌体受压面接触是否均匀密实。经试加荷载，系统正常后卸荷，开始正式测试。

3. 正式测试时，记录油压表初读数，然后分级加荷。每级荷载宜为预估破坏荷载的10%，并应在1~1.5min内均匀加完，然后恒荷1~2min。加荷至预估破坏荷载的80%后，应按原定加荷速度连续加荷，直至槽间砌体破坏。当槽间砌体裂缝急剧扩展和增多，油压表的指针明显回退时，应定为槽间砌体达到极限状态。

4. 试验过程中，如发现上下压板与砌体因接触不良，使砌体呈局部受压或明显偏心受压状态时，应停止试验。此时应调整试验装置，重新试验，无法调整时应更换测点。

5. 试验过程中，应仔细观察槽间砌体裂缝的出现与开展情况。记录槽间砌体初裂和破坏时的油压表读数、测点位置、裂缝图等。

3.2.4 数据分析

1. 根据槽间砌体初裂和破坏时的油压表读数，分别减去油压表的初始读数，按原位压力机的校验结果，计算槽间砌体的开裂荷载和破坏荷载。

2. 槽间砌体试件的抗压强度，应按下列计算：

$$\sigma_{uij} = N_{uij}/A_{ij} \tag{3-5}$$

式中 σ_{uij}——第 i 测区第 j 个测点槽间砌体试件的抗压强度（MPa）；

N_{uij}——第 i 测区第 j 个测点槽间砌体试件的破坏荷载（N）；

A_{ij}——第 i 测区第 j 个测点槽间砌体试件的受压面积（mm^2）。

3. 槽间砌体试件抗压强度换算为标准试件的抗压强度，应按下列公式计算：

$$f_{mij} = \sigma_{uij}/\xi_{1ij} \tag{3-6}$$

$$\xi_{1ij} = 1.36 + 0.54\sigma_{oij} \tag{3-7}$$

式中 f_{mij}——第 i 测区第 j 个测点的试件抗压强度换算值（MPa）；

ξ_{1ij}——原位轴压法的无量纲的强度换算系数；

σ_{oij}——该测点的墙体工作压应力（MPa），可采用按墙体实际所承受的荷载标准值计算。有条件时宜采用实测应力值。

4. 测区的砌体试件抗压强度换算值的平均值，应按下式计算：

$$f_{mi}=\frac{1}{n_1}\sum_{j=1}^{n_1}f_{mij} \tag{3-8}$$

式中 f_{mi}——测区的砌体试件抗压强度换算值的平均值；

n_1——测区的测点数。

5. 检测单元砌体抗压强度标准值按本章 3.14 的方法确定。

3.2.5 适用范围及其他

1. 原位轴压法适用范围较广，既可用于砂浆强度较低，变形较大的砌体又适用于砌体强度较高的砌体。

2. 测试结果除能反映砖和砂浆强度因素外，还直接反映砌体的砌筑质量。

3. 原位压力试验机是 1987 年由西安建筑科技大学研制的。

4. 试验设备自重较大，其中油缸式液压扁顶重约 25kg。

3.3 扁顶法测定砖砌体抗压强度

3.3.1 一般规定

1. 扁顶液压顶法（简称扁顶法）是在砖墙的水平灰缝处安放扁式液压千斤顶（简称扁顶）测得墙受压工作应力、砌体弹性模量和砌体抗压强度的方法。

2. 本方法适用于测试 240mm 或 370mm 厚砖墙的受压工作应力、砌体弹性模量和砌体抗压强度。其工作状态如图 3-2 所示。

3. 测试部位应具有代表性，并符合下列规定：

（1）同一设计强度等级砌筑单位为一个检测单元，每个检测单元应布置不少于 6 个测区，每个测区应布置不少于 1 个测点。

（2）测试部位宜选在墙体中部距楼、地面 1m 左右的高度处，槽间砌体每侧的墙体宽度不应小于 1.5m。

（3）同一墙体上，测点不宜多于 1 个，且宜置于沿墙体长度的中间部位；多于 1 个时，槽间砌体的水平净距不得小于 2.0m。

（4）测试部位严禁选在挑梁下、应力集中部位以及墙梁的墙计算高度范围内。

3.3.2 测试设备

1. 扁顶由 1mm 厚合金钢板焊接而成，总厚度为 5～7mm，大面尺寸分别为 250mm×250mm、250mm×380mm、380mm×380mm 和 380mm×500mm，对 240mm 厚墙体可选用前两

扁顶，对 370mm 厚墙体可选用后两种扁顶。

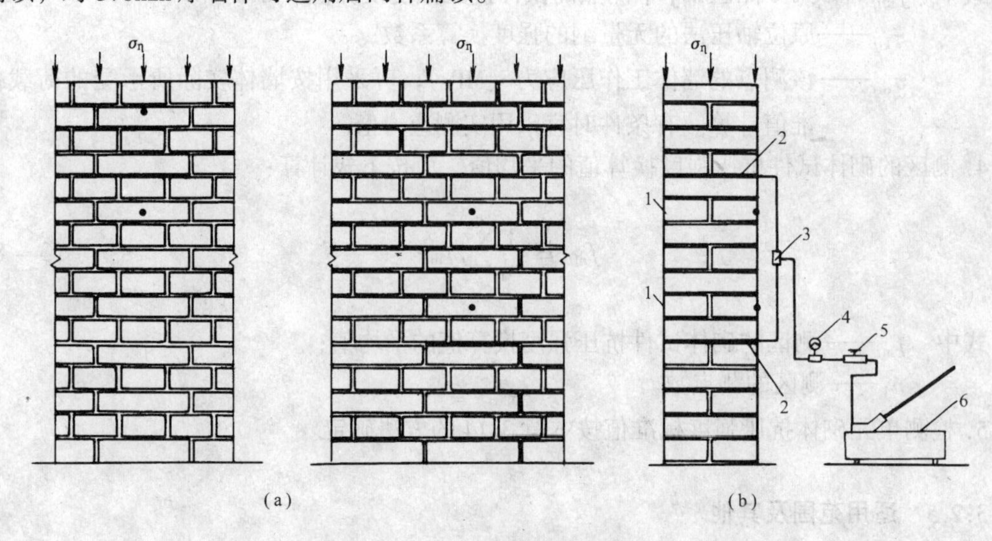

图 3-2 扁顶法试装置与变形测点布置

(a) 测试受压工作应力；(b) 测试弹性模量、抗压强度

1—变形测量脚标（两对）；2—扁式液压千斤顶；3—三通接头；

4—压力表；5—溢流阀；6—手动油泵

2. 扁顶的主要技术指标，应符合表 3-2 的要求。

扁顶技术指标 **表 3-2**

项 目	单 位	指 标
额定压力	(kN)	400
极限压力	(kN)	480
最大行程	(mm)	10
极限行程	(mm)	15
示值相对误差	(%)	±3

3. 每次使用前，应对扁顶的力值进行校验。

4. 手持式应变仪和千分表的主要技术指标，应符合表 3-3 的要求。

手持式应变仪和千分表的主要技术指标 **表 3-3**

项 目	单 位	指 标
行程	(mm)	1~3
分辨率	(mm)	0.001

3.3.3　试验步骤

1. 实测墙体的受压工作应力，应符合下列要求：

(1) 在选定的墙体上，标出水平槽的位置并粘贴两对变形测量的脚标。脚标应位于水平槽中部并跨越该槽，应粘贴牢靠，脚标之间的标距相隔四皮砖，约250mm，如图3-2所示。试验前应记录标距值，精确至0.1mm。

(2) 使用手持应变仪或千分表在脚标上测量砌体变形的初读数，应测量3次，取其平均值。

(3) 在选定的墙上开凿一条平槽，槽的尺寸应略大于扁顶尺寸。开凿时不应损伤测区部分的墙体及变形测量脚标。应清理平整槽四周，除去灰渣。

(4) 使用手持式应变仪或千分表在脚标上测量开槽后砌体的变形，待读数稳定后方可进行下一步试验工作。

(5) 在槽内安装扁顶，扁顶上下两面宜垫尺寸相同的钢垫板，再按图3-2要求连接试验油路。

(6) 试加荷载，约为预估破坏荷载的10%，检查测试系统的灵敏性和牢固性，以及扁顶上下和砌体受压面接触是否均匀密实。经试加荷载，检测系统正常后卸荷，开始正式试验。

(7) 正式试验时，应记录油压表初读数，然后分级加荷。每级荷载应为预估破坏荷载的5%，并应在1.5~2min内均匀加完，恒荷1~2min后测读变形值。当变形值接近开槽前的读数时，应适当减小加荷级差，直至实测变形值达到开槽前的读数，然后卸荷。

2. 实测墙内砌体抗压强度或弹性模量，应符合下列要求：

(1) 在完成墙体的受压工作应力测试后，开凿第二条水平槽，上下槽应互相平行、对齐。当选用250mm×250mm扁顶时，两槽之间相隔7皮砖，净距约430mm；当选用其他尺寸的扁顶时，两槽之间相隔8皮砖，约490mm。遇有灰缝不规则或砂浆强度较高而难以凿槽的情况，可以在槽孔处取出一皮砖，安装扁顶时应采用钢制楔形垫块调整其间隙。

(2) 应按第3.3.3.1 (5) 款要求在上下槽内安装扁顶。

(3) 试加荷载，应符合第3.3.3.1 (6) 款的要求。

(4) 试验时采用分级加荷方法，每级荷载宜为预估破坏荷载的10%，并应在1~1.5min内均匀加完，然后恒荷1~2min。加荷至预估破坏荷载的80%后，应按原定加荷速度连续加荷，直至槽间砌体破坏。当槽间砌体裂缝急剧扩展和增加，油压表的指针明显回退时，应定为砌体达到极限状态。

当需要测定砌体受压弹性模量时，应在砌体两侧各粘贴一对变形测量脚标，脚标应位于槽间砌体的中部，脚标之间相隔4皮砖，约250mm，如图3-2图所示。试验前应记录标距值，精确至0.1mm。按上述加荷方法进行试验，测记逐级荷载下的变形值。加荷的应力上限不宜大于槽间砌体极限抗压强度的50%。

(5) 当槽间砌体上部压应力小于0.2MPa时，应加设反力平衡架，方可进行试验。

(6) 试验过程中，应仔细观察并做好记录。记录内容应包括描绘测区布置图、墙体砌合方式、扁顶位置、脚标位置、轴向变形值、初裂荷载与极限荷载等。

3. 当仅需要测定砌体抗压强度时，应同时开凿两条水平槽，按第2条的要求进行试验。

3.3.4　数据分析

1. 根据试验结果，按现行国家标准《砌体基本力学性能试验方法标准》的方法，计算砌体在有侧向约束情况下的弹性模量；当换算为标准砌体的弹性模量时，计算结果应乘以换算系数 0.85。

墙体的受压工作应力，等于实测变形值达到开槽前的读数时所对应的应力值。

2. 槽间砌体试件的抗压强度，应按下式计算。

$$\sigma_{uij} = N_{uij}/A_{ij} \tag{3-9}$$

3. 槽间砌体抗压强度换算为标准砌体的抗压强度，应按下列公式计算：

$$f_{uij} = \sigma_{uij}/\xi_{2ij} \tag{3-10}$$

$$\xi_{2ij} = 1.18 + 4\frac{\sigma_{oij}}{\sigma_{uij}} - 4.18\left(\frac{\sigma_{oij}}{\sigma_{uij}}\right)^2 \tag{3-11}$$

式中　ξ_{2ij}——扁顶法的强度换系数；

σ_{oij}——该测点的墙体工作压应力（MPa）。

4. 测区的砌体试件抗压强度平均值，应按下式计算：

$$f_{mi} = \frac{1}{n_1}\sum_{j=1}^{n_1} f_{mij} \tag{3-12}$$

5. 检测单元砌体抗压强度标准值按本章 3.14 的方法确定。

3.3.5　适用范围及其他

1. 扁顶法适用于砂浆强度 $f_2 = 1 \sim 5$MPa 普通砖的砌体检测。当砌体强度较高或砌体轴向变形较大时，不易测出抗压强度。

2. 测试结果除反映砖和砂浆强度因素外，还直接反映砌筑质量。

3. 扁顶法砌体承载力原位检测技术是 1985 年由湖南大学研制的。

4. 设备较轻便，但扁顶重复使用率不高。

3.4　推出法评定砌筑砂浆抗压强度

3.4.1　一般规定

1. 推出法是用推出仪从墙体上水平推出单块丁砖，测得水平推力及测出砖下的砂浆饱满度，以此评定砌筑砂浆抗压强度的方法。

2. 本方法适用于评定烧结普通砖和蒸压灰砂砖 240mm 厚砌体的砌筑砂浆抗压强度，所测砂浆的强度等级为 M1 ~ M15，其工作状态如图 3 - 3 所示。

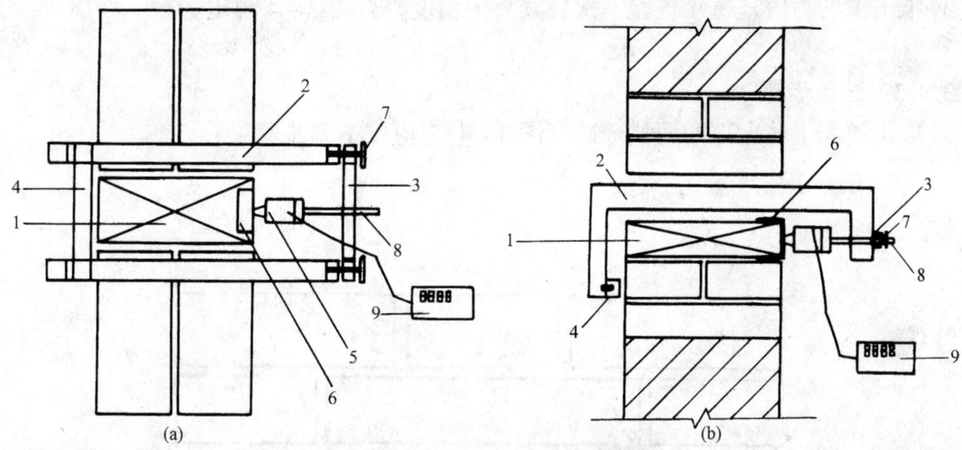

图3-3 推出法测试装置示意

(a) 平剖面；(b) 纵剖面

1—被推出丁砖；2—支架；3—前梁；4—后梁；5—传感器；6—垫片；7—调平螺丝；8—传力螺杆；9—推出力峰值测定仪

3. 选择测点应符合下列要求：

(1) 同一设计强度等级砌筑单位为一个检测单元，每个检测单元应布置不少于6个测区，每个测区应布置不少于5个测点。

(2) 测点宜均匀的布置在墙上，并应避开施工中的预留洞口。

(3) 被推丁砖的表面应平整，必要时可用砂轮清除表面的杂物并磨平。

(4) 被推丁砖下的水平灰缝厚度应为8~12mm。

(5) 测试前，被推丁砖应编号，并详细记录墙体的外观情况。

3.4.2 测试设备

1. 推出仪的主要技术指标应符合表3-4的要求。

推出仪主要技术指标 **表3-4**

项目	单位	指标
额定推力	(kN)	30
相对测量范围	(%)	20~80
最大行程	(mm)	80
示值相对误差	(%)	±3

2. 力值显示仪器（或仪表）应符合下列要求：

(1) 最小分辨率为0.05kN，力值范围为0~30kN；

(2) 具有测力峰值保持功能；

(3) 仪器读数显示稳定，在4h内的读数漂移应小于0.05kN。

3. 推出仪的力值，每年校验一次，其测力精度符合表 3-4 规定。

3.4.3 试验步骤

1. 取出被测丁砖上部的两块顺砖（图 3-4），应按下列步骤：

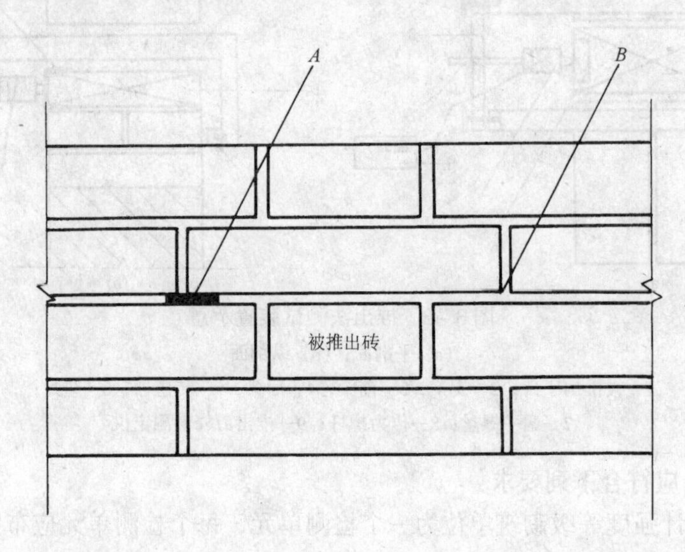

图 3-4

(1) 使用冲击钻在图 3-4 所示 A 点打出 40mm 宽的孔洞。

(2) 用锯条自 A 至 B 点锯开灰缝。

(3) 用锯条锯切被测砖两侧的竖向灰缝，直至下皮砖顶面。

(4) 开洞及清缝时，不得扰动被推丁砖。

2. 安装推出仪（图 3-1 所示），用尺测量前梁两端与墙面距离，使其误差小于 3mm。传感器的力作用点，在水平方向位于被推丁砖中间，铅垂方向距被推丁砖下表面之上 15mm 处。

3. 旋转加荷螺杆加荷，加荷速度宜控制在 5kN/min。当砖被推动，测力仪器读数下降时，即结束试验。记录推出力 N_{ij}。

4. 取下被推丁砖，用百格网测试砂浆饱满度 B_{ij}。

3.4.4 数据分析

1. 单个测区的推出力均值，应按下式计算：

$$N_i = \xi_{3i} \frac{1}{n_1} \sum_{j=1}^{n_1} N_{ij} \tag{3-13}$$

式中 N_i——第 i 个测区的测点推出力均值，kN，精确至 0.01kN；

N_{ij}——第 i 个测区第 j 的测点的推出力峰值，kN；

ξ_{3i}——推出法的砖品种修正系数，对烧结普通砖，取 1.00；对蒸压（养）灰砂砖，取 1.14。

2. 测区的砂浆饱满度均值，应按下式计算：

$$B_i = \frac{1}{n_1}\sum_{j=1}^{n_1} B_{ij} \tag{3-14}$$

式中　B_i——第 i 个测区的砂浆饱满度均值，以小数计，取小数点后两位；

B_{ij}——第 i 个测区第 j 测点砖下的砂浆饱满度实测值，以小数计。

3. 测区的砂浆强度平均值，应按下列公式计算：

$$f_{2i} = 0.30(N_i/\xi_{4i})^{1.19} \tag{3-15}$$

$$\xi_{4i} = 0.45B_i^2 + 0.9B_i \tag{3-16}$$

式中　f_{2i}——第 i 个测区的砂浆强度平均值（MPa）；

ξ_{4i}——推出法的砂浆饱满度修正系数，以小数计。

注：对蒸压（养）灰砂砖墙体，f_{2i}相当于以蒸压（养）灰砖为底模的砂浆试块强度。

4. 检测单元砂浆抗压强度标准值按本章 3.14 的方法确定。

3.4.5　适用范围及其他

1. 推出法又称单砖剪切法、顶推法、推剪法等，适宜于砂浆强度 $f_2 = 1 \sim 15$MPa 普通砖和灰砂砖检测。当接近或超出此界限值时，误差较大。

2. 测试结果除反映砖和砂浆强度因素外，还直接反映砌体的砌筑质量。

3. 推出法砌体承载力原位检测技术是河南省建筑科学院研制的，编有河南省地方标准。江苏省建筑科学研究院也进行过类似研究工作。

4. 当砖强度较低而砂浆强度较高时，进行推出法测试时，由于砖块横向膨胀产生横向挤压力，可能出现砖块推不出或砌块压碎现象，影响测试。

5. 当测区的砂浆饱满度平均值小于 0.65 时，不宜使用本方法。

3.5　原位单剪法测定砌体抗剪强度

3.5.1　一般规定

1. 原位砌体通缝单剪法（简称原位单剪法）是指在砌体结构的适宜部位安装千斤顶，直接进行沿砌体通缝截面的单剪试验，确定砌体沿通缝截面抗剪强度的方法。

2. 测试部位宜选在窗洞口或其他洞口下 2～3 皮砖范围内，试件具体尺寸详见图 3－5。

3. 试件的加工过程中，应避免扰动被测灰缝。

3.5.2　测试设备

1. 测试设备包括千斤顶或卧式液压千斤顶、荷载传感器及数字荷载表等。试件的预估破坏荷载值应在千斤顶、传感器最大测量的 20%～80%之间。

2. 检测前，应对荷载传感器及数字荷载表进行标定，其示值误差和示值差动性指标均

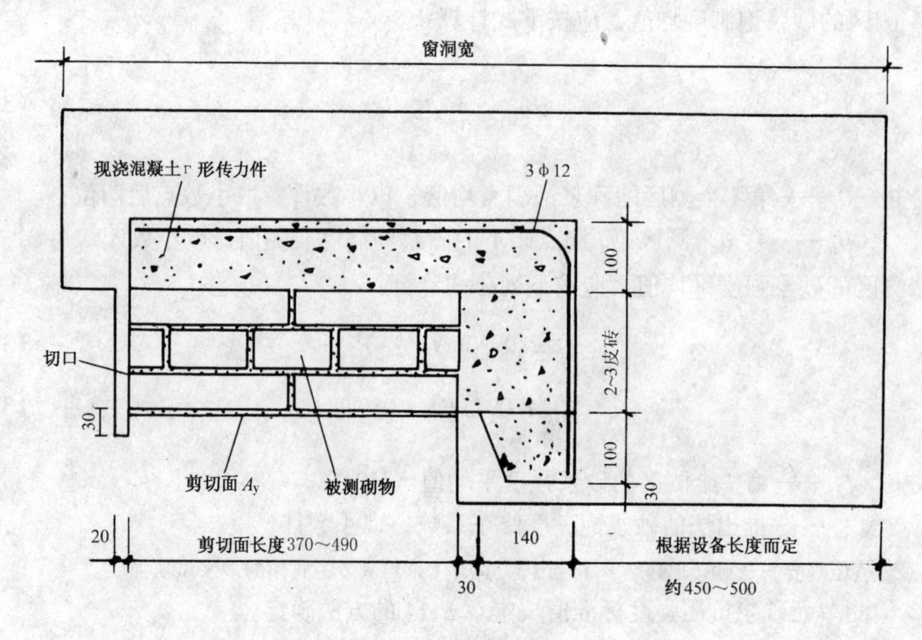

图 3－5 试件大样

不应大于3%。

3.5.3 试验步骤

1. 同一设计强度等级砌筑单位为一个检测单元，每个检测单元应布置不少于6个测区，每个测区不少于1个测点。

2. 在选定的墙体上，按图3－5所示，使用手提切片砂轮或木工锯等振动较小的工具加工切口，现浇钢筋混凝土传力件。

3. 精确测量所测灰缝的受剪面尺寸，精确至1mm。

4. 按图3－6要求安装千斤顶及测试仪表。千斤顶的加载轴线与被测灰缝顶面应严格对齐。

5. 缓慢、均匀、连续地施加水平荷载，根据砂浆强度，加荷速度宜控制在2~5min使试件破坏。当试件滑动、千斤顶开始卸载时，即认为试件达到破坏状态。记录破坏荷载值，试验结束。在预定剪切面（灰缝）破坏，此次试验有效。

6. 加荷试验结束后，翻转已破坏的试件，检查剪切面破坏特征及砌体砌筑质量，并详细记录。

3.5.4 数据分析

1. 根据测试仪表的标定结果，进行荷载换算，精确至10N。

2. 根据试件的破坏荷载和受剪面积，按下式计算砌体的沿通缝截面抗剪强度值：

$$f_{vij} = \frac{N_{vij}}{A_{vij}} \tag{3-17}$$

式中 f_{vij}——第 i 个测区第 j 个测点的砌体沿通缝截面抗剪强度（MPa）；

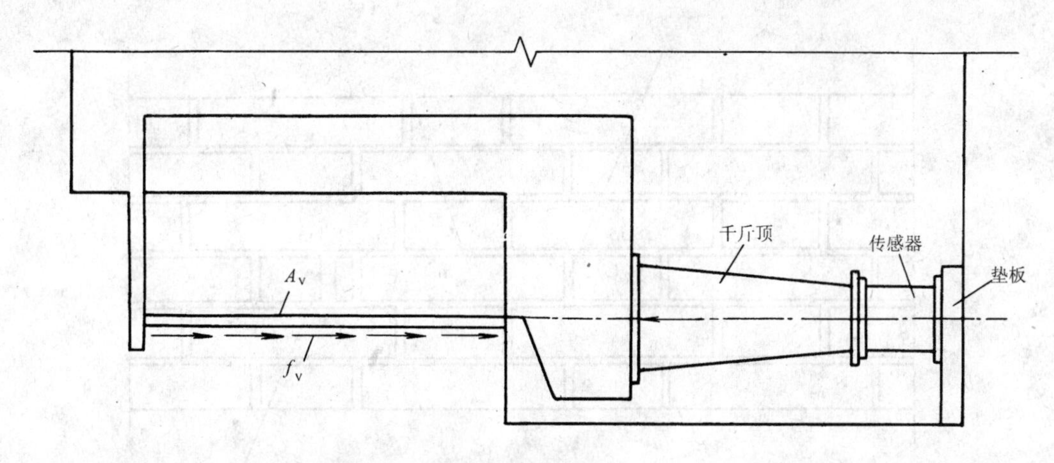

图3-6　测试装置

N_{vij}——第 i 个测区第 j 个测点的抗剪破坏荷载（N）；

A_{vij}——第 i 个测区第 j 个测点的受剪面积（mm^2）。

3. 测区的砌体测点沿通缝截面抗剪强度平均值，应按下式计算：

$$f_{vi} = \frac{1}{n_1}\sum_{j=1}^{n_1} f_{vij} \tag{3-18}$$

式中　f_{vi}——测区的砌体沿通缝截面抗剪强度平均值。

4. 检测单元砌体沿通缝截面抗剪强度标准值按本章3.14的方法确定。

3.5.5　适用范围及其他

1. 原位单剪法适用于常用砂浆位数的砌体检测。
2. 测试结果除反映砂和砂浆强度因素外，还直接反映砌体的砌筑质量。
3. 原位单剪法直观性较强。
4. 原位单剪法测试对墙体局部或产生较大的损伤，且试验准备工作周期较长。

3.6　原位单砖双剪法测定砖砌体通缝抗剪强度

3.6.1　一般规定

1. 原位单砖双剪法是对砌体的单块顺砖进行原位双剪试验，确定砌体沿通缝截面抗剪强度的方法。

2. 本方法适用于测定烧结普通砖砌体的抗剪强度，其工作状态如图3-7所示。

3. 原位单砖双剪试验可在有上部垂直荷载产生的压应力 σ_0 作用下进行，也可采用释放上部压应力 σ_0 的试验方案，宜优先选用后者。

4. 测点在测区内的分布，应符合下列规定：

(1) 每个测区的随机布置的 n_1 个测点，在墙体两面的数量宜接近或相等。以一块完

图 3-7　原位单砖双剪试验工作原理示意
1—剪切试件；2—剪切仪主机；3—掏空的竖缝

整的顺砖和上下两条水平灰缝作为一个测点（试件）。

（2）下列部位不应布设测点：

1）门、窗洞口侧边；

2）后补的施工洞口和经修补的砌体；

3）独立砖柱和窗间墙。

3.6.2　测试设备

1. 本方法使用的测试设备为原位剪切仪，其成套设备如图 3-8 所示。

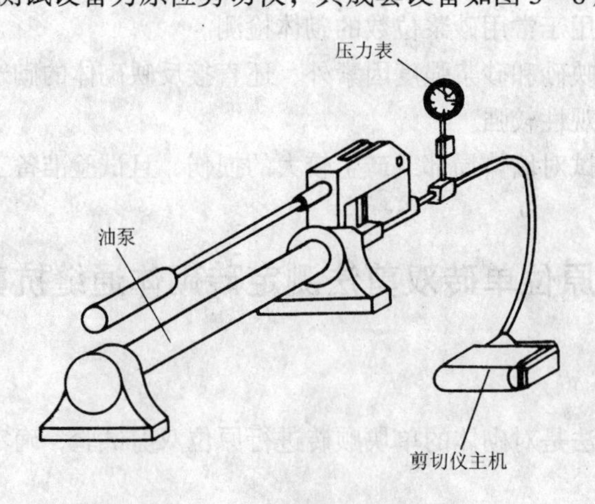

图 3-8　原位剪切仪示意图

2. 原位剪切仪的主要技术指标应符合表 3-5 的规定。

3. 原位剪切仪的力值，应每半年校验一次，其技术指标应符合表 3-5 的要求。

原位剪切仪的主要技术指标表 表3-5

项目	单位	指标	
		75型	150型
额定负载	(kN)	75	150
相对测量范围	(%)	20~100	
最大行程	(mm)	≮20	
示值相对误差	(%)	≤±3	

3.6.3 试验步骤

1. 同一设计强度等级砌筑单位为一个检测单元，每个检测单元应布置不少于6个测区，每个测区应布置不少于5个测点。

2. 当采用带上部压应力 σ_0 方案时，按图3-7要求，将剪切试件1相邻一端的一块砖掏出，清除四周的灰缝，制备出安放主机2的孔洞，截面尺寸不得小于115mm×65mm，孔洞应位于离砌体侧边的远端；掏空、清除剪切试件1另一端的竖缝3。

3. 当采释放试件上部压应力 σ_0 时，尚应按图3-9所示，掏空水平灰缝4，掏空范围由剪切件1的两端向上按45°角扩散，掏空长度应大于620mm，深度应大于240mm。

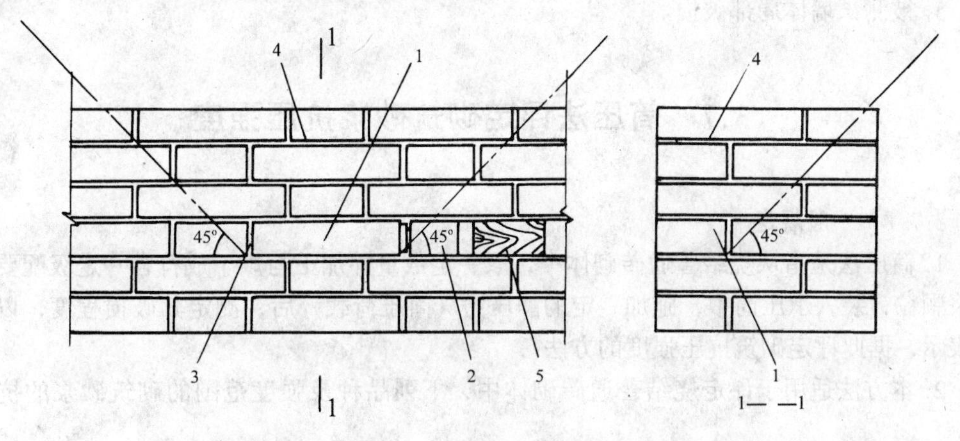

图3-9 释放 σ_0 方案示意

1-试样；2-剪切仪主机；3-掏空竖缝；4-掏空水平缝；5-垫块

4. 试件两端的灰缝应清理干净。开凿清理过程中，严禁扰动试件；如发现被推砖块有明显缺棱掉角或上、下灰缝有明显松动现象时，应舍去该试件。

5. 将剪切仪主机2（图3-9）放入开凿好的孔洞中，使仪器的承压板与试件的砖块顶面重合，仪器轴线与砖轴线吻合。若开凿孔洞过长，在仪器尾部应另加垫块5。

6. 操作剪切仪，缓慢平稳地对试件加荷，直至试件和砌体之间发生相对位移。试件加荷的全过程宜为1~3min。

7. 记录试件破坏时剪切仪测力计的最大读数，精确至0.1个分度值。采用无量纲指标仪表的剪切仪时，尚应按剪切仪的校验结果换算成以N为单位的破坏荷载。

3.6.4　数据分析

1. 试件的砌体测点通缝抗剪强度，应按下式计算：

$$f_{vij} = \frac{0.64N_{vij}}{2A_{vij}} - 0.7\sigma_{oij} \tag{3-19}$$

式中　A_{vij}——第 i 个测区第 j 个测点单个受剪面的面积（mm^2）。

2. 测区的砌体测点沿通缝截面抗剪强度平均值，应按下式计算：

$$f_{vi} = \frac{1}{n_1}\sum_{j=1}^{n_1} f_{vij} \tag{3-20}$$

3. 检测单元砌体沿通缝截面抗剪强度标准值按本章 3.14 的方法确定。

3.6.5　适用范围及其他

1. 原位单砖双剪法适用于砂浆强度大于 5MPa 的砌体检测。当砂浆强度低于 1MPa 时，不易取出完整的试件或切割扰动对砌体强度的影响较大。

2. 测试结果除反映砂浆强度因素外，还直接反映砌体的砌筑质量。

3. 原位单砖双剪法是陕西省建筑科学研究院研究成功的检测方法。

4. 原位单砖双剪法直观性较强，设备较简单。

5. 被测试墙体局部破损。

3.7　筒压法评定砌筑砂浆抗压强度

3.7.1　一般规定

1. 筒压法是指从烧结普通砖砌体中，取一定数量并加工与烘干成符合一定级配要求的砂浆颗粒，装入承压筒中，施加一定的静压力（筒压荷载）后，测定其破损程度，以筒压值表示，据此评定砌筑抗压强度的方法。

2. 本方法适用于评定烧结普通砖砌体中，下列品种及强度范围的砌筑砂浆的抗压强度。

（1）中、细砂配制的水泥砂浆，砂浆强度为 2.5～20MPa;

（2）中、细砂配制的水泥石灰混合砂浆（以下简称特细砂混合砂浆），砂浆强度为 2.0～15.0MPa;

（3）特细砂配制的水泥石灰混合砂浆（以下简称特细砂混合砂浆），砂浆强度为 1.0～5.0MPa;

（4）中、细砂配制的水泥粉煤灰砂浆（以下简称粉煤灰砂浆），砂浆强度为 2.2～20MPa;

（5）石灰质石粉砂与中、细砂混合配制的水泥石灰混合砂浆和水泥砂浆（以下简称石粉砂浆），砂浆强度为 2.0～20MPa。

3. 本方法不适用于评定遭受火灾、化学浸蚀等砌筑砂浆的强度。

3.7.2　测试设备

1. 本方法专用设备为承压筒，如图3－10所示，可用普通碳素钢或合金钢自行制作；也可用测定轻骨料筒压强度的承压筒代替。

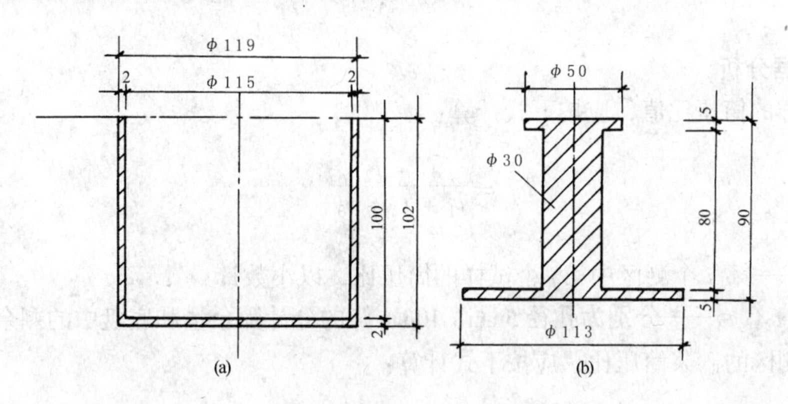

图3－10　承压筒构造

（a）承压筒剖面；（b）承压盖剖面

2. 本方法所用的其他设备和仪器包括：50～100kN压力试验机或万能试验机；砂摇筛机；干燥箱；孔径为5mm、10mm、15mm的标准砂石筛（包括筛盖和底盘）；水泥跳桌；称量为1000g、感量为0.1g的托盘天平。

3.7.3　试验步骤

1. 同一设计强度等级砌筑单位为一个检测单元，每个检测单元应布置不少于6个测区，每个测区应布置不少于1个测点。

2. 在每一测点，从距墙表面20mm以内的水平灰缝中凿取砂浆约4000g，砂浆片（块）的最小厚度不得小于5mm。各个测区的砂浆样品应分别放置并编号，不得混淆。

3. 使用手锤击碎样品，筛取5～15mm粒级的砂浆颗粒约3000g，在105±5℃的温度下烘干至恒重，待冷却至室温后备用。

4. 每次取烘干样品略多于1000g，置于孔径5mm、10mm、15mm标准筛所组成的套筛中，机械摇筛2min或手工摇筛1.5min。称取粒级5～10mm和10～15mm的砂浆颗粒各250g，混合均匀后即为一个试样。共制备三个试样。

5. 每个试样需分两次装入承压筒。每次约装1/2，在水泥跳桌上跳震5次；第二次装料并跳震后，整平表面，安上承压盖。如无跳桌，也可参照砂、石紧密度的试验方法颠击密实。

6. 将装料的承压筒放在50～100kN的压力试验机上试压，应于20～40s内均匀加荷至规定的筒压荷载值后立即卸荷。不同品种砂浆的筒压荷载值分为：

水泥砂浆、石粉砂浆20kN；

水泥石灰混合砂浆、粉煤灰砂浆10kN；

特细砂混合砂浆为5kN。

7. 将施压后的试样倒入由孔径 5mm 和 10mm 标准筛组成的套筛中，装入摇筛机摇筛 2min 或人工摇筛 1.5min，筛至每隔 5s 的筛出量基本相等。

8. 称量各筛筛余试样的重量（精确至 0.1g），各筛的分计筛余量和底盘剩余量的总和，与筛分前的试样重量相比，相对差值不得超过试样重量的 0.5%，否则应重新进行试验。

3.7.4 数据分析

1. 标准试样的筒压比值，应按下式计算：

$$T_{ij} = \frac{t_1 + t_2}{t_1 + t_2 + t_3} \tag{3-21}$$

式中 T_{ij}——第 i 个测区中第 j 个试样的筒压比，以小数计；

t_1，t_2，t_3——分别为孔径 5mm、10mm 筛的分计筛余量和底盘中的剩余量。

2. 第 i 个测区的砂浆筒压比，应按下式计算：

$$T_i = \frac{1}{3}(T_{i1} + T_{i2} + T_{i3}) \tag{3-22}$$

式中 T_i——第 i 个测区的砂浆筒压比平均值，以小数计，精确至 0.01；

T_{i1}，T_{i2}，T_{i3}——分别为第 i 个测区三个标准砂浆试样的筒压值。

3. 根据筒压比，测区的砂浆强度平均值应按式（3-23-1）至式（3-23-5）计算：

水泥砂浆：

$$f_{2,i} = 34.58(T_i)^{2.06} \tag{3-23-1}$$

水泥石灰混合砂浆：

$$f_{2,i} = 6.1(T_i) + 11(T_i)^2 \tag{3-23-2}$$

特细砂混合砂浆：

$$f_{2,i} = 2.24 - 13.1(T_i) + 24.3(T_i)^2 \tag{3-23-3}$$

粉煤灰砂浆：

$$f_{2,i} = 2.52 - 9.4(T_i) + 32.8(T_i)^2 \tag{3-23-4}$$

石粉砂浆：

$$f_{2,i} = 2.7 - 13.9(T_i) + 44.9(T_i)^2 \tag{3-23-5}$$

4. 检测单元砌筑砂浆强度标准值按本章 3.14 的方法确定。

3.7.5　适用范围及其他

1. 筒压法适用于常用砂浆强度的砌体检测。

2. 测试结果只反映砂浆强度因素。

3. 筒压法检测砂浆强度方法是由山西省第四建筑工程公司等单位研究成功的，并编制了山西省地方标准。

4. 被测试墙体局部破损。

3.8　砂浆片剪切法评定砌筑砂浆抗压强度

3.8.1　一般规定

1. 砂浆片剪切法是指从砌体水平灰缝中取出砂浆片，经加工，使用专用的砂浆测强仪测定其抗剪强度，换算为砌筑砂浆抗压强度的方法。

2. 本方法适用于评定烧结普通砖砌体中水泥砂浆、混合砂浆的抗压强度。

3. 从每个测点处，宜取出两个砂浆大片，一片用于检测，一片备用。

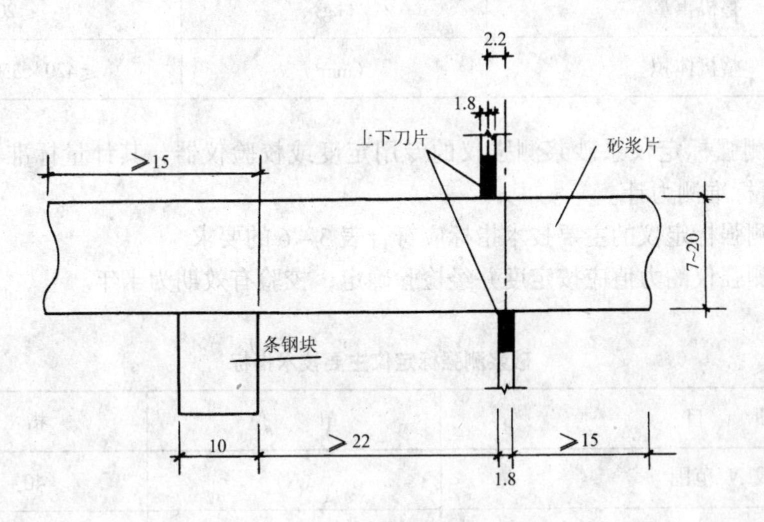

图3-11　砂浆测强仪工作原理

4. 当施工日志等资料能说明墙体在一天内连续砌筑的起止位置时，应记录试样灰缝之上的一次连续砌筑的压砖皮数；不能说明时，则不记录。

3.8.2　测试设备

1. 砂浆测强仪，采用液压系统施加试验荷载，示值系统为两块带有被动指针的压力表，其工作原理见图3-11。

2. 砂浆测强仪的主要技术指标应符合表3-5的要求。

砂浆测强仪主要技术指标 表 3-5

项目		单位	指标
上下刀片刃口厚度		(mm)	1.8±0.02
上下刀片中心面间距		(mm)	2.2±0.05
试验荷载 N_v 范围		(N)	40~1400
示值相对误差		(%)	≤3
刀片行程	上刀片	(mm)	≥30
	下刀片	(mm)	≥3
刀片刃口面平面度		(mm)	0.02
刀片刃口面棱角直线度		(mm)	0.02
刀片口硬度		(HRC)	55~58
整机重量		(kg)	≤20
整机体积		(mm^3)	≤420×350×200

3. 砂浆测强标定仪系砂浆测强仪的专用定度或校验仪器，其计量标准器为 200N 与 1.5kN 的三等标准测力计。

4. 砂浆测强标定仪的主要技术指标应符合表 3-6 的要求。

5. 砂浆测强仪的力值应按定度并经检验确定，校验有效期为半年。

砂浆测强标定仪主要技术指标 表 3-6

项目	单位	指标
标定荷载 N_b 范围	(N)	40~1400
示值相对误差	(%)	≤1
N_b 作用点偏离下刀片中心面距离	(mm)	±0.2

3.8.3 试验步骤

1. 制备砂浆片试件，应遵守下列规定：

(1) 同一设计强度等级砌筑单位为一个检测单元，每个检测单元应布置不少于 6 个测区，每个测区应布置不少于 5 个测点。

(2) 从测点处的单块砖上取下的原状砂浆大片，应编号，分别放入密封袋（如塑料袋）内。

(3) 同一个测区的砂浆片，应加工成尺寸接近的片状体，大面、条面均应平整，单个试件的各向尺寸宜为：厚度7～15mm，宽度15～50mm，长度按净距离不小于22mm确定（见图3-11）。

(4) 试件加工完毕，应放入密封袋内。

2. 砂浆试件的含水率，应与砌体正常工作时的含水率基本一致。如试件呈冻结状态，必须缓慢升温解冻，并在与砌体含水率接近的条件下试验。

3. 砂浆试件的剪切试验，应遵守下列程序：

(1) 调平砂浆测强仪，使水准泡居中；

(2) 将砂浆试件置于砂浆测强仪内（图3-11），并用上刀片压紧；

(3) 开动小油泵顶升下刀片，对试件施加荷载，加荷速度按0～0.16MPa压力（简称小表）表针每秒1～2格（2～4N/s）控制，直至试件破坏或表针走至150格；试件未破坏时，关闭小表，改用0～1MPa压力表，继续试验，加荷速度按每秒1～1.5格（10～15N/s）控制，直至试件破坏。

4. 试件未沿刀片刃口破坏时，此次试验作废，应取备用试件补测。

5. 试件破坏后，应仔细记读压力表指针读数，估读至小数后一位，并换算成剪切荷载值。

6. 用游标卡尺或最小刻度为0.5mm的钢板尺量测试破坏断面尺寸，每个方面量测两次，分别取平均值。

3.8.4　数据分析

1. 砂浆试件的抗剪强度，应按下列公式计算：

$$\tau_{ij} = \xi_{5ij} \frac{N_{vij}}{A_{ij}} \tag{3-24}$$

$$\xi_{5ij} = 1 - 0.01(n_{ij} - 1) \tag{3-25}$$

式中　τ_{ij}——第i个测区第j个砂浆试件的抗剪强度（MPa）；

N_{vij}——试件的抗剪荷载值（N）；

A_{ij}——试件破坏断面面积（mm^2）；

ξ_{5ij}——施工时砌体的初始压力修正系数；当不能确定n值时，取0.95；

n_{ij}——在一次连续砌筑的砌体中，试件所在水平灰缝之上的压砖皮数，n_{ij}大于19时，取19。

2. 测区的测点砂浆抗剪强度平均值，应按下式计算：

$$\tau_i = \frac{1}{n_1}\sum_{j=1}^{n_1} \tau_{ij} \tag{3-26}$$

式中　τ_i——第i个测区的测点抗剪强度平均值（MPa）。

3. 测区的砂浆抗压强度平均值，应按下式计算：

$$f_{2i} = 7.17\tau_i \tag{3-27}$$

4. 当测区的测点砂浆抗剪强度低于 0.3MPa 时，应对式（3－27）的计算结果乘以表 3－7 的系数。

低强砂浆的修正系数表　　表 3－7

τ_i（MPa）	≥0.30	0.25	0.20	≤0.15
系数	1.00	0.86	0.75	0.35

5. 检测单元砂浆抗压强度标准值按本章 3.14 的方法确定。

3.8.5　适用范围及其他

1. 砂浆片剪切法适用于常用砂浆强度的砌体检测。

2. 测试结果只反映砂浆强度因素。

3. 本方法是由宁夏回族自治区建筑工程研究所研究成功的。

4. 被测试墙体局部破损。

3.9　回弹法评定砌筑砂浆抗压强度

3.9.1　一般规定

1. 回弹法是使用砂浆回弹仪检测砂浆表面硬度，根据回弹值和碳化深度评定砌筑砂浆抗压强度的方法。

2. 本方法适用于评定烧结普通砖砌体中砌筑砂浆的抗压强度，不适用于评定高温、长期浸水、冰冻、化学侵蚀、火灾等情况下的砂浆抗压强度。

3. 测位宜选在承重墙的可测面上，并避开门窗洞口及预埋铁件等附近的墙体。墙面上每个测位的面积宜大于 $0.3m^2$。

3.9.2　测试设备

1. 本方法采用的仪器为 HT－20 型砂浆回弹仪。

H－20 型回弹仪技术性能指标　　表 3－8

项　目	单　位	指　标
冲击动能	(J)	0.196
弹击锤冲程	(mm)	75
指针滑块的静摩擦力	(N)	0.5±0.1
弹击球面曲率半径	(mm)	25
在钢砧上率定平均回弹值	(R)	74±2
外形尺寸	(mm)	ϕ60×280
自重	(kg)	≈1.0

2. HT-20型砂浆回弹仪的主要技术性能应符合表3-8的要求，其示值系统为指针直读式。

3. 回弹仪除必须具有产品质量合格证外，还须经专业质量检验机构检验合格方可使用，其校检有效期为半年。

3.9.3 步骤试验

1. 同一设计强度等级砌筑单位为一个检测单元，每个检测单元应布置不少于6个测区，每个测区应布置不少于5个测位。

2. 测位处的粉刷层、勾缝砂浆、污物等应清除干净；弹击点处的砂浆表面，应仔细打磨平整，并除去浮灰。

3. 每个测位内均匀布置12个弹击点。选定弹击点应避开砖的边缘、气孔或松动的砂浆。相邻两弹击点的间距不应小于20mm。

4. 在每个弹击点上，使用回弹仪连续弹击3次，第1、2次不读数，仅记读第3次回弹值，精确至1个刻度。测试过程中，回弹仪应始终处于水平状态，其轴线应垂直于砂浆表面，且不得移位。

5. 在每一测位内，选择1~3处灰缝，用游标卡尺和1%的酚酞试剂测量砂浆碳化深度，读数应精确至0.5mm。

3.9.4 数据分析

1. 从每个测位的12个回弹值中，分别剔除最大值、最小值，将余下的10个回弹值计算算术平均值，以R表示。

2. 每个测位的平均碳化深度，应取该测位各次测量的算术平均值，以d表示，精确至0.5mm。平均碳化深度大于3mm时，取3.0mm。

3. 第i个测区第j个测位的砂浆强度换算值，应根据该测位的平均回弹值R和平均碳化深度值d，分别按下列公式计算：

（1）$d \leqslant 1.0$mm时：

$$f_{2ij} = 13.97 \times 10^{-5} R^{2.57} \tag{3-28-1}$$

（2）$1.0 < d < 3.0$mm时：

$$f_{2ij} = 4.85 \times 10^{-4} R^{3.047} \tag{3-28-2}$$

（3）$d \geqslant 3.0$mm时：

$$f_{2ij} = 6.34 \times 10^{-5} R^{3.60} \tag{3-28-3}$$

式中 f_{2ij}——第i个测区第j个测位的砂浆强度值（MPa）；

d——第i个测区第j个测位的平均碳化深度（mm）；

R——第i个测区第j个测位的平均回弹值。

4. 测区的砂浆抗压强度平均值，应按下式计算：

$$f_{2ij} = \frac{1}{n_1}\sum_{j=1}^{n_1} f_{2ij} \tag{3-29}$$

3.9.5 适用范围及其他

1. 回弹法适用于砂浆强度 $f_2 > 2\text{MPa}$ 普通砖的砌体检测。当砂浆强度较低时，不易测出抗压强度。

2. 测试结果只反映砂浆强度。

3. 回弹法检测砂浆强度技术是由四川省建筑科学研究院等单位研究成功的，并编制了四川省地方标准。

4. 回弹仪有定型产品，性能稳定，操作简单。

3.10 点荷载法评定砌筑砂浆抗压强度

3.10.1 一般规定

1. 点荷法是在砂浆片的大面上施加集中的点荷载至破坏，据此换算为砂浆抗压强度的方法。

2. 本方法适用于评定普通砖砌体中的砌筑砂浆抗压强度。

3. 从每个测点处，宜取出两个砂浆大片，一片用于检测，一片备用。

3.10.2 测试设备

1. 小吨位压力试验机（最小读数盘宜为 50kN 以内）。

2. 自制加荷装置为试验机的附件，应符合下列要求：

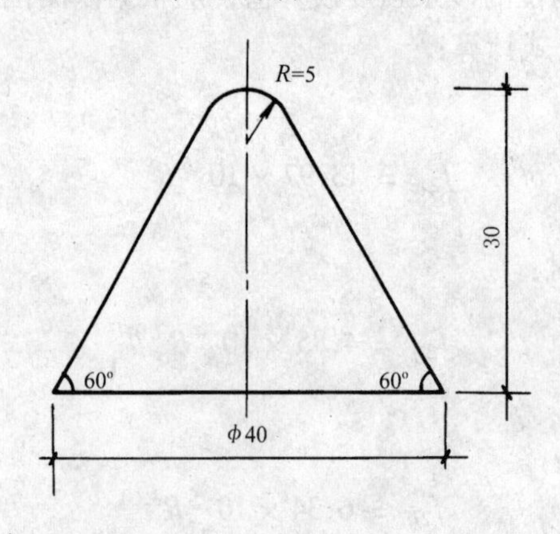

图 3-12 加荷头端部尺寸示意

（1）加荷头内角为 60°的钢质圆锥体，锥底直径为 40mm，锥体高度为 30mm，如图 3-12 所示；其他尺寸可自定。加荷头需 2 个。

（2）加荷头与试验机的连接方法可根据试验机的具体情况确定，宜将连接件与荷头设计为一个整体附件；在满足上款要求的前提下，也可制作其他专用加荷附件。

3.10.3　试验步骤

1. 同一设计强度等级砌筑单位为一个检测单元，每个检测单元应布置不少于6个测区，每个测区应布置不少于5个测点。

2. 制备试件，应遵照下列要求：

(1) 从每个测点处剥离出砂浆大片。

(2) 将砂浆片加工成（或选取）符合下列要求的试件：厚度5~12mm，预估作用半径为15~25mm，大面应平整，但其边缘不要求非常规则。

(3) 在砂浆试件上画出作用点，量测其厚度，精确至0.1mm。

3. 在小吨位压力试验机上安装加荷头，并将上、下两个加荷头对齐。

4. 将试件水平放置在下加荷头上，上、下加荷头对准预先画好的作用点，慢慢提起试验机的上压板，轻轻压上，然后缓慢均匀地施加荷载至试件破坏。试件可能破坏成数个小块。记录荷载值，精确至0.1kN。

5. 将破坏后的试件拼接成原样，量测荷载实际作用点中心到试件边缘的最短距离即作用半径，精确至0.1mm。

3.10.4　数据分析

1. 砂浆试件的抗压强度换算值，应按下列公式计算：

$$f_{2ij} = (33.3\xi_{6ij}\xi_{7ij}N_{ij} - 1.1)^{1.09} \tag{3-30}$$

$$\xi_{6ij} = 1/(0.05\gamma_{ij} + 1) \tag{3-31}$$

$$\xi_{7ij} = 1/[0.03t_{ij}(0.1t_{ij} + 1) + 0.4] \tag{3-32}$$

式中　N_{ij}——点荷载值（kN）；

ξ_{6ij}——荷载作用半径修正系数；

ξ_{7ij}——试件厚度修正系数；

γ_{ij}——作用半径（mm）；

t_{ij}——试件厚度（mm）。

2. 测区的砂浆抗压强度平均值，应按下式计算：

$$f_{2i} = \frac{1}{n_1}\sum_{j=1}^{n_1} f_{2ij} \tag{3-33}$$

3. 检测单元砂浆强度标准值按本章3.14的方法确定。

3.10.5　适用范围及其他

1. 点荷法适用于砂浆强度大于2MPa的砌体检测。

2. 测试结果只反映砂浆强度因素。

3. 点荷法检测方法是由中国建筑科学研究院研究成功的。

4. 被测试墙体局部破损。

3.11 射钉法评定砌筑砂浆抗压强度

3.11.1 一般规定

1. 射钉法是一种以动能将射钉射入被测砌体的水平灰缝中，依据成组射钉的射入量确定砂浆抗压强度的方法。

2. 本方法适用于评定烧结普通砖和多孔砖砌体中 M2.5 ~ M15 水泥砂浆或混合砂浆抗压强度。

3. 每个测区的测点，在墙体两面的数量宜各半。

3.11.2 测试设备

1. 测试设备包括射钉、射钉器、射钉弹和游标卡尺。

2. 射钉、射钉器和射钉弹动能的允许误差不应大于 ± 5%。

3. 使用中的射钉、射钉器和射钉弹的计量性能可按 7.11.6 的规定配套校验。其校验结果应符合下列各项指标的规定。

(1) 在标准靶上的平均射入量：29.1mm；

(2) 平均射入量的误差不大于 ± 5%；

(3) 平均射入量的变异系数不大于 5%。

4. 射钉、射钉器的射钉弹每使用 1000 发或半年，应作一次计量校验工作。

5. 经配套校验的射钉、射钉器和射钉弹，必须配套使用。

3.11.3 试验步骤

1. 同一设计强度等级砌筑单位为一个检测单元，每个检测单元应布置不少于 6 个测区，每个测区应布置不少于 5 个测点。

2. 在各测区的水平灰缝上，应按第 7.11.1.3 条的规定标出测点位置。测点处灰缝厚度不应小于 10mm；在门窗洞口附近和经修补的砌体上不应布置测点。

3. 清除测点表面的覆盖层和疏松层，将砂浆表面修理平整。

4. 将射钉入测点砂浆中，并量测射入量，其步骤如下：

(1) 应事先量测射钉的全长 l_1；

(2) 将测长后的射钉射入测点；

(3) 量测射钉外露部分的长度 l_2；

(4) 按下式计算射入量 l；

$$l = l_1 - l_2 \tag{3-34}$$

式中 l、l_1、l_2 的测量和取值应精确至 0.1mm。

5. 射入砂浆中的射钉，应垂直于砌筑面且无明显的歪斜和擦靠块材的现象，否则应舍去和重新补测。

3.11.4 数据分析

1. 单个测区的射钉平均射入量，应按下式计算：

$$l_{mi} = \frac{1}{n_1}\sum_{j=1}^{n_1} l_{ij} \tag{3-35}$$

式中 l_{mi}——第 i 个测区的射钉平均射入量（mm）；

l_{ij}——第 i 个测区的第 j 个测点的射入量（mm）。

2. 测区的砂浆抗压强度平均值，应按下式计算：

$$f_{2i} = a l_{mi}^{-b} \tag{3-36}$$

式中 a、b——射钉常数，按表3-9取值。

射钉常数 表3-9

砖品种	a	b
烧结普通砖	47000	2.52
烧结多孔砖	50000	2.40

3. 检测单元砂浆强度标准值按本章3.14的方法确定。

3.11.5 适用范围及其他

1. 射钉法适用于混合砂浆强度M2.5～M15的烧结砖和多孔砖的砌体检测，其原理也适用于其他砌体的砂浆测强工作，但需专用测强曲线。

2. 测试结果只反映砂浆强度。

3. 射钉法检测砂浆强度方法是由陕西省建筑科学研究院研究成功的。

4. 定量确定砂浆强度宜与其他检测方法配合使用。

3.11.6 标准射入量的测定与校验方法

1. 凡遇有下列情况之一时，应进行标准射入量的测定或校验：

(1) 制订新的射钉测强方程时；

(2) 射钉1000枚后；

(3) 射钉器、射钉弹和射钉的配套性发生变化后；

(4) 射钉器、射钉弹和射钉的计量性能产生疑问时。

2. 测定和校验使用的铅制标准靶，为直径约100mm、厚度不小于60mm的铅制铸件，其材质应符合GB P_bS_b10-0.2-0.5的规定。

3. 射钉器、射钉弹和射钉应配套校验，配套使用。

4. 测定与校验方法

(1) 从配套的同批购入的1000发射钉射和1000枚射钉中，各抽10发（枚）作为测定与校验样品；

(2) 将抽出的样品（射钉弹和射钉）随机组合，用配套的射钉器将射钉射击入铅靶中，并用游标卡尺测定出每一枚射钉的射入量。

(3) 计算平均射入量及变异系数。

（4）对校验性测试，应按下式计算射入量偏差；

$$B = \frac{l - l_k}{K_k} \times 100\% \tag{3-37}$$

式中 l_k——射钉测强方程的标准射入量；

l——校验测得的平均射入量；

B——射入量偏差。

5. 所得校验结果符合本文第 3.11.2.3 条规定时，判为合格，可在砂浆测强中使用。

6. 所得校验结果不符合本文第 3.11.2.3 条规定时，判为不合格，不应在砂浆测强中使用。

3.12 现场取样测定烧结普通砖强度

3.12.1 一般规定

1. 本方法适用于在烧结普通砖砌筑的砌体结构墙体上抽取砖样测定其抗压强度。

2. 检验批以同一工厂生产的、同一强度等级的砖用在同一房屋不超过三层的墙体的为一批，每批随机抽取砖试样 10 块。

3. 每批砖试样宜在不同的墙段且不在同一皮上抽取。

3.12.2 测试设备

1. 本方法采用的仪器设备有：材料试验机、抗压试件制备平台、水平尺、钢直尺。

2. 试验机的示值相对误差不大于 ±1%，其下加压板应为球铰支座，预期最大破坏荷载应在量程的 20%～80%之间；试件制备平台必须平整水平，可用金属或其他材料制作；水平尺规格为 250～300mm；钢直尺分度值为 1mm。

3. 仪器设备须经计量检验机构检验合格后方可使用，检定有效期为一年。

3.12.3 试验步骤

1. 抽取砖样的部位应具有代表性，并应符合下列规定：

（1）以一个检验批为一个检测单元，抽样方法应符合 3.12.1 的规定。

（2）抽取砖样的部位严禁选在挑梁下、应力集中部位以及墙梁的墙体计算高度范围内。

2. 砖块抗压强度试验按照《砌墙砖试验方法》GB/T2542－92 第 4.3 节的方法进行。

3.12.4 数据分析与强度等级的评定

1. 砖的抗压强度标准值按式 3－38 计算：

$$f_k = R - 2.1S \tag{3-38}$$

$$S = \sqrt{1/9\sum(R_1 - R)^2} \tag{3-39}$$

式中　f_k——强度标准值（MPa）；

R——10块砖样的抗压强度平均值（MPa）；

S——10块砖样的抗压强度标准差（MPa）；

R_1——单块砖样抗压强度测定值。

2. 砖的强度等级按表3-10的要求评定。

砖的强度指标（MPa）　　表3-10

强度等级	平均值 $R \geqslant$	标准值 $f_k \geqslant$
MU30	30.0	23.0
MU25	25.0	19.0
MU20	20.0	14.0
MU15	15.0	10.0
MU10	10.0	6.5
MU7.5	7.5	5.0

3.13　回弹法测定烧结普通砖强度

3.13.1　一般规定

1. 本方法适用生产、流通过程中及已用于墙体上的普通砖的强度。当评定结果有争议时，必须按GB2542和GB5101进行仲裁检验。

2. 当在墙体上抽取试样时，检验批可以同一工厂生产的、同一强度等级的砖用在同一房屋上不超过三层的墙体为一批，每批随机抽取砖试样10块。每批砖试样宜在不同的墙段且不在同一皮上抽取。

3. 所抽砖样有下列情况之一者，应抽与其相邻的一块砖样替补之：（1）欠火砖、酥砖和螺旋纹砖；（2）外观质量不合格的砖；（3）因焦花而无法测够10个回弹值的砖样。

4. 遇到下列情况应在试验前予以处理：（1）如遇雨淋或水泡，应进行烘干处理；（2）砖样的表面应平整，否则应用砂轮磨平，用毛刷刷去粉尘。

3.13.2　测试设备

1. 本方法用于评定普通砖强度等级的仪器冲击能量为0.735J的小型回弹仪和由砖墩和杠杆加压机构组成的测试装置。

2. 回弹仪的示值系统为指针直接式，回弹仪的技术性能应符合表3-11的要求。

回弹仪技术性能指标 表 3-11

项 目	单 位	指 标
冲击动能	(J)	0.735
指针滑块的静摩擦力	(N)	0.5±0.1
弹击球面曲率半径	(mm)	25
在钢砧上率定平均回弹值	(R)	74±2

回弹仪率定试验，应在环境温度为20±5℃的条件下进行。率定时，钢砧应稳固地平放在刚度大的混凝土地坪上，回弹仪向下弹击若干次后，弹击杆分四次旋转，每次旋转约90°。弹击3~5次，取其中最后连续3次且读数稳定的回弹值进行平均，弹击杆每旋转一次的率定平均值均应符合表3-11的要求的。

3. 回弹仪的校验及保养

(1) 回弹仪有下列情况之一时，应在钢砧上进行率定试验；

a. 连续测试时，应在50块砖样测试完毕后率定一次；

b. 测试过程中对回弹值有怀疑时，如果率定试验结果不符合表3-11的规定，则应按本条 (3) b. 的要求对回弹仪进行常规保养后再行率定，如仍不合格应送专业单位校验。

(2) 回弹仪有下列情况之一时，应送专业单位校验。校验合格的回弹仪应具有合格证，其有效期为一年。

a. 新回弹仪启用前；

b. 超过有效期限；

c. 累计弹击次数超过600块砖样；

d. 主要零件之一经更换后；

e. 遭受严重撞击或其他损害。

(3) 保养

a. 回弹仪有下列情况之一时，应进行常规保养：1) 弹击次数超过150块砖样；2) 率定试验不符合要求。

b. 常规保养应符合下列要求：1) 使弹击锤锐钩后，取出机芯，然后卸下零部件，用清洗剂进行清洗；2) 经清洗后的零部件，除中心导杆薄薄地抹上一层钟表油或其他无腐蚀性的轻油外，其他零部件均不得抹油；3) 保养时，不得改变仪器的装配尺寸。

c. 回弹仪不用时，应清除表面污垢和尘土，然后将弹击杆压入仪器内，并使弹击锤与挂钩脱开后，锁住机芯，装入套筒，水平放置在干燥阴凉处。

4. 回弹仪除必须具有制造厂的批号、产品质量合格证外，还须经专业质量检验机构检定合格方可使用，其有效期为一年。

5. 测试装置

(1) 砖墩应保证搁置的凹角部位尺寸准确，三个面相互垂直和平整。

(2) 杠杆应使重锤杠杆机构施加在砖样上的压力为500^{+50-0}N。见图3-13。

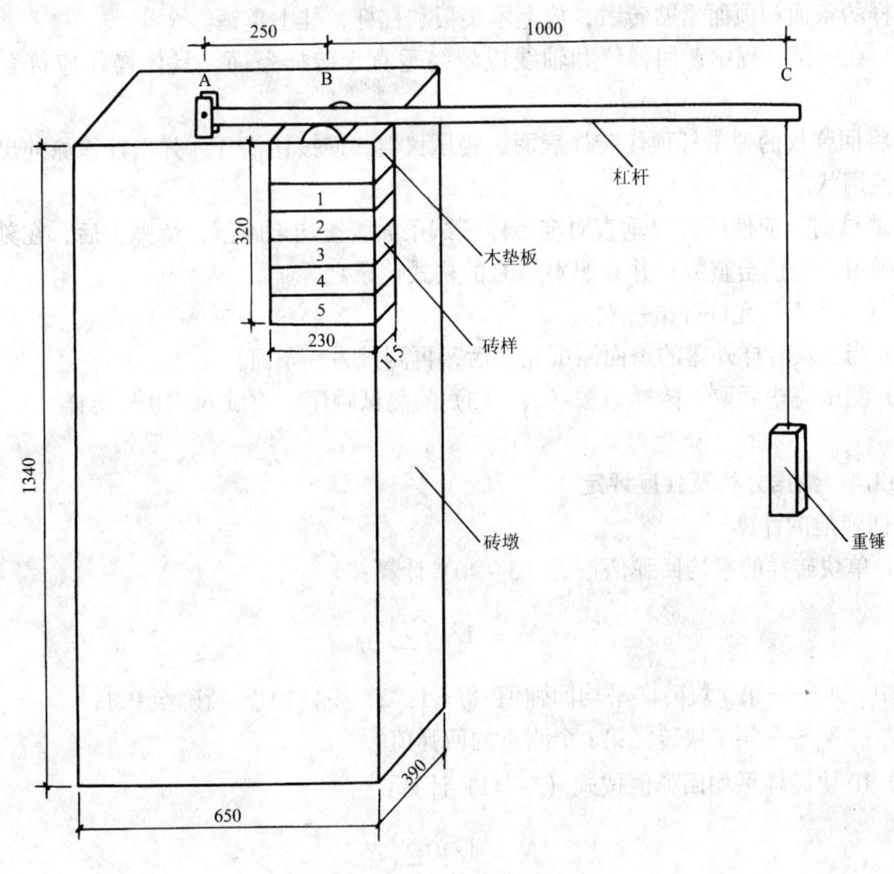

图 3－13　回弹值测试装置

3.13.3　试验步骤

1. 回弹测量位置

(1) 每块砖样宜按图 3－14 所示的测点位置，在两个条面上各测 5 点回弹值。

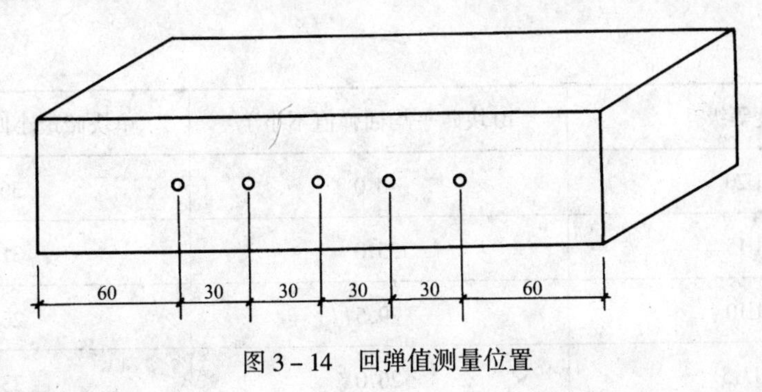

图 3－14　回弹值测量位置

(2) 当砖样测点位置出现焦花、裂纹、粘底、凹坑及石灰爆裂点等不利情况时应避开，在其旁边另选择测点位置。

2. 回弹值测量

(1) 将 10 块砖样按顺序编号，将其中 1～5 块砖样先放置于砖墩凹角处，放置时应使每块砖样的条面和顶面紧贴砖墩，放上木垫板和杠杆，挂上重锤。

（2）在测试过程中，回弹仪和轴线应始终垂直于砖样条面，具体操作应符合下列要求：

a. 将回弹仪的弹击杆顶住砖样表面，轻压仪器，使按钮松开，弹击杆徐徐伸出，使仪器处于使用状态。

b. 测试时，应使回弹仪垂直对准砖样测试条面缓慢均匀施压，待弹击后，在刻度尺上读取回弹值，应读至整数；并参照附录 C 的格式记录之。

c. 每一测点只允许弹击一次。

（3）当 5 块砖样外露的条面测试完毕后，再测试另一条面。

（4）测试完毕后取下砖样，按（2），（3）的测试顺序，测试 6～10 号砖样。

3.13.4 数据分析及强度评定

1. 回弹值的计算

（1）单块砖样的平均回弹值按式（3－40）计算：

$$N_j = 1/10 \sum N_{ji} \qquad (3-40)$$

式中 N_j——第 j 块砖样平均回弹值（$j=1, 2, \cdots, 10$），精确至 0.1；

N_{ji}——第 j 块砖样第 i 个测点的回弹值。

（2）10 块砖样平均回弹值按式（3－41）计算：

$$N = 1/10 \sum N_j \qquad (3-41)$$

式中 N——10 块砖样平均回弹值，精确至 0.1；

N_j——第 j 块砖样平均回弹值。

（3）计算结果以 10 块砖样的平均回弹值和单块砖样的最小回弹值表示。

2. 砖强度等级的评定

（1）砖的强度等级由表 3－12 确定。

表 3－12

强度等级	10 块砖平均回弹值不小于	单块砖最小回弹值不小于
MU20	40.0	36.0
MU15	35.0	31.5
MU10	29.5	26.5
MU7.5	26.0	23.0

（2）某些丘陵地区用原生粘土（俗称“生土”）生产的砖，其强度等级按表 3－13 确定。

表 3－13

强度等级	10块砖平均回弹值不小于	单块砖最小回弹值不小于
MU20	46.5	42.5
MU15	41.5	38.5
MU10	35.5	33.0
MU7.5	32.0	30.0

3. 有必要时，可根据有关标准的规定建立地区测强线评定砖强度等级。

4. 回弹仪评定砖强度等级原始记录表的格式见表 3－14。

回弹仪评定砖强度等级原始记录表　　表 3－14

委托单位　　　　　　　　　　　　　　　　年　　月　　日

砖样编号	回　弹　值											
1												
2												
3												
4												
5												
6												
7												
8												
9												
10												
仪器编号			率定值				$N=$		$N_{min}=$		标号：	

复核：　　　　　　计算：　　　　　　记录　　　　　　测试：

3.14 砌体抗压强度、通缝抗剪强度标准值的确定

按检测结果确定砌体抗压强度、通缝抗剪强度标准值时，可依据下列方法进行：

(1) 当测区数不足5个时，取测区强度最低值作为标准值；

(2) 当测区数不少于5个时，强度标准值可按下式确定：

$$f_k = m_f - K \times S \tag{3-42}$$

式中 f_k——为 n 个测区的强度标准值；

m_f——为n个测区的强度平均值；

S——为 n 个测区的强度标准差；

K——与 a、C 和 n 有关的标准强度计算系数，可由表3-15查得；

a——确定强度标准值所取的概率分布下分位数，一般取 $\alpha = 0.05$；

C——检测所取的置信水平，可取 $C = 0.6$。

计算系数k值 **表3-15**

n	k值	n	k值	n	k值	n	k值
	$C=0.60$		$C=0.60$		$C=0.60$		$C=0.60$
5	2.005	9	1.858	18	1.773	35	1.728
6	1.947	10	1.841	20	1.764	40	1.721
7	1.908	12	1.816	25	1.748	45	1.716
8	1.880	15	1.790	30	1.736	50	1.712

当按 n 个测区的强度标准差算得的变异系数大于0.20时，不宜直接按（3-42）式计算强度标准值，而应先检查导致离散性增大的原因。若查明系混入不同批次的砌体样本所致，宜分别进行统计，并分别按（3-42）式计算其强度标准值。

检测单元的砌筑砂浆抗压强度等级，按现行标准《砌体工程现场检测技术标准》第14.0.4条的方法确定。

3.15 饰面砖粘结强度检测

3.15.1 检测原理

JGJ110—1997《建筑工程饰面砖粘结强度检验标准》由建设部批准发布为强制性标准。检验方法选用机电一体化的智能测试仪器ZQS-10数显式粘结强度检测仪，该仪器根据液

压拉拔、传感器传导受力，微处理器显示工作原理，可直接、准确地测试出饰面砖在基层上的粘结强度。其测试原理如图 3－15、图 3－16 所示：

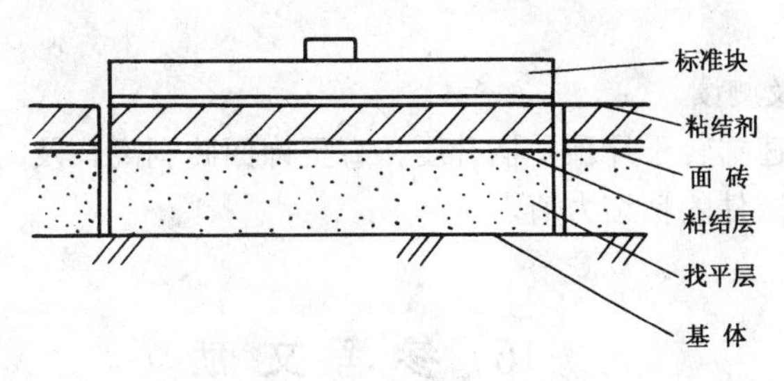

图 3－15　标准块粘结

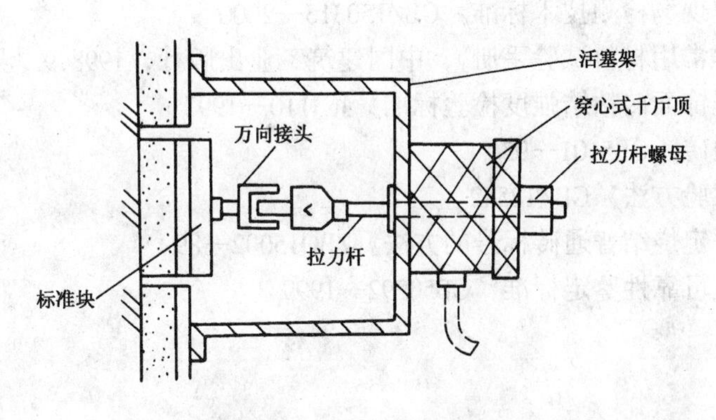

图 3－16　千斤顶安装

3.15.2　**检测规定**

(1) 现场镶贴的外墙面砖工程每 300m² 同类墙体取一组试样，每组 3 个，每一楼层不得少于 1 组；不足 300m² 同类墙体，每 2 层取 1 组试样，每组 3 个，其每组试样平均粘结强度不应小于 0.40MPa；

(2) 带饰面砖的预制墙板，每生产 100 块预制墙板取 1 组试样，每组在 3 块板中各取 1 个试样。预制墙板不足 100 块按 100 块计，其每组试样平均粘结强度不应小于 0.60MPa；

(3) 试件规格应为 95mm × 45mm 或 40mm × 40mm。

3.15.3　**检测步骤**

3.15.3.1　切割断缝

在选定的检测部位按照标准块尺寸划出试件框线，用手持切割锯沿试件框线切割断缝，断缝宜在粘结强度检测前 2 天至 3 天进行切割。断缝应从饰面砖表面切割至基体表面，深度应一致。饰面砖切割尺寸应与标准块相同，其中两道相邻切割线应沿饰面砖灰缝切割。

3.15.3.2　粘贴标准块

采用环氧树脂类粘结剂将标准块粘贴至试件表面上（图 3－15）。粘贴标准块时，粘结剂不应沾污相邻面砖，标准块粘贴后应及时用胶带十字形固定，根据所选用粘结剂品种，保持足够的硬化时间（一般在 1 天以上）。

3.15.3.3 安装检测仪

在已完全粘结牢固的标准块上安装检测仪，安装时应使拉力杆通过穿心千斤顶并与标准块垂直。

3.15.3.4 加载及测读

安装完毕后，匀速摇转千斤顶手柄升压，直至饰面砖剥离，及时记录检测仪数字显示器上的峰值，即为该试件的粘结力值。

3.16 参考文献

1.《砌体工程现场检测技术标准》GB/T50315—2000
2.《建筑工程常用材料试验手册》，中国建筑工业出版社，1998.9
3.《建筑工程饰面砖粘结强度检验标准》JGJ110—1997
4.《烧结普通砖》GB5101—93
5.《砌墙砖试验方法》GB/T2542
6.《回弹仪评定烧结普通砖标号的方法》ZBQ15002—89
7.《民用建筑可靠性鉴定标准》GB50292—1999

第4章　钢结构工程检测

4.1　概　　述

钢结构是用热轧钢板、型钢、钢管及圆钢或冷加工成型的薄壁型钢通过焊缝、螺栓或铆钉 连接制造而成的结构。与其他材料的结构相比，钢结构具有下列特点：

（1）钢材强度高，当承受的荷载和条件相同时，钢结构比钢筋混凝土结构、木结构等的构件较小，重量较轻，易于运输和安装。

（2）钢材的塑性和韧性好，材质均匀，抗震性能好，安全可靠。

（3）钢结构加工制作简便、施工周期短，工业化程度高，利于保证质量。一般情况下，造价较高。

（4）钢结构密闭性好，适宜于气密性、水密性要求高的高压容器、大型油库等。

（5）钢结构具有一定的耐热性，温度在250℃以内时，钢的性质变化较小，因此钢结构可用于温度不高于250℃的场合。

（6）钢结构易于锈蚀，新建时需加强表面防护，使用过程中还应定期维护，故维护费用较高。

钢结构的应用，既取决于钢结构自身的优缺点，又取决于一个国家的国民经济状况及钢铁产量。以我国为例，在钢材比较紧缺的年代，钢结构主要应用于重型结构、大跨度建筑及桥梁等。改革开放以来，随着我国钢产量大幅度增加，品种规格日益齐全，目前钢结构在经济建设中的应用渐增，其应用范围有：重型工业厂房的承重结构及吊车梁；大跨度建筑的屋盖结构；多层及高层建筑的承重结构；大跨度桥梁；塔桅结构：轻钢结构；板壳结构；移动式结构；受动力荷载影响的结构及抗震设防区内抗震性能要求较高的建筑结构及构筑物等。

重型厂房、高层建筑、大跨度房屋及桥梁结构等对一个地区的经济发展往往起着举足轻重的作用。为确保钢结构工程质量，使建成后的工程能满足预定功能的需求，一方面需精心设计、精心施工，另一方面，在钢结构工程制作、安装及使用过程中对其质量进行检测就显得尤为重要。

钢结构工程检测是钢结构工程质量控制的必要手段。不论设计理论如何先进、计算结果如何精确，只要设计所依据的参数与实际不符，就有可能发生工程事故，至少是设计所规定的结构的目标可靠度不能实现。众多的钢结构工程事故表明，在钢结构工程建设过程中加强质量检测对杜绝工程事故的发生具有十分重大的意义。

4.1.1　钢结构工程检测内容

钢结构工程检测内容主要包括三个部分：钢结构材料检测、钢结构连接检测（包括紧固件检测和焊缝无损探伤）及钢结构性能检测。

4.1.1.1 钢结构材料检测

钢结构用材料可分为三大类，即结构（构件）用材料，结构连接用材料（焊接用材料）及结构防护用材料。

1．结构用材料的检测

结构用材料是指结构承重用材料，主要包括结构用钢材、结构用铝合金及连接用材料等。结构材料检测的主要内容有：

(1) 结构材料的力学性能检验

结构材料的力学性能检验用以确定所用材料的力学性能指标是否符合相应的国家标准规定，力学性能主要包括：材料的强度性能（f_y，f_u）、塑性性能（δ、Ψ）、冲击韧性（α_k），弹性模量（E）、冷弯性能（α、a/d）、硬度（Hp）等。

对于焊接结构用材料，同时应检验其焊接性能（包括施工上的可焊性及使用上的可焊性）是否符合相应的国标规定。

(2) 结构材料成分的化学分析

通过材料的化学分析，确定结构材料的化学成分是否符合有关国标的规定，进口材料应按相应的国家标准或国际标准（ISO）的规定执行。

(3) 结构材料的金相分析

对结构材料进行金相分析，以确定材料的低倍（断口）组织，非金属夹杂物是否符合国标规定。

(4) 结构材料的物理分析

物理分析用以确定材料的密度、弹性模量，线膨胀系数、导热性、材料的内部缺陷等。

(5) 结构材料的表面质量

材料的表面质量是材料技术标准要求的内容之一，表面质量包括材料（型材）表面的裂纹、气孔、结疤、折叠及夹杂等，材料表面质量应符合相应的国标规定。

2．焊接用材料的检测

焊接用材料主要有焊条、焊丝、焊剂。

(1) 焊条的检测内容有：焊条尺寸、熔敷金属化学成分、焊缝熔敷金属力学性能，焊缝射线探伤、焊条药皮、药皮含水量。对不锈钢焊条，尚应测定熔敷金属耐腐蚀性、熔敷金属铁素体含量。

(2) 焊丝的检测内容有：焊丝的化学成分、焊丝力学性能及射线探伤，焊丝直径及偏差、焊丝挺度、焊丝镀层，焊丝松弛直径及翘距、焊丝对接光滑程度、焊丝表面质量、熔敷金属力学性能及冲击试验、焊缝射线探伤。

(3) 焊剂的检测内容有：焊剂颗粒度、焊剂含水量、焊剂抗潮性、机械夹杂物，焊接工艺性能、熔敷金属拉伸性能、熔敷金属的V型缺口冲击吸收功、焊接试板射线探伤，焊剂硫、磷含量，焊缝扩散氢含量等。

所有检测项目均应符合相应的国标规定。

3．结构防护用材料检测

结构防护材料指形成结构表面保护膜的材料，主要有防腐防锈涂料及防火涂料。检测内容包括涂料的化学成分，物理性能（黏度、干燥时间、盐水性等）成膜表面光泽、机械性能、耐腐蚀性及涂层表面质量测定等。

涂料的性能测试应进行涂料涂装试验。

4.1.1.2 钢结构连接检测

钢结构的连接有三种方式：紧固件连接、焊接连接和铆钉连接，其中铆接已经少用，多被高强度螺栓连接所取代；焊接连接是最常用的连接方式，因而焊缝质量的检测是钢结构检测的主要内容之一。

1. 紧固件连接检测

紧固件检测以一个连接副为单位进行，一个连接副包括一个螺栓、一个螺母及垫圈。检测内容包括：

(1) 螺栓（铆钉）尺寸的检测；

(2) 螺纹尺寸的检测；

(3) 螺栓（铆钉）表面质量检测；

(4) 连接件表面质量检测；

(5) 连接副承载能力试验；

(6) 高强螺栓连接的抗滑系数测定；

其中连接副的承载能力及抗滑系数（摩擦系数）需通过试验确定。

2. 焊缝连接检测

检测内容包括四方面：

(1) 焊缝尺寸；

(2) 焊缝表面质量；

(3) 焊缝无损探伤；

(4) 焊缝熔敷金属的力学性能。

焊缝的表面质量可用肉眼观察或用放大镜观察；焊缝的（内部缺陷）无损探伤需用无损检测技术，常用射线法，超声波法，磁粉法、渗透法等；焊缝的力学性能应进行试验测定。

在焊缝的无损探伤中，超声波（A超）检测是应用最广、操作方便且经济的检测方法。

4.1.1.3 钢结构性能检测

钢结构性能的检测包括两个方面，即结构及构件的承载能力及正常使用的变形要求检测，主要检测内容有：

1. 结构形体及构件几何尺寸的检测；

2. 结构连接方式及构造的检测；

3. 结构承受的荷载及效应核定（或测定）；

4. 结构及构件的强度核算；

5. 结构及构件的刚度测定及核算；

6. 结构及构件的稳定性核算；

7. 结构的变形（挠度等）测定；

8. 结构的动力性能测定及核算；

9. 结构构件的疲劳性能核算及测定。

结构性能的测定，既需要用专用设备，也需根据相应的国家规范、规程进行复核、计算。

对于一个具体的钢结构工程，检测内容一般应由检测单位依据有关检测标准、规范、检测管理法规及设计要求提出，对无明文规定的检测项目可以根据实际需要由检测单位和建设单位共同确定。在现行《钢结构工程施工质量验收规范》（GB50205—2001）中对原材料检测有明确规定，该规范指出：钢结构工程所采用的钢材，应具有质量证明书，并应符合设计要求。当对钢材的质量有疑义时，应按国家现行有关标准的规定进行抽样检验。

关于焊接连接的检测在《钢结构工程施工质量验收规范》（GB50205—2001）、《建筑钢结构焊接规程》（JGJ81—91）中均有规定。

此外，对螺栓连接及其他检测项目在相关的标准规范中都有不同程度的要求。

4.1.2 钢结构工程检测技术方法

钢结构工程应用的日益广泛，促进了钢结构工程检测技术的发展。目前检测方法正逐步完善，检测项目日益齐全，相关标准，规范的制订已基本满足检测工作的需求，并且新的方法、技术仍在不断开发研究，尤其是检测的智能化已得到了充分的重视。本节就国内外关于力学性能、理化分析、无损探伤、结构性能等领域的检测技术现状及发展作一简单的阐述。

4.1.2.1 力学性能检测

原材料、焊接接头及螺栓均须进行力学性能的检测。就原材料而论，其力学性能通常是指钢材在标准条件下均匀拉伸，冷弯、冲击等单独作用下显示出的各种性能。

材料的拉伸试验是检测结构用钢材工作性能的可靠且经济的常用检测方法。

单向拉伸试验简单易行，试件受力明确，对钢材缺陷的反应较为敏感，试验所得各项力学性能指标对复杂受力状态下的应力应变强度因子的确定也具有意义。

拉伸试验原则上可在各种类型的拉力试验机上进行，试件的伸长可采用各种类型的引伸计测定，荷载作用下的应力应变曲线可由 X－Y 函数仪记录，亦可利用计算机技术，对试验数据进行连机处理。就目前的发展趋势来看，数据的计算机连机处理是一个发展方向。

冷弯性能，是指钢材在常温下承受弯曲变形的能力。冷弯试验的目的在于检测钢材弯曲加工的工艺性能。冷弯试验能严格检验钢材内部组织缺陷，也是考察钢材在复杂应力状态下发展塑性变形能力的一种方法。焊接接头的冷弯试验能揭示出焊件表面的未熔合、微裂纹和夹杂物等。冷弯试验可在压力试验机或万能试验机上按一定的弯心直径要求进行。试验时应有足够硬度的支承辊和不同直径的弯心，弯心也应有足够的硬度。

冲击韧性是指钢材在冲击荷载作用下于断裂时吸收机械能的一种能力。冲击韧性对钢材的化学成分，内部组织，焊接中的微裂纹等都非常敏感，且随着温度的降低而变化，当温度降低到某一温度时，某一特定钢材会出现冲击韧性突然降低的现象，我们称其为钢材冲击韧性转变温度。因此冲击韧性可作为钢材低温脆性断裂的一项力学性能指标。

另外钢材随时间的变化，强度会提高，但冲击韧性会下降，这种现象称作“时效”，时效敏感性大的钢材、用于直接承受动力荷载的结构，有突然脆性断裂之虞，亦应进行冲击韧性试验。

冲击试验，多数是在摆锤式冲击试验机上进行。试件可采用梅氏U形缺口试件或夏比V形缺口试件。而我国和日本均规定采用夏比V形缺口进行试验。

此外，作为钢材力学性能指标的硬度，与钢材的强度存在一定关系。硬度有布氏硬度、洛氏硬度、维氏硬度、显微硬度之分。常用的硬度指标为布氏硬度。布氏硬度试验是将一定直径的淬硬性钢球，在规定的压力下，压入试件表面，并保持一定的时间，卸荷后，用压痕单位球面积上所承受荷载的大小作为所测钢材的硬度值。钢材的硬度试验可在试验机上进行。

焊接接头的弯折试验等均可在弯折试验机上进行。

疲劳试验是为了检验钢材或焊接接头在交变荷载作用下的力学性能，以钢材在10×10^6次时不破坏的最大应力定义疲劳强度。材料的疲劳试验一般是在“努”型试验机上或“摩尔”型试验机上进行。

扭剪型高强螺栓的预拉力检测可用螺栓轴向力测试仪进行检测。

高强螺栓连接的抗滑移系数可在拉力试验机上进行试验。

高强度大六角头螺栓连接副扭矩系数的复验有两种试验方法。一种是在螺栓试验机上进行，与试验机相连的记录装置记录扭矩—轴力曲线，扭矩和轴力的数值读至刻度值的1/2为止。然后利用（4－1）式确定扭矩系数。

$$K=\frac{T}{d_1\times p} \tag{4-1}$$

式中　K——扭矩系数；

T——扭矩；

d_1——螺栓公称直径；

p——螺栓轴力。

另一种试验方法是，用螺栓轴力计量测螺栓的轴力，在量测轴力的同时，测定并记录施加于螺母上的扭矩值，然后根据计量的螺栓预拉力及扭矩值，按式（4－1）推算扭矩系数。在日本，两种检测方法均使用，我国则建议采用后一种测试方法。

4.1.2.2　理化性能检测

钢结构，尤其是焊接钢结构，由于加工制作，焊接、构造不当等原因，往往会产生断裂，断裂的影响因素之一是材质质量问题，如某些化学成分过高、晶粒粗大、夹杂物等，为了防止脆性断裂的发生需要检测材质的物理化学特性。

物理分析包括宏观分析和微观分析。宏观分析系采用20倍以下的放大镜或低倍显微镜观察断口形状，微观分析目前主要采用透射电子显微镜、扫描电子显微镜等进行断口的微观分析，宏观分析反映全貌、微观分析揭示本质。物理分析具有鉴别断裂材质的组织结构、夹杂物等功能。

在物理分析中，扫描电子显微镜是一个主要工具，因为它的放大倍数可以从十几倍到十几万倍，并且连续可调、景深大，图象清晰，立体感强。透射电子显微镜虽具有分辨率高，景深大等优点，但不能直接对断口观察，须制备断口复型。此外，常用的物理试验方法还有光弹试验法等。

化学分析，主要是检测原材料及连接材料中各种化学成分的含量，尤其是有害元素的化学含量。目前采用的主要方法有吸光光度法，原子吸收法、滴定法、红外线吸收法，气体容量法等。

金相分析常用的检测方法为金相宏观试验及金相微观试验，其中金相试样的制备尤为关键，直接决定试验结果的可靠性。

4.1.2.3 焊缝无损探伤

焊缝的检测包括外观检查和无损检验。关于无损检验《建筑钢结构焊接规程》(JGJ81—91) 推荐采用射线探伤、超声波探伤、磁粉探伤、渗透探伤等四种检测方法。

射线探伤有照相法、荧光屏法和电离法三种方法，目前普遍采用的是照相法。荧光屏法和电离法存在精度差、灵敏度低、探伤厚度小等缺陷，目前用的较少。随着数字图象处理技术的发展，射线探伤正在向实时检测和过程控制方向发展。

超声探伤具有灵敏度高、检测深度大，缺陷定位准确，易于操作、对人体无害等优点，故超声波无损检测技术在国内外均得到了广泛的应用。

超声探伤仪按其工作方式可分为：脉冲反射式探伤仪、连续式探伤仪、调频式探伤仪。若按显示方法划分，则有 A、B、C 三种型号。目前普遍采用的是 A 型探伤仪，该探伤仪依据示波管荧光屏上时间扫描基线上的讯号，判断焊缝内部缺陷。B 型探伤仪能把探头移动路线所切割的被探试件断面情况显示出来。该仪器常采用浸液法，有利于自动化探伤。C 型探伤仪用于超声成象检测，能显示试件内部缺陷的全貌，且具有较大的检测厚度，主要用于科研工作。目前超声检测以手工为主，随着自动化和智能型超声探伤仪的开发研制，超声成象系统的研制、超声检测技术将会跃上一个新的台阶。

磁粉探伤是利用在强磁场中，铁磁性材料表层缺陷产生的漏磁场吸附磁粉的现象，进行试件表面缺陷的无损检测。

磁粉探伤检测漏磁的方法，可分为磁粉法，磁感应法、磁记录法。就磁粉探伤操作方法而言，有磁粉干法检验，磁粉湿法检验。全自动荧光磁粉探伤设备的开发，将会把磁粉探伤工作推进到一个新的阶段。

渗透法是利用红色染料及荧光染料的渗透性检测试件表面缺陷的方法。有着色法和荧光法两种。

除上述四种常用的无损探伤方法外，声发射无损探伤在动态监测结构性能方面有着广泛的应用前景。所谓声发射无损检测，是利用被测试件在外部作用下迅速释放弹性能而产生应力波的物理现象进行检测的一种方法。利用声发射技术监测焊接结构的疲劳损伤全过程已获得成功，国外正在开展用声发射技术监测建筑及桥梁结构的稳定性研究。

另外，全息探伤技术能检测试件表面及内部缺陷尺寸的位置及大小，并能获得缺陷的空间信息，因此应用前景看好。激光全息探伤、超声波全息探伤都已有应用。

4.1.2.4 结构性能检测

结构性能检测，涉及的面很宽，从受力特性上可分为静力检测和动力检测。

静力检测主要是检测结构构件在拉、压、弯、扭，剪单独及其组合作用下的强度及稳定。所采用的设备大体可分为加载装置/传感器，观测装置，记录仪等。目前国内结构性能检测试验加载装置较为粗制，有时难以模拟实际支承形式和受力状态，明显地和发达国家存在差距。有些加力设备吨位过小，难以满足实验要求。实验数据的采集和分析目前不少单位已利用计算机技术实现了实验数据的连机分析。

结构动力性能取决于结构的材料、结构形式、结构各部分的细部构造等，很难用纯理论的方法去分析，必须进行动力性能测试。动力性能测试分为动力特性测试和动力反应测试两个内容。

动力特性主要是指结构的自振周期、振型、阻尼等动力参数。其测试方法有共振法、自由振动法、脉冲法。

共振法的特点是机理明确，提供参数全面，数据分析简单可靠，试验所用设备主要是激振器。常用的有机械式起振机，电动液压起振机、电磁式激振器。

自由振动法测试结构的振动特性可采用荷载激励法，如突加激励、突卸激励。具体做法可采用张拉释放撞击、放小火箭。常用打桩架、撞钟设备或反冲激振器施加冲击荷载。

脉动法，亦称环境随机振动法。环境随机振动必然引起建筑物的响应，由于环境振动是随机的，建筑物的响应也是随机的，而且是一个随机过程。在测试时可利用测振传感器测量地面运动的脉动源和建筑物的结构响应。将测试结果送到专用计算机，通过富立叶变换由所测时程曲线得到频谱图，然后利用峰值法定出各阶频率，由半功率法得到结构阻尼。该方法实验简单，分析处理较复杂。

用于结构动力反应测试的试验有：结构伪静力试验、结构拟动力试验、抗震动力加载试验。

结构在地震作用下，受反复水平荷载的作用，且结构以本身的变形来吸收地震能量，尤其是进入塑性状态后的变形。为了模拟这一过程，常采用静态的反复加力试验，称其为伪静力试验。伪静力试验所用加载设备有：液压加载设备，电液伺服加载系统。支承装置有抗侧力试验台座、反力墙，移动式抗水平反力支架等。伪静力试验在国内外抗震试验中均被采用。

拟动力试验，又称伪动力试验，计算机—加载联机试验，用计算机检测和控制整个试验过程。结构的恢复力可直接由试验中结构的位移和荷载来量测，结合输入的地震加速度记录，由计算机直接完成非线性地震响应分析。试验采用的设备有：电液伺服加载器、计算机、传感器等。该试验在国内外抗震研究中均广泛采用。

抗震动力加载试验有：人工地震加载试验、天然地震加载试验、结构模拟地震振动台试验。

人工地震加载可采用地面或地下爆炸的方式使地面瞬间产生运动，然后测量爆炸影响范围内建筑物的各种动力参数。

天然地震动力加载，实际上是把地震区看作是一个试验场，在地震高发区内，预先布置好各种观察设备及不同结构类型的建筑结构，于震中或震后调查结构的反应，一般是宏观反应。

地震模拟振动台加载试验是利用振动台台面输入地震波，结构输出动力反应，借助于系统识别方法，得到结构的各种动力参数，其主要设备是振动台和数据处理系统。20世纪80年代我国从国外引进的振动台在当时是先进的，现在看来和国外还存在相当大的差距。

近期钢结构的研究工作将集中在以下几个方面：

（1）高强度钢材的研制和应用；

（2）构件和结构计算的研究和改进；

（3）结构形式的革新和应用；

（4）钢和混凝土组合构件的应用；

(5) 运用计算机进行结构优化设计;

(6) 钢结构防锈、防腐、防火处理。

因此，开发研究相应的检测技术，不断提高检测水平，是检测技术领域的主要任务。

4.2 焊缝的无损检测

4.2.1 无损探伤和焊缝质量控制的关系

无损检测是利用声、光、热、电、磁和射线等与物质的相互作用，在不损伤被检物使用性能的情况下，探测材料、构件或设备（被检物）的各种宏观的内部或表面缺陷，并判断其位置、大小、形状和种类的方法。

常规无损检测方法包括超声、X、γ 射线照相、磁粉、渗透和电磁（涡流）等五种。它们从检测宏观缺陷方向都给焊缝质量控制提供了良好保证。

在使用上述的无损探伤方法检测焊缝时，能否真正取得成功，都与以下四个因素密切相关：

1. 试验设备与方法既要适合于检验对象，也要适合于被检缺陷的类型；
2. 操作人员要经过足够的培训并具有足够的经验；
3. 验收标准要对合格焊缝应具备的合格特性或者不合格焊缝应具备的特性做出规定；
4. 所用标准器件应恰如其份地达到标准要求。

上述四个因素中，如果有一个未被满足，都有可能使检测结果及其最终评价出现偏差。

例如在试验设备不合适或是操作人员培训得不熟练时，其检测结果就可能出现弃真或存伪的错误。在验收标准不当时，就可能将与焊缝性能关系不大或者根本无关系的缺陷看成是严重缺陷，或将严重的缺陷当成无关紧要的缺陷。在使用的标准器件不符合标准要求时，所有检测数据都将丧失它的可靠性。

《常规无损探伤应用条则》(GB5616—85) 中明文规定："应用无损探伤技术探测产品，必须明确指定适用的探伤方法标准，并按此标准执行"，"以无损探伤结果验收产品时，必须具备相应的探伤质量标准或技术条件"，"从事产品检验，设备维修和安全监督的无损探伤人员，必须具备国家有关主管部门颁发的无损检测人员技术资格证书"，"无损探伤用的仪器设备，其性能应符合相应的探伤方法标准中对仪器设备的要求"，"无损探伤用的标准器件，如超声探伤用标准试块、射线照相探伤用象质计、磁粉探伤用灵敏度高试片和渗透探伤用标准试片等应由该产品质量监督单位负责检验或监制"。从这些条文中可以明显看出，以上四个因素是使用无损检测进行产品质量控制时，必须得到满足的首要条件，它既适用于焊缝的无损检测，也适用于其他需要无损检测方法进行质量控制的所有产品零件。

了解焊接工艺，尤其是不恰当的焊接工艺会导致焊缝中产生何种类型的缺陷以及缺陷会达到什么状态，是决定使用何种检测方法时一个至关重要的问题。例如，使用射线照相方法检测焊缝中的裂纹时，事先对能产生何种裂纹、其裂面方向又是如何作出必要的估计，就是很重要的一项工作。因为裂面不与射线束排成一直线的任何裂纹，是很难在射线探伤中检测出来的，即使知道了裂面方向，有时也很难保证射线探伤方法一定能奏效，必要时还需使用超声波探伤方法或其他探伤方法帮助验证。当裂纹位于焊缝表面、并且又非常细小时，则利用磁粉探伤方法或渗透探伤方法会更有效。

当把“缺陷”这一术语用于无损检验与质量控制时，指的是某一个零件在其物理或尺寸特征中，能够检测到的连续性发生间断或者某种完美性不足。含有一个或多个缺陷的零件，未必表明它就不合格，甚至报废。在许多情况下，不合格零件也许能承受只有合格零件才能允许执行的功能。另外，不合格零件还可以通过返修成为合格零件。尤其是焊缝，更可以利用再焊接的方法（通常称所谓返修）使其发生转变。当然，在不合格零件中也存在着某些既没有使用功能又不能返修合格的零件，这样的零件就决定使用何种检测方法的另一个因素，是必须考虑到检测方法的经济性，对不顾检验目的、检验要求和检验场合而一味追求使用检测操作难度大的高、新方法去检测零件的做法是不可取的，它不但要增加检验费用，提高生产成本，而且也未必能取得真正的检验效果。

4.2.2 检测焊缝内部缺陷的无损探伤方法的比较

在焊缝内部缺陷的检测中，使用得最广泛的方法是超声波探伤方法和射线探伤的方法；射线探伤又分为X射线探伤和γ射线探伤两种，并且以摄片方法为主。现分别对这两种方法介绍如下。

4.2.2.1 超声波探伤方法

1. 超声波的基本特征

超声波和普通的声波一样，都属于弹性波范畴，能够在固体、液体、气体中传播，但不能在真空中传播，因为真空中不存在弹性介质。

超声波的产生也和普通声波一样，是由弹性质点的振动引起。所谓振动，就是弹性质点在其平衡位置附近所作的往返运动。质点往返运动一次，就意味着振动发生了一次。单位时间内（即一秒钟内）发生的振动次数称为振动的频率，常用符号f表示，并用Hz（赫兹）作为它的计量单位。例如每秒发生10次的振动称其频率为10Hz，每秒发生100次的振动称其频率为100Hz。

在日常生活中，人们把频率低于16Hz的弹性波称为次声波，频率大于16Hz而小于20000Hz的弹性波称为声波，频率大于20000Hz的弹性波称为超声波。次声波和超声波都不能对人的听觉系统产生听觉作用。因此，人耳只能听到声波而无法听到次声波和超声波。

质点振动时离开其平衡位置的最大距离称为振幅。它是表示振动强弱的物理量，质点在其平衡位置往返振动一次，即完成一次全过程振动所需要的时间称为周期，用T表示。周期与频率之间存在着倒数关系。即

$$T = 1/f \qquad (4-2)$$

弹性质点的振动能够在弹性介质中以波的形式向四周传播，因此把振动在介质中的传播定义为波。它是传播能量的一种方式，以波的形式传播的能量是振动能量。

沿着波的传播方向，两个相邻的同相质点间的距离称为波长，用λ表示。任意一质点完成一次全振动，波正好前进一个波长的距离。波长的常用单位为毫米（mm）、米（m）。纵波波长λ的示意图见图4-4。

波长与波速、频率之间存在着下述关系：

$$\lambda = c/f \tag{4-3}$$

超声波在介质中传播时，具有几何特性和波动特性两重性质。就其几何特性来说，超声波是以匀束、直线传播的，遇到异质面会产生反射，折射和透射等现象。就波动特性来说，超声波在传播途径上遇到尺寸能与波长相比的障碍物或者能与波长相比的孔型通道时，就会发生绕射（图4－1a）和衍射现象（图4－1b），如果在传播途径上遇到尺寸远大于波长的障碍物时，该障碍物就对超声波的传播起到阻挡作用，在其表面引起反射（图4－2）。如果在传播途径遇到尺寸远大于波长的孔型通道时，通过孔型通道的超声波就具有明显的方向性（图4－3）。

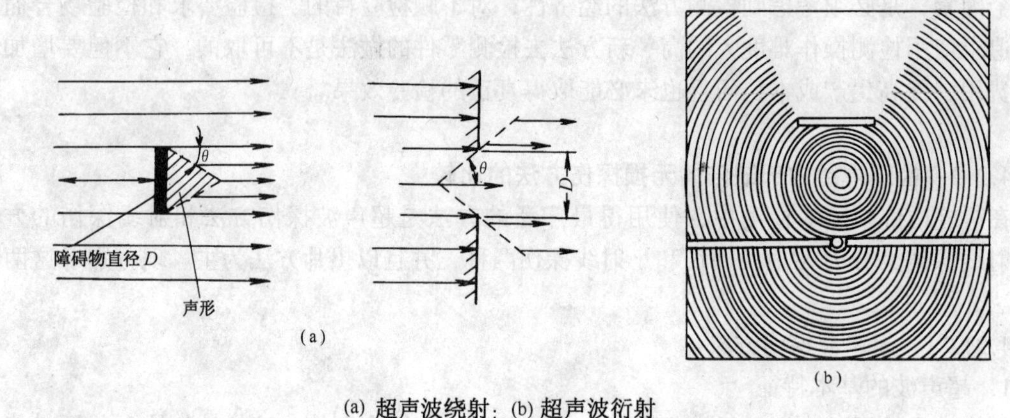

图4－1
（a）超声波绕射；（b）超声波衍射

2．波型与波速

波在单位时间内传播的距离就是波的传播速度，简称波速。对于声波来说，也就是声波在单位时间内传播的距离，所以也可以将波速称为声速。

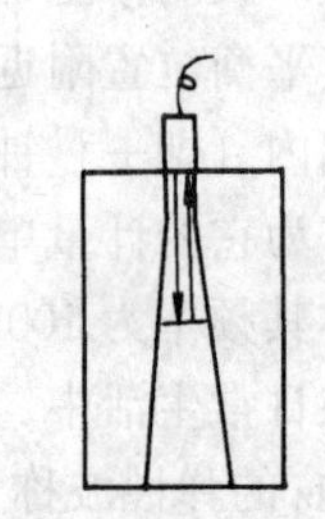

图4－2　超声波反射

波速的大小不仅与介质种类有关，而且与波的类型——波型有关。

根据波传播时介质质点振动方向与传播方向的不同，可以将波分为纵波、横波、表面波、板波等多种类型。

图4－3　超声波的方向性

质点振动方向与波的传播方向互相平行的波称为纵波，用L表示（图4－4）。这是质点在交变的拉伸应力和压缩应力作用下发生振动而形成的一种波，在波的传播过程，受力质点呈疏密相间的交替变形。凡是能发生拉伸和压缩变形的介质都能传播纵波。固体能够产生拉伸和压缩变形，而液体和气体在压力作用下也能产生相应的体积变化，因此纵波不仅能在固体中传播，也能在液体和气体中传播。在无限大介质或者介质尺寸远大于波长时，纵波的声速可以用下式求之：

$$C_{\mathrm{L}} = \sqrt{\frac{E\ (1-\mu)}{\rho\ (1+\mu)\ (1-2\mu)}} \tag{4-4}$$

式中 C_L——纵波声速(m/s);

E——介质的杨氏模量,等于介质承受的拉应力 F/S 与相对伸长 $\Delta L/L$ 之比,即 $E=\frac{F/S}{\Delta L/L}$($\times 10^{11}/cm^2$);

ρ——介质密度,等于介质的质量 M 与其体积 V 之比,即 $\rho=M/V$(g/cm^3);

μ——泊松比,等于介质横向相对缩短与纵向相对伸长之比,即 $\sum_1=\Delta d/d$,$\sum=\frac{\Delta e}{e}$,$\mu=\sum_1/\sum$。纵波主要用于板材、锻件、铸钢件等探伤。

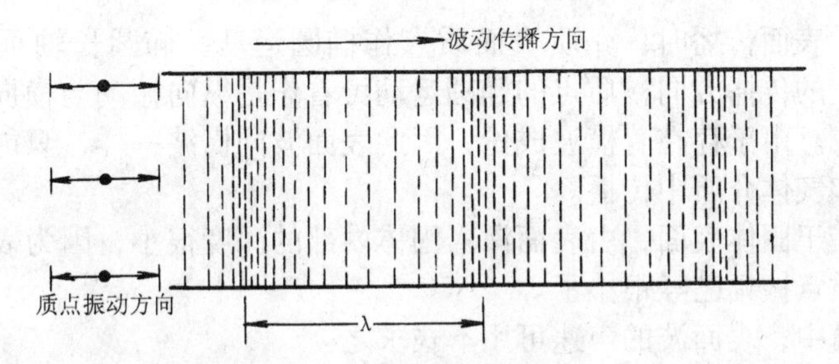

图4-4 纵波的质点振动

介质中质点振动方向与波的传播方向垂直的波称为横波,用S表示(图4-5)。这是介质在和交变的剪切应力作用下发生横向振动而形成的一种波。由于能承受剪切应力的介质必须是固体,因此横波只能在固体介质中传播,不能在气体和液体中传播(亦即在气体和液体中不存在横波)。

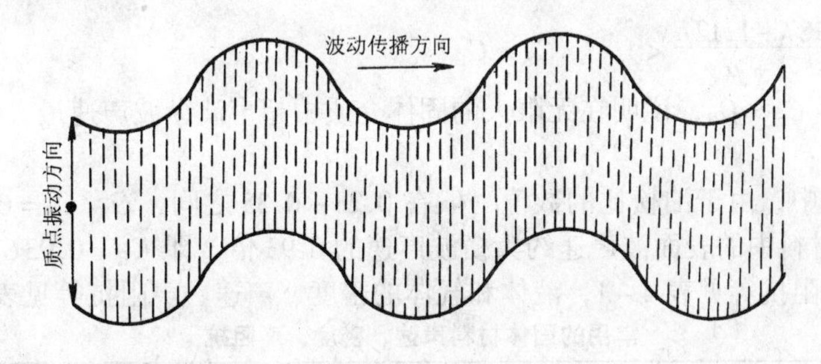

图4-5 横波的质点振动

在无限大的固体介质中,横波声速可以用式4-4求之:

$$C_S=\sqrt{\frac{E}{2\rho(1+\mu)}} \tag{4-5}$$

式中 C_S——横波声速;

G——介质的切向剪切横量,等于介质承受的切应力 Q/S 与切应变 γ 之比,$G=\frac{Q/S}{\gamma}$,由于 G 与 E 之间有 $E=\frac{2G}{1+\mu}$,故而上式(4-4)可由下式表示即

$$C_S=\sqrt{\frac{G}{\rho}} \tag{4-6}$$

当介质表面受到交变应力作用时,能产生沿介质表面传播的波,称为表面波,用R表示(图4-6)。

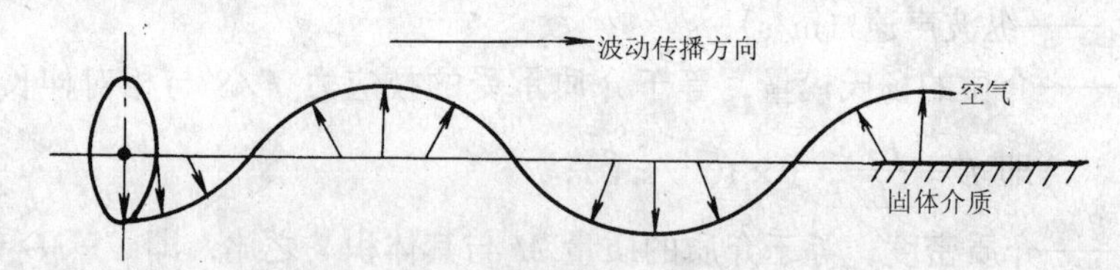

图 4-6 表面波的质点振动

表面波是瑞利 1887 年首先假设存在并用牛顿三项运动方程式从数学推导上得出来的。因此又称为瑞利波。

表面波在介质表面传播时，介质表面质点作椭圆运动，椭圆长轴垂直于波的传播方向，短轴平行于波的传播方向。质点的椭圆运动可看作是纵向振动与横向振动的合成，即纵波与横波的合成。由于存在着横波成份，因此表面波同横波一样，只能在固体介质中传播，不能在液体和气体介质中传播。

表面波只存在于固体表面，由表面深入固体内部的深度很小，因为表面波传播深度接近一个波长时，质点振幅已经很小了。

在无限大介质中，表面波的声速可用下式求之：

$$C_R = \frac{0.87 + 1.12\mu}{1+\mu}\sqrt{\frac{E}{\rho}} \tag{4-7}$$

式中 C_R——表面波的声速。

比较（4-4）、（4-5）和（4-6）式，不难发现它们之间存在如下关系：

$\frac{C_L}{C_S} = \sqrt{\frac{2(1-\mu)}{1-2\mu}} > 1$ 由于固体介质的 μ 总小于 1，所以 $C_L > C_S$。

$\frac{C_R}{C_S} = \frac{0.87+1.12\mu}{1+\mu} < 1$ $C_S > C_R$

亦即得 $C_L > C_S > C_R$，说明在无限大的固体介质中超声波纵波声速最大，其次是横波，再其次是表面波。

在金属材料中，由于泊松比的数值一般在 0.28～0.35 之间，$C_R/C_S = 0.925 \sim 0.935 \approx 9.3$。因此金属材料中的表面波声速约为横波声速的 0.93 倍，即 $C_R = 0.93C_S$。常用的固体材料密度，声速阻抗等见表 4-1，液体和气体的密度、声速、声阻抗等见表 4-2。

常用的固体材料声速、密度、声阻抗 **表 4-1**

种类	ρ (g/cm³)	E (×10¹¹/cm²)	G (×10¹¹/cm²)	μ	C_{LD}* (m/s)	C_{LP}* (m/s)	C_L (m/s)	C_S (m/s)	ρC_L ×10⁶kg/cm²·s
铝	2.7	6.85	2.56	0.34	5040	5360	6260	3080	1.69
铁	7.7	20.6	8.03	0.28	5180	5390	5850～5900	3230	4.50
铸铁	6.9～7	–	–	–	–	–	3500～5600	2200～3200	2.5～4.2
钢	7.7	20.0	8.03	0.28	–	–	5880～5950	3230	4.53
铜	8.9	12.3	4.55	0.35	3710	3960	4700	2260	4.18
不锈钢	8.03	–	–	–	–	–	5660	3120	4.55
PZT-4	7.5	–	–	–	–	–	4000	–	3.00
钛酸钡	5.56～6.1	–	–	–	–		5100～5400	2600	2.84～3.27
有机玻璃	1.18	–	0.252	0.324	–	–	2720	1460	0.32
聚乙烯	0.92	–	–	–	–	–	1900	–	0.174
环氧树脂	1.1～1.5	–	–	–	–	–	2400～2900	1100	0.27～0.36

注：* C_{LD}—沿棒材传播的纵波；C_{Lp}—沿板材传播的纵波。

常用的液体、气体材料声速、密度、声阻抗 **表4-2**

种类	ρ(g/cm^2)	C_L(m/s)	ρC($\times 10^6$kg/cm$^3\cdot$s)
轻油	0.810	1324	
变压器油	0.859	1425	
甘油（100%）	1.270	1880	0.238
甘油33%（容积）水溶液	1.084	1670	0.180
水玻璃（100%）	1.70	2350	0.399
水玻璃20%（容积）水溶液	1.14	1600	0.182
空气	0.0013	344	0.00004

在厚度能与波长相比的板状介质（即矩形板）中，可以激发出质点振动遍及整个板厚的一种波——板波。根据质点的振动方向不同，可将板波分为SH波和兰姆波。兰姆波又可分为对称型（S）和非对称型（A）两类。

SH波是水平偏振的横波在板中传播的波，板中各质点的振动方向平行于板面而垂直于波的传播方向（见图4-7）。在探伤中很少使用这种波。对称型（S）兰姆波是板中心质点作纵向振动，上下表面质点作椭圆运动，而且振动相位相反并对称于中心的波（见图4-8）。非对称型（A）兰姆波是板中心质点作横向振动，上、下表面质点作椭圆运动，而且相位相同呈不对称状态的波（见图4-9）。

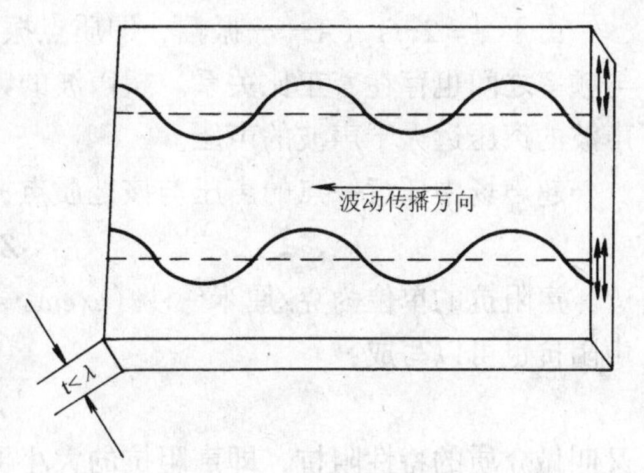

图4-7 SH波示意图

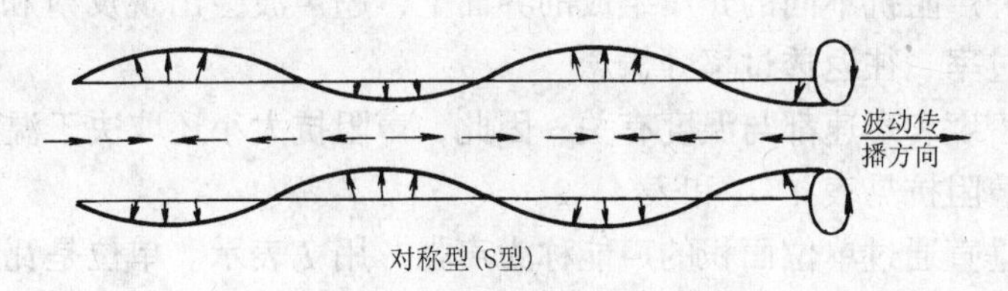

图4-8 对称型兰姆波示意图

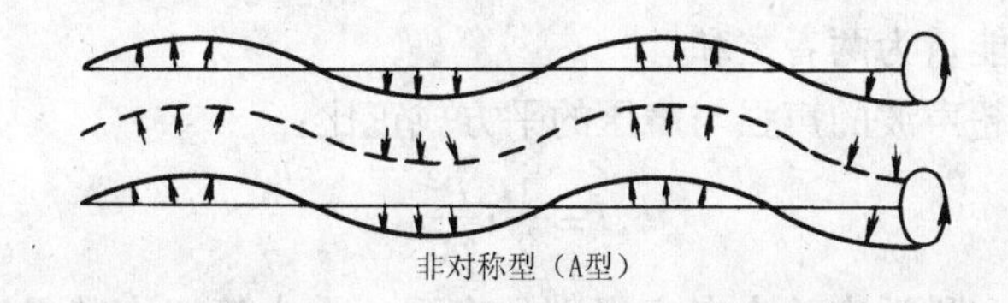

图4-9 非对称型兰姆波示意图

兰姆波的声速与纵波、横波、表面波不同，它不仅与介质种类有关，而且与板厚，频率等有关。板波主要用于探测薄板或薄壁管的分层、裂纹等缺陷，以及检测复合材料层间结合是否良好。

3．声压、声强、声阻抗

超声波到达的空间称为超声场。在有超声波传播的空间中，存在着声压，它是超声波通过其质点时，该质点所承受的压强与没有超声波通过时承受的静态压强之差。即：

$$P = P_1 - P_0 \tag{4-8}$$

式中 P——超声波声压，(Pa)；

P_1——在有超声波通过时，质点承受的压强（Pa）；

P_0——没有超声波通过时，质点承受的压强（Pa）。

声压的单位为 Pa（巴），$1Pa = 1N/m^2$（牛顿/米^2）。有时这需要用 μPa 作为其单位，$1\mu Pa = 10^{-6}Pa$。

平面波中声压的大小与传播超声波的介质密度、超声波的传播速度（即声速）以及质点在传播超声波时的振动速度有关，可写成下式：

$$P = \rho Cv \tag{4-9}$$

由于 $v = 2\pi fA$（A——振幅，即质点振动速度离开其平衡位置的最大位移），表明声压与频率之间也存在着正比关系。超声波的频率远高于声波，因此在振幅相同的情况下，超声波的声压远大于声波的声压。

超声场中任意一点的声压与该处质点振动速度之比称为声阻抗，用 Z 表示。即

$$Z = P/v$$

声阻抗的单位为克/厘米^2·秒（$g/cm^2 \cdot s$）或千克/米^2·秒（$kg/m^2 \cdot s$）。由于 $P = \rho Cv$，则声阻抗也可以写成：

$$Z = \rho C \tag{4-10}$$

又叫做介质的特性阻抗，即声阻抗的大小可以用介质密度与声速之积求得。

声阻抗是表征介质声学性质的重要物理量。从中可知，在同一声压下，由于声阻抗的增加，质点振动速度就下降，类似于电学中的欧姆定律 $I = V/R$，电压一定，电阻增加，电流减小。在两种声阻抗不同的介质组成的界面上，超声波会出现反射和透射现象，从而引出反射率、透过率、往返透过率等概念。

由于材料的密度和声速都与温度有关，因此，声阻抗大小还取决于温度。

常用的材料声阻抗见表 4-1 和表 4-2。

单位时间内垂直通过单位面积的声能称为声强，用 I 表示。单位是瓦/厘米^2（W/cm^2）或焦耳/厘米^2·秒（$J/cm^2 \cdot s$）。

某质点传播超声波时，必然发生振动，使其具有动能。同时，由于弹性变形，又使其具有弹性位能。其总能量为两者之和。

在同一介质中，超声波的声强与声压的平方成正比：

$$I = \frac{1}{2} \cdot \frac{P^2}{\rho C} \tag{4-11}$$

人们在生产实践和科学实验中考察得到的声强，大小等级在数量级上悬殊是很大的。例如探伤中从一个大平面上得到的超声波反射声强与一个 $\Phi 2$ 缺陷上得到的超声波反射声强相比，其最大与最小值之间一般能相差 10 多个数量级，若用绝对值度量很不方便，为此采用常用对数进行比较和计算。某一声强 I_1，与另一个声强 I_2 之比的常用对数值，称为贝尔（Bel）。即

$$\text{Bel} = \lg(I_1/I_2) \tag{4-12}$$

亦即　$-\text{Bel} = \lg(I_2/I_1)$

由于用贝尔表示声强值的单位太大，工程上应用时将其缩小 10 倍称为分贝（dB）的单位。

用分贝（dB）表示比较两个声强的关系如下：

$$\text{dB} = 10\lg(I_1/I_2) \tag{4-13}$$

鉴于声强与声压的平方成正比，又可进一步得到：

$$\text{dB} = 10\lg(P_1^2/P_2^2) = 20\lg(P_1/P_2) \tag{4-14}$$

4．波阵面

波动传播过程中，某一瞬时振动相位相同的质点联成的面称为波阵面。波阵面具有它特定的形状，与产生波动的波源有关。

点状的球体波源在各向同性的弹性介质中，以相同速度向四周传播波动时，波阵面呈球面状，称为球面波，一个平面状波源，在各向同性的弹性介质中作谐振动时，波阵面呈平面状，与波源面平行，称为平面波。一个理论上可以认为是无限长圆柱体的波源，在各向同性的弹性介质中振动时，波阵面与波源之间呈同轴圆柱状分布，称为柱面波。

波阵面呈球面时，由于球面积 $S = 4\pi R^2$，离波源距离与半径平方成正比，致使单位时间内垂直单位面积上的能量——声强，随着传播距离 X 的增加，呈平方反比关系减小。即：

$$I_1/I_2 = X_2^2/X_1^2 \tag{4-15}$$

由于 $I = P^2/2Z$ 在同一介质中 Z 为常数，可以得到

$$I_1/I_2 = P_1^2/P_2^2 \tag{4-16}$$

将（6－14）式代入（6－15）式，得

$$P_1^2/P_2^2 = X_2^2/X_1^2 \tag{4-17}$$

$$P_1/P_2 = X_2/X_1 \tag{4-18}$$

说明在球面中声压与传播距离成反比。

平面波在传播过程中，如果波长和传播距离都远小于波源尺寸，则表面积不会因传播距离的增加而扩大，因此声强和声压都不变，是两个恒量。

柱面波的特征介于球面波与平面波之间，随着传播距离增加，柱面长度方向尺寸不变，圆周方向尺寸以 $2\pi X$ 的数量扩大，声强以 $1/2\pi X$ 的方式减小，即

$$\frac{I_1}{I_2} = \frac{1/2\pi X_1}{1/2\pi X_2} = \frac{X_2}{X_1} \tag{4-19}$$

$$P_1/P_2 = \sqrt{X_2/X_1} \tag{4-20}$$

说明柱面波的声压与距离的平方根成反比。

5．超声波在异质界面上的垂直入射时的反射与透射

当超声波垂直传播至两种介质的交界面时，其传播特性能立即发生变化，把入射波分解成反射波和透射波两部分，反射波以与入射波方向相反的路径返回，透射波则透过界面进入新的介质，并在新的介质中以原来的传播方向继续传播。

入射波在分解成反射波和透射波的时候，其分解比例，无论是声压还是声强，都与组

成异质界面的两种介质声阻抗有关。

设超声波是从Ⅰ介质垂直传播至Ⅰ、Ⅱ介质的交介面，Ⅰ介质的声阻抗为 Z_1，Ⅱ介质的声阻抗为 Z_2，P_o 为入射波声压，P_r 为反射波声压，P_t 为透射波声压，γ_P 为反射波声压与入射波声压之比（即 $\gamma_P = P_r/P_o$，又称为声压反射率），t_p 为透射波声压与入射波声压之比（即：$t_p = P_r/P_o$，又称为声压透射率）。可得

$$\gamma_P = (Z_2 - Z_1) / (Z_2 + Z_1) \tag{4-21}$$

$$t_p = 1 + \gamma_P = 2Z_2 / (Z_2 + Z_1) \tag{4-22}$$

在超声波探伤中，我们不但需要知道超声波的声压反射率和声压透射率的数值，有时还需要知道超声波的声压往返透射率，即超声波由Ⅰ介质透入Ⅱ质后，再从Ⅱ介返回到Ⅰ介质时的声压大小（图 4－10）。

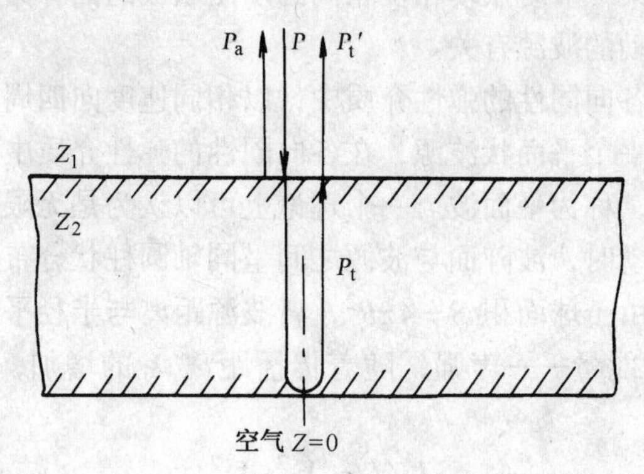

图 4－10　声压往返透过率

设 T_p 为声压往返透射率，即超声波由Ⅰ介质透入Ⅱ质后，再返回到Ⅰ介质时具有的声压 P_t' 与Ⅰ介质中入射波的声压 P_o 之比，则下式关系可供计算时使用：

$$T_P = (1 - \gamma_P)\ 1 + \gamma_P) = 1 - \gamma_P{}^2 = 4Z_1 \cdot Z_2 / (Z_2 + Z_1)^2 \tag{4-23}$$

上述的三个公式，即适用于纵波，也适用于横波。但在用于横波时，异质界面必须是两个固体组成，若有一面是液体或气体，由于横波不能在液体和气体中传播，则计算式失去应用意义。

6．超声波斜入射到异质界面上的反射与透射

(1) 反射与透射情况

斜入射到异质界面上的超声波，由于界面两侧声阻抗的差异，必定要产生反射。除此，由于入射波的入射角不同，入射波波型的不同，入射介质与透过介质种类的不同（主要指物态种类），还会在一定条件下产生透射、透射波的折射、反射波和透射波的波型转换、全反射等多种现象。而且，无论产生哪种现象，都与它们在法线上的夹角有关。

所谓法线，就是垂直于异质界面的各种直线。法线与入射波之间的夹角称为入射角，用符号 α 表示；法线与反射波之间的夹角称为反射角，用符号 α′表示；法线与透射波之间的夹角称折射角，用符号 β 表示（图 4－11）。

法线与透射波之间的夹角之所以称为折射角，是因为透过波的传播方向相对于入射波来说，呈折射状态所致。也正是这个原因，斜入射情况下的透过也可称为折射波，透过介质也可称为折射介质。

事实上相对于入射波来说，反射波也是呈折射状态传播的。

异质界面的组成，按照物态的不同，可以分为四种：

A．入射介质和透过介质都是固体；

B．入射介质是固体，透过介质是液体或气体；

C．入射介质是液体或气体，透过介质是固体；

D．入射介质和透过介质都是液体或气体。

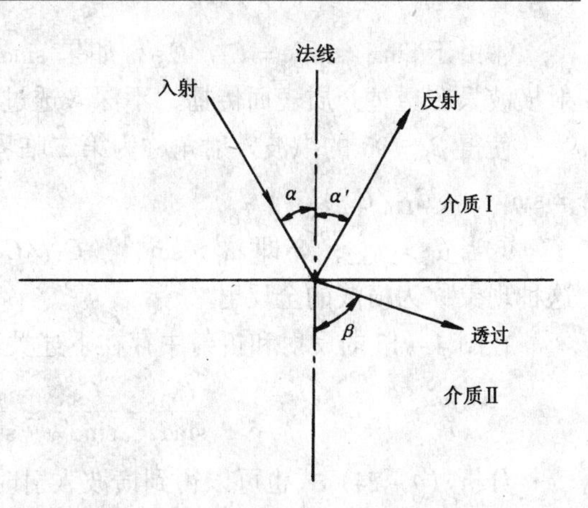

图4－11 法线与入射角、反射角折射角的表示图

在四种组成方式中，以第一种的反射和透过情况最复杂，因为固体中不但能够传播纵波，而且能够传播横波，在产生反射和透射现象时，入射介质和透射介质中同时出现纵、横波的情况。

图4－12是纵波入射时，在入射介质和透过介质中同时出现纵、横波的情况。图4－13是横波入射时，在入射介质和透过介质中同时出现纵、横波的情况，图中 α_L 代表纵波入射角，α_S 表示横波入射角，α'_L 代表纵波反射角，α'_S 表示横波反射角，β_L 代表纵波折射角，β_S 表示横波折射角。

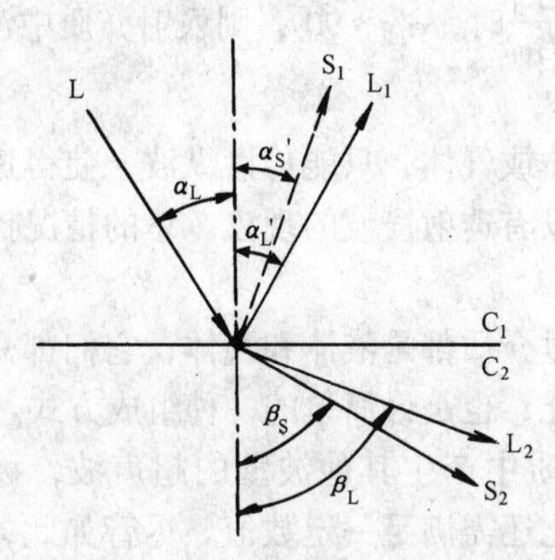

图4－12 纵波斜入射

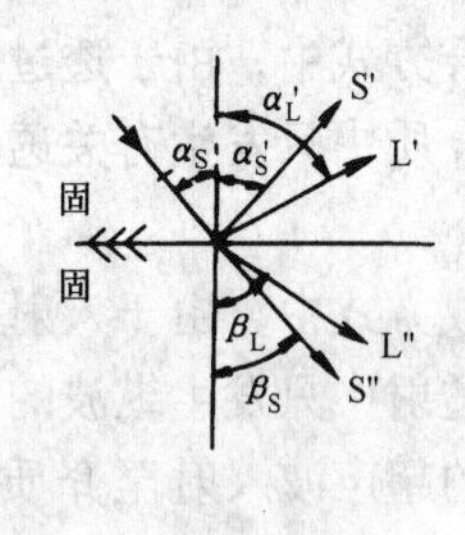

图4－13 横斜斜入射

在图4－12的反射和折射中，存在着下述关系：

$$\frac{C_{L1}}{\sin\alpha_L}=\frac{C_{L1}}{\sin\alpha'_L}=\frac{C_{S1}}{\sin\alpha'_S}=\frac{C_{L2}}{\sin\beta_L}=\frac{C_{S2}}{\sin\beta_S} \tag{4-24}$$

分析（4－24）式可以得到纵波入射时，能发生下述几种情况：

①由于 $\sin\alpha'_L/\sin\alpha_L=1$，$\alpha'_L=\alpha_L$，则纵波反射角等于纵波入射角。

②由于 $\sin\alpha_L/\sin\beta_L=C_{L1}/C_{L2}$，如果 $\sin\alpha_L=C_{L1}/C_{L2}$，可得到 $\sin\beta_L=1$，$\beta_L=90°$，则透射纵波只在透过介质表面传播，不深入透过介质内部。

使 $\beta_L=90°$ 的纵波入射角称为第一临界角，用 α_{LK1} 表示。由 $\sin\alpha_{L2}=C_{L1}/C_{L2}$ 可知，$\alpha_{LK1}=\sin^{-1}\cdot C_{L1}/C_{L2}$。

③当 $\alpha_L>\alpha_{LK1}$，亦即 $\alpha_L=\sin^{-1}\cdot(C_{L1}/C_{L2})$ 时，$\beta_L>90°$，则纵波不再透入透过介质，这种现象称为纵波的全反射。在纵波全反射情况下，透过介质中只有横波。

④由于 $\sin\alpha_L/\sin\beta_S = C_{L1}/C_{S2}$，如果 $\sin\alpha_L = C_{L1}/C_{S2}$，可得到 $\sin\beta_S = 1$，$\beta_S = 90°$，则透射横波只在透过介质表面传播，不深入透过介质内部。

使得 $\beta_S = 90°$的纵波入射角称为第二临界角，用 α_{LK2}表示。由 $\sin\alpha_L = C_{L1}/C_{S2}$可知，$\alpha_{LK2} = \sin^{-1}\cdot(C_{L1}/C_{S2})$。

⑤当 $\alpha_L > \alpha_{LK2}$，亦即 $\alpha_L > \sin^{-1}(C_{L1}/C_{S2})$ 时，$\beta_S > 90°$，则横波不再透入透过介质，这种现象称为横波的全反射。

在图 4－13 的反射和折射中存在下述关系：

$$\frac{C_{S1}}{\sin\alpha_S} = \frac{C_{S1}}{\sin\alpha'_S} = \frac{C_{L1}}{\sin\alpha'_L} = \frac{C_{S2}}{\sin\beta_S} = \frac{C_{L2}}{\sin\beta_L} \tag{4-25}$$

分析（4－24）式也可以得到横波入射时，能发生的下述几个情况：

①由于 $\sin\alpha'_S/\sin\alpha_S = 1$，$\alpha'_S = \alpha_S$，则横波反射角等于横波入射角。

②由于 $\sin\alpha_S/\sin\beta_L = C_{S1}/C_{S2}$，如果 $\sin\alpha_S = C_{S1}/C_{L2}$，可得到 $\sin\beta_L = 1$，$\beta_L = 90°$，则透射纵波只在透过介质表面传播，不深入透过介质内部。

③当 $\alpha_S > \sin^{-1}\cdot C_{S1}/C_{L2}$时，$\beta_L > 90°$，则纵波不再透入透过介质，产生纵波全反射。

④由于 $\sin\alpha_S/\sin\beta_S = C_{S1}/C_{S2}$，如果 $\sin\alpha_S = C_{S1}/C_{S2}$，可得到 $\sin\beta_S = 1$，$\beta_S = 90°$，则透射横波只在透过介质表面传播，不深入透过介质内部。

⑤当 $\sin\alpha_S > C_{S1}/C_{S2}$时，$\beta_S > 90°$，则横波不再透入透过介质，产生横波的全反射。

⑥由于 $\sin\alpha_S/\sin\alpha'_L = C_{S1}/C_{L1}$，当 $\alpha_S > \sin^{-1}\frac{C_{S1}}{C_{L1}}$时，$\alpha'_L > 90°$，则入射介质中没有反射纵波。

在第二种组合方式中，由于透过介质是液体或气体，只能传播纵波，使得透射波只能是纵波，在透过介质中只发生有关透射纵波，没有透射横波的现象。总的情况比第一种方式简单。

在第四种组成方式中，由于入射介质和透过介质都是液体和气体，它们都只能传播纵波，使得反射和透射中只发生纵波的现象，因此，也是最简单的一种组成方式。

用某种波型的超声波入射至介质中，使介质中产生其他波型的超声波，称为波型转换。但是，只能在固体介质中实现，而且声速比还需满足一定数值。尽管如此，在焊缝超声波探伤中的横波探头还是利用波型转换的，譬如把斜楔中纵波经界面折射使转换的横波传播到母材中。

（2）斜入射时声压反射率、声压透射率和声压往返透射率

由于斜入射中的入射波、反射波、透射波也都具有声压，因此，也同样地存在着声压反射率、声压透射率和声压往返透射率等问题。鉴于这些计算不但与介质的声阻抗有关，而且与入射角的大小有关，其理论计算十分复杂，因此一般都只是利用理论计算结果绘制的曲线进行定性了解。

图 4－14 给出了钢中纵波斜入射到钢/空气界面时，纵波声压、反射率 γ_{LL}和横波反射率 γ_{LS}与入射角 α_L 之间的关系。当 α_L 在 68°附近时，γ_{LL}很低，而 γ_{LS}很高。

图 4－15 给出了钢中横波斜入射到钢/空气界面时，横波声压、反射率 γ_{SS}和纵波反射率 γ_{SL}与入射角 α_S 之间的关系。当 α_S 在 30°附近时，γ_{SS}很低，而 γ_{SL}很高。当 $\alpha_S \geqslant 33.2°$附近时，$\gamma_{SS} = 100\%$。

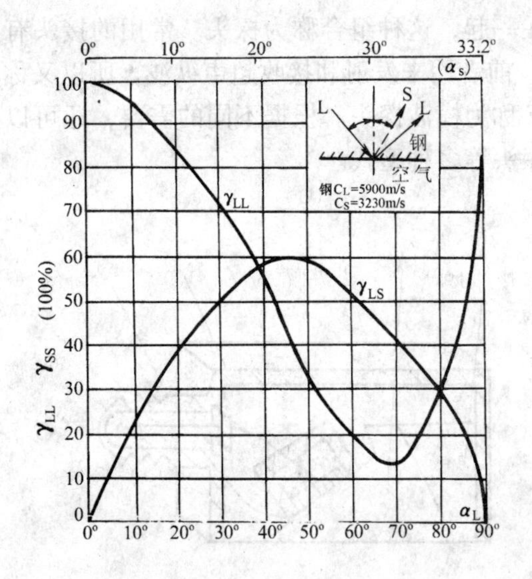

图 4－14　纵波入射到钢/空气界面上的声压反射率

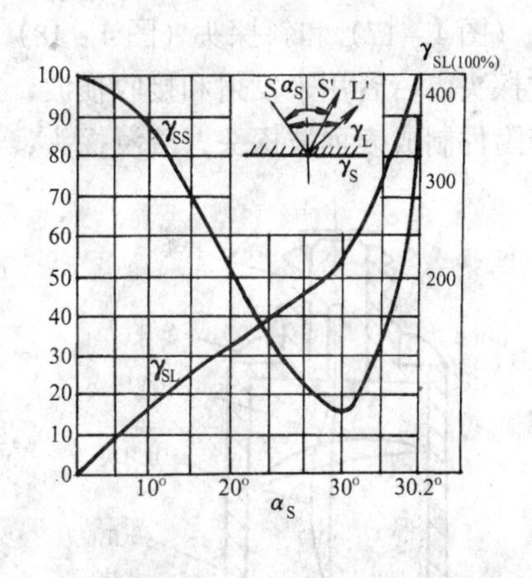

图 4－15　横波在钢/空气界面上的声压反射率

图 4－16 给出了有机玻璃中的纵波斜入射到有机玻璃与钢界面时，纵波往复透过 T_{LL}和横波往复透过率 T_{LS}与入射角 α_L 之间的关系。当 $\alpha_L<27.6°$时，$T_{LL}<25\%$，$T_{LS}<10\%$；当 $\alpha_L>27.6°$时，由于不存在透过纵波，只有透过横波，只存在横波往返透过率，其 T_{LS}不超 30%。

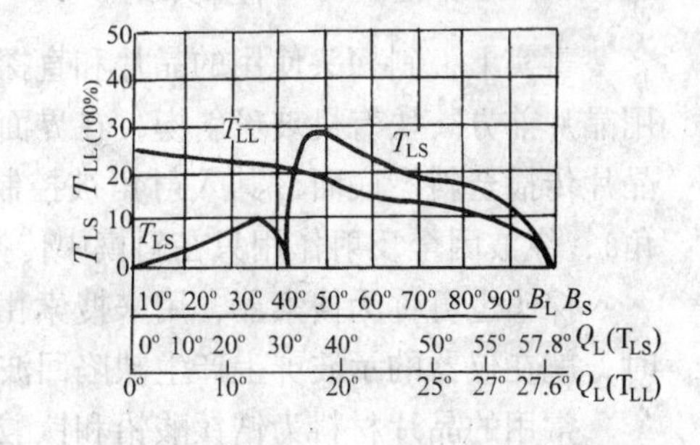

图 4－16　有机玻璃/钢界面声压往复透过率

7. 超声波发射和接收

产生和接收超声波的方法有许多种，但在超声波探伤中利用压电效应的方法最普遍。用单晶体（石英、硫酸锂、碘酸锂、银酸锂）和多晶体（钛酸钡、锆钛酸铅、钛酸铅、偏铌酸铅）制成的晶片，在机械应力作用下产生电荷的效应，这种效应称为压电效应。压电效应是一种可逆效应。当施加到晶片表面的不是机械应力，而是交变电场时，则晶片就会发生体积变形。在机械应力作用下产生电荷的效应称为正压电效应，在电场作用下产生体积变形的效应，称为逆压电效应。

声压是一种机械应力，当声压作用于晶片表面时，晶片表面就出现与声压成正比的电压，只要测出电压的大小，就可知道声压的大小，起到接收超声波的作用，当晶片表面受到高频电压作用时，晶片产生与高频电压相同频率的体积变形振动，并同时向外界发射超声波。

晶片的共振频率与其厚度有关，当厚度等于半波长时，可获得最大振幅，因此，用压电晶片发射和接收超声波时，其厚度总是按照下式进行选择：

$$d=C_t/2f_o \tag{4-26}$$

式中　d　——晶片厚度；

C_t　——晶片的声速；

f_o　——晶片的接收和发射超声波的频率。

实际使用的晶片，总是与一些附件组合在一起，这种组合称为探头。常用的接头有直探头（图 4-17）和斜探头（图 4-18）两种，前者用来发射和接收超声纵波，所以又称为纵波探头，后者用来发射和接收横波，所以又称为横波探头。根据不同的需要，还可以把改变附件制成表面波探头，液浸探头，聚焦探头等多种型式。

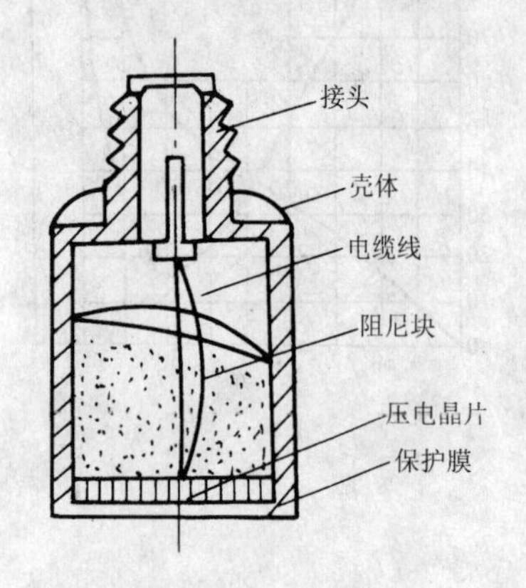

图 4-17 直探头结构

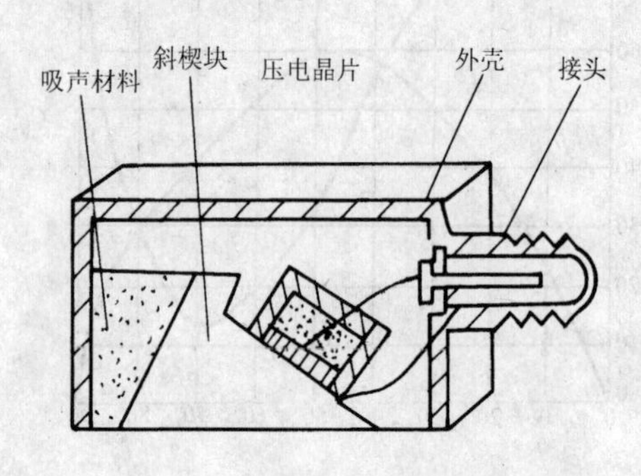

图 4-18 斜探头结构

事实上，斜探头使用的晶片和直探头一样，都只能发射和接收超声纵波，其横波是利用晶片前方一块有机玻璃斜楔，在界面处通过波型转换得到的，超声纵波以斜入射方式由晶片传播至斜楔底面，其入射角被控制在第一幅界角和第二临界角之间（决定于斜楔倾角），纵波因全反射作用只在斜楔中传播，而横波透过斜楔底面进入被检工件。

探头也可称为搜索器，用来搜索由工件中反射回来的各种回波。当搜索到缺陷回波时，就在仪器的示波屏上产生缺陷回波信号，供探伤者作为分析和估判的依据。

常用的晶片材料为锆钛酸铅和钛酸铅，在制作高温和窄脉冲探头方面，也有不少使用偏铌酸铅的例子。这些材料都是通过人工烧结制成的多晶材料，亦称为压电陶瓷。

8. 超声场

由于组成晶片发射面的各个点都是晶片上的子声源，在发射超声波的过程中，相应间总是存在着波的叠加现象，使得近场中的声压分布很不均匀。除了有一个能量大而集中的主瓣声束外，还有多个能量小而分散的副瓣声束存在（见图 4-19）。在声束横截面上，以声束轴线上的声压绝对值最高随着座标位置向外偏移。声压迅速下降，并在下降到“0”以后，会在反方向和正方向上出现一些微小的、上升和下降，但在总体上呈连续递减的趋向，直至声压消失为止（见图 4-20）。在声束轴线上，则存在着多个声压最大值和最小值的连续变化，并且最后一个最大值出现在距离为 N 的地方（见图 4-20）右上侧。

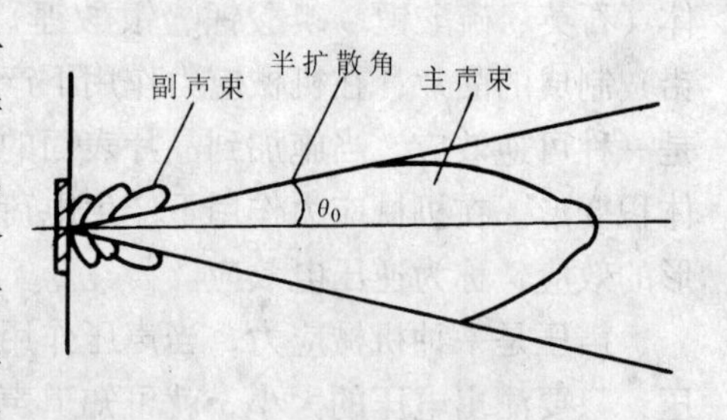

图 4-19 超声场主声束和副声束

图 4-20 的右下侧表示了声束轴线上的声压在传播距离大于 N 之后的变化，从图中可看出，呈单调的递减状态

就波阵面形状来说，平面状晶片产生波的是平面波，不存在扩散现象。随着传播距离的增加，逐步转化为球面波，并开始出现扩散现象。

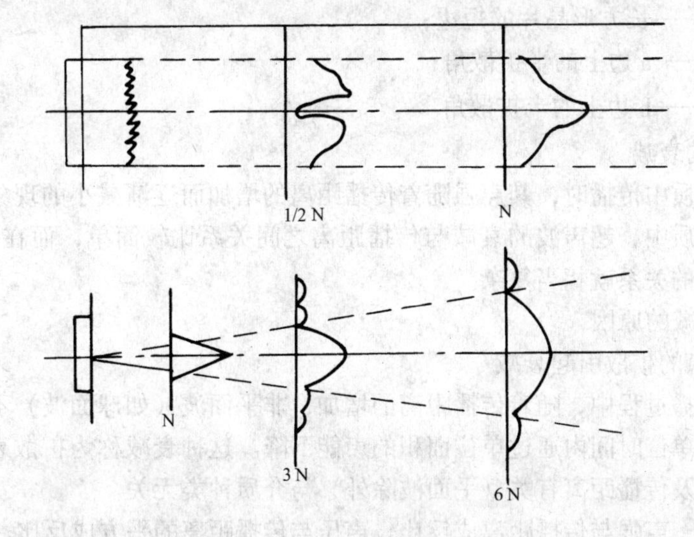

图4-20　超声场纵截面声束分布

主瓣声束的"0"声压扩散，都认为是从1.64N的位置开始，并且，其扩散角的延线与晶片中心相交（见图4-21）。利用这样的关系可以推导出主瓣声束在"0"声压时的半扩散角 θ。计算式为：

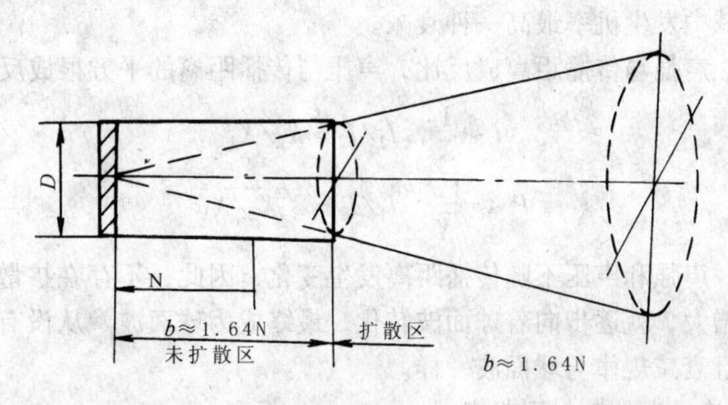

图4-21

对于圆形晶片：

$$\theta_0 = \sin^{-1}1.22\frac{\lambda}{D} \approx 70\frac{\lambda}{D}\text{（度）} \tag{4-27}$$

式中　λ——波长；

D——晶片直径。

对于正方形晶片：

$$\theta_0 = \sin^{-1}\lambda/D = 57\cdot\lambda/D \quad \text{（度）} \tag{4-28}$$

式中　D——正方形晶片的边长。

对于长方形晶片

$$\theta_{0a} = \sin^{-1}\lambda/a = 57\times\lambda/a \quad \text{（度）} \tag{4-29}$$

$$\theta_{0b} = \sin^{-1}\lambda/b = 57\times\lambda/b \quad \text{（度）} \tag{4-30}$$

式中　a　——长方形晶片的长边；

b ——长方形晶片的短边；

θ_{Oa} ——a 边上的半扩散角；

θ_{Ob} ——b 边上的半扩散角。

9．超声波的衰减

超声波在介质中传播时，其声强随着传播距离的增加而逐渐减小的现象叫做超声波的衰减。在均匀介质中，超声波的衰减与传播距离之间关系比较简单，而在不均匀介质中，衰减与传播距离的关系就相当复杂。

（1）产生衰减的原因

1）由于声束的扩散引起衰减

超声波在传播过程中，随着传播距离的增加，非平面波（如球面波）不断扩散。声束截面增大，使得单位时间内通过单位面积的声能下降。这种衰减称为扩散衰减。扩散衰减与波阵面形状以及传播距离有关（平面波除外）与介质种类无关。

对于球面波，声强与传播距离成反比，声压与传播距离的平方成反比。即：

$$I \sim \frac{1}{X^2},\ I_1/I_2 = X_2^{\ 2}/X_1^{\ 2} \tag{4-31}$$

$$P \sim \frac{1}{X},\ P_1/P_2 = X_2/X_1 \tag{4-32}$$

这是扩散衰减中发生机率最高一种衰减。

对于柱面波，声强与传播距离成反比，声压与传播距离的平方根成反比，

即：

$$I \sim \frac{1}{X},\ I_1/I_2 = X_2/X_1 \tag{4-33}$$

$$P \sim \frac{1}{\sqrt{X}},\ I_1/I_2 = \sqrt{X_2/X_1} \tag{4-34}$$

对于平面波，声强和声压不随传播距离发生变化，因此，不存在扩散衰减，但是平面波随传播距离的增大，就逐步向着球面波转化，最终成为球面波。从没有扩散衰减转变为有扩散衰减，并且衰减规律与球面波一样。

2）由于传播途径上的散射引起衰减

超声波传播过程中遇到异质界面时，会产生反射，使声强减弱，产生散射衰减。在固体中，多晶体的非均性（杂质、粗晶、内应力等）会在多晶体晶界上导致超声波的反射和折射，以及反射和折射中产生的波型转换现象，都是引起散射衰减的因素。

散射衰减与超声波的频率有关，频率高散射衰减大，频率低散射衰减小。横波引起的衰减要比纵波大。

3）由于吸收引起衰减

传播超声波的质点，在其振动过程中必须克服质点之间的粘滞力和内摩擦力，产生声能损耗，并且最终以热能的方式表现出来。这种衰减称为粘滞衰减或吸收衰减。在一般情况下，超声波探伤出现的粘滞衰减所占比例并不大，但在晶粒相当粗的材料上，这种衰减也不应忽视。

（2）材质衰减的测定方法

有关材质衰减的测定方法可分为相对比较法和绝对法两种。相对比较法只能给出定性的比较，粗略地告知谁大、谁小，没有可详细进行比较的精确数值。绝对测量法能给出具

体的材料衰减数值，并用材质衰减系数表示。

单位长度上的材质衰减量称为材质衰减系数，用符号 α 表示。在工程应用中，衰减量的单位为 dB，单位长度的单位为 cm 或 mm。因此，材质衰减系数的单位为 dB/cm 或 dB/mm，1dB/cm = 10dB/mm。

由于在超声波探伤中，为了计算缺陷位置、测量工件厚度的需要，经常把超声波往返传播的距离折算成单程距离计算（即往返传播的距离除以 2），从而形成衰减系数有 $\alpha_{单}$ 和 $\alpha_{双}$ 之分，$\alpha_{单}$ 是把实际传播距离折算成单程距离的衰减系数，$\alpha_{双}$ 是超声波实际往返传播距离的衰减系数，两者在数值上相差一倍：

$$\alpha_{单} = 2\alpha_{双} \tag{4-35}$$

1）用相对比较法测量材质衰减

测量前把所有需要测量的试样加工到厚度一样，表面状况一样，然后在仪器灵敏度不变的情况下，逐一测量它们的底波高度，底波最高者材质衰减越小，底波最低者材质衰减最大。

测量中还可以认定某一块试样作为合格试样，凡底波比该试样高者，材质衰减合格，低于该试样者不合格。

2）用绝对法测量材质衰减

在这种测量中，使用最多的是利用底波多次反射的方法，被测量的试样，其厚度必须大于 2N，否则误差很大，失去测量意义。

最简单的方法是测量出第一次底波与第二次底波的 dB 值高度，用下列两个计算式之一求出材质衰减系数：

$$\alpha_{单} = [B_1(\mathrm{dB}) - B_2(\mathrm{dB}) - 6\mathrm{dB}]/T \tag{4-36}$$

$$\alpha_{双} = [B_1(\mathrm{dB}) - B_2(\mathrm{dB}) - 6\mathrm{dB}]/2T \tag{4-37}$$

式中 B_1（dB）——第一次底波的 dB 高度值；

B_2（dB）——第二次底波的 dB 高度值；

T ——试样厚度。

由（6－35）和（6－36）中可知，B_2 的 dB 值肯定比 B_1 的 dB 值小，而且在 6dB 以上。造成这种情况的原因是：B_1 是超声波在试样中往返传播一次得到的，B_2 是超声波在试样中往返传播二次得到的，要比 B_1 多传播一次，传播距离是 B_1 的两倍，传播距离大，底波高度理应低，所测数值中包括材质衰减和扩散衰减在内。由于传播距离增加一倍，扩散衰减为 6dB，亦即在没有材质衰减的情况下，B_2 就应该比 B_1 低 6dB，再加上材质衰减，则数值肯定在 6dB 以上，而且只有在减去 6dB 之后才能得到真正的材质衰减。

也可用底波多次反射中的任意两个底波高度进行测量，测量后的材质衰减计算式如下：

$$\alpha_{单} = \frac{B_m(\mathrm{dB}) - B_n(\mathrm{dB}) - 20\lg n/m}{(n-m)T} \quad (\mathrm{dB/mm}) \tag{4-38}$$

$$\alpha_{双} = \frac{B_m(\mathrm{dB}) - B_n(\mathrm{dB}) - 20\lg n/m}{2(n-m)T} \quad (\mathrm{dB/mm}) \tag{4-39}$$

式中 B_m（dB）——第 m 次底波的 dB 值高度；

B_n（dB）——第 n 次底波的 dB 值高度；

$20lgn/m$ ——m 次底波与 n 次底波之间的扩散衰减 dB 值。

应当指出，在这样的测量中没有考虑超声波在试样表面和底面之间往返反射而造成的反射损失，由于这个数值一般都比较小，在底波次 m 和 n 选择得比较小时，可以忽略不计。

10. 焊缝的超声波探伤方法

焊缝按其接头型式可以分为对接、角接、T 形接头、搭接四种（图 4-22）。在钢结构焊缝探伤中，主要是对接。

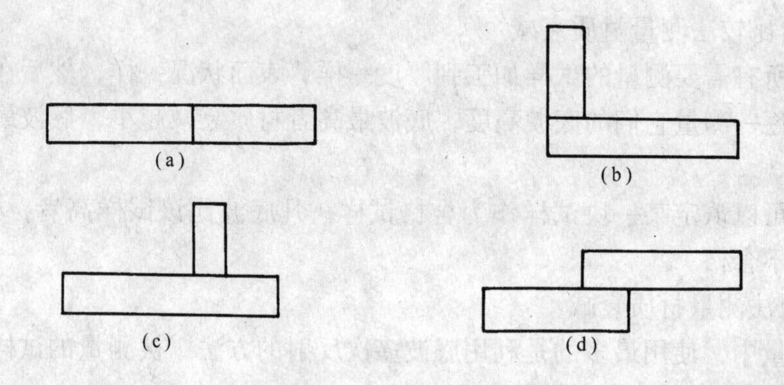

图 4-22 焊接接头型式

（a）对接；（b）角接；（c）T 形接头；（d）搭接

角接和 T 形接头焊缝，并以对接焊缝最多。

对接焊缝超声波探伤有三个探伤等级（按 GB 11345—89 区分）。

（1）A 级 采用一种角度的探头在焊缝的单面单侧进行探伤（图 4-23），不要求检验焊缝的横向缺陷。当母材厚度大于 50mm 时，不得采用此种方法。

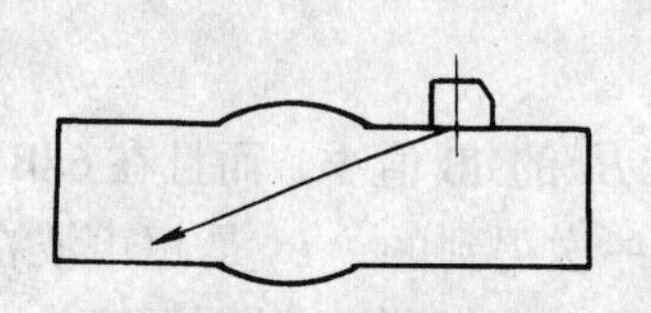

图 4-23 单面单侧探伤

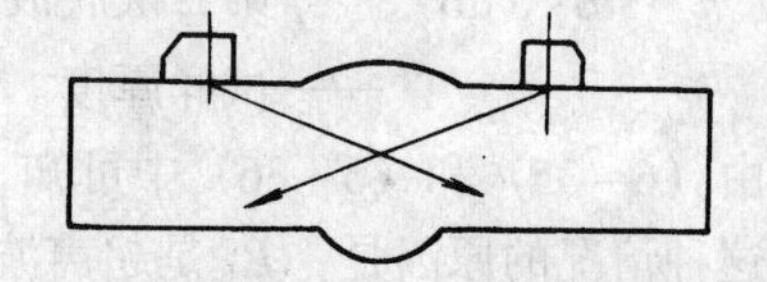

图 4-24 单面两侧探伤

（2）B 级 原则上采用一种角度的探头从焊缝的单面两侧进行，焊缝全截面探伤（图 4-24），母材厚度大于 100mm 时，应从焊缝两面两侧进行探伤，条件允许时应作焊缝横向缺陷探伤。

（3）C 级 至少要采用两种角度的探头，从焊缝的单面两侧进行探伤（图 4-25），并作两种探头角度和正、反两个方向的焊缝横向缺陷探伤。其他附加条件是：

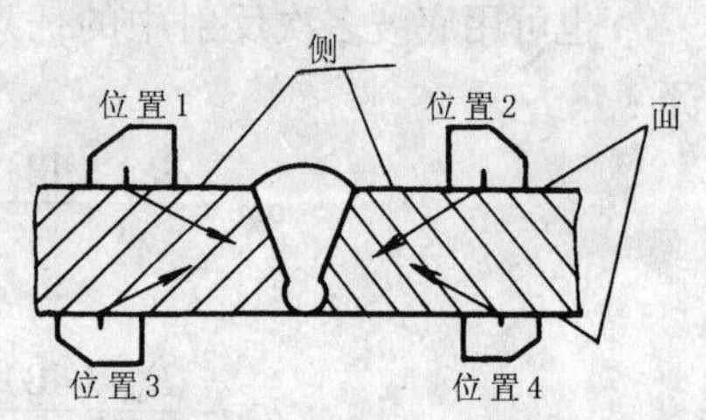

图 4-25 两面两侧探伤

1）焊缝余高要磨平，以便把探头放在焊缝上探伤；

2）斜探头扫查焊缝时，其两侧的母材，应事先用直探头进行探伤，避免因该区域母材夹层而导致误检；

3）母材厚度等于和大于100mm（窄间隙焊缝母材厚度等于和大于40mm）时，还应增加串列式探伤。

探头在焊缝母材上围绕探伤目的而进行的移动称为扫查，通常采用的扫查方法是作10°~15°摆动的"W"方式（图4-26），此外还需要使用前后左右、转角、环绕、斜平行等多种有利于寻找缺陷回波、获取缺陷回波最大值、了解缺陷走向和大致形状、测定缺陷大小的其他扫查方法（图4-27和图4-28）。

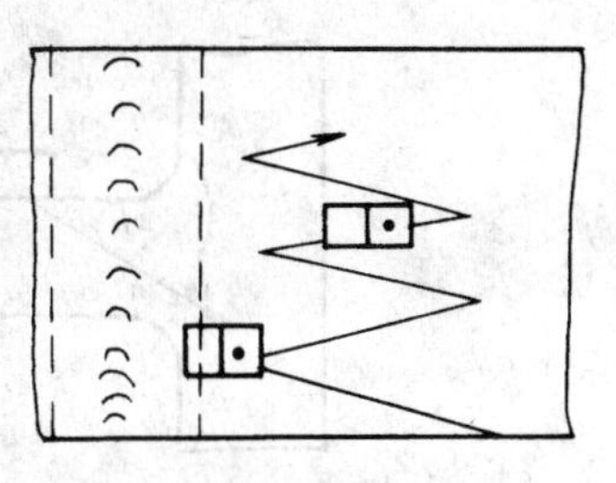

图4-26 摆动的W扫查在焊缝上扫查

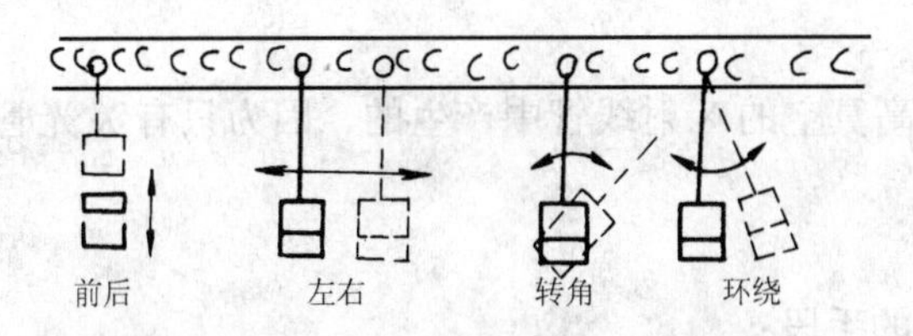

图4-27 四种基本扫查

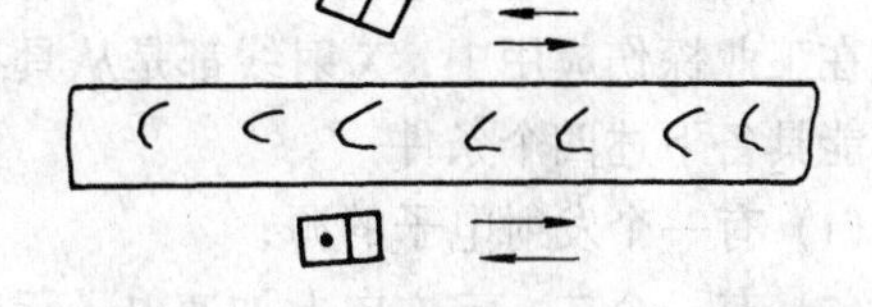

图4-28 斜平行扫查

前后扫查可用来寻找缺陷在垂直于焊缝表面方向上的最大回波，左右扫查可用来寻找缺陷水平方向上的最大回波并测量缺陷平行于焊缝方向的长度。被测到的缺陷长度与缺陷的真实长度虽然有关，但是与真实长度之间的差异往往很大，并且没有可进行修正的关系，因此称为指示长度，使之不与真实长度相混淆。

转角扫查和环绕扫查常被用来搜索与焊缝走向相倾斜的缺陷，并测定它们的走向，斜平行扫查和在焊缝上的扫查则主要用来检查与焊缝走向相垂直的缺陷。为了在探伤中实施在焊缝上的扫查，应把焊缝磨平，因此，一般很少使用。

在测量缺陷指示长度的工作中，使用的测量方法有相对灵敏度测长法，端点相对灵敏度测长法和绝对灵敏度测长法三种。

当缺陷只有一个波高点时采用相对灵敏度测长法测量缺陷指示长度，沿焊缝长度方向左右平移探头，使缺陷回波以缺陷回波最高点为起始点在缺陷两端分别降低到一个规定的dB值，则此时探头两点距离便视为缺陷的指示长度。

当缺陷有多个波高点时，采用端点相对灵敏度测长法测量缺陷指示长度，在缺陷两端分别从最后一个波高点外移探头，分别使波高点降低一个规定的dB值，此时探头两点距离就是缺陷的指示长度。

用平移探头使缺陷回波降低的数值，有着不同的规定。我国习惯于使用半波高度法，即降低6dB。个别国家（如英国）有使用到高达20dB的数值。

绝对灵敏度测长法则是一种不管缺陷最大回波有多高，都一律降低到同一个高度的测长方法。我国的降低高度规定为测长线。

绝对灵敏度测长法一般在缺陷回波较低、探伤者认为有必要测长时才使用。

角焊缝和T形焊缝的探伤，大多采用斜探头在腹板上进行（图4-29），从探伤等级来说，应属于A级探伤，对于T形焊缝，为了精确测定根部未焊透宽度，可从翼板上用直探头进行探伤（图4-30），对于翼板厚度小于20mm，也可以使用双晶直探头、尤其使隔声片与焊缝长度相平行时最佳。

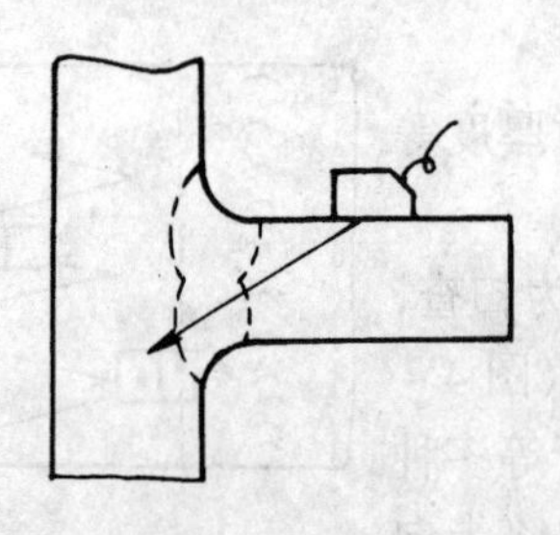

图 4-29　角焊缝斜探头置于腹板探测

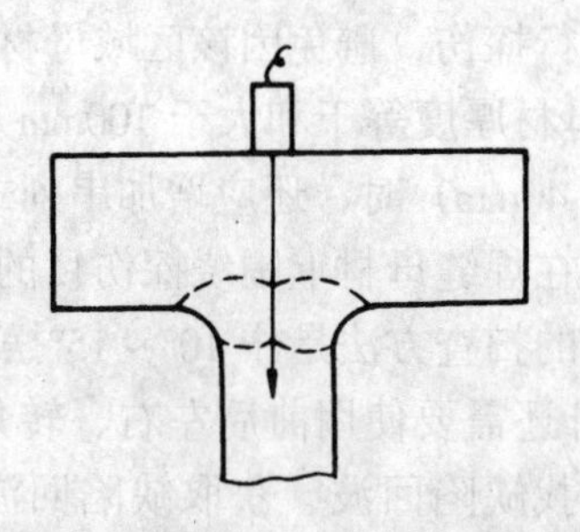

图 4-30　角焊缝直探头置于翼板上探测

4.2.2.2　射线探伤方法

1. X射线的产生及其线谱

在工业探伤应用中，X射线都是从具有高真空的X射线管中产生的，因为只有X光管内才能具备下述四个条件：

(1) 有一个发射电子的源；

(2) 有一个在一定方向上加速电子运动的手段；

(3) 有一个高真空的空间，使得电子在加速过程中不受气体分子的阻挡；

(4) 有一个接受高速电子碰撞的靶。

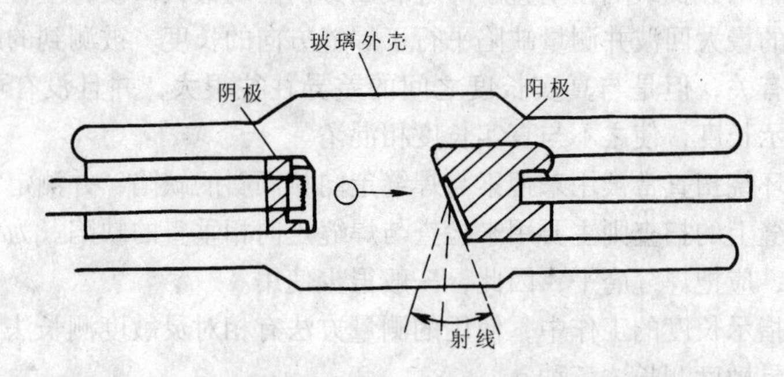

图 4-31　X射线的产生

如图4-31所示，灯丝通电加热后成为电子发射源，由它发射的电子经过管电压加速，射到阳极靶上。因阳极靶阻止了高速电子的运动，就在阳极靶上发生能量转换，其中大部分能量被转换成热能，只有极少部分转换成为X射线能，从而产生了X射线。

施加在灯丝和阳极靶之间，用于加速电子的电压（简称管电压）需在几十千伏到数百千伏之间，阳极与灯丝之间的真空度应在 $1.33\times10^{(-3-5)}$Pa 或 $10^{-6}\sim10^{-7}$mm 汞柱高度以上。阳极靶材料则从耐高温度出发，采用熔点极高的钨制成。

由X射管产生的X射线，是一束由许多波长组成的电磁波，图4-32为管电压为20~50kV时，从钨靶上得到的各个波长与射线强度分布的曲线。

从图中不难看出：第一，射线强度与管电流有关，管电流大，射线强度大，管电流小，射线强度小；第二，强度处于最大值的波长基本上恒定不变，为一常数；第三，其强度最大的波长约等于最短波长的1.5倍，即 $\lambda_1=1.5\lambda\min$。

图4-33为管电流为50mA，管电压在50kV以下，从钨靶上得到的波长与射线强度之间的分布曲线。从图中也不难看出：

第一，射线强度亦与管电压有关，管电压高，射线强度大，管电压低，射线强度低；

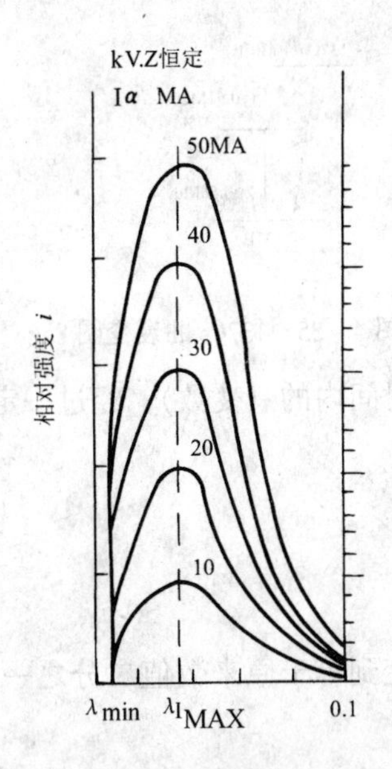

图4-32 各个波长与射线强度分布曲线

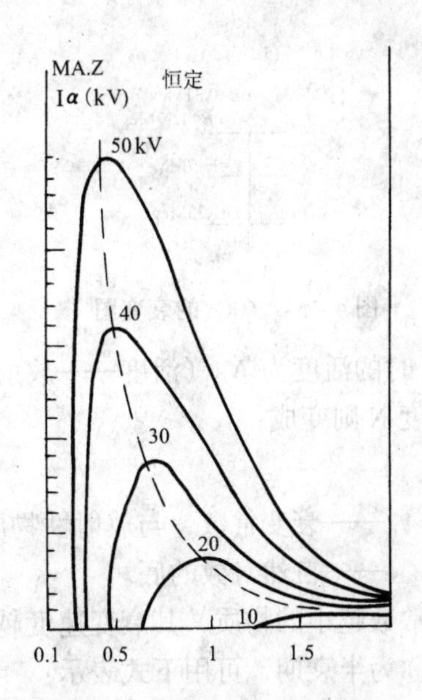

图4-33 波长与射线精度之间的分布曲线

第二，处于射线强度最大值的波长随着管电压的增加逐渐减小，大量的试验表明，射线强度与管电压，管电流之间的关系是：

$$I = KV^{n}i \tag{4-40}$$

式中 I ——X射线强度；

k ——常数（与设备和度量单位有关）；

V ——管电压（kV）；

i ——管电流（mA）；

n ——取决于管电压及其他因素的指数。

若继续增加管电压（例如增加到100kV以上），就可发现，在射线强度与波长分布曲线上会出现几个强度特别大的波长。并随着阳极靶材料的不同，给出的波长数值也不一样，可见这种波长的出现与靶的材料有关，用不同的管电压和管电流情况下，表示射线强度与波长关系的曲线，称为X射线的线谱，用不同波长组成的线谱称为连续线谱，用只有几个固定波长组成的线谱称为标织X射线谱。从以上介绍中可知，X射线既具有连续线谱，也具有标织线谱。

2．γ射线的产生及其线谱、半衰期

γ射线是在放射性同位素原子核衰变过程中产生的。用于射线检测的γ射线源，有60Co和192Ir，有时也使用137Cs和170Tm。

60Co是在β衰变过程中产生60Ni释放出γ射线的，其衰变过程见图4-34。137Cs是在衰变过程中有92%从放出能量为0.51Mev的β射线开始变成激发状态的137Ba，再放出能量为0.66Mev的γ射线的，见图4-35。

γ射线只有标识线谱，标识线谱中的波长与射源种类有关。

所谓衰变，就是放射性同位素的原子核在自发地放射出某种或几种射线后，变成另一种原子核的过程。放射性同位素的衰变速度有的很快，有的很慢，由原子核本身的性质决定，还无法用人工方法加以控制。但是，它们的衰变规律则是相同的。设其放射性物质在

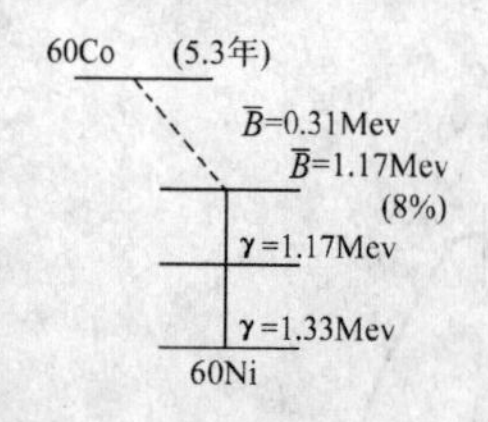

图 4－34 60Co 的衰变图

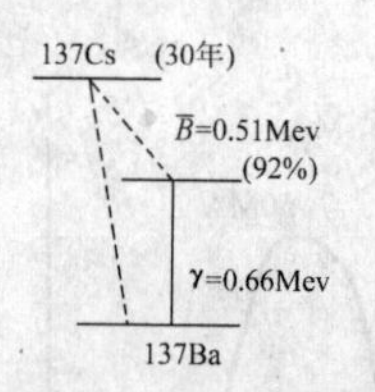

图 4－35 137Cs 的衰变图

时间 $t=0$ 时的活度为 N_0（活度——放射性物质在单位时间内的衰变数），经过一定时间 t 之后的活度 N 则变成：

$$N = N_o e^{-\lambda t} \tag{4-41}$$

式中 λ——衰变常数，与放射性物质的种类有关。

e——自然对数的底。

衰变常数越小的物质，其衰变速度越慢，波度被衰变到等于原来数值二分之一所需要的时间，称为半衰期，可用下式表示：

$$T = 0.693/\lambda \tag{4-42}$$

式中 T——半衰期；

λ——衰变常数。

60Co 的半衰期为 5、3 年，192Ir 为 75 天。

3．X、γ 射线的共有特性

用物理学的观点来观察 X 射线和 γ 射线，由于它们都是电磁波，因此，毫无疑问地具有共有的相同特性，这些特性归纳起来有下列几项：

（1）肉眼不可见，沿直线传播，传播距离与强度之间遵守平方反比法则。

（2）不带电荷，不受电场和磁场的影响。

（3）能产生光化学作用，使感光材料感光，使荧光物质发生荧光。

（4）能穿透可见光不能穿透的物质，并在穿透时引起强度的衰减。

（5）能使物质产生光电子及返跳电子，以及引起散射现象。

（6）能产生干涉、绕射、反射等现象，但与可见光之间有关明显的不同之处，它只能产生漫反射，不能产生镜面反射。

（7）能使物质电离。

（8）能产生生物效应，能伤害及杀死有生命的细胞。

4．射线与物质相互作用

X 射线或 γ 射线穿过物质时，使物质受到影响。一部分光子可能从物质的原子间隙中穿过，不发生任何作用；另一部分光子能与物质中原子轨道上的电子或原子核发生不同形式的作用。同时，X 射线也受到物质的影响，使物质吸收部分 X 射线，并使得部分 X 射线改变传播方向，我们把这种现象称为 X 射线与物质的相互作用。

X 射线与物质的相互作用，主要有光电效应，汤姆逊效应、康普顿效应及电子对效应四种，而产生这四种效应的几率大小，则取决于光子能量和物质的原子序数。

（1）光电效应

射线通过物质时，其光子与物质的原子相互作用，光子被吸收而消失，原子中的电子被释放出来，成为光电子的过程称为光电效应（图 4-36）。这是射线被物质吸收的一种吸收效应。

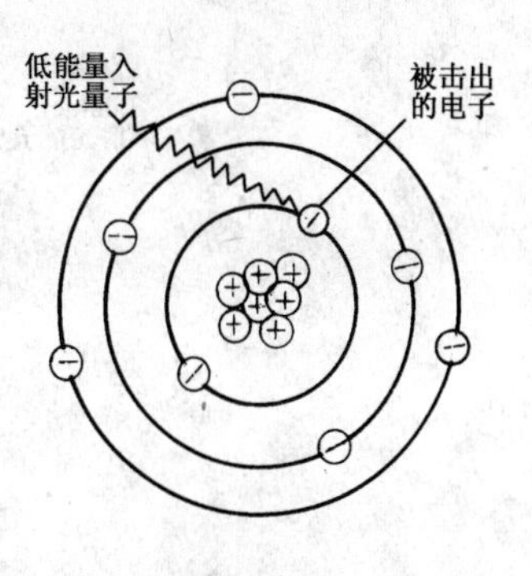

图 4-36 光电效应示意图

当光子的能量处在 γ 射线的能量范围时，光电效应与原子序数的关系很密切，原子序数越高，光电效应愈显著，光电效应与光子能量的 3 次方成反比，能量愈高光电效应越弱。

由光电效应产生的特征 X 射线称为荧光 X 射线，其最佳产生条件是光子能量稍大于原子核外层电子的结合能（如 K 层电子的结合能）。能量太大就难以产生荧光 X 射线。

（2）汤姆逊效应

当光子与原子中束缚很紧的电子碰撞时，光子将与整个原子之间交换能量。但由于原子的质量比光子大得多，按照弹性力学理论，散射光的频率不会显著改变，其波长也与入射线相同，又称为弹性散射。散射几率与原子序数成正比，与入射能量成反比。

汤姆逊散射对原子序数高的物质和能量低的光子来说是重要的，但它绝对不会超过总衰减的 20%，一般不大于 10%。

（3）康普顿效应

是射线通过物质时，由于受到散射而改变波长的现象。在产生这种效应时，入射的光子与原子外壳层电子碰撞，一部分能量用于打击电子，以反冲形式从原子中沿 Φ 角方向飞出，剩余能量使其沿 θ 角散射（图 4-37）。

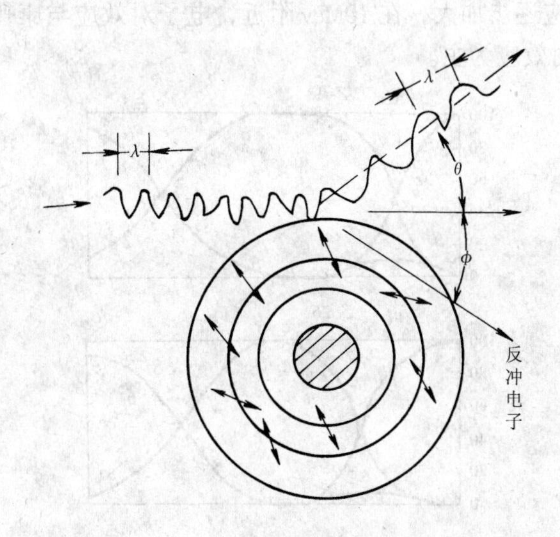

图 4-37 康普顿效应示意图

散射效应虽然要引起射线强度的减弱，但重要的是产生波长较大的散射线，这对射线照相很不利，它透成底片灰雾度加大，降低检测灵敏度。为此，在 X 射线和 γ 射线照相检验中，应采取相应措施避免康普顿效应影响。

（4）电子对效应

当 X 射线光子质量或 γ 射线光子能量在 1.02Mev 以上，并从原子核附近穿越时，由于受到强核力场的影响，光子就突然消失，随之生一个正电子和一个负电子的过程，称为电子对效应（图 4-38）。

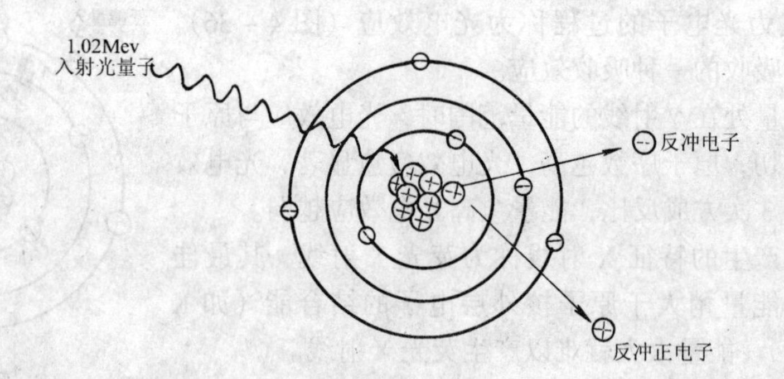

图 4－38 电子对生成效应示意图

电子对效应是质量与能量相互转换的典型例子。因为电子的静止质量等效于 0.51Mev 的能量，为了产生一对正、负电子，光子必具有大于 1.02Mev 的能量。

电子对产生的几率与物质原子序数的平方成正比，当入射光子能量增大到一定限度时，电子对的产生对射线强度的衰减起到主要作用。

上述 4 种效应随光子能量变化的关系如图 4－39 所示，图中被作用的物质为铁。当光子能量为 10kV 时，光电效应占优势，随着光子能量增加，光电效应逐步减小，而康普顿效应逐渐加大，在 100kV 附近两个效应相等，并出现汤姆逊效应最大的情况，但其发生率不满 10%。光子能量在 1Mev 左右时，射线衰减基本上由康普顿效应引起，光子能量超过 1Mev 之后，电子对效应逐步加大，在 10Mev 附近，电子对效应与康普顿效应的作用相同，大于 10Mev 则以电子对效应为主。

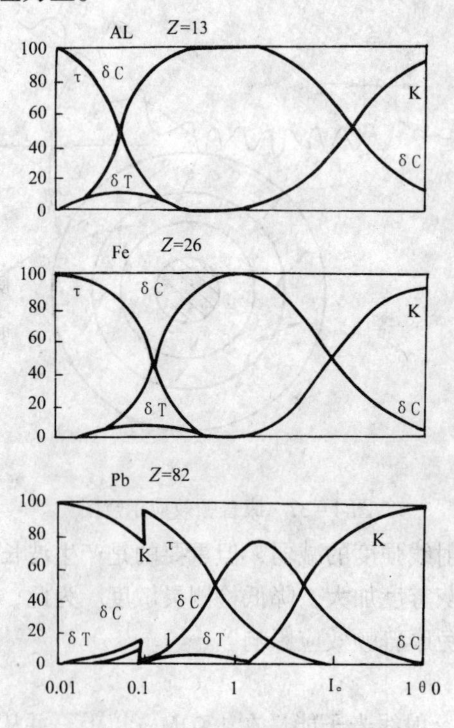

图 4－39 各种吸收效应几率在吸收系数 μ 中的比例

5. 射线的衰减规律

把具有单一波长的射线，通过窄缝装置Ⅰ变成一束细长的射线束（图4-40）。并使其穿过被测量的吸收体和窄缝Ⅱ，在窄缝Ⅱ的背面测定穿过吸收体的射线强度。

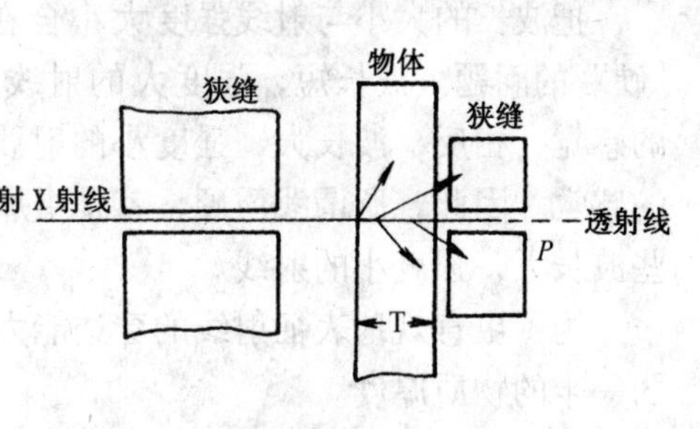

图4-40 窄束X射线的贯穿

窄缝Ⅱ在这里被用来屏蔽射线与吸收体相互作用而产生的蔽射线。

设 I_0 为射线入射光子强度，I 为射线穿过吸收体之后的强度，d 为吸收体厚度，μ 为吸收系数，则射线入射强度与穿过吸收体的强度之间存在下式关系：

$$I = I_0 e^{-\mu d} \tag{4-43}$$

式中 e——自然对数底。

若用常用对数形式表示上式时，则有

$$\lg I / I_0 = 0.434 \mu d \tag{4-44}$$

当 d 的单位为cm时，μ 的单位为 cm^{-1}。

吸收系数反映了射线穿透物质后强度减弱的程度，它的物理意义是：强度为 I_0 的单色平行束射线垂直入射到单位厚度为1cm的物质上，如果得到的透过强度为 I，则吸收系数 μ 为 I_0 和 I 两者自然对数之差，即

$$\mu = \ln I_0 - \ln I \tag{4-45}$$

吸收系数随不同物质和不同的射线波长而改变，它等于各效应的吸收系数总和，即

$$\mu = \tau + \sigma_C + \sigma_T + K \tag{4-46}$$

式中 τ——光电吸收系数；

σ_C——康普顿吸收系数；

σ_T——汤姆逊吸收系数；

K——电子对吸收系数。

由于上述各个效应的吸收系数都随着射线能量不同而发生变化，因此吸收系数 μ 不是一个常数。不但物质不同时 μ 不相同，即使同一物质，在射线能量不同时 μ 也不相同。

事实上，在实际探伤中使用的射线，不可能是单一波长的，而是由无数个波长组成的连续线谱，即使采用标识线谱，也是由多个波长组成。射线束也不可能是窄束的，总是有一定的宽度。这就使得穿透物质后的射线强度包括直接透射强度和散射线强度两部分。若用 I_P 表示射线穿透物质后的强度，I 为直接透射强度，I_S 为散射线强度，则

$$I_P = I + I_S \tag{4-47}$$

令 I_S/I 为散射比，并用 n 代之，由于 $I_P = I_0 e^{-\mu d}$ 可得 $I(1+n) = I_0 e^{-\mu d}$。

说明在用射线透入强度计算穿透强度时，还应考虑到散射比的影响。

6. 射线的线质与半价层

射线的穿透能力与其波长有关，波长大穿透能力小，波长小穿透能力大。对某个物质来说，若波长短，则其吸收系数将减小，使其在同一厚度下的透过强度增大。由此不难看出，波长与强度之间有着密切关系，波长短时，射线强度就大。

把波长的大小与射线强度大小合在一起，便自然而然地得出一个射线线质“软”与“硬”的问题。波长短，强度大的射线，由于穿透物质的能力强，就给人一种线质“硬”的感觉，相反，波长大，强度小的射线，由于穿透物质的能力弱，就给人一种线质“软”的感觉。因此，所谓线质硬，就是指那些波长短，强度大的射线，所谓线质软，就是指那些波长大，强度小的射线。

为了更直观地表征射线的穿透能力，引入半价层这个概念，半价层就是使射线强度减弱一半的物质厚度。

利用 $I = I_0 e^{-\mu d}$公式，能很容易地得出半价层的计算式。在这里把 I 用 $I_0/2$ 代入，得

$$I_0/2 = I_0 e^{-\mu d_{1/2}} \tag{4-48}$$

两边取自然对数，得 $\ln 2 = \mu d_{1/2}$

则 $d_{1/2} = \ln 2/\mu = 0.693/\mu$ (4-49)

把透过第一个半价层的射线强度再减小一半（即原射线强度 1/4）的物质厚度称为第二半价层。第二半价层的实际厚度总是比第一半价层厚。除此还有第三半价层和第四半价层。并且每增加一个半价层，就使得物质厚度增加为一个新的数字。

半价层厚度随着物质的种类而变化，衰减系数越大，半价层厚度越小，对同一种物质来说，半价层越大，说明所使用射线越硬，称为硬射线，反之，则说明射线越软，是一些软射线。

7. 胶片的感光作用

(1) 初级光化反应

射线照射胶片时，一小部分在胶片上产生散射，绝大部分产生透射，极小部分被胶片孔胶层中的明胶和溴化银吸收，产生感光作用，其过程为

$B_r^- + hv$（光子）$\longrightarrow$［B_r］$+ e^-$（电子）

$e^- + Ag^+ \longrightarrow$［Ag］

这个过程为射线对胶片的初级光化反应，光子使 B_r^- 和 Ag^+ 形成游离状态的原子，其中［Ag］形成潜影。潜影经暗室处理后就会形成可见图象。

(2) 胶片曝光后的反应

胶片经初级光化反应以后，可能产生如下的逆反应：

［Ag］+［B_r］$\longrightarrow Ag^+ + B_r^-$

Ag^+ 和 B_r^- 的游离作用虽然比［Ag］+［B_r］小，但是相当稳定，使得曝光后的胶片搁置过久后，潜影出现衰退，造成图象模糊。

潜影衰减的速度与环境温度有关，在低温条件下，衰退机率小，为此，感光后的胶片应放置在低温的环境中，并且应尽快进行暗室处理。

(3) 探伤用胶片结构

图 4-41 为探伤中胶片的剖面图，它是在塑料基体两面涂以对射线敏感的乳剂制成。

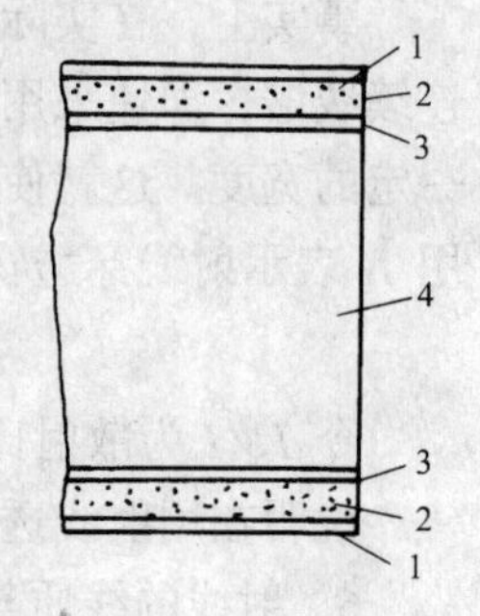

图 4-41 胶片剖面图
1—保护膜；2—感光乳剂药膜；3—底膜；4—片基

①片基

片基是感光乳剂的主要支持体，它的质量好、坏对感光材料有直接影响。因此对片基是有一定要求的。

A．在温度变化时有较小的胀缩率。

B．化学性能稳定，不能与粘结剂，保护膜和暗室冲洗药品等发生化学反应。

C．要有足够的机械强度，在一定的弯曲曲率下不会折断。

D．透明度高，一般透明度在95.5%以上。

片基一般用醋酸纤维或聚脂材料等薄膜制成，其厚度随胶片种类不同而不同，一般为0.1～0.3mm。

②粘结层

在片基的表面有一层明胶或由树脂组成的底膜，具有很强的胶着能力，能使感光药膜和片基牢固地粘合在一起，不致脱落。该膜厚度约0.002mm。

③感光乳剂层

感光乳剂层主要是卤化银，起着记录形象的作用。卤化银是银与氟、氯、溴、碘的化合物，射线胶片的乳剂一般都是溴化银，在溴化银中加入少量碘化银，可提高反差并改善感光条件。

卤化银是以晶体形式存在的，晶粒直径仅为0.06～6μm，因此在一块不太大的感光材料中，能有千千万万个这样大小不等的卤化银粒，它的大小与感光速度及摄影像清晰度有着密切关系。

卤化银很难在片基上涂敷均匀。为此采用一种从牛皮和牛骨中提炼出来的明胶。用明胶制成的乳剂，不仅使用卤化银能涂敷均匀，而且还能起到如下作用：

A．起增感作用

由于明胶可与银盐起作用生成胶银络化物，易感光；另一方面它能吸收卤化银中的卤原子，防止卤原子与银原子重新化合，提高感光效率。

B．提高影像清晰度

明胶吸附在卤化银晶粒表面，把一个个卤化银晶粒隔开，避免相互影响，从而提高影象清晰度。

C．使显、定影药液能均匀渗透

明胶吸水后具有多孔性能，促使银盐与显、定影药液起充分作用，也便于清洗。

8．钢结构焊缝射线探伤

(1) 射线拍片探伤的几何布置方式

为了使射线拍片探伤取得成功，必须处理好射源工件和胶片三者之间几何布置。

射线拍片探伤的几何布置可分为单壁单透照、双壁单透照、双壁双透照和全向透照和全景周向透明四种。

①单壁单透照

图4－42所示的透照方法均属于单壁单透照布置，把工件的待探伤部位放置在射源与胶片之间，射源与工件待板部位之间保持一定距离，胶片则紧紧地与工件紧贴在一起。

能采用这种布置方式的首要条件是：

A．在作为工件正面使用上方必须能放置射源，并在射源与工件之间没有其它障碍物。

B．在工件的背面上能够贴上胶片。

②双壁单透照

它适用于密封的腔型工件以及外径大于89mm内壁无贴片条件的筒形工件（图4－43）。

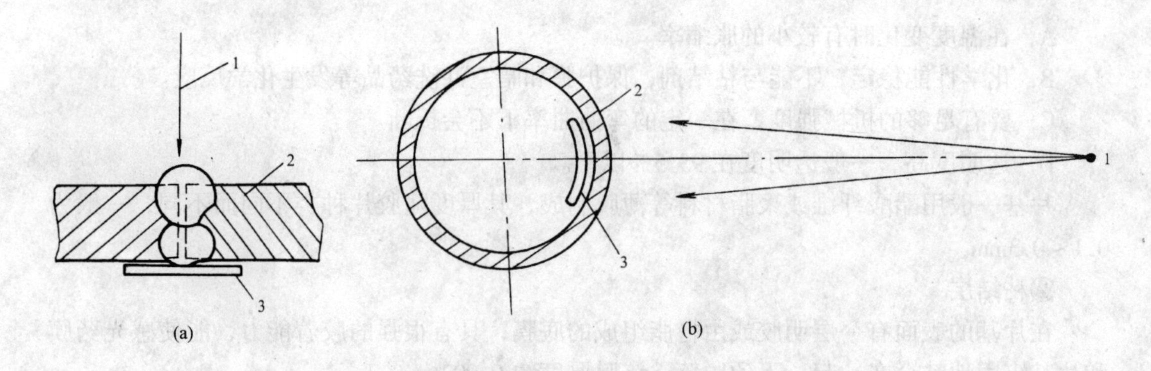

图 4-42 对接直焊线与对接环焊缝单壁单透照

1-射线源；2-工件；3-胶片

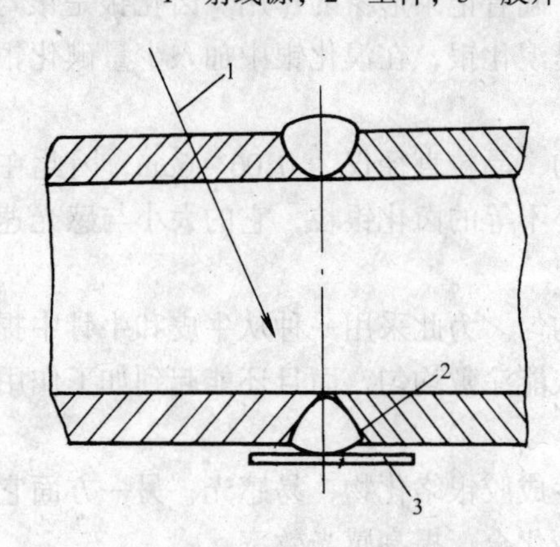

图 4-43 双壁单影法

1-射线束；2-工件焊缝；3-胶片

在这种探伤中，射线必须透过双层壁厚而对贴有底片的一侧进行拍片探伤。

③双壁双透照

这种布置适合直径小于 89mm 的管子以及有相似情况的工件。射线透过双层壁，对上壁和下壁同时进行拍片探伤（图 4-44）。

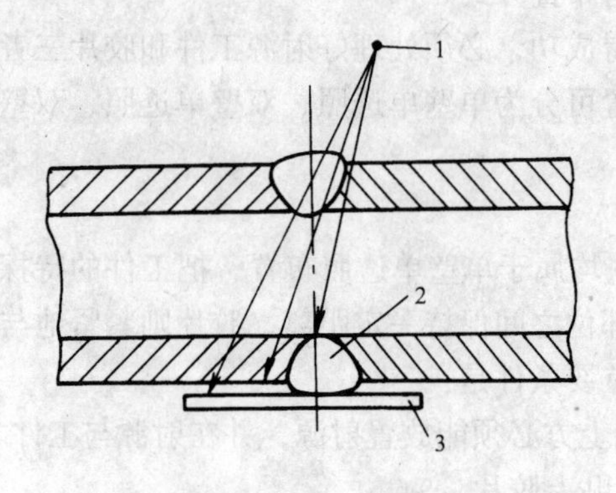

图 4-44 双壁双影法

1-射线源；2-工件焊缝；3-胶片

④全景周向透照

把胶片贴在圆形工件的整个外圆表面上，而射线源放置在内孔中心上的一种透照方法(图4－45)。

在这种透照方法中必须使用能进行周向辐射的射线源，而一次透照的范围则为整个周围表面。

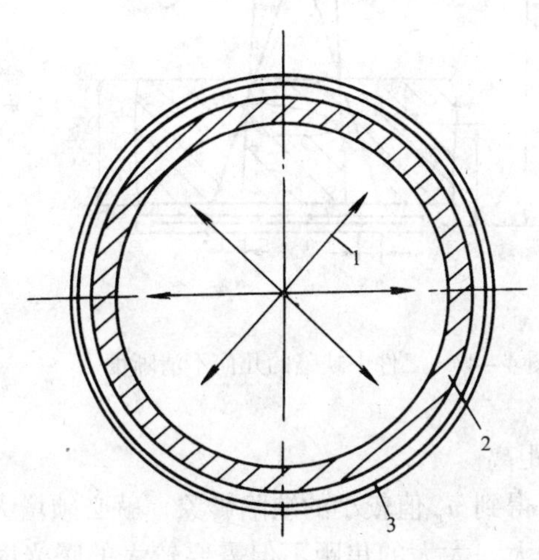

图4－45　环向焊缝周向辐射透照

1—射线源；2—工件；3—胶片

(2) 射线拍片探伤原理

在上述的布置状况下，由射源产生的射线透过工件，使胶片感光。在工件有缺陷的部位，由于缺陷减小了工件的实际厚度，射线在这里的透过强度比无缺陷处大，对胶片感光作用大于无缺陷处。把感光后的胶片经过暗室处理。就可在相当于缺陷位置的底片上看到其黑度比周围大，形成缺陷投影形状的影像起从而到把工件内部缺陷显现出来的目的。

图4－46是焊缝内缺陷经射线透过后，很显然，其强度大于无缺陷处，即Ⅰ$_{缺}$＞Ⅰ$_{无}$，也导致它们在胶片上感光量的差别，最后显示出两者间的黑度差ΔD，使缺陷成为可见图像。

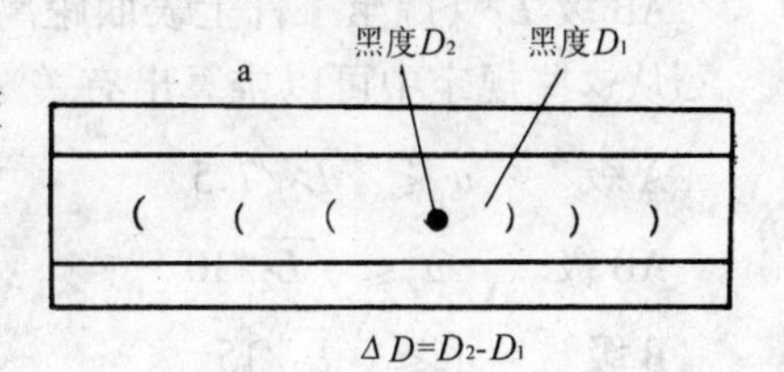

图4－46　暗室处理后，在底片上显示缺陷和无缺陷的黑度差ΔD

9．关于焦距、射线能量、曝光时间选择的规定

(1) 关于焦距的选择

射线源至胶片的距离称为焦距。焦距大小对曝光时间的选择有着很大影响，一般认为两者之间存在着平方正比关系。即焦距如能缩短一半，则曝光时间即可缩短至原来的四分之一，反之，焦距增加一倍，曝光时间应需增加为原来的四倍。

但是，更重要的一点是焦距对拍片中的几何不清晰影响很大。从图4－47不难看出，u_g和F之间有着密切的关系：

$$u_g = bd/(F-b) \tag{4-50}$$

式中　u_g—几何不清晰度；

d——射线源尺寸；

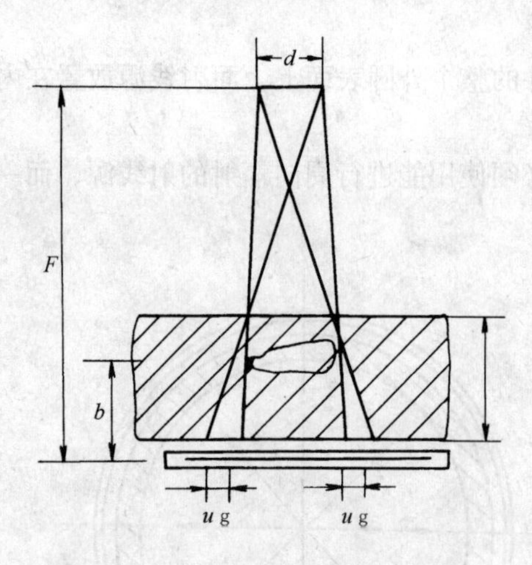

图 4-47　工件中缺陷的几何不清晰度

F——焦距；

b——缺陷至胶片距离。

当焦点尺寸一定时，为了得到 u_g 值较小的缺陷影象，就必须增大焦距尺寸。

但是，焦距尺寸又不能太大，太大的焦距不但需要较大的曝光时间，降低检测效率，而且会增大散射线，给对比度（ΔD）带来影响。为满足几何不清晰度和曝光时间之间的矛盾。ISO 国际标准对最小焦距作出如下规定：

A 级 L_1（源至工件上表面距离）$\geqslant 7.5d\sqrt[3]{L_2^2}$　(4-51)

B 级 L_1（源至工件上表面距离）$\geqslant 15d\sqrt[3]{L_2^2}$　(4-52)

式中　L_2——工件上表面至胶片距离。

根据我国的具体情况：在 GB3323—87 标准中又提出了一个 AB 级，它的规定是：

AB 级 L_1（源至工件上表面距离）$\geqslant 10d\sqrt[3]{L_2^2}$　(4-53)

从这些规定中可以推算出有关 u_g 的规定是：

A 级　$u_g \leqslant \sqrt[3]{L_2}/7.5$　(4-54)

AB 级　$u_g \leqslant \sqrt[3]{L_2}/10$　(4-55)

B 级　$u_g \leqslant \sqrt[3]{L_2}/15$　(4-56)

从以上的规定中可见，目前被采用的几何不清晰度不是常数，它随着被检工件的厚度发生变化。

(2) 关于管电压的选择

X 射线是从 X 射线管中产生的，管电压对 X 射线的强度和能量都有影响，而 X 射线的强度和能量既影响着曝光时间，还影响着 X 射线的穿透能力、探伤灵敏度、照相质量。

管电压越高，固有不清晰度越大，使照相质量变差。

一般都不希望使用过高的管电压进行探伤，图 4-48、图 4-49、图 4-50 是美国 ASME 规范给出的钢、铜合金、高镍合金和铝合金材料探伤时，对最高管电压作出规定的曲线。在我国钢结构焊缝探伤中是按 GB3323—87 规定的图 4-51 中最高管电压曲线。

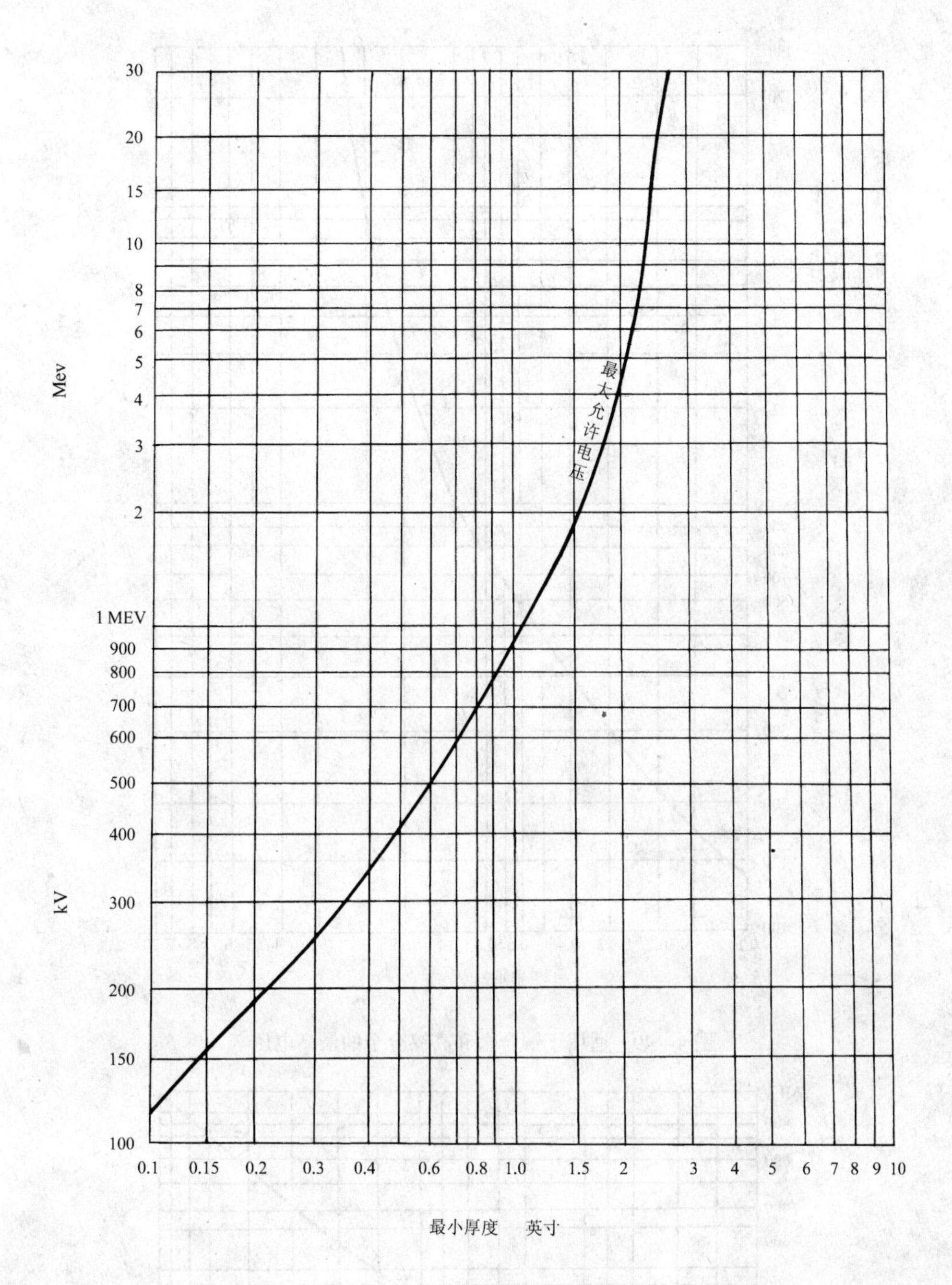

图4-48 适用于钢的最高电压

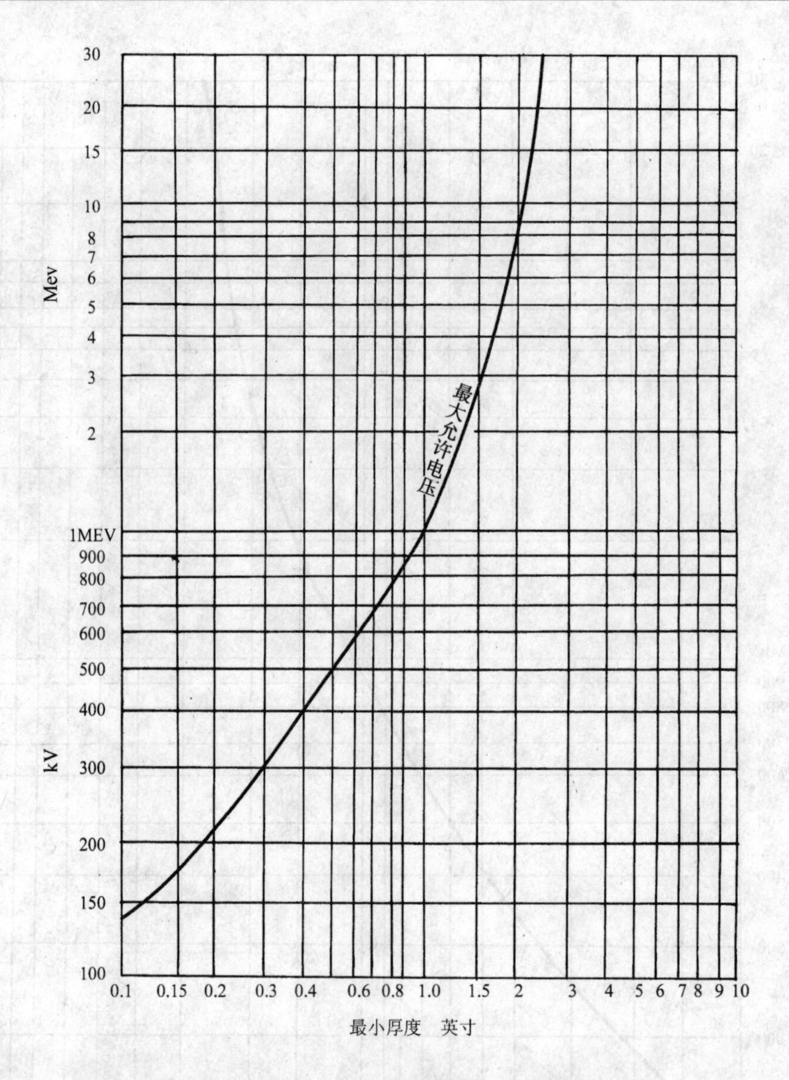

图 4-49 适用于铜合金和高镍合金的最高电压

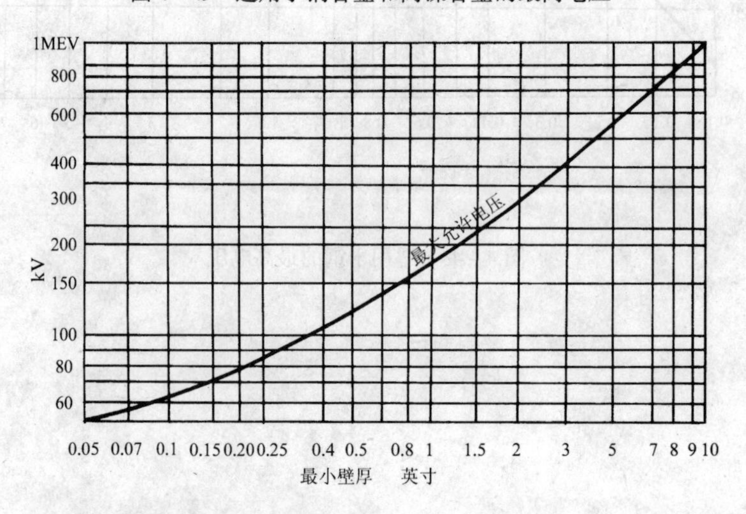

图 4-50 适用于铝合金的最高电压

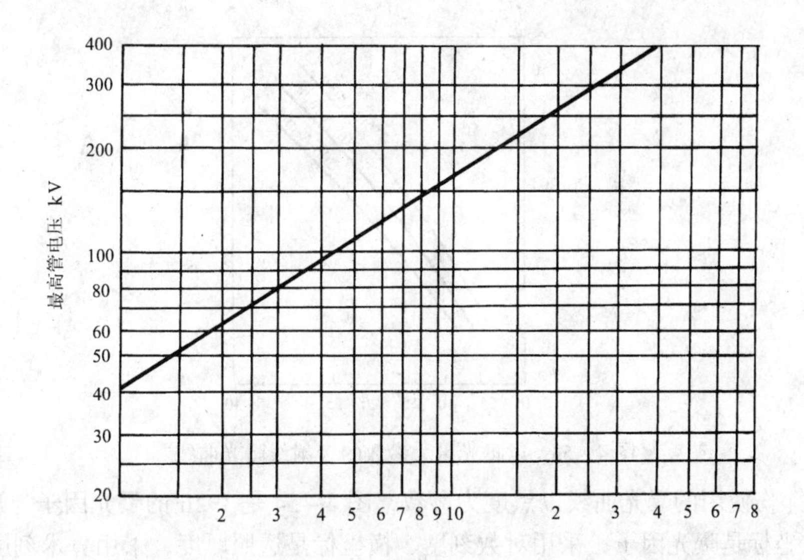

图4-51　GB3323—87规定的最高管电压曲线

对于γ射线，其能量取决于射源种类，并且无法改变。因此，要使得工件与某个射源之间也出现厚度与透照能量的最佳配置是困难的，唯一的方法是选用其他种类的射源。

在表4-3中可以找到常用的γ射线源特性及其在透照钢制件的适用厚度，可作为选用射源时的参数。

几种常用的射线源的特性　　**表4-3**

同位素	半衰期	平均能（Mev）	量能（kV）	适于透照的的钢厚度（mm）		
				A级	AB级	B级
193Ir	75天	0.35	150～800	20≤*T*≤100	30≤*T*≤95	40≤*T*≤90
60Co	5.3年	1.25	2000～3000	40≤*T*≤200	50≤*T*≤175	50≤*T*≤150
137Cs	3.3年	0.66	600～1500	25≤*T*≤150	30≤*T*≤120	45≤*T*≤100

曝光时间应根据试验确定，一般都是事先使用不同厚度的试样取得试验数据后，绘制成曝光曲线，供探伤时使用。

X射线探伤使用的曝光曲线有两种型式。第一种以透照电压为参数，给出一定焦距下曝光量对数与透照厚度的关系（图4-52）。其纵坐标是曝光量，单位mA·min（毫安·分）。采用对数刻度，横坐标是透照厚度，用mm为单位，采用算术刻度尺。第二种以曝光量为参数，给出一定焦距下透照电压与透照厚度的关系（图4-53）。其纵坐标是透照电压，单位为kV。采用算术刻度尺，横坐标是透照厚度，用mm为单位，也采用算术刻度尺。

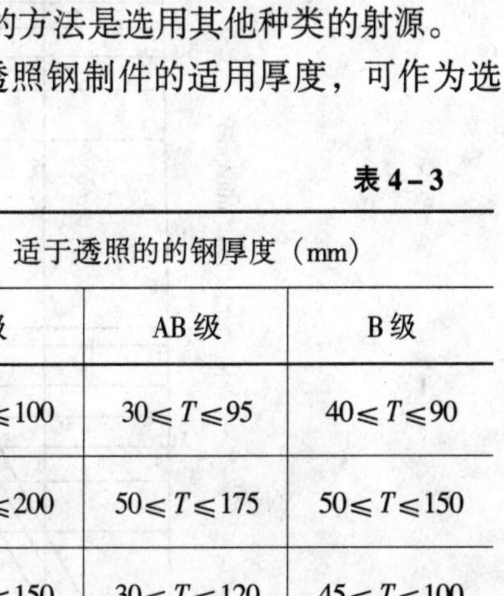

图4-52　以透照电压为参数的X射线曝光曲线

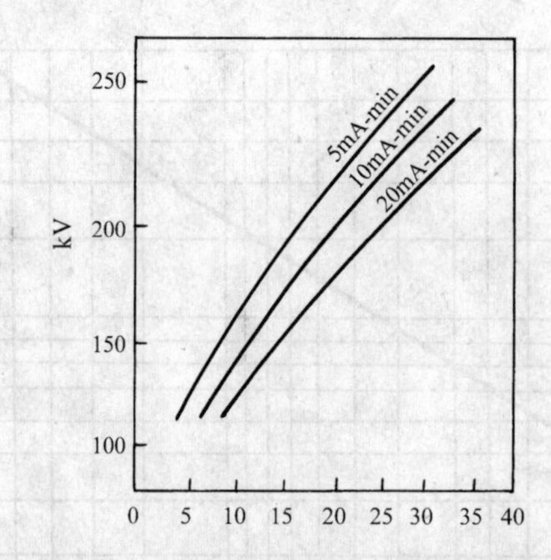

图 4－53 以曝光量为参数的 X 射线曝光曲线

γ 射线探伤使用的曝光曲线以黑度为参数，图 4－54 是 192Ir 的曝光因子与透照厚度的关系。其纵坐标是曝光因子，采用对数刻度，横坐标是透照厚度，采用算术刻度尺。

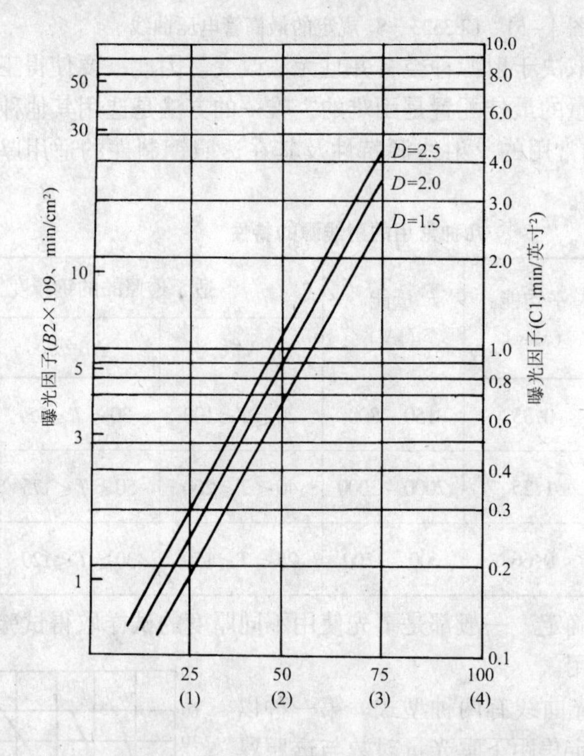

图 4－54 以黑度为参数的 γ 射线曝光曲线

10．增感作用在拍片探伤中的应用

所谓增感作用，就是加速胶片感光的一种作用。由于在射线拍片过程中，能被胶片吸收的射线能量极少，一般只有 1%左右。为了吸收更多的射线能量，缩短曝光时间，通常都使用增感屏与胶片一起进行透拍照，利用增感屏吸收一部分射线能量，增加胶片的感光量。

某些盐类物质在射线的照射下能发射荧光，各种金属在射线照射下能发射电子，盐类物质发射的荧光和各种金属发射的电子，都具有使胶片感光的作用。增感屏就是将能发射出荧光的盐类物质涂在支持物上，或将金属箔粘在支持物上制成的屏，用来发挥其增感作用。

描述增感屏增感性能的主要指标是增感系数，它的定义为：

$$k = t_1/t_2 \quad (4-57)$$

式中 k——增感系数；

t_1——不使用增感屏时所需的曝光时间；

t_2——使用增感屏时所需的曝光时间。

不同类型的增感屏，因增感机理不同，增感系数相差很大，同一类型的增感屏在使用不同能量的射线时，或者所取用的底片黑度值不同时，增感系数都会发生变化。

增感屏有荧光增感、金属荧光增感和金属箔增感三种类型。前两种的增感系数都比较大，但对底片的不清度影响较大，称为屏不清晰度。后一种虽然增感系数较小（一般在2~7之间），但是对底片的不清晰度影响甚微，是目前使用最为广泛的一种增感屏。并以铅箔增感屏和锡箔增感屏使用最多。在钢结构焊缝的探伤中，又以使用铅箔增感屏最多。

铅箔增感屏通常是将含有94%铅和6%锑的铅锑合金轧制成0.01~0.08mm的箔，再贴在质地坚硬的非金属底板上制成。

金属箔增感屏是利用射线照射到金属箔上时，产生的β射线，二次X射线以及少量的来自铅、锑金属的标识射线加速胶片感光过程的。由于金属箔厚度很小，对从正面射来的一次射线强度的衰减似乎可以忽略不计，可是对来自被透工件及其周围的散射线却有很好的吸收作用，起到屏蔽散射线，提高图像清晰度和灵敏度的作用，深受探伤者喜爱，乐于使用。

11．表示探伤灵敏度的方法

与其他制件的射线探伤一样，在钢结构焊缝射线探伤中也有一个探伤灵敏度的问题，并且也是采用模仿线状缺陷或点状缺陷制成的象质计来评定探伤灵敏度。

目前国内外采用象质计有槽型、孔型和线型三种类型。槽型象质计主要在前苏联使用，孔型象质计主要在英、美等国家使用，而线型象质计则在我国以及德国、日本等很多国家使用，并为ISO国际标准化组织采纳。

金属线象质计是线型象质计的系列产品之一，它由一系列直径不同的金属线组成，分为 n 组，每组用塑料薄膜或橡胶薄膜压制在一起，形成一个整体，我国的金属线象质计都是按照GB5618—85标准生产制造的。该标准把金属线象质计分为R′20系列和R′10系列。而使用最多者为R′10系列。

在R′10系列中，有16根不同直径的金属线，线径按照公比为$\sqrt[10]{10}$的等级数排列（表4-4）。

GB5618—85（线型象质计）标准中关于R′10系列的第1组线径排列

表4-4

线号	1	2	3	4	5	6	7
线径（mm）	3.2	2.5	20	1.6	1.25	1.00	0.80
允许偏差（mm）	±0.03	±0.03	±0.03	±0.02	±0.02	±0.02	±0.02

R′10 系列的 16 根线径又被分为三组，每组有 7 根，按照线号划分，它们是 1～7、6～12、10～16。根据被透照的厚度进行选用。探伤时应把金属线象质计放置在近射源侧的工件表面，偏离射线束中心而接近胶片的两端，并且使每组中线径最小的金属线位于射线照射场外侧，使它与其他 6 根金属线相比较，位于更接近胶片端部的位置。

采用金属线象质计时，透照灵敏度按下式计算：

$$底片灵敏度=\frac{底片上能观察到的最小金属的线径}{透照部位最大厚度}\times 100\% \quad (4-58)$$

一般要求灵敏度小于等于 2%，要求高的可采用 1%作为应达到的指标。也可使用表 4－5 中的数据来评价灵敏度是否达到指标。

不同像质级别应识别的线径（mm）　　表 4－5

像质等级 / 透照厚度（mm）	A 级	AB 级	B 级
10	0.25	0.20	0.16
20	0.40	0.32	0.25

12．钢结构焊缝射线探伤中的辐射防护

射线检测中辐射防护，是为了减少射线对射线工作人员以及其它人员体质影响的一项工作。在这项工作中，应从各个方面把人体接触到的射线剂量控制在国家允许剂量标准以内。

我国国家标准 GB4792—84 标准中，对放射线工作人员和非工作人员每年最大允许剂量的当量值，有着明确规定（表 4－6)。这个规定与国际放射线防护委员会（1CRP）的规定是一致的。

人体每年的最大允许剂量的当量值　　表 4－6

效应	照射对象或方式	年剂量当量限值（msv/α）		连续三个月的剂量当量限值（职业·msv）
		放射性职业人员	公众人员	
非随机效应	眼晶体	150	50	75
	其他单个器官或组织	500	50	250
随机效应	全身均匀外照射	50	5	25
	全身非均匀外照射	$\sum HrWr \leqslant 50$	$\sum HrWr \leqslant 5$	$\sum HrWr \leqslant 25$
	内外混合照射	$\frac{H_E}{50}+\frac{\sum I_j}{ALI_j}\leqslant 1$		$\frac{H_E}{50}+\frac{\sum I_j}{ALI_j}\leqslant 1$

在室内从事射线探伤时，主要依靠屏蔽方法进行防护。工件放在墙壁非常厚的曝光室内曝光，人员操作则在控制室内进行，一般说，只要墙壁厚度足够大，防护门的设计合理，其防护作用是非常有效的。但在室外透照时，除了选择某些野外放置物品作为屏蔽防护物进行屏蔽防护外，更主要的是利用距离和时间进行防护。

距离防护是室外探伤中最经济有效的一种防护。利用射线剂量率与距离平方成反比的关系，把进行工件透照的场所与进行透照操作人员的场所远远分开，减少射线对人体的剂量照射。为防止射线对非工作人员的照射，在照射场所应当采用明显的标志物划出照射安全区，使人员可在安全照射区外自由走动。

在不有安全标志的地方，还应当有人看管，以防万一，出现差错。

时间防护是指尽可能减少接触射线的时间，为了实施这种防护，工作人员应把在透射场中要求完成的工作事先计划安排好，用最快、最短暂的时间去完成它，必要时可采取分批工作的方式，把一长串工作分由几个人轮番进入透照场去完成。

为使每个人每天工作所接触到的剂量不超过规定（一般规定为17mrem）。可利用个人剂量笔和个人剂量率测定仪进行剂量测定。

4.2.3 检测焊缝表面缺陷的无损探伤方法

4.2.3.1 磁粉探伤方法

磁粉探伤被广泛地应用于探测铁磁材料（例如建筑钢结构焊缝）的表面和近表面缺陷（例如裂纹、夹层、夹杂物、折迭和气孔）。

磁粉探伤的基本原理是：当铁磁材料被磁场强烈磁化以后，如材料表面或近表面存在与磁化磁场方向垂直的缺陷（如裂纹），即会造成部分磁力线外溢形成漏磁场。若在漏磁场外施加磁粉（如 Fe_3O_4 粉末）或磁悬液、漏磁场对磁粉产生吸引，显示缺陷的痕迹。

磁粉探伤检测材料表面的灵敏度最高，随着缺陷埋至深度的增加，其检测灵敏度迅速降低，另外磁粉探伤仅适用于检测铁磁性材料的表面和近表面的缺陷，而不适用于奥氏体不锈钢；铝镁合金制件的表面和近表面缺陷的检测，这类材料中的表面缺陷只能使用其他探伤方法（如液体渗透探伤等）进行检测。

磁粉探伤目前不仅被广泛地应用于锅炉、压力容器、化工、电力、造船和宇航等工业重要部件的表面质量检验，而且是现代建筑钢结构焊缝表面缺陷探伤方法之一。

随着工业技术的发展高强度焊接钢构的应用趋向广泛。高强钢在焊接时产生缺陷的倾向比普通焊接结构钢要大。因此随着高强钢的应用，对探伤技术也就提出了更高的要求。

裂纹尤其是表层裂纹在焊接结构中，特别在承受疲劳应力作用的焊接结构中（如斜拉桥、悬索桥、高层钢结构）是一种危害极大的缺陷。为保证焊接结构安全可靠运行，就必须加强对焊接件的检验，发现裂纹并及时排除，消除隐患。

磁粉探伤是检验钢制焊接结构表层缺陷的最佳方法，具有设备简单灵敏度可靠，探伤速度快和成本低等优点。

钢结构焊接件的探伤，它包括：①坡口探伤；②焊接过程中探伤（如层间探伤，电孤气刨面的探伤）；③焊接探伤；④机械损伤部位的探伤。

建筑钢结构焊缝探伤方法，它包括：①便携式磁轭法；②交叉磁轮或旋转磁场法；③支杆法（触棒或通电磁化法）；④绕电缆法等。

建筑钢结构磁粉探伤的磁化电流，主要采用交流电和直流电。

建筑钢结构磁粉探伤，主要采用连续法和湿法。

建筑钢结构磁粉探伤的磁化电流，对相关磁痕和非相关磁痕要认真进行分析，如若不慎把非相关磁痕误判为相关磁痕，就会使合格的焊缝报废而造成经济损失。相反，如果把相关磁痕误判为非相关磁痕，也会造成质量隐患。

建筑钢结构焊缝缺陷磁痕的等级分类，必须严格执行钢结构设计要求所提出标准：GB/T 15822—1995（磁粉探伤方法）；JB/T 6061—92（焊缝磁粉检验方法和缺陷磁痕的分级)。

建筑钢结构焊缝磁粉探伤原始记录和报告，必须按照各省市建委统一格式进行，同时做委托单或合同台帐，妥善保存规定年现。

4.2.3.2 渗透探伤方法

磁粉探伤只能检测铁磁材料制作的工件中的表面和近表面缺陷，而对非铁磁材料（如铝和镁合金、奥氏体不锈钢、塑料和陶瓷等）制作的表面质量检验却不适用。所以需要一种使用方便，操作简单的无损探伤方法来满足这类工件的探伤要求。

液体渗透探伤技术解决了磁粉探伤无法满足这类工件的探伤的要求，它利用荧绿色的荧光渗透液或红色的着色渗透液，对狭窄缝隙（如裂缝)，具有良好的渗透性的基本原理，经过渗透、清洗，显像等处理以后显示放大了的缺陷痕迹。用目视法对缺陷的尺寸和性质作出适当的评价。

液体渗透探伤可以有效地检测工件表面开口的裂纹，疏松、针孔和复杂等缺陷，但对工件近表面（埋至在工件表面下）的缺陷不能有效地检测。

在现代工业无损探伤技术中广泛应用的液体渗透探伤法可分成两大类，即荧光渗透探法和着色渗透探伤法，随着化学工业的发展，这两种液体渗透探伤法日益完善，基本上具有同等的检测效果，被广泛地应用于机械、宇航、造船、电力、压力容器、锅炉和化工业的各个领域。

液体渗透探伤技术在钢结构焊缝检测中已得到广泛地应用，利用它发现各种材料的焊接接头，特别是非磁性材料（如奥氏体不锈钢、耐热钢和有色金属及其合金）的焊接接头的各种表面缺陷。着色探伤操作方法设备简单，成本低廉同时不受工件形状、大小的限制。

由于荧光探伤的荧光发光油液还不十分理想，很难检出极其细微的缺陷，同时影响探伤灵敏度的因素也很多，如探伤前工件的清洗程度，对发光源的功率，荧光物质的发光度，渗透性和颜色等等，致使探伤灵敏度不高，尤其在钢结构焊缝探伤中，着色渗透探伤比较优越，为此用的较多。主要标准有 ZBJ04005—87（渗透探伤方法)；JB/T6062—92（焊缝渗透检验方法和缺陷迹痕的分级)。

4.2.3.3 磁粉探伤方法与渗透探伤方法的比较

磁粉探伤方法与渗透探伤方法的比较　　表 4-7

探伤方法	磁粉探伤	渗透探伤
方法原理	磁力作用	毛细作用
能检测出缺陷	表面近表面缺陷	表面开口缺陷
缺陷的表现形成	磁粉附着	渗透液的渗出
显示材料	磁粉	渗透液和显像液
适用材料	铁磁性材料	任何非性材料
主要检测对象	焊缝、锻钢件、管材，棒材、型材压延件等	焊缝、锻件、压延件等
主要检测缺陷	裂缝、发纹、白点、折叠、夹杂物	裂缝、疏松、针孔、夹杂物
缺陷显示	直观	直观
检测速度	快	较慢

续表

探伤方法	磁粉探伤	渗透探伤
应用	探伤	探伤
污染	轻	较重
灵敏度	高	高

由于磁粉探伤显示缺陷直观、灵敏高，速度快，而且成本低廉等优点，所以它在建筑钢结构焊缝表面缺陷检测中是广泛地应用一种方法。

4.2.4 建筑钢结构焊缝超声波探伤规程的制订及探伤操作程序

4.2.4.1 探伤规程的制订

钢结构焊缝探伤规程至少应包括以下内容

①探伤等级；

②探伤频率；

③探头规格及性能；

④仪器的性能要求；

⑤焊缝检测区域的宽度；

⑥探头扫查范围及探伤面打磨范围；

⑦仪器扫描线校正方法及所用试块；

⑧探伤仪灵敏度的校正及所用试块；

⑨有关缺陷评定的规定；

⑩缺陷记录方法；

⑪探伤操作程序。

(1) 关于探伤等级的选用

焊缝的超声波探伤，有A、B、C三个等级，对于钢结构焊缝，主要采用B级和A级，在对接焊缝的探伤中以使用B级方法为主，在角接和T接焊缝的探伤中，以使用A级方法为主。

C级探伤是一种要极为严格的探伤，但操作繁琐不能作为钢结构焊缝探伤的主要方法，只能在必要时参照使用。

(2) 关于探伤频率的选择

焊缝的探伤，一般选2~3MHz的探伤频率，从理论上说已能足够发现平底孔当量$\Phi1$以上的缺陷，这个灵敏度已经很高，在我国，大多数超声波探伤仪都能提供2.5MHz的探伤频率，因此，钢结构焊缝的探伤一般也应使用该频率为宜。

但是，对于一些母材厚度较小的焊缝来说，如果在焊接过程中的冷却条件也非常好，也可考虑使用5MHz的探伤频率。尤其是近期以来，使用小晶片、短前沿探头的推荐意见日益高涨，为使探头的指向性不会降低，在有条件使用5MHz探伤频率的情况下，选用5MHz探伤频率检测簿板焊缝，也是可取的。

(3) 关于探头规格和性能

探头频率应当和探伤频率相匹配，当探伤频率选定之后，也就决定了探头频率的数值。

探头折射角的选择，应使得探头作前后扫查时，能利用声束的主声线把焊缝整个截面都能扫查到，并在面状缺陷上能产生较大回波。

焊缝母材厚度不同时，所使用探头折射角也应当有所差异，这一点主要是从超声波的衰减角度作出此种考虑的。母材厚度增大，则超声波在焊缝中的传播距离增加，使得焊缝对超声波的衰减作用也跟之增加，影响缺陷检出能力。因此，当母材厚度较大时，应适当减小探头折射角。

在各个探伤标准中，都对折射角有着明确规定，表 4－8 是 GB11345—89（钢焊缝手工超声波探伤方法和探伤结果分级）标准中对折射角作出的规定，但是作为一个经过严格训练的焊缝超声波探伤工作者来说，还经常采用下式对所用折射角进行核算，并使得选用的折射角处于核算范围内：

$$\mathrm{tg}\beta \geqslant \frac{a+b+I}{T} \tag{4-59}$$

式中 a——上焊缝半宽；

b——下焊缝半宽；

I——探头前沿距离

$$\mathrm{tg}\beta \geqslant \frac{2a+I}{T} \tag{4-60}$$

（适用于上下焊缝宽度相同）

当焊缝上下错位情况下，又用一次波单面单侧探伤应作进一步核算，以免漏检。

从绝大多数焊缝探伤人员的探伤经验得知，焊缝探伤最好是采用一次波来发现缺陷，无形中促使探头角度的选择在前沿尺寸尽量小的情况下具有较大的角度。

GB11345—89 标准中推荐采用的探头角度 **表 4－8**

<table>
<tr><th rowspan="2">板厚（mm）</th><th colspan="2">探伤面</th><th rowspan="2">探伤法</th><th rowspan="2">使用折射角或角值</th></tr>
<tr><th>A</th><th>B C</th></tr>
<tr><td>≤25</td><td rowspan="2">单面单侧</td><td rowspan="3">单面双侧（1 和 2 或 3 和 4）或双面单侧（1 和 3 或 2 和 4）</td><td rowspan="2">直射法及一次反射法</td><td>70°（K2.5，K2.0）</td></tr>
<tr><td>＞25～50</td><td>70°或 60°（K2.5、K2.0、K1.5）</td></tr>
<tr><td>＞50～100
＞100</td><td></td><td rowspan="2">直射法</td><td>45°或 60°；45°和 60°，45°和 70°并用（K1 或 K1.5；K1 和 K1.5，K1 和 K2.0 并用）。</td></tr>
<tr><td></td><td></td><td>双面双侧</td><td>45°和 60°并用（K1 和 K1.5 或 K2 并用）</td></tr>
</table>

除了角度之外，作为焊缝探伤用斜探头还应当具备下述性能：

①晶片的有效面积不应超过 500mm²，且任一边长不应大于 25mm。

②声束轴线水平偏离角应不大于 2°。

③探头主声束垂直方向不应有明显双峰。

④公称折射角 β 为 45°、60°、70°或 k 值为 1.0、1.5、2.0、2.5，3.0，实测值与公称值的偏差应不大于 2°，k 值偏差不超过 ±0.1。

⑤前沿距离的偏差应不大于 1mm。

(4) 对仪器性能的要求

仪器应在最低范围内能满足以下要求：

①工作频率范围至少为1～5MHz；

②垂直线性至少在荧光屏满刻度的80%范围内呈线性显示；

③衰减器连续可调范围应在60dB以上，步进级每挡不大于2dB，精度为任意相邻12dB内误差在±1dB内；

④灵敏度余量必须大于评定灵敏度10dB以上；

⑤水平线性误差不大于1%；

⑥垂直线性误 不大于5%；

⑦远场分辨力>6dB。

(5) 关于焊缝检验区域的宽度

焊缝中的缺陷，在焊缝超声波探伤中应予以发现，除了焊缝自身之外，由焊接而出现的热影响区也应包括在内。但是热影响区的大小与焊接工艺有关，不是一个恒定不变的数值。为了解决这个问题，一般把与焊缝相邻的母材厚度30%的宽度作为热影响区，并且最小为10mm，最大为20mm。按照这个规定核算，焊缝检查区域的宽度应是焊缝自身宽度加上焊缝两侧各相当于母材厚度30%的一般区域。这个区域最小10mm，最大20mm。

(6) 探头扫查范围和探伤面打磨范围

探头扫查范围，在不同的标准中往往有着不同的规定，在JB1152—81标准中规定：

①用一次波和二次波探伤时　$P \geqslant 2TK + 50$

②只用一次波探伤时　$P \geqslant TK + 50$

在GB11345—89标准中规定：

①用一次波和二次波探伤时　$P \geqslant 1.25S$

②只用一次波探伤时　$P \geqslant 0.75S$

式中　S——跨距（$L = 2KT$）。

因此，在确定探头扫查区宽度时，应根据所用标准而定。但一般不会超过上述两个标准的规定。

另外，从保守角度考虑，宜选用JB1152—81标准规定，从计算式中可以看出，能使$0.25T$等于50mm的母材厚度是200mm，如此厚度的焊缝在钢结构中目前还非常少见，如何对其进行超声波探伤，还有待商榷。

为使探头与探伤面之间尽可能取得良好的声接触，探头扫查范围内的探伤表面应当进行清理和打磨，去除焊接飞溅物、铁屑、油污和其它杂质，必要时还应用砂轮进行打底，或把某些凹坑用焊补方法补平。

这就是平常所说的探伤面打磨工作，它不应当小于探头前后扫查时的移动范围。

(7) 仪器扫描线性校正方法及所用试块

仪器的扫描线性校正，又称为时基比例校正，是为了满足缺陷定位而必须进行的一项工作。

在斜探头探伤中，缺陷的定位方法有三种：

①深度定位法

把仪器的扫描线水平刻度校正到与缺陷到探伤面的垂直距离成正比的定位方法称为深度定位法，在定位方法中，可以根据缺陷回波在仪器示波屏上的位置，首先得知缺陷的深度（H）位置，然后再根据三角函数关系能求出缺陷在水平方向上离开探头声束入射点的位置。水平位置 V 计算式如下：

$$V = H\mathrm{tg}\beta \quad (4-61)$$

②水平定位法

把仪器的扫描线水平刻度校正到与缺陷到探头入射点的水平距离成正比的定位方法，称为水平定位法。在水平定位法中，可以根据缺陷回波在仪器示波屏上的位置，首先得知缺陷的水平位置，然后根据三角函数关系能计算出缺陷的深度（H）位置。

当用一次波探测到缺陷时，计算缺陷深度位置的计算式为：

$$H = V/\mathrm{tg}\beta \quad (4-62)$$

当用二次波探测到缺陷时，计算缺陷深度位置的计算式为：

$$H = 2T\mathrm{tg}\beta - V/\mathrm{tg}\beta \quad (4-63)$$

式中　T—母材厚度；

当用多次波探测到缺陷时，计算缺陷深度位置的计算式为：

$$H = |(n-1) T - V/\mathrm{tg}\beta| \quad (4-64)$$

式中　n—在大于 $V/\mathrm{tg}\beta$ 的奇数中，一个数值最小的奇数

③声程定位法

把仪器的扫描线长度校正到与缺陷到探头入射点的水平距离成正比的定位方法，称为声程定位法。在声程定位法中，可以根据缺陷回波在仪器示波屏上的位置，得知缺陷的声程，然后利用三角函数关系计算出缺陷的深度位置和水平位置。

计算缺陷的水平位置使用的计算式为：

$$V = S\sin\beta \quad (4-65)$$

计算缺陷的深度位置使用的计算式为：

$$H = S\cos\beta \quad (4-66)$$

式中　S——声程。

在我国，由于使用 K 值探头较普通，因此与深度和水平定位法结下不解之缘。在某些国家，如美国、日本，则以使用声程定位法为主。

但是，无论使用哪种定位方法，都需要使用试块，而且当试块不同时，同一种定位方法的校正步骤也不相同，所以在说明使用哪种校正方法时，还应当把所用试块给予交待。

国内常用的试块有 CSK－IA 试块，IIW 试块，半园试块，横孔试块等型式（图 4－55）。

（8）探伤灵敏度的校正及校正试块

焊缝超声波探伤中的斜探头探伤灵敏度，大多采用横孔进行校正，所用横孔也有盲孔和通孔两种。所谓盲孔，就是不在试块上打通的横孔，所谓通孔，则是在试块上两端被打通的横孔。国内焊缝超声波探伤标准，所用横孔 $\Phi3$ 通孔，$\Phi2\times40$ 盲孔和 $\Phi1\times6$ 盲孔三种，三种试块的形状及尺寸分别见图 4－56、图 4－57 和图 4－58，灵敏度表 4－9、表 4－10 和表 4－11。

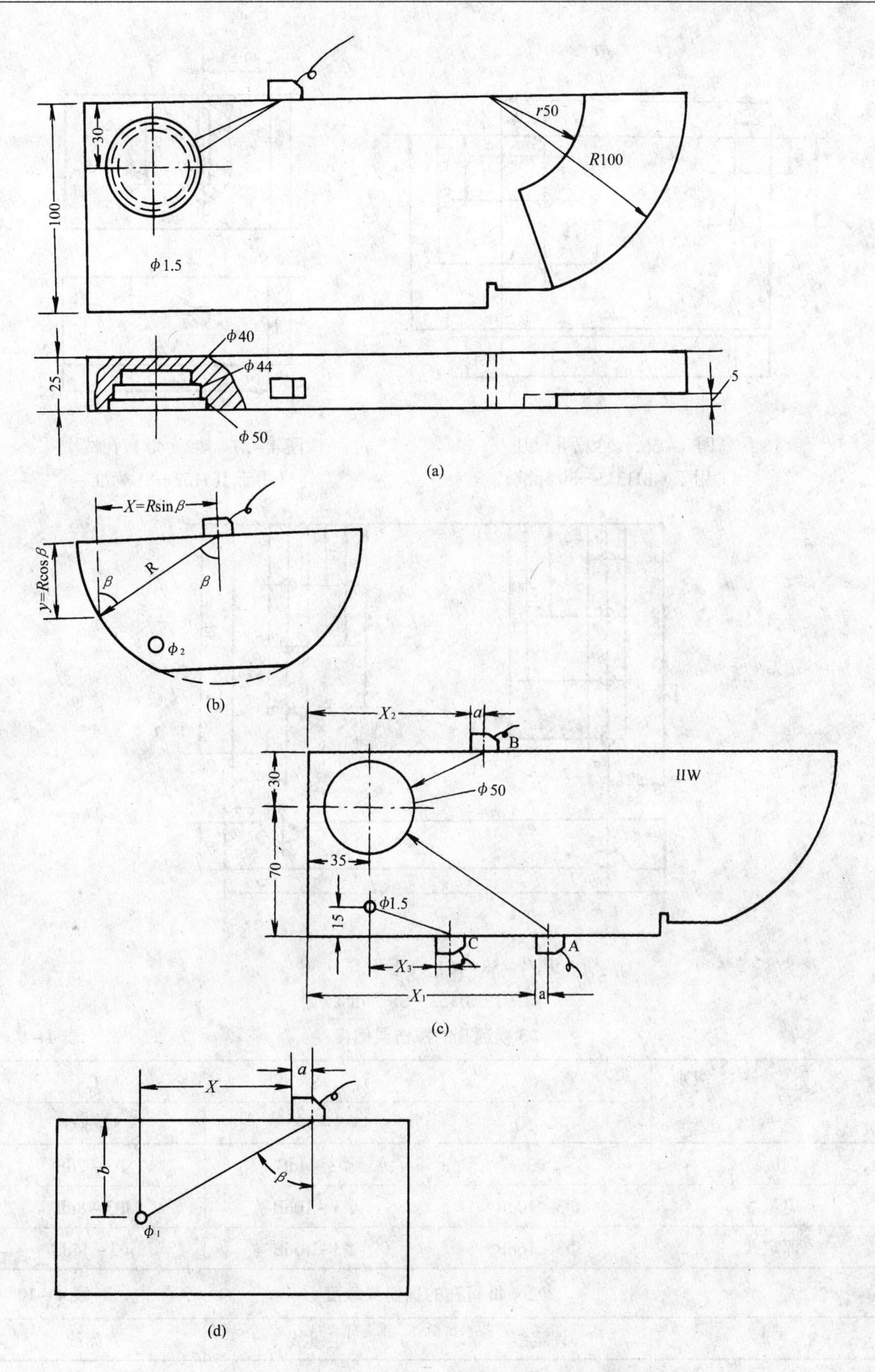

图4-55 国内用于定位方法校正的几种试块

(a) CSK-1A试块；(b) 半圆试块；(c) IIW试块；(d) 横孔试块

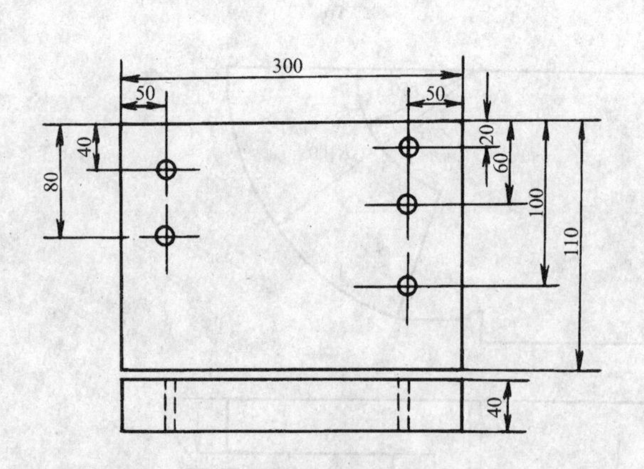

图 4－56　Φ3 横孔试块
（用于 GB11345—89 标准）

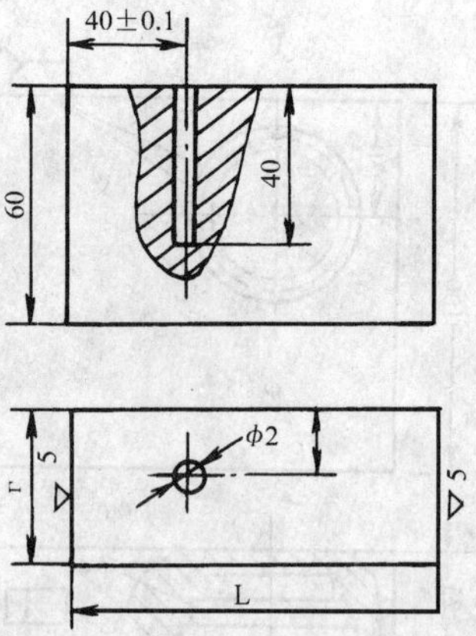

图 4－57　Φ2×40 盲孔试块
（用于 JB1152—81 标准）

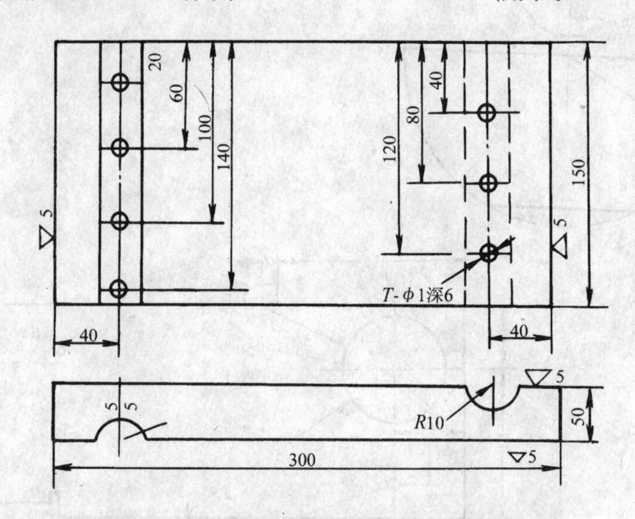

图 4－58　Φ1×6 盲孔试块
（用于 JB1152－81 标准）

Φ3 横通孔的探伤灵敏度　　**表 4－9**

级别 / 板厚 / 灵敏度	A	B	C
	8～50	8～300	8～300
判废线	Φ3	Φ3－4dB	Φ3－2dB
定量线	Φ3－10dB	Φ3－10dB	Φ3－8dB
评定线	Φ3－16dB	Φ3－16dB	Φ3－14dB

Φ2×40 盲孔的探伤灵敏度　　**表 4－10**

板厚	评定线	定量线	判废线
8～46	Φ2×40－18dB	Φ2×40－12dB	Φ2×40－4dB
>46～120	Φ2×40－14dB	Φ2×40－8dB	Φ2×40＋2dB

$\Phi1\times6$ 盲孔的探伤灵敏度　　表 4-11

板厚	评定线	定量线	判废线
8~15	$\Phi1\times6-12$dB	$\Phi1\times6-6$dB	$\Phi1\times6+2$dB
>15~46	$\Phi1\times6-9$dB	$\Phi1\times6-3$dB	$\Phi1\times6+5$dB
>46~120	$\Phi1\times6-6$dB	$\Phi1\times6-0$dB	$\Phi1\times6+10$dB

按标准规定，在探伤中应当使用不低于评定线的灵敏度，只有在探头接收到缺陷信号之后，为了测定缺陷回波高度和指示长度时，才允许根据实际需要去改变探伤灵敏度。

在调整探伤灵敏度的过程中，应对声能损失问题予以充分注意。首先被检焊缝母材表面状况和试块表面状况差异很大，一个是未经过机械切削加工的粗糙表面，一个是经过磨床研磨过的光滑表面，超声波在两个表面上的表面损失不一样。其次，两者的结晶组织不一样，焊缝可以认为是经过精炼后再结晶的铸件，其结晶状态与铸件相同，材质衰减比试块大，如果不在校正探伤灵敏度时加以补偿，则在试块上校正好的探伤灵敏度，就不能满足实际探伤需要。

通用的补偿方法是：在试块上按照表 4-9 到表 4-11 的数值，利用横孔回波校正好探伤灵敏度后，再适当提高一些增益作为补偿。被提高的增益数值，利用试块上测得的透射波高度与横跨焊缝，在母材上测得的透射波高度之差求得：

①当试块厚度比焊缝母材厚度大时

如图 4-59 所示，先把两个探头横在跨焊缝两侧测出两个探头相距一个跨距（即 1S）和两个跨距（即 2S）时的透射波高度 R_1、R_2，并用直线连接两个透射波的波峰上，然后再把两个探头移至试块上，测出相距一个跨距时的透射波高度 R，求出 R 与 R_1 和 R_2 连线之间的波高差，则这个波高差，则这个波高差就是需要补偿的声能损失。

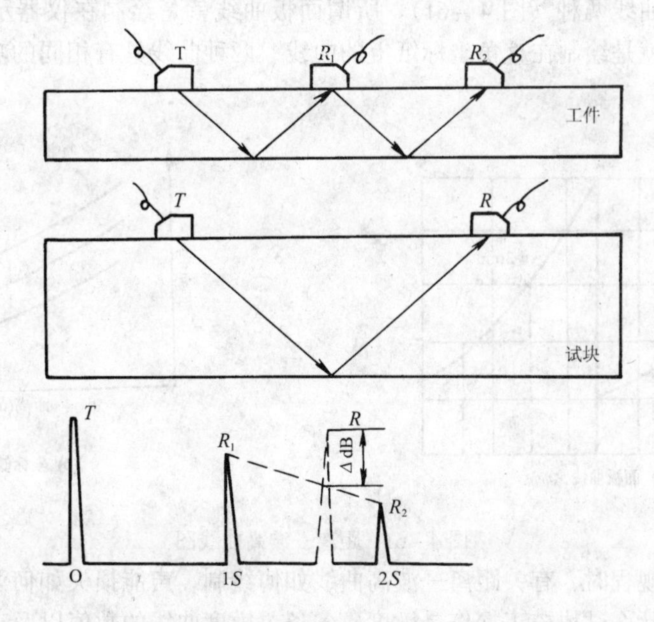

图 4-59　测试焊缝能量损失差示意图（试块厚度大于焊缝平均厚度）

②当焊缝母材厚度比试块厚度大时

如图4-60所示，先把两上探头放在试块上，测出两个探头相距一个跨距（即1S）和两个跨距（即2S）时的透射波高度 R_1、R_2，并用直线连接两个透射波的波峰点，然后再把两个探头横跨到焊缝上，测出两个探头相距一个跨距时的透射波高度 R。求出 R 与 R_1 和 R_2 连线之间的波高差，则这个波高差就是需要补偿的声能损失差。

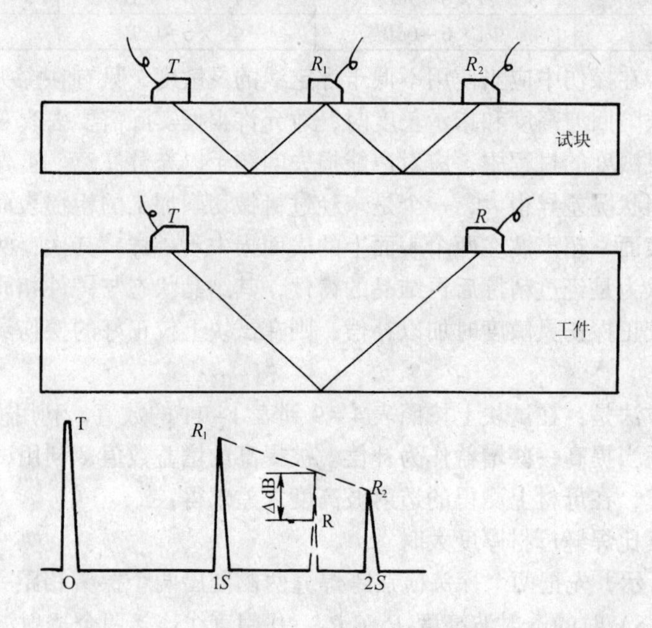

图4-60　测试焊缝声能损失差示意图（焊缝母材厚度大于试块厚度）

无论采用哪种孔型校正探伤灵敏度，都应当绘出探伤灵敏度的距离——波高曲线有面板曲线和坐标纸曲线两种（图4-61）。所谓面板曲线就是绘制在仪器示波屏面板上的曲线，坐标纸曲线就是绘制在直角坐标纸上的曲线，两种曲线具有相同的功能，使用时可以任意选择。

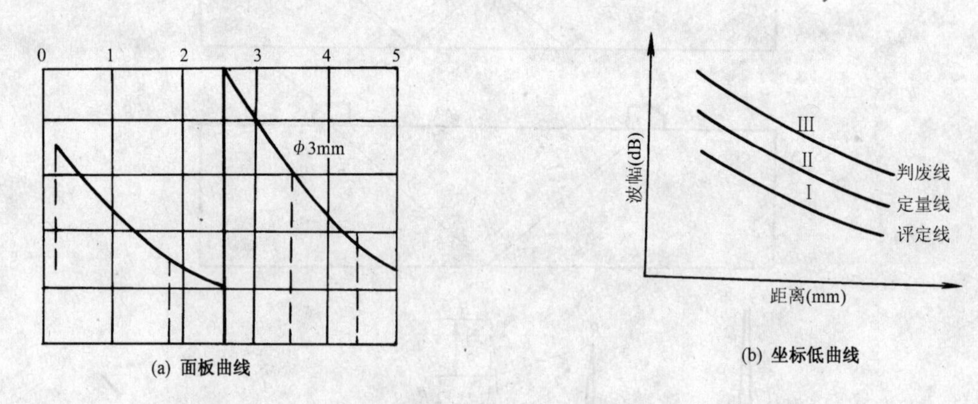

图4-61　距离—波高曲线图

在制订探伤规程时，有关距离—波高曲线如何绘制，声能损失如何测定等，一般不必写出，但是，用什么试块校正探伤灵敏度，各条灵敏度曲线的数值以及声能损失补偿量应一一交待明白。

（9）有关缺陷评定的规定

尽管各个标准会有各个标准的评定规定，但万变不离其宗，都有其共同处：把根据缺陷的回波高度和指示长度，把缺陷分为可忽略不计、可判为合格不必返修但必须予以记录和不但要记录而且应判为不合格予以返修等三种。

三种缺陷规定应当在探伤规程中反映出来，可以用详细的文字予以反映，也可以只把执行哪个标准的标准号写出来，并告知是执行其中的哪一级（例如是Ⅰ级还是Ⅱ级）。

在国内执行标准大多是GB11345—89和JB1152—81，它们在缺陷的评定上基本一致。有时也需要执行AMS和JIS等国外标准，此时在缺陷的评定问题上会与国内情况发生差异，应认真加以注意。

（10）缺陷记录方法

缺陷记录方法，一般以表格化为主，推荐使用的表格式样如下：

缺陷记录表格　　表4-12

序号	缺陷位置			缺陷回波高度	缺陷指示长度	缺陷性质	评定结果	备注
	X	Y	Z					

4.2.4.2　探伤操作程序

焊缝的斜探头探伤（包括钢结构焊缝在内），其操作程序大致上按下述程序进行（图4-62）。

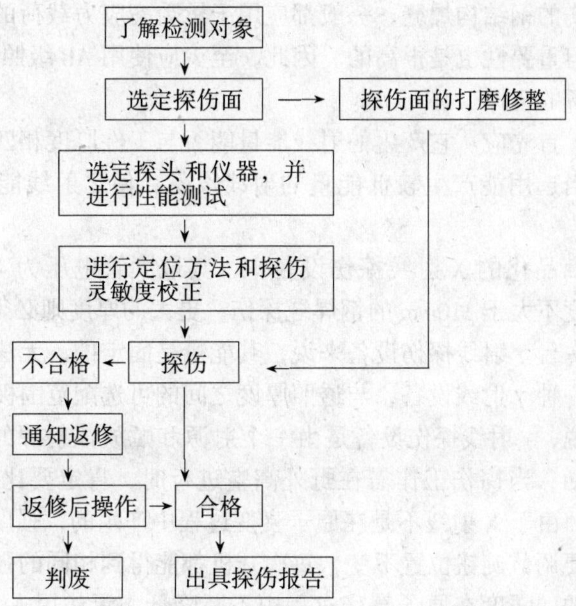

图4-62　焊缝的斜探头探伤流程示意图

4.2.5 建筑钢结构焊缝射线探伤规程的制订及探伤操作程序

4.2.5.1 探伤规程的制订

探伤规程至少应包括如下一些技术内容：

(1) 透照质量等级；

(2) 设备型号；

(3) 胶片种类；

(4) 曝光条件；

(5) 散射线的屏蔽；

(6) 暗室处理条件；

(7) 评片完条件；

(8) 透照的工艺标准和质量评定标准；

(9) 探伤操作程序。

现就上述内容分别作如下叙述：

(1) 关于照相等级的选用

按 ISO 国际标准规定，照相等级分 A、B 两级，我国在修订 GB3323—82 标准时，结合国内锅炉压力容器射线探伤的具体情况，又提出了一个 AB 级。从而变成 A 级（普通级）、AB 级（较高级）、B 级（高级）三个等级，并且各有各的适用范围：

①B 级　不用增感屏或使用金属增感屏，超微粒或微粒胶片，适用于原子能设备等重要工件的射线探伤；

②AB 级　原则上使用金属增感屏、细颗粒胶片，适用于锅炉压力容器和一般重要工件的射线探伤；

③A 级　可使用金属增感屏和金属荧光增感屏，以及普通的荧光增感屏，粗颗粒胶片，适用于一般工件的射线探伤。

要求进行射线探伤的钢结构焊缝，一般都应用于承受高应力载荷的部位，虽然不能与原子能设备等相比，但重要性也是很高的。因此，至少应使用 AB 级照相等级。

(2) 关于透照设备的选择

透照设备的选择，首先应从它产生的射线能量能否与工件厚度相匹配考虑，当透照厚度较小的工件时，应当选用能产生较低能量的射线设备，使之射线能量与透照厚度相匹配。

在目前所存已经商品化的 X 射线探伤设备中，其最大管电压为 430kV，能量不算太大，只适用于母材厚度不大于 110mm 的钢焊缝探伤，更大的厚度则必须依靠 γ 射线探伤设备。但是，对于任意一台 γ 射线探伤设备来说，其能量是固定的，无法用人为方法进行调节，这又决定了任意一种 γ 射线设备，与透照厚度之间的可选配范围极小。

从体积重量上来说，γ 射线探伤设备是由一个射源和贮放该射源的容器组成，要比 X 射线探伤设备轻巧灵活，当探伤工作需在野外高空进行时，肯定要比 X 射线探伤设备优越，从射源强度来说，由于 X 射线不是在原子衰变过程中产生的，强度可通过调节管电流和管电压获得的，只要调节旋钮位置不变，每次开机都能得到相同的强度。而 γ 射线是在原子衰变过程中产生的，强度在原子衰变过程中不断降低，无法用人为方法控制，因此，每次开机后得到的强度都是不一样的，一次比一次小，使得曝光量在每次使用时都要进行修正。另外，由于不管γ射线探伤设备是否在使用，射源的原子衰变总是在不停止地进行着，因此，在用人工方式开机和关机时，人体不可避免地要受到射线伤害。

从设备的维修保养来说，γ射线探伤设备除了输送管有时会卡住射源需经常修理，几乎没有什么需要修理的部位，也有复杂的电子线路和真空工件，不易损坏，维修保养方便。

输送管用来输送射源的装置，一般都有电动和手动两套，使用手工装置时，在探伤现场没有电源的情况下也可进行工作。

γ射源都有其半衰期，射源的使用寿命在很大程序上由半衰期决定。一台γ射线设备，不管它每天是否都在使用，到了一定的日子就要更换射源，而更换工作很复杂，费用也不菲。在X射线能穿透的前提下，对相同厚度的工件来说，γ射线的透照时间要比X射线长（使用大活度的情况除外）。在进行批量性检验时，检验效率低于X射线。

总之，两种设备（X射线和γ射线）各有各的优缺点，选用时必须慎重考虑，但从目前各单位的添置情况来说，以采用携带式X射线探伤设备者较多。这种选配设备的着眼点，主要放在照相质量的清晰度上，对簿板来说，由于X射线机的能量可以调节，通过调节管电压，容易得到能量与厚度的最佳配置。若要检验厚度大的焊缝，则改用超声波探伤。

(3) 胶片种类的选择

为了适应各种不同射线的照相需要，胶片生产厂生产了许多性能不同的胶片。因此，使用时就应根据需要进行选择。原则上应选用有高对比度、细粒度和低灰雾度的胶片。

国内外常用的胶片，按溴化银的粒度大小可分为三类（表4－13)。

①丁1类　包括超微粒胶片和微粒胶片两种。超微粒胶片感光速度最慢，但是，在使用时不予增感，也可用金属增感屏增感，适用于特别重要的零件进行射线探伤。微粒胶片感光速度也很慢，只用金属增感屏增感，适用于比较重要的零件。

②丁2类　为细颗粒胶片，感光速度比较快，原则上采用金属增感屏增感，但在满足探伤灵敏度的前提下，也可以采用荧光增感，适用于一般零部件。

③丁3类　为粗颗粒胶片，感光速度快，只有在照相质量要求不高的情况下使用。

国内胶片种类及其性能　　**表4－13**

胶片型号	感光速度	对比度	粒度
丁1	低	高	细
丁2	中	中	中
丁3	高	低	粗

从以上介绍中可以看出一个问题，照相质量的好坏，与所用的胶片种类有很大关系。

因为胶片的感光速度、对比度、粒度，必须在把胶片经过暗室处理成为底片后才能得知，在相同的曝光条件下，感光速度快的胶片能得到的黑度大，感光速度慢的胶片能得到的黑度小。要使感光速度慢的胶片经暗室处理后得到黑度也很大的底片，，必须增加曝光量。同理，要使感光速度快的胶片经暗室处理后得到黑度小的底片，必须减少曝光量。但是这种需增加和需减少曝光量，绝非用简单的算术方法就可求得，而要根据胶片的感光特性曲线确定。图4－63为用来描述胶片感光特性的曲线示意图，从图中可以看出，当曝光量的对数值1gE处于比较小的情况时，黑度的增加速度很缓慢，不呈线性关系，只有当曝

光量的对数值 $\lg E$ 超过一定数值以后，两者才呈线性关系，并且这种线性关系在维持到 $\lg E$ 达到某个最大值之后，又开始逐渐地被破坏掉。

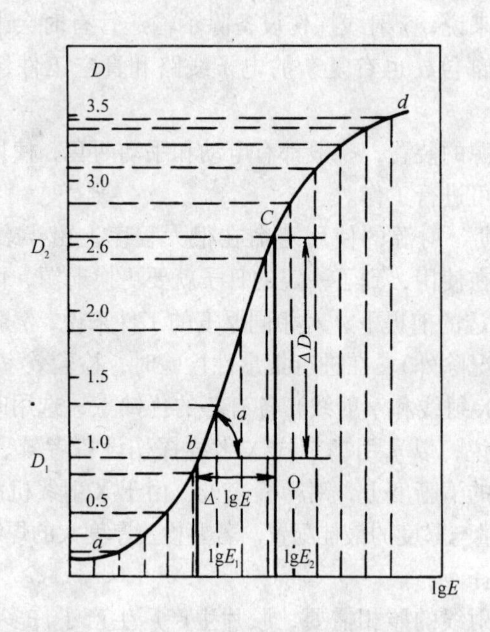

图 4-63 胶片感光特性的曲线示意图

曲线上任意两点连线都能够和横坐标之间构成一个夹角，这个夹角的正切值（$\mathrm{tg}\theta$）称为胶片的反差系数，用 r 表示。它可以用曲线上两个不同黑度之差以及相对应的曝光量对数值 $\lg E$ 之差的比值求得：

$$r = \frac{D_2 - D_1}{\lg E_2 - \lg E_1} \tag{4-67}$$

r 值的大小，表明了曝光量变化对底片黑度的影响程度。在使用 r 值大的胶片对工件拍片时，在一个微小缺陷上引起射线透过强度变化。通过曝光量而反映到黑度上的差别可以很大，使缺陷影象非常明显，从而使得这个缺陷能有效地被发现。因此，在选用胶片时胶片的反差系数也是必须考虑的一个因素。

为在较大的黑度范围内得到同一数值的反差系数，应使得底片具有一定数值以上的黑度，也就是说黑度应当比较大。为了得到数值大的黑度，在选择曝光量时，不宜太小，应使得它的对数值处于特性曲线的直线范围内。

(4) 曝光条件的选择

曝光条件包括焦距和曝光时间两个方面。

①焦距的选择

焦距是一个直接影响到几何不清晰度的因素，为了获得较小的几何不清晰度，焦距应当选择得大一些，但是焦距选大之后，曝光时间就要加大，根据平方反比规律，焦距加大一倍，曝光时间就需要增加四倍。

从这点来说，应在满足几何不清晰度要求的情况下，尽可能选用最短焦距来透照。但是，在缩短焦距的过程中，也应注意到两个因素的影响：

A. 有效照射场的减小

B. 透照厚度比能否满足要求

由于有效照射场的减小，在一个小的照射场中，就很难保证在一次透照中能使胶片表面全部感光。例如用 360×80 的胶片透照时，如果焦距小于 350mm，就无法使得胶片在 360mm 的范围内都得到曝光。

此外，如图 4－64 所示，在一个照射场中，实际透照厚度是不相等的，而照射场边缘的透照厚度 $T' = T/\cos\theta$，要比照射场中心部位大。照射场边缘的射线强度本来就比中心部位小，而透射的厚度比中心大，这就使得射线的透过强度比中心部位小很多。透过强度小在底片上的反映是：

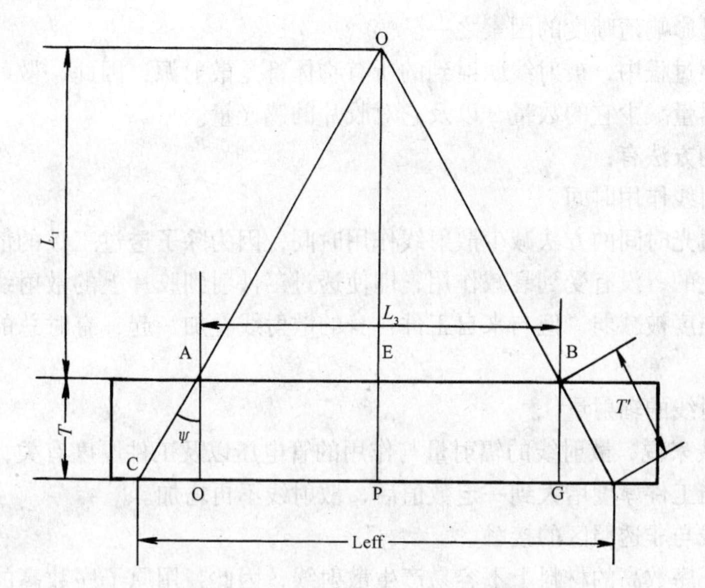

图 4－64 射线透照厚度比示意图

①黑度不均匀，底片边缘的黑度比中心小；

②缺陷影象发生畸变，尺寸被放大；

③边缘部分垂直于工件表面的缺陷，此时被检出机率减小。

由于能被射线发现的缺陷，就其走向来说，最佳条件是与射线的透照方向一致。位于照射线边缘的缺陷，由于存在明显的透照角，检出机率必定很小。

在 GB3323—87 标准中，对透照厚度比给出了明确规定，例如平板焊缝，要求 AB 级时不大于 1.03。

从上述中可知，焦距的选择不但要考虑几何不清晰度，还要对曝光时间、有效照射场以及有效照射场范围内的透照比等综合加以考虑而确定。

通常在选择焦距时，首先考虑几何不清晰度和有效照射场，使这两个问题不要产生矛盾，然后再看透照比能否满足要求。如果不能满足要求，再从加大焦距或缩小有效照射场中寻找途径。

②曝光时间的选择

曝光时间不宜选择得太大，使用太大的曝光时间有三弊：

A. 检查效率随之降低

B. 受透照不利因素的干扰机率增加，例如，在 X 射线曝光过程中突然停电，某处突然出现强大振动，致使射源位置发生幌动（这些突发事项在施工现场中经常会遇到）。

C. 散射线的影响加大。

在GB3323—87标准中，对曝光时间有明确规定，一般不低于15mA·min。

可以用增大管电流和γ射线源活度的方法来缩短曝光量，但是，当所用的设备选定后，这种潜力几乎不存在。尤其是γ射线，其半衰期的作用只能使活度减小。

(5) 关于散射线的屏蔽

散射线会降低底片的对比度，起到类似于不清晰度的作用。

所谓对比度，就是底片上某个小区域与相邻区域之间的黑度差，对比度大，小区域的影象就清晰，是影响清晰度的因素之一。

在射线透照过程中，被射线照射到的所有物体都是散射源，因此，散射线是无法消除的，只有设法尽量减少它的数量，以及它对胶片的感光量。

通常采用的方法有：

①减少散射线作用时间

利用减少曝光时间的方法减少散射线作用时间，因为除了透过工件的散射线外，都是直接射到胶片上的，没有受到衰减作用，即使透过工件射到胶片上的散射线，虽然在工件的衰减作用下强度被减弱，但与来自工件自身的散射线叠加一起，有时总的强度反而被增加。

②减少散射线的辐射量

对于X射线来说，散射线的辐射量与作用的管电压以及工件厚度有关，管电压越高散射线越多，能当工件厚度增大到一定数值后，散射线不再增加。

③减少射线与非透照区的接触

由于在原子序数高的材料上不容易产生散射线，因此，用原子序数高的材料制成准直器或限束器，把射线限制在透照区内，减少射线与非透照区的接触，从而减少产生散射线的来源。

④把胶片透照方向以外的部位遮挡起来

最好使用铅板，用与被检工件相同的材料也可以，把胶片非透照方向遮挡起来，使得散射线必须经过衰减之后才能到达胶片，强度被减小。

⑤采用金属增感屏

由于金属增感屏有阻止散射线的作用，使得散射线的感光作用降低。

(6) 关于胶片暗室处理的规定

①暗室应在关闭后基本上无白光泄漏、阻绝白光对胶片感光的影响。

②暗室在胶片折挂或进行处理时，必须使用无白光泄漏的黄色或红色滤光玻璃安全灯，功率应在15~25W以下。

③冲洗胶片用的显定影药水，其成份为胶片生产厂指定使用的成份，并在有效使用期范围内使用，不得使用已经失效的显、定影液。为了确定显、定影液是否有效，可在正式冲洗胶片前，先用一小片胶片在显、定影液中进行冲洗试验。

显影温度应控制在18~20℃之内，显影时间一般不得超过8min。定影时间应是胶片放入定影液中达到通透的时间两倍。

④经过显定影后的胶片，必须进行水洗、水洗时间应大于30min。

⑤水洗后的胶片称为底片，可放在65℃以下的烘箱中烘干，或挂在无灰尘的通风处，让其自然干燥。

(7) 评片要求

评片工作也可以说是对焊缝质量进行评定的工作。可进行评片的底片必须是干燥的，其自身质量满足评片要求。

所谓自身质量满足，即底片的透照灵敏度应满足要求，必须有的标识符号应当齐全，并且没有影响评片结论的划分和伪缺陷。

在评片中必须充分注意到人眼的最小识别能力，即能观察到的最小对比度 ΔD_{min} 的问题在底片时，只有当图像的黑度差 ΔD 等于或大于底片的最小可识的黑度差 ΔD_{min} 时，缺陷的影象才能被观察到。

即：

$|\Delta D| \geqslant |\Delta D_{min}|$

ΔD_{min} 不是一个常数，它与缺陷的大小，胶片的粒度，底片黑度，观片条件等有关。

图4－65为用射线透照直径不同的金属丝时，得到的不同影像宽度在黑度 D 和 ΔD_{min} 之间的关系。从图4－65中可知，当黑度增大时，ΔD_{min} 也跟之增大。

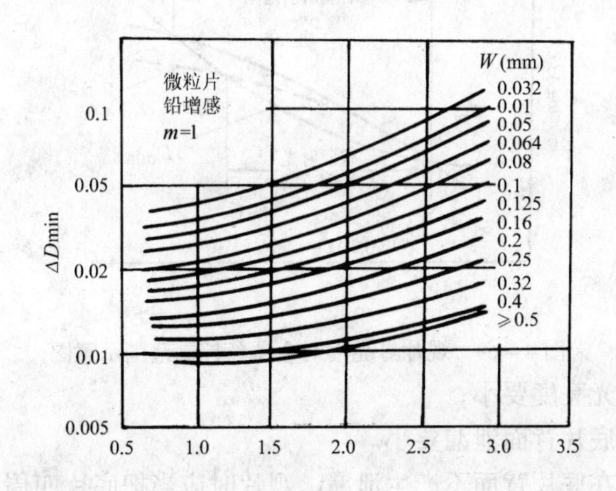

图4－65　不同影像宽度在黑度 D 和 ΔD_{min} 的关系图

图4－66是利用图4－65的结果绘制出的表示 ΔD_{min} 与金属丝投影宽度 W 之间的关系曲线。由图可知，当 W 大于0.5mm时，ΔD_{min} 最小，而且不再改变。W 小于0.5mm时，W 越小，ΔD_{min} 越大。

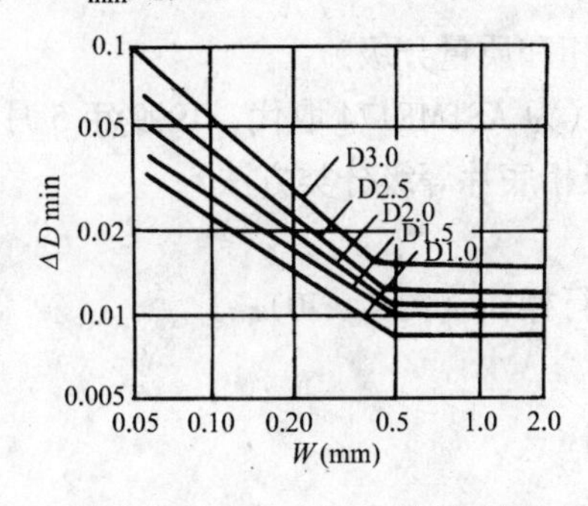

图4－66　ΔD_{min} 与 W 的关系图

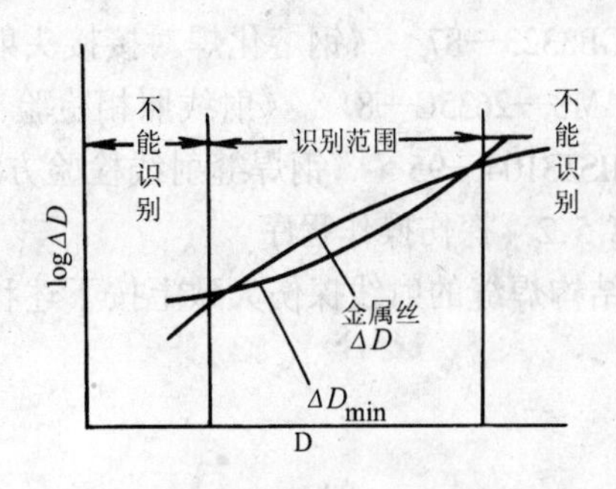

图4－67

图 4－67 为在观片灯下观察金属丝影像时，能被识别的黑度示意图。从图中可以看出，一定的厚度差产生的对比度在不同黑度下是不同的。黑度很低和黑度很高时，对比度都很小，金属丝不能被识别。

图 4－68 为观片灯亮度对金属丝能否被识别的示意图，由图中可以看出，当观片灯亮度很大时，可提高识别金属丝的能力。

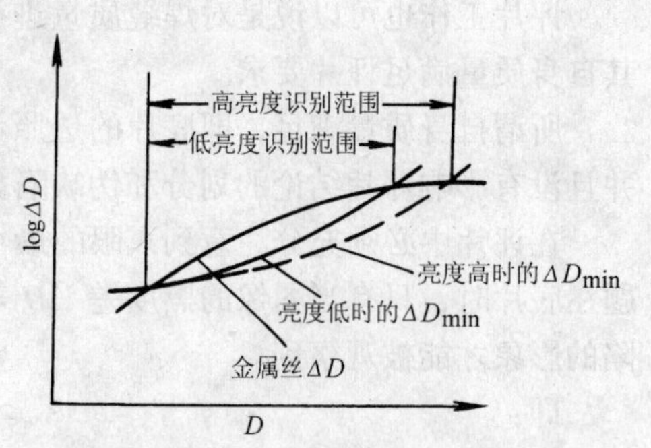

图 4－68 $\log\Delta D$ 和 D 的关系图

图 4－69 为在暗室中通过观片灯观察金属丝影象和观片灯光线透过底片在其背面产生散射光时，对识别金属丝影象的影响，从图中可以看出，有散射光时识别程度降低。

由此得出，几个有关观片的几个结论：

①底片应具有一定的黑度；

②观片灯亮度要大；

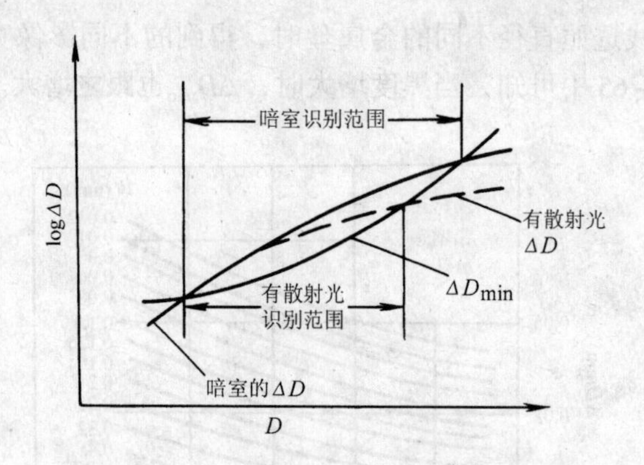

图 4－69 观片灯亮度对金属丝控制范围示意图

③观片环境的向光亮度要小；

④观片灯光线在底片背面泄漏要小。

为使观片灯光线在底片背面不产生泄漏，观片时应当把底片四周用黑纸或其它不透明的遮盖物遮盖起来。

⑤关于透照用工艺标准和质量评定标准

与超声波探伤情况一样，无论采用的是那个标准，都应当在规程中明确指出，目前在国内使用较多的标准大致有：

①GB3323—87 《钢熔化焊对接接头射线照相和质量分级》

②AMS—2635C—81 《射线照相检验（K）》（为 ASTME174 取代，1999 年 5 月）

③JISZ3104—95 《钢焊缝射线检验方法及照相底片等级分类方法》

4.2.5.2 探伤操作程序

钢结构焊缝的射线探伤大致上按下述程序进行操作（图 4－70）：

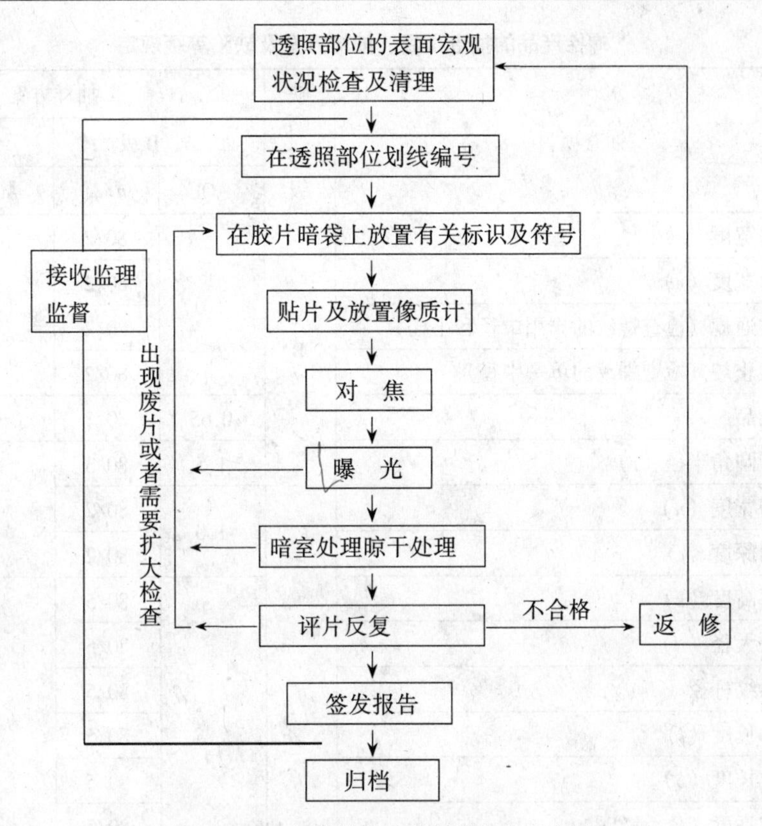

图4-70 钢结构焊缝的射线探伤示意图

4.3 紧固件检验

4.3.1 普通商品螺纹紧固件的检测

4.3.1.1 抽查项目

根据GB90—85标准，对各类标准紧固件产品规定的抽查项目是不同的，抽查项目仅是各类产品的主要检查项目，而不是全部项目，但检查项目仅限于相应标准中规定了特性指标的项目。

4.3.1.2 缺陷等级

根据缺陷对产品质量影响的严重程度划分为三个等级如下：

A级——致命缺陷（各种机械性能）

B级——严重缺陷（主要尺寸项目和混杂品）

C级——一般缺陷（次要尺寸项目和表面缺陷）

4.3.1.3 抽样方案

规定产品尺寸、表面缺陷和混杂品的检查样本一律为80件即 $n=80$；机械性能试验的样本为 $n=8$ 或（和）$n=20$；合格判定数 A_C 则按GB90—85标准规定的合格质量水平(AQL)分别给出。

螺栓产品的抽查项目、抽样方案及缺陷等级按表4-14规定。

螺栓产品的检验方法按表4-15规定。

螺栓产品的抽查项目、抽样方案及缺陷等级规定 **表 4-14**

序号	抽查项目	缺陷等级	抽样方案			
			A、B级		C级	
			AQL	n/A_c	AQL	n/A_c
1	对边宽度（s）	B	1.0	80/2	1.5	80/3
2	对角宽度（e）			80/2		80/3
3	螺纹通规（检查螺纹的作用中径和小径）			80/2		80/3
4	螺纹止规（检查螺纹的单一中径）			80/2		80/3
5	混杂品		0.65	80/1	0.65	80/1
6	头下圆角半径（r）		1.5	80/3		
7	开槽宽度（n）	C	1.0	80/2		
8	开槽深度（t）			80/2		
9	头部高度（k）		2.5	80/5	4.0	80/7
10	螺纹大径（d）			80/5		80/7
11	无螺纹杆径（ds）			80/5		80/7
12	公称长度（l）			80/5		80/7
13	螺纹长度（b）			80/5		80/7
14	扳拧高度（k'、k''）			80/5		80/7
15	支承面直径（dw）			80/5		80/7
16	过渡圆直径（da）			80/5		80/7
17	无螺纹杆部长度（ls）			80/5		80/7
18	夹紧长度（lg）或肩距（a）			80/5		80/7
19	开口销孔直径（d_1）			80/5		80/7
20	头部直径（d_k）			80/5		80/7
21	方颈宽度（Ss）			80/5		80/7
22	方颈长度（k_1）			80/5		80/7
23	榫宽（Sn）			80/5		80/7
24	榫长（h）			80/5		80/7
25	头部对螺杆轴线的同轴度			80/5		80/7
26	开槽对螺杆轴线的对称度			80/5		80/7
27	螺杆直线度			80/5		80/7
28	二类表面缺陷			80/5		80/7
29	一类表面缺陷		0.65	80/1	0.65	80/1
30	机械性能	项目按 GB3098.1 类或 GB3098.6 规定				
30.1	非破坏性检查	A	0.65	20/0	0.65	20/0
30.2	破坏性检查	A	1.5	8/0	1.5	8/0

螺栓产品的检验方法 **表4-15**

序号	抽查项目	检具		检验方法
		名称	标准，规格	
1	对边宽度（s）	卡尺	GB1214 0.02mm	在扳拧高度 k' 的范围内测量
2	对角宽度（e）	卡尺	GBl214 0.02mm	在扳拧高度 k' 的范围内测量
3	螺纹通规（检查螺纹的作用中径和小径）	通端螺纹环规	GB3934	用手将环规旋入，应能顺利通过
4	螺纹止规（检查螺纹的单一中径）	止端螺纹环规	GB3934	用手将环规旋入，但不得超过两个螺距（拧退环规起计算）
5	混杂品			目测及必要的测量
6	头下圆角半径（r）	专用半径样板		
7	开槽深度（t）	卡尺	GB1214 0.02mm	在槽的最浅处（沿槽口一凹底；沿轴心线一凸底，进行测量
8	开槽宽度（n）	卡尺	GB1214 0.02mm	
9	头部高度（k）	卡尺	GB1214 0.02mm	
10	螺纹大径（d）	千分尺	GB1216	在沿螺纹轴线方向，在一相互垂直的两个直径方向上测量：当 $l \leqslant 5d$ 时在螺纹长度的 $l/2$ 处测量；当 $l > 5d$ 时，在螺纹两端测量，但不应在螺纹收尾及不完整螺纹部分测量
11	无螺纹杆径（d_s）	卡尺	GBl214 0.02mm	在距支承面1倍直径处测量
12	公称长度（l）	卡尺	GB1214 0.05mm	从螺杆末端的长边起进行测量
13	螺纹长度（b）	卡尺	GB1214 0.05mm	从螺杆末端的长边起，测量至通端螺纹环规端面的距离（应去除螺纹环规内倒角长度）
14	扳拧高度（k'、k''）	卡尺	GB1214 0.02mm	先测出符合 e_{min} 的起点与终点，再测出两点之距离
15	支承面直径（d_w）	卡尺	GB1214 0.05mm	

续表

序号	抽查项目	检具		检验方法
		名称	标准，规格	
16	过渡圆直径（d_a）	卡尺	GB1214 0.05mm	周围界限不清时，可反印在纸上进行测量
17	无螺纹杆部长度（l_s）	卡尺	GB1214 0.05mm	从支承面测量至杆部缩径终端的距离
18	夹紧长度（l_g）或肩距（a）	卡尺	GB1214 0.05mm	从支承面测量至通端螺纹环规端面的距离（应去除螺纹环规内倒角长度）
19	开口销孔直径（d_1）	光滑塞规		只检通规
20	头部直径（d_k）	卡尺	GB1214 0.02mm	
21	方颈宽度（S_s）	卡尺	GB1214 0.02mm	在方颈1/2高处，互相垂直的两个方向测量
22	方颈长度（k_1）	卡尺	GB1214 0.02mm	
23	榫宽（S_n）	卡尺	GB1214 0.02mm	
24	榫长（h）	卡尺	GB1214 0.02mm	
25	头部对螺杆轴线的同轴度	百分表及专用V形架、卡尺	GB1219 GB1214 0.02mm	先测出螺杆母线与扳手面之间的最小距离值，然后测出相对方向的距离值，两者之差为测量值
26	开槽对螺杆轴线的对称度	百分表及专用V形架、卡尺	GB1219 GB1214 0.02mm	
27	螺杆直线度	平台及塞尺		用检验平台及塞尺进行测量
28	二类表面缺陷			目测
29	一类表面缺陷			按GB5779.1—86规定
30	机械性能			按GB3098.1或GB3098.6规定

螺柱产品的抽查项目，抽样方案及缺陷等级按表4－16规定。

螺柱产品的检验方法按表4－17规定。

螺柱产品的抽查项目、抽样方案及缺陷等级规定 **表4-16**

序号	抽查项目	缺陷等级	抽样方案			
			A、B级		C级	
			AQL	n/A_c	AQL	n/A_c
1	螺纹通规（检查螺纹的作用中径和小径）	B	1.0	80/2	1.5	80/3
2	螺纹止规（检查螺纹的单一中径）			80/2		80/3
3	混杂品	C	0.65	80/1	0.65	80/1
4	螺纹大径（d）		2.5	80/5	4.0	80/7
5	无螺纹杆径（d_s）			80/5		80/7
6	公称长度（l）			80/5		80/7
7	螺纹长度（b）			80/5		80/7
8	拧入金属端长度（b_m）			80/5		80/7
9	螺杆直线度			80/5		80/7
10	二类表面缺陷			80/5		80/7
11	一类表面缺陷		0.65	80/1	0.65	80/1
12	机械性能	项目按GB3098.1类或GB3098.6规定				
12.1	非破坏性检查	A	0，65	20/0	0.65	20/0
12.2	破坏性检查	A	1.5	8/0	1.5	8/0

螺柱产品的检验方法 **表4-17**

序号	抽查项目	检具		检验方法
		名称	标准，规格	
1	螺纹通规（检查螺纹的作用中径和小径）	通端螺纹环规	GB3934	用手将环规旋入，应能顺利通过
2	螺纹止规（检查螺的纹单一中径）	止端螺纹环规	GB3934	用手将环规旋入，但不得超两个螺距（拧退环规起计算）
3	混杂品			目测及必要的测量
4	螺纹大径（d）	千分尺	GB1216	在沿螺纹轴线方向，任一相互垂直方向上测量：当 $l<5d$ 时在螺纹长度的 $l/2$ 处测量；当 $l>5d$ 时，在螺纹两端测量，但不应在螺纹收尾及不完整螺纹部分测量

续表

序号	抽查项目	检具		检验方法
		名　称	标准，规格	
5	无螺纹杆径（d_s）	卡尺	GB1214 0.02mm	在无螺纹部份杆部长度的1/2处测量
6	公称长度（l）	卡尺	GB1214 0.05mm	从螺杆末端的长边起进行测量
7	螺纹长度 b	卡尺	GB1214 0.05mm	从螺杆末端的长边起，测量至通端螺纹环规端面的距离
8	拧入金属端长度			
9	螺杆直线度	百分表及专用V形架、平台及塞尺	GB1219 GB8060	将螺柱置于V形架上，用百分表在最大弯曲部位进行测量，转动一周，测出指针读数最大差值，其 $l/2$ 为测定值；用检验平台及塞尺进行测量
10	二类表面缺陷			目测
11	一类表面缺陷			按GB5779.1—86配定
12	机械性能			按GB3098.1或GB3098.6规定

螺母产品的抽查项目，抽样方案及缺陷等级按表4－18规定。

螺母产品的检验方法按表4－19规定。

螺母产品的抽查项目、抽样方案及缺陷等级规定　　　　表4－18

序号	抽查项目	缺陷等级	抽样方案			
			A、B级		C级	
			AQL	n/A_c	AQL	n/A_c
1	对边宽度（s）	B	1.0	80/2		80/3
2	对角宽度（e）			80/2	1.5	80/3
3	螺纹通规（检查螺纹的作用中径和小径）		1.5	80/3		80/3
4	螺纹止规（检查螺纹的单一中径）		2.5	80/5	2.5	80/3
5	混杂品		0.65	80/1	0.65	80/1

续表

序号	抽查项目	缺陷等级	抽样方案			
			A、B级		C级	
			AQL	n/Ac	AQL	n/Ac
6	螺纹小径（D_1）	C	2.5	80/5	4.0	80/7
7	螺母高度（m）			80/5		80/7
8	开槽宽度（n）			80/5		80/7
9	底部厚度（w）或开槽深度（t）			80/5		80/7
10	支承面直径（d_w）			80/5		
11	法兰直径（d_c）			80/5		
12	扳拧高度（m'）			80/5	4.0	80/7
13	开槽对螺杆轴线的对称度			80/5		80/7
14	螺母支承面与螺纹轴线的垂直度			80/5		80/7
15	二类表面缺陷			80/5		80/7
16	一类表面缺陷		0.65	80/1	0.65	80/1
17	机械性能	项目按GB3098.2类或GB3098.6或GB3098，4规定				
17.1	非破坏性检查	A	0.65	20/0	0.65	20/0
17.2	破坏性检查	A	1.5	8/0	1.5	8/0

螺母产品的检验方法　　表4－19

序号	抽查项目	检具		检验方法
		名　称	标准，规格	
1	对边宽度（s）	卡尺	GB1214 0.02mm	在扳拧高度m'的范围内测量
2	对角宽度（e）	卡尺	GB1214 0.02mm	在扳拧高度m'的范围内测量
3	螺纹通规（检查螺纹的作用中径和大径）	通端螺纹塞规	GB3934镀后螺纹用6H或7H	用手将环规旋入，应能顺利通过（不包括锁紧螺母的有效力矩部分）
4	螺纹止规（检查螺纹的单一中径）	止端螺纹塞规	GB3934	用手将塞规旋入，螺母两端的螺纹部分，每端不得超两个螺距（拧退塞规计算）对于三个或少于三个螺距的螺母，不应完全通过

续表

序号	抽查项目	检具		检验方法
		名称	标准，规格	
5	混杂品			目测及必要的测量
6	螺纹小径（D_1）	光滑塞规	GB3934	用手将塞规插入螺母的螺纹部分，通端塞规应能顺利通过（不包括锁紧螺母的有效力矩部分）止端塞规插入螺母两端的螺纹应符合以下规定：（1）1型和2型旋入螺母两端插量之和：$(Z_1+Z_2)<0.5m_{max}$（2）薄螺母（$0.5D<0.8D$）两端插入量之和：$(Z_1+Z_2)<0.65m_{max}$ （3）锁紧螺母和开槽螺母从支承面一端的插入量：$Z<0.35D$ （4）圆螺母两端插入量之和：$(Z_1+Z_2)<3P$
7	螺母高度（m）	卡尺	GB1214 0.02mm	
8	开槽宽度（n）	卡尺	GB1214 0.02mm	
9	底部厚度（w）	卡尺	GB1214 0.02mm	
10	支承面直径（d_w）	卡尺	GB1214 0.03mm	
11	法兰直径（d_c）	卡尺	GB1214 0.03mm	
12	扳拧高度（m'）	卡尺	GB1214 0.02mm	先测出符合 e_{min}的起点与终点，再测出两点之距离
13	开槽对螺纹轴线的对称度	专用螺纹芯棒销棒		将开槽螺母旋入专用螺纹芯棒，销棒应能插入开口销孔
14	螺母支承面与螺纹轴线的垂直度	垂直规及塞尺	0B8060	
15	二类表面缺陷			目测
16	一类表面缺陷			按 0B5779.2—86 规定
17	机械性能			按 GB3098.2 或 GB3098.4 规定或 GB3098.6 规定

机器螺钉产品的抽查项目、抽样方案及缺陷等级按表4－20规定。

机械螺钉产品的检验方法按表4－21规定。

机器螺钉产品的抽查项目、抽查方案及缺陷等级规定　　表4－20

序号	抽查项目	缺陷等级	抽样方案	
			AQL	n/Ac
1	螺纹通规（检查螺纹的作用中径和小径）	B	1.5	80/3
2	螺纹止规（检查螺纹的单一中径）			80/3
3	开槽宽度（n）	C		80/3
4	开槽深度（t）或扳拧部分和支承面间的厚度（w）			80/3
5	十字槽插入深度		0.65	80/1
6	混杂品		4.0	80/7
7	头部直径（d_k）			80/7
8	头部高度（k）			80/7
9	沉头螺钉头部形状			80/7
10	公称长度（l）			80/7
11	螺纹长度（b）			80/7
12	螺纹大径（d）			80/7
13	肩距（a）			80/7
14	头部对螺杆轴线的同轴度			80/7
15	头部开槽对螺杆轴线的对称度			80/7
16	螺杆直线度			80/7
17	二类表面缺陷			80/7
18	一类表面缺陷		0.65	80/1
19	机械性能	项目按GB3098.1B类或GB3098.6规定		
19.1	非破坏性检查	A	0，65	20/0
19.2	破坏性检查	A	1.5	8/0

机械螺钉的检验方法 表 4－21

序号	抽查项目	检具		检验方法
		名称	标准，规格	
1	螺纹通规（检查螺纹的作用中径和小径）	通端螺纹环规	GB3934	用手将环规旋入，应能顺利通过
2	螺纹止规（检查螺纹的单一中径）	止端螺纹环规	GB3934	用手将环规旋入，但不得超过两个螺距（拧退环规起计算）
3	开槽宽度（n）	卡尺	GB1214 0.02mm	
4	开槽深度（t）	卡尺	GB1214 0.02mm	在槽的最浅处（沿槽口一凹底；沿轴心线一凸底，进行测量
5	十字槽插入深度	十字槽测深表	GB944.1	
6	混杂品			目测及必要的测量
7	头部直径（d_k）	卡尺	GB1214 0.02mm	
8	头部高度（k）	卡尺	GB1214 0.02mm	
9	沉头螺钉头部形状	专用量规	GB5279	按 GB5279 规定
10	公称长度（l）	卡尺	GB1214 0.03mm	从螺杆的末端长边起进行测量
11	螺纹长度（b）	卡尺	GB1214 0.05mm	从螺杆末端的长边起测量至通端螺纹规端面的距离（应去除螺纹环规内倒角的长度）
12	螺纹大径（d）	千分尺	GB1216	在沿螺纹轴线方向，任一相互垂直的两个直径方向上测量（螺纹收尾及不完整螺纹部分除外）
13	肩距（a）	卡尺	GB1214 0.02mm	从支承面测量至通端螺纹环规端（应去除螺纹环规内倒角长度）
14	头部对螺杆轴线的同轴度	百分表及专用V形架、卡尺	GB1219 GB1214 0.02mm	先测出螺杆母线与头部外圆间的最小距离值，然后测出相对方向的距离值，两者之差为测量值
15	头部开槽对螺杆轴线的对称度	百分表及专用V形架、卡尺	GB1219 GB1214 0.02mm	
16	螺杆直线度	专用检查模	GB8060	用检验平台及塞尺进行测量
17	二类表面缺陷			目测
18	一类表面缺陷			按 GB5779.1—86 规定
19	机械性能			按 GB3098.1 或 GB3098.6 规定

内凹槽圆柱头螺钉抽查项目、抽样方案及缺陷等级按表 4－22 规定。

内凹槽圆柱头螺钉的检查方法按表 4－23 规定。

内凹槽圆柱头螺钉抽查项目、抽样方案及缺陷等级 表4-22

序号	抽查项目	缺陷等级	抽样方案	
			AQL	n/Ac
1	对边宽度（s）	B	1.0	80/2
2	对角宽度（e）			80/2
3	花形尺寸（B）			80/2
4	螺纹通规（检查螺纹的作用中径和小径）			80/2
5	螺纹止规（检查螺纹的单一中径）			80/2
6	头下圆角半径（r）		1.5	80/3
7	扳拧部分的深度（t）		1.0	80/2
8	混杂品		0.65	80/1
9	螺纹大径（d）	C	2.5	80/5
10	无螺纹杆径（d_s）			80/5
11	头部直径（d_k）			80/5
12	头部高度（k）			80/5
13	公称长度（l）			80/5
14	螺纹长度（b）			80/5
15	肩距 a 或夹紧长度（l_g）			80/5
16	无螺纹杆部长度（l_s）			80/5
17	头部对螺杆轴线的同轴度			80/5
18	螺杆直线度			80/5
19	二类表面缺陷			80/5
20	一类表面缺陷		0.65	80/1
21	机械性能	项目按GB3098，1B类或GB3098.6规定		
21.1	非破坏性检查	A	0.65	20/0
21.2	破坏性检查	A	1.5	8/0

内凹槽圆柱头螺钉的检查方法 表 4-23

序号	抽查项目	检具		检验方法
		名 称	标准，规格	
1	对边宽度（s）	卡尺	GB1214 0.02mm	在 1/2t 处三个对边方向测量
2	对角宽度（e）	卡尺	GB1214 0.02mm	在 1/2 处三个对角方向测量
3	花形尺寸（B）	卡尺	GB1214 0.02mm	
4	螺纹通规（检查螺纹的作用中径和小径）	通端螺纹环规	GB3934	用手将环规旋入，应能顺利通过
5	螺纹止规（检查螺纹的单一中径）	止端螺纹环规	GB3934	用于将环规旋入，但不得超两个螺距（拧退环规起计算）
6	头下圆角半径（r）	专用半径样板		
7	扳拧部分的深度（t）	六角花形－T形深度表	GB6188 GB1214 0.02mm	六角花形按 GB6188 的规定；内六角孔沿对角棱边进行测量
8	混杂品			目测及必要的测量
9	螺纹大径（d）	千分尺	GB1216	在沿螺纹轴线方向，任一相互垂直的两个直径方向上测量：当 $l<5d$ 时在螺纹长度的 l/2 处测量；当 $l>5d$ 时，在螺纹两端测量，但不应在螺纹收尾及不完整螺纹部分测量
10	无螺纹杆径（d_s）	千分尺	GB1216	在距支承面 1 倍直径处测量
11	头部直径（d_k）	卡尺	GB1214 0.02mm	
12	头部高度（k）	卡尺	GB1214 0.02mm	
13	公称长度（l）	卡尺	GB1214 0.03mm	从螺杆的末端长边起进行测量
14	螺纹长度（b）	卡尺	GB1214 0.05mm	从螺杆末端的长边起测量至通端螺纹环规端面的距离（应去除螺纹环规内倒角长度）
15	肩距（a）或夹紧长度（l_g）	卡尺	GB1214 0.05mm	从支承面测量至通端螺纹环规端面的距离（应去除螺纹环规内倒角长度）
16	无螺纹杆部长度	卡尺	GB1214 0.02mm	从支承面测量至杆部缩颈终端的距离

续表

序号	抽查项目	检具		检验方法
		名称	标准，规格	
17	头部对螺杆轴线的同轴度	百分表及专用V形架、卡尺	GB1219 GB1214 0.02mm	先测出螺杆母线与头部外圆之间的最小距离值，然后测出相对方向的距离值，两者之差为测量值
18	螺杆直线度	专用检验模、平台及塞尺	GB8060	将螺杆旋入带内螺纹的专用检验模中，应能拧入两圈以上；用检验平台及塞尺进行测量
19	二类表面缺陷			目测
20	一类表面缺陷			按 GB5779.1 或 GB5779.3 规定
21	机械性能			按 GB3098.1 或 GB3098.6 规定

紧定螺钉产品的抽查项目、抽样方案及缺陷等级按表 4－24 规定。

紧定螺钉产品的检验方法按表 4－25 规定。

紧定螺钉产品的抽查项目、抽样方案及缺陷等级规定　　表 4－24

序号	抽查项目	缺陷等级	抽样方案	
			AQL	n/Ac
1	对边宽度（s）	B	1.5	80/2
3	对角宽度（e）			80/2
3	螺纹通规（检查螺纹的作用中径和小径）			80/3
4	螺纹止规（检查螺纹的单一中径）			80/3
5	开槽宽度（n）			80/3
6	扳拧部分的深度（t）			80/3
7	混杂品		0.65	80/1
8	螺纹大径（d）	C	4.0	80/7
9	公称长度（l）			80/7
10	末端长度（z）			80/7
11	头部高度（k）			80/7
12	圆柱端直径（d_p）			80/7
13	紧定螺钉圆柱端对螺杆轴线的同轴度			80/7
14	紧定螺钉末端与螺杆轴线的垂直度			80/7
15	二类表面缺陷			80/7
16	一类表面缺陷		0.65	80/1
17	机械性能	项目按 GB3098.3 类或 GB3098.6 规定		
17.1	破坏性检查		1.5	8/0
17.2	非破坏性检查		0.65	20/0

紧定螺钉产品的检验方法　　表 4-25

序号	抽查项目	检具		检验方法
		名称	标准，规格	
1	对边宽度（s）	卡尺	GB1214 0.02mm	内六角：在 $1/2t$ 处的三个对边方向测量；方头：在 $1/2k$ 处进行测量
2	对角宽度（e）	卡尺	GB1214 0.02mm	内六角：在 $1/2t$ 处的三个对边方向测量；方头：在 $1/2k$ 处进行测量
3	螺纹通规（检查螺纹的作用中径和小径）	通端螺纹环规	GB3934	用手将环规旋入，应能顺利通过
4	螺纹止规（检查螺纹的单一中径）	止端螺纹环规	GB3934	用手将环规旋入，但不得超两个螺距（拧退环规起计算）
5	开槽宽度（n）	卡尺	GB1214 0.02mm	
6	扳拧部分深度（t）	卡尺	GB1214 0.02mm	在槽的最浅处（沿槽口—凹底；沿轴心线—凸底进行测量;）内六角孔沿对角棱边进行测量
7	混杂品			目测及必要的测量
8	螺纹大径（d）	千分尺	GB1216	在沿螺纹轴线方向，任一相互垂直的两个直径方向上测量（螺纹收尾及不完整螺纹部分除外）
9	公称长度（l）	卡尺	GB1214 0.03mm	从螺杆的末端长边起进行测量
10	末端长度（z）	卡尺	GB1214 0.02mm	
11	头部高度（k）	卡尺	GB1214 0.03mm	
12	圆柱端直径（d_p）	卡尺	GB1214 0.02mm	
13	紧定螺钉圆柱端对螺杆轴线的同轴度	百分表及专用V形架、卡尺	GB1219	将螺钉置于V形架上并转动，用百分表进行测量，测出指针读数最大差值
14	紧定螺钉圆柱端对螺杆轴线的垂直度	百分表及专用V形架、卡尺	GB1219	将螺钉置于V形架上并转动，用百分表进行测量，测出指针读数最大差值
15	二类表面缺陷			目测
16	一类表面缺陷			按 GB5779.1 规定
17	机械性能			按 GB3098.3 或 GB3098.6 规定

自攻螺钉产品的抽查项目、抽样方案及缺陷等级按表 4－26 规定。

自攻螺钉产品的检验方法按表 4－27 规定。

自攻螺钉产品的抽查项目、抽样方案及缺陷等级规定　　表 4－26

序号	抽查项目	缺陷等级	抽样方案	
			AQL	n/Ac
1	对边宽度（s）	B	1.5	80/3
2	对角宽度（e）			80/3
3	开槽宽度（n）			80/3
4	开槽深度（t）			80/3
5	十字槽插入深度			80/2
6	螺纹小径（d_2）		2.5	80/5
7	混杂品		0.65	80/1
8	头部高度（k）	C	4.0	80/7
9	螺纹大径（d_1）			80/7
10	沉头螺钉头部形状			80/7
11	螺杆外接圆直径（d_3）			80/7
12	头部直径（d_k）			80/7
13	公称长度（l）			80/7
14	表面缺陷			80/7
15	机械性能	项目按 GB3098.5 类或 GB3098.7 或 GB/T3098.11 规定		
15.1	非破坏性检查	A	0.65	20/0
15.2	破坏性检查	A	1.5	8/0

自攻螺钉产品的检验方法 表 4-27

序号	抽查项目	检具		检验方法
		名称	标准，规格	
1	对边宽度（s）	卡尺	GB1214 0.02mm	在扳拧高度 k'的范围内测量
2	对角宽度（e）	卡尺	GB1214 0.02mm	在扳拧高度 k'的范围内测量
3	开槽宽度（n）	卡尺	GB1214 0.02mm	
4	开槽深度（t）	卡尺	GB1214 0.02mm	在槽的最浅处（沿槽口一凹底；沿轴心线一凸底，进行测量）
5	十字槽插入深度	十字槽测深表	GB994.1	
6	螺纹小径（d_2）	卡尺	GB1214 0.02mm	用卡尺（经改制）在 $1/2l$ 处测量
7	混杂品			目测及必要的测量
8	头部高度（k）	卡尺	GB1214 0.02mm	
9	螺纹大径（d_1）	千分尺	GB1216	用千分卡在 $1/2l$ 处测量
10	沉头螺钉头部形状	专用量规	GB5279	按 GB5279 规定
11	螺杆外接圆直径（d_3）	专用量规	GB6559	专用通端光滑环规定应能顺利通过，螺杆末端端面不应超出止端光滑环规端面
12	头部直径（d_k）	卡尺	GB1214 0.02mm	
13	公称长度（l）	卡尺	GB1214 0.03mm	
14	表面缺陷			目测
15	机械性能			按 GB3098.5 或 GB3098.7 或 GB/T3098.11 规定

附 录

螺纹紧固件二类表面缺陷

螺纹紧固件二类表面缺陷是指 GB5779.1—3 中未作规定的表面缺陷，本附表规定了以下缺陷：

1. 毛刺

毛刺是指螺栓、螺钉紧固件产品加工后，在制品上残留的多余金属。

外观——没有准确的几何形状；一般在螺栓、螺钉头部下方或螺母支承面沿轴线方向分布。

极限——在支承面上的毛刺高度不得超过垫圈面或者相当的厚度值。

2. 对角凹陷

对角凹陷是指六角（或四角）产品任意两对角棱线上的缺口。

外观——往往是对角棱线上成对出现。

极限——对角凹陷的极限，不得使对角宽度减小到小于相应产品标准规定的 e_{min}。

3. 切边凹陷

切边凹陷是指螺栓或螺钉头部在对边平面上紧靠支承面的凹陷。

外观——对边平面上靠近支承面，无规则、无固定形状。

极限——在切痕上方，任何形状和大小的切边凹陷都不允许。

检测时，二类表面缺陷作为一个项目计算，其总缺陷数不得大于合格判定数（Ac）。

4.3.1.4. 螺纹紧固件机械性能试验抽查项目

GB90—85 标准（紧固件验收检查、标志与包装）规定，螺纹紧固件的机械性能抽查项目如表 4-28。

螺纹紧固件机械性能试验抽查项目 表 4-28

产品类别 抽查项目	碳素钢或合金钢							不锈钢		
	螺栓	螺柱	螺钉 *	螺母	机器螺钉 * *	自攻螺钉	紧定螺钉	螺栓、螺钉和螺柱 *		螺母
								≤M5	>M5	
抗拉强度	●	●	●		●			●	●	
硬度	●	●	●	●	●	●	●		●	●
屈服强度									●	
伸长率									●	
保证应力				●						●
楔负载强度（头部坚固性）	●		●							
脱碳层	●	●	●				●			
扭矩试验				●		●	●	●		
拧入性						●				

注：表中抽查项目（带“●”者）按产品类别列出，对各种产品实际可实施的抽查项目应按相应产品标准确定；

* 螺钉仅指内六角圆柱头螺钉、内六角花形圆柱头螺钉及圆柱头内花键螺钉；

* * 机器螺钉指开槽和十字槽螺钉，也适用于异形螺钉及不脱出螺钉。

4.3.1.5 螺纹紧固件机械性能试验方法

螺栓、螺钉（包括机器螺钉）和螺柱的机械性能试验方法，碳钢或合金钢的按GB5098.1—82（88年确认）。

(1) 螺栓、螺钉和螺柱的硬度试验

螺栓、螺钉和螺柱的硬度试验是指实体硬度或一般称为心部硬度。可采用布氏、洛氏或维氏硬度计进行测定。测定硬度的部位，应在螺栓、螺钉和螺柱的头部、末端或杆部。

测量时，应去除试件的镀层、涂层和油污，并磨平受试面和支撑面使两面尽量保持平行，试件能稳定地安置在硬度计的载样台上，在试验过程中不能发生滑动或跳动现象。

硬度计的压头应垂直、平稳地加于试样的受试面上，不得有跳动或冲击现象。

如果测出的硬度值，超出规定的最高硬度值，则应在末端一个螺纹直径的截面上，距中心1/2半径处再作试验，验收时，如再有争议，应以维氏硬度 HV_{30}作为仲裁试验。

关于机器螺钉的硬度试验，由于机器螺钉多数是全螺纹，头型复杂，现规定测定硬度的部位为末端。如果头型复杂，无法使螺钉稳定地安置在硬度计载样台上，则应在螺钉末端，一个螺纹直径的截面上测定。

关于使用布氏、洛氏和维氏硬度计测定硬度时，必须遵循的事项：

a. 用布氏硬度计测定硬度时，试样表面应制成光滑平面，以使压痕边缘足够清晰，保证测量压痕直径的准确性。

制备试样时，不应使试样表面因受热或加工硬化面改变其硬度。

b. 钢球直径、负荷大小与负荷保持时间，应根据试件预期硬度和厚度，按表4-29选择。

布氏硬度计测定硬度时应遵循事项　　表4-29

金属种类	布氏硬度值范围 HBS	试件厚度 (mm)	负荷 P 与钢球直径 D 的相互关系	钢球直径 D (mm)	负荷 P (kg)	负荷保持时间 (s)
黑色	140~450	6~3 4~2 <2	$P=30D^2$	10.0 5.0 2.5	3000 750 187.5	10
金属	<140	>6 6~3 <3	$P=10D^2$	10.0 5.0 2.5	1000 250 62.5	10

c. 布氏硬度压痕中心距试样边缘的距离，应不小于压痕直径的2.5倍，压痕与相邻压痕中心的距离为压痕直径的4倍。

d. 用洛氏硬度计测定硬度时，压痕中心距试样边缘及相邻压痕中心之间的距离一般不小于3mm。特殊情况下，上述距离可以缩小，但不应小于压痕直径的3倍。

e. 在每个试件上的试验点数应不等于四点（第一点不计）。对大批量试件的检验，点数可适当减少。

f. 应按表4-30和表4-31时圆柱形试样上测得的洛氏硬度值进行修正。例如：在直径为10mm的圆柱表面测得HRC为40，修正后应该是83.5。

圆柱形试样洛氏硬度（C标尺）修正值　　表4-30

HRC	圆柱形试样直径（mm）								
	6	10	13	16	19	22	25	3Z	38
20	6.0	4.5	3.5	2.5	2.0	1.5	1.5	1.0	1.0
25	5.5	4.0	3.0	2.5	2.0	1.5	1.0	1.0	1.0
30	5.0	3.5	2.5	2.0	1.5	1.5	1.0	1.0	0.5
35	4.0	3.0	2.0	1.5	1.5	1.0	1.0	0.5	0.5
40	3.5	2.5	2.0	1.5	1.0	1.0	1.0	0.5	0.5
45	3.0	2.0	1.5	1.0	1.0	1.0	0.5	0.5	0.5
50	2.5	2.0	1.5	1.0	1.0	0.5	0.5	0.5	0.5
55	2.0	1.5	1.0	1.0	0.5	0.5	0.5	0.5	0
60	1.5	1.0	1.0	0.5	0.5	0.5	0.5	0	0
65	1.5	1.0	1.0	0.5	0.5	0.5	0.5	0	0

圆柱形试样洛氏硬度（B标尺）修正值　　表4-31

HRB	圆柱形试样直径（mm）						
	6	10	13	16	19	22	25
20	11.0	7.5	5.5	4.5	4.0	3.5	3.0
30	10.0	6.5	5.0	4.5	3.5	3.0	2.5
40	9.0	6.0	4.5	4.0	3.0	2.5	2.5
50	8.0	5.5	4.0	3.5	3.0	2.5	2.0
60	7.0	5.0	3.5	3.0	2.5	2.0	2.0
70	6.0	4.0	3.0	2.5	2.0	2.0	1.5
80	5.0	3.5	2.5	2.0	1.5	1.5	1.5
90	4.0	3.0	2.0	1.5	1.5	1.5	1.0
100	3.5	2.5	1.5	1.5	1.0	1.0	0.5

注：对表4-30和表4-31范围内的其他直径和硬度值，可用插入法求得修正值。

g．测量洛氏硬度的试件或表面层的最小厚度应不小于表4-32的规定。

洛氏硬度试件或表面层的最小厚度　　表4-32

硬度值 / 最小厚度符合	20	25	30	40	50	60	67	70	80	90	100
HRA								0.7	0.5	0.4	
HRB		2.0	1.9	1.7	1.5	1.3	1.3	1.2	1.0	0.8	0.7
HRC	1.5	1.4	1.3	1.2	1.0	0.8	0.7				

h. 用维氏硬度计测量硬度时，压痕中心与试件边缘或相邻压痕中心之间的距离，应不小于平均压痕对角线长的2.5倍。

凸柱面（对角线与轴为45°） 表4-33

d/D	修正系数	d/D	修正系数
0.009	0.995	0.109	0.940
0.017	0.990	0.119	0.935
0.026	0.985	0.129	0.930
0.035	0.980	0.139	0.925
0.044	0.975	0.149	0.920
0.053	0.970	0.159	0.915
0.062	0.965	0.169	0.910
0.071	0.960	0.179	0.905
0.081	0.955	0.189	0.900
0.090	0.950	0.200	0.895
0.100	0.945		

i. 测量维氏硬度的试件最小厚度，应符合表4-34的规定。

测量维氏硬度的试件最小厚度 表4-34

负荷 P kgf（N）	HV					
	200	300	400	600	800	1000
	最小厚度（mm）					
1（9.81）	0.14	0.12	0.10	0.08	0.07	0.06
2（19.61）	0.19	0.16	0.14	0.12	0.10	0.09
3（29.42）	0.24	0.19	0.17	0.14	0.12	0.11
4（39.23）	0.27	0.22	0.20	0.16	0.14	0.12
5（49.03）	0.31	0.25	0.22	0.18	0.15	0.14
10（98.07）	0.43	0，36	0.31	0.25	0.22	0.19
20（196.13）	0.62	0.50	0.43	0.36	0.31	0.28
30（294.20）	0.75	0.62	0.53	0.44	0.38	0.34
40（392.27）	0.87	0.71	0.62	0.50	0.44	0.39
50（490.33）	1.00	0.80	0.69	0.56	0.49	0.44
60（588.40）	1.10	0.87	0.75	0.62	0.53	0.48
80（784.53）	1.20	1.00	0.87	0.71	0.62	0.55
100（980.67）	1.40	1.20	1.00	0.80	0.69	0.62
120（1176.8）	1.50	1.30	1.10	0.87	0.75	0.67

（2）表4－29中螺纹紧固件的验收抽查项目的检测方法以及其他项目的检测方法，可参阅附录I中相应产品的“紧固件机械性能”国家标准。

4.3.2 钢结构用螺栓连接副的检测

在现代钢结构安装工程中，普遍用高强度螺栓摩擦型连接来代替铆钉和焊接，使得钢结构的可靠性大大提高。然而对于所使用的高强度螺栓连接副的要求就显得非常之高，因此，对高强度连接副的检测是非常重要的。高强度螺栓连接副的检测工作分两部分，一是连接副的连接性能测试，二是螺栓、螺母、垫圈的性能测试。

4.3.2.1 高强度螺栓连接副性能测试

在国家标准中，有两种钢结构用螺栓连接副，一是GB1228～1230的钢结构用高强度大六角螺栓连接副，一是GB3632～3633—83的钢结构用扭剪型高强度螺栓连接副，对于不同的国家标准的高强度螺栓连接副有不同的技术标准要求和检测方法。

1．大六角螺栓连接副的连接性能测试

对于钢结构用大六角螺栓连接副的连接性能要求，在GB1231中有明确规定，GB1231中，以连接副的连接时扭矩系数的平均值，以及它的标准偏差来考核连接副的连接性能，扭矩系数的测试是拿一套螺栓连接副（一个螺栓GB1228、一个螺母GB1229、一个或二个垫圈GB1230）安装在螺栓轴力测试仪上，使用扭矩板手，按照GB1231的要求，把螺母旋紧，一直到轴力仪上的轴向力P达到标准所规定的要求见表4－35，同时读出并记录扭矩板手上的扭矩值T，这样可运用下式计算出扭矩系数K。扭矩系数为无量纲值。

$$K = \frac{T}{p \cdot d} \tag{4-68}$$

式中 T——旋拧扭矩（N·m）；

d——高强度螺栓的公称直径（mm）；

P——螺栓轴力（kN）。

轴向力P须达到的要求 **表4－35**

螺栓规格	M12	M16	M20	M22	M24	M27	M30
P值（kN）	49～59	93～113	142～177	177～216	206～250	265～324	329～397

该扭矩系数K值，标准规定为0.110～0.150。由于扭矩系数测试不具重现性，每一套螺栓连接副只能得出一个K值，因此，为能检测出整批螺栓连接副的连接质量，必须测试出一组K值，其样本在5～8个或更多些，这样就得到一个统计的数据——标准偏差，该标准偏差能说明整批螺栓连接副的连接性能离散程度，标准规定该标准偏差必须小于0.01。

2．扭剪型螺栓连接副的连接性能测试

对于扭剪型螺栓连接副的连接性能要求在GB3633中有明确规定。GB3633中以连接副在连接时的紧固轴力的平均值，以及它的标准偏差来评定连接副的连接性能，紧固轴力的测试是选用一套螺栓连接副（GB3632中的螺栓一个、螺母一个、垫圈一个）安装在螺栓轴力测试仪上，使用专用的扭剪型螺栓电动板手，把螺栓尾部的梅花头扭断，读出记录轴力仪上的轴力P。由于每套螺栓连接副只能使用一次，只能测出一个轴向力值，而为能检验整批螺栓连接副的连接性能，必须对5～8套或者更多的的螺栓连接副进行测试，这就能得到一组统计数据，其轴力的平均值必须在规定的范围内，同时标准偏差也必须达到标准所规定的要求（表 4－36）。

轴力的平均及标准差必须达到的数值 **表 4－36**

螺栓规格	M16	M20	M22	M24
P 值（kN）	99～120	154～186	191～231	222～270
标准偏差	9.90	15.30	19.11	22.25

3．螺栓连接副连接性能测试中的几个问题

（1）试验所用的试样样本必须在同一生产批中选取，同一生产批的含义是，螺栓、螺母、垫圈都为同一批号，螺栓必须与同一生产批的螺母、垫圈配合检测，同样的螺母也必须如此，严禁使用不同生产批的螺栓、螺母、垫圈混合的配对检测。

（2）试验用样品必须认真妥善保管，不能与其他批号的螺栓、螺母、垫圈混合存放。同时，对同一批号的螺栓、螺母、垫圈也要做好隔离包装，不能使螺栓、螺母、垫圈相互间产生交叉污染，以免影响检测结果。

（3）所有试验用试样必须保持原有（出厂时的）表面状态。

（4）每一套螺栓连接副（螺栓、螺母、垫圈）只能测试一次，不能重复测试，试验后的螺栓连接副不能再被使用。

（5）为了得到较准确的统计数据，每一试样样本数不得少于 5 个。

4.3.2.2 螺栓、螺母、垫圈的性能检测

对于螺栓连接副的检验工作，除了上一节叙述的外，必须对螺栓、螺母、垫圈分别进行性能检测。

螺栓的性能检测主要包括常规检验和非常规检验两类。

1．常规检验包括：

（1）楔负载试验；

（2）保证载荷试验；

（3）硬度试验（仅限于大样本件）。

2．非常规检验包括：

（1）螺纹脱碳试验；

（2）再回火试验；

（3）抗拉试验、屈服强度、延伸率；

（4）冲击试验。

* （3）、（4）项为 A 类试验法的内容。

螺母的性能试验有：

A．保证载荷试验；

B．硬度试验。

垫圈的性能试验为硬度试验。

以上试验方法和要求要按照 4.3.1.3 节所讲的内容进行。

对于螺栓的 A 类试验可视工程的重要性，或者考核螺栓生产厂家的产品质量是否可靠和稳定性确定，然而 A 类试验建议对螺栓长度大于 6 个直径的螺栓进行。

4.3.3 高强度螺栓连接件的钢结构抗滑移系数的检测

在摩擦型钢结构连接中，除了对高强度螺栓连接副有很高要求外，还对钢结构接点的钢板表面摩擦性能有要求，为此，国家标准 GB50221－2001“钢结构工程施工质量验收规范”要求制造厂和安装单位应分别以钢结构制造批为单位进行抗滑移系数试验。

4.3.3.1 对试验用摩擦板试样的要求

抗滑移试验用试样采用双摩擦面，两螺栓（四孔）或三螺栓（六孔）拼接成的拉力构件，如图 4－71。该试件所用钢板须与所代表的钢结构构件应为同一材质，同批制作，采用相同摩擦面处理工艺以及具有相同的表面状态，该钢板应平整，无油污，孔和板的边缘无飞边、毛刺，试板的尺寸可参考表 4－37，其中 $L_1=150$mm，$f=4$mm，如不能达到表中所推荐的厚度，希望能进行钢板强度校核，以保证钢板在试验中不发生塑性变形，确保试验顺利进行，得到准确的试验数据。

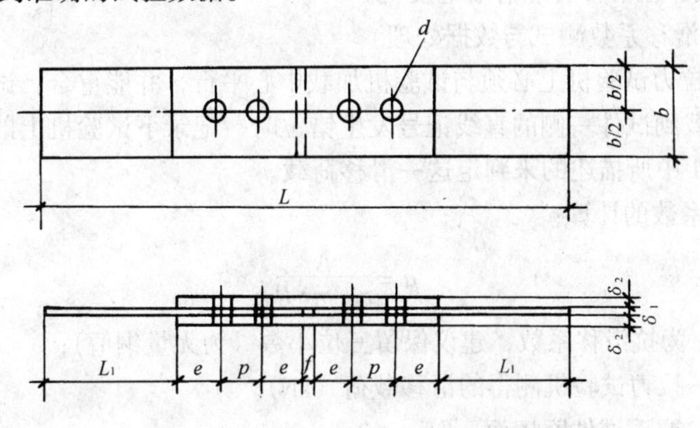

图 4－71 防火涂料涂层厚度测点示意图

摩擦系数试件参考尺寸 表 4－37

性能等级	公称直径	孔径 d	芯板厚度 δ_1	盖板厚度 δ_2	板宽 b	端距 e	间距 p
8.8	M16	17.5	14	8	75	40	60
	M20	22	18	10	90	50	70
	M22	24	20	12	95	55	80
	M24	26	22	16	100	60	90
	M27	29	25	18	110	65	95
	M30	32.5	30	22	120	65	100
10.9	M16	17.5	14	8	85	40	60
	M20	22	18	10	110	50	70
	M22	24	22	12	115	55	80
	M24	26	25	16	120	60	90
	M27	29	30	20	125	65	95
	M30	32.5	35	25	125	65	100

4.3.3.2 摩擦板试样的安装与制作

在用大六角螺栓连接副或者扭剪型螺栓连接副作为摩擦板试件的连接件时，首先必须获得所用螺栓连接副的扭矩系数（指大六角螺栓连接副）或者平均轴力（扭剪型螺栓连接副）。如果对所用的螺栓连接副这一连接参数不清楚的话，可选用五套同一批号的螺栓连接副，进行扭矩系数或者轴力试验，其结果必须符合 GB1231 或者 GB3633 的要求，在得到所用螺栓连接副的连接参数后，可根据这一参数进行安装，把螺栓连接副按要求装在摩擦板试件上，并作好记录。

同样，如果可能的话，可在螺栓连接副与摩擦板之间装上压力传感器（压力环），或者在螺栓上贴上电阻应变片（在使用前切勿忘记进行标定）。把螺栓的轴力控制在规定的范围内。

当把装配好的摩擦板试件置于拉力机上时，切记在摩擦板试件的一侧画上记号（直线），以便在钢板一旦滑移后能清晰地发现。

4.3.3.3 抗滑移系数测试与数据处理

摩擦试件在拉力试验机上必须与试验机加载中心平行，并能重合，试验时加载速度为 3~5kN/s，当加载到试件一侧的直线记号发生错位时，记录下试验机上的载荷，或者也可以 GB50205-2001 中所描述的来判定这一滑移荷载。

对于抗滑移系数的计算：

$$\mu=\frac{N}{n_{\mathrm{f}}\cdot m\cdot P} \tag{4-69}$$

式中 μ——为抗滑移系数，建议保留三位小数（为无量纲值）；

N——拉力试验机测得的滑移载荷（kN）；

n_{f}——摩擦试件摩擦面，取 $n=2$；

m——螺栓连接副参加计算数。

对于两个螺栓（四孔）$m=2$；

对于三个螺栓（六孔）$m=3$。

P——螺栓连接副的平均轴力（kN）

这一数据可从4.3.3.2节所述中得到，也可在螺栓的压力传感器或电阻应变片中获得。

4.3.3.4 钢网架螺栓球节点用高强度螺栓的检测

钢网架螺栓球节点用高强度螺栓简称“网架螺栓”，该螺栓在钢网架结构中已被广泛应用，其产品标准号为 GB/T16939—1997。

网架螺栓的检测较之螺栓连接副检测为简单，它的检测依据为 GB3098.1，只进行（1）拉力试验，（2）硬度试验，（3）脱碳试验，（4）试件抗拉试验。

检测试验中的一些特殊要求：

1. 对 M39~M64 网架螺栓一般用硬度试验代替拉力试验。

2. 由于对于大直径的螺栓而言，热处理有个淬透性的问题，所以，对于网架螺栓的芯部硬度将只要求在 HRC28 以上，而且这一“芯部”定义与 GB3098.1 中的定义一致，即在距螺纹末端一个直径的截面上，距中心 1/4 直径的位置。

3. 网架螺栓的试件抗拉试验（A 类试验）中的试样截取，采用了偏心取样法，所截取的抗拉试件的中心应在螺栓直径的 1/4 处，试件的直径为螺栓直径的 3/8，这就有很明显的可操作性。

4. 必须提醒的是，对网架螺栓的强度指标，其仲裁试验为实物拉力试验（M64 的拉力值为 2566~3166kN）。

4.4 结构性能检测

4.4.1 结构的荷载及作用检测

结构的强度、刚度、稳定性与结构所承受的荷载性质、效应的大小、及其时程有密切关系，结构的实际承载状态往往和设计荷载状态有一定的误差，如果这一误差超出允许范围，将可能导致结构的损伤甚至倒塌。

1. 结构设计计算荷载及效应的核定

结构上设计荷载及效应的核定，是对设计计算的复核，是对设计计算理论过程的检测，包括分别对两种极限状态（结构承载能力极限状态和正常使用极限状态）进行核定。结构上设计荷载及效应的核定包括荷载及效应的数值大小及作用位置、荷载的组合系数等核定，原则为：

(1) 当所鉴定结构的荷载符合国家现行标准《建筑结构荷载规范》（GB50009—2001）规定的取值标准时，应按规范规定取值核定。

(2) 当所鉴定结构的荷载不在《建筑结构荷载规范》（GB50009—2001）所规定的范围内或有特殊情况时，应按实际情况和《建筑结构可靠度设计统一标准》（GB50068—2001）的规定核定。

(3) 对于所检测的结构，根据其建筑类型（如高层、高耸、大跨等），还应根据相应的结构设计规范进行核定。

(4) 除上述规范规定外，尚应核定由于结构变形及温度因素对结构的不利作用。

2. 结构实际荷载状态的测定

结构实际荷载状态的测定，是为了确定实际结构的实际受力状态。结构的实际荷载状态应包括以下四项内容：

(1) 结构正常使用条件下的荷载及作用状态

测定荷载标准值，并按规范规定确定设计值。

(2) 结构破坏或倒塌时的荷载及作用状态

1) 按规范（《建筑结构荷载规范》（GB50009—2001）、《建筑结构可靠度设计统一标准》（GB50068—2001）及该类结构的专门规范或地方规范）规定确定。

2) 在规范无规定的条件下，依据工程实际测算或模拟试验测定。

(3) 部分构件失效后的结构荷载及作用状态

1) 确定部分构件断裂或压曲失效后，产生的对已损伤结构的冲击作用以及对相邻或其他结构的影响。冲击大小由结构破坏前时刻的失效构件所受内力确定。

2) 部分构件失效后，结构的荷载状态。用以确定已损伤结构的安全可靠性。

(4) 荷载及作用的作用位置和方向

1) 测定荷载的实际作用位置和方向。

2) 测定作用的实际作用位置和方向。

4.4.2　结构形体及构件损伤的测定

结构几何形体的变异及结构构件的变形缺陷，除影响建筑效果（如屋盖结构）外，还会引起结构构件内力的变化，甚至影响结构的承载性能。对于受损伤结构，需测定带损伤结构的几何形体、损伤构件变形及损伤节点连接的变化。

1. 结构的建造历史及使用情况纪录

结构的建造过程、使用过程，对结构的后期承载性能均有影响，为了正确分析鉴定结构性能，应对原结构的竣工图、施工纪录、各使用阶段的工况、损伤状况作以详细的调查纪录，也即收集结构竣工图、施工纪录、结构不同时期的监测/检测记录、使用纪录。

2. 结构体系几何形体的测定

应用测量仪器（如水准仪、经纬仪或全站仪）及相应的测量技术，测定受损伤结构节点的空间位置（即空间坐标），以确定受损伤结构的实际空间形体。

如果测量结果表明，受损伤结构的节点坐标与理论设计坐标的偏差在《钢结构工程施工质量验收规范》（GB50205—2001）、《网架结构工程质量检验评定标准》（GBJ78—91）等规范要求范围之内，则该结构形体与原结构理论设计形体相同。否则，该结构的空间几何形体应按节点变位后的形体确定。

有关具体的测量技术及计算方法可参考有关测量学书籍。

3. 结构构件变形的测定

钢结构构件的变形主要指梁、柱、板及墙的变形测量。

（1）对于竖向构件（如柱、墙），可采用经纬仪或全站仪测量其倾斜度或倾斜量，其侧屈挠度或不直程度可通过两端点间拉弦线的方法测跨中或最大挠曲点的挠度或偏差。

（2）对于水平构件（如梁、板），可用水平仪或拉弦线的方法测量其端点偏差及挠曲度。

（3）对于斜向构件（如杆、梁），可用拉弦线的方法测量其跨中或最大挠曲点的挠度。

（4）对于构件的扭转屈曲（如梁、柱、杆），可采用经纬仪或全站仪测算出构件的扭曲变形量。

（5）对于构件的局部屈曲测量，可采用拉线的方法测量局部屈曲（翘曲）或突曲处的变形量。对于精度要求较高的构件，也可采用光栅照片分析方法测量并计算其屈曲变形量。

对于仍在继续发展的构件变形，应采取支撑维护，确保其不再继续变形，或待其变形稳定后，测量变形量，以防事故的恶化。

如果测量所得的构件变形量在《钢结构工程施工质量验收规范》（GB50205—2001）、《网架结构工程质量检验评定标准》（GBJ78—91）等规范要求的范围之内，则该构件的几何尺寸及形式与原构件理论设计值相同。否则，该构件为受损伤构件或带缺陷构件，缺陷值为测量所得的变形值。

4. 结构构件截面尺寸的测定

用卡尺、测厚仪等仪器测量并纪录构件横截面的实际有效尺寸，测量并纪录构件的腐蚀（锈蚀）深度，确定构件横截面的有效尺寸及面积。如果测量所得的构件几何尺寸在《钢结构工程施工质量验收规范》（GB50205—2001）、《网架结构工程质量检验评定标准》（GBJ78—91）等规范要求的范围之内，则该构件的几何尺寸及形式与原构件理论设计值相同。否则，该构件为受损伤构件或带缺陷构件，其几何尺寸及有效截面积按实测值确定。

5．结构构件裂缝及节点连接损伤的测定

钢构件裂缝及连接接头部位的损伤，是钢结构中常见的工程事故，直接影响结构的承载性能和安全使用。

(1) 钢结构构件裂缝及缺陷的测定

1) 钢构件裂缝

钢构件裂缝大多出现在承受动力荷载的构件中，承受静力荷载的构件，在超载、温度变化较大、不均匀沉降及变形过大等情况下，也会出现裂缝。钢构件如发现裂缝，就应对同批构件进行全面细致检查。裂缝检查可采用如下方法：

a．采用橡皮木锤敲击法

用包有橡皮的木锤轻敲构件的多个部位，若声音不清脆、传音不匀，则有裂缝损伤存在。

b．采用10倍以上放大镜观察法

在有裂缝的构件表面划出方格网，用10倍以上放大镜观察，如发现油漆表面有直线黑褐色锈痕、油漆表面有细直开裂、油漆条形小块起鼓里面有锈末，则就可能有开裂，应铲除油漆仔细检查。

c．滴油扩散法

在有裂缝处表面滴油剂，无裂缝处油绩呈圆弧状扩散。有裂缝处油渗入裂缝，油绩则呈线状伸展。

对发现有裂缝的构件，应纪录裂缝位置，并用刻度放大镜测定裂缝宽度，做好纪录报告。

d．超声波探伤法

对有裂缝的构件采用金属超声波探伤仪检测，方法详见4.4.1.2节。

2) 构件钢板夹层缺陷测定

钢板夹层是钢材常见的缺陷之一，是钢板内部的裂缝，在构件加工前不易发现，当气割、焊接等热加工后才显露出来。夹层缺陷影响构件的承载力。

钢板夹层的检测方法与焊缝内部缺陷的探测方法相同，可采用下列方法：

a．超声波探伤仪法

采用金属超声波检测仪检测。

b．射线探伤仪法

分X射线探伤法和γ射线探伤法两种。

c．钻孔检测法

在板上钻一小孔，用酸腐蚀后再用放大镜观察。

3) 构件中孔洞及缺口的检测

观察且纪录构件中预留的施工孔洞及缺口周边是否为平滑曲线，用放大镜观察该部位周边是否有裂纹、表面熔渣、局部突曲等现象，重要受力构件的预留孔洞是否加盖补焊或用环板焊接加固。

(2) 节点连接损伤的测定

a．焊缝连接的检测

应按设计要求的焊缝等级进行各等级所规定的项目检测。可根据具体情况，增加检测项目。

焊缝的缺陷及损伤包括焊缝尺寸不足、裂缝、气孔、夹渣、烧穿、焊瘤、未焊透、咬边及弧坑等，除裂缝有可能在使用过程中产生并扩展外，其他均为制作时的缺陷。焊缝的裂纹及内部缺陷的检测已在4.4.1节中详细列出，本节仅对未列出的项目作以补充。

焊缝尺寸检测，应测定焊缝的实际有效长度 l_f 及焊脚尺寸 h_f 是否满足设计要求。

咬边、弧坑、烧穿检测，对这些外部缺陷，应进行外观检查，纪录其缺陷。

b. 铆钉、螺栓连接检测

紧固件的检验已在4.3节中详细列出，本节就整个连接接头系统的检测予以说明。

铆钉和螺栓连接接头的检测主要是检测铆钉和螺栓的直径（和有效截面积）及其在使用阶段是否切断、松动、掉头和被连接件损伤。

铆钉和螺栓的直径采用卡尺测定的方法，测量并纪录直径的实测数据。

铆钉连接检查采用外观目视或/和敲击的方法，用手锤敲击检查铆钉是否松动、切断或掉头，也可用塞尺、弦线或放大镜（10倍以上），测量及观察铆钉头与构件的接触是否密实紧贴或是松动，钉头是否开裂，正确判断铆钉是否断裂。

螺栓连接检测，需用扳手测试（对于高强螺栓要用特殊显示扳手），反复仔细检查扳手力矩，判断螺栓是否松动或断裂。

紧固件检查判断需一定的经验，故对重要结构，应采取不同人员检查二次的方法，作出详实的纪录及正确的判断结论。

连接接头处被连接件的损伤检测，需用10倍以上放大镜观察并纪录被连接件及拼接板是否有张拉裂纹，以及裂纹的位置、尺寸，孔壁剪切及或挤压损伤。由于连接接头处应力分布复杂，连接构造不当会造成局部应力高峰（应力集中），而产生张拉裂纹。

螺栓及铆钉的传力不均，在内力过大时将导致内力大的螺栓孔或铆钉孔剪切或挤压破坏。

4.4.3 结构构件及连接的强度检测

1. 基本要求

(1) 结构、构件及连接的强度验算应按照国家现行标准的规定执行。

(2) 结构、构件及连接的计算模型图式应符合其实际受力状态与构造形式。

(3) 结构、构件及连接核算时，其几何参数应采用实际值，并考虑腐蚀、锈蚀、偏差、过度变形、高温等的影响。

2. 结构内力复核

结构内力复核分理论计算复核与荷载试验复核两种方法。

(1) 结构内力计算复核

根据4.4.2.2节方法测定的结构上的荷载及作用，及4.4.2.3节测定的结构几何形体(节点及构件空间位置)、构件形式及尺寸、构件损伤及节点连接体系损伤等数据，也即根据对拟检测结构或受损伤结构的实测结构形体、构件尺寸及连接方式以及实测的荷载与作用状态，进行理论分析计算，确定结构构件的内力、变形及支座反力。对于不同的荷载组合，应按照设计规范要求，区分不同工况分别计算。

（2）结构内力荷载试验核定

结构内力理论计算结果与实际内力状态，由于计算模型简化等原因，往往存在一定的偏差，在理论计算不够准确或难以理论分析的条件下，可采用结构性能试验确定结构的内力及变形。

结构试验可采用原结构现场实测试验及实验室试验测定二种方法，在有条件的情况下应尽可能进行原结构的现场实测试验。试验室试验测定所用的试件数不得少于3个，同时应按实际工况确定试件的支承条件及试验采用的荷载组合，二种试验方法均采用分级加载试验，并仔细测量纪录结构及构件的应变、位移。

选用以上两种方法之一，可得出拟检测结构或受损伤结构按实际结构形体及荷载状况分析所得的内力及变形，可用以比较原计算结果。

3．材料强度的取值

（1）当材料的种类和性能（若需检测，按4.2节进行）符合原设计要求时，材料强度按原设计值取用。

（2）当材料的种类和性能不符合原设计要求或材料组织及性能因损伤发生变化时，材料强度应采用实际试验数据。材料强度的标准值应按《建筑结构可靠度设计统一标准》（GB50068—2001）的有关规定确定。

4．结构构件及连接的强度核定

（1）结构构件及连接的承载能力验算，应符合下式的规定

$$\frac{R}{r_0 S} \geqslant 1.0 \tag{4-70}$$

式中　R——按实测几何数据计算所得的结构构件或连接的抗力；

S——结构构件或连接在实测荷载状态下的作用效应；

r_0——结构重要性系数。

（2）结构构件及连接的承载能力试验核定

在理论计算的精确度难以保证或难以计算的情况下，应对构件或连接进行承载能力试验，以测定其承载能力。

试验时，被试验构件应尽可能地与其相邻构件分隔开，并搭设临时安全支撑，以保证被试验构件或节点出现意外破坏时，人员及设备的安全。承载能力试验应采用分级加载方式，仔细观察并详细纪录构件或节点的荷载－变形过程乃至破坏形式，整理纪录报告，分析总结试验结果。

4.4.4　结构及构件的稳定性核定

结构的几何及力学缺陷、施工或/和使用过程中形成的损伤，不仅影响结构构件及连接的强度，也直接影响结构及构件的稳定性。钢结构及构件的失稳是钢结构工程事故的主要原因之一，也是钢结构事故分析检测应严格仔细分析的项目之一。

1．基本要求

（1）损伤结构及构件计算简图，应和实用计算方法所依据的简图一致；

（2）损伤结构稳定计算模型及考虑结构体系的未损坏部分；

（3）损伤结构或构件稳定性仅考虑结构体系未损坏部分的构造设计。

2．损伤结构及构件的稳定性核算

损伤结构及构件的稳定性承载力应符合（6.2.4.2－1）式的规定。

3．损伤结构及构件的稳定性能试验测定

在精确理论分析难以实现的情况下，应对损伤结构的稳定性做模拟试验，对损伤构件的稳定性做取样试验，确定损伤结构及构件的稳定性态或稳定承载能力。

4.4.5 结构及构件的刚度检测

结构的刚度确定了结构的变形能力及大小，影响着结构的稳定性能，也直接影响着结构的自振频率及动力特性。在高层钢结构中，也影响着结构正常使用和舒适度。

组成钢结构体系的钢构件，其自身的刚度，决定着自身的稳定性、变形能力，也影响着结构构件或子结构在制作、运输及安装过程中的变形及精度，同时，构件本身的刚度及结构体系组成方式合成了结构的刚度。因而，结构或构件的过度变形，均说明了结构或构件的刚度不足，或者是受损伤结构的刚度退化或下降所致。

1．结构及构件的刚度核定

(1) 理论验算钢结构构件的设计刚度，并根据运输、安装、使用不同阶段的要求，依据《钢结构设计规范》(BGJ17—88) 核定。

(2) 分析及计算连接节点的刚度，以核定结构理论计算模式。

(3) 对钢结构体系进行组成概念分析及结构整体刚度验算。分析结构体系组成的合理性，是否满足抗震、抗风及温度变化的要求。核算结构的侧向刚度、竖向刚度是否满足规范要求。

2．钢构件变形的测定

钢构件变形的测定详见 4.4.2.3 节第 3 条。对于在役结构构件，应测定其在标准荷载及其组合下的变形值。

3．结构整体变形测定

(1) 结构构件及节点的实际空间位置测定

具体测定方法详见 4.4.2.3 节第 2 条，由此计算实际结构与理论设计值的形体偏差或变形（或位移）。

(2) 钢结构建筑物的倾斜测定

用经纬仪测量并计算建筑物的倾斜度或倾斜量。

(3) 钢结构建筑的沉降测定

用水准仪布点测量并计算建筑物的沉降量。

(4) 结构动力变形测定

测量结构在动力荷载（如脉动风、吊车或其他移动或运动荷载）作用于的变形或位移量。

4．结构体系的整体变形核算

根据实测结构或受损伤结构的实测刚度，验算结构的静力变形及动力变形，依据相应的结构设计规范判定其变形范围或安全可靠性。对于高层钢结构尚应验算受损伤结构的舒适度。

4.4.6 结构动力性能检测

结构的动力性能（自振频率、振型等）与结构的质量和刚度分布有关，一般结构的质量与结构的使用功能有关，相对较易测定，因此检测结构动力性能，可了解结构刚度分布情况，用于检测结构建成后的实际形态与原结构设计计算模型是否一致。

1．结构动力性能检测方法

结构动力性能分结构整体动力性能和结构局部动力性能。

结构整体动力性能可通过量测结构整体动力反应，然后进行动力性能识别得到。结构整体动力反应的激振方式一般采用如下两种：一种是正弦稳态激振，另一种是环境随机激振。正弦稳态激振的优点是：激振能量集中，可获较高信噪比记录，从而提高检测精度。缺点是：①需专门激振设备，成本高；②激振设备笨重，试验时搬运和安装困难；③试验时可能影响结构的正常使用。而环境随机激振利用风或地脉动作激振源，其优点是：无激振设备要求，试验简便，所需人力较少，不受结构形状、大小的限制，试验费用低。缺点是：记录信噪比较低，试验时间长。

结构局部动力性能可通过量测结构局部构件的动力反应通过识别得到。结构的局部动力反应可通过冲击（敲击）激振或正弦稳态强迫激振得到。

2．结构自振频率检测

结构自振频率可由结构测点及测点间动力反应，记录的自功率谱和互功率谱幅值峰值所对应的频率确定，并考察互功率的相位谱在自振频率处应为0°或180°。

3．结构振型检测

如需检测结构振型，首先应确定一参考点，然后确定其它各点相对于参考点的相对坐标。振型相对坐标可采用测点与参考点间的互功率谱在自振频率处的幅值与参考点的自功率谱在相应频率处的幅值之比来近似估计，振型坐标的符号可根据上述互功率谱的相位在自振频率处为0°（为正），还是为180°（为负）。

4．结构阻尼比

结构的阻尼比可根据测点动力反应的自功率谱，采用半功率点法识别。

5．结构的整体刚度和局部刚度识别

结构整体刚度和局部刚度的识别，可直接依据结构整体动力反应和局部动力反应采用时域法识别，也可依据通过检测得到的结构整体动力特性和局部动力特性采用频域法识别。

4.4.7 结构疲劳与断裂检测

钢结构在动力荷载或反复（或交变）荷载作用下的疲劳与断裂破坏是钢结构的另一种常见事故，特别是在低温环境下工作的钢结构及直接承受动力荷载作用的钢结构，出现疲劳及断裂破坏的频率更高。

钢结构出现疲劳破坏或断裂的部位主要是在构件的连接（铆钉、螺栓或焊接）部位上，特别是应力反复显著的地方。而影响钢结构疲劳破损的因素主要是结构本身存在的裂纹和作用于结构上的反复荷载（产生拉应力的荷载），因而，在钢结构的疲劳与断裂检测及钢结构剩余寿命评估中，应仔细检查并纪录结构上裂纹的分布、尺寸及其发展趋势，仔细核定结构承受的动力荷载或反复荷载。

1．疲劳荷载的核定

导致钢结构疲劳的荷载有：行动活荷载（如吊车、车辆等）、波动荷载（如海浪）、地震、风振及温度变化产生的应力等。对结构上疲劳荷载的核定包括设计疲劳荷载的核定及实际结构疲劳荷载的测定。

（1）结构设计疲劳荷载的核定

1）当所鉴定结构的荷载符合国家现行标准《建筑结构荷载规范》（GB50009—2001）规定的取值标准时，应按规范规定取值核定。

2）当所鉴定结构的荷载不在《建筑结构荷载规范》（GB50009—2001）所规定的范围内或有特殊情况时，应按《建筑结构可靠度设计统一标准》（GB50068—2001）的规定核定。

3）对于所检测的结构，根据其建筑类型（如高层、高耸、大跨等），还应根据相应的结构设计规范进行核定。

（2）结构上实际疲劳荷载的测定

对结构上作用的疲劳荷载应根据其出现周期进行多次测量，记录其幅值、频率，并根据实际情况取其加权平均值作为实测疲劳荷载值。

2．裂缝检测

构件及连接处的裂缝检测方法已列于 4.4.2.3 节中第 4 条中。应对裂缝进行分类，区别列出对构件及节点连接疲劳有影响的裂缝，分析其产生的原因、发展历史、对结构的损伤（或削弱）程度及扩展趋势。

3．疲劳强度核算及剩余寿命评估

（1）损伤结构的疲劳强度核算，应采用《钢结构设计规范》（BGJ17—88）规定的计算方法，其中疲劳荷载采用上述核定或测定的疲劳荷载，构件或连接应采用已损伤结构的构件及连接。

若进行原结构的疲劳设计核算、则疲劳荷载应采用上述核定值，而构件及连接应采用原设计数据。

（2）结构剩余寿命评估

在获得结构疲劳发展历史数据（及不同的应力幅及相应的循环次数）后，根据损伤结构的目前荷载及结构状况，计算其疲劳应力谱，并按照变幅疲劳的计算方法，采用《钢结构设计规范》（BGJ17—88）方法，计算评估损伤结构的剩余寿命 N。

4．疲劳及断裂试验测定

构件及连接的疲劳强度及寿命，在理论计算不够准确的条件下，可进行试验测定。然而，疲劳试验周期长、成本高，应仔细分析结构体系，在必要时，只需对重要构件及连接进行试验测定，通常每种试验需做 3~4 组，取其平均值作为试验终值。

关于结构材料的冲击韧性试验测定，已在 4.2.3.2 节中详细列出。

4.4.8 钢结构防腐防锈及抗火性能检测

建筑钢结构的防护包括：防腐蚀、防锈蚀、防高温及火灾等内容。钢结构构件的腐蚀及锈蚀会削弱构件的有效截面积，降低构件的承载能力，使构件过早损坏，甚至会使钢构件产生脆性破坏的可能性增大。高温或火灾会改变钢构件材料的力学性能，同样降低构件及结构的承载能力，甚至会使结构丧失承载能力。如果对钢结构的防护措施不当，将降低结构的使用寿命及安全可靠性。

4.4.8.1　钢结构的防腐防锈检测

1．钢结构构件锈蚀、腐蚀的类型及常用防护方法

（1）建筑钢结构的腐蚀类型

钢材的锈蚀是腐蚀的形式之一，广义而言，钢材的腐蚀包括锈蚀。钢材的腐蚀主要有二类：即电化腐蚀与化学腐蚀。

钢材腐蚀损坏可分为四类：

1）均匀腐蚀—腐蚀均匀分布于整个钢构件表面，易观察到。此类腐蚀危险性较小。

2）不均匀腐蚀—因钢材中杂质分布不均匀等因素，使得钢材表面腐蚀不均匀。此类腐蚀将使结构和构件产生薄弱截面，对构件受力影响大，故危险性较大。

3）点（坑）腐蚀—钢材表面有集中腐蚀现象，且向纵深发展，甚至使构件蚀穿，同样削弱构件截面，影响构件承载性能，危险性大。

4）晶间腐蚀—又可分为应力腐蚀及氢脆两种，这两种晶间腐蚀都易使结构或构件发生脆断，而且无明显的前期变形征兆，故对结构破坏危险性很大。

（2）钢结构易腐蚀的部位

1）埋入地下的地面附近部位。

2）可能积水或遭受水汽侵蚀的部位。

3）经常处于干湿交替环境又未加防护的部位。

4）易积灰又湿度大的部位。

5）难于涂刷防护涂料的部位。

6）结构连接节点部位。

（3）钢结构常用防腐防锈方法

1）表面涂层（即油漆）防护——目前最常用的方法。

2）表面金属镀层（如镀锌）防护——代价较贵，较少用。

3）使用耐蚀钢材（如耐侯钢）防护——代价昂贵，很少用。

2．钢构件表面处理检测

钢结构除锈是保证涂层质量的基础，在钢构件涂装前，应对除锈质量等级作以测定。目前常用的除锈方法有抛丸、喷砂、机械、手工、酸洗及火焰除锈等，国家标准已对除锈等级作出规定，钢结构除锈质量的检测与评定标准应遵照执行现行国家标准《涂装前钢材表面锈蚀等级和除锈等级》（GB8923—88）。建筑钢结构除锈等级一般可采用 Sa2，当质量要求较高时可采用 Sa2 $\frac{1}{2}$。

3．涂料性能检测

（1）常温条件下钢结构对涂料性能的要求

1）涂料应具有良好的耐腐蚀性。

2）涂膜应具有良好的防水、防潮、防工业大气腐蚀的性能，以及耐紫外线、日照等光照性能。

3）涂膜应具有良好的附着力及一定的耐热性。

4）涂膜应密实无隙，具有良好的物理机械强度及良好的韧性和抗冲击性能。

5）涂层应具有一定的颜色、光泽，具有装饰、美化的功能及标志作用。

6）涂膜应能常温固化，干燥较快，适于喷、刷等工艺。

（2）涂料性能的检测内容

1）化学成分分析

测定涂料化学成分是否达到规定要求。

2）物理性能测定

检测涂料的粘度、干燥时间及盐水性是否达到规定要求。

3）涂料涂装试验测定

钢构件涂装试验，测定常温下涂膜的附着能力，是否起泡或脱落：测定涂料的涂刷均匀性，观察涂膜表面质量是否合格；测定涂膜的物理机械强度及韧性，在构件变形或有轻度冲击时是否有开裂或局部脱落：测定涂膜在一定湿度（如75%）及一定大气条件下（或特定环境条件下）的耐腐蚀程度。

4．涂层质量检测

（1）涂膜缺陷

涂层常见缺陷主要有：显刷纹、流挂、皱纹、失光、不沾、颜色不匀、光泽不良、回粘、剥离、变色退色、针孔、起泡、粉化、龟裂及不盖底等。

（2）检测内容

1）核定涂层设计是否合理。涂层设计包括：钢材表面处理、除锈方法的选用、除锈等级的确定、涂料品种的选择、涂层结构及厚度设计，以及涂装设计要求。

2）检查涂装施工纪录，核定涂装工艺过程是否正确合理。如涂装时的温度、湿度、每道涂层工艺间的间隔时间（包括除锈完后至第一道涂膜的时间间隔）、涂料质量等。

（3）检查涂装施工纪录，核定涂层结构是否符合设计要求。

4）测定涂膜厚度是否达到设计要求。涂膜干膜厚度可用漆膜测厚仪测定。

5．构件及节点腐蚀程度测定

（1）钢构件涂层损坏原因的确定

详细检查结构施工及使用纪录，确定钢结构或构件涂层损坏的原因及程度。

（2）测定钢构件及节点的锈蚀程度

1）锈蚀等级确定

a．未涂装的钢构件

钢构件钢材表面的锈蚀等级可根据现行国家标准《涂装前钢材表面锈蚀等级和除锈等级》（GB8923—88）确定，分为A、B、C、D四级：

A——全面地覆盖着氧化皮而几乎没有铁锈的钢材表面。

B——已发生锈蚀，并且部分氧化皮已经剥落的钢材表面。

C—氧化皮已因锈蚀而剥落，或者可以刮除，并且有少量点蚀的钢材表面。

D——氧化皮已因锈蚀而全面剥离，并且已普遍发生点蚀的钢材表面。

b．已涂装过的钢构件

已涂装过的钢构件钢材表面的锈蚀等级仍分为A、B、C、D四级：

A——良好。构件基本无锈，仅个别点锈蚀，涂层仍有光泽。

B——局部锈蚀。构件基本无锈，面涂层局部脱落，底涂层完好，有少量锈点或锈蚀（如边、角、缝等部位）。

C——较严重。构件局部锈蚀，面涂层脱落面积达20%左右，底涂层局部透锈，基本金属完好。

D——严重。面涂层大片脱落，构件锈蚀面积达40%左右，基本金属未破坏。

2）锈蚀程度测定

在有基本金属锈蚀的部位，应测定锈蚀深度，用测厚仪和其他测量工具测量构件断面的削弱量。

4.4.8.2 结构抗火性能检测

1. 构件抗火试验

钢结构的抗火性能可通过其构件的抗火试验进行检验。各种类型的构件（如梁、柱等），应选取最不利的进行试验。一般来说，应力较大，两端约束较强的构件对于抗火不利。

试件应与结构中的实际尺寸一致，并应模拟实际受载与两端约束情况，采用标准火灾升温。试件的防火措施应与实际结构现场一致。

试验时应尽可能保持炉内温度均匀一致，炉内平均实际升温曲线按时间积分值与标准火灾升温曲线的对应理论值间的相对误差，在实验开始的10min内不应大于15%，在10min至30min不应大于10%，在30min以后不应大于5%。另外任意时刻最大温度偏离不应大于±100℃。

试件的耐火极限以试件失去承载力的时间来确定。

2. 防火涂料检测

钢结构如采用防火涂料保护，应符合如下要求：

（1）涂层颜色、外观应符合设计规定。

（2）无漏涂、明显裂缝、空鼓现象。

（3）应对涂层厚度进行测定。涂层厚度的测定方法如下：对于厚型涂料可采用针入法测定，对于薄型涂料，可采用测厚仪测定。对于不同截面形状的构件，应量测构件所有覆有涂料的外侧面。钢结构的梁、柱、斜撑等按其不同截面形状，所示各点检测。检测时，任定一检测线，按钢结构的形状及图示点检测，然后距已测位置两边各300 cm处再按图示点检测。所测三组数据的平均值和最小值为检测数据，平均厚度不应小于设计值且最小厚度值不应小于设计值的85%。

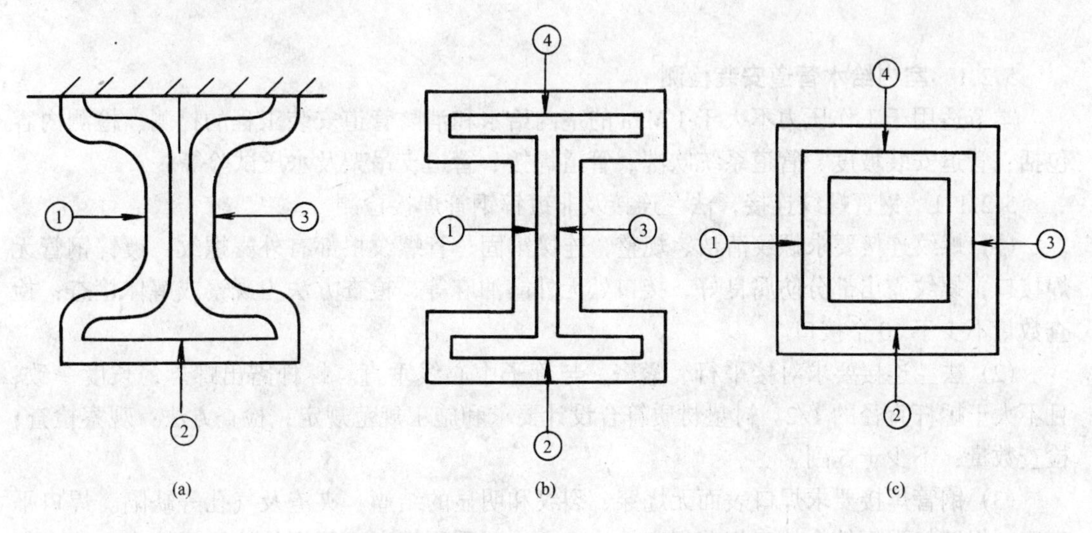

图4－72 防火涂料层厚度测点示意图

（a）工字梁 （b）工形柱 （c）箱形梁

第 5 章　水暖空调系统检测

5.1　概　　述

本章根据最新颁布的有关标准和规范，对水暖空调系统的安装检测要求、检验测试的方法、检测设备的使用等进行了论述，重点介绍了检查方法、测试手段及工程质量检测技术的经验等。并分别对室内管道系统检测、室外管道系统检测、通风空调系统检测举实例作了介绍。

目前，我国对水暖空调系统的安装检测技术，随着建筑水平的提高而逐步提高，室内外管道工程安装检测，由于检测项目不多，检测技术成熟，因而容易掌握。在实施检测过程中，要根据不同的检测对象，有不同的检测要求，可采用不同的检测方法，如检查焊缝质量是无压管道、有压管道、还是压力容器，压力是多少，采用检测的方法不一样，要求也不一样。可采用的方法：焊缝检查尺检查、煤透检验，焊缝拍片检查，超声波探伤检查，试压检验等，在实施检测过程中，根据设计与施工规范检测要求不同，选择不同的检测方法。检测技术越先进，检测精度效果越好，但检测费用较高。

通风空调系统检测的项目多，难度大，要求高，检测的手段跟不上发展的需要。风管漏风检查，系统与风口的风量平衡调整较难，本章对检测的重点、难点、检测方法进行举例详细介绍。通风空调系统的检测技术有待进一步提高。

5.2　室内管道系统检测

5.2.1　室内给水管道安装检测

本节适用于工作压力不大于 1 MPa 的室内给水和消防管道安装工程的检测。检测内容包括：管道安装坡度、管道系统吹洗、管道焊接、管道支吊架及水压试验等。

5.2.1.1　钢管螺纹连接，法兰连接及非镀锌钢管焊接检测

(1) 螺纹连接要求螺纹清洁、规整，连接牢固，管螺纹根部有外露螺纹，镀锌钢管无焊接口，螺纹露出部分防腐良好，接口处无外露油麻等；检查方法为观察或解体检查：检查数量不少于 10 个接口。

(2) 法兰连接要求对接平行、紧密，与管子中心线垂直。螺杆露出螺母，长度一致，且不大于螺杆直径的 1/2。衬垫材质符合设计要求和施工规范规定；检查方法：观察检查；检查数量：不少于 5 副。

(3) 钢管焊接要求焊口表面无烧穿、裂纹和明显的结瘤、夹渣及气孔等缺陷。焊口平直度、焊缝加强面符合施工规范规定；检查方法：采用观察或用焊接检测尺检查。检查数量：不少于 10 个焊口。

(4) 焊接检查尺

1) 此尺能“一尺多用”。可作一般钢尺使用，测量型钢、板材及管道错口；测量型钢、板材及管道坡口角度；测量型钢、板材及管道对口间隙；测量焊缝高度；测量角焊缝高度；测量焊缝宽度以及焊接后的平直度等。

2) 主要技术数据：

钢尺 0~40mm，读数值 1mm，示值误差 ±0.2mm；

坡口角度 0~75°，读数值 5°，示值误差 ±30′；

焊缝宽 0~30mm，读数值 1mm，示值误差 ±0.2mm；

型钢、板材、管道间隙 1~5mm，读数值 1mm，

示值误差 ±0.2mm。

3) 尺身结构及使用方法参见图 5-1~图 5-10。

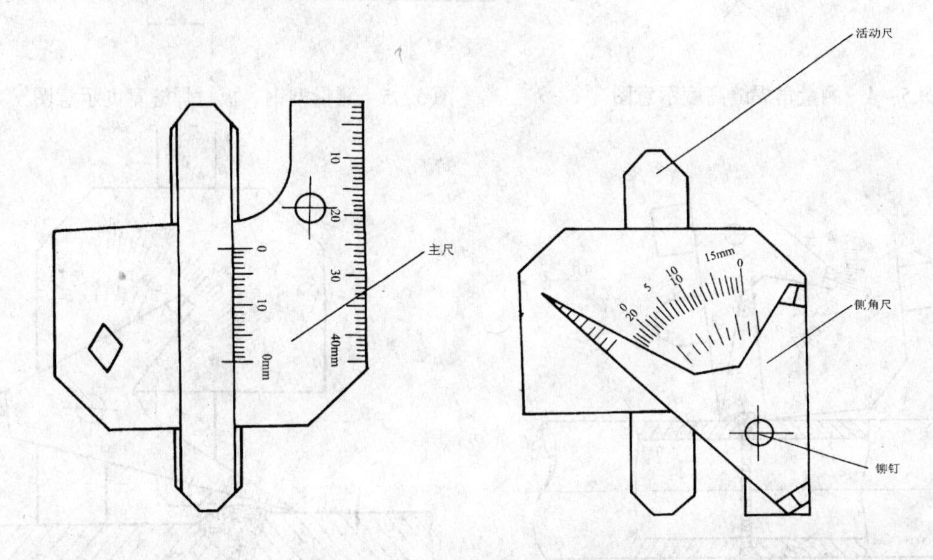

图 5-1　焊接检验尺结构图

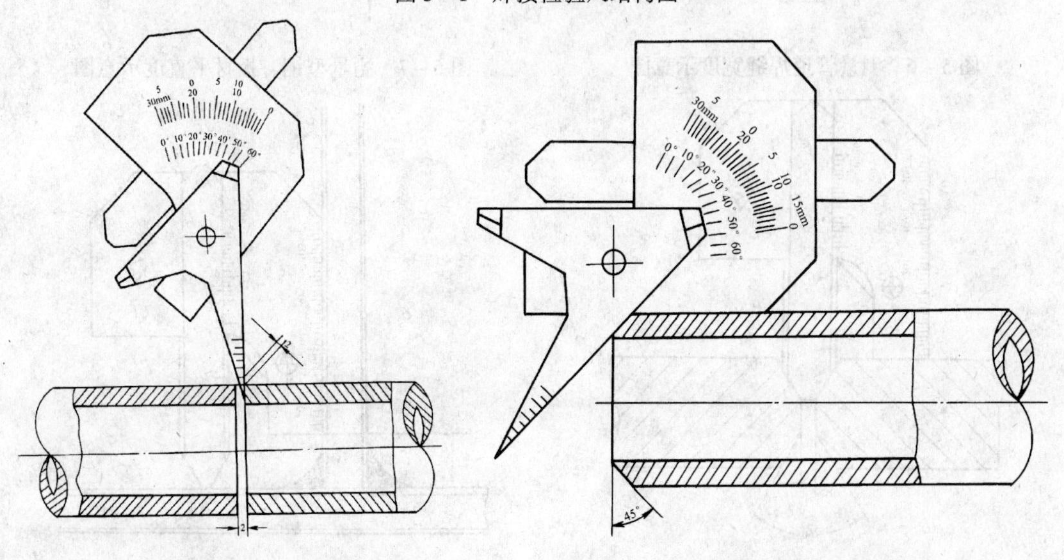

图 5-2　测量管道对口间隙示意图

图 5-3　测量管道坡口角度示意图

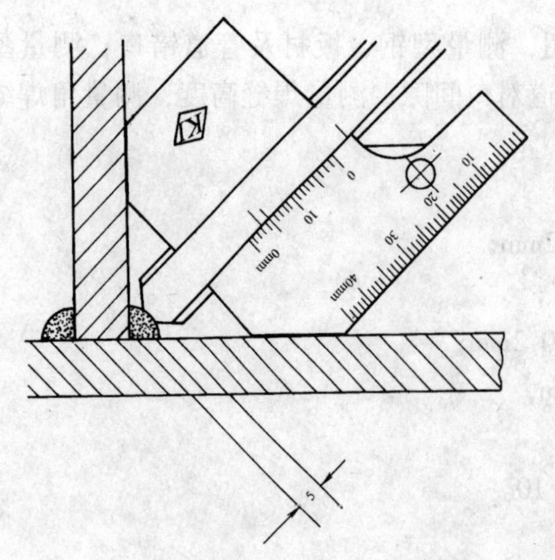

图 5-4 测量角焊缝高度示意图

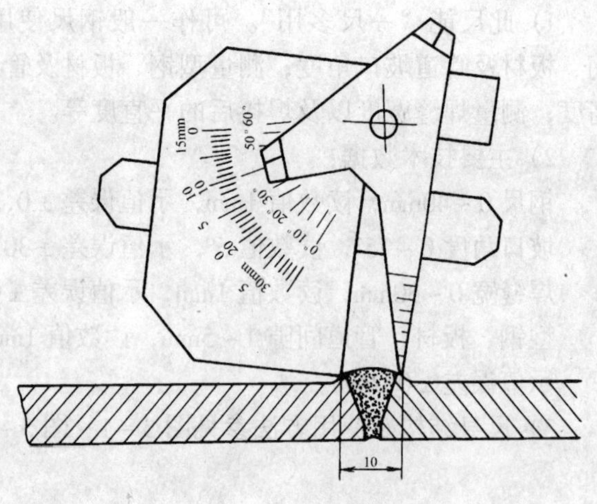

图 5-5 测量型钢、板材焊缝宽度示意图

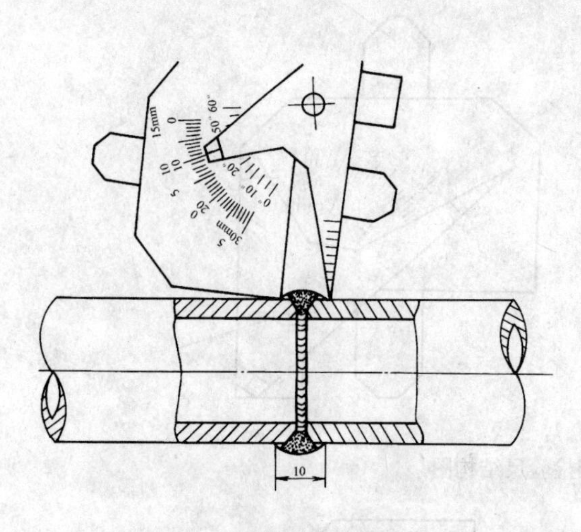

图 5-6 测量管道焊缝宽度示意图

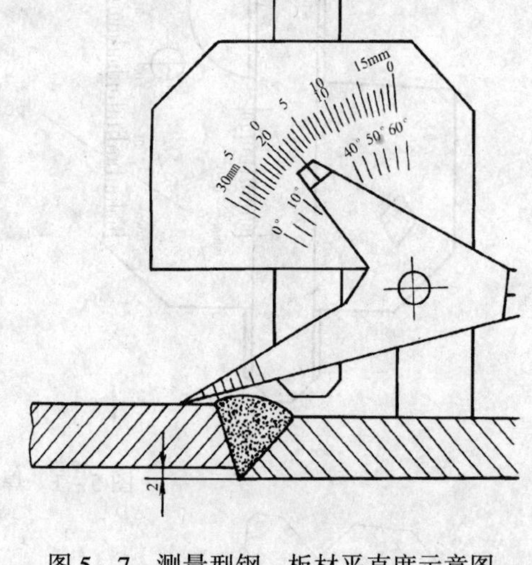

图 5-7 测量型钢、板材平直度示意图

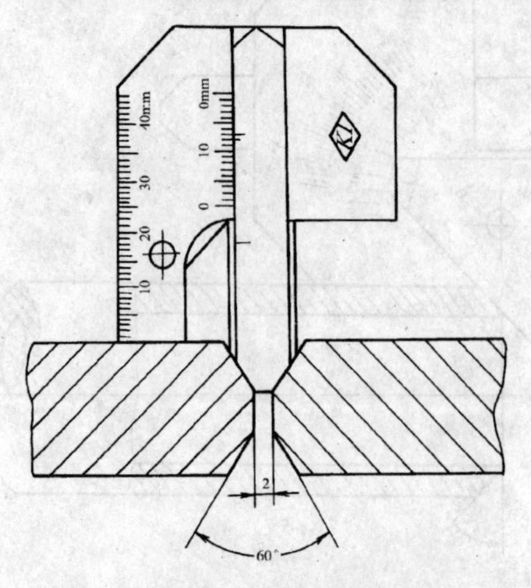

图 5-8 测量对接组焊 X 型坡口角度

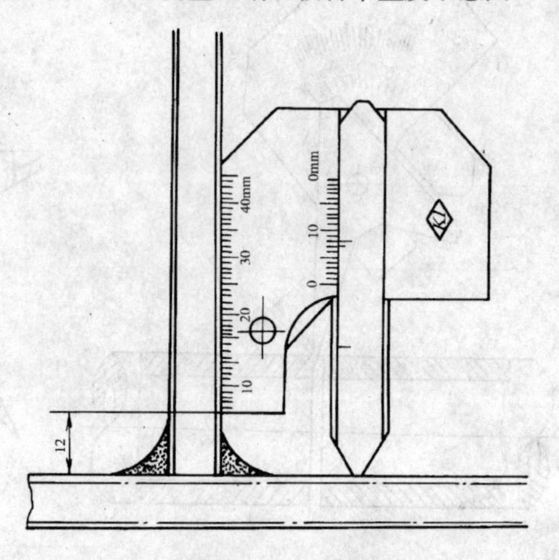

图 5-9 测量角焊缝高度尺寸示意图

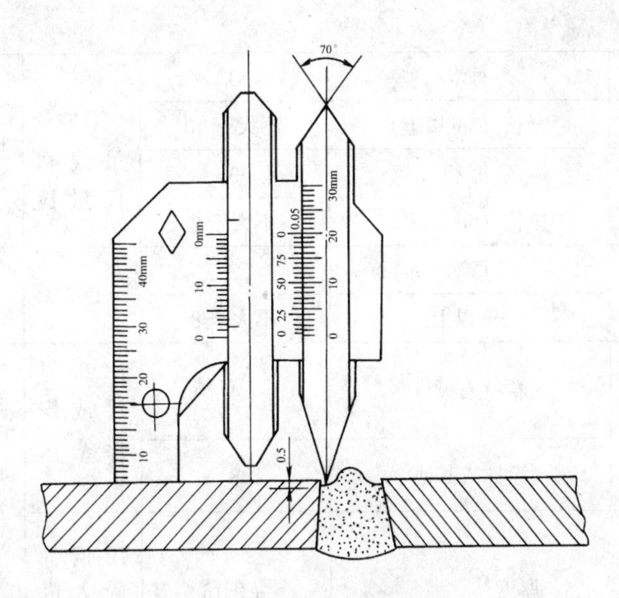

图5-10 测量焊缝咬边深度

5.2.1.2 观察检测

管道铺设时，需检查管道及管道支墩，严禁铺设在冻土和未经处理的松土上。

管道安装坡度检测，坡度的正负偏差不超过设计要求坡度值的1/3，用水准仪（水平尺）、拉线和尺量检查，按系统内直线管段长度每50m检查2段，不足50m不少于1段；有分隔墙建筑，以隔墙为分段数，抽查5%，但不少于5段。

5.2.1.3 管道支（吊、托）架、管座（墩）安装及阀门安装检测

(1) 管道支（吊、托）架及管座（墩）安装，要求构造正确，埋设平整牢固，排列整齐，支架与管子接触紧密，支架间距符合规范规定。采用观察尺量或用手扳动检查。检查数量：各抽查5%，但均不少于5件。

(2) 阀门安装，要求型号、规格、耐压强度和严密性试验结果符合设计要求和施工规范规定。位置、进出口方向正确；连接牢固、紧密。启闭灵活、朝向合理，表面洁净，采用手转动检查，检查出厂合格证及试验单。检查数量：按不同规格、型号抽查全数的5%，但不少于10个。

5.2.1.4 水平管道纵、横方向弯曲，立管垂直度，及管道隔热层检测

管道检查方法　　表5-1

<table>
<tr><th>项次</th><th colspan="3">项　目</th><th>允许偏差（mm）</th><th>检查方法</th><th>检查数量</th></tr>
<tr><td rowspan="6">1</td><td rowspan="6">水平管道纵、横方向弯曲</td><td rowspan="2">给水铸铁管</td><td>每米</td><td>2</td><td rowspan="6">用水平尺、直尺、拉线和尺量检查</td><td rowspan="6">按系统直线管段长度每50m抽查2段，不足50m不少于1段；有分隔墙建筑，以隔墙为分段，抽查5%，但不少于5段</td></tr>
<tr><td>全长（25m以上）</td><td>不大于25</td></tr>
<tr><td rowspan="2">钢管</td><td>每米</td><td>1</td></tr>
<tr><td>全长25m以上</td><td>不大于25</td></tr>
<tr><td rowspan="2">塑料管复合管</td><td>每米</td><td>1.5</td></tr>
<tr><td>全长（25m以上）</td><td>不大于25</td></tr>
</table>

续表

2	立管垂直度	给水铸铁管	每米	3	吊线和尺量检查	1根立管为1段，两层及其以上按楼层分段，各抽查5%，但均不小于10段
			全长（5m以上）	不大于10		
		碳素钢管	每米	3		
			全长（5m以上）	不大于8		
		塑料管复合管	每米	2		
			5m以上	不大于8		
3	隔热层	表面垂直度	卷材或板材	4	用2m靠尺或楔形塞尺检查	水平管和立管，凡能按隔墙、楼层分段的，均以每一楼层分隔墙内的管段为抽查点，抽查5%，但不少于5处，不能按隔墙、楼层分段的，每20m抽查1处，但不小于5处
			涂抹或其他	8		
		厚度（δ为隔热层厚度）		+0.1δ -0.05δ	用钢针刺入隔热层尺量检查	

5.2.1.5　埋地管道防腐层及明装管道，支架涂漆检测

防腐材质和结构符合设计要求和施工规范规定，卷材与管道以及各层卷材间粘贴牢固，采取观察或切开防腐层检查，检查数量：每20m抽查1处，但不少于5处。

涂漆要求油漆种类和涂刷遍数符合设计要求，附着良好，无脱皮、起泡和漏涂，漆膜厚度均匀，色泽一致，无流淌及污染现象。采用观察检查，检查数量各不少于5处。

5.2.1.6　室内给水管安装后的水压试验

常用手动试压泵，试压方法，手动试压泵以手掀动手柄泵水，升压稳定容易控制，适合于室内给水管道试压用。常用的试压泵为S3-5手掀式试压泵，其最高压力为5MPa。

（1）试压泵的外形及构造见图5-11。

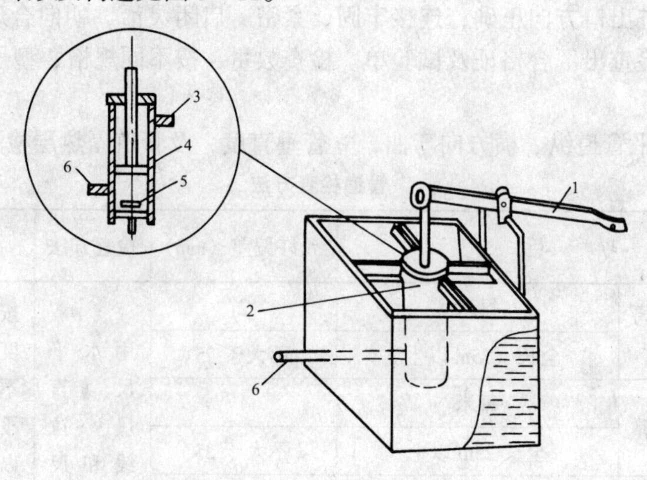

图5-11　手动试压泵

1—手柄；2—唧筒；3—空气管；4—活塞；5—逆止阀；6—出水口

(2) 试压泵安装见图5-12。

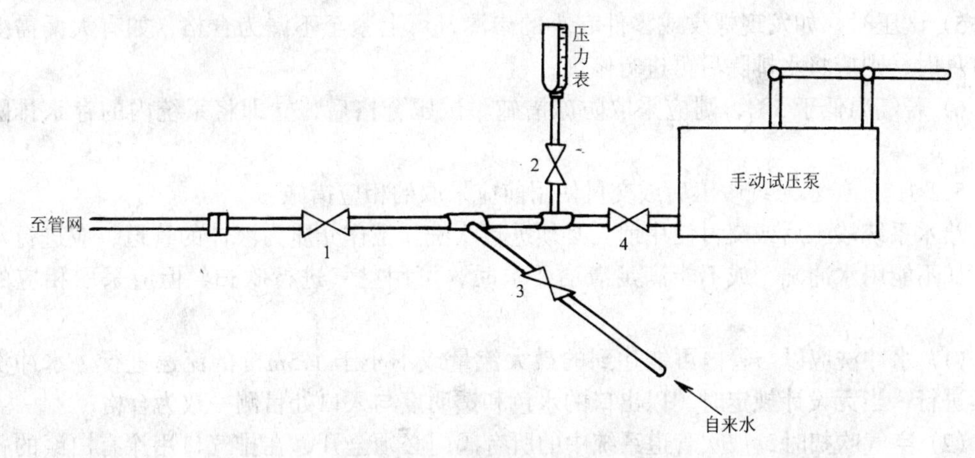

图5-12 试压泵安装图

(3) 管道试压的压力。室内管道安装完毕即可进行试压，试验压力不小于0.6MPa：生活饮用水和生产、消防合用的管道，试验压力为工作压力的1.5倍，但不得超过1MPa。

管道水压试验的试验压力应符合表5-2的规定。

管道水压试验的试验压力（MPa） 表5-2

管材种类	工作压力 P	试验压力
钢管	P	$P+0.5$且不应小于0.9
铸铁及球墨铸铁管	≤0.5	$2P$
	>0.5	$P+0.5$
预应力、自应力混凝土管	≤0.6	$1.5P$
	>0.6	$P+0.3$
现浇钢筋混凝土管渠	>0.1	$1.5P$

(4) 试验方法：

1) 参见图5-12，打开阀1、2、3，自来水不经泵直接往系统进水，同时将管网中最高处配水点的阀门打开，以便排尽管中空气，待出水时关闭；

2) 当管网中的压力和自来水压力相同，管网不再增压时（管网中压力与自来水的压力平衡时），关闭阀3，同时开启阀4，由泵桶经阀4，阀1往管网中增水加压至试验压力。(注意：加压的速度应平衡均匀，不得太快太猛)。后关闭阀4，稳压10min，压力降不大于0.05MPa，然后将试验压力降至工作压力作外观检查，以不漏为合格；

3) 试压合格后，及时填写“管道系统试验记录”。

(5) 试压需注意事项：

1) 试压时一定要排尽空气，若管线过长，可在最高处（多处）排空；

2) 当采用弹簧压力计时，精度不应低于1.5级，最大量程宜为试验压力的1.3~1.5倍，表壳公称直径不应小于150mm，使用前应校正；

3) 若自来水压力等于或大于试验压力时，可只开闭1、3阀进行；

4）试压时，应保证阀2（压力表阀）呈开启状态，直到试压完毕；

5）试压时，如发现螺纹或零件有小的渗漏，可上紧至不漏为合格，如有大漏需要更换零件时，则应将水排除后再进行修理；

6）若气温低于5℃，则应采取防冻措施。试压合格后，立即将系统内的存水排除干净。

5.2.1.7 给水系统竣工后或交付使用前应采取的相应措施

给水系统竣工后或交付使用前，必须进行吹洗。工作介质为液体的管道，应进行水冲洗，如不能用水冲洗，或不能满足清洁要求时，可用空气进行吹扫，但应采取相应的措施。

(1) 水冲洗应以与管内可能达到的最大流量或不小于1.5m/s的流速进行。水冲洗应连续进行，当无设计规定时，以出口的水色和透明度与入口处目测一致为合格；

(2) 空气吹扫时，被吹管道系统中的所有阀门必须全开，在排气口用涂有白漆的靶板检查，在5min内检查靶上无铁锈、尘土、水分及其他脏物即为合格。

检查数量：水压试验，管道铺设，系统吹洗按系统全数检查。

5.2.2 卫生器具及配件安装检测

卫生器具及配件安装检测：包括水表、消火栓、喷头等管道附件和各类卫生器具的水龙头、角阀、截止阀等室内给水配件的安装检测。

5.2.2.1 喷头及管道附件的型号、规格

自动喷洒和水带消防装置的喷头位置、间距和方向必须符合设计要求和施工规范要求。

喷头型式：根据溅水盘形式可分为：普通型、喷射型和带孔普通型三种。根据安装位置可分为：直立型、下垂型和边墙型等。

安装检测关键要对照图纸检查喷头的感温级别，级别必须符合设计要求。

检查数量：全数检查。

5.2.2.2 明装分户水表安装检测

水表安装要求表外壳距墙表面净距为10~30mm；水表进水口中心距地面高度偏差不大于20mm，安装平正。水表外壳上的箭头方向与水流方向一致，采用观察和尺量检查，检查数量：抽查10%，但不少于5个。

5.2.2.3 箱式消火栓安装检测

消火栓安装高度为栓口中心距地面1.1m，允许偏差±20mm，栓口出水方向朝外，并不应安装在门轴侧。消火栓在箱内时，消火栓中心距消防箱侧面为140mm，距箱后内表面为100mm，允许偏差±5mm。水龙带与消火栓和快速接头的绑扎紧密，并卷折，挂在托盘或支架上。采用观察和尺量检查。检查数量：系统总组数少于5组全检，大于5组抽查1/2，但不少于5组。

5.2.2.4 卫生器具给水配件安装检测

镀铬件需完好无损伤，接口严密，启闭部分灵活，安装端正，表面洁净，无外露油麻。采用观察和启闭检查。对大便器高低水箱角阀截止阀、水龙头，安装允许偏差为±10mm；沐浴器莲蓬头下沿，安装允许偏差为±15mm；浴盆软管淋浴器挂钩，安装允许偏差为±20mm，检查方法全部采用尺量检查。检查数量：各抽查10%，但均不少于5组。

5.2.2.5　卫生器具安装检测

卫生器具安装检测表　　**表5-3**

<table>
<tr><th colspan="2">项目</th><th>质量标准</th><th>检验方法</th><th>检验数量</th></tr>
<tr><td colspan="2">卫生器具排水口连接</td><td>卫生器具排水的排出口与排水管承口的连接处必须严密不漏</td><td>通水检查</td><td>各抽查10%，但不少于5个接口</td></tr>
<tr><td colspan="2">器具排水管径和坡度</td><td>卫生器具排水管径和最小坡度必须符合设计要求和施工规范规定</td><td>观察或尺量检查</td><td>各抽查10%，但均不少于5处</td></tr>
<tr><td colspan="2">排水栓地漏</td><td>安装要平正、牢固，低于排水表面，无渗漏，排水栓低于盆、槽底表面2mm，低于地表面5mm；地漏低于安装处排水表面5mm</td><td>观察和尺量检查</td><td>各抽查10%，但均不少于5个</td></tr>
<tr><td colspan="2">卫生器具</td><td>木砖和支、托架防腐良好，埋设平整牢固，器具放置平稳，支架与器具接触紧密</td><td>观察和手扳动检查</td><td>各抽查10%，但均不少于5组</td></tr>
<tr><td colspan="2">项目</td><td>允许偏差（mm）</td><td rowspan="5">拉线、吊线和尺量检查</td><td rowspan="7">各抽查10%，但均不少于5组</td></tr>
<tr><td rowspan="2">坐标</td><td>单独器具</td><td>10</td></tr>
<tr><td>成排器具</td><td>5</td></tr>
<tr><td rowspan="2">标高</td><td>单独器具</td><td>±15</td></tr>
<tr><td>成排器具</td><td>±10</td></tr>
<tr><td colspan="2">器具水平度</td><td>2</td><td>用水平尺和尺量检查</td></tr>
<tr><td colspan="2">器具垂直度</td><td>3</td><td>吊线和尺量检查</td></tr>
</table>

5.2.3　**室内给水附属设备安装检测**

本节适用于金属水箱和离心式水泵的安装检测。

5.2.3.1　水泵安装检测

(1) 中心线找正：水泵中心线找正的目的是使水泵摆的位置正确，不歪斜。找正时，用墨线在基础表面弹出水泵的纵横中心线，然后在水泵的进水口中心和轴的中心分别用线坠吊垂线，移动水泵，使线锤尖和基础表面的纵横中心线相交。

(2) 水平找正：水平找正可用水准仪或0.1～0.3mm/m精度的水平尺测量。操作时，把水平尺放在水泵轴上测其轴向水平，调整水泵的轴向位置，使水平尺气泡居中，误差不应超过0.1mm/m，然后把水平尺平行靠在水泵进出口法兰的垂直面上，测其径向水平。

大型水泵找水平可用水准仪或吊垂线法进行测量，吊垂线法是将垂线从水泵进出口吊下，如用钢板尺测出法兰面距垂线的距离上下相等，即为水平；若不相等，说明水泵不水平，应进行调整，直到上下相等为止。

(3) 标高找正：标高找正的目的是检查水泵轴中心线的高程是否与设计要求的安装高程相等；以保证水泵能在允许的吸水高度内工作。标高找正可用水准仪测量。

(4) 水泵与电机联轴器的同心度测量；在联轴器互相垂直的四个位置上，用水准仪、百分表或测微螺钉和塞尺检查。

介绍联轴器不同轴度的测量方法：

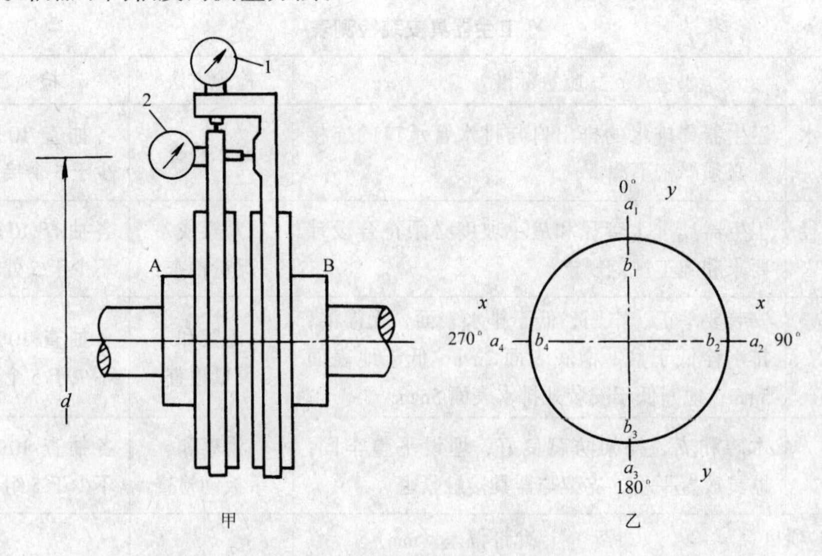

图 5-13 测量不同轴度

甲—专用工具；乙—记录形式

1—测量径向数值 a 的百分表；2—测量轴向数值 b 的百分表

测量联轴器不同轴度，应在联轴器端面和圆周上均匀分布四个位置，即 0°、90°、180°、270°进行测量，其测量方法如下：

1）参见图 5-13，将半联轴器 A 和 B 暂时相互连接，装设专用工具或在圆周上划出对准线。

2）将半联轴器 A 和 B 一起转动，使专用工具或对准线顺次转至 0°、90°、180°、270°四个位置，在每个位置上测得两个半联轴器的径向数值（或间隙）a 和轴向数值（或间隙）b。

3）对测出数值进行复核：

将联轴器再向前转，核对各位置的测量数值有无变动；

$a_1 + a_3$ 应等于 $a_2 + a_4$

$b_1 + b_3$ 应等于 $b_2 + b_4$

当上述数值不相等时，应检查其原因，消除后重新测量。

4）不同轴度应按下列公式计算：

A.
$$a_x = \frac{a_2 - a_4}{2},\ a_y = \frac{a_1 - a_3}{2} \tag{5-1}$$

$$a = \sqrt{a_x - a_y}$$

式中 a_x ——两轴轴线在 x—x 方向的径向位移；

a_y ——两轴轴线在 y—y 方向的径向位移；

a ——两轴轴线的实际径向位移（mm）。

B.
$$\theta_x = \frac{b_2 - b_4}{d},\ \theta_y = \frac{b_1 - b_3}{\mathrm{d}} \tag{5-2}$$

式中 d ——测点处直径；

θ_x——两轴轴线在 x—x 方向的倾斜；

θ_y——两轴轴线在 y—y 方向的倾斜；

θ——两轴轴线的实际倾斜。

检查数量：全数检查。

5.2.3.2　水泵试运转检测

水泵安装完毕后要进行无负荷及负荷试运转，检测其压力、流量、扬程等主要性能参数是否符合设计要求。轴承温度：滚动轴承温度不高于75℃，滑动轴承温度不高于70℃。设备运转振幅符合设备技术文件规定或规范标准。

检查数量：全数检查。

5.2.3.3　现场制作的水箱，按设计要求，制作完成后须作盛水试验或煤油渗透试验

（1）盛水试验：将水箱完全充满水，经2~3h后用锤（一般为0.5~1.5kg）沿焊缝两侧约150mm的部位轻敲，不得有渗水现象；若发现漏水部位须铲去重新焊接，再进行试验。

（2）煤油渗漏试验：在水箱外表面的焊缝上，涂满白垩或白粉，晾干后在水箱内焊缝上涂煤油，在试验时间内涂2~3次，使焊缝表面能得到充分浸润，如在白垩粉或白粉上没有发现油迹，则为合格。试验要求时间为：对垂直焊缝或煤油由下往上渗透的水平焊缝为35min；对煤油由上往下渗透的水平焊缝为25min。

（3）对密闭水箱，如设计无要求，应以工作压力的1.5倍作水压试验，但不得小于0.4MPa。

检查数量：全数检查。

5.2.3.4　水箱支架或底座安装及水箱涂漆检测

水箱支架或底座尺寸及位置应符合设计要求，埋设平整牢固。

水箱与支架（座）接触紧密，通过观察对照图纸检查。

水箱油漆种类、涂刷遍数符合设计要求，附着良好，无脱皮、起泡和漏涂。漆膜厚度均匀，色泽一致，无流淌及污染现象。

通过观察检查。

检查数量：全数检查。

5.2.3.5　水箱、离心式水泵、水箱保温安装检验

水箱、离心式水泵、水箱保温安装检验　　表5-4

<table>
<tr><th colspan="4">项目</th><th>允许偏差（mm）</th><th>检验方法</th><th>检查数量</th></tr>
<tr><td rowspan="3">1</td><td rowspan="3">水箱</td><td colspan="2">坐标</td><td>15</td><td rowspan="2">用水准仪（水平尺）直尺、拉线和尺量检查</td><td rowspan="3">全数检查</td></tr>
<tr><td colspan="2">标高</td><td>±5</td></tr>
<tr><td colspan="2">垂直度（每米）</td><td>1</td><td>吊线和尺量检查</td></tr>
<tr><td rowspan="3">2</td><td rowspan="3">离心式水泵</td><td colspan="2">泵体水平度（每米）</td><td>0.1</td><td rowspan="3">在联轴器互相垂直的四个位置，用水准仪、百分表或测微螺钉和塞尺检查</td><td rowspan="3">全数检查</td></tr>
<tr><td rowspan="2">联轴器同心度</td><td>轴向倾斜</td><td>0.8</td></tr>
<tr><td>径向位移</td><td>0.1</td></tr>
<tr><td rowspan="3">3</td><td rowspan="3">水箱保温</td><td colspan="2">保温层厚度</td><td>+0.1δ
−0.05δ</td><td>用钢针刺入保温层检查</td><td rowspan="3">每台不少于5点</td></tr>
<tr><td rowspan="2">表面平整度</td><td>卷材或板材</td><td>5</td><td rowspan="2">用2m靠尺楔形塞尺检查</td></tr>
<tr><td>涂抹或其他</td><td>10</td></tr>
</table>

注：δ为保温层厚度。

5.2.4 室内排水管道安装检测

本节适用于排水用的铸铁管、碳素钢管、石棉水泥管、预应力钢筋混凝土管、钢筋混凝土管、混凝土管、陶土管、缸瓦管和硬聚氯乙烯塑料管（UPVC管）的安装检测。

5.2.4.1 隐蔽的排水和雨水管道的灌水试验检测

暗装或埋地的排水管道，在隐蔽前必须做灌水试验，其灌水高度不低于底层地面高度。雨水管灌水高度必须到每根立管最上部的雨水漏斗。满水试验15min后，再灌满持续5min，灌面不下降为合格。

高层建筑的排水管安装完毕后须进行灌水试验，灌水高度不能超过8m，接口不渗不漏为合格。

(1) 排水管灌水试验检测方法（图5－14）：

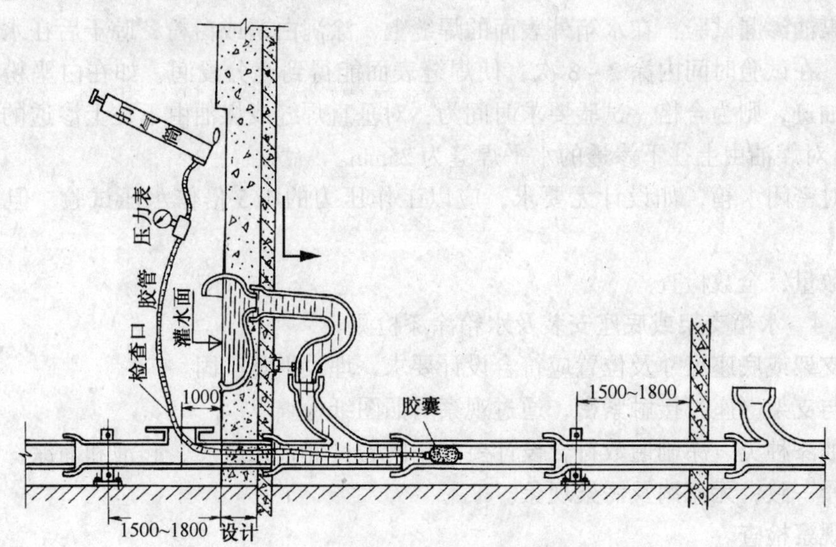

图5－14 灌水试验

使用工具介绍

1）胶囊直径选择（mm）；

胶囊直径选择（mm） 表5－5

管径	150	100	75
胶囊直径	100	70	50

2）胶管：用氧气（或乙炔）胶管或纤维编织的压缩空气胶管，管径*DN*8mm，长度一般配备为10m；

3）压力表：y—60型，2.5级，0.16或0.25MPa；

4）三通接头：专用三通接头（应有逆止装置）；

5）打气筒。

(2) 灌水试漏操作顺序

1）根据图5－15组装，并充气，对胶囊、胶管接口处置于水盆内检验是否漏气；

2）灌水高度及水面位置的控制：大小便冲洗槽、水泥拖布池，水泥盥洗池灌水量不少于槽（池）深的1/2；水泥洗涤池不小于深的2/3；坐、蹲式大便器的水箱、大便槽冲洗水箱灌水量放至控制水位；盥洗面盆、洗涤盆、浴盆灌水量放水至溢水处；蹲式大便器灌水量到水面高于大便器边沿5mm处；地漏灌水至水面离地表面5mm以上；

3）打开检查口，先用卷尺在管外，大致测量由检查口至初检查水平管的距离加斜三通以下50cm左右，记住这个总长，量出胶囊到胶管的相应长度，并在胶管上作好记号，以控制胶囊进入管内位置；

4）将未充气胶囊由检查口慢慢送入，至放到所测长度，然后向胶囊内充气并观察压力表示值上升至0.07MPa为止，最高不超过0.12MPa；

5）由检查口注水于管道中，边注水边观察卫生设备水位，直到符合规定要求水位为止，检验排水管及卫生设备联接器，有渗漏应作出记号，随后返修处理，各接口无渗漏为合格。

检漏完毕，应将气放尽取出胶囊。当胶囊托水高度达4m以上，可采用串联胶囊。

检查数量：全数检查。

5.2.4.2 排水管道的铺设及坡度检测

管道及管道支墩，严禁铺设在冻土和未经处理的松土上，可通过观察检查，检查数量：全数检查；排水管道坡度必须符合设计要求和施工规范要求。安装后采用水准仪（水平尺），拉线和尺量检查。检查数量：按系统内直线管段长度每30m，抽查2段，不足30m，不少于1段。

5.2.4.3 排水塑料管安装检测

排水塑料管必须按设计要求设置伸缩节。横干管应根据设计伸缩量确定；横支管上合流配件至立管超过2m应设伸缩节，但伸缩节之间的最大距离不得超过4m。

管端插入伸缩节处预留的间隙应为：夏季——5~10mm；冬季——15~20mm。

管道因环境温度和污水温度变化而引起的伸缩长度按下式计算：

$$\Delta L = L \cdot \alpha \cdot \Delta t \tag{5-3}$$

式中 L——管道长度（mm）；

ΔL——管道伸缩长度（m）；

α——管道金属线膨胀系数，一般取$\alpha = 6 \sim 8 \times 10^{-5}$（m/m·℃）；

Δt——温度差（℃）。

伸缩节的最大允许伸缩量为：

DN50—12mm；DN75—12mm；DN100—12mm；DN150—15mm。

检测方法为观察和尺量检查，检查数量：不少于5个伸缩节区间。

5.2.4.4 排水系统通水通球试验检测

试验时，先把卫生器具的排出口堵塞，然后把排水管灌满，仔细检查各接口是否有渗漏现象。各配水点卫生器具盛水后放水，检查排水管是否畅通，从各层大便器放球进行通球试验。雨水管灌水高度必须到每根立管最上部的雨水漏斗。满水试验15min后，再灌满持续5min，液面不下降为合格。检查数量：全数检查。

5.2.4.5 管道连接的检测

金属和非金属管道的承插和套箍接口结构和所用填料符合设计要求和施工规范规定，捻口密实、饱满，填料凹入承口边缘不大于5mm，且无抹口，要求环缝间隙均匀，灰口平整、光滑，养护良好。

采取尺量和用小锤轻击检查，检查数量：不少于10个接口。

5.2.4.6 管道安装的检测

管道安装的检测 表5-6

	项目				允许偏差（mm）	检验方法	检查数量
1	坐标				15		立管坐标，检查管轴线距墙内表面中心距，横管的坐标和标高，检查管道的起点、终点、分支点和变向点间的直管段。各抽查10%，但不少于5段
2	标高				±15		
3	水平管道纵横方向	铸铁管	每米		1	用水准仪（水平尺）、直尺、拉线和尺量检查	按系统内直线管段长度每30m抽查2段，不足30m不少于1段
			全长（25m以上）		不大于25		
		碳素钢管	每米	管径≤100mm	1		
				管径>100mm	1.5		
			全长（25m以上）	管径≤100mm	不大于25		
				管径>100mm	不大于38		
		塑料管	每米		1.5		
			全长（25m以上）		不大于38		
		钢筋混凝土管、混凝土管	每米		3		
			全长（25m以上）		不大于75		
4	立管垂直度	铸铁管	每米		3	吊线和尺量检查	一根立管为一段，两层及其以上楼层分段，抽查5%，但不少于10段。
			全长（25m以上）		不大于15		
		碳素钢管	每米		3		
			全长（5m以上）		不大于10		
		塑料管	每米		3		
			全长（5m以上）		不大于15		

5.2.5 室内采暖和热水管道检测

本节适用于饱和蒸汽压力不大于1MPa，热水温度不超过150℃的镀锌和非镀锌碳素钢管道的安装。

5.2.5.1 室内采暖和热水管道水压试验

管材的材质、规格必须符合设计要求，隐蔽管道和整个采暖生活热水供应系统的水压试验结果，必须符合设计与规范要求。

设计无规定时，可按下列要求进行：

1）工作压力不大于0.07MPa的蒸汽采暖系统，应以系统顶点工作压力的两倍作水压试验，同时在系统低点不得小于0.25MPa；

2）热水采暖或工作压力超过0.07MPa的蒸汽采暖系统，应以系统顶点工作压力加0.1MPa作水压试验，同时在系统顶点的试验压力不得小于0.3MPa；

3）高温（110~150℃）热水系统，工作压力小于0.43MPa，试验压力等于工作压力的两倍；工作压力为0.43~0.71MPa，试验压力等于工作压力的1.3倍，外加0.3MPa；

4）采暖系统作水压试验，其系统低点如大于散热器所能承受的最大试验压力，则应分层作水压试验。

5）试压系统无渗漏，5min内压降不超过0.02MPa，即为合格。

试压方法参见5.2.1.6。检查数量：全数检查。

5.2.5.2 管道支架及伸缩器安装检测

安装支架时，首先根据设计要求，定出各支架的轴线位置再接管道，标高（起点线末端标高）用水准仪测出各支架轴线位置上的等高线，然后根据两支架间的距离和设计坡度，算出两支架间的高度差，其公式为：

$$H = iL \tag{5-4}$$

式中 H——支架间的高差（mm）；

i ——管子的设计坡度；

L ——支管间距（mm）。

固定支架必须安装在设计规定的位置上，不得任意移动，并使管道牢固地固定在支架上，用于抵抗管道的水平推力。

伸缩器，当利用管道中的弯曲部件不能吸收管道因热膨胀所产生的变形时，在直管道上每隔一定距离设置伸缩器，吸收热伸缩，减小热应力。常用的伸缩器有方形、套管式及波形几种，需检查预拉伸记录。

检查数量：全数检查。

5.2.5.3 管道坡度检测

安装蒸汽供气干管，蒸汽干管的坡度与回水流动方向相反，热水供热干管的坡度与热水流动方向相同，管道坡度应根据设计放线。如设计无规定时，应符合下列规定：

(1) 热水采暖和热水供应管道及汽水同向流动的蒸汽和凝结水管道，坡度一般为0.003，但不得小于0.002；

(2) 汽水逆向流动的蒸汽管道，坡度不得小于0.005；

(3) 连接散热器的支管应有坡度。当支管全长小于或等于500mm，坡度值为5mm；大于500mm，为10mm。

管道坡度的检测方法：用水准仪（水平尺）、拉线和尺量检查或检查测量记录。

检查数量：按系统内直线管段长度每50m抽查2段，不足50m不少于1段。有分隔墙建筑，从隔墙为分段数，抽查5%，但不少于5段。

5.2.5.4 采暖和热水管道安装及保温检测

采暖和热水管道安装及保温检测 **表5-8**

	项目			允许偏差（mm）	检验方法	检查数量
1	水平管道纵、横方向弯曲（mm）	每米	管径≤100mm	1	用水平尺、直尺、拉线和尺量检查	按系统内直线管段长度每50m抽查2段，不足50m不少于1段，有分隔墙建筑，以隔墙为分段数，抽查5%，但不少于5段
			管径>100mm	1.5		
		全长（25m以上）	管径≤100mm	不大于13		
			管径>100mm	不大于25		

续表

<table>
<tr><td rowspan="2">2</td><td rowspan="2">立管垂直度（mm）</td><td colspan="2">每米</td><td>2</td><td rowspan="2">吊线和尺量检查</td><td rowspan="2">一根立管为一段，两层及其以上楼层分段数，各抽查5%，但均不少于10段</td></tr>
<tr><td colspan="2">全长（5m以上）</td><td>不大于10</td></tr>
<tr><td rowspan="4">3</td><td rowspan="4">弯管</td><td rowspan="2">椭圆率 $\frac{D_{max}-D_{min}}{D_{max}}$</td><td>管径≤100mm</td><td>10%</td><td rowspan="4">用外卡钳和尺量检查</td><td rowspan="4">横管上的弯管抽查10%，但不少于5个；立、支管上的弯管抽查全数的5%，但不少于10个</td></tr>
<tr><td>管径>100mm</td><td>8%</td></tr>
<tr><td rowspan="2">折皱不平度（mm）</td><td>管径≤100mm</td><td>4</td></tr>
<tr><td>管径>100mm</td><td>5</td></tr>
<tr><td>4</td><td colspan="3">减压器、除污器、疏水器、蒸汽喷射器</td><td>10</td><td>尺量检查</td><td>全数检查</td></tr>
<tr><td rowspan="3">5</td><td rowspan="3">管道保温</td><td colspan="2">保温层厚度（mm）</td><td>$+0.1\delta$
-0.05δ</td><td>用钢针刺入保温层和尺量检查</td><td rowspan="3">凡能按隔墙、楼层分段的，均以每一楼层分隔墙内的管段为一个检查点，抽查5%，但不少于5处，不能按楼层、隔墙分段的，每20m抽查1处</td></tr>
<tr><td rowspan="2">表面平整度</td><td>卷材或板材（mm）</td><td>5</td><td rowspan="2">用2m靠尺和楔形塞尺检查</td></tr>
<tr><td>涂抹或其他（mm）</td><td>10</td></tr>
</table>

注：D_{max}、D_{min}分别为管子最大外径及最小外径；δ为管道保温层厚度。

5.2.5.5　采暖和热水供应系统运行与调试检测

采暖和热水供应系统安装竣工后，要进行运行与调试，以保证采暖和热水供应系统运行良好，使达到设计规定的要求。

1．为了防止通暖后热水系统不热或局部不热，必须从以下几个原因采取对应措施，以保证安装质量：

（1）干管敷设的坡度不够或倒坡及坡度不均匀都会造成系统或局部不热；

（2）系统的排气装置安装位置不正确，使系统内的空气不能顺利排出而造成堵塞；

（3）异物或泥砂堵塞干管或立支管阀门弯头、三通等处，使水无法通过；

（4）系统各环路阻力不平衡，造成系统末端不热；

（5）暖气支路倒坡，散热器内有空气而造成散热器不热。

防治方法：施工中应严格保证干管，水平支管的坡度满足设计要求；集气罐的位置应置于干管的最高点；系统通暖前应进行系统冲洗，避免泥沙污物积在弯头及系统末端；通暖后用各立支管的阀门及分支系统的控制阀门，调节各环路的阻力，使各环路末端循环良好。

2．蒸汽保温系统不热的原因及防止方法：

（1）主要原因：

1）系统中存有空气及疏于不畅而造成凝结水过多，使蒸汽无法顶出凝结水；

2）蒸汽干管反坡，无法排出干管中的沿途凝结水，疏水器失灵；

3）蒸汽或凝结水在反弯或过门等处，未安装排气阀门及低点排水阀门；

4）散热器未安装放气阀，使散热器内部的空气排除不净。

(2) 防治方法：

在采暖系统施工时，应使蒸汽干管及凝结水管有足够大的坡度，系统疏水装置合理安装，蒸汽干管末端应设置疏水设备。总之，排除系统内的空气及顺利疏导凝结水是解决蒸汽系统不热的关键。

5.2.6 散热器及太阳能热水器检测

本节适用于灰铸铁长翼型、圆翼型、柱型和M132型散热器；钢制扁管型、板型、柱型和串片散热器：暖风机、辐射板以及板式直管太阳能热水器安装检测。

5.2.6.1 暖风机、辐射板和铸铁钢铁散热器的安装前水压试验

暖风机、辐射板和铸铁钢铁散热器，安装前的水压试验，必须符合设计要求和施工规范规定。

散热器试验压力 **表5-8**

散热器型号	60型、M132、M150型、柱型、圆翼型		扁管型		板式	串片式	
工作压力（Mpa）	≤0.25	>0.25	≤0.25	>0.25	—	≤0.25	>0.25
试验压力（Mpa）	0.4	0.6	0.6	0.8	0.75	0.4	1.4
试验时间为2~3min，不渗不漏为合格							

钢制辐射板安装前应作水压试验。试验压力等于工作压力加0.2MPa，但不低于0.4MPa。

5.2.6.2 辐射板保温层检测

背面需做保温层的辐射板，保温层必须紧贴在辐射板上，严禁有空隙，检验方法：采用小锤轻击或局部解体检查。检查数量：辐射板总数小于5组，每组抽查2点，但总抽查数不少于5点，大于5组每组抽查1点。

5.2.6.3 散热器的安装检测

散热器安装的坐标、标高，全长内的弯曲检测采用水准仪（水平尺）、直尺、拉线和尺量检查：中心线垂直度、侧面倾斜度采用吊线和尺量检查。

铸铁翼型散热器安装好后的翼片完好程度要求长翼型，顶部掉翼不超过1个，长度不大于50mm；侧面不超过2个，累计长度不大于20mm；圆翼型，每根掉翼数不超过2个，累计长度不大于一个翼片周长的1/2。

检验方法：采用观察和尺量检查。

检查数量：全数检查。

钢串片式散热器肋片，要求松动肋片不超过肋片总数的2%。肋片整齐无翘曲。检验方法：采用观察和手扳动检查。检查数量：不少于10根。

5.2.6.4 散热设备支、吊、托架安装检测

安装的数量和构造符合设计要求和施工规范规定；位置正确，支（吊、托）架排列整齐；埋设平整牢固；与散热设备接触紧密。检验方法：采用观察和手扳检查。检查数量：不少于5组。

5.2.6.5 散热设备安装偏差检测

散热设备安装偏差检测 表5－9

项目						允许偏差（mm）	检验方法	检查数量
1	散热器	坐标	内表面与墙面距离			6	用水准仪（水平尺）、直尺、拉线和尺量检查	抽查5%但不少于10组
		坐标	与窗口中心线			20		
		标高	底部距地面			±15		
		中心线垂直度（mm）				3	吊线和尺量检查	
		侧面倾斜度（mm）				3		
		全长内的弯曲	灰铸铁	长翼型	2～4片	4	用水准仪（水平尺）、直尺，拉线和尺量检查	
					5～7片	6		
				圆翼型	20m以内	3		
					3～4m	4		
				M132柱型	13～14片	4		
					15～24片	6		
			钢串片式	2节以内		3		
				3～4节		4		
			钢制	板型	$L<1m$	4		
					$L>1m$	6		
				扁管型	$L<1m$	3		
					$L>1m$	5		
				柱型	3～12片	4		
					13～20片	6		
2	壁挂式暖风机		标高	中心距地面		±20		按不同规格和型号分别抽查1/2，但不少于5组
	辐射板	标高	中心距地面			±20		
		坡度	水平安装不少于5/1000			+1/1000 －0		
3	板式直管太阳能热水器		标高	中心距地面		±20	分度仪检查	全数检查
			固定安装朝向	最大偏移角		不大于15		

5.2.7 采暖和热水供应附属设备（包括锅炉安装）检测

本节适用于金属水箱、离心式水泵和工作压力不大于0.8MPa热水温度不超过150℃的立式、卧式整体锅炉安装检测。

5.2.7.1 金属水箱的安装检测

金属水箱的型号、规格、材质必须符合设计要求，现场制作的水箱，按设计要求须作盛水试验或煤油渗透试验。

盛水试验：将水箱完全灌满水，经2～3h后用锤沿焊缝两侧约150mm的部位轻敲，不得有渗、漏水现象，如发现漏水需重新补焊，再进行试水，不渗漏为合格。

煤油渗漏试验：在水箱外表面的焊缝上，涂满白粉，晾干后在水箱内焊缝上涂煤油，在试验时间内涂2~3次，使焊缝表面能得到充分浸润，白粉上没有发现油迹，则为合格。试验要求时间为：对垂直焊缝或煤油由下往上渗透的水平焊缝为35min；对煤油由上往下渗透的水平焊缝为25min。

密闭箱罐，如设计无要求，应以工作压力的1.5倍作水压试验，但不得小于0.4MPa。不渗漏为合格。检查数量：全数检查。

5.2.7.2　离心式水泵安装检测

一般水泵和电机是由联轴器相连并安装在同一底座上，属整体安装电机与水泵是否在同一轴线上及检测方法参见5.2.3.1联轴器同轴度检测。

进行水泵安装找正：

(1) 中心找正；在水泵基础上，划定泵中心线的位置，水泵纵向中心找正是以泵轴中心线为准，横向中心找正是以水泵出水管中心线为准。

(2) 标高找正，是利用在水泵底面与底座之间加减垫铁的办法解决，但不要垫入过多的薄垫片，以免影响安装的正确性。

(3) 水泵安装允许偏差。坐标：与建筑轴线距离为±20mm，与设备平面位置为±10mm；标高：+20mm，-10mm，采用水准仪（水平尺）、直尺、拉线和尺量检查。

5.2.7.3　水泵安装、水箱安装及保温偏差检测

水泵安装、水箱安装及保温偏差检测　表5-10

<table>
<tr><th colspan="4">项目</th><th>允许偏差（mm）</th><th>检验方法</th><th>检查数量</th></tr>
<tr><td rowspan="3">1</td><td rowspan="3">水箱</td><td colspan="2">坐标</td><td>15</td><td rowspan="2">用水准仪（水平尺）、直尺、拉线和尺量检查</td><td rowspan="6">全数检查</td></tr>
<tr><td colspan="2">标高</td><td>±5</td></tr>
<tr><td colspan="2">垂直度（每米）</td><td>1</td><td>吊线和尺量检查</td></tr>
<tr><td rowspan="3">2</td><td rowspan="3">离心式水泵</td><td colspan="2">泵体水平度（每米）</td><td>0.1</td><td rowspan="3">在联轴器互相垂直的四个位置上。用水准仪、百分表或测微螺钉和塞尺检查</td></tr>
<tr><td rowspan="2">联轴器同心度</td><td>轴向倾斜（每米）</td><td>0.8</td></tr>
<tr><td>径向位移</td><td>0.1</td></tr>
<tr><td rowspan="3">3</td><td rowspan="3">水箱保温</td><td colspan="2">保温厚度</td><td>0.1δ~0.05δ</td><td>用钢针刺入保温层检查</td><td rowspan="3">每面不少于5处</td></tr>
<tr><td rowspan="2">平面平整度</td><td>卷材或板材</td><td>5</td><td rowspan="2">用2m靠尺和楔形塞尺检查</td></tr>
<tr><td>涂抹或其他</td><td>10</td></tr>
</table>

5.2.7.4　锅炉安装检测

锅炉的型号、规格及水压试验结果，必须符合设计要求和施工规范规定。

锅炉找平：经水准仪测量锅炉基础的纵向和横向水平度，其不水平度小于或等于4mm时，可免去锅炉的找平。

(1) 锅炉纵向找平：用水平尺（水平尺的长度不小于600mm）间接放在炉排的纵排面上，检查炉排面的水平度。检查点最少为炉排前后两处。水平度要求为：炉排面纵向应水平或炉排面略坡向锅筒排污管一侧为合格。

(2) 锅炉横向找平：用水平尺（水平尺的长度不小于600mm）间接放在炉排的横排面上，检查点最少为炉排前、后两排，炉排的横向倾斜度不得大于5mm为合格，炉排的横向倾斜过大会导致炉排跑偏。

锅炉安装完毕需对锅炉本体进行水压试验，工作压力小于0.59MPa，试验压力为工作压力的1.5倍，但不小于0.2MPa；工作压力为（$0.59 \leqslant P \leqslant 1.18$）MPa，试验压力为工作压力（$P+0.3$）MPa。工作压力 $P>1.18$MPa，试验压力为 $1.25P$。

试压时，打开自来水阀门向炉内上水，待锅炉最高点的放气管见水气后关闭放气阀，最后把自来水阀门关闭。

再用试压泵先升至工作压力，停压检查，然后再升至试验压力，在试验压力下，10min内压力降不超过0.02MPa；然后降至工作压力进行检查，压力不降、不渗、不漏为合格。

5.2.8 室内煤气管道安装检测

本节适用于工作压力不大于0.005MPa的室内低压煤气管道及器具安装工程的检测。

5.2.8.1 室内低压煤气管道只进行严密性试验

有关试验方法及要求如下：

1. 试验介质为空气；
2. 试验压力为0.5MPa；
3. 试验范围：自调压箱出口起，至灶前倒齿管止或引入管上总阀（或“T”形接头）起，至灶前倒齿管接头；
4. 试验温度为常温；
5. 试验仪表：压力测量采用最小刻度为1mm的充水U形压力计；
6. 稳压10min，压降不超过40Pa为合格。

检验按系统或分区（段）试验。检查数量：全数检查。

5.2.8.2 介质U形管压力计及使用方法

U形管压力计是一个U形玻璃管，管内充有水、水银或酒精，计身固定在一块板面上，板面上有以毫米（mm）刻度的标尺。见图5-15。

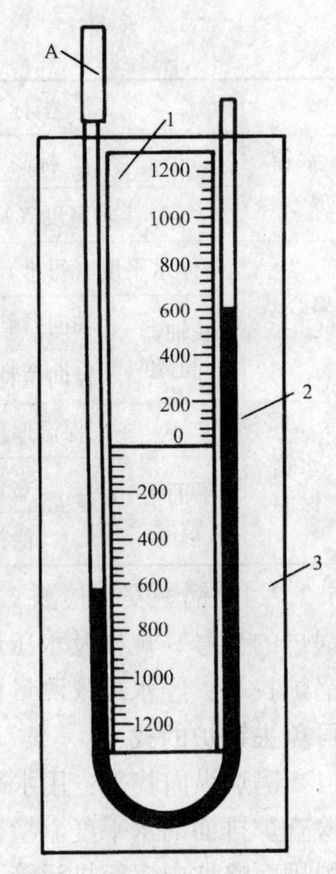

图5-15 U形管压力计

A—橡胶软管；1—刻度标尺；2—玻璃管；3—板面

当U形压力计与管道连接前，U形玻璃管内的两侧液面在“0”刻度线处相平。如管子的一端用橡胶软管与被测管道连接，此时，敞开的一端的液面将会发生变动，如果管道所测处是正压，则左侧工作液的液面就要下降，而右侧液面上升。反之，右侧下降，左侧上升，这说明管道是负压。

压力数值可用下式计算：

$$P = h \times r \times 9.8 \times 10^{4} \qquad (5-5)$$

式中 P——压力值（Pa）；

h——两端液面差数（cm）；

r——工作液的重度。

这种压力计构造简单，使用方便，可测小于0.1MPa的正负压力和压差。煤气管道工程常用盛水的U形管压力计作严密性试压，这时刻度1mm≈10Pa。

使用方法如下：

(1) 使用时，仪表应稳固地安放在主墙或支架上，仪表侧面应装有悬锤，上下偏斜不应大于2mm；

(2) 灌注液体应在零点位置上；

(3) 读值时，水应取凹月面最下缘，水银应取凸月面最小缘；

(4) 引入压力时，阀门要缓慢开启，且不要过大，严防工作液溢出；

(5) 使用水银时，要遵守水银防护措施；

(6) 对玻璃管和使用液体要定时清洗、更换。

5.2.8.3 煤气管道、电力电缆、电气开关应符合的规定

煤气引入管和室内煤气管与其他各类管道、电力电缆、电气开关的距离必须符合表5-11规定：

埋地煤气管与其他相邻管道及电缆的最小水平净距　　表5-11

序号	项目		水平净距（mm）
1	与给排水管		1000
2	与供热管的管沟外壁		
3	与电力电缆		
4	与通讯电缆	（直埋）在导管内	

埋地煤气管与其他相邻管道及电线间的最小垂直净距　　表5-12

序号	项目		垂直净距（mm）	备注
1	与给、排水管		150	当有套管时，以套管计
2	与供热管的管沟底或顶部			
3	电缆	直埋	600	
		在导管内	150	

煤气管与其他相邻管道及电线、电表箱、电器开关接头之间的距离　　表5-13

类别 走向	煤气管与给排水、采暖和热水供应管道的间距（mm）	煤气管与电线的间距（mm）	煤气管与配电箱盘的距离（mm）	煤气管与电气开关和接头的距离（mm）
同一平面	≥50	≥50	≥300	≥150
不同平面	≥10	≥20		

检验方法：采用观察与尺量检查。检查数量：全数检查。

5.2.8.4 埋地钢管防腐层质量检测

(1) 外观：用目视逐根逐层检查，表面应平整，无气泡、麻面、皱纹、瘤子等缺陷；

(2) 厚度：按设计防腐等级要求，总厚度应符合设计要求。检查时，每20根抽查一根，每根测试三个截面，每个截面应测上、下、左、右四个点，并以最薄点为准。若不合格，再抽两根。其中一根仍不合格时，全部为不合格；

(3) 粘结力：在防腐层上切一夹角为45°～60°的切口，从角尖端撕开涂层，撕开面积为30～50cm²，不易撕开而且撕开后粘附在钢管表面的第一层沥青占撕开面积的100%，为

合格；按上述方法每20根抽查一根，每根测一点，若不合格，再抽查两根，其中一根还不合格时，全部为不合格；

(4) 涂层的绝缘性：用电火花检漏仪进行检测，以不打火花为合格，最低检漏电压按下列公式计算：

$$U = 7840\sqrt{\sigma} \tag{5-6}$$

式中　U——检漏电压（V）；

σ——涂层厚度（取实测数字的算术平均值）（mm）。

5.2.8.5　煤气管道安装、偏差检测

煤气管道安装、偏差检测　　**表 5-14**

<table>
<tr><th colspan="4">项目</th><th>允许偏差（mm）</th><th>检验方法</th><th>检查数量</th></tr>
<tr><td>1</td><td colspan="3">坐标</td><td>10</td><td rowspan="2">用水准仪（水平尺）、直尺、拉线和尺量检查</td><td rowspan="2">立管的坐标、检查管轴线与墙内表面的中心距，横管的坐标和标高。检查管道的起点、终点，分支点及变向点间的直管段。各抽查10%，但均不少于5段</td></tr>
<tr><td>2</td><td colspan="3">标高</td><td>±10</td></tr>
<tr><td rowspan="4">3</td><td rowspan="4">水平管道纵横方向弯曲</td><td rowspan="2">每米</td><td>DN≤100mm</td><td>0.5</td><td rowspan="4">用水平尺、直尺、拉线和尺量检查</td><td rowspan="4">按系统内直线管段长度每30m抽查2段，不足30m不少于1段，有分隔墙建筑，以隔墙为分段数，抽查5%，但不少于5段</td></tr>
<tr><td>DN>100mm</td><td>1</td></tr>
<tr><td rowspan="2">全长（25m以上）</td><td>DN≤100mm</td><td>≯13</td></tr>
<tr><td>DN>100mm</td><td>≯25</td></tr>
<tr><td rowspan="2">4</td><td rowspan="2">立管垂直度</td><td colspan="2">每米</td><td>2</td><td rowspan="2">吊线和尺量检查</td><td rowspan="2">隔墙建筑，以隔两层及其以上按楼层分段，各抽查5%，但均不少于5段</td></tr>
<tr><td colspan="2">全长（5m以上）</td><td>≯10</td></tr>
<tr><td>5</td><td>进户管阀门</td><td colspan="2">阀门中心距地面</td><td>±15</td><td rowspan="3">尺量检查</td><td>全数检查</td></tr>
<tr><td rowspan="3">6</td><td rowspan="3">煤气表</td><td colspan="2">表底部距地面</td><td>±15</td><td rowspan="4">各抽查10%，但均不少于5个</td></tr>
<tr><td colspan="2">表后面距墙内表面</td><td>5</td></tr>
<tr><td colspan="2">中心线垂直度</td><td>1</td><td>吊线和尺量检查</td></tr>
<tr><td>7</td><td>煤气嘴</td><td colspan="2">距灶台表面</td><td>±15</td><td>尺量检查</td></tr>
<tr><td rowspan="3">8</td><td rowspan="3">管道保温</td><td colspan="2">厚度（δ管道保温层厚）</td><td>+0.1δ
−0.05δ</td><td>用钢针刺入保温层检查</td><td rowspan="3">每20m抽查1处，但不少于5处</td></tr>
<tr><td rowspan="2">表面平整度</td><td>卷材或板材</td><td>5</td><td rowspan="2">用2m靠尺和楔形塞尺检查</td></tr>
<tr><td>涂抹及其他</td><td>10</td></tr>
</table>

5.2.9　室内管道系统检测举例

室内管道系统安装涉及的内容很多，检测的项目，根据不同建筑物的功能要求也各不相同，检测的方法也有多种选择。现举例：某28层高层商住楼室内管道系统的安装检测。只介绍主要的检查内容：安装的检测涉及到室内给水、排水、卫生器具安装检测：煤气热水管道检测；室内给水附属设备、热水供应附属设备的检测。

5.2.9.1　管道系统的检测

室内给水、排水、煤气、热水管道，根据用途不同，材质不同，检测的要求不同。

(1) 室内给水管道，包括消防管的安装检测。

1) 检测管道安装位置的正确性，管道的标高、位置、坡度、管径是否符合设计图纸的要求，标高要结合建筑装饰吊顶核查尺寸是否相符，标高每层楼用水准仪测量，位置尺量检查，立管用吊线坠检查。检查允许的偏差及检查数量详见各章节。

2) 当管道安装交叉发生矛盾时，应按下列原则避让：

①小管让大管，支管道让主管道；

②无压管道让有压管道，低压管让高压管；

③一般管道让高温管道或低温管道。

3) 室内给水管道试压，室内给水管安装完毕经检查合格，先进行每层楼支管试压，一般消防喷淋系统是单独的系统。试验压力不小于0.6MPa。生活饮用水和生产、消防合同的管道，试验压力为工作压力的1.5倍，但不超过1MPa。每层支管试验合格，再接系统总管试压，由于是高层建筑，上下高层有近100m，注意上下压力差，要求上下都装压力表。压力表必须经标准计量部门标定的有效期内。水压升至试验压力后，保持恒压10min，检查接口，检查接口、管身无破损及漏水现象时，管道强度试验为合格。

4) 系统吹洗，给水系统竣工后或交付前，再进行吹洗。

(2) 室内排水管道安装检测。该高层有雨水管，各层有生活污水管。

1) 排水管道安装检测，立管根据设计图纸要求设置检查口，一般每两层设置一个检查口，最高与卫生器具的最高层必须设置。检查口中心离地面一般为1m。允许偏差±20mm，检查口的朝向便于检查。排水管安装的垂直度，采用吊线和尺量检查，每30m抽查2段，不足30m不少于1段。

排水管的坡度检测非常重要，坡度必须满足设计施工规范规定，采用水准仪，拉线和尺量检查。每30m抽查2段。不足30m不少于1段。

2) 灌水试验，隐蔽的排水和雨水管道的灌水试验结果必须符合设计和施工规范要求。因每个卫生间排水管都在吊顶内，所以该幢建筑每个卫生间横管都做灌水试验，试验方法是，用专用工具球胆，从立管检查口放至联接横管下部一段，气筒打气，球胆膨胀封住立管，再从支管上口灌水，检查横管里是否有水，以检查不漏水为合格。雨水管也需做灌水试验。

3) 通球试验：排水主立管及水平干管管道均应做通球试验，通球球径不小于排水管道管径的2/3，通球率必须达到100%。

(3) 采暖与热水供应管道，该建筑冬天采暖采用电加热器将水加热，通过水泵经管道将热水供应至各层风机盘管采暖。

1) 热水管道安装：

热水管道安装，因热膨胀所产生变形，在直管段上每隔一定距离应设置伸缩器；以吸收热膨胀，减小热应力。管道安装的坡度，热水供热干管的坡度与热水流动方向相同，如设计无规定时，应符合下列规定，热水采暖和热水供应管道及汽水同向流动的蒸汽和凝结水管管道，坡度一般为0.003，但不得小于0.002。在该项安装检测实施过程中，存在的问题：安装检查坡度符合要求，但最后装饰施工，安装吊顶时，将冷凝水管抬高，在系统正式调试时，风机盘管冷凝水外溢，吊顶漏水，不能满足排水坡度。有的冷凝水管排水点少，管线长，满足坡度时，高差相差很大，而设计吊顶时，没有考虑，造成质量事故。

2）管道试压吹洗，管道系统安装完毕，必须进行水压试验，试验压力根据设计确定。设计无规定时，应以系统顶点工作压力加 0.1MPa 作水压试验。同时在系统顶点的试验压力不得小于 0.3MPa。

由于办公楼每层有采暖管道，首先进行每层支管试压，总支管分别试压合格再相联。试压合格再进行吹洗，吹洗合格后再安装风机盘管。最后总调试。

3）管道保温

既然是采暖管道，就需要保温。

保温的材料材质，规格必须符合设计要求。保温层的厚度，如采用管壳，保温前可先尺量。而且还有防火要求，要阻燃，需进行燃烧检查。保温层厚度可用钢针刺入保温层和尺量检查。每一楼层分隔墙内的管段为一个抽查点，抽查 5%，但不少于 5 处。

(4) 煤气管道

1）煤气管道与其他管道及电气线路和电气开关的最小水平距离、垂直距离和交叉净距必须符合设计要求，是检测的重点，要进行全数检查。

2）室内燃气管道试压，室内煤气管道只进行严密性试验。

①试验介质为空气；

②试验压力为 0.5MPa；

③试验范围：自调压箱出口起，至灶前倒齿管止或引入管上；

④总阀（或“T”型接头）起，至灶前倒齿管接头；

⑤试验温度为常温；

⑥试验仪表：压力测量采用最小刻度为 1mm 的充水 U 型压力计；

⑦稳压 10min，压降不超过 40Pa 为合格。

5.2.9.2 卫生器具安装检测

卫生器具包括水盆、洗涤盆、洗脸盆、浴盆、淋浴器、大便器、小便器、地漏、扫除口等。

(1) 卫生器具安装的共同要求，就是平、稳、准、牢、不漏，使用方便，性能良好。

平：就是同一房间同种器具上口边缘水平；

稳：就是器具安装好后无摆动现象；

牢：就是安装牢固，无脱落松动现象；

准：就是卫生器具平面位置和高度尺寸准确，同类器具要整齐美观；

不漏：卫生器具上、下水管接口连接必须严密不漏；

使用方便：零部件布局合理，阀门及手柄的位置朝向合理；

性能良好：阀门、水嘴使用灵活，管内畅通，卫生器具的排出口应设置存水弯，阻止下水道中污浊气体返回室内。

(2) 卫生器具安装检测：

卫生器具排水的排出口与排水管承口的连接处必须严密不漏，安装好后通水检查。

器具排水管径和坡度，必须符合设计要求，采用观察或尺量检查。

排水栓地漏安装应平正，牢固，低于排水表面，无渗漏；地漏低于安装处排水表面

5mm。

检查卫生器具支，托架安装应平整牢固，器具放置平稳，支架与器具接触紧密。

器具安装的坐标，标高、水平垂直度，采用拉线、吊线、水平尺和尺量检查。

5.2.9.3 室内给水管道及采暖和热水供应附属设备安装检测

水泵安装就位，水泵中心线找正，应进行中心线找正、水平找正和标高找正。

对泵中心线找正的目的是使水泵摆放的位置正确，不歪斜。

水平找正：水平找正可用水准仪或0.1~0.3mm/m精度的水平尺测量。检测时，将水平尺放在水泵轴上测其轴向水平，调整水泵的轴向位置，使水平尺气泡居中，误差不应超过0.1mm/m，然后把水平尺平行靠在水泵进出水口法兰垂直的面上，测其径向水平。

大型水泵找水平可用水准仪或吊垂线法进行测量。

标高找正：标高找正的目的是检查水泵轴中心线的高程是否符合设计要求，以保证水泵能在允许的吸水高度内工作。标高找正用水准仪测量。

电机与水泵联接的同轴度。检测方法详见有关章节。

水泵运转检测

无负荷试运转应达到下列标准：

1）运转中无不正常的声响；

2）各紧固部分无松动现象；

3）轴承无明显的温升。

负荷试运转：

1）设备运转正常，系统的压力、流量、温度和其他要求符合设备文件的规定；

2）泵运转无杂音，泵体无泄漏，各紧固部位无松动；

3）滚动轴承温度不高于75℃，滑动轴承温度不高于70℃；

4）轴封填料温度正常，软填料宜有少量泄漏（每分钟不超过10至20滴），机械密封的泄漏量不宜超过$10m^3/h$（约每分钟3滴）；

5）泵的原动机功率或电动机的电流不超过额定值；

6）安全保护装置灵敏可靠；设备振幅符合设备技术文件或规范标准。

5.3 室外管道系统检测

5.3.1 室外给水管道检测

本节适用于民用建筑群（小区），工作压力不大于0.6MPa的室外，给水和消防管网的给水铸铁管、镀锌和非镀锌碳素钢管，预应力和自应力钢筋混凝土管、石棉水泥管安装工程的检测。

5.3.1.1 给水铸铁管质量检测

给水铸铁管有低压管，工作压力为0.45MPa以下；普压管，工作压力为0.45~0.75MPa；高压管，工作压力为0.75~1MPa。如果同一条管线上压力不同，应按高的压力选管；同一条管线上不宜用两种压力等级的给水铸铁管。

铸铁管质量检测：

(1) 铸铁管应有制造厂的名称和商标、制造日期及工作压力符号等标记;

(2) 铸件的内外表面应整洁，不得有裂纹、冷隔、瘪陷和错位等缺陷。其他要求如下:

1) 承口的根部不得有凹陷，其他部分的局部凹陷不得大于5mm;

2) 承插部分不得有黏砂及凸起，其他部分不得有大于2mm厚度的粘结及5mm高的凸起;

3) 机械加工部位的轻微孔穴不大于1/3厚度，且不大于5mm;

4) 间断沟陷，局部重皮及疤痕的深度不大于5%，壁厚加2mm，环状重皮及划伤的深度不大于5%，壁厚加1mm。

(3) 铸铁管内外表面的漆层应完整光洁，附着牢固。

(4) 铸铁管、管件的尺寸允许偏差应符合表5－15的要求。

铸铁管、管件的尺寸允许偏差 **表5－15**

<table>
<tr><th colspan="2">承插环隙 E</th><th>承插深度 H</th><th colspan="2">管子平直度（mm/m）</th></tr>
<tr><td rowspan="3">$DN \leqslant 800mm$</td><td rowspan="3">$\pm E/3$</td><td rowspan="6">$\pm 0.05H$</td><td rowspan="2">$DN < 200$mm</td><td rowspan="2">3</td></tr>
<tr></tr>
<tr><td rowspan="2">DN200～450mm</td><td rowspan="2">2</td></tr>
<tr><td rowspan="3">$DN > 800$mm</td><td rowspan="3">$\pm (E/3+1)$</td></tr>
<tr><td rowspan="2">$DN > 450$mm</td><td rowspan="2">1.5</td></tr>
<tr></tr>
</table>

5.3.1.2 室外给水管道系统水压试验和清洗

管道安装完毕，应对管道系统进行水压试验。其目的可分为检查管道机械性能的强度试验和检查管道连接情况的严密性试验。

给水管道水压试验长度一般不宜超过1000m；当承插给水铸铁管管径 $DN \leqslant 350$mm，试验压力不大于1MPa时，在弯头或三通处可不作支墩；如在松软土壤中或管径及承受压力较大时，打压应考虑在弯头、三通处加设混凝土支墩。

水压试验应符合表5－16的规定。

给水管道水压试验压力（MPa） **表5－16**

管材	工作压力（Pg）	试验压力（Pg）
碳素钢管		$Pg+0.5$，且不小于0.9
铸铁管	$Pg \leqslant 0.5$	$2Pg$
	$Pg > 0.5$	$Pg+0.5$
预应力、自应力钢筋混凝土管和钢筋混凝土管	$Pg \leqslant 0.6$	$1.5Pg$
	$Pg > 0.6$	$Pg+0.3$

埋地管道水压试验须在管基检查合格，管身上部回填土不小于0.5m（管道接口处除外），管内充水24h后进行；预应力钢筋混凝土管和钢筋混凝土管管径 $DN \leqslant 1000$mm时，应在管道充水48h后进行；当管径 $DN > 1000$mm，应在管道充水72h后进行。充水时应注意排净管内的空气。

压力表必须在计量规定校验允许使用期内，压力表的规格：如试验压力为1MPa时，选择压力表的示值范围应0～16MPa范围内为宜。

水压试验时，除管道接口外，管身可用虚土填上（不小于500mm）。开始水压试验时，应逐步升压，每次升压0.2MPa为好，升压时应观察管口是否渗漏，同时后背、支撑、管端附近不得站人；升压到工作压力时，应停泵检查。

继续升压到试验压力，停泵检查，观察压力表10min内压降不超过0.05MPa，管道、附件和接口等未发生漏裂情况，然后将压力降至工作压力进行外观检查，不漏为合格。试验合格，放净试压的水。检查数量：全数检查。

5.3.1.3 给水管道的冲洗消毒

新铺给水管道竣工后，或旧管道检修后，均应进行冲洗消毒。冲洗消毒前，应把管道中已安装的水表拆下，以短管代替，使管道接通，并把需冲洗消毒管道与其他正常供水干线或支线断开。消毒前，先用高速水流冲洗水管，在管道末端选择几点将冲洗水排出。当冲洗到所排出的水内不含杂质时，即可进行消毒处理。

进行消毒处理时，先把消毒段所需的漂白粉放入水桶内，加水搅拌使之溶解，然后随同管内充水一起加入到管段，浸泡24h。然后放水冲洗，并连续测定管内水的浓度和细菌含量，直到合格为止。检查数量：全数检查。

5.3.1.4 室外给水管道的坡度、连接的检测

管道的坡度应符合设计要求，按管网内直管段长度每100m抽查3段。

不足100m不少于2段，采用水准仪（水平尺）、拉线和尺量检查。检查数量：接管网内直线管段长度每100m抽3段，不足100m不少于2段。

承插、套箍接口时，接口结构和所用填料符合设计要求和施工规范规定，灰口密实、饱满。胶圈接口平直、无扭曲，对口间隙准确，环缝间均匀，采用观察和尺量检查。检查数量：不少于10个接口。

5.3.1.5 室外给水管道安装偏差的检测

5.3.2 室外排水管道安装检测

本表适用于民用建筑群（小区）室外排水和雨水管网的预应力钢筋混凝土管、钢筋混凝土管、混凝土管、石棉水泥管、陶土管和缸瓦管等非金属管道的安装检测。

5.3.2.1 污水管道渗出和渗入水量试验检测

污水管道的渗出和渗入水量试验结果必须符合设计要求和表5－18的规定。

排除腐蚀性污水的管道，不允许渗漏。

当地下水位不高出管顶2m时，可不做渗入水量试验。检查数量：从检查井为分段检查总段数10%，但不少于3段。

5.3.2.2 室外排水管道闭水试验

室外生活排水管道施工完毕，按规范要求应作闭水试验，就是在管道内加适当压力，观察管接头处及管材上有无渗水情况。

（1）将被试验的管段起点及终点检查井（又称为上游井及下游井）的管子两端用钢制堵板堵好。

（2）在上游井的管沟边设置一试验水箱，如管道设在干燥型土层内，要求试验水位高度应当高出上游井管顶4米。

（3）将井水管接至堵板的下侧，下游井内管子的堵板下侧应设泄水管，并挖好排水

沟。管道应严密，并从水箱向管内充水，管道充满水后，一般应浸泡 1～2 昼夜再进行试验。

室外给水管道安装偏差的检测 表 5－17

序号	项目			允许偏差（mm）	检验方法	检验数量
1	坐标	铸铁管	埋地	100	用水准仪（水平尺）、直尺、拉线和尺量检查	分别按管网起点、终点、分支点和变向点查各点之间的直线管段，每 100m 抽查三点（段），不足 100m 不少于 2 点（段）
			敷设在沟槽内	50		
		碳素钢管、塑料管、复合管	埋地	100		
			敷设在沟槽内或架空	40		
2	标高	铸铁管	埋地	±50		
			敷设在沟槽内	±30		
		钢管、塑料管、复合管	埋地	±50		
			敷设在沟槽内或架空	±30		
		预、自应力钢筋混凝土管、石棉水泥管	埋地	±30		
			敷设在沟槽内	±20		
3	水平管道纵横方向弯曲	铸铁管	直段（25m 以上）起点～终点	40		
		钢管、塑料管、复合管	直段（25m 以上）起点～终点	30		
4	隔热层	厚度		$+0.1\delta$ -0.05δ	用钢针刺入保温层检查	每 100m 抽查 3 处，不足 100m 不少于 2 处
		表面平整度	卷材或板材	5	用 2m 靠尺和楔形塞尺检查	
			涂抹及其他	10		

注：δ 为隔热层厚度。

1000m 长管道在一昼夜内允许渗出或渗入水量 表 5－18

管材	管径（mm）								
	<150	200	250	300	350	400	450	500	600
	渗水量（m^3）								
钢筋混凝土管、混凝土管、石棉水泥管	7	20	24	28	30	32	34	36	40
缸瓦管	7	12	15	18	20	21	22	26	28

(4) 量好水位，观察管口接头处是否严密不漏，如发现漏水应及时返修，作闭水试验，观察时间不应少于30min，水渗入和渗出量应不大于表5-18的规定。

测量渗水量时，可根据表5-19计算出30min的渗水量是多少，然后求出试验段下降水位的数值（事前已标记出的水位为起点）即为渗水量。

(5) 闭水试验完毕应及时将水排出。

5.3.2.3 室外排水管道的其他检测

(1) 排水管道坡度检测

管道坡度必须符合设计要求和规范规定，见表5-19。

排水管道的最小坡度 **表5-19**

管径 DN（mm）	生活污水		生产废水、雨水	生产污水
	标准坡度	最小坡度		
50	0.035	0.025	0.020	0.030
75	0.025	0.015	0.015	0.020
100	0.020	0.012	0.008	0.012
125	0.015	0.010	0.006	0.010
150	0.010	0.007	0.005	0.006
200	0.008	0.005	0.004	0.004
250	—	—	0.0035	0.0035
300	—	—	0.003	0.003

检测时，按管网内直线管段长度每100m抽查3段，不足100m不少于2段。采用水准仪（水平尺）拉线和尺量检测。

(2) 排水管道接口、支墩，管道抹带接口检测

排水管道的接口形式有承插接口、平口管子接口及套环接口三种。接口结构和所用填料符合设计要求和施工规范规定：灰口密实、饱满、环缝间隙均匀，采用观察和尺量检测。检查数量：不少于10个接口。

管道支墩构造正确，埋设平整牢固，排列整齐，支墩与管子接触紧密，采用观察检查。检查数量：不少于10个。

管道抹带接口，要求材质、高度和宽度符合设计要求，并无间断和裂缝，采用观察和尺量检测。检查数量不少于10个接口。

(3) 室外排水管道安装偏差检测

室外排水管道安装偏差检测 **表5-20**

<table>
<tr><th colspan="4">项目</th><th>允许偏差（mm）</th><th>检验方法</th><th>检查数量</th></tr>
<tr><td rowspan="2">1</td><td rowspan="6">管道</td><td rowspan="2">坐标</td><td>埋地</td><td>100</td><td rowspan="6">用水准仪（水平尺）直尺、拉线和尺量检查</td><td rowspan="6">分别检查两个井间的直线管段，各抽查10%，但不少于10段</td></tr>
<tr><td>敷设在沟槽内</td><td>50</td></tr>
<tr><td rowspan="2">2</td><td rowspan="2">标高</td><td>埋地</td><td rowspan="2">±20</td></tr>
<tr><td>敷设在沟槽内</td></tr>
<tr><td rowspan="2">3</td><td rowspan="2">水平管道纵横方向弯曲</td><td>每5m米</td><td>10</td></tr>
<tr><td>全长</td><td>30</td></tr>
</table>

5.3.3 室外供热管道安装检测

本节适用于民用建筑群（小区）饱和蒸汽压力不大于0.7MPa，热水温度不超过130℃的室外采暖供热和生产热水供应管网安装工程的检测。

5.3.3.1 水压试验

埋设、铺设在沟槽内和架空管道的水压试验结果，必须符合设计要求和施工规范规定。供热管道的水压试验压力应为工作压力的1.5倍，但不得小于0.6MPa。压力先升至试验压力，观测10min，如压力下降不大于0.05MPa，然后降到工作压力作外观检查，以不漏为合格。检查数量：全数检查。

5.3.3.2 伸缩器安装检测

伸缩器的作用是供热管道因热膨胀所产生变形时，吸收热伸缩，减少热应力。常用的伸缩器有方形、套管式及波形等几种。

(1) 方形伸缩器水平安装，应与管道坡度一致；垂直安装，应有排气装置。伸缩器安装前应作预拉。方形伸缩器预拉伸长度等于1/2Δx，预拉伸长的允许差为+10mm。

管道预拉伸长度应按下列公式计算：

$$\Delta x = 0.012\ (t_1 - t_2)\ L\ (\text{mm}) \tag{5-7}$$

式中 Δx ——管道热伸长（mm）；

t_1 ——热媒温度（℃）；

t_2 ——安装时环境温度（℃）；

L ——管道长度（m）。

(2) 套管式伸缩器通常用在管径大于100mm，且工作压力小于1.568MPa（钢制）及1.27MPa（铸铁制）的管道中。

套管式伸缩器在安装时，也应进行预拉，其预拉后的安装长度，应根据管段受热后的最大伸缩量来确定。同时还应考虑到管道低于安装温度下运行的可能性，其导管支撑环和外壳支撑环之间，应留有一定间隙。其预留间隙的最小尺寸可参考表5-21。

套管式伸缩器的安装间隙 **表5-21**

两固定支架间直管段长度（m）	在下列温度下安装时，其间隙量 Δ 的最小值（mm）		
	<5℃	5~20℃	>20℃
100	30	50	60
70	30	40	50

另外，也可按下式计算：

$$\Delta = \Delta i\ \frac{t_2 + t_1}{t_3 - t_1} \tag{5-8}$$

式中 Δ ——导管支撑环与外壳支撑环间剩余的可伸缩长度（mm）；

Δi ——伸缩器最大可伸缩范围（mm）；

t_1 ——室外最低计算温度（℃）；

t_2 ——安装时气温（℃）；

t_3 ——管内输送介质的最高温度（℃）。

(3) 波形伸缩器通常用于工作压力不大于0.7MPa的气体管道或管径大于150mm的低压管道上。

波形伸缩器的预拉量和预压量见表5－22。

波形伸缩器的预拉量和预压量　　表5－22

实际安装温度（℃）	－20	－10	0	10	20	30	40	50	60	70	80
预拉量（mm）	$0.5\Delta L$	$0.4\Delta L$	$0.3\Delta L$	$0.2\Delta L$	$0.1\Delta L$	0					
预压量（mm）							$0.1\Delta L$	$0.2\Delta L$	$0.3\Delta L$	$0.4\Delta L$	$0.5\Delta L$

注：ΔL——一个波的补偿量（mm）。

预拉时，其偏差值不大于5mm。作用力分2～3次，尽量使每个波带的四周受力均匀。检查数量：全数检查。

5.3.3.3　管道坡度、联接、支架安装检测

管道的坡度需符合设计要求。采用水准仪（水平尺）、拉线和尺量检测；检查数量：按管网内直线管段长度每100m检查3段，不足100m不少于2段。管道联接，有螺纹、法兰、焊接联接，采用观察和解体检测，焊接联接采用焊接检测尺检测。

管道支架安装，采用观察和尺量检查。

检查数量：法兰连接不少于5副；螺纹连接、焊接、支（吊、托）架检查不少于10个。

5.3.3.4　室外供热管道安装偏差检测（表5－23）

室外供热管道安装偏差检测　　表5－23

<table>
<tr><th colspan="4">项目</th><th>允许偏差（mm）</th><th>检验方法</th><th>检查数量</th></tr>
<tr><td rowspan="2">1</td><td rowspan="2">坐标</td><td colspan="2">敷设在沟槽内及架空</td><td>20</td><td rowspan="8">用水准仪（水平尺）、直尺、拉线和尺量检查</td><td rowspan="8">分别按管网起点、终点、分支点和变向点查各点间直线管段。每100m抽查3点（段）不足100m不少于2点</td></tr>
<tr><td colspan="2">埋地</td><td>50</td></tr>
<tr><td rowspan="2">2</td><td rowspan="2">标高</td><td colspan="2">敷设在沟槽内及架空</td><td>±10</td></tr>
<tr><td colspan="2">埋地</td><td>±15</td></tr>
<tr><td rowspan="4">3</td><td rowspan="4">水平管道纵、横方向弯曲</td><td rowspan="2">每米</td><td>管径 $DN\leqslant100$mm</td><td>1</td></tr>
<tr><td>管径 $DN>100$mm</td><td>1.5</td></tr>
<tr><td rowspan="2">全长（25m以上）</td><td>管径 $DN\leqslant100$mm</td><td>≯13</td></tr>
<tr><td>管径 $DN>100$mm</td><td>≯25</td></tr>
<tr><td rowspan="5">4</td><td rowspan="5">弯管</td><td rowspan="2">椭圆架 $\frac{D\max-D\min}{D\max}$</td><td>管径 $DN\leqslant100$mm</td><td>8%</td><td rowspan="5">用外卡钳和尺量检查</td><td rowspan="5">按管网内弯管（含方型伸缩器弯）抽查10%，但不少于10个</td></tr>
<tr><td>管径 $DN>100$mm</td><td>5%</td></tr>
<tr><td rowspan="3">折皱不平度</td><td>管径 $DN\leqslant100$mm</td><td>4</td></tr>
<tr><td>管径 DN125～200mm</td><td>5</td></tr>
<tr><td>管径 DN250～400mm</td><td>7</td></tr>
<tr><td>5</td><td colspan="4">减压器、疏水器、除污器、蒸汽喷射器几何尺寸</td><td>尽量检查</td><td>全数检查</td></tr>
<tr><td rowspan="3">6</td><td rowspan="3">保温</td><td colspan="2">厚度</td><td>0.1δ
-0.05δ</td><td>用钢针刺入保温检查</td><td rowspan="3">每100m抽查3处，不足100m不少于2处</td></tr>
<tr><td rowspan="2">表面平整度</td><td>卷材或板材</td><td>5</td><td rowspan="2">用2m靠尺和楔形塞尺检查</td></tr>
<tr><td>涂抹及其他</td><td>10</td></tr>
</table>

注：$D\max$、$D\min$分别为管道的最大及最小外径；δ为保温层厚度。

5.3.4 室外煤气管道安装检测

本节适用于民用建筑群（小区）工作压力不大于0.3MPa的室外次高压、中压和低压煤气管网的铸铁管和碳素钢管室外煤气管道安装的检测。

5.3.4.1 室外煤气管道试压检验

（1）燃气管道的强度试验压力应为设计压力的1.5倍，但钢管不得低于0.3MPa，铸铁管不得低于0.05MPa。进行强度试压时，达到试验压力后，稳压1小时，然后仔细进行检查。

（2）气密性试验应在强度试验合格后进行，试验压力应遵守下列规定：

1）设计压力 $P \leqslant 5kPa$ 时，试验压力应为20kPa；

2）设计压力 $P > 5kPa$ 时，试验压力应为设计压力的1.15倍，但不小于100kPa。

（3）在气密性试验开始前，应向管内充气到试验压力，保持一定时间，达到温度，压力稳定。

（4）燃气管道的气密性试验时间为24h，压力降不超过下式计算结果则认为合格。

1）设计压力为 $P \leqslant 5kPa$ 时，

同一管径

$$\Delta P = 39.3T/d$$

不同管径

$$\Delta P = \frac{39.3T\ (d_1L_1 + d_2L_2 + \cdots\cdots + d_nL_n)}{d_1^2L_1 + d_2{}^2L_2 + \cdots\cdots d_n^2L_n} \tag{5-9}$$

2）设计压力 $P > 5kPa$ 时，

同一管径

$$\Delta P = 6.47T/d$$

不同管径

$$\Delta P = 6.47\frac{T\ (d_1L_1 + d_2L_2 + \cdots\cdots + d_nL_n)}{d_1^2L_1 + d_2^2L_2 + \cdots\cdots d_n^2L_n} \tag{5-10}$$

式中 ΔP——允许压力降（Pa）；

T——试验时间（h）；

d——管段内径（m）；

d_1，d_2，……d_n——各管段内径（m）；

L_1，L_2，……L_n——各管段长度（m）。

（5）试验实测的压力降，应根据在试压期间内温度和大气压的变化按下式予以修正：

$$\Delta P' = (H_1 + B_1) - (H_2 + B_2)\frac{273 + t_1}{273 + t_2} \tag{5-11}$$

式中 $\Delta P'$——修正压力降（Pa）；

H_1、H_2——试验开始和结束时的压力计读数（Pa）；

B_1、B_2——试验开始和结束时的气压计读数（Pa）；

t_1、t_2——试验开始和结束时的管内温度（℃）。

计算结果 $\Delta P' \leqslant \Delta P$ 为合格。

检查数量：全数检查。

5.3.4.2 燃气管线清扫检测

燃气管道安装完后，应进行吹扫，吹扫与试验介质宜采用压缩空气。

（1）开始用清管球清扫：用清管球清扫，可采用成都市四川石油管理局总机厂生产的各种规格的标准橡胶清管球，清管球是清洁器的一种，是用耐磨氯丁橡胶剖戌的圆球，其工作原理是利用气体压力将清管球从被清扫管道的始端推向末端。由于清管球的外径比管内径大4%～6%，在管内处于卡紧密封状态，当压缩空气推动清管球在管道中前进时，便将管道内的各种杂物清扫出来。

使用清管球清管的注意事项：

1）清管球一般有两种，*DN*150以下是实心球，*DN*200以上是空心球。在使用空心球时，事先必须用注射器将球灌满水并打足压力，使胶球膨胀并且具有刚性，才能使用。空心球在设计上就考虑灌水孔，用螺栓塞子封住，灌水时旋开螺栓塞子即可操作，灌水后必须注意将塞子旋紧。

2）通球前必须检查清管球的过盈量。按照要求，空心球的外径应比管道的内径大2%，灌水并打足压后，应大4%～6%。如过盈量不足，则密封性不好，影响通球效果。过盈量太少或根本没有过盈量的球，不能使用。

3）为了保证管道内清扫彻底，通球次数不能少于两次。即通了一次球后，取出球来，再通一次或两次，直到无任何杂物清出为止，若一次放进两个球，也只能算通球一次。

4）球与管壁之间密封不严漏气，球停不走的事故处理：引起此种事故的主要原因有下列几种：A球破变形而漏气；B空心球未灌足水而漏气，遇石块等物卡住而漏气；C球磨损太大，过盈量不够，再加上管道椭圆度太大，不能起到密封作用而漏气；D当球通过同径三通，因杂物太多，阻力很大，速度太慢，未能通过造成漏气。

以上事故处理办法，通常再加入一个新球，加强密封作用，将第一个球顶出来，必须注意的是第二个球质量要好，过盈量较大，效果才好。

(2) 用空气吹扫

为节约能源和不能用清管球吹扫的燃气管道，宜用压缩空气吹扫。

1）介质在管内流速不低于20m/s；

2）吹扫的最高压力不得超过管道的强度试验压力；

3）放吹口应设置在开阔地段，并加固；

4）每次吹扫管段不宜过长，应根据吹扫介质、压力、气量来确定，一般不超过3km为宜；

5）吹扫应反复进行，当管内听不到机械杂质的碰撞声、水流声，放喷口无污物时即为合格。

5.3.4.3 埋地煤气管的设计要求

埋地煤气管与其他相邻建筑物、构筑物的最小水平与垂直净距，应遵守设计要求或表5-24和表5-25的规定。

埋地煤气管道与建筑（构筑）物或其他相邻管道之间的最小水平净距　　表5-24

序号	项　　目	埋地煤气管		
		低压（m）	中压（m）	次高压（m）
1	与建筑物、构筑物的基础	0.7	2.0	4.0
2	与供热管的管沟外壁	1.0	1.0	1.5
3	与给水、排水管	0.5	1.0	1.6
4	与电力电缆	0.5	0.5	1.0

续表

5	与通讯电缆	直埋	0.5	0.5	1.0
		在导管内	1.0	1.0	1.0
6	与其他煤气管道	管径≤300mm	0.4	0.4	0.4
		管径 > 300mm	0.5	0.5	0.5
7	与电杆（塔）的基础	电压≤35kV	1.0	1.0	1.0
		电压 > 35kV	5.0	5.0	5.0
8	与通信、照明电杆（至电杆中心）		1.0	1.0	1.0
9	与街树（至树中心）		1·2	1.2	1.2

埋地煤气管道与建、构筑物或其他相邻管道之间的最小垂直净距　　表 5－25

序号	项目		埋地煤气管道（当有套管时，以套管计）(m)
1	给排水管或其他煤气管道		0.15
2	供热管的管沟或顶部		0.15
3	电缆	直　埋	0.50
		在导管内	0.15

5.3.4.4　煤气管道的联接检测

煤气管道联接采用螺纹、法兰、焊接联接。螺纹及法兰联接，检测要求同 9.5.1.10 的 (1)、(2) 项：焊缝质量要求：焊口平直度，焊缝加强面的质量符合施工规范规定，焊口表面无烧穿、裂纹和明显结瘤、夹渣及气孔等缺陷。并要求焊口无损探伤检查，焊缝分类及合格标准符合设计要求。检测方法，采用观察和尺量检查及无损探伤。检查数量不少于 10 个接口。

煤气管道是铸铁管的承插、套箍接口联接、管道支（吊、托）架及管座（墩）安装的检测，采用观察和尺量检查。

检查数量：铸铁管承插，套箍接口不少于 10 个：管道支（吊、托）架及管座（墩）不少于 5 个。

5.3.4.5　煤气管道安装涂层检测

(1) 外观：用目视逐根逐层检查；

(2) 厚度：检查时每 20 根抽查 1 根，每根测三个截面，每个截面均分测四点，并以最薄点为准。按防腐等级，符合设计防腐厚度。

(3) 粘附力：在防腐涂层切一夹角为 45°～60°的切口，从角尖端撕开涂层，撕开面积 $30 \sim 50cm^2$，不易撕开而且撕开后粘附在钢管表面的第一层沥青占撕开面积的 100%则为合格。

(4) 涂层的绝缘性：用电火花检漏仪进行检测，以不打火花为合格，最低检漏电压按下列公式计算：

$$U = 7840\sqrt{\sigma} \qquad (5-12)$$

式中　U——检漏电压 (V)；

σ——涂层厚度（取实测数字算术平均值，mm）。

5.3.4.6　室外煤气管道安装偏差检测

室外煤气安装偏差检测　　表5-26

	项目				允许偏差（mm）	检验方法	检验数量
1	坐标	铸铁管	埋地		50	用水准仪（水平尺）、直尺、拉线和尺量检查	分别按管网起点、终点、分支点和变向点查各点之间的直线管段，每100m抽查三点（段），不足100m不少于2点（段）
			敷设在沟槽内		20		
		碳素钢管	埋地		50		
			敷设在沟槽内		20		
2	标高	铸铁管	埋地		±30		
			敷设在沟槽内		±20		
		碳素钢管	埋地		±15		
			敷设在沟槽内		±10		
3	水平管道纵横方向弯曲	铸铁管	每米		1.5		
			全长（25m以上）		≯40		
		碳素钢管	每米	DN≤100mm	0.5		
				DN>100mm	1		
			全长（25m以上）	DN≤100mm	≯13		
				DN>100mm	≯25		
4	弯管	碳素钢管	椭圆率	DN≤100mm	10%	用外卡钳和尽量检查	按管网内弯管（含方型伸缩器弯）的全数抽查10%，但不少于10个
				DN125~400mm	8%		
			折皱不平度	DN≤100mm	4		
				DN125~200mm	5		
				DN250~400mm	7		
5	凝水器	凝水器缸体水平度			3	用水平尺和直尺检查	全数检查
		抽水管垂直度（每米）			2	吊线和尺量检查	
		纵向轴线			10	用直尺、拉线和尺量检查	
		抽水管顶端距防护罩盖或井盖盖顶高度			±10	用水准仪（水平尺）直尺、拉线和尺量检查	
6	井盖	标高			±5		

5.4　通风空调系统检测

5.4.1　风管制作检测

本节适用于薄钢板、不锈钢板、铝板、复合钢板和硬聚氯乙烯风管的制作检测。

5.4.1.1　风管的制作材料、规格选用及检测

风管的规格、尺寸及使用的材料、规格、质量必须符合设计要求。从材质分类：有普通薄钢板（也称黑铁皮）、复合钢板（如塑料复合钢板、镀锌薄钢板，又称白铁皮）不锈钢板、铝板、硬聚氯乙烯塑料板等。制作风管和配件的钢板厚度应符合设计规定，如设计无规定时应符合表5-27的规定。

钢板风管板材厚度（mm）　　表5-27

类别 / 风管直径 D 或长边尺寸 b	圆形风管	矩形风管		除尘系统风管
		中、低压系统	高压系统	
D（b）≤320	0.5	0.5	0.75	1.5
320<D（b）≤450	0.6	0.6	0.75	1.5
450<D（b）≤630	0.75	0.6	0.75	2.0
630<D（b）≤1000	0.75	0.75	1.0	2.0
1000<D（b）≤1250	1.0	1.0	1.0	2.0
1250<D（b）≤2000	1.2	1.0	1.2	按设计
2000<D（b）≤4000	按设计	1.2	按设计	按设计

注：1. 螺旋风管钢板厚度可适当减小10%～15%；
2. 排烟系统风管钢板厚度可按高压系统；
3. 特殊除尘系统风管钢板厚度应符合设计要求；
4. 不适用于地下人防与防火隔墙的预埋管。

检测方法：材料、成品或半成品检查出厂合格证明书或质量鉴定文件。

规格：采用尺量和观察检查。

检查数量：一般通风与空调工程按制作数量抽查10%，但不少于5件；洁净工程按制作数量抽查20%，但不少于5件。

5.4.1.2　风管咬缝、焊缝、接缝检测

风管的咬缝必须紧密、宽度均匀、无孔洞、半咬口和胀裂等缺陷，直管纵向咬缝应错开，交错距离不得小于50mm。

焊缝严禁有烧穿、漏焊和裂纹等缺陷，纵向焊缝必须错开，采用观察检查。抽查10%，但不少于5件。

洁净系统的风管、配件、部件和静压箱的所有接缝都必须严密不漏。采用灯及观察检查。抽查20%，但不少于5件。

制作风管时，采用咬接或焊接取决于板材的厚度及材质，见表5-28。

金属风管的咬接或焊接界限表 表5-28

<table>
<tr><th rowspan="2">板厚
（mm）</th><th colspan="3">材 质</th></tr>
<tr><th>钢板（包括镀锌钢板）</th><th>不锈钢板</th><th>铝板</th></tr>
<tr><td>σ≤1.0</td><td rowspan="2">咬接</td><td>咬接</td><td rowspan="3">咬接</td></tr>
<tr><td>1.0<σ≤1.2</td><td rowspan="3">焊接（氩弧焊及电焊）</td></tr>
<tr><td>1.2<σ≤1.5</td><td rowspan="2">焊接</td></tr>
<tr><td>σ>1.5</td><td>焊接（气焊或氩弧焊）</td></tr>
</table>

5.4.1.3 风管法兰、加固及外观检测

（1）风管法兰的孔距符合设计要求和施工规范的规定、焊接牢固、焊缝处不得设置螺孔、螺孔距必须具备互换性。采用尺量和观察检查。

（2）风管加固，矩形风管边长大于或等于630mm的非保温风管，保温风管边长大于或等于800mm时，并且风管管段长度大于1.2m以上均需要采取加固措施。

加固方法有几种：

1）接头起高加固法（即采用立咬口）；

2）风管的周边用角钢加固圈；

3）风管大边用角钢加固；

4）风管内壁纵向设置肋条加固；

5）风管钢板上滚槽或压棱加固。

风管加固要达到牢固、整齐，每档加固的间距应适宜、均匀、相互平行，采用观察和手扳检查。

（3）风管外观检测

1）表面凹凸不大于10mm。对矩形风管将直尺或拉线横向放置，用尺量其凹陷深度；对圆形风管将直尺或拉线纵向放置，用尺量其凹陷深度。

2）折角平直。对矩形风管而言，四角应成90度，可用角尺检查。

3）圆弧均匀。指无明显折线，观察检查。

4）两端平行。用角尺检查矩形风管两端法兰与相邻二平面是否成90°，圆形风管放在平板上，法兰端面应垂直于平板，用角尺检查。

5）无明显翘角。将整节风管放在平板上观察四角，有一角脱空则为翘角。

6）不锈钢板、铝板风管表面无刻痕、划痕、凹穴等缺陷；复合钢板风管表面无损伤。观察检查。

检查数量：一般通风与空调工程抽查10%，洁净工程抽查20%，但不少于5件。

5.4.1.4 风管及法兰制作偏差检测

风管及法兰制作尺寸允许偏差　　表 5-29

序号	项目		允许偏差（mm）	检验方法
1	圆形风管外径	Φ≤250	0，-2	用尺量互成 90°的直径
		Φ>250	0，-3	
2	矩形风管大边	<300	0，-1	尺量检查
		300~800	0，-2	
		>800	0，-3	
3	圆形法兰直径		+2，0	用尺量互成 90°的直径
4	矩形法兰边长		+2，0	用尺量四边
5	矩形法兰两对角线之差		3	尺量检查
6	法兰平整度		2	法兰放在平台上用塞尺检查
7	法兰焊缝对接处的平整度		1	

检查数量：一般通风与空调工程按制作数量抽查 10%；洁净工程按制作数量抽查 20%，但不少于 5 件。

5.4.2 风管部件制作、安装检测

本节适用于工业与民用建筑的通风与空调工程中的各类风口、风阀、罩类、风帽及柔性短管等部件的制作、安装工程的检测。

5.4.2.1 风管部件制作检测

各类部件的规格、尺寸必须符合设计要求，尺寸偏差的允许值。

（1）矩形（包括方形）风口接风口边长（mm）：<300 为 -1，300~800 为 -2，>800 为 -3；

（2）矩形（包括方形）风口两条对角线之间的允许偏差值，按对角线长度（mm）：<300 为 1，300~500 为 2，>500 为 3；

（3）圆形风口的尺寸允许偏差值，按风口直径（mm）：<250 为 -2，>250 为 -3；

（4）风口装饰平面应平整光滑，其平面度按表面积（m^2）计的规定值：<0.1 为 1mm，0.1~0.3 为 2mm；>0.3，<0.8 为 3mm；

（5）风口装饰面上接口拼缝的缝隙，铝型材应不超过 0.15mm，其他材料应不超过 0.2mm；

（6）风口叶片应符合下列要求：

1）叶片间距的尺寸偏差不大于 1mm；

2）叶片弯曲度为 3/1000mm；

3）叶片平行度为 4/1000mm；

采用尺量和观察检查。按数量抽查 10%，但不少于 5 件。

5.4.2.2 风阀制作检测

防火阀必须关闭严密。转动部件必须采用耐腐蚀材料、外壳、阀板的材料厚度严禁小于 2mm，采用尺量、观察和操作检查。要求防火阀逐个检查。

各类风阀的组合件尺寸必须正确，叶片与外壳无碰擦。操作检查。抽查10%，但不少于5件。

洁净系统阀门，其固定件、活动件及拉杆等，如采用碳素钢材制作，必须作镀锌处理；轴与阀体连接处的缝隙必须封闭，采用观察检查。抽查10%，但不少于5件。

5.4.2.3 风管、风口安装检测

风管、风口安装允许偏差的检测方法 **表5-30**

项次	项目			允许偏差（mm）	检验方法	检查数量
1	风管	水平度	每米	3	拉线、液体连通器和尺量检查	按不同材质、用途各抽查20%，但不少于1个系统，其中水平、垂直风管的管段在5段以内，各抽查1段；5段以上各抽查2段
			总偏差	20		
2	风管	垂直度	每米	2	吊线和尺量检查	
			总偏差	20		
3	风口	水平度		5	拉线、液体连通器和尺量检查	按系统抽查20%，但不少于两个房间的风口
		垂直度		2	吊线和尺量检查	

5.4.2.4 采用漏光法或漏风量检测风管安装质量

（1）漏光法检测

漏光法检测是采用光线对小孔的强穿透力，对系统风管严密程度进行检测的方法。

检测采用具有一定强度的安全光源。光源可采用不低于100W带保护罩的低压照明灯，或其他低压光源。其光源可置于风管内侧或外侧，但相对侧应为暗黑环境，光源沿被检测部位与接缝处缓慢移动，另一侧观察，发现有光线射出，则说明明显漏风。

当采用漏光法检测系统时，低压系统风管每10m接缝，漏光点不应超过2处，且100m接缝平均不应大于16处；中压系统风管每10m接缝，漏光点不应超过1处，且100m接缝平均不应大于8处为合格。

（2）漏风量检测

漏风量测试装置可采用风管式或风室式。风管式测试装置采用孔板作计量元件；风室式测试装置采用喷嘴作计量元件。

漏风量测试装置的风机，其风压和风量应选择大于被测定系统或设备的规定试验压力及最大允许漏风量的1.2倍。

漏风量测试装置试验压力的调节，可采用调整风机转速的方法，也可采用控制节流器开度的方法。漏风量值必须在稳压条件下测得。漏风量测试装置的压差测定采用微压计，其最小分格不大于1.6Pa。

（3）风管式漏风量测试装置：

1）风管式漏风量测试装置由风机、连接风管、测压仪器，整流栅，节流器和标准孔板等组成（图5-16）。

2）本装置采用角接取压的标准孔板，孔板β值范围为0.22~0.7（$\beta = d/D$）；孔板至前后整流栅及整流栅外直管段距离，分别应大于10倍与5倍圆管直径D的规定。

3）本装置的连接风管均为光滑圆管。孔板至上游$2D$范围内其圆度允许偏差为

0.3%；下游为2%。

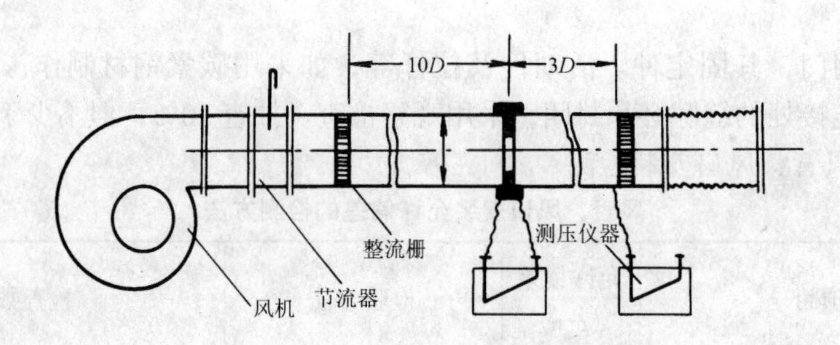

图5-16 正压风管式漏风量测试装置

4）孔板与风管连接，其前端与管道轴线垂直度允许偏差为1°；孔板与风管同心度允许偏差为0.015D。

5）在第一整流栅后，所有连接部分应严密不漏。

6）漏风量采用下列公式计算：

$$Q = 3600\varepsilon \cdot \alpha \cdot A_n \sqrt{\frac{2}{P}\Delta P} \tag{5-13}$$

式中 Q ——漏风量（m³/h）；

ε ——气流束膨胀系数；

α ——孔板的流量系数；

A_n ——孔板开口面积（m²）；

P ——空气密度（kg/m³）；

ΔP——孔板差压（Pa）。

7）孔板的流量系数，其适用范围应满足下列要求：

$10^5 < R_{ep} < 2.0 \times 10^6$

$0.05 \leqslant \beta^2 \leqslant 0.49$

$50\text{mm} < D \leqslant 1000\text{mm}$

在此范围内，不计管道粗糙度对流量系数的影响。

雷诺数小于10^5时，则应按现行国家标准《流量测量节流装置》求得流量系数α。

8）孔板的空气束膨胀系数ε值可根据表5-31查得。

采用角接取压标准孔板流束膨胀系数ε值（$k=1.4$） 表5-31

P_4 \ P_2/P_1	1.0	0.98	0.96	0.94	0.92	0.90	0.85	0.80	0.75
0.08	1.0000	0.9930	0.9866	0.9803	0.9742	0.9681	0.9531	0.9381	0.9232
0.1	1.0000	0.9924	0.9854	0.9787	0.9720	0.9654	0.9491	0.9328	0.9166
0.2	1.0000	0.9918	0.9843	0.9770	0.9698	0.9627	0.9450	0.9275	0.9100
0.3	1.0000	0.9912	0.9831	0.9753	0.9676	0.9599	0.9410	0.9222	0.9034

注：本表允许内插，不允许外延。P_2/P_1为孔板后与孔板前的全压值之比。

5.4.3 通风与空调设备安装检测

本节适用于通风机、空气过滤器、各类空调机组、消声器、除尘器和空气洁净设备等的安装检测。

5.4.3.1 通风机安装检测

风机的型号、规格必须符合设计要求，风机叶轮严禁与壳体碰擦，叶轮与主体风筒的间隙应均匀分布，并应符合表5－32规定。

叶轮与主体风筒对应两侧间隙允许偏差（mm） 表5－32

叶轮直径	≤600	601～1200	1201～2000	2001～3000	3001～5000	5001～8000	>8000
对应两侧半径间隙之差不应大于	0.5	1	1.5	2	3.5	5	6.5

采用盘动叶轮检测。

通风机安装的允许偏差及检测方法应符合表5－32～33的规定。

通风机安装的允许偏差及检测方法 表5－33

项目	中心线的平面位移（mm）	标高（mm）	皮带轮轮宽中央平面位移（mm）	传动轴水平度		联轴器同心度	
				纵向	横向	经向位移（mm）	轴向倾斜
允许偏差	10	±10	1	0.2/1000	0.3/1000	0.05	0.2/1000
检测方法	用经纬仪或拉线和尺量检测	水准仪或水平尺、直尺、拉线和尺量检测	主、从动皮带轮端面拉线和尺量检测	在轴或皮带轮0°和180°的两个位置上，用水准仪检测		在联轴器互相垂直的四个位置上，用百分表检测	

通风机的叶轮旋转后，每次均都不应停在原来的位置上，试运转时叶轮旋转方向正确。经不少于2h的运转后，滑动轴承温升不超过35℃，最高温度不超过70℃；滚动轴承温升不超过40℃，最高温度不超过80℃。检查数量：逐台检查。

5.4.3.2 空气过滤器安装检测

空气过滤器分：浸油金属网格过滤器；干式纤维空气过滤器；聚氨酯泡沫塑料空气过滤器；自动油浸过滤器，自动卷绕式空气过滤器；静电过滤器等，各种空气过滤器型号不同，安装的要求不一样。

自动浸油过滤器的安装，要求链网清扫干净，传动灵活。两台以上并列安装，过滤器之间的接缝应严密。

卷绕式过滤器的安装，框架应平整，滤料应松紧适当，上下筒应平行。

静电过滤器的安装。一般均采用整体安装。要安装平稳，接地可靠，接地电阻应在4Ω以下。当与通风机或风管连接时，连接部位应装柔性短管。

高效过滤器安装方向必须正确，用波纹板组合的过滤器在竖向安装时，波纹板必须垂直于地面。过滤器与框架之间的连接严禁渗漏、变形、破损和漏胶等现象。采用观察检查或检查漏风试验记录。

检查数量：全数检查。

5.4.3.3　空调机组安装检测

(1) 组合式空调机组的安装：要求机组应清理干净，箱体内应无杂物；机组下部的冷凝水排放管，应有水封向外管路连接应用。组合式空调机组各功能段之间的连接应严密，整体应平直，检查门开启应灵活，水路应畅通。

现场组装的空调机组，应做漏风量测试。空调机组静压为700Pa时，漏风率不应大于3%；用于空气净化系统的机组，静压应为1000Pa，当室内洁净度低于1000级时．漏风率不应大于2%：洁净度高于或等于1000级时，漏风率不应大于1%。

(2) 单元式空调机组的安装

风冷分体与整体式空调机组的安装要求周边空间除应满足冷却风循环要求外，尚应符合环境保护有关规定的要求。室内机组安装应位置正确，目测呈水平，冷凝水排放应畅通。制冷管道连接必须严密无渗漏，管道穿墙须密封：雨水不得渗入。

窗式空气调节器安装检测。要求安装固定可靠，并有遮阳、防雨措施，但不阻挡冷凝器排风凝结水盘应有坡度，空调器与四周缝隙封闭，与室内协调美观。观察检查。

(3) 风机盘管机组安装检测

风机盘管排水坡度应正确，冷凝水应畅通地流到指定位置。设计的坡度是理想的，但安装时不重视，或装璜吊顶时将冷凝水管坡度变动，造成流水不畅，是检测的重点。风机盘管与风管，回风室及风口连接处严密。供回水管与风机盘管连接应为弹性连接（金属或非金属软管)。采用观察、水准仪尺量检测。

检查数量：全数检查。

5.4.3.4　消声器安装检测

消声器常用的有：阻性消声器、抗性消声器、共振性消声器和宽频带复合式消声器。

阻性消声器是利用吸声材料消耗声能降低噪声的，它对中高频噪声具有较好的消声效果。

抗性消声器对低频的消声效果较好，主要是利用截面的突变，当声波通过突然变化的截面时，由于截面膨胀或缩小，部分声波发生反射，以至衰减。它的消声性能主要取决于膨胀比 m。

$$m=\frac{S_1}{S_2}$$

式中　S_1——原通道截面积；

S_2——膨胀室的截面积。

消声器安装检测：首先消声器的型号、尺寸及制作所用的材质、规格必须符合设计要求，并标明气流方向。采用尺量和观察检查；要求消声器框架必须牢固，共振腔的隔板尺寸正确，隔板及板壁结合处紧贴，外壳严密不漏。消声片单体安装，固定端必须牢固，片距均匀。消声器安装方向必须正确，并单独设置支吊架。通过尺量、手扳及观察检查。

消声效果，可用测噪声仪测试。

检查数量：全数检查。

5.4.3.5　除尘器安装检测

除尘器分为旋风除尘器、双级涡旋除尘器、湿式除尘器、过滤式除尘器、CLG型多管除尘器及电除尘器。

除尘器的安装其型号、规格、制作材料的材质必须符合设计要求。安装进、出口方向正确，因除尘器有时设计在风机负压端，有时在正压端，不能装反。安装要保证严密不漏，它的严密程度直接影响除尘效率，这是关键问题，湿式除尘器的水管连接处和存水部位必须严密不漏，排水部位畅通。采用尺量、触摸、灌水和观察检查。检查数量：全数检查。

除尘器安装允许偏差及检测方法见表5-34规定。

除尘器安装允许偏差及检测方法　　表5-34

项目	平面位移	标高	垂直度	
			每米	总偏差
允许偏差	10mm	±10mm	≤2mm	≤10mm
检测方法	用经纬仪或拉线、尺量检查	水准仪或水平尺、直尺、拉线和尺量检查	吊线和尺量检查	

5.4.4　空调制冷系统安装检测

本节适用于制冷系统中工作压力低于2MPa，温度在150～－20℃范围内，输送介质为制冷剂与润滑油的管道安装的检测。

5.4.4.1　管道安装、清洗检测

制冷管道、管件、支架、阀门的型号、规格、材质及工作压力必须符合设计要求和施工规范规定。通过观察检查和检查合格证或试验记录检测。检查数量：全数检查。

管道安装要求管道系统的工艺流向，管道坡度、标高、位置必须符合设计要求，观察和尺量检查。管道安装按系统管段（件）数各抽查10%，但均不少于3段（件）。

管子、管件及阀门内壁必须清洁及干燥。阀门必须按施工规范规定进行清洗。检查数量：全数检查。

5.4.4.2　制冷系统吹扫、试压检测

制冷管道系统吹扫：整个制冷系统内要求不准有杂物存在，所以安装工作完成后必须用压缩空气对整个系统进行吹污工作，将残存在系统内部的铁屑、炭渣、泥砂、浮尘等吹出。

系统气密性试验：制冷系统的污物吹净后，应对整个系统（包括制冷设备、阀门）进行气密性试验。其中包括压力试验，真空试验和充液试验三个阶段。

（1）对氨制冷系统，用压缩空气进行试压

气压试验需要保持24h。前6h检查压力下降不应大于0.03MPa，后18h除去因环境温度变化而引起的误差外，压力无变化为合格。

如室内温度有变化时，应每隔1h记录一次室温和压力数值，但试验终了时的压力值应符合下式计算值：

$$P_2 = P_1 \frac{273 + t_2}{273 + t_1} \text{ (MPa)} \quad (5-14)$$

式中　P_1、t_1——分别为试验起始的压力和温度（MPa，℃）；

P_2、t_2——分别为试验终了压力和温度（MPa，℃）。

在试验过程中，以肥皂水涂在各焊口、接口和阀盖接合缝处，检查有无泄漏。发现泄漏处应做出标记，待泄压后修补。修整后再重新试压，直到合格为止。

气密性试验压力见表 5－35。

系统气密性试验压力（MPa）　　表 5－35

系统压力	活塞式制冷机			离心式制冷机
	R17	R22	R12	R11
低压	1.8	1.8	1.2	0.3
高压	2.0	2.5	1.6	0.7
低压系统	1.18	0.99	0.091	
高压系统	1.77	1.57	0.09	

（2）对氟利昂制冷系统试压，多采用钢瓶装的压缩氮气进行。瓶装的高压氮气要经过压力表减压阀减压后方可充入，同时可以控制充气压力。检漏法与系统相同。待充气 24～48h 后，观察压力值未下降就认为合格。

（3）真空试验。真空试验剩余压力，氨系统不应高于 8kPa（－60mmHg），氟利昂系统不应高于 5.3kPa（－40mmHg），保持 24 氨系统压力以不发生变化为合格，氟利昂系统压力回升不应大于 0.53kPa（－4mmHg）。

（4）充液试验：在系统正式充灌制冷剂前，必须进行一次充液试验，以验证系统能否耐受制冷剂的渗透性。

对氨制冷系统则应在真空试验进行过后，在真空条件下将制冷剂充入系统，使系统压力达到 0.1～0.2MPa 后，停止充液，进行检漏。

检漏方法是将酚酞试纸放到各个焊口，法兰及阀门垫片等接合部位，如酚酞试纸呈现玫瑰红色，就可查明渗漏处。

对于氟利昂制冷系统：待充漏后系统内压力达到 0.2～0.3MPa 时，就可以检漏试验。检漏方法可以用肥皂水，烧红的铜丝，卤素喷灯或卤素检漏仪。检漏时，如有渗漏，吸气软管就吸入氟利昂蒸汽，经燃烧，火焰就会发出绿色或蓝色的亮光。颜色越深则说明氟利昂渗漏得越多。

检查数量；全数检查。

5.4.4.3　制冷管道系统安装的允许偏差及检测方法

制冷管道系统安装的允许偏差及检测方法见表 5－36。

制冷管道系统安装的允许偏差及检测方法　　表 5－36

序号	项目			允许偏差（mm）	检测方法
1	坐标	室外	架空	15	按系统检查管道的起点、终点、分支点和变向点及各点间直管。用经纬仪、水准仪、液体连通器、水平仪、拉线和尺量检查
			地沟	20	
		室内	架空	5	
			地沟	10	
2	标高	室外	架空	±15	
			地沟	±20	
		室内	架空	±5	
			地沟	±10	

续表

序号	项目			允许偏差（mm）		检测方法
3	水平管道	纵横向弯曲	DN≤100mm	每10m	5	用液体连通器、水准仪、直尺、吊垂、拉线和尺量检查
			DN>100mm		10	
		横向弯曲全长25m以上			20	
4	立管垂直度	每米			2	
		全长5m以上			8	
5	成排管段及成排阀门在同一平面上				3	
6	焊口平直度 δ（管壁厚）≤10mm				$\delta/5$	用尺和样板尺检查
7	焊缝加强层	高度			+1.0	焊接检验尺检查
		宽度			+1.0	
8	咬肉	深度			<0.5	用尺和焊接检验尺检查
		连续长度			25	
		总长度（两侧）小于焊缝总长（L）			$L/10$	

检查数量：按系统内水平、垂直管道的管段各抽查10%，不少于2段。成排阀门全数检查。

5.4.5 防腐、保温检测

本节适用于通风与空调工程的风管、部件、空气处理设备和制冷管道系统的防腐、保温的检测。

5.4.5.1 防腐前，风管、部件的表面处理检测

风管、部件制作好后，表面上往往有灰尘、铁锈、焊渣、油污和水分等，表面处理就是消除这些污物或减轻表面缺陷。除锈方法，一般采用人工或机械除锈。要求露出金属光泽，且颜色一致，通过观察检测。检查数量：按系统内水平、垂直管段，5段以内各抽一段，5段以上各抽查2段。部件抽查10%，但不少于3件。支、吊托架按抽查管段检查。

5.4.5.2 油漆的种类及遍数

（1）一般通风、空调系统薄钢板风管油漆的种类及遍数应遵守设计规定：设计无规定时，可参照表5-37。

薄钢板油漆 **表5-37**

序号	风管所输送的气体介质	油漆种类	油漆遍数
1	不含有灰尘且温度不高于70度的空气	内表面涂防锈底漆	2
		外表面涂防锈底漆	1
		外表面涂面漆（调和漆等）	2
2	不含有灰尘且温度高于70度的空气	内外表面各涂耐热漆	2
3	含有粉尘或粉屑的空气	内表面涂防锈底漆	1
		外表面涂防锈底漆	1
		外表面涂面漆	2
4	含有腐蚀性介质的空气	内外表面涂耐酸底漆	≥2
		内外表面涂耐酸面漆	≥2

（2）空气洁净系统的油漆的种类及遍数应遵守设计规定，设计无规定时，可参照表5－38。

空气洁净系统的油漆　　表5－38

序号	系统部位	用料	油漆类别	油漆遍数
1	中效过滤前的送风管及回风管	薄钢板	内表面：醇酸类底漆、醇酸类磁漆 外表面：保温（铁红底漆），非保温铁红底漆、调和漆	2 2 1 2
2	中效过滤器后和高效过滤器前的送风管及回风管	镀锌钢板 薄钢板	一般不涂漆 内表面：醇酸类底漆、醇酸类磁漆 外表面：保温（铁红底漆），非保温铁红底漆、调和漆	 2 2 2
3	高效过滤器后的送风管	镀锌钢板	内表面：磷化底漆、面漆、磁漆、调和漆等 外表面：一般不涂漆	1 2

（3）制冷管道油漆的种类及遍数应遵守设计规定，设计无规定时，可参照表5－39。

制冷系统管道油漆　　表5－39

管道类别		油漆类别	油漆遍数
保温管道	保温层以沥青为粘结剂	沥青漆	2
	保温层以沥青为粘结剂	防锈底漆	2
非保温系统		防锈底漆	2
		色漆	2

5.4.5.3　油漆质量检测

喷涂油漆应使表面漆膜均匀、光滑、颜色一致，附着牢固，不得有堆积、漏涂、皱纹、气泡、脱层、掺杂及漏色透锈等缺陷，通过观察检查。

油漆后各活动部件应保持灵活，松紧适度，阀门启闭标记明确、清晰、美观、洁净系统应采用镀锌支吊架。扳动和观察检查。

支吊托架的防腐处理应与风管相一致，油漆颜色应符合设计要求。观察检查。

油漆厚度一般可采用测厚仪来检验，测量迅速、正确、直观。下面两种测厚仪：LA一10超小型数字式超声波测厚仪。

该仪器对被测物体表面无特殊要求，一般锈蚀，毛面，漆面及Φ20mm×2mm以上钢管壁厚均可直接测量。

其性能如下：

1．测量范围：1.2～225.0mm

2．测量精度：±（1%＋0.1）mm

3．声速调节：500～900m/s（可测各种金属及玻璃、塑料等非金属）

4．电源：一节五号电池

5．重量：160g

本产品系北京市中亚电子仪器研究所产品。

LAD智能化、高精度超声波测厚仪：

1．测量范围：1.0～225mm

2．显示精度：0.01mm，（1.0～99.99）：0.1mm（100.0～225.0）

3．外形尺寸：40mm×75mm×29mm

4．重量：250g

5．电源三节5号充电电池

6．功能：具有存储、打印、清零、声速预置、超差报警、定时关机、低压指示等功能

5.4.5.4　风管及设备保温材料的检测

使用的隔热材料应具有产品出厂合格证，并符台设计要求和防火要求。对于自熄性聚苯乙烯保温材料在现场可进行试验。其方法为：将聚苯乙烯泡沫板放在火上燃烧，移开火源后1～2s内自行熄灭为合格。

电加热器前后800mm内的风管隔热层采用不燃材料。

5.4.5.5　保温层质量检测

水管、风管与空调设备的接头处，以及产生凝结水的部位，必须保温度好，严密，无缝隙。

风管隔热层纵横接缝应交错位置，拼缝用粘结材料填嵌饱满密实，均匀整齐，平整一致。

制冷管道隔热层以及胶粘剂与管道紧密贴合，粘贴牢固。管壳间的缝隙用粘结材料填满沟缝，水平管道的纵向缝应放在侧面，横向缝应错开，以防管表面结露。采用观察和手拉检查。

检查数量：按系统的水平、垂直管段，5段以内各抽查1段，5段以上各抽查2段。

5.4.5.6　绝热层采用保温钉固定时的检测

保温钉与风管、部件及设备表面应粘接牢固，不得脱落。矩形风管及设备保温钉应均布，其数量底面不应少于每平方米16个，侧面不应少于10个，顶面不应少于6个，首行保温钉距风管或保温材料边沿的距离应小于120mm。观察和手拉检查。

规范GBJ304—88的基本项目也要相应作要求。

5.4.5.7　保温层允许偏差的检测方法

保温层允许偏差的检测方法见表5－40。

保温层允许偏差的检测方法　　表5－40

项次	项目		允许偏差（mm）	检测方法
1	保温层表面平整度	卷材、板材或管壳及涂抹	5	用1m直尺和楔形塞尺检查
		散材或软质材料	10	
2	隔热层厚度 δ		$+0.10\delta$ -0.05δ	用钢针刺入隔热层和尺量检查

5.4.6 通风空调系统的测定与调整

通风空调系统安装完毕，需进行带生产负荷的综合效能试验的测定与调整。

测定调整项目包括以下内容：

（1）室内空气温度、相对湿度的测定和调整；

（2）室内气流组织的测定；

（3）室内洁净度和正压的测定；

（4）室内噪声的测定；

（5）通风除尘车间内空气中含尘浓度与排放浓度的测定；

（6）自动调节系统应作参数整定和联动试调。

5.4.6.1 空调系统测试常用仪表介绍

（1）测量温度仪表

测量温度仪表常用的有液体温度计、热电偶温度计、电阻温度计、（半导体点温度计)、双金属自记温度计等。使用前，均必须用标准温度计进行校对。

（2）测量湿度的仪表

测量空气相对湿度的仪表常用的有普通干湿球温度计、通风干湿球温度计、毛发温度计、自记式温湿度计等。使用前均必须经过计量部门校对无误，方可使用。

（3）测量风速的仪表

测量空气流动速度的常用仪表有叶轮风速仪、转杯风速仪和热电风速仪等。使用前，都必须经过校核。

（4）测量风压的仪表

测量空调系统风管内空气压力常用的液柱式压力计有U型压力计、杯型压力计、倾斜式微压计和补偿式微压计等，并用测压管（又称毕托管）与之配合使用。

（5）介绍叶轮风速仪及使用

叶轮风速仪有内部自带计时装置的自记式叶轮风速仪和不带计时装置的不自记式叶轮风速仪。

自记式叶轮风速仪使用简便，但是计时装置易损坏。不自记式叶轮风速仪在测量时需要秒表配合，准确性不如自记式叶轮风速仪。

使用叶轮风速仪可测0.5~10m/s的较小风速。在通风空调测试中，主要用来测量风口和空调设备的风速。

叶轮式风速仪的使用：

1）使用前应检查风速仪的长、短针是否处在零位，若不在零位，可顶压回零压杆，使长、短针回零。

2）手持仪表或将它绑在短木杆上置于测量处，使叶轮平面垂直于气流方向。当叶轮转速稳定后，再按动启动压杆，手指要随按即放，按放时间不应超过1秒。

3）计时红针首先开始走动，当它走过30s后，可听到“咔嚓”声，风速指针开始走动。待时间过60s后，又可以听到“咔嚓”声，风速指针停止走动。再过30s，计时红针会自动停止。

4）大小风速指针指标示的和就是所测每分钟的风速，除以60s，就是每秒风速。

5）测试完毕，按回零压杆使指针回零，准备下一次测试。

另外还有一种热球风速仪，热球风速仪的灵敏度高，反应速度快，最小可以测量 0.05m/s 的微风速，使用方便，主要用来测量空调间室内的气流速度。

5.4.6.2　空调系统风量的测定与调整

空调系统风量的测定与调整，应在通风机正常运转、通风管网中漏风、阀门不灵活等被消除后进行，通风管网中所有的调节阀、风口均应处于开启的位置，三通调节阀的阀板应处于中间位置。介绍用皮托管微压计来测量风管截面的平均动压后，通过风管该截面的风量按下式确定：

$$V = \sqrt{2gP_{ab}/r} = 4.04\sqrt{P_{ab}} \tag{5-15}$$

$$L = 3600\ F \cdot V$$

式中　F——风管截面积（m^2）；

L——风管的风量（m^3/h）；

V——风管内的平均风速（m/s）；

g——重力加速度（$9.8m/s^2$）；

r——空气容重（一般为 $1.2kg/m^3$）；

P_{ab}——测定截面上动压的算术平均值或平均方根值。

送、回风口风量测定可用热电风速仪或叶轮风速仪测得风速，求得风量。测量时应贴近格栅或格网，采用匀速移动法或定点测量法、测定平均风速、匀速移动法不应少于三次，定点测量法不应少于五个，散流器可采用加罩测量法；风量的表达式为：

$$L = 3600F \cdot V \cdot K\ (m^3/h) \tag{5-16}$$

式中　K——考虑格栅的结构和装饰形式的修正系数（$K = 0.7 \sim 1.0$）；

L——系统高速的风量（m^3/h）；

V——平均风速（m/s）；

F——为格栅截面积（m^2）。

系统风量调整方法有流量等比分配法，基准风口调整法等。

流量等比分配法亦称“一致等比变化”，其原理为：利用调节阀进行调节，使两条支管的实测风量比值与设计风量比值相等，一般从系统最远管段，即从最不利风口开始，逐步调向通风机。

基准风口调整法为：调整前，先用风速仪将全部风口的送风量初测一遍，并计算出各个风口的实测风量与设计风量比值的百分数。选取最小比值的风口分别作为调整各分支干管上风口风量的基准风口，借助调节阀，直到使基准风口与任一风口的实测风量与设计风量的比值百分数近似相等为止。风量的测定调整一般从离通风机最远的支干管开始。实测风量与设计风量偏差应不大于 10%。

5.4.6.3　室内温度、相对湿度测定

室内空气温度和相对湿度测定之前，净化空调系统应已连续运行至少 24h。对有恒温要求的场所，根据对温度和相对湿度波动范围的要求，测定宜连续进行 8～48h，每次测定间隔不大于 30min。

室内测点布置：送、回风口处；室中心位置（设有恒温要求的系统，温、湿度只测此一点）；敏感元件处。测点宜设在同一高度，离地面 0.8m 处。测点离外墙表面应大于 0.5m。

测点数按表 5－41 确定。

温、湿度测点数　　表 5－41

波动范围	室面积	每增加 20～50m²
±0.5～±2℃ ±5%～±10%RH	5个	增加 3～5 个
≤|0.5|℃ ≤|5|%RH	点间距不应大于 2m，点数不应少于 5 个	

5.4.6.4　室内噪声的检测

室内噪声可仅测 A 声级的数值，也可测倍频程声压级。测量稳态噪声应使用声级计"慢档"时间特性，一次测量应取 5s 内的平均读数。噪声测量应遵守现行国家标准《工业企业噪声测量标准》的有关规定。

通风、空调房间噪声的测定，一般以房间中心离地高度为 1.2m 处为测点，较大面积空调用房其测定应按设计要求。对于风机、水泵、电动机等设备的测点，应选择在距离设备 1m 高 1.5m 处。

5.4.7　系统与风口的风量平衡

介绍基准风口调整法：

由于"流量等比分配法"受使用条件限制，为了减少开管壁测孔的工作量，一般现场测定多采用"基准风口调整法"，即先将全部风口普测一遍风速（阀门、风口全部处于开启状态）列表排出实测风量与原设计值相比，以此值最小的风口为准，调相邻风口的风量，使 $L_{基}/L_{邻}=L_{基设}/L_{邻设}$，并以同样方法依次调节其他风口与基准风口的风量比值，使之接近设计比值。

某工程送风系统见图 5－17。

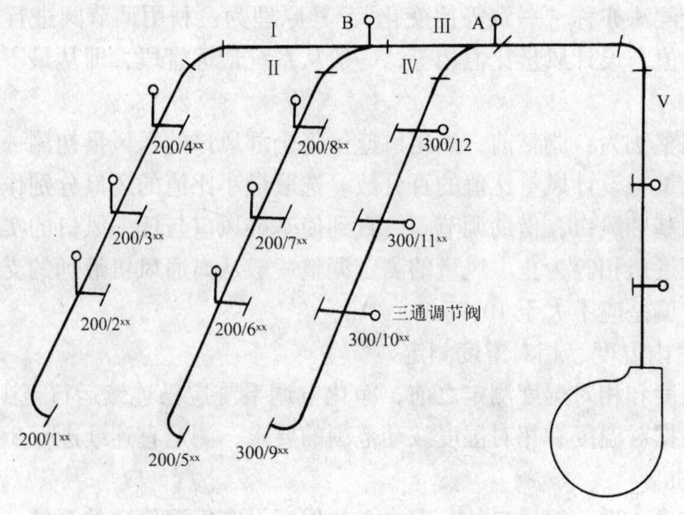

图 5－17　送风系统图

该系统有三条支干管路，支干管Ⅰ上带有风口，支干管Ⅱ上带有5~8号风口，支干管Ⅳ上带有9~12号风口。调整前，先用校验过的风速仪将全部风口的送风量初测一遍，并将计算出的各个风口的实测风量与设计计风量比值的百分数列入表5-42。

实测风景和设计风量比值 表5-42

风口编号	设计风量（m^3/h）	最初实测风量（m^3/h）	（最初实测风量/设计风量）×100%
1	200	160	80
2	200	180	90
3	200	220	110
4	200	250	125
5	200	210	105
6	200	230	115
7	200	190	95
8	200	240	120
9	300	240	80
10	300	270	90
11	300	330	110
12	300	360	120

从上表看出，最小比值的风口分别是支干管Ⅰ上的1号风口，支干管Ⅱ上的7号风口，支干管Ⅳ上的9号风口，所以就选取1号、7号、9号风口作为调整各分支干管上风口风量的基准风口。

风量测定调整一般应从离心通风机最远的支干管Ⅰ开始。为了加快调整速度，使用两套仪器同时测量1号、2号风口的风量，此时借助三通调节阀，使1号、2号风口的实测风量与设计风量的比值百分数近似相等，即：

$$(L_{2实}/L_{2设})\times 100\% = (L_{1实}/L_{1设})\times 100\%$$

经过这样的调节，1号风口的风量必然有所增加，其比值数要大于80%，2号风口的风量有所减少，其比值小于原来的90%，但1号风口原来的比值数80%大一些，假设调整后的比值数为$(L_{2实}/L_{2设}) = 83.7\% = (L_{1实}/L_{1设}) = 83.5\%$。

这说明两个风口的阻力已经达到平衡，根据风量平衡原理可知，只要不变动已调节过的三通阀位置，无论前面管段的风量如何变化，1号、2号风口的风量总是按新比值数等比地进行分配。

1号风口处的仪器不动，将另一套仪器放到3号风口处，同时测量1号、3号风口的风量，并用三通阀调节，使：

$$(L_{3实}/L_{3设})\times 100\% \approx (L_{1实}/L_{1设})\times 100\%$$

此时，1号风口的$(L_{1实}/L_{1设})\times 100\%$已经大于83.5，3号风口的$(L_{3实}/L_{3设})\times 100\%$已经小于原来的110%，新设的比值数为：

$$(L_{2实}L_{2设}) = 92\% \approx (L_{1实}L_{设}) = 92.2\%$$

自然，2号，3号风口的比值数也随着增大到106.2%。至此，支干管Ⅰ上的四个风口均调整平衡，其比值数近似相等。

对于支干管Ⅱ，Ⅳ上的风口量也按上述方法调节到平衡。虽然7号风口不在支干管的末端，仍以7号风口作为基准风口，从5号风口开始向前逐步调节。

各支干管上的风口调整平衡后，就需要调整支干管上的总风量。此时，从最远处的支干管开始向前调节。

选取4号、8号风口为Ⅰ、Ⅱ支干管的代表风口，调节节点B处的三通阀使4号、8号风口风量的比值数相等，即：

$$(L_{4实}/L_{4设})\times 100\% \approx (L_{5实}/L_{5设})+100\%$$

调节后，1~3号，5~7号风口的风量比值数也相应地变化到4号、8号风口的比值数。那么，证明支干管Ⅰ、Ⅱ的总风量已经调整平衡。

选取12号风口为支管Ⅳ的代表风口，选取支干管Ⅰ、Ⅱ上的任一个风口（例如选8号风口为管段Ⅲ的代表风口。利用节点A处的三通阀进行调节，使12号、8号风口风量的比值数近似相等，即：

$$(L_{12实}/L_{12设})\times 100\% \approx (L_{8实}/L_{8设})\times 100\%$$

于是，其他风口风量的比值数也随着变化到新的比值数。则支干管Ⅳ，管段Ⅲ的总风量也调整平衡，但此时所有风口的风量都不等于设计风量。

将总干管V的风量调节到设计风量，则各支干管和各风口的风量将按照最后调整的比值数自动进行等比分配达到设计风量。

试调中经常会碰到风口的形状、规格相同，且风量相同的侧送风口，此时可以将同样大小的纸条分别贴在各送风口的同一位置上，观察送风时纸条是否被吹起达到相同的倾斜角度，以判断各送风口风量是否均匀。如果有明显的不均匀，就要进行调整，直到基本均匀后再用仪器测量风量值，这样可以减少测定工作量，从而加快了调试进度。

允许偏差规定：各风口风量实测值与设计值偏差不大于15%。

第 6 章　建筑门窗及建筑幕墙质量检测

6.1 概　　述

建筑门窗、幕墙是支承在主体结构上或悬挂在外墙上，其构件主要起围护作用，因而要承受风荷载、地震作用和温度作用。建筑门窗和幕墙作为现代建筑工程中重要的配套产品，它的质量好坏不仅涉及到建筑物的美观，更关系到建筑物的使用功能和人身安全，是建筑工程中重要的工业产品，其安全性及质量的可靠性是人们关注的首要问题，因此建筑门窗、幕墙的材料、制作、施工、监理都要有严格的技术要求，必须实行严格的质量控制。

自改革开放以来，建筑产业已成为我国国民经济发展的支柱产业之一。工业与民用建筑的规模和档次不断提高，在公共建筑中，各种建筑门窗的应用日益广泛，大面积的建筑幕墙也成为现代建筑的一大特色。建筑门窗和幕墙的采用对提高建筑品质，丰富城市景观起到了积极的作用。目前，建筑市场上常用的外门窗有钢门窗、铝合金门窗、塑料门窗；常用的幕墙有玻璃幕墙、金属幕墙和石材幕墙。迄今为止，国内建筑工程中用得最多的是铝门窗和玻璃幕墙。在建筑门窗和幕墙生产规模迅速发展的同时，却出现不少建筑门窗生产企业产品质量不高，达不到国家标准要求的现象；建筑幕墙工程中也不同程度存在一些问题。建筑门窗和幕墙在风荷载作用下或地震作用下损坏的例子非常多，因此，建筑门窗、幕墙的合理设计和严格检测，对于防止灾害发生、减少经济损失、保障生命安全是至关重要的。特别是玻璃幕墙，其刚度和承载力都较低，在强风和地震作用下常常发生破坏和脱落。近年来玻璃幕墙采用面积越来越大的玻璃，使抗风和地震的要求更高。因此，建筑门窗、幕墙应当进行抗风、抗震和温度应力验算，使其产生的应力不超过幕墙的承载力，而且也不产生过大的变形。

国内目前建造了不少幕墙，但由于诸多因素的限制，安全度难以控制。许多幕墙工程只由厂家设计、设计单位未进行审核，因此存在一些隐患。实际上，沿海城市已多次发生幕墙的玻璃在台风中破坏的现象，一些重要建筑，其幕墙的玻璃也因温度变形而破碎，这种无预告而随时发生的破碎，给周围行人带来了不安全感。一些加工制作与施工安装企业中存在标准不清、材质低劣和偷工减料、弄虚作假等行为，从而造成了严重的工程隐患，致使门窗幕墙玻璃开裂、脱落等工程事故时有发生；还有的使用后出现空气渗透、雨水渗漏、风压变形大、保温性能差、光环境污染等方面的缺陷，不同程度地影响了建筑物的使用功能，严重的不得不拆除重建。建筑门窗和建筑幕墙的安全使用和性能要求日益成为建筑部门关注的问题。

为了确保建筑门窗、幕墙的质量与安全，充分发挥其效益，各级行政主管部门相继作出了一些规定，采取了一系列加强建筑门窗、幕墙工程质量管理的措施，包括对加工制作施工安装企业的资格审查、严格审查和控制建筑幕墙的建设项目、明确建筑门窗、幕墙的设计责任、建立和加强产品质量检测体系等。并规定不合格的产品不能出厂，建筑门窗、幕墙在施工安装前必须由国家认可的检测机构进行性能检测，凡达不到设计要求的门窗、幕墙不得安装使用。以此来控制建筑物的质量和品质，确保国家和人民生命财产的安全。

6.2 建筑门窗产品质量检测

建筑门窗包括钢门窗、铝合金门窗、塑料门窗等品种。较早期的工业与民用建筑多用钢门窗，特别是工业厂房用量较大。随着建筑产业的发展，建筑物档次的提高，后来铝合金门窗逐步被人们认可，得到了广泛的应用，并已经成为建筑市场中门窗产品用量最大的品种。1987年，国家正式颁布了铝合金门窗产品质量标准，对铝合金门窗的发展起到了一定的推动作用。随着国家建筑节能政策的出台，对建筑门窗的物理性能提出了更高的要求，其保温及隔声性能日益为人们所关注。塑料门窗的出现和应用也得到空前的重视。1994年，国家建设部颁布了塑料门窗的产品质量标准，对该产品进行推广使用。目前，塑料门窗产品已有一定的市场占有量，并有加速发展的趋势。建筑门窗的发展和大量的应用对产品质量监督检测机构提出了更高的要求。要加强对建筑门窗产品质量的监督检查，防止不合格产品进入建筑市场，保障国家和人民生命财产的安全。

6.2.1 钢门窗

6.2.1.1 实腹钢门窗

一、产品检验依据

1. 检验依据的标准

(1) GB/T5827.1—86实腹钢窗检验规则

(2) GB5826.3—86平开钢窗基本尺寸系列

(3) GB/T2597－81窗框用热轧型钢

2. 在这三项标准中，GB5826.3为国家强制性标准，GB/T5827.1、GB/T2597为国家推荐性标准。

3. 不管是强制性标准，还是国家推荐性标准，生产钢门窗的企业都必须认真贯彻执行这些标准。因为强制性标准是国家要严格实施，即要强制执行的，而国家行业推荐性标准，是鼓励企业采用。这些标准也是进行产品质量检测的依据。

二、产品抽查与判定

1. 抽样方法：根据受验厂生产报表，采用现场与成品库相结合的随机抽样方法，但产品成品数不应少于200樘，抽检10樘。

2. 样窗必须附有检验合格标记。

3. 抽检的样窗应全部装好门窗附件，并应调整到正常使用状态。

4. 将样窗编号并作为受检标记与记录。

5. 判定规则：

(1) 由于对产品性能与质量产生影响的因素不同，空、实腹钢门窗产品的技术要求分为关键项目、主要项目和一般项目三大类计20项。

(2) 关键项目有一项不符合要求，判该产品不合格。

(3) 主要项目有三项（含三项）以上不符合技术要求，判该产品不合格。

(4) 主要项目有二项不符合技术要求，同时一般项目有两项（含二项）以上不符合技术要求，判该产品为不合格。

(5) 一般项目有五项（含五项）以上不符合技术要求，判该产品为不合格。

6. 抽取产品的合格率达到90%，判被抽查的该批产品为合格。

三、准备工作

1. 产品检测所用量具有钢卷尺、钢板尺、深度尺、卡尺、塞尺、乱刀、X光专用设备或焊接探伤专用工具、画线工具、自制专用 ϕ40×40 圆柱等，一律由受检企业提供。

2. 除自制的专用量具外，其余量具的精度不得低于三级，必须附有有效的合格证，经核对后方可使用。

3. 检测产品时，必须有一人为主检，一人监检，一人记录。

4. 企业应提供可放置样件进行检测的平台或工作台。

四、产品检验项目与方法

1. 关键项目（共2项）

(1) 焊铆接

①技术要求：见附表6-1第1项。

②检验：用目测观察四角焊缝、合页铆接处及各杆件的铆榫、焊缝处。

方法：将试件平放于平台（架）上，目测断裂、加焊、假焊，如对假焊有争议，用X光或专用工具检查。手试松动，用卡尺测铆钉头直径，用深度尺测铆钉头高度。

③判定：各焊铆接处应牢固，不得有假焊、断裂和松动等现象，判为合格。有下列情况之一者，判为不合格：a）在一个合页片上有两个铆钉头直径≤孔径或高度<1.5mm；b）断裂、假焊或松动；c）铆榫未加焊。

(2) 除油、除锈

①技术要求：见附表6-1第2项。

②检验：距试件四角100mm外表面上任一处，用乱刀铲下100mm×20mm漆膜，目测有无铁锈。检查是否有除油、除锈工艺。

③判定：必须有除油、除锈的工艺设备而且漆层应厚薄均匀，不应有明显的堆漆，漏漆等缺陷。有下列情况之一者，判为不合格：a）无除油、除锈工艺；b）在铲下的油漆中，如累计锈蚀面积≥10%。

2. 主要项目（共6项）

(1) 搭接量 b

①技术要求：见附表6-1第3项。

②检验：检测时所用量具有深度尺、卡尺、铅笔。

检测部位：框与扇四周搭接长度 L。首先将样窗使有合页面朝下平放在平台（架）上，用铅笔在窗扇上沿着窗外框窗上、下框和梃的内侧面画线，然后实测出画线处到窗扇外侧边的实际距离值。

②判定：在框与扇四周搭接长度中，实腹钢窗要求 L 中有95%以上的实测 b 值≥2mm，判定为合格。若 L 中有5%以上的 b 值<2mm，则判为不合格。

(2) 配合间隙 C_1

①技术要求：见附表6-1第4项。

②检验：检测时用具有：1×50、1.5×50、2×50塞片。

方法：试件平放于平台（架上），压紧执手装置部位，用塞片检查合页处框扇间的配合间隙。检测范围 $L_1=H+2B/3$，如图6-1。

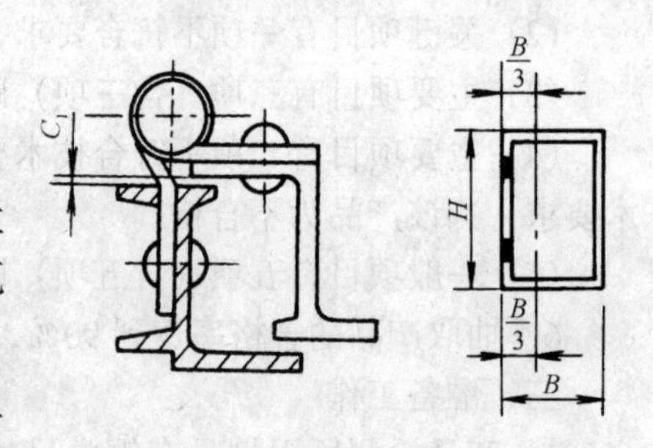

图6-1　合页面间隙

③判定：合页面的框扇配合间隙 C_1 有90%以上≤2mm，判定为合格。若 L_1 中 C_1 有10%以上>2mm，则判为不合格。

(3) 配合间隙 C_2

①技术要求：见附表6-1第5项。

②检验：检测时用具有：1×50、1.5×50、2×50塞片。

方法：试件平放于平台（架上），压紧执手装置部位，用塞片检查框扇间的配合间隙。检测范围 $L_2=H+2B/3$，如图6-2。

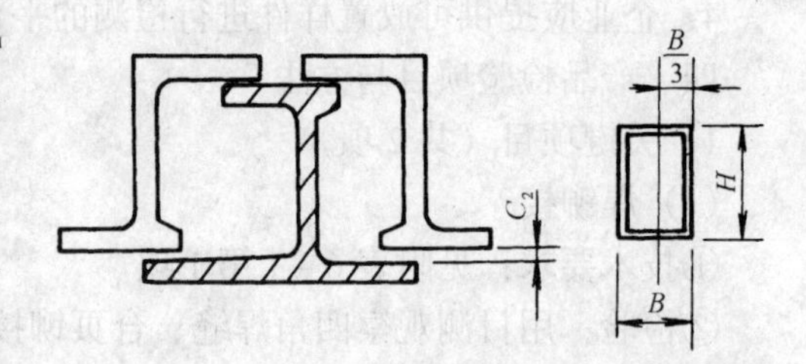

图6-2　执手面间隙

③判定：L_2 中框扇配合间隙 C_2 有90%以上≤1.5mm，判定为合格。若 L_2 中 C_2 有10%以上>1.5mm，则判为不合格。

(4) 对角线之差 ΔL

①技术要求：见附表6-1第6项。

②检验：检测时所用量具有钢卷尺，自制的直径为 ϕ40×40 的专用圆柱。首先把样窗使有合页面朝下平放在平台（架）上，将两个圆柱分别靠紧相对的窗外框的两内角，再用钢卷尺通过两圆柱中心点，读出两圆心点之间的距离值 L_1，同样方法测出另两对角之间的距离 L_2。求出其差值的绝对值 ΔL。

③判定：对角线 $L\leqslant2000$mm 时，$\Delta L\leqslant5$mm；L>2000mm，$\Delta L\leqslant6$mm 即判定为合格。

(5) 宽度 B

①技术要求：见附表6-1第7项。

②检验：使用量具为钢卷尺、钢板尺。把样窗平放于平台（架）上，将钢板尺紧靠在宽度方向相对两端面距离上框和下框50~150mm之间，用钢卷尺测量两钢板尺之间的距离。

③判定：测得的 b 值与名义尺寸之差不超过给定公差，即符合 $B\leqslant1500$mm 时±3mm，$B>1500$mm，±4mm判定为合格。

(6) 高度 H

①技术要求：见附表6-1第8项。

②检验：使用量具为钢卷尺、钢板尺。把样窗平放于平台（架）上，将钢板尺紧靠在高度方向相对两端面，而距离外框50~150mm之间，用钢卷尺测量两钢板尺之间的距离。

③判定：测得的 H 值与名义尺寸之差不超过给定公差，即符合 $H\leqslant1500$mm 时±3mm，$H>1500$mm，±4mm判定为合格。

3. 一般项目（共12项）

（1）扇启闭

①技术要求：见附表6－1第9项。

②检验：检测时用深度尺、游标卡尺。

方法：a．测阻滞，钢窗立放倾斜60°～70°，将窗扇开启至40°～60°解除外力，使窗扇自由关闭。b．测回弹，钢窗垂直立放，捏住窗扇执手装置部位，解除外力后，用深度尺测量。c．测倒翘，钢窗垂直点放，压紧窗扇下端立测倒翘，压紧窗扇上端点测顺翘。

③判定：窗扇开启灵活，没有阻滞、倒翘、回弹等缺陷判定为合格。若一扇回弹值＞20mm，或一扇倒翘＞5mm，或一扇顺翘＞30mm，则判为不合格。

（2）零件孔位准确

①技术要求：见附表6－1第10项。

②检验：量检具：游标卡尺，五金零件。方法：以生产厂提供的图纸为根据检查孔位是否准确，必要时用五金零件试装。

③判定：钢窗五金零件安装孔的位置应准确，使用五金零件安装后，平整牢固达到使用要求，判定合格。若同一个五金零件上缺一个安装孔或一个孔无螺纹或孔偏移而无法安装，则判为不合格。

（3）披水板，排水孔

①技术要求：见附表6－1第11项。

②检验：目测。

③判定：设有披水板、排水孔为合格。

（4）螺接牢固

①技术要求：见附表6－1第12项。

②检验：目测手试各杆件螺接处。

③判定：各螺栓连接处牢固，没有松动现象判为合格。不牢固或松动，则判为不合格。

（5）窗芯

①技术要求：见附表6－1第13项。

②检验：手试。

③判定：窗芯不应有松动为合格。明显松动判为不合格。

（6）窗框分格差 ΔS_1

①技术要求：见附表6－1第14项。

②检验：量具：钢板尺。方法：将试件平放在平台（架）上，用钢板测量框与梃大面翼缘之间距离。如图6－3分格均等时：S_1-S_2，S_3-S_4，分格不等时 S_1-S_3，S_2-S_4。

③判定：窗框分格尺寸相差 ΔS_1，应小于或等于2mm，判为合格。

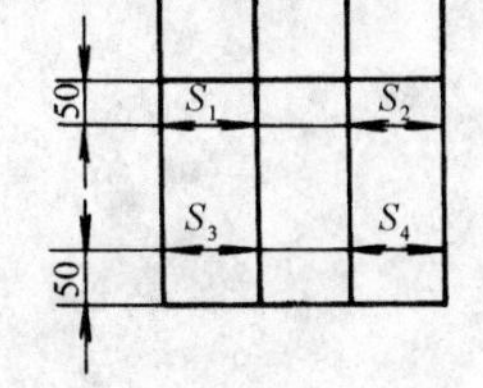

图6－3　窗框分格

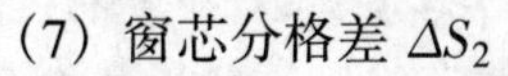

（7）窗芯分格差 ΔS_2

①技术要求：见附表6－1第15项。

②检验：量具：钢板尺。方法：用钢板尺测量窗芯腹板与对应窗芯（或扇）腹板之间的距离。如图6－4分格均等时：S_1-S_2，S_3-S_4，分格不等时：S_1-S_3，$S_2—S_4$。

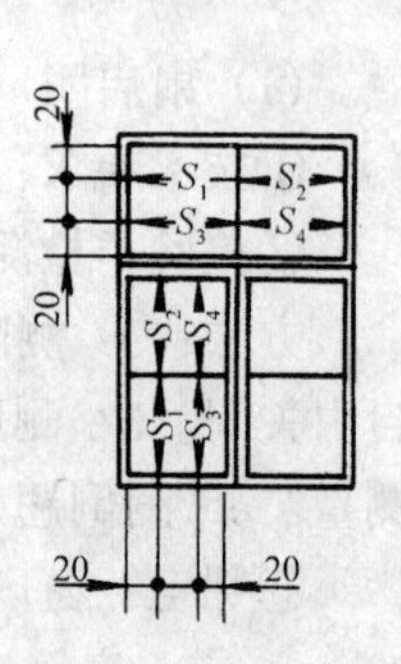

图 6-4　窗芯分格

③判定：窗芯分格差 $\Delta S_2 \leqslant 3$mm 时判定为合格。$\Delta S_2 > 3$mm，则判为不合格。

（8）窗芯偏移量 e

①技术要求：见附表 6-1 第 16 项。

②检验：量检具：钢板尺。方法：钢窗平放，压紧执手部位，在公共窗梃左右窗扇上窗芯相邻端 20mm 处，用钢板尺测量窗芯翼缘与下框料大面翼缘的距离。

③判定：相邻两窗芯位置的偏移量应小于或等于 3mm 为合格。

（9）扇吊高

①技术要求：见附表 6-1 第 17 项。

②检查：量具：深度尺。方法：钢窗平放，压紧执手部位，在平开扇下边料距两端 20mm 处，用深度尺测量窗扇小面翼缘上沿与窗框大面翼缘上沿之间距离。

③判定：扇吊高在 1~3mm 之间判定为合格。

（10）平面高底差

①技术要求：见附表 6-1 第 18 项。

②检查：具检具：深度尺。方法：钢窗平放，在各杆件交接处，测高低差最大处，框梃测大面，扇测小面。

③判定：有 85%的角达到要求，判为合格。如有一个角高低差大于 1mm 判为不合格。同一窗扇上有两个角超差判为不合格。

（11）外观

①技术要求：见附表 6-1 第 19 项。

②检查：除去窗框外侧的其他表面。量检具：目测，深度尺。

③判定：表面无毛刺、焊渣及明显锤痕（<0.5mm）判定为合格。

（12）油漆

①技术要求：见附表 6-1 第 20 项。

②检查：目测表面。

③判定：漆层应厚薄均匀，没有明显的堆漆，漏漆等缺陷，判定为合格。

五、记录

项目合格时，在该项试件结果栏内填写“合格”；项目不合格时，将不合格的内容在该项试件结果栏内填写清楚。

实腹钢窗产品质量检测项目表

产品名称：

规格：

企业名称： 受检总樘数： 抽检：

附表 6-1

序号	项目分类	项目名称	技术要求	检测器具及方法	检查结果										备注
					1	2	3	4	5	6	7	8	9	10	
1	关键项目	焊铆接	框扇四角、合页及挺各焊、铆接处应牢固，不得有假焊、断裂和松动等缺陷	目测、专用工具											
2		除油、除锈	应除油、除锈	检测											
3	主要项目	搭接量 b	⩾2mm	卡尺、深度尺											
4		配合间隙 C_1	⩽2mm	塞尺											
5		配合间隙 C_2	⩽1.5mm	塞尺											
6		对角线之差 ΔL	$L \leqslant 2000mm \leqslant \pm 5mm$ $L > 2000mm \leqslant \pm 6mm$	钢卷尺											
7		宽度 B	$B \leqslant 1500mm \pm 3mm$ $B > 1500mm \pm 4mm$	钢卷尺											
8		高度 H	$H \leqslant 1500mm \pm 3mm$ $H > 1500mm \pm 4mm$	钢卷尺											
9	一般项目	扇启闭	窗扇开启灵活，不应有阻滞、倒翘、回弹等缺陷	手试											
10		零件孔位准确	五金零件孔位置应准确，安装后应平整、牢固，达到使用要求	零件试装											
11		披水板、排水孔	应有披水板、排水孔	目测											
12		螺接牢固	备螺丝连接处应牢固、无松动	手试											
13		窗芯	窗芯不应有松动	手试											
14		窗框分格差 ΔS_1	⩽2mm	钢卷尺											
15		窗芯分格差 ΔS_2	⩽3mm	钢卷尺											
16		窗芯偏移量 e	⩽3mm	钢卷尺											
17		扇吊高	1mm～3mm	钢卷尺											
18		平面高低差	⩽1mm	深度尺											
19		外观	表面无毛刺、焊渣及明显锤痕（<0.5mm）	目测、深度尺											
20		油漆	均匀，不应有明显堆漆、漏漆缺陷	目测											

6.2.1.2　空腹钢门窗

一、产品检查依据

1．检验依据的标准

（1）GB5827.2—86　空腹钢窗检验规则

（2）GB5826.3—86　平开钢窗基本尺寸系列

（3）GB8717—88　钢窗用电焊异型钢管

2．在这三项标准中，GB5827.2、GB5826.3、GB8717 均为国家强制性标准，生产钢门窗的企业必须认真贯彻执行这些标准。这些标准也是进行产品检测的依据。

二、产品抽查与判定

1．抽样方法：根据受验厂生产报表，采用现场与成品库相结合的随机抽样方法，但产品成品总数不应少于 200 樘，抽检 10 樘。

2．样窗必须附有出厂检验合格标记。

3．抽检的样窗应全部装好门窗附件，并应调整到正常使用状态。

4．将样窗编号并作为受检标记与记录。

5．判定规则

（1）由于对产品性能与质量产生影响的因素不同，空腹钢门窗产品的技术要求分为关键项目、主要项目和一般项目三大类计 20 项。

（2）关键项目共 3 项，有一项不符合要求，判该产品不合格。

（3）主要项目共 6 项，有三项（含三项）以上不符合技术要求，判该产品不合格。

（4）主要项目有二项不符合技术要求，同时一般项目有二项（含二项）以上不符合技术要求，判该产品为不合格。

（5）一般项目共 11 项，有五项（含五项）以上不符合技术要求，判该产品为不合格。

6．抽检产品的合格率达到 90%，判被抽查的该批产品为合格。

三、准备工作

1．产品检测所用量具有钢卷尺、钢板尺、深度尺、卡尺、塞尺、乱刀、X 光专用设备或焊接探伤专用工具、画线工具、自制专用 $\Phi40 \times 40$ 圆柱等，一律由受检企业提供。

2．除自制的专用量具外，其余量具的精度不得低于三级，必须附有有效的合格证，经核对后方可使用。

3．检测产品时，必须有一人为主检，一人监检，一人记录。

4．企业应提供可放置样件进行检测的平台或工作台。

四、产品检验项目与方法

1．关键项目（共 3 项）

（1）焊铆接

①技术要求：见附表 6-2 第 1 项。

②检验：用目测观察四角焊缝、合页铆接处及各杆件的铆榫、焊缝处。方法：将试件平放于平台（架）上，目测断裂、加焊、假焊，如对假焊有争议，用 X 光或专用工具检查。

③判定：各焊铆接处应牢固，不得有假焊、断裂和松动等现象，判为合格。断裂、假焊或松动判为不合格。

(2) 材料厚度

①技术要求：见附表6-2第2项。

②检验：用卡尺测量原材料的厚度。

③判定：材质应符合GB716的要求，材料实测厚度≥1.2mm，判定为合格。

(3) 除油、除锈

①技术要求：见附表6-2第3项。

②检验：距试件四角100mm外表面上任一处，用乱刀铲下100mm×20mm漆膜，目测有无铁锈、同时检查是否有除油、除锈工艺。

③判定：必须有除油、除锈的工艺设备而且漆层应厚薄均匀，不应有明显的堆漆，漏漆等缺陷。有下列情况之一者，判为不合格。a) 无除油、除锈工艺（不包括机械除油、除锈）；b) 试件上有铁锈。

2. 主要项目（共6项）

(1) 搭接量 b

①技术要求：见附表6-2第4项。

②检验：检测时所用量具有深度尺、卡尺、铅笔。检测部位：框与扇四周搭接长度L。首先将样窗使有合页面朝下平放在平台（架）上，用铅笔在窗扇上沿着窗外框窗上、下框和梃的内侧面画线，然后实测出画线处到窗扇外侧边的实际距离值。

③判定：在框与扇四周搭接长度中，L有90%以上的实测b值≥4mm，判定为合格。若L中有10%以上的b值≤4mm，则判为不合格。

(2) 配合间隙 C_1

①技术要求：见附表6-2第5项。

②检验：检测时用具有：1×50、1.5×50、2×50塞片。

方法：试件平放于平台（架上），压紧执手装置部位，用塞片检查合页处扇框间的配合间隙。检测范围 $L_1 = H + 2B/3$，如图6-5所示。

③判定：L_1中合页面的框扇配合间隙C_1有90%以上≤2mm，判定为合格。若L_1中C_1有10%以上>2mm，则判为不合格。

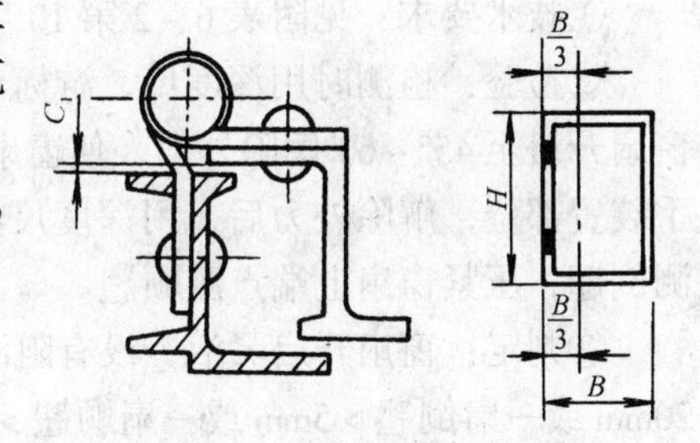

图6-5　合页面间隙

(3) 配合间隙 C_2

①技术要求：见附表6-2第6项。

②检验：检测时用具有：1×50、1.5×50、2×50塞片。

方法：试件平放于平台（架上），压紧执手装置部位，用塞片检查框扇间的配合间隙。检测范围 $L_2 = H + 2B/3$，如图6-6所示。

③判定：L_2中框扇的配合间隙C_2有90%以上≤1.5mm判定为合格。若中L_2中C_2有10%以上>1.5mm，则判为不合格。

(4) 对角线之差 ΔL

①技术要求：见附表6-2第7项。

②检验：检测时所用量具有钢卷尺，自制的直径为$\Phi 40 \times 40$的专用圆柱。首先把样窗

使有合页面朝下平放在平台（架）上，将两圆柱分别靠紧相对的窗外框的两内角，用钢卷尺测量两圆柱中心点，读出两圆心点之间的距离值 L_1，同样方法测出另两对角之间的距离 L_2。求出其差值的绝对值 ΔL。

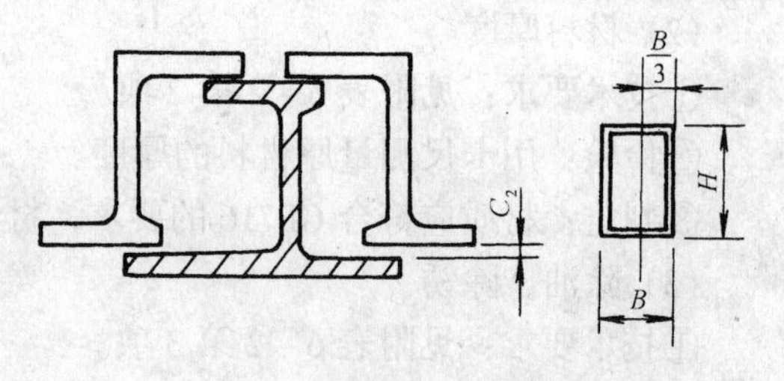

图 6－6 执手面间隙

③判定：对角线 L≤2000mm 时，$\Delta L\leqslant$ 5mm，L>2000mm 时 $\Delta L\leqslant$6mm 即判定为合格。

（5）宽度 B

①技术要求：见附表 6－2 第 8 项。

②检验：使用量具为钢卷尺、钢板尺。把样窗平放于平台（架）上，将钢板尺紧靠在宽度方向相对两端面距离上框和下框 50～150mm 之间，用钢卷尺测量两钢板尺之间的距离。

③判定：测得的 b 值与名义尺寸之差不超过给定公差，即符合 $B\leqslant$1500mm 时±3mm，$B>$1500mm，±4mm 判定为合格。

（6）高度 H

①技术要求：见附表 6－2 第 9 项。

②检验：使用量具为钢卷尺、钢板尺。把样窗平放于平台（架）上，将钢板尺紧靠在高度方向相对两端面，距离外框 50～150mm 之间，用钢卷尺测量两钢板尺之间的距离。

③判定：测得的 H 值与名义尺寸之差不超过给定公差，即符合 $H\leqslant$1500mm 时，±3mm，$H>$1500mm，±4mm 判定为合格。

3．一般项目（共 11 项）

（1）扇启闭

①技术要求：见附表 6－2 第 10 项。

②检验：检测时用深度尺、游标卡尺。方法：a）测阻滞，钢窗立放倾斜 60°～70°。将窗扇开启至 45°～60°解除外力，使窗扇自由关闭。b）测回弹，钢窗垂直立放，捏住窗扇执手装置部位，解除外力后，用深度尺测量。c）测倒翘，钢窗垂直点放，压紧窗扇下端点测倒翘，压紧窗扇上端点测顺翘。

③判定：窗扇开启灵活，没有阻滞、倒翘、回弹等缺陷判定为合格。若一扇回弹值>20mm 或一扇倒翘>5mm 或一扇顺翘>30mm，则判为不合格。

（2）零件孔位准确

①技术要求：见附表 6－2 第 11 项。

②检验：量检具：游标卡尺，五金零件。方法：以生产厂提供的图纸为根据检查孔位是否准确，必要时用五金零件试装。

③判定：钢窗五金零件安装孔的位置应准确，使用五金零件安装后平整牢固达到使用要求，判定合格。若同一个五金零件上缺一个安装孔或一个孔无螺纹或孔偏移而无法安装，则判为不合格。

（3）披水板

①技术要求：见附表 6－2 第 12 项。

②检验：目测。

③判定：设有披水板为合格。

(4) 螺接牢固

①技术要求：见附表6－2第13项。

②检验：目测、手试各杆件螺接处。

②判定：各螺栓连接处应牢固，没有松动现象判为合格。不牢固或松动判为不合格。

(5) 窗芯

①技术要求：见附表6－2第14项。

②检验：手试。

③判定：窗芯不应有松动为合格。明显松动判为不合格。

(6) 窗框分格差 ΔS_1

①技术要求：见附表6－2第15项。

②检验：量具：钢板尺。方法：将试件平放在平台（架）上，用钢板尺测量框与梃大面翼缘之间距离。如图6－7分格均等时：S_1-S_2，S_3-S_4，分格不等时：S_1-S_3，S_2-S_4。

③判定：窗框分格尺寸相差 ΔS_1，应小于或等于2mm，判为合格。

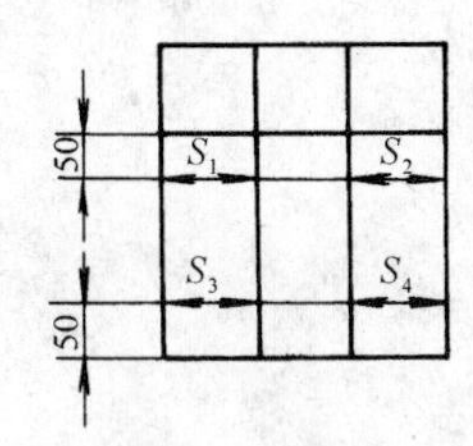

图6－7　窗框分格

(7) 窗芯分格差 ΔS_2

①技术要求：见附表6－2第16项。

②检验：量具：钢板尺。方法：用钢板尺测量窗芯腹板与对应窗芯（或扇）腹板之间的距离。

如图6－8分格均等时：S_1-S_2，S_3-S_4，分格不等时：S_1-S_3，S_2-S_4。

③判定：窗芯分格差 $\Delta S_2 \leqslant 3$mm 时判定为合格。$\Delta S_2 > 3$mm，则判为不合格。

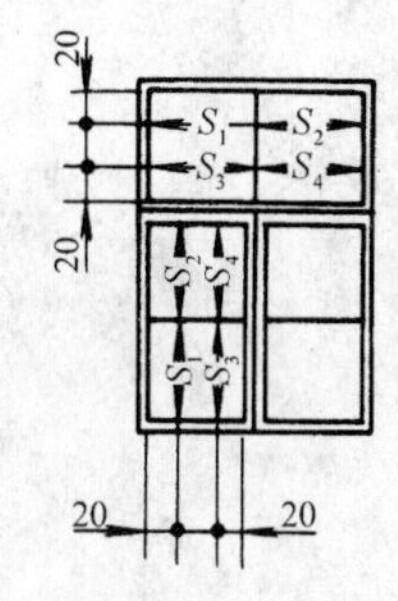

图6－8　窗芯分格

(8) 窗芯偏移量 e

①技术要求：见附表6－2第17项。

②检验：量检具：钢板尺。方法：钢窗平放，压紧执手部位，在公共窗梃左右窗扇上窗芯相邻端20mm处，用钢板尺测量窗芯翼缘与下框料大面翼缘的距离。

③判定：相邻两窗芯位置的偏移量应小于或等于3mm为合格。

(9) 平面高底差

①技术要求：见附表6－2第18项。

②检查：具检具：深度尺。方法：钢窗平放，在各杆件交接处，测高低差最大处，框梃测大面，扇测小面。

③判定：有85%的角达到要求，判为合格。如有一个角高低差大于1mm，判为不合格。同一窗扇上有两个角超差判为不合格。

(10) 外观

①技术要求：见附表6－2第19项。

②检查：除去窗框外侧面的其他表面。量检具：目测，深度尺。

③判定：表面无毛刺、焊渣及明显锤痕（<0.5mm）判定为合格。

(11) 油漆

①技术要求：见附表6-2第20项。

②检查：目测表面。

③判定：漆层应厚薄均匀，没有明显的堆漆，漏漆等缺陷，判定为合格。

五、记录

项目合格时，在该项试件结果栏内填写“合格”；项目不合格时，将不合格的内容在该项试件结果栏内填写清楚。

空腹钢窗产品质量检测项目表

企业名称：　　　　产品名称：
规格：
受检总樘数：　　抽检：

附表 6-2

序号	项目分类	项目名称	技术要求	检测器具及方法	检查结果 1	2	3	4	5	6	7	8	9	10	备注
1	关键项目	焊铆接	框扇四角、合页及挺各焊、铆接处应牢固，不得有假焊、断裂和松动等缺陷	目测、专用工具											
2		材料厚度	≥1.2mm	卡尺											
3		除油、除锈	应除油、除锈	目测											
4	主要项目	搭接量 b	≥4mm	卡尺、深度尺											
5		配合间隙 C_1	≤2mm	塞尺											
6		配合间隙 C_2	≤1.5mm	塞尺											
7		对角线之差 ΔL	$L\leqslant2000$mm　≤±5mm $L>2000$mm　≤±6mm	钢卷尺											
8		宽度 B	$B\leqslant1500$mm　±3mm $B>1500$mm　±4mm	钢卷尺											
9	一般项目	高度 H	$H\leqslant1500$mm　±3mm $H>1500$mm　±4mm	钢卷尺											
10		扇启闭	窗扇开启灵活，不应有阻滞、倒翘、回弹等缺陷	手试											
11		零件孔位准确	五金零件孔位置应准确，安装后应平整、牢固，达到使用要求	零件试装											
12		披水板	应有披水板	目测											
13		螺接牢固	各螺丝连接处应牢固，无松动	手试											
14		窗芯	窗芯不应有松动	手试											
15		窗框分格差 ΔS_1	≤2mm	钢卷尺											
16		窗框分格差 ΔS_2	≤3mm	钢卷尺											
17		窗芯偏移量 e	≤3mm	钢卷尺											
18		平面高低差	≤0.7mm	深度尺											
19		外观	表面无毛刺、焊渣及明显锤痕（$L<0.5$mm）	目测、深度尺											
20		油漆	均匀，不应有明显堆漆、漏漆缺陷	目测											

6.2.1.3 平开、推拉彩色涂层钢板门窗

一、产品检验的依据

1．检验依据的标准

（1）GB/T12754—91 《彩色涂层钢板及钢带》

（2）GB5824—86 《建筑门窗洞口尺寸系列》

（3）JG/T3041—1997 《平开、推拉彩色涂层钢板门窗》

2．在这三项标准中，GB5824 为国家强制性标准，GB/T12754 为国家推荐性标准，JG/T3041 为部颁推荐性标准。

3．不管是强制性标准，还是国家或行业推荐性标准，生产彩色涂层钢板门窗的企业都必须认真贯彻执行这些标准。因为强制性标准是国家要严格实施，即要强制执行的标准，而国家或行业推荐标准，是鼓励企业采用的标准。

二、产品抽查与判定

1．抽样方法：产品采用现场与成品库相结合的随机抽样方法，产品成品总数应不少于 50 樘，抽检 10 樘。

2．样窗必须附有检验合格标记。

3．抽检的样窗应全部安装好门窗附件，并调整到正常使用状态。

4．将样窗编号并作好受检标记与记录。

5．受检企业应提供近两年之内，由省级以上法定检测单位出具的、与被检产品的品种系相吻合的物理性能检测报告。

6．抽查与判定

（1）单樘门窗：

a．由于对产品性能与质量产生影响的因素不同，该产品的技术要求分为关键项目、主要项目与一般项目三大类计 20 项。

b．关键项目共有七项，而有一项仅用于保温窗，一般单玻璃窗要检测六项。其中有一项不符合技术要求，判定该产品为不合格。

c．主要项目有六项，其中三项（含三项）以上不符合技术要求，判定该产品为不合格。

d．一般项目有七项，其中主要项目有两项不符合技术要求，同时一般项目有两项（含两项）以上不符合技术要求，判定该产品为不合格。

e．一般项目有五项（含五项）以上不符合技术要求，判定该产品为不合格。

（2）在抽检 10 樘的样窗中，总合格率达到 90%，判定该批产品为合格。

三、准备工作

1．产品检测所用量具有钢卷尺、钢板尺、深度尺、卡尺、塞尺、拉力计、自制专用 $\Phi 40\times 40$ 圆柱等，一律由受检企业提供。

2．除自制的专用量具外，其余量具的精度不得低于三级，必须附有有效的合格证，经核对后方可使用。

3．检测产品时，必须有一人为主检，一人监检，一人记录。

4．企业应提供可放置样窗进行检测的平台或工作台。

四、产品检验项目与方法

1. 关键项目（共7项）

（1）材料：

①技术要求：见附表6－3第1项。

②检验：受检企业应出具原材料生产厂一年之内的检测报告。

③判定：原材料生产厂出具的检测报告，应符合GB/T12754中所规定的适用于门窗的各项有关指标，判为合格。

（2）抗风压性能：

①技术要求：见附表6－3第2项。

②检验：查验省以上法定检测机构出具的有效的检测报告。彩板窗的抗风压性能、空气渗透性能和雨水渗漏性能应符合表6－1的规定，建筑外用的彩板门的抗风压性能应符合表6－2的规定。

③判定：根据建筑外窗、建筑外门抗风压性能分级及其检测方法GB/T7106、GB/T13685的规定。平开窗≥2000Pa、推拉窗≥1500Pa、建筑外门≥1000Pa，判定为合格。

彩板窗抗风性能分级下限值 **表6－1**

开启方式	等级	抗风压性能（Pa）	空气渗透性能（$m^3/m\cdot h$）	雨水渗漏性能（Pa）
平开窗	Ⅰ	≥3000	≤0.5	≥350
	Ⅱ	≥2000	≤1.5	≥250
推拉窗	Ⅰ	≥2000	≤1.5	≥250
	Ⅱ	≥1500	≤2.5	≥150

建筑外门抗风压性能分级下限值 **表6－2**

等级	Ⅰ	Ⅱ	Ⅲ	Ⅳ	Ⅴ	Ⅵ
≥（Pa）	3500	3000	2500	2000	1500	1000

（3）空气渗透性能

①技术要求：见附表6－3第3项。

②检验：查验省以上法定检测机构出具的有效的检测报告。彩板窗的空气渗透性能应符合表6－1的规定，建筑外用的彩板门的空气渗漏性能性能应符合表6－3的规定。

③判定：根据建筑外窗GB/T7107和建筑外门GB/T13686空气渗透性能分级及其检测方法的规定。

建筑外门空气渗透性能分级下限值 **表6－3**

等级	Ⅰ	Ⅱ	Ⅲ	Ⅳ	Ⅴ
≤（$m^3/m\cdot h$）	0.5	1.5	2.5	4.0	6.0

平开窗≤1.5$m^3/m\cdot h$、推拉窗≤2.5$m^3/m\cdot h$、建筑外门≤6.0$m^3/m\cdot h$，判定为合格。

（4）雨水渗透性能

①技术要求：见附表6－3第4项。

②检验：查验省以上法定检测机构出具有效的检测报告。彩板窗的雨水渗漏性能应符合表6－1的规定，建筑外用的彩板门的雨水渗漏性能应符合表6－4的规定。

③判定：根据建筑外窗 GB/T7108 和建筑外门 GB/T13686 雨水渗漏性能分级及其检测方法的规定。平开窗≥250Pa、推拉窗≥150Pa、建筑外门≥50Pa，判定为合格。

建筑外门雨水渗漏性能分级下限值　　表 6-4

等级	Ⅰ	Ⅱ	Ⅲ	Ⅳ	Ⅴ	Ⅵ
≥（Pa）	500	350	250	150	100	50

（5）保温性能（传热阻值）（只适用于保温门、窗）

①技术要求：见附表 6-3 第 5 项。

②检验：查验省以上法定检测机构出具的有效的检测报告。彩板建筑外窗的保温性能应符合表 6-5 的规定，彩板外窗的保温性能分级应符合表 6-6 的规定。

建筑外窗保温性能分级　　表 6-5

等级	传热系数 K（$W/m^2\cdot K$）	传热阻 Ro（$m^2.K/W$）
Ⅰ	≤2.00	≥0.500
Ⅱ	>2.00，≤3.00	<0.500，≥0.333
Ⅲ	>3.00，≤4.00	<0.333，≥0.250
Ⅳ	>4.00，≤5.00	<0.250，≥0.200
Ⅴ	>5.00，≤6.40	<0.200，≥0.156

保温彩板外窗的保温性能分级（$m^2\cdot K/W$）　　表 6-6

等级	Ⅰ	Ⅱ	Ⅲ
传热阻 Ro≥	0.5	0.333	0.25

③判定：根据建筑外窗保温性能分级及 JG/T3041 的规定：保温窗传热阻 $Ro \geq 0.25m^2\cdot K/W$、保温门传热阻 $Ro \geq 0.16m^2\cdot K/W$，判定为合格。

（6）型材切割部位口处应处理

①技术要求：见附表 6-3 第 6 项。

②检验：在成窗之前，杆件两端涂有密封膏。

③判定：用肉眼观察在缝隙处不透光则判定为合格。

（7）组装联接

①技术要求：见附表 6-3 第 7 项。

②检验与判定：用目测的方法观察门窗框间、门窗扇四角的联接，并用手感测试各联接部位，应组装牢固不能有丝毫松动，门窗框扇的外表面不能有明显的锤痕、破裂及型材或门窗的变形，符合上述要求的判定为合格。

2．主要项目（共 6 项）

（1）宽度 B（mm）

①技术要求：见附表 6-3 第 8 项。

②检验：使用量具为钢卷尺、钢板尺。首先把样窗平放于平台（架）上，将钢板尺紧靠在宽度方向相对两端面距窗上框和下框 50~150mm 之间，用钢卷尺测量两钢板尺之间的距离。

③判定：测得的 B 值与名义尺寸之差 ΔB 不应超过给定公差。即 $B \leq 1500$mm 时，-

$1.0\text{mm} \leqslant \Delta B \leqslant +2.5\text{mm}$；$B > 1500\text{mm}$ 时，$-1.0\text{mm} \leqslant \Delta B \leqslant +3.5\text{mm}$，判定为合格。

(2) 高度 H（mm）

①技术要求：见附表 6-3 第 9 项。

②检验：使用量具有钢卷尺、钢板尺。首先把样窗平放于平台（架）上，将钢板尺紧靠在高度方向相对两端面，距离外侧框 50~150mm 之间，用钢卷尺测量两钢板尺之间的距离。

③判定：测得的 H 值与名义尺寸之差 ΔH 不应超过给定公差。即 $H \leqslant 1500\text{mm}$ 时，$-1.0\text{mm} \leqslant \Delta H \leqslant +2.5\text{mm}$；$H > 1500\text{mm}$ 时，$-1.0\text{mm} \leqslant \Delta H \leqslant +3.5\text{mm}$，判定为合格。

(3) 对角线之差 ΔL

①技术要求：见附表 6-3 第 10 项。

②检验：检测时所用量具有钢卷尺、自制的直径为 $\Phi 40 \times 40$ 的专用圆柱。首先把样窗使有合页面朝下平放在平台（架）上，将两个自制的圆柱分别靠紧相对的窗外框的两内角，再用钢卷尺通过两圆柱中心点，读出两圆心点之间的距离 L_1、L_2。

③判定：读出的两值之差取其绝对值 ΔL，符合 $L \leqslant 2000$ 时，$\Delta L \leqslant 5$、$L > 2000\text{mm}$ 时 $\Delta L \leqslant 6$，即判定为合格。

(4) 搭接量：b 允差

①技术要求：见附表 6-3 第 11 项。

②检验：检测时所用量具有深度尺、卡尺、铅笔。首先将样窗使有合页面朝下平放在平台（架）上，用铅笔在窗扇上沿着窗边框、窗上、下框和窗中竖框的内侧面画线，然后实测出画线处到窗扇外侧边的实际距离值。

③判定：在框与扇四周搭接长度中有≥80%的实测 b 值应符合：46、45 系列平开门窗为 $b = 8^{+3.0}_{-2.0}\text{mm}$，30、35 系列平开窗为 $b = 6^{+1.5}_{-2.5}\text{mm}$，判定为合格。

(5) 四角缝隙

①技术要求：见附表 6-3 第 12 项。

②检验：检测时所用量具有塞尺，将样品窗平放于平台（架）上，用塞尺测量门窗框、窗扇四角处，交角缝隙，并用目测观察四角处和外侧主面用密封膏将缝隙封严，然后再将样窗反面，用同样的办法检测另一面。

③判定：有≥80%的所测缝隙中，所测缝隙实测值应≤0.5mm，缝隙处用密封膏封严，不应有透光，判定为合格。

(6) 窗框扇四角处交角同一平面高低差

①技术要求：见附表 6-3 第 13 项。

②检验：检测时所用量具有深度尺，将样品平放在平台（架）上，测量窗外框四角处，框与框交接处测量大面，窗扇四角处测小面。

③判定：所测实际值≤0.3mm，判定为合格。

3. 一般项目（共 7 项）

(1) 零附件安装

①技术要求：见附表 6-3 第 14 项。

②检验：检测样品时所用量具有卡尺，选用卡尺根据零件图纸检测未安装前的零件孔及孔距，然后再将安装完毕零件的样窗，立放外倾斜 60°~70°，用目测和手感检测零件安

装位置准确牢固、开关灵活。将扇开启 45°～60°解除外力，窗扇不应有阻滞，并自由关闭；再将样窗垂直立放，捏住窗扇执手装置部位，解除外力测量窗扇的回弹现象。

③判定：能满足使用功能的要求即判定为合格。

(2) 窗分格尺寸允许偏差

①技术要求：见附表 6－3 第 15 项。

②检验：检测样品时所用量具有钢板尺，把样品窗合页面朝下平放于平台（架）上，用钢板尺测量边框与中竖框大面翼缘之间的距离。分格均等时测量 S_1-S_2，S_3—S_4。

③判定：实测值允许偏差不应超过 ±2mm，判定为合格。

(3) 外观

①技术要求：见附表 6－3 第 16 项。

②检验：用目测观察样品窗的内、外表面。

③判定：表面涂层不能有明显的脱漆裂纹，每樘门窗表面局部擦伤，划伤深度不大于底漆厚度，擦伤总面积 ≤1000mm²，每处擦伤面积 ≤150mm²，划伤总长度 ≤150mm，判定为合格。

(4) 色差

①技术要求：见附表 6－3 第 17 项。

②检验：用目测观察相临两构件的表面涂层。

③判定：漆膜颜色不应有明显的色差，判定为合格。

(5) 密封件安装

①技术要求，见附表 6－3 第 18 项。

②检验：用目测观察密封件安装到密封槽内，及玻璃密封条的状况。

③判定：密封件的接头处要严密，无明显的缝隙，表面平整，玻璃密封条无咬边。判定为合格。密封件安装后接头间隙 >2mm，判为不合格。

(6) 启闭力（仅用于推拉窗）

①技术要求：见附表 6－3 第 19 项。

②检验：检测量具为拉力计，将样窗垂直立放，将窗扇关闭，开关零件打开，然后将拉力计挂在执手处，用力捏住拉力计把扇窗打开，读出拉力计的数值。

③判定：拉力计读数 ≤50N，判定为合格。

(7) 滑块调整（仅用于推拉窗）

①技术要求：见附表 6－3 第 20 项。

②检验：用螺丝刀等工具将推拉窗扇的调整滑块或扇下面的滚轮进行调整。

⑧判定：以调整到窗扇的上、下端达到该窗的设计要求时，判定为合格。

五、记录

项目合格时，在该项试件结果栏内填写“合格”；项目不合格时，将不合格的内容在该项试件结果栏内填写清楚。

彩色涂层钢板门窗产品质量检测项目表

产品名称：

规格：

企业名称：　　受检总樘数：　　抽检：

附表 6-3

序号	项目分类	项目名称	技术要求	检测器具及方法	检查结果 1	2	3	4	5	6	7	8	9	10	备注
1	关键项目	材料	型材原料为建筑门窗外用彩色涂层钢板，涂料为外用聚脂，基材为镀锌平整钢板	材质报告（一年内）											
2	关键项目	抗风压性能	≥1500pa（推拉窗） ≥2000pa（开平窗）	出具省以上法定有效的检测报告											
3	关键项目	空气渗透性能	$\leqslant 2.5m^3m/\cdot h$（推拉窗） $\leqslant 1.5m^3m/\cdot h$（平开窗）	出具省以上法定有效的检测报告											
4	关键项目	雨水渗透性能	≥150pa（推拉窗） ≥250pa（开平窗）	同上											
5	关键项目	保温性能（传热阻值）	$R_0 \geqslant 0.25m^2\cdot K/W$（窗） $R_0 \geqslant 0.16m^2\cdot K/W$（门）	同上											仅用于保温窗
6	关键项目	型材切割部位口处应处理	涂胶	目测											
7	关键项目	组装联接	门窗框、扇四角组装牢固不应有松动、锤痕、破裂及变形	目测、手试											

续表

序号	项目分类	项目名称	技术要求	检测器具及方法	检查结果										备注
					1	2	3	4	5	6	7	8	9	10	
8	主要项目	宽度 B(mm)	≤1500，$-1.0\leq\Delta B\leq2.5$ >1500，$-1.0\leq\Delta B\leq\pm3.5$	钢卷尺、钢板尺、测两端面											
9	主要项目	高度 H(mm)	≤1500，$-1.0\leq\Delta B\leq2.5$ >1500，$-1.0\leq\Delta B\leq\pm3.5$	钢卷尺、钢板尺、测两端面											
10	主要项目	对角线之差 ΔL(mm)	≤2000，$\Delta L\leq5$，$\Delta L>2000$，≤6	钢卷尺、专用圆柱测内角											
11	主要项目	搭接量 b 允差(mm)	≥6，±2.5	深度尺，卡尺											
12	主要项目	四角缝隙(mm)	相邻构件交接处，窗框、扇四角处缝隙≤0.5mm，平开门窗缝隙处密封膏密封，不应透光	塞尺　目测											仅用于保温窗
13	一般项目	窗框扇四角处交角同一平面高低差	≤0.3mm	深度尺、测四角处											
14	一般项目	零附件安装	位置准确、安装牢固，启闭不应有阻滞	手动、目测											
15	一般项目	窗分格尺寸允许偏差	±2mm	钢板尺											
16	一般项目	外观	表面涂层不能有明显的脱漆裂，每樘窗擦伤，划伤深度不大于底漆厚度，擦伤总面积≤$1000mm^2$，每处划伤面积≤$1500mm^2$，划伤总长度≤1500mm	目测											
17	一般项目	色差	相邻构件漆膜不应有明显色差	目测											
18	一般项目	密封件安装	密封件安装后结头严密，表面平整，玻璃密封条无咬边	目测											
19	一般项目	启闭力	≤50N	拉力计检测											仅用于推拉窗
20	一般项目	滑块调整	推拉门窗安装调整滑块或滚轮要达到设计要求	目测											仅用于推拉窗

6.2.2　铝合金门窗

一、产品检测的依据

1. 检验依据的标准：

(1) GB8478—87　《平开铝合金门》

(2) GB8479—87　《平开铝合金窗》

(3) GB8480—87　《推拉铝合金门》

(4) GB8481—87　《推拉铝合金窗》

(5) GB8482—87　《铝合金地弹簧门》

(6) GB/T5237.1～5237.5—2000　《铝合金建筑型材》

2. 上述标准（1）～（5）为国家强制性标准，（6）为国家推荐性标准。铝门窗生产企业必须认真执行上述标准。这些标准也是进行产品质量检测的依据。

3. 适用范围：平开铝合金门，平开铝合金窗，推拉铝合金门，推拉铝合金窗。铝合金地弹簧门也可参照进行检测。

二、产品的抽查与判定

1. 采用生产现场与成品库相结合的随机抽样方法抽取产品成品样品，样品总数应不少于50樘，从中抽检10樘。

2. 被抽检的铝门窗样品上的附件应齐全，并应调整到正常使用状态。

3. 受检企业应提供与被检产品的品种系列相吻合的产品物理性能检测报告。检测报告必须是经国家技术监督部门授权的省级以上检测单位检测的报告才能有效。铝合金门窗三项物理性能检测报告应为二年期以内的有效报告。

4. 质量判定规则

(1) 对被抽查的单樘铝合金门窗质量检查合格与否，是以项次合格率为依据的。检测的项目共有19项，根据对铝门窗质量影响的程度划为三大类。第一类为关键项目，共有5项；第二类为主要项目，共有3项；第三类为一般项目共有11项。

(2) 关键项目共有5项，有1项不符合技术要求，则判该樘铝门窗不合格。

铝合金门窗是建筑物的部分外围结构。首先必须要考虑铝合金门窗的安全性能和使用功能。因此对使用的铝合金型材和三项物理性能的检测结果均应做为关键项目进行考核。其中有任何一项不合格都会危及铝合金门窗的安全并失去使用功能，是产品必保合格的项目，必须严格控制。

(3) 主要项目共有3项，有2项（含2项）以上不符合技术要求，则判定该樘铝门窗不合格。

主要项目对铝门窗产品的质量也有重要影响，虽然不致于发生大的不安全事故，经修复后可以使用，但若不严格要求和控制也会给用户造成很大的不便。

(4) 一般项目有11项，有5项（含5项）以上不符合技术要求，则判定该樘铝门窗不合格。

一般项目对铝门窗的性能虽然也有不同程度的影响，但基本不会影响使用性能，主要是影响铝门窗的外观装饰效果和对使用寿命有轻微影响。但生产厂家不能因此而忽视，降低产品质量的要求，在审定中也做为必检的项目。

(5) 主要项目有一项不符合技术要求，同时一般项目有二项以上（含二项）不符合技术要求，判定该产品为不合格。

5．被抽检的10樘样窗（门）中经检测合格率达到90%，则判定该产品为合格。

三、检测准备工作

1．受检单位应提供必要的经计量检测单位检定合格的检测仪器。包括硬度仪、膜厚仪、拉力计、钢卷尺、游标卡尺、深度尺、塞尺、$\Phi 20\times 30$圆钢棒、钢板尺等。

2．提供该产品的型材截面图、附件图、节点图、产品设计图、物理性能检测报告，铝型材的原件质量保证书，主要附件（如玻璃、滑轮、窗锁、执手、毛条，密封胶条、铰链、密封胶等）的原件质量保证书，产品使用说明书，合格证及产品，原材料，配件的现行有效标准。

3．检测人员分工明确，现场应设有主检，监检，记录。

4．企业应提供可放置样件进行检测的平台或工作台。

四、产品质量的项目检测与评判方法

1．关键项目（共5项）

(1) 铝合金型材（附表6-4第1项）。铝型材是制作铝门窗最基本也是最主要的材料，是铝合金门窗制做质量的基础。没有合格的铝型材是不可能制做出合格的铝门窗产品的。受检企业应出示受检产品所用型材的原件质量保证书。无原件质保书，判该项为不合格。

①铝型材的强度与硬度具有一定的数量关系，检查中，为了具有可操作性，只要求做铝型材的硬度测试，即用便携式硬度计或台式硬度计进行硬度测试，测试时必须按规定操作进行。要求维氏硬度HV≥58，但仲裁试验应以拉伸试验为准。硬度测试达不到此要求，则判该项不合格。

②铝合金门窗所用型材必须经过阳极氧化处理，其作用不仅可增强金属光泽，提高其装饰效果，更重要的是阳极氧化膜坚硬。经氧化处理后的型材能增强表面硬度，可防止型材划碰伤。提高抗大气腐蚀的能力。氧化后的型材表面可进行填充处理，着上各种不同的颜色，提高装饰效果。阳极氧化膜厚度必须≥AA10级的要求，即最小平均膜厚应大于或等于10um，最小局部膜厚应大于或等于8um。测试方法是用膜厚仪进行现场检测。要求膜厚仪必须准确，同时测试方法应符合要求。在试验室，阳极氧化膜还可用重量法，分光束显微法进行测量，但在生产现场无法进行。因此，只有对测试结果有争仪进行仲裁时，才用此方法。氧化膜厚度低于AA10级的要求，则判定该项为不合格。阳极氧化膜除要求具有以上的厚度外，尚应结合牢固、致密、有光泽，不得有疏松、起白沫及脱落现象。

③受力构件铝合金型材的壁厚。铝合金门窗的受力构件包括门窗边框、上下滑道、窗扇料及立梃和横梃等。这些受力构件最小壁厚的实际测量尺寸应不小于1.2mm。检测方法用游标卡尺对受检门窗的型材进行现场检测。实测厚度小于1.2mm时。则判定该项为不合格。

(2) 抗风压性能（附表6-4第2项）。铝门窗的抗风压性能是该产品最关键的性能指标之一。门窗抗风压性能达不到标准要求，门窗则可能被风吹毁，或者导致玻璃破裂和不能正常使用。检测依据是受检单位提供二年期以内有效的铝门窗三项物理性能检测报告。具体指标要求详见表6-7~6-10。C_3级为达标产品中的最低级，即最低要求。在实际使用中，还必须根据建筑物的具体情况，通过受力分析计算出实际风压要求值，产品的抗风压性能必须≥实际需要值。检查时，应主要检查其检测报告是否真实，有效、手续是否齐全。检查机构必须是国家技术监督部门授权的省级以上法定的检测单位。无检测报告或抗风压强度性能低于上述要求，则判该项为不合格。检测报告不在有效期内，则应按标准要求进行检测，然后按上述要求进行评定。

平开铝合金门　　表6-7

类别	等级	综合性能指标值		
		风压强度性能 (Pa) ≥	空气渗透性能 $m^3/h\cdot m$ (10Pa) ≤	雨水渗漏性能 (Pa) ≥
A类（高性能门）	优等品（A1级）	3000	1.0	350
	一等品（A2级）	3000	1.0	300
	合格品（A3级）	2500	1.5	300
B类（中性能门）	优等品（B1级）	2500	1.5	250
	一等品（B2级）	2500	2.0	250
	合格品（B3级）	2000	2.0	200
C类（低性能门）	优等品（C1级）	2500	2.0	350
	一等品（C2级）	2500	2.0	250
	合格品（C3级）	2000	2.5	250

平开铝合金窗　　表6-8

类别	等级	综合性能指标值		
		风压强度性能 (Pa) ≥	空气渗透性能 $m^3/h\cdot m$ (10Pa) ≤	雨水渗漏性能 (Pa) ≥
A类（高性能窗）	优等品（A1级）	3500	0.5	500
	一等品（A2级）	3500	0.5	450
	合格品（A3级）	3000	1.0	450
B类（中性能窗）	优等品（B1级）	3000	1.0	400
	一等品（B2级）	3000	1.5	400
	合格品（B3级）	2500	1.5	350
C类（低性能窗）	优等品（C1级）	2500	2.0	350
	一等品（C2级）	2500	2.0	250
	合格品（C3级）	2000	2.5	250

推拉铝合金门　表 6-9

类别	等级	综合性能指标值		
		风压强度性能 (Pa) ≥	空气渗透性能 $m^3/h\cdot m$ (10Pa) ≤	雨水渗漏性能 (Pa) ≥
A类（高性能门）	优等品（A1级）	3000	1.0	300
	一等品（A2级）	3000	1.5	300
	合格品（A3级）	2500	1.5	250
B类（中性能门）	优等品（B1级）	2500	2.0	250
	一等品（B2级）	2500	2.0	200
	合格品（B3级）	2000	2.5	200
C类（低性能门）	优等品（C1级）	2000	2.5	150
	一等品（C2级）	2000	3.0	150
	合格品（C3级）	1500	3.5	100

推拉铝合金窗　表 6-10

类别	等级	综合性能指标值		
		风压强度性能 (Pa) ≥	空气渗透性能 $m^3/h\cdot m$ (10Pa) ≤	雨水渗漏性能 (Pa) ≥
A类（高性能窗）	优等品（A1级）	3500	0.5	400
	一等品（A2级）	3000	1.0	400
	合格品（A3级）	3000	1.0	350
B类（中性能窗）	优等品（B1级）	3000	1.5	350
	一等品（B2级）	2500	1.5	300
	合格品（B3级）	2500	2.0	250
C类（低性能窗）	优等品（C1级）	2500	2.0	200
	一等品（C2级）	2000	2.5	150
	合格品（C3级）	1500	3.0	100

保温型铝门窗　表 6-11

级别	Ⅰ	Ⅱ	Ⅲ
传热阻值≥	0.50	0.33	0.25

（3）空气渗透性能（附表 6-4 第 3 项）。空气渗透性能直接影响门窗阻挡外界尘土侵入室内和房屋保温的功能。尤其在北方寒冷地区对此项更有严格的要求。检查方法同 1.2 的要求。查三项物理性能检测报告，其空气渗透性能应小于或等于各产品的最低性能要求值 C_3 级并应达到计算的实际需要值。无检测报告或检测报告中的空气渗透性能低于以上

规定数值，则判该项为不合格。检测报告不在有效期内，则应按标准要求进行检测，然后按上述要求进行评定。

(4) 雨水渗漏性能（附表6－4第4项）。铝门窗的雨水渗漏性能不合格，会造成雨水灌入室内，不但给用户造成诸多不便，还会造成房屋污染，室内装饰装修被破坏，导致经济损失。因此也是检查中一项关键指标。检查方法同1.2。查三项物理性能检测报告，其雨水渗漏性能应大于或等于各产品的最低性能要求值 C_3 级，并应达到计算的实际需要值。无检测报告或雨水渗漏性能低于以上规定数值时，则判定该项为不合格。如检测报告不在有效期内，则应按标准要求进行检测，然后按上述要求进行评定。

(5) 保温性能（附表6－4第5项）。节能是我们国家对建筑物的一项重要的要求，也是一项重要的指导原则。门窗的保温性能直接关系到建筑物的节能效率。据资料统计，门窗耗能量占建筑物热损失的50%，其中门窗传热损失占22%，空气渗透损失占28%，而一般铝门窗热耗量较大。只有用断热型材和使用中空玻璃的保温型，门窗才能达到国家标准要求。一般铝门窗不检查此项指标。仅对保温铝合金门窗才有此项性能要求具体指标见表6－11。保温型铝门窗的热阻值应大于或等于 $0.25m^2·K/W$，为合格。否则为不合格。因各地区对保温性能的要求不同，因此热阻值应根据国家具体标准的要求进行确定，此项性能也只能在专门的检测机构进行测试。检验时只查测试报告是否真实有效，手续是否完备，检测机构是否经省级以上法定部门认定的检测单位。

2．主要项目（共3项）

(1) 构件连接（附表6－4第6项）。铝合金门窗的构件连接是关系门窗的使用性能和牢固安全的大问题。构件连接必须牢固，有可靠的刚度，连接部分还应密封，防水，并且不得缺件少件。检查时应对照门窗连接节点图，检查连接件，如螺钉，加强板等是否齐全，并用手拉推门窗构件，包括框扇边框，检查是否有松动和扭曲现象。发现缺件少件或不牢固，刚性不好，则判定为该项不合格。

(2) 扇的启闭（附表6－4第7项）。铝门窗扇的启闭应该灵活，它是关系铝门窗推拉开闭是否好用的重要项目。是由门窗的结构，密封件，滑轮质量和安装是否正确决定的。因此，测定窗扇的启闭力也是检查门窗质量的一个重要的指标。检测时按门窗使用状态安装在试验装置上，呈关闭状态，用量程为150N的弹簧秤勾于推拉门窗动扇边梃的中间部位，沿与边梃垂直的方向施力，使之启动，关闭，读取扇运动时的力值。检测平开铝门窗的启闭力时，弹簧称应勾于执手处，沿与窗扇面成直角的方向施力，读取扇运动时的力值。启闭力≤50N为合格，大于50N为不合格。

(3) 附件安装（附表6－4第8项）。附件安装关系到铝门窗抗风压性能，空气渗透性能，雨水渗漏性能及防盗性能的高低。对附件安装的要求应是数量齐全，位置正确，安装牢固。检查时，先察看窗锁，执手，滑轮，密封胶条，毛条，密封块，密封胶和防掉扇附件等是否齐全。安装位置是否正确、安装是否牢固、有无脱落及松动现象、强度要好，起到各自的作用，启闭时应灵活，无噪音。在上述检查中，发现有一件附件安装不合格，则判定该项目为不合格。

3．一般项目（共11项）

(1) 门窗框槽口宽度 B（mm）（附表6－4第9项）。检查门窗框槽口宽度是检查门窗下料加工是否严格执行设计图和工艺规程要求的手段，检测时，将试件平放在工作台

（架）上，在距端部 100mm 处，用钢卷尺测量门窗框外形宽度 B 的实际尺寸，与设计图上对应的设计外型宽度的公称尺寸（设计尺寸）相比较，求其最大差值 ΔB。判定方法是：当设计公称尺寸 $B \leqslant 2000$mm 时，$\Delta B \leqslant \pm 2.0$ 为合格，大于 ±2.0 时为不合格。当设计公称尺寸 $B > 2000$mm 时，$\Delta B \leqslant \pm 2.5$ 为合格。大于 ±2.5 时为不合格。

（2）门窗框槽口高度 H（mm）（附表 6－4 第 10 项）。此项检查同 3.1。将试件平放在工作台（架）上，在距离端部 100mm 处，用钢卷尺测量门窗框外形高度 H 的实际尺寸，与设计图上对应的设计外形高度的公尺寸相比较，求其最大差值 ΔH。判定方法是：当设计公称尺寸 $H \leqslant 2000$mm 时，$\Delta H \leqslant \pm 2.0$ 为合格，大于 ±2.0 为不合格。当设计公称尺寸 $H > 2000$mm 时，$\Delta H \leqslant \pm 2.5$ 为合格，大于 ±2.5 为不合格。

（3）门窗框槽口对边尺寸之差 E（mm）（附表 6－4 第 11 项）。控制铝门窗框槽口对边尺寸是保证门窗框实现横平竖直，框对角线一致的基础。检测时，将门框和窗框放平，用钢卷尺分别测量门或窗框的高或宽两对边尺寸再相减，求得其差值的绝对值 E（mm）。判定方法是：当门窗框高度或宽度的设计公称尺寸 ≤2000mm 时，$E \leqslant 2.0$ 合格，大于 2.0 为不合格。当高度或宽度设计公称尺寸 >2000mm 时，$E \leqslant 3.5$ 为合格，大于 3.5 时为不合格。

（4）门窗框槽口对角线尺寸之差 L（mm）（附表 6－4 第 12 项）。控制门窗框槽口对角线的尺寸差值是实现铝门窗安装美观，使用效果好的重要手段。检测时，将试件放平，门或窗扇打平，将 Φ20mm 中心带有明显标记的钢园柱棒靠紧框的两个内对角处，用钢卷尺测量两个园棒中心点间的距离 L_1，再用同样的方法测出另两个对角的距离 L_2，求 $L = L_1 - L_2$ 的绝对值。判定方法是：当 L_1 或 $L_2 \leqslant 3000$mm 时，$L \leqslant 2.5$ 为合格，大于 2.5mm 为不合格。当 L_1 或 $L_2 > 3000$mm 时，$L \leqslant 3.5$ 为合格，大于 3.5 为不合格。

（5）相邻两构件装配同一平面高低差（mm）（附表 6－4 第 13 项）。控制铝门窗相邻两构件装配同一平面高低差值，是保证门窗装配美观，门或窗扇使用时，启闭灵活的基础。检测时，将试件放平，在两根杆件连接处，以较高面为基准，用深度卡尺测量两根杆件接缝处的高低尺寸之差。判定方法：当高低差 ≤0.5mm 为合格，大于 0.5mm 为不合格。

（6）相邻两构件装配间隙（mm）（附表 6－4 第 14 项）。控制铝门窗相邻两构件的装配间隙是保证铝门窗装配美观，保证空气渗透性能和雨水渗漏性能的基础之一。检测方法是：用塞尺测量试件室内面及室外面两根构件连接处缝隙的宽度，取其最大值。判定方法是：当间隙宽 ≤0.5mm 时为合格，大于 0.5mm 为不合格。

（7）搭接宽度偏差（mm）（附表 6－4 第 15 项）。控制铝门窗的框和扇的搭接宽度是保证铝门窗不透风漏雨的基础。检测时，将试件立放，将门或窗扇关闭，在扇的高和宽的中心处，用铅笔在推拉窗（门）扇的边框上或平开窗（门）的框上画出搭接处的标记，再把扇取下或打开，用深度尺测量搭接值，并与设计搭接尺寸相比较，求出偏差值。判定方法是：框扇四周搭接应均匀，偏差 ≤ ±1.0 时为合格，大于 ±1.0 为不合格。

（8）附件质量：（附表 6－4 第 16 项）。玻璃、五金件、橡胶件、塑料件、密封胶等配件应符合相应等级的质量标准。金属附件除不锈钢件外，应经防腐处理。检查时，观察附件外表应无飞边、毛刺。金属镀层应完整、光亮，无脱落和腐蚀现象。胶条应柔软，有弹性，无老化和龟裂。毛条应用硅化或多束的，毛应密实整齐等。检查出厂合格证和附件入厂检验记录。判定方法是：发现一件较严重问题或二件一般性问题、金属件无防腐处理、因尺寸或外观质量问题失去功能的，判此项为不合格。

(9) 铝合金型材色差（附表6-4第17项）。控制铝合金型材色差是保证铝门窗尤其是古铜色型材门窗外观质量的重要方面。检查时，人应站在离试件2~3m远处，在自然光线下（非太阳直射光），观察框，扇各构件型材表面颜色，应无明显的色差。判定方法是：色差明显时，该项不合格。

(10) 型材表面质量（附表6-4第18项）。控制铝型材表面的入库质量和加工运输过程不划伤，擦伤等是保证铝门窗外观质量的基础。检查方法是：用钢卷尺测量划伤的长度和擦伤的长度，宽度，并计算出擦伤的面积。目视估计擦伤，划伤的深度和处数。目视型材表面不准有起泡，起皮，氧化膜龟裂及脱落现象。判定方法：①擦划伤深度超过氧化膜厚度2倍为不合格。②擦划伤总面积 > $1000mm^2$ 为不合格。③擦划伤处数多于4处为不合格。④划伤总长度大于150mm为不合格。上述4条中有1条不合格，则判定该项为不合格。

(11) 门窗表面质量（附表6-4第19项）。铝门窗表面质量是衡量企业文明生产水平的一把尺寸，因此也做为检查的一个项目进行要求。检查时，观察试件表面应无铝屑，毛刺，油斑，胶剂外溢等现象。判定方法是：上述问题发现2处（含2处）以上时，则判定此项为不合格。

五、记录

检测时，应安排专人填写检测项目表，该项合格时应打“√”，不合格时应打“×”，并在备注栏中简要记录不合格的问题。并对发现的质量问题另做较详细的记录。

铝合金门窗产品质量检测项目表

企业名称：

产品名称：
规格：
受检总樘数：　　抽检：

附表 6－4

序号	项目分类	项目名称	技术要求	检测器具及方法	检查结果 1	2	3	4	5	6	7	8	9	10	备注
1	关键项目	铝合型材	硬度 HV≥58	用硬度计测试											
			氧化膜厚度≥AA10	用膜厚仪测试											
			受力构件壁厚≥1.2mm	用卡尺测量											
2		抗风压性能	C3 级以上,并符合设计要求	检验省级以上法定门窗检测机构出具的有效物理性能测试报告											
3		空气渗透性能	C3 级以上,并符合设计要求												
4		雨水渗透性能	C3 级以上,并符合设计要求												仅保温窗有此项
5		保温性能	≥0.25m²·K/W												
6	主要项目	连接	连接牢固,不缺件	观察,手试											
7		扇的启闭	启闭力≤50N	用拉力计测试											
8		附件安装	位置正确、齐全牢固、保证使用要求	观察,手试											
9	一般项目	门窗框槽口宽度 B (mm)	≤2000, ±2.0	用钢卷尺测量											
			>2000, ±2.5												
10		门窗框槽口宽度 H (mm)	≤2000, ±2.0												
			>2000, ±2.5												
11		门窗框槽口对边尺寸之差 E(mm)	≤2000, ≤2.0												
			>2000, ≤3.5												
12		门窗框槽口对角线尺寸之差 L(mm)	≤2000, ≤2.5												
			>2000, ≤3.5												

续表

序号	项目分类	项目名称	技术要求	检测器具及方法	检查结果										备注
					1	2	3	4	5	6	7	8	9	10	
13	一般项目	相邻两构件装配同一平面高低差(mm)	≤0.5	用深度卡尺测量											
14		相邻两构件装配间隙(mm)	≤0.5	用塞尺测量											
15		搭接宽度偏差(mm)	±1.0	用深度卡尺测量											
16		附件质量	符合同级质量标准规定,外表应无飞边、毛刺,金属镀层完整,无脱落、腐蚀等缺陷	观察											
17		铝合金型材色差	不应有明显色差												
18		表面质量	擦伤、划伤深度不大于2倍氧化膜厚度												
			擦伤总面积(mm^2)≤1000	用钢卷尺测量和计算											
			划伤总长度(mm)≤150												
			擦伤和划伤处数≤4	观察											
19		外观	无铝屑、毛刺、油斑、胶剂外溢												

6.2.3 塑料门窗

一、检验依据

1. 检验依据以下三项标准：

(1) JG/T3017—94 《PVC》 塑料门

(2) JG/T3018—94 《PVC》 塑料窗

(3) GB/T8814—1998 《门窗框用硬聚氯乙烯（PVC）型材》

2. GB/T8814为国家推荐性标准。JG/T3017、JG/T3018为建筑工业行业推荐性标准。塑料门窗产品质量必须符合上述3项标准的要求。

二、产品抽查与判定

1. 采用现场与成品库相结合的随机抽样方法，可供抽取样品的产品成品总数不少于50樘，抽检10樘。

2. 样窗必须附有检验合格标记。

3. 样窗上各附件应齐全，并应调整到正常使用状态。

4. 抽样时，企业应提供与被检产品的品种、系列相吻合的物理性能检测报告。报告必须是省级以上法定部门认可的检测机构出具的。

5. 被检窗应为单樘窗（即外框为一整体）。

6. 判定规则：

(1) 关键项目有1项不符合要求，判该产品为不合格。

(2) 主要项目有3项（含3项）以上不符合要求，判该产品为不合格。

(3) 主要项目有2项，同时一般项目有2项（含2项）以上不符合要求，判该产品为不合格。

(4) 一般项目有5项（含5项）以上的不符合要求，判该产品为不合格。

7. 抽样产品的合格率达到90%后，判被抽检的该批产品合格。

三、准备工作

1. 受检单位应准备以下量具、仪器、资料：落锤冲击试验机、低温冷冻箱、电热鼓风箱、焊角强度测试仪、0~150N弹簧秤、测量用圆柱、游标卡尺、深度尺、3m钢卷尺、塞尺、200mm钢板尺、螺丝刀、手枪钻配$\Phi3$钻头。

量检具检测仪器须经计量单位检定合格，并附有合格证（书）。

2. 抽取样品后，企业应提供如下资料：

产品设计图、产品断面图、五金件安装图、使用说明书、产品出厂合格证、受检产品的物理性能检测报告、机械力学性能检测报告和该产品所用型材的生产企业提供的型材检测报告复印件。所有检测报告均在有效期（二年）内。

3. 检测产品时，必须有一人为主检，一人监检，一人记录。

4. 企业应提供可放置样窗进行检测的平台或工作台。

四、检验项目与方法

1. 关键项目（共5项）

(1) 主型材质量

a. 技术要求见附表6-5“塑料门窗产品质量检测项目表”第1项。

b. 检验：

①查验型材厂提供的由省级以上法定的质量检测机构出具的该种型材的有效型式检验报告，检验报告内容应符合GB/T8814表2（详见下表的规定，不得缺项）。

表6-12

<table>
<tr><th colspan="3">项目</th><th colspan="2">指标</th></tr>
<tr><td colspan="3">硬度　（HRR）　不小于</td><td colspan="2">85</td></tr>
<tr><td colspan="3">拉伸强度　不小于　（MPa）</td><td colspan="2">36.8</td></tr>
<tr><td colspan="3">断裂伸长率　不小于　（%）</td><td colspan="2">100</td></tr>
<tr><td colspan="3">弯曲弹性模量　不小于　（MPa）</td><td colspan="2">1961</td></tr>
<tr><td colspan="3">低温落锤冲击　不大于　破裂个数</td><td colspan="2">1</td></tr>
<tr><td colspan="3">维卡软化点　不小于　（℃）</td><td colspan="2">83</td></tr>
<tr><td colspan="3">加热后状态</td><td colspan="2">无气泡、裂痕、麻点</td></tr>
<tr><td colspan="3">加热后尺寸变化率　不大于　（%）</td><td colspan="2">25</td></tr>
<tr><td colspan="3">氧指数　不小于　（%）</td><td colspan="2">35</td></tr>
<tr><td colspan="3">高低温反复尺寸变化率　不大于　（%）</td><td colspan="2">0.2</td></tr>
<tr><td colspan="2" rowspan="3">简支梁冲击强度　不小于（kJ/m²）</td><td></td><td>23±2℃</td><td>-10±1℃</td></tr>
<tr><td>外门、外窗</td><td>12.7</td><td>4.9</td></tr>
<tr><td>内门、内窗</td><td>4.9</td><td>3.9</td></tr>
<tr><td rowspan="3">耐候性</td><td rowspan="2">简支梁冲击强度不小于（kJ/m²）</td><td>外门、外窗</td><td colspan="2">8.8</td></tr>
<tr><td>内门、内窗</td><td colspan="2">6.9</td></tr>
<tr><td colspan="2">颜色变化</td><td colspan="2">无显著变色</td></tr>
</table>

②对照型材断面图，用卡尺测量断面尺寸允差和配合尺寸允差（配合尺寸指与其他型材拼接安装处结构尺寸）。断面尺寸超差±0.5mm处不得有两处，配合尺寸超差±0.3mm不得有一处。

③低温落锤冲击：截取型材300±5mm，10根。放入冷冻箱在-10±1℃的条件下，恒温放置4小时后，取出放在冲击试验机上进行冲击试验，要求在10秒钟内完成一根型材冲击试验。试验操作为将经过-10℃低温处理的型材段试样可见面向上放在冲击试验机间距为200±5mm的夹具支架上，使用1kg重锤沿导轨自由落在试件中心位置上。落锤高度：外门、外窗型材为1m；内门、内窗型材为0.5m。试验结果：用肉眼观察，如型材段无裂纹或10个试件中只有1个出现裂纹即为合格。

④加热后状态试验：截取型材长200±5mm，3根。将试样水平置于150±3℃电热鼓风箱内撒有滑石粉的玻璃板上，30分钟后连同玻璃板取出冷却至室温，目测观察是否出现气泡、裂纹或麻点。要求不得出现明显的缺陷。

⑤加热后尺寸变化率的测定：截取型材长200±5mm，3根。在试样可见面两端10mm±1mm处做标线，测量标线间距离至少三点，精确至0.1mm。将试样平放在100±3℃的电热鼓风箱内撒有滑石粉的玻璃板上，1小时后连同玻璃板取出，冷却至室温，测量标线间距离，精确至0.1mm。则加热后尺寸变化率：

$$\varepsilon = \frac{L_1 - L_0}{L_0} \times 100\%$$

式中 ε——尺寸变化率（%）；

L_0——加热前试样标线间距离（mm）；

L_1——加热后试样标线间最大膨胀或最小收缩距离（mm）；

ε 负值表示收缩，正值表示膨胀，其绝对值 $\varepsilon \leqslant 2.5\%$。

c. 判定：所有检验中均满足以上要求即判该项合格，否则该关键项目为不合格。

(2) ~ (4) 抗风压性能、空气渗透性能、雨水渗透性能：

a. 技术要求：见附表 6－5 第 2、3、4 项。

b. 检验：检验由省级以上法定的检测机构出具的二年期以内有效的检测报告。检测报告应与受检产品的品种系列相吻合。PVC 塑料窗具体指标详见表 6－13。C3 级为达标产品中的最低级，即最低要求。在实际使用中，还必须根据建筑物的具体情况，通过结构受力计算确定其设计值，产品的三项物理性能指标应不低于设计值的要求。

PVC 塑料窗建筑物理性能分级　　表 6－13

类别	等级	性能指标值		
		抗风压性能（Pa）≥	空气渗透性能（10Pa 下）$m^3/m\cdot h$≤	雨水渗漏性能（Pa）≥
A 类（高性能窗）	优等品（A1）	3500	0.5	400
	一等品（A2）	3000	0.5	350
	合格品（A3）	2500	1.0	350
B 类（中性能窗）	优等品（B1）	2500	1.0	300
	一等品（B2）	2000	1.5	300
	合格品（B3）	2000	2.0	250
C 类（低性能窗）	优等品（C1）	2000	2.0	200
	一等品（C2）	1500	2.5	150
	合格品（C3）	1000	3.0	100

对于 PVC 外门窗，在任何情况下，其三项物理性能指标都应不低于以下要求：

抗风压值≥1000Pa

空气渗透：平开门窗≤$2.0m^3/m\cdot h$

推拉门窗≤$2.5m^3/m\cdot h$

雨水渗透：≥100Pa

c. 判定：主要检查三项物理性能检测报告是否真实有效、手续是否齐全。检测数据符合设计要求，判该项合格。检测报告超过有效期或检测报告与受检产品的品种系列不吻合，或测试数据达不到设计要求则该项目为不合格。

(5) 角强度

a. 技术要求见附表 6－5 第 5 项。

b. 检验：抽取平开窗框或扇主型材或推拉窗框主型材。按图 6－9 的尺寸截取型材并将其一端锯成45°角，然后用与生产相同的工艺方法热熔焊接制成90±1°的直角试件，并清除焊渣，试件数量应不少于5件。试件在18~28℃的环境中放置16小时，在同样温度条件下，采用焊角强度测试仪试验机，以50±5mm/分的加荷速度进行测试，测定破坏时的最大荷载及试件破坏情况，以5个试件测定结果的平均值表示。角强度平均值不少于3000N，其中最小值不低于平均值的70%。试验时应在试件下面放上木质垫块，使试件受力均匀。

c．判定：符合要求即判该项合格，否则判该项不合格。

2．主要项目（共四项）

(1) 保温性能

a．技术要求：见附表6－5第6项。

b．检验：当设计为保温门窗时查此项目。检验方法同“三性”检测。要求热阻值 $R_0 \geqslant 0.33m^2 \cdot K/W$ 或 $K \leqslant 3.0W/(m^2 \cdot K)$。

c．判定：方法同“三性”判定方法。

(2) 五金配件安装

a．技术要求：见附表6－5第7项。

b．检验：对照设计图和五金件安装图，目测检查五金件安装位置、数量。用螺丝刀检查五金件安装螺钉有无滑扣现象。在装配现场目测检查受力五金件与增强钢衬的联接情况。

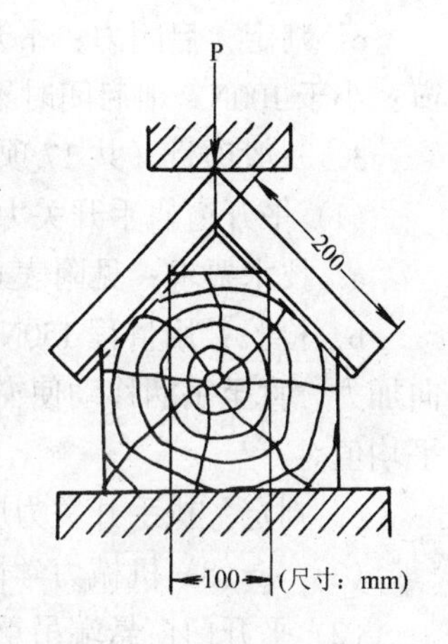

图6－9 角强度试验

c．判定：出现下列情况之一时，判该项目为不合格。

①五金件安装位置不正确。

②数量不全。

③安装五金件螺钉有滑扣现象。

④受力五金件未与增强钢件牢固连接。

⑤受力五金件由于受窗型材的限制而无法与钢衬连接的，又无穿透型材壁层两层以上的连接。

(3) 增强型钢

a．技术要求见附表6－5第8项。

b．检验：在组装线目测，型材内增强型钢的放置情况及是否经防锈处理，用卡尺测量增强型钢壁厚和与型材内腔的配合间隙，用钢板尺测量增强型钢距型材端头距离。目测检查成窗上紧固件数量，用钢板尺或钢卷尺测量增强型钢紧固件间距。

对窗内是否放置增强型钢有争议时，可用装有 $\Phi 3$ 钻头的手枪钻在应加增强型钢处钻孔检查，钻孔位置应避开成窗的可视面，检查后孔应用硅酮封闭。

c．判定：有以下任一情况出现时，该项目为不合格。

①未按标准规定放置增强型钢。详JG/T3017—94、JG/T3018—94，4.3.2条的规定。

②增强型钢壁厚小于1.2mm。

③增强型钢未经防锈处理。

④一个窗上增强型钢距型材端头距离有三处（含）以上超过100mm或一处超过150mm。

⑤一个窗上有二处（含）以上增强型钢紧固件少于3个。

⑥一个窗上有三处（含）以上增强型钢紧固件间距大于300mm或有一处大于400mm。

⑦增强型钢与型材的配合处的间隙超过3.5mm。

(4) 门窗扇开关

a. 技术要求：见附表6-5第9项。

b. 检验：用量程为150N的弹簧秤，钩取门窗扇的执手处，沿扇开启或关闭方向施力，使扇开启关闭。重复三次，读取扇运动中的力值，计算得到算术平均值。开关扇时注意扇框有无碰擦。

c. 判定：启闭力：平开门窗，平铰链小于80N，滑撑铰链大于30N小于80N。推拉门窗：小于100N。扇启闭时不得有影响正常功能的碰擦。否则该项为不合格。

3. 一般项目（共17项）

(1) 平开窗执手开关力

a. 技术要求：见附表6-5第10项。

b. 检验：用量程150N的弹簧秤钩取执手手柄距转动轴心100mm处，沿手柄开或关方向加力，直至手柄移动使窗扇松开或关闭时，读取所显示的力。每个窗扇做三次，取算术平均值。

c. 判定：执手开关力应小于100N，否则该项为不合格。

(2) ~ (8) 机械力学性能检测，由省级以上法定的专门机构负责检测。

(2) 平开门窗悬端吊重

a. 技术要求：见附表6-5第11项。

b. 检验：查验由省级以上法定检测机构出具的有效检测报告。检测报告应与受检产品的品种系列相吻合。

c. 判定：检测结果应合格，检测报告与受检产品的品种系列相吻合，否则判该项不合格。

(3) 平开门窗翘曲

技术要求：见附表6-5第12项。检验、判定同平开门窗悬端吊重。

(4) 平开门窗大力关闭

技术要求：见附表6-5第13项。检验、判定同平开门窗悬端吊重。

(5) 开关疲劳

技术要求：见附表6-5第14项。检验、判定同平开门窗悬端吊重。

(6) 窗撑试验

技术要求：见附表6-5第15项。检验、判定同平开门窗悬端吊重。

(7) 推拉门窗弯曲

技术要求：见附表6-5第16项。检验、判定同平开门窗悬端吊重。

(8) 扭曲、对角线变形

技术要求：见附表6-5第17项。检验、判定同平开门窗悬端吊重。

(9) 外形高、宽尺寸公差（ΔH、ΔB）

a. 技术要求：见附表6-5第18项。

b. 检验：试件平放，在距端部100mm处，测量门、窗外形高（H）、宽（B）实际尺寸，与对应的外形设计公称尺寸相减，差值中最大的为 ΔH、ΔB。

c. 判定：平开，推拉门：≤2000mm 时，ΔH、ΔB：±2.0mm

>2000mm 时，ΔH、ΔB：±3.5mm

平开，推拉窗：≤1500mm 时，ΔH、ΔB：±2.5mm

>1500mm 时，ΔH、ΔB：±3.5mm

其中高或宽中有一个尺寸超过上述规定值，则该项目不合格。

(10) 对角线尺寸之差（ΔL）

a. 技术要求：见附表 6-5 第 19 项。

b. 检验：试样平放，门窗扇打开，由受检厂派人把窗调整好后，将 Φ20mm 圆柱（圆柱中心应有明显的标记）紧靠框两内对角处，用钢卷尺测圆柱中心距离 L_1，同样方法测量另两对角距离 L_2，ΔL 为 $L_1 - L_2$ 之差的绝对值。

c. 判定：$\Delta L < 3$mm，超差则判为不合格。

(11) 框扇相邻构件装配间隙

a. 技术要求：见附表 6-5 第 20 项。

b. 检验：此项为测量中框为螺接形式的门窗联接处缝隙。将试件立放，用塞尺检验室内外两面的联接处间隙，取每条间隙中的最大值。

c. 判定：当有五处间隙超过 0.5mm，或有一处间隙超过 1mm 时，此项为不合格。

(12) 相邻构件同平面度

a. 技术要求：见附表 6-5 第 21 项。

b. 检验：试样小面向上平放，在两杆件焊接处，以高面为基准用深度尺测量。

c. 判定：最大值超过 0.5mm 时，判该项不合格。

注：标准 JG/T3017 和 JG/T3018 中，对此值的规定为 0.8mm。但考虑到我国型材壁厚一般为 2.5mm 左右，偏差 0.8mm 已接近壁厚的 1/3，尤其是从美国引进的窗型材壁厚最薄可达 1.7mm，偏差 0.8mm 则难以保证焊接牢固度。且现有的焊接设备和工艺可以保证同平面度在 0.5mm 以内，故本条作出相应调整。

(13) 平开门窗框扇铰链部位配合间隙 C 允许偏差

a. 技术要求：见附表 6-5 第 22 项。

b. 检验：试件扇朝上平放。拆去密封胶条，关闭窗扇，用塞尺在平铰链两端附近 15mm 内范围测量，对照断面设计图，计算与设计的 C 的公称尺寸偏差。测量部位见附图 1。

c. 判定：C 的公差为 $C_{-1.0}^{+2.0}$、超差则该项不合格。

(14) 框扇搭接量 b

a. 技术要求：见附表 6-5 第 23 项，一般的 b 的设计公称尺寸≥8mm。

b. 检验：将试件立放，窗扇关闭，锁紧，在扇的高、宽中点处，用铅笔在框或扇上划出搭接处的标记。打开窗扇，用深度尺测量实际搭接量。对照设计图，计算与公称尺寸之差。测量部位见图 6-10，图 6-11。

c. 判定：平开窗的允许偏差为 $b_0^{+2.5}$mm。

平开窗的允许偏差为 $b_{-2.5}^{+1.5}$mm。

超差则该项为不合格。

(15) 密封条及安装。

a. 技术要求：见附表 6-5 第 24 项。

b．检验：手拉密封条外露部分，密封条应不易从槽内脱出。目测密封条接口处间隙。

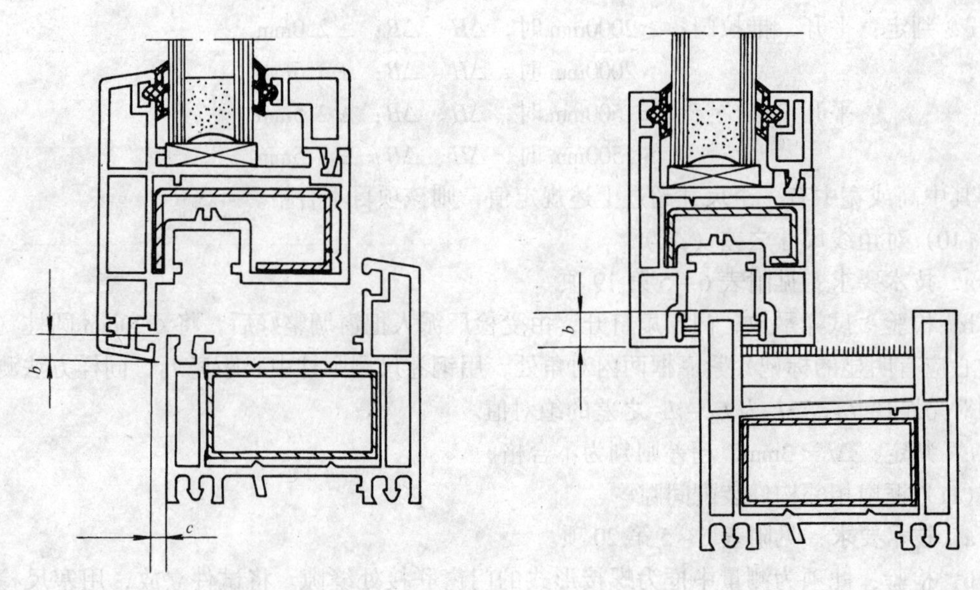

图 6－10　平开窗柜扇塔接　　　　图 6－11　推拉窗柜扇塔接

c．判定：当出现密封条易从槽内脱出或接口间隙超过 1mm 时，则判该项不合格。

(16) 压条安装质量

a．技术要求：见检测项目第 25 项。

b．检验：手试安装压条配合程度。目测是否在同一边有两根压条对接的情况，用塞尺测量转角处压条间隙。

c．判定：当出现下列二种（含）以上时，该项目为不合格。

①压条与槽的配合不好，无法固定。

②转角处有三处压条对接间隙大于 1mm 时或有一处大于 2mm。

③有同一边压条对接使用的情况。

(17) 外观

a．技术要求：见附表 6－5 第 26 项。

b．检验：将试件立放，在自然光线下，距试件 1～2m 处，目视观察试件各型材杆件有无明显色差、裂纹、气泡。用深度尺测焊缝高度或清角刀痕深度。用钢板尺测量划伤线段长度并累加，用钢板尺测量擦伤痕的宽长，计算总面积。

c．判定：当同时出现下列三种（含）以上情况时，判该项目不合格。

①型材有明显色差。

②型材有明显裂纹、气泡。

③三处焊缝高于型材表面 0.1mm，或焊缝清角刀痕深度超过 0.5mm。

④划伤累积总长度超过 1000mm。

⑤擦伤累积总面积超过 400mm^2。

五、记录

项目合格时，在该项试件结果栏内填写“合格”，项目不合格时，将不合格的内容在该项试件结果栏内填写清楚。

塑料门窗产品质量检测项目表

企业名称：

产品名称：
规格：
受检总樘数： 抽检：

附表 6-5

序号	项目分类	项目名称	技术要求	检测器具及方法	检查结果										备注
					1	2	3	4	5	6	7	8	9	10	
1	关键项目	主型材质量	该项应符合 GB/T8814 的规定要求，有以下任一情况出现时，该项目为不合格： 1.检验报告项目不全 2.断面尺寸允差两处超过 ±0.5mm 3.配合尺寸允差一处超过 ±0.3mm 4.低温落锤冲击每 10 根型材破裂个数超过 1 根 5.加热后尺寸变化率超过 2.5% 6.加热后状态检测时型材出现明显气泡、裂痕、麻点	电热鼓风箱，落锤冲击试验机，低温冷冻箱，卡尺 1.查验型材厂提供的、由法定的省级以上检测机构出具的、按 GB/T8814 所规定的全部试验项目的有效检验报告 2.抽查一种主型材的尺寸公差、低温落锤冲击、加热后尺寸变化率，加热后状态											
2	关键项目	抗风压性能	≥1000Pa，并满足设计要求	查验省级以上法定的门窗检测机构出具的有效检测报告											
3	关键项目	空气渗透性能	平开门窗 ≤ $2.0m^3/h\cdot m$，推拉门窗 ≤ $2.5m^3/h\cdot m$	同上											
4	关键项目	雨水渗漏能	≥100Pa，并满足设计要求	同上											
5	关键项目	角强度(N)	主型材角强度平均值不低于 3000N，最小值大于平均值的 70%	角强度测试仪，抽取一种主型材的五个焊角试样测试											
6	主要项目	保温性能	≥$0.33m^2\cdot K/W$，并满足设计要求。	查验省级以上法定的门窗检测机构出具的有效报告											仅保温窗有此项要求
7	主要项目	五金配件安装	安装位置正确牢固，数量齐全：五金配件的安装螺钉不准有滑扣现象；受力五金配件应与增强钢件牢固连接	螺丝刀、手试，目测											

续表

序号	项目分类	项目名称	技术要求	检测器具及方法	检查结果										备注
					1	2	3	4	5	6	7	8	9	10	
8	主要项目	增强型钢	该项目应符合 JG/T3017,JG/T3018 的规定要求,有以下任一情况出现时,该项目为不合格 1.未按标准规定放置增强型钢 2.增强型钢壁厚小于 1.2mm 3.增强型钢未经防锈处理 4.一个窗上增强型钢距型材端头距离有三处(含)以上超过 100mm,或 1 处超过 150mm 5.一个窗上有两处(含)以上增强型钢紧固件少于 3 个 6.一个窗上有三处(含)以上增强型钢紧固件间距大于 300mm,另有 1 处(含)以上大于 400mm 7.增强型钢与型材最大配合间隙超过 3.5mm	钢板尺,卡尺,手枪钻,$\Phi3$ 钻头,手试,目测,卡尺检测增强型钢与型材内腔配合间隙。手枪钻、$\Phi3$ 钻头检查增强型钢放置情况											
9	主要项目	门窗扇开关	启闭力: 平开门窗平铰链不大于 80N 滑撑铰链不小于 30N 不大于 80N 推拉门窗小于 100mm 门窗扇启闭时不得有影响正常功能的碰擦	0～150N 弹簧秤,每个窗扇测三次,取平均值。手式											
10	一般项目	平开窗执手开关力	平均值不大于 100N,最大值不大于 130N	0～150N 弹簧秤,每个窗扇测三次,取平均值											
11	一般项目	平开门窗悬端吊重	JG/T3017,JG/T3018	查验省级以上法定的门窗检测机构出具的有效报告											
12	一般项目	平开六窗翘曲	JG/T3017,JG/T3018	同上											

续表

序号	项目分类	项目名称	技术要求	检测器具及方法	检查结果										备注
					1	2	3	4	5	6	7	8	9	10	
13	一般项目	平开门窗大力关闭	JG/T3017, JG/T3018	查验省级以上法定的门窗检测机构出具的有效报告											
14		开关疲劳	同上	同上											
15		窗撑试验	同上	同上											
16		推拉门窗弯曲	同上	同上											
17		扭曲，对角线变形	同上	同上											
18		外形高、宽尺寸公差（ΔH、ΔB）	平开，推拉门≤2000mm，ΔH、ΔB ±2.0mm >2000mm，ΔH、ΔB ±3.5mm 平开、推拉窗≤1500mm，ΔH、ΔB ±2.5mm >1500mm，ΔH、ΔB ±3.5mm	钢卷尺，测试件外距两相对外端面，测量部位距端部100mm											
19		对角线尺寸之差（ΔL）	<3.0mm $\Delta L = L_1 - L_2$	钢卷尺，Φ20mm圆柱。测内角											
20		框扇相邻构件装配间隙	≤0.5mm超差处不多于五处，最大间隙不得大于1mm	塞尺											

续表

序号	项目分类	项目名称	技术要求	检测器具及方法	检查结果										备注
					1	2	3	4	5	6	7	8	9	10	
21	一般项目	相邻构件同平面度	≤0.5mm	游标卡尺或深度尺，测门窗大面											
22		平开门窗框扇铰链部位配合间隙 C 允许偏差	$C^{+2.0}_{-1.0}$mm	塞尺											
23		框扇搭接量 $b(b \geqslant 8mm)$ 允许偏差	平开门窗 $b_0^{+2.5}$mm 推拉门窗 $b^{+1.5}_{-2.5}$mm	卡尺或深度尺，测窗扇高度、宽度中点处											
24		密封条及安装	密封条质量符合 BG12002 的规定要求 安装不允许出现下列情况 1.密封条易脱出 2.接口处出现 1mm 以上缝隙	目测、手试											
25		压条安装质量	同时出现下列二种(含)以上情况时，该项目为不合格 1.压条在槽内无法固定 2.转角处有三处对接间隙大于 1mm，或有一处最大间隙大于 2mm 3.同边压条对接一处	塞尺、目测、手试											
26		外观	同时出现下列三种(含)以上情况时，本项目为不合格 1.型材有明显色差 2.型材有明显裂纹、气泡 3.三处焊缝高于型材平面 0.1mm 或低于 0.5mm 4.划伤累积总长度超过 1000mm 5.擦伤累积总面积超过 $400mm^2$	钢板尺、深度尺、目测、测量											

6.2.4 铝合金型材质量检测

6.2.4.1 铝型材的质量参数及其检测方法

铝型材是制作铝门窗、幕墙最基本也是最主要的材料，如果没有合格的铝型材，是绝对不能制做出合格的铝门窗和幕墙产品来的。

国家GB/T5237.1—2000规定的铝型材质量参数包括尺寸偏差、合金成分、力学性能、壁厚、膜厚和封孔质量等。

1. 尺寸偏差

尺寸偏差方面规定了9项检查项目，即截面尺寸、平面间隙、曲面间隙、弯曲度、扭曲度、圆角半径、长度、端头切斜度、端头变形度等。尺寸偏差会影响到制品装配。检测工作一般由在铝材厂直接订货的铝门窗企业，在验收货物时同厂方人员一起根据厂方的技术图样、双方的订货合同及国际GB/T5237.1共同完成。检验设备包括平台、长度尺、卡尺、角度尺等。

2. 合金成分

合金成分是否合格，是关系到铝型材使用性能的重要保证。标准规定："型材的化学成份应符合GB/T3190的规定"。化学成分应符合表6-14的要求：

铝型材合金成分 表6-14

Cu	Mg	Mn	Fe	Si	Zn	Ti	Cr	其他		Al
								单个	合计	
≤0.10	0.45~0.9	≤0.10	≤0.35	0.20~0.60	≤0.10	≤0.05	≤0.10	≤0.15		余量

合金成分的测定，一般是在熔铸阶段由工厂自行完成的。铝型材出厂时应附有一份材质单。

合金成分的测定无法在现场完成，用户或质量监督部门如要测量这个项目，需要在现场取样后，在自己的实验室或委托其他单位来完成。通过测量铝型材的力学性能或氧化膜也可间接判定合金成分是否合格。

3. 力学性能

铝型材作为一种重要的建筑结构材料，其强度是否合格至关重要。它不仅涉及质量问题，而且还涉及安全问题。近来，关于铝门窗变形和幕墙脱落的报道已屡见不鲜。这一点已经引起了人们的高度重视。铝型材的强度由两个因素决定，其一是力学性能，其二是型材壁厚。

铝合金型材的力学性能对铝门窗幕墙的安全性能和使用性能有着重大影响，因而至关重要。如果铝合金型材的强度或刚度性能不合格，则在风荷载、地震作用或其他外力作用下，将产生塑性变形或较大的弹性变形，导致玻璃损坏，或者失去使用功能，严重者将报废或者发生不安全事故。如果铝型材的成份不合格，挤压成型时温度不当，冷却不够，时效温度不当或时间不够等，均会影响它的力学性能。铝合金型材的力学性能应符合GB/T5237.1—2000《铝合金建筑型材》标准的要求。

力学性能是铝型材的重要质量参数之一，它主要决定于合金成份和热处理效果。力学性能的确定有两种方法，一种是拉伸试验（GB228）、一种是硬度试验（GB4140、ASTMB647）。标准规定两项试验只做其中一项即可，仲裁为拉伸试验。

传统的硬度试验是在维氏硬度计上进行的。合格值为HV58。维氏硬度计比较笨重，试验要在试验室进行，也要涉及取样，试样制备，试验操作及数据计算等复杂工作，不能立刻得出试验结果。

20世纪80年代中期开始，随着大批铝型材生产线的成套引进，一种简单方便的新型硬度计被带入国内，这就是钳式硬度计。这种硬度计来自美国，符合美国标准ASTMB647。

近年来，国内也生产出了同样的钳式硬度计，并且通过了CMC计量认证，同时通过试验和量值换算得到了测量值同维氏硬度之间的关系曲线，此曲线也得到了计量部门的确认。这样，使用这种国产的钳式硬度计通过查表就可得到维氏硬度值。增加了这种硬度计的可靠性和实用性。

4．型材壁厚

铝型材的强度不仅决定于力学性能，还决定于它的壁厚。然而，铝型材是按重量出售的，而铝型材制品却是按面积计价的，薄壁型材必然多出面积。因此，由于利益驱使，做门窗、搞工程的都愿意买薄壁型材，薄壁材好销，厂家又愿意做。所以市场上壁厚不合格的型材占有相当大的比例。目前市场上出现的薄壁型材，其厚度有1.0mm、0.8mm，甚至还有0.6mm的。使用薄壁型材严重影响铝门窗及玻璃幕墙的质量，也使铝门窗、幕墙强度和刚度大大降低，因此造成玻璃破损，透风漏雨。另外，它严重影响组装和安装质量，使自攻螺钉和拉铆钉固定不牢，甚至会发生被风吹落等不安全事故。

壁厚的测量：用游标卡尺测量型材的断面即可。

5．氧化膜厚度

GB8013规定："氧化膜的厚度用微米（μm）表示。氧化膜的厚度是一项最重要的参数，因此必须加以规定"。GB/T5237.1规定的氧化膜厚度级别如表6－15所示。

氧化膜厚度　　**表6－15**

级别	最小平均膜厚	最小局部膜厚
AA10	10	8
AA15	15	12
AA20	20	16
AA25	25	20

表中最小局部膜厚的意义是：在一段型材上取均匀分布的若干作为测量点，每点测量若干次取平均值，平均值最小的那一个就是最小局部膜厚。各点的平均值再取平均值就是平均膜厚。对于AA10级来说，这个平均厚度值不得小于10μm，这就是最小平均膜厚的意义。GB/T5237.1规定："合同中没注明膜厚级别的，一律按AA10级供货"。这说明，除特殊订货外，膜厚的合格值为10μm。

膜厚的测量方法主要有两种，一种横截面显微法，一种是涡流法，前者是仲裁性检验方法，后者是常规检验方法。

（1）横截面显微法（GB6462）

这项试验是用金相显微镜完成的。试验过程包括取样，试样制备在显微镜上安装试样，用测微计直接测出膜厚值。这种方法的优点是测量准确，数据可靠，缺点是试样的制备非常麻烦费时，要求较高的熟练程度并且破坏型材。这种方法一般只用于在发生分歧时作为最后的仲裁手段。

（2）涡流法（GB4957）

这种方法采用的是涡流测厚仪。这种仪器具有快速、方便、无损的特点。随着电子技术的进步，这种仪器也日臻完善，一般都带有微电脑，可自动校正，自动统计，体积很小，测量准确，性能稳定，适用于进行快速现场检查。生产检验、验收检验以及质量监督检验都可以使用这种仪器。

6．封孔质量

GB8013 指出："氧化膜的封孔质量极为重要，无需加以说明，氧化膜都必须加以封孔"。封孔质量是保证铝型材防护性能的重要因素。国标 GB/T11110，GB/T14952、GB8753 分别规定了四种氧化膜封孔质量试验方法。但是由于各种原因，国内目前实际应用的只有 GB14952.2 规定的磷铬酸法。

这是一种化学试验方法。将具有规定面积的试样放到磷铬酸溶液中，停放规定的时间，然后取出，干燥后称量重量的损失。标准规定，当重量损失小于 $30mg/dm^2$ 时为合格。它的依据是封孔良好的氧化膜经得起酸液的浸泡而无重量损失。

标准规定封孔质量只做定期检查。

6.2.4.2　铝型材质量的经验判定法

铝型材的质量要使用检测仪器或化学分析的方法来检验。当暂时没有这些条件也可对铝型材质量进行定性评价。下面介绍几种定性评价铝材质量的方法，仅供参考。

1．硬度判定法

此方法的依据是力学性能良好的型材具有较高的抗形变能力。

此方法是对铝型材适当部位施加一个作用力，然而撤消这个力，感觉一下型材的反弹力并观察其形变情况。对于较细的型材，可将其一端固定，在另一端沿型材轴线的切线方向用力扭曲。对于较粗的，具有非闭合截面的型材，可在其一端的两平行面上加力，对于有一个立边的型材可对此立边加力。当外力撤销后，如感觉到有一个较大的反弹力，并且没有发生形变，说明型材的力学性能良好，反之如果反弹力不大，或发生了永久性形变，说明力学性能不好。

2．膜厚判定法

此方法的依据是氧化膜具有一定的透光性，膜层薄的型材就会透过部分金属光泽。另外，氧化膜的硬度胜过合金钢，膜层较厚的铝型材不易被划伤。

方法 1. 主要靠观察，具有足够膜厚的铝型材，其表面是银白色的，一致性较好，对于光线基本上是漫反射的。而膜层较薄的型材，其表面一致性不好，并且具有一定的金属光泽。

方法 2. 用一利器划过铝型材表面，铝材如被划透，说明膜层薄，否则，说明膜层较厚。

3．封孔质量判定法

封孔质量判定法的依据是封孔良好的铝型材不吸收染料。

这是一种染色法。试验用品是丙酮、硝酸和医用紫药水。取一段铝型材，选择一个试验面用丙酮擦洗，除去油污和灰尘。将体积比为 50% 的硝酸滴到这一表面并轻轻擦洗，1 分种后除去硝酸，用清水擦洗这一表面，然后擦干。将一滴紫药水滴到这一表面上，停 1

分钟，擦去紫药水并彻底清洗这一表面，然后仔细观察留下的痕迹。封孔良好的型材没有痕迹或只有极轻微的痕迹。封孔不好的型材会留下明显痕迹，痕迹越重封孔质量越差。这里硝酸的作用是提高染色的灵敏度。上述方法如仍觉麻烦，那么观察一滴钢笔水在型材上留下的痕迹也是一种可行的办法。

总之，铝合金建筑型材要求具有较高的强度和防护性能。强度是由力学性能和壁厚决定的，防护性能主要决定于氧化膜度和封孔质量。铝合金型材的检测应对其合金成份、硬度、壁厚、膜厚和封孔质量进行检测。其中合金成份和封孔质量检测需要在化学实验室进行。硬度、壁厚和膜厚这三个项目，可以利用便携式仪器在现场进行快速检验。监督检测部门应对铝型材的质量加强监督检查，杜绝劣质铝型材进入建筑市场。

6.2.5　建筑门窗物理性能检测

6.2.5.1　建筑门窗物理性能分级

1. 性能分级的依据

(1) 建筑门窗风压变形性能应符合下列要求：

在50年一遇的瞬时风速的风压作用下，试件不能发生功能障碍、残余变形和严重损坏。如未出现上述不安全情况，则以该风压所对应的压力值作为分级值。

(2) 建筑门窗内外表面在一定的压差作用下，试件外表面保持连续水膜而保持不渗漏。以雨水不进入门窗内表面的临界压力差为雨水渗漏性能的分级值。门窗雨水渗漏试验的淋水量为2L/(min·m^2)。

(3) 建筑门窗应保持其气密性，以标准状态下10Pa压力差时单位时间内透过单位缝隙长度的空气量为空气渗透性能的分级值。

(4) 建筑门窗应满足建筑热工要求。以在单位温差作用下，单位时间内通过门窗单位面积的传热量为保温性能的分级值。

(5) 建筑门窗应满足隔声要求。以其对空气声计权隔声量为隔声性能的分级值。

6.2.5.2　建筑门窗性能试验要求

1. 性能试验的适用范围

工程设计单位应根据建筑功能、环境条件和投资能力确定建筑门窗的各项性能的等级，尤其是风荷载标准值。门窗加工单位应根据设计的性能要求进行节点设计。但所设计及制作的门窗是否能达到性能等级要求，则要通过性能试验来确定。

2. 性能试验的内容

建筑门窗的性能试验有五项内容：

(1) 雨水渗漏性能试验；

(2) 空气渗透性能试验；

(3) 抗风压性能试验；

(4) 热工性能试验；

(5) 隔音性能试验。

其中，(1) ~ (3) 项是基本的试验项目，(4) ~ (5) 项是有必要时，应业主要求附加的试验项目。大多数性能试验只做前三项。

3. 试验结果处理

根据门窗试件试验中的情况，试验结果按下列情况分别处理：

(1) 各项测试均达到相应性能等级的要求，测试合格，通过。

(2) 因制作、安装而产生的缺陷，允许采取补救措施，重新试验。例如个别地方安装不严密，局部密封胶不饱满产生的漏气、漏水，允许调整、修补，并重新再进行试验，如果合格，仍可认为通过。但试验报告应注明试验中发生的情况及调整或修补的措施，以便工程施工中注意这些事项。

(3) 因设计不合理、用料不符合规范要求而使测试不合格者，本次试验无效，重新进行设计。例如玻璃在未达指定风压时破碎、铝料在未达指定风压时弯曲或变形过大等，说明玻璃选得太薄、铝料截面过小，本项设计失败。在这种情况下承包商应重新设计，并负担重新试验的费用。

4．试验设备

性能试验在专门的试验室进行，试验设备应符合以下要求：

(1) 门窗试验设备应能进行实际门窗的实大试验，试验条件应近似自然条件。

(2) 试验箱为应有足够的强度、刚度，便于样品安装。将空气压入箱内可模拟风压，由喷水系统向幕墙表面喷水可模拟下雨，完成各项试验。

(3) 应能提供稳定风压、脉动风压和正负风压，风压可达$\pm 8kN/m^2$。

(4) 洒水系统供水量不少于$2L/(min \cdot m^2)$并应喷水均匀。

(5) 试验系统应有下列仪器：

气压计；

流量计（空气、水）；

电子千分表；

进行现场数据采集分析的微型计算机。

5．试件的要求：

试件要能代表工程窗的特征及性能：

(1) 同一型门窗试件至少选取三樘，采用随机抽样的方法在生产车间或工地现场选取试件。

(2) 试件尺寸与工程窗相同，所有构件，板材、连接件、附件及密封材料、填缝材料与工程窗相同。

(3) 试件不得附有任何多余的零配件或采用特殊的组装工艺或改善措施。

(4) 试件必须按照设计要求测试、装修完好。

(5) 应备有安装试件所用的镶嵌框。镶嵌框应具有能经受检测中最大检测压力差作用的足够刚度。

(6) 试件与镶嵌框之间的连接方式应尽可能与实际安装要求一致。安装好的试件要求垂直，下框要求水平，不允许因安装而出现变形。

(7) 要设计好试件四周与试验箱的连接与密封，不得漏气或渗水。

6.2.5.3 试验方法

1．抗风压性能试验

详见GB/T7106-2002《建筑外窗抗风压性能分级及检测方法》。

2．雨水涌漏性能试验

详见GB/T7108-2002《建筑外窗水密性能分级及其检测方法》。

3．空气渗透性能试验

详见 GB/T7107－2002《建筑外窗气密性能分级及检测方法》。

4．保温性能试验

按国家标准《建筑外窗保温性能分级及其检测方法》（GB/T8484—87）规定的方法进行检测。图 6－12 为保温性能检测装置示意图。

5．隔声性能试验

按国家标准《建筑外窗空气隔声性能分级及其检测方法》（GB/T8485—87）规定的方法进行检测。图 6－13 为隔声性能检测装置示意图。

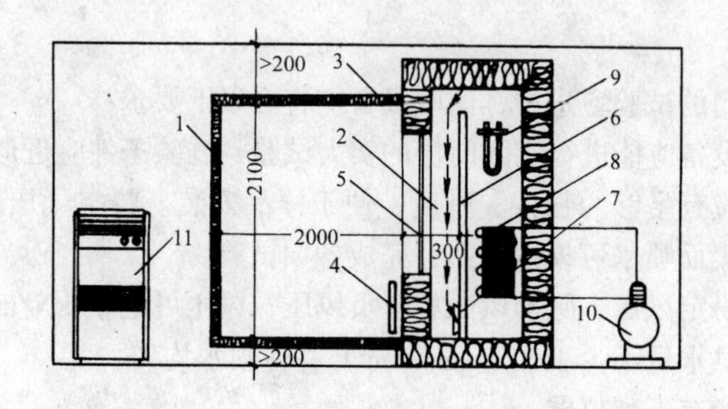

图 6－12 保温性能检测装置示意图

1—热室；2—冷室；3—试件框；4—电暖气；
5—试件；6—隔风板；7—轴流风机；8—蒸发器；
9—冷室电加热器；10—压缩冷凝机组；11—空调器

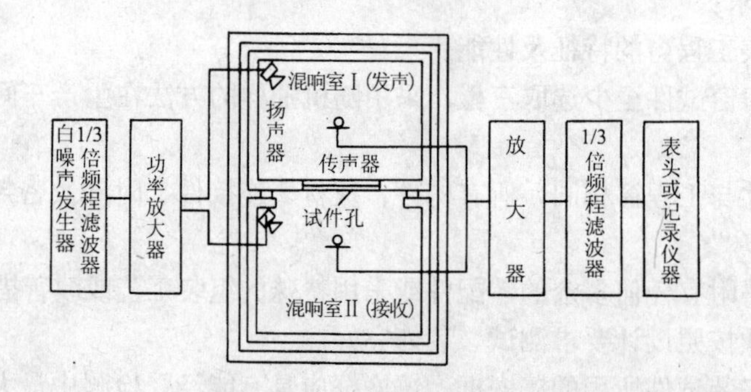

图 6－13 隔声性能检测装置示意图

1—1/3 倍频程滤波器白噪声发生器；2—功率放大器；
3—扬声器；4—混响室Ⅰ（发声）；5—传声器；6—试件孔；
7—混响室Ⅱ（接收）；8—放大器：9—1/3 倍频程滤波器；
10—表头或记录仪器

6.3　建筑幕墙产品质量检测

建筑幕墙按镶嵌材料分为玻璃幕墙、金属板幕墙、组合幕墙；按框架材料的构造可分为明框幕墙、半隐框幕墙和隐框幕墙。建筑幕墙的框架材料有铝合金挤出型材和金属轧制型材等。此外目前还有结构型式较特殊的半单元和单元式幕墙、全玻幕墙等。建筑工业行业标准 JG3035—1996《建筑幕墙》于 1996 年 7 月 30 日由建设部颁布，1997 年 1 月 1 日起正式实施。同年，JGJ102—96《玻璃幕墙工程技术规范》出台。目前正在制定《金属、石材幕墙工程技术规范》。这些标准和技术规范的制定对建筑幕墙工程的质量控制起到了至关重要的作用。

建筑幕墙产品的生产、安装较门窗特殊、复杂，质量因素贯彻于设计、生产制作、工地安装等各个环节，因此在检测产品质量的同时，必须检查企业的设计、板块的制作、与建筑联结的安装节点和连接方式，以及安装过程的各道工序，也就是说在检查质量过程中，必须同时检查已竣工幕墙的设计、制作、安装、验收的全部档案。

6.3.1　建筑幕墙

6.3.1.1　检验依据

JGJ102—96《玻璃幕墙工程技术规范》、JG3035—1996《建筑幕墙》。内容有产品检验办法、判定规则及检测项目表（见附表 6－6《建筑幕墙产品质量检测项目表》）。

6.3.1.2　适用范围

全隐、半隐、明框玻璃幕墙、金属板幕墙、几种不同装饰面板组合成的组合幕墙。单元式幕墙及其他幕墙可参照附件《建筑幕墙产品质量检测项目表》的规定执行。

6.3.1.3　产品检查办法

1．由于幕墙是比较复杂的产品，特别是已竣工的幕墙，不少节点与部位已被装饰材料遮封隐蔽，在工程验收时无法观察和检测，但这些节点部位的施工质量至关重要，为了能全面了解企业在设计、生产、制作、安装过程中质量控制情况及工厂的整体素质是否具有设计、制作、生产安装的能力，在检查中采用到工厂和现场相结合的随机抽样方法，即在工厂随机抽一份已竣工的幕墙工程档案，工厂应提供该项工程所有的原件（包括合同及有关技术资料及工程设计图）。

2．检查时对工厂提供的原始资料，按检测项目表逐条进行审查。工厂所提供的资料须达到以下要求：

(1) 提供的幕墙图必须是设计竣工图。所谓竣工图，是指其立面分格尺寸，构造大样与现场一致。大家知道，幕墙工程设计依据是设计院的建筑设计图纸，由于各种原因，如原设计更改、土建误差等，使原先设计的立面分格尺寸、各种节点的构造方法不一定与现场相符，施工过程难免要进行图纸更改，最后才形成竣工图（图纸修改要做好修改记录和批准手续）。竣工图设计应符合现行的设计规范要求，主要节点应表达清楚：a．埋件的安装节点；b．立柱与主体的连接方式；c．幕墙与主体结构间隙节点处理；d．立柱与横梁的连接；e．玻璃的安装方式，结构胶与耐候胶的宽度与厚度；f．防火、防雷及变形缝的处理节点；g．幕墙组件（玻璃板块）与框架的连接节点，固定块的放置及间距；h．立柱、横梁剖面；i. 开启扇安装节点。

(2) 计算说明书应完整、正确，并符合 JGJ102 工程技术规范的规定及要求。计算书所选用的型材断面、系列应与幕墙竣工图所选用的型材一致。幕墙的分格、幕墙组件的结构胶的宽度、厚度、玻璃的材质、厚度及连接件的选用均应和幕墙竣工图一致。

检查时，应着重审查结构计算书。因为它是指导工程设计的基础，只有正确的结构计算，才能选择合适的材料（如型材、玻璃、结构胶、预埋件等），保证结构的安全，是做好幕墙工程的关键。

幕墙工程结构计算书应满足以下几点：

①计算的项目应齐全。JGJ102—96《玻璃幕墙工程技术规范》规定的验算项目均要计算。如立柱、横梁、连接件的强度、刚度；结构胶的宽度、厚度及强度；固定块的强度、刚度；支座与锚板间的焊缝强度；预埋件的锚筋面积及后置连接件的承载力等；

②计算方法应正确。各种构件、连接件应按其实际情况进行受力分析，不得选用与实际不符的力学模型进行计算；

③计算结果必须正确，满足规范要求。主要受力构件的强度，刚度值应在规范允许的范围内，不符合规范要求的，应重新选材进行计算；

④必须验算实际工程中最不利部位，保证整个工程的安全。计算书一般验算标准层的分格。为了保证幕墙工程的安全，必须对工程中最大分格、最大跨度、最大风荷载处的构件及连接件等进行受力分析计算。

(3) 型材、结构胶、耐候胶、玻璃、双面胶带、泡沫衬条等重要原材料均应是该工程使用原件质保书（复印件无效）。材料的性能技术指标应符合 JGJ102 的规定，五金件、连接件及预埋件应有出厂质保书。

(4) 提供的幕墙三性报告即风压变形性能、空气渗透性能、雨水渗漏性能的性能检测报告，必须经国家技术监督部门授权的省级以上检测单位出具的，才能有效。

(5) 提供的工序记录应是从构件加工到装配成玻璃板块的整个过程中部分原始记录：a. 构件加工及质量记录；b. 幕墙组件的加工装配记录；c. 玻璃板块的注胶记录；d. 粘结玻璃和型材的硅酮结构胶，固化后的剥离性能试验样品及记录；e. 双组分结构胶尚应提供蝴蝶样件和拉断试验样件。

(6) 隐蔽工程的验收记录、安装施工的自检记录应齐全。根据检测项目需提供以下隐蔽工程的验收记录：a. 埋件设置的节点安装；b. 幕墙与主体结构的连接节点安装；c. 幕墙与主体结构的间隙节点安装；d. 变形缝、防雷、防火节点的安装。

3. 根据抽样的工程图，对在工厂未完成的检测项目，应到现场完成检测。

现场抽样方法及数量如下：

(1) 以抽查一幅幕墙为检查单元（一幅幕墙是指立面连续的幕墙）。

(2) 每幅幕墙的竖向构件或竖向拼缝，横向构件或横向拼缝各取 5%，并不少于 5 件，每幅幕墙的分格应各取 5%，且不少于 5 个分格。这里所指的竖向构件或拼缝是指该幅幕墙的全高的一根构件或拼缝，横向构件或拼缝是指该幕墙全宽的一根构件或拼缝。

6.3.1.4　质量判定规则

1. 对幕墙产品检查合格与否，以项次合格率为依据，检测项目共有 33 项，其中关键项目 6 项，主要项目 6 项，一般项目 21 项。

2．关键项目、主要项目、一般项目的划分，主要是根据JG3035“建筑幕墙”规定的项目。

3．关键项目共有6项，有1项不合格则该幕墙为不合格产品。

幕墙是建筑物全部或部分外围护结构，因此首先要考虑幕墙的安全性能及使用功能，如三项物理性能中的风压变形性能，不能达到使用要求容易造成玻璃脱落；雨水渗漏可造成室内的污染；空气渗透严重会引起能源损耗，造成居住环境的不舒适；埋件安装、主体与立柱连接不牢固可造成幕墙倒蹋的严重事故。又如硅酮结构胶的使用中，结构胶与型材和玻璃粘接不相容，或粘接不够牢固，又会造成玻璃的脱落；在打胶中未按工艺规程操作等都会造成严重的后果。因此对关键项目的6项要严格控制。

4．主要项目有6项，如有二项不合格，则该幕墙为不合格产品。

主要项目在幕墙质量评价中占据重要地位，处理得不好也会造成一定的不良后果，如伸缩缝处理不好会产生噪声；防火、防雷又是幕墙必须要处理的问题；玻璃与明框幕墙的配合尺寸不合要求会影响玻璃的使用强度等。因此，在检查中该6项也是重点控制的项目。

5．一般项目有21项，不合格项数不超过6项（含6项），则该幕墙为合格。一般项目中允许偏差有80%抽检值合格，其余抽检实测值不影响使用，该项为合格。21项主要是指安装尺寸偏差及外观上的要求，项目较多难以控制，但是幕墙作为高级装饰，一般对外观质量要求较高。因此，这些项目还是应该列为检查项目。在检查中考虑到控制较难，因此在抽检中考虑允许偏差项目中80%值合格，其余实测值超差但不影响使用，该项目为合格。因此判定还是较合理的。

6.3.1.5　检测条件

1．量具：钢卷尺、钢板尺、游标卡尺、深度尺、1m靠尺、2m靠尺、水平尺、塞尺、硬度仪、水平仪、测膜厚仪、经纬仪或激光仪。

(1) 检测量具由受检厂准备齐全，提供使用，并配备一名激光仪操作员。

(2) 量具必须附有效鉴定书和合格证书。

2．检测人员分工明确，现场设有主检、监检、记录，同时负责工厂的资料审查。

6.3.1.6　产品质量的项目检测及评价

1．关键项目

(1) 风压变形性能

符合设计要求并达到GB/T15225的标准要求。这里所指的设计要求是设计计算说明书所要求的荷载的标准值，如计算书的标准值为4kPa，则检测报告的安全检测值应为≥4kPa，当然这是针对某项幕墙工程而言。按照JG3035－1996要求，建筑幕墙的三性型式试验，应是每个企业所必须的原始资料。其风压变形性能的等级应和抽检到的幕墙工程设计计算书的等级对应。如抽检到的工程无检测报告，被检单位应具有三年来的幕墙检查报告，风压变形性的最低值不低于1kPa。无检测报告或检测报告中风压变形性能的最低值低于1kPa，则该项不合格。检测报告不在有效期内，则被检单位应按标准要求进行检测，然后按上述要求进行评定。检测单位应是经国家技术监督部门认定的省级以上的法定检测部门。

(2) 雨水渗漏性能

玻璃幕墙的固定部分在风荷载标准值除以 2.25 的风荷载作用下不应发生雨水渗漏。可开启部分的等级和固定部分相对应。如风压变形性能安全检测值为 4kPa，则固定部分的雨水渗漏压力为 1600Pa 以上，开启部分的雨水渗漏压力为 350Pa 以上。在任何情况下开启部分的雨水渗漏压力值应大于 250Pa。无检测报告或检测报告开启部分的雨水渗漏低于 250Pa，则该项不合格。如检测报告不在有效期内，则被检单位应按标准要求进行检测，然后按上述要求进行评定。

(3) 空气渗透性能

它是根据设计或用户要求而定的，有空调和采暖要求时，幕墙的空气渗透性能应在标准状态下，10Pa 的内外压差时，其固定部分的空气渗透量不应大于 $0.10m^3/(m\cdot h)$，开启部分的空气渗透量不应大于 $2.5m^3/(m\cdot h)$ 无检测报告或检测报告的空气渗透量大于以上规定数值，则该项不合格。检测报告不在有效期内，则被检单位应按标准要求进行检测。检测单位应是经国家技术监督部门认定的省级以上的法定检测单位。

(4) 预埋件安装

①预埋件要求：安装牢固位置正确，是指预埋件的形状尺寸及构造必须符合设计及规范要求，安装要基本平整，周围混凝土密实，预埋件材料应无蜂窝、麻面。检测方法是以工程图、计算书及隐蔽工程记录为检查依据。计算要正确，工程图的预埋件构造及几何尺寸符合要求，其数量、位置标注正确，隐蔽工程验收合格，可视为该项合格。无隐蔽工程验收记录或工程图及计算书不正确，则该项为不合格。

②后置连接件：安装牢固位置正确。检测方法是以工程图、计算书、现场承载力试验报告及隐蔽工程记录为检查依据。计算要正确，其节点构造及几何尺寸符合要求，数量、位置标注正确，有现场承载力试验报告，隐蔽工程验收合格，可视为该项合格。无隐蔽工程验收记录、无现场承载力试验报告或工程图及计算书不正确，则该项为不合格。

大多数幕墙工程在土建施工时同步进行预埋件施工，预埋件的质量有可靠保证。但对某些改建或扩建工程，设置预埋件的难度较大。通常幕墙工程施工时，主体结构已施工完毕，要增设幕墙作为外部装饰，只能设置后置连接件。

后置连接件有多种型式，最常见的有膨胀螺栓、化学螺栓及穿墙板螺栓等。施工方法多采用在楼层处主体结构上钻孔将螺栓嵌入混凝土内。化学螺栓或穿墙板螺栓嵌入混凝土内的长度很短，一般在 80～90mm 左右，其承载力取决于螺栓与混凝土之间的锚固强度(螺栓本身的强度不成问题)。化学螺栓是依靠化学树脂胶来粘结螺栓和混凝土，而膨胀螺栓依赖其端部的膨胀机构来增大与混凝土之间的摩擦力，都与钻孔的质量（如孔径、孔深）和混凝土的标号有关。受现场施工条件的限制，这两种连接方式都存在诸多的问题，如钻孔遇到主体结构钢筋或钻孔处的混凝土不密实、标号不够、孔内灰尘无法清除干净等，这些因素均会造成质量隐患。穿墙板螺栓比膨胀螺栓和化学螺栓有利些，它是通过穿透钢筋混凝土的螺栓将室外侧的锚板和室内侧的背板连接起来而形成的一种组合式连接结构，使锚固的安全性大为提高。但现场检测时发现，有的背板规格及厚度太小，刚度不够，在检验荷载下出现明显变形，从而影响幕墙的安全。因此，对于后置连接件 JGJ102 规定“当没有条件采用预埋连接时，应采用其他可靠的连接措施，并应通过试验决定其承载力”。

试验应到工地现场随机抽取样件进行试验，样件按后置连接件总数的 5%，并不少于

5件抽取。根据设计要求，用专用设备（如拉拔试验机），按照试件的受力情况进行试验，检验时用设计值或设计值的若干倍作为试验荷载，观察并测量试件和混凝土在检验荷载作用下的变形及破坏情况。并以此为依据确定其承载力。后置连接件应通过结构计算确定设计值，设计值小于其实际承载力为合格。

(5) 幕墙与主体连接

固定支座与预埋件不得点焊，焊缝高度和长度必须满足设计要求（卡槽式预埋件除外），固定支座与立柱有二个以上螺钉固定。固定支座与预埋件的焊缝高度和长度是幕墙安装中最关键的一个部分，因此对它的要求特别严格，特别是它的焊接质量及尺寸，如焊缝高度和长度不满足设计要求或假焊、点焊，那么产生的后果是不可想象的。检测方法是审查工程图中的节点及计算书是否正确、图纸中必须标明：a. 立柱与主体的连接方法；b. 焊接处的焊缝长度及高度；c. 固定支座与立柱之间的连接方法；d. 螺栓的直径与数量；e. 幕墙与主体结构的间隙处理方法。同时审查隐蔽工程的记录，并去现场目测，如发现：①设计图纸与计算说明书不正确；②安装不符合设计图纸要求；③无隐蔽工程验收记录。以上其中有一条不符合要求，则该项目不合格。

(6) 硅酮结构胶

须与接触材料相容并粘接牢固。关于结构胶与接触材料的相容性问题，是至关重要的，是关系到隐框、半隐框幕墙使用安全的大问题。往往由于接触材料的不相容或打胶工艺不正确导致玻璃脱落。检查方法是审查相容性试验报告、粘结力试验报告，报告中的材料，是否与工程中使用一致，同时，重点审查打胶工艺记录及剥离性试验记录及样品，如无相容性试验报告或无打胶记录、无剥离性试验样品，则该项不合格。

2. 主要项目

(1) 防火、防雷、变形缝体系

变形缝、防火、防雷体系应符合设计及规范要求；检查方法：审查工程图及隐蔽工程记录，工程图中对伸缩缝、沉降缝等应有明显表示的节点，安装时应根据设计要求进行。幕墙与楼板之间应有防火层处理，节点图应注明防火材料规格及构造做法。防雷要有节点图并符合有关标准要求。无防火、防雷、变形缝节点图纸及无隐蔽工程的合格记录，则该项不合格。

(2) 横梁与立柱连接

横梁与立柱连接应牢固，连接处应有两个螺钉。横梁与立柱连接有多种方法，一种是横梁嵌入立柱，两端连接处应有弹性橡胶垫片，且应用密封胶充填严密，以适应和消除横梁温度变形的要求。另外一种是横梁嵌入立柱的凹槽内，横梁能在凹槽处自由伸缩，以适应横梁的变形需要。连接处有两个螺钉是指连接件受力处须有两个以上螺钉。检查方法：审查工程图时，横梁与立柱应有详细的连接节点，注明螺钉的直径与数量、连接件的规格、材质。现场目测连接件的受力处是否有两个螺钉，手试横梁是否松动，如无连接节点图或横梁松动、连接件受力处只有一个螺钉或漏装螺钉，该项不合格。

(3) 结构胶的宽度、厚度允许偏差

允许偏差是指玻璃或其他材料与型材粘接的结构胶的宽度与厚度的尺寸偏差。隐框或半隐框幕墙的粘接完全依靠结构胶，结构胶要承受风荷载、自重荷载、地震荷载等。如实际尺寸与设计尺寸不相符，则有潜在危险。检查方法：审查图纸节点中的结构胶的厚度与宽度尺寸，结构胶的厚度尺寸 6mm≤H≤12mm，粘结宽厚度 B 不小于 7mm。它们的公差：宽度为 $B_0^{+1.0}$，厚度 $H_0^{+0.5}$。现场用卡尺或钢板尺测量胶的实际宽厚度。如实际尺寸低于设计尺寸，则该项不合格。

图纸节点中的结构胶宽度和实际注胶宽度应该可以保证，但结构胶厚度是由双面胶条决定的，双面胶条的厚度一般为 6mm、8mm、10mm、12mm，由于在玻璃重量作用下，双面胶条厚度会被压缩。但实际计算结构胶厚度又不需要双面胶条的厚度，一般都采用往上圆整的办法，这里就牵涉到图纸尺寸标注的问题了。图纸标注尺寸在满足计算所需的基础上应留有公差余地。

(4) 幕墙组件（玻璃板块）

幕墙组件与框架连接应牢固，固定点间距不超过 350mm。幕墙组件与框架的固定，是依靠固定压块与连接螺栓来固定的，经多次风压检测的观察发现，若固定块间距超过 350mm，当风荷载较高时，幕墙组件与立柱或横梁的连接处会产生缝隙，而造成渗水。根据一般规定，门窗安装铁脚的间距在 350mm 左右，所以 350mm 的间距是合理的。检测方法：检查工程图中节点的固定块的布置图及隐蔽工程的记录，固定压块完整，连接牢固，压块间距不超过 350mm，该项为合格。

(5) 玻璃与明框幕墙的配合尺寸

应符合 JG3035—1996 表 10、表 11 的规定，即玻璃嵌入幕墙框的深度、玻璃与框两侧的间隙及玻璃与边框槽底的间隙应符合标准，并根据 JGJ102 的规定校核。检测门窗时经常发现一块玻璃与框四周的搭接量太少，或者玻璃与框的两侧所留的间隙太小，受到风荷后玻璃极易破碎；而玻璃与框四周的间隙太小，当幕墙变形时又可能将玻璃挤碎，因此这些项目也作为主要项目来考核。检查方法：检查计算说明书、审查工程图中相关的节点图、根据 JG3035—1996 表 10、表 11 的规定、JGJ102 的规定进行校核。有节点图、计算书计算正确、玻璃与框的配合尺寸符合规定、每块玻璃下部设置不少于二块弹性橡胶垫片、玻璃的裁切尺寸与图纸尺寸一致，则该项合格。

(6) 材料

铝型材应符合 GB5237 高精度级；与结构胶相接触的部分的阳极氧化膜不应低于 GB8013 所规定的 AA15 级要求；主要受力杆件壁厚≥3mm，其他材料应符合各自的标准要求。这里所指的材料包括：铝型材、玻璃、硅酮胶、双面胶带、泡沫衬条及五金配件。检查方法是检查以上主要材料的原件质保书，并现场测量型材的氧化膜厚度应大于或等于 15μm。局部不低于 12μm。型材是主要受力杆件，壁厚应≥3mm，如达不到以上要求，该项不合格。玻璃要有原件质保书，厚度应与计算说明书所需要的厚度一致，玻璃应进行边缘处理，外观应是基本没有或有轻微针孔、擦伤、划伤；无质保书或玻璃有明显划伤、针眼等缺陷，或玻璃厚度与设计尺寸不符，则该项为不合格。结构胶、耐候胶、双面胶带、泡沫衬条等应有原件质保书，无质保书，该项不合格。五金配件除不锈钢以外的配件均进行防腐处理（这里是指钢配件要进行热镀锌处理），无防腐处理，该项不合格。

氧化膜不仅起装饰作用，更重要的是防止自然界有害因素对铝合金的腐蚀作用。标准规定与结构胶接触部位的铝型材表面氧化膜厚度为 AA15 级，这就是说，只有隐框或半隐框玻璃幕墙中玻璃附框（挂框）型材氧化膜厚度为 AA15 级，其他型材氧化膜厚度只要 AA10 级，包括明框或半隐框玻璃幕墙中明框部分的型材。氧化膜厚度用氧化膜测厚仪检测。在氧化膜质量指标中，除氧化膜厚度外，还有一个氧化膜封孔质量问题。如果封孔质量不行，就是氧化膜孔隙没有被封住，这就意味着氧化膜疏松，不致密，容易脱落，不能起到阻止自然界有害因素对铝合金的腐蚀作用，这对于全隐框和半隐玻璃幕墙危害更大。因为氧化膜封孔不合格，当玻璃与其附框用结构胶粘结时，会由于氧化膜的脱落而使玻璃与附框脱离，这是相当危险的。这就是为什么结构胶制造商要求幕墙制造商将每个工程所用的与结构胶或耐候胶接触的有关材料做相容性试验的缘故。氧化膜封孔质量好坏一般型材厂也没有适合的检测方法，大多都采用两种简单的方法：一是手摸，光滑不发涩为好，否则就不好；另一种是用蓝墨水涂在被测面上，然后用布擦试，能擦净为好，否则不好。这种方法容易掌握，常用。

3．一般项目

(1) 开启窗应符合 GB8479、GB8481 的规定。开启面积大于 1.5m^2，应采用多支点执手，与幕墙连接应牢固，固定间距不超过 350mm。开启窗指上悬窗、平开窗或明框幕墙中的推拉窗。幕墙检测中常发生由于负压，引起幕墙开启窗的执手损坏的现象；有的高层建筑的幕墙甚至发生负压将整个窗扇吸出的事故。因此有必要在面积较大的开启窗中增加扇的锁紧支点。窗框与幕墙的连接也应是较重要的环节，350mm 的间距是合理的。检测方法：目测、手试窗应符合各自的标准要求。1.5m^2 的扇应采用多支点；手试执手其开启应灵活，窗框固定间距应为 350mm，如实测中有一条不符合上述中的要求，则该项不合格。

(2) 相邻两立柱间距尺寸允许偏差，是指两支立柱的实际间距尺寸和名义尺寸（图纸尺寸）的偏差。检测方法：用钢卷尺或钢板尺测量两立柱中心距，超过名义尺寸 ±2mm，该项不合格。

(3) 立柱的直线度偏差

是指型材可能产生弯曲，因此要求检查立柱平面内及平面外直线度允许偏差。检测方法：用 2m 靠尺来测量，然后用卡尺测出型材与靠尺间的最大间隙处的尺寸，超过 2.5mm，该项不合格。

(4) 相邻两横梁水平标高差

是指同高度的两支相邻横梁其端部的高度差。测量方法：用钢板尺或水平仪直接测量，高度差超过 1mm，该项不合格。

(5) 横梁的水平度

是指一支横梁的两端标高应一致。横梁构件长度 >2000mm，水平允差 3mm，横梁构件长度 ≤2000mm，水平度允差 2mm。

检测方法：用水平尺或水平仪测量，符合上述要求，该项合格。

(6) 同层高度内横梁的高度差

是指在同一标高内整幅幕墙的横梁构件的高度差。长度 ≤35m，高度差为 5mm；长度 >35m，高度差为 7mm。用水平仪直接测量出数据，超出允许偏差，该项不合格。

(7) 相邻两横向构件间距尺寸允许偏差

是指两个立柱间上、下二支横向构件的间距尺寸与名义尺寸的偏差。间距 ≤2000mm，允差 ±1.5mm，间距 >2000mm，允差 ±2.0mm。检测方法：用钢卷尺直接测量横向构件与横向构件的中心距离，超差即为不合格。

(8) 分格框的对角线尺寸之差

是指幕墙二个相邻立柱与横梁之间的框格的对角线之差值。检测方法：用两个直径为20mm钢柱，靠在框格内角处测量两对角线圆心间的距离值，然后进行比较，对角线尺寸≤2000mm，允许偏差<3mm；对角线尺寸>2000mm，允许偏差<3.5mm为合格，超出允许偏差值，该项不合格。也可以用对角尺测量。

（9）立柱垂直允许偏差（竖向构件垂直度）

是指一幅幕墙建筑的全高各立柱的平面外或平面内垂直度，由于竣工的隐框幕墙，除明框之外较难测量其垂直度，因此主要是依靠审查其安装施工的自检的原始记录来确定。明框幕墙则用经纬仪或激光仪来测量其垂直度。要求：立柱高度≤30m，允许偏差为10mm，30m<立柱高度≤60m，允许偏差为15mm；60m<立柱高度≤90m，允许偏差为20mm，立柱高度>90m，允许偏差为25mm。结果判定：小于允许偏差为合格。隐框幕墙应有原始自检记录，数据符合规范要求的为合格，无原始自检记录为不合格。

（10）立柱外表面平面度允许偏差

是指幕墙的立柱安装在同一面上相邻立柱之间外平面平面度的阶差。测量方法：可用激光仪及直尺在室内侧量出偏差，相邻的三立柱允许偏差<2mm；总宽度≤20m，允许偏差为≤5mm；宽度≤40m，允许偏差≤7mm；宽度≤60m，允许偏差≤9mm；宽度>60m，允许偏差≤10mm。超过允许偏差，该项不合格。

（11）竖缝直线度允许偏差

是指隐框或半隐框幕墙全高的竖向胶缝的直线度。测量方法：用2m靠尺及钢板尺可测量其差值，竖缝允许偏差有80%≤2.5mm，则该项目为合格。

（12）竖缝及墙面垂直度允许偏差

由于隐框幕墙框架不外露，因此以缝代替型材。隐框幕墙外表面为玻璃或其他饰面，因此在检查墙面垂直度时，测量距抽样检查缝宽为20mm的玻璃表面，其允许偏差与立柱垂直度偏差相同。测量方法：使用激光仪或经纬仪测量，超过偏差，该项为不合格。

（13）幕墙平面度允许偏差

由于隐框幕墙装饰面外露，可检查幕墙的平面度。检查方法：用2m靠尺及钢板尺，检查竖缝相邻两侧玻璃表面的平面度，其允许偏差为2.5mm。超出此偏差，该项不合格。

（14）横缝水平度允许偏差

指幕墙全宽的一条横缝。测量方法：用水平尺来测量，其允许偏差为3mm，则该项为合格。

（15）缝宽度允许偏差（与设计值比较）

这是指全隐框幕墙为横缝、竖缝，半隐框为横缝或竖缝，其缝的宽度与设计缝宽之差，允许±2mm。测量方法：用卡尺测量，超差即为不合格。

（16）两相邻玻璃或装饰面板之间接缝高低差

是指两个竖向或横向相邻的玻璃或金属板的接缝高低差。测量方法：采用深度尺测量，其允许偏差1mm，该项合格。

（17）附件

是指螺钉、垫片、连接件等五金配件，除不锈钢外，应进行防腐处理。并检查安装是否正确、牢固及遗漏。检测方法：用目测或扳手等进行检测。螺钉、垫片坚固、无遗漏为合格。

(18) 密封胶、耐候胶

明框幕墙灌射的密封胶、隐框幕墙灌射的耐候胶表面光滑，灌注严密，粘接牢固。测量方法：目测耐候胶、密封胶表面平整，符合上述要求，该项合格。

(19) 保温、隔声或其他性能

如幕墙指明是保温幕墙或隔声幕墙，或设计有上述要求时，应提供该项性能检测的报告。满足设计要求，即为合格。

(20) 连接要求

焊接破坏处要进行防腐处理，立柱与固定支座连接应有隔离衬垫。测量方法：目测及查隐框工程记录，符合上述要求则该项合格。

(21) 外观观感检验

测量方法：主要是凭目测，型材表面应无轧伤、擦伤、油漆龟裂、脱落，装饰面板和玻璃色彩、品种、规格与设计相同，不能有析碱、发霉和脱落现象。符合上述要求则该项合格。

6.3.1.7　关于本稿补充说明

由于幕墙型材、系列、型式较多，各自加工特点与工艺要求不尽相同，有的项目难以做具体规定，在执行中灵活掌握，具体问题需具体分析。

6.3.1.8　记录

项目合格时，在该项结果栏内填写“合格”，项目不合格时，应将不合格的内容在结果栏内填写清楚。

建筑幕墙产品质量检测项目表

产品名称：
规格：

企业名称：

附表 6-6

序号	项目分类	项目名称	技术要求	检测器具及方法	检查结果										备注
					1	2	3	4	5	6	7	8	9	10	
1	关键项目	风压变形性能	符合设计要求并达到 GB/T15225 标准	查检测报告，计算书											
2		雨水渗漏性	同上	查检测报告											
3		空气渗透性	同上	查检测报告											
4		预埋件安装	安装牢固，位置正确	查工程图及隐蔽工程记录											
5		幕墙与主体连接	固定支座与预埋件不得点焊，焊缝高度与长度必须满足设计要求，固定支座与立柱有两个以上螺钉固定	查工程图及隐蔽工程记录											
6		硅酮结构胶	须有与接触材料相容并粘接牢固	相容性试验及粘接性试验报告幕墙组件工序记录											
7	主要项目	防火、防雷、变形缝体系	变形缝，防火，防雷体系应符合设计要求	查工程图及隐蔽工程记录											
8		横梁与立柱连接	应牢固连接处必须有两个以上螺钉	目测，手试											
9		结构胶宽度，厚度允许偏差	宽 +1.00mm　厚 +0.5mm 宽 0mm　厚 0mm	用卡尺或钢板尺											
10		幕墙组件	幕墙组件与框架连接应牢固，固定点间距不超过 350mm	查工程图及隐蔽工程记录											
11		玻璃与幕墙配合尺寸	应符合 JG3035—1996 表 10、表 11 规定	查工程图及玻璃尺寸表											只限于明框
12		材料	铝型材应符合 GB5237 高精度级，与结构胶相接触的部分的阳极氧化膜层不应低于 GB8013 所规定的 AA15 级要求，主要受力杆件壁厚≥3mm，其他材料应符合各自标准	测厚仪，卡尺，质保书											

续表

序号	项目分类	项目名称	技术要求	检测器具及方法	检查结果										备注
					1	2	3	4	5	6	7	8	9	10	
13	一般项目	开启窗	应符合 GB8479，GB8481 规定，开启面积大于 $1.5m^2$，采用多支点执手，与幕墙接应牢固，固定间距不超过 350mm	目测，手试，卷尺											
14		相邻两立柱间距尺寸允许偏差	±2mm	钢卷尺，钢板尺											
15		立柱直线度允许偏差	2.5mm	2.0m 靠尺											
16		相邻横梁水平标高差	1mm	钢板尺或水平仪											
17		横梁的水平度	构件长≤2000mm　2mm 构件长>2000mm　3mm	水平仪和水平尺											
18		同层高度横梁间距尺寸允许偏差	长度≤35m　≤5mm 长度>35m　≤7mm	水平仪											
19		相邻两横梁间距尺寸允许偏差	≤2000mm　±1.5mm >2000mm　±2.0mm	钢卷尺											
20		分格框的对角线尺寸之差	≤2000mm　3mm >2000mm　3.5mm	钢卷尺或伸缩尺											
21		立柱垂直度允许偏差	≤30m　10mm　≤90m　20mm ≤60m　15mm　>90m　25mm	经纬仪、激光仪或吊线尺量查隐蔽工程验收记录											
22		立柱外表面平面度允许偏差	相邻三立柱 2 宽度≤20m　5mm ≤60m　9mm ≤40m　7mm >60m　10mm	钢板尺或激光仪											
23		竖缝直线允许偏差	2.5mm	2m 靠尺											只限隐框、半隐框
24		竖缝及墙面垂直度允许偏差	高度≤30m　10mm　≤90m　20mm ≤60m　15mm　>90m　25mm	激光仪，经纬仪，吊线尺量											同上

续表

序号	项目分类	项目名称	技术要求	检测器具及方法	检查结果										备注
					1	2	3	4	5	6	7	8	9	10	
25	一般项目	幕墙平面度允许偏差	2.5mm	2m 靠尺、钢板尺											只限隐框、半隐框
26		横缝水平度允许偏差	3mm	水平尺											同上
27		缝宽度允许（与设计值之）	± 2mm	卡尺											同上
28		两相邻玻璃或装饰板之间接缝高低差	1mm	深度尺											同上
29		附件	安装齐全正确，牢固，除不锈钢外应进行防锈处理	目测，手试											
30		密封胶、耐候胶	密封胶表面光滑，注射严密	目测											
31		保温，隔声或其他性能	应符合有关标准	查检测报告											有该性能要求幕墙
32		连接要求	焊接破坏处进行防腐处理，立柱与固定支座连接应有隔离衬垫	查隐蔽工程记录及目测											
33		外观	型材表面应无轧伤，擦伤，油漆龟裂，脱落装饰面板或玻璃、色彩、品种、规格与设计相同，不能有析碱，发霉和脱落等现象	目测											

6.3.2　建筑幕墙物理性能检测

国家建设部颁布的行业标准《建筑幕墙》JG3035—1996规定了建筑幕墙的性能等级。该标准主要是为建筑幕墙的质量控制提供依据，它是报据我国检测部门多年来幕墙的实测数据并参考日本幕墙制造商协会所编制的JCMA规范《幕墙的性能标准》而制定的。这个分级标准对我国幕墙的物理性能（风压变形性、空气渗透性、雨水渗漏性、保温性和隔声性）指标作了具体规定。

幕墙性能的要求和建筑物所在地的地理、气候条件有关。如在沿海台风地区，幕墙风压变形性能和雨水渗漏性能必须达到较高的等级，而在寒冷地区，保温性能必须良好。同时，性能等级要求的高低还和建筑物本身的特点如：建筑物高度、建筑物造价、功能要求和建筑物的重要性等都有关系。幕墙的性能等级从Ⅰ、Ⅱ级到Ⅳ、Ⅴ级标准逐级降低，这样的排列习惯和日本标准的排列习惯正好相反。一般情况下，Ⅲ级为一般要求，Ⅱ级已属较高水平，要求特别高的可选Ⅰ级。

幕墙的构造比较复杂，加之又由各个厂家自行设计，所用的材料截面尺寸、构造形式和做法都不相同。即使同一厂家，在不同工程中的具体设计也不一样，所以大型、新建工程往往通过幕墙实物性能试验来确认它是否达到预定的性能等级要求。即使已经采用过的幕墙设计，如果所用的材料、做法有改变，也会影响到它的性能，因此也要求进行相应的性能试验。

6.3.2.1　幕墙的性能分级

1. 性能分级的依据

幕墙的物理性能等级应依据GB/T15225按照建筑物所在地区的地理、气候条件、建筑物高度、体型和环境以及建筑物的重要性等选定。

(1) 幕墙风压变形性能应符合下列要求：

在50年一遇的瞬时风压标准值作用下，其主要受力杆件的相对挠度应不超过l/180（l为受力杆件的跨度），绝对挠度应不超过20mm。如绝对挠度超过20mm，以20mm所对应的压力值作为分级值。

(2) 幕墙固定部分在风荷载标准值除以2.25的风荷载作用下应保持不渗漏。可开启部分的等级和固定部分相对应。以雨水不进入幕墙内表面的临界压力差为雨水渗漏性能的分级值。幕墙雨水渗漏试验的淋水量为$4L/min \cdot m^2$。

(3) 幕墙应保持其气密性，以标准状态下10Pa压力差时单位时间内透过单位缝隙长度的空气量为空气渗透性能的分级值。

(4) 幕墙应满足建筑热工要求。以在单位温差作用下，单位时间内通过幕墙单位面积的热量为保温性能的分级值。

(5) 幕墙应满足隔声要求。以其对空气声计权隔声量为隔声性能的分级值。

(6) 幕墙的耐久性能以预计的物理耐用年限值表示。要求在设计耐久年限内，幕墙经过局部修补能够使用。

(7) 幕墙的耐撞击性能以撞击物的运动量为分级值，要求在设计等级范围内，幕墙板材不受损伤。

(8) 幕墙的平面内变形性能

在地震或风力作用下，幕墙的层间位移角γ应满足相应等级的要求，此时连接件、玻璃及横梁、立柱不应破损。

2．幕墙的性能分级表

幕墙性能分级见表6-16～表6-22。选择抗风压性能和保温性能应根据当地气象条件，计算出风压值和热阻要求后决定。

平面内位移分级选择由结构的位移计算值决定。在《高层建筑结构设计与施工规程》中，已列出了不同类型结构应满足的层间位移限值，在结构设计时已经满足了这一限值(表6-29)，所以幕墙设计时可以根据结构类型考虑幕墙应适应的位移量，从而选择相应的等级。

幕墙的风压变形性能分级（kPa） 表6-16

分级指标	分级				
	Ⅰ	Ⅱ	Ⅲ	Ⅳ	Ⅴ
Wk	$Wk \geqslant 5$	$5 > Wk \geqslant 4$	$4 > Wk \geqslant 3$	$3 > Wk \geqslant 2$	$2 > Wk \geqslant 1$

幕墙的雨水渗漏性能分级表（kPa） 表6-17

分级指标		分级				
		Ⅰ	Ⅱ	Ⅲ	Ⅳ	Ⅴ
P	可开启部分	$P \geqslant 0.5$	$0.5 > P \geqslant 0.35$	$0.35 > P \geqslant 0.25$	$0.25 > P \geqslant 0.15$	$0.15 > P \geqslant 0.1$
	固定部分	$P \geqslant 2.5$	$2.5 > P \geqslant 1.6$	$1.6 > P \geqslant 1.0$	$1.0 > P \geqslant 0.7$	$0.7 > P \geqslant 0.5$

幕墙的空气渗透性能分级（m^3/（m·h） 10Pa） 表6-18

分级指标		分级				
		Ⅰ	Ⅱ	Ⅲ	Ⅳ	Ⅴ
q	可开启部分	$q \leqslant 0.5$	$0.5 < q \leqslant 1.5$	$1.5 < q \leqslant 2.5$	$2.5 < q \leqslant 4.0$	$4.0 < q \leqslant 6.0$
	固定部分	$q \leqslant 0.01$	$0.01 < q \leqslant 0.05$	$0.05 < q \leqslant 0.10$	$0.10 < q \leqslant 0.2$	$0.2 < q \leqslant 0.5$

幕墙的保温性能分级表（W/（m^2·K）） 表6-19

分级指标	分级			
	Ⅰ	Ⅱ	Ⅲ	Ⅳ
K	$K \leqslant 0.70$	$0.70 < K \leqslant 1.25$	$1.25 < K \leqslant 2.00$	$2.00 < K \leqslant 3.30$

幕墙的隔声性能分级（dB） 表6-20

分级指标	分级			
	Ⅰ	Ⅱ	Ⅲ	Ⅳ
Rw	$Rw \geqslant 40$	$40 > Rw \geqslant 35$	$35 > Rw \geqslant 30$	$30 > Rw \geqslant 25$

注：按不同构造单元分类进行隔声量检测，然后通过传声能量的计算，求得整个幕墙的隔声量值。

幕墙的耐撞击性能分级（N·m/s）　　表6-21

分级指标	分级			
	Ⅰ	Ⅱ	Ⅲ	Ⅳ
F	$F \geqslant 280$	$280 > F \geqslant 210$	$210 > F \geqslant 140$	$140 > F \geqslant 70$

幕墙平面内变形性能分级　　表6-22

分级指标	分级				
	Ⅰ	Ⅱ	Ⅲ	Ⅳ	Ⅴ
$\gamma = \Delta / h$	$\gamma \geqslant \frac{1}{100}$	$\frac{1}{100} > \gamma \geqslant \frac{1}{150}$	$\frac{1}{150} > \gamma \geqslant \frac{1}{200}$	$\frac{1}{200} > \gamma \geqslant \frac{1}{300}$	$\frac{1}{300} > \gamma \geqslant \frac{1}{400}$

幕墙平面内变形性能分级选择应根据主体结构的位移限值来决定。

幕墙的层间变位值应根据建筑物不同结构类型，按弹性方法计算的位移控制值的三倍来确定。

6.3.2.2　建筑幕墙性能试验要求

1．性能试验的适用范围

建筑幕墙设计时，应根据业主提出的各项性能要求，决定选用的材料、构造和施工方法。工程招标时应由业主根据建筑功能、环境条件和投资能力确定幕墙各项性能的等级，承包商根据选定的等级进行材料选用、细部节点设计，但所设计的幕墙是否能达到性能等级要求，则要通过性能试验来确定。

2．性能试验的内容

幕墙性能试验有七项内容：

(1) 雨水渗漏性能试验；

(2) 空气渗透性能试验；

(3) 风压变形性能试验；

(4) 平面内变形性能试验；

(5) 热工性能试验；

(6) 隔音性能试验；

(7) 抗冲击性能试验。

其中，(1) ~ (4) 项是基本的试验项目，(5) ~ (7) 项是有必要时，应业主要求附加的试验项目。大多数性能试验只做前四项。

3．试验的机构

性能试验应在国家认可的检测单位进行。目前，我国各地已经有多家专门的幕墙性能检测单位（1998年，我国建筑幕墙生产企业取生产许可证时，国家技术监督局和建设部确定了八家建筑幕墙物理性能检测机构，它们是：国家建筑工程质量监督检测中心、上海市建筑门窗检测站、福建省建筑门窗幕墙监督检验站、厦门市建筑幕墙检测中心、广东省建筑工程质检总站、海南新华幕墙监督检验站、河南省建筑工程质量监督检测中心、山东省建筑工程质量监督检测中心）。这些检测单位多年来承担了各地的幕墙工程的性能试验，具有公正性和权威性。

试验的内容、方法、程序和进度、合格标准，应在试验计划书中明确规定，试验计划书应得到业主、监理、承包商三方面的认可。

在进行试验的时候，业主、监理、承包商三方应在场。如果由于客观原因业主、监理方未能到场，试验可以按原定日程进行，试验方必须出具证明，保证试验报告的公正、客观。

试验报告书应由试验单位负责人签署，具有法律效力。

4．试验结果处理

根据幕墙试件试验中的情况，试验结果按下列情况分别处理：

(1) 各项测试均达到相应性能等级的要求，测试合格，通过。

(2) 因制作、安装而产生的缺陷，允许采取补救措施，重新试验。例如个别地方安装不严密，局部密封胶不饱满产生的漏气、漏水，允许调整、修补，并重新再进行试验，如果合格，仍可认为通过。

(3) 因设计不合理、用料不符合规范要求而使测试不合格者，本次试验无效，重新进行设计。例如玻璃在未达指定风压时破碎、铝料在未达指定风压时弯曲或变形过大等，说明玻璃选得太薄、铝料截面过小，本项设计失败。在这种情况下承包商应重新设计，并负担重新试验的费用。

5．责任

(1) 性能试验试件的设计、制作、安装由承包商负责（但试件设计应得到业主和监理方认可）。

(2) 承包商应编制试验计划，业主和监理方应审查试件设计、试验计划，并予以确认。

(3) 试验单位出具测试报告，并对报告负责。

(4) 业主承担试验费用。但是由于设计缺陷而需重新试验增加的费用应由承包商负担。

6．试验设备

性能试验在专门的试验室进行，试验设备应符合以下要求：

(1) 大型幕墙试验设备应能进行实际幕墙单元的试验，试验条件应近似自然条件。

(2) 应能进行高度为6m～10m，宽度为4m～6m的大型试件试验。

(3) 试验箱应有足够强度，刚度，便于样品安装。将空气压入箱内可模拟风压，由喷水系统向幕墙表面喷水可模拟下雨，完成各项试验。

(4) 应能提供稳定风压、脉动风压和正负风压，风压可达±10kN/m^2。

(5) 洒水系统供水量不少于5L/（m^2.min)，并应喷水均匀。

(6) 抗震性能试验装置应能使幕墙产生平面内的左右摆动。可用两个千斤顶或一个拉压千斤顶作用在幕墙顶部。作用力应达±200kN；千斤顶行程为±200mm；最大速度达50mm/s。

(7) 试验系统应有下列仪器：

气压计；

流量计（空气、水）；

电子千分表；

进行现场数据采集分析的微型计算机。

7．试件的要求：

试件要能代表原幕墙的特征及性能

（1）试件尺寸应有代表性，所有构件，如立柱、横梁，所有板材、连接件的尺寸与原幕墙相同。结构粘结材料和密封材料、填缝材料与原幕墙相同。

（2）试件至少一个层高，至少有两个以上的固定点；宽度至少有4根立柱，3个分隔开间。

（3）至少包括一个开启扇。

（4）宜有一个以上的转角。

（5）试件中应包括有代表性的节点。

（6）幕墙试件所用的材料、加工制作、安装等工艺、构造和节点处理，都应与原幕墙相同。

（7）要设计好试件四周与试验箱的连接与密封，不得漏气或渗水。

6.3.2.3　试验方法

1．风压变形性能试验

根据国家标准《建筑幕墙风压变形检测方法》（GB/T15227—94）所规定的试验方法进行。幕墙的风压变形性能系指建筑幕墙与其垂直的风压作用下，保持正常使用功能、不发生任何损坏的能力。风压性能等级表所列数值是对应试件主要受力杆件的相对挠度值为L/180（L为主要受力杆件的长度）时的瞬时作用风压。此风压作用时间为3s，以正负风压中绝对值较小的为定级值。如果某幕墙的风压变形性能检测结果达到Ⅱ级，那么该幕墙可以用于承受风压小于5kPa而大于4kPa的建筑。该风压指的是瞬时风压的最大值。并不是10min平均风压的最大值。具体计算方法见结构设计部分有关公式，图6－14为检测装置示意图。

由风机通过风管对密封箱内送风，当气压达到指定压力时，测量主要杆件挠度是否超出L/180，如未超出，则继续加大风压，一直到L/180的挠度或20mm的挠度值为止。

2．雨水渗漏试验（试验装置如图6－15所示）

按国家标准《建筑幕墙雨水渗漏性能检测方法》（GB/T15228—94）进行，由风机加压到相应抗渗等级的风压值并维持恒定。同时通过喷水系统，以4L/（m^2·min）的水量喷洒幕墙，从外面（相当于室内侧）观察有无渗漏现象；如无明显渗漏，即为合格。然后再加大风压，再观察，一直到出现明显渗漏为止。

3．空气渗漏性能测试

按国家标准《建筑幕墙空气渗漏性能检测方法》（GB/T15226—94）规定进行，空气渗漏指每小时通过幕墙开启部分或固定部分单位长度缝隙渗出的空气体积（m^3/（m·h））。其试验装置同图6－15。

首先，用胶带严密封住正面的幕墙试件，四周用胶布贴严，此时通过幕墙渗出的空气为零，只有试验箱有空气渗出，即试验装置的初始渗气量Q_0。

然后，割开覆盖活动扇的胶带，其他部分仍然贴严，此时活动扇部分可以渗出空气，测得渗透气量为Q_1。则活动扇的空气渗透量为：

$$q_1 = (Q_1 - Q_0)/L_1$$

式中 Q_0 ——试验箱渗气量（m^3/h）；

Q_1 ——开启扇打开时的渗气量（m^3/h）；

L_1 ——开启扇周边缝隙长度（m）；

q_1 ——开启扇渗气量（$m^3/m·h$）。

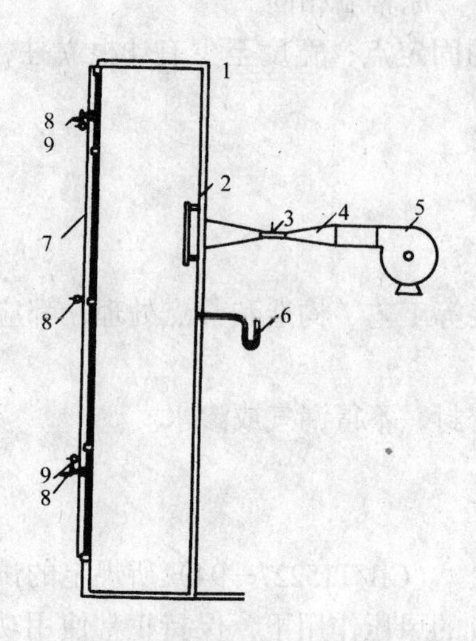

图 6-14　风压试验检测装置纵剖面示意图
1—静压箱；2—进气口挡板；3—风速仪；4—集流管；5—供压系统；6—压力计；7—试件；8—试件的支点；9—位移计

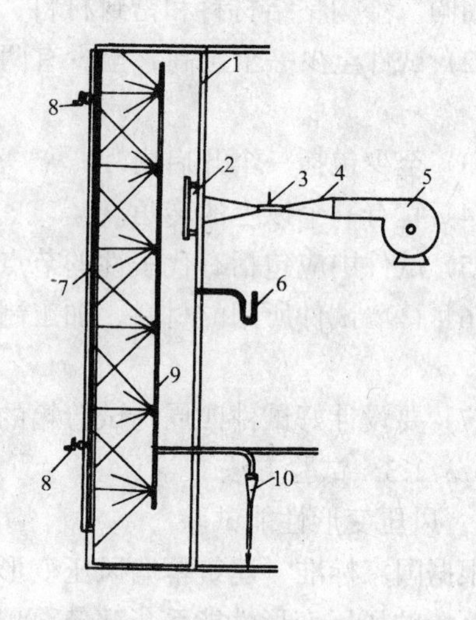

图 6-15　抗雨水渗漏检测装置纵剖面示意图
1—静压箱；2—进气口挡板；3—风速仪；4—集流管；5—供压系统；6—压力计；7—试件；8—试件的支点；9—淋水装置；10—水流量计

最后，拆除全部胶带，测得总渗气量 Q_2，则固定部分渗气量为：

$$q_2 = (Q_2 - Q_1)/L_2$$

式中 Q_2 ——整幅幕墙总渗气量（m^3/h）；

L_2 ——固定部分缝隙长度（m）；

q_2 ——固定部分渗气量（$m^3/m·h$）。

渗透量 Q 可由下述方法测得：在一定的风压值下（通常为 10Pa），由于空气渗漏，压力会逐渐降低。为保持 10Pa 的恒定压力，就要向试验箱不断送入空气，当送气量等于渗透量时，试验箱的气压恒定。测量保持 10Pa 恒定气压的送气量，即为渗透量。送气量可由风管上的流量计测得。

4．水平位移试验

上述三项试验进行以后，用千斤顶使幕墙顶部产生平面内水平位移，量测此水平位移就是允许的水平位移值。水平位移由电子千分表测出。

5．保温性能测定

幕墙的保温性能检测方法，目前国内尚未制定标准。可参照《建筑外窗保温性能分级及其检测方法》（GB/T8484—87）进行检测。由于保温性能检测装置一般面积不大，整块幕墙不能一次测定时，可按不同构造单元分类进行测定。然后按面积加权求平均值。图 6-16 为检测装置示意图。

6．隔声性能测定

幕墙的隔声性能检测方法，目前国内尚无标准。可参照《建筑外窗空气隔声性能分级及其检测方法》（GB/T8485—87）进行检测。当隔声检测装置洞口尺寸小于幕墙试件时，可按不同构造单元分类进行测定，然后通过传声能量的计算求得整个幕墙的隔声量。图6－17为检测装置示意图。

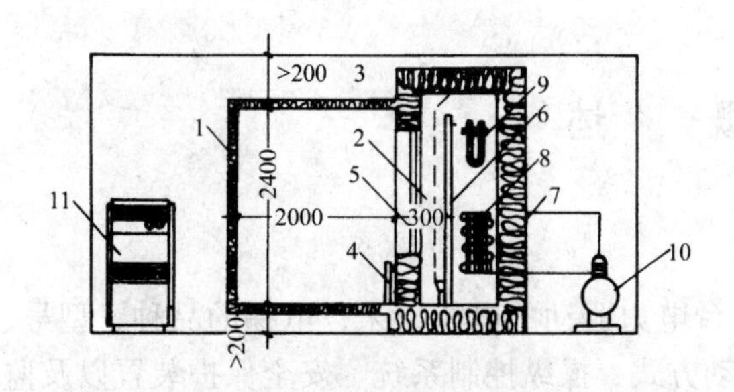

图6－16 保温性能检测装置示意图

1—热室；2—冷室；3—试件框；4—电暖气

5—试件；6—隔风板；7—轴流风机；8—蒸发器

9—冷室电加热器；10—压缩冷凝机组；11—空调器

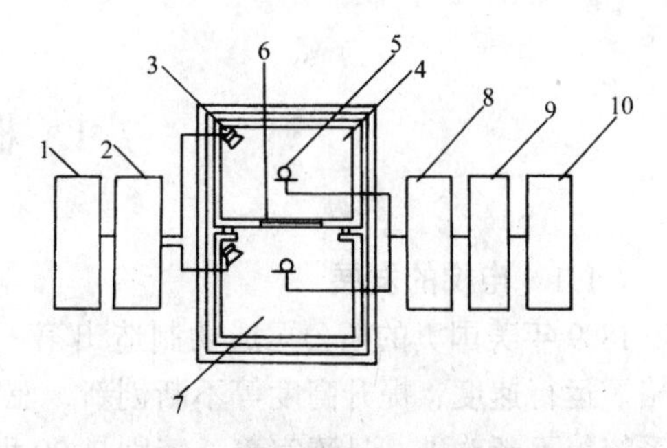

图6－17 隔声性能检测装置示意图

1—1/3倍频程滤波器无噪声发生器；

2—功率放大器；3—扬声器；

4—混响室Ⅰ（发声）；5—传声器；

6—试件孔；7—混响室Ⅱ（接收）；

8—放大器；9—1/3倍频程滤波器；

10—表头或记录仪器

第7章 电梯工程检测

7.1 概　　述

7.1.1 电梯的发展

1889年美国奥的斯公司成功制造出第一台电力驱动的电梯以来，电梯的品种、型号、规格、运行速度、提升高度等不断创新，驱动方式、操纵控制系统、安全保护装置以及监控系统等不断改进，日臻完善。特别是20世纪60年代后，竞相采用电子技术、微机技术等高新技术，使电梯的功能愈来愈齐全，性能越来越优良。目前，世界上电梯的提升高度已达452m，运行额定速度已达12.5m/s。交流变压变频调速驱动系统（即VVVF型）匹配PC控制或微机控制系统的电梯处于领先水平，能够满足系统在高速运行的动态调节要求，使中、高速电梯舒适感更好，平层精确度更高。1990年代，国外已推出直线电机驱动的调速样梯，这种电梯采用无线电波或光控技术控制，不用控制电缆，不用曳引钢丝绳，提升高度将大大增加。采用群控技术的智能电梯可与维修、消防、公安、电信等部门联网，形成电梯信息管理网络，为用户提供良好的电梯服务，做到节能，确保安全，实现环境优美和无人化管理。

随着国民经济的发展和科学技术的不断进步以及人们对物质生活需求的提高，电梯和自动扶梯获得迅速发展。因此，电梯和自动扶梯不但已成为高层建筑中像楼梯结构一样不可缺少的垂直运载设备，也逐步成为低层建筑中的代步（或载物）工具。

我国电梯行业的大发展是在改革开放后的近一、二十年，通过引进先进技术，成立合资企业如中国迅达、天津奥的斯、上海三菱等电梯公司，使我国电梯制造技术水平大大提高，自动扶梯也随之有很大发展。目前我国有电梯制造行业300家左右，可制造各类电梯和自动扶梯，年产量仅次于美国和日本，位居第三位。

我国政府和有关部门对电梯事业非常重视：设立了产品归口管理部门；成立了全国电梯标准化技术委员会；建立了各级电梯行业协会和产品监督检验机构；上海交通大学等高等学府设置了电梯专业，为国家培养高级电梯管理人员和专业技术人才。对设计、制造、技术引进、质量检测、维修保养、安全运行等各个环节进行有效控制，并制定了一系列规章制度和等同等效国际标准化的技术标准，这些是促进我国电梯行业欣欣向荣、蓬勃发展和走向世界与国际市场接轨的强有力的基础。

7.1.2 电梯的定义

7.1.2.1 电梯（lift；elevator）

服务于规定楼层的固定式升降设备。它具有一个轿厢，运行在至少两列垂直的或倾斜角小于15°的刚性导轨之间。轿厢尺寸与结构型式便于乘客出入或装卸货物。图7－1是曳引电梯示意图。

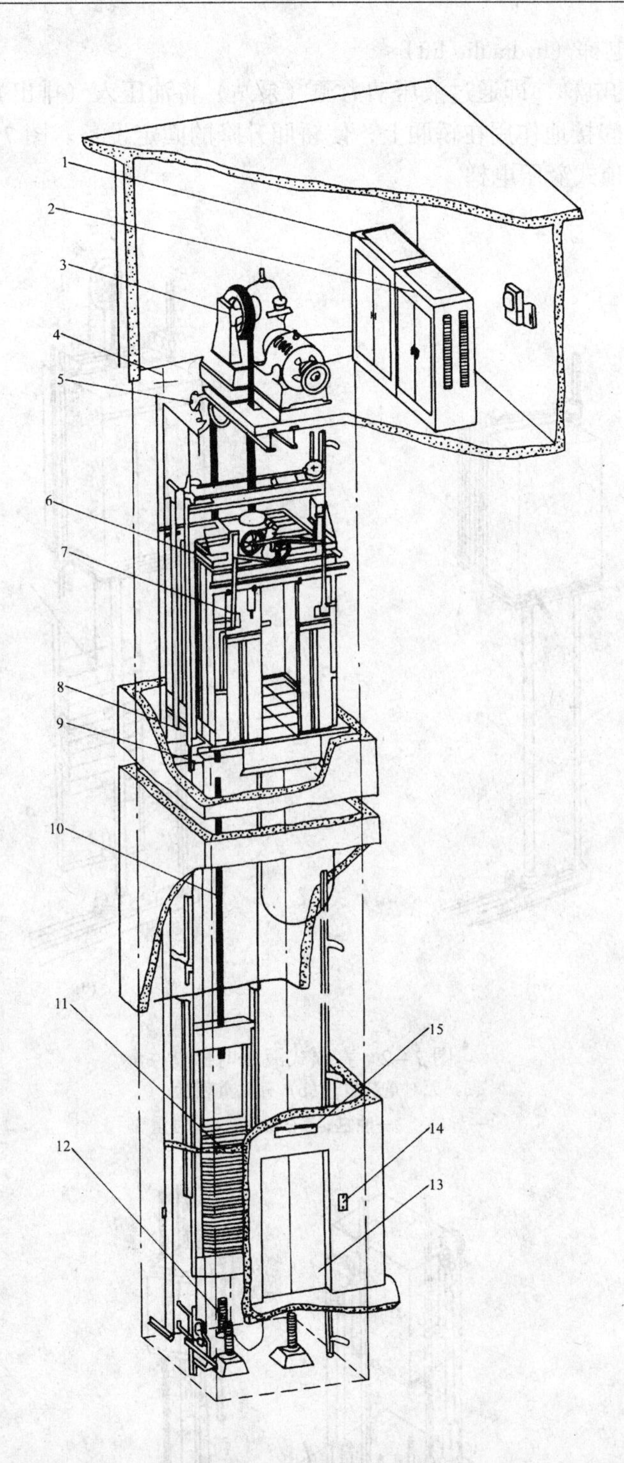

图7－1 曳引电梯示意图

1—控制屏；2—选层器；3—交流双速曳引机组；4—终端保护装置；5—限速安全系统；
6—轿厢和轿架；7—自动门机构；8—导轨；9—导靴；10—曳引钢丝绳对重；
11—对重；12—缓冲器；13—厅门；14—召唤按钮箱；15—层楼指示灯箱

7.1.2.2 液压电梯（hydraulic lift）

依靠液压驱动的电梯，即通过液压动力源（泵站）将油压入（排出）油缸，使柱塞上（下）运动，直接或间接地作用在轿厢上，使轿厢升降的固定设备。图 7 - 2 是直顶式液压电梯和图 7 - 3 是侧顶式液压电梯。

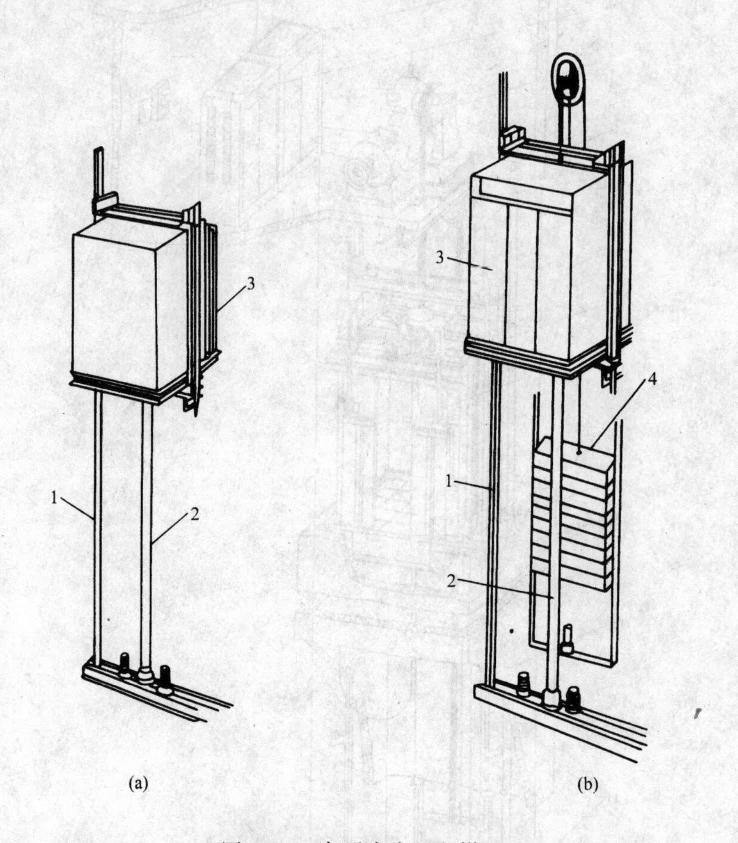

图 7 - 2 直顶式液压电梯
（a）无对重装置；（b）有对重装置；
1—导轨；2—油缸；3—轿厢；4—对重

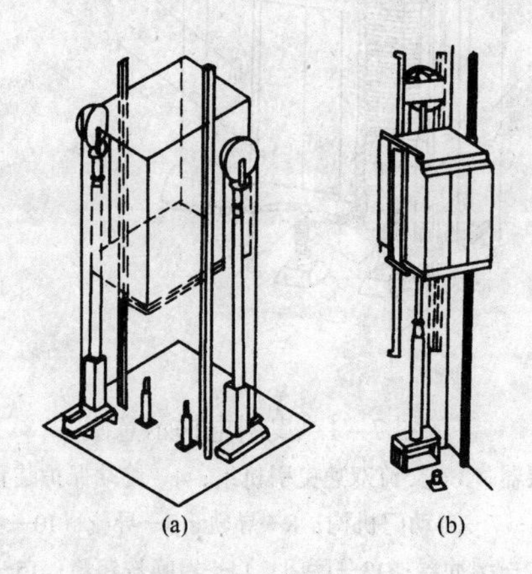

图 7 - 3 侧顶式液压电梯
（a）单油缸侧顶；（b）双油缸侧顶

7.1.2.3　自动扶梯（escalator）

带有循环运动梯级，用于向上或向下倾斜输送乘客的固定电力驱动设备。图7－4是自动扶梯构造图。

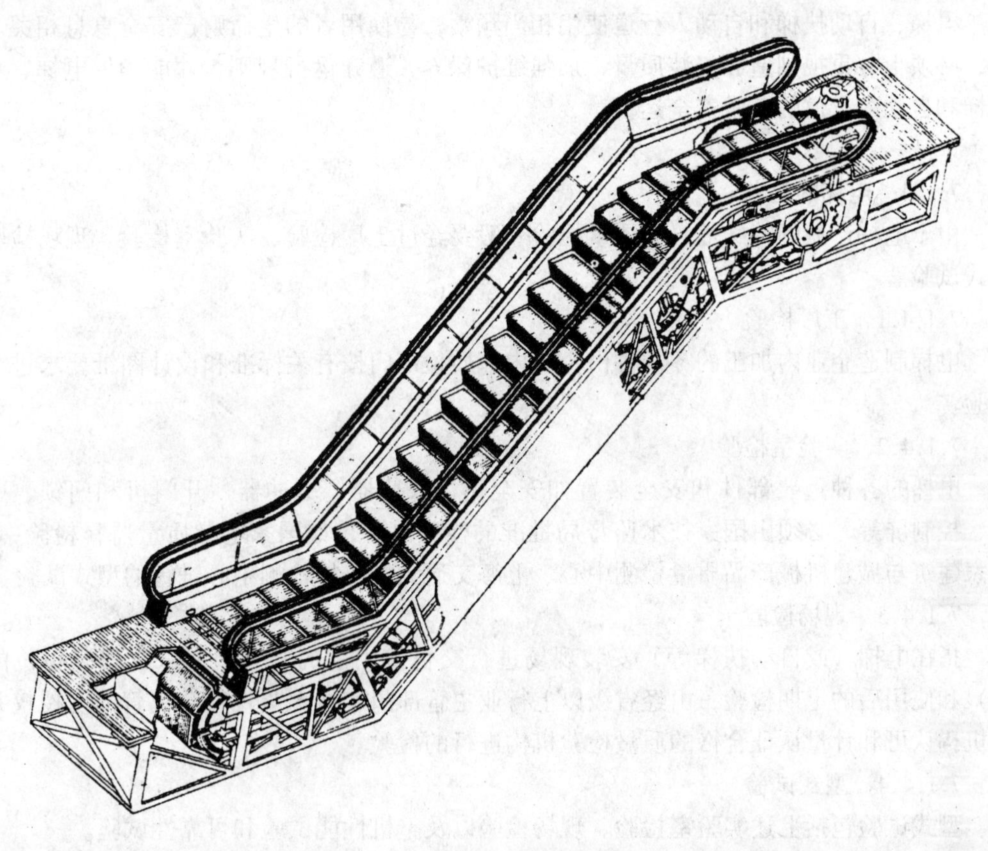

图7－4　自动扶梯示意图

7.1.2.4　自动人行道（passenger conveyor）

带有循环运行（板式或带式）走道，用于水平或倾斜角不大于12°输送乘客的固定电力驱动设备。图7－5是踏步式自动人行道简图。

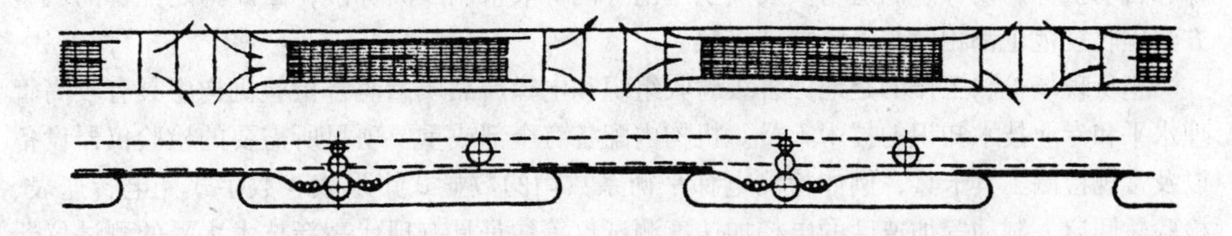

图7－5　自动人行道简图

7.1.3　**电梯的特点**

电梯是一种机电（液）结合非常紧密的特殊工业产品。电梯的品种规格繁多，几乎是一台一个样，每一台电梯的几十项数据都是使用单位根据设计提出来的，生产企业只有接到订货合同后才能安排生产。电梯的零部件在工厂车间加工制造和购配，整机则在使用现场安装，安装现场就是电梯的总装调试车间，要通过现场安装调试成为一个完整的合格产品，并经有关机构组织验收后才能交付使用。

电梯、自动扶梯和自动人行道使用相当频繁，与使用者的生命财产安全息息相关。因此，必须十分重视制造和安装质量，加强维护保养，遵守运行规则，才能确保电梯、自动扶梯和自动人行道的正常安全运行。

7.1.4 电梯的检验

由于电梯产品的特殊性，其质量检验一般要经过工厂检验、实验室检验、现场检验和型式试验。

7.1.4.1 工厂检验

电梯制造企业内加工的零部件由企业内部质检部门按有关标准和设计图纸要求进行的检验。

7.1.4.2 实验室检验

电梯的各种重要部件和安全装置如安全钳、限速器、缓冲器、开门机和门锁、曳引机、控制屏等，必须由国家技术监督局批准的检验单位，如国家电梯质量监督检验中心、国家建筑与城建机械产品质量检测中心、上海交通大学电梯检测中心进行的型式试验。

7.1.4.3 现场检验

指在电梯（或自动扶梯等）安装现场进行交付使用前的验收检验（含安装单位的自检）和使用后的定期检验，由经省级以上行业主管部门和技术监督行政主管部门授权并通过机构认可和计量认证合格的质量检验机构进行的检验。

7.1.4.4 型式试验

型式试验包括上述实验室检验、现场检验以及整机性能试验和可靠性试验。

国内外较大的电梯制造公司和国家级电梯产品质量监督检验机构聚集着电梯行业各方面的优秀专业人才，具有完成电梯整机性能和各种零部件、安全装置各项技术指标测试的方法和手段。按标准要求，内部配置着高规格、高精度的试验仪器设备，如限速器试验装置、安全钳试验塔、缓冲器压力试验机、能承受 10^6 次循环试验与自动记录的门锁模拟装置，曳引机扭振测试装置、控制柜、屏耐压试验仪、控制功能模拟试验台等。由于我国电梯和自动扶梯的设计、制造与安装安全规范等同等效采用欧洲标准，因此与之配套的试验方法验收规范也都相应与国际标准接轨。

担负现场检测工作的是地方各级验收组织和电梯产品质量监督检验机构中具有较高管理水平和专业技术知识的技术人员。机构内配备有全部或重要项目所需要的检验仪器设备以及常规检测工具卡具，例如检测电梯平衡系数用的数显式钳形表、数字式光电转速表、检验轿厢启、制动等加速度的电梯加速度测试仪等均是具有现代高新技术水平的测试仪器设备，量程范围大、采样精度高、携带读数操作都极为方便。

7.1.5 内容与适用范围

7.1.5.1 内容

主要介绍电梯和液压电梯、自动扶梯和自动人行道的现场检测即交付使用前进行验收时的质量检测技术，操作程序以及主要仪器设备的使用方法和注意事项，简明易懂，容易掌握，便于操作，可供从事电梯安装工程施工、监理、验收和质量检测人员采用和参考。

7.1.5.2　适用范围

(1) 适应于额定速度不大于2.5m/s，额定载重量2500kg以内各种乘客电梯（Ⅰ类电梯)、客货两用电梯（Ⅱ类电梯)、医梯（Ⅲ类电梯）和货梯（Ⅳ类电梯)；液压电梯；倾斜角不超30°（当提升高度不超过6m，额定速度不超过0.5m/s时，倾斜角度最大为35°）的自动扶梯和水平或倾斜角不超过12°的自动人行道。

(2) 只适应于建筑安装工程竣工验收有关的电梯和自动扶梯的检测（包括重大改装或事故以后的检测)。

7.2　电　梯　检　测

7.2.1　电梯工作条件

(1) 海拔高度不超过1000m，查阅有关地理资料；

(2) 机房内空气温度保持在5～40℃之间；

(3) 运行地点的最湿月月平均最大相对湿度标准规定为90%，同时该月月平均最低温度不高于25℃；

(4) 供电电压相对于额定电压的波动应在±7%的范围；

(5) 环境空气中不应含有腐蚀性和易燃性气体及导电尘埃存在。

7.2.2　试验仪器和量具要求

7.2.2.1　除非有特殊的规定，仪器的精确度应满足下列测量精度的要求

(1) 对质量、力、长度、时间和速度——±1%；

(2) 对加速度、减速度——±5%；

(3) 对电压、电流——±5%；

(4) 对温度——±5℃。

7.2.2.2　试验用的仪器和量具应在计量单位检定合格的有效期内

7.2.3　电梯安装交付使用前的检测

7.2.3.1　电梯机房、井道型式与尺寸

电梯的机房、井道的型式与尺寸要求应按国家标准GB/T7025.1～7025.3—1997《电梯主参数及轿厢、井道、机房的型式与尺寸》的有关规定进行检查。参照标准查阅电梯土建布置图及其要求，并用钢卷尺测量复核，如有变动应查阅有关变更设计的证明文件。

7.2.3.2　电梯土建技术要求

(1) 技术资料　查阅电梯土建布置图。土建图包括井道平面图、机房平面图、井道纵剖面图、井道和机房的混凝土预留孔图等，并与现场实际相对照。

(2) 机房

1) 机房结构及强度要求

（a）机房应有实体的墙壁、房顶、地板、门和（或）检修活板门。

（b）机房必须能承受正常所受的载荷，要用经久耐用和不易产生灰尘的材料建造。地板应能承受6000Pa以上的压力。

2）机房地面

（a）机房面积

对于住宅楼用Ⅰ类电梯，相同的电梯共用机房最小地面面积等于各台电梯单独安装所需最小地面面积之和；不相同的两台电梯共用机房最小地面面积等于各台电梯安装所需最小地面面积之和，再加上两台电梯井道面积之差值；不相同的两台以上电梯共用机房最小地面面积，等于各台电梯单独安装时所需的最小地面面积之和，再加上最大的电梯井道面积分别与其他各台电梯井道面积之差值。用钢卷尺进行测量。

对于非住宅楼用Ⅰ、Ⅱ、Ⅲ类电梯机房，当多台并列成排群控电梯的机房面积按公式（7-1）和（7-2）计算，并用钢卷尺进行测量复核：

总面积：$$S+0.9S\,(N-1) \tag{7-1}$$

最小宽度：$$R+(N-1)(C+200) \tag{7-2}$$

最小深度：$$T$$

式中 S——单台梯机房的地面面积（m^2）；

R——单台梯机房的最小宽度（mm）；

T——单台梯机房的最小深度（mm）；

C——单台梯井道宽度（mm）；

N——电梯总台数。

多台面对面排列群控电梯机房面积按式(7-3)和(7-4)计算并用钢卷尺进行测量复核：

总面积：$$S+0.9S\,(N_1-1) \tag{7-3}$$

最小宽度：$$R+[(N_1-1)/2](C+200) \tag{7-4}$$

最小深度：2D加上对面排列井道之间的距离

式中 D——单台梯井道深度；

N_1——电梯总台数为偶数时,则$N_1=N$,电梯总台数为奇数时,则$N_1=N+1$。

（b）机房地面材料应采用防滑材料。

（c）机房地面应平整，地面高度不一且相差大于0.5m时，应设置楼梯或台阶并设置护栏。

（d）机房地面有任何深度大于0.5m，宽度小于0.5m的凹坑或任何槽坑时，均应盖住。现场观察配用钢卷尺检查。

3）曳引机承重梁

（a）曳引机承重梁应有可靠的支承，如需埋入承重墙内，则支承长度应超过墙厚中心20mm且不应小于75mm，应做隐蔽工程记录，见图7-6。

（b）承重梁的总负载可根据式（7-5），（7-6），（7-7）计算：

$$R_0=R_s+R_D \quad (\mathrm{N}) \tag{7-5}$$

$$R_s=(Q_y+Q_1)\,q \quad (\mathrm{N}) \tag{7-6}$$

$$R_D=Z\,(P+Q+G+Q_G)\,q \quad (\mathrm{N}) \tag{7-7}$$

式中 R_0——承重梁的总负载（N）；

R_s——静负载重量（N）；

R_D——动负载重量（N）；

Q_y——曳引机自重（kg）；

Q_1——包括导向轮、控制屏、限速器及所有任一支撑在机房地板上的设备的重量之和（kg）；

Q_G——包括曳引钢丝绳、补偿绳、控制电缆的自重之和；

P——电梯轿厢重量（kg）；

Q——额定载重量（kg）；

G——对重重量（kg）；

Z——动荷系数。

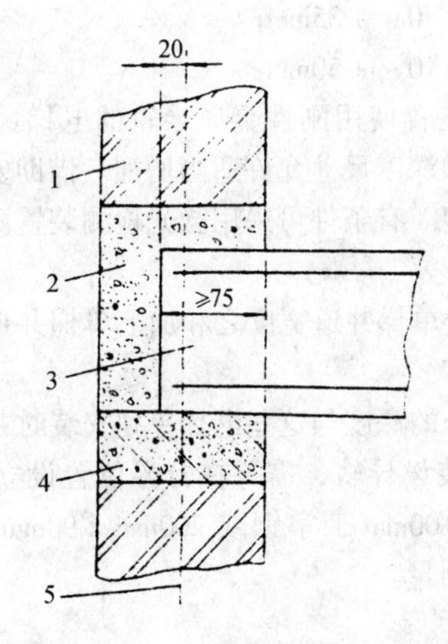

图7-6　承重梁的埋没

1—砖墙；2—混凝土；3—承重梁；4—钢筋混凝土过梁或金属过梁；5—墙中心线

检查设计资料和施工记录。

4）通风换气

（a）机房必须有良好的自然通风或设置空气调节换气设备，适当调节机房内温度，使机房温度不高于40℃，相对湿度不大于85%（25℃时）以保护电动机、控制设备以及电缆等，使它们尽可能地不受灰尘、有害气体和潮气的损害。

（b）从建筑物其他部分排出的陈腐空气，不得排入机房内。现场观察。

5）机房顶承重梁（板）和吊钩

在机房顶板或横梁适当位置上，应装备一个或多个适用的金属支架或吊钩，以便在安装、维修和需要更新设备时吊运重的设备和零部件，并应标明最大允许载重量。现场观察。

（3）井道

1）井道设计施工要求

每一电梯井道均应由无孔的墙、底板和顶板完全封闭起来，只允许有下述开口：

（a）层门开口；

（b）通往井道的检修门、井道安全门以及检修活板门的开口；

（c）火灾情况下排除气体和烟雾的排气孔；

（d）通风孔；

（e）井道与机房或滑轮间之间的永久性开口。现场观察。

2）井道墙体、底面及材料要求

（a）井道壁、底面和顶板要用坚固、非易燃材料制造，而这种材料不容易产生灰尘；

（b）井道壁应具有足够的机械强度。

3）井道水平尺寸确定

井道壁应是垂直的，其垂直度为 $h/1000$，且 $\leqslant 30$mm（h 为井道壁全高）。规定的电梯井道水平尺寸是用铅锤测定的最小净空尺寸。允许偏差值为：

当高度 $\leqslant 30$mm 的井道：0～+25mm；

30m＜高度＜60m 的井道：0～+35mm；

60m＜高度＜90m 的井道：0～+50mm。

以上偏差仅适用于对重装置使用刚性金属导轨的电梯。如果电梯对重装置有安全钳时，根据需要，井道的宽度和深度尺寸允许适当增加。借助安装样板架时，用水平仪、铅垂线与线坠和钢卷尺进行测定。有条件可采用激光检测装置测定。

4）群梯井道要求

（a）共用井道总宽度等于单梯井道宽度之和加上单梯井道之间的分界宽度之和，每个分界宽度不小于 200mm；

（b）共用井道各组成部分的深度与这些电梯单独安装时井道的深度相同；

（c）为了两台轿厢之间装设导轨，需要在分界位置设立中间隔墙，特别是要有中间梁。中间梁可采用 200mm×100mm 工字钢或 200mm×90mm 槽钢架设。安装间距为 2～2.5m。现场观察并用钢卷尺测量。

5）底坑要求

（a）底坑的底面部应光滑平整。底坑不得做为积水坑使用。在导轨、缓冲器、栅栏等安装竣工后，底坑不得漏水或渗水。

（b）考虑到安全钳或缓冲器动作瞬间底坑底部要受到瞬时冲击力，因此，底部要具有承受反作用力的能力。可按下述方法计算：

轿厢缓冲器底座下部： $40(P+Q)$ （N） (7-8)

对重缓冲器底座下部： $40G$ （N） (7-9)

每根导轨底部： $10D_0+F$ （N） (7-10)

式中 D_0——导轨质量（kg）；

F——安全钳动作时，每根导轨上产生的作用力（N）。

对不脱出的滚柱式以外的瞬时式安全钳：

$$F=25(P+Q) \quad (\mathrm{N}) \tag{7-11}$$

对不脱出的滚柱式瞬时式安全钳：

$$F=15(P+Q) \quad (\mathrm{N}) \tag{7-12}$$

对渐进式安全钳：

$$F=10(P+Q) \quad (\mathrm{N}) \tag{7-13}$$

上述这些载荷计算式中的系数都是加速度的量纲单位（m/s^2）因为它们都由重力加速

度（$g \approx 10m/s^2$）换算而来。

检查设计、施工有关技术资料。

7.2.3.3　电梯检查检测项目和方法、检测工具和仪器设备

(1) 安全装置检测

1) 供电系统断相、错相保护装置

先切断主电源（拉闸），用螺钉旋具（螺丝起子、螺丝刀）将电源总输入线分别断去一相或交换相序后再接通电源（合闸），控制柜中的断相或错相保护装置指示灯应显示，以正常或检修速度操纵电梯，电梯应不能运行。

注：当电梯的运行方向与相序无关时，如采用直流电动机，则不要求错相保护。

2) 限速器——安全钳联动试验

(A) 限速器检查

检查限速器安装位置正确、牢固、运转平稳。动作速度应与该电梯额定速度相符。调节部位应加有可靠的封记。应与调试证书、型式试验报告一致，做到三对照，相互吻合。电气开关应是安全触点开关。其动作速度至少等于电梯额定速度的115%，但应小于下列数值：

(a) 对于除了不可脱落滚柱式以外的瞬时式安全钳装置为0.8m/s；

(b) 对于不可脱落滚柱式安全钳装置为1m/s；

(c) 对于额定速度小于或等于1m/s的渐进式安全钳装置为1.5m/s；

(d) 对于额定速度大于1m/s的渐进式安全钳装置为$1.25V+0.25/V$。（V为电梯轿厢额定速度）

(B) 安全钳检查

(a) 安全钳型号、容量与该电梯及型式试验报告相符，电气开关应是安全触点开关。

(b) 电梯额定速度大于0.63m/s、轿厢装有数套安全装置时以及额定速度等于大于1m/s的对重安全装置应采用渐进式安全钳，其他情况可采用瞬时式安全钳装置。

(c) 检查安全钳满负载试验。此项试验由电梯安装单位按表7-1的试验方法、要求及记录格式进行，要有试验负责人签名和单位审核盖章才有效。

交付验收前安全钳满负载试验报告　　**表7-1**

1. 试验目的：检查安全钳系统安装与调整是否正确，并检查整个组装件，包括轿厢、安全钳、导轨及其与建筑物的连接件的坚固性。

2. 试验要求：由安装单位试验负责人员参加，按以下试验要求进行。对瞬时式安全钳，轿厢应载有均匀分布的额定载荷；对渐进式安全钳，轿厢应霰均匀分布125%的额定载荷。短接限速器与安全钳电气开关，轿内无人，在机房操作检修速度下行时人为让限速器动作，直至轿厢制停。曳引钢丝绳打滑、松弛后或者轿厢不能制停后均立即切断电动机与制动器供电电源。

3. 判定规则：

(1) 以上试验轿厢应可靠制动，且相对于试验前正常位置轿厢底倾斜度不超过5%。

(2) 轿厢应能曳引提起，安全钳被释放，且确认未出现对电梯正常使用有不利影响的损坏。(如有必要，可以更换摩擦部件，和修平导轨压痕与毛刺)。

满足以上2条规定要求，判定为试验合格，否则为不合格。试验报告须由安装单位试验人员签字，安装单位审核签章后有效。

续表

注：对瞬时式安全钳，夹紧瞬间能吸收的能量在型式试验中已作了检验。如该安全钳出厂期一年内有合格的型式试验报告，且该报告的试验结果达到钳体无残余变形。释放安全钳夹持导轨的力不大于额定载荷的 25%，则对瞬时式安全钳的现场试验可用轿厢空载，检修速度下行工况进行，但需附该安全钳型式试验报告。

<table>
<tr><td>安全钳型号名称</td><td colspan="4"></td></tr>
<tr><td>安全钳适用范围</td><td colspan="4"></td></tr>
<tr><td>轿厢及随行件重量</td><td colspan="2">(kg)</td><td>额定载荷</td><td>(kg)</td></tr>
<tr><td rowspan="2">试验记录</td><td>轿内载重量</td><td></td><td>下行速度</td><td></td></tr>
<tr><td>试验结果</td><td></td><td></td><td></td></tr>
<tr><td>试验结论</td><td colspan="4"></td></tr>
<tr><td>备　注</td><td colspan="4"></td></tr>
</table>

安装单位试验负责人签字：　　　　年　月　日
安装单位审核签章：　　　　年　月　日

(C) 限速器—安全钳联动试验

(a) 检测人员分别在轿顶和机房。轿顶操纵轿厢以检修速度运行，机房人为动作限速器电气开关，轿厢应停止运行；

(b) 机房辅助人员（安装电工）短接限速器电气开关，轿顶操纵轿厢以检修速度运行，机房中人为让限速器钢丝绳被夹住制动，从而带动安全钳电气开关动作，轿厢应停止运行；

(c) 机房中短接安全钳电气开关，轿内无人、空载，轿顶操纵桥厢以检修速度下行，再次人为让限速器动作，在限速器钢丝绳带动下，安全钳楔块被提拉起来夹持住导轨使轿厢制动，机房人员严密注意到曳引绳在曳引轮槽内打滑时，立即切断电源。证明限速器—安全钳系统联动工作可靠。否则应进行调正或整改后再试验。

注意：①试验应严格按上述程序进行；

②试验完毕应将各电气开关复位，接通电源，操纵轿厢上提，让安全钳释放，限速器和安全钳恢复正常工作状态。

3）缓冲器检验

(a) 检查缓冲器的型号、容量、行程是否与该电梯相匹配，且应与型式试验报告一致；液压缓冲器应设复位电气安全开关，且必须是安全触点型开关。

（b）蓄能型(弹簧)缓冲器仅用于额定速度小于或等于1m/s的电梯,其可能的总行程应至少等于相应于115%额定速度的重力制停距离的两倍,即 $0.0674V^2\times2\approx0.135V^2$(m)。无论如何，此行程不得小于65mm。

试验方法：可将载有额定载荷的轿厢放置在缓冲器上，放松钢丝绳，用钢卷尺测量弹簧的压缩变形量是否符合上述规定的变形特性要求。

（c）耗能型（液压）缓冲器可用于任何额定速度的电梯，其可能的总行程应至少等于相应于115%额定速度的重力制停距离即 $0.067V^2$（m）。在任何情况下，此行程不应小于420mm。

注：重力制停距离即 $h=\frac{V^2}{2g}=\frac{1}{2\times9.81}V^2=0.051V^2$。

那么115%额定速度的重力制停距离即为：

$S=(1.15V)^2/2g=(1.15V)^2/2\times9.81=(1.15)^2\times0.051V^2=0.067V^2$(m)

（d）耗能型（液压）缓冲器复位试验

准备一个计时器（秒表）。通常情况下，可以用人力或用轿厢以检修速度下降（需要先在机房短接下限位电气开关和下极限电气开关）将缓冲器完全压缩，然后用计时器测量轿厢从离开（可用手盘车）缓冲器起来完全回复原状时的时间，这段时间不能大于120s，否则应调正或整改。试验完毕将各电气开关复位，恢复正常。同时检查缓冲器复位电气安全开关动作的正确性，即缓冲器动作后回复到其正常位置后轿厢才能运行。

4）层门与轿厢门电气联锁装置

（a）当层门或轿门未关闭好时，操纵运行按钮，电梯应不能运行；

（b）电梯运行时，将层门或轿门打开电梯应停止运行。检验时可在轿顶人为打开层门锁（即将锁扣脱开）轿厢应停止运行。

（c）层门关闭过程中应有一个保护乘客不被门扇撞击或在撞击和被夹住时能自动使门退回而重新打开的保护装置。试验时在轿内操纵轿门关闭，用手在层、轿门扇之间运行(对光幕保护装置）或触碰安全触板，门扇应能立即缩回（即重新打开）。

（d）层门应设有重块或弹簧作用的自动关闭装置。操纵轿厢运行离开本层锁区域，用三角开门钥匙将层门打开，当拔去钥匙后，层门应能自动关闭。

5）安全开关、极限开关

（a）安全开关试验

在轿顶操纵电梯以检修速度上下运行,人为动作下列开关2次,电梯均应立即停止运行：

分别打开轿顶安全窗（如设置有）轿厢应停止运行，动作轿顶紧急停止开关，轿厢应停止运行；

分别动作底坑紧急停止开关和限速器松绳、断绳开关，轿厢应停止运行。其中轿顶和底坑紧急停止开关应是非自动复位的红色停止开关。

（b）上下极限开关试验

首先在机房短接上、下限位和减速（如有）电气开关。在轿顶操纵轿厢以检修速度在上下端层站段点动向上或向下运行，当电梯轿厢超越上、下极限工作位置并在轿厢或对重接触缓冲器之前，极限开关应起作用，轿厢停止运行。极限开关在缓冲器被压缩期间均能保持其动作状态。极限开关必须与端站强迫减速开关分开控制，且能防止电梯两个方向运动,只有人为控制(如盘车)将电梯轿厢离开极限开关动作位置之后,电梯才能恢复运行。

通常情况，可在轿顶人为动作极限开关进行试验。试验完毕后，机房短接的电气开关恢复正常。

6）停电或故障应急措施检查

（a）当电梯轿厢运行于两层站之间遇停电或电气系统产生故障时，应有轿厢慢速移动措施。机房驱动、制动系统应具有松闸扳手和盘车手轮。检查当松闸扳手起作用时，应能盘动盘车手轮使轿厢向上或向下移动。注意盘车手轮一定应是圆形且无孔的，松闸时用力不要太猛，以免轿厢移动速度太快。不允许用自锁机构来保持松闸，那是很危险的。

（b）在（a）中盘动手轮的力大于400N时，机房内应设置一个紧急电动运行开关，电梯驱动主机由正常电源供电（在电梯电气系统发生故障时）或由备用电源（包括应急电源）供电（停电时）。此时应防止轿厢正常运行。

（2）控制系统检验

电梯有不同的控制系统，一般分为常规继电器控制、可编程序控制器控制、微机控制和群控系统。因此，控制系统的检验应根据不同电梯的控制方式及其所设计的功能来进行。但是，不论采用何种控制系统，都是对电动机及开门机的起动、运行方向、制动、停车、层站召唤、层站显示、轿内选层、安全保护装置等一系列指令信号进行控制管理，使电梯完成其使用功能。一般情况下，要对下列项目进行检查或检验：

1）层站指示要求

检查层站指示信号及按钮安装位置，信号显示、动作等是否正确、清晰明亮。

2）顺向截车

对于信号、集选和微机控制电梯，当轿厢向上运行时，在上行方向任一层站呼电梯，电梯应该依次平层停车。反之亦然。

3）最远反向截车（具有此项设计功能时）

当电梯已应答完向上运行层站召唤及轿内指令但却未到上行端站，在基站呼梯，电梯应立即应答下行。

4）本层呼梯

层站的功能。当控制系统提供外呼梯（召唤）功能的正常运行状态下，在任意层站呼梯，电梯都能按优先原则或顺序原则给以应答服务。机房不能呼梯。当电梯停止外呼梯状态时，层站外呼梯不起作用。在机房、层站与轿内操作试验。

5）有/无司机运行转换

电梯一般都在轿内开关中设置有：有司机操作和无司机操作。当处于无司机操作中，乘员可自动操作运行。当处于有司机操作时，电梯运行由司机操作执行指令来决定。在轿内和层站操作试验。

6）慢车检修

检修电梯必须是慢车，速度不超过0.63m/s。在轿顶设置检修与正常转换装置，一经转换进入检修状态，正常、紧急及对接操作均应取消，保证轿顶处检修操作优先。要注重GB7588中14.2.1.3和14.2.1.4的各项要求。在轿顶、层站与机房操作试验。

7）消防功能

做为“消防用电梯”或兼有消防功能用电梯，在撤离楼层（基站层）靠近层门的候梯处应增设消防专用开关和优先呼梯开关。检验时，将开关盒玻璃盖取下（紧急情况下打破玻璃盖）先令电梯上升，在轿厢达到指定层后，操纵消防开关，电梯应立即应答并直接返回基层站，而不接受任何外呼梯指令。

8）满载直驶（可在做平衡系数时进行）

设置满载直驶功能的电梯，在轿厢内均匀放置额定载荷（含操作人员）在两指令站操作电梯全程运行，应不应答各层站的呼梯而停车，只能停两指令站。两指令站由轿内信号或司机执行。

9）超载报警（可在做平衡系数时进行）

如有超载报警装置或称量装置，其动作应可靠，即当轿内载荷超过限定或额定重量，蜂鸣器应发出报警声音，轿厢不能启动。

10）轿厢内操纵要求

操纵检查，轿内操纵按扭动作应灵活，信号应显示清晰。

（3）电气安装检查

1）主电源开关

观看开关型号、规格及容量等参数，必要时进行操作试验。

（A）每台电梯应有单独设置的能切断该电梯主电源的主开关；

（B）主开关的容量应适合。一般情况，其容量不小于主机（电动机）额定电流的2倍，如电机额定电流15A，则主开关容量应至少等于或大于30A；

（C）主开关安装位置，应设置在机房入口处能方便迅速地接近，通道应畅通无阻；

（D）多台电梯共用一机房时，各台电梯主电源开关应与该梯主机及控制装置有相对应的易于识别的标志，如A对应A，B对应B等；

（E）主开关不应功断下列电路：

（a）轿厢内照明和通风；

（b）机房和滑轮间照明；

（c）机房内电源插座；

（d）轿顶与底坑的电源插座；

（e）电梯井道照明；

（f）报警装置。

也就是说上述6项电路及开关应与主电源开关分设。检查时，可操作以上6项电气开关和主电源开关，验证其电路和开关的正确性和可靠性。

2）敷线与接地

打开线管，线槽观看并用卷尺检测

（a）电梯动力线与控制线路应分离敷设，不应在同一线槽内或线管内，以免感应产生误动作。

（b）从进机房电源起零线与地线应始终分开敷设，接地线应是黄绿双色绝缘电线；

（c）36V以上电压的电气设备的金属罩壳均应设有易于识别的接地端，接地线应分别直接接到接地线柱上，不得互相串接后再接地。

3）线管、槽敷设

（a）线管、线槽敷设应平直、整齐、牢固；

（b）打开线管、线槽，管内导线总截面积不大于管内净截面积40%；槽内导线总截面积不大于槽内净截面积60%；

（c）软管固定间距不大于1m，端头固定间距不大于0.1m。

4）机房、井道照明：目测或用卷尺测量。

（a）机房应有固定式电气照明，地板表面上的照度应不小于200lx，用照度仪进行测量。在机房内靠近入口的适当高度处应设有一个开关，以便进入时能控制机房的照明；

（b）井道应设置永久性电气照明。设置要求：在井道最高和最低点0.5m以内各装设一盏灯；中间最大每隔7m设一盏灯。

（4）机房内检测

1）控制柜、屏安装位置，用钢卷尺测量

（a）控制柜、屏的正面距门、窗、墙垂直距离不小于600mm；

（b）控制柜、屏的维修侧距门、窗、墙垂直距离不小于600mm；

（c）控制柜、屏距机械设备距离不小于500mm。

2）旋转部件等涂色标志：观察检查

（a）在电动机或飞轮或曳引轮上应有与轿厢升降方向相对应的红色箭头标志；

（b）曳引轮、飞轮、限速器轮等外缘外侧应漆成黄色；

（c）制动器手动松闸板手应漆成红色并挂在易接近的墙上。

3）旋转部件润滑：观察检查

（a）曳引机应有适量润滑油，油标齐全、油位显示应清晰。检查时观看实际润滑油量应在油位显示规定的范围内或标杆规定的范围内；

（b）限速器活动部位亦有可靠润滑。

4）制动器松、合闸检测

首先应检查制动器动作应灵活，启动电梯检查。制动器两侧闸瓦与制动轮工作面应紧密、均匀地贴合。松闸应同步离开。其次检测闸瓦与制动轮工作面之间的间隙。检测前，机房短接上、下限位和极限电气开关，将电梯轿厢空载升至最高处直至对重压在缓冲器上，然后按下述两种操纵方式之一进行检测：

（a）切断电动机电源，单独给制动器线圈供电，使制动器松闸。用塞尺测量两侧闸瓦四角与制动轮工作面之间的间隙；

（b）一人掌握盘车手轮制止曳引主轴转动，一人用松闸扳手松开制动器闸瓦，另一人用塞尺测量两侧闸瓦四角与制动轮工作面之间的间隙；

（c）数据处理：见图7－7和表7－2。对于已检测出两侧的两组数据，则按GB10060标准要求：左侧四点平均值 $\delta_1=(0.4+0.3+0.4+0.5)/4=0.4<0.7$（mm），判定为合格，右侧四点平均值 $\delta_2=(0.1+0.7+0.5+1.3)/4=0.65<0.7$（mm），虽然平均值小于0.7mm，但由于上左0.1和下右1.3的相对差值大大超过0.7mm，不能保证紧密均匀地贴合。因此应该调正后再检测，直到合乎要求为止。

注：上述两种操作方法以第一种为好，松闸时同步均匀，并符合制动器实际工作情况，另外，有些进口主机制动装置不是闸瓦式的，比如盘式、摩擦轮式，胀闸式等，则应根据其说明书和有关标准资料要求进行检测。

闸瓦与制动轮工作面间隙　　单位：(mm)　　表7-2

测点 测位	上左	上右	下左	下右	平均	结论
左侧	0.4	0.3	0.5	0.4	0.4	合格
右侧	0.1	0.7	0.5	1.3	0.65	应调正

5）曳引轮、导向轮等绳、带轮铅垂线偏差检测

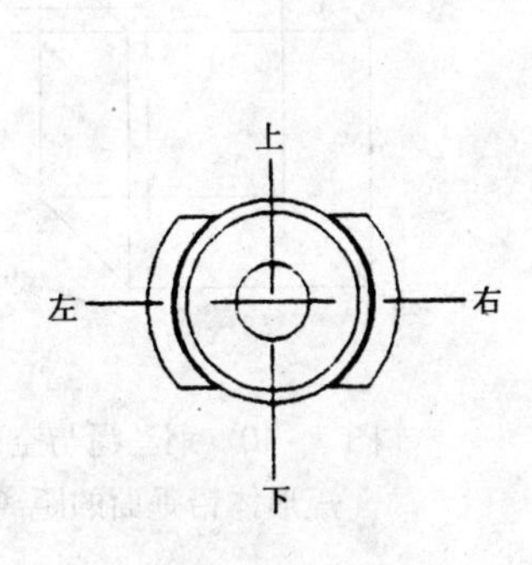

图7-7　制动松闸间隙检测

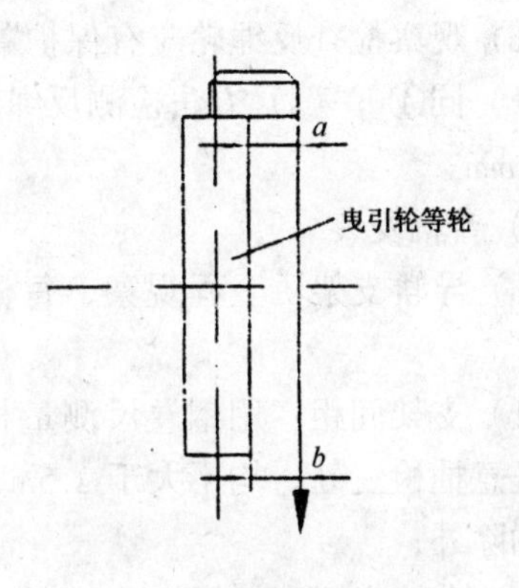

图7-8　曳引轮等铅垂度偏差检测

(a) 曳引轮、导向轮、限速器绳轮，选层器钢带轮等铅垂线偏差检测方法如图7-8所示，将水平磁力线坠（或多功能垂直校正器）吸放在轮的上外圆或侧面，用钢板尺测量 a 和 b 的尺寸，并计算其差值。$\Delta\delta = |a - b|$ 即为铅垂线偏差。对于限速器绳轮和选层器钢带轮的铅垂线偏差应不大于0.5mm，对于曳引轮、导向轮的铅垂线偏差应不大于2mm。

(b) 曳引轮与导向轮（或反绳轮）平行度

如图7-9所示，以曳引轮侧端面为基准，水平磁力线坠从曳引轮侧端面引出延长线（此线至曳引轮侧端面同一平面的距离应处处相等或为0）超过导向轮整个侧端面，然后用钢板尺测量导向轮中部处 δ 的大小，δ 即为曳引轮与导向轮平行度，且 δ 不应大于2mm。

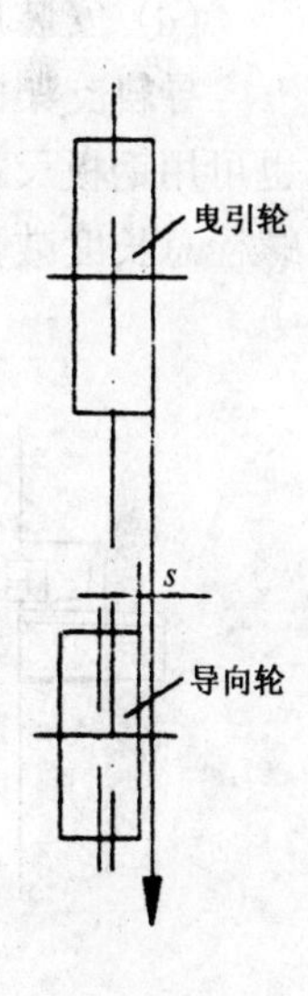

图7-9　曳引轮与导向轮平行度检测

(5) 轿顶上检测

1）导轨上端位置

机房短接上限位和极限电气开关，然后在轿顶操纵轿厢以检修速度点动将轿厢向上运行到达最高处，使对重压在缓冲器上并相对稳定后，检查轿厢两处导靴不应越出导轨。

2）轿顶最小空间

（a）轿厢处于①的位置，用钢卷尺测量轿顶上设备的最高部件（不包括导靴或滚轮、钢丝绳附件和垂直滑动门的横梁或部件最高部分）与井道顶部最低部件的距离，此距离（H）不应小于 $0.3+0.0035V^2$（m），其中 V 为电梯轿厢的额定速度；

（b）上条括号中部件最高部分与井道顶部最低部件的距离应不小于 $0.1+0.035V^2$(m)；

例如某电梯轿厢额定速度 $V=1.6$m/s，则轿顶最小空间距离为：$h_{\min}=0.3+0.035\times(1.6)^2=0.3896\approx0.39$（m）；

（c）用钢卷尺测量轿顶上矩形空间，不论矩形处于何种位置，但必须满足不小于 0.5m × 0.6m × 0.8m 的矩形空间要求。其中钢丝绳的中心线距矩形体的一个铅垂面的距离不应超过 0.15m，如图 7-10 所示。

3）轿顶反绳轮

（a）观察检查反绳轮应有保护罩和挡绳装置，润滑良好；

（b）同④⑤（a）方法检测反绳轮的铅垂线偏差，且不大于 1mm。

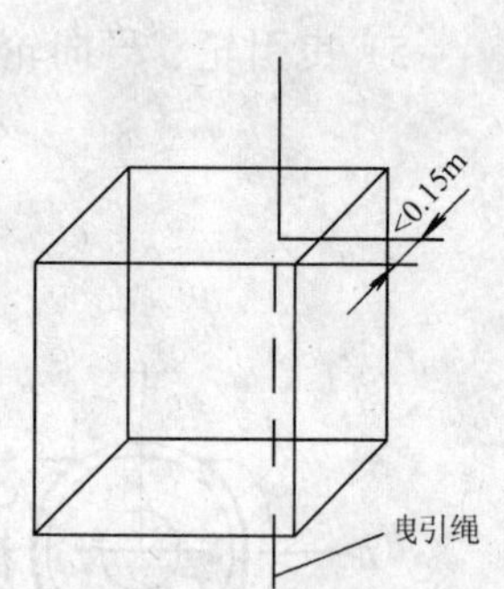

图 7-10　钢丝绳与空间矩形体铅垂面的距离

4）导轨安装

（a）导轨支架：全程观察，每根导轨应有 2 个以上的支架；

（b）支架间距：用钢卷尺测量相邻 2 个支架之间的距离，任意抽检三处，均不大于 2.5m；经计算允许加大支架间距的除外；

（c）支架水平度：用 500mm 长一字水平尺任意抽检三处以上支架水平度均不大于 1.5%；

（d）安装质量

导轨支架的地脚螺栓或支架直接埋入墙内的埋入深度应不小于 120mm，查安装记录。也可用钢板尺或卷尺测量螺栓长度（未埋入时的总长度）及支架、螺母和垫圈的厚度，将螺栓总长度减去墙外螺栓部分长度之差即为埋入长度（图 7-11）。

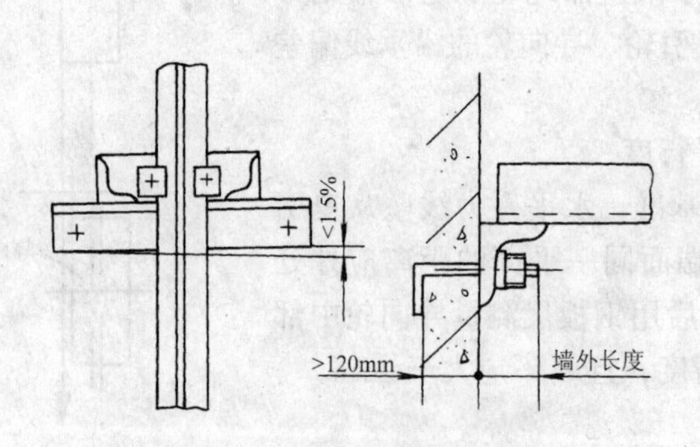

图 7-11　导轨支架螺栓埋入深度

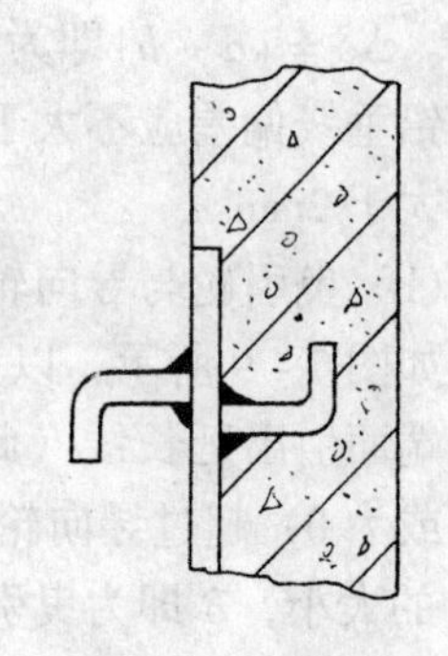
图 7-12　预埋钢板双面焊接

如果用预埋钢板焊接支架，其焊缝是连续的，并应双面焊牢，符合钢结构焊接规范要求，见图 7-12，不宜使用膨胀螺栓安装导轨支架。

5）导轨工作面（包括侧面和顶面）

直线度检测

方法（a），将磁力线坠吸放在导轨工作面上，并测量垂线中心至导轨工作面的距离A，然后轿厢以检修速度向下运行5m，当垂线平稳后，用钢板尺测量垂线中心与导轨工作面的距离B，A与B之差值即为导轨工作面直线度偏差。至少连续测量三次，对于轿厢导轨和设有安全钳的对重导轨偏差不大于1.2mm，对于不设安全钳的T型对重导轨偏差不大于2mm（图7－13）。

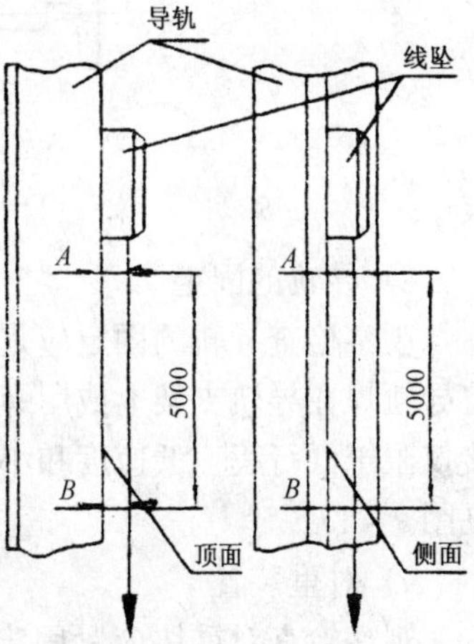

方法（b）利用测量精度更高的（如激光技术）方法直接测量出导轨全长及各段的偏差。

图7－13 导轨直线度偏差检测

6）导轨接头检测

（a）接头处缝隙

用塞尺检测轿厢导轨和设有安全钳的对重导轨工作面接头处间隙，不应有连续缝隙，且局部缝隙对于轿厢导轨不大于0.5mm，对于设有安全钳的对重导轨不大于1mm，如图7－14所示，每列导轨至少抽检三处。

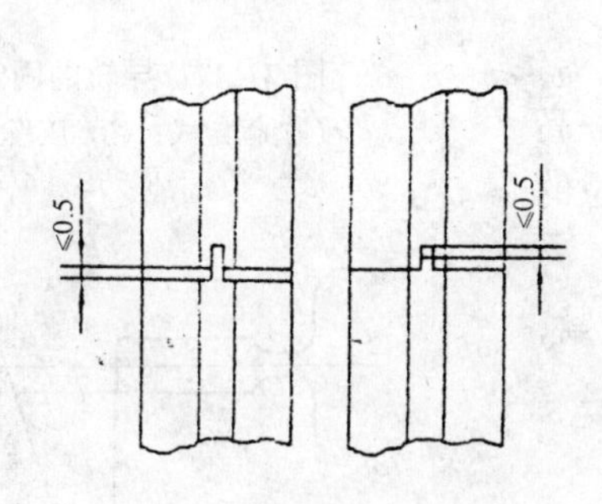

图7－14 导轨接头缝隙检测

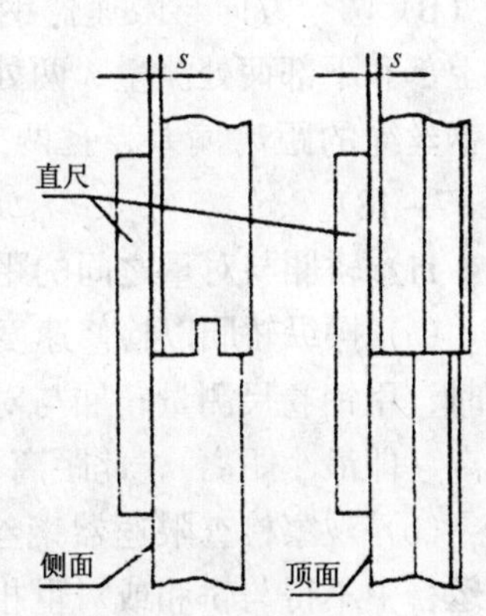

图7－15 导轨接头处台阶检测

（b）接头处台阶

用直线度为0.01/300的平直尺（或导轨尺）和塞尺，测量导轨接头处台阶，见图7－15，对于轿厢导轨和设有安全钳的对重导轨，其δ值不大于0.05mm，对不设安全钳的对重导轨，其δ值应不大于0.15mm。若检测台阶超差，要进行修平修光，则修光长度应大于150mm，每列导轨至少任意抽检三处。

7）两列导轨顶面间距

用钢卷尺在导轨支架处检测两列导轨顶面间的距离，全程范围内任意至少抽检三处。测量时，尺要放平拉直，并上下移动，取最小值，如图7－16。以设计轨间距为标准，对于轿厢导轨偏差为0～2mm；对于对重导轨偏差为0～3mm。

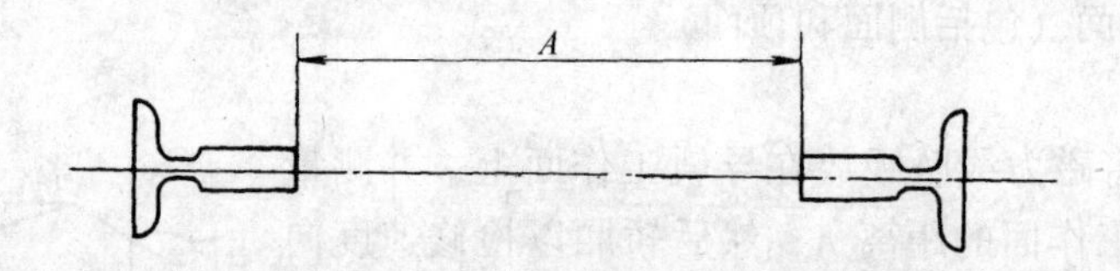

图 7－16　导轨顶面间距离检测

8）导轨的固定

观察检查导轨的固定应是用压板和螺栓固定，不应将导轨焊在导轨支架上或用螺栓直接连接（螺栓直接连接仅限于低行程、低速度和小吨位的对重导轨的固定）。见图 7－17。

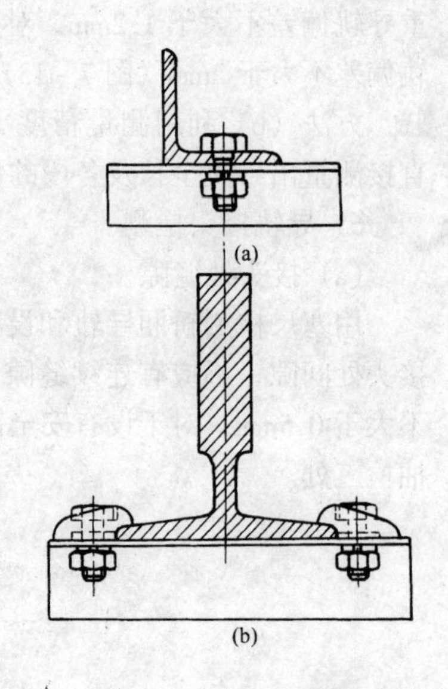

图 7－17　导轨的固定
(a) 固定式；(b) 压板式

9）对重装置

观察检查对重块应紧固牢靠。如对重架有反绳轮，则要有良好润滑并应设有档绳装置。

10）限速器绳至导轨导向面距离偏差

用钢板尺或钢卷尺测量导轨的侧导向面（A）和顶面（B）两个方向与限速器钢丝绳外缘的距离。在井道的上部和下部两处测量，两处的差值即为导向面与限速器钢丝绳的距离偏差，且两个方向均不得大于 10mm。(图 7－18)。

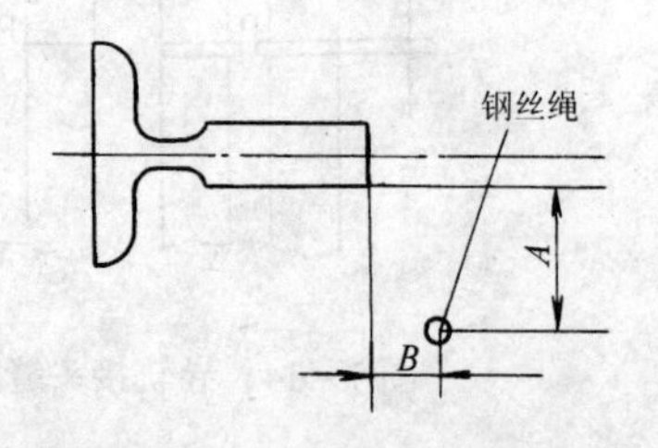

图 7－18　限速器绳至导轨导向面距离偏差检测

11）轿厢与对重之间的距离要求

(a) 操纵轿厢以检修速度运行至与对重处于同一高度时，用钢卷尺测量轿厢与对重装置之间最接近部位的距离（即最小距离），此距离不应小于 50mm。

(b) 观察检查限速器钢丝绳和选层器钢带应张紧，在运行中不得与轿厢或对重相碰触。

12）曳引绳头组合要求及钢丝绳张力检测

(a) 绳头组合要求，检查绳头组合必须安全可靠，锁紧螺母应有锁紧销或其他可靠锁定装置；

(b) 钢丝绳张力检测

操纵轿厢运行至井道 2/3 高度处，用测力计（或称管形测力计、弹簧秤）在水平方向，分别测量对重边各曳引绳在同一变位距离时的力。操作方法是：一人拿钢板尺（水平放置），0 点对准钢丝绳中心，另一人拿测力计钩住钢丝绳，用手向平行钢板尺方向拉动测力计到钢丝绳预定变位距离（例如移 100mm 或 150mm）后，读取并记录测力计上显示的数据。见图 7－19。

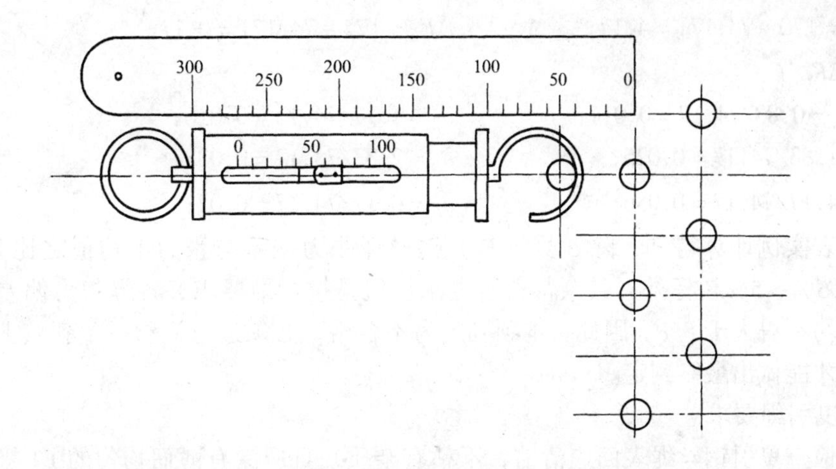

图7-19　曳引绳张力检测

依次将所有钢丝绳测量完。应注意所有钢丝绳测量的高度位置相同，预定的变位（水平移动）距离相等。最后进行数据处理，推荐用表7-3进行记录和计算。

曳引钢丝绳张力检测记录计算表　单位（N）　　　　**表7-3**

钢丝绳张力编号（*Fi*）	*F*1	*F*2	*F*3	*F*4	*F*5	*F*6
实测张力（N）	75	37	76	77	70	74
张力平均值 *F*（N）	*F* = *F*1 + *F*2··· + *Fn*）/*n* = 74.17					
各绳张力与平均值偏差 $\Delta Fi = \lvert Fi - F \rvert$	0.83	1.17	1.83	2.83	4.17	0.17
各绳张力偏差与张力平均值比值 $\delta = \Delta Fi/F$	0.011	0.016	0.025	0.038	0.056	0.002
标准要求	$\delta \times 100\% \leqslant 5\%$					

表中：$F = \sum_{n=1}^{n} F_i/n$

则 $F =$ （$F_1 + F_2 + F_3 + F_4 + F_5 + F_6$）$/6 = (75 + 73 + 76 + 77 + 70 + 74)/6 = 74.17(\text{N})$

$\Delta F_i = \lvert F_i - F \rvert$

则 $\Delta F_1 = \lvert 75 - 74.17 \rvert = 0.83$；　　　$\Delta F_2 = \lvert 73 - 74.17 \rvert = 1.17$；

$\Delta F_3 = \lvert 76 - 74.17 \rvert = 1.83$；　　　$\Delta F_4 = \lvert 77 - 74.17 \rvert = 2.83$；

$\Delta F_5 = |70-74.17| = 4.17$； $\Delta F_6 = |74-74.17| = 0.17$；

$\delta = \Delta F_i / F$

则 $\delta_1 = 0.83/74.17 = 0.011$； $\delta_2 = 1.17/74.17 = 0.016$；

$\delta_3 = 1.83/74.17 = 0.025$； $\delta_4 = 2.83/74.17 = 0.038$；

$\delta_5 = 4.17/74.17 = 0.056$； $\delta_6 = 0.17/74.17 = 0.02$；

从上表实例计算得知，除5号（F_5）钢丝绳张力偏差与张力平均值之比为0.056×100%=5.6%>5%超标外，其余都符合要求。但是按标准要求，各绳张力偏差与张力平均值之比均不得大于5%。因此，本项判定为不合格，必须进行调整后重新按上述方法检测计算，才能做出最终判定。

13）曳引绳要求

观察检查曳引钢丝绳表面应清洁，不粘有杂质，且应涂有薄而均匀的ET极压稀释钢丝绳脂。

14）轿厢架上限位碰铁安装要求

用铅垂直线和钢板尺检测限位碰铁的铅垂度。轿厢停在底层。一人在轿顶，一人在底坑，铅垂线由轿顶放下，以轿顶限位碰铁上端为基准，用钢板尺分别测量轿顶碰铁下端和轿底碰铁上下端至铅垂线间的距离，均不得超过3mm。

15）门锁检测

（a）操纵轿厢以检修速度运行，自下至上或自上至下逐层检测。

（b）操纵观察层门锁钩，钩臂及动接点，动作要灵活可靠。如果是单分门，而被动门是由钢丝绳等软性件连接驱动的，则在被动门上应有一证明门已关闭的电气装置。应保证先锁门，电梯才能运行（图7-20）。

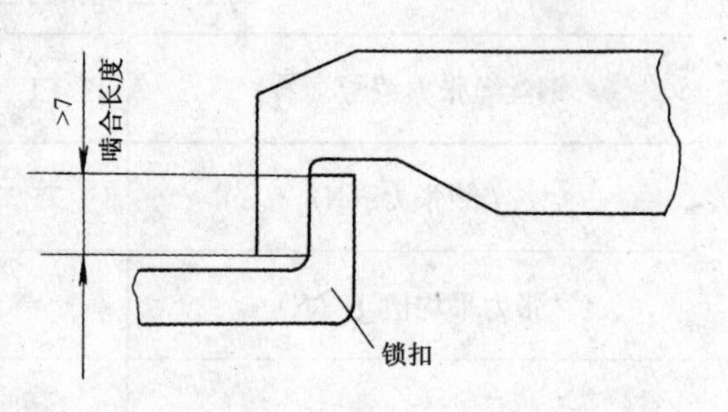

图7-20 门锁啮合长度检测

16）电缆支架和电缆安装要求

（a）检查随行电缆端部应可靠固定；电缆支架的安装应避免随行电缆与限速器钢丝绳、选层器钢带、限位和极限开关，井道传感器及对重装置等交叉，保证随行电缆在运行中不得与电线槽、管发生卡阻。随行电缆不应有打结和波流扭曲现象。

（b）检查轿底电缆支架与井道电缆支架应平等，并使电梯电缆处于井道底部时能避开缓冲器并保持一定距离。轿厢压缩缓冲器后，电缆不得与底坑地面和轿底边框接触。

17）门刀与层门地坎间隙检测

操纵轿厢检修速度运行，当轿厢门刀与层门地坎处同一水平位置时，用斜尺或塞尺测量两者间间隙。任意抽检三处以上，取其中最大值与最小值，且在5~10mm范围内。

（6）底坑中检测

1）导轨下端支承要求

轿厢导轨和设有安全钳的对重导轨的下端应支承在地面坚固的导轨座上。注意导轨座不应与缓冲器支承座连成一体。

2）轿底与缓冲器等距离、偏差

令轿厢地坎与底层层门地坎在同一水平位置时，底坑人员用钢卷尺测量轿厢底板与缓冲器中心的距离（h)。并用铅垂线和钢板尺测量轿厢撞板中心与缓冲器中心的位置偏差，见图7-21。同样，令轿厢地坎与顶层层门地坎在同一水平位置时，测量对重装置撞板与其缓冲器顶面距离及两中心偏差。

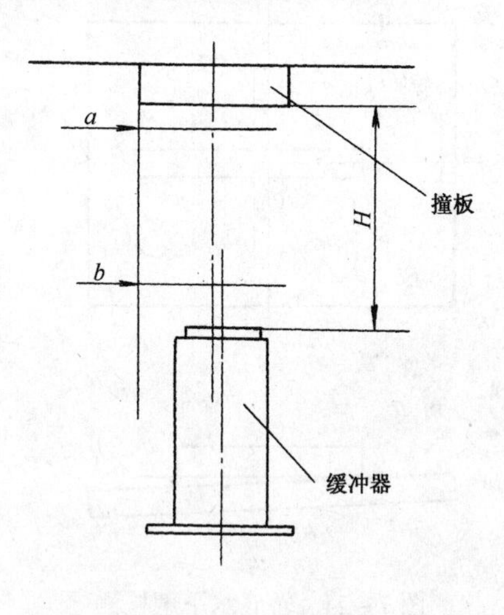

图7-21　轿底撞板与缓冲器距离检测

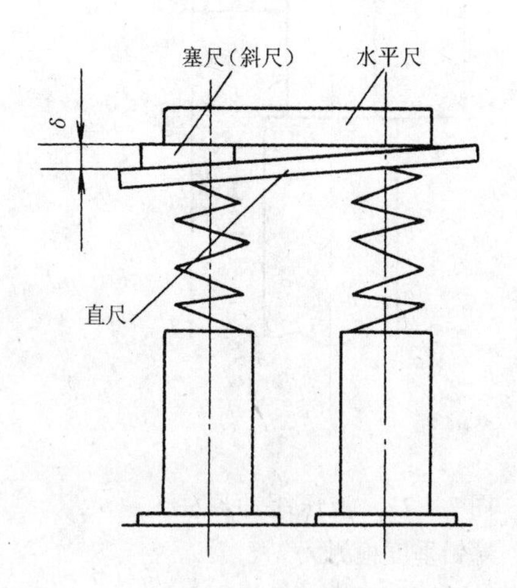

图7-22　缓冲器顶面水平高差检测

上述测量的距离，对于耗能型缓冲器（液压）为150~400mm；对于蓄能型缓冲器（弹簧）为200~350mm。两中心偏差不大于20mm。

3）缓冲器顶面水平高差

（a）用钢卷尺或钢板尺测量轿厢（或对重装置）撞板与底坑中同一基础上的两对（或两台以上）缓冲器顶面的距离，以其中二者最大的差值为缓冲器顶面最大水平高差，且不大于2mm；

（b）也可用直尺和水平尺及塞尺来测量如图7-22所示。

4）液压缓冲器柱塞铅垂度

将磁力线坠吸放在柱塞的上端或顶面上，用钢板尺测量柱塞壁上端及下部与垂线间的最短距离 a 和 b，a 与 b 之差即为柱塞铅重度偏差，且不大于0.5%。如图7-23所示。

例如：$L=450$　　$a=51$　　$b=52.5$

则 $a-b|/L=|51-52.5|/450\approx0.0033=0.33\%<0.5\%$（合格）

5）轿底最小间距与空间

令轿厢落在完全压缩的缓冲器上，用钢卷尺测量轿厢底部最低部分与底坑底面之间的净空距离，且不小于0.5m；

接着测量底部的矩形空间，不论矩形空间是何位置，但必须满足一个不小于0.5m×0.6m×1m的矩形空间要求。矩形体可以任何一面着地。

（7）轿厢里检测

1）轿底水平度检测

用1000mm或500mm长一字水平尺放在轿厢内底面中央，并调水平（水泡停于中间位置)，用塞尺或垫片和游标卡尺检测轿内水平度，且两个方向不应超过 3/1000（0.3%）。如图 7－24。

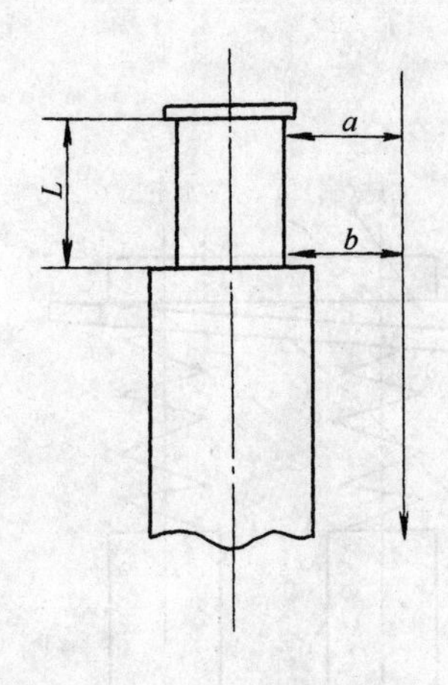

图 7－23　液压缓冲器柱塞铅垂度检测

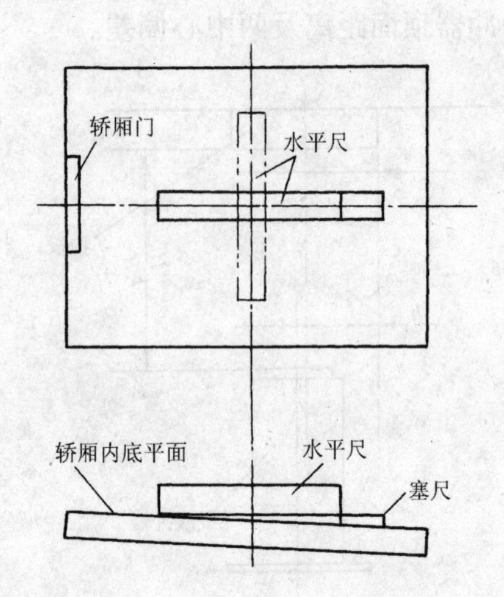

图 7－24　轿底水平度检测

2）门锁滚轮与轿门地坎间隙

令轿厢地坎与层门门锁滚轮处于同一水平位置时，用斜尺或塞尺测量二者间间距，任意抽检三处以上，取其中最大值与最小值，且在 5～10mm 范围内。

3）关门阻止力检测

轿厢处于检修运行状态，在轿厢内操纵自动门机驱动轿门关闭，行程超过 1/3 之后，用三等标准测力计（环形测力计）放在轿门中间位置，离地面 1.5m 处，检测关门阻力，且不应超过 150N。

(8) 层站处检测

1）层门地坎

用 500mm 长一字水平尺和塞尺测量层门地坎的水平度。在地坎长度方向上不大于 2/1000，在地坎宽度方向不超过 ±0.5mm；并检测地坎与装修地平面的高度差，要求地坎高出装修地平面 2～5mm，层层都应检查，取其最大值和最小值判定。

2）层、轿门地坎水平间距偏差

令轿厢平层，用钢板尺测量层门地坎两端与轿门地坎两端的水平距离 a 和 b，且 a 和 b 的偏差范围为 0～3mm，如图 7－25。

3）层门安装要求

用斜尺或塞尺检测层门门扇与门扇间隙 a，上、中、下测量点，取最大值与最小值；检测门扇与门套间隙 b，在左、右、上三边各测量二点，取最大值与最小值；检测门扇下端与地坎间隙 c，在门扇下端测量四点，取最大值与最小值，如图 7－26。对乘客电梯，上述间隙为 1～6mm，货梯为 1～8mm。

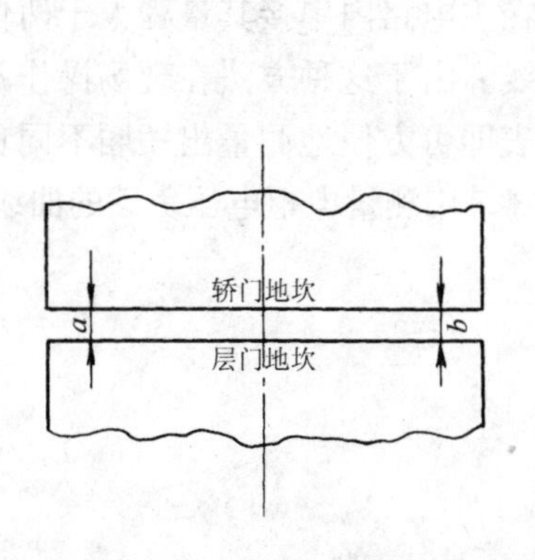

图7－25　层轿门地坎距离偏差检测

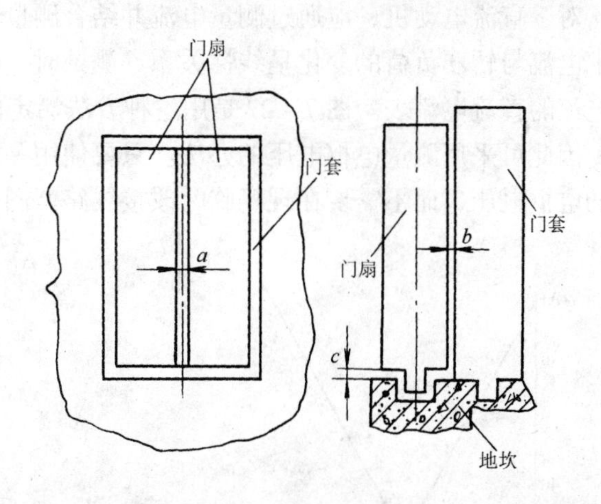

图7－26　层门安装间隙检测

(9) 整机功能性能检验

在做整机检验前，一般情况下要准备125%的额定载荷，当轿厢面积超过标准要求时应准备150%的额定载荷。

1) 平衡系数检测

电梯的平衡系数是电梯性能的一个重要指标。电梯在平衡状态下运行曳引电机的输出转矩最小。电机转矩的大小是曳引电梯平衡状态的直接反映。由于不易测出曳引电机的输出转矩，所以在实际中，都是间接地通过测量曳引电动机的电流，电压和转速等参数随轿厢负载的变化曲线来测定平衡系数。即是在轿厢为空载和载荷为额定载荷的25%、40%、50%、75%、100%、110%并以额定速度作上下直驶运行，当轿厢与对重运行到同一水平位置时，记录此时的电流、电压及转速的数值。然后根据记录，在座标纸上描绘出轿厢向上、向下运行的电流—负荷曲线（或电压—负荷曲线或转速负荷曲线）。两条曲线的交点即为平衡系数的大小。记录描绘曲线表格如表7－4。

电梯运行检测记录　　**表7－4**

项目＼方向		上行	下行	上行	下行	上行	下行	上行	下行
荷　重	(%)								
	(kg)								
电压	(V)								
电流	(A)								
电机转速	(r/min)								
轿厢运行速度	(m/s)								

对于直流电动机，应通过测量电流并结合测量电压来得出平衡系数，因为直流电动机电枢电流与轿厢负荷的变化呈线性关系，测试时，需要在主电路内串接其量程大于两倍额定电流的直流电流表。图7－27是用这种方法测定的曲线。由于这种方法在现场操作不方便，因此可采用测量电枢电压的办法。只要使用一电压表即可方便地测量出轿厢不同负载下的电枢电压，而不需要在现场临时改接线路。图7－28是用测量电枢电压负载的曲线。

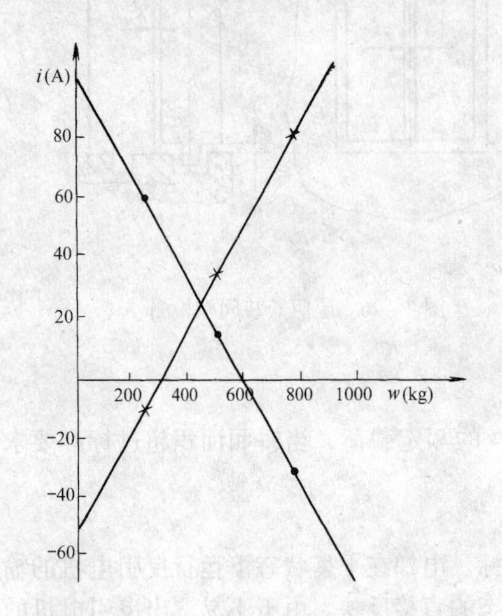

图7－27　直流电机电梯电流—负载曲线

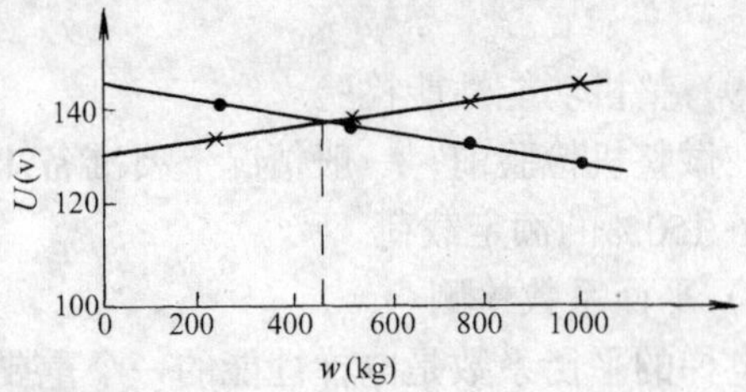

图7－28　直流电机电梯电压—负载曲线

对于交流电动机，可通过测量电流并结合测量转速得出平衡系数，如图7－29和图7－30。

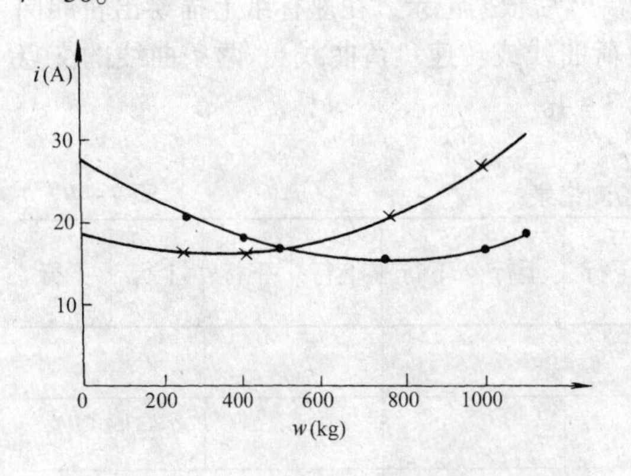

图7－29　交流电机电梯电流—负载曲线

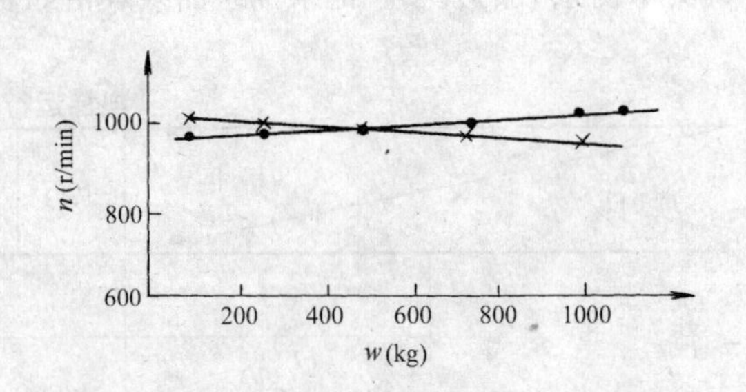

图7－30　交流电机电梯转速—负载曲线

检测试验中，应根据实际梯种及调速系统类别来选择平衡的测定方法。同时应注意以下几个问题。

(a) 用做平衡系数的荷载应用标准砝码或经精确称量过的重块（重物），其误差为±1%，防止压重质量估算取代，一般情况下，电源电压波动不应过大，尤其在40%～50%判定荷载重量测定时，电压波动不应超过2%，以保证测量与判定的准确。

（b）注意所检验电梯设计的平衡系数值及其说明，如果没有特别设定则按40%～50%判定。当在完成40%～50%载重量测定后发现平衡系数超标较大应及时纠正，分析找出原因后，根据情况调整对重或轿厢导靴松紧程度。如果平衡系数较小时就不应再做110%或125%的超载试验。否则是危险的。

（c）在检测调频梯时，应测调频器（变频器）前的供电电源的电流，而不能用普通钳形电流表测调频器后的主电路电流。

检测操作实例

测定一台额定载重量1000kg，额定速度1.6m/s，交流调频调压调速乘客电梯（TKJ1000－1.6－VVVF）的平衡系数。

a）准备工作

备用1250kg标准砝码或压重块，数显式钳形表或万用表（数字式机械表），数字光电转速表，对讲机（电梯无对话系统时），检测人员2～3名，机房操作和底层砝码搬运等辅助人员若干名。

b）将数显式钳形表夹于主电源（调频器前的供电电源）一相开二相线上；在电机主轴或联轴器外圆表面适当位置（数字光电转速表能照射得到，能看得见，整周表面干净，颜色一致），粘贴一白色短边不小于12mm的矩形感光纸片。

c）一人看钳形表兼记录，一人读转速表，另一人负责指挥和监看曳引钢丝绳上表示轿厢与对重处于同一水平位置时所做的标记。底层人员按机房统一指挥按规定向轿内上下砝码。

d）上述事项准备就绪后，首先做轿厢空载试验。指挥者发出开始指令，由机房或底层人员操纵轿厢以额定速度自底层向上直驶，其他人员各司其职。当指挥者看到钢丝绳上预定的标记与规定高度线（此线一般做在曳引机承重梁上表面）重合时，发出“到”的口令，记录员在表7－4中空载上行栏内记下所测到的电流值和转数。待电梯运行到顶层平层后，指挥者即可发出电梯向下直驶指令，同上行一样，听到指挥者发出“到”的口令，记录员在表7－4中空载下行栏同记下所测到的电流值和转数。这样，由轿厢空载运行测量起，按前面规定逐级加载运行测量，直到110%额定载荷为止（在做110%额载试验前，应断开超载控制电路）。然后按表7－4内数据在下部座标图上描绘上、下行电流一负荷曲线，其交点即为平衡系数点。

2）超载运行试验

在完成平衡系数检测后，不用卸砝码，接着进行110%额定载荷超载运行试验。在通电持续率40%情况下，操纵电梯以正常速度，全程范围运行，并起、制动30次，观察电梯应能可靠地起动、运行和停止（不计平层），曳引机工作正常。

3）超载与空载制停检验

（a）完成30次超载运行正常后，将轿厢内荷载加到125%额定载荷，操纵电梯运行，在全程下部范围下行停层3次以上，轿厢应被可靠地制停（不考核平层要求），并以正常运行速度下行时，切断电动机与制动器供电，轿厢应被可靠制动。

（b）卸去轿厢砝码，空载上行，在全行程上部范围停层3次以上，轿厢应能被可靠的制停。在机房观察曳引绳在曳引轮槽中应无任何滑动。

4）曳引打滑试验

短接上、下行程限位和极限电气开关，操纵电梯上行，当对重支承在被其完全压缩的缓冲器上时，空载轿厢不能被曳引绳提升起。即看到曳引绳在曳引轮槽上打滑时，轿厢就不能提升了，并马上切断曳引机电源。

5）超载静压试验

当轿厢面积不能限制载荷超过额定值时，即面积超过标准要求时，应该将轿厢置于底层，调整超重报警装置，轿内均匀放置150%额定载荷，曳引静载试验10min，观察曳引绳有无打滑现象。可在曳引绳和承重梁上面做对应记号检查，也可直接在底层层轿门地坎上用深度卡尺测量。

6）3000次连续运行无故障试验

（A）此项试验极为重要，因为初装电梯存在不少故障隐患和性能指标超标准问题，通过三、四天连续运行可将隐患暴露出来，可发现性能超标准现象以利及时修复或调整。保证交付使用后正常运行。但在交付验收时做这项试验时间太长，所以可由电梯安装单位在监督下完成，监督又可由用户代表或者用户委托有关单位帮助监督完成。验收时检查运行记录，见表7-5。必须注意要有用户代表及其单位签章认可。

（B）试验步骤和要求

a）轿厢分别以空载、50%额定载荷和额定载荷三种工况，并在通电持续率40%情况下，到达全程范围，按120次/h，每天不少于8h，各起动、制动及运行1000次，电梯应运行平稳，制动可靠，连续运行无故障。如出现故障，则应从排除故障，修复调整好后重新起算。

b）常用量程0~100℃酒精或水银温度计或温度指示仪（半导体）测量曳引机减速器油温和制动器，电动机的温升。先测量初始温度，然后在三个1000次运行结束后测量共三次。其中减速器油和制动器温升不超过60K，且温度不应超过85℃。电动机温升不超过GB12974的规定。

c）用钢板尺测量计算螺杆轴伸出端渗油面积，每小时测量一次，平均每小时不超过150cm^2。其余各处不得有渗漏油现象。

以上运行情况及测量数据应如实填入表7-5中。

电梯安装后交验前3000次连续运行无故障记录表　　表7-5

月份	日期	载荷工况	运行小时	次数	运行记录与故障所在部位名称及原因	记录人姓名
合计					客户代表：　年 月 日	
					客户单位签章：　年 月 日	

7）运行速度检测及偏差值计算

运行速度指当电源为额定频率和额定电压、电梯轿厢在50%额定载重量时，向下运行至行程中段（除去加速和减速段）时的速度。可用下述两种方法测得：

（a）用做平衡系数过程中电梯轿厢以50%额定载重量向下运行至平衡点时所测得的转数（n），按公式7－14计算求出：

$$V_1 = \frac{\pi Dn}{1000 \cdot 60 \cdot i_1 \cdot i_2} \quad (m/s) \tag{7-14}$$

式中　V_1——轿楔运行速度（m/s）；

n——实测电机转速（r/min）；

i_1——曳引机减速比；

i_2——曳引比。

偏差值按公式7－15计算：

偏差值 = δ（运行速度 V_1 － 额定速度 V）额定速定 × 100%　　（7－15）

且不应超过额定速度5%，不应低于额定速度8%。

（b）用测速器

直接测量曳引绳线速度，然后按公式7－15计算偏差值。

8）噪声检测

对于乘客电梯、病床电梯要检测机房、轿内运行与层、轿门开关过程的噪声，货梯仅检测机房噪声。采用声级计，A 计权、快档测量。

（A）机房噪声

首先测量背景噪声，即机房内机器运行以外的环境噪声。然后操纵轿厢以正常额定速度上下运行时，将声级计传声器距地面高1.5m，距声源（曳引电机及减速器等）1m处进行测量，测点不少于3点。数据记入表7－6中。

（B）运行中轿厢内噪声

检测时可将风机关停，将声级计传声器置于轿厢内中央距地面高1.5m处进行全程测量。轿厢运行前先测背景噪声。然后操纵轿厢运行，取全程测量中最大值为测量数据并记入表7－6中。

（C）开关门过程噪声

测试时，轿厢控制为“检修”状态，以免轿厢关闭后运行。一人将声级计置于轿厢门宽度中央，距门0.24m，高1.5m处，先测量背景噪声，即门开关以外的环境噪声，然后另一人操纵轿门关闭和开启，进行全过程测量，取其最大值。

再将声级计置于层站层门外宽度中央距层门0.24m，高1.5m处，先测量背景噪声，然后操纵轿门带动层门关闭和开启进行全过程测量，取其量大值。检测全部层站。数据记入表7－6中。

噪声检验记录 dB（A）　　表 7－6

层站	轿厢门			层站门			运行时轿厢内			机　房	
	开门	关门	背景	开门	关门	背景	上行	下行	背景		
										1	
										2	
										3	
										最大值	
										背景	
										备注	

（D）注意几点

a）噪声测试时，要求背景噪声应比所测对象的噪声至少低于 10dB（A），这样认为背景噪声对被测噪声无影响。如果不能满足规定要求时，则按表 7－7 进行修正，即噪声值 = 实测值 － 修正值。若被测噪声与背景噪声差值小于 3dB（A），则被认为测量无效。

噪声修正值 dB（A）　　表 7－7

声源工作时测得的 A 声级与背景噪声 A 声级之差	3	4	5	6	7	8	9	10	＞10
应减去的修正值	3.0	2.0	2.0	1.0	1.0	1.0	0.5	0.5	0

注：背景噪声系指被测量声源不存在时，周围环境的噪声。

b）开、关门过程噪声不以某一层站的层门或轿门开、关时的最大噪声来谰定，而是依据电梯整机性能检验项目及抽样判定法作最终判定，见表7－8和表7－9。例如测量10处，有2处超标，本项仍判为合格，若有3处以上不合格则判为不合格。

电梯整机性能检验项目表 **表7－8**

缺陷分类			检验项目
类	组	项	
致命缺陷	*A*	1～7	3.3.9 安全设施
重缺陷	*B*	1	3.3.1 运行速度
		2	3.3.2 起、制动加、减速度
		3	3.3.3，3.3.4 平均加、减速度及开关门时间（其中任一项不合格则本项不合格）
		4	3.3.5 垂直振动加速度
		5	3.3.5 水平振动加速度
		6	3.3.6 机房噪声
		7	3.3.7 运行中轿厢内噪声
		8	3.5.8 平衡系数
		9	3.5.3 曳引机渗漏
		10	3.4 外观质量
	C	1～n	3.3.6 开关门过程噪声
		n+1～2n	3.3.7 平层准确度

注：n为层站数，*C*组共计2n项。

抽 样 判 定 法 **表 7－9**

<table>
<tr><th colspan="3">缺 陷 分 类</th><th colspan="2">合 格 品</th></tr>
<tr><th>类</th><th>组</th><th>项</th><th>AQL</th><th>Ac，Re</th></tr>
<tr><td>致命缺陷</td><td>A</td><td>7</td><td>1.0</td><td>0，1</td></tr>
<tr><td rowspan="8">重缺陷</td><td>B</td><td>10</td><td>4.0</td><td>1，2</td></tr>
<tr><td rowspan="7">C</td><td>≤8</td><td rowspan="7">4.0</td><td>1，2</td></tr>
<tr><td>10～20</td><td>2，3</td></tr>
<tr><td>22～32</td><td>3，4</td></tr>
<tr><td>34～50</td><td>5，6</td></tr>
<tr><td>57～80</td><td>7，8</td></tr>
<tr><td>80～120</td><td>10，11</td></tr>
<tr><td>≤122</td><td>14，15</td></tr>
</table>

注：表中 A、B、C 组的项数均为 1 台项数，考核台数变化时，Ac，Re 数值应根据项数按 GB2828 的一次正常检查抽样表确定，AQL 值不变。

c）背景噪声有时候受周围环境多种因素的影响，不易测准，特别是层、轿门开关背景噪声较大。为了测得准确，只能找适当的时间，甚至夜间去测量。表 7－10 为标准要求的噪声值。

电梯的噪声值 dB（A） **表 7－10**

<table>
<tr><th>项 目</th><th>机 房</th><th>运行中轿内</th><th>开关门过程</th></tr>
<tr><td rowspan="2">噪声值</td><td>平 均</td><td colspan="2">最 大 值</td></tr>
<tr><td>≤80</td><td>≤55</td><td>≤65</td></tr>
</table>

注：1. 载货电梯仅考核机房噪声值；

2. 对于 $V = 2.5$m/s 的乘客电梯，运行中轿内噪声最大值不应大于 60dB（A）。

9）平层准确度检测

分空载和额定载荷两种工况进行

a）电梯额定速度≤1.0m/s时，操纵轿厢以额定速度自底层端站向上逐层运行和自顶层端站向下逐层运行，测量全部层站的平层准确度；电梯的额定速度>1.0m/s，操纵轿厢向上或向下行以达到额定速度的最小间隔层站为间距，测量全部层站的平层准确度；电梯在两个端站之间直驶测量端站平层准确度。

b）当电梯停靠层站后，在开门宽度中点处，用深度游标卡尺或直尺测量轿门地坎上平面对层门地坎上平面的垂直高度，即为平层准确度，测量数据记入表7-11。

轿厢平层准确度检验记录（mm） **表7-11**

停站	方向	空载	额载	停站	方向	空载	额载
	上行				上行		
	下行				下行		
	上行				上行		
	下行				下行		
	上行				上行		
	下行				下行		
	上行				上行		
	下行				下行		
	上行				上行		
	下行				下行		
	上行				上行		
	下行				下行		
	上行				上行		
	下行				下行		

校对： 检验员：

c）平层准确度判定的方法与开关门噪声判定方法一样，按表7-8和表7-9规定执行。表7-12为标准要求的平层准确度规定值。

各类电梯轿厢平层准确度规定值（mm） 表7-12

电 梯 种 类	合 格 品
交流双速（V≤0.63m/s）	±15
交流双速（0.63m/s≤1.0m/s）	±30
交流调速、直流（V≤2.5m/s）	±15

10）开关门时间检测

用计时器（秒表）测量层门开启或关闭的全过程所用的时间，表7-13为标准要求的开关门时间。

乘客电梯的开关门时间 单位（s） 表7-13

开门方式	开门宽度（B） mm			
	B≤800	800≤B≤1000	1000≤B≤1100	1100≤B≤1300
中分自动门	3.2	4.0	4.3	4.9
旁开自动门	3.7	4.3	4.9	5.9

11）轿厢起、制动加、减速度，平均加、减速度和振动检测，电梯起、制动加、减速度和轿厢运行的振动加速度是乘客舒适性评价的主要指标，是电梯整机性能质量评价的综合指标。

（A）检测工况

以轻载（不超过额定载荷的25%或含仪器和不超过2个试验人员）和额定载荷（包括试验人员）两种工况进行测试。载荷应均匀放置在轿厢内，中心留出空间放置传感器用。

（B）检测方式

按标准要求分单层、多层和全程三种方式进行。其中单层检测选中间层站，上行、下行各一次；全程检测时，起、制动上行、下行各一次；垂直振动（轿厢运行方向）全程上、下行各一次；水平振动全程上、下行各二次(包括垂直轿厢门和平行轿厢门两个方向)。

（C）使用仪器

一般总是采用应变式或其他加速度传感器、放大器、记录仪、分析仪等测试仪器，相互匹配使用。其中传感器频率响应范围上限为100Hz记录电梯加、减速度信号的频率范围上限为30～50Hz，记录振动加速度信号的频率范围上限100Hz。目前，国内有中国科学院合肥智能高技术公司和上海交通大学电梯检测中心根据上述技术要求研制的专用电梯加速度测试仪，集传感器采样、分析放大、记录绘力产数字显示功能于一体，携带轻便，操纵简单，精确度高，可完成上述各项性能的测试，能在测试结束后立即显示和输出打印测试结果。仪器操作方法、调正、注意事项及维修保养等可见相应的使用说明书。

(D) 检测实例及试验结果评定

测定某台额定载重量1000kg、额定速度1.6m/s，17层17站交流调压调频调速乘客电梯（TKJ1000－1.6－VVVF）的起、制动加、减速度和振动加速度。

采用DJ－Ⅱ型电梯加速度测试仪进行检测，也可用其他的仪器检测仪进行检测。仪器操作按键及显示见图7－31板面设置。

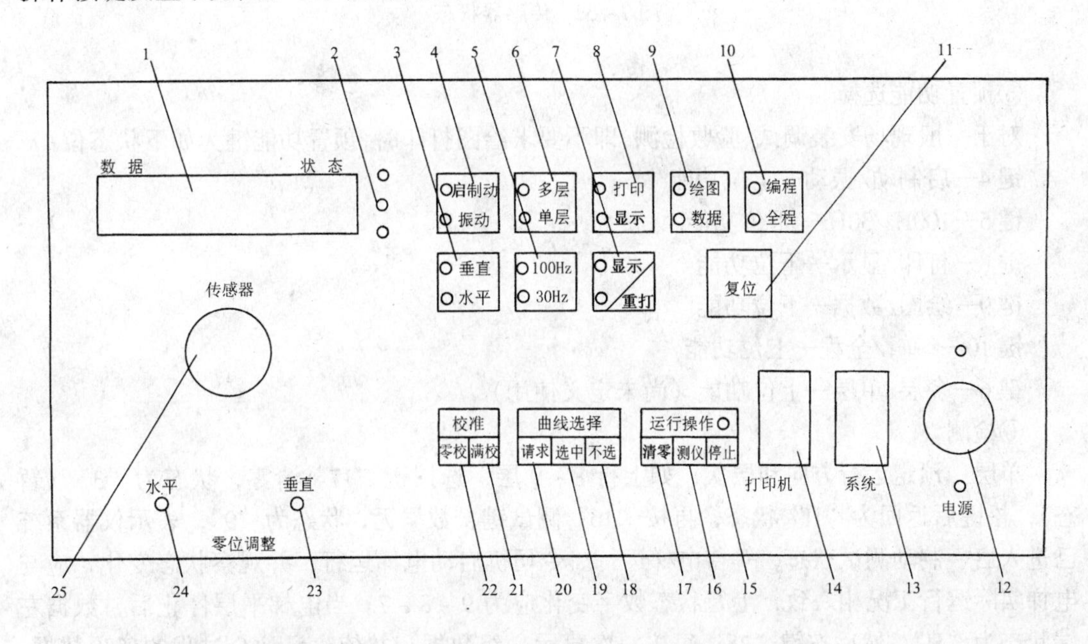

图7－31　加速度仪面板设置

从轿厢顶引接220V电源电线到轿厢内，作为电梯加速度仪的供电电源（带三眼插座接线板）将加速度仪放置平稳，传感器平台置于轿厢内底平面中心位置，并用三个支承螺钉调整水平，使水泡处于圆圈中心。然后插好电源与传感器插头，开启电源开关，让仪器通电预热15～30min后进行操作。

a）起、制动加、减速度及平均加、减速度检测操作顺序：

①按“复位”键，数据显示为000±50（－050～050范围），状态为0，传感器处“A”状态；

②按“零校”键，数据为000±50，状态为1，传感器处“A”状态；

③将传感器翻转90°（松开固定螺钉）处“B”状态，稳定后按“满校”键，数据显示980±5（即985～975范围）状态为H；

④将传感器由“B”状态返回“A”状态，拧紧固定螺钉，数据为000±5，状态为H（图7－32）；

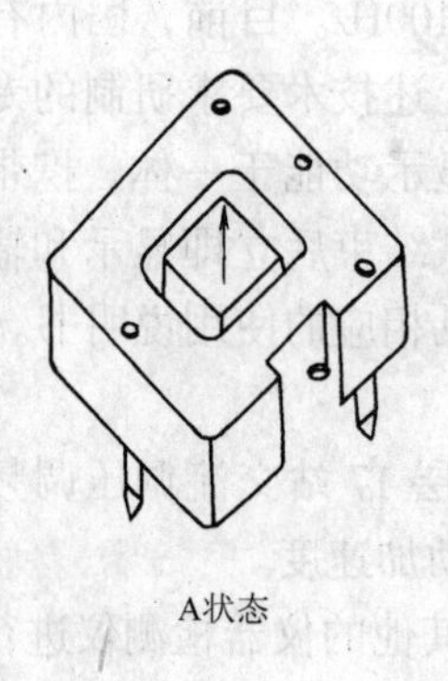
A状态

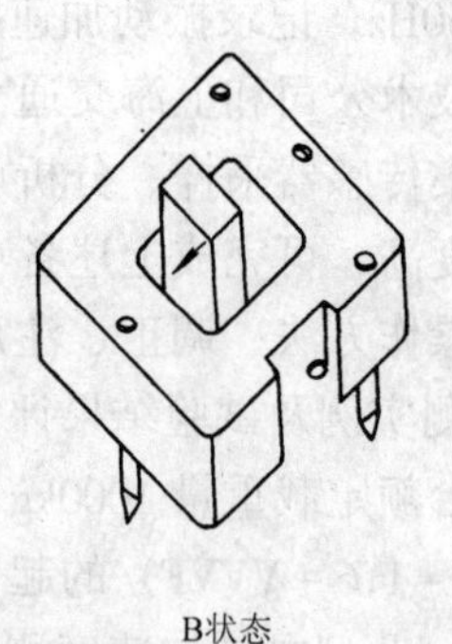
B状态

图 7-32 传感器状态

⑤预置功能选择

对于一般现场安装调试、验收检测，即不要求绘图打印时，预置功能键为如下状态位：

键 4—启制动/振动—上位功能

键 5—100Hz/30Hz—下位功能

键 8—打印/显示—下位功能

键 9—绘图/数据—下位功能

键 10—编辑/全程—上位功能

键 6—多层/单层—上位功能（尚未定义使用）

⑥检测

单层：预定运行方向和层次，如上行 8~9 层，选按键“17”清零，状态为“3”（暂态），松键后返回为“H”状态，再按“16”测试键，数据无，状态为“9”，表示仪器系统已进入启、制动测试状态，等待电梯运行。令司机启动电梯运行，并观察状态变化，应与电梯实际运行工况相一致，上行状态数字变化应为 9-8-7。当电梯平层停止后，数据左端状态为“H”，然后按键“7”，每按一次显示一组数据，并依次显示全过程的各项数据，首先显示加速度过程持续时间 0.75s（数据 0.75，状态 s），其次显示过程平均加速度 0.54m/s^2，再显示加速度过程加速度峰值 126cm/s^2，然后是减速过程持续时间 1.25s，减速过程平均速度 052cm/s^2 及减速过程减速度峰值 1.18cm/s^2。时间参量可不记录。将所显示的四组需要的数据填入表 7-14 中。

加、减速度和振动速度检测记录　　单位（m/s^2）　　表 7-14-1

序号	1	2	3	4	5	6	7	8
工　况	轻　载				额　载			
	起动加速度	平均加速度	制动减速度	平均减速度	起动加速度	平均加速度	制动减速度	平均减速度

续表

序号		1	2	3	4	5	6	7	8
上行区间	1-17	1.29	0.56	1.32	0.51	1.22	0.54	1.30	0.56
	8-9	1.26	0.54	1.18	0.52	1.25	0.54	1.17	0.55
	14-16	1.24	0.52	1.28	0.54	1.22	0.52	1.26	0.54
	1-4	1.20	0.52	1.21	0.53	1.21	0.51	1.22	0.52
下行区间	17-1	1.30	0.53	1.31	0.56	1.26	0.51	1.29	0.55
	9-8	1.22	0.55	1.15	0.53	1.20	0.54	1.17	0.54
	16-14	1.22	0.54	1.25	0.55	1.21	0.53	1.24	0.51
	4-1	1.19	0.51	1.22	0.52	1.18	0.52	1.23	0.53

垂直、水平振动加速度　单位（m/s^2）　　表7-14-2

序号	1	2	3	4	5	6
工况	轻载			额定载荷		
	轿厢运行方向	平行轿厢门	垂直轿厢门	轿厢运行方向	平行轿厢门	垂直轿厢门
全程上行	0.23	0.171	0.142	0.22	0.160	0.138
全程下行	0.21	0.149	0.126	0.19	0.123	0.116

再从9-8层下行，操纵同前，只是状态数字变化应为9-A-B。将所显示各需要的四组数据记入表7-14-1中。

多层和全程检测只是轿厢运行层次不同，仪器操纵方法读数顺序与单层完全相同，按（B）检测方式选择层次。将所测数据记入表7-13中。

b）垂直振动检测，做完全程起、制动加速度检测后，接着做垂直振动加速度检测，传感器位置状态不变，只将预置功能键“4”由上位功能（起、制动）改为下位功能（振动），键“5”由下位功能（30Hz）改为上位功能（100Hz），其他不变。此时仪器显示状态为“一”，再按一下键“17”清零，显示为“3”（暂时态），松键后返回为“一”，此后，人和物位置等要稳定。然后令司机操纵电梯电底层直驶顶层，待电梯运行引进入匀速阶段后（约2~3层），按测试键“16”，显示状态“5”，仪器进入实时测量处理状态。当达到预定层次（约15层），立即按停止键“15”，仪器停止采样并进行处理，左端状态为“一”。然后按显示键“7”，按两次，依次显示垂直振动速度正峰值和负峰值，如023和=019（单位显示 cm/s^2，状态5），记入表7－14－1中（可只选绝对值大的记入）。以相同的操作程序，轿厢由顶层直驶底层，同样可测得两个数据记入表7－14－1中。

c）轿厢水平振动检测（分平行轿厢门和垂直轿厢门方向二次检测）。垂直振动检测完后，将传感器置于“B”状态，且平行轿厢门方向。将预置功能键“3”由上位功能（垂直）改为下位功能（水平），其他预置功能同垂直振动检测。操作程序读数方法也同垂直振动检测，只是仪器上单位显示为“mm/s^2”。同样得到四组数据如150，－171（上行），145，－149（下行），取上、下行中绝对值大的记入表7－14－2中。将传感器换一个方向，即垂直轿厢门方向并调整水平。其他不变，再检测垂直轿厢门方向的水平振动加速度。取上、下行中绝对值大的一组，如上行－142，下行126记入表7－14－2中。轻载检测完后，轿厢内均匀放置额定载重量的砝码（含检测人员的质量），重复上述检测，将所检测的数据记入表7－14－2中。

d）各检测参数的评定。标准对乘客电梯的起、制动加、减速度，平均加、减速度和振动加速度的要求如表7－15。

乘客电梯起、制动加速度，平均加、减速度和振动加速度规定值 单位(m/s^2) 表7－15

起、制动加、减速度	平均加、减速度		振动加速度	
	$1.0m/s^2 < V \leqslant 2m/s^2$	$2.0m/s^2 \leqslant 2.5m/s^2$	垂直	水平
≤1.5	≥0.48	≥0.65	≤0.25	≤0.15

对于货梯和额定速度大于2.5m/s的客梯，因国家标准未做具体规定或还未制定标准，则参照上述规定或企业标准要求执行。

从本次检测结果得出起动加速度最大值为 $1.30m/s^2$，制动减速度最大值为 $1.32m/s^2$，平均加速度最小值为 $0.51m/s^2$，平均减速度最小值为 $0.51m/s^2$，均符合标准化要求，判定为合格；垂直振动加速度最大值为 $0.23m/s^2 < 0.25m/s^2$，判定为合格；水平振动加速度最大值为 $0.17m/s^2 > 0.15m/s^2$，判定为不合格。

（10）外观质量检测

1）轿厢、轿门、层门及可见部分的表面及装饰应平整，外表面不得有大于3mm的凹进或凸出部分；涂漆光洁、均匀，美观，不应出现漆膜脱落；粘接部位不应有开裂现象。目测或用直尺和塞尺测量。

2）信号显示应清晰明亮，无故障。目测。

3）焊接部位焊缝应均匀一致，铆接部位应牢固。目测和手感。

4）所有紧固件调正后应无脱落和松动。目测和手感。

5）各部件位置应正确；活动部位应运转灵活。相对位置及间隙应在规定的范围内；各部件处于正常工作状态。目测。

将上述检测情况记入表7－16

外观质量检测记录　　表7－16

序号	项　目	检测结果	结　论
1	外观及表面情况		
	涂漆及漆层		
	铆接、焊接部位		
2	信号指示		
3	焊缝及焊点		
4	紧固件		
5	各部件位置及工作情况		

7.2.4　重大改装或事故以后的检测

7.2.4.1　要求

重大改装或事故经过修复或大修以后的电梯，按国家有关规定必须经过质量检验合格以后才能继续交付使用。

(1) 额定速度、额定载荷、轿厢质量、行程、门锁装置等类型一项或几项的改变；

(2) 控制系统，导轨或导轨类型、门的类型，电梯驱动主机或曳引轮，限速器、安全钳装置、缓冲器等一项或几项的改变或更换。

7.2.4.2　检测

(1) 检测项目　按电梯安装验收规范 GB10060 的规定，凡涉及到 7.2.4.1 内容中的项目以及规范中的重要项目或经过大修后的电梯必须进行检测，检测技术和方法见前面 7.2.3.3 条。

(2) 这些检测不应超出电梯交付使用前的检测，也不应超过对其原部件所要求的试验内容。

7.2.5　定期检验

7.2.5.1　定期检验的原则

(1) 按国家电梯管理规范要求进行定期检验（即年度检验），其检验内容不应超出电梯交付使用前的检验；

(2) 定期检验是经常和反复进行的。因此，定期检验要注意不应对电梯各部分，尤其是对安全钳装置和缓冲器造成过度的磨损或产生可能降低电梯安全性能的结果；

(3) 门锁装置、限速器、安全钳和缓冲器四大安全部件的能力已在型式试验中经国家质检机构检验认可，其装配和动作正确性已在电梯交付使用前后试验中进行过检验。定期检验时，应确认这些部件总是处于正常工作状态；

(4) 当进行安全部件试验时，应在轿厢空载和已减速的情况下进行。

7.2.5.2 定期检验项目和方法

首先应启动电梯上下运行数次，判定受检电梯可以安全运行，操纵系统和信号指示正确，然后按机房、轿顶、底坑、层站和轿内顺序进行检验。

(1) 机械制动器检测，7.2.3.3 (4) 4) 条

(2) 钢丝绳检测

a) 检查钢丝绳表面的清洁情况，不允许有降低摩擦系数的不清洁的油污存在；

b) 检查曳引轮绳槽是否有摩损不均匀的情况；

c) 检查钢丝绳有无断丝情况，并按表 7 – 17 进行判定。用钢板尺随机量取所需检查的长度，比如 6×9 的钢丝绳，直径 d 为 13mm，则量取 6d = 6 × 13 = 78mm，发现其长度内有 5 根断丝，或 30d = 30 × 13 = 390mm 内有断丝 10 根，不应报废，如果有 6 根以上或 12 根以上就应予以报废。

钢丝绳报废的可见断丝数 单位（根） **表 7 – 17**

类型		测量长度范围	
		6d	30d
西鲁式	619	6	12
	819	10	19

注：表中 d 为钢丝绳公称直径

再用带有宽钳口（钳口宽度最小足跨越两个相邻的股）游标卡尺随机测量钢丝绳直径，在至少相距 1m 以上的两点处，在每点互相垂直的两个方向上测量两次，取四次测量的平均值为钢丝绳的实测值，其值相对公称直径减少 7% 以下时，不应报废。若其值相对公称直径减少 7% 以上时，即使未发现断丝，也应考虑报废。

(3) 锁紧装置检测

轿顶操纵电梯检修速度运行自上而下逐层检查门锁。仔细观察门锁有无损坏，触点有无烧蚀，电气触点接线情况，绝对不允许有短接线存在。用钢板尺测量锁钩处关闭时的啮长度是否大于 7mm，少于 7mm 则应调正到位。见 7.2.3.3 (5) 15) 条。

(4) 限速器—安全钳检查及联动试验

检查及试验方法参照7.2.3.3（1）2）条。

（5）缓冲器检查试验

检查及试验方法参照7.2.3.3（1）3）条。

（6）报警装置

检查报警装置的实用性和可靠性，不拘泥装置的形式，只要求可以向外报警求援即可。因此，电话、警铃均可，检查其能否正常工作。

7.3 液压电梯检测

7.3.1 液压电梯的主参数辅助主参数

（1）液压电梯的主参数为额定载重量和额定速度，见表7－18和表7－19。

液压电梯的额定载重量系列 单位（kg） 表7－18

400	450	500	630	750	800	1000	1600	2000	2500
3000	4000	5000	6300	8000	10000	12500	16000	20000	

液压电梯的额定速度第列 单位（m/s） 表7－19

0.10	0.16	0.20	0.25	0.32	0.40	0.50	0.63	0.75	0.80	1.00

（2）驱动轿厢移动的液压缸柱塞杆直径和液压站油箱容量作为液压梯的辅助主参数，见表7－20和表7－21。

液压电梯液压缸柱塞杆直径系列 单位（mm） 表7－20

70	80	90	100	110	125	140	160	180	200

液压电梯液压站油箱容量系数列 单位（mm） 表7－21

160	200	250	320	400	500	630	800	1000	1600	2000	2500

7.3.2 标准液压电梯轿厢、井道、机房的型式与尺寸

见JG5071－1996液压电梯附录H图HIA、图HIB、H2、H3A、H3B H4、H5A和H5B。

7.3.3 液压电梯机房

（1）电梯的液压站、电控柜及其附属设备必须安装在一间专用的房间里，该房间应有

独立的门、墙、地面和顶板。与液压电梯无关的物品不得置于其内。

(2) 机房内禁止烟火，并应设有火灾报警器和适用于电器和油液的灭火器。

(3) 机房内应有足够的照明和通风设备，保持环境干燥。

(4) 机房地面最好采用水磨面地面以防油的污染。

(5) 未采用油浸电机及螺杆泵的液压电梯，为降低机房噪声，最好采取隔音和吸音措施。

(6) 机房内设备安装及其空间位置要求同 GB10060 规定。

7.3.4　液压电梯井道

(1) 电梯的动力液压油缸应与所驱动轿厢处于同一个井道，动力液压油缸可以伸到地下或其他空间。

(2) 电梯井道设计时应符合表 7－22 的规定。

液压电梯井道设计规定　　表 7－22

类别	液压电梯的型式及额定载重量（kg）	对井道壁的要求
1	单缸中心直顶式≤2000	①允许用砖墙：墙壁厚≥240mm，一级红砖，600 号水泥砂浆砌筑 ②预埋有连接钢筋混凝土块
	多级缸中心直顶式≤2000	
	多缸侧置直顶式≤1600～5000	
	单缸侧置直顶式≤1600	
	倍率式≤630	
2	除上述以外的各种型式的液压电梯	①绝对不允许用砖墙 ②钢筋混凝土墙壁厚≥180mm（载重量≤1000kg 时）；≥240mm（载重量＜1000kg 时）
	其他任何载重量的客梯、客货梯、病床梯。	

(3) 井道壁建筑若不符合表 7－22 要求时，必须以钢结构井架承受电梯全部荷载，钢结构井架的强度及刚度应符合所安装的电梯正常运行要求。

(4) 设置于室外的钢结构井道，除层门外，必须设密封式可拆卸式防护板。室外钢结构架井道应能防止雨水浸入，底坑底便于排水。

(5) 采用中心提升式的液压电梯，在井道上方所设置的承重梁梁端应超过墙中心，梁下垫以能承受其全部载荷的钢筋混凝土过梁或金属过梁。

(6) 电梯的井道下部的底坑，除了安装缓冲器，导轨底板以及液压悬挂装置支架和排水装置等各种基础外，应大体呈水平状，且作防潮处理，底坑深度应不小于 1.2m。

(7) 底坑中应具有集油装置，当液压系统一旦漏油时，必须把全部流出的油液收集起来。

(8) 液压电梯井道垂直度和水平尺寸允许偏差见7.2.3.2 (3) 3) 条。

(9) 井道和底坑其他要求应符合GB7588的规定。

(10) 井道与轿厢之间的关系见JG5071附录H4。

7.3.5 液压电梯正常工作条件

(1) 液压电梯每小时启动运行的次数不应大于60次。

(2) 液压系统油箱的油温应控制在5~70℃之间。

(3) 其他7.2.1条。

7.3.6 液压电梯检测项目和方法、检测工具和仪器设备

7.3.6.1 安全装置检测

(1) 供电系统断相错相保护装置见7.2.3.3 (1) 1) 条。

(2) 缓冲器装置见7.2.3.3 (1) 3) 条。

(3) 层门锁与轿厢门的电气联锁装置见7.2.3.3 (1) 4) 条。

(4) 超越上、下极限工作位置保护装置见7.2.3.3 (1) 5) 条。

(5) 安全窗见7.2.3.3 (1) 5) 条。

(6) 悬吊机构失效保护装置—安全钳或限速器—安全钳联动试验，见7.2.3.3 (1) 2) 条及国家认证检测部门签署的报告。

(7) 停电或电气系统故障时，能使轿厢下降运行至楼层的装置。

a) 用应急电源点亮照明灯并能使轿厢自动下降至楼层打开层门。

b) 操纵液压站上的手动下降装置，使轿厢以不大于0.3m/s速度运行至楼层。以上动作应可靠，运行平稳。

(8) 液压油温升报警保护装置

现场调节报警保护装置至一定限度，并用温度计测量油温对照，报警保护装置应能发出报警或切断电源，使液压站停止工作。

(9) 超载保护装置见7.2.3.3 (2) 9) 条。

(10) 超速保护装置—限速切断阀的检查。

限速切断阀应直接用法兰安装在液压油缸上，也可以和液压油缸组合在一起或与液压油缸用螺纹连接。限速切断阀的动作速度应小于轿厢下行额定速度Vd的1.5倍，但不得大于Vd+0.3(用m/s表示)。检查限速切断阀试验记录，要有国家认证检测部门签署的报告。

7.3.6.2 导轨安装检测见7.2.3.3 (5) 4) 条。

7.3.6.3 电缆支架和电缆安装见7.2.3.3 (5) 16) 条。

7.3.6.4 层站处检测见7.2.3.3 (5) 17) 条和7.2.3.3 18) 条。

7.3.6.5 轿厢里检测见7.2.3.3 (7) 条。

7.3.6.6 额定速度检测

在液压电梯平衡运行区段（不包括加、减速度区段）事先确定一个不少于2m的试验距离。电梯启动后，用行程开关或接近开关和电子秒表分别测出通过上述距离时，空载轿厢向上运行和额定载荷轿厢向下运行所需的时间（分别进行3次取其平均值），按公式7-16和7-17计算其速度：

$$V_1 = L/t_1 \tag{7-16}$$

$$V_2 = L/t_2 \tag{7-17}$$

式中　V_1——空载轿楔上行速度（m/s）；

t_1——空载轿厢运行时间（s）（三次平均值）；

L——试验运行距离（m）；

V_2——额定载重量轿厢下行速度（m/s）；

t_2——额定载重量轿厢运行时间（s）（三次平均值）。

然后按公式 7-18 计算空载轿厢上行速度与上行额定速（V_m）的差值 ΔV_1，即：

$$\Delta V_1 = \frac{|V_1 - V_m|}{V_m} \times 100\% \tag{7-18}$$

按公式 7-19 计算额定载重量轿厢下行速度与下行额定速度（V_d）的差值 ΔV_2，即：

$$\Delta V_2 = \frac{|V_2 - V_d|}{V_d} \times 100\% \tag{7-19}$$

按 JG5071 标准规定，上两项差值均不应超过 8%。

检测数据和计算结果填入表 7-23。

额定速度试验记录表　　　　表 7-23

上行试验序号	1	2	3	平均
运行区段距离（L，m）				
空载运行时间（t_1，s）				
空载上行速度：$V_1 = L$/平均时间 =				
下行试验序号	1	2	3	平均
运行区段距离（L，m）				
额定载重量运行时间（t_2，s）				
额定载重量下行速度：$V_2 = L$/平均时间 =				
相对误差	$\Delta V_1 = \frac{\lvert V_1 - V_m\rvert}{V_m} \times 100\%$ $\Delta V_2 = \frac{\lvert V_2 - V_d\rvert}{V_d} \times 100\%$			

7.3.6.7　平层精确度检测

检测方法参照 7.2.3.3（9）9）条，检测结果记入表 7-24。

平层精确度检测记录表 表7-24

层站		检测数据	备注
次序	1-2		
	2-3		
	3-4		
	4-5		
	5-4		
	4-3		
	3-2		
	2-1		

平层精确度应在±15mm的范围内。

7.3.6.8 运行试验和超载试验

(1) 在轿厢空载和额定载重量情况下，由底层至最高层站逐层往复运行两种工况各4h。观察检查电梯运行中各部件的工作情况，记录油温变化（用温度计测量）和电机发热等情况，其启、制动运行情况应良好，液压系统工作应正常。结果记入表7-25。

运行试验和超载试验记录表 表7-25

工况	空载试验	额定载重量试验	
运行	运行时间/次数	运行时间/次数	
运行试验结果			
备注			
额定载重量（kg）		试验载重量（kg）	
超载试验结果			

(2) 在轿厢中均匀放置110%的额定载重量，由底层至顶层，往复运行30min（直驶），观察电梯各部件的工作情况，运行结果记入表7-25。

7.3.6.9　额定载重量沉降试验和超载静负荷试验

（1）将额定载重量的轿厢停靠在最高层站保持 10min，以层门地坎为基准，用深度游标卡尺测量轿厢沉降量（停靠平层测量一次，试验完毕测量一次，二者之差即为轿厢沉降量），且不大于 10mm，检测结果记入表 7－26。

额定载重量沉降和超载静负荷试验记录表　　表 7－26

额定载重量（kg）		试验载重量（kg）	
超载静负荷试验结果	轿厢永久变形		
	结构件变形损坏		
	漏油		
	钢丝绳结头松动		
	沉降量（mm）		
备　注			
顶层站数		顶层高度（m）	
额定载重量时轿厢沉降（mm）			

（2）将轿厢停止在底层平层位置（用深度游标卡尺测量平层度），然后在轿厢中连续平稳，对称地施加 150%额定载重量。保持 10min 观察各构件有无永久性变形、损坏、钢丝绳结头有无松动，液压装置各部位有无漏油。用游标尺再测量一次轿厢平层度，检测结果记入表 7－26。

7.3.6.10　外观质量检查

（1）液压管路的安装要求见 GB3766 第 5 条规定。

（2）其他要求见 7.2.3.3（10）条。

将上述检测记入表 7－27。

外观质量检测记录表　　表 7－27

检测项目	检测情况	检测项目	检测情况
造型		标志	
涂漆		防松	

续表

检测项目	检测情况	检测项目	检测情况
装饰		漏水	
防锈		漏油	
焊接		液压管件紧固	
铸件		液压管路安装	
对缝		电气管路安装	
划痕		冷却水路安装	
灯具		铭牌	

7.4　自动扶梯和自动人行道检测

7.4.1　自动扶梯和自动人行道主参数

(1) 自动扶梯的主参数为梯级宽度（Z_1）、额定速度（V）和倾斜角（α）；

(2) 自动人行道的主参数为胶带宽度（Z_1）、提升高度（H）、额定速度（V）和倾斜角（α），表7-28。

自动扶梯和自动人行道主参数表　　表7-28

主参数 ＼ 名称	自动扶梯	自动人行道
梯级，胶带名义宽度 Z_1，(m)	0.58~1.10	0.58~1.10
额定速度 V，(m/s)	a）当 $\alpha<30°$时，为0.75； b）当 $30°<\alpha<35°$时，为0.5	a）≤0.75；b）当胶带宽度不超过1.1m时，允许最大达到0.9
倾斜角 α，(°)	a）一般，≤30°； b）当提升高底≤6m，额定速度≤0.5m/s时，允许增至35°	<12°
提升高度 H，(m)	Lm·taα	Lm·taα

注：Lm为金属结构倾斜区段的水平投影长度。

7.4.2 土建尺寸检测

(1) 在自动扶梯和自动人行道安装前，必须用钢卷尺和磁力线坠对照制造厂提供的设计图纸进行反复多次检测土建尺寸，包括测量提升高度、跨度、支承架、底坑和楼板开洞等尺寸，其尺寸偏差应符合设计规定。其中提升高度尺寸偏差在任何情况下都不得超过20mm。见图7-33。

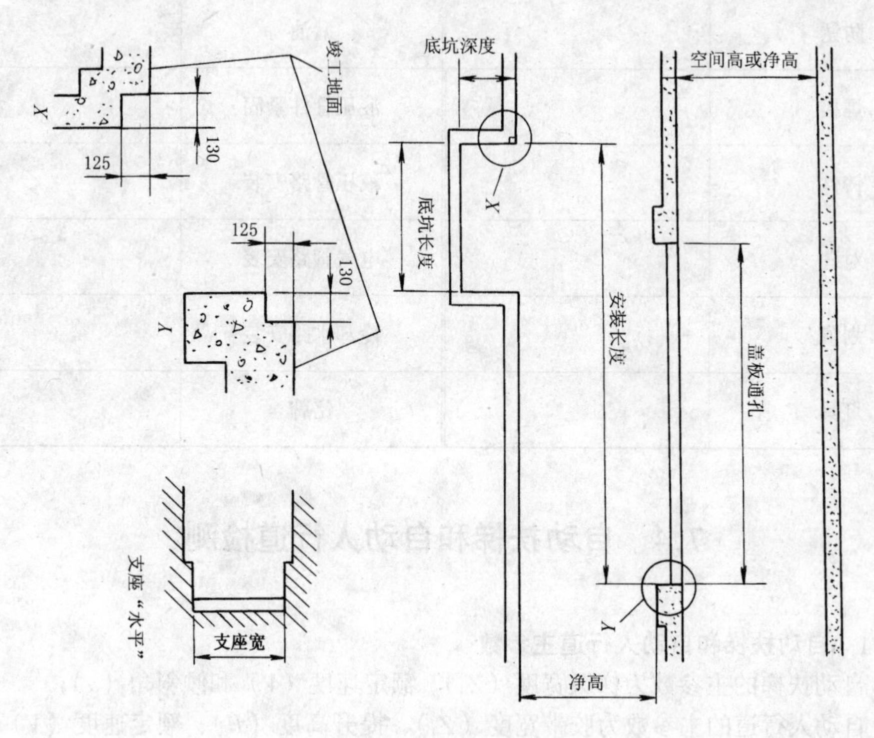

图7-33 自动扶梯土建尺寸

(2) 支承台阶水平度，上、下支承参阶对称度、平行度，上、下（前后）支承梁与扶梯（人行道）中心线垂直度的测量。

用钢卷尺和角尺画出下支承梁（台阶）平面上相互垂直的中心线及矩形框线，用水平仪测量其水平度。然后以下以承梁上平面为其准线，从上支承梁（以上平面为起点）边缘中点放线锤至下楼板面与下支承梁纵向中心线（即扶梯纵向中心线方向）处长线相交的交点即为上支承梁的纵向中心线上一点的投影，从上支承梁边缘两端放线锤至下楼面与下支承梁纵向中心线两边的矩形框延长线相交的交点即为上支承梁两端距离的对称点的投影。以找出的上支承梁上平面的三点为测量基准，用水平仪测量上支承梁的水平度和上、下支承梁水平方向的平行度，以及提升高度偏差。再用钢卷尺测量上支承梁中心点和两端点在下支承梁平面内的水平投影与下支承梁横向中心线的垂直距离，即可测得扶梯的跨度偏差和上、下支承梁前后方向的平行度偏差以及前后支承梁与扶梯中心线的垂直度偏差。其偏差应符合设计图纸要求。

7.4.3 自动扶梯和自动人行道检测项目和方法、检测工具和仪器设备

7.4.3.1 安全性能检测

(1) 供电系统断相与欠压保护检查

在电源进端分别断开各相，操纵自动扶梯（或自动人行道）开关钥匙启动（包括检修操作），扶梯（或人行道）应不能运行。此外还应检测欠压保护，欠压保护装置应能起保护、操纵扶梯（或人行道）应不能启动运行，扶梯和人行道未规定错相保护，可不检查。

(2) 电路接地故障保护检查

a) 敷线与接地检查见7.2.3.3 (3) 2) 条。

b) 检查主回路上是否具备漏电保护装置，其他低压回路上是否加上空气开关。要注重GB16899中的12.8条主机停车及停车位置检验及14.4.2条主开关检验的重要内容。

c) 检查施工自检记录，看其接地电阻值的大小，不应大于4Ω，必要时用接地电阻仪检测接地电阻。

(3) 超速和运行方向非操纵逆转保护检查

检查有无超速保护装置和防止非操纵逆转的控制装置以及超速保护装置出厂时的调整数值应为额定速度的1.2倍。防逆转装置可为速度监探装置与防逆转开关，当速度（上行时）下降至某调正值时，即切断主机和制动器电源，且必须为人工复位后才能再启动。

(4) 紧急停止运行，非自动操作检查。

a) 急停开关应是安全触点要求的开关；

b) 急停开关应设置在出入口附近，易观察到并便于接近和操作的位置，并应涂成红色目标有“停止”字样；

c) 对自动扶梯提升高度超过12m，自动人行道长度超过40m时，应在中间位置加设附加急停开关。附加急停装置之间的距离应符合如下规定：

对自动扶梯，不应超过15m；

对自动人行道，不应超过40m。

(5) 电动机短路及过载保护检查

检查是否具备短路保护如熔断器和过载保护如自动空气开关，查看其容量是否相符。对过载保护应采用过载时自动断开手动复位的保护开关。

(6) 驱动梯级、踏板或胶带元件（链条或齿条）断裂或过份伸长的保护装置检查。

a) 该装置电气开关应是非自动复位的或本身是能自动复位开关但能切断另一个不可自动复位的电气装置。

b) 检查安装位置是否正确，人为动作该装置电气开关，自动扶梯或人行道应不能起动，复位后才能起动。

(7) 梳齿板处安全保护装置检查

a) 检查该处安全装置配置位置是否正确，应与电气图与安装要求相符。

b) 可用人力推动梳齿板或用工具撬动，作用力不大于1000N，该装置应能动作，扶梯或人行道不能起动，该装置电气开关应是安全触点或安全回路来完成，但可以自动复位。

(8) 扶手带入口保护装置检查

a) 检查该装置电气开关应是安全触点或安全回路来完成，但允许自动复位。

b) 在扶手带入口处用手指一样粗细的棍棒沿扶手带运行方向触及入口空隙部位，该装置应动作，扶梯应停止运行。

(9) 梯级或踏板下陷保护装置检查

可拆开一个梯级进行检查，该装置应设置在两端梳齿相交线之前不小于该扶梯最大制动距离处（如额定速度 0.5m/s，则需不小于 1.0m），电气开关的断开动作应是安全触点或安全回路来完成，且为非自动复位。人为动作该装置，扶梯应不能起动或立即停止运行。

（10）制动装置与附加制动装置检查

a）检查工作制动器动作是否正常，人为动作停止开关或安全装置开关时（即动力或控制电源失电时）均应能相应断电制动并不应有明显延迟现象。注重 GB16899－1997 中 12.4.2 的要求。

b）如未采用机—电式工作制动器或提升高度超过 6m 以及工作制动器和梯级，踏板或胶带驱动轮间不是用轴、齿轮多排链条，两根或两根以上的单根链条连接时（即摩擦转动时）应设置附加制动器。

注重 GB16899 中 12.4.2 条内容。以上检查检测情况填入表 7－29，自动扶梯（人行道）安全性能检验记录表。

自动扶梯（人行道）安全性能检验记录表　　表 7－29

序号	检　验　项　目	检验结果	结　论
1	供电系统断相与欠压保护		
2	电路接地故障保护		
3	超速和运行方向非操纵逆转保护		
4	紧急停止运行，非自动操作		
5	电动机短路及过载保护		
6	链条或齿条断裂或过份伸长保护		
7	梳齿板处安全保护装置		
8	扶手带入口保护装置		
9	梯级或踏板下陷保护装置		
10	工作制动器与附加制动器		

7.4.3.2　运行性能检测

（1）梯级、踏板或胶带运行速度（空载时）与额定速度差值

通常用一周梯级踏板数乘以梯级踏板距算出动转一周的运行距离，用秒表来检查。也可直接在梯级、踏板或胶带两侧固定结构上用钢卷尺量取一定距离 L（如 5m 或 10m），并在梯级、踏板或胶带上做个记号，手持秒表随梯级、踏板或胶带运行，测出记号通过 L 的时间 t。上、下反复三次，取其平均值，计算出运行速度及与额定速度之差值，此差值不应超过额定速度的 ±5%，数据记入表 7－30。

自动扶梯（人行道）运行速度检测记录表　　**表 7－30**

工况	运行方向	运行距离（L，m）	运行时间（t，s）				运行速度（m/s）
			第一次	第二次	第三次	平　均	
空载	上行						
	下行						
额定速度（v）			（m/s）		偏差		（%）
标准规定偏差			±5%				

（2）扶手带速度与梯级、踏槛或胶带速度偏差用钢卷尺分别量取两侧扶手带一周全长，用秒表测量运行一周的时间，上、下行各反复测量三次，计算出运行速度，取其平均值 $\bar{V} - \frac{L}{3}\left(\sum_{i=1}^{3}\frac{1}{t_i}\right)$；也可直接在扶手带固定距离 L（如 5m 或 10m）并在扶手带上做一个记号，手持秒表随梯级、踏槛或胶带运行，测出记号通过距离 L 的 t。上、下反复三次，取其平均值，计算出扶手带运行速度。将此速度与 7.4.3.2（1）测得相应梯级或胶带运行速度相比较其允许偏差应为：$\Delta V =（V - V_2）/ V \times 100\% \geqslant 0 \sim 2\%$。测量与计算数据记入表 7－31。也可用两块表同时完成上述两项检测工作。

（3）运行噪声

用声级计测量机房上方（距离地面 1m 高）和梯级踏板或胶带上方（距踏板或胶带面 1m 高）空载运行时的噪声，由有关条文解释中有这样要求：对于宾馆或会议厅等场所噪声值宜在 62dB（A）以下，对于车站、商场等公共场所应不大于 68dB（A）数据记入表 7－32。

扶手带速度与梯级或胶带速度偏差检测记录表　　表 7-31

工况	运行方向	项目		实测值			
				第一次	第二次	第三次	平均
空载	上行	扶手带速度（m/s）	左				
			右				
		梯级速度（m/s）					
		最大偏差（%）	左				
			右				
	下行	扶手带速度（m/s）	左				
			右				
		梯级速度（m/s）					
		最大偏差（%）	左				
			右				
标准规定				0～2%			

自动扶梯（人行道）噪声检测记录表　　表 7-32

测量位置	工况		实测值 dB（A）
机房上方（距地面 1m 高处）	空载	上行	
		下行	
梯级，距板和胶带上方（距踏板或胶带 1m 高处）	空载	上行	
		下行	
背景噪声			
标准规定			

（4）电气设备绝缘电阻测量

测量前，必须将电子元件线路断开，然后用兆欧表测量导体之间和导体对地的绝缘电阻，对于动力电路应 > 0.5MΩ，对于控制电路应⩾0.25MΩ。

（5）空载与有载下行制停距离检测

在梯级、踏板或胶带任意一侧固定结构上做个记号、当预定梯级、踏板或胶带上的记号与固定结构上的记号重合时立即制停（即动作急停开关），然后量取两记号之间的距离。先做下行后做上行，上、下反复三次、取平均值。

有载下行制停距离检测

第一步确定载荷。每个梯级的制动载荷按其名义宽度（Z_1）确定。即 $Z_1 \leqslant 0.6$m 时，为 60kg；

0.6m < $Z_1 \leqslant 0.8$m 时，为 90kg；

0.8m < $Z_1 \leqslant 1.1$m 时，为 120kg；

受载梯级数量按最大可见梯级计算，即提升高度除以梯级踏板高度。例如名义宽度为 0.8m ~ 1.1m 的自动扶梯，每个梯级承载 120kg，提升高度为 6m，梯级高度为 0.24m，则受载梯级数为：6m/0.24m = 25（个），总制动载荷为：120kg × 25 = 3000kg。

第二步，放置载荷。将总制动载荷 3000kg（用标准砝码或称量后的重块）放置在上段 2/3 的梯级上（即 25 × 2/3 = 16.67 ≈ 17），每个梯级上放 180kg，留出下段 1/3 梯级作制动距离试验行程用。

第三步，试验。在扶梯固定结构上做个记号，然后启动扶梯下行，当指定梯级到达记号处立即制停。然后用钢卷尺测量指定梯级与记号之间的距离，重复三次，取其平均值。

在有条件的检测单位、可采用光电发讯装置或磁电记号笔装器测定的方法进行检测、具体操作方法见朱昌明教授等编著的《电梯与自动扶梯》第 370 页。

注意事项：①做有载制动前应审核制动距离计算书，由安装人员检查制动器调整是否符合要求。自动人行道一般可不做有载制动距离试验，仅审查计算书即可。②在扶梯做有载制动距离试验时，为了安全起见，可采取分级加载分三次进行试验。但在合格后还应再复验空载制动距离试验是否符合要求，否则仍应判定为不合格。试验、计算数据记入表 7 – 33。并应符合下列标准要求。

自动扶梯制动距离检测记录　　　　表 7 – 33

工况		实测制动距离（m）			
		第一次	第二次	第三次	平　均
空载	上行				
	下行				
有载下行					
标准规定					

制动距离范围（GB16899－1997 规定）：

额定速度	自动扶梯	自动人行道
0.50m/s	0.20～1.00m	0.2～1.00m
0.60m/s	0.30～1.30m	0.30～1.30m
0.750m/s	0.35～1.50m	0.35～1.50m
0.90m/s		0.4～1.70m

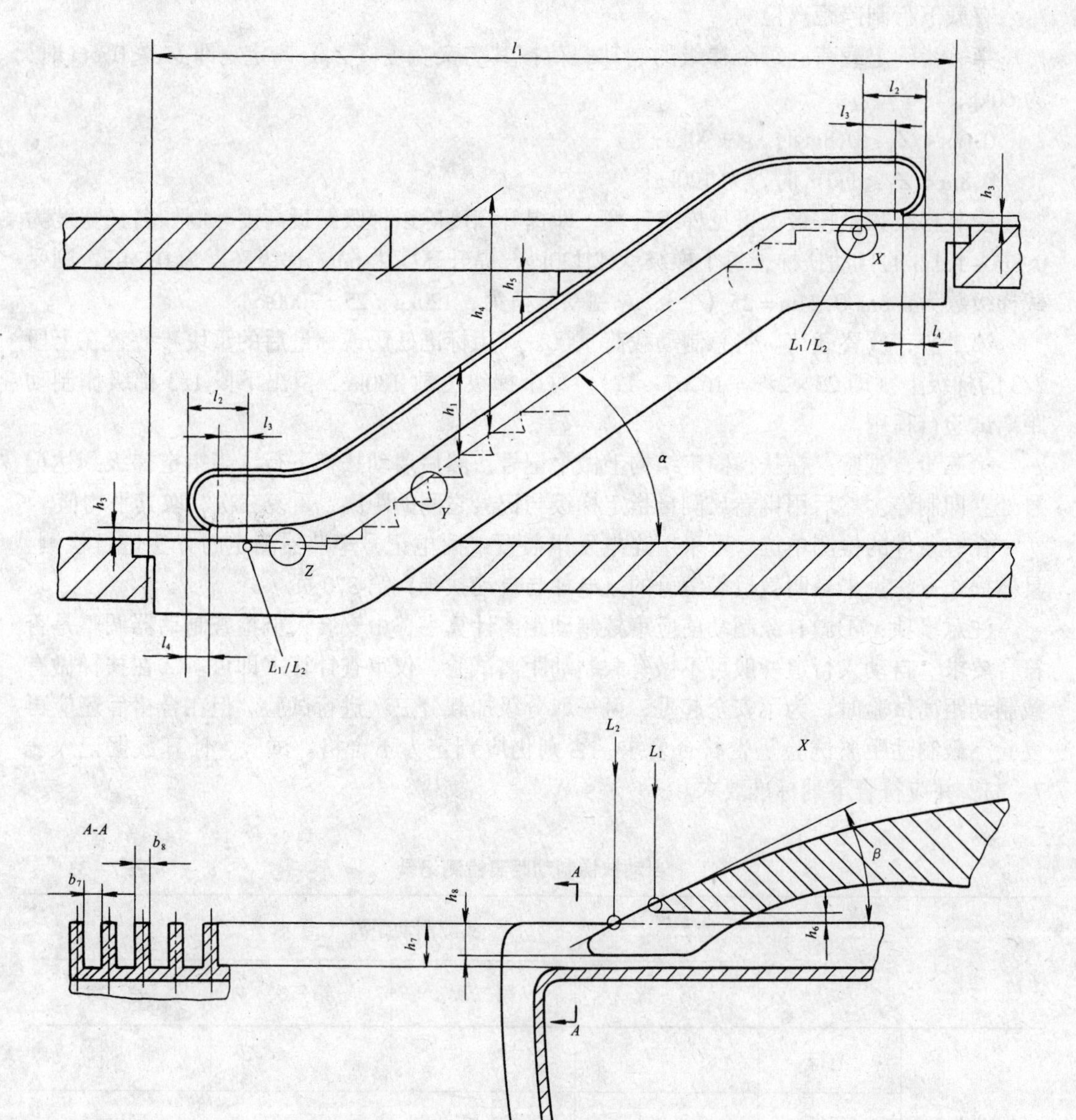

图 7－34　自动扶梯主要尺寸

7.4.3.3　外观和安装质量检测

(1) 整体外观检查

a) 所有标牌、标记和实用须知或象形图等应位置醒目，字体清晰工整。控制显示应准确，清晰可见，照明完善。

b) 扶手装置、护壁板、围裙板、金属架结构等应十分坚固、平整、平滑光洁，无明显划痕，凸出物和凹口应无刃边。

c) 梯级、踏板和胶带、梳齿板，梳齿等应完整无损。

(2) 安装尺寸检测

a) 扶手转向端距梳齿板根部纵向水平距离。

用线坠和钢卷尺测量图 7－34 中 L_2 的长度（即从 L_1 至扶手带转向端水平段投影点的距离）且 $L_2 \geqslant 0.6$m。

b) 扶手带距梯级前缘和踏板面、胶带面垂直距离

用线坠和钢卷尺测量图 7－34 中 h_1 的高度。先用线坠找到扶手带与梯级前缘或踏板面、胶带面垂直点及线坠的长度、再用钢卷尺测量此长度的数值，其数值应在 0.9m～1.1m 范围内。

c) 梳齿板梳齿与梯级或踏板齿槽、胶带齿槽啮合深度。用深度游标卡尺和垫片测量图 7－34 中 h_8（h′g 一对胶带而言）的高度，且 h′g≥6mm，h′g≥4mm。

d) 梳齿板与梯级、踏板或胶带间隙。

用斜尺或深度游标卡尺测量图 7－34 中 h_6 的高度、且 $h_6 \leqslant 4$mm。

e) 围裙板与梯级、踏板或胶带间的间隙。

用斜尺直接测量梯级、踏板或胶带两侧与围裙板的间隙且单边≤4mm，双边和≤7mm。

f) 相邻梯级或踏板间的间隙

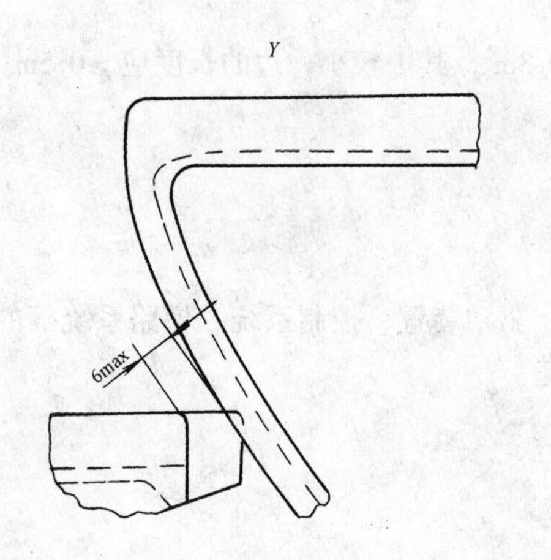

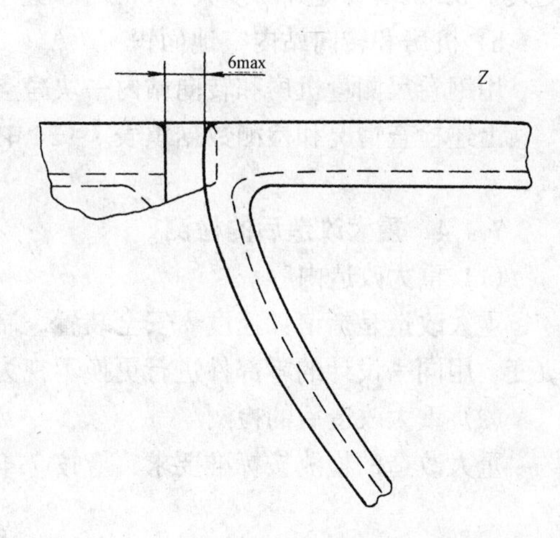

图 7－35　相邻踏板间隙

用斜尺或深度游标卡尺测量相邻梯级或踏板间的间隙、且≤6mm，对前后缘啮合的踏板间隙≤8mm。见图 7－35 和图 7－36。

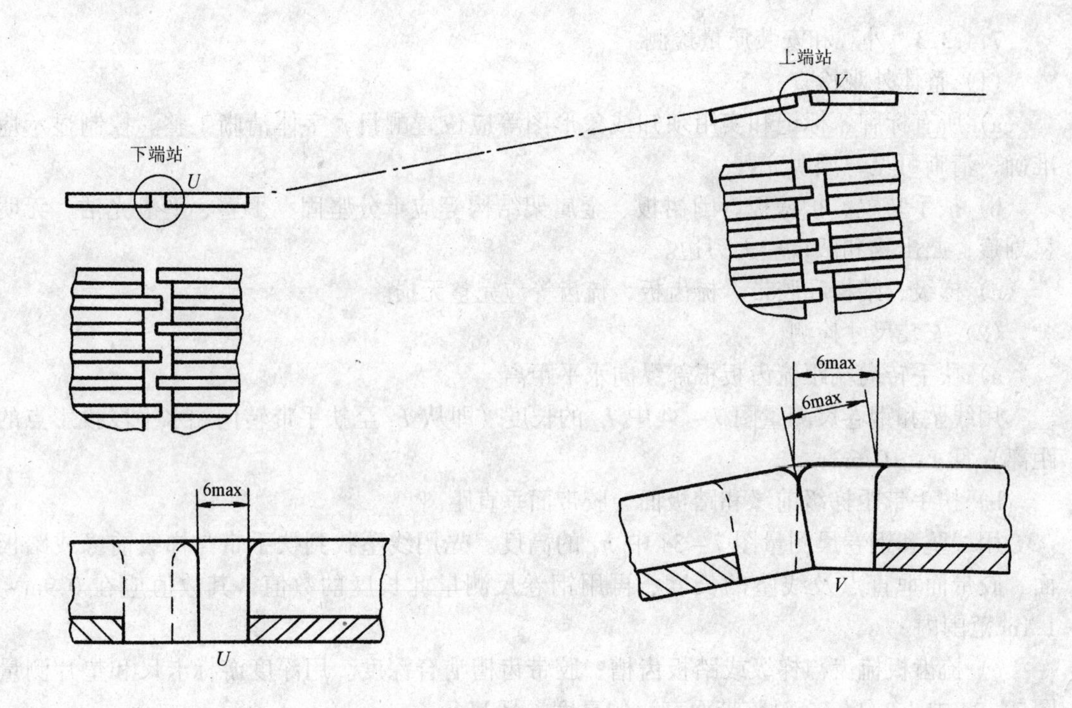

图 7－36　前后缘啮合间隙

g）自动扶梯出入口相邻梯级高差及水平移动距离用深度游标卡尺测量相邻梯级高度差且≤4mm；见图 7－34 从 L_1 点起用钢卷尺测量梯级水平移动距离，且≥0.8mm，对于速度大于 0.5m/s 或提升高度大于 6m 时，此水平移动距离应≥1.2m。

h）机房和转向站内空地面积

用钢卷尺测量机房和转向站内一块净空面积≥0.3m²，其中较小一边的长度应≥0.5m。

上述检查情况和检测数据填表 7－34 中。

7.4.4　重大改造后的检测

（1）重大改造内容

重大改造是指诸如速度、安全装置、制动系统、驱动装置、控制系统、梯路系统等的改变。用同一设计的零部件进行更换不视为重大改造。

（2）重大改造后的检测

重大改造的检测按标准要求，应按 7.4.3 条进行。

外观和安装质量检测记录表　　　　**表 7－34**

序号	检测项目	标准规定	检测结果	结论
1	控制显示、照明；标牌，实用须知或象形图	控制显示清晰，照明完善，位置醒目，字体清晰工整		

续表

序号	检测项目	标准规定	检测结果	结论
2	扶手装置，护壁板，围裙板等	坚固，光洁		
3	梯级，梳齿板或胶带	完整无损		
4	扶手转向站距梳齿板根部纵向水平距离	≥0.6m		
5	扶手带距梯级前缘或踏板面，胶带面垂直距离	0.9m~1.1m		
6	梳齿板梳齿与梯级或踏板齿槽，胶带齿槽啮合深度	≥0.6mm 对胶带≥4mm		
7	梳齿板与梯级，踏板或胶带间的间隙	≥4mm		
8	围裙板与梯级，踏板或胶带间的间隙	单边≥4mm 双边和≥7mm		
9	相邻梯级或踏板间的间隙	≥6mm 对于前后缘口齿合≥8mm		
10	自动扶梯入口相邻梯级高差及水平移动距离	≥4mm，≥0.8mm 或≥1.2mm		
11	机房和转向站内空地面积	≥0.3m²，其中短边≥0.5m		

7.5　说　　明

（1）本章检测技术是根据国家目前已颁布的有关电梯制造、安装和检验验收规范、标准编写的，涉及到与建筑安装工程竣工验收相联系的项目，是在服从规范、标准规定要求的前提下结合检测工作实际进行综合分析后撰编而成。

（2）对于额定速度大于2.5m/s的高速梯、提升高度超过6m，同时倾斜角度大于30°的自动扶梯、倾斜角度超过12°的自动人行道，杂物梯等以及全进口电梯，目前还未颁布国家标准或验收规范、则应按企业标准和进口产品有关规定进行检验。可参照采用本章检测技术。

(3) 随着科学技术的不断进步和电梯技术的快速发展，电梯产品质量的检验技术和检验手段也在不断创新与完善、检测方法也随之而变化。由于掌握的信息和技术知识水平有限，有些新技术、新方法可能被遗漏，撰稿过程中也会存在不当之处，敬请同行专家指正。本章检测技术是起着抛砖引玉的作用，希望电梯竣工验收工作将会更新颖、更科学、更简便。

引用标准、规范及参考文献：

1. 电梯、自动扶梯、自动人行道术语 GB/T7024 - 1997

2. 电梯主参数及轿厢、井道、机房的型式与尺寸 GB/T7025.1 - 7025.3 - 1997

3. 电梯制造与安装安全规范 GB/7588 - 1995

4. 电梯技术条件 GB/T10058 - 1997

5. 电梯试验方法 GB/T10059 - 1997

6. 电梯安装验收规范 GB10060 - 93

7. 液压电梯 JG5071 - 1996

8. 自动扶梯和自动人行道的制造与安装安全规范 GB16899 - 1997

9. 朱昌明，洪致育，张惠侨编著，电梯与自动扶梯，第1版上海：上海交通大学出版社，1995

10. 张国桢，自动扶梯与自动人行道检验条文解释，中国电梯 1998 (7)：9 ~ 14

第8章　混凝土材料检验

8.1　概　述

8.1.1　定义与分类

混凝土是一种由水泥、石灰、石膏等无机胶凝材料和水；或沥青、树脂等有机胶凝材料与粗细骨料按一定比例混合、搅拌，并在一定温度、湿度条件下养护硬化而成的一种固体复合材料。

混凝土的品种很多，其分类方法各不相同。一般可按其所用胶凝材料、骨料品种和施工工艺、配筋方式及其用途分类。常见的混凝土分类如表8-1所示。

混凝土的不同分类方法　　**表8-1**

<table>
<tr><th colspan="3">分类方法</th><th>名　称</th><th>特　性</th></tr>
<tr><td rowspan="6">按胶凝材料分类</td><td rowspan="6">无机胶凝材料</td><td>水泥类</td><td>水泥混凝土</td><td>以硅酸盐水泥及其他各种水泥为胶结料。可广泛用于各种混凝土工程</td></tr>
<tr><td>石灰类</td><td>石灰混凝土</td><td>以石灰、天然水泥、火山灰等活性硅酸盐或铝酸盐与消石灰的混合物为胶结料</td></tr>
<tr><td>石膏类</td><td>石膏混凝土</td><td>以天然石膏及工业废料石膏为胶结料。可做小砌块及内隔墙等制品</td></tr>
<tr><td>硫磺</td><td>硫磺混凝土</td><td>硫磺加热熔化，然后冷却硬化。可作粘结剂及低温防腐层</td></tr>
<tr><td>水玻璃</td><td>水玻璃混凝土</td><td>以钠水玻璃或钾水玻璃为胶结料。可做耐酸结构</td></tr>
<tr><td>碱矿渣类</td><td>碱矿渣混凝土</td><td>以磨细矿渣及碱溶液为胶结料。是一种新型混凝土，可做各种结构</td></tr>
</table>

续表

分类方法			名称	特性
按胶凝材料分类	有机胶凝材料	沥青类	沥青混凝土	用天然或人造沥青为胶结料。可做路面及耐酸、碱地面
		合成树脂加水泥	聚合物混凝土	以水泥为主要胶结料，掺入少量乳胶或水溶性树脂，能提高混凝土的抗拉、抗弯强度及抗渗、抗冻、耐磨性能
		树脂	树脂混凝土	以聚酯树脂、环氧树脂、尿醛树脂等为胶结料，适于在侵蚀介质中使用
		以聚合物单体浸渍	聚合物浸渍混凝土	以低黏度的聚合物单体浸渍水泥混凝土，然后以热催化法或辐射法处理，使单体在混凝土孔隙中聚合能改善混凝土的各种性能
按骨料分类		重骨料	重混凝土	用钢球、铁矿石、重晶石等为骨料，混凝土表观密度大于2500kg/m³，用于防射线混凝土工程
		普通骨料	普通混凝土	用普通砂、石做骨料，混凝土表观密度为2100~2400kg/m³，可做各种结构
		轻骨料	轻骨料混凝土	用天然或人造骨料，混凝土表观密度小于1950kg/m³，依其表观密度大小又分结构轻骨料混凝土及保温隔热轻骨料混凝土
		无粗骨料无细骨料	细颗粒混凝土	以水泥与砂配制而成，可用于钢筋网水泥结构
			大孔混凝土	用轻粗骨料或普通粗骨料配制而成，其混凝土表观密度大小又分为结构轻骨料混凝土及保温隔热轻骨料混凝土

续表

分类方法	名称	特性
按用途分类	水工混凝土	用于大坝等水工构筑物，多数为大体积工程，要求有抗冲刷、耐磨及抗大气腐蚀性、依其不同使用条件可选用普通水泥、矿渣或火山灰水泥及大坝水泥
	海工混凝土	用于海洋工程（海岸及驳岸工程）要求具有抗海水腐蚀性、抗冻性及抗渗性
	防水混凝土	能承受0.6MPa以上的水压，不透水的混凝土可分为普通防水混凝土及掺外加剂防水混凝土与膨胀水泥防水混凝土，要求有高密实性及抗渗性，多用于地下工程及贮水构筑物
	道路混凝土	用于路面的混凝土，可用水泥及沥青做胶结材料，要求具有较高的抗折强度和足够的耐候性及耐磨性
	耐热混凝土	以铬铁矿、镁砖或耐火砖碎块等为骨料，以硅酸盐水泥、矾土水泥及水玻璃等为胶结料的混凝土，可在350～1700℃高温下使用
	耐酸混凝土	以水玻璃为胶结料，加入固化剂和耐酸骨料配制而成的混凝土。具有优良的耐酸及耐热性能
	防辐射混凝土	能屏蔽x、y射线及中子射线的重混凝土，又称屏蔽混凝土或重混凝土，是原子能反应堆、粒子加速器等常用的防护材料

续表

分类方法		名　称	特　　性
按施工工艺分类	现浇类	普通现浇混凝土	用一般现浇工艺施工的塑性混凝土
		喷射混凝土	用压缩空气喷射施工的混凝土，多用于井巷及隧道衬砌工程，又分干喷及湿喷两种工艺
		泵送混凝土	用混凝土泵输送和浇灌的流动性混凝土
		灌浆混凝土	先铺好粗骨料，以后强制注入水泥砂浆的混凝土，适于在大型基础等大体积混凝土工程
		真空吸水混凝土	用真空泵将混凝土中多余的水分吸出、从而提高其密实的一种工艺，可用于屋面、楼板、飞机跑道等工程
	预制类	振压混凝土	振动加压型用于制作混凝土板类构件
		挤压混凝土	以挤压机成型，用于制作长线台座法的空心楼板、T型小梁等构件生产
		离心混凝土	以离心机成型，用于混凝土管、电杆等管状构件的生产
按配筋方式分类	无筋类	素混凝土	用于基础或垫层的不配钢筋的低强度混凝土
	配筋类	钢筋混凝土	用普通钢筋加强的混凝土，其用途最广
		钢丝网混凝土	用普通钢筋加强的无粗骨料混凝土，又称钢丝网砂浆，可用于制作薄壳体、船等薄壁结构
		纤维混凝土	用各种纤维加强的混凝土，常用的为钢纤维混凝土，其抗冲击、抗拉、抗弯性能好，可用于路面、桥面、机场跑道护面、隧道、衬砌及桩头、桩帽等
		预应力混凝土	用先张法，后张法或化学方法使混凝土预压，以提高其抗拉、抗弯强度的配筋混凝土。可用于各种工程构筑物及建筑结构，特别是大跨度桥梁等

8.1.2　混凝土材料发展简史

混凝土的生产应用已有百余年的发展历史。古罗马人曾用石灰、砂土和石子配制混凝土，建造万神庙、斗兽场等建筑的巨大墙体，还在石灰中掺入火山灰配制成用于海岸工程的混凝土；而早在数千年前，我国劳动人民就曾用石灰与砂子混合配制成砂浆砌筑房屋，用砂、土、石灰和砾石建造了举世闻名的万里长城。

1824年波特兰水泥的出现，使混凝土的强度及其他性能都有了很大的提高，因而使混凝土的应用有了飞跃性的发展。出现了早强、快硬等特种水泥，从而使混凝土开始步入主要的建筑材料行列。

1850年法国波朗发明了用钢筋加强混凝土，首次制成了钢筋混凝土船。钢筋混凝土的出现使混凝土的应用又出现了一个新的飞跃。1913年美国首先发明了用回转窑烧制页岩陶粒轻骨料，解决了混凝土自重大的缺点；1928年法国佛列西涅发明了预应力钢筋混凝土施工工艺，又进一步提高了钢筋混凝土的抗拉强度与抗裂性，被誉为混凝土发展史上的第三次飞跃。

纤维配筋混凝土的研制成功，又为提高混凝土的抗拉、抗冲击强度与耐磨性能等开辟了另一条途径；20世纪30年代初，国外开始从事用聚合物改进水泥混凝土的性能。目前，已经研究成功并应用于工程实践的有聚合物水泥混凝土及树脂混凝土。

1960年前后各种混凝土外加剂不断涌现，特别是减水剂、流化剂的大量使用，不仅改善了混凝土的各项性能，而且为混凝土施工工艺和混凝土新品种的发展创造了良好条件。

20世纪90年代初，当高强混凝土的应用越来越多的时候，在一些国家又开始推出一种高性能混凝土。这种高性能混凝土已成为当代混凝土材料科学领域的最新、最令人瞩目的研究课题。

8.1.3　应用与展望

当前混凝土不仅广泛用于工业与民用建筑、农村建筑，还大量用于铁路、公路、桥梁、隧道及其他特种工程，成了现代土木工程必不可少的工程材料。目前，全世界混凝土的总产量虽无精确统计与报道，但就我国情况来看，据1993年统计，作为混凝土最主要原料的水泥的年产量已达3.6亿吨，已居世界首位。若按水泥产量折算，我国混凝土的年产量也居世界首位。各国专家都预计到21世纪及以后更长的年代，混凝土仍然是各种工程的主要建筑材料，并将沿轻质、高强、多功能方面继续发展。

（1）20世纪80年代末以来强度等级C60以上的高强混凝土已在一些土木工程（含高层建筑）中应用。随着混凝土技术的发展，其应用范围将越来越广。与此同时，更高强度的混凝土的研究与应用也日益受到更广泛的重视。目前在国内外，C100以上的高强混凝土已被应用于高层建筑等工程中。

（2）发展轻骨料和轻骨料混凝土是减轻混凝土结构自重的主要途径之一。轻骨料混凝土主要用于既承重又保温的围护结构。在高层建筑及桥梁工程中的应用也正在增加，轻骨料混凝土代表着混凝土行业的一个发展方向。

（3）多功能方面，采用不同的原材料和配制工艺，可以使混凝土从结构材料发展成既承重又吸声，或具有绝缘、导电、保温隔热、装饰等多种功能的材料。

（4）改性。实践证明，掺各种外加剂对混凝土进行改性是行之有效的方法。所以，目前有些国家已有 70%～80%的混凝土使用各种外加剂。据悉，2000 年有些国家的混凝土已全部掺用外加剂。此外，掺入各种无机掺合料、各种纤维等都可用来改善混凝土各种物理力学性能，是混凝土成为更完善的建筑工程材料的有效措施。

8.2 混凝土用原材料

普通混凝土（简称混凝土）是以水泥为胶结材料，以天然砂、石为骨料加水拌合，经过浇筑成型、凝结硬化形成的固体材料。其中，砂、石起骨架作用，水泥与水形成的水泥浆填充在砂、石堆积的空隙中。在水泥浆凝结硬化前，混凝土拌合物具有一定的塑性，水泥浆硬化后，将砂、石胶结成一个整体。

混凝土的质量在很大程度上取决于组成材料的性质和用量，同时也与混凝土的施工因素（如搅拌、振捣、养护等）有关。因此，首先必须了解混凝土组成材料的性质、作用及其质量要求，然后才能进一步了解混凝土的其他性能。

8.2.1 水泥

8.2.1.1 简述

水泥是一种重要的建筑材料之一。水泥是磨细的水硬性胶凝材料，加水拌和后经过物理化学反应过程能由可塑性浆体变成坚硬的石状体，它不仅能够在空气中硬化，而且能更好的在水中硬化，把砂、石等材料牢固地胶结在一起，保持并继续发展其强度。

我国通用水泥的产量占水泥总产量的 95%以上。硅酸盐水泥是通用水泥类中的主要品种，其他品种基本上由硅酸盐水泥衍生而成。因此，硅酸盐水泥的生产工艺过程在水泥生产中具有代表性。硅酸盐水泥的生产工艺过程一般可以分为三个阶段：

1. 生料制备　将石灰质原料、黏土质原料与少量校正原料（通常为铁粉）破碎后，按比例配合、磨细，并调配为成分合适、质量均匀的生料。

2. 熟料煅烧　将生料喂入水泥窑内，煅烧至部分熔融获得以硅酸钙盐为主要成分的硅酸盐水泥熟料。

3. 水泥粉磨　将熟料加入适量石膏，有时还加入一些混合材料或外加剂共同磨细成为水泥。

8.2.1.2 分类

水泥按性能及用途可以分为以下二类：

(1) 常用水泥：用于一般土木建筑工程的水泥。如硅酸盐水泥、普通硅酸盐水泥、矿渣硅酸盐水泥、火山灰质硅酸盐水泥、粉煤灰硅酸盐水泥、复合硅酸盐水泥等，它们均以硅酸盐水泥熟料为主要组分的一类水泥，以前亦用“硅酸盐水泥”泛指这一类。

(2) 特种水泥：泛指水泥熟料为非硅酸盐类的其他品种水泥。特种水泥品种很多，如高铝水泥、抗硫酸盐水泥、膨胀水泥等，用于有特殊要求的工程。

一般水泥的命名原则是：凡以硅酸盐水泥熟料掺加一定数量以上的混合材和石膏磨制成的水泥，则在硅酸盐水泥之前冠以所用混合材的名称作为水泥品种的名称。

常用水泥的组成范围归纳于表 8－2。

我国常用水泥品种与组成 **表 8-2**

水泥品种		水泥代号	水泥组成		
			熟料	石膏	混合材
硅酸盐水泥	Ⅰ型	P.Ⅰ	硅酸盐水泥熟料 95% ~ 98%	天然石膏或工业副产石膏适量*（控制 $SO_3 < 3.5\%$）	不掺任何混合材
	Ⅱ型	P.Ⅱ	硅酸盐水泥熟料 90% ~ 97%	天然石膏或工业副产石膏适量*（控制 $SO_3 < 3.5\%$）	掺加不超过水泥重量 5% 石灰石或粒化高炉矿渣混合材
普通硅酸盐水泥（简称普通水泥）		P.O	硅酸盐水泥熟料 80% ~ 92%	天然石膏或工业副产石膏适量*（控制 $SO_3 < 3.5\%$）	掺 6% ~ 15% 混合材料，其中允许不超过水泥重量 5% 的窑灰或不超过水泥重量 10% 的非活性混合材代替，非活性混合材不得超过水泥重量的 10%
矿渣硅酸盐水泥（简称矿渣水泥）		P.S	硅酸盐水泥熟料 25% ~ 78%	天然石膏或工业副产石膏适量（控制 $SO_3 < 4.0\%$）	粒化高炉矿渣掺量按重量百分比为 20% ~ 70%，允许用石灰石、窑灰和火山灰质混合材中的一种材料代替矿渣，代替数量不得超过水泥重量的 8%。替代后水泥中粒化高炉矿渣不得少于 20%
火山灰质硅酸盐水泥（简称火山灰水泥）		P.P	硅酸盐水泥熟料 45% ~ 78%	天然石膏或工业副产石膏适量（控制 $SO_3 < 3.5\%$）	火山灰质混合材掺加量按重量百分比计为 20% ~ 50%
粉煤灰硅酸盐水泥（简称粉煤灰水泥）		P.F	硅酸盐水泥熟料 55% ~ 78%	天然石膏或工业副产石膏适量（控制 $SO_3 < 3.5\%$）	粉煤灰掺量按重量百分比计为 20% ~ 40%

续表

水泥品种	水泥代号	水泥组成		
		熟料	石膏	混合材
复合硅酸盐水泥（简称复合水泥）	P.C	硅酸盐水泥熟料45%～83%	天然石膏或工业副产石膏适量（控制$SO_3 < 3.5\%$）	掺两种或两种以上混合材料，总掺量按重量百分比计为15%～50%，允许用不得超过8%的窑灰代替部分混合材料，掺矿渣时混合材掺量不得与矿渣水泥重复

注：*表示一般水泥掺量为2%～5%。

8.2.1.3 使用标准

配制混凝土一般可采用硅酸盐水泥、普通硅酸盐水泥、矿渣硅酸盐水泥、火山灰质硅酸盐水泥和粉煤灰硅酸盐水泥，必要时也可采用快硬硅酸盐水泥或其他水泥。配制混凝土时，采用何种水泥应根据工程特点和所处环境条件，参照表8－3。在满足工程要求的前提下，可选用价格较低的水泥品种，以节约造价。

常用水泥的选用　　表8－3

混凝土工程特点或所处环境		优先选用	可以使用	不得使用
普通混凝土	在普通环境中的混凝土	普通硅酸盐水泥	矿渣硅酸盐水泥，火山灰质硅酸盐水泥，粉煤灰硅酸盐水泥，复合硅酸盐水泥，硅酸盐水泥	
	在干燥环境中的混凝土	普通硅酸盐水泥	矿渣硅酸盐水泥，硅酸盐水泥，复合硅酸盐水泥	火山灰质硅酸盐水泥，粉煤灰硅酸盐水泥

续表

	混凝土工程特点或所处环境	优先选用	可以使用	不得使用
普通混凝土	在高湿度环境中或永远处在水下的	矿渣硅酸盐水泥	普通硅酸盐水泥，硅酸盐水泥，火山灰质硅酸盐水泥，粉煤灰硅酸盐水泥，复合硅酸盐水泥	
	厚大体积的混凝土	粉煤灰硅酸盐水泥，矿渣硅酸盐水泥，火山灰质硅酸盐水泥，复合硅酸盐水泥	普通硅酸盐水泥	硅酸盐水泥，快硬硅酸盐水泥
有特殊要求的混凝土	要求快硬的混凝土	快硬硅酸盐水泥，硅酸盐水泥	普通硅酸盐水泥	粉煤灰硅酸盐水泥，矿渣硅酸盐水泥，火山灰质硅酸盐水泥，复合硅酸盐水泥
	高强（大于C40）的混凝土	硅酸盐水泥	普通硅酸盐水泥，矿渣硅酸盐水泥，复合硅酸盐水泥	火山灰质硅酸盐水泥，粉煤灰硅酸盐水泥
	严寒地区的露天混凝土、寒冷地区的处在水位升降范围内的混凝土	普通硅酸盐水泥（强度等级≥32.5级）	矿渣硅酸盐水泥（强度等级≥32.5级）复合硅酸盐水泥（强度等级≥32.5级）	火山灰质硅酸盐水泥，粉煤灰硅酸盐水泥

续表

混凝土工程特点或所处环境		优先选用	可以使用	不得使用
有特殊要求的混凝土	寒冷地区处在水位升降范围内的混凝土	普通硅酸盐水泥（强度等级≥32.5级）		粉煤灰硅酸盐水泥，矿渣硅酸盐水泥，火山灰质硅酸盐水泥，复合硅酸盐水泥
	有抗渗要求的混凝土	普通硅酸盐水泥，火山灰质硅酸盐水泥	复合硅酸盐水泥，硅酸盐水泥	矿渣硅酸盐水泥
	有耐磨要求的混凝土	硅酸盐水泥，普通硅酸盐水泥（强度等级≥32.5级）	矿渣硅酸盐水泥（强度等级≥32.5级），复合硅酸盐水泥（强度等级≥32.5级）	火山灰质硅酸盐水泥，粉煤灰硅酸盐水泥

水泥强度等级的选择，应与混凝土的设计强度等级相适应，经验证明，一般水泥 28d 抗压强度指标值为混凝土强度等级的 1.5～2.0 倍为宜，若采取措施（如掺减水剂），情况会有所不同。

如必须用高等级水泥配制低强度等级的混凝土时，会使水泥用量偏少，影响和易性及密实度，所以应掺入一定数量的混合材。如必须用低等级水泥配制高强度等级的混凝土时，会使水泥用量过多，不经济，且要影响混凝土的其他技术性能。

8.2.1.4　水泥技术要求

（1）强度等级

硅酸盐水泥强度等级分为 42.5、42.5R、52.5、52.5R、62.5、62.5R，普通硅酸盐水泥、矿渣硅酸盐水泥、粉煤灰硅酸盐水泥、火山灰质硅酸盐水泥强度等级分为 32.5、32.5R、42.5、42.5R、52.5、52.5R。

（2）不溶物

Ⅰ型硅酸盐水泥中不溶物不得超过 0.75%。

Ⅱ型硅酸盐水泥中不溶物不得超过 1.50%。

（3）烧失量

Ⅰ型硅酸盐水泥中烧失量不得大于3.0%。Ⅱ型硅酸盐水泥中烧失量不得大于3.5%。普通水泥中烧失量不得大于5.0%。

(4) 氧化镁

水泥中氧化镁含量不得超过5.0%，如果水泥经压蒸安定性试验合格，则水泥中氧化镁的含量允许放宽为6.0%。

(5) 三氧化硫

硅酸盐水泥，普通水泥，火山灰水泥和粉煤灰水泥中三氧化硫含量不得超过3.5%，矿渣水泥中三氧化硫含量不得超过4.0%。

(6) 细度

硅酸盐水泥此表面积大于300m²/kg。普通水泥、矿渣水泥、火山灰水泥和粉煤灰水泥80μm方孔筛筛余不得超过10.0%。

(7) 凝结时间

硅酸盐水泥初凝不得早于45mm，终凝不得迟于6.5h。普通水泥、矿渣水泥、粉煤灰水泥和火山灰水泥初凝不得早于45min，终凝不得迟于10h。

(8) 安定性

所有水泥用沸煮法检验必须合格。

(9) 碱

水泥中碱含量按 $Na_2O + 0.658K_2O$ 计算值表示，若使用活性骨料，用户要求提供低碱水泥时，水泥中碱含量不得大于0.60%或由供需双方商定。

(10) 强度

见表8-4。

常见水泥强度表 **表8-4**

品　种	强度等级	抗压强度（MPa）		抗折强度（MPa）	
		3d	28d	3d	28d
硅酸盐水泥	42.5	17.0	42.5	3.5	6.5
	42.5R	22.0	42.5	4.0	6.5
	52.5	23.0	52.5	4.0	7.0
	52.5R	27.0	52.5	5.0	7.0
	62.5	28.0	62.5	5.0	8.0
	62.5R	32.0	62.5	5.5	8.0

续表

品 种	强度等级	抗压强度（MPa）		抗折强度（MPa）	
		3d	28d	3d	28d
普通水泥 复合水泥	32.5	11.0	32.5	2.5	5.5
	32.5R	16.0	32.5	3.5	5.5
	42.5	16.0	42.5	3.5	6.5
	42.5R	21.0	42.5	4.0	6.5
	52.5	22.0	52.5	4.0	7.0
	52.5R	26.0	52.5	5.0	7.0
矿渣水泥 粉煤灰水泥 火山灰水泥	32.5	10.0	32.5	2.5	5.5
	32.5R	15.0	32.5	3.5	5.5
	42.5	15.0	42.5	3.5	6.5
	42.5R	19.0	42.5	4.0	6.5
	52.5	21.0	52.5	4.0	7.0
	52.5R	23.0	52.5	4.5	7.0

8.2.1.5 检验规则

(1) 编号及取样

水泥出厂前按同品种，同强度等级编号和取样。袋装水泥和散装水泥应分别进行编号和取样。每一编号为一取样单位。水泥出厂编号按水泥厂年生产能力规定。

120 万 t 以上，不超过 1200t 为一编号；

60 万 t 以上～120 万 t，不超过 1000t 为一编号；

30 万 t 以上～60 万 t，不超过 600t 为一编号；

10 万 t 以上～30 万 t，不超过 400t 为一编号；

10 万 t 以下，不超过 200t 为一编号；

取样应有代表性，可连续取，也可从 20 个以上不同部位取等量样品，总量至少 12kg。

(2) 出厂水泥

出厂水泥应保证出厂强度等级，其余技术要求应符合上述技术拍标要求。

(3) 废品和不合格品

1) 废品

凡氧化镁、三氧化硫、初凝时间、安定性中任一次不符合规定要求时，均为废品。

2) 不合格品

凡细度、终凝时间，不溶物和烧失量中的任一次不符合规定要求或混合材料的掺加量超过最大限度和强度低于商品强度等级的指标时为不合格品。水泥包装标志中水泥品种、编号等级，生产者名称和出厂编号不全的也属不合格品。

(4) 交货和验收

1) 交货时水泥的质量验收可以由取实物试样以其检验结果为依据，也可以水泥厂同编号水泥的检验报告为依据，来取何种方法验收由买卖双方商定，并在合同或协议中注明。

2) 以抽取实物试验的检验结果为验收依据时，买卖双方应在发货前或交货地共同取样等待，取样重量为 20kg，缩分为二等份，一份由卖方保存 40 天，一份由买方按有关标准规定的项目和方法进行检验。

在 40 天以内，买方检验认为产品质量不符合标准要求，而卖方又有异议时双方应将卖方保存的另一份试样送省级或省级以上国家认可的水泥质量监督检验机构进行仲裁检验。

3) 以水泥厂同编号水泥的检验报告为验收依据时，在发货前或交货时双方在同编号水泥中抽取试样，双方共同鉴封后，保存三个月；或委托卖方在同编号水泥中抽取试样，鉴封后保存三个月。

在三个月内，买方对水泥质量有疑问时，则买卖双方应将鉴封的试样送省级或省级以上国家认可的水泥质量监督检验机构进行仲裁检验。

8.2.1.6　水泥检验方法

(1) 检验标准

硅酸盐水泥、普通硅酸盐水泥依据 GB175－1999《硅酸盐水泥、普通硅酸盐水泥》进行。

矿渣硅酸盐水泥、火山灰质硅酸盐水泥及粉煤灰硅酸盐水泥依据 GB1344－1999《矿渣硅酸盐水泥、火山灰质硅酸盐水泥及粉煤硅酸盐水泥》进行。

复合硅酸盐水泥依据 GB12958－1999《复合硅酸盐水泥》进行。

(2) 检验项目

硅酸盐水泥、普通硅酸盐水泥检验项目包括：不溶物、氧化镁、三氧化硫、烧失量、细度、凝结时间、安全性、强度、碱。

矿渣硅酸盐水泥、火山灰质硅酸盐水泥及粉煤灰硅酸盐水泥检验项目包括：氧化镁、三氧化硫、细度、凝结时间、安定性、强度、碱。

复合硅酸盐水泥检验项目包括：氧化镁、三氧化硫、细度、凝结时间、安定性、强度。

(3) 试验方法

氧化镁、三氧化硫、碱和不溶物检验依据 GB176－1996《水泥化学分析方法》进行。

细度检验依据 GB1345－1991《水泥细度检验方法（80μm）筛析法》进行。

凝结时间和安定性检验依据 GB/T1346～2001《水泥标准稠度用水量、凝结时间、安定性检验方法》进行。

强度检验依据 GB/T17671－1999《水泥胶砂强度检验方法（ISO 法）》进行。

8.2.2　**骨料**

8.2.2.1　简述

骨料（又称集料）是混凝土的主要组成材料之一，在混凝土中起骨架作用。骨料粒径在0.16～5mm之间的称为细骨料；粒径在5mm以上的称为粗骨料。

混凝土用细骨料一般采用天然砂。砂由天然岩石经自然风化作用形成的大小不等、矿物组成不同的颗粒组成。按其产源不同可分为河砂、海砂及山砂：普通混凝土用的粗骨料为碎石和卵石（统称石子）。我国《普通混凝土用碎石或卵石质量标准及检验方法》（JGJ53－92）和《普通混凝土用砂质量标准及检验方法》（JGJ52－92）标准对其分别下的定义见表8－5。

普通混凝土用骨料的定义　　**表8－5**

序　号	项　目	定　义
1	粗骨料	1. 由天然岩石或卵石经破碎、筛分而得的，粒径大于5mm的岩石颗粒，称为碎石或碎卵石 2. 由于自然条件作用而形成的、粒径大于5mm的岩石颗粒，称为卵石
2	细骨料	由自然条件作用而形成的，粒径在5mm以下的岩石颗粒，称为天然砂

8.2.2.2　分类

(1) 细骨料（砂）的分类

1) 按砂的产源分类　可分为河砂（包括江砂）、海砂和山砂三类。

河砂长期经受流水冲洗，颗粒形状较圆，介于海砂和山砂之间，较洁净。一般工程大都采用河砂。

海沙因长期不断经受海水冲刷，颗粒较圆，较洁净，但混有贝壳碎片且氯盐含量较高，应经受冲洗处理，氯盐和有机不纯净物含量均不得超过标准规定。我国海砂一般偏细。

山砂是从山谷或旧河床中采运而得到的，颗粒多带棱角，表面粗糙。一般山砂含泥和软颗粒较多。

2) 按砂的细度模数分类　砂的粗细程度可用砂的细度模数来划分，我国JGJ52－92《普通混凝土用砂质量标准及检验方法》（以下简称JGJ52－92）的规定见表8－6。

砂的细度模数分类表　　**表8－6**

类　别	粗　砂	中　砂	细　砂
细度模数	3.7～3.1	3.0～2.3	2.2～1.6

3）按砂的加工方法分类　按砂的加工方法分类可分为两大类：不需加工，开采或采运后可直接使用的为天然砂，上述的河砂、海砂、山砂等都属此类。另一类为人工破碎砂，是用天然石材直接破碎加工而成，也可以是加工粗集料过程中的副产品。

人工破碎砂要注意控制其粒度、粒形和细粉含量。

（2）粗骨料分类

1）按岩石成因分类　按岩石的地质成因分类，可分成火成岩、沉积岩和变质岩。大部分的火成岩都是优良的骨料原料，沉积岩变化范围较大，变质岩则介于火成岩和沉岩积之间。

2）按矿物成分分类　了解骨料的岩石学和矿物学分类，对于地质考察勘查新的矿源，采用新的骨料与已使用的骨料进行比较或评定质量，是十分重要的。

我国幅员辽阔，有着丰富的天然石材资源，其中，作为地壳主要组成的火成岩分布尤广。火成岩中的酸性花岗岩广泛分布于各省，酸性流纹岩分布于东南沿海一带；中性岩中的闪长岩分布于江苏、安徽、河南、山东、四川、湖北等地；基性岩中的玄武岩分布于四川、贵州、云南、澎湖列岛等地。沉积岩遍布全国各地，我国的沉积岩中各类岩石的比例大约为：页岩占80%，砂岩占15%，石灰岩占5%。变质岩中，则以云南大理产的大理岩闻名，其他如石灰岩则遍布浙江、福建、广东沿海一带和长江下游等地。

3）按颗粒形状和表面特征分类　骨料的颗粒形状和表面特征对所配制混凝土的强度、用水量和粘结力等有较大影响。按骨料的颗粒形状和骨料的表面结构分类可分别见表8-7和表8-8。

按粗骨料颗粒形状的分类　　**表8-7**

圆　形	完全水磨损或完全磨损	河或海滨砾石
不规则的	天然不规则或部分磨损、有圆形边	其他砾石、燧石
片状的	材料厚度较其他两向尺寸要小	片状岩石
角状的	在粗糙平面相交处形成的加工较好的边	各种碎石、岩屑、碎渣
细长的	普通角状材料、长度较其他两个方向尺寸大得多	
片状和细长	长比宽大得多，宽比厚又大得多	

按粗骨料的表面结构分类　　表 8-8

表面结构	特　征	岩　石　实　例
玻璃质	贝壳状裂痕	黑燧石（黑硅石）玻璃状渣
光滑	由于水的磨损或成层断裂，或细颗粒岩石而使其光滑	砾石、燧石、板岩、大理石、某些流纹岩
粒状	破裂或均匀的圆颗粒	砂岩、鱼面状岩
粗糙	细或中等颗粒岩石的粗糙断面不含可见的结晶成分	玄武岩、致密长石、斑石、石灰石
结晶	含可见的结晶成分	花岗岩、辉长石、片麻岩
蜂窝状	具有可见的孔和空穴	砖、浮石、泡沫矿渣等

8.2.2.3　使用标准

配制混凝土对细骨料的质量要求有以下几个方面：

(1) 有害杂质

细骨料常含有一些有害杂质，如淤泥、粘土、云母等。这些杂质常粘附在砂的表面，妨碍水泥与砂粘结，降低混凝土强度，降低混凝土的抗渗性和抗冻性。此外一些有机杂质、硫化物及硅酸盐等对水泥亦有腐蚀作用，也应加以限制。细骨料中有害杂质的含量应符合表 8-9 的要求。

对重要工程混凝土使用的砂还要进行碱骨料活性检验。当采用海砂配制素混凝土时，海砂中氯离子含量不予限制；若用海砂配制钢筋混凝土，则海砂中氯离子含量不应大于 0.06%（以干砂重计）；对预应力混凝土不宜用海砂，若必须使用，则需淡水冲洗至氯离子含量不大于 0.02%（以干砂重计）。

(2) 颗粒形状及表面特征

细骨料的颗粒形状及表面特征会影响其与水泥的粘结及拌合物的流动性，若为河砂、海砂，因其颗粒多为圆球形，且表面光滑，故用此种细骨料拌制的混凝土拌合物流动性较好，但与水泥的粘结较差；反之若为山砂，因其颗粒多具有棱有且表面粗糙，故用此种细骨料拌制的混凝土拌合物流动性较差，但与水泥的粘结较好，进而混凝土强度较高。

砂中有害杂质含量　　表 8-9

项　目	质　量　指　标	
	大于或等于 C30	小于 C30
含泥量（按重量计%）	≤3.0	≤5.0
泥块含量（按重量计%）	≤1.0	≤2.0
云母含量（按重量计%）	≤2.0	
轻物质含量（按重量计%）	≤1.0	
硫化物及硫酸盐的含量（折算成 SO_3 按重量计%）	≤1.0	
有机物含量（用比色法试验）	颜色不应深于标准色，如深于标准色，则应按水泥胶砂强度的方法，进行强度对比试验，抗压强度比不应低于 0.95	

注：1. 摘自《普通混凝土用砂质量标准及检验方法》JGJ52-92；
2. 对有抗冻、抗渗或其他特殊要求的混凝土用砂，含泥量应不大于 3.0%；
3. 对 C10 和 C10 以下的混凝土用砂，根据水泥等级，其含泥量可予以放宽；其泥块含量也可予以放宽；
4. 对有抗冻、抗渗要求的混凝土，砂中云母含量不应大于 1.0%；
5. 砂中如发现含有颗粒状的硫酸盐或硫化物杂质时，则要进行专门检验，确认能满足混凝土耐久性要求时，方能采用。

(3) 砂的坚固性

砂的坚固性用硫酸钠溶液进行检验，经 5 次循环后其重量损失应符合表 8-10 的规定。

对于有抗疲劳、耐磨、抗冲击要求的混凝土用砂或有腐蚀介质作用或经常处于水位变化的地下结构混凝土用砂，其坚固性重量损失率应小于 8%。

砂的坚固性指标　　表 8-10

混凝土所处环境条件	循环后的重量损失（%）
在严寒及寒冷地区室外使用并经常处于潮湿或干湿交替状态下的混凝土	≤8
其他条件下使用的混凝土	≤10

(4) 砂的颗粒级配及粗细程度

砂的颗粒级配表示砂中大小颗粒搭配的情况。混凝土中砂粒之间的空隙由水泥浆所填充，为达到节约水泥和提高强度的目的，应尽量减少砂料之间的空隙。从图 8－1 可以看到，如果是同样粗细的砂，空隙最大（图 8－1（a））；两种粒径的砂搭配起来，空隙可减少（图 8－1（b））；三种粒径的砂搭配，空隙更小（图 8－1（c））。由此可见，要想减少砂粒间的空隙，必须用大小不同的砂粒进行搭配。

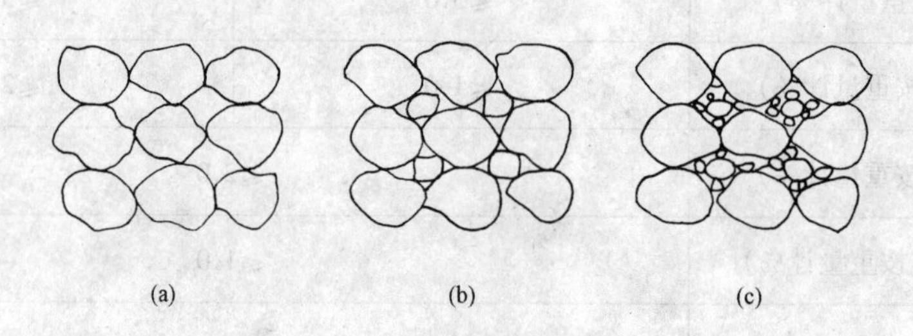

图 8－1 骨料颗粒级配

砂的粗细程度，是指不同粒径的砂粒，混合在一起后的总体的粗细程度，通常有粗砂、中砂与细砂之分。在相同重量条件下，细砂的总表面积较大，而粗砂的总表面积较小。在混凝土中，砂子的表面需要由水泥浆包裹，砂子的总面积愈大，则需要包裹砂粒表面的水泥浆就愈多。因此，一般来说用粗砂拌制混凝土比用细砂所需的水泥浆为省。

拌制混凝土时，砂的颗粒级配与粗细程度应同时考虑。当砂中含有较多粗粒径砂，并以适当的中粒径砂及少量细粒径砂填充其空隙，则可达到空隙率及总表面积均较小，这样的砂比较理想，不仅水泥浆用量较少，而且还可提高混凝土的密实性与强度。可见控制砂的颗粒级配和粗细程度有很大的技术经济意义，因而它们是评定砂质量的重要指标。

砂的颗粒级配和粗细程度，常用筛分析的方法进行测定，用级配区表示砂的颗粒级配，用细度模数表示砂的粗细。细度模数越大，表示砂越粗，普通混凝土用砂的细度模数范围一般为 3.7～0.7，其中，μ_f 在 3.7～3.1 为粗砂，μ_f 在 3.0～2.3 为中砂，μ_f 在 2.2～1.6 为细砂，μ_f 在 1.5～0.7 为特细砂。

砂按 0.630mm 筛孔的累计筛余量（以重量百分率计），分成三个级配区，见表 8－11。砂的实际颗粒级配与表 8－11 所列的累计筛余百分率相比，除 5.00mm 和 0.630mm 筛号外，允许稍有超出分界线，但其总量百分率不应大于 5%。以累计筛余百分率为纵坐标，根据表 8－11 规定画出砂Ⅰ、Ⅱ、Ⅲ级配区的筛分曲线，见图 8－2。配制混凝土时宜优先选用Ⅱ区砂；当采用Ⅰ区砂时，应提高砂率，并保持足够的水泥用量，以满足混凝土的和易性；当采用Ⅲ区砂时，宜适当降低砂率，以保证混凝土强度。对于泵送混凝土用砂，宜选用中砂。

砂颗粒级配区 表8-11

筛孔尺寸(mm) \ 累计筛余(%) \ 集配区	Ⅰ区	Ⅱ区	Ⅲ区
10.0	0	0	0
5.00	10~0	10~0	10~0
2.50	35~5	25~0	15~0
1.25	65~35	50~10	25~0
0.630	85~71	70~41	40~16
0.315	95~80	92~70	85~55
0.160	100~90	100~90	100~90

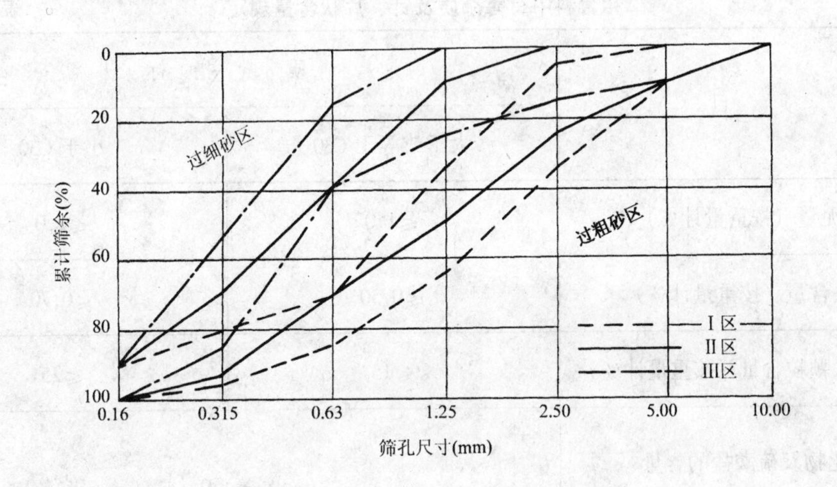

图8-2 砂的Ⅰ、Ⅱ、Ⅲ级配区曲线

如果砂的实际级配曲线超过Ⅰ区往右下偏时，表示砂过粗；若超过Ⅲ区向左上偏时则表示砂过细。如果砂的自然级配不符合级配区的要求，要采用人工级配的方法来改善，最简单的措施是将粗、细砂按适当比例进行试配掺合使用。为调整级配，在不得已时将砂加以过筛，筛除过粗或过细的颗粒。

(5)(粗)细骨料的饱和面干吸水率

(粗)细骨科有如图8-3所示的几种含水状态。骨料若不含水分称全干状态；若仅内部核心含有部分水分称为气干状态；骨料的颗粒表面干燥，而颗粒内部的孔隙为水饱和时，称为饱和面干状态，此时骨料的含水率，称为饱和面干含水率；若骨料不仅内部孔隙为水所饱和，而且表面尚有部分表面水，则称为湿润状态。由于骨料含水率不同，在拌制混凝土时，将影响混凝土的用水量和骨料用量。计算混凝土配合比时，一般以全干状态骨料为基础，而一些大型水利工程常以饱和面干骨料为基准。当细骨料表面含有表面水时，常会出现砂的表观体积明显增大的现象，这种现象称为砂的湿胀。

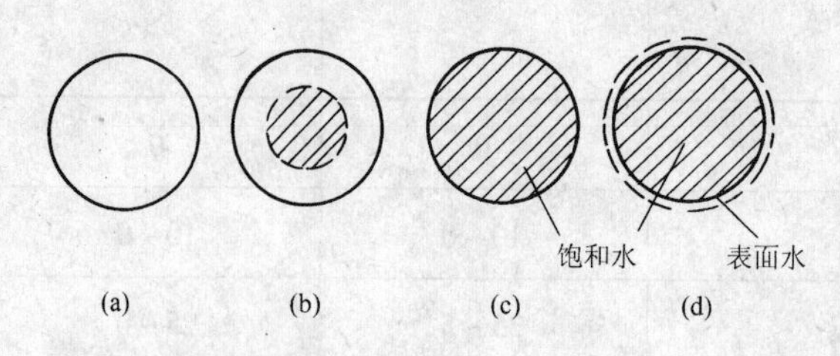

图 8－3 骨料的含水状态

配制混凝土的粗骨料的质量要求如下：

1）有害杂质

粗骨料中的有害杂质有黏土、淤泥、硫化物及硫酸盐、有机质等。有害杂质的含量一般应符合表 8－12 规定要求。

粗骨料中有害杂质及针、片状含量规定　　表 8－12

项　目	质量指标	
	大于或等于 C30	小于 C30
含泥量（按重量计%）	≤1.0	≤2.0
泥块含量（按重量计%）	≤0.50	≤0.70
针、片状颗粒含量（按重量计%）	≤15	≤25
硫化物及硫酸盐的含量（折算成 SO_3 按重量计%）	≤1.0	
有机物含量（用比色法试验）	颜色不应深于标准色，如深于标准色，则应按水泥胶砂强度的方法，进行强度对比试验，抗压强度比不应低于 0.95	

注：1. 摘自《普通混凝土用碎石或卵石质量标准及检验方法》JGJ53－92；
2. 对有抗冻、抗渗或其他特殊要求的混凝土，其所用碎石或卵石的含泥量不应大于 1.0%；
3. 如含泥基本上是非黏土质的石粉时，含泥量可由上表中的 1.0% 及 2.0% 分别提高到 1.5% 和 3.0%；
4. 强度等于及小于 C10 级的混凝土用碎石和卵石，其含泥量可放宽到 2.5%；
5. 强度等于及小于 C10 级的混凝土，其针、片状颗粒含量可放宽到 40%；
6. 对有抗冻、抗渗和其他特殊要求的混凝土，其所用碎石或卵石的泥块含量应不大于 0.50%；
7. 对等于或小于 C10 级的混凝土用碎石或卵石，其泥块含量可放宽到 1.00%；

8. 如发现有颗粒状硫酸盐或硫化物杂质的碎石或卵石，则要求进行专门检验，确认能满足混凝土耐久性要求时方可采用。

2）颗粒形状及表面特征

碎石往往具有棱角，且表面粗糙，在水泥用量和用水量相同的情况下，用碎石拌制的混凝土拌合物流动性较差，但其与水泥粘结较好，故强度较高；相反卵石多为表面光滑的球形颗粒，用卵石拌制的混凝土拌合物流动性较好，但强度较差。如要求流动性相同，采用卵石时用水量可适当减少，结果强度不一定比用碎石的低。

粗骨料的颗粒中还有一些为针、片状颗粒。凡岩石颗粒的长度大于该颗粒所属粒级的平均粒径的2.4倍者为针状颗粒；厚度小于平均粒径0.4倍者为片状颗粒。平均粒径指该粒级上、下限粒径的平均值。这种针、片状颗粒过多，会降低混凝土强度，其含量应符合表8－12中的规定。

3）最大粒径及颗粒级配

①最大粒径

粗骨料中公称粒级的上限称为该骨料的最大粒径。当骨料粒径增大时，其表面积随之减小，相应所需水泥浆或砂浆数量也相应减少，所以粗骨料最大粒径在条件许可情况下，应尽量用得大些。试验研究证明，最佳的最大粒径取决于混凝土的水泥用量。在水泥用量少的混凝土中（水泥用量$\ngtr$170kg/m^3），采用大骨料是有利的。在普通配合比的结构混凝土中，骨料粒径大于40mm并没有好处。骨料最大粒径还受结构型式和配筋疏密限制。根据《混凝土结构工程施工质量验收规范》GB50204－2002的规定，混凝土粗骨料的最大粒径不得超过结构截面尺寸的1/4，同时不得大于钢筋间最小净距的3/4；对于混凝土实心板，骨料的最大粒径不宜超过板厚的1/2，且不得超过50mm；对于泵送混凝土，骨料最大粒径与输送管内径之比，碎石不宜大于1:3，卵石不宜大于1:2.5。石子粒径过大，对运输和搅拌都不方便。

为减少水泥用量、降低混凝土的温度和收缩应力，在大体积混凝土内，常用毛石来填充。毛石（片石）是爆破石灰岩、白云岩及砂岩所得到的形状不规则的大石块，一般尺寸在一个方向达30～40cm，重量约20～30kg左右。因此，这种混凝土也常称为毛石混凝土。

②颗粒级配

石子的粒级分为连续粒级和单粒级两种，前者自最小粒径5mm开始至最大粒径D_{max}（即最大粒径），各粒级的累计筛余均有控制范围；后者从1/2最大粒径开始至D_{max}，粒径大小差别较小。石子的级配应通过筛分试验确定，石子的标准筛有孔径为2.50，5.00，10.0，16.0，20.0，25.0，31.5，40.0，50.0，63.0，80.0mm和100mm共12个筛子，每个筛号的分计筛余百分率和累计筛余百分率计算与砂相同。碎石和卵石的级配范围要求是相同的，应符合表8－13的规定。

4）强度

为保证混凝土的强度要求，粗骨料必须质地致密，具有足够的强度。粗骨料的强度有岩石立方体强度和压碎指标两种表示方法。岩石立方体强度是将岩石切割制成边长为50mm的立方体，或钻取直径与高度均为50mm的圆柱体，在浸水48h后，测试其抗压强度；压碎指标是将一定重量气干状态下10～20mm的颗粒装入一定规格的圆筒，在压力机上按一定的加荷速度加荷到200kN，稳定一定时间后卸荷，称取试样重量（m_0），用孔径为2.5mm筛筛除被压碎的细粒，称量剩留在筛上的试样重量（m_1），按下式计算压碎指标值：

$$\delta_a = \frac{m_0 - m_1}{m_0} \times 100\% \tag{8-1}$$

按JGJ53－92规定，碎石的强度可用岩石的抗压强度和压碎示值表示，碎石的压碎指标值宜符合表8－14规定。卵石的强度用压碎指标值表示，且宜符合表8－15的规定。

碎石或卵石的颗粒级配规定　　**表8－13**

级配情况	公称粒级(mm)	累计筛余　按重量计(%)											
		筛孔尺寸(圆孔筛)(mm)											
		2.50	5.00	10.0	16.0	20.0	25.0	31.5	40.0	50.0	63.0	80.0	100
连续粒级	5～10	95～100	80～100	0～15	0								
	5～16	95～100	90～100	30～60	0～10	0							
	5～20	95～100	90～100	40～70		0～10	0						
	5～25	95～100	90～100		30～70		0～5	0					
	5～31.5	95～100	90～100	70～90		15～45		0～5	0				
	5～40		95～100	75～90		30～65		0～5	0				
单粒级	10～20		95～100	85～100		0～15	0						
	16～31.5		95～100		85～100			0～10	0				
	20～40			95～100		80～100		0～10	0				
	31.5～63				95～100			75～100	45～75		0～10	0	
	40～80					95～100			70～100		30～60	0～10	0

注：1. 摘自《普通混凝土用碎石和卵石质量标准及检验方法》JGJ53－92；
2. 单粒级宜用于组合成具有要求级配的连续粒级，也可与连续粒级混合使用，以改善其级配或配成较大粒度的连续粒级；
3. 不宜用单一的单粒级配制混凝土。如必须单独使用，则应作技术经济分析，并应通过试验证明不会发生离析或影响混凝土的质量。

碎石的压碎指标　　　　**表8－14**

岩石品种	混凝土强度等级	碎石压碎指标值（%）
水成岩	C55～C40	≤10
	≤C35	≤16
变质岩或深层的火成岩	C55～C40	≤12
	≤C35	≤20
火成岩	C55～C40	≤13
	≤C35	≤30

注：1. 水成岩包括石灰岩、砂岩等。变质岩包括片麻岩、石英岩等。深层的火成岩包括花岗岩、正长岩、闪长岩和橄榄岩等。喷出的火成岩包括玄武岩和辉绿岩等；

2. 混凝土强度等级为C60及以上时应进行岩石抗压强度检验，其他情况下如有怀疑或认为有必要时也可进行岩石的抗压强度检验。岩石的抗压强度与混凝土强度等级之比不应小于1.5，且火成岩强度不宜低于80MPa，变质岩不宜低于60MPa，水成岩不宜低于30MPa。

卵石的压碎指标值　　　　**表8－15**

混凝土强度等级	C55～C40	≤C35
压碎指标值（%）	≤12	≤16

5）坚固性

碎石或卵石的坚固性用硫酸钠溶液法检验，试样经五次循环后，其重量损失应符合表8－16的规定。

碎石或卵石的坚固性指标　　　　**表8－16**

混凝土所处的环境条件	循环后的重量损失（%）
在严寒级寒冷地区室外使用并经常处于潮湿或干湿交替状态下的混凝土	≤8
在其他条件下使用的混凝土	≤12

注：对有腐蚀介质作用或经常处于水位变化区的地下结构或有抗疲劳、耐磨、抗冲击等要求的混凝土用碎石或卵石，其重量损失应不大于8%。

8.2.2.4 验收法则

(1) 砂

1) 供货单位应提供产品合格证或质量检验报告。购货单位应按同产地同规格分批验收。用大型工具（如大车、货船、汽车）运输的，以 400m^3 或 600t 为一验收批。用小型工具运输的以 200m^3 或 300t 为一验收批，不足上述数量以一验收批论。

2) 对验收货至少应进行颗粒级配、含泥量和泥块含量检验，如为海砂，还应检验其氯离子含量。对重要工程或特殊工程应根据工程要求，增加检测项目，如对其他指标合格性有怀疑时，应予以检验。

当质量比较稳定，进料量又较大时，可定期检验。

3) 若检验不合格时，应重新取样。对不合格项，进行加倍复检，若仍有一个试验不能满足标准要求，应按不合格品处理。

(2) 碎石或卵石

1) 供货单位应提供产品合格证明质量检验报告。购货单位应按同产品同规格分批验收。用大型工具（如火车、货船或汽车）运输的，以 400m^3 或 600t 为一验收批。用小型工具运输的以 200m^3 或 300t 为一验收批，不足上述数量以一验收批论。

2) 对验收批至少应进行颗粒级配、含泥量、泥块含量、针、片状颗粒含量检验。对重点工程或特殊工程应根据工程要求增加控制项目。对其他指标合格性有怀疑时应于予以检验。如质量比较稳定而进料量又加大时，可定期检验。

3) 若检验不合格，应重新取样，对不合格项进行加倍复验，若仍有一个试样不能满足标准要求，应按不合格处理。

8.2.3 拌合水

8.2.3.1 简述与分类

混凝土拌合用水按水源可分为饮用水、地表水、地下水、海水以及经适当处理或处置后的工业废水。

8.2.3.2 采用标准

符合国家标准的生活饮用水可以用来拌制各种混凝土。

地表水及地下水需按《混凝土拌合用水标准》(JGJ63－89) 检验合格后方可使用。

海水可用于拌制素混凝土，但不得用于拌制有饰面要求的混凝土。

混凝土构件厂及商品混凝土厂设备洗刷水，可作为混凝土拌合水的部分用水，但需注意设备洗刷水所含水泥和外加剂对所拌制混凝土的影响，且最终拌合水中氯化物、硫酸盐及硫化物含量应满足表 8－17 的要求。

工业废水检验合格后可用于拌制混凝土，检验不合格的工业废水需经处理，合格后方可使用。

混凝土拌合水所含物质对混凝土、钢筋混凝土及预应力混凝土不应产生下列有害作用；

(1) 影响混凝土的和易性及凝结；

(2) 有损于混凝土的强度增长；

(3) 降低混凝土耐久性，加快钢筋腐蚀及导致预应力钢筋脆断；

(4) 污染混凝土表面。

以待检验的拌合水与蒸馏水（或符合国家标准的饮用水），进行水泥初终凝试验时，其凝结时间差（二者的初、终凝时间之差）不得大于30min，且初、终凝时间应符合水泥国家标准的规定。

用待检验拌合水配制的水泥砂浆或混凝土的28d抗压强度，与用蒸馏水拌制的对应砂浆或混凝土的强度之比不得小于0.9。

混凝土拌合用水中物质含量限值　表8-17

项　目	预应力混凝土	钢筋混凝土	素混凝土
pH值	>4	>4	>4
不溶物（mg/L）	<2000	<2000	<5000
可溶物（mg/L）	<2000	<5000	<10000
氯化物（以 Cl^- 计）（mg/L）	<500	<1200	<3500
硫酸盐（以 SO_4^{2-} 计）（mg/L）	<600	<2700	<2700
硫化物（以 S^{2-} 计）（mg/L）	<100	—	—

注：1. 使用钢丝或经热处理钢筋的预应力混凝土氯化物的含量不得超过350mg/L；
2. 摘自《混凝土拌合用水标准》JGJ63-89。

8.2.4　掺合料

8.2.4.1　简述

掺合料系指在混凝土中掺量大于5%的具有火山灰活性的掺合料。这种掺合料以氧化硅、氧化铝为主要成分，本身不具有或只具有极低的胶凝特性。但在常温下这种掺合料能与混凝土中的游离氢氧化钙化合生成胶凝性的水化物，并可在空气或水中硬化。因而这种具有火山灰活性的矿物掺合料能改善混凝土的性能，并能节约水泥。

活性矿物掺合料可分为天然类，人工类及工业废料等三大类，详见表8-18。

火山灰质掺合料的分类　表8-18

类　别	品　　种
天然类	火山灰、凝灰岩、硅藻土、蛋白石质黏土、硅质页岩、钙性黏土及黏土页岩
人工类	煅烧页岩或黏土
工业废料类	粉煤灰、水淬高炉矿渣、硅灰

具有火山灰活性的掺合料（简称火山灰质掺合料）已有悠久的应用历史。早在古罗马时代就已在工程中应用。最初是以其作为水泥的辅助材料，继而被用来做混凝土的掺合料。它不仅能改善混凝土拌合物的和易性，还能提高混凝土的密实性、抗渗性及耐化学腐蚀性。因为它所含的 SiO_2 与混凝土中的游离 $Ca(OH)_2$ 反应生成不溶于水的水化硅酸钙。

火山灰质掺合料的活性主要取决于下列物质的含量：

(1) 硅酸盐、铝酸盐、人工或自然玻璃体；

(2) 蛋白石；

(3) 钙性黏土矿物质；

(4) 氢氧化铝。

多数火山灰质掺合料，特别是天然火山灰质掺合料，需在使用之前予以磨细，以提高其活性。当前使用最多的火山灰质掺合料是工业废料粉煤灰。

8.2.4.2 分类与采用标准

(1) 粉煤灰

粉煤灰是从燃煤粉电厂的锅炉烟气中收集到的细粉末，其颗粒多数呈球形，表面光滑，色灰或浑灰。粉煤灰的相对密度为1.95~2.4。堆积密度为500~800kg/m^3。粉煤灰的主要成分为氧化硅和氧化铝，其氧化硅多数以玻璃体状态存在，另有一部分莫来石（$3Al_2O_3$、$2SiO_2$）、α 石英、方解石及 β 硅酸二钙等少量晶体矿物。

粉煤灰掺合料最初主要用于水工构筑物的混凝土。1940年美国首先在水坝等水工混凝土中掺用粉煤灰，其目的在于减少大体积混凝土的水泥水化热。由于粉煤灰掺合料还具有其他改善混凝土性能的一系列优越性，所以很快就被广泛应用。1960年以后，粉煤灰已在水工以外的其他混凝土工程中应用，并成了混凝土的主要掺合料。

随着火力发电业的发展，粉煤灰的排放量日益增多，从环境保护角度出发，也要大量应用粉煤灰。因此各国都很重视粉煤灰的应用研究，并先后制定了粉煤灰标准。

我国于1979年制定了《用于水泥和混凝土中的粉煤灰》标准（GB1596－79），1986年制定《粉煤灰在混凝土及砂浆中应用技术规程》（JGJ28－86）1990年制定《粉煤灰混凝土应用技术规范》（GBJ146－90），1991年又对《用于水泥和混凝土中的粉煤灰》标准进行修订（GB1596－91）。这些都说明了我国对粉煤灰在水泥、混凝土及砂浆中应用的重视。

1）粉煤灰的化学成分

粉煤灰的化学成分因煤的品种及燃烧条件而异。一般来讲粉煤灰中的 SiO_2 含量为45%~60%；Al_2O_3 含量为20%~30%；Fe_2O_3 含量为5%~10%；美国ASTM中规定粉煤灰的上述三种成分总含量应在70%以上。我国的粉煤灰基本符合这项要求。

粉煤灰的火山灰活性主要与 SiO_2、Al_2O_3 及 Fe_2O_2 的含量有关，而其烧失量主要与含炭量有关。许多试验证明，只要粉煤灰中的含炭量在8%以下对水泥的水化硬化就无明显影响。

2）粉煤灰的性能

粉煤灰的主要性能为其细度、颗粒形状、相对密度、堆积密度、需水量和活性。

粉煤灰的细度与其捕集方法及分级方法有关。通常以通过0.045μm方孔筛的筛余量或比表面积来表示粉煤灰的细度。我国新修订的标准GB1596－91也以通过0.045μm方孔筛的筛余量及其他指标划分粉煤灰的等级。粉煤灰的细度直接影响其活性。一般来讲，粉煤灰的颗粒愈细，活性愈大。

粉煤灰的相对密度约为1.8~2.6；堆积密度约为600~1000kg/m^3，紧密密度约为1000~1400kg/m^3。

粉煤灰的需水量主要取决于其细度、颗粒形状、颗粒表面状态。即需水量一般常以需水量比即粉煤灰需水量与硅酸盐水泥需水量之比来评价该项指标。

粉煤灰的活性是以其火山灰质活性指标来表示。他主要取决于粉煤灰的化学成分、玻璃相含量、细度、颗粒形状及颗粒表面形状。该火山灰活性指标是以掺粉煤灰的试验砂浆平均强度与标准砂浆平均强度的比来求得的。英国标准BS3892-1982规定粉煤灰的火山灰活性指标在85%以上时，才能保证其有足够的活性。

各种试验证明，粉煤灰的火山灰反应生成物主要为$3CaO \cdot SiO_2 \cdot 3H_2O$，$3CaO \cdot Al_2O_3 \cdot 6H_2O$，$3CaO \cdot Fe_2O_3 \cdot 6H_2O$及$3CaO \cdot Al_2O_3 \cdot 3CaSO_4 \cdot 32H_2O$，即与水泥的水化产物基本相同。粉煤灰的这种反应在常温下发展得很慢，但随着龄期的增长，粉煤灰的火山灰反应及粉煤灰与水泥水化产物的结合反应同时进行，因此掺粉煤灰混凝土的后期强度均有很大的提高。

3）粉煤灰的分类及分级

粉煤灰依其颗粒细度分为原状灰及磨细灰；依其排放方式分为干排灰及湿排灰。由于粉煤灰的品质因煤的品种、燃烧条件不同而有很大差异，因此使用时必须十分注意其品质波动情况，并按规定进行随机抽样检验。此外，干粉煤灰容易吸潮，在储运过程中必须予以注意，以免影响其正常使用。

我国新修订的GB1596-91中将粉煤灰分为三级，其性能指标见表8-19。

粉煤灰的分级及品质指标　　表8-19

序号	指标		级别		
			Ⅰ	Ⅱ	Ⅲ
1	细度（0.045μm方孔筛筛余）（%）	不大于	12	20	45
2	需水量比（%）	不大于	95	105	115
3	烧失量（%）	不大于	5	8	15
4	含水量（%）	不大于	1	1	不规定
5	三氧化硫含量（%）	不大于	3	3	3

4）粉煤灰的掺用方式及适宜掺量

在混凝土或砂浆中掺粉煤灰可取代部分水泥，也可取代部分细骨（集）料，或既不取代水泥也不取代细骨（集）料。取代水泥又分为等量取代和超量取代。粉煤灰的掺用方式及适宜掺量主要取决于所要达到的目的和要求。例如为改善混凝土和易性及可泵性而掺用粉煤灰时，则可保持原有水泥用量，即不取代水泥，而为了降低大体积混凝土的水化热，或为了节约水泥而掺用粉煤灰时，则应取代部分水泥。以粉煤灰取代部分水泥时，为保证混凝土的强度不变，常采用超量取代法。常用的超量系数为1.2～2.0。该系数与所用粉煤灰等级有关。我国建设部制定的《粉煤灰在混凝土及砂浆中应用技术规程》中所选用的超量系数示于表8－20，而各种混凝土的粉煤灰最大掺量及不同强度等级、不同类别混凝土和砂浆的水泥允许取代率分别示于表8－21、表8－22。

粉煤灰超量系数　　表8－20

粉煤灰级别	超量系数（δ_c）
Ⅰ	1.0～1.4
Ⅱ	1.2～1.7
Ⅲ	1.5～2.0

注：C25以上混凝土取下限，其他强度等级混凝土取上限。

粉煤灰最大允许掺量　　表8－21

混凝土类别	粉煤灰最大掺量（基准混凝土水泥用量的%）
普通钢筋混凝土	35
轻骨料钢筋混凝土	30
素混凝土、砂浆	50

不同强度等级混凝土的粉煤灰取代水泥百分率　　表8－22

混凝土强度等级	不同品种水泥的取代率（%）	
	普通硅酸盐水泥	矿渣硅酸盐水泥
C15以下	15～25	10～20
C20	10～15	10
C25～C30	15～20	10～15

注：1. 以32.5级普通及矿渣硅酸盐水泥配制混凝土时，取表中下限值；采用42.5级水泥时，取表中上限值；
2. 预应力钢筋混凝土中粉煤灰取代水泥率为：普通硅酸盐水泥15%；矿渣硅酸盐水泥10%。

5）不同等级粉煤灰的适用范围

不同等级的粉煤灰适用于不同类型的混凝土结构，详见表8－23。

不同等级粉煤灰的适用范围　　表 8-23

粉煤灰等级	适用范围
Ⅰ级	后张预应力钢筋混凝土的结构及跨度小于 6m 的先张预应力混凝土结构
Ⅱ级	普通钢筋混凝土及轻骨料钢筋混凝土
Ⅲ级	建筑砂浆及 C15 以下的素混凝土

注：Ⅲ级粉煤灰经专门试验验证后也可用于钢筋混凝土。

6）粉煤灰掺合料对混凝土性能的影响

以粉煤灰取代部分水泥或细骨料，都能在保持混凝土原有和易性的条件下减少总水量。一般来讲粉煤灰愈细，球形颗粒含量愈高，其减水效果愈好。如果掺粉煤灰而不减少用水量，则可改善混凝土的和易性并能减少混凝土的泌水率、防止离析。因而粉煤灰掺合料更适合于压浆混凝土及泵送混凝土。

以粉煤灰取代部分水泥时，混凝土的早期强度可能稍有降低，但后期强度则与基准混凝土相等或略高。水泥用量不变，以粉煤灰取代部分细骨料时，混凝土的早期及后期强度均有提高。

由于以粉煤灰取代水泥或细骨料都能减少混凝土的用水量，相应降低水灰比，因此能提高混凝土的密实性及抗渗性，并改善混凝土的抗化学侵蚀性。粉煤灰对混凝土的抗冻性略有不利影响，因此当对混凝土有特殊抗冻要求时，应在掺粉煤灰的同时，适当加入引气剂。

粉煤灰还能使混凝土的干缩减少 5%左右，使混凝土的弹性模量大约提高 5%～10%。

因为粉煤灰与混凝土中的 $Ca(OH)_2$ 发生反应，降低了混凝土的碱性，对钢筋防锈不利。但国内外的大量研究证明，只要保证混凝土的 28d 强度与基准混凝土相等，则可认为粉煤灰对混凝土中钢筋的防锈无不良影响。

粉煤灰掺合料还能减少混凝土的水化热，防止大体积混凝土开裂。

（2）硅灰

硅灰也称硅烟或硅粉，是钢厂和铁合金厂生产硅钢和硅铁时产生的一种烟尘。它的主要成分是 SiO_2（占 85%～98%）。硅灰的颗粒呈极细的玻璃球状，其粒径为 0.1～1.0μm，是水泥颗粒 1/50～1/100。因此它是一种特效的混凝土掺合料，能明显改善混凝土的性能，大幅度地提高混凝土的强度。例如掺入水泥总量 5%～10%的硅灰，就能使混凝土的强度提高至 80～100MPa。

硅灰的火山灰活性早在 1950 年代初期已被人们所掌握，但因其颗粒极细，掺入混凝土后会引起混凝土用水量的增加，所以直至 1970 年代后期超塑化剂（高效减水剂）的大量应用才解决了硅灰的正式应用问题。目前全世界硅灰总产量约为 1100 万 t。

目前硅灰已引起许多国家的重视，它不仅被用来做为混凝土的普通掺合料，而且还被用来配制早强、高强混凝土、高抗渗混凝土及流动性混凝土。

我国上海建筑科学研究所、冶金部建筑研究总院等单位都进行了掺硅灰的高强混凝土研究，并取得了一定的成效。

1）硅灰的化学成分及性能

硅灰的化学成分随着所生产的合金和金属的品种不同而异。一般来讲其中 SiO_2 含量超过 90%，另外含有少量的铁、镁等氧化物。

硅灰为灰白色细粉末，其颜色因含炭量高低而有深浅不同，白度为 40～50。硅灰与水拌合后呈浅灰到深灰色，泥浆状时为黑色。硅灰的相对密度为 2.2，堆积密度为 250～300kg/m³。硅灰的比表面为 200000～250000cm²/g，其粒径分布见表 8－24。

硅灰的比表面积及粒径分布　　表 8－24

序号	比表面积（cm²/g）	0.045μm 筛筛余（%）	粒径（μm）分布（%）					粒径测试方法
			0～0.3	0.3～0.5	0.5～0.7	0.7～1.0	1～5	
1	284000	0.77	44.8	20.2	5.2	5.2	24.6	超声振荡
2	353000	0.72	51.1	20.4	6.4	4.8	14.3	
3	314000	1.62	63.6	14.7	3.5	3.5	14.7	

注：上表摘自《冶金环保情况》1993，第三期。

硅灰的火山灰活性指标高达 110%，需水量比约为 134%，比美国材料试验协会标准（C618）中规定的火山灰质掺合料的极限指标都高（见表 8－25）。硅灰的有效取代系数高达 3～4，即 1kg 硅灰可取代 3～4kg 水泥。

硅灰的火山灰活性指标　　表 8－25

火山灰活性指标	硅灰	美国材料试验协会标准（C618）		
		火山灰	粉煤灰	
			F 级	C 级
与硅酸盐水泥拌合的活性				
28d 强度为原始拌合物（%）	110	≥75	≥75	≥75
需水量为原始拌合物（%）	134	≤115	≤105	≤105
与石灰拌合的活性 7d 强度（MPa）	9.0	≥5.5	≥5.5	≥5.5

2）硅灰掺合料对混凝土性能的影响

①增大需水量

硅灰做混凝土的掺合料一般只掺5%～10%，掺量过多必然导致需水量的猛增，影响混凝土的各种性能。在掺量为5%～10%的情况下，可用同时掺用减水剂的方法来补偿因掺硅灰而降低的坍落度。

以硅灰取代不同量的水泥时，混凝土需水量也相应增加，例如取代30%水泥时，需水量约增加30%，详见图8－4。

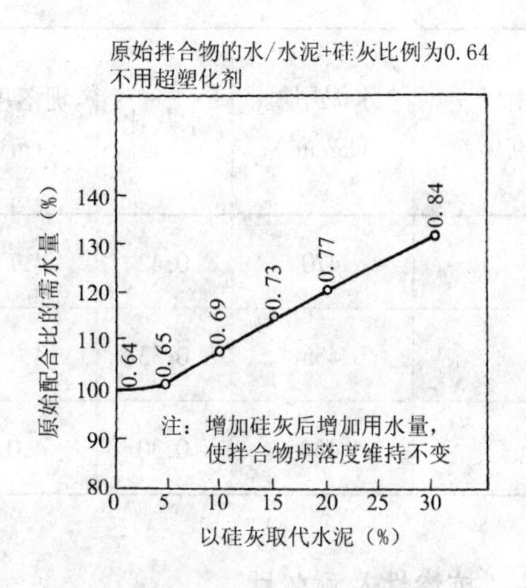

图8－4　掺硅灰混凝土的需水量
（图中数据为水/水泥＋硅灰的比值）

②提高混凝土的强度

在混凝土中掺入5%～10%的硅灰掺合料，或以硅灰取代部分水泥，都能使混凝土的28d抗压强度明显提高，尤其是当同时掺用高效减水剂维持原有用水量时，强度提高得更多。基于这一点，常用其配制强度高达100MPa的高强混凝土，见图8－5及图8－6。

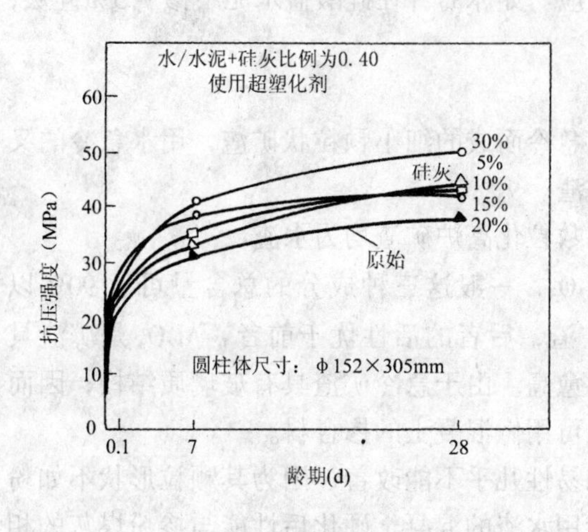

图8－5　硅灰取代水泥对混凝土强度的影响

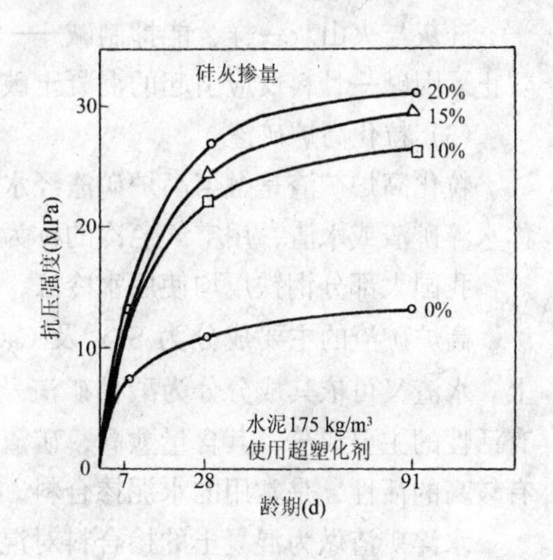

图8－6　硅灰做混凝土掺合料对混凝土强度的影响

我国上海建筑科学研究院的研究证明，以原525号普通硅酸盐水泥、5～25mm碎石及中砂为原料的混凝土，掺入5%～10%的硅灰与适量的SN－Ⅱ型高效减水剂，能使混凝土的1d抗压强度提高120%，28d抗压强度提高60%～80%，因此可配制出1d抗压强度为40MPa，28d抗压强度为80～90MPa的早强、高强混凝土（见表8－26）。

掺硅灰混凝土的抗压强度　　表8－26

硅粉掺量（占水泥重%）	减水剂用量（占水泥重%）	水泥用量（kg/m^3）	水灰比	坍落度（cm）	抗压强度（MPa）		
					1d	7d	28d
0	0	470	0.42	4.7	18.7	43.3	51.8
5	1.5	455	0.33	4.7	43.6	71.6	82.1
10	2.0	464	0.30	4.0	47.2	78.7	98.4

③提高混凝土的密实性、抗渗性及耐久性。

掺硅粉后水泥浆体中的毛细孔会相应减小，大于0.1μm的大孔体积在28d龄期时已接近于零，而不掺硅粉的硅酸盐水泥浆体的大孔体积相应为0.225ml/g。因此掺入硅粉的混凝土密实性提高，抗渗等级可提高至P20以上，耐久性也随之提高。

④改善混凝土拌合物的和易性，增加其内聚力，减少离析。

由于硅粉极细，因此与减水剂一起掺入混凝土时，能改善混凝土拌合物的和易性及可泵性，并使混凝土具有很好的水下浇灌性，因此可用来配制水工混凝土及高流动度混凝土。

⑤减缓碱——骨料反应

硅灰与火山灰一样，能抑制碱——骨料反应。如冰岛曾在硅酸盐水泥中掺7.5%硅灰，防止了因碱—骨料反应引起的混凝土破坏。

（3）粒化高炉矿渣

粒化高炉矿渣是融熔高炉矿渣经水或空气急冷而成的细小颗粒状矿渣，用水急冷的又称水淬矿渣或水渣，用空气急冷的称为气淬矿渣。

我国大部分钢铁厂均使用水冷法，因而多数粒化高炉矿渣均为水渣。

高炉矿渣的主要成分为SiO_2及CaO及Al_2O_3，一般这三种成分的总含量可达90%以上。水渣又可依其成分分为酸性矿渣及碱性矿渣，后者的活性优于前者。Al_2O_3是矿渣具有活性的主要成分，其含量愈高，矿渣活性也愈高。由于急冷矿渣具有玻璃质结构，因而有较高的活性，是常用的水泥掺合料，有时也可用做混凝土的掺合料。

水淬矿渣做为混凝土的掺合料对混凝土和易性几乎不能改善，因为其颗粒形状不如粉煤灰，但水淬矿渣的活性比粉煤灰高，因此掺用水渣的混凝土硬化后性能与掺粉煤灰的相同，而且水渣的掺量范围也更大，也被视为是混凝土的一种主要掺合料。

8.3 混凝土外加剂

8.3.1 简述

在混凝土拌合时或拌合前掺入的、掺量不大于水泥质量5%（特殊情况下除外）并能将混凝土性能按要求改善的物质称为混凝土外加剂。

混凝土外加剂的使用是混凝土技术的重大突破。外加剂掺量虽然很小，但能显著改善混凝土的某些性能，如提高强度、改善和易性、提高耐久性及节约水泥等。由于应用外加剂工程技术经济效益显著，因此越来越受到国内外工程界的普遍重视，近几十年外加剂发展很快，品种愈来愈多，已成为混凝土除四种基本材料以外的第五种组分。

(1) 外加剂的分类与定义

外加剂按其主要功能，一般分为五类：

1) 改善新拌混凝土流变性能的外加剂包括：减水剂、泵送剂、引气剂等。

2) 调节混凝土凝结硬化性能的外加剂包括：早强剂、缓凝剂、速凝剂等。

3) 调节混凝土气体含量的外加剂包括：引气剂、加气剂、泡沫剂等。

4) 改善混凝土耐久性的外加剂包括：引气剂、抗冻剂、阻锈剂等。

5) 为混凝土提供特殊性能的外加剂包括：引气剂、膨胀剂、防水剂等。

(2) 外加剂命名及定义

混凝土外加剂按其主要功能，具体命名及定义如下：

1) 普通减水剂　在不影响混凝土工作性的条件下，能使单位用水量减少；或在不改变单位用水量的条件下，可改善混凝土的工作性；或同时具有以上两种效果，又不显著改变含气量的外加剂。

2) 高效减水剂，在不改变混凝土工作性的条件下，能大幅度地减少单位用水量，并显著提高混凝土强度；或不改变单位用水量的条件下，可显著改善工作性的减水剂。

3) 早强减水剂　兼有早强作用的减水剂。

4) 缓凝减水剂　兼有缓凝作用的减水剂。

5) 引气减水剂　兼有引气作用的减水剂。

6) 引气剂　能使混凝土中产生均匀分布的微气泡，并在硬化后仍能保留其气泡的外加剂。

7) 加气剂　在混凝土拌合时和浇注后能发生化学反应，放出氢/氧、氮等气体并形成气孔的外加剂。

8) 泡沫剂　因物理作用而引入大量空气于混凝土中，从而能用以生产泡沫混凝土的外加剂。

9) 早强剂　能提高混凝土早期强度并对后期强度无显著影响的外加剂。

10) 缓凝剂　能延缓混凝土凝结时间并对后期强度无显著影响的外加剂。

11) 阻锈剂　能阻止或减小混凝土中钢筋和金属预埋件发生锈蚀作用的外加剂。

12) 膨胀剂　能使混凝土在硬化过程中产生微量体积膨胀以补偿收缩，或少量剩余膨胀使体积更为致密的外加剂。

13）速凝剂　使混凝土急速凝结、硬化的外加剂。

14）防水剂　（抗渗剂）　能降低混凝土在静水压力下透水性的外加剂。

15）泵送剂　改善混凝土拌合物泵送性能的外加剂。

16）防冻剂　能使混凝土在负温下硬化，并在规定时间内达到足够强度的外加剂。

17）灌浆剂　能改善浆料的浇注特性，对流动性、膨胀性、体积稳定性、泌水离析等一种或多种性能有影响的外加剂。

8.3.2　常用外加剂的组成与特性

（1）减水剂

减水剂种类很多按化学成分主要有以下几类：

1）木质素系减水剂

木质素系减水剂的主要品种是木质素磺酸钙（又称 M 型减水剂），它是由生产纸浆或纤维浆的木质废液，经发酵处理、脱糖、浓缩、干燥、喷雾而制成的粉状物质。

M 型减水剂的掺量一般为水泥质量的 0.2%～0.3%，在保持配合比不变的条件下可提高混凝土坍落度一倍以上；若维持混凝土的抗压强度和坍落度不变，一般可节省水泥 8%～10%；若维持混凝土坍落度和水泥用量不变，其减水率为 10%～15%，可提高抗压强度 10%～20%。M 型减水剂对混凝土有缓凝作用，掺量过多除增强缓凝外，还可能使强度下降。M 型水剂是引气型减水剂。

M 型减水剂可改善混凝土的抗渗性及抗冻性，改善混凝土拌合物的工作性，减小泌水性。故适用于大模板、大体积浇注滑模施工，泵送混凝土及夏季施工等，但掺用 M 型减水剂不利于冬季施工，也不宜蒸汽养护。

2）多环芳香族磺酸盐系减水剂

此类减水剂大多是通过合成途径制取，主要成分为芳香族奈酸盐甲醛缩食物，原料是煤焦油中各馏分、萘、次甲基萘等，经磺化、缩合而成，这类减水剂大都使用工业下脚料，又因生产工艺多样，故品种较多，多数为萘系的。

萘系减水剂的减水、增强、改善耐久性等效果均优于木质素系，属于高效减水剂。一般减水率在 15%以上，早强显著，混凝土 28d 增强 20%以上，适宜掺量为 0.2%～0.5%，pH 值为 7～9，大部分品种属于非引气型，或引气量小于 2%。萘系减水剂一般为棕色粉末状固体，也有制成棕色粘稠液体的，在使用液体减水剂时，应注意其有效成分含量。

萘系减水剂对不同品种水泥的适应性都较强。一般主要用于配制要求早强、高强的混凝土及流态混凝土。

3）水溶性树脂系减水剂

这是世界上普遍应用的另一种高效减水剂。它是将三聚氰胺与甲醛反应制成三羟甲基三聚氰胺，然后用亚硫酸氢钠磺化，反应生成以三聚氰胺甲醛树脂磺酸盐为主要成分的一类减水剂。

树脂系减水剂属早强、非引气型高效减水剂，其减水及增强效果比萘系减水剂更好。掺量为 0.5%～1.0%，减水率为 10%～24%，1d 强度提高 30%～100%，7d 强度提高 30%～70%，28d 强度提高 30%～50%，其他性能也有所改善。该减水剂对混凝土蒸养工艺适应性多，蒸养出池强度可提高 20%～30%，可缩短蒸养时间。

树脂系减水剂适用于高强混凝土、早强混凝土、蒸养混凝土及流态混凝土等。

(2) 引气剂

1) 引气剂主要类型

①松香树脂类　国外最常用文沙尔树脂(Vinsol resin),国内常用松香热聚物为引气剂。

②烷基苯磺酸盐类　各种合成洗涤剂有烷基苯磺酸钠（ABS)、烷基磺酸钠（AS)。

③脂肪醇类　有脂肪醇硫酸钠（FS)、高级脂肪醇衍生物（801-2)。

④非离子型表面活性剂　有烷基酚环氧乙烷缩合物（OP)。

⑤木质素磺酸盐类　有木质磺酸钙。

2) 引气剂主要特性

①增加混凝土的含气量　掺引气剂能使混凝土的含气量增加至3%~6%。引气剂所引入的气泡的直径为0.025~0.25mm。这种微气泡孔能改善混凝土拌合物的和易性，提高混凝土的抗冻性。

②减少泌水性　由于引气剂所产生气泡的轴承及弹性缓冲作用，改善了混凝土的和易性，当混凝土坍落度固定时就可以减少用水量。同时使用减水剂可以减少骨料的分离，并使泌水量减少30%~40%。由于混凝土因泌水通道的毛细管减少，其抗渗性改善。

③引气剂对混凝土强度的影响　一般地说当水灰比固定时，含气量增加1%体积时，混凝土的抗压强度要降低4%~5%，抗折强度降低2%~3%。因此为保持混凝土力学性能，引入的气泡应适量。掺入引气剂会使混凝土弹性变形增大，弹性模量略有降低。

④引气剂对混凝土抗冻性能的影响混凝土中的游离水在冻结时体积膨胀对周围的混凝土产生膨胀应力，在冻融过程中产生的反复应力，会使混凝土发生破坏。在混凝土中引入适量的空气就可以缓冲由游离水冻结而产生的膨胀力。

50年代以来，在海港、水工、桥梁等工程上采用引气剂，以解决混凝土遭受冰冻、海水侵蚀等作用的耐久性。使用最多的品种是松香热聚物，其掺量为万分之0.5~1.5。

引气剂也是表面活性剂，与减水剂的区别在于：减水剂的活性作用主要发生在水液界面，而引气剂的活性作用则发生在水—气界面。溶入于水中的引气剂掺入混凝土拌合物后，能显著降低水的表面张力，使水在搅拌作用下，容易引入空气形成许多微小的气泡。由于引气剂分子走向排列在气泡表面，使气泡坚固而不易破裂。气泡形成的数量与加入的引气剂种类和数量有关。

(3) 早强剂

1) 早强剂的种类

早强剂按化学成分可分为无机物及有机物两大类：

①无机早强剂类　属于这一类的主要是一些无机盐类，又可分为氯化物系、硫酸盐系，此外还有铬酸盐等。氯化物系有氧化钠、氯化钙、氯化铁、氯化铝；硫酸盐系有硫酸钠（又称元明粉)、硫代硫酸钠、硫酸钙、硫酸铝钾（又称明矾)。

②有机早强剂类常用的有机早强剂有三乙醇胺（简称TEA)、三异丙醇胺（简称TP)、乙酸钠、甲酸钙等。

③复合早强剂是有机无机早强剂复合或早强剂与其他外加剂复合使用。

2) 早强剂的主要特性

①提高早期强度　早强剂能明显改善混凝土的早期强度而对后期强度无不利影响。

②改变混凝土的抗硫酸盐侵蚀性　氯化钙会降低混凝土抗硫酸盐性，而硫酸钠则能提高混凝土的抗硫酸盐侵蚀性。

③含氯盐早强剂会加速混凝土中钢筋的锈蚀，因此掺量不宜过大。氯化钙的掺量一般为水泥质量的1%～2%，掺量超过4%会引起快凝。为了防止氯盐对钢筋的锈蚀，除了根据不同场合限制混凝土氯盐掺量外，一般半氯盐与阻锈剂复合使用。

④含硫酸钠的早强剂掺入至含有活性骨料（蛋白石等）的混凝土中，会加速碱骨料反应，导致混凝土破坏。硫酸钠对钢筋无锈蚀作用，其适宜掺量为0.5%～2%。早强剂可加速混凝土硬化过程，多用于冬季施工和抢修工程。使用早强剂可使混凝土在短期内具有拆模强度，加快了模板的周转率。

（4）缓凝剂

1）缓凝剂的主要种类

①羟基羧酸盐：酒石酸、酒石酸钾钠、柠檬酸、水杨酸等。

②多羟基碳水化合物：糖蜜、淀粉。

③无机化合物：磷酸盐、硼酸盐、锌盐。

2）缓凝剂的基本特性

①缓凝剂的主要作用是延缓混凝土凝结时间，但掺量不宜过大，否则会引起强度降低。

②羟基羧酸盐缓凝剂会增加混凝土的泌水率，在水泥用量低或水灰比大的混凝土中尤为突出。

③延缓水泥水化热释放速度。

④缓凝剂对不同水泥品种缓凝效果不相同，甚至会出现相反效果，因此使用前应进行试拌，检验其效果。

缓凝剂主要用于高温炎热气候下的大体积混凝土、泵送及滑模混凝土施工，以及远距离运输的商品混凝土。

我国常用的缓凝剂有木质磺酸钙及糖蜜。糖蜜是经石灰处理过的制糖下脚料，掺入混凝土拌合物中，能吸附在水泥颗粒表面，形成同种电荷的亲水膜，使水泥颗粒相互排斥，阻碍水泥水化产物凝聚，从而起到缓凝作用。糖蜜的适宜掺量为0.2%～0.5%，掺量过大会使混凝土长时间疏松不硬，强度严重下降。

（5）速凝剂

1）速凝剂的种类

①无机盐、硅酸钠、铝酸钠、磺酸盐。

②有机物、聚丙烯酸、聚甲基丙烯酸、羟基胺。

我国常用的速凝剂多为无机盐类，主要品种有：

①铝氧熟料（主要成分为 Na_2AlO_2）+硫酸钠 Na_2SO_3 + 生石灰。

②铝氧熟料+无水石膏。

2）速凝剂基本性质

①速凝剂掺入混凝土中，在几～十几分钟内使混凝土凝结，1h可产生强度。温度升高对速凝作用有增强效果，水灰比增大，速凝效果降低。

②速凝剂可使混凝土1d强度提高2～3倍，但后期强度下降，28d强度约为不掺时的

80%～90%。

速凝剂主要用于矿山井架、铁路隧洞、引水涵洞、地下厂房等工程，及喷锚支护时的喷射混凝土。

8.3.3 外加剂应用技术与采用标准

外加剂的应用技术有以下几项环节。

外加剂品种的选择

外加剂品种繁多，功能效果各异，选择外加剂时，应根据工程需要、现场的材料和施工条件，并参考外加剂产品说明书及有关资料进行全面考虑。如有条件应进行实验验证。

表8－27中列出了各种混凝土选用外加剂的参考资料。

各种外加剂品种参考表 表8－27

混凝土类型	应用外加剂的目的	适宜的外加剂
高强混凝土	1. 减少单位体积混凝土的用水量，提高混凝土的强度 2. 提高施工性能，以便用普通的成型工艺施工 3. 减少单位体积混凝土的水泥用量，减少混凝土的徐变和收缩 4. 以标号不太高的水泥替代高标号水泥配制高强混凝土	高效减水剂； β-萘磺酸甲醛缩合物 三聚氰胺甲醛树脂磺酸盐等
早强混凝土	1. 提高混凝土早期强度，在标养条件下3d强度达70%，7d强度达混凝土的设计标号 2. 加快施工速度，加速模板及台座的周转，提高构件及制品产量 3. 取消或缩短蒸汽养护时间	1. 气温25℃以上的夏、秋季节宜用非引气型（或低引气型）高效减水剂 2. 气温为－3～2℃左右的春、冬季节宜用复合早强减水剂。或减水剂与硫酸钠等早强剂同时用
流态混凝土	1. 配制坍落度为18～22cm的混凝土 2. 改善混凝土粘聚性、流动性 3. 使混凝土泌水离析小 4. 降低水泥用量，使混凝土干缩小、耐久性好	流化剂： 1. 三聚氰胺甲醛树脂磺酸盐类 2. 素磺酸甲醛缩合物 3. 改性木质素磺酸盐类
泵送混凝土	1. 提高可泵送性，控制坍落度8～16cm，混凝土有良好的粘聚性，离析、泌水现象少 2. 确保硬化混凝土质量	泵送剂： 1. 减水剂（低坍落度损失） 2. 膨胀剂

续表

混凝土类型	应用外加剂的目的	适宜的外加剂
大体积混凝土	1. 降低水泥初期水化热 2. 延缓混凝土凝结时间 3. 减少水泥用量 4. 避免干缩裂缝	1. 缓凝型减水剂 2. 缓凝剂 3. 引气剂 4. 膨胀剂（大型设备基础）
防水混凝土	1. 减少混凝土内部孔隙 2. 改变孔隙的形状和大小 3. 堵塞漏水通路，提高抗渗性	1. 减水剂及引气减水剂 2. 膨胀剂 3. 防水剂
蒸养混凝土	1. 以自然养护代替蒸汽养护 2. 缩短蒸养时间或降低蒸养温度 3. 提高蒸养制品质量 4. 节省水泥用量 5. 改善施工条件，提高施工质量	1. 复合型早强减水剂 2. 高效减水剂 3. 早强剂
自然养护的预制混凝土	1. 缩短生产周期，提高产量 2. 节省水泥 5% ~ 15% 3. 改善工作性能，提高构件质量	1. 普通减水剂 2. 早强型减水剂 3. 高效减水剂 4. 引气减水剂
大模板施工用混凝土	1. 提高和易性，确保混凝土具有良好流动性、保水性和粘聚性 2. 提高混凝土早期强度，以满足快速拆模和一定的拆模强度	1. 夏季：普通减水剂，低掺量的高效减水剂 2. 冬季：早强减水剂或减水剂与早强剂复合使用
夏季施工用混凝土	1. 缓凝	1. 缓凝减水剂 2. 缓凝剂
冬季施工用混凝土	1. 加快施工进度，提高构件质量 2. 防止冻害	1. 不受冻害的地区，冬季施工中应用早强减水剂或早强剂 2. 有防冻要求地区，应选用防冻剂 3. 早强剂 + 防冻剂 4. 引气减水剂 + 早强剂 + 防冻剂

续表

混凝土类型	应用外加剂的目的	适宜的外加剂
滑动模板施工用混凝土	1. 夏季延长混凝土的凝结时间，便于滑升和抹光 2. 冬季早强，保证滑升速度	1. 夏季宜用糖钙和木钙等级凝型减水剂 2. 冬季宜用高效减水剂或减水剂与早强剂复合使用
设备安装二次灌浆料	1. 使灌浆料具有无收缩性，确保设备底板与基础紧密结合 2. 提高灌浆料的强度 3. 提高灌浆料的流动度，加快施工进度，确保灌注密实	高效减水剂和膨胀剂复合使用
商品（预拌）混凝土	1. 节约水泥，获得经济效益 2. 保证混凝土运输后的和易性，以满足施工要求，确保混凝土的质量 3. 满足对混凝土的特殊要求	1. 木质磺酸盐，糖蜜等成本低的外加剂 2. 夏季及运动距离长时，宜用糖蜜等缓凝减水剂 3. 为满足各种特殊要求，选用不同性质的外加剂
耐冻融混凝土	1. 引入适量的微气泡，缓冲冻胀应力 2. 减小混凝土水灰比，提高混凝土抗冻融能力	1. 引气减水剂 2. 引气剂 3. 减水剂
补偿收缩混凝土	1. 在混凝土内产生0.2～0.7MPa的膨胀应力，抵消由于干缩而产生的拉应力，提高混凝土抗裂性 2. 提高混凝土抗渗性	膨胀剂： 1. 硫铝酸盐类膨胀剂 2. 氧化钙类膨胀剂 3. 金属类膨胀剂、铝粉等
建筑砂浆	1. 节省石灰膏、降低成本 2. 改善施工和易性 3. 冬季施工防冻	1. 微沫剂 2. 氯盐与微沫剂复合使用 3. 砂浆塑化剂

8.3.4 外加剂检验方法

（1）混凝土外加剂包括：普通减水剂、高效减水剂、早强减水剂、缓凝高效减水剂、缓凝减水剂、引气减水剂、早强剂、缓凝剂、引气剂。

1）掺外加剂混凝土性能检验项目包括：减水率、泌水率比、含气量、凝结时间之差、抗压强度比、收缩率比、相对耐久性指标、对钢筋锈蚀作用；检验依据《混凝土外加剂》GB8076－1997进行。

2）匀质性指标检验项目包括：含固量或含水率、密度、氯离子含量、水泥净浆流动度、细度、pH值、表面张力、还原糖、总碱量、硫酸盐、泡沫性能、砂浆减水率；检验依据《混凝土外加剂匀质性试验方法》GB8077－2000进行。

（2）混凝土泵送剂

1）掺泵送剂混凝土性能检验项目包括：塌落度增加值、常压泌水率、压力泌水率、含气量、塌落度保留值、抗压强度比、收缩率比、相对耐久性；检验依据《混凝土泵送剂》JC473－2001进行。

2）匀质性指标检验项目包括：含固量或含水量、密度、氯离子含量、细度、水泥净浆流动度；检验依据《混凝土外加剂匀质性试验方法》GB8077－2000进行。

（3）砂浆、混凝土防水剂

掺防水剂混凝土性能检验项目包括：净浆安定性、泌水率比、凝结时间之差、抗压强度比、渗透高度比、48h吸水量比、收缩率比、对钢筋锈蚀作用；检验依据《砂浆、混凝土防水剂》JC474－1999进行。

匀质性指标检验项目包括：含固量、含水量、总碱量、密度、氯离子含量、细度；检验方法依据《混凝土外加剂匀质性试验方法》GB8077－2000进行。

（4）混凝土膨胀剂

混凝土膨胀剂检验项目包括：氧化镁、含水率、总碱量、氯离子、细度、凝结时间、限制膨胀率、抗压强度、抗折强度；检验依据《混凝土膨胀剂》JC476－2001进行。

（5）混凝土防冻剂

1）掺防冻剂混凝土性能检验项目包括：减水率、泌水率比、含水量、凝结时间之差、抗压强度比、收缩率比、抗渗压力（或高度）比、50次冻融强度损失率比、对钢筋锈蚀作用；检验依据《混凝土防冻剂》JC475－92进行。

2）匀质性指标检验项目包括：含固量、含气量、密度、氯离子含量、水泥净浆流动度、细度；检验依据《混凝土外加剂匀质性检验方法》GB8077－2000进行。

（6）混凝土速凝剂

混凝土速凝剂检验项目包括：净浆凝结时间、抗压强度、细度、含水率；检验依据《喷射混凝土用速凝剂》JC477－92进行。

8.3.5 检验规则

（1）取样及编号

1）试样分点样和混合样。点样是在一次生产的产品所得试样，混合样是三个或更多的点样质量均匀混合而取的试样。

2）生产厂应根据产量和生产设备条件，将产品分批编号，掺量大于1%（含1%）同品种的外加剂每一编号为 100t，掺量少于 1%的外加剂每一编号为 50t，不足100t或50t的也可按一个批量计，同编号的产品必须混合均匀。每批号为 50t 为一批，不足 50t 也作为一批，防水剂应根据生产厂产量，将产品分批编号，年产不少于 500t，每一批号为 50t，年产 500t 以下，每一批号为 30t，每批不足 50t 或 30t 的也按一个批量计，防冻剂按每 50t 为一批，不足 50t，也可作为一批。膨胀到按每批 60t 计，不足 60t 也作为一批。

3）每一编号取样量不少于 0.2t 水泥所取用的外加剂量。

（2）试样及留样

每一编号取得的试样应充分混匀、分为两等份，一份按标准规定的项目进行检验，另一份要密封保存半年，以备有疑问时提交国家指导定的检验机关进行复验或仲裁。

8.4　混凝土配合比设计

混凝土配合比是指混凝土各组成材料数量之间的比例关系。常用的表示方法有两种：一种是以 $1m^3$ 混凝土中各组成材料的质量表示，如水泥 336kg，砂 654kg，石子 1251kg，水 195kg；另一种方法是以各项材料相互间的质量比（常以水泥质量为 1）来表示，将上述配合比。

换算为水泥:砂:石:水 = 1:1.95:3.62:0.58

8.4.1　混凝土配合比设计的原则和基本要求

混凝土配合比设计就是根据工程要求、结构形式和施工条件来确定混凝土的组分，即粗细集料、水和水泥的配合比例。

（1）配合比设计的基本参数

配合比设计的基本参数包括：

1）混凝土的强度要求—强度等级。

2）所设计混凝土的稠度要求——坍落度或维勃稠度值。

3）所使用的水泥品种、标号及其质量水平，即标号富余系数 K_0。

4）粗细集料的品种、最大粒径、细度以及级配情况。

5）可能掺用的外加剂或掺合料。

6）除强度及稠度以外的其他性能要求。

（2）配合比设计的基本原则

配合比设计的原则就是按所采用的材料定出既能满足强度、稠度和其他要求且又经济合理的混凝土各组成部分的用量比例。

（3）配合比设计的基本要求

配合比设计的基本要求即使所配制的混凝土在比较经济的原则下具有所期望的性能：拌合物的和易性、混凝土的强度和耐久性。经济性的表现有两个方面：一方面节约水泥用量，降低混凝土的成本（包括材料、劳动力、能源的节约）；另一方面长远的经济效益和整体的经济效益好（如耐久性好、维护费用少、导热性小、使用中能耗低等）。

对特殊工程中使用的混凝土配合比，除有以上要求外，还应满足特殊要求（如耐火性、防辐射等）。

8.4.2　混凝土配合比设计的任务

混凝土配合比设计，实质上就是确定水泥、水、砂子和石子这四项基本组成材料用量之间的三个比例关系。即：水与水泥之间的比例关系，常用水灰比表示；砂与石子之间的比例关系，常用砂率表示；水泥浆与骨料之间的比例关系，常用单位用水量来反映。水灰比、砂率、单位用水量是混凝土配合比的三个重要参数，因为这三个参数与混凝土的各项性能之间有着密切的关系，在配合比设计中正确地确定这三个参数，这能使混凝土满足上述设计要求。

8.4.3　混凝土配合比设计的步骤

（1）普通混凝土配合比设计步骤

1）按强度要求确定水灰比值。

2）按稠度要求及集料情况确定用水量值，并计算得出每立米混凝土的水泥用量。

3）按原材料情况及所算出的水次比值经试验或凭经验选取合理砂率值。

4）按重量法或体积法计算出每立米混凝土中的粗细集料含量。

5）以算得的混凝土配合比为基础进行试拌及试验，并根据试验结果调整配合比。

（2）掺用减水剂的混凝土配合比设计

1）减水剂能增加混凝土流动性，故可按其减水率相应减少水及水泥用量。

2）大部分混凝土掺减水剂后28d龄期强度与未掺减水剂的同水灰比混凝土强度相同，故仍可用普通混凝土的强度计算公式进行计算。

3）某些减水剂有缓凝作用，早期强度发展比较缓慢，对有早期强度要求的混凝土应考虑这一点。

进行配合比设计时首先要正确选定原材料品种、检验原材料质量，然后按照混凝土技术要求进行初步计算，得出“试配配合比”。经试验室试拌调整，得出“基准配合比”。经强度复核（如有其他性能要求，则须作相应的检验项目）定出“试验室配合比”，最后以现场原材料实际情况（如砂、石含水等）修正“试验室配合比”从而得出“施工配合比”。

（3）试配配合比的计算

1）计算配制强度

为使混凝土的强度保证率能满足规定的要求，在设计混凝土配合比时，必须使混凝土的配制强度（$f_{cu,0}$）高于设计强度等级（$f_{cu,k}$）。当混凝土强度保证率要求达到95%时，$f_{cu,0}$可采用下式计算：

$$f_{cu,0} = f_{cu,k} + 1.645\sigma \tag{8-2}$$

式中　σ——混凝土强度标准差（N/mm²）。σ采用至少25组试件的无偏估计值。如具有25组以上混凝土试配强度的统计资料时，σ可按下式求得：

$$\sigma = \sqrt{\frac{\sum_{i=1}^{n} f_i^2 - n\bar{f}_n^2}{n-1}} \tag{8-3}$$

式中　n——同一品种混凝土试件的组数，$n \geqslant 25$；

f_i——第 i 组试件的强度值（N/mm²）；

$\bar{f}_n$——n 组试件强度的平均值（N/mm²）。

根据 JGJ/T55－2000，当混凝土强度等级为 C20、C25 级，其强度标准差计算值低于 2.5MPa 时，计算配制强度用的标准差应取用 2.5MPa；当强度等级等于或大于 C30 级，其强度标准差计算值低于 3.0MPa 时，计算配制强度用的标准差应取用 3.0MPa。

如施工单位不具有近期的同一品种混凝土强度资料时，其混凝土强度标准差 σ 可按表 8－28 取用。

σ 取值表 **表 8－28**

混凝土强度等级	低于 C20	C20～C35	高于 C35
σ	4.0	5.0	6.0

注：1. 摘自《混凝土结构工程施工及验收规范》GB50204－2002；
2. 在采用本表时，施工单位可根据实际情况，对 σ 值作适当调整。

2）初步确定水灰比（W/C）

根据配制度 $f_{cu,0}$，按下式计算所要求的水灰比值（其中 A，B 取值为不具备试验统计资料时的取值）：

$$\text{采用碎石时：} f_{cu,0} = 0.48 f_{ce}\ (C/W - 0.52) \tag{8-4}$$

$$\text{采用卵石时：} f_{cu,0} = 0.50 f_{ce}\ (C/W - 0.612) \tag{8-5}$$

为了保证混凝土必要的耐久性，水灰比还不得大于表 8－29 中规定的最大水灰比值，若计算所得的水灰比大于规定的最大水灰比值时，应取规定的最大水灰比值。

混凝土最大水灰比和最小水泥用量 **表 8－29**

环境条件	结构物类别	最大水灰比值			最小水泥用量		
		素混凝土	钢筋混凝土	预应力混凝土	素混凝土	钢筋混凝土	预应力混凝土
干燥环境	·正常的居住或办公用房屋内	不作规定	0.65	0.60	200	260	300

续表

<table>
<tr><th rowspan="2" colspan="2">环境条件</th><th rowspan="2">结构物类别</th><th colspan="3">最大水灰比值</th><th colspan="3">最小水泥用量</th></tr>
<tr><th>素混凝土</th><th>钢筋混凝土</th><th>预应力混凝土</th><th>素混凝土</th><th>钢筋混凝土</th><th>预应力混凝土</th></tr>
<tr><td rowspan="2">潮湿环境</td><td>无冻害</td><td>·高湿度的室内
·室外部件
·在非侵蚀性土和（或）水中的部件</td><td>0.70</td><td>0.60</td><td>0.60</td><td>225</td><td>280</td><td>300</td></tr>
<tr><td>有冻害</td><td>·经受冻害；室外部件
·在非侵蚀性土和（或）水中经受冻害的部件
·高温度且经受冻害中的室内部件</td><td>0.55</td><td>0.55</td><td>0.55</td><td>250</td><td>280</td><td>300</td></tr>
<tr><td colspan="2">有冻害和除冻剂的潮湿环境</td><td>·经受冻害和除冰剂作用的室内和室外部件</td><td>0.50</td><td>0.50</td><td>0.50</td><td>300</td><td>300</td><td>300</td></tr>
</table>

注：1. 当用活性接合料取代部分水泥时，表中的最大水灰比及最小水泥用量即为替代前的水灰比和水泥用量；
2. 摘自《普通混凝土配合比设计规程》JGJ/T55－2000。

3）选取每 $1m^3$ 混凝土的用水量（W_0）

用水量主要根据所要求的坍落度值及骨料种类、粒径来选择。首先根据施工条件按表 8－30 选用适宜的坍落度，再按表 8－31 选定每 $1m^3$ 混凝土用水量。

另外，单位用水量也可按下式大致估算：

$$W_0 = 10(T + K)/3 \tag{8-6}$$

式中 T——混凝土拌合物的坍落度（cm）；

K——系数，取决于粗骨料种类与最大料径，可参考表 8－32 取用。

混凝土浇筑时的坍落表　　表8-30

结构种类	坍落度（mm）
基础或地面等的垫层、无配筋的大体积结构（挡土墙、基础等）或配筋稀疏的结构	10~30
板、梁和大型及中型截面的柱子等	30~50
配筋密结的结构（薄壁、斗仓、筒仓、细柱等）	50~70
配筋特密的结构	70~90

注：1. 本表系采用机构振捣混凝土时的坍落度，当采用人工捣实混凝土时其值可适当增大；
2. 当需要配制大坍落度混凝土时，应掺用外加剂；
3. 曲面或斜面结构混凝土的坍落度应根据实际需要另行选定；
4. 泵送混凝土的坍落度宜为80~180mm。

干硬性和塑硬性混凝土的用水量　　表8-31

拌合物稠度		卵石最大粒径（mm）			碎石最大粒径（mm）		
项目	指标	10	20	40	16	20	40
维勃稠度（s）	25~20	175	160	145	180	170	155
维勃稠度（s）	10~15	180	165	150	185	175	160
	5~10	185	170	155	190	175	160
坍落度（mm）	10~30	190	170	150	200	185	165
	30~50	200	180	160	210	195	175
	50~70	210	190	170	220	205	185
	70~90	215	195	175	230	215	195

注：1. 摘自《普通混凝土配合比设计规程》JGJ/55-2002；
2. 本表用水量系采用中砂时的平均值。如采用细砂，每m^3混凝土用水量可增加5~10kg，采用粗砂则可减少5~10kg；
3. 掺用各种外加剂和掺合料时，可相应增减用水量；
4. 本表不适用于水灰比小于0.4或大于0.8的混凝土。

混凝土单位用水量计算公式中的K值　　表8－32

系数	碎石				卵石			
	最大粒径（mm）							
	10	20	40	80	10	20	40	80
K	57.5	53.0	48.5	44.0	54.5	50.0	45.5	41.0

注：1. 采用火山灰硅酸盐水泥时，增加4.5～6.0；
　　2. 采用细砂时，增加3.0。

4）计算混凝土的单位水泥用量（C_0）

根据已选定的每1m³混凝土用水量（W_0）和得出的水灰比（W/C）值，可求出水泥用量（C_0）：

$$C_0 = W_0 / \frac{W}{C} \tag{8-7}$$

为保证混凝土的耐久性，由上试计算得出的水泥用量，还要满足表8－29中规定的最小水泥用量的要求，如计算得出的水泥用量小于规定的最小水泥用量，则应取规定的最小水泥用量。另外，GB50204－2002中还规定混凝土最大水泥用量不宜大于550kg/m³，故应综合决定水泥用量。

5）选用合理的砂率值（S_p）

合理的砂率值主要应根据混凝土拌合物的坍落度、粘聚性及保水性等特征来确定。一般应通过试验找出合理砂率。如无使用经验，则可按骨料种类、粒径及混凝土的水灰比，参照表8－33选用合理砂率值。

混凝土砂率选用表（%）　　表8－33

水灰比（W/C）	碎石最大粒径（mm）			卵石最大粒径（mm）		
	16	20	40	10	20	40
0.40	30～35	29～34	27～32	26～32	25～31	24～30
0.50	33～38	32～37	30～35	30～35	29～34	28～33
0.60	36～41	35～40	33～38	33～38	32～37	31～36
0.70	39～44	38～43	36～41	36～41	35～40	34～39

另外，砂率也可根据以砂填充石子空隙并稍有富余以拨开石子的原则来确定，根据此原则可列出砂率计算公式如下：

$$S_p=\frac{S}{S+G};\quad V_{os}=V_{os}P' \tag{8-8}$$

$$S_p=\beta\frac{S}{S+G}=\beta\frac{\rho'_{os}V_{os}}{\rho'_{os}V_{os}+\rho'_{og}V_{og}}$$

$$=\beta\frac{\rho'_{os}V_{og}\rho'}{\rho'_{os}V_{og}\rho'+\rho'_{og}V_{og}}=\beta\frac{\rho'_{os}\rho'}{\rho'_{os}\rho'+\rho'_{og}} \tag{8-9}$$

式中　S_p——砂率,%；

S，G——分别为每 $1m^3$，混凝土中砂及石子用量，kg；

V_{os}，V_{og}——分别为每 $1m^3$，混凝土中砂及石子的松散体积，m^3；

ρ'_{os}，ρ'_{og}——分别为砂和石子的堆积密度，kg/m^3；

P'—石子空隙率,%；

β——砂剩余系数，又称拨开系数，一般取1.1～1.4。

6）计算粗、细骨料的用量（G_0，S_0）

粗、细骨料的用量可用绝对体积法或假定表现密度法求得。

①绝对体积法　假定混凝土拌合物的体积等于各组成材料绝对体积和混凝土拌合物中所含空气的体积之总和。因此，可用下式联立计算 G_0，S_0；

$$\frac{C_0}{p_c}+\frac{G_0}{P_{og}}+\frac{S_0}{P_{os}}+\frac{W_0}{P_w}+0.01\alpha=1 \tag{8-10}$$

$$\frac{S_0}{S_0+G_0}\times100\%=S_p\% \tag{8-11}$$

式中　C_0，G_0，S_0，W_0——分别为 $1m^3$ 混凝土的水泥用量、石子用量、砂用量、水用量(kg)；

ρ_c，ρ_{og}，ρ_{os}，ρ_w——分别为水泥密度、石子表观密度、砂表观密度、水的密度（kg/m^3）；

α——混凝土含气量百分数%，在不使用含气型外加剂时，α 可取为1；

S_p——砂率，%。

②假定表观密度法　根据经验，如果原材料情况比较稳定，所配制的混凝土拌合物的表观密度将接近一个固定值，这样就可先假设一个混凝土拌合物表观密度 ρ_{cp}（kg/m^3），由以下两式联立求出 G_0，S_0；

$$C_0+G_0+S_0+W_0=\rho_{cp} \tag{8-12}$$

$$\frac{S_0}{S_0+G_0}\times100\%=S_p\% \tag{8-13}$$

ρ_{cp}可根据积累的试验资料确定，在无资料时可根据骨料的表观密度、粒径以及混凝土强度等级，在2400～2450kg/m^3 的范围内选取。

通过以上步骤，可将水泥、水、砂和石子的用量全部求出，得到初步计算配合比。

注：以上混凝土配合比计算，均以干燥状态骨料为基准（干燥状态骨料系指含水率小于0.5%的细骨料或含水率小于0.2%的粗骨料），如需以饱和面于骨料为基准进行计算时，则应作相应的修改。

（4）基准配合比的确定

以上求出的各材料用量，是借助于一些经验公式和数据计算出来的，或是利用经验资料查得的，因而不一定能够符合实际情况，必须经过试拌调整，直到混凝土拌合物的和易性符合要求为止，然后提出供检验混凝土强度用的基准配合比。

调整混凝土拌合物和易性的方法：当坍落度低于设计要求时，可保持水灰比不变，适当增加水泥浆量或调整砂率；若坍落度过大，则可在砂率不变的条件下增加砂石用量；如出现含砂不足。粘聚性和保水性不良时，可适当增大砂率，反之应减少砂率。每次调整后再试拌，直到和易性符合要求为止。当试拌调整工作完成后，应测出混凝土拌合物的实际表现密度（ρ_{ct}）。

（5）试验室配合比的确定

经过和易性调整试验得出的混凝土基准配合比，其水灰比值不一定选用恰当，其结果是强度不一定符合要求，所以应检验混凝土的强度。一般采用三个不同的配合比，其中一个为基准配合比，另外两个配合比的水灰比值，应较基准配合比分别增加及减少 0.05，其用水量应该与其准配合比基本相同，但砂率可分别增加或减小 1%。每个配合比至少制作一组试件，标准养护 28d 试压（在制作混凝土强度试块时，尚需检验混凝土拌合物的和易性及测定表观密度，并以此结果作为代表这一配合比的混凝土拌合物的性能）。若对混凝土还有其他技术性能要求，如抗渗标号、抗冻标号等要求，则应增添相应的试验项目进行检验。

假设已满足各项要求的每立方米混凝土拌合物各材料的用量为：水泥 = $C_{拌}$、砂 = $S_{拌}$、石子 = $G_{拌}$、水 = $W_{拌}$，则试验室配合比（$1m^3$ 混凝土的各项材料用量）尚应按下列步骤校正：

先计算混凝土表观密度计算值 $P_{c,c}$：

$$P_{C,C} = C_{拌} + S_{拌} + G_{拌} + W_{拌} \tag{8-14}$$

再按下式计算混凝土配合比较正系数 δ：

$$\delta = \frac{\rho_{c,t}}{\rho_{c,c}} \tag{8-15}$$

当混凝土表观密度实测值与计算值之差的绝对值不超过计算值的 2%时，则按上述方法计算确定的配合比为确定的设计配合比，当两者之差超过 2%时，应将配合比中每项材料用量均乘以校正系数 σ 值，即为确定的设计配合比。

（6）施工配合比

试验室得出的配合比，是以干燥材料为基准的，而工地存放的砂、石材料都含有一定的水分。所以现场材料的实际称量应按工地砂、石的含水情况进行修正，修正后的配合比，叫做施工配合比。

假设工地测出砂的含水率为 $a\%$、石子的含水率为 $b\%$，则上述试验室配合比换算为施工配合比为（每 $1m^3$ 各材料用量）

$$C' = C \text{（kg）} \tag{8-16}$$

$$S' = S(1 + a\%) \text{（kg）} \tag{8-17}$$

$$C' = C(1 + b\%) \text{（kg）} \tag{8-18}$$

$$W' = W - S \cdot a\% - G \cdot b\% \text{（kg）} \tag{8-19}$$

8.5 混凝土的质量控制

8.5.1 混凝土施工计量控制

混凝土原材料每盘称量的偏差，不得超过表 8－34 中允许偏差的规定。

混凝土原材料称量的允许偏差（%） **表 8－34**

材 料 名 称	允 许 偏 差
水泥、混合材料	±2
粗、细骨料	±3
水、外加剂	±2

注：1. 各种衡器应定期校验，保持准确；

2. 骨料含水率应经常测定，雨天施工应增加测定次数。

8.5.2 混凝土的搅拌、运输、浇捣及养护

混凝土搅拌的最短时间可按表 8－35 采用。

混凝土搅拌的最短时间 **表 8－35**

混凝土坍落度（mm）	搅拌机机型	搅拌机出料量（i）		
		<250	250～500	>500
≤30	强制式	60	90	120
	自落式	90	120	150
≥30	强制式	60	60	90
	自落式	90	90	120

注：1. 混凝土搅拌的最短时间系指自全部材料装人搅拌筒中起，到开始卸料止的时间；

2. 当掺有外加剂时，搅拌时间应适当延长；

3. 采用强制式搅拌机搅拌轻骨料混凝土的加料顺序是：

当轻骨料在搅拌前预湿时，先加粗、细骨料和水泥搅拌 308，再加水继续搅拌，当轻骨料在搅拌前未预混时，先加 1/2 的总用水量和粗、细骨料搅拌切 *S*，再加水泥和剩余用水量继续搅拌；

4. 当采用其他形式的搅拌设备时，搅拌的最短时间应按设备说明书的规定或经试验确定。

混凝土应以最少的转载次数和最短的时间，从搅拌地点运至浇筑地点，混凝土运至浇筑地点，应符合浇筑时规定的坍落度，当有离析现象时，必须在浇筑前进行两次搅拌。

混凝土浇筑前，应清除模板内的杂物；对模板的缝隙和孔洞应予堵严；对木模板应浇水湿润，但不得有积水。混凝土自高处倾落的自由高度，不应超过 2m。在降雨雪时不宜露天浇筑混凝土。混凝土浇筑层厚度应符合表 8－36 的规定。

混凝土浇筑层厚度　单位：mm　　表 8－36

<table>
<tr><th colspan="2">捣实混凝土的方法</th><th>浇注层的厚度</th></tr>
<tr><td colspan="2">插入式振捣</td><td>振捣器作用部分长度的 1.25 倍</td></tr>
<tr><td colspan="2">表面振动</td><td>200</td></tr>
<tr><td rowspan="3">人工振捣</td><td>在基础、无筋混凝土或配筋稀疏的结构中</td><td>250</td></tr>
<tr><td>在梁、墙板、柱结构中</td><td>200</td></tr>
<tr><td>在配筋密列的结构中</td><td>150</td></tr>
<tr><td rowspan="2">轻骨料混凝土</td><td>插入式振捣</td><td>300</td></tr>
<tr><td>表面振动（振动时需加荷）</td><td>200</td></tr>
</table>

混凝土浇筑应连续进行。当必须间歇时，其间歇时间宜缩短，并应在前层混凝土凝结前，将次层混凝土浇筑完毕。

当采用振捣器捣实混凝土时，应使混凝土表面呈现浮浆和不再沉落。采用插入式振捣器时，捣实普通混凝土的移动间距，不宜大于振捣器作用半径的 1.5 倍，振捣器插入下层混凝土内的深度应不小于 50mm。

对已浇筑完毕的混凝土应在 12h 内加以覆盖和浇水养护，养护用水应与拌制用水相同，浇水次数应能保持混凝土处于润湿状态，浇水养护的时间对采用硅酸盐水泥、普通硅酸盐水泥或矿渣硅酸盐水泥拌制的混凝土，不得少于 7d，掺用缓凝型外加剂或有抗渗性要求的混凝土，不得小于 14d。

8.5.3 混凝土强度评定

在正常连续生产的情况下，可用数理统计方法来检验混凝土强度或其他技术指标是否达到质量要求。统计方法可用算术平均值、标准差、变异系数和保证率等参数综合地评定混凝土强度。

(1) 混凝土的取样

混凝土试样应在混凝土浇筑地点随机抽取，取样频率应符合下列规定：每100盘，但不超过100m^{3}的同配合比的混凝土，取样次数不得少于一次；每一工作班拌制的同配合比的混凝土不足100盘时其取样次数不得少于一次；每组三个试件，应在同一盘混凝土中取样制作。试样的制作、养护、试验应符合有关国家标准规定。

(2) 混凝土强度代表值的确定

每组试样的强度代表值应符合下列规定：取三个试件强度的算术平均值作为每组试件的强度代表值；当一组试件中强度的最大值或最小值与中间值之差超过中间值的15%时，取中间值作为该组试件的强度代表值；当一组试件中强度的最大值和最小值与中间值之差均超过中间值的15%时，该组试件的强度不应作为评定的依据。

当采用非标准尺寸试件时，应将其抗压强度折算为标准试件抗压强度。折算系数：对边长为100mm的立方体试件取0.95，对边长为200mm的立方体试件取1.05。

(3) 混凝土立方体抗压标准强度

混凝土立方体抗压标准强度（或称立方体抗压强度标准值）$f_{cu,k}$。指按标准方法制作和养护的边长为150mm的立方体试件，在28d龄期用标准试验方法测得的抗压强度总体分布中的一个值，在此总体中，强度低于该值的百分率不超过5%，即具有95%保证率的立方体试件抗压强度。$f_{cu,k}$可按下式确定：

$$f_{cu,k} = m_{fcu,k} - 1.645\sigma' \tag{8-20}$$

式中　$m_{fcu,k}$——强度总体分布的平均值；

σ'——强度总体分布的标准差。

(4) 混凝土强度评定

当混凝土的生产条件在较长时间内能保持一致，且同一品种混凝土的强度变异性能保持稳定时，应由连续的三组试件组成一个验收批，其强度应同时满足下列要求：

$$m_{fcu} \geqslant f_{cu,k} + 0.7\sigma_0 \tag{8-21}$$

$$f_{cu,min} \geqslant f_{cu,k} - 0.7\sigma_0 \tag{8-22}$$

当混凝土强度等级不高于C20时，其强度的最小值尚应满足下式要求：

$$f_{cu,min} \geqslant 0.85 f_{cu,k} \tag{8-23}$$

当混凝土强度等级高于C20时，其强度的最小值尚应满足下式要求：

$$f_{cu,min} \geqslant 0.90 f_{cu,k} \tag{8-24}$$

式中　$m_{fcu,}$——同一验收批混凝土立方体抗压强度的平均值（N/mm^2）；

$f_{cu,min}$——同一验收批混凝土立方体抗压强度的最小值（N/mm^2）；

σ_0——验收批混凝土立方体抗压强度的标准差（N/mm^2）。

验收批混凝土立方体抗压强度的标准差，应根据前一个检验期内同一品种混凝土试件的强度数据，按下列公式确定：

$$\sigma_0 = \frac{0.59}{m}\sum_{i=1}^{m}\Delta f_{cu,i} \tag{8-25}$$

式中　$\Delta f_{cu,i}$——第i批试件立方体抗压强度中最大值与最小值之差；

m——用以确定验收批混凝土方立方体抗压强度标准差的数据总批数。

注：上述检验期不应超过三个月，且该用间内强度数据的总批数不得少于15。

当混凝土的生产条件在较长时间内不能保持一致，且混凝土强度变异性不能保持稳定时，或在前一个检验期内的同一品种混凝土没有足够的数据用以确定验收批混凝土立方体抗压强度的标准差时，应由不少于10组的试件组成一个验收批，其强度应同时满足下列公式的要求：

$$m_{fcu} - \lambda_1 S_{fcu} \geqslant 0.9 f_{cu,k} \quad (8-26)$$

$$f_{cu,min} \geqslant \lambda_2 f_{cu,k} \quad (8-27)$$

式中 S_{fcu}——同一验收批混凝土立方体抗压强度的标准差，(N/mm)。当知的计算值小于$0.06f_{cu,k}$时，取$S_{fcu}=0.06f_{cu,k}$；

λ_1、λ_2——合格判定系数，按表8-37取用。

混凝土强度的合格判定系数 **表8-37**

试件组数	10~14	15~24	≥25
λ_1	1.70	1.65	1.60
λ_2	0.90	0.85	

混凝土立方体抗压强度的标准差S_{fcu}可按下列公式计算：

$$S_{fcu} = \sqrt{\frac{\sum_{i=1}^{n} f_{cu,i}^2 - n m_{fcu}^2}{n-1}} \quad (8-28)$$

式中 $f_{cu,i}$——第i组混凝土试件的立方体抗压强度值（N/mm^2）；

n——一个验收批混凝土试件的组数。

以上为按统计方法评定混凝土强度。若按非统计方法评定混凝土强度时，其强度应同时满足下列要求：

$$m_{fcu} \geqslant 1.15 f_{cu,k} \quad (8-29)$$

$$f_{cu,min} \geqslant 0.95 f_{cu,k} \quad (8-30)$$

若按上述方法检验发现不满足合格条件时，则该批混凝土强度判为不合格。对不合格批混凝土制成的结构或构件，应进行鉴定。对不合格的结构或构件必须及时处理。

当对混凝土试件强度的代表性有怀疑时，可采用从结构或构件中钻取试样的方法或采用非破损检验方法，按有关标准的规定对结构或构件中混凝土的强度进行推定。

整个混凝土质量检验的过程可参照图8-7来进行。

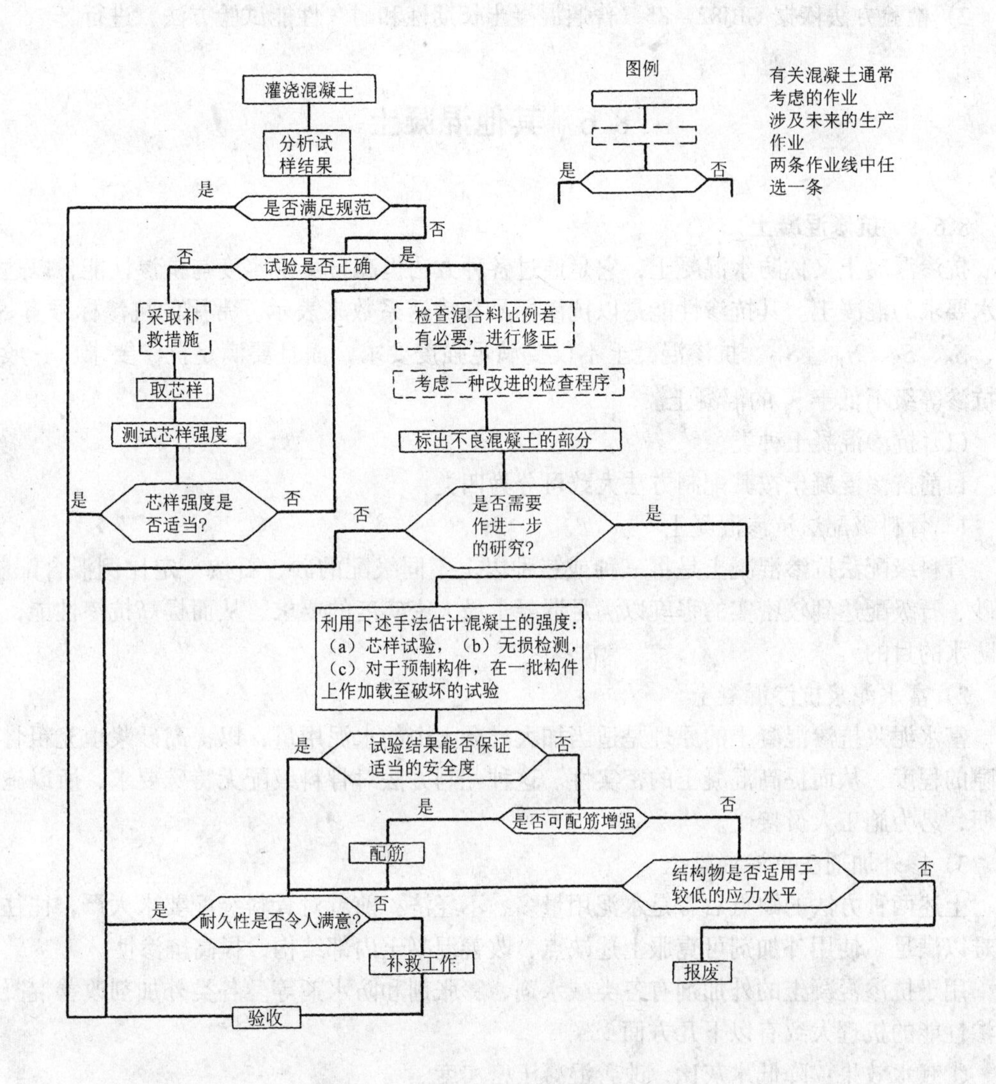

图8-7　判断符合规范的顺序流程图

8.5.4　混凝土检验方法

(1) 普通混凝土拌和物性能

1) 检验项目包括：稠度试验、容重试验、含气量试验、水灰比分析。

2) 检验方法依据 GBJ80-85《普通混凝土拌和物性能试验方法》进行。

(2) 普通混凝土力学性能

1) 检验项目包括：立方体抗压强度试验、轴心抗压强度试验、静力受压弹性模量试验、劈裂抗拉强度试验、抗折强度试验。

2) 检验方法依据 GBJ81-85《普通混凝土力学性能试验方法》进行。

(3) 普通混凝土长期性能和耐久性能

1) 检验项目包括：抗冻性能试验、动弹性模量试验、抗渗性能试验、收缩性能试验、受压徐变试验、碳化试验、混凝土钢筋锈蚀试验、抗压疲劳强度试验。

2）检验方法依据 GBJ82－85《普通混凝土长期性和耐久性能试验方法》进行。

8.6 其他混凝土

8.6.1 抗渗混凝土

抗渗混凝土又称防水混凝土，它是通过各种方法提高自身密实度与抗渗性能，以达到防水要求的混凝土。其抗渗性能是以抗渗标号和渗透系数来表示。常用的抗渗标号有 S_2、S_4、S_6、S_8、S_{10}、S_{12}。抗渗混凝土不仅要满足强度要求，而且要满足抗渗要求，一般是指抗渗等级不低于 S_g 的混凝土。

(1) 抗渗混凝土种类

目前抗渗混凝土按其配制方法大致可分为四类：

1）骨料级配法抗渗混凝土

骨料级配法抗渗混凝土是将三种或三种以上不同级配的砂、石按一定比例混合配制，使砂、石级配达到较密实的程度以满足混凝土最大密实度的要求，从而提高抗渗性能，达到防水的目的。

2）富水泥浆抗渗混凝土

富水泥浆抗渗混凝土的原理是适当加大混凝土中的水泥用量，以提高砂浆填充粗骨料空隙的程度，从而提高混凝土的密实性。这种配制方法对骨料级配无特殊要求，所以施工简便，易为施工人员接受。

3）掺外加剂法抗渗混凝土

上述两种方法的缺点后者是水泥用量多、不经济；前者对骨料级配要求太严，往往实际难以满足。使用外加剂可克服上述缺点，改善混凝土内部结构，提高抗渗性。

用于抗渗混凝土的外加剂有各类减水剂、膨胀剂和防水剂等。各类外加剂改善混凝土抗渗性能的机理大致有以下几方面：

①减水效果：降低水灰比，改善混凝土密实度。

②微膨胀或收缩补偿效果，使混凝土自密实并且抗裂性能获得改善。

③形成胶状产物，堵塞渗水孔隙。

④形成憎水性产物，阻止水渗透。

4）特种水泥配制抗渗混凝土

采用膨胀水泥。收缩补偿水泥可配制高密实度的抗渗混凝土，但由于特种水泥生产量小、价格高，该方法使用不太普遍。

(2) 配合比设计原则

1）原材料要求

抗渗混凝土所用原材料应符合普通混凝土配合比设计规程规定，此外还应符合下列要求：

①所用水泥标号不低于 32.5 级，其品种应按设计要求选用，若同时有抗冻要求，则应优先选用硅酸盐水泥、普通硅酸盐水泥。

②粗骨料的最大料径不宜大于 40mm，含泥量不得超过 1%，泥块含量不超过 0.5%。

③细骨料的含泥量不超过 3%，泥块含量不得大于 1%。

④外加剂宜采用防水剂、膨胀剂或减水剂。

2）配合比设计

抗渗混凝土配合比计算和试配时的方法与普通混凝土基本相同，但还须遵守以下几点原则：

①每立方米混凝土中水泥用量（含掺合料）不宜少于320kg。

②砂率以35%～40%为宜；灰砂比适宜范围为1:2～1:2.5。

③供试配用的最大水灰比应符合表8－38要求。

抗渗混凝土最大水灰比极限值　　表8－38

抗渗标号（s）	最大水灰比极限值	
	C20～C30混凝土	C30混凝土
6	0.6	0.55
8～12	0.55	0.50
12以上	0.50	0.45

3）抗渗混凝土性能指标

①强度　应满足设计的强度等级要求。

②抗渗性能　抗渗混凝土配合比设计时，试配混凝土的抗渗等级应比设计值提高0.2MPa。

③其他　掺引气减水剂的混凝土还应进行含气量检验，其含气量应控制在3%～5%。

8.6.2 轻混凝土

表观密度小于1950kg/m^{3}的混凝土称为轻混凝土，轻混凝土又可分为轻骨料混凝土、多孔混凝土及无砂混凝土等三类。

(1) 轻骨料混凝土

凡是用轻粗骨料、轻细骨料（或普通砂）、水泥和水配制而成的轻混凝土，称为轻骨料混凝土。由于轻骨料种类繁多，故混凝土常以轻骨料的种类命名。例如：粉煤灰陶粒混凝土、浮石混凝土等。轻骨料按来源可分为三类：①工业为渣轻骨料（如粉煤灰陶粒、煤渣等）；②天然轻骨料（如浮石、火山渣等）；③人工轻骨料（如页岩陶粒、粘土陶粒、膨胀珍珠岩等）。

轻骨料混凝土强度等级与普通混凝土相对应，按立方体抗压标准强度划分为：CL5.0，CL7.5，CL10，CL15，CL20，CL25，CL30，CL35，CL40，CL45和CL50等。轻骨料混凝土的应变值比普通混凝土大，其弹性模量为同强度等级普通混凝土的50%～70%。轻骨料混凝土的收缩和徐变约比普通混凝土相应大20%~50%和30%~60%。

许多轻骨料混凝土具有良好的保温性能，当其表观密度为1000kg/m^{3}时，导热系数为0.28W/（m·K）；表观密度为1800kg/m^{3}时，导热系数为0.87W/（m·K）。可用作保温材料、结构保温材料或结构材料。

（2）多孔混凝土

多孔混凝土是一种不用骨料的轻混凝土，内部充满大量细小封闭的气孔，孔隙率极大，一般可达混凝土总体积的85%。它的表观密度一般在300~122kg/m^{3}之间，导热系数为0.08W~0.29W/(m·K)。因此多孔混凝土是一种轻质多孔材料，兼有结构及保温、隔热等功能，同时容易切削、锯解和握钉性好。多孔混凝土可制作屋面板、内外墙板、砌块和保温制品，广泛地用于工业及民用建筑和管道保温。

根据气孔产生的方法不同，多孔混凝土可分为加气混凝土和泡沫混凝土。加气混凝土在生产上比泡沫混凝土具有更多的优越性，所以生产和应用发展较快。

1）加气混凝土

加气混凝土是用含钙材料（水泥、石灰）、含硅材料（石英砂、粉煤灰、矿渣、页岩等）和加气剂为原料，经磨细、配料、浇注、切割和压蒸养护等工序而成。

加气剂一般采用铝粉，它与含钙材料中的氢氧化钙反应放出氢气，形成气泡，使料浆成为多孔结构。

加气混凝土的抗压强度一般为0.5~1.5MPa。

2）泡沫混凝土

泡沫混凝土是将水泥浆和泡沫剂拌和后形成的多孔混凝土。其表观密度多在300~500kg/m^3，强度不高，仅0.5~0.7MPa。

通常用氢氧化钠加水拌人松香粉（碱：水：松香=1：2：4），再与溶化的胶液（皮胶或骨胶）搅拌制成松香胶泡沫剂。将泡沫剂加温水稀释，用力搅拌即成稳定的泡沫。然后加入水泥浆（也可掺入磨细的石英砂、粉煤灰、矿渣等硅质材料）与泡沫拌匀，成型后蒸养或压蒸养护即成泡沫混凝土。

3）无砂大孔混凝土

无砂混凝土是以粗骨料、水泥、水配制而成的一种轻混凝土，表观密度为500~1000kg/m^3，抗压强度为3.5~10MPa。

无砂大孔混凝土中因无细骨料，水泥浆仅将粗骨料胶结在一起，所以是一种大孔材料。它具有导热性低、透水性好等特点，也可作绝热材料及滤水材料。水工建筑中常用作排水暗管、井壁滤管等。

8.6.3 高强、超高强混凝土

混凝土强度类别在不同时代和不同国家有不同的概念和划分。目前许多国家工程技术人员的习惯是把C10~C50强度等级的混凝土称为普通强度混凝土，C60~C90的称为高强混凝土，C100以上的称为超高强混凝土。

采用高强或超高强混凝土取代普通混凝土可大幅度减少混凝土构件体积和钢筋用量。目前，国际上配制高强、超高强混凝土实用的技术路线：高品质通用水泥+高性能外加剂+特殊掺合料。高强、超高强混凝土配合比设计原则如下：

(1) 原材料基本要求

1) 水泥

应选用硅酸盐水泥或普通硅酸盐水泥，其强度等级不宜低于42.5。

2) 粗骨料

粗骨料的最大粒径不应超过31.5mm，针片状颗料含量不宜超过5%，含泥量不应超过1%，所用粗骨料除进行压碎指标试验外，对碎石还应进行立方体强度试验，其检验结果应符合JGJ53-92标准的规定。因为高强混凝土破坏时骨料往往也被压裂，因此骨料的强度对混凝土的强度有相当大的影响。

3) 细骨料

宜采中砂，其细度模数宜大于2.6，含泥量不应超过2%。

4) 掺合料

配制超高强混凝土一般需掺入硅灰等活性掺合料或专用的特殊掺合料。由于硅灰资源少且价格昂贵，多采用超细矿渣或超细粉煤灰作为超高强混凝土特殊掺合料。目前国内工程上多采用专用的特殊掺合料配制高强混凝土，专用特殊掺合料已作为独立的产品在市场上销售。上海同济方舟特种建材有限公司、上海金山水泥厂、湖南韶峰水泥集团等厂家与同济大学混凝土材料研究国家重点实验室合作研制开发的高性能混凝土复合掺合料已工业化生产，并在工程中推广应用。

5) 外加剂

宜选用非引气、坍落度损失小的高效减水剂。

(2) 配合比设计要点

高强超高强混凝土配合比计算方法、步骤与普通混凝土基本相同，但应注意以下几点：

1) 基准配合比的水灰比，不宜用普通混凝上水灰比公式计算。C60以上的混凝土一般按经验选取基准配合比的水灰比；试配时选用的水灰比间距宜为0.02~0.03。

2) 外加剂和掺合料的掺量及其对混凝土性能的影响，应通过试验确定。

3) 配合比中砂率可通过试验建立“坍落度-砂率”关系曲线，以确定合理的砂率值。

4) 混凝土中胶凝材料用量不宜超过600kg/m^3。

5) 配制C70以上等级的混凝土，须用硅灰或专用特殊掺合料。

8.6.4 聚合物混凝土

聚合物混凝土是由有机聚合物、无机胶凝材料和骨料结合而成的新型混凝土，常用的有以下两类。

(1) 聚合物浸渍混凝土（PIC）

以已硬化的混凝土为基材，经过干燥后浸入有机单体，用加热或辐射等方法使混凝土孔隙内的单体聚合，使混凝土与聚合物形成整体，称为聚合物浸渍混凝土。

由于聚合物填充了混凝土内部和孔隙和微裂缝，从而增加了混凝土的密实度，提高了水泥与骨料之间的粘结强度，减少了应力集中，因此具有高强、耐蚀、抗渗、耐磨、抗冲击等优良的物理力学性能。与基材（混凝土）相比，抗压强度可提高2~4倍，一般可达150MPa以上，抗拉强度为抗压强度的1/10，这与普通混凝土的拉压比相似。抗拉强度可高达24.0MPa。

浸渍所用的单体有：甲基丙烯酸甲酯（MMA）、苯乙烯（S）、丙烯睛（AN）、聚脂—苯乙烯等。对于完全浸渍的混凝土应选用粘度尽可能低的单体，如 MMA、S 等，对于局部浸渍的混凝土，可选用粘度较大的单体如聚酯脂—苯乙烯、环氧—苯乙烯等。

聚合的浸渍混凝土适用于要求高强度、高耐久性的特殊构件，特别适用于输送液体的有筋管道、无筋管、坑道。

(2) 聚合物水泥混凝土（PCC）

聚合物水泥混凝土是用聚合物乳液（和水分散体）拌合水泥，并掺入砂或其他骨料而制成的，生产与普通混凝土相似，便于现场施工。

聚合物可用天然聚合物（如天然橡胶）和各种合成聚合物（如聚醋酸乙烯、苯乙烯、聚氯乙烯等）。矿物胶凝材料可用普通水泥和高铝水泥。

一般认为：硬化过程中，聚合物与水泥之间没有发生化学作用，只是水泥水化吸收乳液中水分，使乳液脱水而逐渐凝固，水泥水化产物与聚合物相互包裹、填充形成致密的结构，从而改善了混凝土的物理力学性能，表现为粘结性能好、耐久性和耐磨性高，但强度提高幅度不及浸渍混凝土显著。

聚合物水泥混凝土多用于铺设无缝地面，也常用于混凝土路面、机场跑道面层和构筑物的防水层。

8.6.5 流态混凝土

流态混凝土是随着预拌混凝土工业、运拌车、混凝土泵、布料杆等现代化施工工艺而出现的一种新型混凝土。流态混凝土是在预拌的坍落度为 8～15cm 的塑性混凝土拌合物中加入流化剂，经过搅拌得到的易于流动、不易离析、坍落度为 18～22cm 的混凝土。

流态混凝土的主要特点是：流动性好，能自流填满模板或钢筋间隙，适用泵送，施工方便，由于使用流化剂，可大幅度降低水灰比而不需多用水泥，避免了水泥浆多带来的缺点，可制得高强、耐久、不渗水的优质混凝土，一般有早强和高强效果；流态混凝土流动度大，但无离析和泌水现象。

流态混凝土的配制关键之一是选择合适的流化剂。流化剂又称超塑化剂，以非引气型、不缓凝的高效减水剂较为适用。目前常用的流化剂主要有磺酸盐和三聚氰胺树脂。加流化剂的方法有先掺法和后掺法。

流态混凝土的坍落度随时间延长，坍落度损失增大，先加法坍落度损失比后加法大。一般认为后加法是克服坍落度损失的一种有效措施。

流态混凝土主要适用于高层建筑、大型工业与公共建筑的基础、楼板、墙板及地下工程，尤其适用于配筋密、浇筑振捣困难的工程部位。随着流化剂的不断改进和降低成本，流态混凝土必将愈来愈广泛地应用于泵送、现浇和密筋的各种混凝土建筑中。

8.6.6 纤维混凝土

纤维混凝土是以混凝土为基体，外掺各种纤维材料而成。掺入纤维的目的是提高混凝土的力学性能，如抗拉、抗弯、冲击韧性，也可以有效地改善混凝土的脆性性质。

常用的纤维材料有钢纤维、玻璃纤维、石棉纤维、碳纤维和合成纤维等。所用的纤维必须具有耐碱、耐海水、耐气候变化的特性。国内外研究和应用钢纤维较多，因为钢纤维对抑制混凝土裂缝的形成，提高混凝土抗拉和抗弯强度，增加韧性效果最佳。

在纤维混凝土中，纤维的含量、纤维的几何形状以及纤维的分布情况，对混凝土性能有重要影响。以钢纤维为例：为了便于搅拌，一般控制钢纤维的长径比为60~100，掺量0.5%~1.3%（体积比），选用直径细、形状非圆形的钢纤维效果较佳，钢纤维混凝土一般面提高抗拉强度2倍左右，抗冲击强度提高5倍以上。

纤维混凝土目前主要用于非承重结构、对抗冲击性要求高的工程，如机场跑道、高速公路。桥面面层、管道等，随着纤维混凝土技术提高，各类纤维性能改善，在建筑工程中将会广泛应用纤维混凝土。

第9章　结构钢材检测

9.1 概　　述

9.1.1　国内外建筑钢结构用钢材及有关技术条件

9.1.1.1　我国建筑钢结构钢材的分类和技术标准

我国建筑钢结构所用钢材的类别主要是：碳素结构钢和低合金结构钢。另外，具有特殊用途的钢材亦可用于建筑行业，如高耐候性结构钢、焊接结构用耐候钢、桥梁用结构钢、合金结构钢、制造锅炉用碳素钢及低合金钢、船体用结构钢、压力容器用碳素钢和低合金钢厚钢板。

1. 普通碳素结构钢

(1) 技术条件

1) 钢的牌号和化学成分

钢的牌号由四部分组成：代表屈服点的字母“Q” + 屈服点数值（屈服强度） + 质量等级符号 + 脱氧方法。例如：

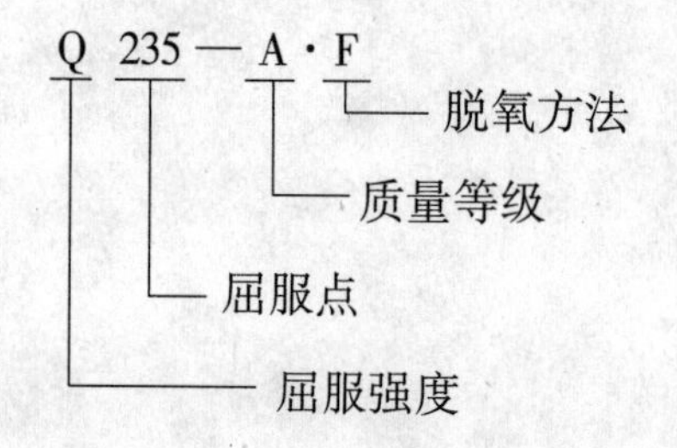

钢的牌号和化学成分（熔炼分析）应符合表17－2的规定，化学成分偏差应符合参考文献（7.2－1）表7.1的规定。

2) 交货状态

钢材一般以热轧（包括控轧）状态交货。根据需方要求，经双方协议，也可以正火处理状态交货（A级钢除外）。

3) 力学性能

①钢材的拉伸和冲击试验应符合参考文献（7.2－1）表17－3的规定，弯曲试验应符合参考文献（7.2－1）表17－4的规定。

②夏比（V型缺口）冲击试验应符合参考文献（7.2－1）表17－3的规定。

③用沸腾钢轧制各牌号的B级钢材，其厚度（直径）一般不大于25mm。

4) 表面质量

钢材的表面质量应符合各有关标准规定。

(2) 验收规则

1）验收

①建筑钢材的质量由供方技术监督部门进行检查和验收。

②供方需保证交货的建筑钢材符合有关标准的规定,需方有权按相应的规定进行复查。

③建筑钢材应成批验收，组批规则应符合检验取样的规定。

2）复验

如有某项试验结果不符合要求，则应从同一批钢材中再任取双倍数量的试样进行该项目复验，复验结果即使有一个指标不合格，则整批也不得交货。

供方有权对复验不合格的钢材重新分类或进行热处理,然后作为新的一批再提交验收。

3）钢材的包装、标志及质量证明书

钢材的包装和标志应符合有关规定。

质量证明书：

①交货的每批钢材必须附有符合订货合同和产品标准规定的质量证明书。

②质量证明书应由供方技术部门盖章，需方验收员也应盖章签字。

③质量证明书应有以下内容

a. 供方名称或印记

b. 需方名称

c. 发货日期

d. 合同号

e. 产品标准号

f. 钢的牌号

g. 炉罐号、批号、交货状态、重量（根数）和件数

h. 品种名称、规格及质量等级

i. 产品标准中所规定的各项检验结果

j. 技术监督部门印记

(3) 检验取样

1）钢材应成批验收，每批由同一牌号、同一炉罐号、同一等级、同一品种、同一尺寸、同一交货状态组成。各批钢材重量不得大于60 t，取样数量应符合参考文献(7.2－1)表17－1的规定。

用公称容量不大于30 t的炼钢炉冶炼的钢或连铸坯轧成的钢材，允许由同一牌号的A级或B级钢，同一冶炼和浇筑方法，不同炉罐号组成混合批，但每批不多于6个炉罐号，各炉罐号含碳量之差不得大于0.02%，含锰量之差不得大于0.15%。

2）钢材的夏比（V型缺口）冲击试验结果不符合规定时，应从同一批钢材中再取一组3个试样进行试验，前后6个试样的平均值不得低于规定值，但允许有2个试样低于规定值，其中低于规定值70%的试样只允许1个。

3）当进行厚度（或直径）大于20mm钢材的冷弯试验时，试样应经单面刨削使其厚度达到20mm，弯心直径按表6.2.1.1－3规定取用，未加工面应在外面。如试样未经刨削，弯心直径应按表6.2.1.1－3所列数据增加一个试样厚度a。

4）冲击试样的纵向轴线应平行于轧制方向。

5）对厚度不小于12mm的钢板、钢带或直径不小于16mm的棒钢做冲击试验时，应采

用 10mm × 10mm × 55mm 的试样；对厚度为 6 ~ 12mm 的钢板、钢带、型钢或直径为 12 ~ 16mm 的棒钢做冲击试验时，应采用 5mm × 10mm × 55mm 小尺寸试样，冲击试样可保留一个轧制面。

2. 优质碳素结构钢

优质碳素结构钢价格较贵，一般不用于建筑钢结构，但在特定条件下亦可少量使用。

（1）技术条件

1）钢的牌号及化学成分

钢的牌号及化学成分（熔炼分析）应符合参考文献（7.2－1）表 16－2 的规定。

钢的牌号和化学成分应符合参考文献（7.2－1）表 19－2 的规定。合金元素量应符合 GB/T3304 对低合金钢的规定。

2）冶炼方法

氧气转炉、平炉、电炉冶炼。

3）交货状态

一般以热轧、控轧、正火及正火加回火状态交货。Q420、Q460 的 C、D、E 级钢也可以淬火回火状态交货。

交货状态应在合同中注明。

4）力学性能和工艺性能

钢的拉伸、冲击和弯曲试验应符合参考文献（7. 2－1）表 19－3 的规定。

5）表面质量

钢材的表面质量应符合有关产品标准规定。

（2）验收规则

钢材的检验项目除与第一节（普通碳素结构钢）中相同外，若钢材的夏比冲击试验结果不符合规定时，应从同一批钢材上再取一组 3 个试样进行试验，前后 6 个试样的平均值不得低于表中规定值，允许其中 2 个试样低于规定值，但低于规定值 70%的试样只允许有一个。

（3）检验取样

1）钢材应成批验收，每批由同一牌号、同一质量等级、同一炉罐号、同一品种、同一尺寸、同一热处理制度的钢材组成。

A 级或 B 级钢只允许同一牌号、同一质量等级、同一冶炼和浇注方法，不同炉罐号组成混合批。但每批不多于 6 个炉罐号，且各炉罐号碳（C）含量之差不得大于 0.02%，Mn 含量之差不得大于 0.15%。

每批钢材重量不得大于 60 t。

2）每批钢材检验项目，取样数量列于参考文献（7.2－1）表 19－1 中。

9.1.1.2　国外建筑结构用钢材

国际标准结构钢（ISO630）

（1）ISO 标准结构钢的牌号及化学成分

ISO 钢材种类的表示方法为：

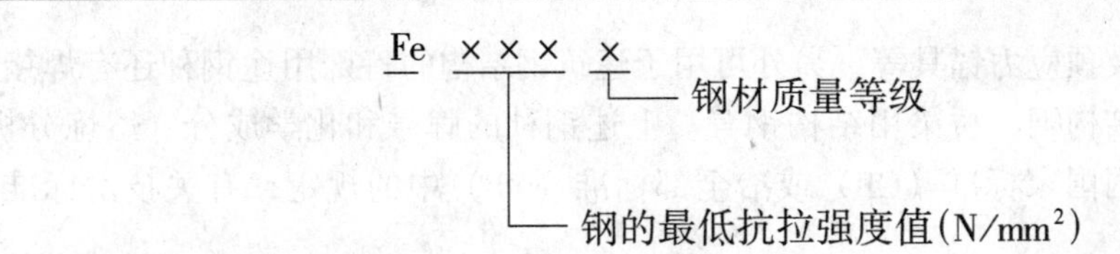

标准中共列有结构用的4种钢材，即Fe310、Fe360、Fe430、Fe510等。其中Fe310只有一个质量等级（0），Fe510有三个质量等级（B、C、D），其余均有4个质量等级（A、B、C、D），其中A级性能最差，D级最好。

（2）ISO标准钢材的力学性能

根据ISO规定的交货状态的钢材，其力学性能应符合参考文献（7.2-2）表2-1-13的规定。对于厚度大于63mm的钢材，机械性能应按照有关各方面的协议处理。

（3）运用范围

ISO标准运用于厚度大于或等于3mm的钢板，卷宽大于或等于600mm、厚度超过6mm的钢带、宽扁钢、棒钢及热轧型钢，包括空心型钢，常用于栓接、铆接或焊接结构。

（4）交货状态

一般在轧制状态下交货，其他交货状态可在定货时协商。但D级扁平材，除非定货时另有协议，应在正火状态下或以控轧所达到的同等状态交货。

（5）ISO标准规定

生产钢材的炼钢方法，除另有协议外，由生产厂任意选定。除0和A品级外，只要需方在定货时对此提出要求，交货时应注明炼钢方法。

（6）验收

钢材验收试验按ISO/R404的规定执行。

（7）检验取样

1）按批组成检验，适于除C、D级以外的所有钢材，每批重量小于或等于20t。

2）按炉号检验，适于所有钢种和等级，每批重量小于或等于50t。

3）取样部位，按ISO/R377执行。

（8）标志

除Fe310外，均应在钢材产品上标以便于识别的标志。

标志内容

钢号和质量等级的标志符号；

生产厂的商标；

与检验证明书及试样有关的符号或文字。

9.2 化学分析

9.2.1 国内外建筑钢材化学分析概况

（1）国内建筑钢材化学分析简介

我国建筑钢结构采用的钢材主要是碳素结构钢和低合金钢，碳素结构钢是建筑钢结构中应用最广的钢种。优质碳素结构钢由于价格较贵，在建筑工程上常用于制作钢丝、钢绞线、圆钢、高强螺栓及预应力锚具等。另外可用于建筑钢结构的特殊用途钢种还有焊接结构用耐候钢、高耐性结构钢、桥梁用结构钢等。上述钢种的牌号和化学成分（熔炼分析）应符合中华人民共和国国家标准（GB）或冶金部标准（YB）中的规定，有关技术标准可参见下列标准：

1.GB700－88 《碳素结构钢》；

2.GB699－88 《优质碳素结构钢》；

3.GB1591－94 《低合金高强度结构钢》；

4.GB4171－84 《高耐性结构钢》；

5.GB4172－84 《焊接结构用耐候钢》；

6.YB（T）10－81 《桥梁用结构钢》。

试样的取样及钢材与钢坯的化学成分允许偏差应符合 GB222－84《钢的化学分析用试样取样法及成品化学成分允许偏差》的有关规定。

（2）国外建筑钢材化学分析简介

世界各国的钢材标准以前都自成系统，彼此差别较大。自从国际标准化组织（ISO）制定了“结构钢”的技术标准后，绝大多数国家（如中国、欧共体各国、日本和前苏联等）均先后对各自的钢材标准进行了修订。

随着科学技术的发展，国际上一些主要国家及国际组织的钢铁化学分析标准方法如前苏联标准（FOCT）、日本标准（JIS）、美国标准（ASTM）、英国标准（BS）、法国标准（NF）、德国标准（DIM）均有较大修改，同时也增加了不少新方法，如原子吸收光谱法、红外吸收法、ICP－AES 法和阳极溶出伏安法等标准方法。所有国外建筑钢结构用钢材的化学成分均应符合相应国家或组织的标准规定。有关技术标准可参见如下：

ISO630 1980－11－01 第一版 结构钢

EN10025－1990.3 热轧非合金结构钢欧洲标准

BS4360－1986 焊接结构钢材标准

JISG30101－1987.3 一般结构用热轧钢材

JISG3106－1992 焊接结构用热轧钢材

JISG3114－1988.11 焊接结构用耐候性热轧钢材

ASTM A36/A36M－91 结构钢

ASTM A242/A242M－91a 高强度低合金结构钢

ASTM A441/A441M－85 高强度低合金锰钒结构钢

ASTM A500－90a 结构用圆形和异形的冷成型碳钢焊接管和无缝管

ASTM A501－89 结构用热成型碳钢焊接管和无缝管

ASTM A514/A514M－91 适用于焊接的“淬火加回火”的高屈服强度合金钢板

ASTM A529/A529M－92 高强度碳锰结构钢

ASTM A570/A570M－92 结构用热轧碳钢薄钢板及钢带

ASTM A572/A572M－92a 结构用高强度低合金铌钒钢

ASTM A588/A588M－91a 厚度达 4M（100mm）最低屈服强度为 50ksi（345N/mm^2）高强度低合金结构钢

ASTM A606－91a 抗大气腐蚀性能经过改善的高强度低合金热轧和冷轧薄钢板和

钢带

ASTM A607－92a 含铌或和钒的高强度低合金热轧和冷轧薄钢板和钢带

ASTM A618－90a 结构用热成型高强度低合金焊接钢管和无缝管

ASTM A709/A709M－92 桥梁结构钢

FOCT 27772－88 前苏联《建筑钢结构用轧材，一般技术条件》

FOCT 19281－89 前苏联《高强度钢轧材一般技术条件》

(3) 几种常用的化学分析方法

1) 容量分析（又称滴定分析）

容量分析是将一种已知准确浓度的试剂溶液,滴加到被测物质的溶液中,直到所加入的试剂与被测物质的毫克当量数相等时,根据试剂溶液的浓度和用量,计算被测物质的含量。

容量分析通常用于测定高含量或中等含量组分，即被测组分含量在1%以上，有时也可用于测定微量组分。容量分析比较准确，在一般情况下，测定的相对误差为0.2%左右。

2) 比色分析（又称分光光度法）

许多物质本身具有一定颜色，也有许多物质本身不具有颜色，但当加入适当试剂后能生成有特征颜色的化合物，有色物质的含量与其溶液颜色深浅有关。在一定条件下，溶液中被测有色化合物的浓度越大颜色就越深。比色分析法就是按照试样溶液经显色后，溶液颜色深浅的程度与已知标准溶液相应的颜色比较，以确定物质含量的分析方法。此方法的特点是灵敏度高，分析手续简单快速，因而常用来测定低含量或微量成分。

常用的比色分析仪器有光电比色计，可见光分光光度计和紫外可见光分光光度计。目前常用的是后两种，又称为单光束分光光度计和双光束分光光度计。

3) 元素的定量分离法

试样中往往含有多种成分，性质相近，在测定中彼此干扰，不仅影响分析结果的准确度，甚至不能用简单方法就可进行分析测定。为此在分析前或分析操作过程中采取分离、富集、消除干扰等分离手续，使分析测定准确可靠。元素的定量分离方法是分析化学中一个重要组成部分。

常用的分离方法有沉淀分离法，萃取分离法，离子交换分离法以及电解分离法，蒸馏、挥发分离法，层析分离法等。

4) 高频炉红外线吸收法

试样送入高频振荡强磁场内，由于电磁感应效果，样品中的分子、通过电子高速振动产生热，在极短时间内把样品加热到所需温度，试样中的碳、硫在高温条件下被氧化成CO_2、CO、SO_2气体，所产生的混合气体送到红外线吸收池中，用红外光电转换传感器，直接接收通过被测气体吸收的红外光辐射的强度，测量经吸收后特征波长光强变化量，再反演为被测元素的百分含量。

5) 电感耦合等离子光谱法

电感耦合高频等离子炬（ICP），是利用高频感应加热原理，使流经石英管的工作气体（Ar、N_2、空气等）电离，所产生的火焰状的等离子体。等离子体（Plasma）指的是“电子和离子浓度处于平衡状态的电离的气体”。即在其中的电子数和离子数基本相等，从宏观上看呈现电中性。作发射光谱分析用的电弧或火花的发光蒸汽云，通常亦称作等离子体。

ICP的工作程序如下：样品溶液经雾化器雾化成气溶胶，通过加热室充分汽化后，再经水冷回流冷凝器把溶剂（水、酸等）去掉，干燥的气溶胶由载气送入等离子体进行蒸发、原子化和激发，被激发原子发射的光子能量，通过窄缝、光栅，由检测装置检测其光谱谱线强度，其强度正比于每一种原子类型的数量。

ICP具有检出限低、精密度好、线性范围宽、基体效应小和不用电极避免污染等优点，而且分析工作者可以自己制备标准样品，标样及试样的物理状态差别及均匀性的影响得到了消除，使用一套标准样品常可适应不同钢种或合金的分析，对样品溶液作一定的稀释或浓缩仍能得到可靠的分析结果，因而已越来越多地被应用于金属与合金元素的检测。

6）原子吸收光谱法

火焰原子吸收光谱法分析，是将试样的溶液以雾状喷入火焰，使待测元素原子化，同时用待测元素的线光源辐射通过火焰。这时，火焰中该元素的中性原子就吸收一部分单色辐射，且被吸收的部分与火焰中该原子的浓度在一定程度上成正比。因此，利用校准溶液与试样溶液作比较，就可以求得试样溶液中该元素浓度。

(4）钢铁及合金化学分析标准方法简介

此处简要介绍近期中华人民共和国国家标准钢材标准中所列的化学分析方法，便于使用者查找。

1）碳量测定

测定总碳量的方法，都是首先将试样置于高温炉中（管式炉、高频炉或电弧炉等）通氧燃烧，生成二氧化碳以后再测定。常用的测定方法有：(a）燃烧－容积法：又称气体容量法。以氢氧化钾溶液吸收二氧化碳的体积来换算成含碳量。(b）非水滴定法：在有机溶剂中进行酸碱的中和滴定。(c）电导法：在盛有氢氧化钠溶液的电导池中（或氢氧化钡溶液)，导入二氧化碳后，根据电导（电阻的倒数）的变化求得碳含量。(d）以碱石棉吸收二氧化碳的重量法[3]。目前我国使用最多的是：

①燃烧气体容量法　GB/T223.69－1997

试样经高温通氧燃烧，将碳完全氧化成二氧化碳。除去二氧化硫后将混合气体收集于量气管中，并测量其体积。然后以氢氧化钾溶液吸收二氧化碳，再测量剩余气体的体积。吸收前后气体体积之差即为二氧化碳体积，由此计算碳含量。

燃烧温度：1200～1300℃。助熔剂：锡粒、铜、氧化铜、五氧化二钒和纯铁粉。

适用于碳钢、合金钢、高温合金和精密合金。测定范围：0.10%～2.00%。

②燃烧重量法　GB223.1－81

试样经高温通氧气燃烧，将碳转化为二氧化碳，以苏打石棉吸收所生成的二氧化碳，称量吸收瓶增加的质量为二氧化碳的量，再换算为碳量。

燃烧温度：1200～1350℃，助熔剂同方法①，测定范围：0.10%～5.0%。

③高频炉燃烧红外线吸收法　ISO9556－89（E）

注：括号（　）年份为确认年份，我国碳的红外线吸收法尚未制定标准，目前采用ISO作为代用标准。

在高频感应炉加热的高温下，於氧气流中，加助熔剂燃烧试样，碳生成二氧化碳和一氧化碳，以红外吸收法测量氧气流中的二氧化碳或一氧化碳量。助熔剂为铜、钨—锡混合物或钨，(C<0.0010%)。

本方法适用于钢铁中总碳量的测定。测定范围：0.003%～4.5%。

2）硫量测定

①硫酸钡重量法　GB223.2－81

试样在饱和溴水中用盐酸－硝酸溶解，高氯酸冒烟，过滤除去硅、钨、铌等，试样通过活性氧化铝色层柱与大量干扰元素分离或将高价铁还原为低价铁后，用稀氢氧化铵洗脱色层柱上的硫酸根，氯化钡沉淀硫，过滤，灼烧硫酸钡，称重，换算为含硫量。

适用于碳钢、合金钢和精密合金中硫量的测定，测定范围：0.0030%～0.20%。

②燃烧容量法　GB/T223.68－1997

试样以高温通氧气燃烧，将硫转化为二氧化硫，以含盐酸的淀粉溶液吸收液吸收，用碘酸钾标准溶液滴定。

燃烧温度：1250～1350℃，合金钢在1300℃以上。

适用于碳钢、高温合金和精密合金中硫量的测定，测定范围：0.003%～0.20%。

③还原蒸馏一次甲基蓝光度法　GB223.67－89

试样加溴和饱和溴水，溶解于盐酸，硝酸中，以氢碘酸一次磷酸钠为还原剂，在氮气流下加热蒸馏，使已氧化的硫酸被还原成硫化氢，用乙酸锌溶液吸收。加N，N－二甲基对苯二胺溶液和三氯化铁溶液使生成次甲基蓝，于波长665～667nm处，测量吸光度。

适用于碳钢、合金钢和精密合金中硫量的测定，测定范围：0.001%～0.03%。

④高频炉燃烧红外线吸收法　ISO4935－89（E）

注：我国硫的红外线吸收法尚未制定标准，目前采用ISO作为代用标准。

在助熔剂存在下，在高频感应炉的高温下，通入纯氧气流，燃烧样品使硫转化成二氧化硫。测定氧气流中载入的二氧化硫的红外线吸收。助熔剂钨，无硫或S<0.0005%，粒度根据仪器类型选择。

适用于钢和铁中总硫量的测定，测定范围：0.002%～0.10%。

3）磷量的测定

磷的化学分析方法有：重量法、容量法和光度法。在测定磷的所有方法中，都是首先将磷氧化为正磷酸，使其与钼酸铵反应组成磷钼杂多酸络合物，然后再用不同的方法测出磷的含量来。其中重量法和容量法由于操作繁琐，在日常应用中颇感不便，很少应用。目前在钢铁分析中普遍应用光度分析法[3]。

①磷钼酸铵滴定法　GB223.61－88

试样以氧化性酸溶解，在约2.2mol/L硝酸酸度下，加钼酸铵生成磷钼酸铵沉淀，过滤后，用过量的氢氧化钠标准溶液溶解，过剩的氢氧化钠用酚酞溶液为指示剂用硝酸标准溶液返滴定至粉红色刚消失为终点（约pH8）。

试样中存在小于100μg砷、500μg钽、1mg锆、钒或铌、8mg钨、10mg钛和20mg硅不干扰测定，超过上述限量，砷以盐酸、氢溴酸挥发；锆、铌、钽、钛和硅以氢氟酸掩蔽；钒用盐酸羟胺还原；钨在氨性溶液中，EDTA存在下，用铍作载体分离除去。

本法适用于碳钢、合金钢中磷量的测定，测定范围：0.01%～1.0%。

②乙酸丁酯萃取光度法（又称磷钼蓝萃取光度法）　GB223.62－88

试样以盐酸，硝酸溶解，高氯酸冒烟。在稀硝酸介质中，正磷酸与钼酸铵生成磷钼杂多酸，可被乙酸丁酯萃取，用氯化亚锡将磷钼杂多酸还原并反萃取至水相，于波长680nm处，测量其吸光度。

在萃取溶液中含 2.5μg 锆，20μg 砷，25μg 铌、钽，50μg 钛，500μg 铈，1.5mg 钨，2mg 铜，3mg 钴，5mg 铬、铝，50mg 镍不干扰测定。

超出上述限量，砷用盐酸、氢溴酸驱除；钒用亚铁还原；锆以氢氟酸掩蔽；铬氧化成高价后盐酸挥发除去；钨在 EDTA 氨性溶液中以铍作载体将磷沉淀分离；铌、钛、锆、钽用铜铁试剂、三氯甲烷萃取除去。

本法适用于碳钢、合金钢、高温合金、精密合金中磷量的测定，测定范围：0.001%～0.05%。

③锑磷钼蓝光度法　GB223.59－87

试样以硝酸，盐酸溶解，高氯酸冒烟。在硫酸介质中，正磷酸与锑，钼酸铵生成络合物，用抗坏血酸还原成锑磷钼蓝，于波长 700nm 处，测量吸光度。

在显色液中存在 50μg 铈，200μg 锆、硅，600μg 铜、钛、钒，10mg 锰，20mg 镍、铁不干扰测定。铬（Ⅵ）有影响，600μg 铬（Ⅲ）不干扰，超过此量用盐酸挥除。砷用氢溴酸、盐酸挥除。钨、铌有干扰。

本法适用于碳钢、合金钢、高合金钢中磷量的测定，不适用于含铌、钨钢。

测定范围：0.01%～0.06%。

④二安替比林甲烷磷钼酸重量法　GB223.3－88

试样以盐酸，硝酸溶解，高氯酸冒烟。在 0.24～0.60mol/L 盐酸介质中，加二安替比林甲烷和钼酸钠混合沉淀剂，沉淀过滤到 1G5 玻璃坩埚中，于 110－115℃烘干恒重。以 $[(C_{23}H_{24}N_4O_2)_3H_7P(MO_2O_7)_6]_2$ 换算为磷的系数 0.02023 计算含磷量。

当试液中共存 360mg 镍、175mg 锰、80mg 铝、50mg 钴、30mg 钒、20mg 铁、5mg 锆和 3mg 铈不干扰测定。

本法适用于碳钢、合金钢、高温合金中磷量的测定，测定范围：0.01%～0.80%。

4）硅量测定

测定钢中的硅，一般使用光度法。测定硅的光度分析法有以形成硅钼黄为基础的钼黄法及将钼黄用还原剂还原生成的钼蓝法。由于钼黄法的灵敏度比钼蓝法低，故常用钼蓝法测定钢中的硅［3］。

①还原型硅钼酸盐光度法　GB/T223.5－1997

试样用稀硫酸溶解，高锰酸钾氧化，在微酸性溶液中，硅酸与钼酸铵生成硅钼杂多酸（黄），在草酸存在下，用硫酸亚铁铵还原成硅钼蓝，测量其吸光度，测量波长为 810nm。

本法适用于碳钢、低合金钢中硅的测定，但不包括酸不溶硅。测定范围：0.030%～1.00%。

②高氯酸脱水重量法　GB/T223.60－1997

试样以适当的酸溶解后，用盐酸，硫酸或高氯酸脱水，灼烧后的二氧化硅在硫酸存在下，用氢氟酸挥硅处理，再灼烧至恒重，以两次称重之差为二氧化硅的质量，换算为含硅量。

本法适用于碳钢、高温合金和精密合金中硅量的测定，测定范围：0.10%～6.0%。

5）锰量测定

锰的化学分析方法有重量法、容量法、光度法。锰的重量法，在钢铁分析中无实用价值。容量法和光度法是钢铁分析中常用的分析方法。钢中锰的测定采用容量法，不仅有良好的准确度，而且有较大的测量范围，且操作方法一般比较快速简单［3］。

①亚砷酸钠－亚硝酸钠滴定法 GB223.58－87

试样以硫酸、磷酸溶解，滴加硝酸破坏碳化物。以硝酸银为催化剂，过硫酸铵将锰氧化成7价，用亚砷酸钠－亚硝酸钠标准溶液滴定，计算含锰量。

高铬试样可用盐酸挥铬或用氧化锌分离。含钴大于5mg时，加入一定量镍，以抵消离子色泽的影响。

本法适用于碳钢、合金钢中锰量的测定，测定范围：0.10%～2.50%。

②硝酸铵氧化滴定法 GB223.4－88

试样以磷酸溶解，滴加硝酸破坏碳化物。在磷酸微冒烟状态下，用硝酸铵将锰定量氧化至3价，以N－苯代邻氨基苯甲酸为指示剂，硫酸亚铁铵标准溶液滴定，计算含锰量。钒、铈有干扰，须以校正。

本法适用于碳钢、合金钢、高温合金和精密合金中锰量的测定，测定范围：2.0%～30.0%。

③高碘酸盐光度法 GB223.63－88

试样以硝酸或硝酸盐酸溶解，磷酸、高氯酸冒烟，在硫酸、磷酸介质中，加高碘酸钠（钾）溶液加热，将锰氧化成7价，测量吸光度，测量波长为530nm。

本法适用于碳钢、合金钢、高温合金和精密合金中锰量的测定，测定范围：0.01%～2.0%。

④原子吸收光谱法 GB223.64－88

试样以盐酸、过氧化氢溶解，加水稀释至一定体积后，喷入空气－乙炔火焰中，用锰空心阴极灯作光源，于原子吸收分光光度计中，波长279.5nm处，测量吸光度。

本法适用于碳钢及低合金钢中锰量的测定，测定范围：0.10%～2.0%。

6）镍量测定

镍在钢中主要以固溶体和碳化物状态存在，由于镍在钢中并不形成稳定的化合物，所以大多数含镍钢和合金都溶于酸中。镍与盐酸或稀硫酸反应较慢，与浓硫酸共煮时生成硫酸镍并冒出三氧化硫白烟。与稀硝硫反应，很快生成硝酸镍。浓硝酸使镍钝化，所以在溶解含钢时，镍含量低的用硝酸（1＋3）或盐酸（1＋1），含镍高的用稀硝酸（1＋3）或用王水、混合酸（HCl：HNO_3＝1：1）、高氯酸等酸解［3］。

①丁二酮肟重量法 GB/T223.25－94

丁二酮肟重量法测定镍通常用于标准分析。其原理基于丁二酮肟在氨性溶液中与镍生成红色的丁二酮肟镍沉淀。

试样以盐酸、硝酸溶解，高氯酸冒烟。为了防止在氨性溶液中铁、锰、铬、铝和其他元素的共沉淀，必须加入柠檬酸或酒石酸（酒石酸钾钠）等掩蔽剂，使与之生成可溶性的络合物然后以氨水盐酸中和溶液pH9（如有不溶物过滤），在乙酸铵缓冲溶液，亚硫酸钠还原铁，加丁二酮肟溶液后，调节溶液pH6.0～6.4，使生成红色的丁二酮肟镍沉淀，过滤，干燥，称至恒重。

对干扰元素钨、钼的处理，加热不超过70℃，氨水调节pH9过滤。钴、铜高，则陈化静置1小时。

本法适用于碳钢、合金钢、高温合金和精密合金中镍量的测定，测定范围：2.00%～40.00%。

②丁二酮肟光度法 GB/T223.23－94

试样经酸溶解，高氯酸冒烟将三价铬氧化成6价，以酒石酸钠为掩蔽剂，在强碱介质中，以过硫酸铵为氧化剂，生成丁二酮肟镍红色络合物，测量其吸光度。移取液中锰量大于1.5mg，铜量大于0.2mg、钴量大于0.1mg干扰测定。

本法适用于碳素钢和不含高锰、高铜、高钴合金钢中镍量的测定，测定范围：0.030%～2.00%。

③丁二酮肟－三氯甲烷萃取光度法 GB/T223.24－94

试样以盐酸、硝酸溶解，加柠檬酸络合铁，碘－碘化钾溶液氧化镍，加丁二酮肟与镍生成丁二酮肟镍络合物，用三氯甲烷萃取，再和稀盐酸反萃取于水相中。在强碱性介质中，过硫酸铵为氧化剂，生成丁二酮肟镍红色络合物，以水对照，于波长465nm处，测量吸光度。

显色液中存在25mg以上锰，35mg以上铜和15mg以上钴，将干扰测定。

适用于高锰、高铜、高钴低镍的碳素钢、合金钢和精密合金中镍量的测定。

测定范围：0.010%～0.50%。

④原子吸收分光光度法 GB223.54－87

试样以硝酸，高氯酸溶解，并冒烟，加水稀释至一定体积后，将溶液喷入空气－乙炔火焰中，用镍空心阴极灯作光源，于原子吸收分光光度计的测定波长232.0nm处，测量其吸光度。

适用于碳素钢、低合金钢中镍量测定，测定范围：0.005%～0.50%。

7）铬量测定

①过硫酸铵氧化容量法 GB/T223.11－91

试样用酸溶解后，在硫酸、磷酸介质中，以硝酸银为催化剂，用过硫酸铵将铬氧化成6价，用硫酸亚铁铵滴定溶液将六价铬还原滴定为3价。

含钒试样，以亚铁－邻菲喹啉溶液为指示剂，加过量的硫酸亚铁铵滴定溶液，以高锰酸钾溶液回滴。试样中存在2mg以下铈不干扰测定。

本法适用于碳素钢、合金钢、高温合金和精密合金中铬量的测定。

测定范围：0.100%～30.0%。

②二苯碳酰二肼光度法 GB/T223.12－91

试样以硝酸溶解，加硫酸冒烟，在稀硫酸介质中，高锰酸钾将铬氧化成重铬酸。加二苯碳酰二肼使生成紫红色络合物，在测量波长540nm处，测量吸光度。

本法适用于碳素钢、低合金钢和精密合金中铬量的测定，测定范围：0.005%～0.50%。

8）铜量测定

①硫代硫酸钠滴定法 GB/T223.18－94

试样以硫酸溶解，加硫代硫酸钠溶液，将铜转化为硫化亚铜沉淀。沉淀物灼烧成氧化铜后加焦硫酸钾熔融，在乙酸介质中，用碘化钾还原铜析出碘，以淀粉为指示剂，以硫代硫酸钠标准溶液滴定。

适用于碳素钢、合金钢、高温合金和精密合金中铜量的测定，测定范围：0.01%以上。

②新铜试剂萃取光度法 GB223.19－89

试样以盐酸、硝酸溶解，高氯酸冒烟，用盐酸羟胺还原，柠檬酸钠络合铁，将铜还原为1价，与新铜试剂生成有色络合物，萃取于有机试剂中，在测量波长456nm处，测量吸光度。

适用于碳素钢、合金钢、高温合金和精密合金中铜量的测定，测定范围：0.010%～1.00%。

③原子吸收分光光度法 GB223.53－87

试样用盐酸和硝酸分解，加高氯酸蒸发至冒烟后以水溶解盐类，试样溶液喷入空气－乙炔火焰中，用铜空心阴极灯作光源，于原子吸收分光光度计波长324.7nm处，测量其吸光度。

本法适用于碳钢、低合金钢中铜量的测定。测定范围：0.005%～0.50%。

9）铝量测定

铝的测定一般分酸溶铝及总铝。由于酸不溶铝含量很少，一般只测酸溶铝，如需测定总铝，只要在试样溶解后，过滤，将不溶物用焦硫酸钾熔融处理成溶液后，以比色法测定，将所得结果加上酸溶铝，即为总铝。或将溶液并入酸溶铝溶液，进行测定亦可[3]。

①氟化钠分离－EDTA滴定法 GB/T223.8－91

试样用盐酸、硝酸溶解。柠檬酸铵和草酸铵络合铁、铬、镍、锰等干扰元素。在pH4～5溶液中，加氟化钠将铝形成冰晶石沉淀过滤，沉淀为盐酸－硼酸溶解。在微酸性介质中，加入过量EDTA标准溶液与铝络合。过量EDTA标准溶液，用锌标准溶液回滴。再加氟化钠取代出与铝络合的EDTA，锌标准溶液滴定，二甲酚橙为指示剂，计算含铝量。

适用于碳素钢、合金钢、高温合金和精密合金中铝量的测定，测定范围：0.50%～10.00%。

②铬天菁S光度法 GB223.9－89，GB/T223.10－91

试样以盐酸，硝酸溶解，高氯酸冒烟。高铬滴加盐酸挥铬。在弱酸性介质中，针对不同的干扰元素，选用显色条件，铝与铬天菁S生成有色络合物，测量波长550nm处测量吸光度。

适用于碳素钢、合金钢、高温合金和精密合金中铝量的测定。

测定范围：0.05%～1.0%；0.01%～0.50%。

10）钼量测定

钼在钢中常以碳化物形态存在，故钢中钼不易溶解于稀硫酸和盐酸，但可溶于硝酸。硝酸不仅能分解钼的碳化物，而且能溶解金属溶液存在的钼。对于稳定的钼碳化物可加热冒硫酸烟，在此温度下能使稳定的钼碳化物分解[3]。

①α－安息香肟重量法 GB223.28－89

试样以硫酸溶解，硝酸氧化或盐酸，硝酸溶解，高氯酸冒烟，加硼酸煮沸。不溶残渣，加焦硫酸钾熔融，合并于主液中。在酸性介质中，用α－安息香肟沉淀钼，将沉淀灼烧成三氧化钼，称重，换算为含钼量。

本法适用于合金钢、高温合金和精密合金中钼量的测定。测定范围：1.0%～9.0%。

②氯化亚铁锡还原－硫氰酸盐光度法 GB223.26－89

试样以硫酸，磷酸溶解，硝酸氧化，加热冒烟或盐酸，硝酸溶解，加硫酸，磷酸冒烟。在硫酸，高氯酸介质中，加硫氰酸钠和氯化亚锡溶液还原钼，使形成硫氰酸钼有色络合物，于测量波长470nm处测量吸光度。

本法适用于中低合金钢、高温合金和精密合金中钼量的测定。测定范围：0.10%～2.00%。

③硫氰酸盐－乙酸丁酯萃取光度法 GB/T223.27－94

试样以盐酸，硝酸溶解，高氯酸冒烟，在硫酸，高氯酸介质中，加氯化亚锡溶液（铜量大于5mg，加硫脲溶液）还原钼，加硫氰酸盐溶液，形成硫氰酸钼有色络合物，用乙酸丁酯萃取，于测量波长470nm（钨量高500nm）处测量吸光度。

本法适用于碳钢、合金钢中钼量的测定。测定范围：0.0025%～0.20%。

11）钒量测定

钒在钢铁中生成稳定的碳化物，不易被硫酸和盐酸溶解，只有以硝酸（或过氧化氢）氧化并蒸发至冒硫酸烟以后才能溶解。钒溶于硝酸及盐酸和硝酸的混合酸中时，以4价状态存在于溶液中。4价钒溶液通常呈淡蓝色。受到强氧化剂作用时，变成5价并形成钒酸。5价钒很易被还原，甚至在冷却的状态下，2价铁能将它还原成4价［3］。

①高锰酸钾氧化－硫酸亚铁铵容量法 GB223.13－89

试样以硫酸，磷酸溶解，硝酸氧化。加硫酸亚铁铵溶液还原高价铬和钒（铬大于10%需用王水溶解，高氯酸冒烟，盐酸挥铬）。在酸性介质中，于室温下用高锰酸钾将钒氧化至5价，过量高锰酸钾溶液在尿素存在下，用亚硝酸钠溶液还原，以苯代邻氨基苯甲酸为指示剂，用硫酸亚铁铵标准溶液滴定。当试样中含铈量在0.01以上时，应采取光度法测定钒。

本法适用于碳素钢、合金钢、高温合金和精密合金（不适用于含钴在20%以上的合金）中钒量的测定。测定范围：0.10%～3.50%。

②钽试剂萃取光度法 GB223.14－89

试样以盐酸，硝酸溶解，硫酸磷酸冒烟。在硫酸，磷酸介质中加铜溶液，滴加高锰酸钾溶液氧化钒，过量高锰酸钾溶液，在尿素存在下，滴加亚硝酸钠溶液还原，加钽试剂－三氯甲烷溶液和盐酸，将钒的络合物萃取至三氯甲烷中，于波长530nm，测量吸光度。

显色液中含有1mg以上的钼和钛干扰测定，当提高萃取液的酸度至3mol/L时，可使钼的允许量提高到2.5mg。用硫酸－过氧化氢溶液洗涤有机相后，可使钛的允许量提高至5mg。

本法适用于碳素钢、合金钢、高温合金、精密合金中钒量的测定。

测定范围：0.010%～0.50%。

12）钛量测定

钛溶于盐酸、浓硫酸、王水和氢氟酸中。在钛的化学分析操作中，应注意如下三种化学特性：

（a）4价钛的弱酸性溶液中极易水解形成白色偏钛酸沉淀呈胶体，难溶于酸中，因此在分析过程中应保持溶液的一定酸度，防止水解。

（b）3价钛为紫色，很不稳定，易受空气和氧化剂氧化成4价。

（c）钢中钛除形成化合钛外，尚有部分金属钛残留于钢中，因此在分析方法上有总钛量、化合钛和金属钛测定的区别。金属钛溶于盐酸（1＋1）中，但化合钛不溶，它必须有氧化性酸（如硝酸、高氯酸等）存在下才能溶解。为了测得总钛量必须在溶解时注意［3］。

①氢氧化铵沉淀重量法 GB223.15－82

试样以盐酸、硝酸溶解，高氯酸冒烟。在硫酸介质中，用铜铁试剂沉淀钛与大部分干扰元素分离。过量铜铁试剂以硝酸，高氯酸破坏。在 EDTA 存在下，用氢氧化铵定量沉淀4价钛，过滤、洗涤，沉淀物于900°~1000℃灼烧，称至恒重。得到二氧化钛换算为钛量。用氢氧化钠消除钨、钒的影响，铌、锆可用苯胂酸分离。本方法锡有干扰。

本法适用于碳钢、合金钢、高温合金、精密合金中钛量的测定。测定范围：1.00%以上。

②变色酸光度法　GB/T223.16－91

试样用王水溶解，以硫酸冒烟，在草酸溶液中，变色酸与钛形成红色络合物，于波长490nm处，测量其吸光度。

在显色液中，铬量2.5mg、钨量1.5mg、镍量4mg、钒量0.2mg、钴量0.4mg、钼量0.2mg不干扰测定。

本法适用于碳钢和铁基钢种中钛量的测定。测定范围：0.010%~2.50%。

13）氮量测定

钢中氮主要以氮化物形式存在，只有极少一部分成固溶态。各钢材存在氮的含量不一，低至0001%，高达0.30%。钢中一般氮化物都溶解于酸。如果试样中含钛、铌、锆、钼、硼、钒等元素，则必须用“湿法熔融”才能使氮化物完全分解。然后用水蒸气蒸馏法使氮与钢中共存元素分离，以氨的形式吸收入盐酸或硼酸溶液中，再用标液回滴，或者用纳氏试剂进行比色［3］。

①蒸馏分离－中和滴定法　GB/T223.36－94

试样以硫酸溶解（钨、钛量高时，可补加磷酸）或盐酸、过氧化氢溶解，加硫酸、硫酸钾，加热蒸发至冒烟。酸不溶氮用硫酸、硫酸钾（钠）和硫酸铜加热转化为硫酸铵。在过量碱的作用下，水蒸气蒸馏分离氨，以硼酸吸收蒸出液，以甲基红一次甲基蓝为指示剂，氨基磺酸标准溶液滴定。

本法适用于合金钢和高温合金中氮量的测定，不适合于不加铝冶炼的硅钢及其型材中氮量的测定。测定范围：0.020%~0.50%。

②蒸馏分离－靛酚蓝光度法　GB223.37－89

试样用适当的酸分解，其中的氮转变成相应酸的铵盐，在过量碱的作用下，水蒸气蒸馏分离氨，用稀硫酸吸收蒸出液，然后，在亚硝酸基铁氰化钠和次氯酸钠存在下，氨与酚生成蓝色的靛酚络合物，在波长640nm处，测量其吸光度。

本法适用于碳钢、合金钢、高温合金和精密合金中氮量的测定，不适合不加铝冶炼的硅钢及其型材中氮量的测定。测定范围：0.0010%~0.050%。

9.2.2　常用化学分析方法

9.2.2.1　吸光光度法

（1）钢铁部分

1）锰量测定

高碘酸盐（钾）光度法测定锰量　GB/T223.63－88（方法略）

2）硅量测定

还原型钼酸盐光度法测定酸溶硅量　GB/T223.5－1997（方法略）

3）磷量测定

锑磷钼蓝光度法测定磷量　GB223.59－87（方法略）

4）镍量测定

丁二酮肟光度法测定镍量　GB/T223.23－94（方法略）

5）铬量测定

二苯碳酰二肼光度法测定铬量　GB/T223.12－91（方法略）

6）钛量测定

变色酸光度法测定钛量　GB/T223.16－91（方法略）

7）铜量测定

新亚铜灵－三氯甲烷萃取光度法测定铜量　GB223.19－89（方法略）

8）氮量测定

蒸馏分离－靛酚蓝光度法测定氮量　GB223.37－89（方法略）

9）钼量测定

硫氰酸盐直接光度法测定钼量　GB223.26－89（方法略）

10）钨量测定

硫氰酸盐－盐酸氯丙嗪－三氯甲烷萃取光度法测定钨量　GB223.66－89（方法略）

11）钴量测定

5－CI－PADAB分光光度法测定钴量　GB/T223.21－94（方法略）

亚硝基R盐分光光度法测定钴量　GB/T223.22－94（方法略）

（2）铝合金（锰，硅，铁，镍，铜，钛系统分析）

1）方法提要

试样经氢氧化钠分解，加硝酸至试样全部溶解并加热至溶液透明，分取部分试液测定以下元素。

①锰：在硝酸银存在下，磷硝混合酸溶液中，用过硫酸铵使锰氧化为高价锰，测量吸光度。

②硅：在微酸性溶液中，硅酸与钼酸铵生成硅钼杂多酸。在草酸存在下，用硫酸亚铁铵还原成硅钼蓝，测量吸光度。

③铁：用抗坏血酸还原铁，用EDTA掩蔽铜，镍，锌等元素干扰。于pH＝5的乙酸－乙酸钠缓冲溶液中，二价铁与邻菲罗林生成稳定橙红色，测量吸光度。

④镍：在强碱性溶液中，以过硫酸铵为氧化剂，镍与丁二酮肟生成丁二酮肟镍红色络合物，测量吸光度。

⑤铜：用柠檬酸掩蔽3价铁，3价铝，以中性红为指示剂，用氨水调至黄色，于pH为9.2的氨性缓冲溶液中，二价铜与BCO形成稳定的蓝色络合物，测量吸光度。

⑥钛：在1.2～3.6mol盐酸介质中，用抗坏血酸还原铁，钛与二安替比啉甲烷生成黄色络合物，测量吸光度。

2）试剂

①氢氧化钠溶液（300g/l）。

②硝酸（1＋1）。

③硫硝磷混合酸：硫酸＋硝酸＋磷酸＋水（150ml＋350ml＋150ml＋500ml）。

④硝酸银溶液（50g/l）。

⑤过硫酸铵溶液（150g/l），用时配制。

⑥亚硝酸钠溶液（200g/l）。

⑦钼酸铵溶液（50g/l）。

⑧草酸铵－硫酸混合溶液：草酸铵3%＋硫酸（100ml＋100ml）。

⑨硫酸亚铁铵溶液（60g/l）。

⑩抗坏血酸溶液（5g/l）。

⑪EDTA溶液（0.05mol/l）。

⑫氢氧化钠溶液（50g/l）。

⑬乙酸－乙酸钠缓冲溶液：pH＝5.0。

⑭邻菲罗林（4g/l）乙醇溶液。

⑮酒石酸钠溶液（300g/l）。

⑯氢氧化钠溶液（80g/l）。

⑰过酸铵溶液（25g/l），用时配制。

⑱丁二酮肟乙醇溶液（10g/l）。

⑲柠檬酸溶液（500g/l）。

⑳中性红指示剂（1g/l）。

㉑氨水（1＋1）。

㉒氨性缓冲溶液（pH＝9.2）。

㉓BCO乙醇溶液（1g/l）。

㉔抗坏血酸溶液（50g/l）。

㉕盐酸（1＋1）。

㉖硫酸（1＋3）。

㉗二安替比林甲烷溶液（20g/l）。

3）分析步骤

①称取试样1.0000g于150ml聚四氟乙烯烧杯中，加入氢氧化钠溶液（20.1）20ml，小心加热至试样不再分解，稍冷，将此试液慢慢倾入内盛硝酸溶液（2.2）65ml的300ml烧杯中。边倾入边摇动，用水洗净聚四氟乙烯烧杯，将溶液加热至完全溶解并透明。煮沸除去氮的氧化物，冷却，移入200ml容量瓶中，用水稀释至刻度，摇匀。

②锰量测定

吸取试液（3.1）5ml于150ml锥形瓶中，加硫磷硝混合酸（2.3）6ml，硝酸银溶液（2.4）1ml，过硫酸铵溶液（2.5）5ml，煮沸氧化至不再冒小气泡为止，于流水中冷却至室温，移入100ml容量瓶中，用水稀释至刻度，摇匀。以水或部分显色液滴加亚硝酸钠溶液（2.6）至红色消失为空白，用2～3cm比色皿，在分光光度计上，于波长530mm处，测量吸光度。

③硅量测定

吸取试液（3.1）25ml于塑料烧杯中，加钼酸铵溶液（2.7）5ml，于沸水浴中加热30秒，加入草酸铵－硫酸混合溶液（2.8）40ml，硫酸亚铁铵溶液（2.9）10ml，移入100ml容量瓶中，加水至刻度，摇匀。以水为参比液，用适当的比色皿，在分光光度计上，于波长680mm处，测量吸光度。

④铁量测定

吸取试液（3.1）20ml 于 150ml 锥形瓶中，加抗坏血酸溶液（2.10）2ml，EDTA 溶液（2.11）10ml，用氢氧化钠溶液（2.12）调至刚果红试纸变红色。加入乙酸-乙酸钠缓冲溶液（2.13）5ml，煮沸。趁热加入邻菲罗林溶液（2.14）5ml，冷却。移入 50ml 容量瓶中，以水稀释至刻度，摇匀。以水为参比液，用适当的比色皿，在分光光度计上，于波长 500mm 处，测量吸光度。

⑤镍量测定

吸取两份试液（3.1）20ml 各置于 50ml 的容量瓶中，加酒石酸钠溶液（2.15）10ml，氢氧化钠溶液（2.16）10ml，过硫酸铵溶液（2.17）5ml，混匀后立即加入丁二酮肟溶液（2.18）3ml，加水稀释至刻度，摇匀。放置 5~10min。参比液不加丁二酮肟，加 3ml 乙醇。用适当的比色皿，在分光光度计上，于波长 530mm 处，测量吸光度。

⑥铜量测定

吸取试液（3.1）（Cu 0.5%~1.5%10ml；<0.5%20ml）于 100ml 容量瓶中，加柠檬酸溶液（2.19）（10ml 试液加 2ml，20ml 试液加 4ml），滴加中性红指示剂（2.20）1~2 滴，用氨水（2.21）调至试液于黄色并过量 2~3 滴，加氨性缓冲溶液（2.22）10ml，BCO 溶液（2.23）10ml，加水稀释至刻度，摇匀。以水为参比液，用适当的比色皿，在分光光度计上，于波长 600mm 处，测量吸光度。

⑦钛量测定

吸取试液（3.1）10ml 于 100ml 容量瓶中，加入抗坏血酸溶液（2.24）5ml，摇匀，放置 2~3min，加入盐酸溶液（2.25）10ml，硫酸溶液（2.26）10ml，二安替比林甲烷溶液（2.27）25ml，以水稀释至刻度，摇匀。放置 30min 后，以水为参比液，用适当的比色皿，在分光光度计上，于波长 430mm 处，测量吸光度。

4）工作曲线的绘制

配制相应元素的标准溶液，按相关元素的分析步骤进行，用适当的比色皿，在分光光度计上测量吸光度。在相关元素量为横坐标，吸光度为纵坐标，绘制各元素的工作曲线。

5）分析结果的计算

按钢铁硅量测定分析结果的计算（5）进行。

9.2.2.2 滴定法（重量法）

（1）钢铁部分

1）锰量测定

亚砷酸钠-亚硝酸钠滴定法测定锰量 GB223.58-87（方法略）

2）铬量测定

过硫酸铵氧化容量法测定铬量 GB/T223.11-91（方法略）

3）镍量测定

丁二酮肟重量法测定镍量 GB/T223.25-94（方法略）

（2）铝合金部分

锌量测定

EDTA 滴定法测定锌量 GB6987.8-86（方法略）

9.2.2.3 红外线吸收法测定碳、硫

(1) 方法提要

试样中的碳和硫，经高频加热（同时通入氧气）使之生成二氧化碳和二氧化硫，经过红外池吸收各自的红外辐射能，根据被测气体的浓度差异产生不同的吸收信号，经微机处理和重量自动补偿，最后直接显示和打印出百分含量。

(2) 试剂和材料

1）高氯酸镁：无水，粒状。

2）碱石棉。

3）铂硅胶。

4）钨粒：粒度20~40目，碳≤0.001%，硫<0.0005%。

5）玻璃棉及脱脂棉。

6）氧气（纯度大于99.95%）。

7）动力气源：氩气（纯度大于99.95%）。

8）坩埚：25×25mm（在1000~1200℃的马弗炉中灼烧4h或通氧气灼烧至空白值为最低）。

(3) 仪器和设备

1）LECOCS-344型红外线吸收定碳硫仪

含C范围	称样量	含S范围	称样量
0.00~3.5%	1g	0.00~0.35%	1g
0.00~7.0%	1/2g	0.00~0.7%	1/2g

2）载气系统　包括氧气容器，两级压力调节器及保证提供合适压力和额定流量的程序控制部分。

3）动力气源系统，包括动力气氩气容器，两级压力调节器及保证提供合适压力和额定流量的程序控制部分。

4）控制系统

控制系统设有打印机。主显示区，信息区及触摸式键盘。

5）控制功能　包括炉台升降，清扫，分析条件选择设置，分析过程的监控和报警中断，分析数据的收集，计算，校正和处理等。

6）测量系统，主要由微处理机和控制的电子天平（称量准确度±0.001克），红外线分析器及电子测量元件组成。

(4) 分析步骤

按仪器说明书中所列调试和检查仪器，使仪器处于正常稳定状态，选择设置最佳分析条件，然后按仪器说明书操作，直接读取碳，硫量。

9.2.2.4　等离子发射光谱法测定钢铁和铝合金

(1) ICPCP-AES测定钢铁中锰，镍元素方法

1）仪器的工作条件

法国JY-38　Ⅰ等离子光谱仪　单色仪MR-1000全息光栅3600条/mm

高频发生器DURR3848　频率56MHz

微机APPLEⅡe　打印机EPSONRX80

入射功率1.4kW　工作条件　氩气

冷却气 15L/min 等离子气 1.5L/min 载气 1.0L/min

观察高度：感应圈上方 18mm

2）标准及试剂

锰标准溶液：0.1mg/mlMn（冶金部钢铁研究总院国家标准溶液）。

镍标准溶液：0.1mg/mlNi（光谱纯，海绵镍）。

铁（基体）：高纯铁 99.98%。

盐酸（ρ1.19）。

硝酸（ρ1.42）。

3）试剂制备

①普碳钢低合金钢试样

称取 0.1000g 样品于 125ml 锥形瓶中，加入（1+3）硝酸 10ml，加热溶解，煮沸 2min 取下冷却，移入 100ml 容量瓶定容待测。

②不锈钢试样

称取 0.1000g 样品于 125ml 锥形瓶中，加入 10ml 稀王水，加热溶解，煮沸 2min 取下冷却，移入 100ml 容量瓶定容待测。

4）工作曲线绘制

根据钢样牌号范围配制成标液一套

合成标液，低标：分别称取 0.1000g 高纯铁于 125ml 锥形瓶中，其溶解方法同①，将含量－强度值绘制工作曲线，该工作曲线性良好。

5）分析谱线的确定

根据被测元素含量及元素间干扰情况，将灵敏线、次灵敏线等谱线综合分析比较，得到 JY－38Ⅰ等离子光谱分析钢样谱线的最佳选择如下：MnⅡ257.610nm NiI352.454nm

上述谱线检出限低干扰小，分析结果准确可靠。

(2) ICP－AES 测定铝合金中铁、铜、锰、镍、锌方法

1）仪器及工作条件

法国 JY－38Ⅰ等离子光谱仪 单色仪 MR－1000 全息光栅 3600 条/mm

高频发生器 DURR3848 频率 56MHz

微机 APPLEⅡe 打印机 EPSONRX80

入射功率 1.4kW 工作条件 氩气

冷却气 15L/min 等离子气 1.5L/min 载气 1.0L/min

观察高度：感应圈上方 18mm

2）标准及试剂

锌标准溶液：0.1mg/mlZn（高纯锌粒 99.99%配制）。

铁标准溶液：0.1mg/mlFe（高纯铁 99.98%配制）。

锰标准溶液：0.1mg/mlMn（冶金部钢铁研究总院国家标准溶液）。

铜标准溶液：0.1mg/mlCu（高纯铜 99.95%配制）。

镍标准溶液：0.1mg/mlNi（光谱纯，海绵镍）。

铝（基体）：高纯铝丝 99.999%。

氢氧化钠固体

浓盐酸（ρ1.19）。

浓硝酸（ρ1.42）。

过氧化氢：30%溶液

以上试剂均分析纯以上。

3）试剂制备

①当 Si < 0.5%时

称取 0.1000g 样品于 125ml 锥形瓶中，加入（1+1）盐酸 10~15ml，加热溶解，再滴加 3~5 滴浓硝酸，煮沸 1~2min，取下冷却，移入 100ml 容量瓶中定容待测。

②当 Si > 0.5%时

称取 0.1000~0.2000g 样品于 100ml 聚四氟乙烯烧杯（或银坩埚）中，加入 20%氢氧化钠 10ml，置于低温电热板中加热，分解后小心滴入 30%过氧化氢溶液 10 滴，煮沸 2min 后冷却，倒入已存有 35ml（1+1）硝酸的 125ml 锥形瓶中，加热再煮沸 2min，冷却移入 100ml 容量瓶中定容。

4）工作曲线的绘制

按照铝合金中的被测元素含量，配制相应的合成标液，见表 9-1。

表 9-1

	Zn	Mn	Fe	Cu	Ni
STD1	2	3	2	5	2
STD2	0.5	1	0.5	2	0.5
低标	0	0	0	0	0

其中低标：不含任何被测元素的基体溶液或试剂空白。

将浓度-强度值绘制成工作曲线，则曲线线性明显，动态范围大。

5）分析谱线的选择

根据被测元素的灵敏度和光谱干扰情况自行选择灵敏线，次灵敏线或其他谱线，JY-38Ⅰ铝合金五元素分析通常选用的谱线如表 9-2。

表 9-2

元素	Zn	Mn	Fe	Cu	Ni
分析线（nm）	213.868	257.610	259.940	324.754	352.454
检出限（ug/ml）	0.0018	0.0014	0.0046	0.0054	0.045

分析试验表明：ICP-AES 分析铝合金锌，锰，铁，铜，镍等元素，不仅速度快，而且分析结果准确度和精度均符合国家标准。

9.2.2.5 原子吸收光谱分析

(1) 理论基础

在讨论原子吸收光谱分析原理之前，先要了解一下原子光谱的大致分类。由于热解离，金属元素的盐变成金属原子状态。这样得到的原子具有最稳定的电子排序，即处于基态（ground state)。当这些原子吸收了该金属原子基体制作的空心阴极灯所发出的特征波长的单色长，因而单色光被减弱；而测量单色光被减弱程度的仪器即称为原子吸收光谱（Atomic Absorption Spectroscopy）仪；当基态原子受热或电激发上升到高能态即处于激发态（excited state)，激发态原子又特定波长光的形式放出能量，并很快又回到基态，这种测量该基态到激发态原子光谱强度变化的仪器即称为原子发射光谱仪；另外，还有吸收了光能而激发的原子在回到低能级即基态时发射出特定波长的光的过程就称为原子荧光或共振辐射（resonance radiation)，测量这种共振辐射光谱的仪器又叫作原子荧光光谱仪。

原子吸收光谱法是建立在研究基态原子对光的吸收性质和规律上的定量方法。原子吸收和原子浓度的关系，在一定条件下遵守吸收定律。

假如我们现在考虑一条辐射强度为 I_0 的平行光束,在频率 υ 时入射到厚度为 L 厘米的原子蒸汽中,设 I_υ 为透过的辐射强度,则在频率 υ 时,蒸汽的吸收系数 K_υ 由下列关系得出:

$$I_\upsilon = I_0 \exp(-K_\upsilon L) \tag{9-1}$$

K_υ 值随着 υ 而变化，虽然吸收线的宽度有限，但是根据色散理论，积分吸收（$\int K_\upsilon d_\upsilon$）由下列关系式得出

$$\int K_\upsilon d_\upsilon = (\pi e^2/mc)\ N\upsilon \times f \tag{9-2}$$

式中——e 是电子电荷，m 是电子质量，c 是光速，$N\upsilon$ 是每立方厘米中能吸收频率 $\upsilon \sim \upsilon + d\upsilon$ 的辐射的原子数，f 是振子强度，即能被入射辐射激发的每个原子的电子平均数。因此，对于某个确定金属元素从基态开始的特定波长的电子跃迁来说，N_υ 实际上等于 N_0（每立方米基态原子数）$\cong N$（每立方厘米的原子总数）。理由是:大多数元素的最强的共振吸收线都低于 600nm,而且我们主要考虑的是 3000K 温度以下的原子蒸汽,因此基态原子受热($\ngtr$3000K)而上升到激发态的原子数 N_j 很小。设 P_j 和 P_0 分别为激发态和基态原子的统计权重。高温下激发态原子数 N_j 与基态原子数 N_0 的关系可以用下列方程表示:

$$N_j/N_0 = (P_j/P_0) \times exp(-E_j/RT) \tag{9-3}$$

式中 E_j 为激发态原子的电子跃迁能，R 为波茨曼常数，T 为热力学绝对温度K。有代表性的各种元素的各种吸收线和 N_j/N_0 计算出的数据列于表 9-3。

各种共振线的 N_j/N_0 值 **表 9-3**

共振线埃	N_j/N_0 值			
	$T=2000K$	$T=3000K$	$T=4000K$	$T=5000K$
铯 8521	4.44×10^{-4}	7.24×10^{-3}	2.98×10^{-2}	6.82×10^{-2}
钠 5890	9.86×10^{-6}	5.88×10^{-4}	4.44×10^{-3}	1.51×10^{-2}
钙 4227	1.21×10^{-7}	3.69×10^{-5}	6.03×10^{-4}	3.33×10^{-3}
锌 2139	7.29×10^{-15}	5.58×10^{-10}	1.48×10^{-7}	4.32×10^{-6}

从表9-3可见，$N_j+N_0=N_0$ 由于 N_j 所占权重很小，所以 $N_0\cong N$（原子总数）。由（9-2）式，积分吸收与吸收介质中自由原子的浓度成比例，与原子蒸汽的温度无关；或确切地说由温度产生的影响可以忽略。（9-2）式可改写

$$\int K_{\upsilon}d_{\upsilon}=(\pi e^2/mc)\ N\times f \tag{9-4}$$

N 与样品中该元素的浓度 C 成正比,可见积分吸收实际上也是与被测元素的浓度成正比

$$N=aC \tag{9-5}$$

式中 a 为比例常数。

然而这里存在一个很困难的问题，即如何测量积分吸收。温度在2000K和3000K之间时，吸收线的宽度为0.002nm。谱线宽度还与下列各项因子有关：

A）谱线的自然宽度。

B）多普勒变宽，这是由于原子相对于观测人员的运动方向不同而引起的；事实上检测器接受到的是许多频率微有不同的光，这种运动着的气体原子总体引起谱线加宽。

C）压力变宽，这是由于邻近原子的存在和碰撞引起的，随着原子蒸汽浓度的增加而增加，由于吸收和辐射同类原子能量引起的该变宽又称共振变宽。

D）洛伦兹变宽，是吸收原子与局外气体的原子或分子相互碰撞引起的，它将导致谱线中心频率的红移或紫移。

E）斯塔克变宽，这是由于外界电场或带电质点引起的。

事实证明以上5项中多普勒变宽是主因子。

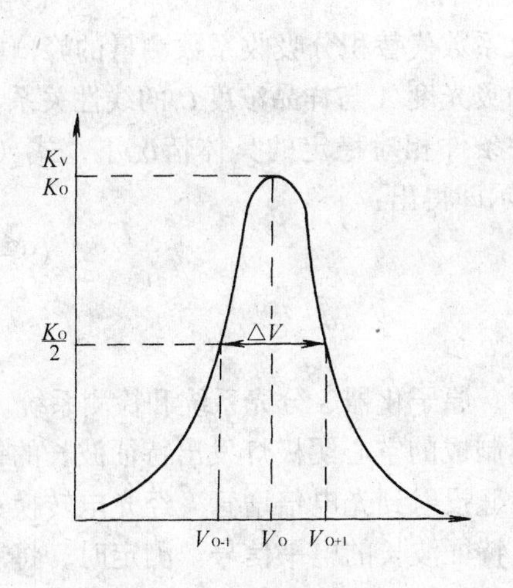

图9-1　吸收线轮廓图

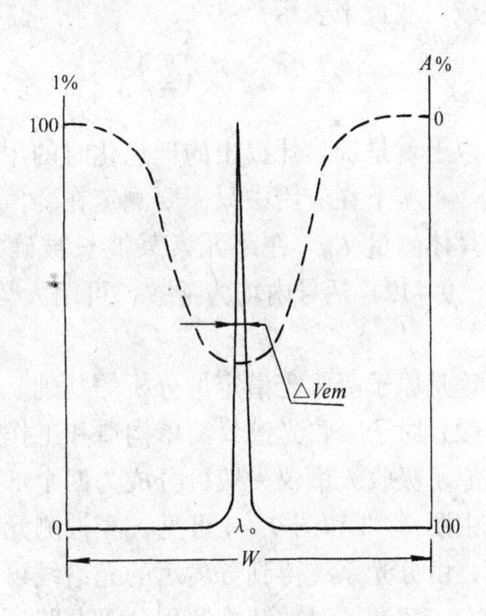

图9-2　沃尔什理想峰值吸收原理

（W：单色器通带）

但是，要准确测定积分吸收系数，必须对只有约0.002nm宽度的吸收线进行精确的扫描，即要准确测量实际吸收线的面积，为此要使用高分辨率（约为500000）的单色器，这是一般光谱仪所难以达到的。实际工作中是用测量中心吸收系数 K_0 来代替测量积分吸收。

实现这种测量的关键条件是，光源辐射出来的发射线的半宽应显著地小于吸收线的半宽，并且两者的中心频率要吻合，锐线不源如空心阴极灯或无极放电灯能够满足这个条件。而这时单色器只要有0.03nm分辨率就能将分析线和其他不谱线相分离。原则上无论是原子发射或原子吸收线都不是严格几何意义上的一条线，而是沿中心频率 υ_0 附近有限频率的宽度，见图9-1。

由于各种变宽因素的存在

$$K_{0实} = b \times K_0 \ (0 < b < 1) \tag{9-6}$$

假定光源发射极窄的锐线 $\Delta\upsilon_{em}$ 吸收线轮廓只有多普勒变宽决定，且不存在中心波长移位。那么，用半宽度 $\Delta\upsilon_{em}\rightarrow 0$ 的发射线在 υ_0 处测定的最大吸收系数就是 K_0

$$K_0 = 2\sqrt{\frac{\ln^2}{\pi}}\cdot\frac{1}{\Delta\upsilon}\cdot\frac{\pi e^2}{mc}f\cdot N \tag{9-7}$$

又因为：

$$A = \lg\ (I_0/I) \tag{9-8}$$

$$I_0 = \int_0^{\triangle V_{em}} I_v d_v \tag{9-9}$$

$$I = \int_0^{\triangle V_{em}} I_v e^{-KvL} d_v = \int_0^{\triangle V_{em}} I_v e^{-KoL} d_v \tag{9-10}$$

所以 $A = \lg\dfrac{\int_0^{\triangle Vem} I_v d_v}{\int_0^{\triangle Vem} I_v e^{-K_0L} d_v} = \lg\dfrac{1}{e^{-K_0L}} \cong 0.4343K_0L$

将（9-5）和（9-7）式代回得：

$$A = \left\{0.4343\cdot a\cdot L\sqrt{\frac{\ln^2}{\pi}}\cdot\frac{2}{\Delta v}\cdot\frac{\pi e^2}{mc}\cdot f\right\}\cdot C \tag{9-11}$$

或以波长来表示：

$$A = \left\{0.4343\cdot a\cdot L\sqrt{\frac{\ln^2}{\pi}}\cdot\frac{2\lambda_0}{\Delta\lambda}\cdot\frac{\pi e^2}{mc}\cdot f\right\}\cdot C \tag{9-12}$$

以上就是沃尔什提出的理想化时的用峰值吸收系数代替积分吸收系数测量的峰值吸收公式。事实上在应用中只需要测定在峰值吸收处的吸光度 A 与样品浓度 C 的线性关系，而无需具体测量 K_0。在某元素某波长被确定和各种条件相对稳定的具体情况下，式（9-11）、（9-12）括号内均为常数，可用大写 K 来表示即得出：

$$A = K\cdot C \tag{9-13}$$

这是原子吸收光谱定量分析的基础。

（2）原子吸收光谱仪简单构造和工作原理

原子吸收光谱仪一般可分成为四个部分：光源、原子化器、分光系统和检测系统。

由图9-3和图9-4可见，经被测元素纯金属制成的空心阴极灯发出特征波长的锐线光源，由分光系统得到分离后的光谱线再经出口狭缝投射到光电倍增管。经光电转换、前置放大、解调、对数转换和积分等电路，最后输出特征波长的电平信号。测定时，将制备好的样品溶液和标准溶液经原子化器（有三类供选择，如：火焰燃烧器，石墨炉，氢化物发生器）原子化并由仪器测量样品的原子吸收的电信号—吸光度（用数字直读或记录仪或打印机），再由工作曲线查得未知样品的百分含量。

现将仪器分为光源，原子化器，分光系统和检测系统等四个部分简述如下：

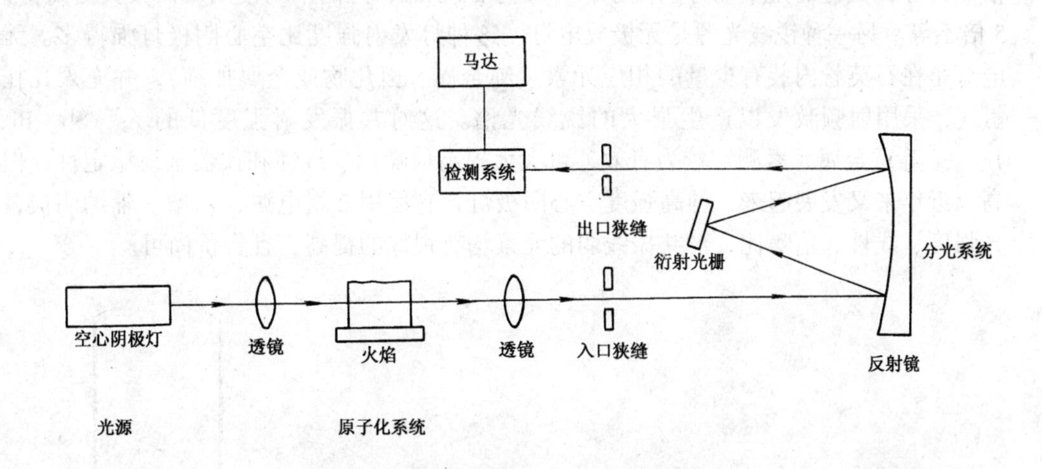

图9-3　单光束型原子吸收分光光度计的光学系统

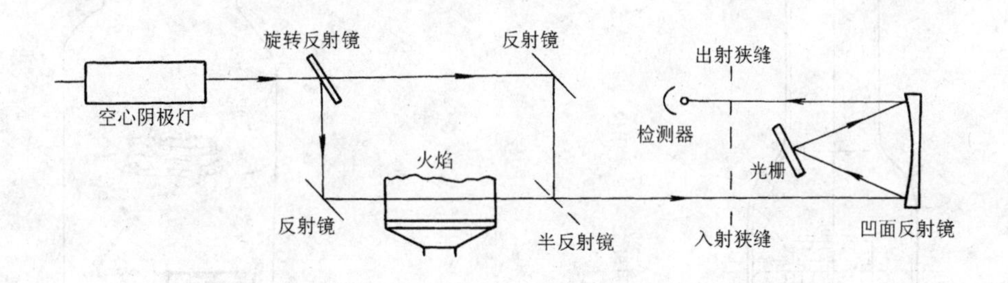

图9-4　双光束型原子吸收分光光度计的光路示意图

1）光源

见图9-5将一中空圆筒形的阴极和一个用金属钨或钼制成的棒状或环状的阳极封入玻璃管内，管内充入533.288～1.33322×10^3Pa压力的惰性气体。氖气的电离电位比氩气的电离电位高，而且光谱线较少，因此氖气被广泛用作载气。阴极灯的窗口材料波长大于250nm通常采用透紫玻璃，而＜250nnm通常采用石英材料以求较大的透过率。当在正、负两极之间加200V～500V电压时，电子即从空心阴极内壁通过阴极位降区、负辉光区流向阳极，并使充入惰性气体的原子电离。惰性气体的离子以高速碰撞空心阴极内壁引起阴极物质的溅射。溅射出来的原子再与电子、惰性气体的原子、离子等碰撞而被激发，当它返回基态时，就会发光。于是在阴极内的辉光中，便出现阴极物质的光谱。如果灯内气压适宜，则辉光放电只限在空心阴极内。由灯发出的共振线，谱线宽度窄，斯塔克变宽几乎可以忽略，另外气压低，压力变小。因此，空心阴极灯以多普勒变宽为主。但在采用较小的工作电流下，由于阴极温度和气体放电温度都不高，谱线多普勒变宽自吸一般也很小，所以，空心阴极灯是一种实用的锐线光源。早期采用直流供电方式，斩光器斩光调制光信号。这种灯的电流使用一般在8～10mA，灯易发热玻璃管壁易沉着阴极金属，输出光能弱、稳定性差、寿命低。现在一般采用方波脉冲供电，发光效率高，光能强50～800倍，信噪比好，关键的是平均灯电流小，一般为2~3mA，灯的平均使用寿命大大提高，为3~5倍不等。另一种锐线光源是无极放电灯。这种灯发射强度比空心阴极灯强得多。无极放电灯是在石英管内装有少量的相应元素（纯金属、卤化物或金属加碘），并充入几托压力氩气，采用射频激发以产生强大的锐线光谱。这对共振发射强度低的As、Sb、Bi、Sn、Te、Se等重金属元素测定较为有效，可大大提高信噪比、线性和仪器基线稳定性。但售价高。近年来又发展起来一种高强度空心阴极灯，它使用2组电源，新增一辅助阴极，其发光强度、线性、信噪比，对共振线弱的元素均有很好的提高，且售价尚可。

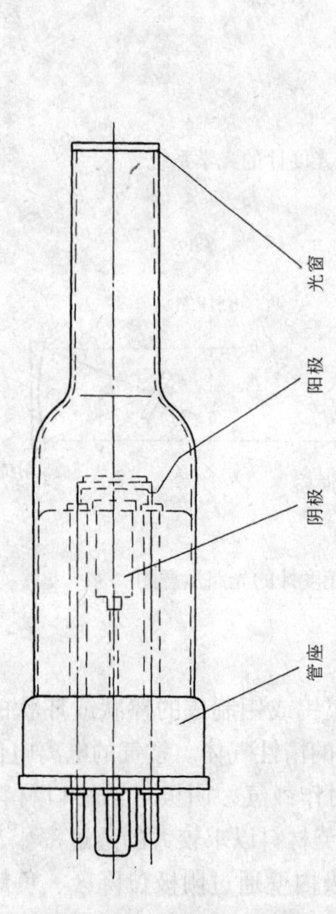

图9-5 空心阴极灯结构

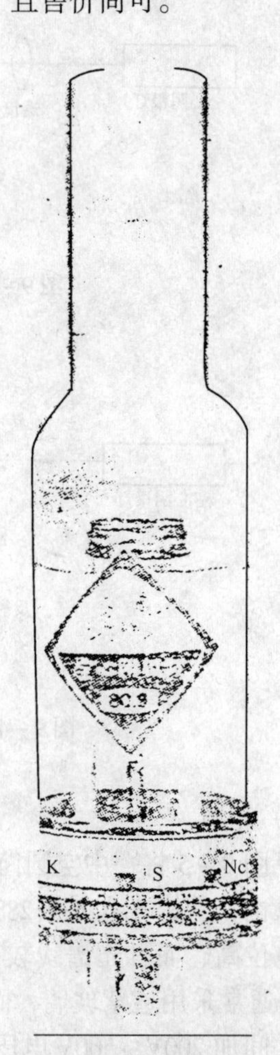

图9-6 空心阴极灯照片

2）原子化器

根据原子吸收光谱仪原子化器的不同，派生出仪器的三大方法：一为火焰原子吸收法，二为无焰石墨炉加热原子吸收法，三为专测As、Sb、Pb、Bi、Sn、Te、Se、Ge、Tl、Hg的汞/氢化物发生原子吸收法。火焰法使用面最广，测定溶液浓度为ng/ml级。无焰石墨炉加热原子吸收操作要求较高，更有利于痕迹元素的测定，测定溶液浓度为ng/ml级。氢化物发生原子吸收法集分离基体与富集被测元素与一体，测定速度快、灵敏度高，测定溶液度为 ng/ml 级。下面分别介绍三种原子化器的原子化的过程和特点。

①火焰原子化器

火焰原子化器的系统包括:雾化器、雾化室、燃烧器、火焰及气体源等部分。见图9-7。

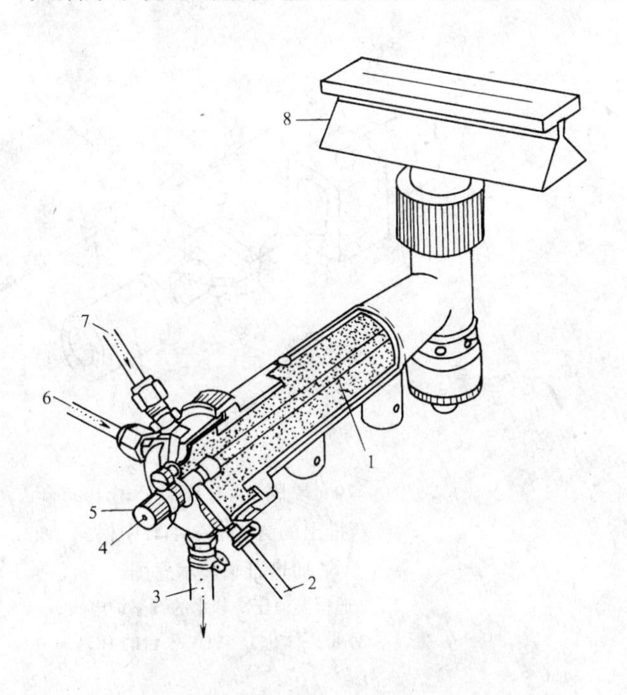

图9-7　预混合式原子化器示意画

1. 扰流器；2. 喷雾气入口；3. 废液管；4. 吸液毛细管；5. 雾化器；6. 燃气入口；7. 助燃气入口；8. 燃烧器

高速气流（压力 0.2kPa/cm^2）从同心型喷雾器和毛细管口形成负压（25mmHg 左右），从而使试液经毛细管吸入，并被冲出、形成细小的雾滴喷出。撞击球可使雾粒分散得更细，以提高雾化效率。雾粒进入雾化室后，大的雾滴收集在室壁上，由排放管排出。排放管自绕圆圈一周，使之形成水封：样品废液可以排出，而燃烧混合气体却不能漏出。细的雾粒经碰撞和扰流器后形成 5~25μm 直径的气雾珠。对雾化器的质量评价，一般要求雾化效率高，9%~14%，5~10μm 雾粒占有更多的份额，喷雾稳定没有脉动性。

燃烧器的任务是通过火焰的高温燃烧作用，使试样原子化。空气-乙块火焰燃烧器稳定，重复性好，噪声低。燃烧速度不是很快，只有 158cm/s，火焰温度却足够高，最高温度可达 2300℃。对多数元素都有足够灵敏度。氧化亚氮-乙炔火焰既能保持较低的燃烧速度 180cm/s，又能达到较高的火焰温度 2900℃；且还有较强的还原性气氛，因此空气-乙炔火焰中 Al，Ti，Zr，Ta，Nb，Mo，V 等不能测的元素它也能测定。使用这种火焰可以测定约 70 多种元素。但火焰稳定性较空气-乙炔火焰差，灵敏度变化很大，调节困难。缝隙上快速沉积的碳粒易堵住火焰，使火焰快速裂开。另外缺点是点火麻烦，须先点空气-乙炔火焰转换成氧化亚氮火焰；关时先转换成空气-乙炔火焰再将其关掉。

②无焰石墨炉原子化器　由于火焰法要获得一个稳定的读数，标准溶液最少也得 0.5~1ml，对那些来源困难，数量很少的试样，其分析受到很大局限。虽然现在可以用流动注射技术来减少样品使用量，但关键的是火焰法的灵敏度受到限制，对含量在 ng/ml 级的痕量元素测定，火焰法就无能为力了。

电热原子化器—高温石墨炉是利用电流直接加热石墨炉产生阻热高温（3000℃）使试样完全蒸发，充分原子化。从而进行吸收测定的技术。试样利用率几乎达到 100%，原子化度高，自由基态原子在吸收区停留时间长，达 1~10^{-1}S 数量级。因此灵敏度和检出限要比火焰法好 100~1000 倍。检出限可达 10^{-12}~10^{-14}g，天然水中某些痕量元素一般仅为 10ng/ml，也无须浓缩就可以直接测定，且有较高的信噪比。试样用量少，一般为 5~

100nl。能直接进行粘度大的试液、悬浮液、生物组织、油类和固体样品分析。整个分析过程可在封闭系统里进行，这对操作者的安全防护很有利。当然也有缺点，它测出的是瞬时尖锐的吸收峰，测量精度一般为5%，不如火焰法；干扰比火焰法复杂；另外，其操作过程复杂不及火焰法快速、简便。

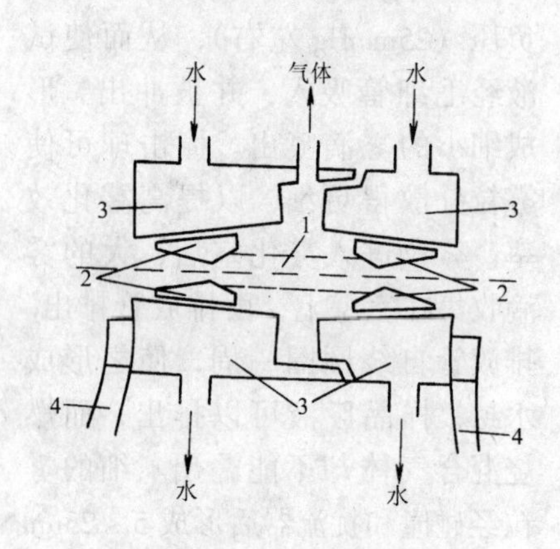

图9－8 美国P－E仪器公司HGA－70型石墨炉示意图
1. 石墨管；2. 石墨架；3. 金属外壳；4. 电缆

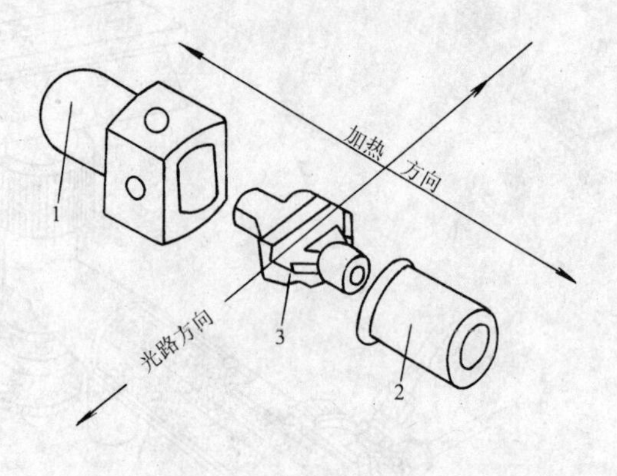

图9－9 美国P－E仪器公司1998年新推出的A Analyst 800中横向加热石墨炉示意图
1.2通恒温恒压冷却水的石墨炉电极；3. 带一体化L’VOV平台的HGA

③氢化物原子化法

氢化物发生——原子吸收技术可使As，Sb，Pb，Bi，Sn，Se，Te，Ge，Tl等元素溶液，在加入强还原剂$NaBH_4$或KBH_4溶液后与液相分离并富集得到相应元素的气态共价氢化物，用氮气或氩气引入测量光程中的火焰加热或电阻丝加热的石英管，使之原子化，而被原子吸收光谱主机测定。运用被测元素基体被留在反应瓶液相中，所以非特征光叠加几乎不产生。灵敏度亦高，$1\times10^{-9}\sim1\times10^{-11}$ g的被测元素的绝对量可被检出。另外，氢化物发生装置成本很低（数千元），方法简便易于掌握，所以具有较大的推广价值，事实上近年来这种方法已成为分析化学领域中的研究热点，在冶金、机械、地质、环保、医学临床、食品、农业、石油、化工、建材等各个方面得到广泛的应用。

3）分光系统

光波是一种电磁波，在真空中具有相同的传播速度——频率υ与波长λ乘积即等于光速C

$$C=\lambda\cdot\upsilon \tag{9-14}$$

紫外光、可见光和近红外光谱是原子光谱所研究的波段。λ<190nm属真空远紫外光谱；λ为190～400nm是紫外光谱；λ为400～760nm是可见光谱；λ为0.8um～0.3nm是近红外光谱。通常我们肉眼所观察到可见光颜色波长为红色640um～760nm；橙色590um～640nm；黄色为560um～590nm；绿色为490um～560nm；青色为450um～490nm；蓝色为420um～450nm；紫色为400um～420nm。原子吸收分析所研究的波段在190um～900nm，大多数元素谱线主要集中在200um～400nm的紫外区。因为原子吸收仪已使用了锐线光源，

所以单色器分辨率的要求不高，<0.03um 即可使用。采用一般线性衍射光栅，刻线在 600～3000 条/mm 范围，焦聚 0.25～0.5m，以艾伯特（Ebert）式和里特鲁（Littrow）式两种分光装置结构安装。根据定义，单色器通带：

$$W = D \times S \times 10^{-2}\ (\text{nm}) \tag{9-15}$$

D 是单色器色散率，单位用 nm/mm；S 是单色器出口狭缝宽度，单位用 um。目前原子吸收仪进出口狭缝都是连动式的。可见单色器通带就是指在选定缝宽时，通过出口狭缝的波长范围（nm）。

4）检测系统

①基本电路功能介绍

80 年代后期国外原子吸收光谱仪都开始采用微处理器即单板机，以后全都采用独立带屏显的 Intel 奔腾微电脑控制，仪器所有调控指标都由电脑控制，仪器上没有任何旋钮。国内生产的仪器至少是单板机控制的仪器。它是根据原子吸收分析流程来设计计算机程序和执行机构。软件要完成二大任务：第一，仪器各项硬件实时控制；第二，数据的处理与显示。不管仪器多么先进与复杂，对于原子吸收检测系统的最基本单元的方框图如下：

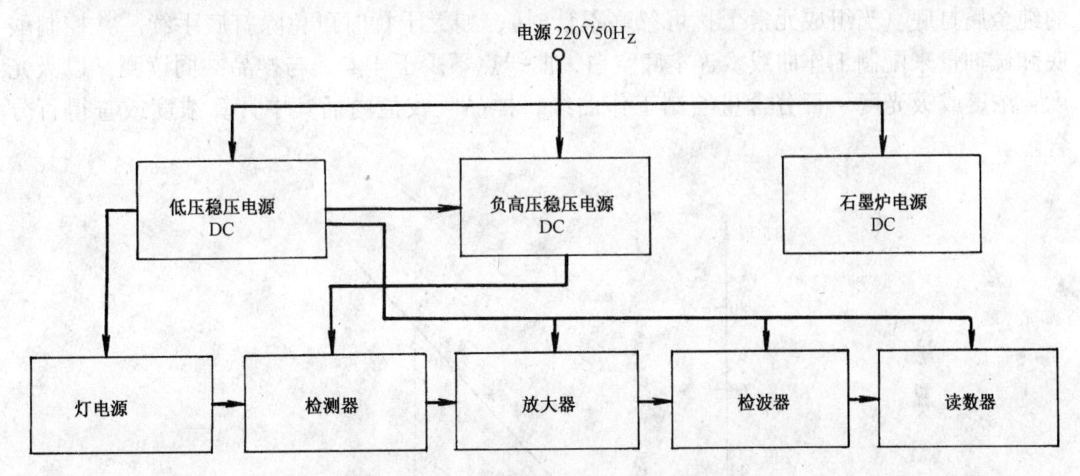

图 9-10 原子吸收光谱仪基本电路方框图

电源开启后，低压稳压电源和负高压电源随即建立直流电压。低压稳压电源是对各种电路正常工作提供支持的直流工作电压。负高压是加在光电倍增管管脚下一串打拿极的电阻的电压，它的自动增益高低能改变光电倍增管接受谱线时光电转换的放大倍率。其灯电源为了消除来自火焰辐射的直流光，即要对空心阴极灯或无极放电灯的光源进行调制。例如用方波振荡器产生 285 赫或 400 赫频率交流方波脉冲电压，经整流成一定占空比的直流脉冲对光源供电－即点亮空心阴极灯。空心阴极灯的光源经调制后其检测系统也用同样频率的选频放大器或相敏放大器；只接受空心阴极灯发出的调制光而不接受其他的类似火焰的直流光。单束光仪器的优点，光能大、信噪比好；缺点，不能消除辐射光源不稳定所引起的基线漂移。但基于目前空心阴极灯制作质量的提高，这种漂移应是极小的。A Analyst 700/800（参见图 9-9）为实现不需机械斩波器，只使用一块半透半反镜而进行“实时”的双光束的测定，创造性地采用高透过率的光导纤维将参比光束聚焦到单色器上。这样，参比光束和通过原子化吸收池的样品光束都经过单色器并被相同的色散，然后通过出口狭缝聚焦到同一固体检测器，（采光性能优于光电倍增管）的预定位置而被完全同时地检测，由于两束光出自同一光源，检测系统检出的是他们的信号差，因此光源的任何漂移，都将被同步地补偿消除。他发扬了原双光束的优点又改正了原双束仪器分散为两束光后光能量弱，光电倍增管散粒噪声大所造成的基线瞬时抖动噪声较大的缺点。

氘灯扣非原子吸收的背景或氘灯加卤素灯扣背景（≤300nm 用氘灯扣 > 300nm 用卤素灯扣），其工作电源应包括在灯电源中。利用 Zeeman 效应扣背景能力强在 190 ~ 900nm 的高达 1.7A 的背景都能有效地扣除。他有两种类型：A）光源调制型。B）吸收线调制型，目前使用较广的为吸收线调制型。其原理是将磁场加在原子化器上，使原子蒸气的吸收线分裂成 π 和 $\pm\delta$ 成分。当光源共振发射线通过原子化池时，原子仅对 π 成分有吸收，对 $\pm\delta$ 成分无吸收；而背景对 π 成分和 $\pm\delta$ 成分均有吸收，这样以 π 成分为吸收线以 $\pm\delta$ 成分为背景线，通过电子线路进行比较，将两个信号相减就能实现其背景校正。

②原子吸收较佳条件选择

一、仪器的测定方法

A）标准曲线法　在金属材料分析中，如基体有干扰，则控制和样品主体元素相同量的纯金属打底（当组成元素干扰可忽略不计时），如无干扰时可免除打底手续。并控制酸底和试剂量来配制工作曲线。连本底空白，曲线点不少于 4 点，与样品共同读测，以吸光度 - 浓度或吸光度 - 百分含量绘制工作曲线，样品吸收值内插其中计算浓度或查得百分含量。

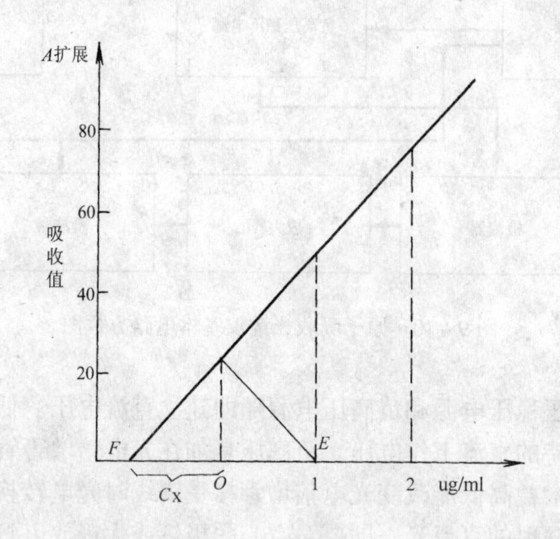

图 9 - 11　标准加入法

B）标准加入法　又称标准增量法，当被测样品的组成不确知，又有基体干扰时，在平行样品的一份样品溶液中定量的至少取出三份溶液，然后第一份溶液不加，后两份溶液加入台阶标准，经仪器测定后以外推法求得样品浓度，其计算式为：

$$C_x=\frac{A\text{x}\cdot\sum_{i=1}^{n}C\text{i}}{\sum_{i=1}^{n}(A\text{i}-A\text{x})} \tag{9-16}$$

式中　Ax——未知样品吸光度；

n——标准加入点数；

C_i——某点加入标准浓度；

A_i——某点加入标准连同未知样品的叠加吸光度；

C_x——经计算求得的未知样品的浓度。

如图9-11所见，用圆规量得 *OF* 长度，以 *O* 点为圆心，以 *OF* 为半径，画一外圆，外圆与已知浓度轴的切线 *OE*，即为 Cx 的实际浓度。实际工作时是用工作曲线纸画曲线的，因此以 *OF* 的格数等于 *OE* 的格数即可查出定量浓度值。使用标准加入法应注意以下几点：

a）只适用符合比耳定律的线性区域（一般经验，不管何种元素何种吸收线吸光度弯曲拐点在0.3~0.4左右）不适宜非线性区域（除非仪器有标准加入法曲线的弯曲拟合校直功能，但在拐点附近要多配几点标准）。

b）为得到较为精确的外推结果至少应采用包括本底在内的三点来作工作曲线（即标准加入至少二点，而且高标浓度加入尽可能是 Cx 的2倍）。

c）背景和空白浓度值要加以扣除。特别是空白也要以标准加入法求出未知浓度,由于和样品标加曲线斜率不一致,所以不能以样品吸收值减空白吸收值,而要以浓度值相减。

d）基体干扰大到在加入标准点范围内，其吸收值明显不成线性或抑制干扰量大于50%时，标准加入法不宜用（用2~3种称样量的该基体来测量结果，其结果离散性较大时，标准加入法不能用）。

二、最佳条件选择

所谓“最佳”工作条件其实也是相对而言的。各种条件往往是相互关联的，如灵敏度的工作条件，往往不一定是检出极限和精密度最低或最高的工作条件。因此最佳工作条件当是权衡各种工作条件后加以选定，使测定结果具有一定的代表性。

A）火焰原子吸收

a）根据被测元素含量高低及基体光谱干扰与否来选择合适的分析吸收线。并可做谱线轮廓扫描图，观察谱线分辨率及干扰线或背景情况。

b）灯电流大小对灵敏度、工作曲线线性和基线稳定性的影响实验。

c）狭缝大小（或光谱通带大小）对灵敏度工作曲线线性和基线稳定性的影响实验。

d）原子化器高度（即空心阴极灯光斑中心距燃烧器平面的高度）对灵敏度影响及对基体干扰改善影响实验。

e）试液提升量及碰撞球位置对灵敏度及对基线稳定性影响实验。

f）校正曲线种类、基体干扰状况及加络合掩蔽剂释放或缓冲剂（加入过量干扰元素使干扰“饱和”而趋于稳定）效果及回收实验。

g）气体流量助燃比变化对被测元素的灵敏度干扰情况及工作曲线线性的影响试验。

尔后总的权衡利弊选择得出最佳条件。

B）火焰石墨炉原子吸收

a）分析线、灯电流、狭缝宽度的选择要求同火焰法。

b）干燥温度及时间的选择。要根据溶液溶剂的沸点和进样体积的不同进行实验。有时通过多次干燥的循环来获得低于检出极限浓度的分析元素的浓集效果；但对金属试样来说基体同样被浓集，这也需要增加后继的灰化时间，以便将其除去。

c）选择最佳的灰化温度与时间参数时，须注意到制约因素的两个方面的实验条件。为完全除去基体，须采用足够高的灰化温度和足够长的灰化时间。但是为保证分析元素的不损失，须采用尽可能低的灰化温度和尽可能短的灰化时间。实验原则是，既要尽可能除去试样基体，而又不至于损失分析元素。当基体和分析元素两者的挥发行为无明显差别时，就要做基体改进剂效果的选择实验。

d）固定已选定的干燥、灰化参数条件下依次改变原子化温度，选择能最大释放分析元素的“平台”温度。有时不出现原子化曲线的平台，发现温度逐步上升而吸光逐步增大现象，这就要考虑做石墨管热覆涂的合适耐高温盐的选择实验。

e）足够高的净化温度和足够短的净化时间的选择。能除去管中未挥发残渣保证下一次不发生影响，又要有利于提高石墨管的寿命。以上灰化、原子化和净化温度和时间的选择，都可以用元素的吸光度变化与温度变化的关系曲线作图，考虑周全，选择最佳。

C）氢化物发生原子吸收。手动装置重复精度较差，要选择自动化程度较高的发展装置。一般有三种

a）连续流动类

b）流动注射类

c）批式类。

前两种方法，实验调整改变进液量较容易，但不太耐盐类（氢化物发生器还原时有黑色金属的单质沉出，易堵）；后一种测试仪器耐盐类，不易堵，但方法实验调整进液量不太容易。对批式类发生器 $NaBH_4$ 溶液要进样后的试液底部压入并通氮使溶液反应均匀，重复性好。主族Ⅳ锗锡铅元素的氢化物分子式是正四面体非极性分子，需在样品溶液中酸的摩尔数和 $NaBH_4$ 溶液（一般在2%+含0.1molNaOH）两者总的摩尔数相中和情况下才能取得最大吸收峰。因此在钢铁分析中要求加柠檬酸钠络合缓冲剂以隐蔽基体铁。铅还要加入预氧化剂0.01mol $K_3Fe(CN)_6$ 在弱介质中经 $NaBH_4$ 溶液反应后其溶液pH值：Sn为4~5，Pb为7~8为最佳。主族V，砷锑铋元素的氢化物，它们为弱极性分子，需在中等氢离子浓度的溶液中产生（酸度0.6~1.8mol/L，一般用盐酸），砷按灵敏度排序有189.0、193.7、197.2nm三线供选择，锑有217.6、231.2nm二线供选择。样品含量高时用灵敏度稍次线，样品含量低时用最灵敏线。另外，砷锑有（Ⅴ）价和（Ⅲ）价之分，氢化反应的灵敏度相差近2倍多，其灵敏度三价高，五价低。所配标准一般为三价，（如 As_2O_3 基准试剂所配砷标准AS为三价，金属锑用硫酸溶解Sb 80%左右为三价）。而钢铁样品用稀硝酸或王水溶解，砷和锑均为五价状态。因此样品溶解后须用抗坏血酸溶液还原基体铁，尔后用KI溶液还原As（Ⅴ）、Sb（Ⅴ）→As（Ⅲ）、Sb（Ⅲ）。为保证工作曲线As、Sb和样品中的As、Sb价态的一致性，如采用As（Ⅴ）、Sb（Ⅴ）直接用 $NaBH_4$ 溶液还原读测的，则As（Ⅲ）、Sb（Ⅲ）的标准须先定量吸出，用（1+1）王水煮沸5min再稀释配制。（1+1）王水煮沸5min保证As（Ⅴ）、Sb（Ⅴ）。建议As、Sb含量高时用五价直接还原读测为好，以缩短分析时间。主族Ⅵ，硒碲元素的氢化物，它们为极性分子，是比 H_2S 强得多的弱酸，根据同离子效应，他们需要在较高的氢离子浓度的溶液中减小其弱酸的电离度（酸度3.6~6mol/L，一般用盐酸）才能较完全地以 H_2Se、H_2Te 形式逸出。由于酸度较高，酸碱反应中有 H_2O 蒸汽吸附载气管的管壁需在反应的间隙通大流量 $N_2$1L/min以上10~15S驱水汽，否则 H_2Se、H_2Te 极易遇水分解，造成吸收值不稳定或越读越低现象。另外需注意的是Se、

Te溶液一般以（Ⅵ）存在，需在（1+1）HCl中煮沸5min，自然冷却，以还原成（Ⅳ）才能用$NaBH_4$还原至氢化物逸出，否则高价Se（Ⅵ）、Te（Ⅵ）氢化物不形成和不能热裂解成基态原子而被原子吸收光谱主机测定。

(3) 有关建筑用金属材料分析方法的标准

1）铝及铝合金中有关元素的分析方法

铁和锰 ASTM标准221～231—E_{34}—94

铜 GB 6987.3—86

镍 GB 6987.15—86

锌 GB 6987.9—86

2）钢铁中有关元素的分析方法

锰 GB 223.64—88

镍 GB 223.54—87

9.3 力学性能试验

金属材料的力学性能是指材料在外加载荷（外力或能量）作用下或载荷与环境因素(温度，环境介质等）联合作用下所表现的行为。这种行为通常表现为材料的变形和断裂。因此，材料的力学性能是材料抵抗外加载荷引起的变形和断裂的能力。

绝大多数的机件或建筑结构件都是在不同的载荷与环境条件下服役的，如果材料对变形和断裂的抗力与服役条件不相适应，机件或构件便会产生变形或断裂而“失效”。为了确保机件安全运行，必须严格遵照有关标准，测试并提供准确、可靠的材料力学性能数据，为产品设计、材料选择、工艺评定和质量检验提供依据。

金属材料的力学性能包括强度、塑性、韧性、耐磨性和缺口敏感性等。它们主要取决于材料的化学成分、组织结构、冶金质量、残余应力及表面和内部缺陷等内在因素，但外在因素如载荷类型（静载荷、循环载荷、冲击载荷）、应力状态、温度、环境介质等对材料的力学性能也有很大影响。在生产中普遍应用的、最基本的常规力学性能试验有拉伸、压缩、硬度、弯曲、剪切、冲击、扭转等。本节仅介绍建筑结构用钢中最常用的拉伸、硬度、冲击及工艺性能试验。

通常，金属材料的力学性能大多是用标准尺寸的光滑试样在试验室中得到的。实践证明，标准试样的性能，不能直接代表用该钢种制成的建筑结构件或机械零件的性能。一方面是因为实际的建筑结构件或机械零件的尺寸往往较大，钢材中必然存在这样或那样的缺陷（如夹杂物、表面损伤等)；另一方面，建筑结构件或机械零件在实际工作中往往承受复杂的负荷，而且其形状、加工表面粗糙度等均存在较大差异。因此，虽然试样的力学性能是提供设计参考的重要依据，但必须根据建筑结构件或机械零件的工作状态、使用特点，来综合地考虑应用钢的力学性能指标。

9.3.1 拉伸试验

拉伸试验是将材料制成标准试样或比例试样，施以轴向静拉力，从而测定材料在拉伸条件下的弹性、塑性及强度等性能指标。

(1) 拉伸曲线和应力－应变曲线　将试样装在拉力试验机上进行拉伸试验时，由于试样两端受到轴向静拉力 F 的作用，试样将产生变形。若将试样从试验开始直到断裂前所受的拉力 F，与其所对应的伸长量 ΔL 绘成曲线，可得到拉伸图或拉伸曲线（$F-\Delta L$ 曲线），见图 9－12。

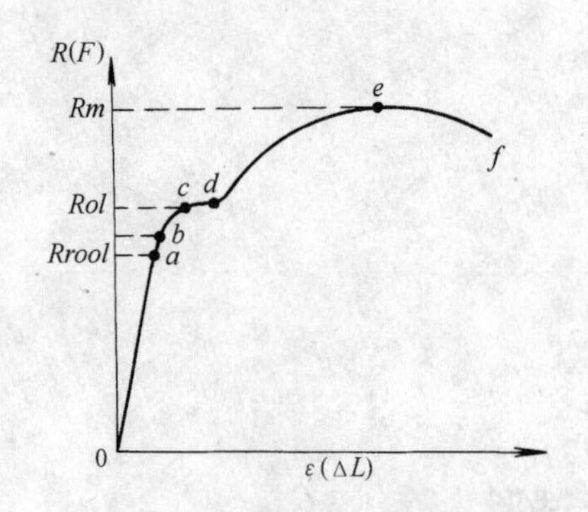

图 9－12　钢的应力－应变曲线（拉伸图）

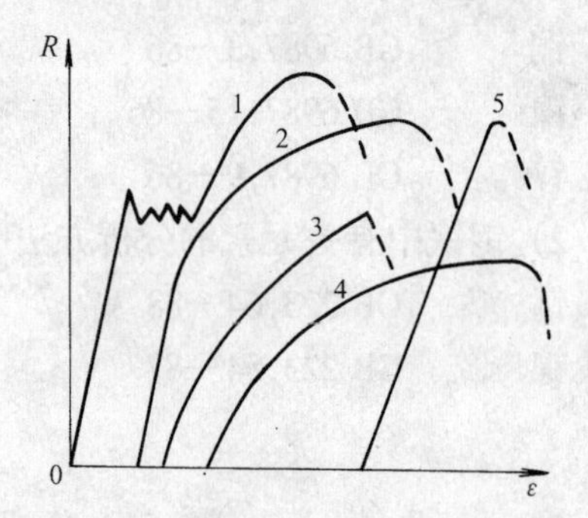

图 9－13　不同材料的应力－应变曲线

拉伸图反映了材料在拉伸过程中的弹性变形、塑性变形直至断裂的全部力学特性。

由于拉伸图与试样的几何尺寸有关。所以只反映了试样在拉伸时的力学性质。若将拉伸图中的试验力 F 除以试样原始横截面面积 S_0，伸长量 ΔL 除以试样原标距 L_o，则得应力－应变曲线（$R-\varepsilon$ 曲线），见图 9－13，它与拉伸图具有同样的形式。

应力－应变曲线的形状反映了材料抵抗外力的不同能力，同时也与试验条件如加载速度、温度、介质等有关。在规定的试验条件下，利用应力－应变曲线可以比较各种材料的力学特性。图 9－12 曲线具有一定长度的屈服平台；图 9－13 中曲线 1 的平台部分成锯齿状，说明有上下屈服强度存在；曲线 2 仅有一直线段，而无屈服平台，即无明显的屈服现象；曲线 3 无直线段，试样破断呈脆性；曲线 4 无直线段，但有相当的塑性变形；曲线 5 只有直线段，断裂呈脆性。金属材料的应力－应变曲线不仅因材料的种类而异，同种材料在不同的热处理工艺条件下也具有不同的形状。

(2) 材料在拉伸时的力学性能　应力－应变曲线与试样的几何尺寸无关，并且两个坐标轴分别代表应力 R 和应变 ε 的力学参量。因此在拉伸过程中，当 R 和 ε 达到某一特性点数值时，便得到该材料的力学性能指标。由于国际标准 ISO6892：1998《金属材料　室温拉伸试验》中对某些性能指标的工程定义及符号与国标 GB228 有所不同，为了更好地等效使用国际标准，现将金属拉伸性能指标在物理上、工程上定的名称、符号及其相互关系列于表 9－4，以供读者比较。

金属的拉伸性能指标 **表9-4**

拉伸过程中的特性点		物理名称及符号	工程名称及符号			附注
			GB228-76	GB228-87	ISD6892:1998	
拉伸曲线的特性点	a	比例极限(σ_p)	1. 规定比例极限(σ_{p50}) 2. 规定残余伸长应力($\sigma_{0.01}$)	统称为"规定微量塑性伸长应力,根据测定方法不同,又分为: 1. 规定非比例伸长应力 $\alpha_{p\varepsilon}$ 2. 规定残余伸长应力 $\sigma_{r\varepsilon}$ 3. 规定总伸长应力 $\alpha_{t\varepsilon}$	根据测定方法不同分为: 1. 规定非比例伸长强度 $R_{p\varepsilon}$ 2. 规定残余伸长强度 $R_{r\varepsilon}$ 3. 规定总伸长强度 $R_{t\varepsilon}$	1. ε—规定非比例伸长率规定残余伸长率或规定总伸长率 2. $R_{p0.01}$(或 $R_{r0.01}$)相当于GB228-76中的"规定比例极限";$R_{p0.2}$(或 $R_{r0.2}$)相当于GB228-76中的"屈服强度"
	b	弹性极限(σ_e)				
	无明显屈服现象材料		屈服强度($\alpha_{0.2}$)			
	$c.d$	屈服点(σ_s) 上屈服点(σ_{su}) 下屈服点(σ_{sL})	屈服点(σ_s) 上屈服点(σ_{su}) 下屈服点(σ_{sL})	屈服点(σ_s) 上屈服点(σ_{su}) 下屈服点(σ_{sL})	上屈服强度(R_{eH}) 下屈服强度(R_{eL})	ISO6892:1998中定义 R_{eL} 为不计初始瞬时效应的最小力所对应的应力值
	e	抗拉强度(σ_b)	抗拉强度(σ_b)	抗拉强度(σ_b)	抗拉强度(R_m)	
拉伸试样变形的特性点	轴向应变的极限值	断后伸长率(σ)	断后伸长率(σ)	断后伸长率(σ) 屈服点伸长率(σ_s) 最大力下的总伸长率(σ_{gt}) 最大力下的非比例伸长率(σ_g)	断后伸长率(A) 屈服点伸长率(Ae) 最大力时总伸长率(A_gt) 最大力时非比例伸长率(A_g)	
	横向收缩	断面收缩率(ψ)	断面收缩率(ψ)	断面收缩率(ψ)	断面收缩率(z)	

(3) 拉伸性能指标的测定　金属材料各项拉伸性能指标的测定，实际上就是测定试样在拉伸过程中变形达到各物理特性点或规定值时的力值或伸长量。通过试验结果处理，可计算出各项力学性能指标。

1) 规定非比例伸长强度　可用图解法和逐级施力法（引伸计法）来测定。

①图解法　在拉伸过程中用自动记录方法绘制具有足够放大倍数的力－伸长曲线图时，力轴每毫米代表的应力，一般不大于10MPa，曲线高度应使所测的规定非比例伸长力 F_p 处于力轴量程1/2以上。伸长放大倍数 n 的选择应使图 9－14 中 $\overline{oc}$ 段长度不小于5mm。

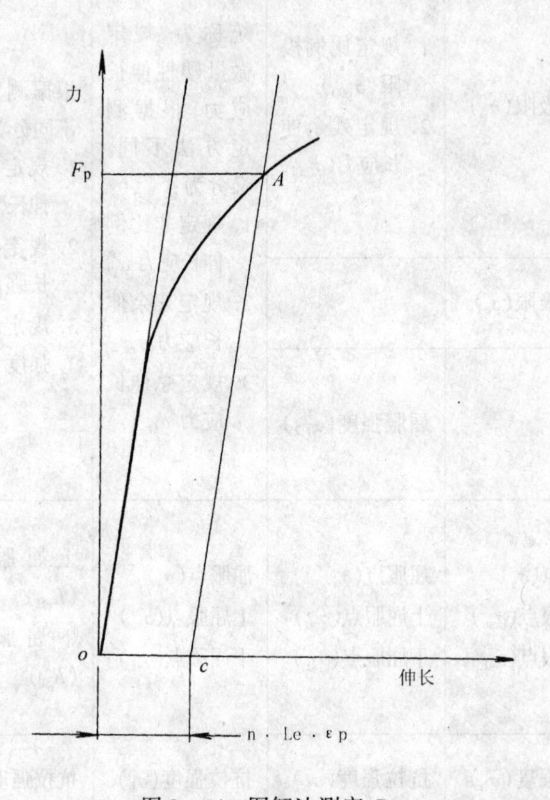

图 9－14　图解法测定 $R_{p\varepsilon}$

试验时在图 9－14 曲线上，自原点起在伸长轴上截取一相应于规定非比例伸长的 $\overline{oc}$ 段（$\overline{oc}=nLe\varepsilon_p$，其中 Le 为引伸计的标距，$\varepsilon_p$ 为规定非比例伸长率），过 c 点作弹性直线段的平行线 CA，交曲线于 A 点，A 点所对应的力值 $F_{p\varepsilon}$ 即为所测的规定非比例伸长强度的力，见图 9－14。然后按下式计算出规定非比例伸长强度 $R_{p\varepsilon}$：

$$R_{p\varepsilon}=\frac{F_{p\varepsilon}}{S_0} \tag{9-17}$$

当力－伸长曲线图的直线部分不能明确地确定，以至不能以足够的准确度作弹性直线段的平行线时，可采用滞后环法或逐步逼近法。

用滞后环法试验时，对试样连续施力，当已超过预期的规定非比例伸长强度后，将力降至约为已达到的力的 10%。然后再施加力直至超过原已达到的力。为了测定所求的规定强度，过滞后环两端点划一直线。然后经过横轴上与曲线原点的距离等效于所规定的非比例伸长率的点，作平行于此直线的平行线。平行线与曲线的交点所对应的力即为所测规定非比例伸长强度的力（图 9－15）。此力除以试样原始横截面积（S_0）得到规定非比例伸长强度。

逐步逼近的测定方法请参照有关标准。

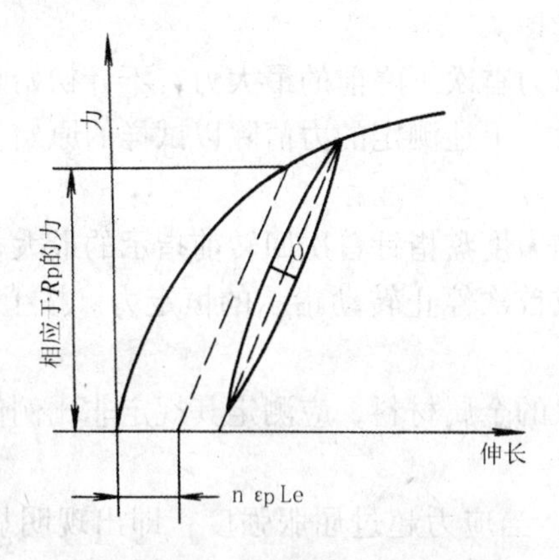

图 9－15　滞后环法测定 $R_{p\varepsilon}$

②逐级施力法　试验时，一般对试样施加约相当于预期规定非比例伸长强度 10%的预拉力 F_0，然后装上引伸计，调节零点。在相当于预期规定非比例伸长强度 70%～80%以内施加大等级力 ΔF，以后施加小等级力 ΔF_1（一般约为 20MPa）。从引伸计上读出每一级力下试样的伸长量。先求出弹性直线段内相应于各小等级力的平均弹性伸长增量，由此计算出偏离直线段后各级力下的弹性伸长。然后从各级力下的总伸长读数中减去计算所得的弹性伸长，即为该小等级力作用下的非比例伸长量。逐级施力，直至得到的非比例伸长量等于或大于所规定的值为止。用内插法求出精确的 $F_{p\varepsilon}$值，再按式（9－17）计算出 $R_{p\varepsilon}$。

2）规定残余伸长强度　规定残余伸长强度是在卸力状态下测定的。试验时，首先对试样施以约为预期规定残余伸长强度 10%的力 F_0，然后装上引伸计。继续施力到 $2F_0$ 后再卸至 F_0，记下引伸计读数作为条件零点。

设规定残余伸长率为 ε_r，则从 F_0 起第一次施力至使试样在引伸计算距内产生的总伸长量为 $nL_e \cdot \varepsilon_r +$（1～2）分格，式中第一项为规定残余伸长量，第二项为估计的弹性伸长量。然后卸力至 F_0，从引伸计上读出首次卸至 F_0 的残余伸长量。以后每次施力应使试样所产生的总伸长量为：前一次总伸长量加上规定残余伸长量与已产生的残余伸长量之差，再加上 1～2 分格的弹性伸长增量。试验直至实测的残余伸长量等于或稍大于规定值为止。用内插法求出相应于规定残余伸长量的力值 $F_{r\varepsilon}$，按下式计算规定残余伸长强度：

$$R_{r\varepsilon} = \frac{F_{r\varepsilon}}{S_0} \tag{9-18}$$

3）上屈服强度、下屈服强度　材料开始产生塑性变形时的最小应力或试样在拉伸过程中外力不增加仍能继续伸长时的应力称为材料的屈服强度。对于拉伸曲线呈锯齿状屈服现象的金属材料，以屈服阶段中力首次下降前的最大应力，不计初始瞬时效应时的最小应力，或屈服平台的恒定应力。前者定义为上屈服强度 R_{eH}，后两者定义为下屈服强度 R_{eL}。

屈服强度的测定，一般采用图示法或指针法。试验时，屈服前的应力（或应变）速率应符合标准规定。采用图示法试验时，用自动记录装置绘制力－伸长曲线。然后从曲线上确定出相应的力值。为了准确起见，要求力轴应具有足够大的放大比率及测量或记录精度。一般力轴每毫米所代表的应力不大于10MPa，曲线的高度应使拉伸曲线出现屈服现象的高度处于力轴量程的1/2以上。伸长或夹头位移放大倍数可根据试样达到屈服阶段的伸长量（或夹头位移）进行选择。

在力－伸长曲线上读取力首次下降前的最大力，不计初始瞬时效应时屈服阶段中的最小力，或屈服平台的恒定力，上述测定的力值除以试样的原始横截面积 S_0，便可得到上屈服强度 R_{eH}和下屈服强度 R_{eL}。

指针法试验时，读取测力度盘指针首次回转前指示的最大力和不计初始瞬时效应时屈服阶段中指示的最小力，或首次停止转动指示的恒定力。按上述的计算方法即可得到上、下屈服强度。

对于没有明显屈服现象的金属材料，应测定其规定非比例伸长强度 $R_{p0.2}$或规定残余伸长强度 $R_{r0.2}$。

4）抗拉强度　试验时，当应力超过屈服强度，即出现明显的塑性变形，若要使试样进一步变形，必须增加外力。而外力的增加量不大，但试样的变形量却很大，一直增大到 e 为止，见图 9－12。e 点对应的力为最大试验力。在 e 点以前，试样的变形基本上是沿着整个试样标距上均匀发生的，这一阶段称为强化阶段，其变形主要为塑性变形。

抗拉强度是指试样在拉断过程中最大力所对应的应力，即

$$R_m = \frac{F_m}{S_0} \tag{9-19}$$

5）断后伸长率　试样拉断后标距部分的总伸长（$Lu-Lo$）与原标距（L_0）之比的百分数定义为断后伸长率 A（%）：

$$A = \frac{L_u - L_0}{L_0} \times 100\% \tag{9-20}$$

断后标距 Lu 的测定：当试样断裂位置到最邻近标距端点距离大于 $L_0/3$ 时，采用直测法；如果试样断裂位置到最邻近标距端点距离小于或等于 $L_0/3$ 时，应采用移位法。

A 与标距 L_0 有关，L_0 越大则 A 越小。研究结果表明，对圆截面试样及 $1 \leqslant b/a \leqslant 5$（$a$、$b$ 分别为试样厚度和宽度）的板状试样，当$L_0/\sqrt{S_0} = K =$ 常数时，A 是可比较的。因此，ISO6892 规定 $K = 5.65$，若为比例试样，标距不为 $5.65\sqrt{S_0}$，符号 A 应附以脚注说明所取的比例系数。例如 $A_{11.3}$即是原始标距为 $11.3\sqrt{S_0}$的断后伸长率。若为非比例试样，符号 A 应附以脚注说明所取的原始标距，例如，A_{80mm}即原始标距 L_0 为 80mm 的断后伸长率。

6）断面收缩率　试样拉断后缩颈处横截面积的缩小量（S_0-Su）与原始横截面积（S_0）之比的百分数称为断面收缩率，以 Z（%）表示：

$$Z = \frac{S_0 - Su}{S_0} \times 100\% \tag{9-21}$$

断后缩颈处最小横截面面积 Su 的测量：对于圆截面试样，在缩颈最小处两个互相垂直的方向上测量其直径，用两者的算术平均值计算出 Su；对矩形截面试样，则用缩颈处的最大宽度 b_1 乘以最小厚度 a_1 求得，见图 9－16。

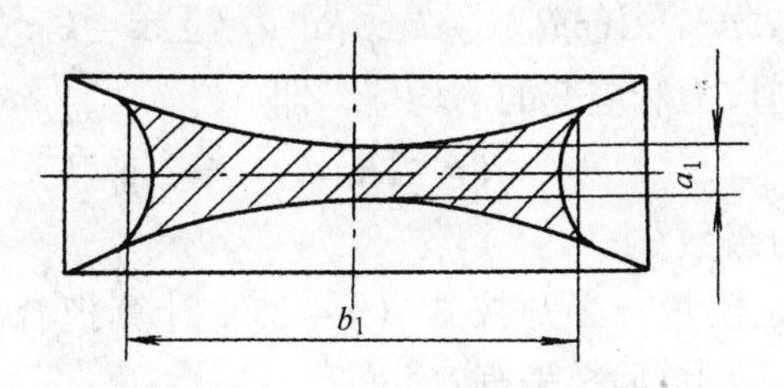

图 9-16 矩形截面试样 Su 的测定方法

7）弹性模量和泊松比 在轴向应力与轴向应变成线性比例关系范围的，应力 R 正比于应变 ε，其比例系数称为弹性模量，用 E 表示。

$$E=\frac{R}{\varepsilon} \tag{9-22}$$

材料在受轴向拉伸后，纵向将伸长，横向将缩短。在轴向应力与轴向应变成线性比例关系范围内，横向应变 ε′ 与轴向应变 ε 之比的绝对值称为泊松比，用 μ 表示：

$$\mu=\left|\frac{\varepsilon'}{\varepsilon}\right| \tag{9-23}$$

弹性模量的静态测定：

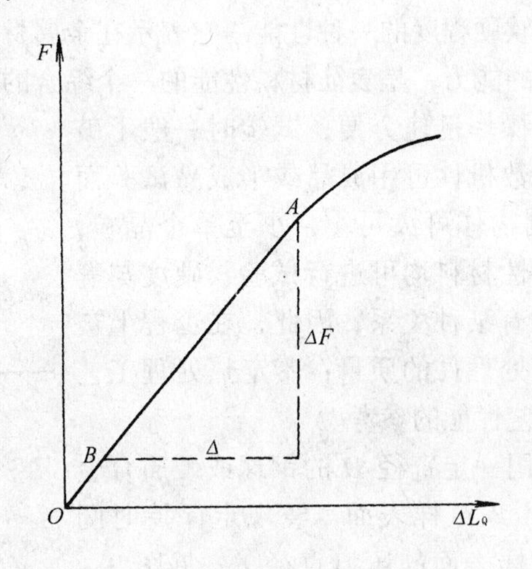

图 9-17 图解法测定弹性模量

①图解法 试验时，用自动记录方法绘制力-伸长曲线，见图 9-17。在曲线上确定弹性直线段，然后在该直线段上读取相距尽量远的 A、B 两点之间的轴向力增量 ΔF（N）和相应的伸长增量 Δ（mm），按下列公式计算：

$$E=\frac{\Delta F Le}{S_0\Delta} \tag{9-24}$$

式中 Le——轴向引伸计标距（mm）。

②拟合法 试验时，逐级施力，在弹性范围内记录轴向力和与其相应的伸长量。施力级数一般不少于 8 级。根据记录数据用最小二乘法拟合轴向应力-应变曲线，拟合直线的斜率即为弹性模量，按下式计算：

$$E=\left[\sum(\varepsilon_i R_i)-k\bar{\varepsilon}\bar{R}\right]/\left(\sum\varepsilon_i^2-k\bar{\varepsilon}^2\right) \tag{9-25}$$

式中 $\bar{R}$、$\bar{\varepsilon}$——轴向应力和应变的平均值，即

$$\bar{R}=\sum R_i/k,\ \varepsilon=\sum\varepsilon_i/k;$$

k——施力级数。

用拟合法测得的弹性模量，必须按式（9－25）计算拟合直线的斜率变异系数 V_1（%），若其值在2%以内，则试验结果有效。

$$v_1=\left[\left(\frac{1}{r^2}-1\right)/(k-2)\right]^{1/2}\times100 \tag{9-26}$$

式中 $r^2=\left[\sum(\varepsilon_i R_i)-\frac{\sum\varepsilon_i\sum R_i}{k}\right]^2\Big/\left\{\left[\varepsilon_i^2-\frac{(\sum\varepsilon_i)^2}{k}\right]\left[\sum R_i^2-\frac{(\sum R_i)^2}{k}\right]\right\}$

μ 的测定一般也采用图解法或拟合法。在测试样纵向伸长的同时，又测试样的横向缩短，从而求出纵、横向的应变，并按式（9－23）计算出 μ。试验方法参见 GB8653－88《金属杨氏模量、弦线模量、切线模量和泊松比（静态法）》。

弹性模量和泊松比的测定也可用电测法，即用电阻应变片同时测定试样纵、横向应变。然后由所测数据按式（9－22）和式（9－23）计算出 E 和 μ。

9.3.2 硬度试验

硬度是衡量金属材料软硬程度的一种性能。它表示在金属材料表面局部体积内抵抗弹性变形、塑性变形或破断的能力，是表征材料性能的一个综合的物理量。

硬度试验设备简单，操作迅速方便；试验时一般不破坏零件或构件，因而大多数机件可用成品或半成品试验而无需专门加工试样；被测物体可大可小，小至单个晶粒；不管是塑性材料，还是脆性材料均可进行试验，硬度与静强度等其他力学性能指标有某种关系，因此，在工程上被广泛地用检验原材料和热处理件的质量，鉴定热处理工艺的合理性以及作为评定工艺性能的参考。

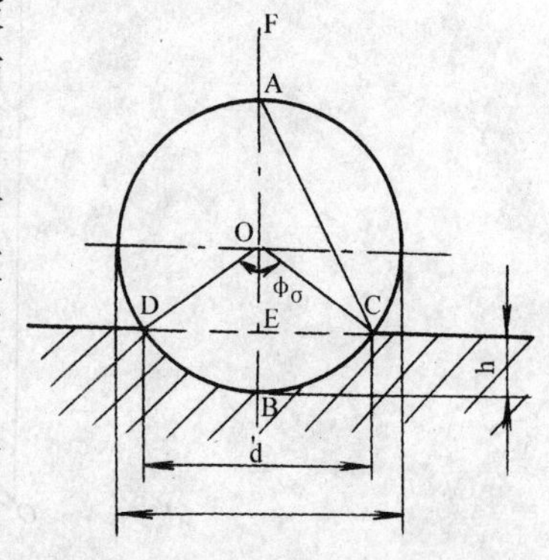

图 9－18 布氏硬度试验原理

（1）布氏硬度试验 用一定直径 D 的钢球或硬质合金球，以相应的试验力 F 压入试样表面，经规定保持时间后，卸除试验力，测量试样表面的压痕直径 d，见图 9－18。计算出压痕球形表面积 S 所承受的平均应力值，再乘以 0.102，即为布氏硬度值，以 HB 表示。

$$HB=0.102\frac{F}{S}=0.102\frac{F}{\pi Dh}$$

$$=0.102\frac{2F}{\pi D\left(D-\sqrt{D^2-d^2}\right)} \tag{9-27}$$

式中 F——试验力（N）；

D——球体直径（mm）；

d——压痕直径（mm）。

为使试验结果具有可比性，试验时应取 F/D^2＝常数，见表 9－5。且应使试验后的压痕直径 d 在 $0.24D\sim0.60D$ 之间，否则应重新选择 F/D^2 值进行试验。试验操作参照

GB231－84《金属布氏硬度试验方法》。硬度值可根据实测压痕直径 d 查表得到（应在两个互相垂直方向测量压痕直径，取其平均值为 d，压痕两直径最大差不应超过较小直径的2%），硬度值一般只标出大小，而不注明量纲。当压头为钢球时用 HBS 表示，适用于布氏硬度值在450以下的材料；当压头为硬质合金球时用 HBW 表示，适用于布氏硬度值在650以下的材料。

手锤布氏硬度试验是一种操作简单而广泛，使用的动力硬度试验方法，常用于测量大工件或构件的布氏硬度。

试验时用手锤打击硬度计锤击杆顶端一次，使置于试样和标准硬度棒之间的钢球同时压入试样和标准硬度棒的表面，并由下式计算出 HB 值：

$$HB = HB_0 \frac{D - \sqrt{D^2 - d_0^2}}{D - \sqrt{D^2 - d^2}} \tag{9-28}$$

式中　HB_0——标准硬度棒的布氏硬度值；

D、d、d_0——钢球、试样上压痕和标准硬度棒上压痕的直径（mm）。

布氏硬度试验 F/D^2 值的选择　　**表9－5**

材　料	布氏硬度	F/D^2
钢及铸铁	<140 ≥140	10 30
铜及其合金	<35 35~130 >130	5 10 30
轻金属及其合金	<35 35~80 >80	2.5（1.25） 10（5或15） 10（15）
铅、锡		1.25（1）

注：1. 当试验条件允许时，应尽量选用10mm钢球；

2. 当有关标准没有明确规定时，应选用无括号的 F/D^2 值。

（2）洛氏硬度试验，洛氏硬度试验的优点是操作简便迅速，压痕较小，几乎不伤工件表面；采用不同标尺可测定各种软硬不同的材料和厚薄不一的试样的硬度值。但由于压痕较小，代表性差，往往使所测硬度值重复性差，分散度也大。

洛氏硬度试验方法是以规定的钢球或锥角120°的金刚石圆锥体作压头，在初试验力 F_0 及总试验力 F 分别作用下，将压头压入试样表面，见图9－19。然后卸除主试验力 F_1，在初试验力下测定残余压入深度，并规定每压入0.002mm 为一个硬度单位。

$$HR=\frac{K-h}{0.002} \tag{9-29}$$

式中　K——常数，对金刚石圆锥体压头，$K=0.2$mm；对钢球压头，K＝0.26mm；

h——卸除主试验力 F_1 后的残余压入深度（mm）。

若令 $e=h/0.002$，则金属的洛氏硬度值可用下列公式表示：

当压头为金刚石圆锥体时

$$HR=100-e \tag{9-30}$$

当压头为钢球时

$$HR=130-e \tag{9-31}$$

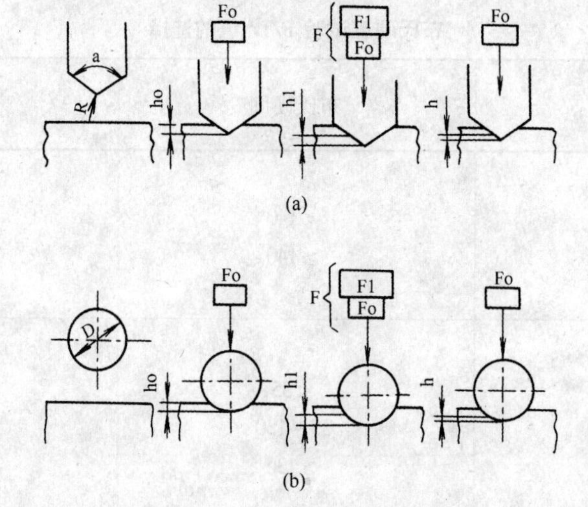

图9－19　洛氏硬度试验原理

(a) 压头为金刚石圆锥体；(b) 压头为钢球

在洛氏硬度试验中，采用不同的压头和试验力配合可获得不同的洛氏硬度标尺，见表9－6。其中 *HRA*、*HRB*、*HRC* 最常用。试验时，洛氏硬度值可直接由硬度计的度盘上读取。试验技术条件见GB230－91《金属洛氏硬度试验方法》。

由于洛氏硬度试验所用的试验力较大，不宜用来测定极薄工件及氮化层、金属镀层等的硬度。为此人们应用洛氏硬度的原理，设计出一种表面硬度计。式（9－29）中的常数K取0.1mm，以每0.001mm残余压痕深度增量为一个硬度单位。表面洛氏硬度标尺的符号及试验条件见表9－7。试验操作参照GB/T1818－94《金属表面洛氏硬度试验方法》。

洛氏硬度标尺的符号及试验条件　表9-6

洛氏硬度标尺	硬度符号	压头类型	初始试验力 F_0（N）	主试验力 F_1（N）	总试验力 F（N）	适用范围
A	HRA	金刚石圆锥	98.07	490.3	588.4	20～88HRA
B	HRB	钢球（ϕ1.5875mm）		882.6	980.7	20～100HRB
C	HRC	金刚石圆锥		1373.0	1471.0	20～70HRC
D	HRD	金刚石圆锥		882.6	980.7	40～77HRD
E	HRE	钢球（ϕ3.175mm）		882.6	980.7	70～100HRE
F	HRF	钢球（ϕ1.5875mm）		490.3	588.4	60～100HRF
G	HRG	钢球（ϕ1.5875mm）		1373.0	1471.0	30～94HRG
H	HRH	钢球（ϕ3.175mm）		490.3	588.4	80～100HRH
K	HRK	钢球（ϕ3.175mm）		1373.0	1471.0	40～100HRK

表面洛氏硬度标尺符号及试验条件 表9-7

表面洛氏硬度标尺	表面洛氏硬度符号	压头类型	初始试验力 F_0（N）	主试验力 F_1（N）	总试验力 F（N）	适用范围
15N	HR15N	金刚石圆锥体	29.4	117.7	147.1	70～94
30N	HR30N			264.8	294.2	42～86
45N	HR45N			411.9	441.3	20～77
15T	HR15T	钢球（ϕ1.5875mm）		117.7	147.1	67～93
30T	HR30T			264.8	294.2	29～82
45T	HR45T			411.9	441.3	1～72

（3）维氏硬度试验　以两相对面向夹角为136°的金刚石正四棱锥体为压头，在选定试验力 F 作用下压入试样表面，经规定保持时间后，卸除试验力，测量压痕两对角线长度 d_1、d_2，取其平均值 d，见图9-20。计算出压痕表面所承受的平均应力值再乘以常数(0.102)，即为维氏硬度值，以HV表示。计算公式为

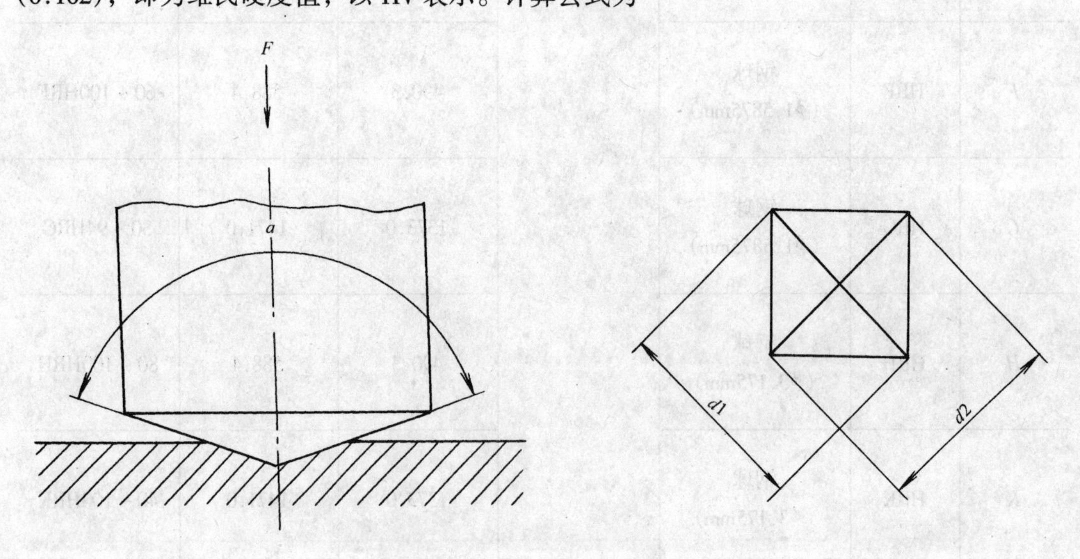

图9-20　维氏硬度试验原理

$$HV = 0.102\frac{F}{S} = 0.102\frac{2F\sin\frac{136°}{2}}{d^2}$$

$$= 0.1891\frac{F}{d^2} \quad (9-32)$$

式中　F——试验力（N）；

d——压痕两对角线长度 d_1、d_2 的算术平均值（mm）。

试验时一般应尽可能选用较大的试验力，但必须保证压痕深度小于试样或试验层厚度的1/10，即压痕对角线长度为小于试样或试验层厚度的1/1.5。但当金属硬度大于 500HV 时，最好不选用大于 490.3N 的试验力，以免损坏压头。对于显微维氏硬度试验，因其是研究金属微观区域性能的一种手段，广泛用于测定一个极小区域内（例如金属中单个晶粒、夹杂物或某种组成相的硬度以及研究金属化学成分、组织状态与性能的关系。试验力的选择更显得重要，过大或过小均将影响试验结果。因此，试验力可根据试验目的及所试材料的硬度和试样或试验层厚度合理选用；见表 9－8；也可由式（9－33）计算出最大试验力。

$$F_{max} = 2.45\sigma^2 HV \quad (9-33)$$

式中　F_{max}——最大试验力（N）；

σ——试样厚度（mm）。

维氏硬度试验名称及试验力　　表 9－8

维氏硬度试验		小负荷维氏硬度试验		显微维氏硬度试验	
硬度符号	试验力 F（N）	硬度符号	试验力 F（N）	硬度符号	试验力 F（N）
HV5	49.03	HV0.2	1.961	HV0.01	0.09807
HV10	98.07	HV0.3	2.942	HV0.015	0.1471
HV20	196.1	HV0.5	4.903	HV0.02	0.1961
HV30	294.2	HV1	9.807	HV0.025	0.2452
HV50	490.3	HV2	19.61	HV0.05	0.4903
HV100	980.7	HV3	29.42	HV0.1	0.9807

注：1. 可使用大于 980.7N 的试验力；

2. 显微维氏硬度的试验力为推荐值。

对曲面进行试验时，测得的 HV 值应予以修正。试验技术条件见GB/T4340.1－19《金属维氏硬度试验》第 1 部分：试验方法。

(4) 肖氏硬度试验　肖氏硬度又称四跳硬度，是以标准的冲头（镶金刚石圆锥体或钢球）从固定的初始高度 h_0 自由下落在试样表面上，根据冲头四跳的高度 h 来衡量材料硬度的高低，用 HS 表示。

$$HS = K\frac{h}{h_0} \tag{9-34}$$

式中　K——肖氏硬度系数。其值与肖氏硬度计类型有关，对于 C 型硬度计，$K=\frac{10^4}{65}$；D 型硬度计，$K=140$。

肖氏硬度的表示，应在符号 HS 后注以所用硬度计类型，例如：25HSC 表示肖氏硬度值为 25，用 C 型硬度计所测；51HSD 表示肖氏硬度值为 51，用 D 型硬度计所测。

肖氏硬度主要取决于材料弹性变形能力的大小。试验时，冲头四跳高度与材料硬度有关。材料愈硬其弹性极限愈高，则冲击后试样中储存的弹性能愈大，使冲头四跳高度增加。肖氏硬度值是一个无量纲的值，可在硬度计上直接读取。试验技术条件见 GB4341—《金属肖氏硬度试验方法》。

肖氏硬度试验的优点是：测试简单，效率高，不伤工件表面，硬度计便于携带，适用于大工件或构件的测试。其缺点是试验时硬度计的倾斜度对试验结果影响较大，测试值不稳定，波动较大。

9.3.3 冲击试验

金属材料在使用过程中除要求有足够的强度和塑性外，还要求有足够的韧性。表征材料韧性的冲击吸收功与加载速度、应力状态及温度等有很大关系。为了能敏感地显示出材料的化学成分、金相组织和加工工艺的微小变化对其韧性的影响，应使材料处于韧、脆过渡的半脆性状态进行试验。因此，通常采用带缺口试样，使其在冲击负荷下折断来获得材料的冲击吸收功。

冲击试验方法很多，目前常用的有两种类型，一是简支梁式冲击弯曲试验；一是悬臂梁式冲击弯曲试验。前者称为夏比冲击试验，后者称为艾氏冲击试验。

冲击试样的断口情况对材料是否处于脆性状态的判断很重要。断口在宏观上大体可分为纤维状、晶状（细晶状或粗晶状）及混合型（纤维状和晶状相混合）三种。因此，通常对试验结果的评定采用两种方法：一种是用能量评定；另一种是用断口评定。采用断口评定时，可根据冲击试样的断口形貌，即断口上晶状或纤维状所占的百分率，或断口的侧膨胀值来评定材料的变温韧脆转化趋势。

(1) 常温冲击试验　目前，工程技术上常用冲击试验来测定材料抗冲击载荷的能力，是将具有规定形状和尺寸的试样，在摆锤式冲击试验机上测定试样在一次冲击载荷作用下折断时冲击吸收功和试验方法。试样的基本类型有 V 型缺口试样和 U 型缺口试样，后者缺口深度有 2mm 和 5mm 两种。艾氏冲击试样参见 GB4158－84《金属艾氏冲击试验方法》。

室温冲击试验应在 10～35℃范围内进行，对于试验温度要求严格的，试验温度应为 20±2℃。

当试样在一次冲击载荷作用下折断时，所吸收的能量称为冲击吸收功，以 A_K 表示，单位为焦尔。对于 V 型缺口试样，用 A_{KV}表示；对于 U 型缺口试样，用 A_{KU2}（缺口深度

2mm）或 A_{AU5}（缺口深度 5mm）表示。

冲击试样的几何形状及取样方向、缺口底部的粗糙度、冲击加载速度及试验温度等都影响试验结果，试样加工和试验时应于重视，严格控制。

（2）低温冲击试验　低温冲击试验是将试样置于规定温度的冷却介质中冷却，然后进行试验，测定其冲击吸收功。如果在系列温度下进行试验，可得到不同温度下的冲击吸收功。材料的系列冲击曲线见图 9－21。图中 $T_1 \sim T_5$ 分别为塑性断裂转变准则、断口形貌转变温度准则、平均能量准则、确定能量值准则和无延性转变温度准则评定的脆性转变温度。从曲线中可确定材料由韧性状态转变为脆性状态的韧脆转变温度。材料在试验温度下是呈韧性还是脆性，还可从断口、斜裂角及试样侧面的横向膨胀（或收缩）等特征来判断。断口上晶状区所占比率越大，晶粒越粗，则脆性倾向越大。

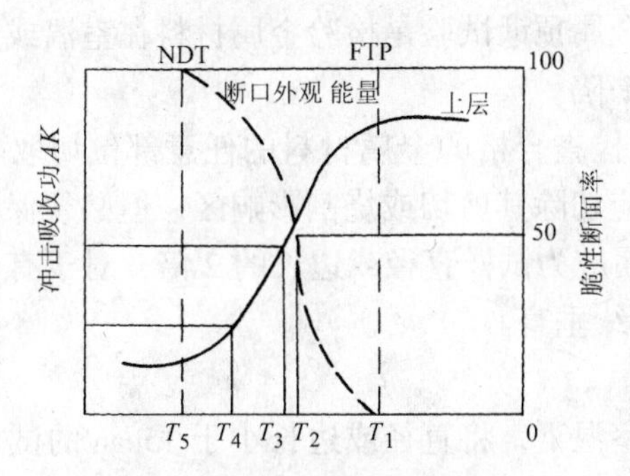

图 9－21　材料的系列冲击曲线

NDT—无延性转变温度

FTP—塑性断裂转变温度

目前，工程技术上常用下述方法确定材料的韧脆转变温度：

1）冲击吸收功－温度曲线上平台与下平台区间规定百分数（n）所对应的温度，用 ETT_n 表示。例如冲击吸收功上下平台区间 50%所对应的温度记为 ETT_{50}，见图 9－21 中 T_3。

2）脆性断面率－温度曲线中规定脆性断面率（n）所对应的温度，用 $FATT_n$ 表示。例如脆性断面率为 50%所对应的温度记为 $FATT_{50}$，见图 9－21 中 T_2。

3）侧膨胀值－温度曲线上平台与下平台区间某规定侧膨胀值（如 0.38mm）所对应的温度，用 LETT 表示。

低温冲击试验所用试样及试验机等都与常温试验相同。所不同的是必须附有足够容量的试样冷却装置的低温槽，且应能对槽内的冷却介质进行均匀搅拌，以使试样均匀冷却。也可在专门的高、低温冲击试验机上进行。具体试验要求参见GB/T229－1994《金属夏比缺口冲击试验方法》。

（3）高温冲击试验　高温冲击试验与低温冲击试验本质上是一致的。只要在普通的冲击试验机上配上试样加热装置及测量和控温仪器即可进行试验（也可在专用试验机上进行）。一般试验温度低于 200℃时，试样可在液体介质中加热，当试验温度超过 200℃时，用气体介质加热炉加热试样。无论采用何种加热装置，都应通过温度控制系统将试验温度控制在所规定温度范围内，其温度波动、温度梯度以及在不同试验温度下的过热度都必须符合 GB/T229－1994 中的规定。

由于大多数钢在高温下出现两个脆性区，即兰脆区和重结晶脆性区，因此高温冲击试验除了测定规定温度下材料的冲击吸收功外，还经常进行高温系更冲击试验，并绘制出冲击吸收功 - 温度曲线。

9.3.4 工艺试验

工艺试验是检验金属材料承受变形的能力，以确定金属材料是否适用于某一加工工艺的试验方法。它的特点是：试验过程与材料的使用条件相似，试验结果能显示材料的塑性和韧性及其部分质量问题，试样加工容易，试验方法简便，无须复杂的试验设备。

工艺试验的种类繁多，本节仅介绍试验室中常用的金属顶锻试验、金属弯曲试验、金属反复弯曲试验、金属杯试验及金属管工艺性能试验等。

（1）金属顶锻试验　金属顶锻试验是检验金属材料在室温或热状态下承受规定程度的顶锻变形性能，并显示其缺陷。

1）试样　试样应从已检查合格的金属材料的任意部位切取。也可按有关标准或协议的规定取样。加工试样时应切除其剪切或烧割影响区，但必须保留原轧制成或拔制面。试样的高度 h，对于黑色金属应为试样直径或边长的 2 倍，对于有色金属应为试样直径或边长的1/2。端面须与试样轴线垂直。

2）试验方法

①室温顶锻试验　在室温下，将直径或边长小于 15mm 的试样进行锤击或锻打；直径或边长大于 15mm 的试样，则用压力机（或锻压机）压（或锻）至规定高度，见图 9 - 22。其锻压比 X 可按下式计算：

$$X = \frac{h_1}{h} \tag{9-35}$$

式中　h_1——顶锻后试样高度（mm）；

h——顶锻前试样高度（mm）。

锻压比应在有关标准中规定，如标准中未作规定，则对于室温顶锻采用1/3，对于热顶锻采用1/2。

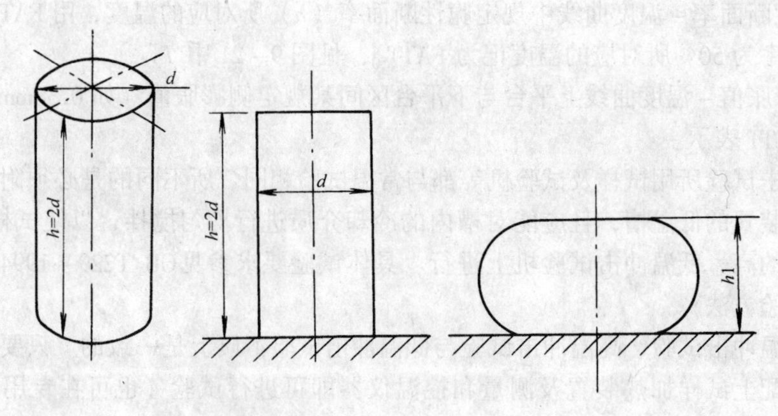

图 9 - 22　试样顶锻前后尺寸

顶锻后，试样不得有扭歪锻斜现象。试验前后试样高度允许偏差为 ± 5% h。

②热顶锻试验　根据材料及试样尺寸选择加热温度、加热速度及保温时间，然后将试样置于可控制温度的炉内缓慢均匀加热，直至烧透为止。

加热烧透的试样用手锤或锻压机锻打至规定高度。高度的计算方法和试验后高度的允许偏差与室温顶锻试验相同。顶锻后试样不得有扭歪锻斜现象。

③试验结果　顶锻后检查试样侧面，应按相关产品标准的要求评定，当有关标准未作具体规定时，则当锻压比达到要求，试样面没有产生肉眼可见的裂纹、折迭、断裂，即认为试样合格。

(2) 金属弯曲试验　金属弯曲试验是检验材料承受规定弯曲程度的变形能力，并显示其缺陷的一种常用的工艺性能试验。是考核金属材料质量的有效方法之一。

1) 试样　试验采用圆形、方形、矩形或多边形横截面的试样。其表面不得有划痕或损伤。方形、矩形和多边形横截面试样的棱边应倒圆，倒圆半径不超过试样厚度的1/10。试样加工时应去除剪切或大焰切割等形成的影响区。

试样尺寸应符合相关产品标准的要求，如未具体规定，应按下述原则确定：

①试样宽度　当材料宽度等于或小于20mm时，试样宽度为原材料宽度；当材料宽度大于20mm，厚度小于3mm的材料，试样宽度为20±5mm；厚度等于或大于3mm的材料，试样宽度为20~50mm。

②试样厚度　对于板材、带材和型材，当其厚度等于或小于25mm时，试样厚度为原材料的厚度；当厚度大于25mm时，试样厚度可以减薄至25mm，并应保留一个原表面。试验时试样保留的原表面应位于受拉变形一侧。

③试样直径　对于圆形或多边形横截面的材料，当直径或多边形横截面内切圆直径等于或小于50mm时，试样横截面应为材料全截面，如因试验设备能力限制，对直径或内切圆直径在30~50mm范围内的材料，可以加工成横截面内切圆半径为25mm的试样，见图9-23。对直径或多边形内切圆直径大于50mm的材料，应按上述方法加工成横截面内切圆直径为25mm的试样。试验时，试样未经机加工一侧表面应位于受拉变形一侧。对钢筋类均应以全截面进行试验。

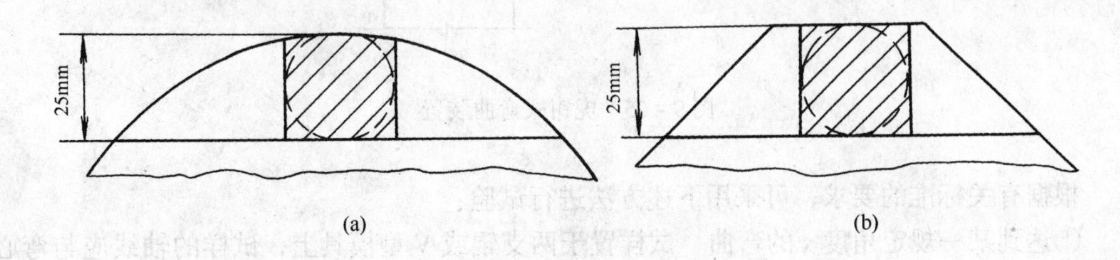

图9-23　试样加工示意图

(a) 圆形；(b) 多边形

④试样长度　试样长度随试样厚度和弯曲试验装置而定。通常按下式确定试样长度：

$$L \approx 5a + 150\text{mm} \tag{9-36}$$

2) 试验方法　试验可在压力机、万能材料试验机或圆口虎钳上进行，见图9-24和图9-25。试验时应对试样缓慢连续施加压力。试验一般在10~35℃的室温下进行，对试验温度要求严格时为 23±5℃。

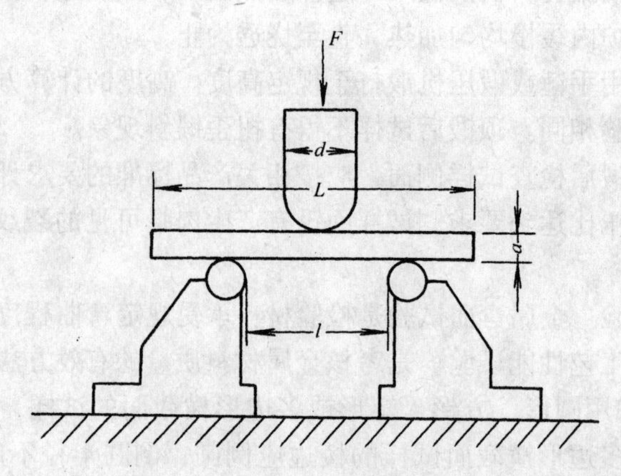

图 9－24 弯曲试验装置

F—加在弯心上的力；L—试样和度；a—试样厚度；
d—弯心直径；l—支辊间的距离

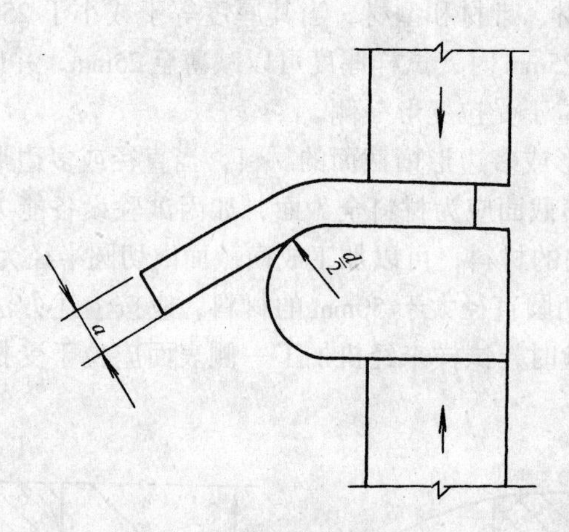

图 9－25 虎钳式弯曲装置

根据有关标准的要求，可采用下述方法进行试验：

①达到某一规定角度 x 的弯曲　试样置于两支辊或 V 型模具上，试样的轴线应与弯心的轴线垂直，弯心在两支座之间的中点处对试样施加力使其弯曲，直至达到规定的弯曲角度，见图 9－26。

②绕着弯心，弯至试样两平面平行的弯曲如图 9－26 所示，在力作用下不改变力的方向，弯曲直至达到 180°使试样两臂平行为止。也可采用对试样进行初步弯曲的方法，即把试样弯曲至某一角度（弯曲角度应尽可能大），然后将其置于两平行板之间。继续施加力进一步弯曲，直至两臂平行，见图 9－27。试验时可以加或不加垫块。垫块的厚度应与弯心的直径相同。

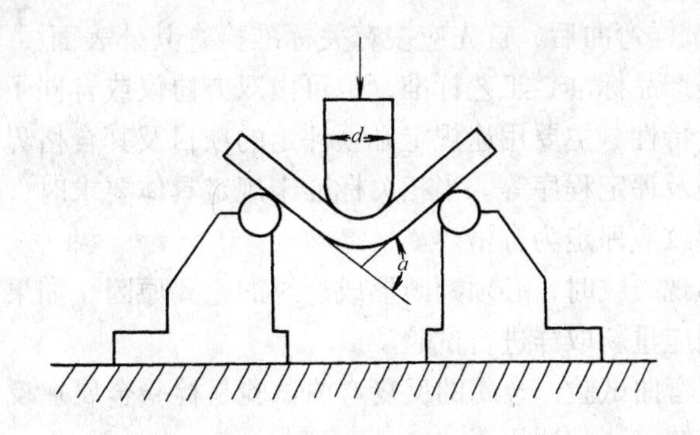

图9－26　试样弯曲至规定角度

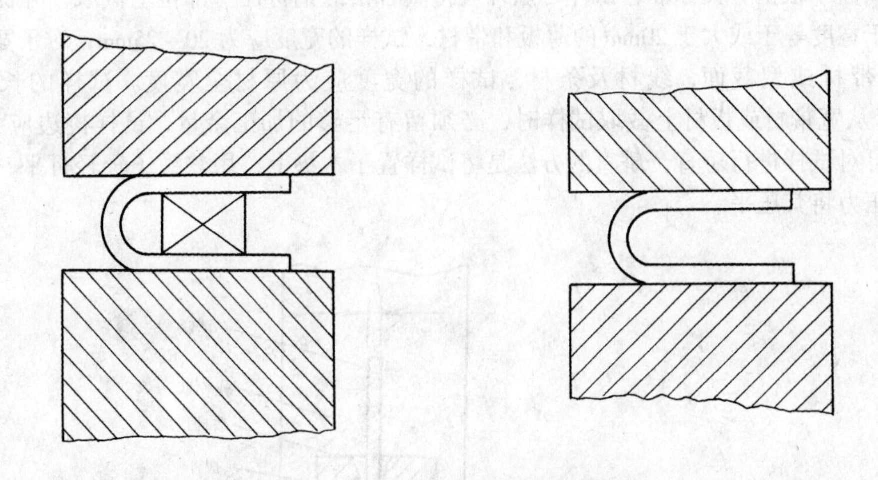

图9－27　试样弯曲至两臂平行

③试样弯曲至两臂直接接触的试验　应首先将试样进行初步弯曲，然后将其置于两平行板之间，继续施加力进一步弯曲，直至两臂直接接触，见图9－28。

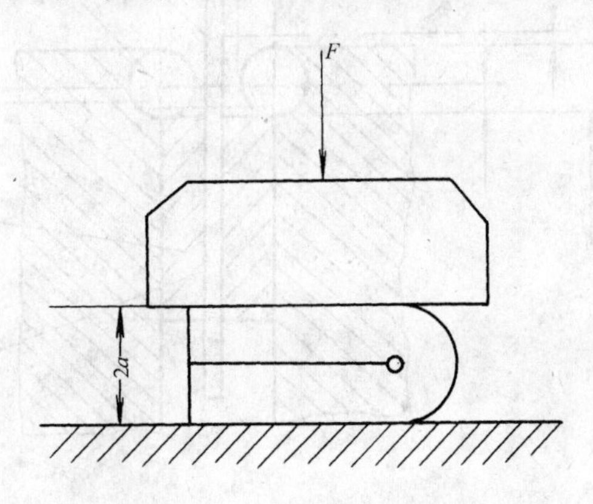

图9－28　试样弯曲至两臂接触

3）试验结果　试样弯曲后，首先应按有关标准检查其外表面，然后进行评定。这里所说的标准既可以是产品标准、工艺标准，也可由双方协议或合同予以规定。相关标准应根据材料产品的质量特性、主要用途规定必须评定的项目及其合格界限，包括允许的裂纹尺寸和其他缺陷类型及评定程序等。当相关标准未规定具体要求时，弯曲试验后试样弯曲外表面无肉眼可见裂纹应评定为合格。

当试样弯曲后出现裂纹时，必须判断形成裂纹的主要原因。如果产生的裂纹不是由于弯曲变形引起的，则应重新取样进行试验。

(3) 金属的反复弯曲试验　金属的反复弯曲试验是检验金属在反复弯曲中承受塑性变形的能力，并显示其缺陷。它适用于：

1）厚度等于或小于 3mm 薄板和带材；

2）异型截面线材及条材，截面积小于或等于 120mm^2。

①试样　根据有关标准，试样可从外观检查合格的钢材任一部位上截取，并保留原表面。对于宽度等于或大于 20mm 的薄板和带材，试样的宽度应为 20～25mm；对于宽度小于 20mm 的带材或型截面，线材及条材，试样的宽度应为原材全宽度。试样的长度约为 150mm。从宽带材或板材上截取试样时，必须留有足够的加工余量，试样棱边应无毛刺。必要时可对试样进行矫直，矫直的方法是将试样置于木垫上，用软锤子轻轻打平，或施以平稳的压力将其压平。

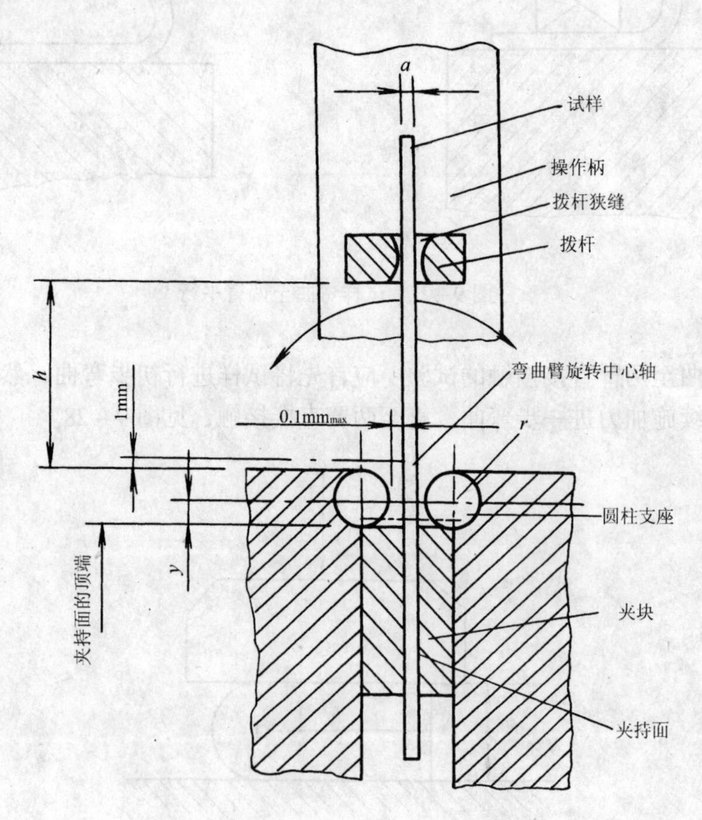

图 9－29　弯曲试验机工作原理

②试验方法　反复弯曲试验机的工作原理见图9-29。此外，还应配备有准确的弯曲次数计数器。弯曲圆柱支座和夹具的硬度一般不低于55HRC。圆柱表现粗糙度 R_a 不大于0.4μm，圆柱支座半径应按有关标准要求确定，如无具体规定时，可根据表7.2.3-6选择。图柱支座的轴线应垂直于弯曲平面并相互平行，且在同一水平面内，偏差不超过0.1mm。从拨杆底面至圆柱支座顶部的距离应在25~50mm之间。夹持面应稍突出于支座的圆柱面，但不超过0.1mm，也即两支座曲率中心连线上试样与支座圆柱面间的间隙不大于0.1mm。夹具的顶面应低于两圆柱支座曲率中心连线。当圆柱支座半径等于或小于2.5mm时，两圆柱支座中心连线至夹持顶面的距离 y 为1.5mm；当圆柱支座半径大于2.5mm时，y 值为3.0mm。此外，对于各种尺寸的圆柱支座，其弯曲臂的转动中心线至圆柱支座顶部距离均为1.0mm。

圆柱支座半径的确定　**表9-9**

试样厚度 a（mm）	圆柱支座半径 r（mm）
$a \leqslant 0.3$	1.0±0.1
$0.3 < a \leqslant 0.5$	2.5±0.1
$0.5 < a \leqslant 1.0$	5.0±0.1
$1.0 < a \leqslant 1.5$	7.5±0.2
$1.5 < a \leqslant 3.0$	10.0±0.2

通常，试验在10~35℃下进行，对试验温度要求严格时为23±5℃。

试验时，夹紧试样下端，使弯曲臂处于垂直位置。此时试样上端通过拨杆缝隙伸出，见图9-29。将试样由起始位置向右（左）弯曲90°，再返回到起始位置，作为第1次弯曲如图9-30所示。再由起始位置向左（右）弯曲90°，再返回起始位置，作为第2次弯曲。如此依次连续进行反复弯曲。试样折断的最后一次弯曲不予计算。

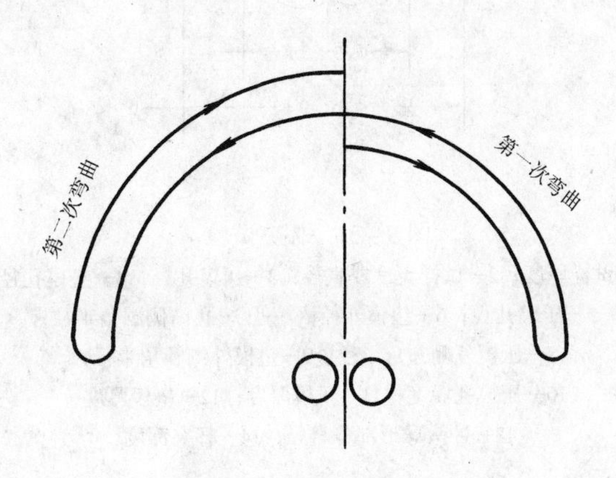

图9-30　试样弯曲示意图

在整个试验过程中，操作应平稳而无冲击，弯曲速度每秒不超过1次。为了确保试验时试样与支座圆柱面能良好接触，可施加某种形式的夹紧力。一般施加的夹紧力不得超过材料抗拉强度相应的拉伸试验力的2%。

试验连续进行，直至达到相关标准规定的弯曲次数 N_b 或试样折断，或产生肉眼可见的裂纹为止。

③试验结果　在达到规定弯曲次数 N_b 后检查试样弯曲处，如无肉眼可见裂纹应评定为合格。

(4) 金属杯突试验　杯突试验主要用于测定金属板和带的塑性变形性能。他的特点是试验过程同金属板、带加工成成品的工艺过程相似。所以，杯突试验作为金属板、带的主要工艺试验方法已被广泛地采用。一般适用于厚度为0.2~2mm的金属板材和带材。

试验是在专门的仪器上进行。试验机应具备测量杯突深度的标尺。压模、垫模和冲头要有足够的刚性，其工作表面硬度不小于750HV。压模和垫模与试样接触的表面应平行，其表面粗糙度为Ra 0.2。压模中心线与冲头球形部分中心线应重合，而且在冲头前进时保持不变。冲头的球形表面粗糙度为Ra 0.05。试验机对试样应具有大约10kN的恒定夹紧力。

1）试样　试样应从表面无缺陷的金属板、带上切取。试样必须平整，不得扭曲，边缘应无毛刺，对试样不得锤击或进行冷、热加工。试样宽度或直径为90~95mm。

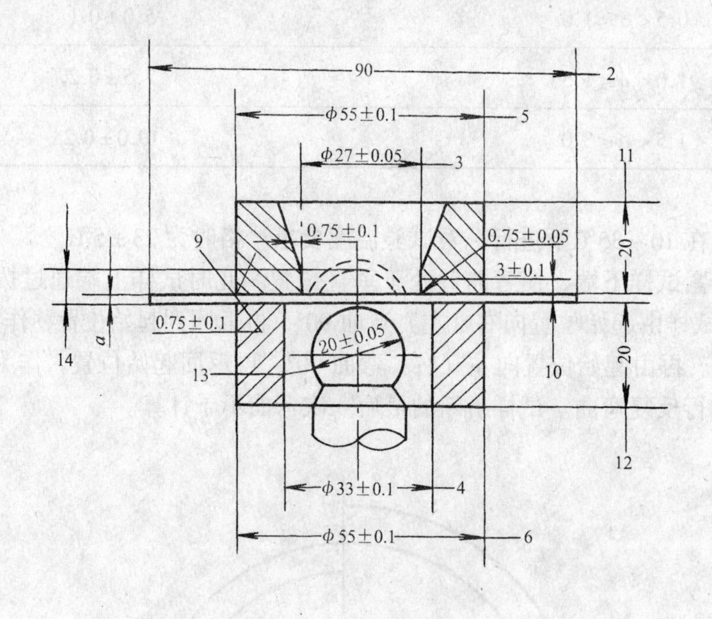

图9-31　杯突试验

1—试样厚度；2—试样宽度或直径；3—压模孔径；4—垫模孔径；
5—压模孔径；6—垫模外径；7—压模孔内侧圆角半径；
8—压模外侧圆角半径；9—垫模外侧圆角半径；
10—压模孔深度；11—压模厚度；12—垫模厚度；
13—冲头球形部分直径；14—杯突深度

2）试验方法　试验在杯突试验机上进行见图9-31。用端部为球形的冲头，将夹紧的试样压入压模内，直至出现穿透裂缝为止，测量杯突深度，即为杯突值，用IE表示。

试验应在10~35℃的温度下进行。对试验温度有较严要求的，试验温度应为23±5℃。试验前，试样两面和冲头应涂以一薄层石墨润滑脂。试验时，相邻两个压痕中心距离不得小于90mm，任一压痕中心至试样任一边缘的距离不得小于45mm。

试验机调零后，试样置于压模和垫模之间夹紧。在无冲击的情况下进行试验，试验速度为5~20 mm/min。试验结束时，将速度降低到接近下限，以便正确地确定裂缝出现的瞬间。当裂缝开始穿透试样厚度（透光）时，即终止试验。

(5) 金属管的工艺性能　金属管因用途和规格不同，需做各工艺性能试验，以检验对机械加工的适用性，为加工工艺的确定提供依据。

金属管常用的工艺性能试验有：扩口试验、缩口试验、压扁试验、弯曲试验和卷边试验等。

1）金属管扩口试验　扩口试验是检验金属管径扩张到规定直径的变形性能，并显示其缺陷的一种试验方法，他适用于无缝和焊接金属管。

①试样　试样应从外观检查合格的金属管任意部位或双方协议的部位切取，切取时，应防止损伤试样表面以及受热或冷加工所带来的影响。

试样切割面必须垂直管的轴线，切口外棱边应锉圆。

试样长度：当扩口锥度小于或等于30°时，约为金属管外径的2倍；当锥度大于30°时，约为金属管外径的1.5倍，但不得小于50mm。

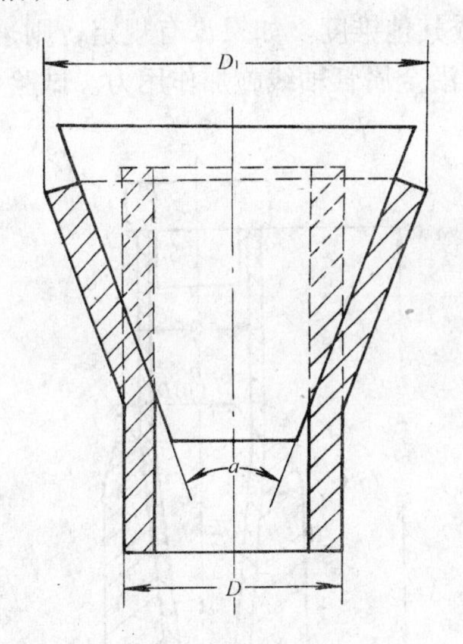

图9-32　金属管扩口试验

②试验方法　将规定锥度的顶心用压力机或其他方法压入试样的一端，见图9-32，使其均匀地扩张到有关标准规定的扩口率。扩口率 X 按下式计算：

$$X=\frac{D_1-D}{D}\times 100\% \tag{9-37}$$

式中　D_1——扩口后管端外径（mm）；

D——原试样管端外径（mm）。

试验用顶心的锥度 X 根据有关标准采用 6°、12°、30°、45°、60°、90°或 120°，其中 6°相当于 1:10 的锥度，12°相当于 1:5 的锥度。

顶心的工作表面应磨光，且具有足够的硬度。顶心压入试样的速度一般为 20 ~ 50 mm/min。

③试验结果　试验后检查试样扩口处，如果有关标准未做出具体规定，而又无裂缝、裂口或焊缝开裂，则可认为试样合格。

2）金属管缩口试验　缩口试验是检验金属管径向压缩到规定直径的变形性能，并显示其缺陷的一种试验方法。

①试样　试样可从外观检查合格的金属管的任一部位截取。试样长度 $L \approx 2.5D + 50$mm（D 为金属管外径）。

试样切割面必须垂直于金属管的轴线，切口处棱边应锉圆。

②试验方法　用手锤或压机将金属管冲入或压入具有规定锥度的锥形座套中，见图 9－33，将其均匀地压缩到有标准规定的缩口率。缩口率 X 按正式计算：

$$X = \frac{D - D_1}{D} \times 100\% \tag{9-38}$$

式中　D——原试样管端外径（mm）；

D_1——缩口后管端外径（mm）。

试验用座套的内壁应磨光并涂以润滑油，座套应有足够硬度，其圆锥度根据有关标准的规定采用 1:1、1:5 的锥度或其他锥度。如果没有规定，则采用 1:10 锥度，试验时在管子上端插入金属塞，以保证能沿金属管轴线施加作用力。试验可在室温或热状态下进行。

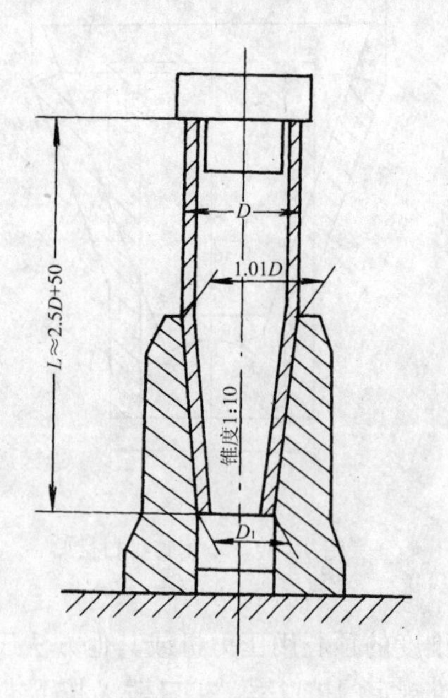

图 9－33　金属管缩口试验

③试验结果　试验后检查试样缩口处，如果有关标准未做出具体规定，而又无裂缝或

裂口，则可认为试样合格。如出现折皱，则必须重新取样进行试验。

3）金属管压扁试验　压扁试验是检验金属管压扁到规定尺寸时的变形性能，并显示其缺陷的一种试验方法。

①试样　试样可从外观检查合格的金属管的任一部位切取。试样长度约等于金属管外径，外径小于20mm的试样长度应为20mm，其最大长度不得超过100mm。切取试样时应防止损伤试样表面以及因受热或冷加工而改变金属管的性能，切口处的棱边应锉圆。

②试验方法　试验时将试样置于两平行板之间，用压力机或其他方法将其均匀地压至有关标准规定的压板距离 H 或内壁距离 h，见图9-34，此距离应在负荷作用下测量。

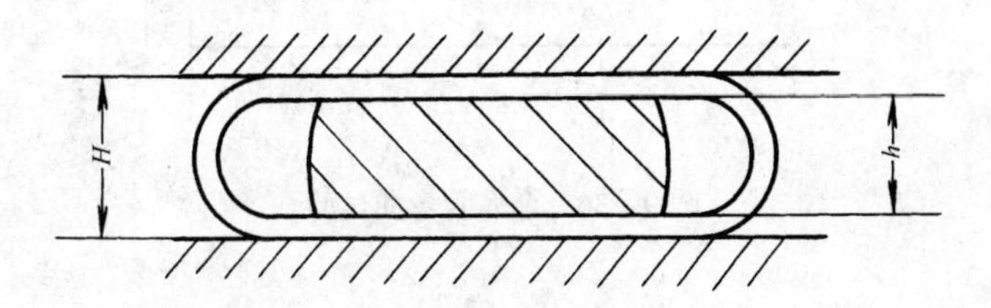

图9-34　金属管压扁试验

试验焊接管时，焊缝位置应在有关标准中规定。如无规定，则焊接应位于与施力方向成90°的位置，见图9-35。

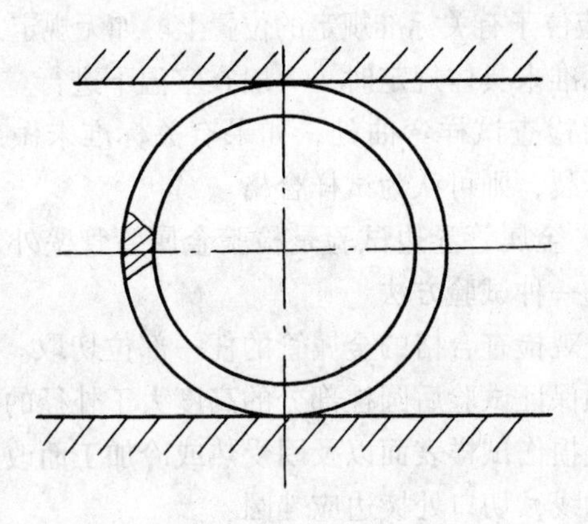

图9-35　焊接在压扁试验中的位置

试验一般在室温下进行。对有争议的试验，试样压扁速度应采用20～50 mm/min。

③试验结果　试验后检查试样弯曲变形处，在有关标准未做出具体规定时，一般如无裂缝、裂口或焊缝开裂，则认为试样合格。

4）金属管弯曲试验　弯曲试验是检验金属管承受规定尺寸及形状的弯曲变形性能并显示其缺陷的一种试验方法。它适用于外径不大于114mm的管材。

①试样　试样可从外观检查合格的金属管的任一部位切取。试样长度应保证能在规定的弯曲角度和半径下进行弯曲。

②试验方法　根据有关标准规定的方法（机械或人工、带填充物或不带填充物、有弯心或无弯心）将一定长度 L 的金属管绕带槽弯心连续缓慢地弯曲到规定的弯曲角度 α，见

图 9－36。

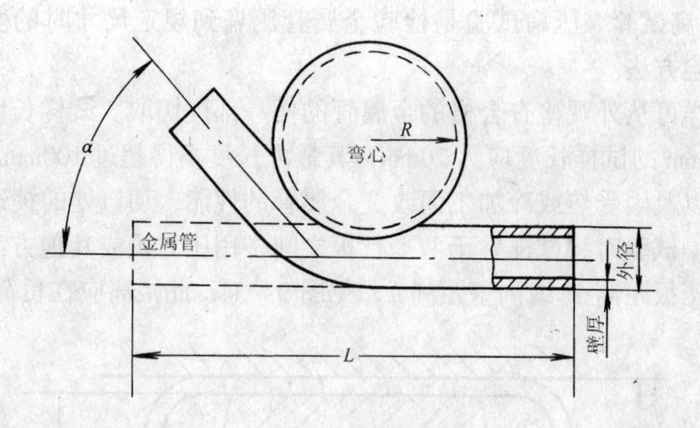

图 9－36 金属管弯曲试验

对于外径小于或等于 60mm 的金属管，应在室温下进行试验；外径大于 60mm 的金属管，如果有关标准未做出规定，则应在 700～750℃温度下进行弯曲。此外，根据有关标准或双方协议，也可制成条状试样，按本节 2《金属弯曲试验》的程序进行试验。

试验时应防止金属管弯曲处的截面成为明显的椭圆形，弯曲后试样椭圆处横截面短轴的最小值不得小于原外径的 85%。

试验焊接管时,焊缝应位于有关标准规定的位置上。如无规定,则焊缝可置于任一位置。

试验温度，当有关标准未具体规定时，一般在室温下进行。

③试验结果 试验后检查试样弯曲处，如果有关标准未做出具体规定，一般如无裂缝、裂口、起层或焊缝开裂，则可认为试样合格。

5）金属管卷边试验 金属管卷边试验是检验金属管管壁外卷到规定尺寸和形状的变形性能，并显示其缺陷的一种试验方法。

①试样 试样可从外观检查合格的金属管的任一部位切取。试样长度为 100mm，也可采用较短的试样，但必须保证试验后圆柱部分的高度大于外径的一半。

切取试样时，应防止损伤试样表面以及因受热或冷加工而改变金属的性能。试样的切割面必须垂直于金属管轴线，切口处棱边应锉圆。

②试验方法 用压力机或其他方法将一定形状的顶心压入试样的一端，使管壁均匀地卷至规定尺寸，见图 9－37。卷边宽度 l 和卷边角度 α 应符合有关标准规定。卷边时可预先用适当角度的顶心(有争议时采用 90°角)进行扩口，见图 9－38。卷边率 X 按下式计算：

$$X = \frac{D_1 - D}{D} \times 100\% \tag{9-39}$$

式中 D_1——卷边后管端外径（mm）；

D——原试样管端外径（mm）。

顶心的工作表面应磨光并涂以润滑油，顶心应有足够的硬度，如果有关标准对顶心的曲率半径 r 未做出规定，则 r 值可取小于或等于 $2S$（S 为金属管管壁厚度）。

试验可在室温或热状态下进行。当有关标准未做出具体规定时，则试验应在室温下进行。

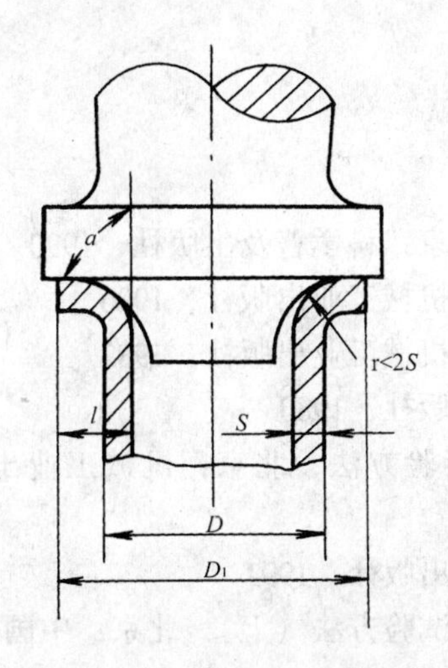

图9-37　金属管卷边试验

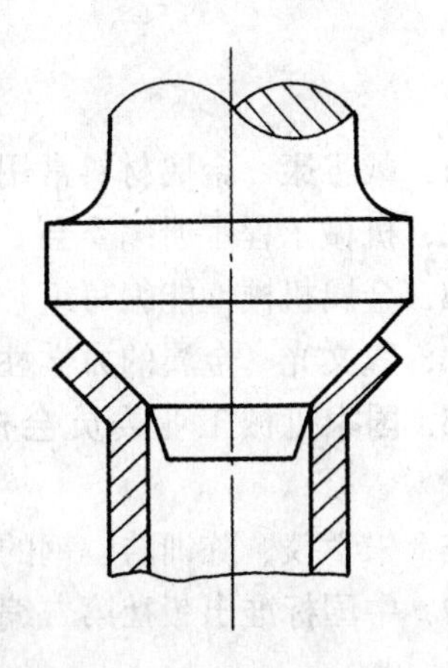
图9-38　金属管扩口

对有争议的试验，顶心在试样中的压入速度采用20~50mm/min。

③试验结果　试验后检查试样卷边处，在有关标准未做出具体规定时，一般如无缝、裂口或焊缝开裂，即认为试样合格。

参 考 文 献

1．戴雅康 金属材料常用力学性能试验方法．北京：科学普及出版社，1990

2．机械工程手册编委会 机械工程手册．北京：机械工业出版社，1996

3．金属机械性能编写组 金属机械性能．北京：机械工业出版社，1982

4．魏文光 金属的力学性能测试．北京：科学出版社，1980

5．国家机械工业委员会校编 金属机械性能实验方法．北京：机械工业出版社，1988

6．朱学仪、陈训浩 钢的检验．北京：冶金工业出版社，1992

7．中国标准出版社第二编辑室 金属管材料物理试验方法（上）．北京：中国标准出版社，1992

8．ISO6892：1998 Metallic materials—Tensile testing．at ambient temperature．

9．那宝魁 钢铁材料质量检验实用手册．北京：中国标准出版社，1999

9.4　金　相　检　验

金相检验由宏观检验和微观检验两部分组成，是了解掌握钢结构材料及其构件质量、分析钢结构构件质量事故或失效分析的有效手段之一。

在钢结构材料检验时，根据检验目的的需要，有时仅需进行单独的宏观检验或微观检验，有时则需要将宏观检验与微观检验相结合起来，才能达到预求的检验目的。

9.4.1　金相宏观检验技术

金相宏观检验又称低倍检验。是通过肉眼或放大镜（30倍以下）来检验钢结构材料或构件的宏观组织和缺陷的方法。

由于冶炼或热加工的影响，在金属材料或构件的内部和表面可能产生多种缺陷。钢材及构件中缺陷如疏松、气泡、缩孔、缩管残余、非金属类杂物、偏析、向点、裂纹，以及各种不正常的断口缺陷等，都可以通过宏观检验来发现，并采用相应标准评定其严重程度。由此可及时地防止废品或事故的发生。

宏观检验方法有硫印试验、磷印试验，酸浸试验，断口检验等。检验时可根据检验要求选择适当的宏观试验方法。

（1）硫印试验

硫印试验的目的　硫是钢中的杂质元素之一，在钢中主要以硫化铁和硫化锰的形式存在。显现出钢中硫化物的数量、大小和分布位置，可以定性地反映出钢的纯净度和钢中硫的偏析情况，并估计其对钢材或构件性能的影响。硫化物的存在，有损于钢的使用性能和加工性能，因此对于重要的钢构件，大截面构件，钢构件质量事故分析，通常需进行材料的硫印试验。

硫印试验基本原理　用稀硫酸与钢件试样表面的硫化物（FeS或MnS）发生化学反应，生成硫化氢气体。硫化氢气体与即相纸上的感光乳剂溴化银作用，生成硫化银沉淀物，在印相纸上显出棕色至黑色的硫化银印痕，他就是钢件试面相应位置上的硫化物及其分布情况的真实显现。硫印试验的化学反应式如下：

$$FeS\text{（或 }MnS\text{）} + H_2SO_4 \longrightarrow FeSO_4\text{（或 }MnSO_4\text{）} + H_2S\uparrow \qquad (9-40)$$

$$H_2S\uparrow + 2AgBr \longrightarrow Ag_2S\downarrow + 2HBr \qquad (9-41)$$

硫印试验的方法按国家标准GB4236－84《钢的硫印检验方法》实施。

硫印试样的选取，为了使取样具有充分的代表性，选择硫印试样时应充分考虑到硫在钢中的分布存在不均匀性的特点，通常应包含钢材的中心部位。

建筑钢材，常用圆钢、钢板、各种型钢等，都经过热或冷轧制而成，一般取纵向（即轧制方向）截面作为硫印试面，以便反映出硫化物的变形和分布情况。对于型钢及出现裂纹和缺陷的钢结构构件，通常还取横截面作为硫印试面。对于截面过大的钢材或构件，可采取编号分区截取试样作硫印试验，然后将硫印相纸再按编号顺序拼接起来，可得到整个大截面的硫印结果。

硫印试样的制备　可用锯、剪或火焰切割法截取。但应把加工变形层或热影响区去除。硫印的试面需经磨床磨光至粗糙度达到 Ra1.6～0.8mm（相当于光洁度▽7)。硫印试验前，需用汽油或酒精将试面上的油迹擦去，再用醮四氯化碳的脱脂棉团将试面上的油污完全除尽。

1）硫印试验的材料及主要设备

①印相纸　采用2号或1号光面印相纸。

②硫印试剂　硫酸（$H_2SO_4\rho_{20}1.84$ g/ml)、蒸馏水。

试剂配方：2%～4%的硫酸水溶液。

③定影液　商品定影液。或15%～20%硫代硫酸钠水溶液。

④试样清洗剂　无水酒精、四氯化碳等。

⑤主要设备　金相暗室及其设备。

2）硫印试验的操作步骤

①切取略大于硫印试面的印相纸、浸入硫印试剂内5min左右。

②从硫印试剂中取出印相纸，抖去表面多余的硫酸溶液。把相纸的药膜面紧贴在用四氯化碳擦净的试样面上，用橡胶滚筒（或醮硫印试剂的脱脂棉团）不断地在相纸背面均匀地滚压或擦拭，排除试面与相纸间的气泡和液滴，使相纸药面与试样面之间保持紧密接触充分反应约2min以上。

③迅速揭下相纸，放入清水中漂洗约10min，然后把相纸浸入定影液中10min以上，再将相纸放入流动清水中冲洗30min，最后用上光机将纸烘干，硫印操作结束。

3）硫印试验在建筑用钢及构件质量检验中的应用

①印相纸上硫印的印痕颜色深浅、印痕的大小、多少和分布反映了钢中硫化物的大小、含量多少和偏析情况，相纸上硫印印痕较细小，数量较少、分布均匀，呈棕色且色较浅，表明钢中硫化物较细小，含量较少，分布较均匀。由此可估计出硫化物对钢材或构件性能的不良影响较小。若硫印印痕在相纸上发布密集，甚至聚集分布，色呈深棕至黑色，痕斑或条纹较粗大，则表明钢中硫化物夹杂数量多，偏析严重，对钢材性能的不良影响较严重。

②从纵截面（钢材轧制方向）硫印试样上硫印的形状，可定性地反映出钢材（钢板、型钢、圆钢等）的加工变形量大小。若硫印印痕呈粗大斑点状，甚至圆形椭圆形，表明其压力加工变形情况较差；印痕呈较粗条状或棒锤形，表明钢材变形量较小，若印痕呈短的细线状，则表明钢材变形量较大，内部均匀性较好。

③当钢材内部存在缩管残余、缩孔、气泡、夹渣及裂纹等冶金缺陷时，他们往往与硫化物的富集相伴存，可以通过硫印试验将上述缺陷显示出来。

④硫印试验是一种定性的宏观检验方法，他无法进行钢材硫含量的定量检验。目前对一般钢板、扁钢还没有评级标准。但他可对力学性能试验和金相试验的取样及抽样提供有益的指导作用。

(2）磷印试验

磷印试验是显示钢中磷偏析的试验方法。磷是钢中的有害杂质元素，他将增加钢的冷脆性，对钢的力学性能危害较大。磷是一种极易形成偏析的元素，在钢中可形成固溶磷高的铁素体带状偏析，作化学成分分析不易发现磷偏析，所以有时当钢中磷含量虽在规定范围内，钢的冷脆性已表现得相当明显，此时，可用磷印试验来显示钢中磷的偏析情况。

磷印方法较多，但至今尚未有试验标准，下面仅介绍硫代硫酸钠显示法，供参考。

磷印试样的制备　一般选取钢材的横截面为磷印试面。试面需经2/0号金相砂纸磨光；较小的试样最好经抛光后再作磷印试验。

1）硫代硫酸钠法磷印试验的操作步骤：

①在50ml饱和硫代硫酸纳 $Na_2S_2O_3$ 水溶液中加入1g偏重亚硫酸钾（$K_2S_2O_5$），得到 *A* 溶液。

②按需用量配制3%盐酸水溶液，得到 *B* 溶液。

③用四氯化碳擦净钢样试面及四周的油污后，将试面浸设在 *A* 溶液中晃动浸蚀8～10s，至试面呈深色为止。取出试样后放在清水中漂洗，再用热水或酒精冲淋后吹干。必须注意：用清水漂洗试样表面，及用热水或酒精冲淋过程中不得擦拭受蚀表面，水流切忌太大、过急，以免破坏试面上的浸蚀膜，影响磷即效果。

④将印相纸在样品溶液中浸透，抖去表面残液，把相纸的药膜面紧贴在经浸蚀的试样面上，用棉团轻擦相纸背面数min后，将相纸从试面上迅速揭下，放入清水冲洗，然后浸入定影液中定影20min，最后用清水冲洗20min取出烘干。磷印操作结束。

2）磷即试验在建筑用钢材质量检验中的应用

①显示钢材中磷偏析的情况。磷印后的印相纸药膜面上显现出深浅不等的咖啡色区域。其中呈较深咖啡色区域为低磷区；浅色区域为高磷偏析区。

②本法也能显示钢中的碳偏析情况。由于磷与碳有相互排斥作用，即磷高处为碳低区，故可以得出，磷印上深色区为高碳区，磷即浅色区为钢材的低碳区。

（3）钢的低信组织及缺陷酸蚀试验

酸蚀试验是显示钢材或构件部组织的一种试验方法，他也可以显示钢材中存在的各种缺陷组织，例如疏壮、偏析、夹杂、裂纹和气孔等。

低倍酸蚀试验简单原理：酸液对钢中成分和组织不均匀的部分由于电化学作用而造成侵蚀程度不同。例如钢中碳含量高的区域较易被腐蚀成暗色；合金含量高的区域不易腐蚀而呈亮色：夹杂物易受蚀剥落成为小孔隙；被渣和夹杂物填充的小缩孔或气泡等孔洞，裂纹会受蚀而显露出来，从而能清晰地显示出钢材的低倍组织及其缺陷。

低倍酸蚀试验应按国家标准GB226－1991《钢的低倍组织及缺陷酸蚀试验法》进行。标准规定热酸浸蚀法，冷酸腐蚀法和电解腐蚀法均适用于检验钢的低倍组织及缺陷。若技术条件无特殊规定，以热酸浸蚀法为仲裁法。

试样的选取：低倍试样的截取部位，数量和试验状态应按有关标准、技术条件或供需双方协议规定确定。若无规定时，应取最易发生各种缺陷、或缺陷严重的部位进行试验。

检验钢材质量时，应在钢材或构件的两端分别截取试样。在解剖试样的横截面上可检验钢中白点、偏析、皮下气泡、翻皮、疏松，残余缩孔，轴心晶间裂纹、折叠裂纹等缺陷。从纵截面上可检验轧制流线、应变线和带状组织等。

低倍试样的制备：可用锯、剪、冷热切割等方法截取试样。不论用哪种方法取样，都必须留一定的加工余量，以备去除由于截取试样过程中所产生的变形、热影响区及裂纹等加工缺陷。

试面距离切割面的参考尺寸如下：

①热切取时大于20mm。

②冷切取时大于10mm。

③烧割时不小于40mm。

截取后的低倍试样用车削、铣削等方法去除加工余量及获得平整的试面。最后用磨床磨光试面至粗糙度不低于Ra1.6~0.8mm。

腐蚀时试面上的油污可用酒精、汽油、四氯化碳擦净。

腐蚀试样的尺寸：横向试样的厚度一般为20mm，试面应垂直钢材（坯）的延伸方向；纵向试样的长度一般为边长或直径的1.5倍，试面一般应通过钢材（坯）的纵轴，试面最后一次的加工方向应垂直于钢材（坯）的延伸方向。钢板试面的尺寸一般长为250mm，宽为板宽。

1）热酸浸蚀法

将低倍试验的试样浸没于一定温度的酸液中热蚀，经一定时间腐蚀来显示钢的低倍组织及缺陷组织。

热酸浸蚀法检验操作过程：

①酸蚀液的选择、酸蚀时间长短应以准确显示钢的低倍组织及缺陷为准。国家标准GB226-1991列出了按不同钢种常用的酸蚀液，酸蚀时间和酸蚀温度，见表9-10。

热蚀试剂及热蚀时间表　　　　**表9-10**

<table>
<tr><th>分类</th><th>钢　种</th><th>酸蚀时间（min）</th><th>酸液成分</th></tr>
<tr><td>1</td><td>易刀削钢</td><td>5~10</td><td rowspan="3">1:1（容积比）工业盐酸水溶液，酸蚀温度为60~70℃</td></tr>
<tr><td>2</td><td>碳素结构钢、碳素工具钢、硅锰弹簧钢，铁素体型、马氏体型、复相不锈耐酸、耐热钢等</td><td>10~20</td></tr>
<tr><td>3</td><td>合金结构钢、合金工具钢、轴承钢、高速工具钢</td><td>15~40</td></tr>
<tr><td rowspan="2">4</td><td rowspan="2">奥氏体型不锈耐酸、耐热钢</td><td>20~40</td><td></td></tr>
<tr><td>5~25</td><td>盐酸10份，硝酸1份，水10份（容积比），酸蚀温度为60~70℃</td></tr>
</table>

建筑用钢大多数为结构钢，一般用1:1工业盐酸水溶液作为热浸酸液。

②试样酸浸腐蚀时，试面不得与容器或其他试样接触。试面上的腐蚀产物可选用3%~5%碳酸钠水溶液和10%~15%（容积比）硝酸水溶液刷除，然后用水洗净，最后淋沸水后吹干，以防锈蚀。

③若腐蚀浅时，可重新放入热酸槽中继续腐蚀。若酸蚀过深时，必须将试面重新加工去除，去除的深度应在1mm以下，然后磨光至试面粗糙度为Ra1.6～0.8μm以上后，试样再进行重新酸浸蚀。

④将吹干的试样放在试样台上，保持清洁。

2）冷酸腐蚀法

冷酸腐蚀法是用一定配比的浸蚀液，在室温下对低倍试样进行腐蚀，来显示钢的低倍组织及缺陷。

冷酸腐蚀法不需要复杂的加热设备和耐蚀、耐热的盛酸容器，在室温下就可以直接进行试验，因此他特别适用于不能解剖取样、不能损坏外形或整体的一些大型钢结构件的低倍酸蚀试验。同时他还具有试验后不损坏构件表面的粗糙度，及可以避免试件固热酸蚀而产生应力裂纹的缺陷。可见这是一种显示钢材及构件低倍组织和宏观缺陷组织的最简便的方法。

冷酸腐蚀法对试面的粗糙度要求比热酸浸蚀更高，一般要求达到Ra0.8μm。腐蚀前试面需清除油污脏物。清除方法与热酸蚀试面清洁方法相同。

冷酸腐蚀法检验操作过程

①酸蚀液　常用冷酸腐蚀液见表9－11。

几种常用冷酸蚀试剂　　表9－11

<table>
<tr><th>编号</th><th>冷酸蚀液配比</th><th>适用范围</th></tr>
<tr><td>1</td><td>盐酸500ml、硫酸35ml、硫酸铜150g</td><td rowspan="3">钢和合金钢</td></tr>
<tr><td>2</td><td>三氯化铁200g、水100ml、硝酸300ml</td></tr>
<tr><td>3</td><td>盐酸300ml、三氯化铁500g、加水至1000ml</td></tr>
<tr><td>4</td><td>10%～20%过硫酸铵水溶液</td><td rowspan="3">碳素钢
低合金钢</td></tr>
<tr><td>5</td><td>10%～40%（容积化）硝酸水溶液</td></tr>
<tr><td>6</td><td>三氯化铁饱和水溶液加少量硝酸（$\frac{1}{5}$容积比）</td></tr>
<tr><td>7</td><td>硝酸1份、盐酸3份</td><td rowspan="2">合金钢</td></tr>
<tr><td>8</td><td>硫酸铜100g、盐酸和水各500ml</td></tr>
<tr><td>9</td><td>重铬酸钾5g、盐酸15ml、硝酸5ml、水30ml</td><td>不锈钢、耐热钢等</td></tr>
</table>

②试样清洗：用醮有四氯化碳或酒精的脱脂棉团清洗试样，除去试样表面和四周的油污，吹干试面待冷蚀试验。

③根据试样大小、薄厚，分别选用浸蚀法和擦蚀法进行腐蚀。对于较小较薄的试样可在冷酸槽内进行浸蚀；对于较大较厚的试样和在现场腐蚀又不能破坏的大型构件擦蚀法最适合。

④冷酸浸蚀法操作：将试样置于冷蚀液中，试面必须向上且被冷蚀液浸没进行侵蚀，侵蚀时要不断用玻璃棒搅拌溶液，使试样受蚀均匀，直至钢的低倍组织及缺陷显示清晰为止。从冷酸蚀液中取出试样，置于流动的清水中冲洗，同时用软毛刷洗刷去试面上的腐蚀产物。试面洗净后立即用沸水喷淋并用无颜色的干净毛巾或纱布覆盖在试面上吸水，然后将试面彻底吹干，即可供检查评级。

⑤冷酸擦蚀法的操作：用干净的脱脂棉团或棉纱团蘸吸冷蚀液，不断地擦蚀试样面，直至清晰地显示出低倍组织和宏观缺陷为止。随后用稀碱液（15%碳酸钠水溶液）冲洗试面中和残余酸液；再用清水洗净试面上的稀碱液；用干净纱布擦去试面上的水液，再喷淋酒精或丙酮并立即吹干，待检验。

⑥经冷酸腐蚀和用清水冲洗后，观察试面，若发现低倍组织和缺陷尚未被清晰显露时，仍可将试样再次继续进行冷浸蚀或冷擦蚀，直至清晰地显现低倍组织和宏观缺陷时为止。然后再按如上方法进行试面清洁和干燥工作。

3）电解腐蚀法

①设备装置

电解腐蚀法的主要设备由变压器、电极钢板、酸槽三部分组成。

变压器的输出电压≤20V，用作调节电流大小，从而获得试样电解腐蚀时所需的电流密度。

电板钢板采用二块普碳钢板。酸槽一般采用硬塑料槽或水泥槽。设备示意图见图9－39。

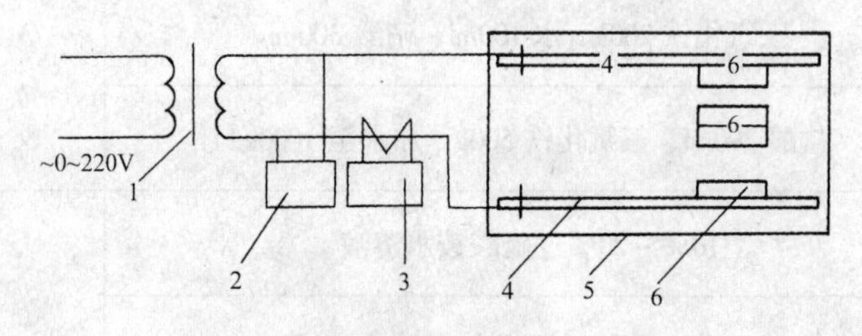

图9－39　电解腐蚀设备示意图

1—变压器（输出电压≤36V）；2—电压表；
3—电流表；4—电极钢板；5—酸槽；6—试样

②电解腐蚀法试验操作过程

（一）腐蚀液成分：15%～20%（容积比）工业盐酸水溶液，电解液的温度为室温。

（二）常用腐蚀电压小于20V，电流密度为0.1～1 A/cm^2。

（三）电解腐蚀时间以准确显示钢的低倍组织及缺陷为准，一般5～30min。

（四）试样置于两电极钢板之间，可沿电极钢板排成数行，腐蚀面要平行于电极板放置，试面间距不大于20mm。

（五）试样放置完毕后，向酸槽中加入酸液将试样浸没。

（六）通电后试面开始腐蚀。切断电源激烈的反应立即停止。若试样电蚀过浅可继续电蚀。试样电蚀后经冲洗、吹干即可待观察评级。

4）钢结构用材的低倍组织缺陷检验

根据钢结构用材的钢种及其制造方法的不同，其低倍组织缺陷检验可分别按国家标准《结构钢低倍组织缺陷评级图》GB1979－88和我国黑色冶金行业标准《连铸钢板坯低倍组织缺陷评级图》YB/T4003－1997、行业标准《连铸钢方坯低倍组织缺陷评级图》YB4002－1991进行评定。

上述三件标准分别规定了标准的适用范围、低倍组织分类、各类缺陷的形貌特征、产生原因和评定原则，并对各类缺陷都附有标准评级图，供检验者对照评定。

①国家标准《结构钢低倍组织缺陷评级图》GB1979－88。

适用范围：评定碳素结构钢、合金结构钢、弹簧钢材（坯）横截面酸浸低倍组织中允许及不允许的缺陷。对其他钢类和板材、扁钢等其他型材也可以根据双方协议借用该评级图。

低倍组织缺陷评定方法　以肉眼可见为限，在正常人肉眼的分辨率所及的可见范围内对宏观缺陷观察。如有必要也可借助20倍以下放大镜观察。根据标准评定原则与标准评级图进行对照比较评定级别。当轻重程度介于相邻两级之间时，可以附上半级。对于不要求评定级别的缺陷只判定缺陷类别。

评级图的应用　GB1979－88标准按钢材（坯）尺寸及缺陷性质分列了三组评级图。其第一、二评级图用于评定直径或边长40～150mm，及大于150～250mm圆、方钢低倍组织的缺陷：一般疏松、中心疏松、锭型偏析、一般点状偏析、边缘点状偏析等，每类缺陷各分列1至4级评级图。评级图三用以评定直径或边长40～250mm圆、方钢低倍组织的缺陷，其中皮下气泡、内部气泡、非金属夹杂，异金属夹杂等缺陷不评级，缩孔残余、翻皮、白点、轴心晶间裂缝各分1至3级。

对于直径或边长小于40及大于250mm圆、方钢及扁钢的低倍组织的缺陷、根据需要双方协议也可参照上述相应的评级图进行。

结构钢低倍组织缺陷的分类及评定原则

结构钢低倍组织缺陷的分类、特征、产生原因及评定原则见表9－12。评定时可对照GB1979－88标准的相应评级图进行评定。

②我国黑色冶金行业标准《连铸钢板坯低倍组织缺陷评级图》YB/T4003－1997。

适用范围：评定采用连铸工艺生产的碳素钢、硅钢、低合金钢等板坯横截面低倍组织的缺陷。板坯横截面尺寸范围为（150mm～300mm）×1000mm～2000mm；合金钢连铸板坯也可参照使用。

标准对连铸钢板坯低倍组织缺陷和硫印检验法用的试样，缺陷的形貌特征、产生原因和评级原则都做了具体规定。对于标准中各类缺陷的合格级别和不允许存在的缺陷，应在相应的技术条件或双方协议中规定。

试样截取：取连铸坯的全截面大于铸坯宽度之半的半截面。对于钢结构的构件在施工过程中出现质量问题或进行失败分析时，一般都在出现缺陷的部位取样。

低倍组织缺陷的评定方法：各类缺陷以肉眼可见为限，根据其程度按照评级图进行比较分别评定。

评级图的适用范围：YB/T4003－1997标准包括连铸钢板坯缺陷酸蚀低倍评级图（附录A）和硫印评级图（附录B）两套评级图片。

低倍组织缺陷分类及评定原则　表9－12

序号	缺陷名称	缺陷特征	产生原因	评定原则
1	一般疏松	在酸浸试片表现为组织不致密，呈分散在整个截面上的暗点和空隙。暗点多呈圆形或椭圆形。孔隙在放大镜下观察多为不规则的空洞或圆形针孔。这些暗点和空洞一般出现在粗大的树枝状晶主轴和各次轴之间，疏松区发暗而轴部发亮，当亮区和暗区的腐蚀程度差别不大时则不产生凹坑	钢液在凝固时各结晶核心以树枝状晶形式长大。在树枝状晶主轴和各次轴之间存在着由于钢液凝固时产生的微空隙和析集一些低熔点组元，气体和非金属夹杂物。这些微空隙和析集的物质经酸腐蚀后呈现组织疏松	根据分散在整个截面上的暗点和空隙的数量，大小及他们的分布状态，并考虑树枝状晶的粗细程度而定
2	中心疏松	在酸浸试片的中心部位呈集中分布的空隙和暗。它和一般疏松的主要区别是空隙和暗点仅存在于试样的中心部位，而不是分散在整个截面上	钢液凝固时体积收缩引起的组织疏松及钢锭中心部位因最后凝固使气体析集和夹杂物聚集较为严重所致	以暗点和空隙的数量、大小及密集程度而定
3	锭型偏析	在酸浸试片上呈腐蚀较深的，并由暗点和空隙组成的，与原锭型横截面形状相似的框带，一般为方形	在钢锭结晶过程中由于结晶规律的影响，柱状晶区与中心等轴晶区交界处的成分偏析和杂质聚集所致	根据方框形区域的组织疏松程度和框带的宽度加以评定
4	点状偏析	在酸浸试片上呈不同形状和大小的暗色斑点。不论暗色斑点与气泡是否同时存在，这种暗色斑点统称点状偏析。当斑点分散分布在整个截面上时称为一般点状偏析；当斑点存在于试片边缘时称为边缘点状偏析	一般认为结晶条件不良，钢液在结晶过程中冷却较慢产生的成分偏析。当气体和夹杂物大量存在时，使点状偏析严重	以斑点的数量、大小和分布情况而定

续表

序号	缺陷名称	缺陷特征	产生原因	评定原则
5	皮下气泡	在酸浸试片上，于钢材（坯）的皮下呈分散或成簇分布的细长裂缝或椭圆形气孔。细长裂缝多数垂直于钢材（坯）的表面	由于钢锭模内壁清理不良，和保护渣不干燥等原因造成	测量气泡离钢材（坯）表面的最远距离及试片直径或边长的实际尺寸
6	残余缩孔	在酸浸试片的中心区域（多数情况）呈不规则的折皱裂缝或空洞，在其上或附近常伴有严重的疏松、夹杂物（夹渣）和成分偏析等	由于钢液在凝固时发生体积集中收缩而产生的缩孔并在热加工时因切除不尽而部分残留，有时也出现二次缩孔	以裂缝或空洞大小而定
7	翻皮	在酸浸试片上有的呈白色弯曲条带，并在其上或周围有气孔和夹杂物；有的呈不规则的暗黑线条；有的由密集的空隙和夹杂物组成的条带	在浇筑过程中表面硬化膜翻入钢液中，凝固前未能浮出所造成	以在试片上出现的部位为主，并考虑翻皮的长度而定
8	白点	一般是在酸浸试片除边缘区域外的部分表现为锯齿形的细小发裂。呈放射状，同心圆形或不规则形态分布。在纵向断口上依其位向不同呈圆形或椭圆形亮点或细小裂缝	钢中含氢量高，经热加工后在冷却过程中，由于组织应力而产生的裂缝	以裂缝长短、条数而定
9	轴心晶间裂缝	此种缺陷一般出现于高合金不锈耐热钢（如 C_{r5} M_0、$1C_r13$、C_r25……）中。有时在高合金结构钢如 $18CrzNi_4WA$ 也常出现。此种裂缝因其以晶间裂缝形式出现在钢的轴心部位，故名为轴心晶间裂缝。表现特征为蜘蛛网状		根据缺陷存在的严重程度而定
10	内部气泡	在酸浸试片上呈直线或弯曲状的长度不等的裂缝，其内壁较为光滑，有的伴有微小可见夹杂物	由于钢中含有较多气体所致	

续表

序号	缺陷名称	缺陷特征	产生原因	评定原则
11	非金属夹杂物（肉眼可见的）及夹渣	在酸浸试片上呈不同形状和颜色的颗粒	冶炼或浇筑系统的耐火材料或脏物进入并留在钢液中所致	有时出现许多空隙或空洞，如在这些空隙或空洞中用肉眼观察时未发现夹杂物或夹渣，应不评为非金属夹杂物或夹渣。但对质量要求较高的钢种（指有高倍非金属夹杂物合格级别规定者），建议进行高倍补充检验
12	异金属夹杂物	在酸浸试片上颜色与基体组织不同，无一定形状的金属块。有的与基体组织有明显界限，有的界限不清	由于冶炼操作不当，合金料未完全熔化或浇筑系统中掉入异金属所致	

缺陷分类及评定原则

连铸钢板坯低倍组织缺陷的分类及评定原则：各类缺陷的形貌特征，产生原因及评定原则见表 9 - 13。评定时按照 YB/T4003 - 1997 标准的相应评级图片相比较评定。

连铸钢板坯低倍组织缺陷分类及评定原则　　**表 9 - 13**

序号	缺陷名称	缺陷形貌特征	产生原因	评定原则
1	中心偏析	铸坯酸蚀试面上中心区域内呈现的腐蚀较深的暗斑或条带；在硫印图的中心区域内为颜色深浅不一的褐斑或集中的褐带。偏析带呈连续、断续和分散分布的三类	钢液在凝固过程中，由于选分结晶的结果，低熔点的硫、磷等元素被推至铸坯中心而形成	酸蚀法依照 A1 评级图（附录 A）、硫印法依照 B1 评级图（附录 B），以偏析类型、偏析带厚度或偏析斑点大小评定。A 类偏析为连续分布的条带，B 类偏析为继续分布的条带，C类偏析为大小不同的斑点不连续地聚集成的条带

续表

序号	缺陷名称	缺陷形貌特征	产生原因	评定原则
2	中心疏松	铸坯酸蚀面上中心区域内呈现的暗点、空隙和开口裂纹	由于浇筑温度高，柱状晶生长较快而引起的组织不致密以及铸坯鼓肚或液芯状态下矫直等原因产生	依照A2评级图（附录A），以暗点和空隙的数量、大小、密集程度或开口裂纹的宽度评定
3	中间裂纹	铸坯酸蚀试面或硫印图上柱状晶区域内呈现的线状，曲线状缺陷	由于钢中S. P等元素含量高以及铸坯鼓肚等原因而形成的沿晶裂纹	酸蚀法依照A3评级图（附录A）、硫印法依照B2评级图（附录B），以裂纹长短、粗细和数量评定
4	角裂纹	铸坯酸蚀试面或硫印图上角部呈现的短小裂纹或硫偏析线	铸坯窄边或宽边的凹陷或凸起，使角部组织受到应力作用而形成	酸蚀法依照A4评级图（附录A）、硫印法依照B3评级图（附录B），以裂纹或硫偏析线尺寸，数量评定
5	三角区裂纹	铸坯酸蚀试面或硫印图上两端的三角区呈现的放射状裂纹或硫偏析线	由于二次冷却不良造成铸坯窄边或宽边的凹陷或凸起在应力作用下使三角区内的柱状晶开裂而成	酸蚀法依照A5评级图（附录A），硫印法依照B4评级图（附录B），以裂纹或硫偏析线长短评定
6	氧化铝（Al_2O_3）夹杂	铸坯酸蚀试面或硫印图上呈现的腐蚀较深的细小暗点聚集成的缺陷或浅黄色斑点聚集成的云杂状缺陷，常出现在铸坯内弧侧厚度1/4处的一个条带区域	含铝较高的钢，在浇筑过程中因钢液二次氧化等原因而形成	酸蚀法依据A6评级图（附录A），硫印法依照B5评级图（附录B），以夹杂大小，数量和分布情况评定
7	针孔状气泡	铸坯酸蚀试面或硫印图上呈针孔状黑斑	由于钢液裹入气体而形成	依照B6评级图（附录B），以黑斑大小和分布情况评定
8	蜂窝状气泡	铸坯酸蚀试面或硫印图上呈现的方向垂直铸坯表面的条状和椭圆形气孔	因钢液脱氧不良或浇铸系统潮湿而产生	酸蚀法依据A7评级图（附录A）、硫印法依照B7评级图（附录B）以气泡大小和分布情况评定

续表

序号	缺陷名称	缺陷形貌特征	产生原因	评定原则
9	硅酸盐夹杂	铸坯酸蚀试面上呈现的边缘光滑的深灰色球形或椭圆形颗粒	冶炼或浇铸系统的耐火材料或脏物进入并留在钢液中所致	不评级别，只要求注明夹杂的尺寸及数量

各类评级缺陷均划分为0.5级~3.0级，起评级别均为0.5级。

检验报告：包括下列内容

a. 委托单位；

b. 钢种、熔炼号、铸坯规格；

c. 检验方法；

d. 缺陷类型、评定级别及应说明的情况；

e. 检验者及检验日期。

③我国行业标准《连铸钢方坯低倍组织缺陷评级图》YB4002－91。

适用范围：评定采用连铸工艺生产的碳素钢及低合金钢等方坯横截面酸蚀低倍组织的缺陷。方坯横截面尺寸范围为边长90~200mm；矩形坯也可参照使用。

标准对连铸钢方坯低倍组织和缺陷形款特征、生产原因和评级原则都做了具体规定。对于标准评级图中各类缺陷是否允许存在以及合格级别，应在相应的技术标准或双方协议中规定。

试样显示方法：按GB226规定执行

低倍组织缺陷的评定方法：各类缺陷以肉眼可见为限，根据其程序按照评级图进行比较分别评定。当其程度介于相邻两级之间时可评半级。

评级图的适用范围：连铸钢方坯低倍组织及缺陷评级图共分10种缺陷分列于附录A中。各种缺陷均划为0~5级，0级图为共用图片。

连铸钢方坯低倍组织缺陷分类及评定原则 **表9－14**

序号	缺陷名称	缺陷形貌特征	产生原因	评定原则
1	中心疏松	酸蚀试片面上集中在中心部位的空隙和暗点	钢坯凝固时体积收缩引起的组织疏松及钢坯中心部位最后凝固，气体析集和夹杂聚集较为严重所致	依照第1评级图（附录A），以试片暗点和空隙的数量、大小及密集程度评定

续表

序号	缺陷名称	缺陷形貌特征	产生原因	评定原则
2	中心偏析	在酸蚀试片的中心部位呈现腐蚀较深的暗斑	钢液在凝固过程中，由于结晶规律的影响及钢坯中心部位冷却较慢，造成心部的成分偏析	依照第2评级图（附录A），根据中心部位腐蚀较深的暗斑大小评定
3	缩孔	在试片的中心部位呈不规则的空洞	钢液化凝固时发生体积集中收缩而产生的	依照第3评级图（附录A），以空洞大小评定
4	内部裂纹			
4.1	角部裂纹	在试片的角部，距表面有一定深度并与表面垂直，裂纹严重时沿对角线向内部扩展	由于铸坯角部的侧面凹陷及严重脱方，使局部受到应力作用而形成	依据第4a评级图（附录A），以裂纹的数量、尺寸以及距表面距离评定
4.2	边部裂纹	在试片的边部，等轴晶和柱状晶的交界处产生并沿柱状晶向内部扩展的裂纹	发生鼓肚的铸坯，通过导辊矫直变形引起的	依照第4b评级图（附录A），以裂纹的数量及尺寸评定
4.3	中间裂纹	在柱状晶区域内产生并沿柱状晶扩展。这种裂纹一般垂直于铸坯的两个侧面，严重时试片中心点的上下左右四个方向同时存在	铸坯通过喷水区时，由于强制冷却不良及随后铸坯表面的回热而产生的热应力引起的	依照4c评级图（附录A），以裂纹的数量及尺寸评定
4.4	中心裂纹	裂纹在靠近中心部位的柱状晶区域内产生并垂直铸坯的弧面，一般在上弧面产生，严重时可穿过中心	由于铸速过高，铸坯在液芯状态下矫直时，因压力过大而引起的	依照第4d评级图（附录A），以裂纹的数量及尺寸评定
5	皮下气泡	在试片的皮下呈分散或成簇分布的细长裂缝或椭圆形气泡，裂缝垂直于钢坯表面	由于钢液脱氧不良或各个环节不干燥而造成的	依照第5评级图（附录A），以气泡离表面距离及数量评定

续表

序号	缺陷名称	缺陷形貌特征	产生原因	评定原则
6	非金属夹杂物	试片上呈不同形状和不同颜色的非金属颗粒或腐蚀后非金属夹杂剥落后的孔隙。一般位于上弧皮下边长的四分之一处	冶炼过程中的脱氧产物以及钢水二次氧化等形成的夹杂物进入结晶器后上浮分离较困难所致	依照第6评级图（附录A），以夹杂物的数量及尺寸评定。大颗粒夹杂不允许存在

试验报告：包括下列内容

a. 委托单位；

b. 检验钢号；

c. 检验样品的熔炼号；

d. 试样号；

e. 铸坯规格；

f. 检验结果：缺陷类型、评定级别及应说明的情况等。

g. 检验者及检验日期

5）钢材宏观断口检验

断口是指钢材或构件在断裂过程中所形成的自然表面。他是钢材断裂全过程的最真实的记录和写照，因此通过对断口形貌特征检验分析，可以发现钢本身的冶炼缺陷，和在热加工、热处理等制造工艺中存在的问题。断口的形貌特征能反映出钢材组织状态中很小的差别，显露一般检验不易发现的缺陷。对于在使用过程中发生破损或在生产制作过程中钢结构件出现裂纹时，通过对断口的直接分析，可以找出断裂源，断裂的过程和特点，对剖析断裂原因具有重要意义。

钢结构的宏观断口检验可按照国家标准《碳素钢和低合金钢断口检验方法》GB2971－82实施。它适用于碳素结构钢、低合金结构钢的钢板、条钢和型钢的断口检验。

标准GB2971－82规定了试样制备、检验方法和断口组织与缺陷分类。对常见的8种断口特征进行了文字说明；并有典型的断口照片，供对照识别。

试样切取的部位、数量应按有关标准或双方协议规定。若取样部位无规定时，则纵轧钢板在端部宽度的中央三分之一范围内，垂直轧制方向切取试样；横轧钢板在端部宽度的任意部位，垂直轧制方向取样；条钢在端部取样；型钢在端部与拉力试样相同部位上取样。

切取试样时，必须为消除变形区和热影响区而留有足够的加工余量。

断口试样的尺寸　随钢材的厚度和形状而异，标准做了具体规定，应遵照取样。

断口取法　在室温(10～35℃)下以动载荷将试样一次折断。试验中应避免断口沾污。

标准规定：断口应以肉眼观察检查，如识别不清时，可用10倍以下放大镜观察。

断口组织与缺陷分类：

标准GB2971－82列出38种典型断口。其中有4种断口按断口的宏观特征命名，如纤维状断口、结晶状断口、发纹断口、裂纹（分层）断口；有4种断口根据断口的本质命名，如气泡断口，非金属夹杂及夹渣断口、异金属夹杂断口及缩孔残余断口等。

8种典型断口的分类及其特征见表9－15。

各种类型的断口缺陷是否允许存在及合格的界限，应在有关标准或双方协议中规定。

典型断口分类及其特征　表9－15

序号	断口名称	断口特征
1	纤维状断口	断口上呈暗灰色绒毯状，无光泽和结晶颗粒的断口组织，断口边缘一段有明显塑性变形，如标准图4所示。属于正常断口
2	结晶状断口	断口平坦、呈亮灰色，有强烈的金属光泽和明显的结晶颗粒组织，如标准之图5所示。属于正常断口
3	发纹断口	在纤维状断口上，呈现长度不等的裂口，其颜色与基体基本相同，有时出现银亮色，缝壁不平滑，多分布于断口中心部位，如标准之图6所示
4	裂缝（分层）断口	在断口上分布无规律的长度不等的裂缝，缝壁较光滑，其颜色与基体不同。如标准之图7所示
5	气泡断口	在断口上呈内壁光滑、非结晶的细长条带，或呈现光滑的凹坑。多分布于皮下，有时出现于内部。如标准之图8所示。属于破坏金属连续性的缺陷
6	非金属夹杂及夹渣断口	在断口上呈现肉眼可见的灰白、浅黄或黄绿等颜色的非结晶的细条带或块状缺陷，分布无规律。如标准之图9所示。属于破坏金属连续性的缺陷
7	异金属夹杂断口	在断口上表现与基体金属具有不同的组织和不同的金属光泽，且与基体金属有明显的界面，分布无一定规律，如标准之图10所示。他是破坏金属组织均匀性或连续性的缺陷
8	缩孔残余断口	在断口的轴心区，呈非结晶构造的条带或疏松带，有时有肉眼可见的非金属夹杂物或夹渣存在，沿着条带往往有氧化色，如标准图11所示。属于破坏金属连续性的缺陷

9.4.2 金相微观检验技术

金相微观检验技术主要是指金相试样制备、金相组织的显示，金相显微镜的原理及使用、显微组织检验、金相照相技术及金相暗室技术、定量测量及记录等实验技术。本节主要叙述常用的实验技术。

金相微观检验技术应依据国家标准《金属显微组织检验方法》GB/T13298-1991操作。该标准规定了金属显微组织检验的试样制备、试样研磨、试样的浸蚀、显微组织检验、显微照相及试验记录。标准适用于用金相显微系统检查金属组织的操作方法。

(1) 金相试样制备　金相试样制备包括试样选择、试样截取、试样镶嵌、试样的研磨、抛光、浸蚀等技术。

试样的选择：试面（被检验面）的方向、部位、数量应根据钢材或构件制造的方法、检验的目的、技术条件或双方协议的规定进行。选择试样的原则是：所取的试样对于被检验物应具有充分的代表性（典型性）。

钢材或构件通常选择的试面方向：分为横截面和纵截面二种。

横截面是指垂直于锻轧方向的截面，可以检验金属材料从表层到中心的组织，显微组织状态、晶粒度级别、碳化物网、表层缺陷深度、脱碳层深度、腐蚀层深度及形貌特点、表面化学热处理及镀层或渗层的厚度等。

纵截面是指平行于锻轧方向的截面。可以检验非金属夹杂物的变形程度和数量、大小、分布，晶粒畸变程度，塑性变形程度、变形后的各种组织形貌及热处理的全面情况等。

当检查金属的破损原因时，可在破损处取样和在其附近的正常部位取样进行比较。

试样尺寸：试样的磨面积小于400mm^2、高度15~20mm为宜。也常用长×宽×高=10mm×10mm×10mm的试样。

试样截取方法：可用手锯、砂轮切割机、显微切片机、化学切割装置、电火花切割机、剪切、锯、刨、车、铣等法截取。必要时可用气割法截取，但必须留有足够的加工余量。对硬而脆的钢材可用锤击法取样。不论采用何种方法截取试样时都必须切实遵守取样原则：保持充分的代表性、典型性、其中包括了真实性。即应充分注意避免截取方法对组织的影响。如变形、过热等。

试样清洗：可用超声波清洗试样。若试样表面沾有油渍、污物或锈斑，可用合适的溶剂清除。任何会妨碍试样浸蚀的镀层应在抛光前除尽。

试样镶嵌：对于如下试样需要进行镶嵌，如过于细薄（薄板、细线材、细管材等）或试样过软、易碎、或需检验的边缘有组织，或者为了便于在自动磨光和抛光机上研磨的试样。可采用镶嵌试样的方法。在选用镶嵌方法时须注意不得改变原始组织状态。

试样镶嵌方法常用的有机械镶嵌法、树脂镶嵌法、热压镶嵌法、冷镶嵌法和特殊镶嵌法（如真空冷镶法、倾斜镶嵌法、电镀保护镶嵌法等）。采用何种镶嵌方法，可根据镶嵌试样的需要和实验室的设备和材料来确定。

试样研磨：先用砂轮将切取后的试样待检面磨平，然后用手工或自动磨光机将待检面磨光。磨光时用由粗到细的不同号数的砂纸磨光，每道磨必须将前道粗砂纸的磨痕完全磨除，并且要注意防止磨擦热造成试样磨石发生过热现象。磨光后的试样经洗净即可进行抛光。

试样抛光：抛光的目的是抛去试样上的磨痕以达镜面，且无磨制缺陷。抛光方法有机械抛光、电解抛光、化学抛光、显微研磨等。最常用的是机械抛光法，可采用半自动和自动抛光等法。

抛光后的试样可以直接用显微镜进行某些项目的显微观察检验，如非金属夹杂物的检验和评级、钢材中存在疏松、裂纹、孔洞等缺陷。但他还无法显示出钢材的显微组织。

试样的浸蚀：抛光好的试样必须进行适当的浸蚀，显示其真实，清晰的组织结构，才能进行显微镜检验。常规显示组织的浸蚀方法有化学浸蚀法和电解浸蚀法。特殊浸蚀法较多，如阴极真空浸蚀，恒电位浸蚀，薄膜干涉显示组织法（包括化学浸蚀成膜法、真空蒸发镀膜法，离子溅射膜法和热染法等）。对建筑行业最实用的是化学侵蚀法。

(2) 显微组织检验

试样的显微组织检验包括浸蚀前的检验和浸蚀后的检验。对建筑业钢结构所用的结构钢而言，浸蚀前主要检验试样中的夹杂物，裂纹、孔隙等及发现磨制过程中所引起的缺陷。浸蚀后主要检验试样的显微组织。

检验试样需用光学金相显微镜，分为台式、立式、卧式等。显微镜应安装在干燥通风、无灰尘、无振动、无腐蚀气氛的室内，并置于稳固的桌面和基座上，最好附有振动吸收机构。

正确操作使用显微镜，才能保证金相检验的准确性。显微镜的操作应按仪器说明书进行。进行显微镜观察时，一般先用低倍 50x ~ 100x，然后用高倍对某相或某些细节进行仔细观察。

根据所需放大倍数选择物镜及目镜。如规定镜筒下物镜的放大倍数为 M1，目镜放大倍数为 M2，则显微镜的放大倍数为 M1 × M2。若镜筒长度增大时，计算倍数应按比例修正，必要时可用测微标尺校准（测微标尺按计量要求须进行校验）。

金相显微镜观察时需要进行照明，常用明场照明。在特殊需要时，可采用斜照明、暗场、偏振光、干涉、相衬、微分干涉（DIC）等，或者用特殊的组织显示方法进行一步确定所观察的合金相。也可根据需要进行定量分析，即用人工或专门的图象分析仪定量测量显微组织的特征参数，以确定组织参数、状态、性能间的定量关系。钢结构金相检验最常用的是明场照明，在检验判定非金属夹杂物性质时也用到偏光照明。一般无需进行特殊的组织显示方法。

金相显微镜属于精密仪器之列，尤其是显微镜的镜头，在使用操作时需特别注意保洁、免触摸镜面，镜头用毕后应贮存于干燥洁净的干燥皿中，以免镜片发生霉变损坏。

在调节聚焦时，物镜头部不能与试样接触，应先转动粗调旋钮使物镜尽量接近试样（目测），然后从目镜中观察的同时调节粗调旋钮，使物镜渐渐离开试样面直到看到显微组织映象时，再使用微调旋钮调至映象清晰为止。

镜头表面有污物时，严禁用手或硬纤维织物（如手帕、棉布等）擦摸，应先用专用的橡皮球吹去表面尘埃，再用干净鸵毛笔、擦镜头纸或麂皮擦净，必要时可用擦镜头纸醮二甲苯轻轻洗擦。

显微镜应经常注意维护保养、可按显微镜使用说明书进行保养工作。

(3) 显微照相

在需进行显微照相时，应按仪器说明书操作。但对于需显微照相的试样，制样及浸蚀质量的要求一般更高。所选用的滤色片，孔经光栏和视场光栏的调节均需适当；还要根据试样组织的色泽深浅和照相底片的感光特性来确定合适的爆光时间，才能摄得合格的显微照底片。

(4) 金相暗室操作：主要包括金相底片的冲洗和金相照片的印相和冲洗二方面工作。

底片的冲洗主要包括显影和定影两大部分。此外还须经过清洗等过程。一般的底片冲洗过程如下：

感光底片→显影→水洗（停影）→定影→彻底水洗→底片晾干。

显微和定影初期的底片，都具有感光作用，因此必须在全黑的暗室中进行操作。所用的安全灯为暗绿色暗室照明灯。

根据底片的种类选择适当的显影液。显影的温度及时间，应按底片说明书的规定进行。底片显影后立即放入醋酸停影液中停止显影。也可以直接把显影后的底片浸在清水中冲洗，然后浸入定影液中定影，底片定影时间一般约 20 ~ 30min。定影后的底片再在流水中冲洗 30min，然后在无尘的室内凉干。

有了金相底片后，还要用印相机将金相组织由负片印制成清晰的组织照片。印相过程主要包括相纸曝光（又称晒相）、相纸显影和定影等三部分。印相操作过程如下：

相纸在印相纸上曝光（晒相）→相纸显影→清水漂洗→定影→流水彻底冲洗相纸→相纸的烘干上光。

晒相时应根据底片的黑度和反差等情况。印相机灯光的强弱，选择适当号数的相纸和曝光时间，使底片上较暗的细节能清晰地显现在照相纸上。

通常按照相纸的种类选择显影液。显影操作、漂洗及定影，直至彻底冲洗操作和注意事项与底片处理相似。最后，相纸需在上光机上烘干上光，得到一张清晰的金相照片。

(5) 试验记录

记录内容应包括试样的历史、取样部位、化学成分，缺陷特征和类型及组织的说明等，如照相则需注意记录放大倍数及浸蚀剂名称等。

9.4.3　金相试样制备检验操作方法

(1) 金相取样的基本原则和截取试样操作要点：

1) 选择试样的原则：根据检验目的需要，所取的金相试样在材料成分、外形结构、制造工艺、内在组织、表面状态，有关性能，使用工况和环境，缺陷或失效特征等方面，对被检验物应具有充分的代表性。

2) 截取试样的原则：被截取下的试样应具有充分的真实性。采用任何截取方法取样，都不允许由于发热、加工应力或加工环境和介质等作用，使试样发生组织变化，塑性变形、萌生和扩展裂纹，改变试样的固有状态等因素所造成的假象。

取样部位和数量　通常按技术条件或供需双方协议、国家标准或相关的行业标准及专业标准的有关取样的条文来确定。例如“钢中非金属夹杂物显微评定法”GB10561－89 和“钢的膜碳层深度测定法”GB224－87 中对取样均有具体条文规定。

选择被检验面（简称试面）：主要按金相检验目的和检验内容的需要，选择横截面和纵截面。对于废品分析和失效分析试样，还需根据构件报废或失效的特点来选择试面。

截取试样的方法：分为粗加工和细加工两种方法。

截取试样粗加工法：对于大尺寸钢材、厚板及复杂形状的构件，较难一次加工获得金相小试样。需要先用火焰切割、电弧切割等方法先从钢材或构件上割取大试样，以便去除加工热影响区。由于其加工余量一般较大、故简粗加工。

截取试样细加工法：将粗加工截得的试样再加工切割成常用的 10mm × 10mm × 10mm 的金相试样的加工。常用的细加工法如金相切割机切割，线切割、机床精切加工等。加工时应严格保持试面的原始状态不得受损。

试样切割质量检查：试样切割面及其附近表面不得有过热现象等加工缺陷，切割面较平整，外型较规则，以便以后的试样制备操作。

（2）金相试样的镶嵌：遇到下列情况之一时需进行金相试样的镶嵌：

①试样尺寸过分细薄，及断裂碎片等不规则外形试样。

②需检验表面层组织、如氧化层、脱碳层、各种表面热处理渗层及硬化层、腐蚀层等表面缺陷的试样，失效构件的断口和裂源等试样。

③用于自动磨抛光机制备试样者，受磨抛机试样夹具对尺寸及外形限制的试样。

（3）金相试样镶嵌方法　分机械夹具和镶嵌两类。常用的金相试样镶嵌方法及所用材料如下：

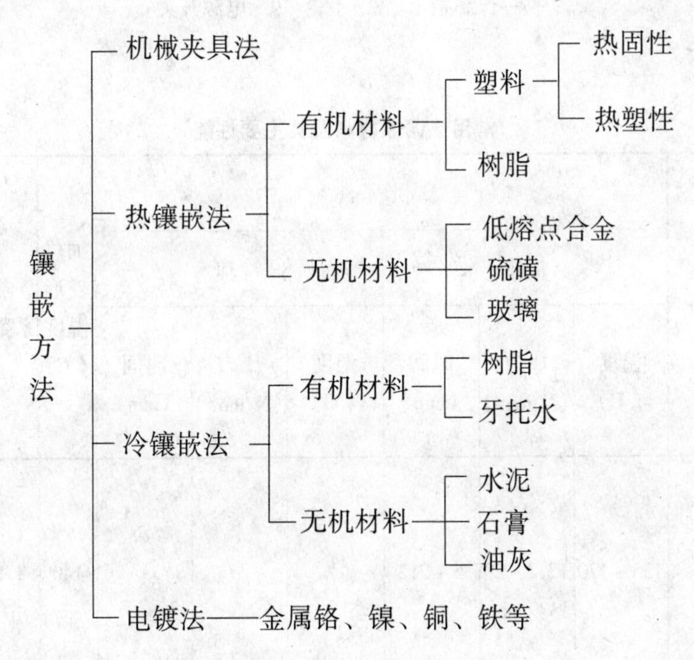

1）机械夹具法

适用于试样截面较规则，要求防止磨抛光金相镶嵌机。镶嵌机的使用方法可详见产品使用说明书。

2）热镶嵌用的材料：可分为热固性塑料和热塑性塑料。他们的热成型条件和性能见表9－16。

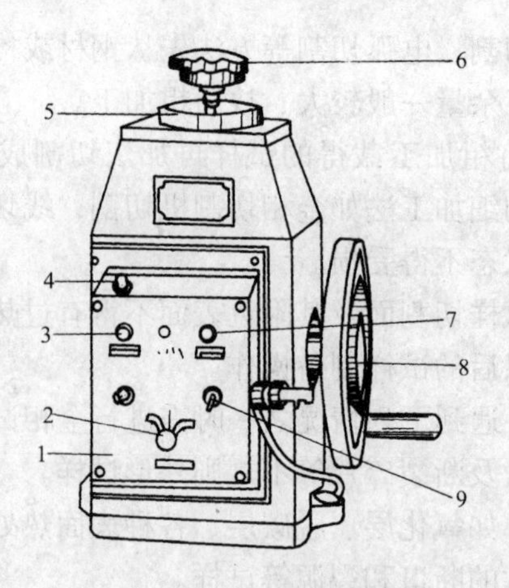

图 9-43 XQ-2 型金相镶嵌机
1—面板 2—温度选择 3—加热指示
4—压力指示 5—盖板 6—八角旋钮
7—保温指示 8—手轮 9—电源开关

常用热镶嵌材料及其主要性能 表 9-16

<table>
<tr><th colspan="2" rowspan="3">镶嵌材料</th><th colspan="6">成形条件</th><th rowspan="3">加热变形温度(℃)</th><th rowspan="3">热膨胀系数(1/℃)</th><th rowspan="3">化学稳定性</th></tr>
<tr><th colspan="3">加热</th><th colspan="3">冷却</th></tr>
<tr><th>温度(℃)</th><th>压力(N/mm²)</th><th>时间(min)</th><th>温度(℃)</th><th>压力(N/mm²)</th><th>时间(min)</th></tr>
<tr><td rowspan="2">热固性塑料</td><td>酚醛</td><td>135~170</td><td>17.2~29</td><td>5~212</td><td></td><td></td><td></td><td>140</td><td>(3.0~1.5)×10⁻⁵</td><td>被强酸强碱腐蚀</td></tr>
<tr><td>邻苯二甲酸二丙烯(石棉填充)</td><td>140~160</td><td>17.2~20.9</td><td>6~12</td><td></td><td></td><td></td><td>150</td><td>(3~5)×10⁻⁵</td><td></td></tr>
</table>

续表

镶嵌材料		成形条件						加热变形温度（℃）	热膨胀系数（1/℃）	化学稳定性
		加热			冷却					
		温度（℃）	压力（N/mm²）	时间（min）	温度（℃）	压力（N/mm²）	时间（min）			
热塑性塑料	有机玻璃	140～165	17.2～19	6	75～85	极大	6～7	65	(5－9)×10^{-5}	不耐强酸和某些溶剂
	聚丙乙烯	140～165	17.2	3	85～100	极大	6	65	–	
	聚氯乙烯	120～160	0.69	无	60	27.6		60	(5－8)×10^{-5}	耐大多数酸碱
	聚乙烯醇缩甲醛	220	27.6	–				75	(6－8)×10^{-5}	不耐强酸

金相镶嵌机试样镶嵌操作步骤：清理镶嵌机模具→试面朝上放在下模面上→向模腔内加入适量镶嵌塑料粉→升温加压力→至表 7.2.4－6 中的规范（成形条件）进行保温及保持压力→停止加热、去压力→脱模取样。

热镶嵌试样的质量要求：质量检查主要靠用目测法检查。对镶嵌试样的质量要求为没有镶嵌缺陷：金属试样棱角周围的塑料发生开裂；金属试样与塑料脱离出现缝隙；塑料试样发生周向开裂，甚至造成周向断裂；塑料试样发生膨胀，内部存在气孔和孔隙；塑料未充分固化，表现为塑料试样表面粗糙无光泽；塑料烧焦等缺陷，即为镶样质量合格。

2）冷镶嵌法：在冷镶嵌树脂中配入适量固化剂和增硬材料后，注入置有待镶嵌金相试样的冷镶嵌模中，在室温静置一段时间固化而达到试样镶嵌的方法，即冷镶嵌法。

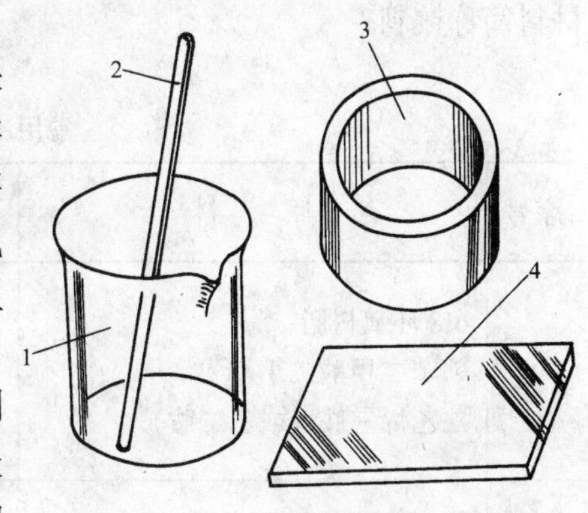

图 9－44 冷镶器具
1—小烧杯 2—玻璃搅拌棒
3—金属圈模具 4—玻璃平板

冷镶嵌法适用于镶嵌下列试样：不宜进行加热加压的试样，形状复杂试样尺寸较大，都有多孔多裂纹、脆性和多量试样待镶嵌的情况。缺点是固化周期较长，镶件固化树脂硬度一般较低，在热风下吹干时间过长时可能产生局部树脂软化等。

冷镶嵌设备：冷镶嵌无需用金相镶嵌机、设备较简单，模具尺寸可不受大小的限制。主要为配镶嵌树脂的盛具如小烧杯，冷镶模具和平板玻璃及搅拌棒等。如图 9－44 所示。

冷镶嵌模具：所用材料应具有一定的化学稳定性；不会与冷镶嵌树脂和固化剂发生化学反应。

冷镶模具可分为软性模具和硬性模具两种，软性模具常用硅酮橡胶制成，脱模比较方便。硬性模具一般由定型的硬塑料制成，通常由模圈和底座两部分组成，如图 9－45 所示。此外还可自制简易模具，如选择合适直径的金属管或塑料管锯截成必要高度的管状模圈，在玻璃平板上进行镶嵌。

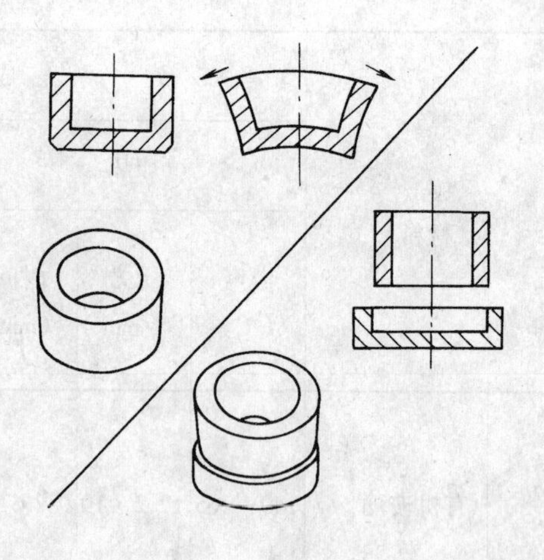

图 9－45 冷镶嵌用的软、硬塑料模具

冷镶嵌材料：主要为冷镶嵌脂、固化剂、增硬填料和脱模材料。

冷镶嵌树脂常用材料为环氧树脂、聚脂树脂和丙烯树脂等。环氧树脂流动性较好，有利于填满试样上的孔隙、裂纹。

固化剂又称硬化剂。他是以一定比例与树脂调配后，使胶态树脂变成固体。常用固化剂为胺类溶剂。

增硬填料：常用的有氧化铝粉、碳化硅粉、玻璃粉、水泥粉、矾土等。使用的填料切忌受油脂类等污染，并尽可能干燥。将适量填料调配在树脂中，固化后可提高冷镶试样的硬度，有效地起到保护试样棱边的作用。

脱模材料：常用真空油、凡士林油、硅油等，涂在模腔壁和玻璃板等表面可便于脱模。

常用冷镶材料的配方，固化条件和时间，以及应用如表 9－17 所示。对已配好的冷镶材料简称镶料。

常用冷镶嵌材料配方及应用　　表 9－17

序号	原　料	用量（g）	固化时间（h）	应　用
1	618 环氧树脂 邻苯二甲酸二丁酯 二乙烯三胺（或乙二胺）	100 15 10	室温：24 60℃：4～6	镶嵌较软或中等硬度的金属材料
2	618 环氧树脂 邻苯二甲酸二丁酯 二乙醇胺	100 15 12～14	室温：24 120℃：10 150℃：4～6	固化温度较高，收缩小适宜镶嵌形状复杂的小孔和裂纹等试样

续表

序号	原　　料	用量（g）	固化时间（h）	应　　用
3	6101环氧树脂 邻苯二甲酸二丁酯 间苯二胺 碳化硅粉或氧化铝粉（粒度尺寸～40mm）	100 15 15 适量	室温：24 80℃：6～8	镶嵌硬度高的钢试样或氮化层试样。填充料微粉用量可据需要调整比例

冷镶嵌操作步骤：清理镶嵌模具，并在模腔表面和模具底板的上表面涂一薄层脱模剂——在模底面上放置被镶嵌的金相试样，注意试样的被检验面必须朝下贴在模底面上——调配冷镶嵌塑料，并立即将配好的镶料沿模腔壁缓慢地浇注到试样上，直至充满模腔——在室温或规定温度内静置规定的时间，使塑料充分固化——脱模取样。见图9-46至图9-48所示。

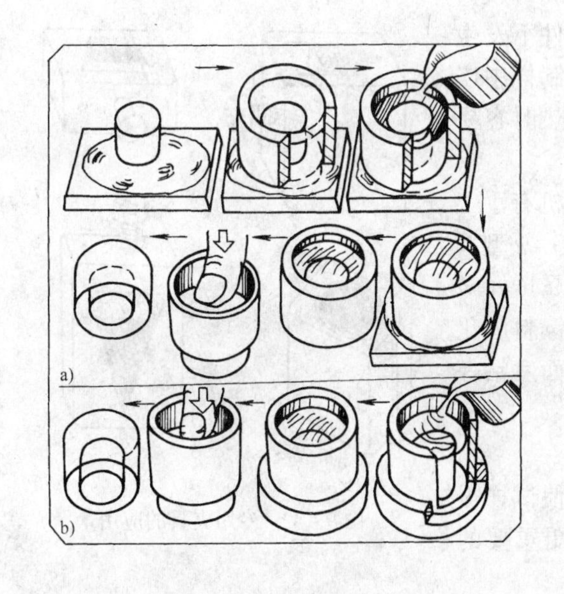

图9-46　硬性模具镶嵌及脱模方法

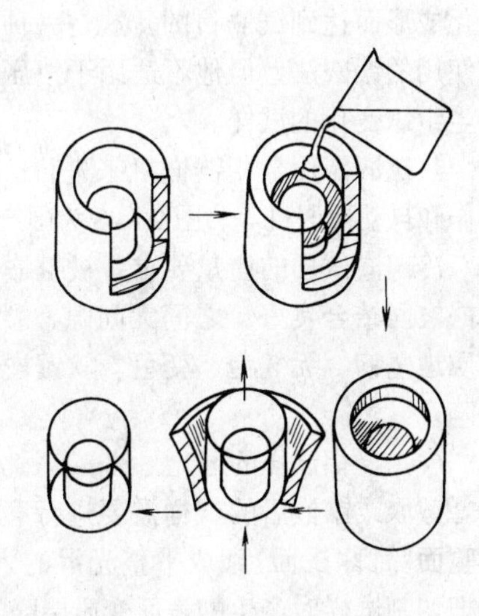

图9-47　软性模具镶嵌及脱模方法

倒边倒棱的试样。如表面脱碳层检验，表面缺陷及失效分析的裂纹试样等。

机械夹具可分为平板状夹具，如图9-40所示；环形夹具，如图9-41所示；和专用夹具，如图9-42所示。

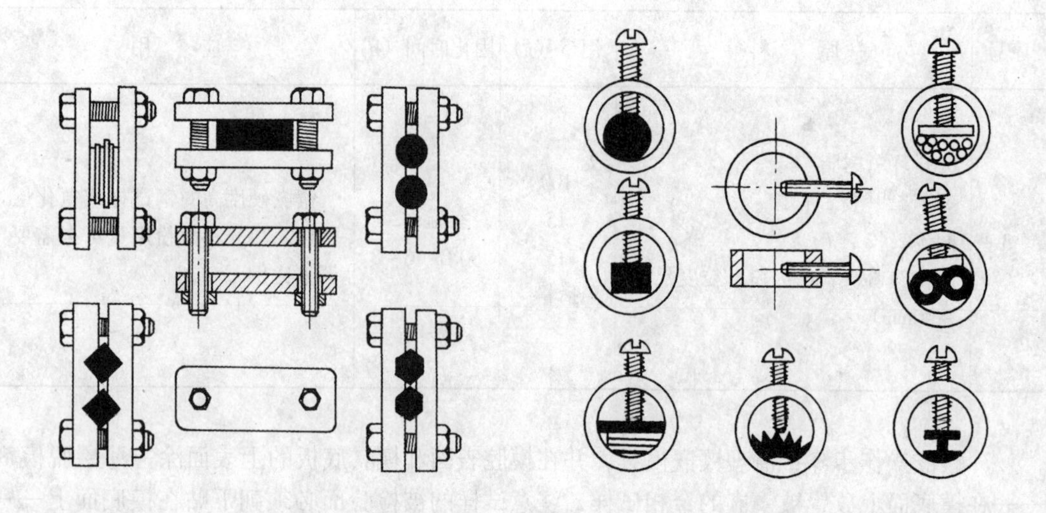

图 9－40　平板状夹具的应用　　图 9－41　环形夹具的应用

3）热镶嵌法　将试样埋入金相镶嵌机镶样模具内的镶嵌材料中，在镶嵌机的加热加压条件下发生固化成形而达到镶嵌目的。这是一种金相制样中广泛使用的镶嵌法，但他不适用于怕压和受热时容易发生组织变化的试样。

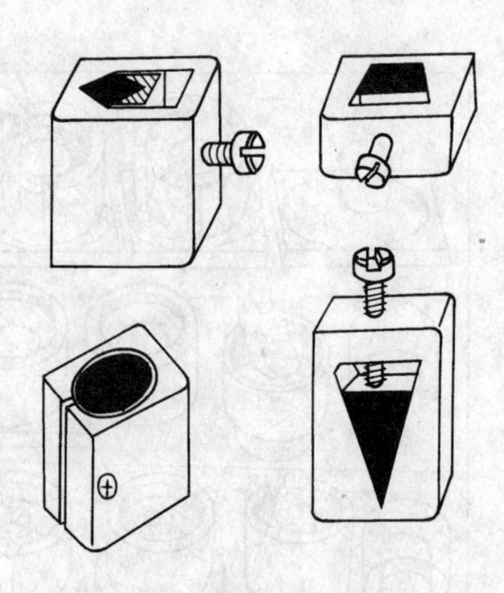

图 9－42　专用夹具的应用

热镶嵌需用金相镶嵌机来进行。镶嵌机有手工操作和自动镶嵌机等。图 9－43 为国产的 XQ－2 型。

冷镶嵌试样的质量要求：被镶嵌的金属试样与镶嵌之间结合良好，之间无间隙、裂缝、镶料固化后质地坚韧、无气泡、变色、软镶嵌和顶面发粘等缺陷。

（4）金相试样的磨光

截取或镶嵌后的试样需要进行磨光，使试样被检验面(简称试面)磨成平整光滑的表面，更重要的是把切割试样时产生的表面变质层磨除。

经用砂纸逐道磨光试样使表面变质层消除的过程及程度如图 9－49 所示。

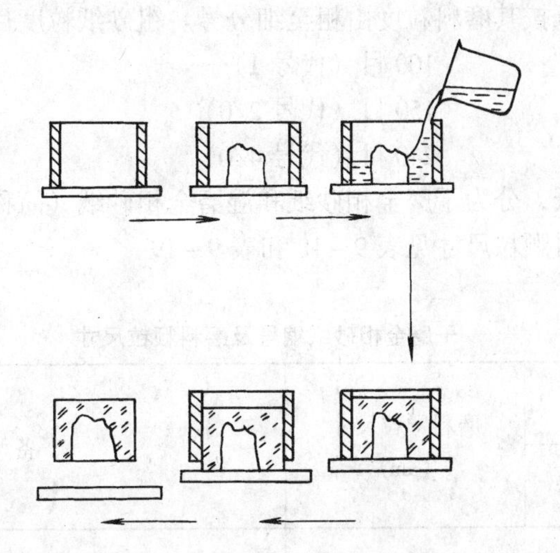

图9-48　自制简易模具镶嵌及脱模方法

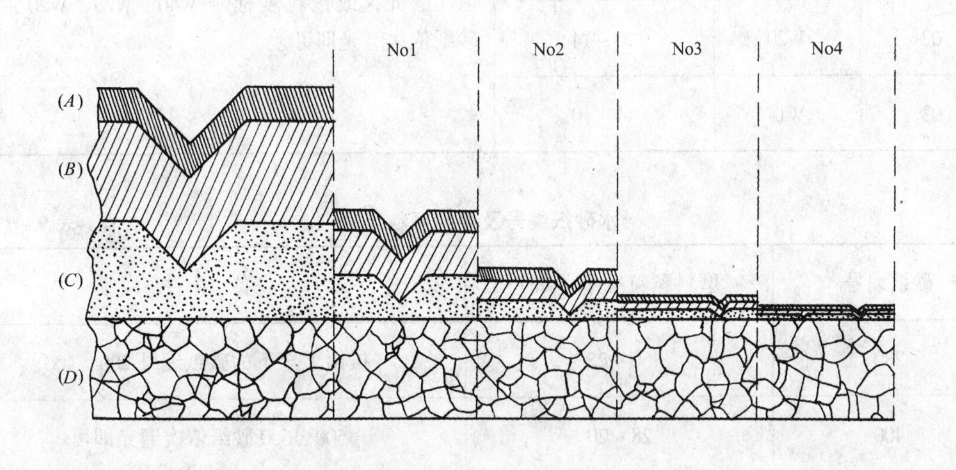

图9-49　砂纸磨光表面变质层消除过程示意图

图中（A）+（B）+（C）表示切割试样表面的总变质层

A—严重变质层；B—变质大的层；C—变质微小层；D—无变质的原始组织；

No. 1—第一步磨光后试样表面的变质层；

No. 2—第二步磨光后试样表面的变质层；

No. 3—第三步磨光后试样表面的变质层；

No. 4—第四步磨光后试样表面的变质层。

试样在磨光前，先要用砂轮机将试样的切割面磨平并去除大部分变质层，试样磨平时应注意及时冷却以免产生过热现象。

磨光方法：有手工磨光、机械磨光、电化学磨光和自动磨光。机械磨光、电化学磨光及自动磨光均需相应的磨光设备，其使用和磨光操作方法可详见设备使用说明书。手工磨光主要用手指夹持金相试样，在金相砂纸上推磨完成。

磨光用的金相砂纸按其磨料粒度由粗至细分号。粗砂纸粒度目数和砂纸代号如下：

80 目（代号 2） 100 目（代号 1）

120 目（代号 0） 150 目（代号 2/0）

180 目（代号 3/0） 240 目（代号 4/0）

细磨光用金相砂纸，分为干磨金相砂纸和湿磨金相砂纸（简称水砂纸）两种。这两种金相砂纸的编号及磨料颗粒尺寸见表 9－18 和表 9－19。

干磨金相砂纸编号及磨料颗粒尺寸 **表 9－18**

干砂纸编号		磨料颗粒尺寸（μm）	备注
砂纸标号	粒度标号		
0	W40	40～28	钢结构材料试样按砂纸标号 0、01、02、03 砂纸依次磨光，或按粒度标号 W40、W28、W20、W14 砂纸依次磨光即可
01	W28	28～20	
02	W20	20～14	
03	W14	14～10	

水砂纸编号及磨料颗粒尺寸 **表 9－19**

砂纸编号	磨料颗粒尺寸（μm）	备注
280	50～25	按由上至下的砂纸编号 280、400
400	28～20	500、600 砂纸依次磨光即可
500	20～14	
600	14～10	

水砂纸可在流水下进行磨光试样，其磨度粗细及深度较匀一，且不易磨制过热，磨光面质量较好。

手工磨光操作：将金相砂平放在清洁平板玻璃上，用手指夹持试样将试面在砂纸上平推达到磨光。金相砂纸由粗粒号到细粒号：120 目→200 目→240 目→0#→01#→02#→03#逐次调换进行推磨。推磨时试样面与砂纸面要紧贴，施在试样上的压力需均匀，力大小适当，以免磨光过程造成试面上局部过热，每换一道金相砂纸时应注意清洁试面、砂纸，并将试样旋转 90 度后再作推磨，磨至上道磨痕完全消失，新磨痕完全均匀一致为止。

金相试样机械磨光操作：将金相砂纸由粗至细贴在金相预磨机（或金相抛光机）的磨

抛盘上，用手指夹持试样使试面在旋转的砂纸上磨光。用水砂纸时可以边冲水边磨光，效果较佳。若用干砂纸磨时应注意防止试面过热。直到上道粗磨痕完全消失为止。一般磨制500目或600目金相砂纸即告完成。

自动磨光机磨光操作：应按设备使用说明书先调整磨光机的转速、施在试样上的载荷，冷却液流量等，再把试样紧固在试样夹具内进行自动磨光。

(5) 试样的抛光：抛光的目的，是为了最终消除试样表面的细微划痕和形变扰乱层，以获得没有制样假象，保持试样真实性，并达到镜面光滑的金相观察面。

金相试样的抛光方法：常用有机械抛光法、自动抛光、电解抛光、化学抛光、化学机械抛光、电解机械抛光等。其中机械抛光具有设备简单，适用性较大等优点，在钢结构材料的金相试样抛光中得到广泛应用。自动抛光具有抛光质量稳定，重现性好，对操作人员的抛光技能熟练程度的依赖性较小，而且便于掌握，工作效率高等优点，因此越来越多地得到应用。

机械抛光法是通过抛光织物上的不固定抛光微粉与试样磨面间的相对机械作用而将试样抛成镜面的方法。常见的机械抛光机有旋转式抛光机和振动式抛光机。旋转式抛光机抛光法较常用。

旋转式抛光机是由电动机驱动水平旋转的抛光盘工作的。有单盘、双盘、多盘可变速抛光机等。国产的P-2型双盘抛光机的结构如图9-50所示。有的抛光机具有调速机构使抛光盘转盘由150 r/min至1200 r/min实行无级变速；具有磨料自动滴注装置实施自动加抛光料；还具有加载装置，可在试样上施加不同载荷的压力，从而实现半自动抛光。

图9-50　P-2型抛光机主要结构图示

1—电动机；2—塑料盘；3—抛光盘；4—抛光织物；5—套圈；6—塑料罩；7—电动机开关

金相抛光剂的种类较多：悬浮液抛光剂；膏状金相研磨膏；喷雾状抛光剂及用于手抛光的二氧化硅悬浮胶体等。他们都是由抛光磨料微粉（抛光粉）与适当的溶剂配制成的。

悬浮液抛光剂：常用2.5μm～1μm的抛光粉，如三氧化二铬或氧化铝、氧化镁及四氧化三铁（均为化学纯）的微粉，与蒸馏水配制而成。使用时把少许上述悬浮液倒在抛光布上即可抛光。

膏状金相研磨膏：常用2.5μm或3.5μm的人造金刚石研磨膏抛光钢结构材料试样。使用时先用水湿润抛光织物，然后挤少许研磨膏在抛光织物上涂匀，试样在施转的抛光盘面上抛成镜面为止。抛光过程中只需保持织物的一定湿度，无需经常加水，以免将金刚石研磨膏飞溅而造成浪费。

喷雾状抛光剂：钢结构材料试样抛光常用2.5μm～3.5μm人造金刚石喷雾抛光剂。使用时，先需适当湿润抛光织物，然后先摇动喷雾抛光剂罐，再揿压喷嘴，即有抛光剂喷在织物上，喷雾量不必太多，再旋转抛光盘即进行抛光。

二氧化硅悬浮胶体：如 Monsanto 制成的 0.04μm 的高效抛光胶体，常作为最后精抛光用。使用时，试样先需经 1μm 金刚石粉抛光后，在铺于玻璃平板上的中等绒毛合成织物上，以抛光胶体手推抛光 30～60s，得到干净的抛光面。

常用的抛光剂为金相研磨膏和喷雾状抛光剂。对于建筑用钢的试样抛光，常用的磨料粒度为 W2.5 或 W3.5 的人造金刚石研磨膏或喷雾剂。

常用的抛光布以短毛绒进行机械抛光的效果和质量较好。

机械抛光操作及注意事项：

将用水洗净的抛光绒布用套圈紧固在抛光盘上。应注意抛光绒布需紧贴在盘面上，绒布下不得有气泡，没有皱折。然后把少许研磨膏挤于抛光盘中央及近盘边约1/3半径的圆上，喷少量清水后向周围涂均匀。若用悬浮抛光液应倒少许在抛光盘中心。然后用手指夹持经洗净的试面平贴在旋转的抛光绒布上进行抛光。抛光时应使试面上的磨痕垂直于抛光盘的旋转方向，并注意保持绒布的适当湿度和研磨膏量，对试样施加的压力应适中和均匀。一般结构钢试样约抛光 2～5min 即可完成。注意：在保证抛光质量的前提下抛光时间越短越好，以免钢中非金属夹杂物剥落，产生抛光面扰乱层、抛光麻点等缺陷。

抛光面的质量检查　抛光后的试样可先用肉眼在充足光线下观察抛光面，应成无划痕的光亮平整表面。然后在放大 100 倍显微镜下检查。合格的抛光面应达到如下要求：

a. 无妨碍金相检验及摄影质量的划痕；

b. 无组织及夹杂物泄尾现象；

c. 无沾污、无水迹；

d. 无金属变形扰乱层，无抛光麻点，无严重凸浮、无剥落；

e. 无不应存在的抛光圆角等缺陷。

抛光完好的试样，可直接置于金相显微镜下，放大适当倍数后进行钢材非金属夹杂物，显微疏松等冶金缺陷及裂纹等检查。

(6) 钢结构试样的组织显示

钢结构用材一般为低碳钢和低碳低合金钢，他们的组织主要为铁素体，珠光体和三次渗碳体。常用化学浸蚀法显示组织。

钢结构试样浸蚀：常用 2%～5%硝酸酒精溶液。也可在上述试剂中再加微量苦味酸，使珠光体显现更清晰。通常在保温下浸蚀，观察抛光试面失去金属光泽，即将试样从浸蚀剂中取出，立即用清水冲净残余浸蚀剂后，在试面上喷淋无水酒精，再用热风机吹干，即可观察组织。

9.4.4 常用原材料的组织检验

(1) 钢结构常用原材料的基本组织及形态特征

1) 铁素体〔Feα (c)〕　是碳与合金元素溶解在 α－Fe 中的固溶体。是低碳钢中最常见的相。

形态特征：在硝酸酒精溶液侵蚀下，铁素体晶界易受侵蚀，但晶粒本身不受侵蚀，故显现明显的晶界，呈白亮色的等轴晶或拉长晶粒。随着热处理状态的不同，铁素体数量不同，并会出现多种形态的铁素体。

2) 渗碳体〔Fe_3C〕　是铁和碳的化合物，又称碳化铁。常温下铁碳合金中碳大部分以渗碳体存在。它质硬而脆，是碳钢中订提高钢强度和硬度的一种相。因热处理的条件不同，渗碳体可有多种形态。如片状、网状、球状、针状等。钢结构用材中渗碳体主要以珠光体中的片状，和三次渗碳体的网状形态出现。

3）珠光体　是铁素体和渗碳体的机械混合物。是碳钢和低合金钢原材料中普遍存在的相。

珠光体镜下呈大致平行的线条状，是由铁素体和渗碳体相间排列的片层状组织，片层一般稍弯曲。其片的粗细（即渗碳体片的粗细）用片间距来衡量，由此分为粗片、细片和极细珠光体。他们的片间距如下。

粗片状珠光体的片间距为0.6～0.7μm。用一般金相显微镜在放大500倍下能分辨Fe_3C片。

细片状珠光体的片间距为0.25微米。需放大至1000倍下方可见到其片状。

极细珠光体的片间距小于0.1μm。在放大1000倍下也难以分辨出渗碳体片状。在一定热处理条件下（球化退大或高温回火）渗碳体呈颗粒状分布于铁素体基体上，称为粒状珠光体。根据渗碳体颗粒大小、形状，又可分为点状，粒状和球状三种。

珠光体是钢结构原材料中最基本的组织之一。

4）奥氏体〔Feγ（c)〕　是碳在γ－Fe中的固溶体。在钢结构材料中通常只在高温时存在。在室温下只能在非正常组织中与马氏体伴存。

形态特征正常形貌为白亮色的规则多边形晶粒。与马氏体伴存时为白亮色基体，很难见到晶界。

5）马氏体　是碳在α－Fe中的过饱和固溶体，他是过冷奥氏体快速冷却到马氏体点之下发生无扩散性相变的产物，钢结构中出现马氏体属非正常组织。

据其组织形态马氏体通常分为板条马氏体和针状马氏体。

板条马氏体：低碳钢形成的马氏体为板条状马氏体，又称低碳马氏体、位错马氏体。形态是马氏体针以条状定向平行排列，组成马氏体束或马氏体领域，在领域与领域之间位向差较大，一颗原始奥氏体晶粒内可以形成几个不同取向的领域，见图9－51。

针状马氏体：通常在高碳钢淬火后生成针状马氏体，又称高碳马氏体、李晶马氏体。形态是成一定位向分析的大小和粗细不等的马氏体针叶群。其中在奥氏体中所生成的第一片马氏体针为最长最粗，以后生成的马氏体针则依次较短小。粗大马氏体针形似“竹叶”，在“竹叶”中间有一条明显的中脊面。碳量愈高时中脊面越清晰。马氏体针间互成一定角度分布。在正常淬火工艺下，常见的为细针状或隐针状马氏体。

图9－51　板条马氏体

较粗的针状马氏体形貌见图9－52。图中白亮色基底为残余奥氏体。

6）贝氏体　又称贝菌体。是过饱和的铁素体与渗碳体混合物。通常是过冷奥氏体中温转变的产物。常见有上贝氏体和下贝氏体。

形貌特征

上贝氏体：呈羽毛状或鱼骨状特征，他是由成束平行排列的铁素体条与条状渗碳体组成。铁素体条越细、渗碳体愈密集。其形成温度一般约350~600℃。

下贝氏体：呈黑针状或竹叶状，是由片状铁素体内沉淀渗碳体的两相组织组成。其片与片之间互相交叉，通常交叉的两片呈55°~60°角的较常见。一般与回火后的针状马氏体从金相形貌上较难辨别。最好由电子显微镜来鉴别。

钢结构材料组织中若出现贝氏体，应属非正常组织。

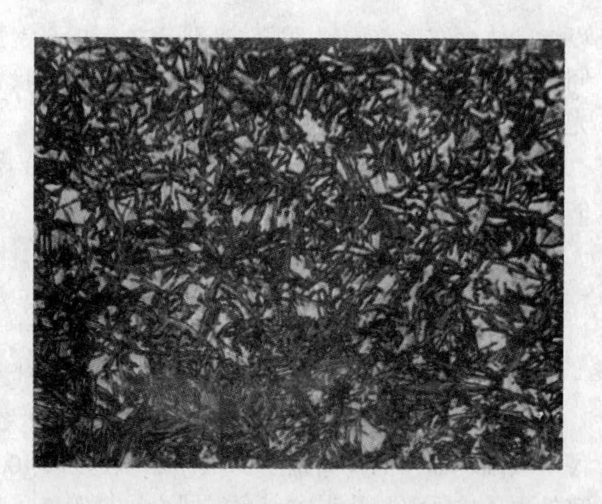

图9-52 针状马氏体（白色为残余奥氏体）

7）魏氏组织 低碳钢组织中出现成排的针状铁素体组织，这些成排的针状铁素体是从原奥氏体晶界向晶内平行生长而成的。铁素体排与排之间呈一定角度分布。这种组织叫魏氏组织，他往往是低碳纲因为过热形成粗晶奥氏体，在一定的过冷条件下产生的。可见这是一种不正常的过热态组织。

8）带状组织 经热加工后，低碳结构钢组织中，铁素体和珠光体沿加工方向平行成层分布叫条带组织。带状组织是钢结构原材料的常见组织之一。

图9-53 钢结构用材料的常见组织

9）实际晶粒度 钢在交货状态下所具有的实际晶粒大小。对建筑用钢一般指铁素体的晶粒度。

10）脱碳层 钢材热加工或热处理时，表面与高温炉气作用后，失去全部或部分碳量，而造成钢材表面比内部的含碳量降低。其形貌为全铁素体层和铁素体量比内部组织多的半脱碳层。

11）纤维组织 低碳钢经轧制后晶粒发生变形沿加工方向伸长，或晶粒取向沿加工方向发生转动。当加工变形达到足够大时，最后得到像一束纤维一样的组织。

图9-54 钢结构用材料的组织中的三次渗碳体

在冷轧钢材或在冷状态下钢材发生

断裂的断口附近组织常易见到纤维组织。

(2) 钢结构常用原材料的组织

经热轧或退火态的钢结构材料应呈现以铁素体为主及少量珠光体组织。其中的铁素体通常以等轴晶或沿轧制方向有一定程度拉长的晶粒存在。珠光体常以细片状、片状和粗片状出现，并且通常呈断续和部分较连续的带状分布。其典型的组织形貌见图 9－53。除此以外，在这些原材料组织中放大高倍时可观察到有极少量的三次渗碳体，他们总是分布在铁素体的晶界上。由于三次渗碳体很细小，一般需要放大到 400 倍以上才能观察到他的存在；在铁素体晶粒边界上如“双晶界”形貌出现，见图 9－54。可见钢结构钢材的正常组织应该是多量的铁素体和少量珠光体及极少量三次渗碳体所构成的三相组织。

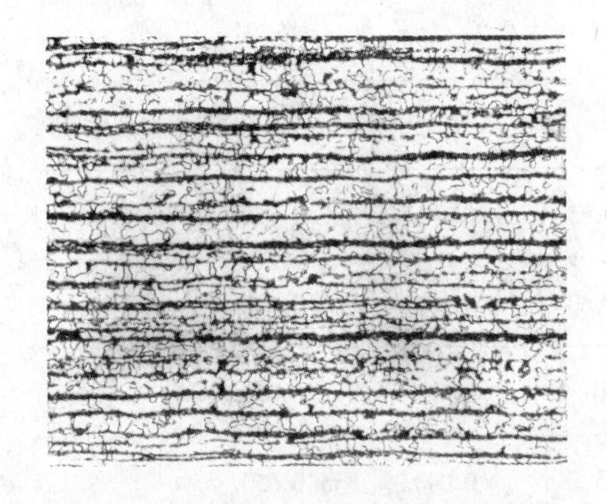

图 9－55　16 锰钢板（板厚 14mm）的组织

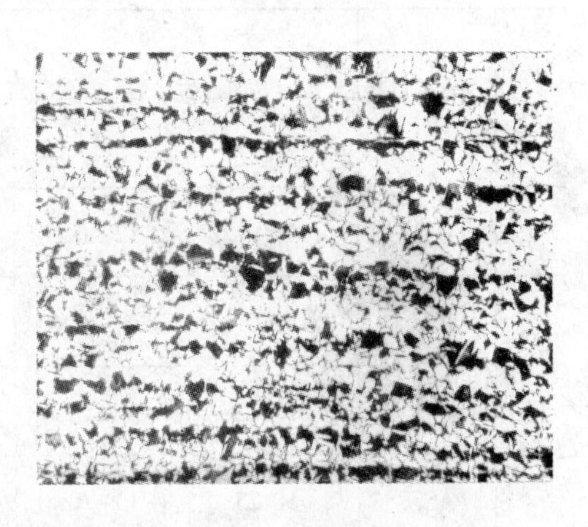

图 9－56　SM490B 钢板（板厚 60mm）的组织

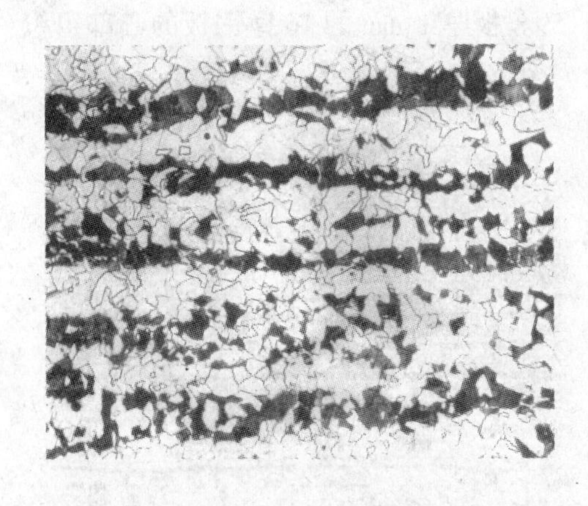

图 9－57　A572 钢板（板厚 100mm）的组织

图 9－58　耐候钢板（板厚 2.4mm）的组织

随着钢结构用材的成分不同，钢板厚度不同，组织的组成相总是上述三种相。但是其中铁素体和珠光体含量的比例会有所不同。一般在钢板厚度相同情况下，随着钢的碳含量的增多、则该材料组织中的珠光体含量也增多，反之亦然。此外，对于低合金钢和耐候钢，由于合金元素的加入，往往会使铁素体的晶粒比相同碳含量的碳素钢中的铁素体晶粒要细一些，珠光体也相应要细一些。

钢结构材料组织的粗细及带状中珠光体条带的粗细通常随钢材厚度而增粗。并且粗片状珠光体的含量也会增多，图 9－55～图 9－58 为不同钢种及不同钢板厚度的钢结构材料的组织。

所列组织照片的钢结构用材的标准成分见表 9－20。

四种钢的标准成分　　**表 9－20**

序号	钢　号	化　学　成　分　（%）					
		碳	硅	锰	磷	硫	其他
1	Q235	0.14～0.22	0.12～0.30	0.35～0.65	≯0.045	≯0.050	—
2	16Mn	0.12～0.20	0.20～0.60	1.20～1.60	≯0.050	≯0.050	铜≤0.035
3	SM490B	<0.22	<0.55	<1.60	≯0.035	≯0.035	—
4	A572	<0.23	0.15～0.40	≤1.35	≯0.040	≯0.050	—

对于连铸连轧法制造的厚钢板，其板厚心部组织常存在组织偏析。主要表现为珠光体含量比其他部分的较多。在板厚 100mm 的心部珠光体带不仅条带宽度增加，而且珠光体聚集成半网状和网状分布。其组织偏析形貌见图 9－59。板厚 14mm 的 16 锰钢板的心部组织偏析情况如图 9－60。

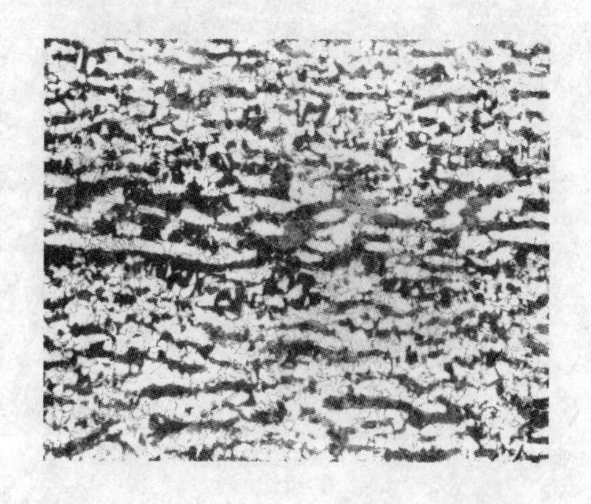

图 9－59　A572 钢连铸连轧板（板厚 100mm）心部组织偏析形貌

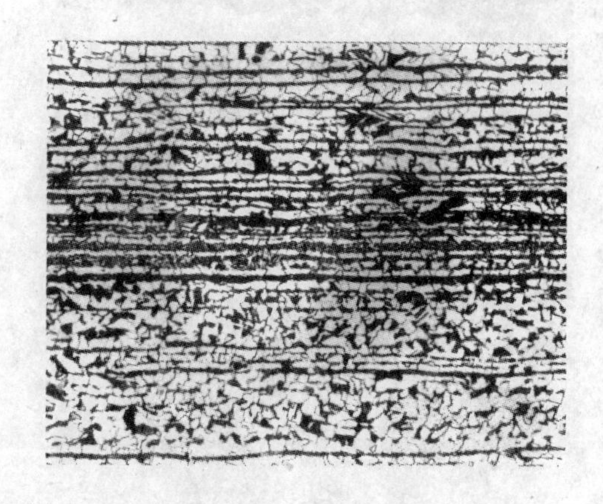

图 9－60　16 锰钢板（板厚 140mm）心部组织偏析

对于连铸连轧制造的16锰钢板的板厚中心还可能出现反常组织，他们主要是马氏体层，也可能伴有贝氏体组织。图9-61为16锰钢板心部的反常组织马氏体层。并可看到在马氏体层内存在着微细裂纹和条状硫化物。由于板厚中心的组织偏析及反常组织一般较狭，因此通常需要在显微镜下采用高倍（500倍以上）放大的条件下其组织形貌才能得以充分显现。

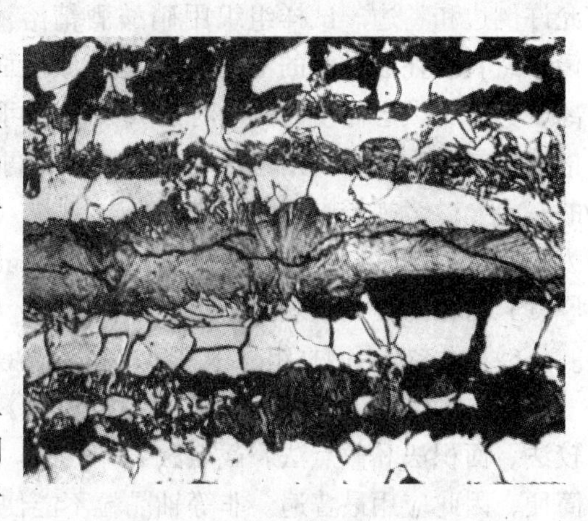

图9-61 16锰钢板（板厚14mm）心部反常组织——马氏体层

钢结构材料的显微组织还可能出现魏氏组织——针状铁素体。这是一种过热组织，对钢材的强度和韧钢塑性都有危害影响。因此属于非正常组织。

钢结构材料组织中的珠光体有时会以粒状或点状珠光体出现。此时材料塑性较好，但有可能使强度指标有所下降。

(3) 钢结构材料的组织评定

钢结构材料中的珠光体，带状组织和魏氏组织，按国家标准《钢的显微组织评定方法》GB/T13299-1991评级。

标准规定应选择试面上各视场中最高级别处进行评级，允许附上半级。评定时采用与相应标准评级图在规定放大倍率下比较的方法进行评级。

1）低碳变形钢的珠光体评级　评级图见标准附录A2。主要用于评定含碳量0.10%～0.30%低碳变形钢中的珠光体，根据珠光体的结构（粒状、细粒状珠光体团或片状）、数量和分布特征来分级。标准的表2对附录A2中的评级图特征进行了描述。由A、B、C 3个系列各分6个级别图供评定用。评定时珠光体的放大倍数为400×（允许360～450x）。

2）带状组织评级　评级图见标准附录A3。用于评定珠光体钢中的带状组织。根据带状铁素体数量增加，并考虑带状贯穿视场的程度、连续性和变形铁素体晶粒多少的原则来分级。标准的表3对附录A3中评级图的组织特征进行了描述。由A、B、C 3个系列各分6级评级图供对比评级。评级时带状组织的放大倍数为100x（允许用95x～110x）。

3）魏氏组织评级　评级图见标准附录A4。用于评定珠光体钢过热后的魏氏组织。根据析出的针状铁素体数量、尺寸和由铁素体网确定的奥氏体晶粒大小的原则来分级。标准的表4对附录A4的评级图的组织特征作了描述。由A、BZ个系列各分6个级别图组成。评定魏氏组织的放大倍数为100x（允许用95x～110x）。

4）脱碳层深度测定　按国家标准《钢的脱碳层深度测定》GB244-87测定钢材（坯）及其构件的脱碳层深度。标准对“脱碳”、“总脱碳”和“总脱碳层深度”作了如下定义：

脱碳：金属表层上碳的损失。这种损失可以是部分脱碳；全（或近似于全）脱碳。

总脱碳：部分总脱和全脱碳这两种脱碳的总和。

总脱碳层深度：从产品表面到碳含量等于基体碳含量的那一点距离。

各种产品允许脱碳层深度应在有关产品技术条件中规定。

测量方法：试样在供货状态下检验。检验面应垂直于构件的纵轴。被检制样的边缘不允许倒边和卷边。试样组织用硝酸酒精溶液侵蚀显示。金相法是借助于显微镜的测微目镜，或直接在显微镜的毛玻璃上测量从表面到其组织和基体组织已无区别的那一点的距离，为总脱碳层深度。测量时的放大倍数可根据脱碳层深度的具体情况而定。一般先在低倍下作初步观测，找出最深均匀脱碳区，再在适当倍数下，对每个试样最深的均匀脱碳区的一个显微镜视场内，随机进行几次测量（至少需五次），再求出这些测量值的平均值作为总脱碳层深度。脱碳层深度应以毫米（mm）表示，也可以单边脱碳层占钢材直径（或厚度）的相对百分数表示。

5）钢结构用钢材组织中铁素体晶粒度测定

按照标准《金属平均晶粒度测定方法》YB/T5148－93 执行。标准规定的测量法有比较法、面积法和截点法。截点法为仲裁法。测定等轴晶粒的铁素体晶粒度，采用比较法最简便，因此应用最普遍。非等轴晶粒不能使用比较法评定晶粒度。

钢结构材料晶粒度显示试剂：硝酸酒精溶液，浸蚀至铁素体全部晶界显示清晰为止。

评定方法：通常使用与标准评级图片相同的放大倍数，通过显微镜投影图象或代表性视场的显微照片与相应的标准评级图片直接比较，选取与试样图象最接近的标准评级图级别，记录评定结果。

当铁素体晶粒在放大 100 倍下过于细小时，可以放大适当倍数用标准图评级，然后将所得出的高倍下的级别与等同图象的晶粒度级别比较，得出实际晶粒的晶粒度，这种对比关系如表 9－21 所列。

表 9－21

图级的放大倍数	与标准评级图编号等同图象的晶粒度级别									
	No. 1	No. 2	No. 3	No. 4	No. 5	No. 6	No. 7	No. 8	No. 9	No. 10
25	－3	－2	－1	0	1	2	3	4	5	6
50	－1	0	1	2	3	4	5	6	7	8
100	1	2	3	4	5	6	7	8	9	10
200	3	4	5	6	7	8	9	10	11	12
400	5	6	7	8	9	10	11	12	13	14
800	7	8	9	10	11	12	13	14	15	16

面积法是通过统计给定面积内晶粒数 n 米测定晶粒的。截点法是通过统计给定长度的测量网格上的晶界截点数来测定晶粒度的。具体测量方法见 YB/T5148－93 标准。

9.4.5　钢中非金属夹杂物的检验

（1）常见非金属夹杂物类型鉴别

建筑用钢中常见非金属夹杂物有硫化物、氧化物、二氧化硅、硅酸盐等。他们的主要金相特征如下：

硫化物：主要为硫化铁（FeS）和硫化锰（MnS），以及他们的共晶体等。由于硫化物的塑性较好，轧态钢材中常见的硫化物呈长条形或纺锤形。在明场下硫化铁呈淡黄色；硫化锰呈灰兰色；共晶体呈灰黄色。暗场下他们一般不透明，并显出明亮的周界线。但硫化锰稍透明，略呈灰绿色。在偏振光下都不透明，除硫化铁呈各向异性外，硫化锰及共晶体都为各向同性。

氧化物：常见的有氧化亚铁（FeO）、氧化亚锰（MnO）、氧化铬（Cr_2O_3），氧化铝（Al_2O_3）等，他们的塑性一般较差，压力加工后，往往沿钢材压延伸长方向呈不规则的总状或细小碎块状聚集成带状分布。明场下，他们多数呈灰色。暗场下，FeO 不透明，沿周界有薄薄的亮带，MnO 透明呈绿宝石色；Cr_2O_3 不透明，有很薄一层绿色；Al_2O_3 透明，呈亮黄色。在偏振光下，前两者为各向同性，而后者为各向异性。

二氧化硅（SiO_2，石英）：也是常见的氧化物。明场下，他是深灰色的球状。暗场下呈无色透明球状。在偏振光下呈各向异性、透明、并有黑十字现象。

硅酸盐：常见有铁硅酸盐，又称铁橄榄石（$2FeO \cdot SiO_2$）；锰硅酸盐，又称锰橄榄石（$2MnO \cdot SiO_2$）；复杂铁锰硅酸盐（$nFeO \cdot mMnO \cdot pSiO_2$）；硅酸铝，又称莫来石（$3Al_2O_3 \cdot 2SiO_2$）等。这些夹杂物可塑性一般较差。明场下均呈暗灰色，带有环状反光和中心光亮点，暗场下，他们一般均透明，伴带有不同的色彩。偏光下，除多数铁锰硅酸盐显各向同性，并有黑十字现象外，其他三者均呈各向异性。

氮化物：主要为氮化钛（TiN），其塑性差，外形规则，常见为三角形、正方形、矩形、梯形等。明场下呈金黄色。暗场下不透明。偏光下各向同性，不透明。氮化钒夹杂，外形规则，明场下呈浅玫瑰色。其他性质都与 TiN 相同。此外，在结构钢中还常见到氰化钛〔Ti（CN）〕，其大部分性质与 TiN 相似，仅在明场下他的颜色随其碳含量的增多，按玫瑰色→紫色→淡紫色顺序而变化。

（2）钢中非金属夹杂物的评定法

钢结构用钢材及构件的非金属夹杂物的评定，应按国家标准《钢中非金属夹杂物显微评定方法》GB/T10561－89 进行。GB/T10561－89 标准等效采用国际标准《钢中非金属夹杂物含量测定——标准评级图谱显微检验法》。ISO4967－1979 标准适用于经过延伸变形（如轧制、锻造、冷拔等）的钢材中非金属夹杂物的显微评定。规定了钢材中非金属夹杂物显微评定试样的选取与制备、非金属夹杂物的显微评定方法、结果表示及试验报告等。

标准规定，自钢材（或钢坯）上切取的检验面应为通过钢材（或钢坯）轴心之纵截面，其面积约为 $200mm^2$（$20mm \times 10mm$）。

非金属夹杂物的评定原则　标准规定钢中非金属夹杂物采用与标准评级图相比较的方法评定。标准列出了 JK 评级图和 ASTM 评级图二套标准级别图。每套夹杂物均分为 A、B、C、D 四类。其分类不是根据夹杂物的化学组成不同，也不按夹杂物的性质如塑性或脆性夹杂物分类，而仅仅根据夹杂物的形态为分类依据：

A 类（硫化物类型）　　C 类（硅酸盐类型）

B类（氧化铝类型）　　　D类（球状氧化物类型）

每类夹杂物按厚度或直径Q分为细系和粗系两个系列，每个系列由表示夹杂物含量递增的五级图片组成。JK标准评级图由1级～5级，评定夹杂物时允许评半级、如0.5级、1.5级等。他适用于含夹杂物比较多的情况下评级用。ASTM标准评级图的5级为由0.5级到2.5级组成，适用于评定高纯洁度钢的夹杂物。两个评级图可参见标准的评级图Ⅰ和评级图Ⅱ。

评级时必须注意：JK标准评级图与ASTM标准评级图在同一检验中不能同时使用。标准评级图的选用应由产品技术条件规定。在没有这种规定时，可按钢材中夹杂物的实际多少来选择所用的标准评级图。

夹杂物的评定方法：标准规定将未经浸蚀的试样检验面在显微镜下放大100倍观察，观察方法有投影法和直接观察法，与标准评级图进行比较评定。进行钢结构用钢材或构件夹杂物检验时，应对每类夹杂物按细系或粗系记下与检验面上最恶劣视场相符合的标准评级图的级别作为评定结果。

评定结果表示：用每个试样上每类夹杂物的最恶劣视场的评级级数，写在夹杂物类符号A、B、C、D后面，并用字母e表示出现粗系夹杂物。例如A2、Ble、C3、D1等。

9.5 物理分析

9.5.1 X射线衍射分析

(1) X射线

1895年德国物理学家伦琴在研究阴极射线时，发现了一种新的射线。他沿直线传播，有很强的穿透能力，可使荧光屏发光或使照相底片感光。当他穿透物质时，可以被偏振，并被物质所吸收，还可使空气或其他气体电离及杀伤生物细胞等。当时人们对这种射线尚未了解，故称谓X射线，并沿用迄今。1912年劳埃等人在前人工作的基础上成功地利用晶体作光栅观察到X射线衍射现象，不仅证实了X射线本质是一种电磁波，另一方面也证实了晶体结构，为研究物质的微观世界提供了崭新的方法。

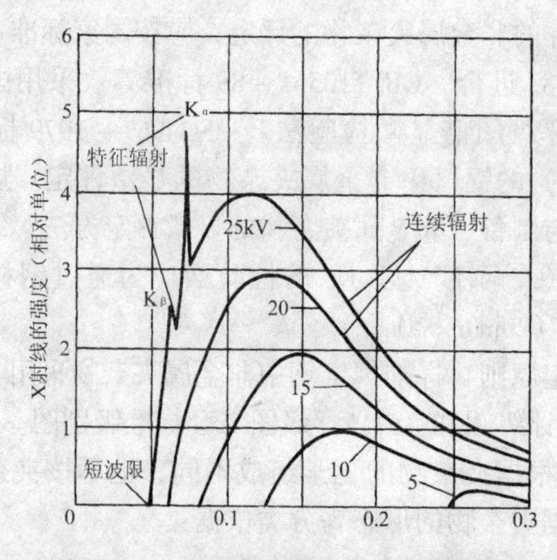

图9-62　不同管压FMo靶的X射线谱

由X射线管发出的X射线可以分为两种，一种是具有连续波长的X射线，构成连续X射线谱，也叫做白色X射线。另一种是具有特定波长的X射线谱叠加在连续X射线谱上，称为标识X射线（或称特征X射线）。这种标识X射线只有当管压增高到某一临界时（激发电压）才会出现，不同管压 FM_0 靶的X射线谱见图9-62。

当X射线与物质相遇时，会产生各种形式的错综复杂的交互作用，主要有以下三种：

1）X射线的衰减；2）X射线的真吸收；3）X射线的散射。

（2）X射线的分析方法

1）布喇格方程：当X射线波与被照物质原子的电子相互作用时，X射线波使这些电子以X射线波同样的频率进行强迫振动。电子则成为二次散射X射线的发射光源，被电子所散射的X射线在干涉时增强或减弱，形成了物质的衍射图。要描述X射线在晶体中衍射的情况是很复杂的。1912年英国物理学家布喇格导出了形式简单，但能说明晶体衍射基本关系的布喇格方程式。

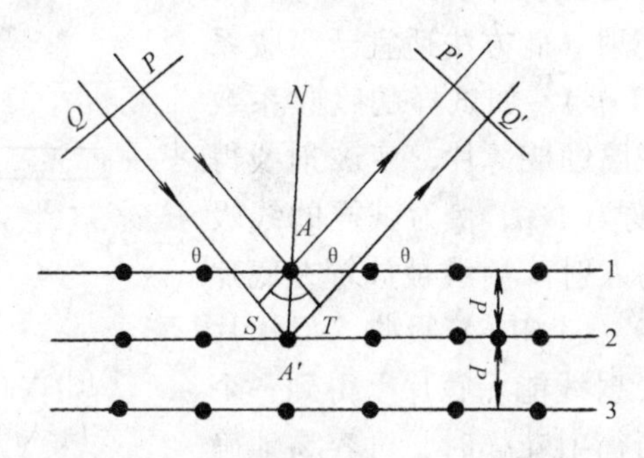

图9-63 推导布喇格方程的示意图

设波长为 λ 的入射X射线照射到晶体的一系列平面上（图9-63的1、2、3），AN 为该晶面之法线。晶面间距 AA' 为 d。

图9-63中相邻两个平面1和2的衍射光束 P' 和 Q' 之间的光程差 σ 为

$$\sigma = SA' + A'T = 2d\mathrm{Sin}\theta \tag{9-42}$$

当光程差高于波长的整数倍时，光束P′和Q′互相干涉加强，故衍射线加强条件为

$$2d\mathrm{Sin}\theta = n\lambda \tag{9-43}$$

这就是布喇格方程式。

式中 n——整数（衍射的级数）；

θ——半衍射角（原射线束与衍射线之间夹角的一半）。

布喇格方程式除了满足式（9-41）条件外，还必须具备下述条件：

①入射线、衍射线和衍射晶面的法线必须在同一平面上；

②因 $\mathrm{Sin}\theta$ 的绝对值只能等于或小于1，故当 $n=1$ 时，波长 λ 必须等于或小于晶面间距的二倍，才能得到该晶面族的衍射线。

此外，X射线的衍射与可见光的反射有如下的区别：

①可见光被反射时可选择任何入射角。而X射线仅在满足布喇格方程时，才产生衍射现象；

②当X射线射向晶体并产生衍射现象时，不仅晶体表面原子起作用，而且内层原子也

起作用。而可见光被反射时，起作用的仅仅是表面而已。

2）X射线衍射方法

①劳厄法　单晶体衍射是重要的X射线实验方法之一。劳厄法是用连续X射线投射到不动的单晶体试样上产生衍射的一种实验方法。其特点是单晶体试样不动，用X射线连续谱摄照，主要用测定晶体方位及晶体的对称性。

劳厄法一般选用原子序数较大的钨靶X射线管作辐射源，工作电压在30~70kV之间，用Mo靶或Cu靶的连续谱也能获得较好的图相，但须注意当管电压超过了他们相应的激发电势后，就有标识谱线产生。劳厄法所用的试样可以是独立的单晶体，也可以是多晶体中的粗大晶粒。此外进行这种实验时入射线束不加任何滤波器或反射装置。

劳厄法一般使用平板照相机，根据X射线和试样的相对位置又分为透射法和背射法两种。劳厄照相法的底片必须和入射X射线垂直。

(a) 透射劳厄法。实验示意图如图9-64所示。X射线穿透晶体而发生衍射。此方法适宜于吸收系数较小的晶体（如铝、镁等），如试样的吸收系数较大，则须将试样磨制或腐蚀成薄片，使X射线得以通过，试样的较佳厚度为$1/\mu$，μ为试样的线吸收系数。此外透过晶体的入射X射线被放置在底片前面的一小块铅片（图9-64中6）吸收，但铅片的厚度不宜过大，以使X射线能在底片上得到一个小黑点为宜，这样在分析衍射花样时，可容易地确定入射线的位置。

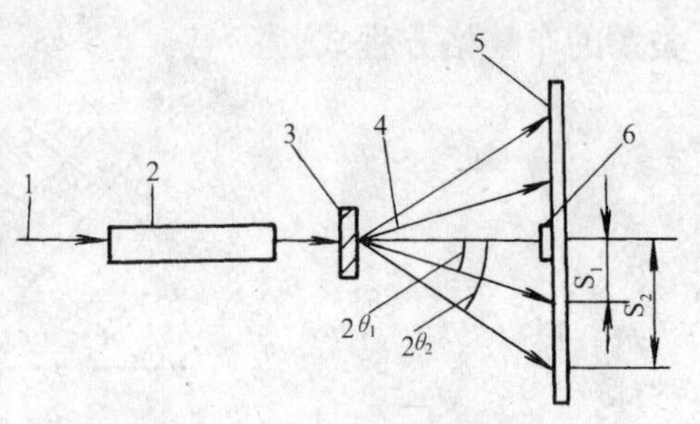

图9-64　透射劳厄法示意图
1—入射线；2—光阑；3—试样；4—衍射线；5—照相底片；6—铅片

(b) 背射劳厄法。在背射法中，照相底片放在光阑和试样之间。试样和底片的距离一般为30mm。背射法不受试样厚度及其吸收的限制。在实际工作中比较常用。

在一台劳厄相机上即可同时摄照透射和背射二张照片，也可以单独进行透射或背射法的摄照。

②周转晶体法　用周转晶体法进行X射线衍射的研究对象是对称性较低的晶体（如正交、单斜等晶系的晶体）。

用周转晶体法时，需要单色X射线，通常采用经过过滤或经晶体反射而得到的特征X射线，但是连续X射线谱的存在原则上没有什么妨碍。一般使用魏森堡照相机。试样为独立的单晶体，粘附在相机的中心转轴的头上，摄照时使晶体的某一晶向和圆筒状相机的轴线一致，并绕此轴旋转，试样的晶体取向可先用光学方法或劳厄法测定，进而把试样转到所需的位置，可测定具晶胞的尺寸及进行结构分析。

③X射线衍射仪法　这是目前最常用的方法。它就是利用各种辐射探测器记录和测量X射线的衍射花样。X射线衍射仪是由X射线发生器、测角仪和辐射探测器及测量控制柜和记录装置等部分组成。由于此法无须摄照过程。方法简单、快速，因此获得日益广泛的应用。

3）粉末照相法

粉末照相法适用于多晶的固体试样，例如细丝、薄片、碎屑及块状金属等。也可用于经化学或电解分离所得的粉末试样。由于试样易于获得，用量极少（有时可少到1~

100μg），且试验操作简单，计算容易，故应用最广。

粉末照相法主要用于物相的鉴定、多晶体中某些相的相对量的测定、晶格常数的测定、织构的测定等。按照相机构造的原理不同，粉末法又分为德拜－谢尔法、聚焦法和针孔法等，其中德拜－谢尔法应用最为普遍。

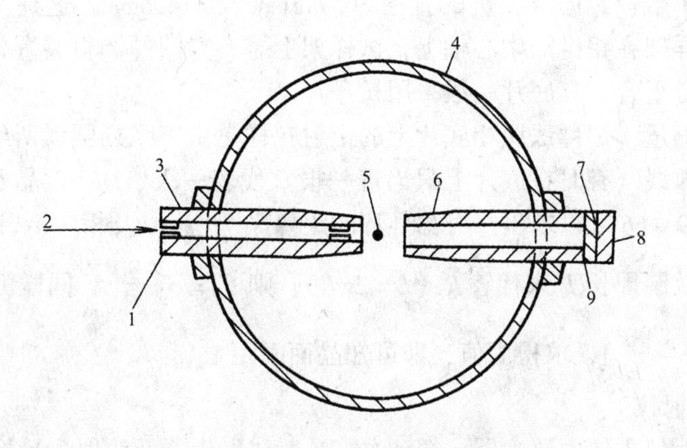

图9－65　德拜相机构造示意图

1—黑纸；2—入射X射线；3—光阑；4—照相机壁；
5—试样；6—后光阑；7—荧光屏；8—铅玻璃；9—黑纸

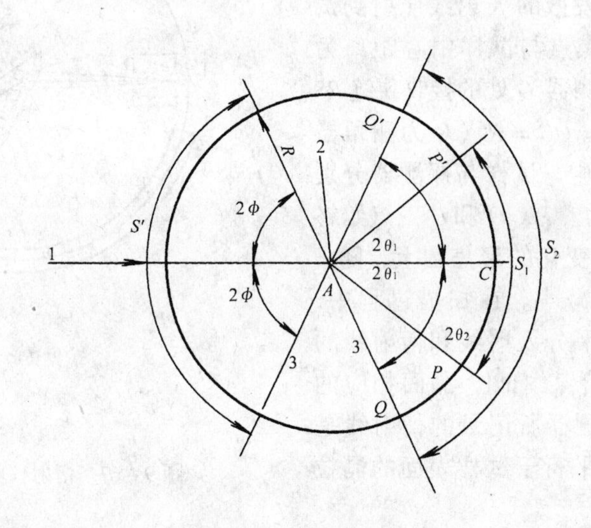

图9－66　衍射几何图

1—入射X射线；2—试样；3—衍射线

①粉末法成像原理　由于试样由数目极多的微小晶体组成，且取向完全任意无规则的，各晶粒中指数相同的晶面取向分布于空间的任意方向。采用倒易空间概念时，这时晶面的倒易矢量分布整个倒矢空间的各个方向，而它们的倒易结点布满在以倒易矢量的长度为半径（$r^{*}=1/d_{HKL}$）的倒易球上。由于同族的晶面｛HKL｝的面间距相等，所以同族晶面的倒易结点都布在同一倒易球上。各晶面族的倒易结点分布在以倒易点阵原点为中心的

同心倒易球上。当满足衍射条件时，相应晶面衍射线和倒易球相交，就在底片上构成一系列的衍射花样。

②德拜相机　德拜相机的构造如图 9 - 65 所示。衍射几何如图 9 - 66 所示。德拜相机是由圆筒形外壳、试样架、光阑等部分构成。照相底片紧贴在圆筒外壳的内壁，相机的半径等于底片的曲率半径。德拜相机的直径为 57.3mm 及 114.6mm。这种尺寸的直径可使衍射花样简化，试样架在相机的中心轴上，试样架上装有专门的调整装置，可调整圆柱状试样和相机中心轴心重合，其底片一般采用长条片。

③衍射线的测量　德拜法照相底片上的衍射花样是由一系列圆弧所组成，这些弧又称为德拜环。每对弧线（有时在底片上只出现一根）代表一级｛HKL｝晶面的反射，对应着一个 θ 角。由图 9 - 66 可以求出每对德拜环的距离 s_1 和 s_2 以及相应衍射 θ 角之间关系。

若用底片有效圆周长 L 来代替 R（$L=2\pi R$），则 $\theta_1 = S_1 \cdot \frac{90°}{L}$。同样可求得反射区的 ϕ，则 $\phi = 90° - \frac{1}{2}\left(S' \cdot \frac{90°}{L}\right)$，求得中值，即可知晶面间距 d_{hkl}。

4）X 射线衍射仪

①结构　衍射仪主要由测角器、探测器、X 射线发生器及辐射测量控制系统等组成。

测角器的衍射几何关系是根据聚焦原理设计的，见图 9 - 67。测角器是以 O 为轴的转动部件，平板状试样置于轴心部位，表面与轴 O 重合，发散的 X 射线照射到试样表面；X 光管的焦点与试样中心距离为 FO，试样中心到探测器 G 处的接收狭缝 RS 的距离为 OG，$FO = OG = R$（R 为测角器半径）。在测量过程中，试样与探测器分别以 1:2 的角速度转动。F，O 和 G 三点始终处于半径（r）不断变化的聚焦圆上，随 θ 增大，聚焦圆半径减小。在扫描过程中，由于试样表面始终平分入射线和衍射线的夹角 2θ，当 2θ 符合某｛hkl｝晶面相应的布喇格条件时，探测器所记录的衍射线是由那些｛hkl｝晶面平行于试样表面的晶粒所贡献的。

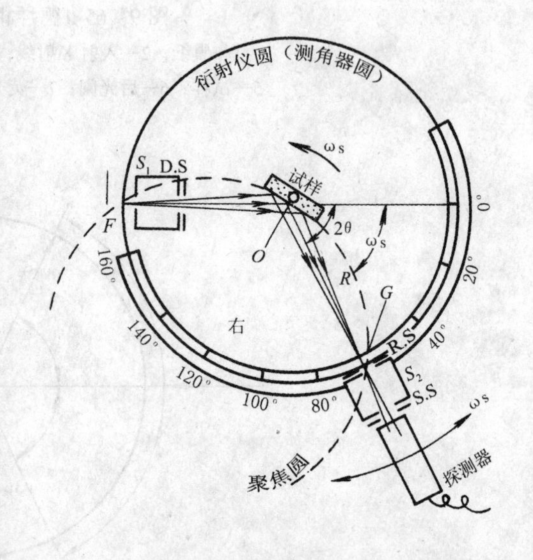

图 9 - 67　衍射仪的衍射几何

现代 X 射线衍射仪还配备计算机，用于完成仪器操作、数据的收集、处理、显示和打印。衍射仪上还可安装各种附件，如高温、低温、试样旋转及摇摆、织构、应力和小角散射分析等附件，大大地扩展了衍射仪的功能。

②测量方法　衍射仪一般使用连续扫描测量法和阶梯扫描测量法

（a）连续扫描测量法。将计数器连接到计数率器上，开始时将计数器放在 2θ 接近 0°（约 10°）处，然后计数器以选定的速度沿测角仪圆周向 2θ 角增大的方向运动，逐一扫测，并且记录各衍射线条的相对强度，获得完整的衍射花样。

（b）阶梯扫描测量法。将计数器连接到定标器上，然后将计数器转动到一定的 2 - 角位置固定不动，通过定标器，采用定时计数法或定数计时法，测出计数率的数值。最后将计数器转动一个很小的角度（一般0.02°），重复上述测量，以此类推，逐点测出所需范围内的衍射线的强度。

③X射线衍射仪的实验参数的选择

（a）狭缝光阑的选择。衍射仪中包括发散光阑、防散射光阑、接收光阑。发散光阑用来限制入射线与测角仪平面平行方向处的发散角，它决定入射线在试样上的照射面积和强度，选择条件应以入射线的照射面积不超过试样的工作表面为原则。防散射光阑只影响峰高与背底线两因素，简单地用“峰——背比”表示影响，一般选取与发散光阑相同的角宽度。接收光阑对衍射线峰高度、“峰——背比”及峰的积分宽度都有明显的影响，其选择条件是依据衍射工作的目的来选取。为获得较佳的角分辨率，取较小光阑为好，若为了测量衍射强度，则应适当加大接收光阑。

（b）时间常数的选择。时间常数的增大导致衍射线的峰高下降，线形不对称（向扫描方向拉宽）以及峰顶向扫描方向移动。一般时间常数不宜过大。

（c）扫描速度的选择。速度过快，导致峰形下降，线形畸变，峰顶向扫描方向移动，故较小的扫描速度能提高测量精确度。

（3）X射线衍射的应用

1）相分析

X射线粉末衍射花样应用于物相分析，这是因为由衍射花样上各线条的位置所确定晶间面距 d 和它们的相对强度 I/I_1 是物质的固有特性。任何一种晶体物质都有其确定的点阵类型和晶胞的尺寸，晶胞中各原子的性质和空间位置也是一定的，因而对应特定的衍射花样，即该物质存在于混合物中也不会改变。一旦未知物质衍射花样的d值和 I/I_1 与已知物质相符，便可以确定被测物的相组成。

2）内应力的测定

在物体中，内应力可分为三类：

（a）第一类内应力即宏观应力。它在物体的整个体积或较大尺寸范围内处于平衡。

（b）第二类内应力即微观应力。它是由晶体局部变形所引起的，在一个或几个晶粒范围内处于平衡。

（c）第三类内应力称超微观应力。它是由位错等微观缺陷所引起的，在晶界或滑移面附近不多的原子群范围内处于平衡。

通常工程上所说的残余应力一般指第一类应力。这种宏观应力不仅在金属构件中受到弹性变形时发生，而且在范性变形、凝固结晶、固态相变、焊接、机械安装和使用过程中都能生成。

第一类内应力的测定，如图9－68所示。改变X射线的入射方向（即改变入射线与试样表面法线之间的夹角 ψ_0，而保持 ϕ 角不变），进行摄照，分别求得某一衍射线条的 θ 值。根据弹性理论和布喇格公式（$1\neq1$），可知沿 ϕ 方向的应力 σ_ϕ 为：

$$\sigma_\phi = -\frac{E}{2(1+\mu)}\cdot\frac{\pi}{180}\cdot \mathrm{ctg}\theta\cdot\frac{\triangle 2\theta}{\triangle(\mathrm{Sin}^2\psi)} \tag{9-44}$$

式中　E——晶体材料的弹性模量；

μ——泊松比；

△（2θ）——衍射角的变化值；

ψ——$\pi_0+\mu$；$\eta=90°-\theta$；

η——入射线与衍射晶面法线间夹角。

① 0°～45°法分别选取 ψ_0-0°及 $\psi_1=45°$，求得相应的 2θ 的变化值，代入公式（9－42），得知其应力值。

② $\mathrm{Sin}^2\psi$ 法分别选取 $\psi_0=0°$、15°、30°、45°测得相应的 2θ 值，做出 2θ 与 $\mathrm{Sin}\psi$ 关系曲线，求出其直线之斜率，即得知 $\triangle 2\theta/\triangle(\mathrm{Sin}\psi)$，代入式（9－42）得知具应力值。

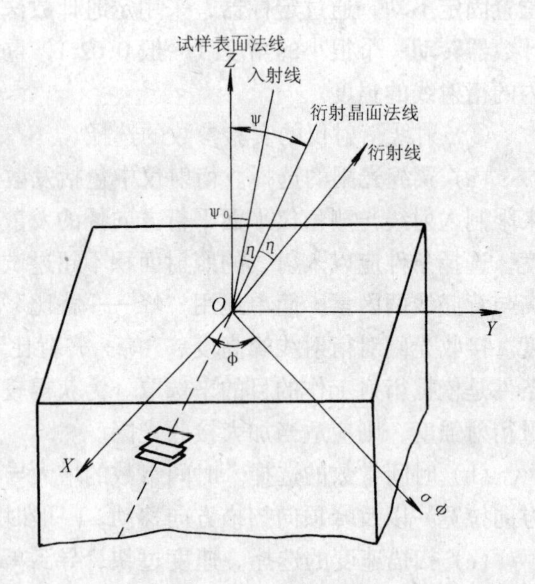

图 9－68 X射线法测量第一类应力示意图

在实际测量时可应用各种定峰方法、精确地得出衍射线的峰值（θ）。例如切线法、半高宽法、重心法、三点抛物线法等。在 $\mathrm{Sin}^2\psi$ 法中一般还用最小二乘方法来处理数据。

用上述方法求出的是构件表面沿 ϕ 方向的应力值，不一定是主应力，欲求主应力的大小及方向时，可测出沿三个不同 ϕ 方向的应力，然后通过计算求得应力值。

3）晶格常数的测定

任何结晶物质，在一定的状态下，都有一定的晶格常数。通过测定某一结晶物质的晶格常数，就可以确定其相应的合金系的相界，研究间隙式或缺位式固溶体，并可确定其密度、膨胀系数、原子量和分子量等。

用X射线衍射方法测定晶格常数，需要先在衍射花样上求出某一晶面（hkl）的衍射线条的位置 θ，利用布喇格公式可以得出相应晶面的面间距 d_{hkl} 之值（因X射线波的波长已知）。

为了测定晶格常数，必须得到精确的 sinθ 值。根据晶体学和布喇格公式可推得如下的关系式：

对于立方晶系

$$\sin\theta=\frac{\lambda^2}{4a^2}\cdot(h^2+k^2+l^2) \tag{9-45}$$

对于四方晶系

$$\sin\theta=\frac{\lambda^2}{4a^2}\cdot\left[b^2+k^2+\frac{l^2}{(c/a)^2}\right] \tag{9-46}$$

式中 h、k、l——晶面指数；

a、c——晶体的晶格常数。

由三角函数可知，当 θ 愈接近 90°时，$\sin\theta$ 的变化愈慢，因此在 θ 接近 90°的范围内测量 θ 的值，可获得相当精确的 $\sin\theta$ 值，并使 a 及 c/a 的误差最小。因此一般采用高角度（60°～90°）的衍射线条，确定其相应的 hkl 值，再精确求得 a 和 c/a 值。

在精确测定晶体的晶格常数时，必须考虑所有的实验误差来源，并设法予以消除。

照相法测定晶格常数时，粉末相机的尺寸要精确，且圆筒内壁应正圆且光滑，试样轴要在圆筒中心。试样的晶粒大小在 10^{-4} ~ 10^{-5}cm 左右，并且无内应力、无或分不均匀现象。

用衍射仪法测定时其精度很高。因为衍射仪的半径远较粉末相机半径为大，并且测角头的精度也很高，这样就使测量精度大大地提高。在测定时必须考虑衍射峰位置的确定方法，比较常用的有如下几种方法：①衍射线强度极大值法；②弦中点；③衍射线质心法。

4）晶粒度的测定

晶粒度的测定可用金相法和 X 射线法。X 射线法测定时不需要对试样进行高度抛光。可测出亚晶粒的平均尺寸及孪晶的大小。

晶粒度处于不同数量级时，可发现出下面几种情况：

①晶粒度在 10 ~ 100μm 数量级的测量当晶粒大小在这一范围时，衍射环将呈现不连续的斑点状。实验证明，对一给定的衍射环，斑点大小系与晶粒大小成正比。因此，事先在相同条件拍摄一系列同样材料不同晶粒大小的标准试样的 X 射线衍射花样，然后将待测试样的衍射花样与它比较，即可确定晶粒大小。

②晶粒度在 1 ~ 10μm 数量级的测量晶粒大小在这一范围内时，用一般相机及试验方法所得的衍射环将呈现连续状，故无法按数点法来确定晶粒大小。但若用微细束 X 射线，仍可进行分析测定。应用细聚 X 射线管可以获得强度很高的“点光源”，则效果更好。

晶粒大小在 1μm 数量级时，衍射环尚不发生宽化。故也可用这一现象予以鉴别。

在进行这项实验时，须注意试样的大小应均匀，并事先经过充分的应力退火，以免由于应力的存在而导致衍射线条的宽化。

③晶粒度在等于或小于 0.1μm 时的测量此时衍射线条将发生宽化和弥散。可将线条的宽化度 β 代入下式，从而算出沿衍射晶面法线方向的晶粒尺寸 D 的大小：

$$D = \frac{K\lambda}{\beta\cos\theta} \tag{9-47}$$

式中　K——常数（一般接近 1）；

β——视线形不同分别为 $\beta = b - b_0$ 或 $\beta = \sqrt{b - b_0^2}$；

b——以弧度表示的待测试样的衍射线条的半高宽；

b_0——晶粒大小适当超过 0.1μm 的同样材料的标樯的衍射线半高宽；

λ——所应用辐射的波长。

9.5.2　电子显微镜分析

（1）电子显微镜的原理和构造

电子显微镜和光学显微镜两者原理基本相似，都属于光学放大，二者的区别仅在于照明源和汇聚成像的方式不同。光学显微镜用可见光照明，玻璃透镜成像；而电子显微镜用电子束照明，电磁透镜成像。电子显微镜的分辨率则大大地优于光学显微镜。

在光学显微镜中，当波长为 λ 的光照射物体时，其中每一个点都可看成一个“点光源”，若物体上两点 S_1、S_2 成像后得到相应的像点 S'_1、S'_2。由于衍射作用使得像平面上的像点并不是真正的“点”而是由一个中央亮斑及周围明暗相间圆环所组成的光斑，若

S_1、S_2 相距较远，这两个光斑 S'_1、S'_2 独立，若 S_1、S_2 较近，两光斑 S'_1、S'_2 重叠，则无法分辨。使两个点光源产生的衍射花样即两光斑刚好能分离开的最小距离若为 d，则 d 称为分辨率或分辨本领。由阿贝公式可以求出分辨率 d，表示如下：

$$d=\frac{0.61\lambda}{\eta \mathrm{Sin}\alpha} \tag{9-48}$$

式中 η——透镜折射率；

α——透镜孔径半角；

$\nu\sin\alpha$——称为透镜的数值孔径；

λ——照明光波长。

在光学显微镜中，最大孔径半角可达 70°～75°，以油镜为例，其 $\nu\approx1.5\sim1.7$，则 $\nu\sin\alpha=1.5\sim1.6$，而普通白光的 $\lambda=400\sim700$nm，所以 d 最小只能达到 200nm 左右。

由此可见，要提高显微镜的分辨本领，最有效的方法是选择波长短的光波作照明源，有人用紫外线作光源，石英玻璃作透镜制成的紫外线显微镜其分辨本领可达 100nm 左右。所以要突破光学显微镜的分辨率限制就必须寻找一种新的具有更短波长的光源，此光源必须满足两个条件：①具有波动性；②能有办法使其会聚。电子束不仅具备了这两个条件，而且有极短的波长，所以用电子束作光源的电子显微镜大大地提高了分辨本领。

德布鲁意认为运动的微观粒子（包括电子、中子、质子、离子等）的性质与光的性质具有类似性，即具有波动性又有粒子性，其波长为：

$$\lambda=\frac{h}{m\mathrm{v}} \tag{9-49-1}$$

式中 λ——运动微粒的波长；

h——普朗克常数；

m——运动微粒的质量；

v——微粒运动速度。

由上式可知运动微粒的波长主要取决于粒子的运动速度，而电子束的运动速度又决定于加速电压，因而（9－49－1）式又可用下式表示：

$$\lambda=\frac{h}{\sqrt{2m_0eV}} \tag{9-49-2}$$

式中 h——普朗克常数；

m_0——电子质量；

e——电子电荷数；

v——电子加速电压。

可见，加速电压越高，电子束的波长越短。在普通透射电子显微镜中的加速电压一般为 50～100kV，具电子束波长仅为 0.00536～0.0037nm，在 200kV 下电子束的波长为 0.0025nm，约为可见光波长的十万分之一。

1）透射电子显微镜（Transmission Electron Microscope，常以 TEM 来表示）

在透射电子显微镜中，当一束入射电子射到试样上时，除产生散射而损失一部分电子外，还有部分电子可穿透试样。试样越薄，透射电子越强，当试样达到一定厚度时，电子束完全不能透过。透射电子显微镜就是利用这部分透过试样的电子来放大成像。透射电镜主要由照明系统、成像系统、其他系统和供电控制系统组成，下面分别简介各部分的构造和功能。目前商品透射电镜的主要指标为：加速电压在50~3000kV之间，点分辨率在0.2~0.35nm之间，放大倍数可高达30~80万倍。

①照明系统。由电子枪和聚光镜组成，其功能是提供一个束流稳定的照明源。

(a) 电子枪。这是电子显微镜的电子源，常用的是热阴极发射电子枪，由阴极、阳极和控制极组成。

(b) 聚光镜。普通电子显微镜一般有两个聚光镜，第一聚光镜为强力磁透镜，将电子束斑缩小到1~5μm左右，第二聚光镜为弱力磁透镜，将电子束放大2倍，这样在试样上获得2~10μm的照明电子束。为了限制照明孔径角，在第二聚光镜下安装一个可调光阑称为聚光镜光阑。为了控制照明斑的形状在第二聚光镜附近还安装了一个电磁式消像散器。

②成像系统　常由物镜、中间镜、投影镜组成，通过这三级透镜把像进行三次放大。其中物镜是最关键的，要求分辨率高，像差小，因为物镜是第一级放大，任何微小的像差经后级透镜放大后会变成很大的像差，因此在物镜处除安置物镜光阑外，还装有物镜消像散器。一些放大倍数极高的电镜常采用2~3个中间镜。

③试样室　普通电镜试样架只能装一个试样，更换试样时只需破坏局部真空度。试样规格统一采用φ3mm圆片。并装有双倾料机构，观察时可将试样在四个方向上倾动。另外还配有旋转、高温、低温和拉伸等附件。

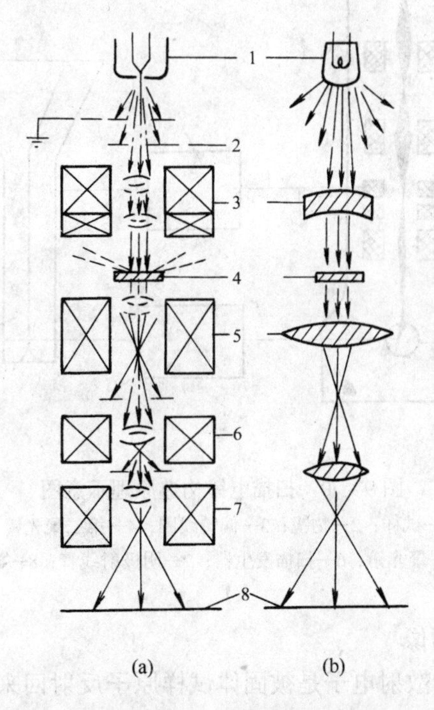

图9-69　透射电镜成像原理图

(a) 透射电镜　(b) 透射光学显微镜

1—光源；2—光阑；3—聚光镜；

4—试样；5—物镜；6—中间镜；

7—投影镜；8—终像

④观察室及照相系统　放大后的图像在装有荧光屏的观察室里成为可见的图像，需要照相时，翻起荧光屏即可使装在屏下面的感光胶片感光，现代先进电镜都装有自动曝光控制装置，照相室一次可装 25~50 张底板。

以上几部分都装于镜筒内，其结构光路图如图 2-1 所示，成像原理与光学显微镜极为相似。

⑤真空系统　由机械泵、扩散泵两级抽真空，使镜筒在工作时保持真空度 1.33×10^{-3} ~ 1.33×10^{-4}Pa。

⑥电源系统　高压电源用作电子束加速；透镜电源是一个稳定的直流电源；混杂电源提供给机械泵、扩散泵、控制系统等使用。

2）扫描电子显微镜（Scanning Electron Microscore，常以 SEM 来表示）。

扫描电子显微镜是20世纪50年代第一台 SEM 为 Ardenne 1938 年制成发展起来的一种新型电子光学仪器，近年来发展迅速，目前许多型号的扫描电镜放大倍数可达 20 万倍以上，分辨率优于 6~3nm。为方便同时进行显微化学成分分析，常配备有 X 射线能谱仪或 X 射线波谱仪。

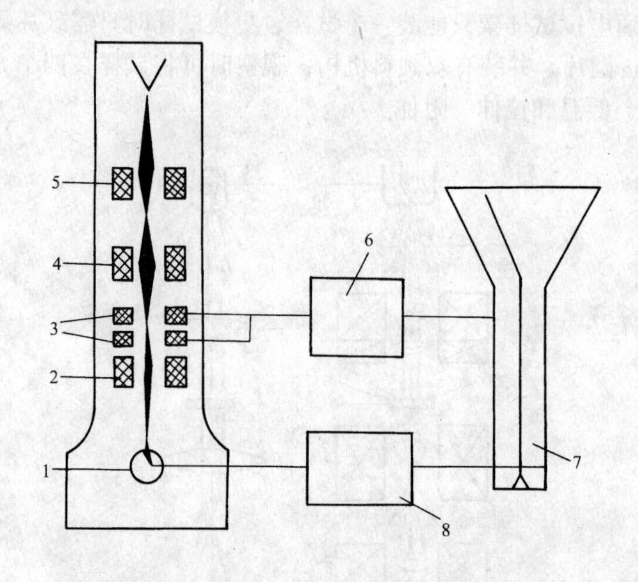

图 9-70　扫描电镜构造原理示意图

1—试样；2—物镜；3—偏转线圈；4—第二聚光镜；
5—第一聚光镜；6—扫描发生器；7—阴极射线管；8—放大器

①扫描电镜中的几种图像

（a）背散射电子像。背散射电子是被固体试样原子反射回来的一部分入射电子，故又称反射电子。扫描电子显微镜中常利用这种电子来成像。背散射电子像的衬度来源于两方面，一方面是试样不同区域的平均原子序数的差，即原子序数大的区域，反射电子多些，该区的像也就亮些；另一方面是试样表面的凹凸起伏，凸起部分反射电子多些，像就亮些。反之就暗些。因此利用背散射电子像就可以分析微区成分差别及试样表面的凹凸形貌。

（b）二次电子像。固体试样原子中被入射电子轰击出来的核外电子叫做二次电子，其能量为0~30eV，因而二次电子穿透力较差，仅从表层5nm左右深度内发出的二次电子才能从试样表面脱出。二次电子发射量的多少与试样的原子序数有关，重原子二次电子发射量丰富，而轻原子发射量则较少。另外，试样表面尖锐突出的地方以及与入射电子束夹角小的地方发射二次电子要多些，利用这一特点，对二次电子的检测成像可以观察试样的表面形貌，扫描电镜中常常都是利用二次电子来作表面形貌观察。

(c) 吸收电子。在入射电子与试样作用过程中，一小部分电子被试样吸收，如把试样接地的电流作为成像的信号，就可得到吸收电子像。吸收电子像特别适宜于用来反映试样深坑部分（如裂纹内部等）的衬度效应和显示其微观形貌。

②扫描电子显微镜的工作原理及构造

扫描电镜利用细聚焦的高能电子束在试样表面进行光栅扫描，通过电子束与试样的交互作用可以激发产生各种不同的物理信号，它们的强度被检测并放大到调制显像管内同步扫描的电子束亮度，从而获得试样表面的图像。扫描电镜的结构原理图见图9-70。其中光学系统包括几个聚光电磁透镜，把原始为几微米直径的电子源会聚成1~2nm的电子束斑轰击试样表面，最高加速电压一般为30kV（也可在数百伏的低压下工作）。

扫描电镜图像的分辨率主要取决于电子束斑的尺寸，也与所用成像信号有关；放大倍数范围很宽，一般为10~306000倍，可连续调节，且景深大，因而可适用于粗糙表面成像。与透射电镜相比，价格较低，制样简单、图像直观，在配置一些功能附件（X射线能谱仪）以后，也能提供除清晰的形貌图像以外的微区成分和晶体学信息，因而在材料测试分析中得到了广泛的应用。

(2) 电子显微镜的试样制备方法

1) 透射电镜的试样制备

透射电子显微镜的出现，为金相分析提供了一种新的分析手段，一开始人们就试图把电镜应用于金相分析，但由于电子束与试样作用时发生散射作用，使入射电子的穿透能力被限制，通常加速电压为100kV的电子穿透能力仅100~200nm，因而不能把金相试样直接放到电镜中观察。直到本世纪40年代初，复型技术的出现，才成功地显示了材料中的显微组织。50年代初，又将复型技术应用于金属断口的微观形貌观察，后来又发展了萃取复型及金属薄膜直接透射观察。

①复型技术　在金相分析中，常用的复型方法有一次复型和二次复型两种方法，复型材料通常采用碳或塑料。

A. 一次复型。

(a) 塑料一次复型。常用2%~3%火棉胶醋酸戊酯或1%~2%Formvar（聚醋酸甲基乙烯酯）氯仿溶液。将上述溶液取1~2滴滴在试样表面，待干燥后用透明胶纸贴紧后撕起，放入喷涂仪里投影，然后剪成2mm×2mm小块放入二甲苯溶液中溶去胶纸，经清洗后用铜网捞起即可观察，因为制得的复型膜很薄，必须用支持网捕捞，用作电镜观察的支持网都采用ϕ3mm铜网。

(b) 碳一次复型。将制备好的金相试样放入真空喷涂仪中，观察面朝上，当真空度到达1.33×10^{-2}Pa时就可蒸发金属铬和碳。普通喷涂仪中都设有两组加热器，其中一组安装钨丝加热坩埚，坩埚中放投影金属；另一组装碳棒，用于制备碳复型。在完成喷涂后将试样取出先在碳膜表面用刀片划成2mm×2mm小块，然后用电解腐蚀方法碳膜从试样上分离下来，经清洗后用铜网捞起备用，对一般的碳钢和合金钢常采用盐酸乙醇溶液（1份+9份），电解时不锈钢为阴极，试样接阳极。

B. 二次复型。二次复型就是做两次复型，第一次复型一般都采用醋酸纤维纸（AC纸）作负复型，第二次用碳成碳复膜。

制作二次复型用的AC纸可自己制备，将市场购得的醋酸纤维素溶于丙酮中，配置成70～100 g/L的溶液，待完全溶解成粘胶状后，将溶液倒入大规格的玻璃培养皿中，盖上盖子让其慢慢地自然干燥，大约1～2天后可取出，AC纸的厚度可通过溶液倒入量的多少来调节。

C. 萃取复型。萃取复型是将材料的某些组成相选择性的萃取出来，并使萃取相保持在原来基体中的位置，这样制得的复型膜包埋了第二相粒子，用电子衍射方法对这些粒子作晶体结构分析。常用萃取复型方法与前述一次碳复型相同，只是在制备金相试样时必须选择适当试剂将需要萃取的粒子显示出来，并适当深腐蚀。另外也可将深腐蚀后明显露出的粒子用AC纸粘下来，然后按二次复型方法步骤制作。

D. 投影技术。由于重金属易对入射电子束散射和吸收，所以使用重金属投影的目的是为了增加复型像的衬度，从而获得清晰的电子图像。常用的投影金属为Cr、Au、Pt等，投影角一般为15°～45°，对于组织较细小的可用较小的投影角，组织粗的可用较大的角度。这样在试样上迎着投影金属一面的微凸体堆积有较多的投影金属，而背面则较少。投影金属较多的区域在电镜下较暗，反之则较亮，于是形成明暗对比度清晰的图像。

②金属薄膜试样的制备方法　一次复型和二次复型最大的缺点是金属材料本身没有放到电子显微镜中去观察，而只是表面形貌的复制品，因此不能提供金属材料内部的组织结构等资料。萃取复型可以弥补一部分，但仍很不足。若采用金属薄膜试样，可以直接透射观察到金属材料本身。这样不仅可以有效地发挥电子显微镜的高分辨率的特长，同时对试样的微观形貌、成分、晶体结构等可以有效地联系起来，其制作方法较复杂，最终要得到100～200nm左右的薄膜，且不能有任何组织结构变化。

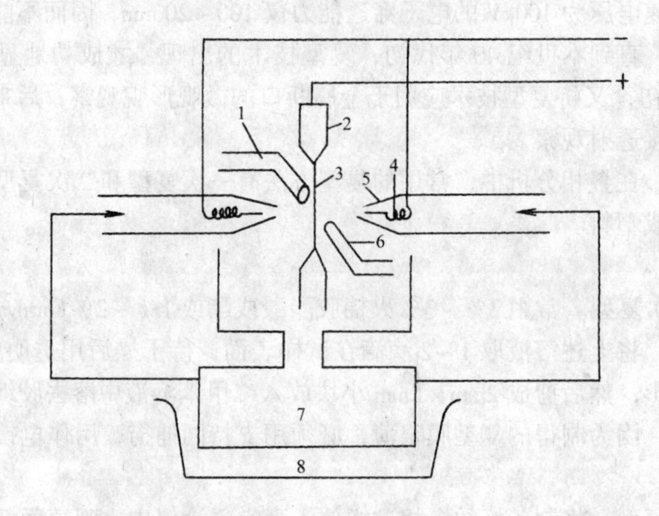

图9-71　双喷电解抛光仪结构示意图

1—光敏元件；2—PTEF夹具；3—ϕ3mm试样；4—铂丝阴极；
5—喷嘴；6—照明光源；7—电解液及泵；8—冷浴

金属薄膜制备步骤简介如下：

(a) 利用砂轮切割机，手锯或电火花切割等方法从大块试样上切取0.2～0.4mm的薄片。

(b) 用砂纸将薄片两面由于切割造成的损伤层磨掉，可用502胶水粘贴在金属垫块上磨。

(c) 化学抛光减薄　选用适当的试剂进行减薄，直到0.05mm厚度左右，减薄时由于薄片边缘溶解较快，可以在边缘处涂上一层耐酸漆。使用的抛光试剂视不同材料而异，对于普通碳钢和低合金钢可采用 $HF+H_2O=$（2+9+9）水溶液减薄。

(d) 最终电解抛光　目的是将预薄膜制成透射电镜能穿透的金属薄膜，目前常用的方法双喷电解抛光及离子减疗法。

(一) 双喷电解抛光。双喷电解抛光装置，是一种较先进的制作电镜试样专用装置，具有制样速度快、成功率高等优点，其装置结构示意图如图9－71所示，制备试样时先将厚度约为0.05mm的预薄膜冲剪成 ϕ3mm的小圆片，用PTFE（聚四氟乙烯）夹具夹住圆片，放入双喷抛光仪上进行减薄，由于双喷仪上装有光敏自动监测仪，当薄片刚穿孔时立即自动切断电路。这样制得的圆片试样周围厚，中间薄，且正好是3mm，故不需要使用铜网作支持网，可直接放到电镜中观察，且可供选择的视域不受铜网的限制，成功率也较高，故目前都普遍采用这种制样法。

(二) 离子减薄法。离子减薄是利用高速离子在真空中轰击试样表面，试样在高能离子的轰击下其表层原子被不断地减射出击，从而使试样逐渐被减等。由于离子减薄制得的试样穿透的面积大，有利于电镜的观察，但由于离子束对试样减薄速度很慢，制备一个试样往往要几～几十小时，故常应用于难以电解抛光的试样，如半导体、矿物、氧化物和陶瓷等。

2) 扫描电镜试样制备

制备扫描电镜的试样比透射电镜的试样容易得多。对于导电材料来说，只要求试样尺寸小于仪器规定的范围即可进行观察。如果观察的试样是失效件的断口，由于一些断口常受到环境的污染，则需要清洁，若污染不严重，可以仿照透射电镜复型法用AC纸反复做几次复型，可将污物除去，若污染严重则需用适当试剂和超声波清洗。如果要观察断裂与环境介质之间的关系时则不应将断口上的腐蚀产物清洗掉。

对于导电性较差或绝缘试样，则需要在观察面上喷涂一层导电层，通常用二次电子发射系数较高的金属，如金、银、铬等，这一工作可在真空喷镀仪或离子溅射仪中进行。

(3) 电子显微镜在材料研究中的应用

1) 电子金相检验

所谓电子金相，就是利用电子显微镜（透射电镜和扫描电镜）来观察金属材料显微组织的类型、数量、分布及相互关系。由于光学显微镜受分辨率的限制，因此在分析1μm以下的精细结构时需要采用电镜。透射电镜的试样制备一般用复型方法，对于金相磨面的侵蚀常比普通金相试样略浅一些；扫描电镜的试样可直接使用金相试样，但由于扫描电镜景深大，所以对显微组织的侵蚀情况需进行适当调整，一般要比金相试样侵蚀得深一些。

图6.2.5.2－5为T8碳钢中珠光体TEM二次复型图像

2) 断口分析

金属材料断裂失效后，留下最宝贵的资料就是断口，因为断口形貌与一定的内部及外部条件有关，通过对其分析就可追溯它断裂时所处的条件，分析断裂的性质和原因。因此断口分析在失效分析中占有重要的地位。

利用透射电镜和扫描电镜都可以作断口分析，两者各有其特点。透射电镜观察断口需制备复型，常采用二次复型方法，因为这种方法不破坏断口，对于断口来讲比金相磨面更为宝贵，一旦破坏就无法再现，由于采用的是复型，所以透射电镜观察断口不需要切割试样。(切割过程中常常会带来对断口的化学损伤和机械损伤)。所以这种方法尤其适合难以取样的大构件断口，另一优点是因为透射电镜分辨率高，故能清晰地观察到断口上的细微部分。但是复型过程中常常会带有一些假象，必须加以识别。扫描电镜由于观察的是金属断口本身，所以形貌逼真，且可对某一点从低倍（10倍左右）到高倍（几万倍）连续观察，又可对断口上的微区局部利用能谱仪作化学成分分析。

下面就几种常见断口的电子显微镜形貌作简单介绍：

①解理断口　解理断裂是金属材料在一定条件下受拉应力作用以致沿着一定的结晶学平面发生分离。常发生于体心立方和密堆六角金属中，对于α-Fe的解理面发生在{100}面。金属一旦发生解理，其扩展速度极快，后果严重，低温、高应变率、三向应力集中等有利于发生解理。典型的解理断口在电镜下的微观形貌特征为“河流花样”。从理论上说单个晶粒内解理面应是一个平面，但是实际晶体难免存在缺陷，如位错、夹杂物、沉淀相等，所以实际的解理面是一组相互平行且有相同晶面指数而位于不同高度的晶面，这些解理面之间由于高度不同而存在着“台阶”，许多条台阶相互汇合就形成“河流”，河流的流向代表裂纹扩展方向，图9-72为合金钢断口上的TEM的河流花样。

图9-72　合金钢断口上河流花样（TEM）

②准解理断口　准解理断口常发生在回火马氏体钢中，按其断裂形态介于解理断裂和韧性断裂之间的一种断裂形式。在电镜的图像上常可看到“准解理刻面”，河流条纹短且不连续，并发源于刻面中心，且向四周扩展，刻面周围常有塑性变形的韧窝特征，见图9-73。

③韧性断口　材料因某些区域的塑性变形而导致的最终分离称为韧性断裂，韧性断裂的出现往往与过载有关。当断裂是由微孔聚集方式进行时，其断口上将出现微坑，这种微坑称为韧窝，韧窝的形状有等轴、剪切和撕裂型三种，在电镜下观察剪切和撕裂两种韧窝形态相同，均呈拉长抛物线状，图9-74为扫描电镜下的等轴韧窝形貌。

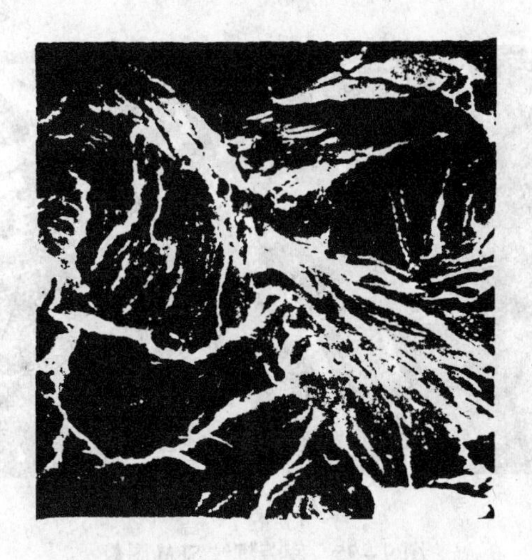

图9－73　准解理断口

图9－74　等轴韧窝SEM图像

④疲劳断口　在交变循环载荷下引起的断裂称为疲劳断裂。疲劳断口一般可分为源区扩展区和瞬断区等。疲劳扩展区的特征就是疲劳辉纹。在电镜下，疲劳辉纹的形态是由一系列大体上平行的略带弯曲的条带组成。凸孤面指向裂纹扩展方向，每一条辉纹代表一次载荷循环，并代表了裂纹前沿线的位置，故可根据这些特征对疲劳断口作定量分析，辉纹的形态还与材料的晶体结构有关。图9－75为断口疲劳辉纹在扫描电镜中的形态。

3）电子衍射结构分析

在普通透射电镜中都可以通过改变中间镜的电流来得到电子对晶体衍射的花样。通过对衍射花样的分析可以研究试样的晶体点阵、鉴定物相类型，其精度虽较X射线衍射低，但能在试样上直接观察到物相的形貌和在材料基体上的分布情况。如果选用的试样是金属薄膜，还可以研究沉淀相颗粒与母相之间的晶体取向关系。晶体对电子束的衍射原理与X射线原理相同，可采用布喇格定律7.2.51－1加以描述。

图 9-75 疲劳辉纹 SEM 图像

①电子衍射图的分析及标定 在电子衍射分析中，确定衍射图中各衍射点的晶面指数是非常重要的，通过对衍射斑点（或环）的标定，可以分析试样的晶体结构，位向关系、孪晶面、位错面等。

②选区电子衍射 为了充分利用电子显微镜在显示图像形貌的同时分析其晶体结构这一特点，常用“选区电子衍射”方法，有选择地分析试样不同微区范围内的晶体结构。在普通电子显微镜中都有“选区电子衍射”装置，通常是在物镜象平面内插入一个孔径可变的选区光阑，通过这个光阑，可以挡掉光阑外的晶体产生的散射波，只使光阑内的晶体形成衍射花样，从而达到形貌与晶体结构能对应分析的目的。

③试样制备 电子衍射分析用的试样可采用萃取复型法，将需研究的物相抽取下来，如研究的对象是断口上的腐蚀产物，可采用二次复型法，因为断口的腐蚀产物往往与断口结合不牢固，很容易被沾下来。若试样制成金属薄膜，可直接对试样的微区电子衍射分析。

4）成分分析

扫描电镜不仅制样容易而且又可以定点连续放大，所以常用来作为研究试样的表面形貌及原子衍度像等，表面成分分析也是扫描电镜一个重要手段。从而更易于进行显微物相鉴定和元素分布特征研究。

9.5.3 物理性能分析及其参数测试

物理性能参数是反映物理本质的量，是科学研究及工程设计中重要的数据。物理性能参数随着金属及其合金成分的变化而产生变化的；当金属及其合金的组织、结构、状态发生变化时，他们的某些物理性能参数将产生异常的变化。因此物理性能参数的测量是研究材料的相变及成分变化的重要工具。由于物理性能内容较多，牵涉面较广，现仅能对几种重要的、常见的物理性能的分析方法予以介绍。

（1）热导率与热扩散率

1）金属导热 在所有物质的导热过程中，根据热载体的不同可分为四种导热过程：分子导热、电子导热、声子导热和光子导热。对于不同的物质、不同的温度区间，将由不同的热载体起主导作用。对于气体物质来说，分子导热起主导作用。介电体的导热以声子导热为主。但是，同种物质在不同的温度条件下导热过程中起主导作用的热载体也不一定相同。如介电体在低温下，声子是导热的唯一载体，在高温下，对于那些透光性好的介电体，光子对导热的贡献将明显增大，而声子的贡献明显下降。

由于金属及其合金中的电子不受束缚，所以电子在金属的导热过程中起主导作用。金属也是一种晶体，晶格的振动即声子在导热过程中也有微小的贡献。但电子的作用远远大于声子的作用。如金属中热导率较低的镍在导热过程中电子的作用占90%，而对于热导率大的铜、铝等金属，声子对导热的作用几乎可忽略不计。

由于电子在金属的导电过程中也起主导作用，因此电导率高的金属往往热导率也高。通常电导率的测试简单而且准确，人们试图寻求电导率与热导率之间的关系，以便用电导率计算热导率。根据魏德曼·弗兰兹定律，在室温下金属的电导率与热导率之间的关系可用下式表示：

$$\frac{\lambda}{\sigma} = 常数 \tag{9-50}$$

式中　σ——电导率（S/m）；

λ——热导率〔W/（m·K)〕。

罗伦兹研究了不同温度下金属热导率与电导率的关系后发现：

$$\frac{\lambda}{\sigma T} = L \tag{9-51}$$

式中　T——绝对温度（K）；

L——罗伦兹常数（W/K^2）。

$$L = 2.4 \times 10^{-8} \quad W/K^2$$

上述规律只有在高于0℃时才近似正确，随着温度的降低 L 值下降。另外，合金材料的 L 值变化更大。

2）热导率与热扩散率的物理本质　若物体中两点间存在温度差，那么热量将从温度高的点往温度低的点传递，温度差是热传递过程的必要条件。研究热传递过程的主要定律是傅里叶定律。傅里叶定律确定了传递的热量与温度梯度、时间以及与导热方向垂直的面积之间的关系，其数学表达式为：

$$q = \lambda \frac{t_2 - t_1}{x_2 - x_1} \tag{9-52}$$

式中　q——热流量，表示单位时间内通过单位面积的热量；

$t_2 - t_1$——两点间温度差；

$x_2 - x_1$——两点间的距离；

λ——热导率，表示在单位时间内每降低1℃时通过单位面积的热量〔W/(m·K)〕。

热导率 λ 是表示物质导热能力的一个重要物理量。傅里叶定律还可以表示为：

$$\lambda = \frac{QL}{F\tau\Delta t} \tag{9-53}$$

式中　F——面积（m^2）；

Q——在 τ 时间内通过面积 F 传递的总热量（J）；

Δt——表面温度与沿导热方向且离表面 L 处的温度差。

λ 通常随温度的变化而变化，在温度范围较小时，大多数材料的 λ 与温度 t 的关系可用直线方程表示：

$$\lambda = \lambda_0 (1 + bt) \quad (9-54)$$

式中 λ_0——标准状态下的热导率；

b——经试验确定的常数。

物体中各点温度不随时间变化的传热过程称为稳定态传热。随时间变化的传热过程称为非稳态传热。在稳定态传热过程中，热量的传递主要取决于热导率 λ 的大小，所以只有在稳定态传热过程中才能直接测定出热导率。

在非稳态传热过程中，各点温度随时间变化的速度与材料的导热能力（即热导率 λ）成正比，和储热能力（比热容 C_p）成反比，而在不稳定状态下的传热过程速度取决于热扩散率 α 的大小。α 与 λ 的关系如下式所示：

$$\alpha = \frac{\lambda}{C_p P} \quad (9-55)$$

式中 C_p——比热容〔J/（kg·K)〕；

p——密度（kg/m^3）；

α——热扩散率（m^2/s）。

在传热过程中热扩散率 α 标志温度变化的速度，表示物体在加热或冷却过程中各点温度趋向一致的能力。在相同的加热或冷却条件下，热扩散率大的物体其内部各处的温度差比热扩散率小的物体小。

3）热导率的测试原理与方法　由于物质的组分、晶体结构等的很小变化都将影响其热导率的数值大小，因此所有的热导率的理论计算方程式都有较大的局限性。至今为止，物质的热导率仍然依靠试验方法测定。

测定热导率的方法很多，若按热流状态可分为稳态法和非稳态法两种。在非稳态法中，通常使试样的某一端的温度作突然的或周期性的变化，通过测定试样另一端的温度随时间变化的变化速率，测算出材料的热扩散率，然后利用式（9-53）求出热导率。在稳态法中，当试样达到热平衡后，测定出通过单位面积上的热流速度，然后根据傅里叶定律计算出热导率。下面介绍稳态结中的平板法测量热导率的方法。

平板法的热物理模型是这样的，在试样内必须形成稳定的沿纵向的一维热流。如果选用圆形薄壁试样，根据式 9-51 可写出如下方程：

$$\lambda = \frac{\delta Q}{\Delta t \tau \frac{\pi}{4} d^2} \quad (9-56)$$

式中 Q——τ 时间内通过面积 $\frac{\pi}{4}d^2$ 的试样的总热量（J）；

d——试样直径（m）；

Δt——试样两平面间的温差（K）；

δ——试样厚度（m）。

利用式（6.2.5.3-4）测定热导率时必须解决两个根本问题，一是建立一个符合热物理模型的一维热流，一是准确测定通过试样的热流速率。

维持一维热流的方法有两个。

①当试样热导率很低时，可利用试样自身防止径向热流的产生。将直径与厚度比大于10的试样夹在冷、热板之间，当把试样中心区作为测试区时，中心区以外的部分就起到防止径向热损的防热套作用。可以认为，在试样的中心区形成一个均匀的一维热流。这种方法的优点在于测试装置比较简单，操作方便。但由于试样太大，故加工比较困难，而且径向热损很难减小到最低限度，对于热导率稍大的试样将产生更大的热损，因而近年来已很少采用。目前经常采用的是外加径向防护套的方法。该法的原理如图9-76所示。主、底、边三个发热器，均用刻有均匀螺旋凹槽的氧化铝炉盘制成，在凹槽内嵌绕镍铬、磷铜或铂铑等电热丝，各处电丝嵌绕密度要根据试验结果进行调节，以使试样中心与边缘的侧向温差 $\Delta t_{径}$ 愈小愈好。通常直径为50mm的试样，当 $\Delta t_{径}=1℃$时，径向热损引起的误差≤1%。电热丝绕好后用高温粘接剂紧固并盖上绝缘陶瓷板。在每个发热器和试样冷面上都放置高导热的匀热板。为了减小试样热面、冷面与匀热板间的热阻，必须使其紧密接触，有时尚须在其间填充银箔或铂箔。为了有效地减小径向热损，在试样周围的边发热器上放置与试样材料相同的热保护环。三个发热器放在一个金属炉壳内，用绝热粉末充填壳内所有空间。按图9-76所示位置放置六对热电偶。

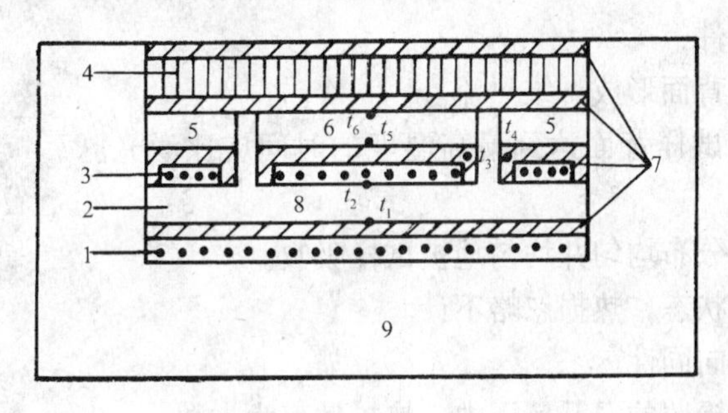

图9-76 径向防护套法示意图

1—底发热器；2—绝热粉；3—边发热器；
4—隔热砖；5—试样热保护环；6—试样；
7—匀热板；8—主发热器；9—隔热材料

②测定通过试样热流速率的方法，也就是平板法的操作方法。通过调节主发热器和底发热器的电功率，使 $t_1 \approx t_2$，通过调节主发热器和边发热器的电功率，使 $t_3 \approx t_4$，这样可使径向热损和底向热损降至最低。当六对热电偶所测温度的变化每小时小于1~2℃时，可认为该系统已达到稳定状态，测出试样冷、热面温差 $\Delta t = t_5 - t_6$。再测出流经试样的热流量 Q。测定热流量 Q 的方法很多，通常测出主发热器的电功率就可以了。

$$Q = 0.239IV \tag{9-57}$$

式中 V——主发热器电压（V）；

I——主发热器电流（A）。

将 Q、Δt、试样直径 d、试样厚度 δ 代入式（9-55）中即可算出热导率。

按试样尺寸可将平板法分为小平板法、中平板法和大平板法三种。试样直径 $d \leqslant 50mm$ 称为小平板；d 在50~100mm之间称为中平板；$d>100$mm称为大平板。目前最大的平板尺寸已达1000mm以上。绝热平板法的最大优点是最大的平板尺寸已达1000mm以上。绝热平板法的最大优点是试样容易制备，测试准确度高。因此很多国家将平板法列为低热导材料的标准测试方法，应用范围较广。该法的主要缺点是测试周期太长，试样较大。随着计算机技术的发展，有的平板测定仪已采用计算机运控，这样不仅提高了精确度，而且缩短了测试周期。

4）热扩散率的测试原理与方法　在非稳定态热传导过程中可测出热扩散率 α。在测试过程中使试样的一端温度作周期的或突然的变化，测出试样另一端温度随时间的变化速率，然后将该变化速率代入非稳定态导热方程式的解中，即可计算出热扩散率 α。导热方程式的解是根据特定的边界条件推导出来的。

非稳态法测热扩散率和稳态法测热导率一样历史十分悠久。目前已研究出各种不同类型的测试方法和装置，根据所加热流的方式可分为周期热流和瞬时热流。现今采用较多的是瞬时热流的激光脉冲法。

激光脉冲法的热物理模型是：半厚度 L 的薄圆片试样置于绝热的环境中，用均匀的激光脉冲垂直辐照试样的正面，在试样中形成一个一维热流。激光脉冲法热物理模型示意图见图 9－77。根据上述热物理模型可以列出非稳态的导热方程式。

现介绍一下为满足热物理模型和求解非稳态导热方程时必须满足的几个假设条件：

①从试样正面到背面形成一维热流。

②从激光发射到试样背面达到最高温度的时间应比激光脉冲宽度大 100 倍以上。

③激光脉冲能量分布均匀并均匀地被试样吸收。

④试样处于绝热状态，热损忽略不计。

⑤均质试样并各向同性。

⑥在试样受激光辐照的温升范围内，热扩散率为常数。

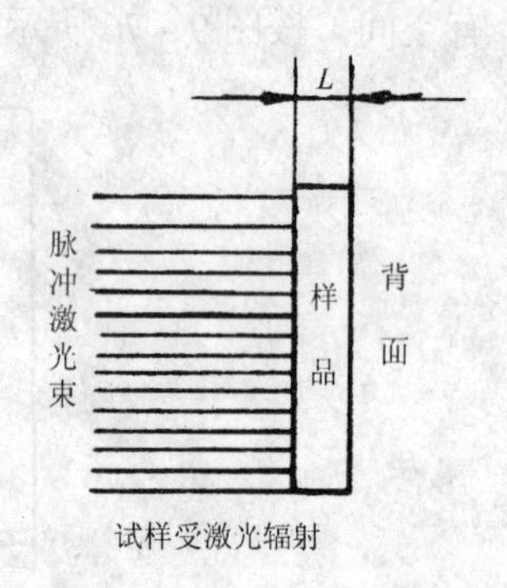

图 9－77　激光脉冲法热物理模型

在满足上述假设条件的情况下，非稳态导热方程的解为：

$$\alpha = \frac{0.139L^2}{t_{\frac{1}{2}}} \tag{9-58}$$

$$\alpha = \frac{0.48L^2}{\pi^2 i_{外}} \tag{9-59}$$

式中　$t_{\frac{1}{2}}$——从激光发射到试样背面达到二分之一最大值时所需要的时间（s）；

$t_{外}$——试样背面温升曲线直线部分外推，与时间坐标的交点。

试样背面温升曲线如图（9－78）所示。测出试样背面温升曲线，求出 $t_{\frac{1}{2}}$ 或 $t_{外}$，利用式（9－56）或式（9－57）即可求出热扩散率。对于热扩散率较大的试样，通常采用式（9－56），对于热扩散率较小的试样，当曲线平滑且能准确求出 $t_{外}$ 时可采用式（9－57）。

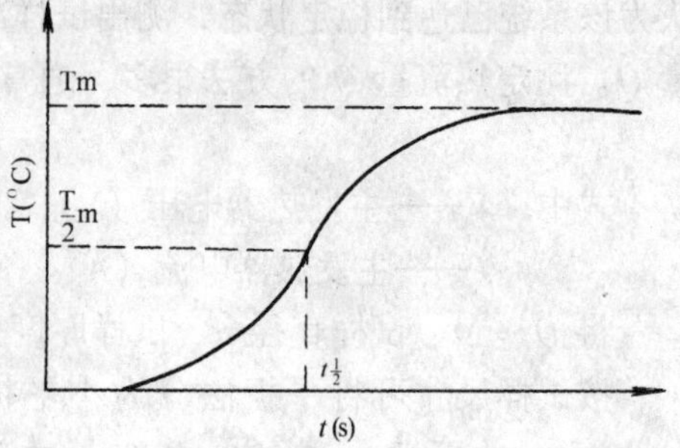

图 9－78　试样背面时间－温升动态曲线

（2）热容和比热容

热容和比热容都是描述物质储存热量能力的物理量，热容就是物质每升高 1K 所需要的热量，比热容是单位质量的物质每升高1K所需要的热量。热容的单位是［$J \cdot K^{-1}$］，比热容的单位是［$J \cdot kg^{-1} \cdot K^{-1}$］。

对于同一种物质来说，比热容的大小除和温度有关外，还与物质所处的条件如压强和体积有关。因此比热容可分为定压比热容 C_p 和定容比热容 C_v。C_p 与 C_v 的差值与物质的聚集状态密切相关。气体在压强不变的情况下升高温度时，其体积膨胀并对外做功，这样不仅温度升高需要热量而气体膨胀做功需消耗一些热量。因此气体的 $C_p > C_v$。对于固体温度升高 $1K$ 时其体积几乎不变，所以在一般的温度下固体和液体的 C_p 与 C_v 基本相等。所有固体的比热容方法都只能测 C_p，C_v 不能用实验测定。因此在工程设计中应用的比热容均指 C_p。

测定物质在某一温度区间平均比热容时，应注意物质在该温度区间是否发生相变。如有相变，量热计测量的热量由两部分组成，一部分是和热有关的 Q_1，另一部分是物质相变潜热 Q_2。在测量该物质的比热容时必须将 Q_1 与 Q_2 分开。

1）比热容的测试原理与方法　比热容的测定实际上需要精确地测量热量与温度。目前温度的测试精度可达0.005K以上。因此提高比热容测试精度关键是提高热量测试精度。在100℃以下，目前测试固体物质比热容的准确度可达0.1%。国际上以 $\alpha-Al_2O_3$ 作为测试比热容的标准试样，因此可用 $\alpha-Al_2O_3$ 标准试样的实测值直接校验比热容测试方法和测试仪器的准确度。

通常将比热容测试方法分为卡记法和非卡记法两大类。卡记法的优点是准确度高，缺点是操作复杂测试周期长，在测量高温比热容时因热损大而使测试误差增大。非卡记法的优点是测试周期短，操作方便，测试温度可达2000℃以上。主要缺点是测量误差较大。

①铜卡计法的测试原理　比热容测试的理论基础是能量守恒定律。设质量为 m，温度为 T_0 的试样在高温炉内被加热至 T_1 温度时，试样吸收的热量为 Q_0 比热容即可按下式得出：

$$C_p = \frac{Q}{m\ (T_1 - T_0)} \tag{9-60}$$

测定 Q 值的方法是将加热至 T_1 的试样落入热值为 A 的铜卡中，试样将热量传给铜卡，达到热平衡后铜卡吸收的热量为：

$$Q_1 = A\ (t_1 - t_0)\ = A\Delta t \tag{9-61}$$

式中　A——铜卡每升高1度所需的热量，称为铜卡的热值（J/K）；

t_1——热平衡后铜卡温度；

t_0——铜卡初始温度。

令 $T_0 = t_1$，在无热损的情况下试样放出热量等于铜卡吸收的热量，即 $Q = Q_1$。将式（9-59）代入式（9-58）可得：

$$\overline{C_p} = \frac{A\Delta t}{m\ (T_1 - T_0)} \tag{9-62}$$

这样可测出在 $T_0 \sim T_1$ 温度范围内的平均比热容。

②绝热铜卡计的构造　绝热铜卡计由真空加热炉、铜卡量热计、自动绝热控制系统和铜卡温度测试系统四部分组成。

③量热卡计值 A 的标定　热值 A 的标定可按图9-79所示线路进行。为保证电流的恒

定，用电池组直流电源。接通电源后先测定标准电阻 $R_{标}$ 两端电压，根据欧姆定律求出测量回路中的电流 I（A）。利用电阻分压箱将标定小电炉两端电压的 1/1000 分出，再用 $PF15$ 数字电压表测算出小电炉两端电压 V。知道电流 I 和电压 V 后即可标定热值 A。测定时，记录通电时间 τ，通电前后铜卡的温度差 δt，电炉放出的热量为：

$$Q = IV\tau \tag{9-63}$$

热值 A 为：

$$A = \frac{Q}{\Delta t} \tag{9-64}$$

为减少量热计的热损，在整个标定过程中，自动绝热系统工作。

（3）热膨胀

1）有关热膨胀的几个基本概念

①线膨胀系数和体膨胀系数　温度 T_1 的某物体加热至温度 T_2 时，其长度将从 L_1 变为 L_2。长度与温度的关系可用下式表示

$$L_2 = L_1\left[1 + \overline{\alpha}\left(T_2 - T_1\right)\right] \tag{9-65}$$

$$\overline{\alpha}_l = \frac{L_2 - L_1}{L_1\left(T_2 - T_1\right)} \tag{9-66}$$

式中　$\overline{\alpha}_l$——在 $T_1 \sim T_2$ 温度区间的平均线膨胀系数。

当 T_1 无限趋近于 T_2 时，式（9-64）的极限值即为真线膨胀系数。

$$\alpha_1 = \frac{dL}{L_T dT} \tag{9-67}$$

式中　α_1——在 T 温度下的真线膨胀系数。

实际上经常使用的是平均线膨胀系数。

同样，当物体从 T_1 加热至 T_2 时，其体积也相应地从 V_1。变化为 V_2。平均体膨胀系数为：

$$\overline{\alpha}_v = \frac{V_2 - V_1}{V_1\left(T_2 - T_1\right)} \tag{9-68}$$

真体膨胀系数为：

$$\alpha_v = \frac{dV}{V_t dT} \tag{9-69}$$

式中　$\overline{\alpha}_v$——平均体膨胀系数；

　　　α_v——真体膨胀系数。

真体膨胀系数与真线膨胀系数，对于各向同性的晶体物质来说，它们之间的关系可用下式表示：

$$\alpha_v = 3\alpha_1 + 3\alpha_1^2\left(T_1 + T_2\right) + \alpha_1^3\left(T_2^2 + T_2T_1 + T_1^2\right) \tag{9-70}$$

通常上式中的第二项以后可忽略不计，上式可简化为：

$$\alpha_v = 3\alpha_1 \tag{9-71}$$

②金属及合金热膨胀的物理本质　通过对金属和合金的 X 射线研究证实了，金属及合金的热膨胀是原子间距离增大的结果。由于金属原子间的结合力要随温度变化而变化，而结合力的变化将引起原子间距的变化，这样从宏观上就产生了热膨胀现象。

在一般的情况下，金属物体的长度随温度的升高而单调地上升，但当金属内部出现相

变时，膨胀系数将发生突变。与此同时，金属单位重量的体积（比容）也将发生相应的变化。比容的变化规律与膨胀的变化规律是一致的。

对于固态纯金属来说，金属的体积膨胀并非是无限的，他的膨胀极限值可由下式表示：

$$\frac{V_T - V_0}{V_0} = 0.06 \tag{9-72}$$

式中　V_0——绝对零度的固体金属的体积；

V_T——熔点时固体金属的体积。

由此可见，当金属体积增大超过6%时，由于原子间内聚力的减小，以至金属从固态熔化为液态。同时亦可以看出，金属的熔点愈低其膨胀系数就愈大。

线膨胀系数与其他物理性质如硬度、熔点等一样，随着原子序数的增加作周期性的变化。

2）膨胀系数的测量方法　人们对膨胀系数测试方法的研究有着悠久的历史，测试膨胀系数的方法和装置种类很多。由于金属的线膨胀系数很小，通常在10^{-6}左右。膨胀仪最基本的作用就是将这些微小的长度变化测定出来。为此必须将金属随温度变化而产生的微小长度变化准确地放大，放大倍数愈大该膨胀仪的测试灵敏度就愈高，放大的愈准确，该膨胀仪的测试准确度就愈高。因此放大部分是膨胀仪的核心部件。按膨胀仪的放大原理可将膨胀仪分为光学放大，机械放大及电磁感应放大三种类型。膨胀仪的另一个主要部件是加热炉。随着膨胀分析法在金属物理研究中应用的发展，对高温炉提出了愈来愈多的要求。为了避免试样在高温下氧化，高温炉须置于真空度高于10^{-2}Pa的真空室中。同时，对加热速度、冷却速度、加热和冷却的稳定度等都提出很高的要求。如需要以200℃/s以上的速度加热，以100℃/s以上的速度冷却。因此，近年来膨胀仪中使用了许多新的加热技术，如全反射红外加热炉和高频感应加热炉等。

①光学膨胀仪　这种膨胀仪测试精度较高，所以广泛使用。它由加热炉、光学放大和照像记录某部分组成。就其光学测量原理，可分为普通光学膨胀仪和示差光学膨胀仪。

(a) 普通光学膨胀仪　普通光学膨胀仪的原理如图9－79所示。测量系统最主要的部件是由一块小的直角等腰三角板所组成的光学杠杆机构。在三角板中有一个小型凹面反射镜3，三角板的直角顶点A安放在固定绞链上，而另外两个顶点分别被试样1与待测试样2相接触的两个石英杆所顶住。当待测试样不变，只有标样伸长时，则经反射镜反射到底片上的光点作水平移动。若标样长度不变，仅试样伸长时，反射光点作垂直向上移动。如两个试样同时受热膨胀则可画出一条如图9－80的热膨胀曲线。曲线在纵坐标上的投影代表试样的伸长，在横坐标上投影代表标样的伸长。标样通常选择伸长与温度有近似线性关系的材料做成。这种关系可以预先测量或计算出来。因此可以把横坐标换算为标样的温度。通常认为标样与试样温度是一致的，因此横坐标即可代表试样温度。这样光点在像纸上照得的曲线即为试样温度与伸长的关系曲线。

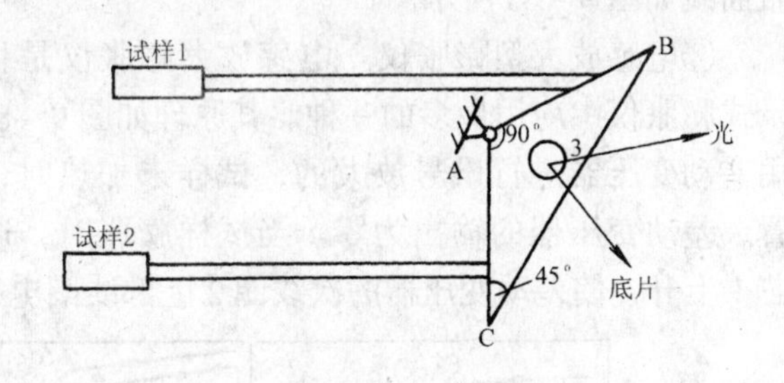

图9－79　普通光膨胀仪原理示意图

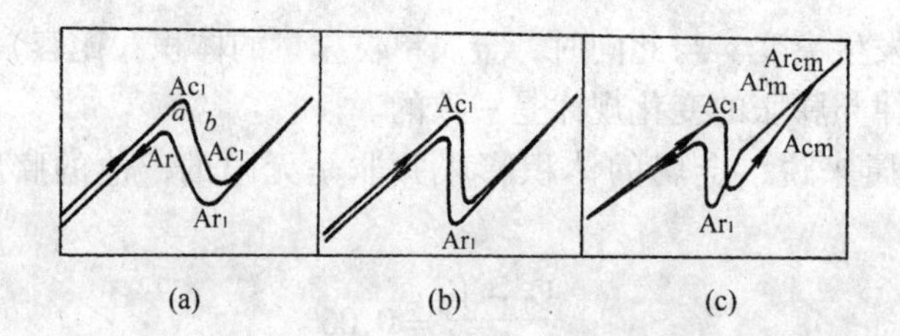

图 9-80　普通光学膨胀仪测得的碳钢膨胀曲线

(a) 亚共析钢；(b) 共析钢；(c) 过共析钢

(b) 示差光学膨胀仪　示差光学膨胀仪与普通光学膨胀仪的差别在于：光学杠杆机构中的三角板形状不同。示差光学膨胀仪三角板的形状是一个具有 30°角的直角三角形。如图 9-81 所示，三角板 30°的顶点用铰链固定，直角顶点通过石英杆与试样 1 相接触，60°角顶点通过另一石英杠杆与待测试样 2 相接触，若标样不变，仅待测试样伸长时，经镜 3 反射后光点垂直向上移动。若试样不变，仅试样 1 伸长时，光点不是沿着水平方向移动，而是沿与水平轴成 α 角的方向移动。如图 9-82 所示。OB 代表试样 2 的伸长，OA 代表试样 1 的伸长，若两者同时膨胀，则光点应在 C 点，C 点在纵轴上的投影即为试样 2 的伸长 OB 与试样 1 在纵轴上的投影 $OA_{\sin}\alpha$ 之差 CC'。实际测量时只能照出 C 点的移动轨迹，即 CC' 的变化规律。

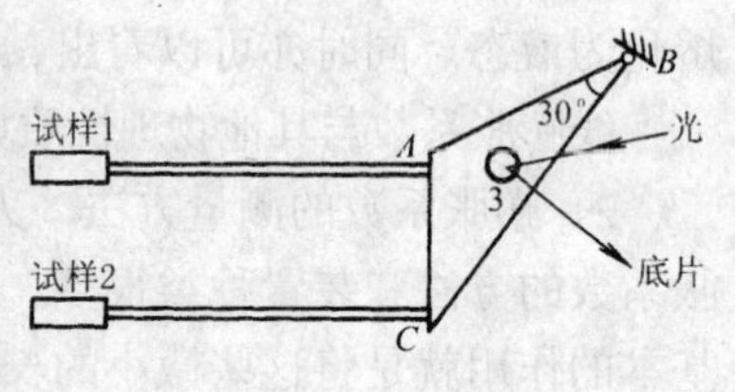

图 9-81　示差光学膨胀仪原理图

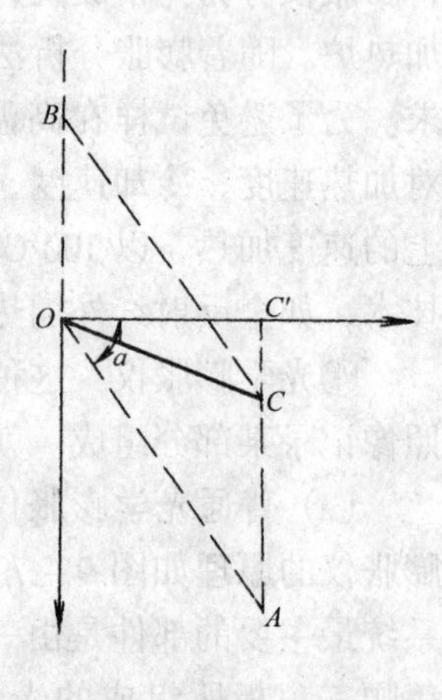

图 9-82　示差热膨胀原理示意图

示差法的优点是在金属内部未发生变化时，由于试样 2 与试样 1 的伸长相互抵消，可采用更大的光学放大倍数，使转变部分的曲线突出，提高了测量的灵敏度。示差法测得的示差膨胀曲线如图 9-83 所示。

②电感放大型膨胀仪　电感放大膨胀仪是目前各种自动记录式膨胀仪中应用最多的一种。其原理如图 9-84 所示。他是利用差动变压器进行讯号放大的，试样未加热时，铁芯在平衡位置，差动变压器的输出为零。当试样膨胀时，通过石英杆使铁芯 1 上升，使差动变压器的次线圈 2 上部线圈电感增加，下部线

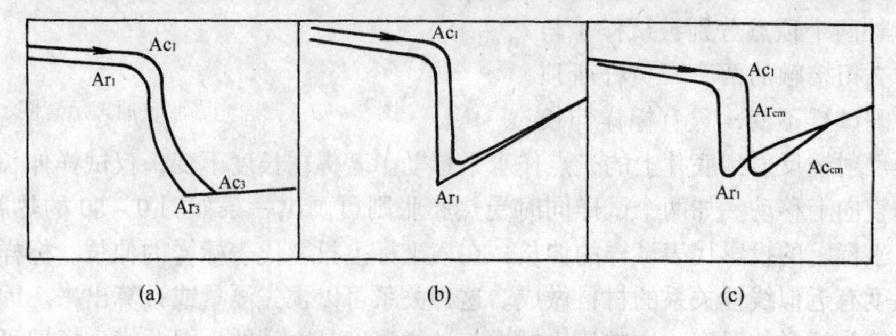

图 9-83　碳钢的示差膨胀曲线

(a) 亚共析钢；(b) 共析钢；(c) 过共析钢

圈电感减小。由于两个次线圈是反向串联的，所以产生输出讯号电压，此讯号电压与试样的伸长呈线性关系。讯号经放大后输入到双笔记录仪的一支笔上，温度讯号输入到另一支笔上。即可获试样的膨胀曲线。Formastor膨胀仪就是较先进的电感式膨胀仪。为了保证测量结果的稳定性，该仪器的差动变压器部分置于50℃的恒温器中。这种仪器可同时将温度、膨胀量与时间的关系曲线描绘在双笔 x－y 记录仪上。试样采用真空高频加热，用电子计算机进行程序控温。加热速度可在0.06℃/min～200℃/s间任意选择，如选用适当的冷却气体可以200℃/s的速度急冷，也可以2℃/h的速度缓慢冷却。因此该仪器可得出在室温以上几乎是任意形状的加热和冷却曲线。

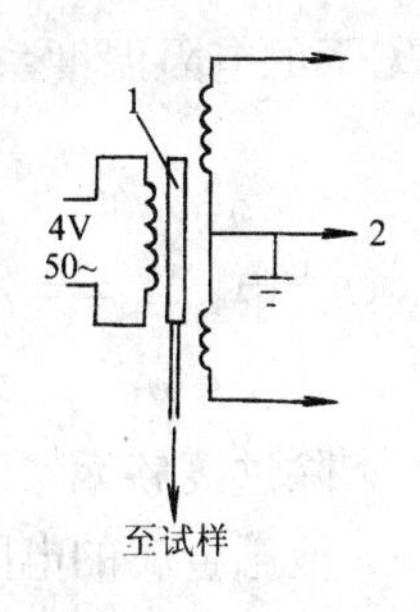

图9－84　电感式膨胀仪原理图

1—铁芯；2—次线圈

电感式膨胀仪的放大倍数可达6000倍。

(4) 导电性性能的测定

1) 金属的导电性能　欧姆定律是研究金属及其合金电学性质的基础。如果导体两端的电位差为 V（V），电阻为 R（Ω），通过导体的电流为 I（A），根据欧姆定律可获如下关系式。

$$I=\frac{V}{R} \tag{9-73}$$

导体电阻与导体长度和横断面积有关，其关系可用下式表示。

$$R=\rho\frac{L}{S} \tag{9-74}$$

式中　ρ——电阻率（Ω·m）；

L——长度（m）；

S——横截面积（m^2）。

通常用电阻率的大小评价材料的导电性能。在研究金属及合金的导电性能时除采用电阻率外还经常采用电导率 σ（S/m），单位称为西门子每米。电导率与电阻率的关系为：

$$\sigma=\frac{1}{\rho} \tag{9-75}$$

不同的材料具有不同的导电性能，人们根据材料导电性的好坏将材料分为导体、半导体和非导体三种。通常当材料的电阻率 $\rho<10^{-8}$（Ω·m）时为导体，$\rho>10^{12}$（Ω·m）的材料为非导体，ρ 在 $10^{-4}\sim10^{7}$（Ω·m）之间为半导体材料。所有的金属及合金都是良导体。

金属之所以具有良好的导电性是由于金属键结合作用的结果。由于金属中原子的外层电子在某种程度上可以认为是自由的，金属的导电就是由于这些自由电子在外加电场的作用下发生定向运动的结果。

2) 影响金属导电性能的因素

①温度的影响　随着温度的升高，金属中自由电子运动的阻力增大，因此导电性能变差，电阻增大。电阻率与温度关系可用下式表示。

$$\rho_t=\rho_0\ (1+\bar{\alpha}t) \tag{9-76}$$

式中　ρ_t——t°时的电阻率；

ρ_0——0℃时的电阻率；

$\bar{\alpha}$——0～t℃间平均电阻温度系数（1/℃）。

t℃下的电阻温度系数为：

$$\alpha_t = \frac{1}{\rho_t} \quad \frac{d\rho}{dt} \tag{9-77}$$

式中 α_t——t℃时电阻温度系数（1/℃）；

ρ_1——t℃时电阻率。

除过渡族元素以外，所有纯金属的电阻温度系数近似等于 4×10^{-a}/℃。

液态金属的电阻率比固态时约大 2 倍。

对某些金属来说，当温度接近绝对零度时电阻急剧下降到零，这种现象即所谓超导电性。

②应力的影响　在弹性拉伸或扭转时，由于原子间距离的增大，金属的电阻也增大。当沿着作用力方向通电流时，弹性拉伸对电阻的影响可用下式表示。

$$\rho = \rho_0 \ (1 + \alpha_r\sigma) \tag{9-78}$$

式中 ρ_0——无负荷时金属的电阻率（Ω·m）；

σ——拉应力（Pa）；

α_r——应力系数（1/Pa）。

铁在室温下的 α_r 为 $21.1\sim21.3\times10^{-14}$Pa。

在三向压应力的作用下，对大多数金属来说电阻系数降低。对于某些金属，如 Li、Ca、Sr、Sb、Bi 的电阻率在压力下增加，此为反常现象。

③塑性形变的影响　塑性形变可使金属的电阻率增加。由于冷加工使金属晶体的晶格发生畸变和缺陷。塑性形变与电阻率的关系为

$$\rho = \rho_0 + \rho' \tag{9-79}$$

式中 ρ——冷加工的电阻率；

ρ_0——冷加工前的电率；

ρ'——因冷加工使电阻率增加的部分。

如果将加工及金属的温度降低到热力高温度零度时，ρ_0 将趋于零，ρ' 是塑性形变引起的温阻与温度无关，因此这时 ρ 将等于 ρ'，称 ρ' 为残留电阻率。这就可以在低温时用电阻法研究金属冷加工的变形程度。

④热处理的影响　冷加工后的金属经退火处理可使残留电阻降低。如铁经较大的压缩后将产生残余电阻率 ρ'，如经 100℃退火处理 ρ' 可明显下降，于 500℃再结晶退火可完全消除 ρ'，使其电阻恢复到加工前的水平。

随着温度的升高使金属晶格中空穴或缺陷增加，电阻率升高。淬火过程能将金属在高温时的空穴固定，使高温下产生的残余电阻固定下来。淬火加热温度越高，空位的浓度就越大，残留电阻也越大。试验表明，纯金经 800℃淬火后，测量在 4.2K 时的电阻率比淬火前增大 35%，而纯铂经 1500℃淬火后的残留电阻将增加一倍。

3）金属电阻率测定

①双电桥法（双壁电桥法）如果待测试样为丝材（电阻 $R>0.1\Omega$），则可用单壁电桥法较简单地测出其电阻值。对于细棒试样（载面为圆形或矩形），多采用双电桥法和电位计补偿法测量，因为这两种方法可测量很小的电阻值（$R=10^{-1}\sim10^{-6}\Omega$）。

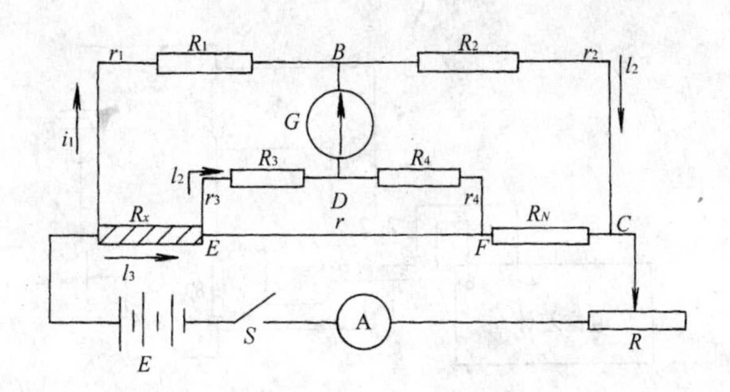

图 9－85　11 双电桥原理示意图

双电桥法测量电阻的原理如图 9－85 所示。其基本原理是通过被测电阻和标准电阻建立起来的一定关系求出未知电阻。

图中 E 是直流电源，A 是用来测量电路中工作电流大小的安培计，R 是用于调节可变电阻，G 是检流计，K 是开关。

设：r_1、r_2、r_3、r_4 及 r 代表各段连接导线的电阻；

R_1、R_2、R_3、R_4 为可调电阻；

R_N 为标准电阻；

R_x 为待测电阻。

在测量时 B、D 两点是可调的，调整 B、D 两点的位置就等于改变 R_1、R_2、R_3、R_4 的大小。当调整 B、D 两点位置使 G 的读数为零时，相当于 B、D 两点的电位相等。根据桥路平衡条件可写出如下方程。

$$R_X = R_N \frac{i_1 R_1 - i_2 R_3}{i_1 R_2 - i_2 R_4} \tag{9-80}$$

当 $R_1 = R_3$ 和 $R_2 = R_4$ 时，待测试样的电阻值为

$$R_X = R_N \frac{R_1}{R_2} \tag{9-81}$$

当是够熟练地使用双电桥测量 $10^{-4} \sim 10^{-3}\Omega$ 的金属电池时，精确度可达 0.2%～0.3%。

②电位差计法（补偿法）　当一恒定直流电流流经串联的试棒 R_X 和标准电阻 R_N 时，用精电位差计可以精确地测量出试样与标准两端的电动势 E_X 和 E_N,见图 9－86,经比较得：

$$R_X = R_N \frac{E_X}{E_N}$$

测量时先接通开关 K_1，电流流经标准电阻 R_N 及被测电阻 R_X，电流大小可用可变电阻 R 调节。将开关 K_2 拨向 2 位置，用电位差计测出标准两端电动势 E_N。再将开关 K_2 拨向 1 位置，测出 R_X 两端电压 E_X，代入上式即可求出 R_X。

为测试方便，通常在室温测量金属电阻时采用专用试样夹具。

欲测随温度变化的试样电阻，需将试样放置于加热炉和低温杜瓦瓶中，此时电流，电压接线与试样的连接点采用点焊的办法牢固地焊接。

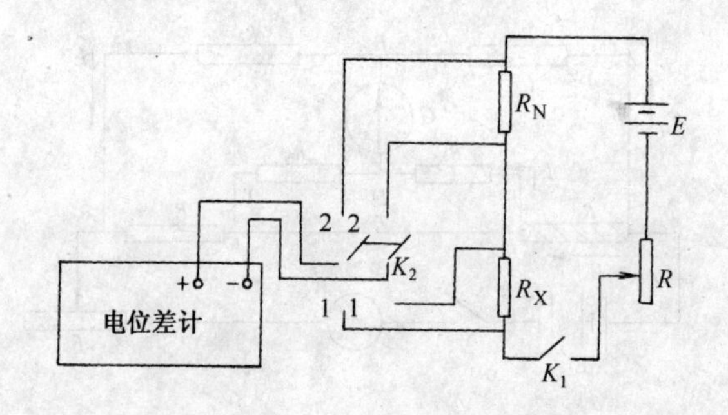

图 9-86　用电位差计测电阻原理图

电位差计法测量微小电阻的优点是比双电桥法具有更高的精确度。在进行高温电阻测量时，用双电桥法难以克服连接试样与标准电阻之间较长引线电阻对测量的影响，而电位差计法则不受此影响。

（5）磁学性能测定

1）材料的磁性

①磁性的物理本质　物质在磁场中由于受磁场的作用表现出一定的磁性，这种现象就称之为磁化。如在真空中造成一个磁场，然后将物质放入磁场中，结果发现，任何物质都会使磁场发生变化，只是不同物质所引起的磁场变化不一样，铁会使磁场增强，铜使磁场有所减弱，而空气可使磁场略有增强。通常能改变磁场强弱而本身被磁化的物质称为磁介质。所有物质均为磁介质。

根据物质磁化得对磁场的影响，可把物质分为三类。凡使磁场显著增强的为铁磁性物质，使磁场略有增强的物质为顺磁性物质，使磁场减弱的物质为抗磁性物质。

②表征磁性的参数

（a）磁化强度　物体磁化的强弱可用磁矩来表示，物体磁矩表示物体内部所有自旋磁矩、轨道磁矩和附和磁矩的总和。但物体磁矩除和物质种类有关外尚和物体大小、原子数量等有关，因此用单位体积的磁矩来衡量物质磁性的大小。单位体积磁矩称为磁化强度 M，其单位是（A/m）。

（b）磁化率　任何物质的磁化均由外加磁场所引起，不同物质放在同一磁场 H 下将产生不同的磁化强度，为了说明磁化强度 M 与磁场 H 的关系，引出磁化率这一概念。

$$M = kH \tag{9-82}$$

式中　k——磁化率或磁化系数；

　　　H——外加磁场（A/m）。

物质的磁化率有三种表示方法：k 表示每立方厘米物质的磁化率；k_A 表示 1g 原子物质的磁化率；k_g 表示 1g 物质的磁化率。三者之间的关系为：$k_A = kV = k_gA$。这里 A 是原子量，V 代表克原子体积。

物质不同磁化率也不同，抗磁性物质磁化率为负值，顺磁性物质磁化率为正值，铁磁性物质磁化率为很高的正值。

③磁感应强度　当放在磁场的物质被磁化之后，必然使物质所在部分的磁场发生相应的变化。设变化后的总磁场为 B，称 B 为磁感应强度，单位是特〔斯拉〕，符号为 T。

④磁导率　为了描述磁感应强度和外加磁场 H 间的关系，下面引出磁导率的概念。

$$\mu=\frac{B}{H} \tag{9-83}$$

式中　μ——介质的磁导率，为无因次量。

磁导率表示外界磁场增加时磁场强度增加的速率。

2）抗磁性与顺磁性

①抗磁性　由于电子的循轨运动在外磁场的作用下产生抗磁矩所造成的。因为任何物质都存在电子轨道运动，因此在外磁场的作用下都要产生抗磁性。原子在外磁场的作用下都要轨道和自施磁矩将产生顺磁磁矩。只有那些抗磁性大于顺磁性的物质才成为抗磁性物质。最典型的抗磁性物质就是惰性气体。除氧和石墨以外的非金属也都是抗磁性的。

对于金属来说，Cu、Ag、Au、Cd、Hg 等离子所产生的抗磁性大于自由电子产生的顺磁性，因而是抗磁性物质。在元素周期表中接近非金属的一些金属元素如 Sb、Bi、Ga、灰 Sn 等也属抗磁性物质。

②顺磁性　当物质中顺磁磁矩大于抗磁矩时，该物质即为顺磁性物质。所有碱金属都是顺磁性的。除铍以外的碱土金属也都是顺磁性的。可以设想以上两族元素在离子状态时都与惰性气体相似，具有相当的抗磁磁矩，但由于电子产生的顺磁性占主导地位，故表现为顺磁。

三价金属 Al、Se、La 也是顺磁性的。

稀土族金属顺磁性较强,磁化率较大。这是由于稀土族元素的原子 4f 层没有填满,因而存在着未能全部抵消的自旋磁矩所造成的。稀土族中的某些元素在磁性材料中应用较广。

对于铁磁物质来说居里点（居里温度）以上时也变为顺磁性物质。

③抗磁与顺磁磁化率的测量　抗磁与顺磁磁化率的测量常常采用磁秤法，这种方法所用的仪器称为磁秤。

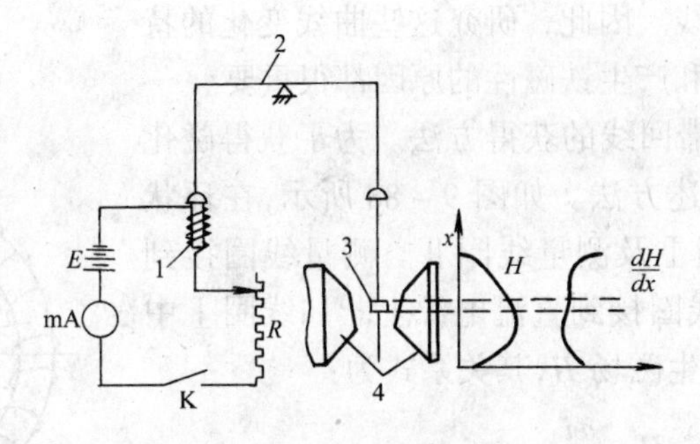

图 9-87　磁秤结构原理示意图

（a）磁秤结构　（b）在间隙中产生的非均匀磁场

1—加荷系统；2—分析天平；3—试样；4—强电磁铁

磁秤的结构原理如图 9-87.a 所示。磁秤主要由三部分组成；分析天平 2，能产生非均匀磁场的强电磁铁 4，加荷系统 1。磁铁的极头上有一个坡度，造成一个不等矩的间隙，在间隙中便产生一个非均匀磁场。间隙中沿 x 方向的磁场分布曲线可事先用不同方法测得，根据曲线可求出斜率$\frac{dH}{dx}$，见图 9-87。试样 3 放在磁极间隙中，试样在被磁化后沿 x

方向受到一个 F 力，如顺磁性试样产生拉力，抗顺性试样则相反。F 值为

$$F = kVH\frac{dH}{dx} \tag{9-84}$$

式中 F——试样受力（N）；

V——试样体积（m^3）；

H——磁场强度（A/m）；

k——试样磁化率；

$\frac{dH}{dx}$——沿 x 方向磁场变化梯度。

F 可通过天平测定出来。天平的一端挂试样，另一端挂一铁，铁置于一个线圈中。测量时不断调整线圈的电流使其产生与 F 相等的力，天平达到平衡状态。通过测量电流确定出 F，这样就可求出磁化率 k。

如果某金属磁化率 k_1 为已知，测出 k_1 所对应的电流值 i_1。只要测出未知金属的电流 i_2 即可利用下式求出未知金属的磁化率 k_2。

$$k_2 = \frac{i_2}{i_1} \tag{9-85}$$

磁秤的用途较广，即可测量抗磁与顺磁的磁化率，也可测量铁磁性，其优点是可以进行连续测量。如配备加热和冷却装置还可以对热过程中组织的变化及合金的相分析进行研究。是磁性分析中一个有力的工具。

3）铁磁性

实验证明，铁磁性物质之所以有强烈的磁性是来源于电子的自旋。过渡族元素 Fe、Co、Ni 是铁磁性物质。

①磁化曲线与磁滞回线　磁化曲线和磁滞回线是表示物质的磁性最基本的曲线。因此，研究这些曲线变化的特征对认识物质的铁磁性和产生铁磁性的原因都很重要。

(a) 磁化曲线与磁滞回线的获得方法。为了获得磁化曲线和磁滞回线采用下述方法。如图 9－88 所示，在环状试样 T 上绕上磁化线圈Ⅰ及测量线圈Ⅱ。测量线圈接到冲击检流计 B 上，磁化线圈接到直流电源上。如线圈Ⅰ中通以电流 i，则线圈中产生磁场 H，其关系式为：

$$H = \frac{\omega i}{l} \tag{9-86}$$

式中 ω——线圈Ⅰ的匝数；

i——电流（A）；

l——环形样品的平均周长（m）。

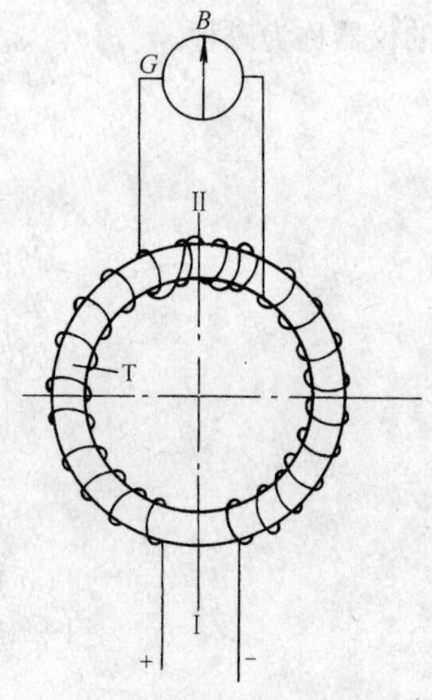

图 9－88　磁化曲线测量的原理图

根据上式可计算线圈所产生的磁场程度。当线圈Ⅰ的电流从增加到 i 时，线圈中的磁场也随着从 0 增加到 H，与此同时试样也从 0 磁化到 I，测量线圈中磁感应强度突然从 0 增加到 B 并产生感应电动势 e，因此测量线圈中有感应电流 i_2 通过。流经测量回路的电量可用冲击检流计测量出来。根据检流计的读数、测量线圈匝数、试样截面积可求出相应的磁感应强度 B。

如给线圈Ⅰ以不同的电流，计算出相应的磁场 H 和磁感应强度 B，再将测定的 H 和 B 绘成曲线，即得到材料的磁化曲线，如图9-89a中的 oaB_s 线。图中的 B_s 是饱和磁感应强度，H_s 是饱和磁化程度。

为了获得磁滞回线，将已磁化到 B_s 的试样逐渐减小外加磁场强度，即所谓退磁，测定出磁场强度从 H_s，到负 H_s 所对应的 B 值，然后再从负 H_s 测量到正 H_s，得到的 $B-H$ 封闭曲线即为磁滞回线。根据磁化曲线 $\mu=\dfrac{B}{H}$ 的关系确定出 Lmn 曲线，即磁导率随磁场的变化曲线。

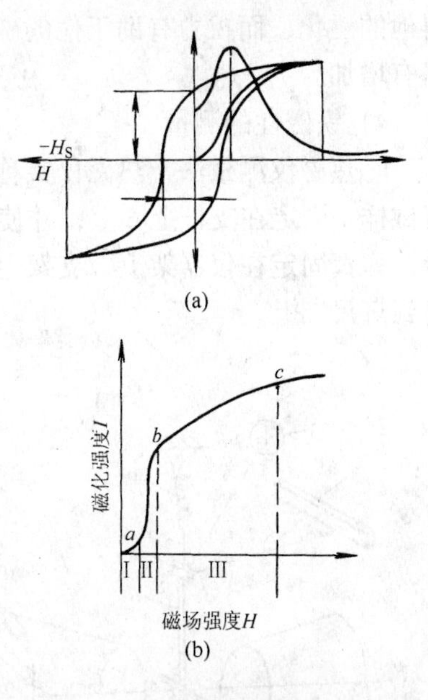

图9-89 磁化曲线与磁滞回线
(a) 磁化曲线与磁滞回线；
(b) 磁化曲线特征

(b) 磁化曲线的特征。磁化曲线就其特征来说可以分为三个阶段，如图9-89b所示，第Ⅰ段是在磁场很弱时，B 随着 H 的增加缓慢地上升，这部分是近似可逆的，当去除磁场时，B 可恢复到零。第Ⅱ阶段的磁化进行的十分强烈，μ 可达到一个极大值，称为最大磁导率，即图9-89a中 m 点。这个阶段磁化的特点是不可逆的，当磁场去除后 B 不再沿磁化曲线变化为零。磁场再继续增加便进入第Ⅲ阶段的磁化，这个阶段特点是 B 随磁场的增强而缓慢地上升，逐渐接近磁饱和状态，磁导率降低并趋于一个常量，此阶段在一定程度上是可逆的。

图9-89a中的磁滞回线为最大磁滞回线，最大磁滞回线与纵坐标的截距称为剩余磁感应强度，用Br表示。当 B 为零时，回线与横坐标的截距相当于去掉剩磁所需要的外加磁场，称之为矫顽力，用 H_c 表示。磁滞回线所包围的面积是磁化一周的能量损耗，称为磁滞损失。

铁磁物质的特点完全反映在磁化曲线和磁滞回线上。铁磁物质的磁化，不象抗磁和顺磁那样与磁场成正比，而是一条很复杂的曲线，并且存在着磁饱和现象。抗磁和顺磁物质的磁化是可逆的，而铁磁物质的磁化则是不可逆的，并在交变磁化时形成磁滞回线。抗磁物质和顺磁物质的磁化较困难，而铁磁物质磁化较容易，如在 8×10^2A/m的磁场中抗磁的锑磁化强度约为 -64×10^{-6}A/m，顺磁的硫酸钴约为 48×10^{-3}A/m，而普通软铁可达 16×10^3A/m。铁磁物质的这些特点，说明产生铁磁性的原因和磁化过程是很复杂的。

②铁磁物质的自发磁化　铁磁物质的另一个特点是可自发的磁化。铁磁物质在未被磁化前，宏观上虽然不显示磁性，但其内部早已存在自发磁化的小区域了。这种自发磁化的小区域大约为 10^{-6}mm^3，称之为磁畴。在磁场的作用下，磁化方向杂乱无章的各磁畴取向于磁场方向，于是显示出强烈的磁性。

③磁的各向异性及磁致伸缩　铁磁性物体在不同方向磁化的难易程度是不同的，即存在着磁的各向异性。沿易磁化方向加最小的磁场就能达到磁饱和。

在磁的作用下不仅导致磁化的各向异性，而且还影响原子间的距离。铁磁体磁化时，其长度发生变化的效应称为磁致伸缩。同时作用力对磁化也有反作用，对铁施加压力将阻碍他的磁化，而拉力有助于他的磁化。对镍的情况则相反，磁化时他的长度减小而横截面略有增加。

4）铁磁性的测量

①热磁仪测量法　热磁仪又称阿库洛夫仪，其测量原理如图 9－90 所示。测量时，可将试样 7 固定在支杆上 6 上，并使其位于电磁铁的两磁极中间，支杆 6 的上端和弹簧 4 相接，弹簧固定在仪器架上，支架上固定着一个反射镜 5，由光源 3 发出的光束经反射镜反射到灯尺 2 上。

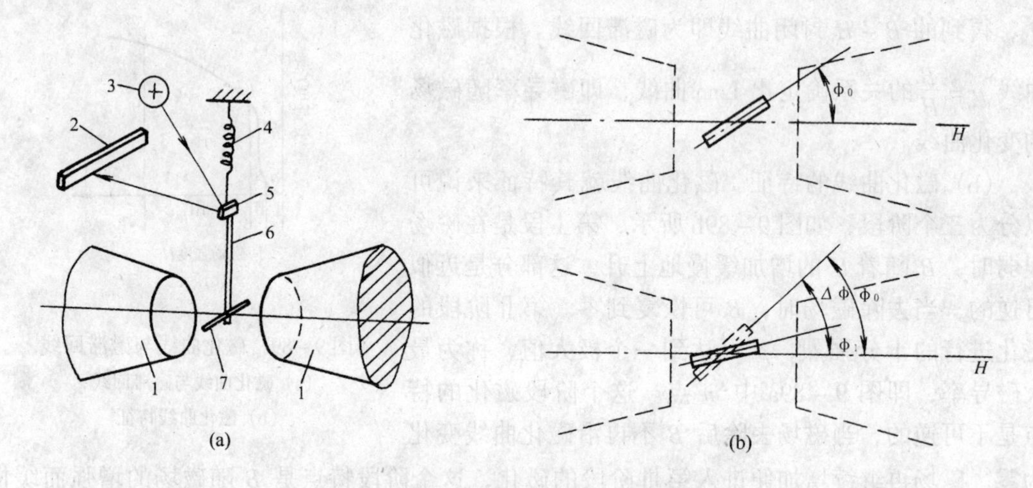

图 9－90　热磁仪测量部分示意图

待测试样的起始状态和磁场的夹角为 φ_0。在磁场的作用下铁磁性的试样将产生一个力矩，该力矩驱使试样向磁场方向转动，当与弹簧变形力矩相等时达到平衡，平衡状态时试样和磁场夹角变为 φ_1。φ_1 角大小与试样中铁磁相数量成正比。φ_0 与 φ_1 可从灯尺中读出。热磁仪法可测出铁磁相的数量。

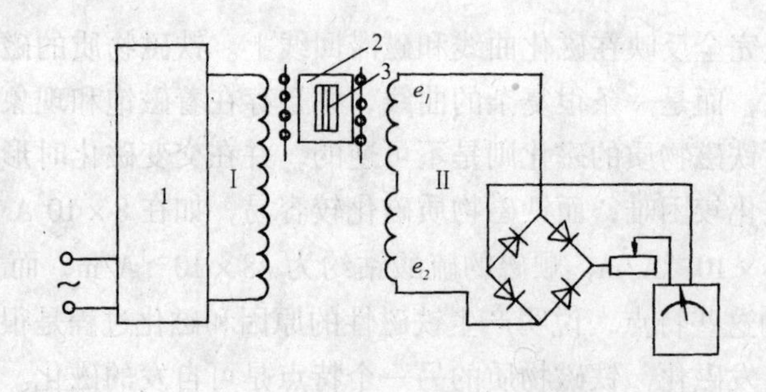

图 9－91　感应热磁仪原理图

1—稳压器；2—等温炉；3—试样；4—毫伏计

②感应式热磁仪法　感应式热磁仪的结构原理如图 9－91 所示。在初级线圈Ⅰ两端加一稳定的交流电压。次级线圈Ⅱ是由两个圈数相等而绕向相反的线圈串联组成。在试样放入前次级线圈中两反向线圈产生的电动势大小相等而方向相反，即 $e_1 = -e_2$。故毫伏计 4 的读数为零。当试样 1 经加热奥氏体化后放入等温炉 2 中，若试样中未产生铁磁相时，毫

伏计的读数仍保持在零的位置，若试样中产生了铁磁相，就如同在线圈Ⅰ中增加一个铁芯，从而导致 e_1 增加，使 $|e_1|>|e_2|$，毫伏计将显示出 e_1 与 e_2 的差值 Δe。据此便可测量出钢中铁磁相出现的时间和温度。由于该仪器磁场强度较小，故只能用于定性分析，主要用来测定过冷奥氏体等温转变的开始和终了点。